SUITE A LA CHIMIE DE BERZELIUS.

TRAITÉ

DE CHIMIE

ORGANIQUE,

PAR

M. CHARLES GERHARDT.

TOME TROISIÈME.

PARIS,

FIRMIN DIDOT FRÈRES, FILS ET Cⁱᵉ,

IMPRIMEURS DE L'INSTITUT DE FRANCE,

RUE JACOB, Nº 56.

MÊME MAISON A LEIPZIG.

TRAITÉ

DE

CHIMIE ORGANIQUE.

PARIS. — IMPRIMERIE DE FIRMIN DIDOT FRÈRES, RUE JACOB, 56.

TRAITÉ

DE

CHIMIE ORGANIQUE,

PAR

M. CHARLES GERHARDT.

TOME TROISIÈME.

PARIS,

CHEZ FIRMIN DIDOT FRÈRES,

IMPRIMEURS DE L'INSTITUT DE FRANCE,

RUE JACOB, N° 56.

—

MÊME MAISON A LEIPZIG.

—

M DCCC LIV.

TRAITÉ
DE CHIMIE ORGANIQUE.

DEUXIÈME PARTIE.

SÉRIE BENZOÏQUE.

§ 1335. Cette série, une des plus nombreuses de la chimie organique, a pour pivot l'acide benzoïque (§ 1514), et comprend les huit groupes suivants :

Groupe phénique,
Groupe quinonique,
Groupe benzoïque ou phényl-formique,
Groupe salicylique ou phényl-carbonique,
Groupe anisique,
Groupe cinnamique,
Groupe naphtalique,
Groupe indigotique.

I.

GROUPE PHÉNIQUE.

§ 1336. Les combinaisons phéniques renferment le radical *phényle* $C^{12}H^5$, et présentent une certaine analogie avec les combinaisons méthyliques, ainsi qu'avec leurs homologues placées dans les séries de la première section.

Voici les principaux termes du groupe phénique :

Benzine ou hydrure de phényle. $C^{12}H^6 = \begin{matrix} C^{12}H^5 \\ H \end{matrix} \Big\rangle$,

Acide phénique ou hydrate de phényle. . . . . $C^{12}H^6O^2 = \begin{matrix} C^{12}H^5O \\ HO \end{matrix} \Big\rangle$,

Acide oxyphénique. . . . . . $C^{12}H^6O^4 = \begin{matrix} C^{12}H^5O^2 \\ HO^2 \end{matrix} \Big\rangle$,

Ac. phényl-sulfureux. . . . . . $C^{12}H^6S^2O^6 = \begin{matrix} C^{12}H^5O \\ HO \end{matrix} \Big\rangle S^2O^4$,

Sulfates de phényle. Acide phényl-sulfurique. . . . . . . $C^{12}H^6S^2O^8 = \begin{matrix} C^{12}H^5O \\ HO \end{matrix} \Big\rangle S^2O^6$,

Chlorure de phényle. . . . . $C^{12}H^5Cl = \begin{matrix} C^{12}H^5 \\ Cl \end{matrix} \Big\rangle$,

Azoture de phényle, ou aniline. . . . . $C^{12}H^7N = N \begin{Bmatrix} C^{12}H^5 \\ H \\ H \end{Bmatrix}$

Cyanure de phényle (benzonitrile). . . . . . $C^{14}H^5N = \begin{matrix} C^{12}H^5 \\ Cy \end{matrix} \Big\rangle$.

Le groupe phénique se rattache par un grand nombre de réactions aux autres groupes de la série benzoïque. Ainsi, la baryte et la chaux caustique transforment l'acide benzoïque en hydrure de phényle (benzine) ou en phénylure de benzoïle (benzophénone); les mêmes agents convertissent l'acide salicylique en hydrate de phényle, l'acide anisique en phénate de méthyle (anisol), l'acide phtalique en hydrure de phényle, etc.

L'hydrate de phényle offre quelque ressemblance avec les alcools (hydrates d'éthyle, de méthyle, etc.)

BENZINE OU HYDRURE DE PHÉNYLE.

Syn. : benzène, benzol, phène.

Composition : $C^{12}H^6 = C^{12}H^5,H$.

§ 1337. Ce corps[1] se produit dans plusieurs réactions chimiques : on l'obtient en distillant l'acide benzoïque avec un excès de chaux ou de baryte caustiques (Mitscherlich) ou en

---

[1] FARADAY (1825), *Philos. Transact.,* 1825, p. 440, et *Ann. de Poggend.,* V, 306. — MITSCHERLICH, *Ann. de Poggend.,* XXIX, 231, et *Ann. der Chem. u. Pharm.,* IX,

faisant passer la vapeur de cet acide sur du fer chauffé au rouge
(Darcet [1]),

$$C^{14}H^6O^4 = C^2O^4 + C^{12}H^6;$$
Ac. benzoïq.   Benzine.

en soumettant l'acide quinique à la distillation sèche (Woehler);
en distillant l'acide phtalique avec un excès de chaux caustique
(Marignac [2]),

$$C^{16}H^6O^8 = 2\,C^2O^4 + C^{12}H^6;$$
Ac. phtalique.   Benzine.

en faisant passer la vapeur de l'essence de bergamote sur de la
chaux incandescente (Ohme [3]); en exposant les matières grasses à
la chaleur rouge (Faraday); en distillant la houille (Hofmann,
Mansfield), etc. On trouve aussi la benzine en petite quantité
parmi les produits qu'on obtient en faisant passer de l'alcool ou
de l'acide acétique à travers un tube chauffé au rouge (Berthelot [4]).

La décomposition de l'acide benzoïque offre le moyen le plus
commode pour préparer rapidement de la benzine pure. On distille cet acide avec 3 fois son poids de chaux caustique, à une
douce chaleur, appliquée graduellement ; on agite le produit de la
distillation avec un peu de potasse, afin de dissoudre l'acide benzoïque qui aurait passé sans altération ; on décante avec une pipette
la benzine qui vient surnager, on la dessèche sur du chlorure de
calcium, et on la rectifie au bain-marie. 3 p. d'acide benzoïque
donnent 1 p. de benzine.

Le goudron de houille présente la source de benzine la plus
abondante, mais cette substance y est accompagnée d'une foule
de matières étrangères qui nécessitent de nombreuses rectifications.
A part la benzine, le goudron qu'on recueille dans la fabrication
du gaz de l'éclairage par la houille contient des quantités variables d'hydrogène sulfuré, d'ammoniaque, d'acide cyanhydrique,
d'acide acétique, d'hydrate de phényle, d'alcalis huileux (aniline,
picoline, quinoléine), d'hydrocarbures huileux (toluène, $C^{14}H^8$;
cumène, $C^{18}H^{12}$; cymène, $C^{20}H^{14}$, homologues de la benzine), d'hydrocarbures solides (naphtaline, chrysène, anthracène), d'huile

39. — Péligot, *Ann. de Chim. et de Phys.*, LVI, 59. — Mansfield, *The Quart.
Journ. of the chemic. Soc.*, 1, 244, et *Ann. der Chem. u. Pharm.*, LXIX, 162.
[1] Darcet, *Ann. de Chim. et de Phys.*, LXVI, 99.
[2] Marignac, *Ann. der Chem. u. Pharm.* XLII, 217.
[3] Ohme, *Ann. der Chem. u. Pharm.* XXXI, 318.
[4] Berthelot, *Compt. rend. de l'Acad.* XXXIII, 210.

empyreumatique bouillant à 70° environ et se résinifiant au contact de l'air, etc. La benzine est contenue dans les parties les plus volatiles de l'huile qu'on obtient en distillant le goudron dans des cornues en fonte. On agite ces parties successivement avec de l'acide sulfurique dilué, avec de l'eau, et avec de la potasse faible, afin d'enlever les alcalis et les acides qu'elles renferment, et on soumet l'huile ainsi lavée à des distillations fractionnées. Les portions qui distillent entre 80 et 85° se composent en majeure partie de benzine; les portions moins volatiles contiennent du toluène (entre 110 et 115°), du cumène (entre 140 et 145°), et du cymène (entre 170 et 175°). Pour purifier la benzine ainsi obtenue, M. Mansfield la fait congeler par un froid de — 12°, et la soumet ensuite à l'action de la presse.

La benzine qu'on trouve dans le commerce est extrêmement impure, et se compose en plus grande partie des homologues supérieurs de cet hydrocarbure ; on peut en extraire de la benzine assez pure en la rectifiant au bain-marie.

§ 1338. A la température ordinaire, la benzine se présente sous la forme d'une huile limpide, incolore, d'une odeur suave, d'une densité de 0,85 à 15°,5. Soumise à l'action du froid, elle se prend en lames groupées sous forme de feuilles de fougère, ou en masses cristallines semblables à du camphre, et fondant à 5°,5. Elle bout à 80°,4 sous la pression de 760 ^{mm} (H. Kopp; entre 80° et 81°, Mansfield; à 85°,5, Faraday; à 86° Mitscherlich), et distille sans altération. La densité de sa vapeur a été trouvée égale à 2,77.

Elle est fort peu soluble dans l'eau, à laquelle elle communique néanmoins son odeur. Elle est fort soluble dans l'esprit de bois, l'alcool, l'éther, l'acétone. (Un mélange de 1 vol. de benzine et de 2 vol. d'alcool de 0,85 peut servir à l'alimentation des lampes, et donne un bonne lumière ; une plus forte proportion de benzine rend la flamme fulgineuse.)

Elle dissout en petite quantité le soufre, le phosphore et l'iode, surtout à chaud. Elle dissout aisément les huiles grasses, et les huiles essentielles, le camphre, la cire, le caoutchouc, la gutta-percha; elle ne dissout qu'en petite quantité la gomme-laque, la résine copal, la résine animée et la gomme-gutte. Elle dissout assez bien la quinine, moins bien la morphine et la strychnine; elle ne dissout pas la cinchonine.

Elle est très-inflammable, et brûle avec une flamme brillante très-fuligineuse. Lorsqu'on fait passer sa vapeur dans un tube chauffé au rouge, elle se transforme en un hydrocarbure gazeux, en déposant du charbon.

Le chlore, au soleil, transforme la benzine en trichlorure (§ 1339). Le brome se dissout dans la benzine, et la convertit au soleil en tribromure (§ 1341). L'iode n'agit pas sur la benzine même au soleil.

L'acide sulfurique concentré dissout la benzine; si l'on chauffe légèrement le mélange, il se produit de l'acide phényl-sulfureux (§ 1404). Avec l'acide sulfurique fumant, on obtient le même acide, ainsi que du phénylure phényl-sulfureux (sulfobenzide, § 1407).

L'acide nitrique fumant convertit la benzine en nitrobenzine (§ 1343), que les agents réducteurs transforment en aniline (phényl-ammoniaque, § 1411);une ébullition prolongée avec l'acide fumant a pour résultat la formation de la binitrobenzine (§ 1344); l'action de l'acide nitrique ne va pas au delà de la formation de ce dernier corps. Un mélange d'acide nitrique et d'acide sulfurique concentré transforme immédiatement la benzine en binitro-benzine.

L'acide chromique aqueux n'agit pas sur la benzine.

Les alcalis aqueux et bouillants, le potassium, l'oxychlorure de carbone, le perchlorure de phosphore, sont également sans action sur elle. Le fluorure de bore n'est pas absorbé par elle, même à l'ébullition. Les bisulfites alcalins n'agissent pas non plus sur elle.

§ 1338ᵃ. On peut aisément découvrir la benzine dans un mélange d'huiles volatiles, en mettant à profit la facilité avec laquelle cet hydrocarbure se convertit en nitrobenzine et en aniline. On a recours, dans cette recherche, à l'action que l'hydrogène naissant exerce sur la nitrobenzine. Voici comment on peut s'assurer de l'efficacité de cette méthode[1]. Dans un petit tube à réactions, on verse une goutte de benzine, et on la chauffe légèrement avec de l'acide nitrique fumant, pour la convertir en nitrobenzine. On ajoute beaucoup d'eau, de manière à précipiter des gouttelettes de nitrobenzine, et on agite avec de l'éther pour s'emparer de ce produit. On verse la solution éthérée dans un autre petit tube, on y ajoute volumes égaux d'alcool et d'acide chlorhydrique ou d'acide

___

[1] HOFMANN, *Ann. der Chem. u. Pharm.*, LV, 201.

sulfurique étendu, puis on y jette quelques fragments de zinc en grenailles. Au bout de cinq minutes, il se sera dégagé assez d'hydrogène pour produire de l'aniline qui se trouvera combinée avec l'acide ajouté. On sursature alors par de la potasse, et l'on agite de nouveau avec de l'éther, qui dissout l'aniline mise en liberté. Une goutte de cette solution éthérée, abandonnée sur un verre de montre et mélangée avec une solution d'hypochlorite de chaux, donne immédiatement les nuages violacés qui caractérisent l'aniline. Ces différentes opérations peuvent s'exécuter très-rapidement et sans aucune difficulté. Si la benzine était mélangée avec d'autres corps, il faudrait nécessairement les en séparer autant que possible, enlever les bases et les acides par des distillations avec un acide ou un alcali, et n'opérer que sur les premières portions de la distillation.

Dérivés chlorés et bromés de la benzine.

§ 1339. Le chlore et le brome se combinent directement avec la benzine.

Trichlorure de benzine[1], $C^{12}H^6$, 3 Cl^2. — Lorsqu'on verse de la benzine dans un flacon rempli de chlore gazeux et exposé au soleil, les parois du flacon se trouvent bientôt tapissées de cristaux transparents, friables et d'une blancheur parfaite, si le chlore ne se trouve pas en excès; au moyen de l'eau, qui ne les dissout pas, il est facile de les détacher. On les obtient purs en les faisant cristalliser dans l'alcool chaud.

Ce corps cristallise en prismes droits très-aplatis, à base rhombe, mais dont la grande diagonale de la base est au moins huit ou dix fois plus grande que la petite; il est insoluble dans l'eau, mais il se dissout dans l'alcool et dans l'éther. Il fond à 132° (Mitscherlich; entre 135 et 140°, Laurent); il bout vers 150° en se décomposant en partie, mais sans laisser de résidu charbonneux à la distillation.

Bouilli avec une dissolution alcoolique de potasse, il dépose du chlorure de potassium et met en liberté de la trichlorobenzine,

$$C^{12}H^6, 3\,Cl^2 = C^{12}H^3Cl^3 + 3\,HCl.$$

[1] Mitscherlich (1835), *Ann. de Poggend.*, XXXV, 370. — Péligot, *Ann. de Chim. et de Phys.*, LVI, 66. — Laurent, *ibid.*, LXIII, 27.

§ 1340. La *trichlorobenzine*[1], $C^{12}H^3Cl^3$, est la matière huileuse en laquelle la potasse alcoolique décompose, à l'ébullition, le trichlorure de benzine. Celui-ci donne aussi la trichlorobenzine lorsqu'on le distille seul à plusieurs reprises, ou qu'on le chauffe avec de la chaux ou de la baryte caustiques.

La trichlorobenzine est incolore, d'une densité de 1,45 à 7°, volatile sans décomposition, insoluble dans l'eau, soluble dans l'alcool et l'éther, inattaquable par la potasse. Elle bout à 210°; la densité de sa vapeur est égale à 6,37.

Elle n'est pas attaquée par la distillation sur la baryte caustique. Le chlore, le brome et les acides ne la décomposent pas non plus.

§ 1341. *Tribromure de benzine*[2], $C^{12}H^6$, 3 Br^2. — Un mélange de brome et de benzine se concrète peu à peu au soleil, en produisant du tribromure de benzine. Celui-ci constitue une poudre blanche, inodore, insipide, très-peu soluble dans l'éther bouillant, qui la dépose, par l'évaporation spontanée, en cristaux microscopiques pulvérulents, formant des prismes obliques à base rhombe, très-aplatis.

Soumis à la distillation sèche, ce corps dégage du brome, de l'acide bromhydrique et une matière huileuse, tandis qu'une partie se sublime sans altération. La potasse alcoolique et la baryte caustique lui font éprouver la même décomposition qu'au trichlorure de benzine.

Dans l'action du brome sur la benzine brute, il se forme en outre une petite quantité de cristaux dont la nature est inconnue (*broméine*, $C^{20}H^6Br^4$? Laurent).

§ 1342. La *tribromobenzine*[3], $C^{12}H^3Br^3$, s'obtient par l'action d'une solution alcoolique de potasse sur le tribromure de benzine. Suivant M. Laurent, elle cristallise dans l'éther en aiguilles lamelleuses très-fusibles et volatiles sans décomposition.

Suivant M. Mitscherlich, elle se présente sous la forme d'une huile très-odorante.

Dérivés nitriques de la benzine.

§ 1343. On connaît deux composés renfermant les éléments de

[1] Mitscherlich (1835), *loc. cit.* — Laurent, *loc. cit.*
[2] Mitscherlich (1835), *loc. cit.* — Laurent, *Revue scientif.*, V, 360.
[3] Mitscherlich (1835), *loc. cit.* — Laurent, *loc. cit.*

la benzine, dans lesquels H ou H^2 est remplacé par son équivalent de NO^4.

Nitrobenzine, ou nitrobenzide[1], $C^{12}H^5(NO^4)$. — Ce corps se produit par l'action de l'acide nitrique fumant sur la benzine; il s'en forme aussi par l'action de la chaleur sur le nitrobenzoate d'argent.

On le prépare en introduisant, par petites portions, de la benzine dans de l'acide nitrique fumant et chaud. La nitrobenzine se sépare par le refroidissement à l'état huileux; on la lave à l'eau et au carbonate de soude.

La nitrobenzine se présente sous la forme d'un liquide jaunâtre, d'une densité de 1,209 à 15°, et qui se prend à 3° en aiguilles. Elle bout à 213°; la densité de sa vapeur est égale à 4,4. Elle a une saveur très-sucrée et une odeur d'amandes amères; cette odeur la fait employer dans la parfumerie (sous le nom d'*essence de mirbane*) aux mêmes usages que l'essence d'amandes amères.

Elle est presque insoluble dans l'eau; l'alcool et l'éther la dissolvent en toutes proportions. L'acide sulfurique et l'acide nitrique concentrés la dissolvent aussi fort aisément, surtout à chaud.

Lorsqu'on la fait passer à l'état de vapeur avec du chlore dans un tube chaud, elle se décompose en produisant de l'acide chlorhydrique. A la température ordinaire, le chlore ni le brome ne l'attaquent.

Bouillie avec de l'acide nitrique fumant, elle se transforme en binitrobenzine. Chauffée avec de l'acide sulfurique concentré, elle se colore et dégage du gaz sulfureux. On peut la distiller avec de l'acide nitrique ou sulfurique dilué, sans qu'elle soit altérée.

La potasse et l'ammoniaque aqueuse l'attaquent très-peu à l'ébullition; il en est de même lorsqu'on la distille sur de la chaux caustique; mais la potasse alcoolique l'attaque à l'ébullition, en produisant de l'azoxibenzide (§ 1346), ainsi qu'un acide noir qui reste combiné avec la potasse. Lorsqu'on distille la nitrobenzine avec la potasse alcoolique, il passe de l'azobenzide (§ 1348) et de l'aniline (§ 1411); on trouve aussi dans le résidu une certaine quantité d'acide oxalique.

Une solution alcoolique de nitrobenzine, additionnée d'ammoniaque, étant saturée d'hydrogène sulfuré, dépose des cristaux de

[1] MITSCHERLICH (1834), *Ann. de Poggend.*, XXXI, 625. — MULDER, *Journ. f. prakt. Chem.*, XIX, 375.

soufre; si on refroidit le produit à zéro, il se prend au bout d'un certain temps en une masse composée de fines aiguilles jaunes, très-solubles dans l'alcool, et d'une saveur âcre; si on distille cette masse pour enlever une partie de l'alcool, elle dépose encore du soufre, et finit par laisser de l'aniline.

$$C^{12}H^5(NO^4) + 6\,HS = C^{12}H^7N + 4\,HO + 6\,S.$$
Nitrobenzine.   Aniline.

La nitrobenzine se convertit rapidement en aniline, lorsqu'on la met en contact avec du zinc et avec un mélange de volumes égaux d'alcool et d'acide chlorhydrique :

$$C^{12}H^5(NO^4) + 3\,H^2 = C^{12}H^7N + 4\,HO.$$
Nitrobenzine.   Aniline.

§ 1344. *Binitrobenzine* [1], ou binitrobenzide, $C^{12}H^4(NO^4)^2 = C^{12}H^4 N^2O^8$. — La formation de ce corps par la benzine ne s'effectue que fort lentement par l'ébullition avec l'acide nitrique fumant; mais elle a lieu instantanément si l'on verse goutte à goutte de la benzine ou de la nitrobenzine dans un mélange de parties égales d'acide nitrique fumant et d'acide sulfurique concentré, tant que les liquides se mélangent. Si l'on maintient ce mélange en ébullition pendant quelques minutes, il se prend par le refroidissement en une bouillie épaisse de binitrobenzine, qu'on purifie aisément par des lavages à l'eau. Une seule cristallisation dans l'alcool fournit ce corps en longs prismes brillants. Il fond au-dessous de 100° et se prend par le refroidissement en une masse radiée. Il est très-soluble dans l'alcool chaud. Le sulfhydrate d'ammoniaque le convertit en nitraniline (§ 1426).

Dérivés par réduction des dérivés nitriques de la benzine.

§ 1345. Lorsqu'on met la nitrobenzine en contact avec certains agents réducteurs, tels que le sulfhydrate d'ammoniaque ou le zinc en présence de l'acide chlorhydrique, l'oxygène des éléments nitriques est enlevé et remplacé par de l'hydrogène; ainsi que nous l'avons déjà dit plus haut, l'aniline est le produit de la réaction. Cette aniline constitue l'azoture de phényle et d'hydrogène (§ 1411) :

$$\text{Aniline.} \quad\quad C^{12}H^7N = N \begin{cases} C^{12}H^5 \\ H \\ H. \end{cases}$$

<hr>

[1] DEVILLE (1841), *Ann. de Chim. et de Phys.*, [3] III, 187. — MUSPRATT et HOFMANN, *Ann. der Chem. u. Pharm.* LVII, 215.

La binitrobenzine donne, par le sulfhydrate d'ammoniaque, la nitraniline ou azoture de nitrophényle et d'hydrogène (§ 1426); sous l'influence prolongée du même agent réducteur, les éléments nitriques de la nitraniline s'attaquent à leur tour pour produire l'azophénylamine ou semibenzidam (§ 1429).

Nous décrirons plus loin ces différents produits.

La nitrobenzine subit une réduction d'un autre ordre, lorsqu'on la chauffe avec une solution alcoolique de potasse : on obtient alors un composé, $C^{24}H^{10}N^2O^2$, auquel M. Zinin a donné le nom d'*azoxibenzide*, et qui renferme les mêmes proportions de carbone, d'hydrogène et d'azote que la nitrobenzine, mais moins d'oxygène; par la distillation, l'azoxibenzide donne de l'*azobenzide* $C^{24}H^{10}N^2$ et de l'aniline. Il est difficile de se rendre compte de la formation de ces produits.

Sous l'influence des corps réducteurs, tels que le sulfhydrate d'ammoniaque ou l'acide sulfureux, l'azoxibenzide et l'azobenzide se transforment en un alcali, la *benzidine* :

$$\text{Azoxibenzide.} \ldots \quad C^{24}H^{10}N^2O^2,$$
$$\text{Azobenzide.} \ldots \quad C^{24}H^{10}N^2,$$
$$\text{Benzidine.} \ldots \quad C^{24}H^{12}N^2.$$

§ 1346. *Azoxibenzide* [1], $C^{24}H^{10}N^2O^2$. — Lorsqu'on dissout 1 vol. de nitrobenzine dans 8 à 10 vol. d'alcool concentré, et qu'on ajoute à cette solution un poids de potasse caustique et sèche, égal au poids de la nitrobenzine, le liquide prend une teinte brune et s'échauffe jusqu'à bouillir. On agite bien le mélange, et l'on entretient l'ébullition pendant quelques minutes. Par le refroidissement, il s'y dépose quelquefois des cristaux bruns; on décante le liquide surnageant, et l'on distille jusqu'à ce qu'il s'y soit formé deux couches : la supérieure est brune, huileuse, et se concrète, après avoir été décantée et lavée à l'eau, en une masse d'aiguilles brunes; la couche inférieure est une solution aqueuse de potasse caustique, de carbonate et d'un autre sel de potasse brun et presque insoluble dans l'alcool [2].

On exprime les cristaux, et on les fait recristalliser dans l'alcool ou l'éther; on peut aisément les décolorer en faisant passer un

---

[1] Zinin (1845), *Journ. f. prakt. Chem.*, XXXVI, 96 ; LVII, 173. — Laurent et Gerhardt, *Compt. rend. des trav. de Chim.*, 1849, p. 417.

[2] Le sel de potasse brun précipite, par les acides, d'abondants flocons noirs : ce produit renferme probablement l'oxygène que la nitrobenzine a perdu pour former l'azoxibenzide.

courant de chlore dans leur solution alcoolique. Ils perdent alors promptement leur teinte brune et deviennent d'un jaune de soufre; ils s'obtiennent ainsi en aiguilles quadrilatères, brillantes; dans l'éther, ils prennent souvent, par l'évaporation spontanée, une longueur d'un pouce sur une demi-ligne d'épaisseur. Deux parties de nitrobenzine donnent sensiblement une partie et demie de produit pur.

L'azoxibenzide est dur comme du sucre, sans odeur ni saveur, et ne se dissout pas dans l'eau. Il est fort soluble dans l'alcool, et plus soluble encore dans l'éther.

Il fond à 36°, et se prend par le refroidissement en une masse radiée. L'acide chlorhydrique, l'acide sulfurique étendu, la potasse, l'ammoniaque liquide, n'y exercent aucune action.

Il résiste à l'action du chlore, tant en dissolution alcoolique qu'à l'état fondu. Il est attaqué par le brome, et donne un corps jaunâtre, très-peu soluble dans l'alcool, très-fusible, contenant probablement $C^{24}H^9BrN^2O^2$.

L'acide nitrique dilué ne l'attaque que fort peu, mais l'acide fumant le dissout à la température ordinaire, s'échauffe, dégage des vapeurs rouges, et produit un dérivé nitré.

L'acide sulfurique concentré dissout à chaud l'azoxibenzide et paraît produire un acide copulé.

Soumis à la distillation sèche, l'azoxibenzide donne d'abord de l'aniline liquide, puis une masse butyreuse contenant de l'azobenzide.

Le sulfhydrate d'ammoniaque convertit l'azoxibenzide en benzidine; il en est de même de l'acide sulfureux.

§ 1347. L'*azoxibenzide nitré*[1], $C^{24}H^9(NO^4)N^2O^2$, s'obtient lorsqu'on fait bouillir l'azoxibenzide avec de l'acide nitrique; il se produit ainsi une matière jaune, peu soluble dans l'alcool et l'éther bouillant, où elle se dépose sous la forme de flocons cristallins jaunes. Cette matière cristallise encore mieux en petites aiguilles dans l'acide nitrique.

Elle s'attaque assez promptement par une solution de potasse alcoolique et chaude, en donnant une solution brun rouge, mais sans qu'il se dégage de l'ammoniaque. En étendant d'eau, on obtient un produit pulvérulent d'un rouge jaunâtre. On le lave à l'alcool, on le dessèche et on le fait dissoudre dans l'essence de

[1] ZININ (1845), *loc. cit.* — LAURENT et GERHARDT, *loc. cit.*

térébenthine bouillante; la dissolution, filtrée bouillante, dépose immédiatement une poudre rouge-orangé cristalline. On décante l'essence, on jette sur un filtre et on lave à l'éther. Le produit paraît renfermer 4 atomes d'oxygène de moins que le composé qui a servi à le former. Il est presque insoluble dans l'alcool et l'éther, et se décompose par la chaleur.

Si l'on prolonge l'action de la potasse alcoolique, la liqueur devient d'un beau bleu; cette couleur est détruite par un excès d'eau.

§ 1348. *Azobenzide*[1], $C^{24}H^{10}N^2$. — On obtient ce corps, en même temps que de l'aniline, par la distillation sèche de l'azoxibenzide. On peut le préparer en distillant simplement un mélange de nitrobenzine et d'une solution alcoolique de potasse; l'azobenzide passe vers la fin sous la forme d'une huile rouge qui se prend en gros cristaux. On exprime ce produit entre du papier joseph, et on le fait recristalliser dans l'éther.

Ce corps forme de belles paillettes d'un rouge jaunâtre, à peine solubles dans l'eau; l'alcool le dissout aisément, et le dépose aussi à l'état cristallisé. Il fond à $+65°$, et bout à $+193°$, en distillant sans altération.

L'acide sulfurique et l'acide nitrique le dissolvent; l'eau le sépare de nouveau de cette dissolution.

Il distille sans altération sur de la chaux potassée chauffée à 250°.

Le sulfhydrate d'ammoniaque le convertit en benzidine; il en est de même de l'acide sulfureux.

§ 1349. L'acide nitrique fumant, en agissant sur l'azobenzide, donne naissance à deux dérivés par substitution[2].

L'*azobenzide nitré*, $C^{24}H^9(NO^4)N^2$, s'obtient en traitant quelques grammes d'azobenzide par l'acide nitrique fumant. On chauffe légèrement jusqu'à ce que la réaction s'opère; on retire la matière du feu, et on la laisse refroidir. Le corps nitré cristallise alors par le refroidissement en une masse composée d'aiguilles rouges; on décante l'acide, on lave d'abord avec de l'acide nitrique ordinaire, puis avec un peu d'eau; on fait bouillir avec de l'alcool, et l'on décante la dissolution de la partie non dissoute, qui peut contenir un mélange de corps mononitré et de corps binitré. La dissolution

[1] MITSCHERLICH (1834), *Ann. de Poggend.*, XXXII, 224. — ZININ, *loc. cit.* — LAURENT et GERHARDT, *loc. cit.*

[2] ZININ, *loc. cit.* — LAURENT et GERHARDT, *loc. cit.*

alcoolique laisse déposer par le refroidissement de petites aiguilles légèrement pailletées; on les jette sur un filtre, et on les lave un peu avec de l'alcool et de l'éther pour dissoudre une petite quantité d'une matière huileuse.

L'azobenzide mononitré est d'un jaune orangé pâle; il fond en un liquide qui cristallise en rosaces par le refroidissement. Il est moins soluble dans l'alcool que l'azobenzide, mais plus soluble que l'azobenzide binitré; il est aussi plus fusible que ce dernier.

L'*azobenzide binitré*, $C^{24}H^8(NO^4)^2N^2$, se produit lorsqu'on prolonge pendant quelques minutes l'action de l'acide nitrique fumant sur l'azobenzide. Par le refroidissement de la liqueur, le corps binitré, d'abord dissous, se dépose en cristallisant en aiguilles rouges. On décante l'acide, on lave avec de l'acide nitrique, puis avec de l'eau, et enfin avec de l'éther. On fait ensuite dissoudre le corps dans l'alcool bouillant; il cristallise par le refroidissement en petites aiguilles orangées; il cristallise encore mieux, en assez belles aiguilles, dans l'acide nitrique fumant. Il fond par la chaleur en un liquide rouge de sang, et cristallise en aiguilles par le refroidissement. Il est peu soluble dans l'alcool et l'éther.

L'azobenzide binitré est réduit par le sulfhydrate d'ammoniaque, et produit la diphénine (§ 1351) :

$$C^{24}H^8(NO^4)^2N^2 + 12\,HS = C^{24}H^{12}N^4 + 8\,HO + 12\,S.$$

Azobenzide binitré.   Diphénine.

§ 1350. *Benzidine*[1], $C^{24}H^{12}N^2$. — Cet alcali se produit par l'action des corps réducteurs sur l'azobenzide et sur l'azoxibenzide.

L'azobenzide se dissout dans l'alcool saturé de gaz ammoniaque avec une couleur orangée; quand on sature ce liquide par de l'hydrogène sulfuré, il se décolore, devient jaune, puis brun, et par la chaleur dépose beaucoup de soufre pulvérulent, en s'éclaircissant de nouveau. Le liquide bouillant, séparé du soufre, précipite des cristaux feuilletés et brillants, qu'on purifie en les dissolvant dans l'alcool bouillant et en ajoutant de l'acide sulfurique étendu jusqu'à ce qu'il ne se précipite plus rien. Le précipité est lavé à l'alcool, puis dissous dans l'ammoniaque bouillante; on obtient ainsi des paillettes blanches et brillantes de benzidine.

On peut aussi obtenir cet alcali en traitant par l'acide sulfureux

---

[1] Zinin (1845) *Journ. f. prakt. Chem.*, XXXVI, 93; LVII, 173. *Ann. der Chem. u. Pharm.*, LXXXV, 328.

une dissolution alcoolique d'azobenzide ou d'azoxibenzide; il se précipite alors immédiatement du bisulfate de benzidine.

La benzidine est peu soluble dans l'eau froide, mais l'eau bouillante en dissout beaucoup; l'alcool et l'éther la dissolvent encore mieux. Elle est sans odeur; ses dissolutions ont une saveur âcre, alcaline et poivrée. Elle fond à 108° et bout à une température plus élevée, en se décomposant en partie.

Elle forme, avec les acides, des sels parfaitement déterminés qui sont décomposés par l'ammoniaque, ainsi que par les alcalis fixes.

Le chlore décompose la benzidine, ainsi que les sels de cet alcali, en solution aqueuse ou alcoolique; la solution prend quelquefois une teinte indigo fugitive, qui devient d'un brun foncé, en même temps qu'il se précipite une grande quantité d'une poudre cristalline, couleur de cinabre, presque insoluble dans l'eau, mais soluble dans l'alcool.

Les *sels de benzidine*[1] cristallisent généralement fort bien, et précipitent en blanc par les alcalis caustiques ou carbonatés.

Le *bichlorhydrate de benzidine*, $C^{24}H^{12}N^2$, 2 HCl est très-soluble dans l'eau, plus soluble encore dans l'alcool, et presque insoluble dans l'éther. Il cristallise en feuillets rhombes, minces, brillants et inaltérables à l'air.

Le *chloromercurate* constitue des feuillets brillants, solubles dans l'eau et l'alcool.

Le *bichloroplatinate*, $C^{24}H^{12}N^2$, 2 ($HCl,PtCl^2$), est jaune et cristallin, peu soluble dans l'eau, presque insoluble dans l'alcool et l'éther. L'eau bouillante le décompose.

Le *bisulfate*, $C^{24}H^{12}N^2$, S^2O^6, 2 HO, est presque insoluble dans l'eau bouillante et dans l'alcool; aussi l'acide sulfurique précipite-t-il les solutions de benzidine, pas trop étendues, à l'état d'une poudre blanche, sans éclat. Si la solution est très-étendue, le précipité possède un éclat argentin, et se compose d'écailles microscopiques.

Le *phosphate* est presque aussi insoluble que le bisulfate.

Le *nitrate* cristallise en feuillets rectangulaires, solubles dans l'eau. L'acide nitrique concentré détruit l'alcali.

Le *bioxalate*, $C^{24}H^{12}N^2$, C^4O^6, 2 HO, est un sel blanc, cristallisé en

---

[1] M. Zinin représente la benzidine par la moitié de la formule que j'adopte, et considère comme neutres les sels que j'envisage comme acides.

aiguilles soyeuses et radiées, assez peu solubles dans l'alcool et l'eau.

L'*acétate* forme des paillettes allongées, minces et brillantes, fort solubles dans l'eau et l'alcool.

Le *tartrate* constitue des lames semblables à la benzidine, mais beaucoup plus solubles dans l'eau.

§ 1351. La *diphénine*[1], $C^{24}H^{12}N^4$, est un alcali qui se produit par la réduction de l'azobenzide binitré. On verse de l'alcool sur l'azobenzide binitré et du sulfhydrate d'ammoniaque; on fait bouillir, on chasse une partie de l'alcool, on étend d'eau, on verse un léger excès d'acide chlorhydrique, on filtre et l'on précipite à chaud l'alcali par l'ammoniaque. La diphénine se précipite ainsi à l'état cristallisé. On la purifie en la faisant cristalliser dans l'éther. Un autre moyen de purification consiste à verser de l'acide sulfurique sur l'alcali; il se produit ainsi un bisulfate insoluble dans l'eau froide; on lave celui-ci à l'eau et à l'alcool, on le dissout ensuite dans l'eau bouillante additionnée d'acide chlorhydrique, et l'on précipite la dissolution par l'ammoniaque.

La diphénine est jaune. Les acides nitrique et chlorhydrique la dissolvent avec une couleur rouge.

Le *bichloroplatinate*, $C^{24}H^{12}N^4$, 2 $(HCl,PtCl^2)$, s'obtient sous la forme d'un beau précipité cramoisi foncé, lorsqu'on verse du bichlorure de platine dans une solution de diphénine dans l'acide chlorhydrique.

Le *bisulfate* est insoluble dans l'eau froide.

Dérivés sulfuriques de la benzine.

§ 1351[a]. Nous décrirons plus loin (§ 1403), sous le titre de SULFITES DE PHÉNYLE, les produits de l'action de l'acide sulfurique sur la benzine.

ACIDE PHÉNIQUE.

Syn. : hydrate de phényle, phénol, acide carbolique, alcool phénique.

Composition : $C^{12}H^6O^2 = C^{12}H^5O, HO$.

§ 1352. Ce corps[2] se rencontre en quantité considérable dans

---

[1] LAURENT et GERHARDT (1849), *Compt. rend. des trav. de Chim.*, 1849, p. 417.
[2] RUNGE (1834), *Ann. de Poggend.*, XXXI, 69; XXXII, 308. — LAURENT, *Ann. de Chim. et de Phys.*, [3] III, 195.

l'huile du gaz de l'éclairage[1] par la houille (Runge, Laurent). Il se produit[2] par le dédoublement de l'acide salicylique, sous l'influence de la chaux ou de la baryte caustiques (Gerhardt);

$$C^{14}H^6O^6 = C^2O^4 + C^{12}H^6O^2;$$

Ac. salicyliq.   Ac. phéniq.

il se forme aussi dans la distillation sèche du benjoin (E. Kopp), de la résine de *Xanthorrhœa hastilis*, dite gomme jaune, de l'acide quinique (Wœhler), du chromate de pélosine (Bœdeker), etc. On le trouve en petite quantité parmi les produits qu'on obtient en faisant passer de l'alcool ou de l'acide acétique dans un tube chauffé au rouge (Berthelot).

C'est à l'acide phénique que le castoréum doit son odeur particulière (Wœhler). L'urine de vache, de cheval, et d'homme renferme également des quantités sensibles d'acide phénique (Stædeler[3]).

La créosote du commerce est souvent presque entièrement composée d'acide phénique.

Voici le procédé indiqué par Laurent pour l'extraction de ce corps des huiles du goudron de houille. On fractionne les huiles provenant de la distillation du goudron, et l'on recueille à part les portions qui bouillent entre 150 et 200°. On y verse ensuite une solution de potasse caustique saturée à chaud, ainsi que de la potasse en poudre. Aussitôt l'huile se prend en une masse blanche et cristalline; on en décante les parties liquides, et l'on dissout dans l'eau la partie solide. Il se produit ainsi deux couches, l'une légère et huileuse, l'autre plus pesante et aqueuse. On sépare celle-ci, et on la neutralise par de l'acide chlorhydrique; une nouvelle huile est alors mise en liberté. Après l'avoir mise en digestion avec le chlorure de calcium; on la soumet à la distillation, et on la refroidit fort lentement, de manière à la solidifier en partie et à obtenir de gros cristaux. On conserve ceux-ci à l'abri du contact de l'air.

L'acide phénique est solide, incolore, cristallisé en longues aiguilles qui appartiennent probablement au système rhombique. Il présente une odeur de fumée, comme la créosote. Il entre en fusion vers 34 à 35°, et bout entre 187 et 188°; la moindre trace

---

[1] De là le nom de *phénique*; en grec, φαίνω veut dire j'éclaire.
[2] GERHARDT, *Revue scientif.*, X, 210.
[3] STAEDELER, *Ann. der Chem. u. Pharm.*, LXVII, 360; LXXVII, 17.

d'humidité liquéfie les cristaux. Sa densité est de 1,065 à + 18°; il ne rougit pas le tournesol, et fait sur le papier des taches grasses qui disparaissent peu à peu. Il est peu soluble dans l'eau; l'alcool et l'éther le dissolvent en toutes proportions. Il se dissout également très-bien dans l'acide acétique concentré.

Il peut distiller sur l'acide phosphorique fondu sans subir d'altération. L'acide sulfurique concentré le dissout avec dégagement de chaleur et sans se colorer, en produisant de l'acide phényl-sulfurique (§ 1408).

L'acide nitrique concentré l'attaque avec une violence extrême; chaque goutte d'acide qu'on y laisse tomber produit un bruissement comme un fer rouge qu'on plongerait dans l'eau, et par l'ébullition on obtient de l'acide trinitrophénique ou picrique (§ 1373); une réaction moins énergique produit de l'acide nitrophénique (§ 1366) ou binitrophénique (§ 1369). L'acide chromique aqueux colore immédiatement en noir l'acide phénique.

Quand on plonge dans la solution de l'acide phénique un copeau de pin, et qu'on trempe ensuite celui-ci dans l'acide chlorhydrique ou nitrique, le bois se colore en bleu par la dessiccation à l'air[1].

L'ammoniaque liquide ne dissout pas l'acide phénique, mais celui-ci absorbe l'ammoniaque gazeuse. Le produit, maintenu pendant quelque temps à une température élevée, dans un tube scellé à la lampe, se convertit en partie en eau et en aniline (§ 1411) :

$$C^{12}H^6O^2 + NH^3 = 2\ HO + C^{12}H^7N.$$

Ac. phéniq.Aniline.

Le potassium l'attaque d'abord lentement; à l'aide d'une douce chaleur, l'action devient plus rapide; il se dégage alors de l'hydrogène, et l'on obtient du phénate de potasse cristallisé en aiguilles. La potasse solide se combine également avec l'acide phénique en produisant ce sel. La potasse liquide dissout l'acide phénique.

On peut distiller l'acide phénique sur un excès de potasse, de chaux ou de baryte caustiques, sans qu'il y ait décomposition.

Le chlore et le brome attaquent l'acide phénique en donnant différents dérivés par substitution (§ 1358 et 1362).

---

[1] Cette réaction n'offre rien de caractéristique, car, suivant M. Wagner (*Journ. f. prakt. Chem.*, LII, 451), le bois de pin, simplement humecté d'acide chlorhydrique et exposé ensuite au soleil, se colore bien souvent en bleu, en violet ou en vert.

Les bisulfites alcalins n'agissent pas sur l'acide phénique.

L'acide phénique réduit le bioxyde de mercure par l'ébullition, et sépare l'argent à l'état métallique de son nitrate. Lorsqu'on verse quelques gouttes d'acide phénique sur l'oxyde puce de plomb, il se dégage de la chaleur, et il se produit un léger bruissement ; quand on y ajoute ensuite quelques gouttes d'eau et qu'on fait bouillir le mélange, l'oxyde puce se décolore.

Un mélange d'acide chlorhydrique et de chlorate de potasse convertit l'acide phénique d'abord en acide trichlorophénique, puis en perchloroquinone ou chloranile, $C^{12}Gl^4O^4$ (§ 1461).

Le perchlorure de phosphore transforme l'acide phénique en chlorure de phényle (§ 1409).

Le chlorure de benzoïle le convertit en benzoate de phényle (§ 1522).

L'acide phénique attaque fortement la peau des lèvres et des gencives. Sa solution aqueuse coagule l'albumine ; elle se combine avec certaines matières animales, et les préserve de la pourriture ; elle enlève même l'odeur fétide aux viandes et à d'autres substances déjà putréfiées. Les sangsues et les poissons y périssent ; leurs cadavres se dessèchent alors à l'air sans entrer en putréfaction.

§ 1353. *Créosote.* — La substance qu'on vend dans le commerce, sous le nom de *créosote* n'est souvent que de l'acide phénique plus ou moins impur ; mais la véritable créosote, extraite du goudron de bois par M. Reichenbach[1], est un corps parfaitement distinct, et ne présente pas tous les caractères de l'acide phénique. C'est à cette dernière créosote que le vinaigre de bois, l'eau de goudron, la suie, la fumée de bois doivent leurs propriétés antiseptiques[2].

Pour préparer la créosote[3], on distille dans des cornues de fonte le goudron provenant de la distillation du bois, jusqu'à ce que le résidu ait la consistance de la poix noire ; si l'on poussait trop loin

---

[1] Reichenbach (1832), *Journ. f. Chem. u. Phys.*, v. Schweigger, LXVI, 301 et 345 ; LXVII, 1 et 57 ; LXVIII, 352. — Ettling, *Ann. der Chem. u. Pharm.*, VI, 209. — Laurent, *Compt. rend. de l'Acad.*, XI, 124 ; XIX, 574. — Deville, XIX, 134, et *Ann. de Chim. et de Phys.* [3] XII, 228. — Gorup-Besanez, *Ann. der Chem. u. Pharm*, LXXVIII, 231 ; LXXXVI, 223. — Voelckel, *ibid.*, LXXXVI, 93 ; LXXXVII, 306.

[2] De là le nom de *créosote* (du grec κρέας chair, et σώζω, je conserve).

[3] Voy. aussi sur la préparation de la créosote : E. Simon, *Ann. de Poggend.*, XXXII, 119. — Huedschmann, *Ann. der Chem. u. Pharm.*, XI, 40. — Koene, *ibid.*, XVI, 63. — Krueger, *Repert. f. d. Pharmac. u. Buchner*, XLVII, 273. — Buchner, *ibid.*, XLIX, 84. — Cozzi, *ibid.*, LV, 69.

la distillation, le résidu, en se carbonisant, donnerait des produits empyreumatiques qui entraveraient la purification de la matière. La liqueur recueillie dans les récipients contient de l'huile et de l'eau acide; on rejette celle-ci, et on soumet l'huile à une nouvelle distillation, en ne recueillant que les parties plus pesantes que l'eau. Celles-ci renferment le plus de créosote; on les lave avec du carbonate de soude, et on les soumet à la rectification dans une cornue de verre; on rejette encore les parties plus légères que l'eau qui passent à la distillation. Ensuite on fait dissoudre l'huile pesante dans une solution de potasse caustique d'une densité de 1,12. La réaction s'opère avec dégagement de chaleur et la potasse dissout toute la créosote, tandis que les huiles hydrocarburées restent en grande partie à l'état insoluble. Après avoir décanté ces dernières, on verse la solution alcaline dans une capsule ouverte, et on la porte lentement à l'ébullition; ceci a pour but de résinifier, par l'absorption de l'oxygène, une matière étrangère dissoute dans la potasse; après le refroidissement du mélange, on y ajoute de l'acide sulfurique étendu, qui met la créosote en liberté. Celle-ci n'est pas encore entièrement pure : il faut, pour l'avoir dans cet état, la distiller à plusieurs reprises avec de l'eau légèrement alcaline, la reprendre par de la potasse concentrée, enlever les parties huileuses insolubles, décomposer la solution alcaline par l'acide sulfurique étendu, rectifier par la distillation avec de l'eau la créosote mise en liberté, et répéter ces opérations jusqu'à ce que la matière se dissolve dans la potasse sans laisser de matière huileuse. Finalement on distille la créosote seule, en rejetant les premières portions, qui sont aqueuses, et en recueillant l'huile qui bout d'une manière constante à 203°. On dessèche cette huile sur du chlorure de calcium.

§ 1354. La créosote se présente sous la forme d'une huile incolore, transparente, douée d'un fort pouvoir réfringent. Son odeur est désagréable, pénétrante, semblable à celle de la viande fumée. Sa saveur est brûlante et très-caustique. Sa pesanteur spécifique est de 1,037 à 20° (Reichenbach; de 1,040 à 11°,5, Gorup; de 1,076 à 15°,5, Vœlckel). Elle ne se congèle pas par un froid de — 27°. Elle bout à 203° (Reich., entre 203°,5 et 208°, Gorup), et distille en plus grande partie sans altération. A l'état de pureté, elle ne se colore pas à l'air.

L'analyse de la créosote a donné les nombres suivants :

	Ettling.		Gorup.				Deville [1].			Vœlckel [2].		
Carbone. . .	75,72	74,53	75,32	75,72	74,78	74,68	72,30	72,84	72,92	72,48	72,58	72,35
Hydrogène..	7,80	7,87	7,84	7,94	7,98	7,84	7,60	7,60	8,16	7,04	7,10	7,16
Oxygène. ..	16,48	17,60	16,84	16,34	17,24	17,48	20,10	19,86	19,92	20,48	20,37	20,49
	100,00	100,00	100,00	100,00	100,00	100,00	100,00	100,00	100,00	100,00	100,00	100,00

M. Gorup représente ces résultats par la formule $C^{26}H^{16}O^4$, qui manque de contrôle (calcul : carbone, 76,47 ; hydrogène, 7,84). La formule de M. Vœlckel, $C^{24}H^{14}O^5$, ne présente pas plus de garantie (calcul : carbone, 72,72 ; hydrogène, 7,07).

La créosote brûle avec une flamme fuligineuse.

Elle ne conduit pas l'électricité.

Elle est peu soluble dans l'eau ; elle se mêle en toutes proportions avec l'alcool, l'éther, le sulfure de carbone, le naphte, l'éther acétique. Elle dissout, surtout à chaud, le phosphore, le soufre et le sélénium. Elle dissout également l'acide oxalique, l'acide tartrique, l'acide citrique, l'acide benzoïque, l'acide stéarique, les matières grasses, etc.

Les résines et les matières colorantes se dissolvent aisément dans la créosote. Celle-ci forme à froid une dissolution rouge jaunâtre avec la cochenille, rouge foncée avec le sang dragon, rouge avec le santal rouge, jaune pâle avec le santal citrin, pourpre foncée avec l'orseille, jaune avec la garance, jaune d'or avec le safran. Mise en contact avec l'indigo, elle dissout à chaud la matière colorante, qui s'en précipite par l'addition de l'alcool et de l'eau. Elle dissout à peine le caoutchouc par l'ébullition.

L'acide acétique de 1,070 se mêle avec la créosote en toutes proportions (Reich.; l'acide acétique ordinaire ne la dissout qu'en partie, Gorup; il dissout entièrement la créosote pure, Vœlckel).

L'acide chlorhydrique aqueux ne la dissout pas mieux que l'eau.

---

[1] J'extrais les analyses de M. Deville d'une thèse publiée par ce chimiste en 1843 ; l'une d'elles (la troisième) a été faite sur de la créosote préparée par M. Reichenbach lui-même, les deux autres ont été faites sur des produits fabriqués par Pelletier. Les résultats de ces analyses diffèrent beaucoup de ceux de MM. Ettling et Gorup; ils ne s'accordent pas non plus avec la formule $C^{28}H^{16}O^4$ adoptée plus tard par M. Deville; mais ils sont assez rapprochés des nombres obtenus par M. Voelckel. (Calcul : carbone, 77,78 ; hydrogène, 7,40). Les analyses sur lesquelles se fonde cette dernière formule, n'ont pas été publiées, à ma connaissance du moins.

M. Staedeler (*Ann. der Chem. u. Pharm.*, LXXVII, 25) déduit des analyses de M. Ettling les rapports $C^{24}H^{14}O^4$. (Calcul : carbone, 75,79 ; hydrogène, 7,37).

[2] M. Vœlckel considère comme impure la créosote analysée par MM. Ettling et Gorup. Selon lui, la créosote pure se dissout entièrement dans l'acide acétique ordinaire, ainsi que dans la potasse diluée.

L'acide sulfurique concentré se mêle avec elle en s'échauffant légèrement, et en donnant une liqueur pourpre; celle-ci, étant étendue d'eau et saturée par le carbonate de baryte, donne un sel soluble qui se décompose déjà pendant l'évaporation. L'acide nitrique concentré attaque énergiquement la créosote en produisant une résine brune; si l'on fait bouillir le mélange, on obtient beaucoup d'acide oxalique (Gorup; avec l'acide nitrique étendu et bouillant, on obtient de l'acide picrique, de l'acide oxalique, et une résine brune, qui, traitée ultérieurement par l'ammoniaque et l'acide nitrique, donne de l'acide picrique et deux autres acides nitrogénés, formant avec l'ammoniaque des lames et des aiguilles; Laurent). L'acide borique cristallisé se dissout en grande quantité dans la créosote bouillante, et se dépose, par le refroidissement, à l'état pulvérulent.

L'ammoniaque concentrée dissout la créosote déjà à froid; la solution ammoniacale perd tout l'alcali par l'évaporation au bain-marie.

La potasse caustique dissout également la créosote; la potasse solide donne avec elle une combinaison liquide, et une autre combinaison cristallisée en paillettes[1]. La solution potassique brunit au bout de quelque temps; si on la fait bouillir, toute la créosote s'en dégage. Lorsqu'on distille cette substance avec une solution alcoolique de potasse, elle se décompose en partie, et il passe avec l'alcool une huile aromatique. La potasse en fusion décompose également la créosote. Il en est de même de la chaux vive; si l'on distille le mélange, il passe une huile d'une odeur agréable, un peu plus volatile que la créosote, et qui présente quelque analogie avec le *capnomore*[2] de M. Reichenbach.

Le potassium attaque la créosote en dégageant de l'hydrogène, et en épaississant la liqueur.

Le chlore attaque la créosote avec dégagement d'acide chlorhydrique; on obtient un liquide chloré, en partie résinifié, et qui se décompose à la distillation. Le brome est absorbé en grande quantité par la créosote (et donne un acide cristallisé représentant de la créosote dans laquelle la moitié de l'hydrogène est remplacé par son équivalent de brome, Deville). L'iode se dissout dans la créosote avec une couleur brune.

[1] M. Gorup n'a pas pu obtenir de combinaison cristallisée.
[2] REICHENBACH, *Journ. f. prakt. Chem.*, I, 1.

Les bisulfites alcalins n'agissent pas sur la créosote.

Un mélange de peroxyde de manganèse et d'acide sulfurique, et un mélange de bichromate de potasse et d'acide sulfurique résinifient la créosote, en produisant, en petite quantité, des huiles légères d'une odeur aromatique et probablement de l'acide formique. Le peroxyde de plomb puce n'exerce aucune action sur la solution de la créosote dans l'acide acétique.

Le chlorate de potasse et l'acide chlorhydrique donnent naissance à des produits particuliers sur lesquels nous reviendrons (§ 1356).

Beaucoup de sels se dissolvent à chaud dans la créosote, et s'en séparent à l'état cristallisé par le refroidissement; tels sont les acétates de potasse, de soude, d'ammoniaque, de plomb, de zinc, les chlorures de calcium et d'étain.

L'acétate de plomb n'est pas précipité par la créosote; le sous-acétate de plomb donne une masse sirupeuse, contenant 33,8 p. c. d'oxyde[1]. Un mélange de sous-acétate de plomb et d'ammoniaque donne des précipités d'une composition variable (48,3 — 67,7) p. c. d'oxyde et quelquefois emplastiques (Gorup).

Le nitrate d'argent se réduit à chaud par la créosote, en produisant un beau miroir métallique. Si l'on fait tomber goutte à goutte de la créosote sur de l'oxyde d'argent récemment précipité, elle s'échauffe au point de s'enflammer et de produire une explosion; outre de l'argent réduit, il se produit, dans ces circonstances, de l'oxalate d'argent, ainsi que des produits résineux.

Les sels d'or, de platine et de mercure, ainsi que les permanganates, sont également réduits par la créosote.

D'après M. Deville, la créosote colore en bleu une grande quantité d'eau contenant une trace de sel ferrique; suivant M. Gorup, le perchlorure de fer ne produit aucun changement dans la créosote pure, et l'on n'obtient de coloration bleue ou violacée qu'avec l'acide phénique.

§ 1355. Ainsi que nous l'avons dit, c'est à la créosote que l'eau de goudron et l'acide pyroligneux doivent la propriété d'agir comme antiseptiques, c'est-à-dire de préserver de la putréfaction les substances animales. Lorsqu'on met de la viande fraîche dans de l'eau chargée de créosote, qu'on l'en retire au bout d'une demi-heure ou d'une heure, on peut ensuite l'exposer au soleil sans

---

[1] La formule $C^{28}H^{15}PbO^5$ exigerait 35,1 p. c. d'oxyde de plomb.

qu'elle entre en putréfaction ; elle se durcit dans l'espace de quelques jours, prend une odeur agréable de bonne viande fumée, et sa couleur passe au rouge brun. Il est probable que cette action de la créosote tient à la promptitude avec laquelle cette substance coagule l'albumine : en effet, si dans une solution aqueuse et étendue de blanc d'œuf on verse une seule goutte de créosote, elle s'entoure immédiatement de pellicules blanches d'albumine coagulée. L'albumine du sang en éprouve le même effet.

C'est sans doute encore à la même cause qu'il faut attribuer l'action énergique que la créosote exerce sur les tissus vivants. Lorsqu'on verse de la créosote sur la peau, elle détruit l'épiderme ; mise sur la langue, elle occasionne une vive douleur. Des insectes, des poissons, plongés dans une solution de créosote, ne tardent pas à périr ; les plantes meurent aussi quand on les arrose avec cette solution.

La créosote est employée en médecine contre la carie des dents. On s'en sert aussi pour arrêter les hémorrhagies, mais c'est surtout dans le traitement de certains ulcères, et même du cancer du sein, qu'elle a produit de bons effets. On a également préconisé l'emploi de la créosote, mêlée à de la vapeur d'eau, sous forme de fumigations, pour la guérison des suppurations de la trachée artère et des bronches.

§ 1356. M. Gorup-Besanez a découvert plusieurs nouveaux produits de décomposition de la créosote. Ces produits, quoique imparfaitement connus, démontrent cependant que l'acide phénique et la créosote sont deux corps bien distincts.

Lorsqu'on fait agir sur la créosote, à une douce chaleur, du chlorate de potasse et de l'acide chlorhydrique, il s'opère bientôt une réaction violente ; la matière se boursoufle considérablement, et l'on obtient une masse rouge et visqueuse, tandis qu'il se dégage une substance odorante qui excite le larmoiement. Si l'on maintient la réaction pendant quelques jours, et qu'on l'arrête ensuite quand on observe un abondant dégagement de chlore, le produit se compose d'une masse emplastique, entièrement remplie de paillettes jaunes A (*hexachlorxylon*). On la traite à froid par de l'alcool, tant que ce liquide se colore ; les paillettes restent en grande partie à l'état insoluble, tandis que l'alcool se charge d'une matière résineuse, ainsi que d'une substance B cristallisant en larges tables rhomboïdales (*pentachlorxylon*).

Les paillettes A et les tables rhomboïdales B sont deux corps chlorés particuliers.

On purifie le corps A par la cristallisation dans l'alcool bouillant. Il s'obtient ainsi sous la forme de paillettes dorées, très-brillantes, composées de petits rhombes microscopiques très-aigus; il est très-léger, et se sublime entre 180 et 190°. Il est insoluble dans l'eau, très-peu soluble dans l'alcool froid, soluble dans environ 171 p. d'alcool bouillant de 0,82, très-soluble dans l'éther, soluble dans l'acide acétique bouillant. Il a donné à l'analyse :

	Analyse.				$C^{16}H^4Cl^4O^4$.
Carbone. . .	36,78	36,65	36,78	36,69	35,0
Hydrogène..	1,59	1,54	1,51	1,53	1,4
Chlore. . . .	50,62	50,53	»	»	51,8
Oxygène. . .	»	»	»	»	11,8
					100,0

M. Gorup représente ces résultats par la formule $C^{26}H^6Cl^6O^6$, mais les rapports $C^{16}H^4Cl^4O^4$ me paraissent plus vraisemblables, ces rapports faisant du corps A un homologue du chloranile ou quinone quadrichlorée (§ 1461), qui présente avec lui la plus grande analogie de caractères.

L'acide chlorhydrique n'attaque pas le corps A ; l'acide nitrique le dissout à chaud sans altération ; l'acide sulfurique concentré le décompose. L'ammoniaque et la potasse caustique le dissolvent avec une couleur rouge brun , sans donner de produit cristallisé ; la solution alcaline précipite par les acides une substance brunâtre amorphe.

Quant aux tables rhomboïdales B , elles sont de couleur dorée, insolubles dans l'eau, solubles dans l'alcool dilué et bouillant, très-solubles dans l'éther. Elles se comportent avec les alcalis comme le corps A. Elles ont donné à l'analyse :

	Analyse.	$C^{16}H^5Cl^3O^4$
Carbone.	39,79	40,0
Hydrogène.	1,91	2,0

M. Gorup représente les résultats précédents par la formule $C^{26}H^7Cl^5O^6$; je préfère les rapports $C^{16}H^5Cl^3O^4$, qui font du corps B un homologue de la quinone trichlorée (§ 1461).

Lorsqu'on délaye le corps A dans l'eau, et qu'on fait passer du gaz sulfureux dans la liqueur, les paillettes dorées se transforment en prismes quadrilatères d'un blanc brunâtre. Si l'on dissout ceux-ci dans un mélange d'alcool et d'éther, on obtient une solution jaunâtre qui se fonce peu à peu, et dépose, par l'évaporation spontanée, deux espèces de cristaux : de longues aiguilles violet foncé, et des prismes de couleur blonde. Ces derniers ont donné à l'analyse sensiblement le même carbone que le corps A, mais plus d'hydrogène (2,23 — 2,39 p. c.) D'après cela, il paraît exister, entre ces produits et le corps A, les mêmes relations qu'entre les quinones chlorées et les hydroquinones chlorées.

L'étude des combinaisons précédentes aurait besoin d'être reprise avec soin.

Dérivés métalliques de l'acide phénique. Phénates.

§ 1357. L'acide phénique peut se combiner avec les bases alcalines, la baryte, la chaux, l'oxyde de plomb; mais les produits sont peu stables.

Le *phénate de potasse* cristallise en aiguilles blanches très-solubles dans l'alcool, l'éther et l'eau ; il peut s'obtenir anhydre quand on chauffe du potassium dans l'acide phénique. Les acides minéraux en séparent l'acide phénique.

L'acide phénique dissout le carbonate de potasse, sans en déplacer l'acide carbonique.

Le *phénate de baryte*, $C^{12}H^5BaO^2 + 3$ aq., forme une croûte cristalline, renfermant 42,48 p. c. de baryte.

Le *phénate de plomb* s'obtient sous la forme d'une masse blanche lorsqu'on fait bouillir l'acide phénique avec de la litharge, et qu'on ajoute au produit quelques gouttes d'alcool. Il se dissout en petite quantité dans l'alcool bouillant.

Dérivés chlorés de l'acide phénique.

§ 1358. *Acide bichlorophénique*[1], ou acide chlorophénésique, $C^{12}H^4Cl^2O^2$. — Ce composé se produit, avant l'acide trichlorophénique, par l'action du chlore sur l'hydrate de phényle. On peut le préparer avec l'huile de goudron. Il est huileux et se volatilise sans décomposition. L'eau ne le dissout pas, mais il est fort soluble dans l'alcool et l'éther. Avec l'acide nitrique bouillant il

---

[1] LAURENT (1836), *Ann. de Chim et de Phys.*, LXIII, 27 ; *ibid.*, [3], III, 210.

donne une matière cristalline très-volatile. Le chlore le transforme en acide trichlorophénique.

Si l'on verse de l'ammoniaque sur l'acide bichlorophénique, il se solidifie subitement en une matière cristalline; la combinaison exposée à l'air perd peu à peu l'ammoniaque qu'elle renferme, en redevenant huileuse; mais elle se solidifie de nouveau quand on y ajoute de l'ammoniaque; la combinaison est soluble dans l'eau.

§ 1359. *Acide trichlorophénique*[1], acide chlorophénisique ou chlorindoptique, $C^{12}H^3Cl^3O^2$. — Il se produit par l'action du chlore sur l'hydrate de phényle, et l'acide bichlorophénique, ainsi que par l'action du même agent, en présence de l'eau, sur l'indigo, l'aniline, la saligénine. On l'obtient également en décomposant l'hydrate de phényle par le chlorate de potasse et l'acide chlorhydrique.

On peut aisément le préparer en faisant passer du chlore dans l'huile de goudron, bouillant entre 170 et 190°. On pourrait continuer l'action de ce gaz jusqu'à ce qu'on vît l'huile se solidifier; mais il vaut mieux, après un jour ou deux, suivant la masse sur laquelle on opère, et suivant la vitesse du courant de chlore, soumettre l'huile à une nouvelle distillation. Cette opération doit être faite dans un lieu d'où l'on ne puisse incommoder les voisins, car l'odeur qui se répand dans cette distillation est extrêmement forte et se fait sentir à de très-grandes distances. Il se dégage beaucoup d'acide chlorhydrique. On rejette les premières et les dernières portions de l'huile qui distille; dans la cornue il reste une assez grande quantité de charbon. On fait ensuite passer du chlore dans l'huile distillée, jusqu'à ce qu'elle se prenne en une masse pâteuse et cristalline. On met celle-ci sur du papier joseph, afin d'absorber l'huile adhérente, et l'on comprime les cristaux.

L'acide trichlorophénique ainsi préparé renferme ordinairement un peu d'huile et une substance cristalline (*chloralbine*[2]). Pour le séparer de ces matières, on y verse de l'ammoniaque et de

---

[1] LAURENT (1836), *Ann. de Chim. et de Phys.*, LXIII, 27; [3] III, 206, 497. *Revue scientif.*, IX, 25. — ERDMANN, *Journ. f. prakt. Chem.*, XIX, 332; XXII, 276; XXV, 472. — PIRIA, *Ann. de Chim. et de Phys.*, [3] XIV, 269.

[2] Pour purifier la chloralbine, M. Laurent (*Revue scientif.*, VI, 72) dissout l'acide trichlorophénique brut à l'aide de l'ammoniaque, de l'alcool, ou mieux de l'éther qui enlève en même temps la matière huileuse. La chloralbine reste sous la forme d'aiguilles d'une grande blancheur. On la dissout ensuite dans l'éther bouillant. L'alcool bouillant ne la dissout qu'en petite quantité; les alcalis ne la dissolvent pas. Elle fond à 190°,

l'eau, on porte le tout à l'ébullition et l'on filtre. Le trichlorophénate d'ammoniaque est peu soluble et cristallise par le refroidissement; on le redissout dans l'eau, et l'on y verse de l'acide chlorhydrique. Il se forme alors un dépôt blanc et volumineux qu'il
suffit de laver et de distiller.

On obtient aussi l'acide trichlorophénique en distillant la masse
orangée qui se produit par l'action du chlore sur l'indigo bleu; il
passe ainsi un mélange de trichloraniline et d'acide trichlorophénique, qu'on soumet à une nouvelle distillation avec une lessive de potasse. Celle-ci retient l'acide trichlorophénique; on exprime le résidu, on l'abandonne au contact de l'air pour que la potasse libre
qu'il renferme puisse se carbonater, on le fait ensuite dissoudre
dans une petite quantité d'alcool bouillant, et on filtre le mélange.
La solution alcoolique dépose, par le refroidissement, de longues
aiguilles de trichlorophénate de potasse; on dissout ces cristaux
dans l'eau, et on les précipite par l'acide chlorhydrique.

Un autre moyen de préparer l'acide trichlorophénique consiste
à faire passer du chlore dans une solution concentrée de saligénine (§ 1593). On introduit le liquide dans un ballon, et l'on y
dirige le courant de chlore, en agitant le mélange pour faciliter
l'absorption du gaz. Il se précipite une matière résineuse d'abord
jaune, puis orangée, et finalement on voit apparaître un dépôt
cristallin blanc et volumineux. Le produit principal de la réaction est solide et cristallin, mais il renferme des quantités variables d'une matière oléagineuse rougeâtre qui communique sa
couleur à toute la masse. On distille tout le produit trois ou quatre
fois avec de l'acide sulfurique, de manière à charbonner la plus
grande partie de la matière oléagineuse; finalement, il ne distille
que de l'acide trichlorophénique cristallisé.

L'acide trichlorophénique est à peine soluble dans l'eau froide;
il est doué d'une odeur pénétrante très-tenace. Il est soluble en
toutes proportions dans l'alcool et l'éther; il est également fort
soluble dans les essences et dans les huiles grasses. Il cristallise,
tant par voie de dissolution que par sublimation, en aiguilles d'une
grande ténuité ou en prismes appartenant au système rhombique.

et cristallise, par le refroidissement, en feuilles de fougère; à une température plus
élevée, elle distille sans altération et se sublime en aiguilles.

La chloralbine renferme $C^{12}H^4Cl^2$. L'acide nitrique et l'acide sulfurique ne l'attaquent pas à chaud.

(Combinaison ordinaire, ∞ P. ∞ $\breve{P}$ ∞. o P. Inclinaison des faces, ∞ P : ∞ P $= 110°$; ∞ P : ∞ $\breve{P}$ $\infty = 145°$). A la température ordinaire, l'acide fondu se hérisse d'aiguilles semblables à une moisissure ; il fond à 44° (Laurent ; à 58°, Piria). Par le refroidissement, on peut l'obtenir en prismes microscopiques droits, à base rectangulaire. Il bout vers 250° et distille sans altération. L'acide nitrique bouillant le convertit en une substance rougeâtre qui devient cristalline par une ébullition prolongée[1]. L'acide sulfurique fumant le dissout très-bien à chaud ; par le refroidissement, la liqueur se prend en une masse composée d'aiguilles ; un mélange d'acide chlorhydrique et de chlorate de potasse le convertit en chloranile $C^{12}Cl^4O^4$.

§ 1360. Les *trichlorophénates métalliques* donnent à la distillation de l'acide trichlorophénique, en laissant un mélange de charbon et de chlorure. Ils brûlent avec une flamme fuligineuse bordée de vert. Leur solution donne, par l'acide nitrique, un précipité volumineux d'acide trichlorophénique.

Le *sel d'ammoniaque*, $C^{12}H^2(NH^4)Cl^3O^2$, cristallise en aiguilles, et présente une légère réaction alcaline.

Le *sel de potasse* forme des aiguilles très-solubles.

Le *sel de soude* se présente sous la forme d'aiguilles soyeuses très-solubles.

Le *sel de baryte* s'obtient, sous la forme d'un précipité blanc et gélatineux, par le mélange d'une solution concentrée de trichlorophénate d'ammoniaque avec une solution également concentrée de chlorure de baryum ; si les solutions sont étendues, on n'obtient pas de précipité ; si l'on mêle les deux dissolutions bouillantes et concentrées, il se forme un sel cristallisé en longues aiguilles.

Le *sel de chaux* est un précipité blanc et gélatineux qui ne se produit qu'avec des solutions concentrées de trichlorophénate d'ammoniaque et de chlorure de calcium.

Le *sel de nickel* est un précipité verdâtre.

Le *sel de cobalt* est un précipité rougeâtre.

Le *sel de cuivre* s'obtient sous la forme d'un précipité brun

---

[1] M. Laurent appelle ce produit *chlorophényle*. Il est cristallisé en paillettes jaunes, insolubles dans l'eau, mais solubles dans l'alcool et l'éther. Il se sublime en paillettes dorées, très-brillantes. Il a donné à l'analyse :

Carbone. . .	37,81	37,1
Hydrogène. .	1,88	1,8
Chlore. . . .	54,30	»

rouge, si l'on verse le trichlorophénate d'ammoniaque dans un sel de cuivre; le précipité est insoluble dans l'alcool, et s'y dépose en aiguilles brillantes.

Le *sel ferreux* est un précipité bleu. Le *sel ferrique* est un précipité rougeâtre.

Le *sel de plomb* est un précipité blanc.

Le *sel d'argent* est un précipité jaune serin.

Le *sel mercureux* et le *sel mercurique* constituent des précipités blancs.

§ 1361. *Acide quintichlorophénique*[1], chlorophénusique ou chlorindoptique chloré, $C^{12}Cl^5HO^2$. — Il se produit par l'action du chlore sur une solution alcoolique d'acide trichlorophénique, de chlorisatine ou de bichlorisatine.

Pour le préparer, on fait passer du chlore dans de l'alcool de 80 centièmes, bouillant et contenant, soit en solution, soit en suspension, de la chlorisatine et de la bichlorisatine, jusqu'à ce que le précipité épais et huileux n'augmente plus ; on lave ce précipité à l'eau (pour en extraire le chlorhydrate d'ammoniaque), et on l'épuise à froid par de l'alcool, qui laisse intacte la plus grande partie du chloranile; on ajoute de l'eau à la solution alcoolique. de manière à en précipiter une substance résineuse, et l'on dissout celle-ci à chaud dans la potasse caustique; il se dépose alors, par le refroidissement, des cristaux de quintichlorophénate de potasse, qu'on purifie par de nouvelles cristallisations dans la potasse où ils sont peu solubles. Enfin on précipite le sel de potasse par l'acide chlorhydrique.

L'acide quintichlorophénique se précipite sous la forme de flocons blancs, qui cristallisent, dans l'huile de naphte, à l'état de prismes droits rhomboïdaux, tronqués sur les arêtes latérales aiguës (∞ P : ∞ P = 110° environ). Il est moins fusible que l'acide trichlorophénique. Il est aussi moins volatil; toutefois, lorsqu'on le distille avec de l'eau, il se sublime en longues aiguilles. Son odeur ressemble à celle de l'acide trichlorophénique, mais elle est plus agréable.

Le *sel d'ammoniaque* forme des groupes de lamelles, peu solubles dans l'eau.

Le *sel de potasse* constitue des aiguilles ou des prismes rhom-

[1] ERDMANN (1841), *Journ. f. prakt. Chem.*, XXII, 272. — LAURENT, *Ann. de Chim. et de Phys.*, [3] III, 497.

boïdaux. Il ne précipite ni les sels de *chaux*, ni les sels de *magnésie*; mais il précipite le chlorure de *baryum* en blanc floconneux, les sels *ferreux* et les sels *ferriques* en blanc brunâtre, le nitrate de *cobalt* en rougeâtre, le nitrate de *nickel* en verdâtre, le sulfate de *cuivre* en poupre violacé foncé, le nitrate *mercureux* en blanc floconneux, le bichlorure de *mercure* en blanc floconneux, le nitrate d'*argent* en jaune serin.

Le *sel d'argent* renferme $C^{12}Gl^5AgO^2$.

Dérivés bromés de l'acide phénique.

§ 1362. *Acide bromophénique*[1], ou bromophénasique, $C^{12}H^5$ BrO^2. — On obtient ce corps sous la forme d'une huile incolore en distillant l'acide bromosalicylique, avec un mélange de sable et de baryte caustique.

§ 1363. *Acide bibromophénique*[2], ou bromophénésique, $C^{12}H^4$ Br^2O^2. — Il se produit par la distillation d'un mélange d'acide bibromosalicylique, de baryte caustique, et de sable. C'est une huile qui cristallise par le refroidissement.

§ 1364. *Acide tribromophénique*[3], bromophénisique ou bromindoptique, $C^{12}H^3Br^3O^2$. — Lorsqu'on verse du brome sur l'acide phénique, il se produit une effervescence d'acide bromhydrique accompagnée d'un dégagement de chaleur très-considérable. On finit par obtenir une masse cristalline d'acide tribromophénique qu'on purifie comme l'acide trichlorophénique. On obtient ainsi un produit cristallisable et incolore, qui distille sans altération.

On peut aussi obtenir l'acide tribromophénique en distillant l'acide tribromosalicylique avec 2 ou 3 fois son poids de sable et un peu de baryte caustique.

Enfin, un troisième procédé consiste à traiter l'indigo, en présence de l'eau, par du brome, à distiller le produit de cette réaction, et à redistiller avec de la potasse la matière passée à la première distillation; on obtient ainsi un résidu de tribromophénate de potasse.

L'acide tribromophénique cristallise en aiguilles incolores ou en prismes droits rhomboïdaux, tronqués sur les arêtes latérales

[1] CAHOURS (1845), *Ann. de Chim. et de Phys.*, [3] XIII, 102.

[2] CAHOURS (1845), *loc. cit.*

[3] LAURENT (1841), *Ann. de Chim. et de Phys.*, [3] III, 211. — ERDMANN, *loc. cit.* — CAHOURS, *loc. cit.*

aiguës (∞ P : ∞ P $= 128^o$; ∞ P : ∞ P $\infty = 116^o$). Son odeur est semblable à celle de l'acide trichlorophénique. Il est fusible, et cristallise par le refroidissement. Il distille sans altération. Il est un peu moins soluble dans l'alcool que l'acide trichlorophénique.

Lorsqu'on le fait bouillir avec de l'acide nitrique, il donne une résine brunâtre, qui disparaît peu à peu; par l'évaporation, on obtient ensuite des cristaux d'acide picrique.

§ 1365. Les *tribromophénates métalliques* donnent ordinairement, par la calcination, du bromure, ainsi que de l'acide tribromophénique (?).

Le *sel d'ammoniaque*, $C^{12}H^2(NH^4)Br^3O^2$, cristallise en aiguilles. La solution concentrée précipite le chlorure de *baryum* et de *calcium* en aiguilles incolores, l'acétate de *plomb* en blanc, l'acétate de *cuivre* en brun rouge, soluble dans l'alcool, et le nitrate d'*argent* en jaune orangé.

Lorsqu'on ajoute du brome, jusqu'à refus, à la solution du salicylate de potasse, mélangé d'un excès de potasse, une action vive s'établit, la liqueur se décolore, de l'acide carbonique se dégage, et bientôt il se précipite une matière rougeâtre, analogue au sulfure d'antimoine obtenu par précipitation. Cette substance ne se dissout ni dans l'ammoniaque liquide, ni dans la potasse caustique, même à la température de l'ébullition : l'alcool concentré et bouillant ne la dissout pas davantage; elle se dissout au contraire avec facilité dans l'éther. Cette matière a la même composition que l'acide tribromophénique. Elle dégage ce dernier corps quand on la chauffe doucement (Cahours).

Dérivés nitriques de l'acide phénique.

§ 1366. *Acide nitrophénique*[1], $C^{12}H^5(NO^4)O^2$. — Il se produit par l'action de l'acide nitrique sur l'acide phénique, ou par celle d'un mélange d'acide nitrique et d'acide arsénieux sur l'aniline.

Lorsqu'on fait passer du bioxyde d'azote dans l'aniline dissoute dans l'acide nitrique concentré, on obtient un mélange brun résinoïde, contenant de l'acide nitrophénique cristallin, une substance brune amorphe, et une trace d'acide phénique.

L'acide nitrophénique peut s'obtenir très-bien cristallisé.

§ 1367. *Acide bichloro-nitrophénique*[2], $C^{12}H^3Cl^2(NO^4)O^2$. — Ce

[1] HOFMANN (1850), *Ann. der Chem. u. Pharm.*, LXXV, 358.
[2] LAURENT et DELBOS (1845), *Ann. de Chim. et de Phys.*, [3] XIX, 380.

composé s'obtient en traitant l'huile de houille distillée d'abord par le chlore, puis par l'acide nitrique. Après avoir ajouté de l'eau au produit, on le neutralise par l'ammoniaque, on porte à l'ébullition, on sépare par le filtre une matière brune, on neutralise la liqueur filtrée par l'acide nitrique, et on fait recristalliser dans l'alcool l'acide bichloro-nitrophénique qui se dépose par le refroidissement de la liqueur.

Cet acide est jaune, soluble dans l'eau, assez soluble dans l'alcool bouillant et dans l'éther; il cristallise en beaux prismes appartenant au système monoclinique (∞ P : ∞ P $=$ 88°; ∞ P : oP $=$ 108° 20 à 30′).

Chauffé brusquement en vase clos, il se décompose avec ignition.

Le *sel d'ammoniaque* cristallise en belles aiguilles rouge orangé, qui, chauffées avec précaution, se subliment en partie sans altération.

Le *sel de potasse*, $C^{12}H^2KCl^2(NO^4)O^2$, cristallise en lamelles très-éclatantes, qui donnent, par réflexion, deux couleurs très-différentes. Dans un sens, elles sont d'une belle couleur cramoisie; dans un autre, d'un jaune pur.

Les autres sels ressemblent entièrement aux picrates.

§ 1368. *Acide biiodo-nitrophénique*[1], $C^{12}H^3I^2(NO^4)O^2$. — Il se forme lorsqu'on traite à chaud l'acide nitrosalicylique par l'iode, en y ajoutant une solution de potasse. Pour en comprendre la formation, il faut se rappeler que l'acide nitrosalicylique renferme les éléments de l'acide carbonique plus de l'acide nitrophénique.

Les caractères de l'acide biiodo-nitrophénique n'ont pas encore été décrits.

§ 1369. *Acide binitrophénique*[2], ou acide nitrophénésique, $C^{12}H^4(NO^4)^2O^2$. — Pour préparer cet acide, on emploie de l'huile de houille dont le point d'ébullition varie de 160 à 190°. On la verse dans une très-grande capsule de porcelaine, et l'on y ajoute peu à peu de l'acide nitrique ordinaire, environ 12 p. d'acide pour 10 p. d'huile. L'attaque se fait avec une violence extraordinaire, et la masse se boursoufle considérablement; il est bon d'avoir sous la main un vase pour recevoir la matière si elle ve-

[1] PIRIA (1843), *Compt. rend. de l'Acad.*, XVII, 187.
[2] LAURENT (1841), *Ann. de Chim. et de Phys.*, [3] III, 213. *Revue scientif.*, IX, 124.

nait à déborder. La matière s'épaissit et s'échauffe peu à peu ; si l'on a soin d'ajouter l'acide nitrique dès que le boursouflement a cessé, il est inutile de chauffer la capsule vers la fin de l'opération. Lorsque celle-ci est terminée, on verse un peu d'eau sur la matière brun rougeâtre qui s'est formée, afin d'enlever l'acide nitrique ; puis on y ajoute de l'ammoniaque et de l'eau. On porte le tout à l'ébullition, et l'on jette la liqueur sur un grand filtre, afin qu'elle passe rapidement. Sur le filtre et dans la capsule il reste une matière brune A très-épaisse, qu'il faut mettre à part[1].

La dissolution ammoniacale, qui est très-brune et qui tache fortement la peau en jaune, laisse déposer une matière solide brune, qui possède à peine l'apparence cristalline. Vingt-quatre heures après on décante l'eau-mère, et l'on verse dans celle-ci un acide ; il se forme un précipité brun, mou, résineux qu'on réunit à la matière A. On redissout dans l'eau bouillante le dépôt brun à peine cristallin, on filtre et on laisse cristalliser. On obtient alors des aiguilles fines, courtes et qui sont encore très-impures. On les dissout et on les fait cristalliser de nouveau ; à la quatrième ou cinquième cristallisation, on obtient ainsi du binitrophénate d'ammoniaque presque pur. (En opérant sur 1 kil. d'huile, M. Laurent a obtenu 400 grammes de ce sel). On le dissout dans un peu d'eau bouillante, et on le décompose par l'acide nitrique ; l'acide binitrophénique cristallise par le refroidissement. On purifie cet acide par deux ou trois cristallisations dans l'alcool.

L'acide binitrophénique se présente sous la forme de prismes de couleur blonde. Son odeur est nulle ; sa saveur, peu prononcée dans le premier instant, devient ensuite fort amère. Les cristaux appartiennent au système rhombique. Combinaison observée, ∞ P. ∞ P ∞. P ∞, avec P très-subordonné. Inclinaison des faces, ∞ P : ∞ P $= 130°$; ∞ P : ∞ P $\infty = 115°$; ∞ P ∞ : P $\infty = 127°$. Rapport des axes, a (vertical) : b : c :: $1,00$: $0,619$: $1,327$.

Il entre en fusion vers 104° ; la matière fondue se prend, par le refroidissement, en une masse fibro-lamellaire. En opérant sur quelques décigrammes, on peut le distiller sans le décomposer ; mais si on le chauffe brusquement dans un petit tube, il détone légèrement en produisant une flamme rouge accompagnée d'une fumée noire, et en laissant un résidu de charbon. Chauffé au con-

---

[1] Elle peut servir à préparer de l'acide picrique.

tact de l'air, il brûle avec une flamme rouge fuligineuse, ou bien il détone légèrement.

Il est presque insoluble dans l'eau froide, et un peu soluble dans l'eau bouillante. L'éther et l'alcool le dissolvent très-bien ; ce dernier en dissout à chaud un peu plus du quart de son poids.

Il colore très-fortement en jaune la peau et les tissus en général.

L'acide chlorhydrique bouillant le dissout un peu, et le laisse cristalliser sous la forme de feuilles de fougère. L'acide sulfurique le dissout très-bien à chaud ; l'eau le précipite de cette dissolution. L'acide sulfurique fumant, à l'aide d'une douce chaleur, le dissout, puis le décompose avec violence, en produisant un abondant dégagement de gaz. En saturant le liquide restant par la baryte, on obtient un sel particulier.

Le brome attaque l'acide binitrophénique en produisant un dérivé bromé (§ 1371). Le chlore ne paraît pas l'attaquer, même à chaud. Un mélange d'acide chlorhydrique et de chlorate de potasse le convertit aisément en chloranile.

L'acide nitrique bouillant le convertit rapidement en acide picrique.

En présence de l'hydrogène naissant, par l'acide sulfurique et le zinc, l'acide binitrophénique se dissout peu à peu, et la liqueur devient rose ; quand on y verse ensuite un excès d'ammoniaque, elle passe au vert, sans donner de précipité ; sous l'influence de la baryte et du sulfate ferreux, il donne un sel rouge. Lorsqu'on le chauffe avec une solution aqueuse de sulfhydrate d'ammoniaque, il donne une liqueur presque noire, qui dépose, par le refroidissement, des aiguilles d'acide nitrophénamique (§ 1377) :

$$2\ C^{12}H^{4}(NO^{4})^{2}O^{2} + 12\ HS = C^{24}H^{12}(NO^{4})^{2}N^{2}O^{4} + 8\ HO + 12\ S.$$

Ac. binitrophéniq.   Ac. binitro-diphénam.

Le chlorure de benzoïle attaque à chaud l'acide binitrophénique, avec dégagement d'acide chlorhydrique, et le transforme en benzoate de binitrophényle. Le perchlorure de phosphore décompose aussi l'acide binitrophénique, avec dégagement d'acide chlorhydrique et d'oxychlorure de phosphore, en produisant du chlorure de binitrophényle.

§ 1370. Les *binitrophénates métalliques* sont jaunes ou orangés ; presque tous sont solubles dans l'eau et cristallisables ; leurs solutions colorent fortement les tissus en jaune. Ils détonent très-légèrement à une température inférieure de quelques degrés au point de fusion du plomb. Chauffés en vase clos, ils se décomposent avec ignition.

Les acides nitrique, chlorhydrique et sulfurique en séparent l'acide binitrophénique.

On les prépare directement par l'acide binitrophénique et les oxydes ou leurs carbonates; le sel de plomb peut s'obtenir par double décomposition.

Le *sel d'ammoniaque* cristallise en aiguilles jaunes, soyeuses, souvent d'un demi-pied de long, et plus fines que des cheveux; il est peu soluble dans l'eau, encore moins soluble dans l'alcool. Il ne forme pas de précipité dans les sels de cuivre, de cadmium, de magnésium, de manganèse, de cobalt, de nickel, de bioxyde de mercure; il donne un précipité cristallisé en aiguilles dans une solution d'alun concentrée.

Le *sel de potasse*, $C^{12}H^3K(NO^4)^2O^2 +$ aq., est jaune et cristallise en aiguilles brillantes à six pans, dont l'un des angles est de 115°. Il est peu soluble dans l'eau froide. Lorsqu'on chauffe légèrement les cristaux, ils deviennent rouges sans changer de poids; refroidis, ils reprennent leur couleur. Chauffés au-dessus de 100°, les cristaux se brisent, deviennent opaques et perdent de l'eau; enfin, à une température assez élevée, le sel fond et finit par détoner.

Le *sel de soude* cristallise en aiguilles jaunes, soyeuses et assez solubles.

Le *sel de baryte*, $C^{12}H^3Ba(NO^4)^2O^2 + 5$ aq., est remarquable par sa beauté. Sa couleur ressemble à celle du bichromate de potasse. Il cristallise en gros prismes obliques à base hexagone; les angles que les pans forment entre eux sont de 89° et de 135°,30'. Si l'on redissout dans l'eau-mère les cristaux rouges qui s'en sont séparés, on obtient tantôt de gros prismes rouges, tantôt des aiguilles jaunes.

Le *sel de strontiane* s'obtient, après quelques temps, sous la forme de cristaux soyeux, lorsqu'on verse une solution chaude et concentrée de binitrophénate d'ammoniaque dans du chlorure de strontium.

Le *sel de chaux* s'obtient sous la forme de petits grains, formés d'aiguilles radiées.

Le *sel de cobalt* s'obtient en faisant réagir l'acide binitrophénique sur le carbonate de cobalt. Il cristallise en prismes droits à base rectangulaire terminés par deux facettes. Il est jaune brun, et sa dissolution est brune. Lorsqu'on y verse de l'ammoniaque, il se forme un précipité jaune, fusible et fulminant.

Le *sel de cuivre* est jaune, soluble, cristallisé en aiguilles soyeuses; sa dissolution est jaune. Lorsqu'on y verse de l'ammoniaque, il se forme un précipité cristallisé en aiguilles jaunes. Si l'on y ajoute un grand excès de cet alcali, le précipité ne paraît pas se dissoudre sensiblement, et la liqueur reste jaune; mais il est soluble dans un excès d'eau.

Le *sel de plomb* neutre n'a pas encore été obtenu. Lorsqu'on verse une solution alcoolique et bouillante d'acide binitrophénique dans une solution alcoolique et bouillante d'acétate de plomb médiocrement concentrée, il se produit, par le refroidissement, des aiguilles microscopiques, groupées en sphères et d'une belle couleur jaune. C'est un *sous-sel* contenant $2\ C^{12}H^3Pb(NO^4)^2O^2$, PbO. — Un autre *sous-sel*, $C^{12}H^3Pb(NO^4)^2O^2$,PbO + 4 aq., s'obtient en versant le binitrophénate d'ammoniaque dans une solution bouillante et étendue d'acétate de plomb; c'est un des sels les plus détonants.

Le *sel d'argent* s'obtient avec une solution concentrée de nitrate d'argent, sous la forme d'un précipité abondant, d'un jaune briqueté. Si le nitrate est un peu étendu, le précipité se forme plus tard, et il est cristallisé en aiguilles; on n'obtient pas de précipité avec des liqueurs très-étendues. Le binitrophénate d'argent est soluble dans l'alcool.

§ 1371. *Acide bromo-binitrophénique*[1], ou nitrobromophénisique, $C^{12}H^3Br(NO^4)^2O^2$. — Lorsqu'on verse du brome sur l'acide binitrophénique, il n'y a pas de réaction à la température ordinaire; mais si l'on chauffe pendant quelques minutes, le brome dissout le corps, et, par le refroidissement, il se forme une matière cristalline. Après l'avoir lavée avec un peu d'alcool, on la fait dissoudre dans l'éther bouillant. On verse la solution dans un vase à fond plat et à parois verticales, assez élevées, et on l'abandonne à l'évaporation spontanée; au bout de quelques jours, on obtient des cristaux parfaitement définis.

L'acide bromo-binitrophénique forme des cristaux d'un jaune de soufre, transparents, sans odeur et inaltérables à l'air. Les cristaux sont des prismes monocliniques ($\infty P : \infty P = 106°,36'$; oP : $\infty P = 98°,30'$). L'eau bouillante n'en dissout qu'une très-petite

----

[1] Laurent (1841), *Revue scientif.*, VI, 65; IX, 27.

quantité qui se dépose presque entièrement, par le refroidissement, en petites aiguilles ; l'alcool bouillant le dissout assez bien ; l'éther le dissout encore mieux.

Après avoir été fondu, il cristallise vers 110" en une masse fibro-lamellaire. A une plus haute température, il distille en partie sans se décomposer, et en laissant un peu de charbon.

Il tache la peau et les tissus en jaune, comme l'acide picrique.

Il se dissout à l'aide de la chaleur dans l'acide sulfurique, et il y cristallise en aiguilles ou en feuille de fougère ; par l'ébullition, il est décomposé.

L'acide nitrique bouillant le décompose ; en évaporant la solution, on obtient des cristaux d'acide picrique.

Le chlore n'a pas d'action sur lui ; toutefois, quand on chauffe, la matière éprouve une légère altération.

Mêlé avec du sulfate ferreux et de l'eau de baryte, l'acide bromo-binitrophénique donne du peroxyde de fer, ainsi qu'une liqueur d'un rouge de sang.

§ 1372. Les *bromo-binitrophénates* sont d'une grande beauté, cristallisables, en général solubles, jaunes, orangés ou rouges. Ils ressemblent beaucoup aux picrates et aux binitrophénates. La plupart d'entre eux détonent légèrement par la chaleur, mais moins fort que les picrates ; chauffés en vases clos, ils se décomposent avec ignition. Les acides nitrique, sulfurique et chlorhydrique en déplacent l'acide bromo-binitrophénique.

Le sel d'ammoniaque ne donne pas de précipité avec les chlorures de baryum, de strontium, de calcium, de manganèse, de magnésium.

Le *sel d'ammoniaque*, $C^{12}H^2(NH^4)Br(NO^4)^2O^2 + 4$ aq., est jaune, et semblable au picrate à même base. Il cristallise en aiguilles octogones dérivant d'un prisme rhomboïdal. Par la chaleur, il laisse dégager de l'eau (8,5 p. c. = 3 at. à 100°), puis il se sublime presque entièrement sans altération, en formant des aiguilles brillantes qui sont des prismes droits rhomboïdaux (∞ P : ∞ P = 135°).

Le *sel de potasse* cristallise en aiguilles soyeuses, jaunes, peu solubles dans l'eau et l'alcool.

Le *sel de baryte*, $C^{12}H^2Ba\,Br\,(NO^4)^2O^2 + 4$ aq., est jaune foncé, cristallisé en aiguilles, très-peu solubles dans l'eau.

Le *sel de chaux* est jaune, cristallisé en longues lamelles qui sont des prismes obliques à base rectangulaire. Si on les jette sur une feuille de papier qui vient d'être desséchée, on les voit à l'instant même se contourner et prendre une couleur rouge très-éclatante. Placées dans le vide, elles s'agitent de même en perdant de l'eau et en devenant rouges.

Le *sel de cuivre* ne se précipite pas par le mélange du sel d'ammoniaque et du nitrate de cuivre; mais par l'addition de l'ammoniaque, il se forme un précipité cristallisé en aiguilles et presque insoluble dans l'ammoniaque.

Les *sels de cobalt*, de *nickel*, et de *cadmium* se comportent de même.

Le *sel de plomb* est un précipité jaune orangé qui se produit avec le sel d'ammoniaque et l'acétate de plomb; si l'on emploie des solutions étendues et bouillantes, et qu'on décante la liqueur surnageante au bout de quelques secondes, elle laisse déposer, par le refroidissement, des aiguilles soyeuses et jaune clair, d'un sous-sel contenant $C^{12}H^2PbBr(NO^4)^2O^2$, $PbO,2HO$.

Le *sel d'argent* est un précipité jaune translucide; si les liqueurs sont étendues, il se dépose peu à peu à l'état de filaments d'une grande ténuité.

§ 1373. *Acide picrique* ou *trinitrophénique*[1], dit aussi amer de Welter, acide nitropicrique, nitrophénisique, chrysolépique[2] ou carbazotique, $C^{12}H^3(NO^4)^3O^2$. — Cet acide se produit par l'action de l'acide nitrique sur l'acide phénique, l'acide nitrophénique, l'acide binitrophénique, l'acide bromo-binitrophénique, la salicine, la saligénine, l'hydrure de salicyle, l'acide salicylique, l'acide nitrosalicylique, l'indigo, la coumarine, l'aloès, la phlorizine, la soie, plusieurs résines, etc.

---

[1] HAUSMANN (1788), *Journ. de Phys.*, mars 1788. — WELTER, *Ann. de Chim.*, XXIX, 301. — CHEVREUL, *ibid.*, LXXII, 113. — LIEBIG, *Journ. f. Chem. u. Phys. v. Schweigger*, XLIX, 373; LI, 374. *Ann. de Poggend.*, XIII, 191; XIV, 466. *Ann. de Chim. et de Phys.*, XXXVII, 286. *Ann. der Chem. u. Pharm.*, IX, 82. — WOEHLER, *Ann. de Poggend.*, XIII, 488. — DUMAS, *Ann. de Chim. et de Phys.* LIII, 178; *ibid.* [3] II, 228. — SCHUNCK, *Ann. der Chem. u. Pharm.*, XXXIX, 7; LXV, 234. — LAURENT, *Ann. de Chim. et de Phys.*, [3] III, 221. *Revue scientif.*, IX, 24. — R. F. MARCHAND, *Journ. f. Prakt. Chem.*, XXIII, 363; XXVI, 397; XXXII, 35; XLIV, 91. — STENHOUSE, *Ann. der Chem. u. Pharm.* LVII, 84.

[2] L'idendité de l'acide picrique et de l'*acide chrysolépique* (obtenu par M. Schunck en faisant agir l'acide nitrique sur l'aloès) a été établie par les expériences de MM. E. Robiquet (*Journ. de Pharm.*, [3] XIII, 44; XIV, 179); R. F. Marchand (*Journ. f. prakt. Chem.*, LIV, 191); Mulder (*Journ. f. prakt. Chem.*, XLVIII, 1), et Schunck (*Ann. der Chem. u Pharm.*, LXV, 234).

L'huile de goudron, contenant beaucoup d'hydrate de phényle, est la matière première la plus avantageuse pour la préparation de l'acide picrique. On réunit toutes les eaux-mères de la préparation du binitrophénate d'ammoniaque (§ 1360), et on les décompose par l'acide nitrique; on met le précipité qui se forme, dans une capsule, avec les matières brunes résineuses *A*, puis on y verse de l'acide nitrique ordinaire, et l'on porte le tout à l'ébullition. Pour purifier l'acide picrique déposé par le refroidissement du mélange, on lave celui-ci avec un peu d'eau, de manière à enlever l'acide nitrique, on sature ensuite par l'ammoniaque, on filtre, et, après avoir évaporé, on fait cristalliser à plusieurs reprises. (Il vaudrait sans doute mieux remplacer l'ammoniaque par la potasse, à cause de la faible solubilité du picrate de potasse.) On purifie le sel d'ammoniaque en le faisant dissoudre dans l'alcool bouillant; par le refroidissement, on obtient de belles aiguilles qu'on décompose par l'acide nitrique.

Le procédé précédent donne des proportions variables d'acide picrique, suivant la quantité d'acide binitrophénique qu'on a déjà obtenue. Si l'on ne tient pas précisément à se procurer ce dernier, on n'a qu'à faire bouillir l'acide binitrophénique impur avec de l'acide nitrique; au bout de quelques minutes, l'opération est terminée. Pour purifier l'acide picrique on le fait cristalliser dans l'alcool.

La résine de *Xanthorrhea hastilis* est aussi fort avantageuse pour la préparation de l'acide picrique.

On peut également employer la partie résineuse du benjoin qui reste après l'extraction de l'acide benzoïque par les alcalis; bouillie avec l'acide nitrique, elle donne une quantité considérable d'acide picrique. Le baume du Pérou en fournit aussi; on n'en obtient pas avec le baume de Tolu.

L'acide picrique qu'on obtient avec la salicine est d'une grande pureté et ne nécessite pas d'autres purifications.

Enfin on peut encore le préparer, avec peu d'avantage, il est vrai, en faisant bouillir de l'indigo bleu avec 10 ou 12 p. d'acide nitrique de 1,43, jusqu'à ce qu'il ne se développe plus de vapeurs rouges. Par le refroidissement du mélange, l'acide picrique cristallise à l'état impur; on le purifie en le dissolvant dans la potasse caustique et en l'en précipitant par l'acide nitrique.

L'acide picrique cristallise ordinairement en lamelles rectangulaires très-allongées, jaune clair, et très-brillantes ; par une évaporation lente, il s'obtient en cristaux d'une netteté parfaite, souvent d'un pouce de long ; ce sont alors des prismes droits à six pans et dont les bases sont remplacées par les sommets d'un octaèdre à base rhombe. D'après M. Laurent, on a pour l'inclinaison des faces, $\infty P : \infty \ddot{P}\infty = 115°,30'$; $P : P = 108°,0'$; $P : \infty \ddot{P}\infty = 125°,0$. Il a une saveur très-amère, un peu acide, et rougit le tournesol.

Il se dissout à 5° dans 160 p., à 15° dans 86 p., à 20° dans 81 p., à 22°,5 dans 77 p., à 26° dans 73 p., et à 77° dans 26 p. d'eau (Marchand). La solution est plus jaune que l'acide solide ; elle colore fortement en jaune la peau et les tissus en général. L'alcool et l'éther dissolvent aisément l'acide picrique.

Cet acide fond, par la chaleur, en une huile jaune qui se prend, par le refroidissement, en une masse cristalline ; chauffé plus fort à l'air, il répand des vapeurs âcres et fort amères, qui se subliment sur les corps froids ; chauffé brusquement dans une cornue, il se décompose avec explosion, en dégageant de l'azote, du bioxyde d'azote, de l'eau, de l'acide carbonique, de l'acide cyanhydrique et un gaz combustible, en laissant du charbon.

Il se dissout à chaud dans l'acide sulfurique concentré ; l'eau l'en reprécipite sans altération. Il se dissout aussi en grande quantité dans l'acide nitrique concentré.

Lorsqu'on le distille avec du chlorure de chaux, il donne une quantité considérable de chloropicrine (§ 374).

Lorsqu'on le chauffe avec un mélange d'acide chlorhydrique et de chlorate de potasse, il donne du chloranile (§ 1461), et de la chloropicrine. Les mêmes corps se produisent avec l'eau régale et l'acide picrique. On obtient encore les mêmes produits en faisant passer du chlore dans une solution d'acide picrique, mais l'action est fort lente. Le brome n'attaque pas l'acide picrique.

Chauffé doucement avec un mélange d'acide sulfurique et de peroxyde de manganèse, il dégage des vapeurs nitreuses.

Bouilli avec une lessive de potasse concentrée, il dégage beaucoup d'ammoniaque et donne une solution brune, d'où l'alcool bouillant extrait un sel jaune, cristallisé en aiguilles. La baryte caustique altère aussi l'acide picrique par une ébullition prolongée.

Lorsqu'on met l'acide picrique en digestion avec une solution de sulfate de fer et un excès de chaux ou de baryte caustique, on obtient une masse rouge brun, contenant un acide particulier (acide *nitrohématique* de M. Wœhler); celui-ci est probablement le même que l'acide picramique (§ 1378) qui se forme par l'action du sulf-hydrate d'ammoniaque. Un mélange d'alcool, d'acide sulfurique et d'acide picrique paraît donner de l'éther picrique. (Voy. *Phénate d'éthyle trinitré*, § 1392.)

Le chlorure de benzoïle transforme l'acide picrique, à chaud, en acide chlorhydrique et en benzoate de trinitrophényle.

L'acide picrique s'emploie depuis quelque temps dans la teinture sur soie ; il donne de belles nuances jaunes qui résistent aux lavages, si les tissus ont été préalablement mordancés avec de l'alun et de la crème de tartre. La laine peut aussi se teindre à l'acide picrique, mais le coton, mordancé ou non, n'en prend aucune coloration [1].

On a aussi proposé de substituer l'acide picrique au houblon dans la fabrication de la bière [2].

§ 1374. Les *picrates métalliques* sont en général cristallisables, amers, et de couleur jaune. Ils explosionnent par une forte chaleur, surtout en vase clos.

Le *sel d'ammoniaque*, $C^{12}H^2(NH^4)(NO^4)^3O^2$, cristallise en prismes droits, à 4, à 6 ou à 8 pans, de couleur jaune. (Combinaison observée [3], ∞ P. ∞ $\breve{P}\infty$. ∞ $\breve{P}\infty$. P. Inclinaison des faces, ∞ P : ∞ P $= 111°$; ∞ P : ∞ $\breve{P}\infty = 145°$; P : $= 135°$; id. $= 115°$). Il est assez soluble dans l'eau, peu soluble dans l'alcool.

Le *sel de potasse*, $C^{12}H^2K(NO^4)^3O^2$, forme des prismes jaunes appartenant également au système rhombique, et ayant ordinairement un reflet métallique. (Combinaison observée [4], ∞ P. ∞ $\breve{P}\infty$. P ∞ . Inclinaison des faces, ∞ P : ∞ P $= 110°.15'30''$; P∞ : P∞ dans le plan de l'axe vertical et du petit axe horizontal $= 139°25'$. Rapport de l'axe vertical aux axes horizontaux $1 : 2, 70456 : 1, 88469$.) Il est peu soluble, et exige pour sa solution au moins 260 p. d'eau à 15°, et 14 p. d'eau bouillante ; il est insoluble dans l'alcool. Lorsqu'on le chauffe, il devient orangé ; mais il reprend sa couleur jaune par le refroidissement ; une forte chaleur le fait détoner.

Le *sel de soude* forme de fines aiguilles brillantes, de couleur

[1] GUINON, *Ann. de la Soc. d'agriculture, d'hist. natur. etc.*, de Lyon, 1849, [2] I, 178. — GIRARDIN, *Journ. de Pharm.*, [3] XXI, 30.
[2] DUMOULIN, *Compt. rend. de l'Acad.*, XXXII, 879.
[3] LAURENT, *Revue scientif.*, IX, 26.
[4] SCHABUS, *Sitzungsber. d. Akad. d. Wissensch. zu Wien*, novemb. 1850, p. 390.

jaune, solubles dans 10 à 14 p. d'eau à 15°. Il détone assez fortement à une haute température.

Le *sel de baryte*, $C^{12}H^2Ba(NO^4)^3O^2 + 5$ aq., cristallise en prismes obliques à base rectangulaire, d'un jaune foncé, fort solubles dans l'eau, fusibles et explosibles; il contient 11,16 p. c. d'eau de cristallisation qui s'en vont en grande partie à 100°.

Le *sel de strontiane*, $C^{12}H^2Sr(NO^4)^3O^2,+5$ aq., forme des cristaux jaunes, durs et brillants, assez solubles dans l'eau froide, très-peu solubles dans l'alcool absolu et bouillant. Il explosionne par la chaleur.

Le *sel de chaux* forme des prismes plus solubles que le sel de baryte et le sel de strontiane.

Le *sel de magnésie* forme de longues aiguilles aplaties, de couleur jaune, très-solubles dans l'eau, à peine solubles dans l'alcool bouillant, et paraissant contenir 5 at. d'eau de cristallisation.

Le *sel de zinc*, $C^{12}N^2Zn(NO^4)^3O^2 + 7$ aq. (?), forme de beaux prismes rhomboïdaux, efflorescents, fort solubles dans l'alcool; il perd à l'air sec 8,0 p. c.; à 140° la perte totale est de 17,24 p. c. d'eau.

Le *sel de nickel*, $C^{12}H^2Ni(NO^4)^3O^2 + 8$ aq., s'obtient par l'évaporation spontanée, sous la forme de cristaux verts, dichroïques comme les sels d'urane, efflorescents, fort solubles dans l'eau et l'alcool.

Le *sel de cobalt*, $C^{12}H^2Cu(NO^4)^3O^2 + 5$ aq., forme des aiguilles brun foncé qui perdent toute leur eau de cristallisation (14,4 p. c. = 5 atomes) entre 100° et 110°, en entrant en fusion.

Le *sel de cuivre*, $C^{12}H^2Cu(NO^4)^3O^2 + 5$ aq., s'obtient en faisant dissoudre le carbonate de cuivre dans l'acide picrique aqueux et bouillant; le produit étant évaporé à siccité, on le reprend par l'alcool absolu et bouillant qui dissout le picrate de cuivre neutre, en laissant un sous-sel insoluble. Le picrate de cuivre neutre forme de petites aiguilles brillantes, de couleur verte, efflorescentes, et fusibles à 110°.

Le *sel de manganèse* forme des cristaux bruns paraissant contenir 8 at. d'eau de cristallisation.

Le *sel de plomb neutre* [1], $C^{12}H^2Pb(NO^4)^3O^2 + $ aq., s'obtient, suivant M. Kopp, sous la forme d'aiguilles brunes, assez solubles dans l'eau, par le refroidissement d'un mélange bouillant de picrate al-

---

[1] E. Kopp, *Ann. de Chim. et de Phys.*, [3] XIII, 233.

calin et d'acétate de plomb légèrement acidulé. — Plusieurs *sous-sels* ont aussi été décrits. Lorsqu'on précipite une solution étendue et bouillante d'acétate de plomb par du picrate d'ammoniaque additionné de beaucoup d'ammoniaque, on obtient une poudre jaune-foncé, composée de prismes rectangulaires, et renfermant $C^{12}H^2Pb(NO^4)^3O^2$, 4 Pb O. Un mélange de picrate d'ammoniaque et d'acétate de plomb légèrement acidulé donne, par l'addition de l'ammoniaque, un précipité jaune clair, qui se prend, par le repos, en paillettes brillantes, douces au toucher comme le talc, et contenant, suivant M. Marchand, $C^{12}H^2Pb(NO^4)^3O^2, 2PbO+3$ aq. Enfin, un mélange étendu et bouillant de picrate d'ammoniaque et d'acétate de plomb dépose, selon M. Laurent, de petites tables rhomboïdales, jaune foncé, paraissant contenir $C^{12}H^2Pb(NO^4)^3, PbO, HO$.

Une combinaison de *picrate de plomb et d'acétate de plomb*, $C^{12}H^2Pb(NO^4)^3O^2, C^4H^3PbO^3+4$ aq. (Marchand), se dépose sous la forme de tables rhomboïdales jaune clair, et très-brillantes, lorsqu'on abandonne au refroidissement un mélange bouillant de picrate de potasse et d'un excès d'acétate de plomb. Cette combinaison exhale de l'acide acétique par la dessiccation.

Le *sel d'argent*, $C^{12}H^2Ag(NO^4)^3O^2$, forme de belles aiguilles jaunes, brillantes et fort solubles dans l'eau.

•Le *sel de mercure* s'obtient sous la forme de petits prismes jaunes, très-peu solubles dans l'eau froide, par le refroidissement d'un mélange bouillant de nitrate mercureux et de picrate de potasse.

§ 1375. *Acide picranisique, isomère de l'acide picrique*, $C^{12}H^3(NO^4)^3O^2$. — Cet acide[1] se produit, en combinaison avec la potasse, lorsqu'on fait bouillir le phénate de méthyle trinitré (§ 1385) avec une lessive de potasse moyennement concentrée. On fait bouillir pendant quelques minutes, et l'on ajoute au résidu une quantité d'eau telle que le sel de potasse puisse se dissoudre entièrement à la température de l'ébullition. La liqueur refroidie dépose alors de longues aiguilles, châtain doré, de picranisate de potasse; on traite ce sel par l'acide nitrique affaibli et bouillant, de manière que l'acide picranisique se dépose par le refroidissement.

L'acide picranisique cristallise sous forme d'aiguilles jaunes très-brillantes. Peu soluble dans l'eau froide, il se dissout très-facilement dans l'eau bouillante, et s'en sépare presque entièrement par

[1] CAHOURS (1848), *Ann. de Chim. et de Phys.*, [3] XXV, 26.

le refroidissement. L'alcool et l'éther le dissolvent aisément; ce dernier véhicule l'abandonne, par l'évaporation spontanée, sous la forme de petits cristaux prismatiques durs et très-brillants.

L'acide nitrique fumant le dissout très-bien, mais ne paraît pas l'altérer à l'ébullition.

Suivant M. Cahours, l'acide picranisique diffère de l'acide picrique, par la forme cristalline, le point de fusion, la solubilité, et les caractères extérieurs de quelques-uns de ses sels [1].

Le *sel d'ammoniaque* renferme $C^{12}H^2(NH^4)(NO^4)^3O^2$. L'acide picranisique se dissout très-bien dans l'ammoniaque bouillante, et se dépose, par un refroidissement lent, sous forme de longues aiguilles qui quelquefois ont une couleur d'un jaune légèrement orangé, et qui d'autres fois présentent la belle teinte rouge du bichromate de potasse. Une nouvelle cristallisation suffit souvent pour faire passer le sel de l'une des modifications à l'autre; elles présentent toutes deux la même composition.

Le *sel de potasse*, $C^{12}H^2K(NO^4)^3O^2$, cristallise en longues aiguilles châtain doré, présentant, sous certaines incidences, un éclat métallique. Lorsqu'on dissout l'acide picranisique dans une lessive de potasse très-étendue et bouillante, le picranisate de potasse se dépose presque entièrement par le refroidissement de la liqueur.

Le *sel de soude* est beaucoup plus soluble que le sel de potasse, et se présente sous la forme de longues aiguilles d'un jaune d'or.

Le *sel de baryte*, $C^{12}H^2Ba(NO^4)^3O^2$, se présente, par le refroidissement lent d'une solution bouillante, sous la forme de fines aiguilles jaunes d'or, d'un aspect et d'un éclat soyeux. Il est peu soluble dans l'eau froide.

Le *sel de strontiane* ressemble au précédent.

Le *sel d'argent* s'obtient en fines aiguilles d'un jaune orangé par l'évaporation lente d'une solution de l'oxyde d'argent dans l'acide picranisique.

Dérivés par réduction des dérivés nitriques de l'acide phénique.

§ 1376. L'acide binitrophénique et l'acide trinitrophénique (ou picrique) s'attaquent par le sulfhydrate d'ammoniaque en donnant deux acides rouges, *l'acide nitrophénamique et l'acide picramique :*

---

[1] Ces différences ne sont pas formulées dans le mémoire de M. Cahours.

$$2\ C^{12}H^4(NO^4)^2O^2 + 12\ HS = C^{24}H^{12}(NO^4)^2N^2O^4 + 8\ HO + 12\ S.$$

Ac. binitrophéniq.   Ac. nitrophénamiq.

$$C^{12}H^3(NO^4)^3O^2 + 6\ HS = C^{12}H^5(NO^4)^2NO^2 + 4\ HO + 6\ S.$$

Ac. trinitrophéniq.   Ac. picramiq.

On remarque que, dans la formation de l'acide nitrophénamique, il intervient 2 atomes d'acide binitrophénique ; du reste, la réaction est semblable à toutes les réductions de corps nitrés par l'hydrogène sulfuré.

§ 1377. *Acide nitrophénamique* [1] ou binitro-diphénamique, $C^{24}H^{12}(NO^4)^2N^2O^4 + 4$ aq. — Lorsqu'on chauffe légèrement le binitrophénate d'ammoniaque avec une solution de sulfhydrate d'ammoniaque, il s'effectue, au bout de quelques instants, une réaction très-vive : la masse, presque noire, abandonnée à elle-même, dépose, par le refroidissement, de grosses aiguilles brun noir. Pour avoir ces cristaux à l'état de pureté, on décompose la presque totalité du sulfhydrate par de l'acide acétique, on porte le mélange à l'ébullition, on filtre pour séparer le soufre, et l'on abandonne à cristallisation. On répète à deux ou trois reprises les cristallisations dans l'eau.

Les aiguilles brun noir qu'on obtient ainsi sont jaunes en poudre. Elles sont hexagonales, avec quatre angles de 131° 30′ et deux angles de 97°. Elles renferment 4 atomes (10,4 p. c.) d'eau de cristallisation qu'elles perdent par la dessiccation entre 100 et 110°.

Cet acide est peu soluble dans l'eau froide, assez soluble dans l'alcool et l'éther.

Soumis à l'action de la chaleur, il dégage d'abord son eau de cristallisation, puis fond, émet quelques paillettes incolores ainsi que de l'huile brune, et laisse un abondant résidu de charbon qui prend feu par une plus forte chaleur.

Le *sel d'ammoniaque* ne paraît pas pouvoir s'obtenir à l'état solide. L'acide nitrophénamique se dissout dans l'ammoniaque avec une couleur rouge foncé, mais, par la concentration de la solution, l'ammoniaque se dégage, et il ne reste finalement que de l'acide.

Le *sel de potasse* renferme $C^{24}H^{11}K(NO^4)^2N^2O^4$. Traité par la potasse aqueuse, l'acide nitrophénamique se dissout avec une couleur brun-rouge foncée ; la solution donne, par l'évaporation spontanée, de petits mamelons cristallins d'un rouge foncé. Ces cristaux sont très-solubles dans l'eau et l'alcool.

---

[1] LAURENT et GERHARDT (1849). *Compt. rend des trav. de Chim.*, 1849, p. 468.

Le *sel de baryte* forme de belles aiguilles rouge brun peu solubles, qu'on obtient avec l'acétate de baryte et une solution ammoniacale de l'acide nitrophénamique.

Le *sel de chaux* ne précipite pas immédiatement; mais au bout de quelque temps on obtient de petites aiguilles.

Le *sel de cuivre* est un précipité vert jaunâtre.

Le *sel de plomb* est un précipité brun orangé.

Le *sel d'argent*, $C^{24}H^{11}Ag(NO^4)^2N^2O^4$, est un précipité jaune brun foncé, qui est cristallisé en paillettes si l'on emploie des dissolutions chaudes.

§ 1378. *Acide picramique*[1], $C^{12}H^5(NO^4)^2NO^2$. — Lorsqu'on prend une solution alcoolique d'acide picrique, saturée à froid, qu'on la sature par l'ammoniaque, et qu'on y fait ensuite passer de l'hydrogène sulfuré jusqu'à refus, la liqueur se colore en rouge très-intense, et laisse déposer une masse de cristaux d'un rouge foncé. Lorsqu'on distille la liqueur alcoolique, il se dépose du soufre, et l'on obtient une nouvelle quantité de ces cristaux rouges. Ceux-ci constituent le picramate d'ammoniaque.

L'acide picramique s'obtient en précipitant à chaud, par l'acide acétique, une solution aqueuse de ce sel; il se dépose, au bout de quelque temps, sous la forme de tables ou d'aiguilles rouge-grenat très-brillantes, formées de prismes rhomboïdaux terminés en biseau, et d'un rouge orangé en poudre. Il est soluble dans l'alcool et l'éther, mais presque insoluble dans l'eau même bouillante; sa solution alcoolique saturée est rouge. Il a une saveur légèrement amère.

Il fond à 165° et cristallise par le refroidissement; à une température plus élevée, il se décompose en dégageant des vapeurs goudronneuses, et en laissant un résidu de charbon. Parmi ses produits de décomposition, on trouve de l'ammoniaque et de l'acide cyanhydrique.

Une goutte d'ammoniaque ajoutée à sa solution alcoolique donne une teinte rouge d'une intensité remarquable.

L'acide sulfurique dilué et l'acide chlorhydrique dissolvent l'acide picramique avec une coloration rouge, sans l'altérer. A chaud, l'acide sulfurique concentré le charbonne. L'acide nitrique concentré

---

[1] A. GIRARD (1853), *Compt. rend. de l'Acad.* XXXVI, 421. — *L'acide nitrohématique* de M. Woehler (*Ann. de Poggend.*, XIII, 488) est probablement de l'acide picramique impur.

l'attaque en dégageant d'abondantes vapeurs rouges ; la liqueur devient jaune paille, et renferme alors de l'acide picrique (?)

Le picramate d'ammoniaque, dissous dans l'eau et traité par un courant de chlore, laisse déposer un corps jaune pulvérulent, insoluble dans l'eau, soluble dans l'alcool, et se déposant de cette solution avec un aspect résineux.

§ 1379. L'acide picramique se combine aisément avec les bases, et donne des sels en général cristallisés.

Le *sel d'ammoniaque*, $C^{12}H^4(NH^4)(NO^4)^2NO^2$, s'obtient en faisant agir l'hydrogène sulfuré sur le picrate d'ammoniaque. Lorsqu'on abandonne à l'évaporation spontanée une solution alcoolique d'acide picramique saturée par l'ammoniaque, il se dépose des tables rhomboïdales rouge-orangé foncé, solubles dans l'eau et l'alcool, insolubles dans l'éther ; la solution alcoolique est d'un beau rouge. Soumis à une ébullition prolongée dans l'eau, le picramate d'ammoniaque se décompose, et laisse déposer une poudre brune. Chauffé à 100°, il ne subit aucune altération ; à 135°, il s'effleurit en perdant de l'ammoniaque ; à 165°, il fond ; à une température plus élevée, il se décompose.

Le *sel de potasse*, $C^{12}H^4K(NO^4)^2NO^2$, s'obtient cristallisé en précipitant à chaud le sel d'ammoniaque par la potasse ; il se dépose, par le refroidissement, sous la forme de tables rhomboïdales, allongées, rouges et transparentes. Ces cristaux sont assez solubles dans l'eau, mais peu solubles dans l'alcool. Soumis à l'action de la chaleur, ils ne subissent d'altération qu'à une température élevée ; ils détonent alors légèrement en laissant un résidu de charbon.

Le *sel de baryte*, $C^{12}H^4Ba(NO^4)^2NO^2$, se dépose à l'état de petites houppes soyeuses, formées d'aiguilles rouges et dorées, lorsqu'on précipite à chaud le picramate d'ammoniaque par le nitrate de baryte. Il est peu soluble dans l'eau, peu soluble dans l'alcool. Chauffé vers 200°, il ne subit aucune altération ; à une température élevée, il détone, en laissant un résidu de charbon.

Le *sel de cuivre*, $C^{12}H^4Cu(NO^4)^2NO^2$, est un précipité amorphe, vert jaunâtre, insoluble dans l'eau et l'alcool, soluble dans les acides et dans l'ammoniaque.

Le *sel de plomb* s'obtient, par double décomposition, sous la forme d'une poudre orangée, soluble dans l'eau, insoluble dans l'alcool, soluble dans l'ammoniaque et les acides. Il fait explosion par la chaleur ; il détone légèrement par un choc violent, en laissant un résidu de charbon.

Le *sel d'argent*, $C^{12}H^4Ag(NO^4)^2NO^2$, est un précipité rouge, entièrement amorphe et anhydre. Il est insoluble dans l'alcool, et dans l'eau froide. Traité par l'eau bouillante, il se décompose en laissant un résidu insoluble. Il ne noircit pas à la lumière. Lorsqu'on le chauffe, il se décompose vers 140°, en noircissant ; le résidu entre en fusion vers 165°. Projeté sur des charbons ardents, il brûle sans détoner.

Les picramates solubles ne donnent pas de précipité avec les sels de *manganèse*, de *cobalt*, de *fer*, de *nickel*; ils donnent avec les sels de *mercure* un précipité rouge analogue au peroxyde de fer hydraté, et soluble dans les acides.

Dérivés méthyliques, éthyliques.... de l'acide phénique.
Éthers phéniques.

§ 1380. Les éthers phéniques représentent de l'hydrate de phényle, dont l'hydrogène basique est remplacé par du méthyle, de l'éthyle, etc. :

$$\text{Phénate de méthyle, ou anisol} \ldots\ldots C^{14}H^8O^2 = \left. \begin{array}{l} C^{12}H^5.O \\ C^2H^3.O \end{array} \right\}$$

$$\text{Phénate d'éthyle, ou phénétol} \ldots\ldots C^{16}H^{10}O^2 = \left. \begin{array}{l} C^{12}H^5.O \\ C^4H^5.O \end{array} \right\}$$

$$\text{Phénate d'amyle, ou phénamylol} \ldots C^{22}H^{16}O^2 = \left. \begin{array}{l} C^{12}H^5.O \\ C^{10}H^{11}.O \end{array} \right\}$$

On peut obtenir les éthers phéniques, par double décomposition, en chauffant, dans des tubes fermés, du phénate de potasse avec de l'iodure de méthyle, d'éthyle ou d'amyle, ou en distillant du méthyl-sulfate ou de l'éthyl-sulfate de potasse avec du phénate de potasse.

Un autre moyen consiste à distiller les éthers salicyliques sur de la baryte caustique : de même que l'acide salicylique se dédouble, par cet agent, en acide carbonique et en acide phénique, de même le salicylate de méthyle et le salicylate d'éthyle se transforment, dans cette réaction, en phénate de méthyle et en phénate d'éthyle :

$$C^{14}H^6O^6 = C^2O^4 + C^{12}H^6O^2.$$

Ac. salicyliq. — Ac. phénique.

$$C^{14}H^5(C^2H^3)O^6 = C^2O^4 + C^{12}H^5(C^2H^3)O^2,$$

Salicyl. de méthyle. — Phénate de méthyle.

$$C^{14}H^5(C^4H^5)O^6 = C^2O^4 + C^{12}H^5(C^4H^5)O^2.$$

Salicyl. d'éthyle. — Phénate d'éthyle.

L'acide anisique [1], isomère du salicylate de méthyle, se dédouble aussi par la baryte caustique en acide carbonique et en phénate de méthyle.

Le chlore, le brome et l'acide nitrique convertissent les éthers phéniques en dérivés par substitution. Les dérivés nitrés s'attaquent par les agents réducteurs, en donnant des alcalis particuliers : ainsi on obtient la méthyl-phénidine avec le phénate de méthyle nitré, l'éthyl-phénidine avec le phénate d'éthyle nitré, etc. :

§ 1381. Phénate de méthyle [2], ou anisol, $C^{14}H^8O^2 = C^{12}H^5(C^2H^3)O^2$. — Pour le préparer, on distille l'acide anisique avec un excès de baryte caustique. On peut aussi faire tomber goutte à goutte du salicylate de méthyle sur de la baryte caustique réduite en poudre fine, et distiller doucement le mélange. On purifie le produit huileux par des lavages à l'eau alcaline, et par la rectification sur le chlorure de calcium.

Le phénate de méthyle est un liquide incolore, très-mobile, d'une odeur aromatique agréable. Il est insoluble dans l'eau, très-soluble dans l'alcool et l'éther. Sa densité est de 0,991 à 15".

Il entre en ébullition à 152°, et distille sans se décomposer.

L'acide sulfurique concentré le dissout entièrement; si on l'étend d'eau, il reste en dissolution un acide copulé. Lorsqu'on remplace l'acide sulfurique ordinaire par l'acide sulfurique fumant, en évitant de le prendre en excès, l'eau précipite de la liqueur acide des flocons cristallins d'un corps neutre. (Voy. § 1390.)

On peut distiller le phénate de méthyle sur l'acide phosphorique anhydre sans qu'il en soit attaqué.

L'acide nitrique fumant le transforme en plusieurs dérivés par substitution. (Voy. § 1383.)

Le chlore et le brome donnent aussi de semblables dérivés.

---

[1] L'acide anisique (§ 1645) représente de l'acide méthyl-salicylique, c'est-à-dire de l'acide salicylique dont l'hydrogène non basique est remplacé par du méthyle.

[2] Cahours (1841), *Ann. de Chim. et de Phys.*, [3] II, 294; X, 353; XXVII, 439. *Compt. rend. de l'Acad.*, XXXII, 61.

La potasse ne dissout pas le phénate de méthyle.

§ 1382. *Dérivés chlorés et bromés du phénate de méthyle.* — Le chlore et le brome, en réagissant sur le phénate de méthyle, engendrent de beaux produits cristallisés, dérivés par substitution.

Le brome donne deux produits distincts; il paraît d'abord se former un corps monobromé.

Le *phénate de méthyle bibromé*[1] ou bibromanisol, $C^{14}H^6Br^2O^2$ $= C^{12}H^3Br^2(C^2H^3)O^2$, est une substance soluble dans l'alcool bouillant, d'où elle se dépose, par le refroidissement, sous la forme d'écailles brillantes. Elle fond à 54°, et distille sans résidu à une température supérieure; les vapeurs viennent se déposer contre les parois froides de la cornue sous la forme de petites tables parfaitement nettes et très-brillantes.

§ 1383. *Dérivés nitriques du phénate de méthyle.* — L'acide nitrique fumant, dans son contact avec le phénate de méthyle, donne naissance à trois produits distincts, suivant les proportions des matières employées et la durée de la réaction. Si l'on emploie l'acide nitrique en petite quantité, et en évitant que la température ne s'élève, on obtient un dérivé mononitré. Si l'on traite la matière par un excès d'acide nitrique fumant, on obtient un dérivé binitré; la formation de ce produit est souvent accompagnée de celle de l'acide chrysanisique ou méthyl-picrique (§ 1386). Enfin, en soumettant le phénate de méthyle à l'action d'un mélange d'acide sulfurique et d'acide nitrique fumant à parties égales, on obtient un dérivé trinitré, isomère de l'acide chrysanisique.

Le *phénate de méthyle nitré*[2] ou nitranisol renferme $C^{14}H^7(NO^4)$ O^2. On le prépare en traitant le phénate de méthyle par l'acide nitrique fumant, ajouté par petites portions, et en ayant soin de refroidir le mélange au moyen de la glace. Si l'on opère avec précaution, on obtient ainsi un liquide bleu noirâtre, de la consistance d'une huile grasse, qu'on purifie par des lavages à l'eau alcaline et par la rectification. Les portions de phénate de méthyle inaltéré passent les premières, le dérivé nitré distille ensuite; on le recueille à part dès que le liquide bout d'une manière constante à 260°.

Le phénate de méthyle nitré est un liquide de couleur ambrée, limpide, plus pesant que l'eau. Il bout entre 262 et 264°, et pos-

[1] CAHOURS (1844), *Ann. de Chim. et de Phys.*, [3] X, 355.
[2] CAHOURS (1849), *Ann. de Chim. et de Phys.*, [3] XXVII, 441.

sède une odeur aromatique, présentant quelque analogie avec celle des amandes amères.

L'acide sulfurique concentré le dissout à l'aide d'une douce chaleur ; l'eau l'en sépare de nouveau sans altération.

Chauffé avec l'acide nitrique, il se transforme successivement en dérivé nitré et en dérivé binitré.

La potasse aqueuse ne l'altère pas, même à chaud.

Une solution alcoolique de sulfhydrate d'ammoniaque l'attaque promptement, en produisant de la méthyl-phénidine (§ 1387), avec dépôt de soufre.

§ 1384. Le *phénate de méthyle binitré* [1] ou binitranisol renferme $C^{14}H^6(NO^4)^2O^2$. Lorsqu'on traite le phénate de méthyle par un excès d'acide nitrique fumant, en faisant bouillir pendant quelques minutes, il se sépare, par l'addition de l'eau, un liquide jaune qui se concrète bientôt en une masse ambrée. C'est le dérivé binitré. On le fait cristalliser dans l'alcool bouillant, qui le dépose en longues aiguilles.

Ce composé s'obtient également lorsqu'on fait réagir sur l'acide anisique, pendant une demi-heure environ, deux à trois fois son poids d'acide nitrique fumant, à la température de 90 à 100° ; mais dans ce cas, le phénate de méthyle binitré se trouve accompagné de belles écailles, jaune d'or, d'acide chrysanisique.

Le phénate de méthyle binitré cristallise en longues aiguilles d'un jaune pâle, à peine solubles dans l'eau bouillante, assez solubles dans l'alcool et l'éther. Il fond à 85 ou 86°, et se sublime, par une douce chaleur, en aiguilles déliées.

Une solution aqueuse de potasse diluée et bouillante ne l'altère pas ; une lessive concentrée ne l'attaque qu'à la longue par une ébullition soutenue. Une solution alcoolique de potasse le décompose promptement à l'ébullition et le transforme en binitrophénate de potasse.

Le sulfhydrate d'ammoniaque le convertit en méthyl-nitrophénidine.

§ 1385. Le *phénate de méthyle trinitré* [2] ou trinitranisol contient $C^{14}H^5(NO^4)^3O^2$. On obtient ce corps en traitant le phénate de méthyle par un mélange d'acide sulfurique concentré et d'acide nitrique fumant à parties égales.

<hr>

[1] CAHOURS (1844), *Ann. de Chim. et de Phys.*, [3] X, 356 ; XXV, 21.

[2] CAHOURS (1849), *Ann. de Chim. et de Phys.*, [3] XXV, 23.

Il se produit également si l'on soumet au même traitement l'acide anisique ou nitranisique. L'acide anisique se dissout aisément, à l'aide d'une douce chaleur, dans la liqueur sulfuro-nitrique, sans la colorer; si l'on chauffe doucement, il se dégage beaucoup d'acide carbonique, et bientôt le mélange commence à se troubler. A ce moment on cesse de chauffer, et l'on abandonne le mélange au repos : il se sépare alors à la surface une huile qui se concrète par le refroidissement. On étend de beaucoup d'eau la liqueur refroidie, on lave à l'eau bouillante le produit concrété, et on le fait cristalliser dans un mélange, à parties égales, d'alcool et d'éther. La réaction est complète si, pour 1 p. d'acide anisique, on emploie 15 p. de la liqueur sulfuro-nitrique, formée de poids égaux des deux acides.

Le phénate de méthyle trinitré cristallise, par l'évaporation de sa solution éthéro-alcoolique, sous la forme de tables légèrement jaunâtres, douées de beaucoup d'éclat. L'eau ne le dissout pas; l'alcool le dissout assez bien à chaud; l'éther le dissout à froid et l'abandonne par l'évaporation lente en belles tables rhomboïdales.

Il fond à 58 ou 60°, et se sublime sans altération par une douce chaleur.

L'acide sulfurique et l'acide nitrique le dissolvent à chaud sans l'altérer.

Ni l'ammoniaque ni la potasse diluée et bouillante ne l'altèrent à l'ébullition ; mais une lessive de potasse d'une concentration moyenne le colore en rouge brun intense, et le décompose entièrement par l'ébullition : il se produit alors un sel de potasse peu soluble, formé par l'acide picranisique (§ 1375), isomère de l'acide picrique ou trinitrophénique.

Le sulfhydrate d'ammoniaque convertit le phénate de méthyle trinitré en méthyl-binitrophénidine (§ 1388[a]).

§ 1386. *Acide chrysanisique*[1], *isomère du phénate de méthyle trinitré*, $C^{14}H^5(NO^4)^3O^2$. — Cet acide[2] s'obtient de la manière suivante en quantité considérable : on fait bouillir très-doucement de l'acide nitranisique bien sec, pendant une demi-heure à trois quarts d'heure au plus, avec 2 $^1/_2$ à 3 fois son poids d'acide nitrique fumant. Au bout de ce temps, on retire la matière du feu, et l'on verse sur le li-

---

[1] Cahours (1849), *Ann. de Chim. et de Phys.*, [3] XXVII, 454.

[2] L'acide chrysanisique représente l'acide méthyl-picrique, c'est-à-dire l'acide picrique, dans lequel l'hydrogène non basique est remplacé par du méthyle.

quide acide et épais, produit dans cette réaction, 15 à 20 fois son volume d'eau ; il s'en sépare aussitôt une huile jaune, qui ne tarde pas à se concréter. Ce produit solide est un mélange d'acide chrysanisique et de phénate de méthyle binitré ou trinitré, suivant la durée de la réaction ; on le jette sur un filtre, après l'avoir réduit en poudre, et on le lave jusqu'à épuisement avec de l'ammoniaque étendue de 2 à 3 trois fois son volume d'eau. Les eaux de lavage, étant concentrées jusqu'au tiers environ de leur volume primitif, déposent par le refroidissement des aiguilles de chrysanisate d'ammoniaque. On redissout ce sel dans l'eau, et on précipite la solution par de l'acide nitrique faible ; il se précipite ainsi des flocons jaunes d'acide chrysanisique, qu'on lave à l'eau froide. Après avoir exprimé ce produit, on le fait cristalliser dans l'alcool bouillant.

L'acide chrysanisique se dépose alors, par le refroidissement, sous la forme de petites écailles d'un jaune d'or magnifique ; ce sont des lames rhomboïdales ayant tout l'éclat et la belle couleur du bouton d'or. L'eau ne le dissout pas sensiblement à froid, mais elle en dissout de petites quantités à l'ébullition. L'alcool le dissout à peine à froid ; il en prend beaucoup à chaud. L'éther le dissout également, surtout à chaud.

Il fond à une douce chaleur, et se prend, par le refroidissement, en une masse cristalline ; à une température plus élevée, il donne une vapeur jaune qui se condense sur les parties froides, sous la forme de petites écailles très-brillantes.

Bouilli avec de l'acide nitrique concentré, il se transforme en acide picrique (trinitrophénique).

Distillé avec une dissolution de chlorure de chaux, il donne beaucoup de chloropicrine (§ 374).

Mis en présence de la quantité de potasse nécessaire à sa saturation, il donne un sel fort soluble ; l'acide picrique, dans les mêmes circonstances, donne un sel peu soluble. Un excès de potasse décompose l'acide chrysanisique et le transforme en une matière brune.

Le *chrysanisate d'ammoniaque*, $C^{14}H^4(NH^4)(NO^4)^3O^2$, s'obtient en dissolvant l'acide chrysanisique dans un excès d'ammoniaque faible, et évaporant au bain marie ; la solution se prend, par la concentration, en petites aiguilles brunes, très-brillantes à l'état sec.

La solution du chrysanisate d'ammoniaque donne, avec les sels cuivriques, un précipité gélatineux d'un vert jaunâtre; avec les sels ferriques, un précipité jaune clair; avec les sels de zinc, un précipité jaune semblable au précédent, mais plus clair; avec le bichlorure de mercure, les liqueurs étant concentrées, des flocons jaune rougeâtre; avec le nitrate de cobalt, un précipité gélatineux jaune verdâtre; avec le nitrate de plomb, d'abondants flocons jaune de chrôme.

Le *chrysanisate d'argent*, $C^{14}H^4Ag(NO^4)^3O^2$, se précipite sous la forme de flocons d'un beau jaune, par le mélange du nitrate d'argent et du chrysanisate d'ammoniaque.

Le *chrysanisate d'éthyle*, ou éther chrysanisique, $C^{14}H^4(C^4H^5)(NO^4)^3O^2$, s'obtient en faisant passer, à refus, un courant de gaz chlorhydrique sec à travers une dissolution d'acide chrysanisique dans l'alcool concentré. Lorsque cette dissolution est saturée, on la fait bouillir doucement, puis on y verse de l'eau qui précipite le chrysanisate d'éthyle à l'état de flocons volumineux; on les lave à l'eau ammoniacale, et on les fait cristalliser dans l'alcool bouillant. On obtient ainsi des écailles transparentes d'un jaune d'or très-riche. L'éther dissout également ce corps à chaud, et l'abandonne, par l'évaporation, sous la forme de petites lames très-brillantes. Quand on le chauffe, il fond à environ 100°.

§ 1387. *Dérivés par réduction des dérivés nitriques du phénate de méthyle.* — Le sulfhydrate d'ammoniaque attaque le phénate de méthyle nitré, binitré ou trinitré, en donnant des alcalis particuliers [1], savoir :

La méthyl-phénidine, ou anisidine. $C^{14}H^9NO^2$,

La méthyl-nitrophénidine, ou ni-
tranisidine. . . . . $C^{14}H^8(NO^4)NO^2$,

La méthyl-binitrophénidine, ou
binitranisídine. . . . . $C^{14}H^7(NO^4)^2NO^2$.

La *méthyl-phénidine* ou anisidine, $C^{14}H^9NO^2$, est le produit de la réduction du phénate de méthyle nitré. On dissout ce dernier corps dans une dissolution alcoolique de sulfhydrate d'ammoniaque; on évapore à une douce chaleur, on ajoute un léger excès d'acide chlorhydrique à la liqueur brune, réduite au tiers ou au quart de son volume, et l'on filtre après y avoir ajouté un peu d'eau, afin de séparer le soufre: La liqueur filtrée, étant évaporée doucement, dépose des aiguilles de chlorhydrate de méthyl-phé-

<hr>

[1] Cahours (1849), *Ann. de Chim. et de Phys.*, [3] XXVII, 443, 444, 452.

nidine. On dessèche ce sel sur du papier buvard, et on le distille avec une lessive concentrée de potasse. Les vapeurs d'eau, qui se dégagent entraînent avec elles la méthyl-phénidine sous la forme d'une huile qui se concrète par le refroidissement.

La méthyl-phénidine se présente en cristaux. Elle se combine avec les acides pour former des sels.

Le *chlorhydrate* cristallise en fines aiguilles incolores.

Le *chloroplatinate* se dépose, par le refroidissement, sous la forme d'aiguilles jaunes, si l'on verse une solution concentrée du chlorhydrate dans une solution également concentrée de bichlorure de platine.

Le *nitrate*, le *sulfate* et l'*oxalate* sont cristallisables.

§ 1388. La *méthyl-nitrophénidine* ou *nitranisidine*, $C^{14}H^8(NO^4)NO^2$, se produit par la réduction du phénate de méthyle binitré au moyen du sulfhydrate d'ammoniaque; l'attaque est très-prompte, et l'on obtient un abondant dépôt de soufre, tandis que l'alcool retient en dissolution du sulfhydrate de méthyl-nitrophénidine. On réduit la liqueur, par l'évaporation, au tiers environ de son volume, on ajoute un léger excès d'acide chlorhydrique étendu, on fait bouillir, et l'on filtre. On verse de l'ammoniaque caustique dans la liqueur filtrée, on lave le précipité, et on le fait cristalliser dans l'alcool bouillant.

La méthyl-nitrophénidine cristallise en longues aiguilles couleur grenat, douées de beaucoup d'éclat. Insoluble dans l'eau froide, elle se dissout assez bien dans l'eau bouillante. L'alcool bouillant la dissout également bien. L'éther la dissout aisément, surtout à chaud.

Elle fond à une douce chaleur, et se prend par le refroidissement en une masse radiée. Chauffée doucement à une température plus élevée, elle émet des vapeurs jaunes qui se condensent sur les parties froides en aiguilles de même couleur.

Le brome l'attaque vivement, en donnant un produit qui n'a pas de propriétés alcalines.

L'acide nitrique fumant la décompose avec énergie, surtout à chaud, en produisant une matière visqueuse, insoluble dans les acides.

Les chlorures de benzoïle, de cinamyle, de cumyle et d'anisyle attaquent la méthyl-nitrophénidine, en produisant de l'acide chlorhydrique et des composés semblables à la benzamide et à la benzanilide.

La méthyl-nitrophénidine se dissout aisément dans les acides, et donne des sels cristallisables avec plusieurs d'entre eux.

Le *chlorhydrate*, $C^{14}H^8(NO^4)NO^2,HCl$, s'obtient en belles aiguilles, presque incolores à l'état de pureté, peu solubles dans l'eau froide, fort solubles dans l'eau bouillante.

Le *chloroplatinate*, $C^{14}H^8(NO^4)NO^2,HCl,PtCl^2$, se dépose, par le refroidissement, sous la forme d'aiguilles orangé brun, lorsqu'on verse une solution concentrée et chaude de bichlorure de platine dans une solution également concentrée et chaude de chlorhydrate de méthyl-nitrophénidine.

Le *bromhydrate*, $C^{14}H^8(NO^4)NO^2$, cristallise en aiguilles presque incolores s'il a été préparé avec soin.

Le *sulfate*, $2\,C^{14}H^8(NO^4)NO^2,S^2O^6,\,2\,HO$, s'obtient sous la forme d'aiguilles déliées, d'un aspect soyeux, et groupées autour d'un centre commun. Il se dissout aisément dans l'eau, surtout aiguisée d'acide sulfurique.

Le *nitrate*, $C^{14}H^8(NO^4)NO^2,NO^6H$, cristallise en aiguilles qui peuvent acquérir de grandes dimensions par un refroidissement lent. Il estbeaucoup plus soluble à chaud qu'à froid.

§ 1388ᵃ. La *méthyl-binitrophénidine* ou binitranisidine, $C^{14}H^7(NO^4)^2NO^2$, se produit lorsqu'on met le phénate de méthyle trinitré en digestion, à une douce chaleur, avec une solution alcoolique de sulfhydrate d'ammoniaque; la liqueur acquiert une couleur rouge de sang de plus en plus foncée, et finit par se prendre en masse au bout de quelque temps. Quand la réaction cesse de se manifester, on porte le mélange à l'ébullition, et l'on évapore la liqueur au tiers environ de son volume primitif. On ajoute alors un excès d'acide chlorhydrique étendu de son volume d'eau, on fait bouillir, et l'on filtre. La liqueur filtrée, étant traitée par l'ammoniaque, dépose la méthyl-binitrophénidine sous la forme de flocons d'un rouge foncé.

La méthyl-binitrophénidine ainsi obtenue se présente, après la dessiccation, à l'état d'une poudre tantôt d'un rouge vif, tantôt d'un rouge violacé, suivant la concentration de la liqueur d'où on l'a précipitée, et sans apparence de cristallisation. L'eau n'en dissout que des traces à froid; à la température de l'ébullition, elle en prend de très-petites quantités en se colorant en jaune orangé. L'alcool n'en dissout qu'une faible portion à froid; bouillant, il en dissout des quantités assez notables, qu'il abandonne par un refroidissement lent, sous la forme d'aiguilles d'un violet noirâtre. L'éther la dissout en petite quantité à chaud.

Elle fond à une température peu élevée, et se prend, par le refroidissement, en une masse cristalline, radiée, d'un violet noirâtre, présentant l'aspect du cinabre.

Elle forme avec les acides chlorhydrique, nitrique et sulfurique des sels solubles et cristallisables, si l'on a soin d'employer un excès d'acide : l'eau détruit ces combinaisons en mettant en liberté la méthyl-binitrophénidine.

L'acide nitrique fumant attaque vivement cette base à la température de l'ébullition, et donne une matière résinoïde, brun jaunâtre, se dissolvant dans la potasse avec une couleur brune très-intense.

§ 1390. *Dérivés sulfuriques du phénate de méthyle*[1]. — De même que l'hydrate de phényle (phénate d'hydrogène) se dissout dans l'acide sulfurique concentré pour donner l'acide sulfophénique ou phényl-sulfurique (§ 1408), de même le phénate de méthyle donne, dans ces circonstances, l'acide méthyl-sulfophénique :

$$\text{Acide sulfophénique.} \ldots \ldots \left. \begin{array}{r} C^{12}H^5.O \\ HO \end{array} \right\} S^2O^6,$$

$$\text{Acide méthyl-sulfophénique.} \ldots \left. \begin{array}{r} C^{12}H^4(C^2H^3).O \\ HO \end{array} \right\} S^2O^6.$$

L'acide sulfurique anhydre donne en outre, avec le phénate de méthyle, une combinaison neutre contenant :

$$C^{28}H^{14}S^2O^8 = \left. \begin{array}{r} C^{12}H^4(C^2H^3).O \\ C^{12}H^4(C^2H^3).O \end{array} \right\} S^2O^6.$$

L'*acide méthyl-sulfophénique* ou sulfanisolique n'est connu qu'en dissolution.

Saturé par du carbonate de baryte, la liqueur acide donne un *sel de baryte* soluble, cristallisable, et qui, desséché, renferme $C^{14}H^7BaS^2O^8 + aq.$

Le *corps neutre* ou sulfanisolide, $C^{28}H^{14}S^2O^8$, est à l'acide méthyl-sulfophénique ce que le sulfate d'éthyle est à l'acide éthyl-sulfurique. Lorsqu'on dirige les vapeurs d'acide sulfurique anhydre dans du phénate de méthyle refroidi, elles sont absorbées, et peu à peu le liquide s'épaissit : si l'on verse alors de l'eau sur le produit, la matière non altérée vient surnager, et le corps neutre en

---

[1] Cahours (1844), *Ann. de Chim. et de Phys.*, [3] X, 357.

question se dépose au fond sous la forme de fines aiguilles, tandis que de l'acide méthyl-sulfophénique reste en dissolution. On exprime le corps neutre et on le fait cristalliser dans l'alcool. Il se présente sous la forme d'aiguilles déliées, d'un éclat argentin. Il est insoluble dans l'eau, fort soluble dans l'alcool et l'éther. Il fond à une douce chaleur, et se sublime à une température plus élevée. L'acide sulfurique le dissout et le transforme en acide méthyl-sulfophénique.

§ 1391. Phénate d'éthyle[1], phénétol ou salithol, $C^{16}H^{10}O^2 = C^{12}H^5 (C^4H^5)O^2$. — On l'obtient par la distillation sèche de la combinaison, parfaitement desséchée, que le salicylate d'éthyle forme avec la baryte; on purifie le produit huileux en le lavant à chaud avec de l'eau alcaline, et en le rectifiant après l'avoir laissé en digestion sur des fragments de chlorure de calcium fondu.

C'est un liquide incolore, très-mobile, plus léger que l'eau, d'une odeur aromatique agréable; insoluble dans l'eau, fort soluble dans l'alcool et l'éther. Il bout à 172°.

Une dissolution de potasse ne lui fait éprouver aucune altération.

L'acide sulfurique le transforme en un acide copulé dont le sel de baryte est soluble et cristallisable.

Le chlore et le brome le convertissent en des produits cristallisables.

L'acide nitrique fumant l'attaque avec énergie : si l'on emploie cet acide en petite quantité, il se produit une huile d'un brun rougeâtre; si l'on fait bouillir le phénate d'éthyle avec un excès d'acide fumant, on obtient un composé binitré.

§ 1392. *Dérivés nitriques du phénate d'éthyle[2].* — Lorsqu'on verse de l'acide nitrique fumant sur le phénate d'éthyle, il se produit une action assez vive, et le mélange s'échauffe considérablement. Le phénate d'éthyle ayant été traité par son volume d'acide nitrique, il se sépare une huile brune qui se précipite au fond du vase.

Le *phénate d'éthyle nitré* ou nitrophénétol paraît constituer cette huile. Toutefois celle-ci ne présente pas de point d'ébullition constant, et, si on la rectifie, les dernières portions de la distillation se

[1] Cahours (1849), *Ann. de Chim. et de Phys.*, [3], XXVII, 163. — Baly, *Ann. der Chem. u. Pharm.*, LXXIII, 208.
[2] Cahours (1849), *loc. cit.* — Baly, *loc. cit.*

figent par le refroidissement en donnant des cristaux du dérivé binitré.

Le *phénate d'éthyle binitré*, binitrophénétol ou binitrosalithol, contient $C^{16}H^8(NO^4)^2O^2$. Pour le préparer, on traite le phénate d'éthyle par son volume d'acide nitrique fumant, en ayant soin d'ajouter ce dernier par petites portions, puis on fait bouillir pendant quelques minutes. La liqueur, d'abord foncée, s'éclaircit peu à peu ; on arrête alors l'ébullition, et l'on y verse de l'eau. Celle-ci précipite une huile qui finit par se concréter entièrement; on fait cristalliser ce produit dans l'alcool bouillant.

Le phénate d'éthyle binitré cristallise en aiguilles jaunes qui ressemblent beaucoup au phénate de méthyle binitré. Distillé avec ménagement, il se sublime sans résidu ; chauffé brusquement, il se décompose avec ignition, en laissant un abondant dépôt de charbon.

Le sulfhydrate d'ammoniaque le transforme en éthyl-nitrophénidine.

Le *phénate d'éthyle trinitré* ou éther picrique[1] se produit, suivant M. Mitscherlich, lorsqu'on fait bouillir pendant quelques heures une solution d'acide picrique dans l'alcool additionné d'un peu d'acide sulfurique ; on ajoute ensuite de l'ammoniaque et de l'eau. Le produit cristallise en paillettes légèrement jaunâtres, fusibles à 94° ; il commence à bouillir à 300°, et se décompose. Il est sans odeur, mais il possède une saveur mordicante et amère. A froid, il est peu soluble dans l'alcool; l'alcool bouillant le dissout mieux.

M. Erdmann n'a pas réussi à obtenir l'éther picrique par ce procédé.

§ 1393. *Dérivés par réduction des dérivés nitriques du phénate d'éthyle.* — L'action du sulfhydrate d'ammoniaque sur le phénate d'éthyle nitré n'a pas été examinée ; elle donnerait probablement l'éthyl-phénidine.

L'*éthyl-nitrophénidine*[2] ou nitrophénétidine renferme $C^{16}H^{10}$ $(NO^4)NO^2$. Lorsqu'on fait passer simultanément un courant d'acide sulfhydrique et un courant d'ammoniaque à travers une solution alcoolique de phénate d'éthyle binitré, on obtient bientôt un dépôt de soufre, tandis que l'alcool retient en dissolution de l'éthyl-nitrophénidine.

---

[1] MITSCHERLICH, *Lehrb. d. Chemie*, t. I, p. 221. *Journ. f. prakt. Chem.* XXII, 195. — ERDMANN, *Journ. f. prakt. Chem*, XXXVII, 43.
[2] CAHOURS (1849), *loc. cit.*

Cet alcali cristallise en aiguilles brunes entièrement semblables à la méthyl-nitrophénidine.

Il réagit à chaud sur le chlorure de benzoïle, en donnant un produit cristallisant dans l'alcool en petites aiguilles.

Il forme des *sels* cristallisables avec les acides chlorhydrique, nitrique et sulfurique.

§ 1394. PHÉNATE D'AMYLE[1] ou phénamylol, $C^{22}H^{16}O^2 = C^{12}H^5 (C^{10}H^{11})O^2$. — On l'obtient en faisant réagir de l'iodure d'amyle sur du phénate de potasse dans un tube fermé à la lampe et chauffé à 100 ou 120°. Il se présente sous la forme d'une huile limpide, incolore, plus légère que l'eau, douée d'une agréable odeur aromatique, et bouillant entre 224 et 225°.

L'acide nitrique fumant l'attaque avec une extrême violence, et le transforme en une huile pesante, qui, traitée par une dissolution alcoolique de sulfhydrate d'ammoniaque, donne une base cristallisée (*amyl-nitrophénidine* ou nitrophénamylidine) susceptible de former des sels cristallisables.

L'acide sulfurique le dissout en prenant une couleur rouge ; l'eau ajoutée à la liqueur n'en précipite rien ; celle-ci, traitée par du carbonate de baryte, fournit par l'évaporation un sel cristallisé.

ACIDE OXYPHÉNIQUE.

Syn. : Bioxyde de phényle, pyrocatéchine, acide pyromorintannique.

Composition : $C^{12}H^6O^4$.

§ 1395. Ce corps se produit par la distillation sèche de la catéchine[2] (principe du cachou) et de l'acide morintannique[3] (tannin du bois jaune); il paraît aussi se former par la distillation sèche de la gomme ammoniaque et de la peucédanine.

Pour le préparer, on soumet le cachou à l'action de la chaleur, dans une cornue spacieuse. On obtient ainsi une liqueur acide, chargée de matières goudronneuses ; ce produit est abandonné à l'évaporation spontanée, jusqu'à ce qu'il se soit pris en une masse épaisse et cristalline. On soumet celle-ci à l'action de la presse, entre des doubles de papier joseph, et on purifie les cristaux d'acide oxyphénique par la sublimation.

---

[1] CAHOURS (1851), *Compt. rend. de l'Acad.*, XXXII, 61.

[2] REINSCH (1839), *Repert. f. d. Pharm.*, LXVIII, 54. — ZWENGER, *Ann. der Chem. u. Pharm.*, XXXVII, 327.

[3] R. WAGNER, *Journ. f. prakt. Chem.*, LII, 119 ; LV, 65, et *Ann. der Chem. u. Pharm.*, LXXXIV, 285.

La préparation de ce corps par l'acide morintannique se fait par le même procédé. Lorsqu'on soumet l'acide morintannique à l'action de la chaleur, il fond et se décompose en acide carbonique et en un liquide incolore qui distille, en même temps qu'il reste un charbon volumineux. Le liquide se concrète en une masse cristalline, ayant l'odeur de l'acide phénique ; on la purifie par la sublimation, après l'avoir exprimée entre des doubles de papier à filtrer.

L'acide oxyphénique est fort soluble dans l'eau, plus soluble encore dans l'alcool, très-peu soluble dans l'éther. La solution aqueuse le dépose sous la forme de prismes rectangulaires, terminés par un biseau. (Ces cristaux appartiennent au système rhombique. Combinaison observée, $\infty \dot{P} \infty . \infty \dot{P} \infty . n \dot{P} \infty$. Inclinaison des faces, $\infty \dot{P} \infty : \infty \dot{P} \infty = 90°$; $n \dot{P} \infty : n \dot{P} \infty = 116°$. Les faces $\infty \dot{P} \infty$ sont un peu ondulées ; les faces $\infty \dot{P} \infty$ sont striées horizontalement ; les faces $n \dot{P} \infty$ sont lisses et brillantes). Il a donné à l'analyse [1] :

	Zwenger.			Wagner.				
	a	a	a	a	b	b	b	Calcul.
Carbone. . .	64,71	64,31	64,95	65,32	65,51	65,45	65,61	65,45
Hydrogène. .	5,68	5,43	5,68	5,64	5,86	5,62	5,68	5,46
Oxygène. . .	»	»	»	»	»	»	»	29,09
								100,00

L'acide oxyphénique, recristallisé dans l'eau, présente une réaction acide à peine sensible ; il a une saveur légèrement amère, rappelant celle de l'acide phénique.

Les cristaux séchés à 80° fondent à 110° ou 115° ; la matière fondue bout entre 240 et 245°. Les vapeurs sont incolores, et se condensent en un liquide qui forme de beaux cristaux par le refroidissement.

On peut distiller l'acide oxyphénique sur la potasse, la chaux ou la baryte caustiques, sans qu'il y ait décomposition.

Sa solution dans la potasse ou dans l'ammoniaque caustiques, exposée à l'air, en absorbe l'oxygène, devient verte, puis brune, et enfin noire et opaque. La solution dans les carbonates alcalins se comporte d'une manière semblable. Lorsqu'on fait tomber dans de l'eau de chaux une goutte d'une solution aqueuse et concentrée d'acide oxyphénique, la liqueur devient verte et brunit peu à peu.

Sa solution aqueuse réduit aisément le chlorure d'or, le nitrate d'argent et le bichlorure de platine.

[1] a Acide oxyphénique préparé par le cachou ; b id. préparé par l'acide morintannique.

Elle n'altère pas les sels ferreux, mais elle donne avec le perchlorure de fer (avec les sels ferroso-ferriques) une coloration vert foncé, qui passe au rouge foncé par l'addition de l'ammoniaque, de la potasse ou de l'eau de baryte; cette réaction est fort caractéristique.

L'acide oxyphénique ne précipite pas les solutions de gélatine, d'émétique et de sels de quinine.

Il précipite en blanc l'acétate de plomb; le précipité a donné à l'analyse 69,5 — 68,7 p. c. d'oxyde (Wagner; 70,0 p. c., Zwenger. La formule $C^{12}H^4Pb^2O^4$ en exigerait 70,8 p. c.)

L'acide nitrique transforme l'acide oxyphénique en acide oxalique, coloré en jaune par des traces d'une matière nitrogénée, différente de l'acide picrique.

Un mélange d'acide chlorhydrique et de chlorate de potasse transforme l'acide oxyphénique en chloranile (§ 1461) :

$$C^{12}H^6O^4 + 10 \; Cl = C^{12}Cl^4O^4 + 6 \; ClH.$$
Ac-oxyphén.   Chloranile.

Le produit que nous venons de décrire n'a pas encore été suffisamment étudié dans ses rapports avec les autres combinaisons phéniques, et ce n'est qu'en raison de sa composition que nous le considérons provisoirement comme le bioxyde de phényle.

Dérivés chlorés de l'acide oxyphénique.

§ 1396. L'action du chlore sur l'acide oxyphénique n'a pas été examinée, mais on connaît un acide chloré qui semble dériver du bioxyde de phényle : c'est *l'acide chloronicéique*, obtenu par M. Saint-Èvre en soumettant l'acide benzoïque (acide phényl-formique) à une action à la fois oxydante et chlorurante.

§ 1387. *Acide chloronicéique*[1], dit aussi acide phénylique monochloruré, $C^{12}H^5ClO^4$. — Pour obtenir ce corps, on fait passer à froid un courant de chlore dans une solution aqueuse et fortement alcalisée de benzoate de potasse. Les doses qui conviennent le mieux à cette opération sont : 60 grammes d'acide benzoïque, 200 grammes de potasse à la chaux, 300 à 350 grammes d'eau. On

---

[1] Saint-Èvre (1848), *Ann. de Chim. et de Phys.*, [3] XXV, 484. — Suivant M. Émile Kopp (*Compt. rend. des trav. de Chim.*, 1847, p. 198), on obtiendrait de l'acide chlorobenzoïque $C^{14}H^5ClO^4$, en faisant agir du chlore sur de l'acide benzoïque dissous dans un excès de soude; cet acide chlorobenzoïque formerait des sels cristallisables et solubles dans l'eau.

dissout la potasse à une douce chaleur, on y introduit ensuite l'acide benzoïque, et on attend que le tout soit refroidi avant d'y faire passer le courant de chlore. Il convient de terminer le tube à gaz qui amène le chlore, par un tube large et ébréché à sa partie inférieure, afin d'éviter les engorgements. Au bout de quelque temps, on voit la liqueur prendre les nuances successives du jaune, du jaune verdâtre, du vert clair, puis elle jaunit de nouveau et abandonne en dernier lieu un dépôt abondant, sous la forme d'une bouillie grisâtre et cristalline. Pendant toute la durée de la réaction, il se dégage de l'acide carbonique. Le précipité se compose de chlorate de potasse, d'une petite quantité de benzoate non-altéré, et du sel de potasse de l'acide chloronicéique; la liqueur surnageante renferme en dissolution du benzoate de potasse et du chlorure de potassium. On ajoute à la masse la moitié environ de son volume d'eau; on sature la liqueur, à une douce chaleur, par un courant d'acide carbonique, et l'on achève la saturation par une petite quantité d'acide chlorhydrique étendu. On porte alors le tout à l'ébullition; peu à peu le magma qui s'était précipité se redissout, et on voit aussitôt apparaître une substance oléagineuse qui se concrète par le refroidissement : c'est l'acide chloronicéique. On le purifie de l'acide benzoïque qu'il peut encore contenir, par des fusions répétées dans l'eau bouillante, ainsi que par des cristallisations dans l'alcool ou dans un mélange d'alcool et d'éther.

L'acide chloronicéique pur constitue de petits cristaux groupés en choux-fleurs, et se présentant au microscope sous la forme de prismes aciculaires à quatre pans. Il fond à 150°; sa densité est de 1,29 à l'état fondu. Il bout à 215°. Il est volatil sans décomposition, et se sublime en aiguilles aplaties, d'un aspect gras, et groupées autour d'un centre commun. Son odeur est vive et pénétrante.

Il a donné à l'analyse :

	Experience.				Calcul.
Carbone. . .	49,72	51,51	50,09	50,06	50,00
Hydrogène..	2,87	3,70	3,50	3,39	3,47
Chlore. . . .	23,80	23,54	23,73	24,15	24,30
Oxygène. . .	23,61	21,25	21,68	22,40	22,23
	100,00	100,00	100,00	100,00	100,00

Traité par l'acide sulfurique fumant, l'acide chloronicéique donne un acide copulé dont le sel de baryte est soluble. Avec l'acide nitrique fumant, il donne un acide nitrogéné (§ 1398).

Il résiste à l'action prolongée d'un courant de chlore sec, même sous l'influence de la chaleur.

Il n'est pas attaqué par l'amalgame de potassium.

Distillé sur la chaux ou la baryte, il donne un hydrocarbure solide et un corps chloré liquide (§ 1399).

Le *sel d'ammoniaque*, $C^{12}H^4(NH^4)ClO^4$, cristallise en larges lames micacées, fusibles et volatiles sans décomposition.

Le *sel de baryte*, $C^{12}H^4BaClO^4$, constitue une poudre blanche, cristalline, peu soluble dans l'eau, assez soluble dans l'alcool à chaud ; il se décompose par la chaleur en donnant un mélange de deux hydrocarbures, l'un solide, l'autre liquide, en même temps qu'il reste du charbon.

Le *sel d'argent*, $C^{12}H^4AgClO^4$, préparé avec des liqueurs alcooliques, se précipite sous la forme de flocons blancs que le lavage et la dessiccation changent en une poudre cristalline. L'analyse de ce sel a donné :

	Expérience.		Calcul.
Carbone.	29,22	29,19	28,68
Hydrogène. . .	2,08	2,03	1,59
Argent.	43,31	43,11	43,02

Le *chloronicéate d'éthyle*, $C^{12}H^4(C^4H^5)ClO^4 = C^{16}H^9ClO^4$, se présente sous la forme d'un liquide incolore ; sa densité est de 0,981 à 10° ; il bout à 230°. On le prépare à la manière ordinaire, au moyen d'un courant d'acide chlorhydrique gazeux, et on le débarrasse, par une rectification sur de la litharge, de l'acide qu'il pourrait retenir en dissolution.

L'*amide chloronicéique*, $C^{12}H^6ClNO^2$, s'obtient aisément en abandonnant dans un flacon, pendant quelque temps, une solution alcoolique de chloronicéate d'éthyle au contact de l'ammoniaque. L'amide cristallise, par l'évaporation, en lames incolores, d'un aspect gras, et fusibles à 108°.

§ 1398. L'*acide nitro-chloronicéique*, $C^{12}H^4(NO^4)ClO^4$, dérive de l'acide chloronicéique par la substitution de NO^4 à H. L'acide nitrique fumant attaque l'acide chloronicéique avec violence, le dissout, et ne tarde pas à déposer le dérivé nitrique ; celui-ci cristallise en larges lames micacées, d'un éclat gras, et solubles dans l'alcool.

Le *nitro-chloronicéate d'éthyle*, $C^{12}H^3(C^4H^5)(NO^4)ClO^4$, est solide et cristallise en larges lames incolores.

L'eau-mère de la préparation de l'acide nitro-chloronicéique donne, par l'évaporation, de longues aiguilles incolores, qui renferment les éléments de l'acide citraconique dans lequel 2 atomes d'hydrogène seraient remplacés par NO^4 et $Cl = C^{10}H^4(NO^4)ClO^4$:

	Expérience.	Calcul.
Carbone.	33,77	33,89
Hydrogène.	2,29	2,26
Chlore.	19,67	19,78
Azote.	8,14	7,90
Oxygène.	36,13	36,17
	100,00	100,00

§ 1399. Lorsqu'on distille, dans une cornue, l'acide chloronicéique avec un excès de chaux ou de baryte caustique, il passe d'abord un liquide légèrement coloré en jaune brunâtre, puis la réaction semble éprouver un temps d'arrêt ; en continuant l'application de la chaleur, on voit se condenser un produit solide, tandis que la cornue retient un résidu charbonneux contenant du chlorure de calcium ou de baryum.

M. Saint-Èvre donne le nom de *paranicène* à la substance solide, et celui de *nicène monochloré* au liquide qui distille en premier lieu. La composition et le mode de formation de ces corps ne me paraissent pas suffisamment établies.

α. Le paranicène ne renferme que du carbone et de l'hydrogène ; pour le purifier, il faut le faire passer une seconde fois sur de la chaux chauffée au rouge sombre. Il est solide, d'une couleur citrine, d'une odeur et d'une saveur pénétrantes ; il cristallise en larges lames, se dissout dans l'alcool et l'éther, présente une densité de 1,24, et bout à 365°. Il paraît renfermer $C^{20}H^{12}$; densité de vapeur trouvée $= 4,79$ (?), id. calculée $= 4,62$ pour 4 volumes. Son analyse a donné :

	Expérience.					Calcul.
Carbone. .	87,84	90,96	90,84	90,40	90,90	90,90
Hydrogène.	6,08	8,96	9,07	9,09	9,05	9,05

L'acide nitrique fumant attaque avec énergie le paranicène et finit par le dissoudre ; la liqueur dépose par le refroidissement des aiguilles solubles dans l'alcool et l'éther, et renfermant $C^{20}H^{11}$ (NO^4). Ce produit est mélangé d'une petite quantité de matière résinoïde.

β. Le nicène monochloré contient du carbone, de l'hydrogène

et du chlore. Convenablement rectifié, il se présente sous la forme d'un liquide légèrement ambré, d'une densité de 1,141 à 10°; il bout à 292° ou 294°. Il paraît contenir $C^{20}H^{10}Cl^2 = 4$ volumes; densité de vapeur trouvée $= 7,52$; id. calculée $= 6,98$. Son analyse a donné :

	Expérience.					Calcul.
Carbone. . .	61,1	60,8	60,6	60,6	60,8	59,70
Hydrogène. .	5,8	5,4	5,7	5,4	5,4	4,97
Chlore. . . .	35,0	35,1	35,1	35,1	35,1	35,33
	103,9	101,3	101,4	101,1	101,0	100,00

L'acide nitrique attaque avec violence le nicène monochloré, en produisant un corps $C^{20}H^8(NO^4)^2Cl^2$ cristallisé en longues aiguilles soyeuses, solubles dans l'alcool et l'éther.

§ 1400. En soumettant à l'action du sulfhydrate d'ammoniaque les dérivés nitriques du paranicène et du nicène monochloré, M. Saint-Èvre obtient deux alcalis particuliers, que ce chimiste appelle *paranicine* et *chloronicine*.

α. La *paranicine*, $C^{20}H^{13}N$, dissoute dans un acide et précipitée par l'ammoniaque, se présente en flocons neigeux et incolores, solubles à froid dans l'éther, qui la laisse, après l'évaporation, sous la forme d'une huile jaunâtre. Elle a donné à l'analyse :

	Expérience.		Calcul.
Carbone.	81,30	81,38	81,63
Hydrogène. . .	8,85	8,79	8,84
Azote.	9,51	»	9,53

Le *chlorhydrate de paranicine*, $C^{20}H^{13}N,HCl$, se présente en petits cristaux octaédriques, solubles dans l'eau, même à froid, et d'une réaction acide au papier de tournesol.

Le *chloroplatinate*, $C^{20}H^{13}N,HCl,PtCl^2$, se présente sous la forme d'un précipité cristallin à peine soluble dans l'éther. Il est fusible et, à la longue, s'altère à l'air et à la lumière. Il a donné à l'analyse :

	Expérience.	Calcul.
Carbone.	33,71	34,28
Hydrogène.	4,31	4,00
Chlore.	29,90	30,00
Platine.	27,77	27,72

β. La *chloronicine*[1], $C^{20}H^{12}Cl^2N^2$, se précipite sous la forme de

---

[1] M. Saint-Èvre représente la chloronicine par la moitié de la formule que nous avons adoptée.

flocons bruns, solubles dans un excès d'eau. L'analyse qui concorde le mieux avec la formule théorique a donné :

	Expérience.	Calcul.
Carbone.	51,54	52,18
Hydrogène. . . .	5,61	5,21
Chlore.	29,58	30,43
Azote.	13,39	12,18

Le *chlorhydrate de chloronicine* cristallise en prismes déliés, groupés autour d'un centre commun, d'une légère teinte jaune, fort solubles dans l'eau, même à froid; il brunit peu à peu à l'air et à la lumière.

Le *bichloroplatinate*, $C^{20}H^{12}Gl^2N^2$, $2\,(HGl, PtGl^2)$, est un précipité grenu, jaune foncé, renfermant :

	Expérience.	Calcul.
Carbone. . . .	18,83	18,86
Hydrogène. . .	1,93	2,20
Chlore.	43,64	44,02
Platine.	30,22	30,52

Le *biacétate*, $C^{20}H^{12}Gl^2N^2$, $2\,C^4H^4O^4$, cristallise en prismes à quatre pans, légèrement colorés en jaune, à réaction acide, altérables à l'air humide et à la lumière. Il contient :

	Expérience.		Calcul.
Carbone.	47,56	»	48,00
Hydrogène. . . .	6,32	»	5,71
Chlore.	19,56	20,20	20,00
Azote.	8,72	8,10	8,00

Dérivés nitriques de l'acide oxyphénique.

§ 1401. *Acide oxypicrique*[1], ou acide styphnique, dit aussi amer artificiel ou tannin artificiel de l'extrait de Brésil, $C^{12}H^3(NO^4)^3O^4 = C^{12}H^8N^3O^{16}$. — Ce corps, obtenu pour la première fois à l'état impur par M. Chevreul, a été étudié et analysé dans ces derniers temps par M. Erdmann, ainsi que par MM. Boettger et Will. Il se produit par l'action de l'acide nitrique sur plusieurs gommes-résines, telles que la résine ammoniaque, l'assa fœtida, le galbanum, le sagapénum, etc., ainsi que sur les extraits aqueux du

[1] CHEVREUL (1808), *Ann. de Chim.*, LXVI, 246; LXXIII, 43. — O. L. ERDMANN, *Journ. f. prakt. Chem.*, XXXVII, 409; XXXVIII, 355. — R. BOETTGER et WILL, *Ann. der Chem. u. Pharm.*, LVIII, 273. — F. BOTHE, *Journ. f. prakt. Chem.*, XLVI, 376.

5.

bois de Brésil, du bois jaune, du bois de santal. Il se forme aussi lorsqu'on traite par l'acide nitrique l'acide euxanthique ou l'euxanthone, la peucédanine, etc.

L'assa fœtida et l'extrait de bois de Brésil sont les matières les plus avantageuses pour la préparation de l'acide oxypicrique. On traite 1 p. d'assa fœtida avec 4 à 6 p. d'acide nitrique de 1,20 (l'acide du commerce étendu de son volume d'eau); on ne chauffe d'abord qu'à 70 ou 75°; dès que la réaction violente qui s'établit alors s'est calmée, on fait bouillir jusqu'à disparition de toute matière solide. L'oxydation est terminée quand la solution dépose, par l'addition de l'eau, une poudre grenue au toucher; si l'eau en sépare un précipité floconneux, il faut continuer l'ébullition avec l'acide nitrique. On évapore alors à consistance de sirop, on ajoute beaucoup d'eau, et, après avoir porté à l'ébullition, on ajoute du carbonate de potasse, tant qu'il y a effervescence, et en ayant soin de n'en pas prendre d'excès, afin de ne pas dissoudre les parties résineuses qui pourraient encore se trouver dans le liquide. Après la neutralisation, on filtre, on concentre et l'on abandonne à cristallisation. Il se sépare alors un sel de potasse peu soluble sous la forme d'une croûte brune ou de fines aiguilles groupées en mamelons. On fait recristalliser ce sel dans une petite quantité d'eau bouillante, et l'on en précipite l'acide oxypicrique par l'acide nitrique.

On procède d'une manière semblable pour le traitement de l'extrait de bois de Brésil.

L'assa fœtida donne environ 3 p. c. d'acide oxypicrique; l'extrait de bois de Brésil en fournit jusqu'à 18 ½ p. c.

L'acide oxypicrique se précipite à l'état d'une poudre blanche ou de paillettes ayant la forme de feuilles de fougère; on le lave à l'eau froide, et on le dissout dans l'alcool absolu et bouillant. On l'obtient alors en assez gros cristaux prismatiques, de couleur jaune.

Il exige 88 p. d'eau à 62° pour se dissoudre; l'alcool et l'éther le dissolvent aisément. Sa saveur n'est ni amère ni acide, mais un peu astringente; dissous dans l'alcool ou l'eau, il jaunit l'épiderme d'une manière persistante.

Il rougit fortement le tournesol et décompose aisément les carbonates.

Chauffé avec précaution sur une lame de platine, il fond et se prend par le refroidissement en une masse radiée; par une plus forte chaleur, il exhale des vapeurs qui s'enflamment aisément. Il détone légèrement par un échauffement brusque.

Les acides nitrique et chlorhydrique concentrés ne l'attaquent pas à l'ébullition. Il se dissout aisément dans l'acide nitrique concentré, et l'eau l'en sépare sous la forme d'une poudre blanche. L'eau régale le décompose entièrement en donnant de l'acide oxalique. L'acide sulfurique concentré le décompose également à chaud.

Si l'on saupoudre d'acide oxypicrique un morceau de potassium bien sec, et qu'on le presse légèrement avec un corps dur, l'acide s'enflamme; le sodium ne produit pas le même effet.

Une solution aqueuse et concentrée d'acide oxypicrique dissout, surtout à chaud, le fer et le zinc avec assez de facilité; la solution est d'un vert foncé ou d'un brun verdâtre.

L'hydrogène sulfuré ne l'attaque pas, mais une solution alcoolique de sulfhydrate d'ammoniaque le colore en brun-rouge foncé.

On ne parvient pas à éthérifier l'acide oxypicrique en le chauffant avec de l'alcool et de l'acide sulfurique.

§ 1402. Les *oxypicrates* partagent, avec les picrates, à un degré plus ou moins élevé, la propriété de faire explosion d'une manière énergique, quand on les chauffe doucement.

Les sels neutres renferment 2 atomes de métal :

Oxypicrates neutres, $C^{12}HM^2(NO^4)^3O^4$.

Le charbon animal enlève de l'oxyde à la plupart des oxypicrates métalliques, dissous dans l'eau.

Le *sel d'ammoniaque neutre*, $C^{12}H(NH^4)^2(NO^4)^3O^4$, cristallise en aiguilles orangées anhydres.

Le *sel d'ammoniaque acide*, $C^{12}H^2(NH^4)(NO^4)^3O^4$, cristallise en longues aiguilles aplaties, ou, dans une solution fort concentrée, en aiguilles capillaires, comme feutrées. Il est moins soluble dans l'eau que le sel neutre.

Le *sel de potasse neutre*, $C^{12}HK^2(NO^4)^3O^4$, s'obtient en aiguilles orangées, minces et raccourcies, peu solubles dans l'eau.

Le *sel de potasse acide*, $C^{12}H^2K(NO^4)^3O^4 + 2$ aq., s'obtient en saturant par du carbonate de potasse une certaine quantité d'acide oxypicrique, et en ajoutant au produit une quantité d'acide égale à la première. Il forme des aiguilles capillaires, jaune clair, qui perdent à 100° leur eau de cristallisation.

Le *sel de soude neutre*, $C^{12}HNa^2(NO^4)^3O^4 + 5$ aq (?), est fort soluble dans l'eau, et se prend en petites aiguilles jaune clair. A 100° il perd toute son eau de cristallisation (13,08 pour 100).

Le *sel de soude acide* ne s'obtient pas cristallisé.

Le *sel de baryte*, $C^{12}HBa^2(NO^4)^3O^4 + 4$ aq., comme celui de plomb, est fort peu soluble et s'obtient en aiguilles orangées, très-raccourcies. A 100°, il perd de 3,90 à 4,27 pour 100 d'eau.

Le *sel de strontiane*, $C^{12}HSr^2(NO^4)^3O^4 + 4$ aq., est bien plus soluble que le sel de baryte ; il cristallise fort aisément, dans une solution moyennement concentrée, sous la forme de mamelons très-gros, composés de longues aiguilles jaune clair. Il perd, à 100°, 7,02 pour 100 d'eau.

Le *sel de chaux*, $C^{12}HCa^2(NO^4)^3O^4 + 7$ aq. (?), est très-soluble dans l'eau, et cristallise en mamelons qui perdent 10,22 pour 100 d'eau à 100° (4 atomes).

Le *sel de magnésie* est fort soluble, et s'obtient difficilement sous forme cristallisée.

Le *sel de zinc* est le plus soluble de tous les oxypicrates ; il est déliquescent et cristallise difficilement.

Le *sel de cadmium* est déliquescent.

Le *sel de nickel* cristallise difficilement en aiguilles jaune clair, fort solubles.

Le *sel de nickel et de potasse* forme des croûtes cristallines de couleur brune.

Le *sel de cobalt* forme des aiguilles brun clair, fort solubles. Le *sel de cobalt et d'ammoniaque* constitue des aiguilles d'un jaune brun. Le *sel de cobalt et de potasse* forme des mamelons bruns et durs.

Le *sel de cuivre*, $C^{12}HCu^2(NO^4)^3O^4 + 2$ aq., s'obtient en aiguilles vert clair, en abandonnant à l'évaporation la solution du carbonate de cuivre dans l'acide oxypicrique. Le *sel de cuivre et d'ammoniaque* s'obtient en cristaux bruns, assez solubles, lorsqu'on dissout le carbonate de cuivre dans une solution saturée d'oxypicrate d'ammoniaque acide. Le *sel de cuivre et de potasse*, $C^{12}HCuK(NO^4)^3$ $O^4 + 4$ aq. (?), s'obtient en traitant du carbonate de cuivre par une solution saturée d'oxypicrate de potasse acide ; il se présente en aiguilles brunes, ordinairement groupées en mamelons. Ces cristaux détonent par la chaleur avec une explosion épouvantable.

Le *sel de fer* forme des cristaux vert-noirâtre confus, fort solubles et altérables ; on l'obtient par double décomposition avec le sulfate ferreux et l'oxypicrate de baryte. L'oxypicrate d'ammoniaque produit dans l'alun de fer des aiguilles jaunes.

Le *sel de manganèse* s'obtient en tables rhombes d'un jaune clair, qui fondent, par la chaleur, dans leur eau de cristallisation en devenant rouges ; à 100° le sel perd 22,98 pour 100 d'eau, c'est-à-dire 10 atomes.

Le *sel de plomb neutre* n'a pas encore été obtenu.

Si l'on mélange une solution d'acétate de plomb neutre avec de l'acide oxypicrique, il se produit un précipité floconneux jaune clair et presque insoluble dans l'eau, qui, une fois desséché, fait déjà explosion par la simple pression. C'est un *sous-sel* contenant $C^{12}H^2Pb.(NO^4)^3O^4$, 2 PbO + 3 aq.

Le *sel d'argent* contient $C^{12}HAg^2(NO^4)^3O^4$. Si l'on mélange une solution de nitrate d'argent moyennement concentrée et chauffée à 60° environ avec de l'oxypicrate de potasse, ou si l'on dissout du carbonate d'argent, à la même température, dans l'acide oxypicrique, l'oxypicrate d'argent se dépose tantôt en gros cristaux jaune clair, tantôt en aiguilles aplaties. Si la cristallisation est très-lente, il se produit des feuilles qui ressemblent entièrement à des branches de palmier. Pour faire recristalliser ce sel, il ne faut pas le chauffer à l'ébullition, qui déterminerait la réduction de l'argent.

SULFITES DE PHÉNYLE.

§ 1403. L'hydrure de phényle (benzine) se combine directement avec l'acide sulfurique, en produisant de l'acide phényl-sulfureux[1] ; à ce dernier acide correspondent un chlorure, un zoture, etc. :

$$\text{Acide phényl-sulfureux. . . } C^{12}H^6S^2O^6 \quad = \quad \left.\begin{array}{l} C^{12}H^5S^2O^4.O \\ HO \end{array}\right\rangle$$

$$\text{Phényl-sulfites métalliq. . . } C^{12}H^5MS^2O^6 \quad = \quad \left.\begin{array}{l} C^{12}H^5S^2O^4.O \\ MO \end{array}\right\rangle$$

[1] L'acide sulfurique, plus de l'hydrogène ou du métal, donne de l'acide sulfureux :

$$\left.\begin{array}{l} HO \\ HO \end{array}\right\rangle S^2O^4.$$

L'acide phényl-sulfureux décrit dans ce chapitre ne représente qu'un isomère du véritable sulfite de phényle, c'est-à-dire de l'acide sulfureux dans lequel H est remplacé par du phényle :

$$\left.\begin{array}{l} C^{12}H^5.O \\ HO \end{array}\right\rangle S^2O^4.$$

$$\text{Chlorure phényl-sulfureux.} \quad C^{12}H^5ClS^2O^4 = \begin{cases} C^{12}H^5S^2O^4 \\ Cl \end{cases},$$

$$\text{Azoture phényl-sulfureux.} \quad C^{12}H^7NS^2O^4 = N \begin{cases} C^{12}H^5S^2O^4 \\ H \\ H \end{cases},$$

$$\text{Phénylure phényl-sulfureux.} \quad C^{24}H^{10}S^2O^4 = \begin{cases} C^{12}H^5S^2O^4 \\ C^{12}H^5 \end{cases}.$$

Les combinaisons précédentes représentent les types oxyde, chlorure, azoture et hydrogène, dans lesquels H est remplacé par son équivalent du radical *sulfophényle* $C^{12}H^5S^2O^4$.

§ 1404. ACIDE PHÉNYL-SULFUREUX[1], ou acide sulfobenzidique, $C^{12}H^6S^2O^6$. — On fait dissoudre la benzine dans l'acide sulfurique fumant, on étend d'eau, on enlève, par le filtre, la sulfobenzide (§ 1407) qui a pu se former, et l'on sature par du carbonate de baryte. On filtre la dissolution du sel de baryte, et on la précipite exactement par du sulfate de cuivre. Le phényl-sulfite de cuivre ayant été obtenu à l'état cristallin par la concentration, on le décompose par l'hydrogène sulfuré.

On obtient aussi l'acide phényl-sulfureux en chauffant légèrement la benzine avec son volume d'acide sulfurique concentré, et en opérant ensuite comme précédemment.

L'acide phényl-sulfureux, évaporé à consistance sirupeuse, donne un résidu cristallin; il se décompose à une température élevée.

§ 1404[a]. Les *phényl-sulfites* ou sulfobenzidates sont des sels extrêmement stables, et résistent à l'action d'une chaleur très-élevée.

Les *sels d'ammoniaque, de potasse* et *de soude* cristallisent aisément.

Le *sel de baryte* ne s'obtient qu'en croûtes cristallines.

Le *sel de chaux* cristallise aisément.

Le *sel de zinc* est également cristallisable.

Le *sel de cuivre*, $C^{12}H^5CuS^2O^6$ (à 180°), s'obtient en beaux cristaux volumineux, qui perdent à 170° toute leur eau de cristallisation.

Le *sel d'argent* est cristallisable.

§ 1404[b]. *Acide nitrophényl-sulfureux*[2], phényl-sulfureux nitré,

<hr>

[1] MITSCHERLICH (1834), *Ann. de Poggend.*, XXXI, 283 et 634.
[2] LAURENT (1850), *Compt. rend. de l'Acad.*, XXXI, 538.

ou nitrosulfobenzidique, $C^{12}H^6(NO^4)S^2O^6$. — On l'obtient en faisant bouillir l'acide phényl-sulfureux avec de l'acide nitrique.

Son *sel d'ammoniaque* renferme $C^{12}H^4(NH^4)(NO^4)S^2O^6$. L'hydrogène sulfuré le transforme en sulfanilate d'ammoniaque.

§ 1405. Chlorure phényl-sulfureux [1], ou chlorure de sulfophényle, $C^{12}H^5S^2O^4Cl$. — On l'obtient aisément et en quantité notable en distillant un phényl-sulfite avec de l'oxychlorure de phosphore. Cette préparation se fait le mieux de la manière suivante : on mélange de la benzine avec son volume d'acide sulfurique concentré, et l'on chauffe légèrement de manière à dissoudre toute la benzine ; quand la liqueur rouge est très-homogène, on l'étend d'eau et on la sature par de la craie, pour la transformer en phényl-sulfite de chaux ; on filtre, on précipite exactement la liqueur filtrée, par du carbonate de soude, on filtre de nouveau, et l'on évapore à siccité le phényl-sulfite de soude. Ce sel ayant été maintenu pendant quelque temps dans une étuve, à 150° environ, on l'introduit dans une cornue tubulée avec de l'oxychlorure de phosphore, de manière à en former une bouillie épaisse ; il est bon d'introduire les deux matières alternativement par petites portions, car la réaction s'opère déjà à froid avec dégagement de chaleur. On distille ensuite la bouillie, jusqu'à ce qu'il ne passe plus de matière huileuse, et l'on rectifie tout le produit, en ne recueillant à part que les dernières portions passant à 254°, quand le thermomètre est devenu stationnaire.

Le phényl-sulfite de chaux est moins avantageux que le sel de soude pour la préparation du chlorure phényl-sulfureux, l'attaque de l'oxychlorure sur ce sel de chaux n'étant pas aussi complète. On peut utiliser, pour la préparation de l'azoture de sulfophényle, le produit qu'on recueille avant 254°, car il renferme une quantité notable de chlorure de sulfophényle, entraîné par l'oxychlorure de phosphore qui distille en premier lieu.

Le chlorure de sulfophényle constitue une huile incolore d'une densité de 1,378 à 23°, réfractant fortement la lumière, fumant légèrement à l'air. Son odeur, assez forte, rappelle celle de l'essence d'amandes amères. Il est insoluble dans l'eau et fort soluble dans l'alcool. Il bout d'une manière constante à 254°.

L'eau l'attaque à peine, néanmoins elle en devient acide ; mais

---

[1] Gerhardt et Chancel (1852), *Compt. rend. de l'Acad*, XXXV, 690.

les alcalis fixes le transforment immédiatement en phényl-sulfite et en chlorure alcalins.

L'ammoniaque aqueuse attaque le chlorure de sulfophényle en le transformant en azoture phényl-sulfureux et en chlorhydrate d'ammoniaque.

§ 1406. Azoture phényl-sulfureux[1], azoture de sulfophényle et d'hydrogène, ou sulfophénylamide, $C^{12}H^7NS^2O^4 = NH^2(C^{12}H^5S^2O^4)$. — Ce composé se produit par la réaction de l'ammoniaque et du chlorure de sulfophényle. Un procédé très-commode pour le préparer consiste à faire réagir ce chlorure sur le carbonate d'ammoniaque : on prend un grand excès de ce sel, on le réduit en poudre, et on l'arrose de chlorure de sulfophényle ; la réaction se fait immédiatement ; on la rend complète en chauffant légèrement le mortier où l'on a fait le mélange des deux substances, jusqu'à ce que l'odeur du chlorure ne soit plus sensible. On lave ensuite le produit à l'eau froide, qui ne dissout que le chlorhydrate et l'excédant de carbonate d'ammoniaque ; on fait cristalliser le résidu dans une petite quantité d'alcool bouillant.

L'azoture phényl-sulfureux se dépose par le refroidissement sous la forme de magnifiques paillettes nacrées, insolubles dans l'eau, fort solubles dans l'alcool. Il se dissout également dans l'ammoniaque bouillante.

Il n'est pas attaqué par le chlorure de sulfophényle, même bouillant.

§ 1406[a]. L'azoture phényl-sulfureux représente de l'ammoniaque dans laquelle 1 atome d'hydrogène est remplacé par son équivalent de sulfophényle $C^{12}H^5S^2O^4$; on peut le démontrer en remplaçant, dans le même corps, deux autres atomes d'hydrogène par des métaux simples ou par des radicaux composés. Cette substitution produit les amides suivantes[2] :

Azoture de sulfophényle,
et d'hydrogène. . . . . $C^{12}H^7NS^2O^4$ $= N\begin{cases} C^{12}H^5S^2O^4 \\ H \\ H \end{cases}$,

Azoture de sulfophényle,
d'argent et d'hydrogène. $C^{12}H^6AgNS^2O^4 = N\begin{cases} C^{12}H^5S^2O^4 \\ Ag \\ H \end{cases}$,

[1] Gerhardt et Chancel (1852), loc. cit. — Gerhardt et Chiozza, Compt. rend. de l'Acad., XXXVII, 86, et Observations inédites.

[2] Gerhardt et Chiozza (1853), loc. cit. et Expériences inédites.

Azot. de sulfophényle, de sul-
fophényle et d'hydrogène. $C^{24}H^{11}NS^4O^8$ $= N \begin{cases} C^{12}H^5S^2O^4 \\ C^{12}H^6S^2O^4, \\ H \end{cases}$

Azoture de sulfophényle et
de succinyle [1]. . . . . . $C^{20}H^9NS^2O^8$ $= N \begin{cases} C^{12}H^5S^2O^4 \\ C^8H^4O^4 \end{cases}$,

Azot. de sulfophényle, de
benzoïle et d'hydrogène. $C^{26}H^{11}NS^2O^6$ $= N \begin{cases} C^{12}H^5S^2O^4 \\ C^{14}H^5O^2 , \\ H \end{cases}$

Azot. de sulfophényle, de
benzoïle et d'argent. . . $C^{26}H^{10}AgNS^2O^6$ $= N \begin{cases} C^{12}H^5S^2O^4 \\ C^{14}H^5O^2 , \\ Ag \end{cases}$

Azoture de sulfophényle, de
benzoïle et de benzoïle. . $C^{40}H^{15}NS^2O^8$ $= N \begin{cases} C^{12}H^5S^2O^4 \\ C^{14}H^5O^2 , \\ C^{14}H^5O^2 \end{cases}$

Azoture de sulfophényle, de
benzoïle et d'acétyle. . . $C^{30}H^{13}NS^2O^8$ $= N \begin{cases} C^{12}H^5S^2O^4 \\ C^{14}H^5O^2 , \\ C^4H^3O^2 \end{cases}$

Azoture de sulfophényle, de
cumyle et d'hydrogène. . $C^{32}H^{17}NS^2O^6$ $= N \begin{cases} C^{12}H^5S^2O^4 \\ C^{20}H^{11}O^2 . \\ H \end{cases}$

Azot. de sulfophényle, de
benzoïle et de cumyle. . $C^{46}H^{21}NS^2O^8$ $= N \begin{cases} C^{12}H^5S^2O^4 \\ C^{14}H^5O^2 . \\ C^{20}H^{11}O^2 \end{cases}$

L'azoture de sulfophényle, d'argent et d'hydrogène, $C^{12}H^6Ag$ NS^2O^4, s'obtient sous la forme d'un précipité blanc et cristallin, lorsqu'on mélange une solution alcoolique et ammoniacale d'azoture phényl-sulfureux avec du nitrate d'argent.

L'azoture de sulfophényle, de sulfophényle et d'hydrogène ou di-fulfophényl-amide, $C^{24}H^{11}NS^4O^8$, se produit lorsqu'on chauffe légèrement le sel précédent avec du chlorure de sulfophényle; on reprend le produit par l'éther, qui dissout le nouvel azoture et l'abandonne par l'évaporation à l'état cristallin.

L'azoture de sulfophényle et de succinyle, $C^{20}H^9NS^2O^8$, se forme par la réaction du chlorure de succinyle et de l'azoture phényl-sulfureux. Le produit, d'abord visqueux, se concrète au contact de l'alcool; il cristallise dans ce liquide en très-belles aiguilles.

L'azoture de sulfophényle, de benzoïle et d'hydrogène, ou ben-

[1] Le succinyle $C^8H^4O^4$ est l'équivalent indivisible de H^2.

zoïl-sulfophénylamide, $C^{26}H^{11}NS^2O^6$, s'obtient aisément en faisant réagir le chlorure de benzoïle sur l'azoture phényl-sulfureux. A froid, il n'y a point d'attaque ; mais, si l'on chauffe à 120° le mélange des deux corps (par quantités équivalentes), il se fluidifie entièrement et dégage de l'acide chlorhydrique ; on maintient la chaleur à 150° environ, tant qu'un semblable dégagement se manifeste. Quand la réaction est terminée, on verse le produit dans une capsule, où il ne tarde pas à se concréter, en devenant dur comme de la pierre ; au moment de se concréter, il dégage beaucoup de chaleur. On le fait ensuite cristalliser dans l'alcool bouillant. Il se dépose alors, par le refroidissement, sous la forme d'aiguilles incolores, aplaties, brillantes et entre-croisées. Il est fort acide au papier de tournesol, peu soluble dans l'eau, peu soluble dans l'éther à froid ; il est soluble à froid dans les carbonates alcalis, et fort soluble dans l'ammoniaque caustique.

Sa solution ammoniacale devient sirupeuse par l'évaporation ; si on la concentre davantage, elle perd de l'ammoniaque, et dépose de l'azoture non altéré. Si l'on ajoute un acide à la solution ammoniacale, elle précipite l'azoture sous la forme d'une huile ; celle-ci s'épaissit presque aussitôt, devient emplastique, et finit par durcir entièrement.

L'*azoture de sulfophényle, de benzoïle et d'argent*, $C^{26}H^{10}AgNS^2O^6$, est un précipité blanc qu'on obtient en mélangeant du nitrate d'argent avec une solution ammoniacale de l'azoture précédent ; ce précipité se dissout dans l'eau bouillante, et se dépose par le refroidissement à l'état de petites aiguilles brillantes.

L'*azoture de sulfophényle, de benzoïle et de benzoïle*, ou dibenzoïl-sulfophénylamide, $C^{40}H^{15}NS^2O^8$, s'obtient en traitant le sel d'argent précédent par le chlorure de benzoïle ; on reprend le produit par l'éther, qui dissout le nouvel azoture et le dépose par l'évaporation sous la forme de rhombes peu aigus, ou de beaux prismes raccourcis, portant les faces de l'octaèdre, et doués de beaucoup d'éclat ; ces cristaux fondent à 120° environ en devenant visqueux. Ils sont peu solubles dans l'ammoniaque.

L'*azoture de sulfophényle, de benzoïle et d'acétyle*, $C^{30}H^{13}NS^2O^8$, se produit par le chlorure d'acétyle et l'azoture de sulfophényle, de benzoïle et d'argent ; la réaction se fait avec énergie, déjà à froid. On reprend le produit par l'éther bouillant : celui-ci dissout une matière qui se dépose par l'évaporation en petits cristaux brillants.

L'*azoture de sulfophényle, de benzoïle et de cumyle*, ou cumyl-benzoïl-sulfophénylamide, $C^{46}H^{24}NS^2O^8$, s'obtient par le même procédé que l'amide précédente, au moyen du chlorure de cumyle. Il cristallise en prismes enchevêtrés.

L'*azoture de sulfophényle, de cumyle et d'hydrogène*, $C^{32}H^{17}N S^2O^6$, constitue des prismes rectangulaires avec des faces terminales très-brillantes. Il est assez soluble dans l'alcool à froid, très-soluble à chaud.

L'*azoture de sulfophényle, de cumyle et d'argent*, $C^{32}H^{16}AgNS^2O^6$, forme des paillettes nacrées peu solubles dans l'eau bouillante.

Le *diazoture de sulfophényle, de benzoïle et de succinyle*, $C^{60}H^{24}N^2 S^4O^{16}$, est une diamide qu'on obtient en traitant à chaud l'azoture de sulfophényle, de benzoïle et d'argent, par le chlorure de succinyle ; on reprend le produit par l'éther, qui dissout la diamide et la dépose en petites aiguilles.

Ce corps dérive de 2 molécules d'ammoniaque N^2H^6 dans lesquelles tout l'hydrogène est remplacé par des radicaux oxygénés :

$$\text{Diazoture de sulfophényle, de benzoïle et de succinyle.} \quad N^2 \begin{cases} C^{14}H^5O^2 \\ C^{14}H^5O^2 \\ C^{12}H^5S^2O^4. \\ C^{12}H^5S^2O^4 \\ C^8H^4O^4 \end{cases}$$

§ 1407. PHÉNYLURE PHÉNYL-SULFUREUX [1], phénylure de sulfophényle, ou sulfobenzide, $C^{24}H^{10}S^2O^4$. — Ce corps, qui se produit par l'action de l'acide sulfurique anhydre sur la benzine, dérive du type hydrogène H^2, dans lequel les 2 atomes sont remplacés, l'un par du sulfophényle, l'autre par du phényle :

$$\begin{cases} C^{12}H^5S^2O^4 \\ C^{12}H^5 \end{cases}$$

Lorsqu'on met la benzine en contact avec de l'acide sulfurique anhydre, il se produit un liquide épais, qui se dissout entièrement dans un peu d'eau ; mais, si l'on y verse beaucoup d'eau, la sulfobenzide s'en sépare à l'état cristallin. En même temps, il reste de l'acide phényl-sulfureux en dissolution. La substance cristalline, qui n'est que fort peu soluble dans l'eau, peut-être complétement

[1] MITSCHERLICH (1834), *Ann. de Poggend.*, XXXI, 628.

purifiée de l'acide qu'elle retient par des lavages à l'eau. On la fait cristalliser dans l'éther, et on la soumet à la distillation.

La sulfobenzide cristallise aussi dans l'alcool ; elle fond à 100° en un liquide incolore, et bout à une température bien plus élevée. Elle ne se dissout pas dans les alcalis ; elle se dissout dans les acides, et en est reprécipitée par l'eau.

Quand on la dissout à chaud dans l'acide sulfurique concentré, elle se convertit en acide phényl-sulfureux.

A la température ordinaire, le chlore et le brome n'agissent pas sur elle ; mais, à la température de l'ébullition, le chlore la convertit en trichlorure de benzine.

SULFATES DE PHÉNYLE.

§ 1408. On ne connaît que le sulfate de phényle acide.

ACIDE PHÉNYL-SULFURIQUE[1], ou sulfophénique, $C^{12}H^6S^2O^8 =$ $C^{12}H^6O^2,S^2O^6$. — Quand on verse de l'acide sulfurique sur l'acide phénique, ces deux corps se combinent, et la température du mélange s'élève un peu ; si l'on a ajouté assez d'acide sulfurique, après vingt-quatre heures de contact, l'eau versée dans ce mélange n'en précipite plus rien. En saturant la dissolution par du carbonate de baryte à l'aide de l'ébullition, filtrant et évaporant, on obtient une matière cristalline que l'on purifie en la dissolvant dans l'alcool, à l'aide de la chaleur. Par le refroidissement, il se dépose une bouillie blanche de phényl-sulfate de baryte ; en décomposant ce sel par une quantité convenable d'acide sulfurique, filtrant et évaporant dans le vide, on obtient l'acide phényl-sulfurique à l'état sirupeux.

Le *sel d'ammoniaque*, $C^{12}H^5(NH^4)S^2O^8 + aq.$, se présente sous la forme de paillettes.

Le *sel de baryte*, $C^{12}H^5BaS^2O^8 + 3\,aq.$, cristallise en aiguilles microscopiques groupées en sphères ; il dégage son eau de cristallisation à 100°. A la distillation sèche, il donne de l'acide phénique.

CHLORURE DE PHÉNYLE.

Syn. : Chlorhydrophénide.

Composition : $C^{12}H^5Cl$.

§ 1409. Lorsqu'on met du perchlorure de phosphore en contact

---

[1] LAURENT (1841), *Ann. de Chim. et de Phys.*, [3] III, 203.

avec l'acide phénique, il s'attaque immédiatement en dégageant
du gaz chlorhydrique, et de l'oxychlorure de phosphore. On obtient ainsi un liquide épais, presque sans odeur, et plus pesant
que l'eau. Il ne distille qu'à une très-haute température, et encore
se décompose-t-il alors en grande partie.

Ce corps paraît être le chlorure de phényle[1]. Il ne se dissout
pas à froid, comme l'acide phénique, dans la potasse caustique ;
mais, si l'on chauffe le mélange, il se produit bientôt une réaction
énergique : la matière se dissout brusquement, et les acides ajoutés
alors à la solution en séparent de l'acide phénique.

La réaction de l'acide phénique avec le perchlorure de phosphore est probablement celle-ci :

$$C^{12}H^6O^2 + PCl^5 = PCl^3O^2 + ClH + C^{12}H^5Cl.$$

Dérivés nitriques du chlorure de phényle.

§ 1410. *Chlorure de binitrophényle*[2], ou chlorhydrophénide binitré, $C^{12}H^3(NO^4)^2Cl.$ — Le perchlorure de phosphore attaque à chaud
l'acide binitrophénique, avec dégagement de gaz chlorhydrique et
d'oxychlorure de phosphore. Le produit, liquide à chaud, dépose
par le refroidissement le perchlorure excédant, au-dessus duquel
nage une huile jaunâtre insoluble dans l'eau, et plus pesante que ce
liquide. Cette huile constitue probablement le chlorure de binitrophényle ; elle se prend, au bout de quelques jours, en une masse
cristallisée, peu soluble dans l'alcool froid ; elle s'y dissout à chaud ;
la solution devient laiteuse par le refroidissement, et dépose une
huile jaunâtre qui se prend de nouveau en aiguilles après quelque
temps.

Il est très-probable que ce produit présente la composition indiquée.

ANILINE[3].

Syn. : phénylamine, phényl-ammoniaque, amide phénique, benzidam, kyanol.

Composition : $C^{12}H^7N$.

§ 1411. Cet alcali [4] représente l'azoture de phényle et d'hydro-

---

[1] LAURENT et GERHARDT (1849), *Compt. rend. des trav. de Chim.*, 1849, p. 429.

[2] LAURENT et GERHARDT, *loc. cit.*

[3] Ce mot dérive d'*anil*, nom portugais de l'indigo, dont l'aniline est un des produits
de décomposition.

[4] UNVERDORBEN (1826), *Ann. de Poggend.*, VIII, 397. — RUNGE, *ibid.*, XXXI, 65 et
513 ; XXXII, 331. — FRITZSCHE, *Journ. f. prakt. Chem.* XX, 453 ; XXVII, 153 ;
XXVIII, 202. — ZININ, *ibid.*, XXVII, 149 ; XXXVI, 98. — A. W. HOFMANN, *Ann. der*

gène, c'est-à-dire de l'ammoniaque dans laquelle 1 at. d'hydrogène est remplacé par du phényle :

$$N \begin{cases} C^{12}H^5 \\ H \\ H \end{cases}$$

Découvert en 1826 par Unverdorben, il a été particulièrement étudié depuis par MM. Fritzsche, Zinin, Hofmann et Gerhardt.

Il se produit dans un grand nombre de réactions.

Lorsqu'on met du phénate d'ammoniaque dans un tube de verre épais, qu'on scelle ensuite à la lampe, et qu'on abandonne dans un four, pendant quinze jours ou trois semaines, il se produit beaucoup d'aniline (Laurent et Hofmann) :

$$C^{12}H^6O^2 + NH^3 = C^{12}H^7N + 2HO.$$
Ac. phéniq.   Aniline.

La nitrobenzine se convertit en aniline par le sulfhydrate d'ammoniaque (Zinin), ou par le zinc sous l'influence de l'acide chlorhydrique (Hofmann) :

$$C^{12}H^5NO^4 + 6HS = C^{12}H^7N + 4HO + 6S.$$
Nitrobenzine.   Aniline.

L'acide anthranilique ou carbanilique se dédouble par la distillation en aniline et en acide carbonique (Fritzsche) :

$$C^{14}H^7NO^4 = C^{12}H^7N + C^2O^4.$$
Ac. anthranil.   Aniline.

Chauffés au rouge, la salicylamide et le nitrotoluène, deux corps isomères, donnent de l'aniline (Hofmann et Muspratt) :

$$C^{14}H^7NO^4 = C^{12}H^7N + C^2O^4$$
Salicylamide.   Aniline.

L'indigo, l'isatine, etc., donnent également de l'aniline par la distillation avec de la potasse caustique.

L'huile du goudron de houille contient l'aniline en quantité notable, et peut servir à l'extraction de cet alcali. On agite cette huile avec de l'acide chlorhydrique ; après avoir décanté la solution, on l'évapore à feu nu jusqu'à ce qu'il s'en dégage des vapeurs piquantes, indiquant un commencement de décomposition ; on filtre avec soin pour enlever toute l'huile non combinée, et l'on décompose

Chem. u. Pharm., XLVII, 31 ; LIII, 8 ; LVII, 265 ; LXVI, 129 ; LXVII, 61 et 129 ; LXX, 129 ; LXXIV, 117 ; LXXV, 356. — MUSPRATT et HOFMANN, *ibid.*, LIII, 221 ; LVII, 210. — LAURENT, *Compt. rend. de l'Acad.*, XVII, 1366. *Revue scientif.*, XVIII, 278 et 280. — GERHARDT, *Journ. de Pharm.*, [3] IX, 401 ; X, 5. — LAURENT et GERHARDT, *Ann. de Chim. et de Phys.*, [3] XXIV, 163.

la solution limpide par la potasse caustique ou par un lait de chaux. L'huile brune qui s'en sépare alors est un mélange d'aniline impure et de quinoléine (leucol); on la soumet à la rectification, et on dissout le produit distillé dans l'acide chlorhydrique, dont on le sépare de nouveau par un alcali minéral. Pour en séparer complétement les huiles neutres, on dissout les alcalis dans l'éther, et l'on y verse de l'acide chlorhydrique ou sulfurique étendu, avec lequel les alcalis se combinent, tandis que toutes les huiles neutres restent en dissolution dans l'éther. On en décante la solution acide qu'on décompose une dernière fois par la potasse caustique. Enfin on soumet l'huile alcaline à la distillation en fractionnant les produits : ceux qui passent les premiers sont les plus riches en aniline, tandis que les derniers n'en contiennent plus aucune trace et ne se composent que de quinoléine. La coloration violette que l'aniline communique à une solution de chlorure de chaux permet à l'opérateur d'essayer rapidement les produits de la distillation, pour voir à quelle époque il ne passe plus d'aniline, car la quinoléine ne présente pas cette réaction. Ces deux alcalis présentent d'ailleurs une volatilité si différente qu'il est aisé de les séparer par la distillation ; si l'on fractionne les produits distillés en trois portions, on trouve que les premières renferment de l'eau, de l'ammoniaque et de l'aniline, et les moyennes, de l'aniline pure, tandis que les dernières ne contiennent que de la quinoléine (Hofmann).

Un procédé à l'aide duquel on se procure promptement l'aniline consiste à dissoudre de l'indigo bleu dans une lessive concentrée de potasse à l'aide de la chaleur, à dessécher la masse saline, et à la soumettre à la distillation sèche. Elle se boursoufle alors considérablement en mettant en liberté de l'aniline qui se condense dans le récipient, en même temps qu'il s'y rend une eau ammoniacale. Le produit est d'abord brun, mais on le décolore par la rectification. On en obtient environ 18 ou 20 p. c. du poids de l'indigo (Fritzsche).

§ 1412. L'aniline est un liquide incolore, réfractant beaucoup la lumière, d'une densité de 1,028, d'une forte odeur aromatique qui n'est pas désagréable quand la matière est pure, d'une saveur âcre et brûlante. Elle est peu soluble dans l'eau, et se mélange en toutes proportions avec l'alcool et avec l'éther. Le contact de l'air la jaunit et finit par la résinifier. Un froid de —20° ne la solidifie pas. Elle bout à 182 degrés (Hofmann ; à 228°, Fritzsche ; à 200° environ,

Zinin). La densité de sa vapeur [1] a été trouvée égale à 3,219. Elle dissout à chaud le soufre et le phosphore; elle coagule l'albumine. Elle ne bleuit pas le tournesol rougi par les acides, mais elle verdit le sirop de dahlia. Elle n'agit pas sur la lumière polarisée.

Tous les acides dissolvent aisément l'aniline en se combinant avec elle.

L'aniline décompose les sels ferriques et ferreux, et en précipite des oxydes hydratés; elle précipite aussi les sels de zinc et d'alumine. Elle précipite en outre les solutions des chlorures de mercure, de platine, de palladium et d'or. Les nitrates d'argent et de mercure n'en sont pas précipités.

La solution des hypochlorites alcalins se colore, par l'aniline, en bleu violacé; cette couleur est très-fugace et passe rapidement au rouge sale, surtout au contact des acides. Une coloration bleue semblable se produit avec l'acide sulfurique et le chromate de potasse (Voy. § 1414). Une solution aqueuse d'acide chromique produit dans les solutions d'aniline un précipité coloré en vert, bleu ou noir, suivant la concentration de la liqueur précipitée.

On peut mêler l'aniline avec l'acide nitrique étendu, sans qu'elle se décompose; mais, en employant l'acide concentré et fumant, il suffit d'en verser quelques gouttes sur l'aniline pour qu'elle se colore à l'instant même en bleu foncé; la chaleur la plus douce fait passer au jaune cette teinte bleue, et détermine bientôt une réaction très-vive qui a pour résultat la formation de cristaux d'acide picrique.

La solution du permanganate de potasse dans laquelle on verse de l'aniline se solidifie par suite d'une séparation d'hydrate de peroxyde de manganèse; la liqueur retient de l'acide oxalique ainsi que de l'ammoniaque.

Lorsqu'on fait agir du chlore sur l'aniline dissoute dans l'acide chlorhydrique, le liquide se colore en violet, se trouble et sépare une masse brune et résinoïde. Le tout étant soumis à la distillation, il passe des vapeurs de trichloraniline, mélangée d'acide trichlorophénique, qui cristallisent par le refroidissement.

Un mélange d'acide chlorhydrique et de chlorate de potasse transforme l'aniline en chloranile $C^{12}Cl^4O^4$ (§ 1461).

_____

[1] BARRAL, *Ann. de Chim. et de Phys.*, [3] XX, 348.

Le brome transforme l'aniline en tribromaniline, et en bromhydrate d'aniline.

L'iode attaque vivement l'aniline en produisant un mélange d'iodhydrate d'aniline et d'iodhydrate d'iodaniline.

Lorsqu'on met une solution de chlorhydrate d'aniline en contact avec du nitrite d'argent (ou avec du nitre calciné), il se dégage beaucoup d'azote, tandis que de l'hydrate de phényle se sépare à l'état de gouttelettes huileuses [1].

$$2\ C^{12}H^7N + 2\ NO^3 = 2\ C^{12}H^6O^2 + 2\ HO + 2\ N^2.$$

Aniline.   Hydr. de phén.

Le potassium se dissout dans l'aniline avec dégagement d'hydrogène, tandis que le tout se prend en une bouillie violette.

Un mélange de sulfure de carbone et d'aniline dégage de l'hydrogène sulfuré au bout de quelque temps (surtout à chaud) et produit de la diphényl-sulfocarbamide (sulfocarbanilide, § 119) :

$$2\ C^{12}H^7N + C^2S^4 = C^{26}H^{12}N^2S^2 + 2\ HS.$$

Aniline.   Sulfocarbanil.

Le protochlorure de phosphore donne avec l'aniline un produit cristallisé.

L'iodure de méthyle attaque vivement l'aniline en produisant des cristaux d'iodhydrate de méthyl-aniline (d'azoture de phényle, de méthyle, et d'hydrogène); la réaction est semblable avec le bromure de méthyle, le bromure d'éthyle, le bromure d'amyle, etc. Les chlorures d'acétyle, de benzoïle, de cinnamyle, etc., attaquent également l'aniline en produisant de l'acide chlorhydrique et des anilides (§ 1413, comme l'acétanilide, c'est-à-dire l'azoture de phényle, d'acétyle et d'hydrogène, etc.). Dans toutes ces réactions, l'aniline échange 1 at. (double) d'hydrogène pour du méthyle, de l'éthyle, de l'acétyle, du benzoïle, etc.

$$\text{Aniline} \dots\dots N\begin{cases} C^{12}H^5 \\ H, \\ H \end{cases}$$

$$\text{Méthyl-aniline} \dots N\begin{cases} C^{12}H^5 \\ C^2H^3, \\ H \end{cases}$$

$$\text{Acétanilide} \dots\dots N\begin{cases} C^{12}H^5 \\ C^4H^3O^2, \\ H \end{cases}$$

[1] Hunt, *Journ. de Silliman*, 1849.

6.

Le cyanogène se combine directement avec l'aniline en produisant la cyaniline (§ 1436). Le chlorure de cyanogène, en agissant sur elle, donne de la cyananilide (§ 1437 [a]) et, subséquemment, de la mélaniline (§ 1438).

Le bromure de cyanogène se comporte comme le chlorure de cyanogène. L'iodure de cyanogène donne de l'iodaniline, de l'acide cyanhydrique et un produit brun contenant de l'iode.

Lorsqu'on chauffe l'aniline anhydre avec de l'acide persulfocyanhydrique, le mélange entre en fusion, et le tout devient liquide. La matière se prend, par le refroidissement, en une masse cristalline ; celle-ci est insoluble dans l'eau, mais elle se dissout dans l'alcool et dans l'éther bouillants ; c'est un mélange de soufre et d'une matière particulière très-difficile à purifier [1].

L'hydrate de phényle n'agit pas sur l'aniline, même à 250°, dans un tube scellé à la lampe ; mais l'hydrure de benzoïle réagit sur elle en produisant la benzoïl-anilide (§ 1491) :

$$C^{12}H^7N + C^{14}H^6O^2 = C^{26}H^{11}N + 2\,HO.$$

Aniline.   Hydr. de benz.   Benzoïl-anil.

L'aniline exerce une action énergique sur l'économie animale. Un lapin auquel on avait administré 0,5 gr. d'aniline étendue de 1,5 gr. d'eau, fut atteint de violents spasmes cloniques, suivis de respiration très-pénible et de paralysie complète, avec dilatation de la pupille. Appliquée sur l'œil, l'aniline détermina, au contraire, la contraction de la pupille.

§ 1413. *Anilides* [2], ou phényl-amides. — On donne ce nom aux amides qu'on produit avec l'aniline. Les anilides représentent des azotures dans lesquels un ou plusieurs atomes d'hydrogène sont remplacés par du phényle.

On obtient les anilides par l'action de la chaleur sur certains sels d'aniline, ainsi que par l'action des acides anhydres ou des chlorures correspondants sur l'aniline.

On distingue : les acides anilidés, les anilides, les dianilides, et les aniles.

Les *acides anilidés* correspondent aux acides amidés. Ils renferment les éléments de 1 at. d'aniline et de 1 at. d'un acide bibasi-

---

[1] LAURENT et GERHARDT, *Ann. de Chim. et de Phys*, [3] XXIV, 198.

[2] GERHARDT (1845), *Journ. de Pharm.*, [3] IX, 401; X, 5. — LAURENT et GERHARDT, *Ann. de Chim. et de Phys.*, [3] XXIV, 163. — GOTTLIEB, *Ann. der Chem. u. Pharm.*, LXXVII, 265. — GERHARDT, *Ann. de Chim. et de Phys.*, [3] XXXVII, 326.

que, moins 2 at. d'eau. Ils sont peu solubles dans l'eau, plus solubles toutefois que les combinaisons suivantes.

Les *anilides* correspondent aux amides neutres des acides monobasiques ; elles renferment 1 at. d'aniline plus 1 at. d'un acide monobasique, moins 2 at. d'eau.

Les *dianilides* correspondent aux amides neutres des acides bibasiques; elles contiennent 2 at. d'aniline plus 1 at. d'un acide bibasique, moins 4 at. d'eau. Les anilides et les dianilides sont souvent volatiles à une température très-élevée ; elles dégagent de l'aniline quand on les chauffe avec de l'hydrate de potasse solide; elles sont peu solubles ou insolubles dans l'eau, mais elles se dissolvent dans l'alcool.

Les *aniles* sont les correspondants des imides. Ils renferment 1 at. d'aniline plus 1 at. d'un acide bibasique moins 4 at. d'eau. Ils sont ordinairement volatils sans décomposition. Bouillis avec de l'ammoniaque aqueuse, ils fixent 2 at. d'eau, et se convertissent en sels d'ammoniaque des acides anilidés correspondants. Ils se comportent avec la potasse comme les anilides et les dianilides. Ils sont beaucoup plus solubles dans l'alcool que dans l'eau.

En résumé, on a les combinaisons suivantes :

Anilides, correspond. à des sels neutres.
- *Anilides :*   1 at. d'aniline $+$ 1 at. d'ac. monobas. $-$ 2 HO.
- *Dianilides :* 2 at. d'aniline $+$ 1 at. d'ac. bibasiq. $-$ 4 HO.

Anilides, coresp. à des sels acides.
- *Acides anilidés :* 1 at. d'aniline $+$ 1 at. d'ac. bibasiq. $-$ 2 HO.
- *Aniles . . . . :* 1 at. d'aniline $+$ 1 at. d'ac. bibasiq. $-$ 4 HO.

Nous reviendrons, dans la *Quatrième partie*, sur la constitution des anilides. Les différentes anilides sont décrites, dans cet ouvrage, avec leurs acides respectifs, au chapitre des amides ou azotures. (Voy. *phényl-carbamide, diphényl-carbamide, phényl-oxamide, acide phényl-oxamique*, etc.)

§ 1414. *Sels d'aniline.* — Les combinaisons de l'aniline avec les acides sont presque toutes solubles, et cristallisent dans l'alcool ou dans l'eau; les alcalis minéraux les décomposent avec une grande facilité en mettant l'aniline en liberté. Elles sont généralement incolores; toutefois elles rougissent à l'air, surtout quand elles sont humides, et prennent alors une légère odeur. Elles donnent avec l'hypochlorite de chaux (contenant un excès de chaux) la coloration violacée caractéristique pour l'aniline. Elles colorent en jaune foncé le bois de pin et la moelle de sureau ; cette coloration n'est pas détruite par le chlore.

La réaction suivante [1] est aussi caractéristique : lorsqu'on mélange une petite quantité d'un sel d'aniline, sur de la porcelaine, avec quelques gouttes d'acide sulfurique concentré, puis avec une goutte d'une solution de chromate de potasse, on voit apparaître, au bout de quelques minutes, une belle couleur bleue, qui disparaît bientôt après.

Chlorhydrate d'aniline, $C^{12}H^7N,HCl$. — Aiguilles fort solubles dans l'eau et l'alcool ; elle peuvent être sublimées sans altération.

Chloroplatinate d'aniline, $C^{12}H^7N,HCl,PtCl^2$. — Il forme des aiguilles déliées, d'un beau jaune orangé, qui se précipitent par le mélange du bichlorure de platine avec une solution chlorhydrique de l'aniline ; les cristaux sont peu solubles dans un mélange d'alcool et d'éther, et entièrement insolubles dans l'éther pur. Leur solution aqueuse noircit par l'ébullition, en déposant du platine métallique.

Chloromercurate d'aniline. — Ce sel a une composition variable suivant que le bichlorure de mercure, servant à le produire, est ou non employé en excès.

α. $C^{12}H^7N,HgCl$. Pour obtenir ce sel, on ajoute une solution alcoolique de bichlorure de mercure à une solution d'aniline également alcoolique, en ayant soin de ne pas précipiter toute l'aniline ; on jette le précipité sur un filtre, et on le lave avec un peu d'alcool. La matière se présente sous la forme de paillettes nacrées ; elle dégage déjà de l'aniline à 60° (Gerhardt).

β. $C^{12}H^7N, 3HgCl$ (?). Il se produit par l'emploi d'un excès de bichlorure de mercure ; il se dépose à l'état d'aiguilles par l'addition du bichlorure de mercure à l'eau-mère de la préparation du sel précédent. Il jaunit par l'ébullition dans l'eau, en dégageant un peu d'aniline (Hofmann).

Chloraurate d'aniline. — Le chlorhydrate d'aniline donne avec le chlorure d'or un précipité jaune qui brunit rapidement.

Chloropalladite d'aniline. — Le chlorure de palladium donne avec l'aniline délayée dans l'eau un précipité jaune clair et cristal-

[1] BEISSENHIRTZ, *Ann. der Chem. u. Pharm.*, LXXXVII, 376.

lin, insoluble dans un excès d'aniline ; ce précipité renferme probablement $C^{12}H^7N,PdCl$. On obtient un précipité semblable avec l'iodure de palladium [1].

Chloroplatinites d'aniline. — Le protochlorure de platine donne plusieurs combinaisons avec l'aniline : un sel violet $C^{12}H^7N, PtCl$, un sel rose $2 C^{12}H^7N,PtCl$, et un sel grenat $C^{12}H^7N,PtCl,ClH$. Ces combinaisons n'ont pas encore été étudiées.

Bromhydrate d'aniline. — On peut le sublimer, même par une chaleur brusque.

Iodhydrate d'aniline, $C^{12}H^7N,HI$. — Aiguilles fort solubles dans l'eau et l'alcool, moins solubles dans l'éther.

Sulfite d'aniline. — L'aniline absorbe l'acide sulfureux en donnant des cristaux.

Sulfate d'aniline. — Le *sel neutre*, $2 C^{12}H^7N, S^2O^6, 2 HO$, cristallise dans l'alcool bouillant en paillettes incolores, d'un éclat argentin. A froid l'alcool absolu ne dissout presque pas ce sel. Celui-ci est très-soluble dans l'eau, insoluble dans l'éther. Les cristaux rougissent peu à peu à l'air, surtout quand ils sont humides. On peut les chauffer à 100° sans qu'ils s'altèrent ; par une plus forte chaleur, ils se charbonnent en dégageant de l'aniline, puis de l'acide sulfureux.

Le *sulfate d'aniline et de cuivre*, $2 C^{12}H^7N, S^2O^6, 2 CuO$, se produit sous la forme d'un précipité vert et cristallin, lorsqu'on ajoute du sulfate de cuivre à une solution d'aniline ; l'eau bouillante décompose ce sel, en dégageant de l'aniline, en même temps qu'il se dissout du sulfate d'aniline, tandis qu'il se dépose du sous-sulfate de cuivre.

Nitrate d'aniline. — Il se sépare, après quelque temps, d'un mélange d'acide nitrique étendu et d'aniline sous la forme d'aiguilles concentriques, qu'on peut obtenir parfaitement pures en les comprimant entre des doubles de papier joseph. L'eau-mère est colorée en rouge, et les parois de la capsule se recouvrent d'une belle efflorescence bleue. Chauffés doucement, ces cristaux fondent et se transforment en partie en une vapeur incolore qui se condense en cristaux très-fins.

Phosphates d'aniline [3]. — On connaît deux phosphates d'aniline.

[1] MÜLLER, *Ann. der Chem. u. Pharm.*, LXXXVI, 368.
[2] RAEWSKY, *Compt. rend. de l'Acad.*, XXVI, 424.
[3] NICHOLSON, *Ann. der Chem. u. Pharm.*, LIX, 213.

α. *Sel neutre*, $2 C^{12}H^7N,PO^5$, 3 HO. Quand on ajoute un excès d'aniline à une solution concentrée d'acide phosphorique ordinaire, le mélange se solidifie immédiatement, et l'on obtient une masse blanche et cristalline. Ce produit, recristallisé dans l'alcool bouillant, forme des paillettes nacrées, couleur de chair, sans odeur, et d'une légère réaction acide. Il est fort soluble dans l'éther et l'eau, peu soluble dans l'alcool. Il se décompose déjà à 100°.

β. *Sel acide*, $C^{12}H^7N$, $PO^5,3$ HO. Il s'obtient en ajoutant de l'acide phosphorique au sel précédent, tant qu'il précipite encore le chlorure de baryum, et évaporant au bain-marie. Au bout de quelques heures, le sel cristallise en belles aiguilles soyeuses qu'on lave à l'éther pour les dessécher ensuite sur une brique poreuse. L'eau le transforme en sel neutre.

Le *pyrophosphate*, $2 C^{12}H^7N, 2 (PO^5, 2$ HO$)$, forme de belles aiguilles soyeuses, semblables au sulfate de quinine dit basique; il est fort acide, soluble dans l'eau, entièrement insoluble dans l'alcool et l'éther. Il rougit à l'air.

Le *métaphosphate*, $C^{12}H^7N,PO^5,$HO, s'obtient en ajoutant un grand excès d'aniline à une solution concentrée d'acide métaphosphorique (acide phosphorique entièrement vitreux), ou en mélangeant avec cet acide une solution d'aniline dans l'alcool ou l'éther. Il se produit ainsi une masse blanche et gélatineuse qu'on lave à l'éther pour enlever l'excès d'aniline. Après l'avoir exprimée, on la dessèche ensuite dans le vide. Le sel desséché est blanc et amorphe; il rougit à l'air en devenant gluant. Il rougit le tournesol, se dissout dans l'eau et est entièrement insoluble dans l'alcool et l'éther.

Fluosilicate d'aniline. — Il paraît se produire par la combinaison directe du fluorure de silicium et de l'aniline; 93 p. d'aniline absorbent 63,3 p. de gaz fluosilicique, en donnant une masse blanche légèrement jaunâtre. Celle-ci peut être sublimée, se dissout très-peu dans l'alcool bouillant, et s'y dépose en petites lames douées de beaucoup d'éclat. L'eau la décompose en donnant un précipité gélatineux de silice. Arrosée d'ammoniaque, chauffée et calcinée, elle ne laisse qu'un très-léger résidu de silice.

MM. Laurent et Delbos [1] la considèrent comme une espèce d'anilide (*fluosilicanilide*).

[1] LAURENT et DELBOS, *Ann. de Chim. et de Phys.*, [3] XXII, 101. *Journ. de Pharm.*, X, 309.

Oxalate d'aniline, $2\,C^{12}H^7N,C^4H^2O^8$. — Lorsqu'on sature par de l'aniline une solution alcoolique d'acide oxalique, il se produit une bouillie de cristaux, qu'on exprime, après les avoir lavés à l'alcool. Ce sel cristallise dans une solution aqueuse saturée à chaud en prismes obliques rhomboïdaux, groupés en étoiles. Il est anhydre, assez soluble dans l'eau chaude, peu soluble dans l'alcool, insoluble dans l'éther. Sa solution aqueuse s'acidifie volontiers et dépose à l'air une poudre brune.

Lorsqu'on porte ce sel à une température élevée, il dégage de l'aniline, de l'eau, de l'oxyde de carbone et de l'acide carbonique; le résidu renferme un mélange de diphényl-oxamide (oxanilide, § 158), et de phényl-formiamide (formanilide, § 136) :

$$2\,C^{12}H^7N,C^4H^2O^8 = 4\,HO + C^{28}H^{12}N^2O^4$$

Oxal. d'aniline. Diphényl-oxamide.

$$= 2\,HO + C^2O^4 + C^{12}H^7N + C^{14}H^7NO^2.$$

Aniline Phényl-formiamide.

$$C^{14}H^7NO^2 = C^2O^2 + C^{12}H^7N.$$

Sulfocyanhydrate d'aniline. — Lorsqu'on sature l'aniline par l'acide sulfocyanhydrique aqueux, on obtient, par l'évaporation, des gouttes huileuses de couleur rouge, qui se concrètent peu à peu. Ce produit fond à une douce chaleur, se met ensuite à bouillonner vivement en dégageant de l'hydrogène sulfuré et du sulfhydrate d'ammoniaque, et donne, si l'on chauffe plus fort, un mélange de sulfure de carbone, de sulfhydrate d'ammoniaque, et de diphényl-sulfocarbamide (sulfocarbanilide, § 119), tandis qu'il reste dans la cornue une masse résinoïde :

$$2\,(C^{12}H^7N,C^2HNS^2) = C^{26}H^{12}N^2S^2 + C^2(NH^4)NS^2$$

Sulfocyanh. d'aniline Diphényl-sulfo- Sulfocyanh.
  carb. d'ammon.

L'hydrogène sulfuré, le sulfure de carbone, le sulfhydrate d'ammoniaque, et le résidu résineux proviennent évidemment d'une décomposition secondaire du sulfocyanhydrate d'ammoniaque.

Acétate d'aniline. — Sel incristallisable.

Tartrate d'aniline. — L'acide tartrique donne avec l'aniline un sel qui cristallise, dans l'eau bouillante, à l'état d'aiguilles.

Citrate d'aniline[1], ou citrate monoanilique, $C^{12}H^7N, C^{12}H^8O^{11}$. — Une dissolution alcoolique d'acide citrique étant mélangée avec une quantité proportionnelle d'aniline, se dessèche, dans le vide, en

[1] PLBAI, *Ann. der Chem. u. Pharm.* LXXXII, 91.

une masse rouge brun et épaisse. Ce n'est qu'au bout d'un temps assez long qu'il s'y produit des dépôts cristallins qui finissent par traverser toute la masse en même temps qu'elle s'effleurit entièrement. Après l'avoir exprimée, on la fait cristalliser dans l'alcool concentré, et l'on abandonne la solution sur l'acide sulfurique. Le sel qu'on obtient ainsi se compose de fines aiguilles réunies en mamelons, fusibles un peu au-dessous de 100°, très-solubles dans l'alcool, encore plus solubles dans l'eau.

Lorsqu'on chauffe dans un bain d'huile, à 140 ou 150°, de l'acide citrique cristallisé et en poudre avec un léger excès d'aniline, tant qu'il se dégage de l'eau, la matière se prend, par le refroidissement, en une espèce de verre rouge brun. Ce produit, bouilli avec de l'eau, se partage en une solution qui renferme un acide anilidé, et en une poudre jaune pâle, contenant trois autres anilides (§ 649).

Succinate d'aniline. — Un mélange d'eau, d'acide succinique et d'aniline donne aisément du succinate d'aniline qui cristallise en belles aiguilles, formées par des prismes obliques à base rectangulaire, légèrement colorés en rose, comme la plupart des sels d'aniline. Ce sel se dissout dans l'eau et dans l'alcool.

Butyrate d'aniline. — Sel huileux, peu soluble dans l'eau.

Picrate d'aniline. — Le précipité jaune qu'on obtient avec l'aniline et un excès d'une solution alcoolique d'acide picrique se dissout dans l'alcool bouillant et cristallise par le refroidissement.

Mellate d'aniline [1]. — Lorsqu'on agite de l'aniline aqueuse avec une solution d'acide mellique, on obtient une liqueur trouble qui dépose peu à peu des paillettes semblables à l'acide benzoïque. Ces cristaux se dissolvent aisément dans l'eau; l'alcool les dissout aussi à chaud, mais le sel n'y cristallise plus. Ils jaunissent à 105° en perdant de l'aniline. Ils paraissent constituer un sel acide $C^8H^2O^8,C^{12}H^7N$.

§ 1415. *Picoline* [2], *isomère de l'aniline.* — Cet alcali se rencontre dans l'huile de certains goudrons de houille, en même temps que l'aniline, la quinoléine ou leucol, et de petites quantités de pyrrol. Dans l'extraction de ces alcalis par le procédé connu (le traitement de l'huile par l'acide chlorhydrique, et la distilla-

[1] KARMRODT, *Ann. der Chem. u. Pharm.*, LXXXI, 172.
[2] ANDERSON (1846), *Ann. der Chem. u. Pharm*, LX, 86. *Journ. f. prakt. Chem.*, XL, 481 ; XLV, 166.

tion de la solution avec la chaux ou la potasse), la picoline passe la première, en vertu de sa plus grande volatilité. Il faut donc fractionner les produits de la distillation, et les essayer de temps à autre avec une goutte de chlorure de chaux qui accuse la présence de l'aniline, et ne donne aucune coloration avec la picoline.

Suivant M. Anderson [1], l'huile qu'on obtient en grand, dans les fabriques de noir animal, par la distillation des os, contient plus de picoline encore que l'huile du goudron de houille.

D'après M. Wertheim [2], la picoline se produirait aussi par la distillation de la pipérine avec de la chaux potassée.

La picoline est une huile incolore, très-mobile, d'une odeur pénétrante. Elle ne se colore pas à l'air comme l'aniline; elle s'en distingue en outre par sa pesanteur spécifique qui n'est que de 0,955 à 10°, tandis que l'aniline est plus pesante que l'eau. Elle bout à 133°, et se vaporise promptement déjà dans les circonstances ordinaires.

La picoline se mélange avec l'eau en toutes proportions, et donne une solution incolore; la potasse solide et les sels alcalins l'en séparent. Elle ramène au bleu le tournesol rouge, répand d'abondants nuages blancs quand on en approche une baguette humectée d'acide chlorhydrique, et ne coagule pas l'albumine.

La solution du chlorure de chaux ne se colore pas en violet par la picoline; la solution de l'acide chromique ne change pas de couleur, et ne donne qu'un léger précipité jaune. Ces deux réactions distinguent aussi la picoline de l'aniline.

La picoline précipite en partie la solution du deutochlorure de cuivre, et produit un liquide bleu clair qui dépose par l'évaporation des cristaux prismatiques. Elle donne des sels semblables avec les chlorures de mercure, d'or, d'étain et d'antimoine; le sel qu'on obtient avec le chlorure d'or est surtout remarquable, en ce qu'il cristallise aisément en petites aiguilles d'un jaune citronné. La picoline ne précipite pas le nitrate d'argent, le chlorure de baryum, le chlorure de strontium, le sulfate de magnésie.

Les métamorphoses de la picoline sont différentes de celles qu'éprouve l'aniline. Ainsi l'acide nitrique concentré ne l'attaque que très-peu à chaud; le liquide évaporé donne des tables rhombes,

____

[1] L'odorine d'Unverdorben (*Ann. de Poggend.*, VIII, 259 et 480) ne paraît avoir été que de la picoline impure.

[2] Wertheim, *Ann. der Chem. u. Pharm.*, LXX, 62.

dont la potasse sépare de la picoline non altérée ; la solution potassique est rouge, et ne donne pas de picrate par l'évaporation.

Un excès d'eau bromée ajoutée à la picoline dépose un abondant précipité rougeâtre, qui, du jour au lendemain, se convertit en une huile de même couleur. Ce produit est insoluble dans l'eau, et n'a pas de propriétés alcalines.

L'action du chlore sur la picoline est sensiblement la même que celle que l'aniline éprouve de la part du même agent. Il se produit des cristaux incolores, probablement de chlorhydrate, mais peu à peu la liqueur se fonce et se résinifie. Ce produit, distillé avec de l'eau, a donné une substance cristalline (qui ne paraissait pas être l'acide trichlorophénique), ainsi que du charbon.

M. Anderson pense que c'est à la présence d'une petite quantité de picoline que l'aniline brute doit cette odeur forte et repoussante, qu'elle ne présente plus après avoir été séparée d'un sel purifié par cristallisation.

Les *sels de picoline* cristallisent moins facilement que les sels d'aniline ; ils sont fort solubles dans l'eau, et plusieurs d'entre eux tombent en déliquescence. De même, ils se dissolvent aisément dans l'alcool, même à froid.

On les prépare le mieux en évaporant à 100° leur solution aqueuse. Il n'est guère avantageux, comme dans le cas de l'aniline, de les préparer en ajoutant de l'acide à la solution de l'alcali dans l'éther, attendu qu'une petite quantité d'eau suffit pour maintenir ces sels dans un état semi-fluide.

La picoline a une certaine tendance à former des sels acides. Ses sels, d'ailleurs, ne s'altèrent pas à l'air aussi aisément que les sels d'aniline correspondants ; toutefois ils brunissent quelquefois, mais sans prendre la teinte rose de ces derniers.

Le *chlorhydrate de picoline* se présente en cristaux prismatiques, déliquescents, et qui ne peuvent pas être sublimés par la chaleur.

Le *chloroplatinate de picoline* contient $C^{12}H^{7}N, HCl, PtCl^{2}$. Quand on ajoute de la picoline à une solution de bichlorure de platine, renfermant un excès d'acide chlorhydrique, il se dépose, par la concentration de la solution étendue, des aiguilles orangées, assez longues, et qu'il est bon de faire recristalliser pour les avoir exemptes d'un mélange de picoline. Ce chloroplatinate est beaucoup plus soluble dans l'eau que le sel d'aniline correspondant ; il n'exige qu'environ 4 parties d'eau bouillante.

Le *chloromercurate de picoline* contient C¹²H⁷N, 2 HgCl. Quand on mélange de la picoline avec une solution concentrée de bichlorure de mercure, il se produit immédiatement un précipité blanc et floconneux; si la solution est étendue, il ne se forme que plus tard des aiguilles soyeuses et radiées qui présentent la composition indiquée. Ce sel est assez soluble dans l'eau froide, plus soluble dans l'eau chaude. Il se dissout aussi dans l'alcool bouillant, et s'y dépose en cristaux par le refroidissement. L'eau bouillante le décompose à la longue.

Le *bisulfate de picoline*, C¹²H⁷N,S²O⁶, 2 HO, donne des tables incolores, fort déliquescentes, insolubles dans l'éther, très-solubles dans l'alcool.

Le *nitrate* s'obtient sous la forme d'une matière blanche et cristalline.

L'*oxalate* se dépose en prismes raccourcis et radiés, fort solubles dans l'eau et l'alcool.

Dérivés chlorés de l'aniline.

§ 1416. Par l'action directe du chlore sur l'aniline, on n'obtient que de l'aniline trichlorée. L'aniline chlorée et l'aniline bichlorée se produisent par la métamorphose des isatines chlorées, sous l'influence de la potasse caustique, de la même manière que l'aniline normale résulte de la métamorphose de l'isatine normale.

Les anilines chlorées sont :

$$\text{Chloraniline.} \quad \text{C}^{12}\text{H}^6\text{ClN} = \text{N} \begin{cases} \text{C}^{12}\text{H}^4\text{Cl} \\ \text{H} \\ \text{H} \end{cases},$$

$$\text{Bichloraniline.} \quad \text{C}^{12}\text{H}^5\text{Cl}^2\text{N} = \text{N} \begin{cases} \text{C}^{12}\text{H}^3\text{Cl}^2 \\ \text{H} \\ \text{H} \end{cases},$$

$$\text{Trichloraniline.} \quad \text{C}^{12}\text{H}^4\text{Cl}^3\text{N} = \text{N} \begin{cases} \text{C}^{12}\text{H}^2\text{Cl}^3 \\ \text{H} \\ \text{H} \end{cases}.$$

Les anilines chlorées sont d'autant moins alcalines qu'elles renferment plus de chlore. L'aniline trichlorée ne présente plus les caractères des alcalis.

§ 1417. *Chloraniline*[1], C¹²H⁶ClN. — Lorsqu'on soumet à la dis-

[1] HOFMANN (1845), *Ann. der Chem. u. Pharm.*, LIII, 1.

tillation un mélange d'isatine chlorée dissoute dans une lessive de potasse, et de potasse caustique en morceaux, il passe une huile qui se concrète dans le récipient en une masse blanche et cristalline. Celle-ci constitue la chloraniline. Si l'on opère avec soin, il ne passe pas d'ammoniaque. Cependant les dernières portions en dégagent, et alors il distille aussi de l'aniline, en même temps qu'on obtient une matière bleue solide. Dès que cette décomposition secondaire s'établit, il faut arrêter la distillation.

On lave les cristaux sur un filtre avec de l'eau distillée, pour enlever l'ammoniaque; puis on les dissout dans l'alcool bouillant, qui les dépose, par le refroidissement, sous la forme d'octaèdres réguliers.

Les cristaux de chloraniline ont souvent une assez forte dimension; ils ne s'altèrent pas à l'air; ils se dissolvent aisément dans l'éther, l'esprit de bois, les essences et les huiles grasses. L'eau ne les dissout que fort peu. Leur odeur est vineuse et agréable comme celle de l'aniline pure; leur saveur est âcre et caustique. Ils fondent à environ 60°, et se concrètent, par le refroidissement, en une masse radiée.

Cet alcali est fort volatil; sa solution alcoolique ne peut pas être évaporée sans qu'il s'en perde; de même il passe à la distillation avec les vapeurs d'eau. Distillé seul, il se décompose en partie, en donnant une petite quantité d'un corps bleu.

Il est plus pesant que l'eau; sa solution n'altère pas la couleur du curcuma ni du tournesol rougi, mais elle verdit légèrement le papier de dahlia.

La chloraniline se dissout aisément dans les acides, et donne des sels bien déterminés. Chauffée à l'état solide avec du chlorhydrate ammoniaque, elle en déplace l'ammoniaque.

Lorsqu'on jette des cristaux de chloraniline dans un mélange de chlorate de potasse et d'acide chlorhydrique, le liquide se colore en violet, se trouble et brunit; il se produit alors du chloranile $C^{12}Cl^4O^4$ en paillettes jaunes. Si on ne laisse pas la réaction aller jusqu'au bout, on obtient des acides phéniques chlorés.

Le brôme convertit la chloraniline en bibromo-chloraniline.

L'acide nitrique bouillant attaque vivement la chloraniline, et produit, suivant les circonstances, une matière résineuse ou des aiguilles dorées semblables à l'acide picrique, mais dont la composition n'a pas été examinée.

Les cristaux de chloraniline se résinifient au contact de l'acide chromique, et la réaction peut aller jusqu'à l'inflammation de la matière, si l'acide chromique est sec.

Lorsqu'on fait passer la chloraniline sur de la chaux chauffée au rouge faible, elle se convertit en aniline. Il se forme en même temps de l'ammoniaque, et le résidu retient du chlorure de calcium, ainsi qu'une grande quantité de charbon.

§ 1418. *Sels de chloraniline.* — Tous les sels de chloraniline ont une réaction acide.

La facilité avec laquelle la chloraniline cristallise se retrouve dans presque tous ses sels. La plupart d'entre eux se déposent à l'état d'une bouillie cristalline, quand on mêle avec les acides une solution alcoolique de l'alcali; on les purifie par une nouvelle cristallisation dans l'eau ou l'alcool. A l'exception du sel de platine et de palladinm, ils sont tous incolores; un excès d'acide leur communique une teinte violette.

Comme celle de l'aniline, la solution de la chloraniline dans les acides colore en jaune intense le bois de pin et la moelle de sureau, mais elle ne donne pas la coloration violette avec le chlorure de chaux; elle n'est pas non plus colorée en noir ou en bleu verdâtre par l'acide chromique aqueux.

Le perchlorure de fer n'en est pas précipité, mais la solution verdit par suite d'une réduction partielle; si l'on chauffe, il se sépare un produit noir violacé, soluble dans l'alcool. Les solutions des sels ferreux, du sulfate d'alumine et du sulfate de zinc n'en sont pas précipitées. Le chlore affaiblit donc les caractères alcalins du système aniline.

Le sulfate de cuivre n'est pas non plus précipité par la solution aqueuse de la chloraniline; mais, si l'on jette un cristal de cet alcali dans la solution bouillante du sel de cuivre, elle se décolore peu à peu, en séparant une masse cristalline couleur de bronze, soluble dans l'alcool bouillant, et cristallisant dans ce liquide en paillettes. C'est probablement une combinaison double de sulfate de cuivre et de chloraniline.

De semblables composés doubles sont précipités par la solution aqueuse de cet alcali, dans les solutions des chlorures de mercure, de platine et d'or.

Les alcalis caustiques et carbonatés séparent la chloraniline de la solution de ses sels, sous la forme d'un précipité cristallin; l'ammoniaque agit de même.

Le *chlorhydrate de chloraniline*, $C^{12}H^6ClN, HCl$, se dépose, par le refroidissement d'une solution de chloraniline saturée à l'ébullition, en gros cristaux qui se laissent sublimer sans altération, comme du sel ammoniac, si on les chauffe avec précaution. Les cristaux appartiennent au système monoclinique, et sont isomorphes avec le chlorhydrate de bromaniline (∞ P 2 : ∞ P 2 $=$ 127°,48').

Le *chloroplatinate* s'obtient en paillettes jaunes; il s'altère peu à peu au contact de la lumière.

Le *nitrate* s'obtient en beaux feuillets, très-solubles dans l'eau et l'alcool, et se fondant par la chaleur en une masse foncée qui se dissout dans l'alcool avec une belle couleur violette.

Le *sulfate neutre*, $2C^{12}H^6ClN, S^2O^6, 2HO$, s'obtient sous la forme d'une bouillie cristalline, quand on ajoute quelques gouttes d'acide sulfurique à une solution alcoolique de chloraniline. Cristallisé dans l'eau bouillante, ce sel se présente sous la forme de feuillets confus qui ont ordinairement un léger reflet violet. Il ne se volatilise pas sans décomposition.

Le *bioxalate*, $C^{12}H^6ClN, C^4O^6, 2HO + 2aq.$, s'obtient en dissolvant la chloraniline à chaud dans une solution aqueuse d'acide oxalique; le sel se dépose, par le refroidissement, et se présente, après une nouvelle cristallisation, sous la forme de longues aiguilles semblables au salpêtre. Il est peu soluble dans l'eau froide et dans l'alcool; sa solution se colore à l'air et dépose peu à peu une poudre rouge.

L'oxalate neutre n'a pas pu être obtenu.

§ 1418ᵃ. *Bichloraniline*[1], $C^{12}H^5Cl^2N$. — Elle paraît constituer les prismes allongés qu'on obtient en distillant l'isatine bichlorée avec de la potasse.

§ 1419. *Trichloraniline*[2] ou chlorindatmite, $C^{12}H^4Cl^3N$. — Elle se produit toujours par l'action directe du chlore sur l'aniline et sur la chloraniline.

Lorsqu'on distille avec de la potasse le produit brut de l'action du chlore sur l'aniline ou la chloraniline, produit qui se compose d'un mélange de trichloraniline et d'acide trichlorophénique, ce dernier reste en combinaison avec la potasse, tandis que la trichloraniline passe avec les vapeurs d'eau, et se dépose dans le réci-

[1] HOFMANN (1845), *Ann. der Chem. u. Pharm.*, LIII, 1.

[2] ERDMANN (1840), *Journ. f. prakt. Chem.*, XIX, 331; XXV, 472. — HOFMANN, *Ann. der Chem. u. Pharm.*, LIII, 35.

pient sous la forme de longues aiguilles. Comme cette substance
est fort volatile, il faut avoir soin de refroidir le récipient. La trichloraniline n'est que fort peu soluble dans l'eau, mais elle se dissout aisément dans l'alcool et l'éther. Elle ne possède pas de propriétés alcalines.

Dérivés bromés de l'aniline.

§ 1420. Ils présentent des caractères semblables à ceux des dérivés chlorés, et s'obtiennent de la même manière.

Bromaniline[1], $C^{12}H^6BrN$. — En distillant la bromisatine avec de
l'hydrate de potasse, on obtient la bromaniline sous la forme d'octaèdres réguliers et incolores, dont la ressemblance physique avec
la chloraniline est aussi grande que celle qui existe entre le sel
marin et le bromure de potassium.

La bromaniline fond à 50° en une huile violette qui se concrète
de nouveau à 46°. Elle possède d'ailleurs l'odeur, la saveur et les
autres propriétés de la base chlorée correspondante.

Elle se dissout dans les acides, et forme avec eux des combinaisons définies.

Sels de bromaniline. Comme les sels d'aniline et de chloraniline, ils colorent en jaune le bois de pin. La solution aqueuse de
la bromaniline prend, avec une solution de chlorure de chaux, une
couleur violette bien plus faible que celle que produisent les sels
d'aniline; les sels de bromaniline prennent, par le chlorure de
chaux, une teinte brunâtre.

Le *chlorhydrate*, $C^{12}H^6BrN$, HCl, s'obtient, en dissolvant la bromaniline dans l'acide chlorhydrique bouillant, sous la forme
d'une masse fibreuse et nacrée. Il donne de gros cristaux par l'é-
vaporation spontanée de sa solution aqueuse. Ces cristaux appartiennent au système monoclinique[2]. Combinaison observée, oP.
[P∞]. ∞ P. ∞ P2; oP domine de manière à donner aux cristaux
l'aspect des tables; ∞ P est fort subordonné. Inclinaison des faces,
[P ∞] : [P ∞] = 80° 27'; ∞ P2 : ∞ P2 = 128° 35'; ∞ P2 : oP =
74°,6'. Rapport des axes, diagonale droite a : diagonale oblique
b : axe principal c :: 0,989 : 1 : 0,843. Angle des axes b et $c =$
72° 20'.

[1] HOFMANN (1845), *Ann. der Chem. u. Pharm.*, LIII, 42.
[2] MULLER, *Ann. der Chem. u. Pharm.*, LIII, 45.

Le *chloroplatinate*, $C^{12}H^6BrN$, HCl, $PtCl^2$, se précipite par le mélange du chlorhydrate avec une solution de bichlorure de platine, et ressemble entièrement au sel correspondant de la chloraniline.

L'*oxalate neutre*, $2 C^{12}H^6BrN$, C^4O^6, $2 HO$, s'obtient à l'état d'un précipité cristallin, lorsqu'on mélange une solution alcoolique de bromaniline avec une solution aqueuse d'acide oxalique. Il est peu soluble dans l'eau et l'alcool, insoluble dans l'éther.

§ 1421. *Bibromaniline*[1], $C^{12}H^5Br^2N$. — Quand on distille l'isatine bibromée avec de l'hydrate de potasse, il passe une huile qui se concrète par le refroidissement, et qui constitue la bibromaniline. Celle-ci cristallise dans l'alcool en prismes à base rhombe, aplatis, et qui ont souvent une belle dimension.

Cet alcali est peu soluble dans l'eau bouillante. Il fond entre 50 et 90° en une huile foncée qui reste longtemps liquide après le refroidissement, et que l'agitation concrète immédiatement. La solution de la bibromaniline dans les acides colore en jaune le bois de pin.

Les caractères basiques de la bibromaniline sont bien moins prononcés que ceux de la bromaniline; la bibromaniline se dissout d'ailleurs dans les acides et en est précipitée par les alcalis.

Les *sels de bibromaniline* sont cristallisables, mais ils ont peu de stabilité. Une solution bouillante de bibromaniline dans l'acide chlorhydrique dépose, par le refroidissement, des cristaux de *chlorhydrate*, $C^{12}H^5Br^2N$, HCl, sous la forme de branches de palmier.

Mais cette combinaison se décompose déjà quand on la dissout dans l'eau chaude, et alors la bibromaniline vient se rendre à la surface sous forme de gouttelettes huileuses, incolores. Cette décomposition se présente aussi quand on dissout l'alcali dans un grand excès d'acide chlorhydrique, et qu'on abandonne le liquide sur de la chaux placée sous une cloche; on obtient alors des cristaux qui ne se composent presque que de bibromaniline pure.

La solution de la bibromaniline dans l'acide chlorhydrique donne, avec le bichlorure de platine, un précipité orangé et cristallin de *chloroplatinate*.

§ 1422. *Tribromaniline*[2], $C^{12}H^4Br^3N$. — Lorsqu'on ajoute de

---

[1] Hofmann (1845), *loc. cit.*

[2] Fritzsche (1842), *Journ. f. prakt. Chem.*, XXVIII, 204. — Hofmann, *Ann. der Chem. u. Pharm.*, LIII, 50.

l'eau bromée à la solution aqueuse d'un sel d'aniline ou de bromaniline, la liqueur se trouble, et dépose des cristaux de tribromaniline. On les purifie en les soumettant à la distillation sèche, et faisant cristalliser le produit dans l'alcool bouillant. Ce sont des
aiguilles brillantes et incolores, insolubles dans l'eau, peu solubles
à froid dans l'alcool, fort solubles dans ce liquide bouillant ainsi
que dans l'éther. La potasse caustique ne les décompose pas; les
acides sulfurique et nitrique ne les décomposent qu'à l'ébullition.
Elles ne présentent plus les caractères d'un alcali.

§ 1423. *Bibromo-chloraniline*[1], $C^{12}H^4ClBr^2N$. — Si l'on arrose
de brome les cristaux de chloraniline la réaction, est très-vive, et le
produit prend une teinte violette. On continue l'addition du brome
jusqu'à ce que la matière maintenue en fusion n'en soit plus attaquée. On lave le produit avec de l'eau, et on le soumet à une nouvelle cristallisation dans l'alcool.

On obtient ainsi la bibromo-chloraniline en prismes incolores
ou légèrement colorés en rouge, entièrement insolubles dans l'eau,
solubles dans l'alcool et l'éther. Elle fond dans l'eau bouillante en
une huile brune qui se volatilise aisément avec les vapeurs d'eau,
et se dépose dans le récipient sous la forme d'aiguilles brillantes.

La bibromo-chloraniline ne possède pas de propriétés alcalines.
Elle se dissout dans l'acide chlorhydrique bouillant, mais la plus
grande partie se dépose par le refroidissement à l'état libre.

L'acide sulfurique concentré la dissout en se colorant en violet;
la solution est précipitée par l'eau.

L'acide nitrique la décompose.

Elle n'est attaquée ni par l'ammoniaque ni par la potasse.

Elle ne se combine pas avec les bichlorures de platine et de
mercure.

Dérivés iodés de l'aniline.

§ 1424. *Iodaniline*[2], $C^{12}H^6IN$. — Pour préparer cet alcali, on
ajoute peu à peu à l'aniline anhydre une fois et demie son poids
d'iode, et on traite le produit cristallin par de l'acide chlorhydrique dilué. Il se produit ainsi du chlorhydrate d'iodaniline peu
soluble, tandis que le chlorhydrate d'aniline demeure en dissolution. (Il faut éviter l'emploi d'un acide chlorhydrique concentré,
pour ne pas précipiter ce dernier.) Après avoir lavé plusieurs fois

[1] Hofmann (1845), *Ann. der Chem. u. Pharm.*, LIII, 38.
[2] Hofmann (1848), *Ann. der Chem. u. Pharm.*, LXVII, 64.

le chlorhydrate d'iodaniline par l'acide chlorhydrique, on le fait dissoudre dans l'eau bouillante; celle-ci dépose, par le refroidissement, des cristaux couleur de rubis, qu'on décolore entièrement par le charbon animal. Le chlorhydrate d'iodaniline s'obtient alors sous la forme de belles tables nacrées, semblables à l'acide benzoïque. L'ammoniaque sépare de la solution de ce sel un précipité cristallin entièrement blanc; mais celui-ci n'est pas tout à fait pur. On le dissout dans l'alcool, pour en séparer une petite quantité d'une matière insoluble, et l'on précipite la solution par l'eau. Si l'on évapore la solution au bain-marie, il se produit des gouttes huileuses jaunes qui se concrètent promptement par le refroidissement.

L'iodaniline ressemble sous beaucoup de rapports à l'aniline, et plus encore à la chloraniline ou à la bromaniline. Même odeur vineuse, même goût âcre, même solubilité dans l'alcool, l'éther, l'esprit de bois, l'acétone, le sulfure de carbone, les huiles grasses et essentielles. Elle n'est que fort peu soluble dans l'eau; ses solutions n'agissent pas sur les couleurs végétales. Elle est plus pesante que l'eau.

Elle fond à 60°, et reste liquide pendant quelque temps après la fusion; le contact d'un corps étranger suffit alors pour la concréter. Elle est volatile sans décomposition; elle distille aisément avec les vapeurs d'eau.

Elle colore en jaune vif le bois de pin et la moelle de sureau; mais elle ne présente pas avec l'hypochlorite de chaux la coloration violette particulière à l'aniline normale.

Elle n'a d'ailleurs que peu de stabilité; exposée à l'air, elle se recouvre promptement d'une couche brune et brillante, et finit par devenir entièrement noire.

Le potassium la décompose à une douce chaleur avec beaucoup de violence; il se produit de l'iodure et du cyanure potassiques. La potasse, en solution alcoolique ou aqueuse, n'y agit pas même à l'ébullition.

Le chlore donne les mêmes produits qu'avec l'aniline, savoir, de la trichloraniline et de l'acide trichlorophénique, en même temps qu'il se développe du chlorure d'iode.

Le brome se comporte aussi comme avec l'aniline; on obtient de la tribromaniline et du bromure d'iode.

Un mélange de chlorate de potasse et d'acide chlorhydrique produit, comme avec l'aniline, du chloranile (quinone perchlorée) et de l'acide trichlorophénique.

Chauffée avec de l'acide nitrique concentré, l'iodaniline s'attaque vivement : il se dégage des vapeurs d'iode, et le liquide refroidi dépose des cristaux d'acide trinitrophénique (acide picrique).

L'iodaniline se retransforme en aniline, si on la traite en solution aqueuse par de l'amalgame de potassium, ou si l'on fait agir du zinc métallique sur une solution de sulfate d'iodaniline légèrement acidulée.

§ 1425. Les *sels d'iodaniline* cristallisent avec la même facilité que ceux d'aniline; ils sont toutefois moins solubles. Une solution aqueuse d'aniline sépare l'iodaniline de ses sels. L'iodaniline ne précipite que les sels d'alumine; ceux de ferricum (sels ferriques) et de zinc n'en sont pas décomposés. Avec le sulfate de cuivre, elle donne un précipité jaune.

Le *chlorhydrate*, $C^{12}H^6IN$, HCl, est peu soluble dans l'eau froide ; sa solution aqueuse est presque complétement précipitée par l'acide chlorhydrique concentré. Il cristallise dans l'eau bouillante en lames ou en aiguilles larges et minces, solubles dans l'alcool, insolubles dans l'éther.

Le *chloroplatinate*, $C^{12}H^6IN$, HCl, $PtCl^2$, s'obtient, sous la forme d'un précipité cristallin et orangé, en mélangeant le chlorhydrate avec du bichlorure de platine.

Le *chlorure d'or* donne avec le chlorhydrate d'iodaniline un précipité écarlate qui se décompose promptement.

Le *bromhydrate* ressemble entièrement au chlorhydrate.

L'*iodhydrate* forme une masse radiée, bien plus soluble que les sels précédents; il se décompose aisément.

Le *sulfate*, 2 $C^{12}H^6IN$, S^2O^6, 2 HO, cristallise en paillettes brillantes. La solution aqueuse de ce sel paraît se décomposer à l'ébullition ; du moins, quand on le fait recristalliser, il en reste toujours une certaine quantité à l'état insoluble.

Le *nitrate* cristallise dans l'eau en belles aiguilles minces comme des cheveux et fort longues. Il est plus soluble, dans l'eau bouillante surtout, que les sels précédents. Il est aussi fort soluble dans l'alcool et dans l'éther. Sa solution n'est pas précipitée par le nitrate d'argent.

L'*oxalate*, 2 $C^{12}H^6IN$, C^3O^6, 2 HO, cristallise en longues aiguilles aplaties, peu solubles dans l'eau et l'alcool, insolubles dans l'éther.

Dérivés nitriques de l'aniline.

§ 1426. *Nitraniline*[1], $C^{12}H^6(NO^4)N$. —Lorsqu'on sature par du gaz ammoniaque une solution alcoolique de binitrobenzine, elle se colore en rouge foncé, et, quand on y fait passer ensuite de l'hydrogène sulfuré, elle dépose une grande quantité de cristaux de soufre. Si l'on continue ce traitement jusqu'à ce qu'il ne se sépare plus que fort peu de soufre, après la saturation par l'hydrogène sulfuré, on obtient une solution qui renferme encore une petite quantité de binitrobenzine non altérée; la plus grande partie de ce corps est alors transformée. La solution étant mélangée avec de l'acide chlorhydrique, il s'en sépare encore un peu de soufre, surtout par l'évaporation, et la liqueur filtrée donne par la potasse une matière brune qui se rassemble au fond du vase sous la forme d'une masse résinoïde. On la fait dissoudre dans l'eau bouillante, qui la débarrasse des impuretés. La nitraniline se dépose alors par le refroidissement en longues aiguilles jaunes.

Cet alcali est presque insoluble dans l'eau froide; l'alcool et l'éther le dissolvent mieux. Si on le sépare d'une de ses combinaisons au moyen de la potasse, il se précipite en flocons jaunes, qui se présentent, à la loupe, sous la forme d'aiguilles enchevêtrées.

A la température ordinaire, la nitraniline n'a presque pas d'odeur, mais à une douce chaleur elle développe une odeur aromatique qui ne rappelle celle de l'aniline que d'une manière éloignée. Sa saveur est sucrée et brûlante.

La chaleur fait fondre les cristaux en une huile jaune foncé, qui développe une vapeur jaune, et se condense en feuillets miroitants. La nitraniline se sublime surtout très-bien au bain-marie; à une température plus élevée, elle se met à bouillir et distille en ne laissant presque pas de résidu; le liquide qui passe se prend en gros feuillets dans le col de la cornue.

La nitraniline fond à environ 110°; elle bout vers 285°. Sa vapeur brûle avec une flamme lumineuse accompagnée de fumée.

Comme l'aniline, elle a la propriété de colorer en jaune le bois de pin; elle colore aussi l'épiderme, comme le fait l'acide pi-

---

[1] MUSPRATT et HOFMANN (1845), *Ann. der Chem. u. Pharm.*, LVII, 201.

érique, mais elle ne donne pas, comme l'aniline, la réaction violette avec le chlorure de chaux.

Elle ne précipite aucune solution métallique; ses propriétés alcalines sont donc très-faibles. L'aniline la déplace de toutes ses
combinaisons salines.

Cependant la nitraniline se combine directement avec les acides
en produisant des combinaisons salines. Celles-ci ont toutes une
réaction acide; les alcalis fixes ou carbonatés les décomposent en
séparant la nitraniline sous forme cristalline.

L'acide nitrique attaque vivement la nitraniline et la convertit
en un acide qui est probablement l'acide picrique.

Le brome l'attaque aussi en s'échauffant, et produit une matière
brune et résinoïde qui se prend dans l'alcool en cristaux jaunâtres. Ce corps est insoluble dans l'alcool, et ne se combine ni avec
les acides ni avec les bases.

Le chlorure de cyanogène humide transforme la nitraniline en
nitrophényl-carbamide ($\S$ 119).

Le *chlorhydrate de nitraniline*, $C^{12}H^5(NO^4)N,HCl$, s'obtient sous
la forme de paillettes nacrées, fort solubles dans l'eau et l'alcool.

Le *chloro-platinate* renferme $C^{12}H^6(NO^4)N,HCl,PtCl^2$. Une solution aqueuse de chlorhydrate de nitraniline n'est pas précipitée
par le bichlorure de platine; mais si l'on prend ce chlorhydrate
en solution alcoolique, il se précipite un sel jaune et cristallin,
qui est si soluble dans l'eau et l'alcool qu'il faut le laver à l'éther.

Le *bioxalate*, $C^{12}H^6(NO^4)N,C^4O^6$, 2 HO + aq., forme des cristaux
jaunâtres; on l'obtient en ajoutant une solution alcoolique de nitraniline à une solution d'acide oxalique dans l'alcool.

$\S$ 1427. *Dinitraniline*[1] ou dinitrophénylamine, $C^{12}H^5(NO^4)^2N$. —
On l'obtient en traitant la dinitrophényl-citraconimide (citracon-
dinitranile, $\S$ 678) par une solution bouillante et diluée de carbonate de soude; il se dégage ainsi de l'acide carbonique, tandis qu'il
se dissout du dinitrophényl-citraconamate de soude, et que l'imide
se transforme en une poudre jaune, cristalline et pesante de dinitraniline. On purifie celle-ci en la faisant cristalliser à plusieurs
reprises dans l'alcool bouillant.

La dinitraniline cristallise, par l'évaporation spontanée de sa
solution, dans un mélange d'alcool et d'éther, sous la forme de
tables, assez brillantes; d'un jaune verdâtre, et d'un reflet bleuâtre

---

[1] GOTTLIEB (1853), *Ann. der Chem. u. Pharm.*, LXXXV, 17.

sur les faces latérales. Elle est très-peu soluble dans l'eau froide, assez soluble dans l'eau bouillante et dans l'alcool chaud. Elle n'a point d'odeur. Elle fond à 185°, en exhalant des vapeurs jaunes qui se condensent sous la forme d'un sublimé de même couleur; la matière fondue se prend, par le refroidissement, en une masse cristalline jaune foncé. Si on la chauffe brusquement dans un tube elle noircit et explosionne facilement.

Elle ne se combine pas avec les acides.

Le sulfhydrate d'ammoniaque la convertit en nitrazophénylamine (§ 1430).

Dérivés par réduction des dérivés nitriques de l'aniline.

§ 1428. Aux deux dérivés nitriques de l'aniline correspondent deux alcalis particuliers, l'*azophénylamine* et la *nitrazophénylamine*, qui se produisent par l'action de l'hydrogène sulfuré :

$$C^{12}H^6(NO^4)N + 6\,HS = C^{12}H^8N^2 + 4\,HO + 6\,S;$$
Nitraniline.   Azophénylamine.

$$C^{12}H^5(NO^4)^2N + 6\,HS = C^{12}H^7(NO^4)N^2 + 4\,HO + 6\,S.$$
Dinitraniline.   Nitrazophénylamine.

§ 1429. *Azophénylamine*[1] ou semibenzidam, $C^{12}H^8N^2$. — Lorsqu'on distille une solution alcoolique de binitrobenzine[2], saturée de sulfhydrate d'ammoniaque, on obtient un résidu contenant beaucoup de soufre libre, ainsi qu'une substance résinoïde, brun jaune, insoluble dans l'eau. Cette substance constitue l'azophénylamine; dissoute dans l'alcool ou l'éther bouillants, elle se dépose par le refroidissement, à l'abri de l'air, sous la forme de flocons jaunes; ceux-ci fondent dans l'eau bouillante en une masse brunâtre et visqueuse, et verdissent promptement à l'air, surtout quand ils sont humides; leur solution se fonce aussi au contact de l'air, en déposant une poudre verdâtre.

L'azophénylamine donne, avec l'acide chlorhydrique et avec l'acide sulfurique, des sels jaunes, fort altérables, presque insolubles dans l'eau, l'alcool et l'éther.

§ 1430. *Nitrazophénylamine*[3], $C^{12}H^7(NO^4)N^2 = C^{12}H^7N^3O^4$. —

---

[1] ZININ (1844), *Journ. f. prakt. Chem.*, XXXIII, 34.

[2] La nitraniline est le premier produit de l'action du sulfhydrate d'ammoniaque sur la binitrobenzine.

[3] GOTTLIEB (1853), *loc. cit.*

Lorsqu'on fait bouillir la dinitraniline, pendant deux heures environ, avec un grand excès de sulfhydrate d'ammoniaque, elle éprouve une décomposition complète; la liqueur se colore en rouge foncé, et les cristaux de dinitraniline sont peu à peu remplacés par un tissu de fines aiguilles rouge foncé, dont la quantité augmente encore par le refroidissement du mélange, quand la réaction est terminée. Ce produit constitue un alcali particulier; on le transforme en oxalate ou en chlorhydrate qu'on fait cristalliser à plusieurs reprises, pour en précipiter ensuite l'alcali, à l'ébullition, par de l'ammoniaque caustique. On purifie le précipité par quelques cristallisations dans l'alcool bouillant.

La nitrazophénylamine cristallise en aiguilles fines et longues, réunies par groupes, d'un rouge clair à l'état sec, et d'un reflet doré dans un certain sens. Lorsqu'on la sépare par l'ammoniaque de la solution saturée d'un de ses sels, elle se précipite sous la forme d'une poudre mate, couleur brique; les solutions étendues la déposent à l'état de petites paillettes jaune rougeâtre et brillantes. L'eau, l'alcool et l'éther la dissolvent assez aisément; les solutions concentrées sont colorées en rouge foncé. Elle fond à une température élevée et se volatilise en grande partie, à ce qu'il paraît sans altération, en donnant un sublimé lanugineux. Lorsqu'on la chauffe brusquement, elle explosionne légèrement, en laissant un résidu de charbon.

Les *sels de nitrazophénylamine* sont décomposés par l'eau ainsi que par l'alcool, et mettent de la nitrazophénylamine en liberté; il est donc indispensable de les faire cristalliser en présence d'un excès d'acide, afin d'éviter cette décomposition.

Le *chlorhydrate*; $C^{12}H^7(NO^4)^2N,HCl + 2$ aq., peut se préparer avec l'alcali brut, par l'ébullition avec de l'acide chlorhydrique étendu. Celui-ci laisse intacts le soufre et, en partie, un produit secondaire, d'un vert sale et cristallin; le sel a besoin d'être cristallisé à plusieurs reprises et à chaud, dans l'acide étendu et bouillant. Cristallisé en solution acide et concentrée, il se présente sous la forme d'aiguilles d'un brun jaunâtre. Par l'évaporation spontanée de sa solution acide et diluée, il s'obtient à l'état de prismes obliques, souvent longs de 4 ou 5 millimètres, et réunis par groupes; ces cristaux sont par transparence d'un vert brun clair, avec des reflets bleus. Ils renferment de l'eau de cristallisation qui se dégage à 100° et dans le vide; lorsqu'on dessèche le sel à chaud, il perd aussi de l'acide chlorhydrique. Les cristaux se dessèchent aussi sur l'acide sulfurique.

Le *chloroplatinate* ne peut pas s'obtenir, le bichlorure de platine se réduisant promptement à l'état métallique par son contact avec le chlorhydrate de nitrazophénylamine.

Le *nitrate* renferme $C^{12}H^7(NO^4)N^2,NO^6H$. L'acide nitrique dilué dissout aisément à chaud la nitrazophénylamine; mais la liqueur ne donne pas un sel pur, car elle se fonce et dépose des flocons qui dénotent une décomposition partielle de la base. Si l'on humecte d'eau la nitrazophénylamine et qu'on y verse peu à peu de l'acide nitrique dilué, elle se convertit à l'instant même en une bouillie de paillettes miroitantes de nitrate; ce sel est anhydre.

Le *sulfate*, $2\ C^{12}H^7(NO^4)N^2,S^2O^6,2\ HO$, s'obtient aisément en dissolvant à chaud la nitrazophénylamine dans l'acide sulfurique étendu; il se sépare, par le refroidissement, à l'état de paillettes jaunâtres, d'un aspect gras. On n'obtient pas de sel double en abandonnant ensemble des solutions de sulfate d'alumine et de sulfate de nitrazophénylamine.

L'*oxalate*, $2\ C^{12}H^7(NO^4)N^2,C^4O^6,2\ HO$, cristallise aisément. On l'obtient sous la forme d'aiguilles jaunes, ou, par l'emploi de solutions plus étendues, à l'état de prismes jaune brun, qui, vus dans une certaine direction, présentent un reflet bleuâtre. Il est peu soluble dans l'eau froide, et ne renferme pas d'eau de cristallisation.

Le *platinocyanhydrate*, $2\ [C^{12}H^7(NO^4)N^2,\ CyH,CyPt]+5$ aq., s'obtient en portant à l'ébullition une solution aqueuse de platinocyanure de magnésium (§ 194), et en y ajoutant du chlorhydrate de nitrazophénylamine cristallisé; on filtre pour enlever une petite quantité d'une matière foncée et insoluble; la liqueur filtrée dépose peu à peu, par le refroidissement, un mélange de platinocyanhydrate et de nitrazophénylamine non combinée; on enlève celle-ci par un peu d'acide chlorhydrique dilué, qui la dissout. Le platinocyanhydrate de nitrazophénylamine constitue de larges lames d'un jaune brun clair, et très-brillants; on ne peut pas le faire recristalliser dans l'eau sans qu'il se décompose en partie.

Il perd à 112° toute son eau de cristallisation.

§ 1431. Aux combinaisons précédentes de la nitrazophénylamine nous avons encore à ajouter quelques-unes appartenant à la classe des amides, c'est-à-dire représentant des sels de nitrazophénylamine moins les éléments de l'eau.

L'*acide nitrazophényl-oxamique* renferme les éléments du bioxalate de nitrazophénylamine moins 2 HO :

$$C^{12}H^7(NO^4)N^2, C^4H^2O^8 - 2 HO = C^{16}H^7(NO^4)N^2O^6.$$

Bioxalate de nitrazophénylamine.　　Ac. nitrazophényl-oxamique.

L'acide nitrazophényl-oxamique perd 2 HO à 100°, et se transforme entièrement en *nitrazophényl-oximide* :

$$C^{16}H^7(NO^4)N^2O^6 - 2 HO = C^{16}H^5(NO^4)N^2O^4.$$

Ac. nitrazophényl-oxamique.　　Nitrazophényl-oximide.

Lorsqu'on dissout la nitrazophénylamine dans un excès d'acide oxalique, et qu'on évapore la liqueur au bain-marie, le résidu se colore en vert brun. Si on maintient celui-ci pendant quelque temps à la température de 100°, il se convertit presque entièrement en nitrazophényl-oximide; en même temps il se forme, en petite quantité, un produit secondaire, de couleur brune qui s'attache opiniâtrément au produit principal, et qu'on ne parvient à enlever qu'en en traitant la solution bouillante à plusieurs reprises par du charbon animal.

Les petits cristaux grenus, brillants et jaune clair qu'on obtient ainsi, constituent l'acide nitrazophényl-oxamique.

Le *sel d'ammoniaque* de cet acide est peu soluble dans l'eau froide, et cristallise dans l'eau bouillante en aiguilles jaunes.

Le *sel de baryte*, $C^{16}H^6Ba(NO^4)N^2O^6 + 3$ aq., forme un précipité cristallin qu'on obtient avec le chlorure de baryum et le nitrazophényl-oxamate d'ammoniaque; le précipité est d'un orangé clair, et un peu soluble dans l'eau bouillante. Il contient 3 at. d'eau qui ne se dégagent d'une manière complète qu'à 160°.

Ainsi que nous l'avons dit, l'acide nitrazophényl-oxamique se transforme entièrement en imide à 100°, sans que cette transformation se trahisse par un changement d'aspect.

§ 1432. L'*acide nitrazophényl-citraconamique* et la *nitrazophényl-citraconimide* présentent une composition semblable à celle des amides précédentes :

$$C^{12}H^7(NO^4)N^2, C^{10}H^6O^8 - 2 HO = C^{22}H^{11}(NO^4)N^2O^6.$$

Bicitracon. de nitrazophénylamine.　　Ac. nitrazophényl-citraconamiq.

$$C^{12}H^7(NO^4)N^2, C^{10}H^6O^8 - 4 HO = C^{22}H^9(NO^4)N^2O^4.$$

Bicitracon. de nitrazophénylam.　　Nitrazophényl-citraconimide.

Lorsqu'on dissout la nitrazophénylamine dans un excès d'acide citraconique et qu'on évapore la liqueur au bain-marie, on obtient un produit cristallin, peu soluble dans l'eau, qui enlève l'excédant d'acide citraconique. Traité par l'ammoniaque diluée, ce produit lui cède, en petite quantité, de l'acide nitrazophényl-citraconamique qui se sépare, par l'addition de l'acide chlorhydrique, sous la forme de fines aiguilles allongées.

Le résidu, étant dissous dans l'alcool bouillant, donne, par le refroidissement, des aiguilles légères de nitrazophényl-citraconimide d'un jaune de soufre. Ce corps est assez soluble dans l'alcool et l'éther. Il fond par la chaleur, et se décompose promptement à quelques degrés au-dessus de son point de fusion, en dégageant une vapeur acide et en laissant un résidu de charbon. Les alcalis fixes l'attaquent avec lenteur, l'ammoniaque bouillante le dissout; la solution ne dépose de cristaux que par l'addition d'un acide; ces cristaux paraissent être de l'imide, et ne se redissolvent pas dans l'ammoniaque à froid.

Dérivés sulfuriques de l'aniline.

§ 1433. *Acide sulfanilique*[1] ou phényl-sulfamique, $C^{12}H^7NS^2O^6$. — On peut, pour le préparer, employer le mélange d'oxanilide et de formanilide (§ 158), tel qu'on l'obtient en décomposant par la chaleur l'oxalate d'aniline. On délaye ce mélange dans de l'acide sulfurique concentré, de manière à en former une bouillie épaisse, et l'on chauffe dans un petit ballon, par un feu modéré, tant qu'une effervescence se manifeste. Le résidu ne noircit pas si l'on opère avec soin, et il se développe un mélange d'oxyde de carbone et d'acide carbonique. Après que l'effervescence a cessé, on verse le liquide dans une capsule plate, et on l'abandonne à l'air humide; de cette manière, il se concrète en une bouillie cristalline d'acide sulfanilique. On la délaye dans l'eau froide, et, après avoir lavé les cristaux, on les dissout dans l'eau bouillante, où ils se déposent, par le refroidissement, à l'état de pureté. La réaction peut être considérée comme s'effectuant en deux temps : dans le premier, l'acide sulfurique déplace l'acide oxalique, dans le second, l'excédant d'acide sulfurique décompose l'acide oxalique mis en liberté. 1 at. d'oxanilide et 2 at. d'acide sulfurique concentré équivalent à 1 at. d'oxyde de carbone, 1 at. d'acide carbonique, et 2 at. d'acide sulfanilique :

$$C^{28}H^{12}N^2O^4 + 2(S^2O^6,HO) = C^2O^2 + C^2O^4 + 2\,C^{12}H^7NS^2O^6.$$
Oxanilide.   Ac. sulfanilique.

----

[1] GERHARDT (1845), *Journ. de Pharm.*, [3] X, 5.

Un autre procédé consiste à dissoudre l'aniline dans un léger excès d'acide sulfurique, à évaporer à siccité et à chauffer le résidu dans une capsule, en agitant constamment, tant qu'il se dégage des vapeurs d'aniline. Ce procédé exige quelques précautions, et me paraît moins avantageux que le précédent, car le sulfate d'aniline ne fond pas, et si l'on opère sur de fortes quantités, il peut arriver que les couches inférieures se charbonnent avant que les supérieures soient attaquées. Il ne faut donc maintenir la chaleur que jusqu'à ce que le produit, jeté dans l'eau, ne se colore plus qu'en rouge par l'acide chromique. Si l'on a chauffé trop fort, la solution aqueuse est elle-même rouge, et cette teinte n'est pas enlevée par le charbon. On fait cristalliser le produit dans l'eau bouillante.

On obtient également l'acide sulfanilique par la réduction de l'acide nitrophényl-sulfureux (acide nitrosulfobenzidique, § 1404[b]) au moyen du sulfhydrate d'ammoniaque[1].

Obtenu d'une manière ou de l'autre, l'acide sulfanilique se présente sous la forme de lames rhombes, brillantes, d'une assez forte dimension si l'on opère sur beaucoup de matière.

Il est très-acide et décompose les carbonates avec effervescence. Il est peu soluble dans l'eau froide; l'alcool le dissout encore moins. Il neutralise parfaitement les bases. Il se décompose par la distillation en charbon, gaz sulfureux et une huile qui au contact de l'eau se convertit en sulfite d'aniline.

Il se précipite à l'état de fines aiguilles quand on ajoute un acide minéral à la solution concentrée d'un sulfanilate. Sa solution aqueuse est colorée en rouge-brun par l'acide chromique, sans qu'il se forme de précipité; on sait que les sels d'aniline se précipitent, par le même réactif, en noir avec un reflet bleuâtre et cuivré, comme une cuve d'indigo.

Le chlore aqueux colore l'acide sulfanilique en cramoisi pâle; mais cette teinte passe peu à peu au rouge brun, déterminé par l'acide chromique.

Si on ajoute une solution aqueuse de brome à une solution d'acide sulfanilique, même étendue d'eau, elle devient laiteuse, et dépose, au bout de quelque temps, un précipité blanc et caillebotté.

Chauffé avec de la chaux potassée, l'acide sulfanilique dégage de l'aniline pure et donne du sulfate.

[1] Laurent, *Compt. rend. de l'Acad.*, XXXI, 538.

A froid, l'acide sulfanilique n'est pas attaqué par l'acide nitrique concentré; mais, quand on chauffe, il se dégage beaucoup de gaz, et il se produit un liquide rouge foncé. Celui-ci n'a donné, par le repos, qu'une matière résineuse, sans cristaux.

§ 1434. L'acide sulfanilique donne des sels bien définis. Ils présentent, avec l'acide chromique et avec l'eau bromée, les mêmes réactions que l'acide sulfanilique.

Le *sel d'ammoniaque* renferme $C^{12}H^6(NH^4)NS^2O^6$, à 100°. L'acide sulfanilique se dissout aisément dans l'ammoniaque; quand on abandonne la solution à l'évaporation spontanée, elle dépose de belles tables rectangulaires, assez minces et douées de beaucoup d'éclat. Ce sel est très-soluble dans l'eau.

Le *sel d'aniline* est un sel soluble.

Le *sel de soude*, $C^{12}H^6NaNS^2O^6 + 2$ aq., s'obtient aisément en saturant à chaud l'acide sulfanilique par du carbonate de soude; le sel se dépose, par l'évaporation spontanée, en belles tables octogones qui atteignent quelquefois une assez forte dimension; pour le purifier de carbonate de soude, on peut le faire cristalliser dans l'alcool bouillant. Il renferme 2 at. $= 14, 5$ p. c. d'eau de cristallisation. Il est insoluble dans l'éther, mais il se dissout dans l'alcool bouillant, et se dépose, par le refroidissement en aiguilles prismatiques parfaitement blanches. La solution alcoolique est précipitée par l'éther en flocons.

Le *sel de baryte* s'obtient aisément par le carbonate de baryte et l'acide sulfanilique, en prismes rectangulaires, assez solubles dans l'eau.

Le *sel de cuivre*, $C^{12}H^6CuNS^2O^6 + 4$aq., est cristallisable. L'acide sulfanilique agit fort peu sur l'oxyde de cuivre, mais il dissout aisément l'hydrate; la solution concentrée est verte, et dépose, par le refroidissement, de petits prismes raccourcis d'un vert foncé, presque noirs. La solution du sel n'est pas très-foncée comparativement aux cristaux qu'elle dépose. Ceux-ci sont durs et fort brillants. Ils ne perdent pas leur eau de cristallisation à 100°.

Le *sel d'argent* se prépare par le même procédé que le sel de baryte, et s'obtient en paillettes brillantes; une partie cependant du sel paraît se réduire.

Dérivés cyaniques de l'aniline.

§ 1435. Le cyanogène se combine directement avec l'aniline, en produisant un alcali particulier, la *cyaniline* (§ 1436), qui renferme les éléments de 2 at. d'aniline et de 2 at. de cyanogène.

Le chorure de cyanogène gazeux agit sur l'aniline en produisant de la *cyananilide* ou phényl-cyanamide (§ 1437 [a]) et de l'acide chlorhydrique :

$$\left.\begin{array}{l} Cy \\ Cl \end{array}\right\} \;+\; N\left\{\begin{array}{l} C^{12}H^5 \\ H \\ H \end{array}\right.$$

Chlor. de cyanog.   Aniline.

$$\left.\begin{array}{l} H \\ Cl \end{array}\right\} \;+\; N\left\{\begin{array}{l} C^{12}H^5 \\ H \\ H \end{array}\right.$$

Chlor. d'hydrog.   Cyananilide.

L'aniline et la cyananilide peuvent se combiner pour former un nouvel alcali, la *mélaniline* (§ 1438) :

$$\left.\begin{array}{l} N(C^{12}H^5)HH \\ \text{Aniline.} \\ N(C^{12}H^5)CyH \end{array}\right\} \;=\; C^{26}H^{13}N^3$$

Mélaniline.

Cyananilide.

Le chlore, le brome et l'acide nitrique donnent avec la mélaniline des dérivés par substitution, lesquels dégagent par la chaleur de la chloraniline, de la bromaniline ou de la nitraniline.

Le chlorure de cyanogène solide produit, avec l'aniline, de l'acide chlorhydrique et de la chlorocyanilide (§ 268) :

$$\left.\begin{array}{lll} Cy & Cy & Cy \\ Cl' & Cl' & Cl \end{array}\right\} \;+\; 2\,N\left\{\begin{array}{l} C^{12}H^5 \\ H \\ H \end{array}\right.$$

Chlor. de cyan. sol.   Aniline

$$=\left.\begin{array}{ll} H & H \\ Cl' & Cl \end{array}\right\} \;+\; \left\{\begin{array}{l} Cy \\ Cl \end{array}\right.,\; 2\,N\left\{\begin{array}{l} C^{12}H^5 \\ Cy \\ H \end{array}\right.$$

Al. chlorhyd.   Chlorocyanilide.

§ 1436. *Cyaniline,* [1] $C^{28}H^{14}N^4 = 2C^{12}H^7N,Cy^2$. — Lorsqu'on fait passer dans l'aniline un courant de cyanogène, le gaz est absorbé avec dégagement de chaleur, et le liquide commence à se colorer; cette coloration finit par rendre le liquide entièrement opaque.

[1] HOFMANN (1848), *Ann. der Chem. u. Pharm.*, LXVI, 129 ; LXXIII, 180.

Après les premières bulles de gaz, l'odeur de l'acide cyanhy-drique devient déjà sensible, et cette odeur est remplacée par celle du cyanogène à mesure que la liqueur se sature. Si l'on bouche ensuite le vase, on trouve, au bout de douze heures, que l'odeur du cyanogène est de nouveau disparue ; alors le liquide sent fort l'acide cyanhydrique, et renferme un dépôt cristallin de cyani-line. On lave à l'alcool froid, puis on le fait cristalliser dans l'al-cool bouillant. La cyaniline se présente en paillettes minces et inco-lores, sans odeur ni saveur, et de l'éclat de l'argent métallique. Elle est trop peu soluble dans l'alcool pour donner de gros cristaux ; elle est aussi peu soluble dans l'éther, l'esprit de bois, le sulfure de carbone, la benzine, les huiles grasses et les huiles essentielles. Elle ne se volatilise pas sans se décomposer.

Elle fond entre 210° et 220° en une huile jaune qui se concrète, par le refroidissement, en une masse cristaline.

Chauffée à quelques degrés au-dessus de son point de fusion, la cyaniline se décompose entièrement ; elle brunit et se charbonne, tandis qu'il se dégage de l'aniline et du cyanhydrate d'ammoniaque, entraînant quelques cristaux de cyaniline. On ne peut pas non plus volatiliser la cyaniline dans la vapeur d'eau.

Les solutions de la cyaniline sont entièrement neutres. Elles ne colorent pas le bois de pin comme les solutions d'aniline ; l'hy-pochlorite de chaux et l'acide chromique étendu y sont également sans action.

La cyaniline se métamorphose promptement. Lorsqu'on la dis-sout dans l'acide chlorhydrique étendu, et que l'on concentre la solu-tion par l'évaporation, il se dépose des cristaux qui sont un mélange de chlorhydrate d'ammoniaque, de chlorhydrate d'aniline, d'oxa-nilide (diphényl-oxamide), et d'oxanilamide (phényl-oxamide). Cette métamorphose se conçoit si l'on se rappelle que la cyaniline renferme les éléments de l'aniline plus du cyanogène, et que, de son côté, le cyanogène représente de l'oxalate neutre d'ammo-niaque moins de l'eau. On a, en effet :

$$C^{28}H^{14}N^4 + 4HO - 2NH^3 = \text{oxanilide.}$$
$$C^{28}H^{14}N^4 + 4HO - 2C^{12}HN = \text{oxamide.}$$
$$C^{28}H^{15}N^4 + 4HO - \left.\begin{array}{l} NH \\ C^{12}H^7N \end{array}\right\} = \text{oxanilamide.}$$

L'acide sulfurique étendu agit sur la cyaniline de la même ma-nière que l'acide chlorhydrique. La cyaniline se dissout dans l'acide sulfurique concentré avec une couleur violette ; à peine chauffée, la solution dégage des volumes égaux d'oxyde de carbone et d'acide carbonique ; si l'on chauffe davantage, la proportion de l'oxyde de carbone diminue, et il se développe du gaz sulfureux. Après le refroidissement, le liquide se prend en une masse cristalline d'acide sulfanilique, et de sulfate d'ammoniaque.

Le brome attaque violemment la cyaniline ; la première attaque donne probablement la cyaniline tribromée ; mais l'acide bromhydrique, qui prend en même temps naissance, détermine la transformation de la plus grande partie de la cyaniline. Si la réaction s'est accomplie en présence de l'alcool, on voit alors se déposer des cristaux d'aniline tribromée.

On peut faire bouillir la cyaniline avec la potasse aqueuse ou alcoolique, pendant quelques heures, sans qu'elle en subisse la moindre altération. Mais si on la fait fondre avec de la potasse solide, il se dégage de l'aniline et de l'ammoniaque. Comme cette métamorphose ne s'effectue qu'à une température à laquelle l'acide oxalique se détruit, on ne trouve point d'oxalate dans le résidu, mais, à sa place, du carbonate : aussi, outre l'ammoniaque et l'aniline, recueille-t-on du gaz hydrogène.

§ 1437. La préparation des *sels de cyaniline* présente quelques difficultés, à cause de la prompte altération de l'alcali ; les sels peu solubles se préparent le plus facilement.

Le *bichlorhydrate de cyaniline*, $C^{28}H^{14}N^4$, 2HCl, est presque insoluble dans l'acide chlorhydrique concentré ; il se dissout aisément dans l'acide étendu, mais on essayerait en vain d'obtenir un sel par l'évaporation de l'acide excédant. Pour le préparer, on fait dissoudre la cyaniline dans l'acide chlorhydrique étendu et bouillant, et on ajoute à la solution filtrée son volume d'acide chlorhydrique ; il se dépose alors, au bout de quelques instants, une grande quantité de cristaux incolores. Ce bichlorhydrate se conserve sans altération à l'état sec, mais il se métamorphose sous l'influence de l'humidité [1].

Le *bichloroplatinate de cyaniline* contient $C^{28}H^{14}N^4$, 2 $(HCl, PtCl^2)$. Une solution étendue de bichlorhydrate de cyaniline n'est pas précipitée par le bichlorure de platine. Mais, si l'on mélange une so-

---

[1] M. Hofmann envisage tous les sels de cyaniline comme des sels neutres, et considère, par conséquent, comme équivalent de la cyaniline la moitié de celui que nous admettons.

lution de cyaniline dans l'acide chlorhydrique, assez concentrée et saturée à l'ébulition, avec une solution concentrée de bichlorure de platine, on obtient, par le refroidissement, une belle cristallisation d'aiguilles orangées de bichloroplatinate de cyaniline. Elles sont solubles dans l'eau et l'alcool, mais on ne peut pas les faire recristalliser dans ces liquides ; car le sel se décompose promptement, et l'on obtient alors des mélanges de chloroplatinate d'aniline et de chloroplatinate d'ammoniaque

Le *bichloraurate de cyaniline*, $C^{28}H^{14}N^4$, 2 (HCl, $Au\ Cl^3$), est un précipité orangé qui se forme lorsqu'on ajoute du chlorure d'or à une solution alcoolique ou chlorhydrique de cyaniline.

Le *bibromhydrate de cyaniline* s'obtient comme le bichlorhydrate, et cristallise encore plus aisément que lui par l'addition de l'acide bromhydrique concentré.

Le *biiodhydrate* ressemble au bichlorhydrate et au bibromhydrate, mais il s'altère bientôt à l'air en mettant de l'iode en liberté.

Le *binitrate de cyaniline* renferme $C^{28}H^{14}N^4$, 2 NO^6H. La cyaniline se dissout aisément dans l'acide nitrique étendu et bouillant ; par le refroidissement, le binitrate se dépose en longues aiguilles blanches, qu'on peut faire recristalliser dans l'eau bouillante. Il est peu soluble dans l'eau froide, et encore moins soluble dans l'alcool et l'éther.

Il donne avec le nitrate d'argent un sel cristallisable.

Le *bisulfate* et le *bioxalate* sont fort solubles, et leur solution se décompose par l'évaporation.

§ 1437ᵃ. *Cyananilide* [1], phényl-cyanamide ou anilide cyanique, $C^{14}H^6N^2 = N(C^{12}H^5)CyH$. — Lorsqu'on fait arriver du chlorure de cyanogène pur et bien sec au sein d'une solution d'aniline dans l'éther anhydre, qu'on a soin de refroidir en entourant de glace pilée le vase qui la contient, il se forme bientôt un dépôt cristallisé de chlorhydrate d'aniline, dont la proportion va en augmentant. La solution éthérée, entièrement débarrassée des cristaux par le filtre, étant soumise à la distillation au bain-marie, il reste, après l'expulsion de l'éther, une masse visqueuse qui se concrète par le refroidissement. C'est là phényl-cyanamide ou cyananilide.

Cette substance possède une couleur rougeâtre et présente l'aspect de la colophane dont elle offre la friabilité, la cassure con-

[1] CAHOURS et CLOEZ (1854), *Compt. rend. de l'Acad.*, XXXVIII, 355.

choïde et la translucidité. La chaleur la décompose entièrement en donnant des produits variés.

Insoluble dans l'eau, la phényl-cyanamide se dissout aisément dans l'alcool et l'éther. Si l'on ajoute de l'eau à la solution alcoolique ou éthérée, il se forme aussitôt une matière visqueuse qui se transforme peu à peu, en un produit cristallisé.

En chauffant pendant quelque temps au bain-marie un mélange d'atomes égaux de chlorhydrate d'aniline et de phényl-cyanamide dissous dans l'alcool, on obtient un produit cristallisé (chlorhydrate de mélaniline) dont l'ammoniaque sépare de la mélaniline :

$$\left.\begin{array}{l} \text{N(C}^{12}\text{H}^5\text{)H H} \\ \quad\text{Aniline.} \\ \text{N(C}^{12}\text{H}^5\text{)CyH} \\ \quad\text{Cyananilide.} \end{array}\right\} = \text{C}^{26}\text{H}^{13}\text{N}^3. \quad \text{Mélaniline.}$$

§ 1438. Mélaniline[1], $\text{C}^{26}\text{H}^{13}\text{N}^3 = \text{N(C}^{12}\text{H}^5\text{)H}^2, \text{N(C}^{12}\text{H}^5\text{)CyH}$. — Cet alcali se produit par la combinaison de la cyananilide et de l'aniline (à l'état de chlorhydrate). On peut l'obtenir directement par la réaction du chlorure de cyanogène et de l'aniline.

Lorsqu'on fait passer dans l'aniline le chlorure de cyanogène gazeux (obtenu en faisant passer du chlore sur du cyanure de mercure humecté), le gaz s'absorbe en dégageant beaucoup de chaleur, et le liquide se fonce en couleur, en s'épaississant de plus en plus; on échauffe de temps en temps le produit, d'abord cristallin, pour le maintenir à l'état liquide, et, quand l'absorption est terminée, toute trace de texture cristalline est disparue. Le produit résinoïde et brunâtre constitue la mélaniline. On le dissout dans l'eau, et l'on y ajoute de la potasse. Celle-ci précipite l'alcali sous la forme d'un magma blanc, devenant cristallin au bout de quelques instants. On le lave à l'eau, et on le fait recristalliser dans l'alcool étendu de son volume d'eau. Par le refroidissement, la mélaniline cristallise en lamelles incolores parfaitement pures. Avec le bromure de cyanogène on obtient également la mélaniline, mais l'iodure de cyanogène ne donne que de l'iodaniline.

Les cristaux de mélaniline rougissent très-légèrement à l'air. Ils sont sans odeur; leur solution alcoolique a une saveur amère fort persistante. Ils fondent entre 120 et 130° en une huile qui se prend en cristaux par le refroidissement. Chauffés à 140 ou 150°,

[1] Hofmann (1849), Ann. der Chem. u. Pharm., LXVII, 129 ; LXXIV, 8 et 17.

ils dégagent de l'aniline incolore, en même temps qu'une masse amorphe, transparente, et légèrement brune reste dans la cornue. Ce résidu paraît renfermer $C^{54}H^{25}N^7$, c'est-à-dire 3 at. de mélaniline, moins 2 at. d'aniline :

$$3\ C^{26}H^{13}N^3 = 2\ C^{12}H^7N + C^{54}H^{25}N^7.$$

Mélaniline.   Aniline.

La mélaniline est peu soluble dans l'eau froide; l'eau bouillante en dissout davantage, et la dépose, par le refroidissement, en petites paillettes. L'éther, l'alcool, l'esprit de bois, l'acétone, le sulfure de carbone, les huiles grasses et les huiles essentielles la dissolvent aisément.

Elle réagit à peine sur les papiers colorés. Les solutions de ses sels ne jaunissent pas le bois de pin; elles ne s'altèrent pas par l'acide chromique, comme les sels d'aniline. L'hypochlorite de chaux n'y agit pas davantage.

L'acide nitrique fumant convertit la mélaniline, suivant la durée de la réaction, soit en une base qui n'est pas la nitromélaniline, soit en un acide particulier qui donne avec les alcalis des sels écarlates.

Elle ne précipite ni les sels ferreux ni les sels ferriques; le sulfate de zinc en est légèrement troublé. Avec le sulfate de cuivre, le nitrate d'argent et le chlorure mercurique, elle donne des précipités floconneux composés de sels doubles. Elle précipite également les chlorures de platine et d'or.

§ 1439. La mélaniline se dissout aisément dans les acides, et donne, avec la plupart, des sels cristallisables; les sels neutres sont sans action sur les papiers réactifs. Leurs solutions sont très-amères, et sont précipitées par l'ammoniaque, mieux encore par la potasse et la soude; les carbonates les précipitent aussi avec dégagement de gaz carbonique.

La solution de la mélaniline ne décompose pas les sels d'aniline, mais l'aniline ne décompose pas non plus les sels de mélaniline.

Le *chlorhydrate* est le plus soluble des sels de mélaniline. La solution de l'alcali dans l'acide chlorhydrique ne cristallise pas par l'évaporation spontanée. Exposée sur l'acide sulfurique ou desséchée dans le vide, elle donne une gomme légèrement colorée qui ne cristallise que peu à peu.

Le *chloroplatinate* renferme $C^{26}H^{13}N^3$, HCl, $PtCl^2$. Le bichlorure de platine produit dans la solution du chlorhydrate de mélaniline un précipité jaune clair, légèrement cristallin ; la liqueur filtrée fournit, après quelque temps, des cristaux orangés confus. Le précipité et les cristaux ont la même composition. Ce chloroplatinate se dissout en petite quantité dans l'eau bouillante ; il est moins soluble dans l'alcool, et insoluble dans l'éther.

Le *chloraurate de mélaniline* renferme $C^{26}H^{13}N^3,HCl,AuCl^3$. Lorsqu'on mêle du chlorure d'or avec une solution moyennement concentrée de chlorhydrate de mélaniline, la liqueur se fonce, se trouble peu à peu et dépose de belles aiguilles d'un jaune d'or. Si la solution du sel mélanilique est très-concentrée, ce chloraurate se précipite immédiatement. Ce sel est peu soluble dans l'eau.

Le *chlorure mercurique* donne, dans les solutions de mélaniline, un précipité blanc, qui se dissout promptement dans quelques gouttes d'acide chlorhydrique. La solution dépose des aiguilles par l'évaporation spontanée.

Le *bromhydrate de mélaniline*, $C^{26}H^{13}N^3,HBr$, est un sel fort soluble, moins toutefois que le chlorhydrate. Il cristallise aisément en aiguilles groupées en étoiles ; il est moins soluble dans l'acide bromhydrique que dans l'eau.

L'*iodhydrate* renferme $C^{26}H^{13}N^3,HI$. Une solution concentrée d'acide iodhydrique transforme la mélaniline en une huile jaune, qui tombe au fond et se prend au bout de quelque temps en une masse cristalline. L'eau bouillante dissout ces cristaux d'iodhydrate ; ils sont également solubles dans l'alcool. Ils se décomposent promptement à l'air en émettant de l'iode.

Le *fluorhydrate* s'obtient aisément en dissolvant la mélaniline dans l'acide fluorhydrique étendu. Il forme des cristaux bien déterminés, un peu rougeâtres. Il est assez soluble dans l'eau, moins soluble dans l'alcool.

Le *sulfate de mélaniline*, $2\ C^{26}H^{13}N^3,S^2O^6$, $2\ HO$, cristallise en paillettes rhombes, réunies en étoiles ; les cristaux sont assez peu solubles dans l'eau froide, plus solubles dans l'eau bouillante. L'alcool et l'éther les dissolvent également.

Les *phosphates* de mélaniline sont très-solubles et ne cristallisent que lentement.

Le *nitrate*, $C^{26}H^{13}N^3,NO^6H$, cristallise le mieux de tous les sels de mélaniline. Par le refroidissement d'une solution bouillante, il se sépare si complétement sous forme d'aiguilles, que l'eau-mère n'est plus troublée par l'ammoniaque, et qu'elle l'est à peine par la potasse. Cette faible solubilité permet d'employer l'acide nitrique comme réactif de la mélaniline. L'alcool bouillant le dissout aussi, l'éther à peine. Le nitrate de mélaniline ne s'altère pas à l'air, mais il prend à la longue une teinte rouge.

Une solution alcoolique de mélaniline donne, avec le *nitrate d'argent*, un précipité blanc qui s'attache aux parois du verre sous la forme d'une masse gluante. On obtient ce corps à l'état de mamelons durs et cristallins, $2\ C^{26}H^{13}N^3,NO^6Ag$, en employant une dissolution alcoolique de nitrate d'argent.

L'*oxalate acide*, $C^{26}H^{13}N^3,C^4O^6, 2\ HO$, s'obtient en sursaturant la mélaniline par l'acide oxalique, et ressemble entièrement au sulfate. Les cristaux sont peu solubles dans l'eau froide et l'alcool; ils s'y dissolvent aisément à l'ébullition; ils sont presque insolubles dans l'éther.

§ 1440. *Chloromélaniline*[1], $C^{26}H^{11}Cl^2N^3 = C^{12}H^6ClN, C^{12}H^5Cl\ GyN$. — Lorsqu'on mêle une solution de chlorhydrate de mélaniline avec un grand excès d'eau chlorée, il se précipite une matière résineuse, insoluble dans l'eau, et qui ne présente plus de propriétés alcalines. Mais si l'on n'ajoute l'eau chlorée que peu à peu, en arrêtant quand le produit résineux commence à se former, et que l'on concentre ensuite la solution, il s'y dépose, par le refroidissement, des aiguilles de chlorhydrate de chloromélaniline. La solution aqueuse donne par l'ammoniaque un précipité floconneux de chloromélaniline qui cristallise dans l'alcool en paillettes.

Le *chloroplatinate*, $C^{26}H^{11}Cl^2N^3,HCl,PtCl^2$, de cet alcali se précipite sous la forme d'une poudre orangée et cristalline.

Bromomélaniline, $C^{26}H^{11}Br^2N^3 = C^{12}H^6BrN,C^{12}H^5BrGyN$. — L'action du brome sur la mélaniline est semblable à celle du chlore. La bromomélaniline cristallise dans l'alcool bouillant en paillettes blanches, presque insolubles dans l'eau, fort solubles dans l'éther. Les solutions présentent une saveur fort amère. Quand on chauffe l'alcali au-dessus de son point de fusion, il dégage de la bromaniline.

Le *chlorhydrate*, $C^{26}H^{11}Br^2N^3,HCl$, cristallise en aiguilles soyeuses.

Lorsqu'on mélange une solution bouillante de ce sel avec une solution concentrée de bichlorure de platine, on obtient, par le refroidissement, de belles paillettes jaune doré de *chloroplatinate*, $C^{26}H^{11}Br^2N^3,HCl,PtCl^2$.

[1] Hofmann (1848), *Ann. der Chem. u. Pharm*, LXVII, 146.

Iodomélaniline[1], $C^{26}H^{11}I^2N^3 = C^{12}H^6IN,C^{12}H^5IGyN$. — On ne
réussit pas à obtenir l'iodomélaniline en traitant par l'iode la mélaniline normale; mais ce dérivé s'obtient aisément en traitant
par le chlorure de cyanogène une solution éthérée d'iodaniline.

Il se produit alors un précipité cristallin de *chlorhydrate* de
iodomélaniline, et, par un traitement prolongé, toute la matière
se convertit en ce produit. Ce sel ressemble entièrement au chlorhydrate de chloromélaniline ou de bromomélaniline; il est peu
soluble dans l'eau, et se dépose d'une solution bouillante sous la
forme d'une huile qui se convertit très-lentement en cristaux radiés
et incolores. L'ammoniaque, et mieux encore la potasse, occasionnent dans le sel précédent un précipité d'iodomélaniline, qui cristallise dans l'alcool.

Le *chloroplatinate* renferme $C^{26}H^{11}I^2N^3, HGl, PtGl^2$.

Nitromélaniline[2], $C^{26}H^{11}(NO^4)^2N^3 = C^{12}H^6(NO^4)N, C^{12}H^5(NO^4)$
GyN. — On obtient la nitromélaniline par l'action du chlorure de
cyanogène sur la nitraniline. Elle forme des paillettes cristallines
d'un jaune clair, peu solubles dans l'alcool, moins solubles encore
dans l'éther. Elle ne se volatilise pas sans décomposition. Soumise
à l'action de la chaleur, elle se comporte comme les autres méla-
nilines, et dégage une vapeur jaune de nitraniline.

Le *chlorhydrate* et le *chloroplatinate* ont une composition semblable à celle des sels correspondants de la chloromélaniline et de
la bromomélaniline.

Le *nitrate* est peu soluble; le *sulfate* et l'*oxalate* sont plus solubles.

§ 1441. *Cyanomélaniline*[3], $C^{30}H^{13}N^5 = C^{26}H^{13}N^3, Gy^2$. — Une solution de mélaniline dans l'alcool, saturée à froid, absorbe une
grande quantité de cyanogène. Si l'on abandonne à lui-même
le liquide saturé, dans un flacon bouché, il y apparaît bientôt
des cristaux soyeux, et, au bout de quelques heures, tout le liquide se trouve pris en une bouillie cristalline; l'odeur du cyanogène a disparu, et se trouve remplacée par celle de l'acide cyanhydrique. Après avoir lavé le produit à l'alcool, on l'y fait cristalliser à l'ébullition.

Cet alcali constitue des aiguilles légèrement jaunâtres, non volatiles sans décomposition, et dégageant par la chaleur de l'aniline

[1] Hofmann (1848), *Ann. der Chem. u. Pharm.*, LXVII, 152.
[2] Hofmann (1848), *Ann. der Chem. u. Pharm.*, LXVII, 156.
[3] Hofmann (1848), *Ann. der Chem. u. Pharm.*, LXVII, 160; LXXIV, 1.

et du cyanhydrate d'ammoniaque, en laissant un résidu résineux qui se charbonne à une température plus élevée.

Il se dissout aisément à froid dans les acides étendus; la potasse et l'ammoniaque l'en séparent sans altération. Toutefois il finit par se décomposer au contact des acides, et il n'est pas aisé d'obtenir des sels de cyanomélaniline bien purs.

La transformation de la cyanomélaniline, sous l'influence des acides, est bien plus rapide encore que celle de la cyaniline. Lorsqu'on dissout le premier alcali dans l'acide chlorhydrique ordinaire, il se produit un liquide à peine jaunâtre, d'où l'ammoniaque précipite sans altération l'alcali, si on l'y ajoute immédiatement; mais, si la solution est abandonnée seulement une ou deux minutes, elle se trouble subitement et dépose une masse jaunâtre, confusément cristallisée. L'eau-mère se charge en même temps de chlorhydrate d'ammoniaque. La substance jaunâtre est l'oxamélanile :

$$C^{30}H^{13}N^5 + 4\,HO = C^{30}H^{11}N^3O^4 + 2\,NH^3.$$

Cyanomélaniline.   Oxamélanile.

§ 1442. L'*oxamélanile*, dit aussi mélanoximide, $C^{30}H^{11}N^3O^4$, se dépose à l'état d'une masse jaunâtre, lorsqu'on abandonne pendant quelque temps une solution de cyanomélaniline dans l'acide chlorhydrique. Elle est à peine soluble dans l'eau. L'alcool bouillant la dissout aussi avec difficulté, et la dépose sous la forme de croûtes cristallines, quelquefois même résinoïdes : si l'on ajoute de l'ammoniaque ou de la potasse à une solution alcoolique de ce corps, le liquide se prend en une masse de cristaux de mélaniline, en même temps que l'eau-mère retient de l'acide oxalique.

Lorsqu'on fait bouillir l'oxamélanile avec de l'acide chlorhydrique, il se forme aussi de l'acide oxalique et de la mélaniline; mais en même temps on obtient d'autres produits, qui n'ont pas encore été examinés.

L'oxamélanile se comporte comme un acide faible; sa solution alcoolique, surtout additionnée de quelques gouttes d'ammoniaque, donne un précipité jaunâtre avec les sels d'argent.

A la distillation sèche, l'oxamélanile donne du carbanile ou cyanate de phényle (§ 219).

L'oxamélanile renferme les éléments du bioxalate de mélaniline moins de l'eau.

$$C^{26}H^{13}N^3,C^4H^2O^8 - 4\,HO = C^{30}H^{11}N^3O^4.$$

Bioxal. de mélanil.   Oxamélanile.

Dérivés méthyliques, éthyliques, ... de l'aniline.

§ 1443. L'aniline (azoture de phényle et d'hydrogène) peut échanger, par double décomposition, 1 ou 2 atomes d'hydrogène pour du méthyle, de l'éthyle, ou pour les homologues de ces radicaux, de manière à produire de nouveaux alcalis. Avec l'iodure d'éthyle, par exemple, et l'aniline, on obtient l'iodhydrate d'éthyl-aniline ou l'iodure d'un ammonium éthyl-phénylé :

$$N \begin{Bmatrix} C^{12}H^5 \\ H \\ H \end{Bmatrix} + \begin{Bmatrix} C^4H^5 \\ I \end{Bmatrix}$$

Aniline.   Iod. d'éthyle.

$$= N \begin{Bmatrix} C^{12}H^5 \\ C^4H^5 \\ H \end{Bmatrix} + \begin{Bmatrix} H \\ I \end{Bmatrix}$$

Éthyl-aniline.   Ac. iodhydr.

Si l'on fait agir sur l'éthyl-aniline une nouvelle proportion d'iodure d'éthyle, on obtient l'iodhydrate de diéthyl-aniline, ou l'iodure d'un ammonium diéthyl-phénylé.

Enfin, par l'action d'une troisième proportion d'iodure d'éthyle sur la diéthyl-aniline, on obtient l'iodure d'un ammonium triéthyl-phénylé, c'est-à-dire d'un ammonium dont les 4 atomes d'hydrogène sont remplacés par leur équivalent d'éthyle et de phényle.

Ces combinaisons sont entièrement semblables à celles qu'on obtient avec la méthylamine (azoture de méthyle et d'hydrogène, § 829), et l'éthylamine (azoture d'éthyle et d'hydrogène, § 329).

Nous décrirons sous le nom de *combinaisons de phényl-ammonium* (§ 1454) les produits qui correspondent aux combinaisons de tétréthylammonium.

§ 1444. MÉTHYL-ANILINE[1], ou méthyl-phénylamine, $C^{14}H^9N = N(C^{12}H^5)(C^2H^3)H$. — Cet alcali se produit, en combinaison avec l'acide iodhydrique (ou bromhydrique) par l'action d'un excès d'iodure (ou de bromure) d'éthyle sur l'aniline. On le sépare de cette combinaison par la potasse caustique.

La méthyl-aniline est une huile odorante, bouillant à 192°; elle prend une couleur bleue avec l'hypochlorite de chaux, à un moindre degré toutefois que l'aniline.

[1] HOFMANN (1850), *Ann. der Chem. u. Pharm.*, LXXIV, 150.

Ses sels sont moins solubles que ceux de l'éthyl-aniline.

Le *chloroplatinate* se précipite sous la forme d'une huile transparente qui se prend rapidement en touffes cristallines d'un jaune pâle, et fort altérables.

L'*oxalate* cristallise fort aisément, mais il se décompose promptement en reproduisant de l'aniline.

Par l'action du chlorure de cyanogène gazeux sur une solution de méthyl-aniline dans l'éther, ou obtient de la *méthyl-cyananiline* (Cahours et Cloëz).

§ 1445. ÉTHYL-ANILINE[2] ou éthyl-phénylamine, $C^{16}H^{11}N =$ $N(C^{12}H^5)(C^4H^5)$ H. — Elle se produit par la réaction de l'aniline et du bromure d'éthyle.

A froid, le bromure d'éthyle n'agit pas sur l'aniline, mais si l'on maintient le mélange en ébullition, il se prend, par le refroidissement, en une masse cristalline. Les cristaux ont une composition variable suivant les proportions du mélange : si l'on prend un grand excès d'aniline, ils sont prismatiques et consistent en bromhydrate d'aniline. Dans le cas d'un excès de bromure d'éthyle, les cristaux sont des tables quadrangulaires, aplaties, quelquefois assez grosses : ils constituent alors le bromhydrate d'éthyl-aniline.

L'éthyl-aniline elle-même peut s'isoler si l'on ajoute à ce dernier bromhydrate une solution concentrée de potasse. C'est une huile incolore, très-réfringente, brunissant promptement au contact de l'air et de la lumière. Son odeur est presque la même que celle de l'aniline, mais son point d'ébullition est à 204° (celui de l'aniline est à 182°), et sa densité n'est que de 0,954 à 18° (celle de l'aniline est de 1,020 à 16°).

L'éthyl-aniline ne se colore pas en violet avec le chlorure de chaux, comme l'aniline; ses solutions acides colorent en jaune le bois de pin, avec moins d'intensité cependant que l'aniline. L'acide chromique sec l'enflamme.

Le brome donne, avec l'éthyl-aniline, deux composés cristallins, l'un alcalin, l'autre neutre et correspondant probablement à l'anile tribromée.

Lorsqu'on fait passer du cyanogène dans une solution alcoolique d'éthylaniline, il se produit, au bout de quelque temps, un léger précipité jaune qui est évidemment la *cyanéthyl-aniline* correspondant à la cyaniline et à la cyanocumidine. Ce nouvel alcali se

[1] HOFMANN (1850), *Ann. der Chem. u. Pharm.*, LXXIV, 128.

dissout dans l'acide sulfurique étendu, et en est précipité par l'ammoniaque sous forme pulvérulente. Son chlorhydrate, comme le chlorhydrate de la cyaniline, est insoluble dans l'acide chlorhydrique ; on l'obtient en cristaux déliés par l'addition de l'acide chlorhydrique à une solution de la base dans l'acide sulfurique étendu. La cyanéthyl-aniline forme aussi un chloroplatinate fort soluble.

L'éthyl-aniline absorbe le chlorure de cyanogène rapidement et avec dégagement de beaucoup de chaleur ; par le refroidissement, la matière se solidifie en un mélange résineux composé d'un chlorhydrate et d'une huile neutre, qui se sépare par l'addition de l'eau. La base qu'on sépare du chlorhydrate est huileuse et volatile.

Le sulfure de carbone dégage de l'hydrogène sulfuré, mais le mélange ne dépose pas de cristaux.

L'oxychlorure de carbone agit avec énergie sur l'éthyl-aniline : il se produit un composé liquide, ainsi que du chlorhydrate d'éthyl-aniline.

§ 1446. Les *sels d'éthylaniline* sont remarquables par leur grande solubilité, surtout dans l'eau. On ne les obtient pas aisément en cristaux bien définis dans une solution aqueuse. Dans l'alcool, où ils sont un peu moins solubles que dans l'eau, plusieurs d'entre eux s'obtiennent promptement cristallisés.

Le *chlorhydrate* et l'*oxalate* ne s'obtiennent que par l'évaporation à siccité de leur solution, dont ils se séparent alors en masses radiées.

Le *chloroplatinate*, $C^{16}H^{11}N$, HCl, $PtCl^2$, est très-soluble. Si l'on ajoute une solution concentrée de bichlorure de platine à une solution concentrée de chlorhydrate d'éthyl-aniline, il se dépose une huile orangé foncé qui se solidifie, souvent au bout d'une demi-journée seulement, en une masse cristalline. Si l'on emploie des solutions moyennement concentrées, le sel se dépose dans l'espace de quelques heures en magnifiques aiguilles jaunes, souvent d'un pouce de long.

Le *chlorure d'or* et le *bichlorure de mercure* donnent, avec les solutions de l'éthyl-aniline, des précipités jaunes et huileux qui se décomposent promptement.

Le *sulfate* et le *nitrate* n'ont pas pu s'obtenir sous forme solide.

Le *bromhydrate*, $C^{16}H^{11}N,HBr$, est fort soluble dans l'eau ; il cristallise par l'évaporation spontanée de sa solution aqueuse en belles tables d'une grande dimension. Chauffé avec ménagement, il se sublime en belles aiguilles; mais si on le porte brusquement à une température élevée, il se convertit en aniline et en bromure d'éthyle.

§ 1447. *Méthyléthyl-aniline*[1], $C^{18}H^{13}N = N(C^{12}H^5)(C^{1}II^3)(C^4H^5)$. — On obtient cet alcali en traitant l'éthyl-aniline par l'iodure de méthyle, au bain-marie, pendant deux jours. Il se produit ainsi des cristaux d'*iodhydrate*, dont la potasse sépare la méthyléthyl-aniline. Cet alcali a l'odeur de l'éthyl-aniline, mais il ne se colore pas par le chlorure de chaux.

Les *sels* de la méthyléthyl-aniline sont fort solubles et en grande partie incristallisables.

Le *chloroplatinate* se précipite sous la forme d'une huile qui ne se concrète pas.

§ 1448. *Diéthyl-aniline*[2], ou diéthyl-phénylamine, $C^{20}II^{15}N = N$ $(C^{12}H^5)(C^4H^5)^2$. — L'action du bromure d'éthyle sur l'éthyl-aniline est semblable à celle que cet agent exerce sur l'aniline, mais elle est moins énergique. Elle a pour résultat la formation du bromhydrate de diéthyl-aniline. A la température ordinaire, il faut cinq ou six jours pour que l'action s'accomplisse, mais elle s'accélère beaucoup à chaud.

Les propriétés physiques de l'éthyl-aniline ne sont que peu modifiées par cette introduction d'un nouvel atome d'éthyle. La densité de la diéthyl-aniline est de 0,939 à 18°; son point d'ébullition est à 213°,5, conséquemment plus élevé que celui de l'éthyl-aniline. La diéthyl-aniline se distingue en outre en ce qu'elle ne se colore pas par l'exposition à l'air. Elle colore en jaune le bois de pin, mais elle ne se colore pas par l'hypochlorite de chaux.

Elle n'est pas attaquée par le bromure d'éthyle.

Le *bromhydrate*, $C^{20}II^{15}N,HBr$, ressemble beaucoup au sel correspondant de l'éthyl-aniline. Il est très-soluble dans l'eau, et s'obtient en tables quadrangulaires. Chauffé avec ménagement, il se sublime; par une brusque chaleur, il se convertit en un mélange huileux et incolore, composé d'atomes égaux de bromure d'éthyle et d'éthyl-aniline.

Le *chloroplatinate*, $C^{20}II^{15}N,HCl,PtCl^2$, ressemble aussi au chloroplatinate d'éthyl-aniline. Lorsqu'on ajoute une solution concentrée de bichlorure de platine au chlorhydrate de diéthylaniline, le chloroplatinate de diéthyl-aniline précipite sous la forme d'une huile

---

[1] HOFMANN (1850), *Ann. der Chem. u. Pharm.*, LXXIV, 135.
[2] HOFMANN (1850), *Ann. der Chem. u. Pharm.*, LXXIV, 135.

orangé foncé, qui se prend rapidement en une masse dure et cristalline. Si les solutions sont étendues, le sel se sépare, au bout de quelques temps, en cristaux jaunes ayant la forme de croix. Il n'est pas tout à fait aussi soluble dans l'eau et l'alcool que le sel d'éthyl-aniline correspondant.

§ 1449. *Éthyl-chloraniline*[1], $C^{16}H^{10}ClN = N(C^{12}H^4Cl)(C^4H^5)H$. — Cette base paraît se former lorsqu'on maintient à 100° la chloraniline en contact avec le bromure d'éthyle, pendant quelques jours.

C'est une huile jaune, à odeur d'anis, et bouillant à une température élevée.

Le *sulfate* et l'*oxalate* sont cristallisables.

Le *chloroplatinate* ne cristallise pas.

Diéthyl-chloraniline[2], $C^{20}H^{14}Cl\,N = N(C^{12}H^4Cl)(C^4H^5)^2$. — Cet alcali s'obtient avec l'éthyl-chloraniline et le bromure d'éthyle. C'est une huile soluble dans l'acide chlorhydrique ; cette solution donne avec le bichlorure de platine un précipité orangé et cristallin.

Éthyl-bromaniline[3], $C^{16}H^{10}BrN = N(C^{12}H^4Br)(C^4H^5)H$. — Cet alcali s'obtient par la bromaniline et le bromure d'éthyle. Il ressemble à l'éthyl-chloraniline.

Son *chloroplatinate* se présente sous la forme d'une huile visqueuse.

Éthyl-nitraniline[4], $C^{16}H^{10}N^2O^4 = N(C^{12}H^4,NO^4)(C^4H^5)H$. — Elle se produit par la réaction de la nitraniline et du bromure d'éthyle. La nitraniline se dissout promptement dans ce bromure ; la solution dépose bientôt des cristaux jaune pâle d'une grande dimension. L'action s'accomplit promptement à la température de l'eau bouillante. Si l'on ajoute un alcali fixe au bromhydrate ainsi obtenu, l'éthyl-nitraniline se sépare sous la forme d'une huile brune qui se solidifie au bout de quelque temps en une masse cristalline ; celle-ci se dissout rapidement dans l'éther et l'alcool, moins bien dans l'eau bouillante, où elle cristallise en groupes étoilés de couleur jaune.

Les *sels* d'éthyl-nitraniline sont incolores, d'une saveur sucrée, aussi solubles ou plus solubles dans l'eau que les sels de nitraniline.

[1] HOFMANN (1850), *Ann. der Chem. u. Pharm.*, LXXIV, 143.
[2] HOFMANN (1850), *loc. cit.*
[3] HOFMANN (1850), *ibid.*, LXXIV, 145.
[4] HOFMANN (1850), *ibid.* LXXIV, 146.

Le *chloroplatinate* se présente sous la forme de paillettes.

Éthyl-cyananiline[1], ou éthylanilide cyanique, $C^{18}H^{10}N^2 = N\,(C^{12}H^5)(C^4H^5)Cy = N\,(C^{12}H^5Cy)(C^4H^5)H$. — Cette substance se produit, en même temps que du chlorhydrate d'éthyl-aniline, par l'action du chlorure de cyanogène gazeux sur une solution d'aniline dans l'éther anhydre.

C'est un liquide limpide, volatil sans décomposition, bouillant à 271°.

Il se comporte comme une base faible. Son *chlorhydrate* forme, avec le bichlorure de platine, une combinaison qui cristallise en gros prismes rouge-orangé d'une grande beauté.

§ 1450. AMYL-ANILINE[2], ou amyl-phénylamine, $C^{22}H^{17}N = N\,(C^{12}H^5)(C^{10}H^{11})H$. — Lorsqu'on chauffe au bain-marie de l'aniline avec un grand excès de bromure d'amyle, on obtient du bromhydrate d'amyl-aniline qui reste dissous dans l'excès de bromure d'amyle; on chasse ce dernier par la distillation, et l'on décompose le résidu par la potasse.

L'amyl-aniline constitue un liquide incolore, d'une odeur qui, à la température ordinaire, rappelle celle des roses, mais qui devient répugnante à chaud, comme celle de l'huile de pomme de terre. Elle bout à 258° ou à 3 fois 18 degrés plus haut que son homologue, l'éthyl-aniline. Elle est soluble dans l'éther.

Elle forme des *sels* presque insolubles avec les acides chlorhydrique, bromhydrique et oxalique. Quand on les chauffe avec de l'eau, il se rend à la surface une couche huileuse, qui ne cristallise que lentement par le refroidissement. Ils ont l'aspect gras particulier aux composés cristallisés du groupe amylique.

Le *chloroplatinate* se précipite sous la forme d'une masse jaune et onctueuse; il cristallise avec beaucoup de lenteur, et ordinairement ce n'est pas sans s'être en partie altéré.

Par l'action du chlorure de cyanogène gazeux sur une solution d'amyl-aniline dans l'éther, il se forme de l'amyl-cyananiline (Cahours et Cloëz).

Méthylamyl-aniline[3] ou méthylamyl-phénylamine, $C^{24}H^{19}N = N\,(C^{12}H^5)(C^2H^3)(C^{10}H^{11})$.—Huile d'une odeur agréable qu'on obtient

[1] CAHOURS et CLOEZ (1854), *Compt. rend. de l'Acad.*, XXXVIII, 355.

[2] HOFMANN (1850), *Ann. der Chem. u. Pharm*, LXXIV, 153.

[3] HOFMANN (1851), *ibid.*, LXXIX, 15.

par la distillation de l'hydrate de méthyléthyl-amylphényl-ammonium.

Son *chloroplatinate*, $C^{24}H^{19}N,HCl,PtCl^{2}$, est un précipité cristallin.

§ 1451. *Éthylamyl-aniline*[1], ou améthyl-phénylamine, $C^{26}H^{21}N = N(C^{12}H^{5})(C^{4}H^{5})(C^{10}H^{11})$. — Cet alcali se produit par l'action du bromure d'éthyle sur l'amyl-aniline. On l'obtient aussi avec le bromure d'amyle et l'éthyl-aniline.

C'est une huile incolore, bouillant à 262°. Elle forme un *chlorhydrate* et un *bromhydrate* cristallisables.

Le *chloroplatinate* se précipite sous la forme d'une masse pâteuse, d'un jaune orangé, qui se solidifie rapidement. Ce sel renferme $C^{26}H^{21}N, HCl,PtCl^{2}$, et fond à 100°.

Diamyl-aniline[2], ou diamyl-phénylamine, $C^{32}H^{27}N = N(C^{12}H^{5})(C^{10}H^{11})^{2}$. — Un mélange d'amylaniline et de bromure d'amyle se solidifie après avoir été exposé pendant deux jours à la température d'un bain-marie. Le composé qu'on obtient ainsi ressemble à l'alcali précédent, surtout quant à l'odeur.

La diamyl-aniline bout entre 275° et 280°.

Ses *sels* sont si insolubles dans l'eau qu'au premier abord on croirait la substance huileuse privée d'alcalinité, car elle est entièrement insoluble dans les acides chlorhydrique et sulfurique : mais les gouttes huileuses qui nagent dans la solution acide sont les sels eux-mêmes, et se solidifient, au bout de quelque temps, sous la forme de belles masses cristallines.

Le *chloroplatinate*, $C^{32}H^{27}N, HCl,PtCl^{2}$, se précipite sous la forme d'une masse huileuse, se solidifiant rapidement en une matière d'une couleur rouge brique. Si l'on emploie la solution alcoolique du chlorhydrate, le sel s'obtient immédiatement à l'état cristallin.

§ 1452. Cétyl-aniline[3], ou cétyl-phénylamine, $C^{44}H^{39}N = N(C^{12}H^{5})(C^{32}H^{33})H$.—Cet alcali se produit par la réaction de l'iodure de cétyle et d'un excès d'aniline; la métamorphose s'opère aisément, surtout si l'on chauffe la matière au bain-marie; elle est terminée quand il ne se forme plus de cristaux. Après avoir enlevé l'iodhydrate d'aniline au moyen de l'eau et de l'éther, on transforme la cétyl-aniline en chlorhydrate qu'on décompose ensuite

[1] Hofmann (1850), *Ann. der Chem. u. Pharm.*, LXXIV, 156.
[2] Hofmann (1850), *Ann. der Chem. u. Pharm.*, LXXIV, 155.
[3] Fridau (1852), *Ann. der u. Pharm.*, LXXXIII, 29.

par la potasse caustique. On fait cristalliser la cétyl-aniline dans l'alcool bouillant.

Elle se présente en paillettes, douées d'un éclat argentin, qui fondent à 42° et se concrètent à 28° en une masse mamelonnée et cristalline. Elle est insoluble dans l'eau, fort soluble dans l'alcool et l'éther; elle ne précipite pas les solutions métalliques, et n'agit pas sur les couleurs végétales.

Le *chlorhydrate* cristallise en aiguilles brillantes.

Le *chloroplatinate* ne se précipite pas par le mélange du chlorhydrate de cétyl-aniline avec le bichlorure de platine, en solution alcoolique; mais, par l'addition de l'eau à ce mélange, il se précipite sous la forme de flocons jaune rougeâtre et cristallins.

Le *sulfate* paraît être le plus soluble des sels de cétyl-aniline; on peut néanmoins le précipiter complétement par l'addition de l'eau à sa solution alcoolique.

Le *nitrate* cristallise en aiguilles brillantes; lorsqu'on évapore sa solution alcoolique, elle noircit aisément.

L'*oxalate* forme des aiguilles incolores, confuses et feutrées.

§ 1453. *Dicétyl-aniline* [1], $C^{76}H^{71}N = N(C^{12}H^5)(C^{32}H^{33})^2$. — On soumet à l'action d'une température d'environ 110° un mélange d'atomes égaux de cétyl-aniline et d'iodure de cétyle; la réaction s'accomplit aisément, et il se produit du chlorhydrate de dicétyl-aniline qui cristallise par le refroidissement. Après avoir traité le sel avec un peu d'alcool chaud, pour enlever une matière étrangère qui le colore, on le décompose complétement par une solution alcoolique et bouillante de potasse caustique; on fait bouillir avec de l'alcool l'alcali mis en liberté, on le transforme en chorhydrate, et on fait cristalliser le chlorhydrate dans l'alcool jusqu'à ce qu'il soit entièrement blanc.

La dicétyl-aniline ressemble à la cétyl-aniline; toutefois elle est plus fusible, et la matière fondue ne se concrète plus que très-lentement, à moins qu'on ne la soumette à l'action du froid. Elle est peu soluble dans l'alcool, même bouillant; elle s'y dépose sous la forme de mamelons cristallins.

Le *chlorhydrate* est grenu.

Le *chloroplatinate*, $C^{76}H^{71}N,HCl,PtCl^2$, s'obtient, avec le bichlorure de platine et une solution alcoolique de chlorhydrate de dicétyl-aniline, sous la forme d'un précipité blanchâtre aisément

---

[1] FRIDAU (1852), *loc. cit.*

soluble à chaud dans l'éther et l'alcool; sa solution alcoolique s'altère promptement.

L'*iodhydrate* se dépose, dans une solution alcoolique, sous la forme de mamelons cristallins.

§ 1454. COMBINAISONS DE PHÉNYL-AMMONIUM[1]. — L'*hydrate de triéthylphényl-ammonium*, $C^{24}H^{21}NO^2$, $= N\,(C^{12}H^5)(C^4H^5)^3O,HO$, donne une solution amère et alcaline qui, évaporée et soumise à distillation, produit de l'eau, du gaz oléfiant, et de la diéthyl-aniline :

$$C^{24}H^{21}NO^2 = 2\,HO + C^4H^4 + C^{20}H^{15}N.$$

Hyd. de triéthylphén. Gaz oléf. Diéthyl-anil.

Il s'obtient lorsqu'on met l'iodure de triéthylphényl-ammonium en digestion avec de l'eau et de l'oxyde d'argent.

Le *chlorure* cristallise assez facilement.

Le *chloroplatinate*, $C^{24}H^{20}NCl,PtCl^2$, constitue un précipité jaune clair et amorphe à peine soluble dans l'eau, insoluble dans l'alcool et l'éther.

L'*iodure* s'obtient en chauffant, pendant douze heures au bain-marie, dans un tube scellé à la lampe, un mélange de diéthyl-aniline et d'iodure d'éthyle; il se prend ainsi une masse cristalline dont on enlève, par la distillation, l'excédant d'iodure d'éthyle ou de diéthyl-aniline.

Le *sulfate*, le *nitrate* et l'*oxalate* cristallisent assez facilement.

§ 1454[a]. L'*hydrate de méthyléthylamylphényl-ammonium*, $C^{28}H^{25}NO^2 = N(C^{12}H^5)(C^2H^3)(C^4H^5)(C^{10}H^{11})\,O,HO$, s'obtient par le même procédé que la base précédente. Il se décompose par la distillation en eau, gaz oléfiant et méthylamyl-aniline :

$$C^{28}H^{25}NO^2 = 2\,HO + C^4H^4 + C^{24}H^{19}N.$$

Hyd. de méthyléth. Gaz oléf. Méthylamyl-aniline.

Le *chloroplatinate*, $C^{28}H^{24}NCl,PtCl^2$, est un précipité clair, non cristallin.

L'*iodure* se produit lorsqu'on chauffe au bain-marie, dans un tube scellé à la lampe, un mélange d'éthylamyl-aniline et d'iodure de méthyle. C'est un sel cristallisé, soluble dans l'eau.

[1] HOFMANN (1851), *Ann. der Chem. u. Pharm.*, LXXIX, 11.

CARBONATE DE PHÉNYLE.

§ 1455. L'*acide salicylique* peut être considéré comme le carbonate de phényle et d'hydrogène.

Voy. § 1572. GROUPE SALICYLIQUE.

CYANURE DE PHÉNYLE.

Syn. : benzonitrile.

Composition : $C^{14}H^5N = C^{12}H^5, Cy$.

§ 1455[a]. Nous avons déjà décrit ce composé (§ 206) en nous occupant des éthers cyanhydriques. Les faits suivants sont encore à ajouter à cette description.

Le cyanure de phényle se produit aussi lorsqu'on chauffe la benzamide avec une quantité équivalente d'acide benzoïque anhydre ; on a en effet :

$$C^{14}H^7NO^2 + C^{28}H^{10}O^6 = 2 C^{14}H^6O^4 + C^{14}H^5N.$$

Benzamide.   Ac. benz. anhydre.   Ac. benz. hydraté.   Cyan. de phényle.

Lorsqu'on fait passer de l'hydrogène sulfuré dans une solutio alcoolique de cyanure de phényle legèrement ammoniacale, on obtient de la benzamide sulfurée (§ 1561) :

$$C^{14}H^5N + 2 HS = C^{14}H^7NS^2.$$

Cyan. de phényle.   Benzamide sulfurée.

L'acide nitrique fumant convertit le cyanure de phényle en cyanure de nitrophényle.

Chauffé avec du potassium, le cyanure de phényle donne du cyanure de potassium entre autres produits.

Dérivés nitriques du cyanure de phényle.

§ 1455[b]. *Cyanure de nitrophényle*, ou nitrobenzonitrile[1], $C^{14}H^4N^2O^4 = C^{12}H^4(NO^4), Cy$. — Lorsqu'on chauffe doucement le cyanure de phényle avec de l'acide nitrique fumant, et qu'ensuite on étend d'eau la solution, il se précipite un corps solide, qui constitue le cyanure de nitrophényle.

Ce corps se dissout en quantité notable dans l'eau bouillante,

[1] GERLAND, *Handwoerterb. der Chemie v. Liebig, Poggend. u Woehler* ; supplém., p. 514.

et s'y dépose, par le refroidissement, à l'état de petites aiguilles incolores et soyeuses. Il se dissout également dans les acides; l'eau l'en reprécipite. Soumis à l'action de la chaleur, il exhale une vapeur qui excite la toux, et laisse un résidu de charbon.

Par l'ébullition avec les acides ou avec les alcalis concentrés, il se transforme en nitrobenzoate de potasse, avec dégagement d'ammoniaque.

II.

GROUPE QUINONIQUE.

§ 1456. On a réuni sous ce titre l'*acide quinique* et les produits de sa métamorphose :

Acide quinique.	$C^{28}H^{22}O^{22}$,
Quinone.	$C^{12}H^4O^4$,
Hydroquinone.	$C^{12}H^6O^4$,
Acide quinonique.	$C^{12}H^4O^8$,

Amides quinoniques { Quinonamide. . . $C^{12}H^6N^2O^4$

Ac. quinonamiq. . $C^{12}H^5NO^6$.

Plusieurs d'entre les composés précédents (notamment la quinone perchlorée, § 1461) se produisent aussi par la métamorphose de l'hydrate de phényle, de l'azoture de phényle, des composés salicyliques, des composés indigotiques, etc.

La quinone représente probablement un hydrure biatomique, c'est-à-dire un hydrure dérivant de deux molécules d'hydrogène (composée chacune de deux atomes) et correspondant à un acide bibasique. Dans cette hypothèse le groupement $C^{12}H^2O^4$ (qu'on pourrait appeler *quinoïle*) serait l'équivalent de H^2 :

Quinone. . . . . $C^{12}H^2O^4 \atop H$ } équivalent de $H^2 \atop H^2$ }

L'acide quinonique serait, d'après cela, l'hydrate de quinoïle, et correspondrait, en qualité d'acide bibasique, à deux molécules d'eau (H^2O^2 chacune), les amides quinoniques seraient les azotures de quinoïle, etc.

ACIDE QUINIQUE.

Composition : $C^{28}H^{22}O^{22} + 2\,aq. = C^{28}H^{20}O^{20}, 2\,HO + 2\,aq.$

§ 1457. Cet acide[1] se rencontre dans différents quinquinas, en combinaison avec la chaux, la quinine ou la cinchonine. Il a été décrit pour la première fois en 1790, par Hofmann, pharmacien de Leer, qui parvint à l'isoler du sel calcaire des quinquinas, connu déjà de Hermstaedt et d'autres chimistes. Vauquelin[2], sans avoir connaissance du travail d'Hofmann, l'isola à son tour en 1806. MM. Henry fils et Plisson[3], Baup[4], Liebig[5] et Woskresensky[6] ont étudié la composition et les sels de l'acide quinique.

Voici de quelle manière on extrait l'acide quinique du quinquina. On épuise cette écorce par l'eau froide, on mélange l'extrait avec une très-petite quantité d'hydrate de chaux, afin de précipiter les bases végétales, qu'on recueille à part sur un filtre. (Comme une partie des bases reste dans l'écorce, il faut se garder de jeter le résidu). Ensuite on ajoute à la liqueur filtrée une plus grande quantité d'hydrate de chaux, qui précipite le tannin sous la forme d'un sous-sel. La liqueur se décolore ainsi presque entièrement et retient en dissolution le quinate de chaux ; ce sel cristallise au bout de quelques jours après le refroidissement de la liqueur, évaporée à consistance de sirop. Lorsqu'il ne se dépose plus de sel, on lave les cristaux à l'eau froide, on les dissout dans l'eau chaude, et, après avoir décoloré la solution par le charbon, on l'évapore jusqu'à cristallisation ; le quinate de chaux se dépose alors à l'état incolore.

Pelletier et Caventou[7] prescrivent de faire bouillir l'extrait alcoolique de quinquina avec de la magnésie caustique, en ajoutant celle-ci jusqu'à ce que la liqueur soit presque incolore ; on l'évapore à consistance sirupeuse, et on la laisse reposer pendant quelques jours ; on obtient ainsi des cristaux grenus, qu'on traite par l'alcool,

[1] Hofmann (1790), *Crell's Chem. Annal.*, II, 314.

[2] Vauquelin, *Ann. de Chim.*, LIX, 162.

[3] Henry et Plisson, *Journ. de Pharm.*, XIII, 268, et XV, 399 ; ce dernier mémoire, est en extrait dans les *Ann. de Chim. et de Phys.*, XLI, 325.

[4] Baup, *Ann. de Chim. et de Phys.*, LI, 57.

[5] Liebig, *Ann. der Chem. u. Pharm.*, V, 14.

[6] Woskresensky, *ibid*, XXVII, 257.

[7] Pelletier et Caventou, *Ann. de Chim. et de Phys.*, XV, 349.

qui laisse, à l'état insoluble, du quinate de magnésie presque incolore. On dissout ce sel dans l'eau, on précipite la magnésie par la
chaux, dont on enlève l'excès par un courant d'acide carbonique,
et l'on évapore la liqueur, pour faire cristalliser le sel de chaux.

Dans la préparation de la quinine et de la cinchonine, on traite
l'écorce de quinquina par l'acide sulfurique très-étendu, et l'on
précipite les bases par l'hydrate de chaux; le quinate de chaux
reste alors en dissolution dans la liqueur. On filtre celle-ci, on l'é-
vapore et on la dessèche au bain-marie; on la traite par l'alcool,
pour enlever les parties solubles dans ce liquide; on reprend le
résidu par l'eau, et l'on décolore la dissolution aqueuse en la mettant en digestion avec du charbon animal; le quinate de chaux
cristallise par la concentration de la liqueur. (Voy. aussi plus loin :
Quinate de chaux).

La séparation de l'acide quinique d'avec la chaux peut s'effectuer
par l'acide oxalique, ou par le sous-acétate de plomb. Si l'on emploie l'acide oxalique, il ne faut pas dépasser les proportions atomiques; toutefois, comme le quinate de chaux renferme ordinairement un peu de quinate de potasse, l'acide quinique ainsi
préparé peut contenir de l'acide oxalique aussi bien que de la potasse. Il vaut donc mieux précipiter le quinate de chaux par une
solution de sous-acétate de plomb. On lave le précipité de sous-
quinate de plomb, et on le décompose par l'hydrogène sulfuré.
On filtre la solution acide, on l'évapore avec soin à une douce
chaleur et on achève de la concentrer par l'évaporation spontanée;
malgré toutes ces précautions, l'acide jaunit. Il se prend enfin en
cristaux; on sépare ces cristaux de l'eau-mère, on les redissout
dans une très-petite quantité d'eau bouillante, et on abandonne la
liqueur dans un appareil dessiccateur; elle donne alors des cristaux
incolores.

L'acide quinique cristallise en prismes rhomboïdaux obliques,
∞ P. oP, avec les faces n P ∞ et [n P ∞] subordonnées; quelquefois oP domine assez pour donner aux cristaux l'aspect de tables;
inclinaison de ∞ P : ∞ P = 146°48′, de ∞ P : oP = 125°,45′. Il a
une saveur forte, franchement acide. Il fond à + 155° en un liquide clair, qui se transforme, par la dessiccation, en une masse
amorphe et transparente; exposée à l'air humide, celle-ci devient
molle et poisseuse sans cependant tomber en déliquescence. Il se
dissout lentement dans 2 ½ parties d'eau froide, et dans beaucoup

moins d'eau bouillante. La solution peut être évaporée sans que l'acide jaunisse, s'il est parfaitement pur. Il est très-peu soluble dans l'alcool de 0,94, tandis qu'il se dissout très-bien dans l'alcool ordinaire. Il ne se dissout presque pas dans l'éther froid.

Les cristaux d'acide quinique renferment de l'eau de cristallisation. Ils ne perdent rien de leur poids à 100°, mais à 155°, ils dégagent, en fondant, 5 p. c. = 2 atomes d'eau (Woskresensky). L'acide supporte ensuite une chaleur de 240° sans noircir.

Lorsqu'on soumet l'acide quinique à la distillation sèche, il fond et commence à brunir à 280° environ, en se mettant à bouillir; il se dégage ainsi de l'eau, ainsi qu'un gaz brûlant avec une flamme bleue pâle. Si l'on chauffe davantage, on voit se sublimer des cristaux jaunâtres qui fondent peu à peu et distillent sous la forme d'un liquide huileux. Celui-ci se prend, par le refroidissement, en une masse grenue, très-fusible, composée d'acide benzoïque, d'acide phénique, d'hydrure de salicyle, de benzine, d'hydroquinone (§ 1463), et d'une matière goudronneuse indéterminée. Le résidu est noir et boursouflé (Woehler).

L'acide sulfurique concentré dissout l'acide quinique avec dégagement de gaz; lorsqu'on chauffe le mélange, il se développe de l'acide sulfureux, et la liqueur devient d'un vert pré; puis la masse brunit en s'épaississant.

L'acide nitrique convertit l'acide quinique en acide oxalique et, à ce qu'il paraît, en un autre acide dont la nature n'a pas été déterminée.

Un mélange de peroxyde de manganèse et d'acide sulfurique attaque à chaud l'acide quinique, en donnant de la quinone (§ 1460) qui se volatilise. On peut mettre à profit cette réaction pour déterminer approximativement la quantité d'acide quinique contenue dans les quinquinas (Voy. § 1458).

Lorsqu'on chauffe l'acide quinique avec un mélange de peroxyde de manganèse, d'acide sulfurique et de sel marin, on obtient des dérivés chlorés de la quinone.

Dérivés métalliques de l'acide quinique. Quinates.

§ 1458. D'après la composition que nous avons adoptée, l'acide quinique est bibasique[1], et ses sels neutres se représentent, à l'état sec, par la formule :

$$C^{28}H^{20}M^2O^{22} = C^{28}H^{20}O^{20}, 2\,MO.$$

Les quinates sont pour la plupart solubles dans l'eau et insolubles dans l'alcool anhydre. Les dissolutions cristallisent par l'évaporation spontanée, et se dessèchent, par la chaleur, en masses gommeuses qui reprennent l'aspect salin lorsqu'on y ajoute un peu d'eau. On ne connaît pas de quinates acides.

On reconnaît aisément les quinates à la formation caractéristique de la quinone : il suffit pour cela de distiller une petite quantité d'un quinate avec du peroxyde de manganèse en poudre fine, et un peu d'acide sulfurique concentré; la quinone s'annonce aussitôt par son odeur irritante, et se condense sur les parties froides sous la forme d'un sublimé jaune et cristallin. Cette réaction est si sensible, suivant M. Stenhouse[2], qu'elle permet de découvrir l'acide quinique dans 8 grammes de quinquina : on fait bouillir cette écorce avec du lait de chaux, on réduit par l'évaporation la liqueur alcaline filtrée, et on la traite, dans une petite capsule, par l'acide sulfurique et la manganèse : immédiatement l'odeur de la quinone accuse la présence de l'acide quinique.

§ 1459. *Quinate d'ammoniaque.* — Il est déliquescent, et perd, par l'évaporation, une partie de son ammoniaque.

Quinate de potasse. — Il est amer et déliquescent.

Quinate de soude. — Il cristallise en prismes hexagones, renfermant 14,5 p. c. d'eau de cristallisation. Il se dissout dans la moitié de son poids d'eau à 15°.

Quinate de baryte, $C^{28}H^{20}Ba^2O^{22} + 12$ aq. — Il suffit de mettre en contact une solution d'acide quinique avec du carbonate de baryte pour avoir ce sel parfaitement neutre. M. Baup l'a obtenu sous la forme de dodécaèdres, formés par la réunion de deux

---

[1] L'analyse des quinates aurait besoin d'être reprise, car le sel d'argent cristallisé renferme 2 at. d'eau, d'après la formule adoptée, et l'on n'a pas déterminé par l'expérience si cette eau peut être expulsée. La composition du sous-quinate de plomb est aussi singulière; M. Woskresensky n'a analysé d'une manière complète que les sels d'argent et les sous-sels de plomb et de cuivre; j'ai calculé la composition des autres sels d'après les dosages de M. Baup.

[2] Stenhouse, *Ann. der Chem. u. Pharm.*, LIV, 100.

pyramides aiguës. Il est très-soluble dans l'eau, mais très-peu soluble dans l'alcool de 0,83. Il renferme 17,4 p. c. d'eau de cristallisation.

Quinate de strontiane, $C^{28}H^{20}Sr^2O^{22}$ + 20 aq. — Il cristallise en tables qui paraissent être isomorphes avec les cristaux de quinate de chaux, dont il se distingue d'ailleurs par la prompte efflorescence à laquelle il est sujet, et par l'aspect nacré qu'il prend par l'exposition à l'air. Il est aussi peu soluble que le quinate de chaux; il exige, pour se dissoudre, 2 parties d'eau à 12°, et beaucoup moins à chaud. Il renferme 27,95 p. c. d'eau = 20 atomes, dont il perd les $^3/_{10}$ par l'efflorescence.

Quinate de chaux, $C^{28}H^{20}CaO^{22}$ + 20 aq. — Ce sel, assez abondant dans quelques espèces de quinquinas, cristallise en lames rhomboïdales d'environ 78° et 112°, qui deviennent souvent hexagonales par la troncature des deux angles aigus; ces cristaux se laissent facilement diviser en feuillets brillants. Le sel se dissout dans 6 parties d'eau à 16°; sa solubilité augmente ou diminue rapidement suivant la température; il est à peu près insoluble dans l'alcool. Il renferme, suivant M. Baup, 29,5 p. c. = 20 atomes d'eau de cristallisation, qu'il perd par la dessiccation à 100° (calcul, 30,8 p. c.); on peut le chauffer à 130° sans qu'il perde plus d'eau.

M. Baup a proposé d'extraire le quinate de chaux en grand, comme produit accessoire dans la fabrication du sulfate de quinine. On fait infuser à froid du quinquina jaune dans une quantité d'eau suffisante; après deux ou trois jours, on décante le liquide, on précipite par du lait de chaux la quinine brute, qu'on sépare; on ajoute une nouvelle quantité de lait de chaux en excès, et l'on sépare ce second dépôt comme inutile, puis on évapore. On peut, si l'on veut, saturer la liqueur avec de l'acide sulfurique avant de procéder à l'évaporation, et décanter, quand cela devient nécessaire, pour éloigner le sulfate de chaux déposé. La liqueur, évaporée jusqu'à consistance de sirop épais, se prend, au bout de quelques jours en hiver ou par un temps froid, en une masse cristalline qu'on n'a qu'à délayer avec très-peu d'eau froide et à soumettre à la presse pour en retirer un quinate de chaux, aisé à purifier par le charbon et par des cristallisations répétées. Après cette première macération du quinquina, on finit d'épuiser l'écorce par les moyens usités pour l'extraction de la quinine.

Quinate de magnésie. — Il est très-soluble et forme des excroissances cristallines, semblables à des choux-fleurs.

Quinate d'yttria. — Sel soluble qui se dessèche en une masse gommeuse.

Quinate de manganèse. — Il cristallise en lamelles roses.

Quinate de zinc. — Il forme des lamelles ou des cristaux groupés en choux-fleurs.

Quinate de nickel. — Masse verte, gommeuse, très-soluble dans l'eau.

Quinate de fer. — Le sel ferrique se présente sous la forme d'une masse jaune rougeâtre, gommeuse, soluble dans l'eau.

Quinates de cuivre. — Il en existe deux.

α. *Sel neutre,* $C^{28}H^{20}Cu^2O^{22}$ + 10 aq. Il se présente sous la forme d'aiguilles efflorescentes, d'un bleu pâle. On peut le préparer en mettant en contact une solution d'acide quinique avec du carbonate ou de l'oxyde de cuivre, et en ayant soin de laisser l'acide prédominer sensiblement. Si, pendant l'évaporation, il se déposait un sel verdâtre, celui-ci devrait être séparé aussitôt. Le quinate de cuivre cristallise par le refroidissement ou par l'évaporation spontanée de la liqueur. On le redissout dans de l'eau contenant un peu d'acide quinique, et l'on procède à de nouvelles cristallisations pour l'avoir bien pur; enfin on le lave avec un peu d'eau froide, et on l'abandonne quelque temps sur du papier joseph, sous une cloche humectée.

Une solution de ce quinate neutre, faite à froid, se décompose bientôt sans autre cause apparente que la faible solubilité du sousquinate qui en résulte; cette décomposition partielle est accélérée par la chaleur, et c'est pour l'éviter qu'il convient de maintenir un léger excès d'acide dans les solutions, lorsqu'on veut faire cristalliser le sel; de là aussi la difficulté de l'obtenir entièrement pur.

Le quinate neutre de cuivre se dissout dans près de 3 p. d'eau à la température ordinaire. Il contient, selon M. Baup, 16,88 p. c. = 10 atomes d'eau, dont 4 s'en vont lorsque le sel s'effleurit.

β. *Sous-sel*[1], $C^{28}H^{20}Cu^2O^{22}$, 2 CuO + 8 aq. — On peut le préparer directement, en chauffant une solution étendue d'acide quinique avec un excès de carbonate ou d'oxyde de cuivre, ou par la double décomposition d'un quinate au moyen de l'acétate de cuivre. Suivant M. Liebig, la meilleure manière de le préparer consiste à dissoudre du quinate de baryte dans une grande quantité d'eau, et à le décomposer exactement par du sulfate de cuivre. On

---

[1] KREMERS, *Ann. der Chem. u. Pharm.*, LXXII, 92.

obtient ainsi une solution de quinate de cuivre neutre ; après l'avoir mêlée avec une quantité d'eau de baryte à peine suffisante pour qu'elle commence à se troubler, on la fait évaporer. Le sous-sel cristallise par l'évaporation spontanée. Il se présente en cristaux très-petits, brillants, d'un beau vert, et inaltérables à l'air. Il est soluble dans 1150 à 1200 p. d'eau à 18°; l'eau bouillante en dissout davantage, et le dépose par le refroidissement à l'état cristallisé. Il perd, à 120°, 8 atomes = 12,8 p. c. d'eau de cristallisation ; une température supérieure à 140° le décompose.

Quinate de plomb. — On en connaît deux.

α. *Sel neutre,* $C^{28}H^{20}Pb^2O^{22} + 4$ aq. Il s'obtient en cristaux aciculaires, extrêmement solubles dans l'eau et solubles dans l'alcool. Il contient 5,8 p. c. = 4 atomes d'eau de cristallisation.

β. *Sous-sel,* $C^{28}H^{18}Pb^4O^{22}$, 4 PbO (à 200°). Ce sel se dépose sous la forme d'un précipité blanc et volumineux lorsqu'on mélange un quinate à base d'alcali avec du sous-acétate de plomb, ou qu'on ajoute un peu d'ammoniaque à la solution bouillante du quinate de plomb neutre. Il est soluble dans le sous-acétate de plomb, et attire promptement l'acide carbonique de l'air; il est insoluble dans l'eau bouillante.

M. Woskresensky a trouvé dans le sel séché à 200° :

	Analyse.		Calcul [1].
Carbone.	13,60	15,02	13,70
Hydrogène	1,25	1,49	1,46
Oxyde de plomb. . .	73,36	»	73,08

Quinate de mercure. — Le sel mercurique est incolore, incristallisable, et donne par la dessiccation un résidu jaune rougeâtre, peu soluble dans l'eau.

Quinate d'argent, $C^{28}H^{20}Ag^2O^{22} + 2$ aq. — Lorsqu'on mélange un quinate soluble avec du nitrate d'argent, le liquide noircit, et il s'y dépose bientôt de l'argent métallique. Cependant on peut aisément obtenir le quinate argentique en saturant une solution faible d'acide quinique avec du carbonate d'argent récemment lavé et encore humide. Par l'évaporation dans le vide, on obtient des cristaux mamelonnés, d'une parfaite blancheur, mais qui noircissent facilement à la lumière.

On n'a pas déterminé par l'expérience si le quinate d'argent peut

---

[1] M. Woskresensky admet les rapports $C^{14}H^8Pb^2O^{10}$, 2 PbO. Calcul : carbone 13,90; hydrogène, 1,32; oxyde de plomb 74,17.

perdre, par la chaleur, les atomes d'eau de cristallisation qui figurent dans la formule que nous avons admise.

QUINONE.

Syn. : quinoïle.

Composition : $C^{12}H^4O^4$.

§ 1460. Ce composé[1] se produit par l'oxydation de l'hydroquinone; on l'obtient aussi en traitant l'acide quinique par du peroxyde de manganèse et de l'acide sulfurique.

Lorsqu'on chauffe l'acide quinique ou un quinate avec environ 4 p. de peroxyde de manganèse et 1 p. d'acide sulfurique concentré, étendu de la moitié de son poids d'eau, la masse se boursoufle, et il se développe des vapeurs épaisses qui se déposent dans le récipient à l'état d'aiguilles brillantes de quinone d'un jaune doré. On exprime le produit entre des doubles de papier joseph et on le purifie par la sublimation :

$$C^{28}H^{22}O^{22} + O^8 = 2\,C^{12}H^4O^4 + 2\,C^2O^4 + 14\,HO.$$
Acide quiniq.   Quinone.

Ce corps est plus pesant que l'eau; il fond à la température de l'eau bouillante en formant un liquide jaune. Au moment de se sublimer, il répand une odeur pénétrante qui excite le larmoiement. Il est très-peu soluble dans l'eau froide, plus soluble dans l'alcool et l'éther ; ces solutions n'agissent pas sur les couleurs végétales. En contact avec l'éther, il se décompose rapidement en formant un liquide rouge.

Le chlore sec le convertit en un composé jaune et volatil (quinone trichlorée); un mélange de chlorate de potasse et d'acide chlorhydrique le transforme rapidement en chloranile (quinone perchlorée). L'acide sulfurique concentré le carbonise; l'acide sulfurique étendu en précipite des flocons bruns; les acides nitrique et chlorhydrique étendus le dissolvent en produisant un liquide jaune.

L'acide chlorhydrique concentré colore la quinone en brun noir, et la dissout en donnant un liquide d'abord rouge brun, puis incolore; ce liquide renferme de l'hydroquinone chlorée (§ 1466).

[1] WOSKRESENSKY (1838), *Ann. der Chem. u. Pharm.*, XXXVII, 168. *Journ. f. prakt. Chem.* XVIII, 419; XXXIV, 251. — WOEHLER, *Ann. der Chem. u. Pharm.*, LI, 148. — LAURENT, *Compt. rend. des trav. de Chim.*, 1849, p. 190.

L'acide chlorhydrique gazeux donne aussi de l'hydroquinone chlorée en agissant sur la quinone.

La quinone ne précipite pas les solutions neutres d'argent, de plomb et de cuivre; avec le sous-acétate de plomb elle donne une masse gélatineuse d'un jaune clair.

Une solution de quinone mélangée avec de l'ammoniaque ou de la potasse caustique devient d'un brun foncé et laisse, après l'évaporation, une masse noire qui se redissout dans l'eau bouillante; cette solution précipite en brun par les acides, ainsi que par les bases métalliques[1].

Exposée à l'action des substances réductrices telles que le gaz sulfureux, le protochlorure d'étain, etc., la quinone donne d'abord un corps vert (combinaison de quinone et d'hydroquinone) et finit par se convertir en hydroquinone incolore.

Quand on fait passer un courant d'hydrogène sulfuré dans une dissolution de quinone, elle se colore immédiatement en rouge, puis elle se trouble et dépose, en grande quantité, un corps floconneux qui forme, après la dessiccation, une masse légère, vert-olive, et d'une légère odeur de mercaptan; une autre combinaison sulfurée reste en dissolution[2].

Quand on dirige de l'hydrogène telluré dans une solution de quinone, elle dépose immédiatement du tellure et renferme alors de l'hydroquinone. L'acide iodhydrique se comporte de la même manière, en donnant un dépôt d'iode.

L'hydrogène phosphoré, l'hydrogène arsénié et l'acide cyanhydrique sont sans action sur la quinone.

Dérivés chlorés de la quinone.

§ 1461. Lorsqu'on chauffe l'acide quinique avec un mélange de peroxyde de manganèse, d'acide sulfurique et de sel marin, l'action est fort énergique, et l'on obtient un sublimé jaune et cristal-

---

[1] Le précipité desséché ne se dissout qu'avec difficulté dans l'eau et l'alcool. M. Woskresensky y a trouvé: carbone 56,7; hydrog. 3,3—3,6. Ces nombres sont sensiblement les mêmes que ceux qu'on obtient avec la matière noire (*acide mélanique*, § 1575) qui se produit par la décomposition du salicylure de potassium au contact de l'air humide.

[2] La nature de ces combinaisons sulfurées (*sulfhydroquinone brune, sulfhydroquinone verte*) n'est pas bien connue. Voy. WOEHLER, *Ann. der Chem. u. Pharm.*, LI, 157; LXIX, 295.

lin, composé de quinones plus ou moins chlorées. On sépare ces corps, en utilisant la différence de leur solubilité dans l'alcool.

Les quinones chlorées ressemblent d'autant plus à la quinone qu'elles renferment moins de chlore; la quinone chlorée et la quinone bichlorée cristallisent encore en prismes; la quinone trichlorée et la quinone perchlorée cristallisent en lames. Les agents réducteurs et notamment l'acide sulfureux convertissent les quinones chlorées en hydroquinones chlorées.

Quinone chlorée [1], ou chloroquinone, $C^{12}H^3ClO^4$. — On distille 1 p. de quinate de cuivre ou d'un autre quinate (25 grammes au plus) avec 4 p. d'un mélange de 3 p. de sel marin, de 2 p. de peroxyde de manganèse et de 4 p. d'acide sulfurique (étendu de 3 fois son poids d'eau). On opère dans un ballon mis en communication avec un récipient par l'intermédiaire d'un tube de verre très-long, qu'on tient entouré d'un linge mouillé pendant toute l'opération. Au commencement, le mélange se boursoufle considérablement, en dégageant de l'acide carbonique avec un peu de chlore. On maintient l'ébullition tant qu'il passe dans le récipient une huile qui se concrète par le refroidissement. Le tube intermédiaire se charge de cristaux de quinone perchlorée (chloranile). On recueille sur un filtre l'huile concrétée, on la lave à plusieurs reprises avec de l'eau froide, et, après l'avoir séchée et réduite en poudre, on la traite à froid avec de petites quantités d'alcool de 85 centièmes, tant ce que ce liquide prend encore une forte couleur jaune, et précipite par l'eau. L'alcool froid dissout la quinone chlorée et la quinone trichlorée, tandis que la plus grande partie de la quinone bichlorée (avec un peu de quinone trichlorée et perchlorée) reste sans se dissoudre. On mélange la solution alcoolique avec trois fois son volume d'eau ; il se précipite ainsi des lames et des aiguilles qu'on fait dissoudre à chaud dans une petite quantité d'alcool moyennement concentré ; par le refroidissement de la solution alcoolique, les larges lames de quinone trichlorée se déposent les premières ; quand on voit se mêler à ces cristaux des aiguilles de quinone chlorée, on filtre immédiatement, on précipite la liqueur alcoolique par l'eau, et l'on purifie par plusieurs cristallisations le précipité de quinone chlorée.

La quinone chlorée cristallise en longues aiguilles jaunes très-

---

[1] STAEDELER (1840), *Ann. der Chem. u. Pharm.*, LXIX, 300.

solubles dans l'éther, assez solubles dans l'alcool et dans l'acide acétique, solubles dans l'eau bouillante. Elle fond à 100° en une huile jaune-foncé, d'une odeur aromatique, et d'une saveur mordicante. Elle colore l'épiderme en pourpre comme les sels d'or. Sa solution aqueuse se décompose en partie par l'ébullition.

Elle se dissout aisément à froid dans l'acide sulfureux, en donnant de l'hydroquinone chlorée.

Quinone bichlorée [1] ou bichloroquinone, $C^{12}H^2Cl^2O^4$. — Elle se produit, en même temps que d'autres quinones chlorées, dans le traitement des quinates par un mélange d'acide sulfurique, de peroxyde de manganèse, et de sel marin (Voy. p. 141). Elle constitue la partie, peu soluble dans l'alcool, du produit huileux. On la purifie par de nouvelles cristallisations dans l'alcool chaud.

Elle s'obtient sous la forme de cristaux brillants, jaune foncé, composés de prismes obliques, très-bien définis, fusibles à 150°, insolubles dans l'eau. Presque insoluble dans l'alcool froid, elle s'y dissout à l'ébullition ; elle se dissout aisément dans l'éther. Les cristaux se dissolvent dans une lessive faible de potasse, avec une couleur rouge brun ; l'acide chlorhydrique en sépare des prismes d'un acide particulier.

L'ammoniaque la dissout en petite quantité avec une couleur jaune, qui passe peu à peu au rouge, et au noir brunâtre.

L'acide sulfurique, l'acide chlorhydrique, l'acide nitrique, l'acide acétique dissolvent la quinone bichlorée surtout à chaud, et la déposent, par le refroidissement, à l'état critallisé.

L'acide sulfureux la transforme à l'ébullition en hydroquinone bichlorée, ou en une combinaison de quinone et d'hydroquinone bichlorées.

Quinone chlorée [2] ou trichloroquinone, $C^{12}HCl^3O^4$. — Elle se produit par l'action directe du chlore sur la quinone, ainsi que par l'action du mélange d'acide sulfurique, de peroxyde de manganèse, et de sel marin sur les quinates.

L'action du chlore sur la quinone est si violente au premier moment, qu'il faut avoir soin de refroidir la matière au commencement de l'opération ; mais vers la fin on aide la réaction en entourant la matière d'eau bouillante. Le produit se volatilise alors avec

[1] STAEDELER (1849), *loc. cit.*
[2] WOSKRÉSENSKY (1839), *Journ. f. prakt. Chem*, XVIII, 419. — STAEDELER, *loc. cit.*

les vapeurs d'acide chlorhydrique, et se dépose sur les parties froides de l'appareil en cristaux jaunes et brillants. On purifie ceux-ci par la cristallisation dans l'alcool chaud.

La quinone trichlorée se présente en petits prismes jaunes, fusibles à 160°, et se sublimant déjà à une température inférieure ; elle ne colore pas l'épiderme, est entièrement insoluble dans l'eau, très-soluble dans l'éther, et soluble à chaud dans l'alcool. La potasse aqueuse la colore en vert, et donne une solution brune, qui dépose, par le repos, de longues aiguilles d'un sel rouge ; la solution aqueuse de ce sel de potasse donne par l'acide chlorhydrique des aiguilles rouges d'un acide particulier.

L'ammoniaque concentrée la colore en vert, mais peu à peu la solution devient d'un rouge brun, et, si on l'abandonne à l'évaporation spontanée, elle dépose de petits cristaux durs, d'un brun foncé.

L'acide sulfurique et l'acide nitrique concentrés la dissolvent sans altération.

L'acide sulfureux la convertit à chaud en hydroquinone trichlorée.

La solution alcoolique de la quinone trichlorée ne précipite ni l'acétate de plomb, ni le nitrate d'argent.

Quinone perchlorée[1], ou chloranile, $C^{12}Cl^4O^4$. — Ce corps se produit par l'action d'un mélange de chlorate de potasse et d'acide chlorhydrique sur les substances suivantes : la quinone, l'acide phénique, l'aniline, l'acide trichlorophénique, l'acide binitrophénique, l'acide picrique ou trinitrophénique, la salicine, l'hydrure de salicyle, l'acide salicylique, l'acide nitrosalicylique ; l'isatine, la chlorisatine et la bichlorisatine. (La benzine, la binitrobenzine, l'essence d'amandes amères, les acides benzoïque et nitrobenzoïque, la phlorizine, la coumarine, l'acide cinnamique n'en donnent pas.)

La meilleure manière de préparer la quinone perchlorée consiste à dissoudre la salicine dans beaucoup d'eau tiède et, après y avoir versé de l'acide chlorhydrique, à y ajouter par petites portions du chlorate de potasse solide, en chauffant doucement le mélange. L'addition de ce sel produit chaque fois une réaction très-vive. On voit ainsi se former une huile rouge jaunâtre et pesante qui se concrète par le refroidissement. On attend que le mélange soit refroidi, on

<hr>

[1] Erdmann (1849), *Journ. f. prakt. Chem.*, XXIII, 273 et 279. — Hofmann, *Ann. der Chem. u. Pharm.*, LII, 55.

le jette sur un filtre, et, après avoir lavé la matière insoluble, on la fait cristalliser dans l'alcool bouillant.

On peut faire la même préparation avec l'acide phénique, la quinone ou l'isatine.

La quinone trichlorée se présente sous la forme de paillettes jaune pâle, d'un éclat métallique et nacré. Elle se sublime complétement sans fondre et sans laisser de résidu quand on la chauffe doucement ; mais si on la chauffe brusquement, elle fond et se décompose en partie. Elle est insoluble dans l'eau et ne se dissout presque pas dans l'alcool froid ; mais elle se dissout dans l'alcool bouillant avec une couleur jaune-pâle, et cristallise, par le refroidissement, en paillettes d'un éclat irisé qui ressemblent à l'iodure de plomb. L'éther la dissout un peu mieux que l'alcool.

L'acide nitrique est sans action sur la quinone perchlorée, même à la température de l'ébullition ; l'acide sulfurique et l'acide chlorhydrique sont dans le même cas.

L'acide sulfureux convertit la quinone perchlorée en hydroquinone perchlorée.

A chaud, la quinone perchlorée se dissout aisément dans la potasse diluée, en donnant un liquide pourpre qui dépose, par le refroidissement, des paillettes de bichloroquinonate de potasse. Elle se dissout aisément dans une solution de monosulfure de potassium, en donnant un liquide jaune, qui se colore rapidement au contact de l'air en devenant brun et finalement noir, et en déposant une poudre noire et grenue. Lorsqu'on traite par de l'acide chlorhydrique la solution jaune de la quinone perchlorée dans le sulfure de potassium, immédiatement après l'avoir préparée, il se sépare un précipité blanc jaunâtre. Celui-ci est soluble dans l'alcool et l'éther, ainsi que dans la potasse caustique.

Lorsqu'on chauffe la quinone perchlorée avec de l'ammoniaque aqueuse, elle se convertit en bichloroquinonamate d'ammoniaque. Chauffée doucement avec de l'alcool ammoniacal, on obtient le même sel, ainsi que de la bichloroquinonamide.

Dérivés ammoniacaux de la quinone.

§ 1462. Lorsqu'on fait passer un courant d'ammoniaque sèche dans un tube de verre rempli de quinone, la matière prend peu à peu une couleur verdâtre ; il s'élimine de l'eau, et, au bout de quelques instants, on obtient une belle masse cristalline d'un vertémeraude (*quinonamide*[1]). Ce produit, dissous dans l'eau, se décompose promptement et donne une solution presque noire.

Il renferme peut-être $C^{12}H^5NO^2 +$ aq., d'après l'équation :

$$C^{12}H^4O^4 + NH^3 = C^{12}H^5NO^2 + 2\ HO.$$

Il a donné à l'analyse :

	Woskresensky.		Calcul.
Carbone.	63,17	62,95	62,1
Hydrogène. . . .	4,70	4,96	5,1

HYDROQUINONE.

Syn. : hydroquinone incolore, pyroquinol.

Composition : $C^{12}H^6O^4$.

§ 1463. Ce corps[2] forme le produit principal de la distillation sèche de l'acide quinique. Il prend également naissance par l'action des corps réducteurs (protochlorure d'étain, acide sulfureux) sur la quinone.

Lorsqu'on distille l'acide quinique à une douce chaleur, on obtient une partie solide et une partie liquide, renfermant de l'acide benzoïque $C^{14}H^6O^4$, de l'hydrure de salicyle $C^{14}H^6O^4$, de l'acide phénique $C^{12}H^6O^2$, de la benzine $C^{12}H^6$, et de l'hydroquinone $C^{12}H^6O^4$. Les équations suivantes rendent compte de la formation de ces produits :

$$C^{28}H^{22}O^{22} = 2\ C^{12}H^6O^2 + 2\ C^2O^4 + 10\ HO.$$

Ac. quiniq.   Ac. phéniq.

$$C^{28}H^{22}O^{22} = C^{12}H^6O^4 + C^{14}H^6O^4 + C^2O^4 + 10\ HO.$$

Hydroquinone   Ac. benzoïq.,
                                  ou hyd. de salic.

$$C^{14}H^6O^4 = C^2O^4 + C^{12}H^6.$$

Benzine.

On sépare ces produits de la manière suivante : on dissout la masse dans une petite quantité d'eau chaude, et on enlève, à l'aide du filtre, la matière goudronneuse qui s'en sépare ; la solution dépose, par le refroidissement, des cristaux d'acide benzoïque ; le liquide filtré est ensuite soumis à la distillation tant qu'il passe une matière huileuse ; l'huile condensée est mélangée avec de la potasse, qui la dissout presque tout entière, puis on distille le mé-

---

[1] WOSKRESENSKY (1845), *Journ. f. prakt. Chem.*, XXXIV., 251.
[2] WOEHLER (1844), *Ann. der Chem. u. Pharm.*, XLV, 354 ; LI, 150.

lange tant que l'eau qui passe est rendue laiteuse par de la benzine. La solution potassique est alors brune; on la sature par de l'acide sulfurique étendu, et on distille; de cette manière, il passe de l'acide phénique et de l'hydrure de salicyle. Enfin le liquide brun, dont ces substances huileuses ont été séparées, donne, par la concentration, de nouvelles quantités d'acide benzoïque, et enfin de l'hydroquinone qu'on purifie par la cristallisation.

Le procédé le plus simple pour préparer l'hydroquinone consiste à faire passer du gaz sulfureux dans un mélange d'eau et de quinone, jusqu'à ce que ce dernier soit dissous, et à évaporer la solution à cristallisation. L'acide sulfurique qui se produit dans cette réaction n'agit pas sur les eaux-mères, et n'attaque pas les cristaux, à une chaleur modérée.

L'hydroquinone cristallise en prismes hexagones à faces terminales obliques, incolores, et fort solubles dans l'eau, l'alcool et l'éther. Elle est sans odeur, et d'une saveur douceâtre. Elle est très-fusible, et cristallise par le refroidissement; elle se sublime en lames brillantes, semblables à l'acide benzoïque. Chauffée brusquement au-dessus de son point de fusion, elle se décompose en partie, en donnant de la quinone et une combinaison verte de quinone et d'hydroquinone.

L'hydroquinone se distingue surtout par la manière dont elle se comporte avec les substances oxygénantes. Lorsqu'on mélange sa solution avec du perchlorure de fer, elle acquiert immédiatement une teinte rouge noirâtre et se remplit en peu d'instants d'aiguilles vertes magnifiques, douées d'un éclat métallique. Le chlore, l'acide nitrique, le nitrate d'argent et le chromate de potasse agissent d'une manière semblable; le sel d'argent dépose en même temps du métal, et le chromate dépose de l'oxyde de chrome vert. Ces cristaux verts sont la combinaison, déjà mentionnée, de quinone et d'hydroquinone $C^{12}H^4O^4$, $C^{12}H^6O^4$.

La solution aqueuse de l'hydroquinone colore en jaune l'acétate de cuivre, et en précipite, à chaud, du protoxyde de cuivre, en même temps qu'il se volatilise de la quinone.

L'ammoniaque lui communique une teinte rouge brun, et donne par l'évaporation une matière brune ulmique. La potasse se comporte d'une manière semblable.

L'hydroquinone se dissout dans une solution chaude et moyennement concentrée d'*acétate de plomb*, et donne, par le refroidissement, des prismes obliques renfermant $C^{12}H^6O^4$, 2 $C^4H^3PbO^4 + 3$ aq. Ces cristaux perdent sur l'acide sulfurique 5,23 p. c. d'eau (près de 3 atomes).

§ 1464. *Sulfhydrates d'hydroquinone*[1]. — On a décrit deux combinaisons d'hydrogène sulfuré et d'hydroquinone.

α. 4 $C^{12}H^6O^4$, 2 HS. On l'obtient sous la forme de prismes incolores, très-allongés, en dirigeant de l'hydrogène sulfuré dans une solution d'hydroquinone, saturée et maintenue à 40°.

β. 3 $C^{12}H^6O^4$, 2 HS. Lorsqu'on fait passer le gaz sulfhydrique dans une solution froide et saturée d'hydroquinone, il se produit de petits cristaux brillants qui se redissolvent à chaud si l'on continue le courant de gaz, et s'obtiennent, par un refroidissement lent, sous la forme de rhomboèdres incolores et très-réguliers. A l'état sec, ces cristaux se conservent sans altération, mais l'eau en dégage l'hydrogène sulfuré, et, si l'on fait bouillir la solution, elle régénère de l'hydroquinone.

§ 1465. *Combinaison d'hydroquinone et de quinone*[2], dite hydroquinone verte, $C^{12}H^6O^4$, $C^{12}H^4O^4$. — Lorsqu'on mélange une dissolution d'hydroquinone avec une dissolution de quinone, il se précipite des cristaux verts d'une combinaison des deux corps.

Les mêmes cristaux verts s'obtiennent en traitant l'hydroquinone par le chlore aqueux, le chlorure ferrique, l'acide nitrique, le nitrate d'argent ou le chromate de potasse. Si l'on emploie le sel d'argent, il se dépose en même temps de l'argent métallique; avec le chromate, il se produit un dépôt d'oxyde de chrome vert.

La quinone fournit la même combinaison si l'on mélange sa solution saturée avec du gaz sulfureux, en ayant soin de ne pas prendre celui-ci en excès, afin d'éviter la transformation de toute la quinone en hydroquinone incolore.

La combinaison de quinone et d'hydroquinone se produit aussi quand on mélange une solution de quinone avec du protochlorure d'étain. Elle se forme également si l'on y place des cristaux de protosulfate de fer, ou du zinc métallique après l'avoir aiguisée avec de l'acide sulfurique, ou enfin si l'on y fait passer un courant galvanique.

Ce composé est un des plus beaux corps de la chimie organique; toutes les fois qu'il se forme dans un liquide, il s'obtient à l'état

[1] WOEHLER (1849), *Ann. der Chem. u. Pharm.*, LXIX, 294.
[2] WOEHLER (1843), *Ann. der Chem. u. Pharm.*, XLV, 354; LI, 152.

cristallisé. Il constitue des cristaux verts, minces et très-longs qui ressemblent beaucoup à la murexide (§ 292), mais qui sont encore plus beaux et plus brillants; on en peut comparer l'éclat à celui des escarbots dorés ou des plumes de colibri. Il a une saveur très-styptique, fond très-aisément en partie en se volatilisant, en partie en dégageant de la quinone qui se sublime en cristaux jaunes.

Il est peu soluble dans l'eau froide; à chaud, il s'y dissout en grande quantité. Par l'ébullition de la solution, il se développe de la quinone, et la liqueur brune retient de l'hydroquinone, ainsi qu'une matière goudronneuse provenant d'une décomposition secondaire. Il se dissout aisément dans l'alcool et l'éther avec une couleur jaune; il se dissout dans l'ammoniaque avec une teinte vert foncé qui brunit peu à peu à l'air, de manière qu'il reste, par l'évaporation, une masse brune entièrement amorphe.

Sa solution alcoolique n'est pas précipitée par l'acétate de plomb; le nitrate d'argent ne la précipite pas non plus, mais, par l'addition de l'ammoniaque, l'argent en est immédiatement réduit.

L'acide sulfureux le dissout aisément, et le convertit en hydroquinone incolore.

Dérivés chlorés de l'hydroquinone.

§ 1466. Les hydroquinones chlorées s'obtiennent par l'action des corps réducteurs sur les quinones chlorées. Elles ressemblent d'autant plus à l'hydroquinone qu'elles sont moins chlorées. Dans aucun de ces corps, le chlore n'est accusé par le nitrate d'argent.

Elles présentent le caractère d'acides faibles : en solution alcoolique, elles précipitent en blanc l'acétate de plomb. Une addition d'ammoniaque augmente le précipité.

Hydroquinone chlorée[1], $C^{12}H^5ClO^4$. — Elle se produit par la chloroquinone et l'acide sulfureux; on l'obtient aussi par l'action de l'acide chlorhydrique sur la quinone.

La quinone prend immédiatement une couleur vert noirâtre quand on l'arrose avec de l'acide chlorhydrique concentré; peu à peu elle s'y dissout et donne une dissolution brun-rouge, qui devient incolore lorsque la réaction est achevée. Après l'évaporation, on obtient une masse de cristaux.

[1] WOEHLER (1845), *Ann. der Chem. u. Pharm.* LI, 155. — STAEDELER, *ibid.*, LXIX, 306.

L'hydroquinone chlorée forme des faisceaux de prismes incolores qui ont une odeur faible, une saveur douceâtre et brûlante, qui fondent facilement et se prennent en masse cristalline par le refroidissement. Elle se sublime en lames blanches et brillantes, mais en éprouvant une décomposition partielle, et en laissant un résidu de charbon; la même altération a lieu lorsqu'on opère la sublimation dans une atmosphère d'acide carbonique. Elle est très-soluble dans l'eau, l'alcool et l'éther, et se liquéfie déjà quand elle vient en contact avec des vapeurs d'éther.

Lorsqu'on mélange sa dissolution aqueuse avec du nitrate d'argent, l'argent se réduit immédiatement à l'état métallique, et la dissolution répand l'odeur de la quinone. Le chlorure ferrique communique à sa dissolution une couleur rouge-brun foncé; elle se trouble ensuite et dépose des gouttes oléagineuses rouge-brun foncé, qui se convertissent, au bout de peu de temps, en prismes vert noirâtre. Avec l'ammoniaque, elle produit une dissolution bleu foncé qui ne tarde pas à passer successivement au vert, au jaune et enfin au brun-rouge.

Hydroquinone bichlorée [1], $C^{12}H^4Cl^2O^4$. — On chauffe la quinone bichlorée avec une solution concentrée d'acide sulfureux, et on lave à l'eau froide les cristaux qui se déposent par le refroidissement de la liqueur incolore.

L'hydroquinone bichlorée se présente sous la forme de beaux cristaux nacrés, fusibles à 164° environ, et commençant déjà à se sublimer vers 120°. Ils rougissent le tournesol, et possèdent une saveur mordicante. Peu solubles dans l'eau froide, ils se dissolvent aisément dans l'eau bouillante; l'alcool et l'éther les dissolvent très-facilement; il en est de même de l'acide acétique, à chaud.

L'hydroquinone bichlorée précipite en blanc la solution alcoolique de l'acétate de plomb.

Elle est peu soluble dans l'acide chlorhydrique bouillant; elle se dissout à chaud dans l'acide sulfurique concentré, et y cristallise par le refroidissement. L'acide nitrique la convertit immédiatement en quinone bichlorée; la même transformation s'opère si on traite sa solution bouillante par une quantité suffisante de perchlorure de fer; mais, si l'on n'ajoute ce réactif que tant que le mélange se fonce, il se sépare de petits cristaux violets ou d'un noir verdâtre d'une combinaison d'hydroquinone et de quinone bichlorées.

[1] STAEDELER (1849), *Ann. der Chem. u Pharm.*, LXIX, 132.

Elle se dissout dans la potasse faible ; la solution est incolore, mais elle verdit au contact de l'air, devient ensuite rouge, et dépose une poudre violette.

Elle se dissout aussi dans l'ammoniaque en donnant une solution jaune ; celle-ci rougit à l'air, et donne ensuite un précipité brunâtre, contenant une substance cristalline et une substance amorphe.

Hydroquinone trichlorée [1], $C^{12}H^3Cl^3O^4$. — La solution, faite à chaud, de la quinone trichlorée dans une quantité suffisante d'acide sulfureux, dépose, par le refroidissement, de petits cristaux, ou, par l'évaporation au bain-marie, une huile pesante qui cristallise par le refroidissement. Une partie de la matière reste en dissolution, et se dépose par l'évaporation de la liqueur dans le vide, sur l'acide sulfurique. On lave le produit à l'eau froide.

L'hydroquinone trichlorée se présente en lames ou en prismes aplatis, incolores, fusibles un peu au-dessus de 130°, et se sublimant en paillettes irisées. Elle a une légère odeur aromatique et une saveur épicée. Elle se dissout aisément dans l'alcool et l'éther ; sa solution alcoolique rougit le tournesol.

Elle donne avec la potasse et l'ammoniaque des solutions incolores ; celles-ci se colorent à l'air en vert, puis en rouge ou en brun, et donnent ensuite, par l'acide chlorhydrique, un précipité abondant. Le précipité, produit dans la solution potassique, se compose d'un mélange de paillettes jaune clair, et de cristaux noir bleuâtre ; la solution ammoniacale donne un précipité amorphe, couleur de chair.

L'hydroquinone trichlorée est en partie oxydée par l'acide nitrique concentré, et donne une combinaison d'hydroquinone et de quinone trichlorées. La même oxydation paraît s'effectuer, si l'on ajoute du nitrate d'argent à la solution alcoolique de l'hydroquinone trichlorée ; le mélange dépose de l'argent métallique, ainsi que des paillettes jaunes. Le perchlorure de fer paraît aussi produire le même effet.

La solution alcoolique de l'hydroquinone trichlorée précipite l'acétate de plomb en blanc.

Hydroquinone perchlorée [2], $C^{12}H^2Cl^4O^4$. — On fait bouillir la quinone perchlorée avec de l'acide sulfureux jusqu'à ce que le mé-

[1] STAEDELER (1849), *Ann. der Chem. u Pharm.*, LXIX, 327.
[2] STAEDELER (1849), *ibid.*, LXIX, 321.

lange ne change plus de nuance; on recueille sur un filtre les cristaux brunâtres qu'on obtient ainsi, et, après les avoir lavés à l'eau froide, puis séchés, on les fait dissoudre dans un mélange d'alcool et d'éther. On redissout le dépôt cristallin dans de l'acide acétique concentré et bouillant, et l'on filtre pour séparer une matière brunâtre et gluante dont la matière est souillée.

L'hydroquinone perchlorée forme des lames incolores et nacrées. Elle est sans odeur ni saveur. Elle est insoluble dans l'eau, fort soluble dans l'alcool et l'éther; sa solution rougit le tournesol.

Soumise à l'action de la chaleur, elle brunit légèrement à 160°, et plus fortement vers 220°, se sublime ensuite rapidement, et ne fond qu'à une température plus élevée; la matière fondue devient cristalline par le refroidissement.

Sa solution alcoolique précipite en blanc l'acétate de plomb.

L'hydroquinone perchlorée se dissout dans la potasse diluée et dans l'ammoniaque; l'acide chlorhydrique l'en reprécipite à l'état cristallin. Sa solution dans la potasse caustique, saturée à chaud, dépose par le refroidissement une grande quantité de prismes d'un sel de potasse. Ces prismes, ainsi que la solution, rougissent promptement à l'air.

Lorsqu'on ajoute goutte à goutte de l'hypochlorite de soude à la solution de l'hydroquinone perchlorée dans un peu d'alcool, on obtient des aiguilles vert foncé, solubles dans l'eau et l'alcool, et donnant, par la calcination, de la quinone perchlorée ainsi qu'un résidu de charbon.

Chauffée avec de l'eau additionnée d'acide nitrique ou de chlorure ferrique, l'hydroquinone perchlorée se colore en jaune. Il en est de même lorsqu'on ajoute à chaud du nitrate d'argent à sa solution dans l'alcool faible; il se réduit ainsi de l'argent à l'état métallique, et la liqueur filtrée dépose par le refroidissement des paillettes rhombes de couleur jaune et composées probablement de quinone perchlorée, ou d'une combinaison de quinone et d'hydroquinone perchlorées.

§ 1467. *Dérivés chlorés de la combinaison d'hydroquinone et de quinone* [1]. — Les dérivés chlorés de l'hydroquinone se combinent avec les dérivés chlorés de la quinone.

La *combinaison monochlorée*, $C^{12}H^5ClO^4$, $C^{12}H^3ClO^4$, s'obtient en mettant une solution aqueuse d'hydroquinone chlorée en diges-

[1] STAEDELER (1849), *Ann. der Chem. u. Pharm.*, LXIX, 307, 314, 323.

tion avec de la quinone chlorée; on peut aussi traiter l'hydroquinone chlorée par le chlorure ferrique, ou bien faire agir l'acide
chlorhydrique concentré sur la quinone. Elle se présente sous la
forme d'une huile qui se prend au bout de quelque temps en une
masse cristalline d'un brun verdâtre. Celle-ci, étant enfermée dans
un tube scellé à la lampe, se sublime sous la forme d'aiguilles brunes, déliées, qui colorent fortement la peau en pourpre. Elles rougissent le tournesol, et précipitent en blanc la solution alcoolique
de l'acétate de plomb. L'acide sulfurique concentré les décolore.

La *combinaison bichlorée*, $C^{12}H^4Cl^2O^4$, $C^{12}H^2Cl^2O^4$, s'obtient en
mettant une solution aqueuse d'hydroquinone bichlorée en digestion avec de la quinone bichlorée. Elle se forme aussi quand
on traite l'hydroquinone bichlorée par une quantité convenable de
chlorure ferrique (un excès de chlorure ne donnerait que de la
quinone bichlorée). Enfin, la même combinaison se produit
par le mélange d'une solution d'hydroquinone bichlorée dans l'alcool faible avec du nitrate d'argent neutre : le liquide reste d'a-
bord limpide, mais bientôt il se produit un miroir métallique, et,
suivant la concentration du mélange, il se dépose ainsi un précipité cristallin tantôt violet, tantôt jaune. Les cristaux jaunes
sont le composé anhydre; les cristaux violets renferment de l'eau
de cristallisation (4 aq.) qui s'en va déjà à 70°, ainsi que par le séjour du corps sur l'acide sulfurique.

La combinaison hydratée forme ordinairement de petits prismes
violet foncé, groupés en étoiles, ou de longues aiguilles aplaties
d'un vert noir; elle se déshydrate dans l'acide sulfurique concentré, ainsi que par le contact d'un peu l'alcool, en devenant jaune.
La combinaison anhydre est jaune à froid; mais elle rougit lorsqu'on la chauffe au-dessus de 110°; elle a une légère odeur, semblable à celle de la quinone bichlorée; sa saveur est mordicante.
Elle fond à 120° en un liquide rouge, et donne un sublimé composé d'un mélange de quinone et d'hydroquinone bichlorées.

La combinaison d'hydroquinone et de quinone bichlorées est
très-peu soluble dans l'eau froide; l'eau bouillante la dissout aisément, et la dépose, par le refroidissement, soit à l'état anhydre,
soit à l'état hydraté. Elle est fort soluble dans l'alcool et l'éther. Sa
solution se colore en vert par l'hypochlorite de soude.

Elle se dissout dans la potasse et dans l'ammoniaque, avec une
couleur verte; la solution potassique devient rapidement rouge, mais

elle n'est alors pas précipitée par l'acide chlorhydrique ; tandis que la combinaison ammoniacale, également devenue rouge, donne par cet acide un précipité couleur cochenille pâle.

L'acide acétique concentré et chaud la dissout avec une couleur rouge foncé, et la dépose, par le refroidissement, sous la forme de prismes minces d'un jaune foncé.

La *combinaison trichlorée*, $C^{12}H^3Cl^3O^4$, $C^{12}HCl^3O^4$, paraît se produire lorsqu'on fait bouillir la quinone trichlorée avec une quantité d'acide sulfureux qui ne suffise pas à la transformation complète de cette substance en hydroquinone trichlorée; on obtient ainsi un liquide brun-rouge, à la surface duquel on remarque des gouttes huileuses épaisses. Un excès d'acide sulfureux transforme ce produit en hydroquinone trichlorée.

La *combinaison perchlorée*, $C^{12}H^2Cl^4O^4$, $C^{12}Cl^4O^4$, paraît se produire avec l'hydroquinone perchlorée et le nitrate d'argent.

ACIDE QUINONIQUE.

Composition : $C^{12}H^4O^8 = C^{12}H^2O^6$, 2 HO.

§ 1468. Cet acide n'a pas encore été obtenu, mais on en connaît des dérivés chlorés.

Dérivés chlorés de l'acide quinonique.

§ 1469. *Acide bichloroquinonique*, ou chloranilique[1], $C^{12}H^2Cl^2 O^8 + 2$ aq. — Lorsqu'on dissout à chaud la quinone perchlorée dans une dissolution de potasse, et qu'on ajoute ensuite de l'acide chlorhydrique au mélange, le liquide prend une teinte rouge jaunâtre, et il s'en sépare des paillettes blanc rougeâtre, d'un éclat micacé; celles-ci, recueillies sur un filtre et vues en masse, présentent la couleur du minium.

Chauffés dans un petit tube, ces cristaux se subliment en partie sans altération; une grande partie, toutefois, brunit et se décompose. Les cristaux contiennent 2 atomes d'eau de cristallisation = 7,1 p. c. qui se dégagent à 115°.

L'acide bichloroquinonique se dissout dans l'eau en la colorant en violet; l'acide chlorhydrique ou sulfurique décolore la solution aqueuse, en en précipitant l'acide bichloroquinonique.

____
[1] ERDMANN (1841), *Journ. f. prakt. Chem.*, XXII, 281.

AMIDES QUINONIQUES.

§ 1470. Si l'acide quinonique était isolé, il donnerait deux amides, l'une neutre, l'autre acide.

Dérivés chlorés des amides quinoniques.

§ 1471. On connaît deux amides correspondant aux deux sels ammoniacaux de l'acide bichloroquinonique : l'une, la *bichloroquinonamide*, correspond au sel d'ammoniaque neutre; l'autre, l'*acide bichloroquinonamique*, correspond au sel d'ammoniaque acide :

Bichloroquinonamide. $C^{12}H^4Cl^2N^2O^4 = C^{12}Cl^2(NH^4)^2O^8 -- 4\,HO.$

Bichloroquin.
d'amm. neutre.

Ac. bichloroquinonam. $C^{12}H^3Cl^2NO^6 = C^{12}Cl^2H(NH^4)O^8 -- 2\,HO.$

Bichloroquinon.
d'amm. acide.

§ 1472. *Bichloroquinonamide*[1], ou chloranilamide, $C^{12}H^4Cl^2N^2O^4$.
— Quand on chauffe légèrement un mélange de quinone perchlorée (chloranile), d'alcool et d'ammoniaque, la liqueur devient rouge-brun, une partie de la matière se dissout (la liqueur renferme du bichloroquinonate d'ammoniaque), tandis qu'une autre partie reste sous la forme d'un précipité brun-rouge. On lave d'abord le précipité avec de l'alcool, puis on le fait dissoudre dans ce liquide, en y ajoutant un peu de potasse, et en chauffant légèrement. Aussitôt que la dissolution est opérée, on filtre, s'il est nécessaire; puis, pendant qu'elle est encore chaude, on neutralise la potasse par un acide; il se forme presque immédiatement un précipité cristallin rouge-brun qui est d'autant plus beau que l'on a employé plus d'alcool et que la dissolution a été plus chaude. Il ne faut cependant pas trop chauffer, parce que la potasse détruirait le produit.

A l'état sec, la bichloroquinonamide se présente sous la forme d'une poudre cristalline, aciculaire, cramoisi foncé et à reflet presque métallique. Elle est insoluble dans l'eau, presque insoluble dans l'alcool et l'éther. Lorsqu'on la chauffe avec précaution sur une lame de verre, elle se sublime en partie, tandis qu'une autre portion se détruit.

L'acide chlorhydrique, même bouillant, ne l'attaque pas. L'acide

[1] LAURENT (1845), *Revue scientif.*, XIX, 141.

sulfurique concentré la dissout, avec une couleur violacée ; l'eau
l'en sépare presque en totalité. L'ammoniaque ne la dissout pas.

La potasse bouillante en développe de l'ammoniaque et la convertit en bichloroquinonate de potasse.

§ 1473. *Acide bichloroquinonamique*[1] , chloranilam, ou acide
chloranilamique, $C^{12}H^3Cl^2NO^6 + 5$ aq.— Lorsqu'on chauffe la quinone perchlorée (chloranile) avec de l'ammoniaque aqueuse, elle s'y
dissout lentement, sans effervescence, en donnant un liquide rouge
de sang foncé, qui dépose, par la concentration, des cristaux de
bichloroquinonamate d'ammoniaque. Si l'on mélange la solution saturée de ce sel avec de l'acide chlorhydrique ou sulfurique, elle
prend une teinte violacée, et dépose après le refroidissement des
aiguilles noir foncé, d'un bel éclat de diamant, et qui ont souvent
plusieurs pouces de long; on les purifie par la cristallisation dans
l'eau bouillante. C'est l'acide bichloroquinonamique; il se dissout
dans l'eau en petite quantité avec une teinte violette.

Sa solution aqueuse précipite les solutions métalliques. Traité
par la potasse caustique, il dégage de l'ammoniaque et se convertit
en bichloroquinonate de potasse. A froid, les acides chlorhydrique
et sulfurique ne l'altèrent pas, mais par l'ébullition ils en séparent
de l'acide bichloroquinonique.

Le *sel d'ammoniaque* ou chloranilammon, $C^{12}H^2(NH^4)Cl^2NO^6 +$
4 aq., forme de petites aiguilles aplaties, couleur châtain et assez
brillantes. Il renferme 26,6 p. d'eau qu'il dégage à 120°. Il se dissout dans l'eau, surtout à chaud, avec une couleur pourpre. Sa
solution précipite les sels métalliques.

Le *sel de baryte* est un précipité brun clair qui se dissout à chaud
avec une couleur pourpre.

Le *sel de cuivre* est un précipité brun verdâtre qu'on obtient
avec l'acétate de cuivre; le sulfate de cuivre ne donne ce précipité
qu'au bout de quelque temps.

Le *sel de plomb* constitue un précipité brun rouge.

Le *sel de mercure* se précipite dans le nitrate mercureux à l'état
brun foncé. Le bichlorure de mercure n'est pas précipité par le
bichloroquinonamate d'ammoniaque.

Le *sel d'argent*, $C^{12}H^2AgCl^2NO^6$, s'obtient avec le nitrate d'ar-

<hr>

[1] ERDMANN (1841), *Journ f. prakt. Chem.*, XXII, 287. — LAURENT, *Ann. de Chim.
et de Phys.*, [3], III, 493. *Revue scientif.*, XIX, 141. *Compt. rend. des trav. de Chim.*,
1845, p. 173.

gent; il forme des flocons bruns, souvent cristallins, et, à ce qu'il paraît, assez altérables.

III.

GROUPE BENZOÏQUE OU PHÉNYL-FORMIQUE.

§ 1474. Les composés du groupe benzoïque peuvent être subdivisés en deux sous-groupes, que nous appellerons le *sous-groupe benzoïque* proprement dit, et le *sous-groupe stilbique*.

Les combinaisons du premier sous-groupe représentent les types métal, oxyde, chlorure, azoture, etc., dans lesquels l'hydrogène est remplacé par le radical *benzoïle* $C^{14}H^5O^2 = Bz$, ou par des radicaux secondaires [*chlorobenzoïle*, $C^{14}H^4ClO^2$; *nitrobenzoïle*, $C^{14}H^4(NO^4)O^2$, etc.] dérivés par substitution de ce même radical.

Les principaux termes de ce sous-groupe sont :

α. Sous-groupe benzoïque.

Benzoïle. . . . . $C^{28}H^{10}O^4$ $= \left. \begin{array}{l} Bz, \\ Bz \end{array} \right\}$,

Hydrure de benzoïle. . . . . . . $C^{14}H^6O^2$ $= \left. \begin{array}{l} Bz \\ H \end{array} \right\}$,

Acide benzoïque anhydre, ou oxyde
de benzoïle. . . . . $C^{28}H^{10}O^6$ $= \left. \begin{array}{l} BzO \\ BzO \end{array} \right\}$,

Acide benzoïque hydraté. . . . . . $C^{14}H^6O^4$ $= \left. \begin{array}{l} BzO \\ HO \end{array} \right\}$,

Sulfure de benzoïle. . . . . $C^{28}H^{10}O^4S^2(?) = \left. \begin{array}{l} BzS \\ BzS \end{array} \right\}$,

Chlorure de benzoïle. . . . . . . $C^{14}H^5O^2Cl$ $= \left. \begin{array}{l} Bz \\ Cl \end{array} \right\}$,

Bromure de benzoïle. . . . . . . $C^{14}H^5O^2Br$ $= \left. \begin{array}{l} Bz \\ Br \end{array} \right\}$,

Iodure de benzoïle. . . . . $C^{14}H^5O^2I$ $= \left. \begin{array}{l} Bz \\ I \end{array} \right\}$,

Azoture de benzoïle et d'hydrogène,
ou benzamide. . . . . $C^{14}H^7NO^2 = N \left\{ \begin{array}{l} Bz \\ H, \\ H \end{array} \right.$

Cyanure de benzoïle. . . . . $C^{16}H^5NO^2(?) = \left. \begin{array}{l} Bz \\ Cy \end{array} \right\}$.

Aux composés précédents se rattachent directement plusieurs substances qui semblent renfermer pour radical un multiple du benzoïle uni à l'hydrogène, $C^{28}H^{11}O^4 = Bz^2H$, radical qu'on pourrait appeler *stilbyle*. Ces substances sont :

β. *Sous-groupe stilbique.*

$$\text{Benzoïne, ou hydrure de stilbyle. .} \quad C^{28}H^{12}O^4 \quad = \left.\begin{array}{l} Bz^2H \\ H \end{array}\right\}, $$

$$\text{Benzile}^{1}\text{, isomère du benzoïle. . . .} \quad C^{28}H^{10}O^4 \quad = Bz^2 \quad, $$

$$\text{Acide benzilique ou stilbique. . . .} \quad C^{28}H^{12}O^6 \quad = \left.\begin{array}{l} Br^2H.O \\ H\,O \end{array}\right\}, $$

$$\text{Chlorure de benzile ou de stilbyle.} \quad C^{28}H^{11}O^4Cl = \left.\begin{array}{l} Bz^2H \\ Cl \end{array}\right\}. $$

Les combinaisons du sous-groupe stilbique s'obtiennent toutes avec la benzoïne (ou hydrure de stilbyle) qui se produit elle-même par une transposition moléculaire de l'hydrure de benzoïle ; sous l'influence des agents d'oxydation énergiques, les composés stilbiques se reconvertissent en composés benzoïques.

§ 1475. Plusieurs réactions rattachent le groupe benzoïque au groupe phénique : l'acide benzoïque, par exemple, se dédouble, par la baryte caustique, en acide carbonique et en hydrure de phényle (benzine) ; la benzamide ou azoture de benzoïle et d'hydrogène perd les éléments de l'eau, par les agents de déshydratation, pour se convertir en cyanure de phényle (benzonitrile) ; la nitrobenzamide ou azoture de nitrobenzoïle et d'hydrogène se transforme par l'hydrogène sulfuré en phényl-urée (§ 237), etc. Il existe donc entre le groupe phénique et le groupe-benzoïque les mêmes relations qu'entre le groupe méthylique et le groupe acétique : si l'acide acétique représente de l'acide méthyl-formique, c'est-à-dire de l'acide formique dont l'hydrogène non-basique est remplacé par du méthyle, il faut de même considérer l'acide benzoïque comme de l'acide phényl-formique :

$$\text{Acide formique. . . . . . .} \quad C^2H^2O^4 = \left.\begin{array}{l} C^2HO^2.O \\ HO \end{array}\right\}, $$

$$\text{Acide acétique ou méthyl-formique. . . . .} \quad C^4H^4O^4 = \left.\begin{array}{l} C^2(C^2H^3)O^2.O \\ HO \end{array}\right\}, $$

---

1 Le benzile est à l'acide benzilique ce que le gaz oléfiant est à l'alcool.

$$\text{Acide benzoïque ou phényl-formique} \dots\dots\dots C^{14}H^6O^4 = \left.\begin{array}{l} C^2(C^{12}H^5)O^2.O \\ H\ O \end{array}\right\}.$$

Quant au groupe quinonique, les composés benzoïques s'y rattachent en ce sens qu'on trouve de l'acide benzoïque parmi les produits de distillation de l'acide quinique. On n'obtient pas, d'ailleurs, de composés quinoniques par le traitement des combinaisons benzoïques sous l'influence des différents agents chimiques.

α. Sous-groupe benzoïque.

BENZOILE.

Composition : $C^{28}H^{10}O^4 = C^{14}H^5O^2, C^{14}H^5O^2$.

§ 1476. Ce corps n'a pas encore été obtenu. On avait pris pour lui la substance cristalline qui se produit par la distillation sèche du benzoate de cuivre. (Voy. § 1522, *Benzoate de phényle.*)

HYDRURE DE BENZOILE.

Syn. : essence d'amandes amères, benzoïlol.

Composition : $C^{14}H^6O^2 = C^{14}H^5O^2, H$.

§ 1477. Ce corps se produit par la métamorphose de plusieurs composés de la série benzoïque : on l'obtient en oxydant l'amygdaline (§ 1506) et l'acide amygdalique (§ 1507) par l'acide nitrique, l'acide formobenzoïlique (§ 1504) par le peroxyde de manganèse et l'acide sulfurique, le stilbène (§ 1496) par l'acide chromique, l'hydrure de cinnamyle (§ 1667), l'acide cinnamique (§ 1677), et la styracine (§ 1693) par l'acide nitrique, etc. Il prend également naissance, en même temps que beaucoup d'autres produits, lorsqu'on fait agir l'acide chromique ou un mélange d'acide sulfurique et de peroxyde de manganèse sur l'albumine, la fibrine, la caséine et la gélatine[1]. Enfin l'huile volatile qui se produit lorsque les amandes amères sont mises en digestion avec de l'eau, est ausi composée en plus grande partie d'hydrure de benzoïle.

On doit à MM. Liebig et Woehler l'étude de la formation, de la composition et des principales métamorphoses de l'hydrure de benzoïle. Ces chimistes ont démontré[2] que les amandes amères

---

[1] SCHLIEPER, *Ann. der Chem. u. Pharm.*, LIX, 1. — GUCKELBERGER, *ibid.*, LXIV, 39. LIEBIG et WOEHLER, *Ann. de Chim. et de Phys.* LI, 273.

contiennent une substance cristallisée, l'amygdaline, qui se transforme en hydrure de benzoïle par l'action d'un ferment particulier, appelé *émulsine* ou *synaptase*[1] (du grec συνάπτω, je réunis), qui ac-

[1] ROBIQUET, *Journ. de Pharm.*, XXIV, 326. — THOMSON et RICHARDSON, *Ann. der Chem. u. Pharm.*, XXIX, 180. — ORTLOFF, *Archiv. d. Pharm.*, XLVIII, 16. — BUCKLAND W. BULL, *Ann. der Chem. u. Pharm.*, LXIX, 145.

Pour obtenir la synaptase, on se procure du tourteau d'amandes douces, bien privé d'huile grasse, et on le délaye dans le triple de son poids d'eau pure ; on exprime la masse, et on abandonne l'émulsion à une température de 20 à 25°. Au bout d'un jour, l'émulsion se trouve alors partagée en deux couches ; la couche supérieure est coagulée et présente l'aspect d'une crème ; la couche inférieure est aqueuse et transparente. Après avoir encore été abandonnée pendant deux ou trois jours, cette couche aqueuse ne donne plus de précipité de caséum par l'acide acétique, mais elle produit par l'alcool un précipité entièrement soluble dans l'eau. Ce dernier précipité constitue la synaptase. On le lave à l'alcool absolu, et on le dessèche dans le vide sur l'acide sulfurique. On obtient ainsi une masse entièrement blanche, opaque, friable, et soluble dans l'eau ; il est difficile toutefois de l'avoir toujours sans coloration, et l'on ne réussit guère sous ce rapport qu'en opérant sur de petites quantités de matière.

La propriété que possède la synaptase d'être précipitée par l'alcool n'appartient pas à cette substance, mais elle est due aux phosphates qu'elle tient en dissolution, et qu'on ne parvient pas à en séparer. La synaptase possède d'ailleurs une réaction franchement acide, à la faveur de laquelle ces phosphates se maintiennent en dissolution dans l'émulsion d'amandes.

Lorsqu'on porte à l'ébullition la solution aqueuse de la synaptase, elle dépose un précipité blanc et grenu ; mais par le refroidissement celui-ci se redissout entièrement dans le liquide surnageant. Le précipité renferme une quantité considérable de matières minérales composées de phosphate de magnésie avec un peu de phosphate de chaux (dans une expérience, on en a trouvé jusqu'à 59,11 p. c.) ; la liqueur filtrée renferme des produits de décomposition de la synaptase. Celle-ci, à proprement parler, ne se coagule donc pas par la chaleur, mais elle est entièrement décomposée (Bull).

La synaptase perd entièrement la faculté de transformer l'amygdaline en hydrure de benzoïle, lorsqu'on la fait bouillir en solution aqueuse ; mais elle conserve cette propriété lorsqu'on la chauffe à 100° à l'état sec, même pendant plusieurs heures.

La solution aqueuse de la synaptase est entièrement précipitée par l'acétate de plomb ; la liqueur filtrée ne réagit plus sur l'amygdaline ; le précipité plombique métamorphose parfaitement cette substance en hydrure de benzoïle.

Abandonnée à l'air pendant quelques jours à la température ordinaire, la solution de la synaptase devient putride, en dégageant du gaz et en se troublant ; néanmoins elle conserve encore longtemps de l'action sur l'amygdaline.

On rencontre de l'acide lactique parmi les produits de décomposition de la synaptase.

L'analyse de la synaptase a donné :

	Thoms. et Richards.		Bull.		
Carbone.	48,78	48,40	43,59	43,74	42,75
Hydrogène. . .	7,79	7,68	6,96	7,33	7,37
Azote.	18,81	18,64	11,64	11,40	11,52
Soufre.	»	»	1,25	37,53	38,36
Oxygène. . . .	24,62	25,28	36,56		
	100,00	100,00	100,00	100,00	100,00

MM. Thomson et Richardson ne mentionnent pas l'existence du soufre dans la synap-

compagne l'amygdaline dans les amandes amères. Les amandes douces renferment le même ferment, mais sans amygdaline. En présence de ce ferment, l'amygdaline se transforme en hydrure de benzoïle, acide cyanhydrique et glucose :

$$C^{40}H^{27}NO^{22} + 4\,HO = C^{14}H^6O^2 + C^2HN + 2\,C^{12}H^{12}O^{12}.$$

Amygdaline.   Hydr. de   Ac. cyanhydr.   Glucose.
benzoïle.

On trouve aussi de l'acide formique parmi les produits de cette transformation ; mais cet acide dérive évidemment d'une métamorphose secondaire de l'acide cyanhydrique.

Pour déterminer la transformation de l'amygdaline, il suffit de délayer le tourteau d'amandes amères avec de l'eau ; à l'instant même l'odeur cyanhydrique se développe. On a lieu de penser aussi que l'air est indispensable pour que la réaction commence ; l'oxygène de l'air détermine probablement l'altération de la synaptase, et c'est par l'effet du mouvement moléculaire qui en résulte que cette dernière agit alors comme ferment. Une température de 3o à 4o°, maintenue pendant 5 ou 6 heures, favorise la réaction. D'ailleurs une très-faible quantité de synaptase suffit à la décomposition de l'amygdaline. Chauffées à 100°, la synaptase, l'émulsion d'amandes douces et la poudre d'amandes amères perdent la propriété de développer la réaction ; l'alcool bouillant détruit aussi cette propriété.

On prépare l'essence d'amandes amères, à la manière des autres huiles essentielles, par la distillation du tourteau d'amandes avec de l'eau. On se la procure ainsi, surtout en France, pour les besoins de la parfumerie. Les amandes ayant été écrasées et privées d'huile grasse au moyen de la presse, on en fait une bouillie claire avec beaucoup d'eau, et on les laisse en macération pendant vingt-quatre heures, dans l'alambic ou dans la cornue où l'on se propose de les distiller. Avant de procéder à cette opération, il convient de bien agiter la masse, afin qu'elle ne s'attache pas au fond du vase distillatoire ; il est avantageux aussi d'effectuer la distillation au moyen de la vapeur d'eau, dirigée au sein de la bouil-

tase, ni celle des matières minérales. M. Bull a obtenu des cendres dont les proportions variaient entre 22 et 35,8 p. c.; dans les analyses citées, ces cendres sont déduites.

Suivant MM. Thomson et Richardson, on obtiendrait un acide particulier (*acide émulsique*), en faisant bouillir la synaptase avec de la baryte caustique ; il se dégage de l'ammoniaque dans la réaction.

lie. On distille tant que le produit qui passe dans le récipient présente encore l'odeur d'amandes amères; l'essence vient se déposer au fond du liquide condensé; mais l'eau distillée renferme elle-même beaucoup d'essence en dissolution; il y en a surtout dans les parties aqueuses passées au commencement, et chargées d'acide cyanhydrique; ces premières parties sont limpides, celles qui distillent vers la fin renferment moins d'acide cyanhydrique et sont laiteuses. On peut extraire l'essence des parties aqueuses, en soumettant celles-ci à une nouvelle distillation; l'essence passe alors dans les premières portions.

L'essence d'amandes amères brute n'est pas de l'hydrure de benzoïle à l'état de pureté : elle contient toujours de l'acide cyanhydrique et ordinairement aussi, en petite quantité, de l'acide benzoïque, ainsi qu'un produit de l'action de l'acide cyanhydrique sur l'hydrure de benzoïle (Voy. § 1502, *Benzimide* ou *Hydrure de cyanobenzoïle*). On peut purifier l'essence en la soumettant à une distillation fractionnée : l'acide cyanhydrique passe alors avec les premières portions, tandis que l'hydrure pur distille avec les dernières; les autres impuretés restent dans la cornue, si l'on ne distille pas à siccité.

Il est aisé aussi d'enlever l'acide cyanhydrique par des moyens chimiques. Il suffit, pour cela, d'abandonner l'essence, pendant quelques jours, sur de l'oxyde de mercure réduit en poudre fine et délayé dans l'eau; on agite fréquemment et on rectifie ensuite l'essence; l'acide cyanhydrique reste ainsi fixé à l'état de cyanure de mercure.

Un autre procédé de purification consiste à agiter vivement l'essence d'amandes amères avec du lait de chaux et une solution de protochlorure de fer, et à la distiller ensuite sur ces matières; au moyen d'une pipette, on sépare l'essence des parties aqueuses, et on la rectifie en la distillant sur de la chaux vive.

On obtient des essences semblables à l'essence d'amandes amères par la distillation des feuilles, de l'écorce, des fruits ou des noyaux du laurier-cerise, du prunier, du pêcher, du cerisier, etc.

§ 1478. A l'état de pureté, l'hydrure de benzoïle est une huile incolore, réfractant fortement la lumière; sa saveur est âcre et aromatique, son odeur diffère peu de celle de l'essence brute d'amandes amères. Sa densité est de 1,043. Il prend feu aisément, et brûle avec une flamme fuligineuse. Il bout à 180°. Il se dissout dans 30 p. d'eau, et se mêle en toutes proportions avec l'alcool et l'éther.

Il ne paraît être vénéneux qu'autant qu'il renferme encore de l'acide cyanhydrique.

On peut le faire passer à travers un tube chauffé presque au rouge sans qu'il se décompose; mais, lorsque le tube est rempli de fragments de pierre ponce, l'hydrure de benzoïle se dédouble, dans ces circonstances, en benzine et en oxyde de carbone[1] :

$$C^{14}H^6O^2 = C^{12}H^6 + C^2O^2.$$

Hyd. de benz.   Benzine.

Abandonné au contact de l'air, surtout à l'état humide, l'hydrure de benzoïle fixe de l'oxygène, et se convertit en acide benzoïque. Chauffé avec de l'hydrate de potasse, il dégage de l'hydrogène et se convertit en benzoate. Mis en contact avec une dissolution alcoolique de potasse, il se dissout, et, si l'on a soin d'éviter l'accès de l'air, il se précipite du benzoate en paillettes cristallines; quand on y verse ensuite de l'eau, ce sel se dissout, et il se sépare de l'hydrate de toluényle (§ 1816) sous la forme d'une matière huileuse :

$$2\,C^{14}H^6O^2 + KO,HO = C^{14}H^8O^2 + C^{14}H^5KO^4.$$

Hydr. de   Hydr. de toluén.   Benzoate de
benzoïle.   potasse.

Lorsqu'on mélange l'hydrure de benzoïle, encore chargé d'acide cyanhydrique, avec une solution alcoolique et saturée de potasse, elle se concrète au bout de quelque temps, et se trouve alors transformée en un isomère, la benzoïne (§ 1564).

L'acide nitrique ordinaire et bouillant ne le transforme que difficilement en acide benzoïque; l'acide nitrique fumant le convertit en hydrure de nitrobenzoïle (§ 1481). L'acide sulfurique concentré le dissout en devenant rouge; à une température élevée, le mélange noircit et finit par dégager du gaz sulfureux. L'acide sulfurique fumant donne avec lui une combinaison particulière, (§ 1498[a]); il produit également, dans certaines circonstances, des cristaux (*Benzoate d'hydrure de benzoïle*, § 1479), dont la nature chimique n'est pas encore bien établie; ces mêmes cristaux se produisent dans l'action du chlore humide sur l'hydrure de benzoïle.

L'ammoniaque attaque l'hydrure de benzoïle, en dégageant de

<hr>

[1] Barreswil et Boudault, *Journ. de Pharm.*, [3] V, 267.

11.

l'eau et en produisant de l'hydrobenzamide, ainsi que quelques autres dérivés d'une composition peu connue (*Voy.* § 1482). Lorsque l'hydrure de benzoïle contient encore de l'acide cyanhydrique, les éléments de ce dernier corps interviennent dans la réaction (*Voy.* § 1503, *hydrures de cyanazobenzoïle*).

L'urée et l'aniline agissent aussi sur l'hydrure de benzoïle à la manière de l'ammoniaque (§ 1491).

L'hydrogène sulfuré et le sulfhydrate d'ammoniaque donnent naissance à des dérivés particuliers renfermant du soufre (§ 1492). Un mélange de sulfure de carbone et d'ammoniaque produit un dérivé sulfocyanhydrique (§ 1508).

Les bisulfites alcalins se combinent avec l'hydrure de benzoïle, en formant des produits solubles dans l'eau ; on peut mettre à profit cette réaction pour reconnaître dans l'hydrure de benzoïle la présence d'huiles étrangères (*Voy.* § 1497).

Le chlore sec transforme l'hydrure de benzoïle en chlorure de benzoïle (§ 1544). Le chlore humide produit du benzoate d'hydrure de benzoïle (§ 1479).

Le perchlorure de phosphore attaque l'hydrure de benzoïle, en produisant de l'oxychlorure de phosphore, ainsi qu'un corps chloré particulier (§ 1480) :

$$C^{14}H^5O^2 + PCl^5 = PCl^3O^2 + C^{14}H^6Cl^2.$$

Hydr. de benzoïle.   Chlorobenzol.

Le chlorure de soufre s'échauffe considérablement avec l'essence d'amandes amères, en dégageant de l'acide chlorhydrique. Si, après l'avoir abandonnée pendant vingt-quatre heures, on agite la matière huileuse avec de l'ammoniaque, puis avec de l'éther, on obtient trois couches : la couche inférieure est composée de soufre ; la couche moyenne est une solution aqueuse de chlorhydrate d'ammoniaque ; la couche supérieure est une solution éthérée de benzoate d'hydrure de benzoïle.

Le brome se dissout aisément dans l'hydrure de benzoïle, en produisant du bromure de benzoïle (§ 1548). L'iode ne l'attaque pas.

Le potassium, mis en contact avec l'hydrure de benzoïle exempt d'humidité, s'y dissout peu à peu entièrement, sans dégager d'hydrogène (?) ; l'huile s'épaissit considérablement et prend une teinte foncée.

§ 1479. *Benzoate d'hydrure de benzoïle*[1]. — Lorsqu'on fait agir
du chlore non desséché sur de l'essence d'amandes amères (contenant encore de l'acide cyanhydrique), le liquide s'échauffe considérablement; si on l'abandonne ensuite pendant quelques heures,
il se prend presque entièrement en une masse cristalline. Ce produit, repris par l'éther à froid, ne s'y dissout qu'en partie, et
laisse, à l'état insoluble, une poudre blanche, cristalline, composée
de petits prismes droits à base rectangulaire.

Suivant M. Liebig, ce corps est neutre aux papiers, insoluble
dans l'eau, soluble dans l'alcool, très-peu soluble dans l'éther à
froid. Il fond par la chaleur, et se volatilise sans décomposition à
une température plus élevée. Une solution alcoolique de potasse
le dissout, et la solution dépose, au bout de quelque temps, des
cristaux de benzoate de potasse.

D'après M. Laurent, la même substance se produit lorsqu'on
abandonne l'essence d'amandes amères, après l'avoir mélangée avec
de l'acide sulfurique fumant. On l'obtient alors, tantôt en prismes
droits à base rectangulaire, identiques de forme et de propriétés
aux cristaux précédents, tantôt en aiguilles composées de prismes
obliques rhomboïdaux. Les deux espèces de cristaux conservent
leur forme, lors même qu'on les fait redissoudre à plusieurs reprises dans l'alcool; mais on peut aisément transformer les cristaux droits en cristaux obliques, en maintenant les premiers en
fusion pendant quelques instants, et en faisant ensuite dissoudre
la matière dans l'alcool bouillant; celui-ci dépose alors, par le
refroidissement, des cristaux obliques.

Les prismes obliques fondent à 160° environ. Chauffés sur une
feuille de verre, ils cristallisent par le refroidissement en une
masse opaque, composée de bourrelets circulaires et radiés. Quelquefois la matière reste transparente comme de la gomme, et
sans apparence cristalline; distillée dans une cornue, elle donne
une huile jaunâtre qui verdit à la fin de l'opération ; si l'on reprend
cette huile par l'éther, il reste un corps cristallisé en lamelles allongées.

La composition des cristaux obliques et des cristaux droits

---

[1] Robiquet et Boutron-Charlard (1830), *Ann. de Chim. et de Phys.*, XLIV, 371.—
Liebig, *Ann. der Chem. u. Pharm*, XVIII, 324. — Liebig et Pelouze, *Ann. de Chim.
et de Phys.*, LXIII, 145. — Laurent, *ibid.*, LXV, 192 *Revue scientif.*, XVI, 386.
Compt. rend. de l'Acad., XXII, 789.

semble être la même; toutefois les chimistes ne sont pas d'accord sur la formule qu'il convient de leur assigner.

M. Liebig admet la formule $C^{42}H^{18}O^8$ (calcul I), qui équivaut à une combinaison de 2 at. d'hydrure de benzoïle avec 1 at. d'acide benzoïque $= 2\ C^{14}H^6O^2, C^{14}H^6O^4$, ou bien encore à une combinaison de 1 at. d'hydrure de benzoïle avec 1 at. d'acide benzilique $C^{14}H^6O^2$, $C^{28}H^{12}O^6$. Deux analyses ayant donné un peu plus de carbone qu'il n'en faudrait pour ces rapports, M. Laurent a donné plus récemment la préférence à la formule $C^{56}H^{24}O^{10}$ (calcul II), équivalant à une combinaison de 3 at. d'hydrure de benzoïle avec 1 at. d'acide benzoïque $= 3\ C^{14}H^6O^2, C^{14}H^6O^4$, ou bien encore à une combinaison de 2 at. d'hydrure de benzoïle avec 1 at. d'acide benzilique $2\ C^{14}H^6O^2, C^{28}H^{12}O^6$. Les deux espèces de formules sont également vraisemblables, puisqu'elles font très-bien concevoir l'oxydation de l'hydrure de benzoïle, c'est-à-dire la formation de l'acide benzoïque ou benzilique, par l'action du chlore humide. Mais il est plus difficile de se rendre compte de la production du benzoate d'hydrure par l'acide sulfurique fumant, à moins d'admettre que cet agent isole simplement le composé, déjà formé aux dépens de l'air, dans l'essence soumise à l'expérience. Cette difficulté a suggéré à MM. Laurent et Gerhardt[1] la pensée que le benzoate d'hydrure de benzoïle doit peut-être sa formation au concours de l'acide cyanhydrique, contenu dans l'essence d'amandes amères, comme il arrive pour l'acide formobenzoïlique, et qu'il renferme peut-être $C^{44}H^{18}O^6$ (calcul III), c'est-à-dire 3 at. d'hydrure de benzoïle, plus 1 at. d'acide cyanhydrique, plus 2 at. d'eau, moins 1 at. d'ammoniaque. Le fait suivant est favorable à cette supposition : lorsqu'on chauffe légèrement le benzoate d'hydrure avec de l'acide sulfurique concentré, il se développe de l'oxyde de carbone, tandis que l'eau ajoutée au résidu met en liberté une matière brune épaisse qui a l'odeur de l'hydrure de benzoïle, et qui se dissout en partie dans l'ammoniaque.

Quoi qu'il en soit, voici les différentes analyses qui ont été faites du benzoate d'hydrure de benzoïle :

[1] Laurent et Gerhardt, *Compt. rend. des trav. de Chim.*, 1850, p. 117.

	Liebig [1].			Liebig et Pélouze [2].	Laurent [3].				a.	b.	Calcul.		
											I.	II.	III.
Carbone...	74,58	74,91	74,83	75,28	74,2	75,0	74,4	74,6	75,82	76,2	75,45	76,36	76,3
Hydrogène.	5,42	5,69	5,66	5,64	5,6	5,4	5,4	5 3	5,47	5,45	5,39	5,46	5,2
Oxygène.	»	»	»	»	»	»	»	»	.»	»	19,16	18,18	18,5
											100,00	100.00	100,0

Suivant M. Laurent, la potasse en dissolution très-concentrée, versée sur le benzoate d'hydrure de benzoïle, produit une combinaison huileuse que l'eau dissout aisément, et qui se dissout aussi en toutes proportions dans l'alcool. Cette combinaison se concrète au bout de quelque temps, et les cristaux desséchés donnent à l'analyse 17,1 p. c. de potasse [4].

Il y aurait beaucoup d'intérêt à reprendre l'étude de l'action que le chlore humide exerce sur l'essence d'amandes amères. Il paraît qu'en modifiant les circonstances, on peut obtenir des composés différents du benzoate d'hydrure. M. Laurent, en effet, signale la formation d'un produit cristallin, isomère de l'acide benzoïque, et susceptible de se convertir en benzamide, par l'action de l'ammoniaque sur sa solution alcoolique. Une autre fois, le même chimiste a obtenu des prismes (*suroxyde de stilbèse* ou *acide stilbéseux*), très-peu solubles dans l'alcool et l'éther, fusibles à 145°, et contenant : carbone, 71,60, et hydrogène, 4,33; la dissolution ammoniacale, alcoolique et bouillante de ces cristaux, a donné, avec le nitrate d'argent, des paillettes contenant 48,7 argent.

Dérivés chlorés de l'hydrure de benzoïle.

§ 1480. Par l'action directe du chlore sur hydrure de benzoïle, on obtient le chlorure de benzoïle (§ 1544). Si l'on fait agir du perchlorure de phosphore sur le même hydrure, il se produit un composé représentant de l'hydrure de benzoïle dans lequel l'oxygène est remplacé par du chlore.

Hydrure de chlorobenzoïle [5], ou chlorobenzol, $C^{14}H^6Cl^2$. — Lorsqu'on distille l'hydrure de benzoïle avec du perchlorure de phosphore, on obtient un mélange d'oxychlorure de phosphore et

---

[1] Cristaux droits, par l'essence d'amandes amères et le chlore humide.

[2] Cristaux droits, par l'essence de laurier-cerise et le chlore humide.

[3] Cristaux obliques, par l'essence d'amandes amères et l'acide sulfurique fumant. Les analyses *a* et *b* ont été faites quelques années après les autres.

[4] Le benzilate de potasse $C^{28}H^{11}KO^6$ donne 17,6 p. c. de potasse. — L'indication de M. Laurent relative à l'action de la potasse sur le benzoate d'hydrure de benzoïle, n'est pas d'accord avec celle de M. Liebig, qui a observé la formation du benzoate de potasse.

[5] CAHOURS (1848), *Ann. de Chim. et de Phys.*, [3] XXIII, 329.

de chlorobenzol, qu'on sépare par la distillation. Ce dernier étant le moins volatil, peut être recueilli dans les dernières portions ; on traite celles-ci par l'eau, puis par une lessive de potasse concentrée, et l'on en sépare ainsi tout l'oxychlorure.

Le chlorobenzol est limpide, incolore, d'une odeur faible à froid et assez forte et irritante dès qu'on l'échauffe un peu. Sa densité est de 1,245 à 16°. Il bout à 206° ; la densité de sa vapeur a été trouvée égale à 5,649—5,625. Insoluble dans l'eau, il se dissout aisément dans l'alcool et l'éther.

Une dissolution concentrée de potasse n'exerce aucune action sur lui, même à chaud. Une solution alcoolique de sulfhydrate de potasse l'attaque avec beaucoup d'énergie et le convertit en hydrure de sulfobenzoïle (§ 1494) :

$$C^{14}H^6Cl^2 + 2\ HS = 2\ HCl + C^{14}H^6S^2.$$

Hydr. de chloro-benzoïle   Hydr. de sulfo-benzoïle.

Dérivés nitriques de l'hydrure de benzoïle.

§ 1481. *Hydrure de nitrobenzoïle*[1], $C^{14}H^5(NO^4)O^2$. — L'acide nitrique fumant dissout et attaque énergiquement l'hydrure de benzoïle, en dégageant beaucoup de chaleur : si l'on ajoute de l'eau à la solution, il s'en sépare une huile jaunâtre qui se concrète au bout de quelque temps : c'est l'hydrure de nitrobenzoïle.

On peut aussi, pour préparer ce corps, employer un mélange de 1 vol. d'acide nitrique ordinaire et de 2 vol. d'acide sulfurique concentré ; après avoir laissé refroidir ce mélange, on y ajoute l'hydrure de benzoïle, en n'en prenant qu'un quinzième ou un vingtième du mélange acide. Il faut avoir soin de refroidir le vase où l'on opère, afin de calmer la réaction qui, en allant trop loin, produirait de l'acide nitrobenzoïque ; on verse ensuite dans la liqueur acide 3 à 4 fois son volume d'eau. Après que l'huile ainsi mise en liberté s'est concrétée (ordinairement au bout de 2 ou 3 jours), on lave le produit à l'eau froide, et on le place entre deux briques, afin de le débarrasser d'une matière jaune oléagineuse, dont il est toujours souillé et qui arrête souvent la cristallisation ; ensuite on le fait dissoudre à l'ébullition dans une petite quantité d'alcool faible.

L'hydrure de nitrobenzoïle se dépose alors sous la forme d'une huile jaunâtre qui se concrète au bout de quelque temps. Il se

[1] BERTAGNINI (1851), *Ann. der Chem. u. Pharm.*, LXXIX, 259.

dissout assez facilement dans l'eau froide, qui, lorsqu'elle en est
saturée, devient laiteuse par le refroidissement, et se remplit d'aiguilles incolores, minces et brillantes. Il est très-peu soluble dans
l'eau froide; il est fort soluble dans l'alcool, surtout à chaud, ainsi
que dans l'éther. Il est sans odeur, à l'état de pureté, mais il a une
saveur âcre. Il fond aisément par la chaleur, et se concrète à 46°;
chauffé un peu au-dessus de son point de fusion, il émet des vapeurs, d'une odeur agréable dans le premier moment, mais âcres et
irritantes lorsqu'on les respire en grande quantité. Il se volatilise
sans altération à une température élevée, en partie déjà avec les
vapeurs de l'eau bouillante. A une très-haute température, il prend
feu et brûle avec une flamme fuligineuse.

L'acide chorhydrique, l'acide nitrique et l'acide sulfurique le
dissolvent aisément sans le décomposer.

L'oxygène libre n'est pas absorbé par l'hydrure de nitrobenzoïle,
mais les agents oxygénants énergiques transforment aisément ce
composé en acide nitrobenzoïque. Ainsi, lorsqu'on traite l'hydrure
de nitrobenzoïle par une solution concentrée d'acide chromique,
la dissolution du corps s'effectue déjà à froid en même temps qu'il
se développe beaucoup de chaleur, et, au bout de quelques minutes,
la liqueur se prend en une bouillie d'acide nitrobenzoïque.

Cette transformation s'effectue aussi lorsqu'on chauffe l'hydrure de nitrobenzoïle avec un mélange d'acide nitrique et d'acide
sulfurique.

Une solution alcoolique de potasse le dissout à froid, et se prend
au bout de quelque temps en une masse gélatineuse de nitrobenzoate de potasse; dans cette réaction, il se produit aussi une huile
jaune qui n'a pas encore été examinée. A chaud, la potasse aqueuse
transforme aussi en nitrobenzoate l'hydrure de nitrobenzoïle.

L'ammoniaque le convertit en hydrobenzamide nitrée (§ 1486).

L'hydrogène sulfuré étant dirigé dans sa solution alcoolique le
transforme en hydrure de sulfobenzoïle nitré (§ 1494^a). Le sulfhydrate d'ammoniaque l'attaque vivement. Lorsqu'on dissout l'hydrure de nitrobenzoïle dans l'alcool ammoniacal, et qu'on fait
passer de l'hydrogène sulfuré dans la liqueur, pendant qu'on la
chauffe, il se dépose une masse semi-fluide, tenant emprisonnée
une grande quantité de soufre; si l'on décante la liqueur surnageante et qu'on traite le produit visqueux par de l'éther, celui-ci
dissout la matière organique, sans toucher au soufre. La solution

éthérée donne, par l'évaporation, un liquide sulfuré épais et rougeâtre, insoluble dans l'eau pure ou aiguisée d'acide chlorhydrique,
assez soluble dans l'alcool chaud.

Les bisulfites alcalins agissent aussi sur l'hydrure de nitrobenn-
zoïle, en donnant des combinaisons particulières (§ 1498).

Le chlore n'attaque pas l'hydrure de nitrobenzoïle à la lumière
diffuse ; mais il y agit sous l'influence des rayons solaires, en produisant du chlorure de nitrobenzoïle (§ 1547). Le brome se dissout
dans l'hydrure de nitrobenzoïle fondu sans le décomposer, mais
à une température élevée il l'attaque, à la manière du chlore ; si
l'attaque est trop énergique, il se produit beaucoup d'acide bromhydrique, ainsi qu'une matière brune résineuse.

L'acide cyanhydrique concentré dissout immédiatement l'hydrure de nitrobenzoïle ; si l'on évapore aussitôt la liqueur, ce dernier
reparaît avec toutes ses propriétés. Mais, si avant de l'évaporer, on
abandonne la solution pendant quelques heures à elle-même, l'é-
vaporation donne un liquide visqueux, inaltérable à l'air et soluble
dans l'eau bouillante, qui la sépare, par le refroidissement, à l'état
de gouttelettes ; ce produit, étant bouilli avec de l'acide chlorhydrique, donne du chlorhydrate d'ammoniaque ainsi qu'une autre
substance soluble dans l'eau.

Le cyanure de potassium agit immédiatement sur l'hydrure de
nitrobenzoïle, en produisant une matière particulière.

Lorsqu'on chauffe doucement l'urée avec de l'hydrure de nitrobenzoïle, il se dégage de l'eau, et l'on obtient une matière, peu
soluble dans l'alcool, et régénérant, par l'acide chlorhydrique,
l'urée et l'hydrure de nitrobenzoïle.

Dérivés ammoniacaux de l'hydrure de benzoïle.

§ 1482. Sous l'influence de l'ammoniaque, l'hydrure de benzoïle
peut perdre tout son oxygène, et se convertir en *hydrobenzamide* :

$$3\,C^{14}H^6O^2 + 2\,NH^3 = C^{42}H^{18}N^2 + 6\,HO,$$

Hydr. de benz.   Hydrobenzam.

L'hydrobenzamide éprouve, dans certaines circonstances, une
transposition moléculaire, et se convertit en un corps isomère,
l'*amarine* (§ 1487).

Outre l'hydrobenzamide, on a décrit plusieurs substances[1] s'obte-

---

[1] Voy. § 1485, *Dibenzoïlimide* ; § 1487, *Acide benzimique* ; § 1502, *Benzimide* ;
§ 1503, *Benzhydramide, Azotide benzoïlique et Benzamyle.*

nant directement avec l'ammoniaque et l'essence d'amandes amères ;
mais la plupart d'entre elles doivent leur formation à l'action simultanée de l'ammoniaque et de l'acide cyanhydrique, toujours contenu dans l'essence brute (Voy. *Dérivés cyanhydriques*, § 1502).

§ 1483. HYDROBENZAMIDE [1] ou hydrure d'azobenzoïle, $C^{42}H^{18}N^2$.
— Lorsqu'on abandonne de l'essence d'amandes amères rectifiée
(bouillant à 180°) avec de l'ammoniaque liquide, pendant quelques
jours, il se produit une masse cristalline assez abondante ; si l'on
a préalablement chauffé le mélange, jusqu'à l'ébullition de la liqueur ammoniacale, il se concrète déjà dans l'espace de 6 ou 8
heures. On concasse le produit, et on le lave rapidement avec un
peu d'éther, pour dissoudre l'huile adhérant aux cristaux; puis on
fait dissoudre ceux-ci dans l'alcool bouillant, qui ne dissout pas ou
qui dissout mal certaines autres combinaisons provenant de l'action
simultanée de l'ammoniaque et de l'acide cyanhydrique, contenue
dans l'essence brute. (Voy. § 1502 et 1503.)

L'hydrobenzamide se dépose de l'alcool sous la forme d'octaèdres à base rhombe. (Angles des arêtes culminantes, 130° et 122°;
angles des arêtes de la base , 84°50'.) Ces cristaux sont incolores,
inodores, insipides ; mais la dissolution alcoolique possède une saveur qui rappelle celle des pralines. Ils sont insolubles dans
l'eau, très-solubles dans l'alcool et l'éther.

Ils entrent en fusion vers 110°, en donnant une huile épaisse.
Maintenus pendant quelque temps à 120 ou 130°, ils se convertissent en un alcali isomère, l'amarine, (§ 1493). Soumis à la
distillation, ils laissent un léger résidu de charbon en donnant une
huile volatile odorante et de la lophine (§ 1490).

L'acide chlorhydrique les décompose déjà à froid, en formant
du sel ammoniac et de l'hydrure de benzoïle. Une semblable décomposition s'opère aussi par la seule ébullition, pendant une ou deux
heures, de la solution alcoolique de l'hydrobenzamide ; il se dégage
alors de l'ammoniaque, et, après l'évaporation de l'alcool il reste
de l'hydrure de benzoïle.

La potasse bouillante transforme peu à peu l'hydrobenzamide
en amarine. Lorsqu'on fait fondre l'hydrobenzamide avec de l'hydrate de potasse, il se dégage de l'hydrogène, de l'hydrogène carboné, de l'ammoniaque ; la potasse se carbonate, et l'on obtient

[1] LAURENT (1836) *Ann. de Chim. et de Phys.*, LXII, 23. *Revue scientif.*, XVI, 392 ;
XIX, 148. — BERTAGNINI, *Ann. der Chem. u. Pharm.*, LXXXVIII, 127.

une matière huileuse ainsi que deux matières solides (§ 1484) dont la nature n'est pas encore bien établie.

Bouillie avec un mélange d'acide sulfurique, de bichromate de potasse et d'eau, l'hydrobenzamide donne beaucoup d'acide benzoïque, et, au commencement, un peu d'hydrure de benzoïle.

Une dissolution alcoolique d'hydrobenzamide se convertit en hydrure de sulfobenzoïle et en ammoniaque, lorsqu'on y fait passer un courant d'hydrogène sulfuré :

$$C^{42}H^{18}N^2 + 6\,HS = 3\,C^{14}H^6S^2 + 2\,NH^3.$$

§ 1484. Quand on fait fondre de la potasse avec de l'hydrobenzamide réduite en poudre, la masse jaunit, se fonce, et finit par devenir presque noire, en dégageant de l'ammoniaque et de l'hydrogène, ainsi que de l'hydrogène carboné. On fait bouillir le résidu avec de l'eau tant que les eaux de lavages sont encore alcalines; on obtient ainsi une poudre jaune, qui est un mélange de trois corps. On la traite par l'alcool, qui dissout une huile particulière et des cristaux de *benzostilbine*, en laissant à l'état insoluble de la *benzolone*. On introduit ce résidu dans de l'acide sulfurique concentré et chauffé modérément ; la dissolution présente une belle couleur rouge ; on la mélange peu à peu avec de l'alcool fort aqueux, de manière qu'elle se décolore, et dépose la benzolone en petits cristaux.

Ceux-ci sont insolubles dans l'alcool et l'eau, fondent à 248°, et se subliment à une température plus élevée en se décomposant légèrement. Ils renferment :

	Rochleder.		
Carbone . . .	83,47	83,45	83,62
Hydrogène. .	5,17	5,24	5,21
Oxygène. . .	11,46	11,31	11,17
	100,00	100,00	100,00

Lorsque, en chauffant l'hydrobenzamide avec l'hydrate de potasse, on arrête l'opération dès que la masse a pris l'aspect de la gomme-gutte, on ne trouve aucune trace de benzolone dans le résidu, mais seulement de la benzostilbine et de la matière huileuse. La benzolone ne s'obtient que si la température du mélange en fusion est assez élevée pour qu'il noircisse.

[1] Rochleder, *Ann. der Chem. u. Pharm.* XLI, 89; et, en traduct. *Revue scientif.* VIII, 176. — M. Rochleder représente la benzolone par $C^{22}H^8O^2$, et la benzostilbine par $C^{62}H^{22}O^4$.

La benzostilbine se trouve en même temps que la matière huileuse dans la solution qu'on obtient en traitant la poudre jaune par l'alcool ; elle ne se dissout que fort peu dans l'alcool lorsqu'elle est pure. Elle se précipite à l'état cristallin si l'on ajoute de l'acide chlorhydrique à cette solution alcoolique, ou qu'on y dirige un courant de chlore. Les cristaux de benzostilbine peuvent s'obtenir plus gros par l'évaporation de leur solution dans l'éther. Ils fondent à 244°,5, et se subliment à une température plus élevée en se décomposant en grande partie.

La benzostilbine renferme :

		Rochleder.
Carbone . . .	86,48	86,57
Hydrogène . .	5,30	5,25
Oxygène . . .	8,22	8,18
	100,00	100,00

Lorsqu'on chauffe dans une cornue un mélange de benzostilbine et de benzolone avec une lessive de potasse concentrée et quelques fragments de potasse solide, jusqu'à dessiccation de la masse, il passe une huile qui possède à un haut degré l'odeur du géranium.

Ne connaissant pas les réactions de la benzolone et de la benzostilbine, il n'est guère possible de représenter ces corps par des formules offrant quelque vraisemblance.

§ 1485. En cherchant à préparer l'hydrobenzamide, M. Robson[1] a obtenu une substance différente, à laquelle ce chimiste donne le nom de *dibenzoïlimide*, ainsi qu'un hydrure de cyanazobenzoïle (Voy. §, 1503, β), provenant évidemment de l'acide cyanhydrique contenu dans l'essence d'amandes amères.

L'auteur fit passer du gaz ammoniaque dans une solution alcoolique de cette essence. La liqueur, ayant été abandonnée à elle-même pendant quelques heures, déposa un précipité composé d'une substance grenue et d'une matière résinoïde. On sépara la substance grenue (hydrure de cyanazobenzoïle) au moyen de l'alcool bouillant, dans lequel elle était insoluble ; on fit ensuite bouillir l'autre matière avec une solution concentrée de potasse pour transformer en amarine l'hydrobenzamide qu'elle pouvait contenir ; on traita le produit, à plusieurs reprises, par l'acide chlorhydrique étendu et bouillant, afin d'extraire l'amarine, et l'on fit bouillir le résidu ré-

____
[1] Robson (1852), *Ann. der Chem. u. Pharm.*, LXXXI, 122.

sineux avec de l'alcool. Ce résidu y était presque entièrement soluble et se déposa sous la forme d'une poudre jaunâtre, composée de petits cristaux brillants et plumeux. Cette substance était presque insoluble dans l'éther, mais elle se dissolvait mieux dans l'esprit de bois bouillant.

Elle contenait $C^{28}H^{13}NO^2$, c'est-à-dire 2 atomes d'hydrure de benzoïle plus 1 atome d'ammoniaque moins 2 atomes d'eau :

$$2\,C^{14}H^6O^2 + NH^3 = C^{28}H^{13}NO^2 + 2\,HO.$$

Hyd. de benz.   Dibenzoïlimide.

Les analyses suivantes établissent la composition de la dibenzoïlimide :

	Expérience.			Calcul.
Carbone. . .	79,81	79,03	79,84	79,62
Hydrogène .	6,67	6, 3	6,33	6,16
Azote	6,81	6,33	6,3	6,60
Oxygène. . .	»	»	»	7,63
				100,00

L'acide chlorhydrique peut être bouilli avec la dibenzoïlimide, sans qu'elle s'altère. L'acide sulfurique la dissout avec une belle couleur rouge ; l'eau précipite de nouveau la matière de la solution. L'acide nitrique la dissout également à chaud ; par une ébullition prolongée, il se produit un corps jaune qui paraît renfermer les éléments nitriques.

La potasse aqueuse et bouillante n'attaque pas la dibenzoïlimide. La potasse alcoolique la décompose peu à peu en régénérant l'ammoniaque et l'hydrure de benzoïle ; toutefois cette métamorphose exige une ébullition de plusieurs jours.

§ 1486. L'*hydrobenzamide nitrée*[1], $C^{42}H^{13}(NO^4)^3N^2$, se produit par la réaction de l'ammoniaque et de l'hydrure de nitrobenzoïle. On pulvérise cette dernière substance, et on l'arrose de 4 à 5 fois son poids d'ammoniaque concentrée, avec laquelle on l'abandonne pendant un jour ; on broie ensuite le dépôt solide ; on le lave avec de l'alcool froid, et on le met en digestion avec de l'alcool tiède. L'hydrobenzamide nitrée se présente alors sous la forme d'une poudre blanche et légère, qu'on peut obtenir cristalline par la dissolution dans l'alcool bouillant.

Lorsqu'on met l'hydrure de nitrobenzoïle en contact avec une solution alcoolique d'ammoniaque, la matière se dissout d'abord,

[1] BERTAGNINI (1851), *Ann. der Chem. u. Pharm.*, LXXIX, 272.

et l'hydrobenzamide nitrée s'en sépare au bout de quelque temps sous forme résineuse.

L'ammoniaque gazeuse produit également de l'hydrobenzamide nitrée par son action sur l'hydrure de nitrobenzoïle maintenu en fusion.

L'hydrobenzamide nitrée est insoluble dans l'eau, l'éther et l'essence de térébenthine. L'alcool fort la dissout en petite quantité par l'ébullition, et la dépose par le refroidissement sous la forme de flocons blancs, composés d'aiguilles brillantes, très-ténues ; après la dessiccation, ces aiguilles se présentent à l'état d'une masse soyeuse et légère. Elle est sans odeur ni saveur.

Lorsqu'on la fait bouillir pendant quelque temps avec de l'alcool aqueux, elle régénère les deux corps (ammoniaque et hydrure de nitrobenzoïle) qui lui ont donné naissance. Cette régénération s'effectue instantanément à froid, par l'alcool chargé d'acide chlorhydrique.

Une solution concentrée d'acide chromique dissout l'hydrobenzamide nitrée, aisément et avec production de chaleur ; peu après la liqueur se prend en une masse cristalline d'acide nitrobenzoïque.

Chauffée avec une solution diluée de potasse caustique, l'hydrobenzamide nitrée se convertit en son isomère, la nitramarine (§ 1489).

§ 1487. *Amarine, alcali isomère de l'hydrobenzamide*[1]. — Pour préparer ce composé, on opère, suivant M. Laurent, de la manière suivante : on fait dissoudre l'essence d'amandes amères dans de l'alcool, puis on y fait passer un courant de gaz ammoniaque ; la dissolution étant saturée, on l'abandonne pendant 24 ou 48 heures. Au bout de ce temps, l'essence se prend en une masse cristalline composée de grandes sphères radiées, et probablement mélangée d'autres matières. On fait bouillir le tout avec un peu d'eau, afin de chasser la plus grande partie de l'alcool, puis, pendant que la liqueur est chaude, on la sature par de l'acide chlorhydrique ; il se dépose alors des matières huileuses, mêlées quelquefois d'aiguilles d'un acide particulier [2]. Si la liqueur est assez chaude, elle retient

---

[1] LAURENT (1845), *Compt. rend. des trav. de Chem.*, 1845, p. 33. *Ann. de Chim. et de Phys.* [3] I, 306. — FOWNES, *Ann. der Chem. u. Pharm.*, LIV, 363.

[2] M. Laurent lui donne le nom d'*acide benzimique*. Pour le préparer, il faudrait suivre le procédé suivant : après avoir saturé par l'ammoniaque la dissolution alcoolique de l'essence d'amandes amères, et laissé le tout en repos pendant 48 heures, on

en dissolution le chlorhydrate d'amarine. Comme ce sel est peu soluble, il faut s'assurer par un nouveau lavage à l'eau bouillante que la matière huileuse n'en renferme plus. On décante la dissolution, puis on la neutralise par l'ammoniaque. Il se produit alors peu à peu un précipité cristallin d'amarine; on lave le produit, et on le reprend par l'alcool bouillant additionné d'acide chlorhydrique. Pendant que la dissolution est bouillante, on la neutralise par l'ammoniaque; elle dépose alors, par le refroidissement, de belles aiguilles d'amarine tout à fait pure.

M. Fownes prépare l'amarine (*benzoline*) avec l'hydrobenzamide. Ce corps n'est pas immédiatement attaqué par une lessive de potasse bouillante, mais il se métamorphose si l'on maintient le liquide en ébullition pendant quelques heures. Après le refroidissement du mélange, on a un gâteau résineux d'amarine.

Suivant M. Bertagnini, il suffit de chauffer l'hydrobenzamide à 120 ou 130°, pendant 3 à 4 heures, pour la transformer en amarine. On dissout le résidu dans l'alcool bouillant et l'on y ajoute un excès d'acide chlorhydrique : il se dépose ainsi des cristaux de chlorhydrate d'amarine, qu'on décompose par l'ammoniaque.

L'amarine est presque insipide, cependant peu à peu elle détermine une légère amertume; mise sur du papier de tournesol humide, elle le bleuit lentement. Elle est insoluble dans l'eau; l'alcool bouillant la dissout assez bien; par le refroidissement, il la dépose sous la forme d'aiguilles à 6 pans, dont les bases sont remplacées par 2 ou 4 facettes conduisant à l'octaèdre rectangulaire. L'éther la dissout aussi très-aisément. Les cristaux deviennent électriques par le frottement.

Elle fond et se solidifie par le refroidissement en une masse radiée. A une température supérieure, elle se volatilise complétement en ne laissant qu'un très-faible résidu; pendant la distillation, il se développe de l'ammoniaque, et il se condense une huile très-volatile qui possède l'odeur de la benzine, tandis qu'une

---

verserait de l'eau sur le produit, et l'on décanterait la solution aqueuse contenant le benzimate d'ammoniaque, ensuite on précipiterait ce sel par l'acide chlorhydrique. Pour purifier le précipité, on le dissoudrait dans un mélange d'alcool et d'ammoniaque, on porterait la liqueur à l'ébullition, puis on neutraliserait par l'acide chlorhydrique. Il se formerait ainsi peu à peu un dépôt cristallin, composé d'aiguilles soyeuses très-fines, ayant la blancheur et l'éclat de la neige.

Cet acide est presque insoluble dans l'eau, peu soluble dans l'alcool. Par l'action de la chaleur, il fond, puis se décompose si l'on essaye de le distiller.

Il n'a pas encore été analysé.

matière cristallisée vient se sublimer sur le col de la cornue.

Bouillie avec un mélange d'acide sulfurique, de bichromate de potasse et d'eau, l'amarine est vivement attaquée et donne à la distillation une grande quantité d'acide benzoïque.

La potasse caustique en fusion ne paraît pas attaquer l'amarine, si la chaleur n'est pas trop forte.

§ 1488. Les *sels d'amarine*, à l'exception de l'acétate, se distinguent par leur faible solubilité.

Le *chlorhydrate*, $C^{42}H^{18}N^2,HCl$, est un sel peu soluble dans l'eau bouillante ; on l'obtient en aiguilles très-brillantes. Lorsqu'on verse de l'acide chlorhydrique sur l'amarine, on obtient une matière huileuse qui avait été prise autrefois pour un isomère de l'essence d'amandes amères (*hydrure de benzoïline*). Par la dessiccation, ce produit se prend en une masse de plus en plus solide, incolore, et qui se laisse tirer en fils pendant qu'elle est chaude. L'alcool et l'éther la dissolvent aisément. Elle distille sans se décomposer, et se condense sous la forme d'une huile qui se solidifie en restant transparente.

Le *chloroplatinate*, $C^{42}H^{18}N^2,HCl,PtCl^2$, s'obtient en faisant dissoudre le chlorhydrate dans une grande quantité d'alcool qu'on porte à l'ébullition ; puis on y verse du bichlorure de platine. Par le refroidissement du mélange, le chloroplatinate d'amarine se dépose alors sous la forme de petites aiguilles jaunes.

Le *nitrate* s'obtient en versant sur l'amarine un peu d'acide nitrique, étendu d'eau bouillante ; il se produit ainsi une matière molle, non cristalline, qui se dissout dans une quantité suffisante d'eau bouillante. Par le refroidissement, le nitrate d'amarine cristallise en prismes microscopiques.

Le *sulfate* cristallise, d'une solution acide, en prismes incolores semblables à l'acide oxalique.

L'*acétate* est fort soluble et se dessèche en une masse gluante et gommeuse.

§ 1489. La *nitramarine*[1], $C^{42}H^{15}(NO^4)^3N^2$, se produit par une transposition moléculaire de l'hydrobenzamide nitrée. Lorsqu'on chauffe cette substance avec de la potasse diluée (1 vol. d'une lessive de 46° B, et 50 vol. d'eau), on obtient une masse brune résineuse et semi-fluide, qui devient cassante par le refroidissement. Ce produit constitue la nitramarine. On le fait dissoudre à chaud

[1] Bertagnini (1851), *Ann. der Chem. u. Pharm.*, LXXIX, 175.

dans l'alcool concentré, mêlé d'un peu d'éther, et l'on ajoute de l'acide chlorhydrique à la solution : le chlorhydrate de nitramarine se sépare ainsi sous la forme de petites aiguilles brillantes, tandis que les impuretés restent en solution. On purifie d'abord le chlorhydrate en le mettant en digestion avec de l'alcool tiède, et on le décompose ensuite par une dissolution alcoolique d'ammoniaque ; on chasse l'alcool par l'évaporation, on lave le résidu à l'eau pour enlever le chlorhydrate d'ammoniaque, et on dissout de nouveau la nitramarine dans l'alcool.

On peut aussi transformer en nitramarine l'hydrobenzamide nitrée, en maintenant celle-ci simplement à 125° ou 130° dans un bain d'huile.

La nitramarine se dépose, par l'évaporation spontanée de sa solution alcoolique, sous la forme de petits mamelons blancs, très-durs. Elle fond en partie dans l'eau bouillante, et s'y dissout en petite quantité ; sa solution présente une légère réaction alcaline. L'alcool fort et bouillant la dissout aisément ; il en est de même de l'éther. Son meilleur solvant est un mélange d'alcool et d'éther. Sa solution alcoolique a une saveur fort amère, qui le devient encore davantage par l'addition d'une goutte d'acide.

La solution alcoolique de la nitramarine précipite, par le bichlorure de platine, des mamelons jaunes et pesants, insolubles dans l'alcool bouillant. Elle précipite aussi par le bichlorure de mercure ; le précipité paraît pouvoir s'obtenir à l'état cristallin.

Les *sels de nitramarine* sont peu solubles.

Le *chlorhydrate*, $C^{42}H^{15}(NO^4)^3N^2,HCl$, se sépare sous la forme d'aiguilles très-brillantes par l'addition de l'acide chlorhydrique à une solution alcoolique de nitramarine. Il est insoluble dans l'eau et presque insoluble dans l'alcool froid. L'alcool concentré et bouillant le dissout en petite quantité.

Le *nitrate* est plus soluble que le chlorhydrate, et cristallise en petites aiguilles dans une solution alcoolique faite à chaud.

§ 1490. *Lophine, produit pyrogéné de l'hydrobenzamide*[1], $C^{42}H^{16}N^2$ (?). — Lorsqu'on distille de l'hydrobenzamide, il se dégage d'abord de l'ammoniaque, ainsi qu'une huile très-fluide et odorante ; dès que le dégagement d'ammoniaque a cessé, il reste dans la cornue une matière fondue, qui peut passer à la distillation si l'on élève considérablement la température. Mais, au lieu de cela,

----

[1] LAURENT (1844), *Revue scientif.*, XVIII, 272. FOWNES, *loc. cit.*

on la coule dans un mortier, et, après l'avoir épuisée par l'éther bouillant, on la porte dans de l'alcool bouillant, auquel on ajoute peu à peu des fragments de potasse caustique, jusqu'à ce que le tout soit dissous. La lophine se dépose alors sous la forme de jolies aiguilles soyeuses, groupées en aigrettes, qu'on lave avec de l'alcool.

Cette matière se forme aussi dans la distillation sèche du mélange qu'on obtient par l'action du sulfhydrate d'ammoniaque sur l'hydrure de benzoïle.

M. Fownes paraît l'avoir aussi obtenue (*pyrobenzoline*) dans la distillation sèche de l'amarine.

La lophine est incolore, inodore, sans saveur, et insoluble dans l'eau bouillante. Elle fond à 260°; par le refroidissement, elle cristallise en aiguilles, qui se réunissent en bourrelets surmontés d'aigrettes sublimées. Elle peut distiller sans altération. Elle est presque insoluble dans l'alcool et l'éther; une dissolution de potasse dans l'alcool, bouillante et assez concentrée, en est le meilleur solvant; elle ne l'altère nullement par une longue ébullition.

Sa dissolution alcoolique ne bleuit pas le tournesol.

M. Laurent représente la lophine par la formule $C^{46}H^{16}N^2$. M. Fownes assigne la formule $C^{42}H^{16}N^2$ au produit de la distillation sèche de l'amarine. Cette dernière formule cadre assez bien avec la composition du chloroplatinate de lophine. Voici les analyses de ces chimistes :

	Laurent.		Fownes.		$C^{42}H^{16}N^2$.
Carbone. . .	85,6	85,5	85,21	84,66	85,1
Hydrogène. .	5,4	5,4	5,38	5,49	5,4
Azote. . . .	9,2	»	9,11	»	8,5
					100,0

Si la formule $C^{42}H^{16}N^2$ représente la composition de la lophine, on aurait l'équation suivante pour représenter la formation de cet alcali par l'action de la chaleur sur l'hydrobenzamide :

$$4\ C^{42}H^{18}N^2 = 2\ NH^3 + 3\ C^{42}H^{16}N^2 + C^{42}H^{18}.$$

Hydrobenzamide.   Lophine.

$C^{42}H^{18} = 3\ C^{14}H^{16}$ (isomère du stilbène) serait la matière huileuse qui distille en même temps que la lophine.

Le brome paraît se combiner directement avec la lophine.

Bouillie avec de l'acide nitrique, la lophine donne une matière (*nitrilophyle*, $C^{42}H^{13}(NO^4)^3N^2$?) jaune, huileuse, qui se solidifie par le refroidissement. On la purifie en la faisant bouillir avec de l'alcool; elle est jaune orangé, pulvérulente et cristalline. Sous l'influence de la chaleur, elle entre en fusion, et paraît se volatiliser en partie sans décomposition, puis tout à coup elle entre en ignition, en laissant un abondant résidu de charbon.

La lophine forme, avec la plupart des acides, des sels solubles dans l'alcool et insolubles dans l'eau.

Le *chlorhydrate de lophine* s'obtient en paillettes cristallines, en traitant la lophine par l'alcool bouillant et l'acide chlorhydrique.

Le *chloroplatinate*[1], $C^{42}H^{16}N^2$, HGl, PtGl^2 + 2 aq., (à 100°), se prépare en faisant dissoudre dans l'alcool bouillant du bichlorure de platine et du chlorhydrate d'amarine; puis on mêle les deux solutions : si elles sont suffisamment étendues d'alcool, il se dépose, au bout de quelques secondes, un sel qui cristallise très-bien en lames allongées, obliques et d'un orangé pâle.

Le *nitrate*, $C^{42}H^{16}N^2$, NO^6H + 2 aq., forme des paillettes fines, légères, sans éclat, solubles dans l'alcool et insolubles dans l'eau.

Le *sulfate* neutre forme de petites lamelles allongées et brillantes.

§ 1491. *Dérivés cyan-ammoniacaux et phényl-ammoniacaux de l'hydrure de benzoïle.* — L'urée (hydrate de cyan-ammonium, § 223) et l'aniline (phényl-ammoniaque, § 144) attaquent l'hydrure de benzoïle, en produisant deux composés ayant quelques rapports avec l'hydrobenzamide :

$$C^{50}H^{28}N^8O^8 = 3\ C^{14}H^6O^2 + 4\ C^2H^4N^2O^2 - 6\ HO;$$

Benzoïl uréide.   Hydr. de benzoïle.   Urée.

$$C^{26}H^{11}N = C^{14}H^6O^2 + C^{12}H^7N - 2\ HO.$$

Benzoïla-   Hydr. de ben-   Aniline.
nilide.   zoïle.

α. *Benzoïl-uréide*[2], $C^{50}H^{28}N^8O^8$. — Lorsqu'on délaye de l'urée en poudre dans de l'hydrure de benzoïle, et qu'on chauffe la bouillie à une température qui n'atteigne pas celle de l'eau bouillante, l'urée se dissout d'abord, et, au bout de quelques instants, toute la masse devient solide. On fait bien d'opérer dans une capsule qu'on place sur un bain de sable, et de faciliter la réaction en broyant la bouillie avec un pilon. Les proportions qui conviennent le mieux

---

[1] Je me suis assuré moi-même de la présence de l'eau dans le chloroplatinate de lophine, séché à 100°. Il m'a donné, par la calcination, 18,8 p. c. de platine. (Calcul 19,0).

[2] Laurent et Gerhardt (1850), *Compt. rend. des trav. de Chim.*, 1850, p. 119.

à cette expérience sont 2 parties d'hydrure pour 5 parties d'urée. On réduit le produit en poudre, et on le traite par l'éther pour enlever l'excès d'hydrure ; puis on le fait bouillir à grande eau, jusqu'à ce que la liqueur filtrée ne laisse plus d'urée par l'évaporation.

Ainsi obtenue, la benzoïl-uréide constitue une poudre blanche non cristalline, sans saveur ni odeur, insoluble dans l'eau et l'éther, soluble dans l'alcool qui la dépose par l'évaporation en croûtes amorphes. Elle a donné à l'analyse :

	Laurent et Gerhardt.				Calcul.
Carbone. . .	59,72	59,81	59,81	59,45	59,52
Hydrogène. .	5,58	5,47	5,55	5,55	5,55
Azote. . . .	21,50	21,86	»	»	22,22
Oxygène. . .	»	»	»	»	12,71
					100,00

Les acides étendus n'y agissent pas à froid ; mais, si l'on chauffe légèrement, ils la transforment en hydrure de benzoïle qui vient surnager, et en urée qui reste en dissolution ; si l'on opère avec de l'acide chlorhydrique, et qu'on ajoute ensuite de l'acide nitrique au liquide, il se précipite des cristaux de nitrate d'urée.

La benzoïl-uréide se décompose par la chaleur : elle commence à jaunir vers 170°, et émet de l'essence d'amandes amères à quelques degrés plus haut. Si on la soumet à la distillation sèche, il passe, avec l'hydrure de benzoïle, de l'eau chargée d'ammoniaque : le résidu jaune est à peu près insoluble dans l'alcool et l'éther ; il disparaît complétement par une plus forte chaleur.

Elle n'est pas attaquée par l'ammoniaque bouillante. La potasse aqueuse et concentrée ne la dissout que par une longue ébullition, en même temps que les vapeurs d'eau se chargent d'hydrure de benzoïle et d'ammoniaque ; si l'on concentre la solution potassique, elle dépose, par le refroidissement, des paillettes de benzoate.

On peut utiliser la formation aisée de la benzoïl-uréide, pour chercher l'hydrure de benzoïle, dans d'autres huiles, par exemple, dans le chlorure de benzoïle.

L'hydrure de nitrobenzoïle donne avec l'urée une combinaison semblable à la benzoïl-uréide (Bertagnini).

β. *Benzoïl-anilide*[1], $C^{26}H^{11}N$. — Lorsqu'on fait un mélange de volumes à peu près égaux d'aniline et d'hydrure de benzoïle, l'une

---

[1] LAURENT et GERHARDT (1850), *Compt. rend. des trav. de Chim.*, 1850, p. 117.

et l'autre préalablement privées d'humidité, et qu'on chauffe légèrement ce mélange, on voit se séparer de l'eau qui se rend à la
surface. Le produit, abandonné à lui-même pendant quelque
temps, se prend ordinairement en une masse cristalline, plus ou
moins colorée; quelquefois aussi il reste entièrement liquide,
mais il se solidifie quand on le verse dans l'eau. On l'exprime et
on le fait cristalliser dans l'alcool chaud, où il est fort soluble;
on peut aussi, pour le décolorer entièrement, le distiller après
l'avoir exprimé. Il passe alors sous la forme d'une huile entièrement limpide qui se prend, par le refroidissement, en une masse
cristalline.

La benzoïl-anilide s'obtient en belles paillettes par l'évaporation
de sa solution alcoolique. Elle est insoluble dans l'eau, fort soluble
dans l'alcool et l'éther. Elle est extrêmement fusible, et bout à une
très-haute température en distillant sans altération. Elle est sans
odeur ni saveur.

Elle devient fluide au contact de l'acide acétique et de l'acide
chlorhydrique; l'acide chlorhydrique concentré la dissout à chaud,
mais ne paraît pas l'altérer beaucoup par l'ébullition; l'ammoniaque
l'en sépare de nouveau. La benzoïl-anilide ne peut cependant pas
être comptée parmi les alcalis, car l'acide acétique ne la dissout
pas sensiblement. L'acide sulfurique concentré la dissout à chaud
en se colorant en jaune; l'eau ajoutée à la solution en sépare de
l'hydrure de benzoïle, tandis qu'elle dissout du sulfate d'aniline.

L'acide nitrique la dissout à froid en se colorant en vert foncé;
l'eau sépare de la solution de l'hydrure de benzoïle, et dissout
du nitrate d'aniline. La potasse bouillante l'attaque à peine. Le
brome l'attaque vivement; lorsqu'on verse du brome dans une solution alcoolique de benzoïl-anilide, il y cristallise de la tribromaniline (§ 1422).

Dérivés sulfurés de l'hydrure de benzoïle.

§ 1492. Sous l'influence de l'hydrogène sulfuré, l'hydrure de
benzoïle perd tout son oxygène, qui est remplacé par son équivalent de soufre, et l'on obtient l'*hydrure de sulfobenzoïle;* par l'action simultanée de l'ammoniaque et de l'hydrogène sulfuré, il se
produit de l'*hydrure de sulfazobenzoïle :*

$$C^{14}H^6S^2 = C^{14}H^6O^2 + 2\,HS - 2\,HO.$$
Hydr. de sulfobenz.

$$C^{42}H^{19}NS^4 = 3\,C^{14}H^6O^2 + \left\{\begin{array}{c} 4\,HS \\ NH^3 \end{array}\right\} - 6\,HO.$$
Hydr. de sulfazobenz.

§ 1493. *Hydrure de sulfobenzoïle*[1], $C^{14}H^6S^2$. — On prépare ce corps en dissolvant 1 vol. d'hydrure de benzoïle dans 8 ou 10 vol. d'alcool, et en ajoutant peu à peu à cette solution 1 vol. de sulfhydrate d'ammoniaque. Le mélange se trouble au bout de quelque temps, en déposant un corps blanc et pulvérulent, sans indice de cristallisation. C'est l'hydrure de sulfobenzoïle. Dans la préparation de ce corps, on obtient ordinairement aussi, en petite quantité, de l'hydrure de sulfazobenzoïle.

On peut aussi préparer l'hydrure de sulfobenzoïle avec l'hydrobenzamide (hydrure d'azobenzoïle).

En faisant passer un courant de gaz sulfhydrique à travers une dissolution alcoolique d'hydrobenzamide, on voit bientôt la liqueur se troubler, et, si l'on a soin de faire arriver le gaz en excès, la décomposition est complète. Il ne se dépose aucune trace de soufre dans cette réaction. Si l'on abandonne le liquide au repos, on obtient, d'une part, une liqueur limpide qui renferme du sulfhydrate d'ammoniaque, et, de l'autre, un dépôt abondant qui, après des lavages à l'alcool, constitue un produit pur.

L'hydrure de sulfobenzoïle se présente sous la forme d'une poudre blanche, farineuse, insoluble dans l'eau et l'alcool ; il communique aux doigts une odeur d'ail persistante. Lorsqu'on y verse de l'éther, il devient subitement liquide et transparent ; par l'addition de quelques gouttes d'alcool, il reprend sa forme solide. Il se ramollit vers 95°.

Soumis à la distillation sèche[2], il se décompose en sulfure de carbone, hydrogène sulfuré, stilbène et thionessale ; on a donc :

$$8\,C^{14}H^6S^2 = 2\,C^2S^4 + 6\,HS + 2\,C^{28}H^{12} + C^{52}H^{18}S^2.$$
Hydr. de sulfobenz.   Stilbène.   Thionessale.

L'acide chlorhydrique dégage, de l'hydrure de sulfobenzoïle, un peu de gaz sulfhydrique. L'acide nitrique le décompose, à chaud, en hydrure de benzoïle ou acide benzoïque, et en acide sulfurique. Une dissolution alcoolique de potasse l'attaque lentement.

<hr>

[1] LAURENT (1841), *Ann. de Chim. et de Phys.*, [3] I, 291. — CAHOURS, *Compt. rend. de l'Acad.*, XXV, 457.

[2] Voy. § 1496.

§ 1494. On obtient un isomère (*sulfobenzol*[1]) de l'hydrure de sulfobenzoïle en faisant agir le sulfhydrate de potasse sur l'hydrure de chlorobenzoïle (§ 1480); la réaction est vive, et donne naissance à un produit blanc et nacré, ainsi qu'à du chlorure de potassium. A l'aide de l'eau, on sépare aisément les deux produits. La matière insoluble se dissout fort bien dans l'alcool bouillant, qui la dépose, par le refroidissement, sous la forme d'écailles brillantes. Ce composé fond à 64°, et se prend, par le refroidissement, en une masse cristalline; il bout à une température beaucoup plus élevée, en se décomposant en partie.

L'acide nitrique, même étendu, l'attaque avec violence, en donnant naissance à de l'acide sulfurique et à une matière cristallisée en écailles jaunes, brillantes et solubles dans les alcalis.

§ 1494[a]. L'*hydrure de sulfobenzoïle nitré*[2], $C^{14}H^5(NO^4)S^2$, s'obtient en dissolvant l'hydrure de nitrobenzoïle dans l'alcool, et en y faisant passer un courant d'hydrogène sulfuré : peu à peu la liqueur se trouble, et dépose une poudre farineuse. On purifie ce produit en le mettant en digestion avec de l'alcool tiède. Il se présente ensuite sous la forme d'une poudre légère, grisâtre, sans odeur, mais qui, frottée entre les doigts, leur communique néanmoins une odeur désagréable, très-persistante. Il devient électrique par le frottement; il ne se dissout pas dans les solvants ordinaires. Il fond dans l'eau bouillante, et communique à la vapeur d'eau une odeur alliacée; l'éther le rend visqueux, même à la température ordinaire.

L'acide sulfurique le dissout à une douce chaleur sans noircir; la solution est précipitée par l'eau. L'acide nitrique ordinaire l'attaque à chaud, en transformant tout son soufre en acide sulfurique, et en donnant de l'hydrure de nitrobenzoïle, et quelquefois aussi de l'acide nitrobenzoïque. L'acide nitrique fumant détermine la même transformation avec tant d'énergie, qu'il peut en résulter une véritable explosion.

La potasse alcoolique dissout, déjà à froid, l'hydrure de sulfobenzoïle nitré; l'eau ajoutée à la solution précipite une matière brune.

L'ammoniaque, en solution ou à l'état de gaz, attaque l'hydrure de sulfobenzoïle nitré, en dégageant beaucoup d'hydrogène sulfuré, et en donnant probablement de l'hydrobenzamide nitrée.

[1] CAHOURS (1848), *Ann. de Chim. et de Phys.*, [3] XXIII, 333.
[2] BERTAGNINI (1851), *Ann. der Chem. u. Pharm.*, LXXIX, 269.

§ 1495. *Hydrure de sulfazobenzoïle*[1], $C^{42}H^{19}NS^4$. — Ce composé s'obtient ordinairement en petite quantité dans la préparation de l'hydrure de sulfobenzoïle par l'hydrure de benzoïle et le sulfhydrate d'ammoniaque. On réussit presque toujours à le préparer en grande quantité par un des procédés suivants : 1° On dissout l'essence d'amandes amères dans 4 à 5 fois son volume d'éther ; on y verse un volume de sulfhydrate d'ammoniaque, et l'on abandonne le tout pendant quinze jours ou un mois. Il se forme une croûte blanche cristalline, qu'on fait dissoudre et cristalliser dans l'éther. 2° On met un volume d'essence en contact avec 1 ou 2 volumes de sulfhydrate d'ammoniaque ; au bout de quinze jours, et quelquefois seulement au bout de un à deux mois, l'essence se trouve plus ou moins complétement solidifiée en une masse jaune, ayant plus ou moins l'apparence cristalline ou résineuse. Par des lavages à l'éther froid, on enlève une matière huileuse, et l'on fait cristalliser le reste dans l'éther bouillant.

L'hydrure de sulfazobenzoïle s'obtient en cristaux incolores, transparents, souvent assez volumineux. Les cristaux appartiennent au système monoclinique. (Combinaison observée, o P. ∞ P ∞. [∞ P ∞], avec ∞ P subordonné. Il y a deux espèces de prismes : dans l'un, o P : ∞ P ∞ = 129° environ ; dans l'autre, o P : $_\infty$ P ∞ = 98° environ, ∞ P : ∞ P = 121°,40` ; o P : $\infty$ P = 122°,30`). Ce corps communique aux doigts une odeur désagréable. Il fond vers 125° ; par le refroidissement il reste transparent comme la gomme. Quand on le distille, il donne de l'ammoniaque et les mêmes produits de décomposition que l'hydrure de sulfobenzoïle.

L'éther bouillant peut en dissoudre la vingtième ou la trentième partie de son poids. L'alcool, à l'aide de l'ébullition, le décompose très-lentement en dégageant de l'hydrogène sulfuré.

L'acide nitrique, à l'aide d'une douce chaleur, l'attaque avec violence, en produisant une huile qui paraît être de l'hydrure de benzoïle. L'acide sulfurique concentré le dissout à chaud en prenant une couleur carminée. La potasse alcoolique en dégage, à chaud, de l'ammoniaque, et l'eau précipite une huile qui cristallise au contact de l'air ; un acide versé dans la dissolution en dégage de l'hydrogène sulfuré.

§ 1496. *Produits pyrogénés des dérivés sulfurés de l'hydrure de*

[1] LAURENT (1841), *Ann. de Chim. et de Phys.*, [3] I, 295 ; XXXVI, 342. *Revue scientif.*, XVI, 393.

benzoïle. — L'action de la chaleur sur l'hydrure de sulfobenzoïle et sur l'hydrure de sulfazobenzoïle donne naissance à plusieurs composés dont la nature chimique est mal connue.

Ces produits sont :

Le stilbène. . . . $C^{28}H^{12}$;
Le thionessale. . $C^{52}H^{18}S^{2}$(?),
Le picryle. . . . $C^{42}H^{15}NO^{4}$(?).

Nous allons successivement décrire ces produits.

α. *Stilbène*[1]. Quand on chauffe dans une cornue de l'hydrure de sulfobenzoïle, il ne tarde pas à fondre ; il se développe de l'hydrogène sulfuré, du sulfure de carbone, et, si l'on renforce le feu, il passe en premier lieu du stilbène qui se solidifie en écailles ; bientôt après il passe du thionessale. Pour obtenir le stilbène à l'état de pureté, on fait bouillir avec de l'alcool les premières parties de la distillation ; on filtre pour séparer le thionessale presque insoluble dans l'alcool, et on laisse refroidir la liqueur. Le stilbène se dépose alors en lames rhomboïdales, qu'on fait recristalliser dans l'éther.

On peut aussi employer les produits bruts qui résultent de l'action du sulfhydrate d'ammoniaque sur une dissolution alcoolique d'essence d'amandes amères ; le tout doit être laissé en contact pendant deux à trois semaines.

Le stilbène cristallise en tables rhomboïdales, sans odeur, incolores et possédant l'éclat nacré de la stilbite ; les cristaux appartiennent au système monoclinique. Combinaison observée, oP. ∞ P. ∞ P∞ , o P prédominant. Inclinaisons des faces, oP : ∞ P = 100° ; ∞P : ∞ P = 53°30′ ; ∞ P : ∞ P ∞ = 116°,45 ; oP : ∞ P ∞ = 112°. Les tables sont ordinairement rattachées les unes aux autres par les angles aigus des rhombes.

Ce corps est très-peu soluble dans l'alcool froid, mais il est assez soluble dans l'alcool bouillant. Il est plus soluble dans l'éther que dans l'alcool. Il fond à quelques degrés au-dessus de 100°, bout vers 292°, et distille sans altération. La densité de sa vapeur a été trouvée égale à 8,4.

---

[1] LAURENT (1844), *Revue scientif.*, XVI, 373. — Le stilbène semble être à l'acide benzoïque ce que le gaz oléfiant est à l'acide formique, c'est-à-dire le diphényl-éthylène $= C^{4}H^{2}(C^{12}H^{5})^{2}$, ou gaz oléfiant dans lequel 2 at. d'hydrogène sont remplacés par leur équivalent de phényle.

L'analyse du stilbène a donné les nombres suivants :

	Laurent.		Calcul.
Carbone. . .	93,18	93,38	93,33
Hydrogène. . .	6,66	6,66	6,67

L'acide sulfurique de Nordhausen le dissout à chaud; en saturant la liqueur avec de la baryte, on obtient un sel copulé soluble.

L'acide chromique étendu ne le décompose pas; l'acide concentré le décompose avec violence sous l'influence de la chaleur, et le convertit en hydrure de benzoïle.

L'acide nitrique bouillant donne naissance à plusieurs produits, parmi lesquels on remarque le nitrostilbène et un acide particulier, *l'acide nitrostilbique*, qui paraît renfermer $C^{28}H^9(NO^4)O^3 + 2aq$. Cet acide forme une poudre jaunâtre, presque insoluble dans l'eau, soluble dans l'alcool, encore plus soluble dans l'éther.

Le chlore et le brome se combinent directement avec le stilbène.

Le *chlorure de stilbène*, $C^{28}H^{12},Cl^2$, s'obtient quand on fait passer du chlore sur le stilbène, maintenu en fusion, soit en petits cristaux transparents, très-peu solubles dans l'éther, et presque insolubles dans l'alcool bouillant, soit en tables octogonales très-solubles dans l'alcool et l'éther.

Une dissolution bouillante et alcoolique de potasse le convertit en chlorostilbène :

$$C^{28}H^{12},Cl^2 = C^{28}H^{11}Cl + HCl.$$

Le *chlorostilbène* ou chlostilbase, $C^{28}H^{11}Cl$, est une huile soluble dans l'alcool et l'éther, et volatile sans altération.

Le *chlorure de chlorostilbène*, $C^{28}H^{11}Cl,Cl^2$, cristallise sous la forme de lentilles blanches et opaques; il est moins soluble dans l'éther que la substance précédente. Il fond à 85°. Une dissolution alcoolique et bouillante de potasse le décompose.

Le *bromure de stilbène*, $C^{28}H^{12},Br^2$, se prépare en versant du brome sur le stilbène. C'est une poudre blanche, insoluble dans l'alcool et l'éther; par la distillation sèche, elle dégage de l'acide bromhydrique et du brome.

Le *bromure de chlorostilbène*, $C^{28}H^{11}Cl,Br^2$, s'obtient en faisant agir du brome sur le chlorostilbène; il forme des cristaux mal déterminés, solubles dans l'éther.

β. *Thionessale*[1]. Lorsqu'on soumet à la distillation de l'hydrure

---

[1] LAURENT (1841), *Revue scientif.*, XVIII, p. 197.

de sulfobenzoïle, il se dégage d'abord de l'hydrogène sulfuré et du sulfure de carbone. Il reste dans la cornue une matière fondue, qui est un mélange de stilbène et de thionessale. Pour obtenir ce dernier, il faut distiller le tout et séparer le premier produit, qui se solidifie en écailles : c'est le stilbène. Quand on élève ensuite la température, le thionessale vient se condenser dans le col de la cornue, où il se fige en une masse aciculaire. Pour le purifier, on le pulvérise, et on le fait bouillir avec de l'éther, qui dissout le stilbène ; il reste une poudre blanche, que l'on fait cristalliser dans l'huile de pétrole bouillante.

Le thionessale est incolore, inodore, cristallisé en aiguilles soyeuses ; l'alcool bouillant n'en dissout que des traces ; l'éther bouillant le dissout difficilement. L'huile de pétrole bouillante est son meilleur dissolvant. Il fond à 178°. Sa vapeur possède une légère odeur, qui n'est pas sulfureuse ; il brûle avec une flamme rougeâtre et fuligineuse.

Une dissolution alcoolique et bouillante de potasse ne le décompose pas. L'acide nitrique bouillant l'attaque difficilement.

Le thionessale paraît renfermer $C^{52}H^{18}S^2$:

	Laurent.		Calcul.
Carbone. . . .	85,61	86,35	86,2
Hydrogène. . .	4,84	4,90	4,9
Soufre.	»	»	9,8
			100,0

Le brome l'attaque vivement, et le convertit en tables incolores (*brométhionessile*), qui paraissent contenir $C^{52}H^{14}Br^4S^2$. L'acide nitrique donne finalement une masse jaune, non cristalline, paraissant renfermer $C^{52}H^{14}(NO^4)^4S^2$.

γ. *Picryle*. En soumettant à la distillation sèche le produit brut de la réaction du sulfhydrate d'ammoniaque et de l'hydrure de benzoïle, M. Laurent a encore obtenu un troisième composé : celui-ci se trouve dans la dissolution éthérée d'où l'on a déjà extrait le stilbène.

Le picryle est incolore, inodore, insoluble dans l'eau. Il cristallise en beaux octaèdres monocliniques ($+ P. — P$, avec les modifications ∞P et oP. Inclinaison des faces, $+ P : — P$ aux arêtes culminantes $= 112°$; $— P : + P$ à la base $= 117°$; $+ P : \infty P = 120°$; $— P : \infty P = 139°,30'$; $oP : + P = 133°,30'$; $oP : — P = 121°,30'$).

Il est très-soluble dans l'éther, beaucoup moins soluble dans l'alcool.

Il renferme probablement : $C^{42}H^{15}NO^4$.

		Laurent.			Calcul.
Carbone. . . .	80,8	80,45	80,17	80,37	80,5
Hydrogène. . .	4,6	4,70	4,77	4,77	4,7
Azote.	4,7	»	»	»	4,4
Oxygène. . . .	»	»	»	»	10,4
					100,0

Le chlore, le brome et l'acide nitrique l'attaquent en donnant des produits particuliers.

Dérivés sulfureux de l'hydrure de benzoïle.

§ 1497. Seul, l'acide sulfureux n'exerce aucune action sur l'hydrure de benzoïle; mais, en présence des alcalis, les deux corps produisent des combinaisons particulières [1].

Sulfite de benzoïl-ammonium. — Ce composé n'a pas été obtenu à l'état cristallisé, et paraît être très-soluble. Lorsqu'on agite une solution aqueuse de bisulfite d'ammoniaque avec de l'hydrure de benzoïle, le mélange s'échauffe et l'hydrure se dissout entièrement. Il en est de même lorsqu'on fait passer du gaz sulfureux dans de l'ammoniaque à laquelle on a ajouté de l'hydrure de benzoïle.

La solution du sulfite de benzoïl-ammonium dissout une certaine quantité d'hydrure de benzoïle qui se sépare par l'addition de beaucoup d'eau; la combinaison se décompose par l'addition d'un acide ou d'un alcali.

Sulfite de benzoïl-potassium. — Lorsqu'on agite l'hydrure de benzoïle avec une solution de bisulfite de potasse, le mélange s'échauffe et se prend en une bouillie cristalline de sulfite de benzoïl-potassium. On laisse dessécher les cristaux, et on les fait dissoudre dans l'alcool étendu et bouillant, en ayant soin de ne pas maintenir l'ébullition trop longtemps, pour éviter la décomposition partielle du produit. Par le refroidissement, la solution dépose ce dernier sous la forme de lamelles allongées, rectangulaires et brillantes. Il est très-peu soluble dans l'alcool froid, très-soluble dans l'eau à la température ordinaire, moins soluble en présence d'un sulfite alcalin, et tout

[1] BERTAGNINI (1852), *Ann. der Chem. u. Pharm.*, LXXXV, 183.

à fait insoluble dans la solution concentrée et froide d'un sulfite. Sa solution se décompose par l'ébullition en mettant de l'hydrure de benzoïle en liberté. Les acides n'y paraissent pas agir à froid, mais ils le décomposent à une température peu élevée, en dégageant de l'acide sulfureux et de l'hydrure de benzoïle ; les alcalis mettent aussi ce dernier corps en liberté. Les cristaux se conservent pendant longtemps à l'air, sans s'altérer sensiblement.

Sulfite de benzoïl-sodium, $C^{14}H^5NaO^2,S^2O^4 + 3$ aq. — On l'obtient en agitant l'hydrure de benzoïle avec 3 à 4 fois son volume d'une solution concentrée de bisulfite de soude ; le mélange s'échauffe, et se prend en une bouillie cristalline. On laisse dessécher les cristaux, et on les fait recristalliser dans l'alcool faible de 50 centièmes.

Le sulfite de benzoïl-sodium forme de petits prismes brillants, enchevêtrés, fort solubles dans l'eau, insolubles à froid dans l'alcool ordinaire, peu solubles à chaud dans ce dernier liquide. Les cristaux se conservent sans altération dans des flacons bien bouchés. Ils se décomposent par la distillation, en dégageant de l'acide sulfureux et de l'hydrure de benzoïle. Leur solution aqueuse donne avec le chlorure de baryum un abondant précipité, soluble dans l'acide chlorhydrique ; elle forme également des précipités abondants dans les sels d'argent et de plomb ; les précipités paraissent contenir de l'hydrure de benzoïle. Elle se décompose par l'ébullition, en mettant de l'hydrure de benzoïle en liberté ; les acides, les alcalis, le chlore et le brome activent cette décomposition.

On peut utiliser l'action que le bisulfite de potasse ou de soude exerce sur l'hydrure de benzoïle, pour découvrir la présence d'huiles étrangères dans l'essence d'amandes amères.

§ 1498. L'hydrure de nitrobenzoïle donne, avec les bisulfites alcalins, des combinaisons semblables aux précédentes.

Le *sulfite de nitrobenzoïl-ammonium*, $C^{14}H^4(NO^4)(NH^4)O^2,S^2O^4 + 3$ aq., s'obtient en chauffant légèrement une solution de bisulfite d'ammoniaque avec de l'hydrure de nitrobenzoïle ; il faut éviter de trop chauffer le mélange, car les deux corps réagissent très-énergiquement à une température peu élevée. Le sulfite cristallise sous la forme de petits prismes transparents, craquant sous la dent, d'une saveur à la fois amère et sulfureuse, et inaltérables à l'air. Il est fort soluble dans l'eau froide, et se dissout aisément dans l'alcool bouillant, qui le dépose, par le refroidissement, à l'état cristallisé. Les acides et les alcalis le décomposent, surtout à chaud.

Le *sulfite de nitrobenzoïl-sodium*, $C^{14}H^4(NO^4)NaO^2, S^2O^4 + 12\,aq.$, s'obtient en lames brillantes, en chauffant doucement l'hydrure de nitrobenzoïle avec une solution de bisulfite de soude; on le purifie par la cristallisation dans une petite quantité d'eau bouillante. Il est presque incolore, fort soluble dans l'eau bouillante, moins soluble dans l'eau froide. Sa solution se décompose par l'ébullition; les acides favorisent cette décomposition. Chauffés à 70° ou 75°, les cristaux perdent 26,08 p. c. = 10 atomes d'eau ; à une température supérieure, ils s'altèrent.

Dérivés sulfuriques de l'hydrure de benzoïle.

§ 1498*ᵃ*. Lorsqu'on fait agir l'acide sulfurique anhydre sur l'hydrure de benzoïle, il se produit, suivant M. Mitscherlich[1], un acide copulé particulier. On étend d'eau le produit et on le sature par du carbonate de baryte; par l'évaporation de la liqueur, on obtient un *sel de baryte* visqueux. Celui-ci donne des sels cristallisables, par double décomposition avec le sulfate de *magnésie* et le sulfate de *zinc*.

Dérivés cyanhydriques de l'hydrure de benzoïle.

§ 1499. L'hydrure de benzoïle se combine directement avec l'acide cyanhydrique, en produisant un *cyanhydrate d'hydrure de benzoïle*. Dans certaines circonstances, il s'établit entre les deux corps une réaction plus intime, et l'on obtient alors de l'*hydrure de cyanobenzoïle ;* si les éléments de l'ammoniaque interviennent en même temps, il se forme des *hydrures de cyanazobenzoïle.*

$$C^{46}H^{18}N^2O^4 = 3\,C^{14}H^6O^2 + 2\,CyH - 2\,HO.$$

Hydr. de cyanobenz.   Hydr. de benz.   Ac. cyanhyd.

Voy. § 1503, les hydrures de cyanazobenzoïle.

Lorsqu'on traite le cyanhydrate d'hydrure de benzoïle par l'acide chlorhydrique concentré, on obtient l'*acide formobenzoïlique* (§ 1504), qui renferme les éléments de l'hydrure de benzoïle et de l'acide formique. Pour se rendre compte de cette métamorphose, il faut se rappeler que l'acide cyanhydrique (§ 167) se convertit,

---

[1] Mitscherlich, *Handwört. d. Chemie v. Liebig, Poggend., u. Woehler.* Supplém. p. 526.

dans les mêmes circonstances, en acide formique et en ammoniaque.

Aux combinaisons précédentes, nous rattacherons l'*amygdaline* (§ 1506), renfermant les éléments de l'hydrure de benzoïle, de l'acide cyanhydrique et du glucose, moins les éléments de l'eau, et susceptible de se transformer en ces composés ; ainsi que l'*acide amygdalique* (§ 1507), contenant les éléments de l'hydrure de benzoïle, de l'acide formique et du glucose, moins les éléments de l'eau.

$$C^{40}H^{27}NO^{22} = C^{14}H^6O^2 + C^2HN \; 2\,C^{12}H^{12}O^{12} - 4\,HO$$

Amygdaline.   Hydr. de   Ac. cyanhydr.   Glucose.
                    benzoïle.

$$C^{40}H^{26}O^{24} = C^{14}H^6O^2 + C^2H^2O^4 + 2\,C^{12}H^{12}O^{12} - 6\,HO.$$

Ac. amygdalique.   Hydr. de   Ac. formiq.   Glucose.
                  benzoïle.

§ 1500. CYANHYDRATE D'HYDRURE DE BENZOÏLE [1], $C^{14}H^6O^2$, CyH. — Cette combinaison s'obtient lorsqu'on mélange de l'eau distillée d'amandes amères avec de l'acide chlorhydrique, comme dans la préparation de l'acide formobenzoïlique, et qu'on évapore la liqueur à une température inférieure au point d'ébullition de l'eau. Quand la liqueur est suffisamment concentrée, le cyanhydrate d'hydrure de benzoïle se sépare, par le refroidissement, sous la forme d'une huile jaunâtre. On agite celle-ci avec de l'eau, pour enlever l'acide chlorhydrique, et on l'abandonne dans le vide, sur de l'acide sulfurique concentré.

Le cyanhydrate d'hydrure de benzoïle présente à peine de l'odeur, et ne s'altère pas au contact de l'air. Il est très-peu soluble dans l'eau, fort soluble au contraire dans l'alcool et dans l'éther ; sa solution aqueuse est neutre aux papiers, et possède une saveur amère. Sa densité est de 1,124. Il s'altère en partie déjà à 100° ; il bout à 170°, et se décompose alors en acide cyanhydrique et en hydrure de benzoïle. Au contact de la potasse caustique, il se transforme en cyanure de potassium, et en hydrure de benzoïle qui devient libre.

Lorsqu'on évapore le cyanhydrate d'hydrure de benzoïle avec de l'acide chlorhydrique concentré, il fixe les éléments de l'eau, pour se transformer en acide formobenzoïlique et en ammoniaque :

$$2\,(C^{14}H^6O^2, C^2HN) + 8\,HO = C^{32}H^{16}O^{12} + 2\,NH^3.$$

    Cyanh. d'hydr. de benz.   Ac. formobenzoïl.

[1] VOELCKEL (1844), *Ann. de Poggend.*, LXII, 444.

§ 1501. Une combinaison semblable au cyanhydrate d'hydrure de benzoïle se produit[1] lorsqu'on distille, dans un bain de sel marin, un mélange de 2 p. d'hydrure de benzoïle, 1 p. de cyanure de mercure et 1 p. d'acide chlorhydrique concentré. On traite le résidu par l'eau, qui laisse alors la combinaison sous la forme d'une huile. Celle-ci a une densité de 1,10, présente l'odeur de l'hydrure de benzoïle, se dissout dans 20 p. d'eau, est plus soluble encore dans l'alcool, et se dissout en toutes proportions dans l'éther; elle ne se concrète pas à 12°. Elle bout à 312°; le produit distillé se concrète par le refroidissement.

Lorsqu'on agite la combinaison huileuse avec une solution de sel ammoniac, on obtient de l'hydrure de benzoïle, et un sel double à base de mercure et d'ammoniaque.

§ 1502. *Hydrure de cyanobenzoïle*, ou benzimide[2], $C^{46}H^{18}N^2O^4$. — Ce corps se rencontre quelquefois dans le résidu résineux provenant de la rectification de l'essence d'amandes amères brute; il y est mélangé d'hydrure de benzoïle et de benzoïne; si l'on traite ce résidu par un peu d'alcool bouillant, la liqueur laisse déposer en premier lieu des flocons blancs d'hydrure de cyanobenzoïle.

Le même corps se produit lorsqu'on mélange l'essence d'amandes amères ou l'hydrure de benzoïle avec 1/4 environ de son volume d'acide cyanhydrique presque anhydre, et qu'on chauffe doucement le mélange, après l'avoir agité avec son volume d'une teinture de potasse, étendue de 6 p. d'alcool; il se forme ainsi, au bout de quelque temps, la liqueur étant abandonnée à elle-même, des flocons blancs, caillebottés. On décante la portion liquide, et, après avoir épuisé les flocons avec de l'eau bouillante, on les fait dissoudre dans l'alcool.

L'hydrure de cyanobenzoïle se dépose sous la forme d'une masse blanche, légère et cohérente, qui déteint, et dont la couleur tire quelquefois sur le vert. Il est peu soluble dans l'alcool et même dans l'éther.

---

[1] PRENLELOUP, *Handwört. der Chem. v. Liebig, Poggend., u. Woehler.* Supplément, p. 554.

[2] LAURENT (1835), *Ann. de Chim. et de Phys.*, LIX, 397. *Revue scientif.*, X, 120. — ZININ, *Revue scientif.*, III, 44. — GREGORY, *Compt. rend. des trav. de Chim.*, 1845, p. 307. — LAURENT et GERHARDT, *ibid.*, 1850, p. 116.

Il a donné à l'analyse :

	Laurent [1].	Zinin.		Gregory.	Calcul.
Carbone. . .	76,46	77,33	77,2	77,67	77,89
Hydrogène. .	4,94	5,09	5,2	5,17	5,08
Azote.	7,00	7,76	»	8,20	7,99
Oxygène. . .	»	»	»	»	9,04
					100,00

La chaleur fait fondre l'hydrure de cyanobenzoïle. Si l'on chauffe très-fort, celui-ci se décompose en laissant du charbon. L'acide sulfurique concentré dissout l'hydrure de cyanobenzoïle avec une couleur verte, en rougissant peu à peu ; l'eau reprécipite cette substance de la solution. L'acide sulfurique fumant lui communique une coloration bleue très-riche, qui ne persiste pas au contact de l'air humide.

L'acide nitrique le dissout en le décomposant. Ni l'acide chlorhydrique, ni la potasse ne le dissolvent à froid. L'acide chlorhydrique bouillant en dégage de l'hydrure de benzoïle, en produisant du sel ammoniac, et probablement aussi de l'acide formique :

$$C^{46}H^{19}N^2O^4 + 10\,HO = 3\,C^{14}H^6O^2 + 2\,C^2H^2O^4 + 2\,NH^3.$$

Hyd. de cyanobenz.   Hyd. de benzoïle. Ac. formiq.

§ 1503. *Hydrures de cyanazobenzoïle* [2]. — L'essence d'amandes amères, non purifiée d'acide cyanhydrique, donne, sous l'influence de l'ammoniaque, des produits dont la composition se représente par les éléments de l'hydrure de benzoïle, de l'acide cyanhydrique et de l'ammoniaque, moins de l'eau.

Deux de ces composés ont été décrits par MM. Laurent et Gerhardt :

$$(\alpha)\ldots\ldots\quad C^{44}H^{18}N^2O^2 = 3\,C^{14}H^6O^2 + \left.\begin{array}{l} NH^3 \\ CyH \end{array}\right\} - 4HO.$$

$$(\beta)\ldots\ldots\quad C^{30}H^{12}N^2 = 2\,C^{14}H^6O^2 + \left.\begin{array}{l} NH^3 \\ CyH \end{array}\right\} - 4HO.$$

Voici comment ces produits ont été obtenus : on fit passer de l'ammoniaque sèche dans de l'essence d'amandes amères chauffée à environ 100°. L'essence saturée de gaz était encore liquide, mais

---

[1] Il y a dans le mémoire de M. Laurent une erreur de calcul qui avait fait admettre à ce chimiste la formule $C^{28}H^{11}NO^4$. Nous nous sommes assurés depuis, M. Laurent et moi, de l'identité de la benzimide et du produit obtenu par M. Zinin.

[2] LAURENT et GERHARDT, *Compt. rend. des trav. de Chim.*, 1850, p. 113. — ROBSON, *Ann. der Chem. u. Pharm.*, LXXXI, 122.

elle ne se dissolvait plus dans l'alcool avec la même facilité. On y versa un mélange d'alcool et d'éther qui opéra immédiatement la dissolution, et l'on abandonna la liqueur. Au bout de vingt-quatre heures il y avait déjà un dépôt cristallin qui alla en augmentant pendant trois ou quatre jours. On décanta le liquide, et l'on traita les cristaux par l'alcool bouillant; celui-ci laissa une poudre blanche presque insoluble β, et la solution déposa, par le refroidissement et l'évaporation spontanée, de petites aiguilles α mêlées de quelques gouttelettes huileuses. Ces cristaux furent lavés rapidement avec une petite quantité d'éther alcoolisé, puis on les fit de nouveau dissoudre et cristalliser dans l'alcool bouillant.

α. $C^{44}H^{18}N^2O^2$. Ce corps se présente, au microscope, sous la forme de petites aiguilles à quatre faces, terminées par deux facettes qui se coupent sous un angle obtus. Il est très-fusible; il ne cristallise pas par le refroidissement, mais il se prend en une masse résineuse. Il est insoluble dans l'eau, très-peu soluble dans l'alcool froid et fort soluble dans l'éther. Il a donné à l'analyse :

	Laur. et Gerh.	Calcul.
Carbone.	80,3	80,9
Hydrogène. . . .	5,4	5,5
Azote.	9,5	9,0
Oxygène.	4,8	4,6
	100,0	100,0

Les acides étendus ne l'attaquent pas à froid, mais, quand on le fait bouillir avec de l'acide chlorhydrique, il sépare de l'hydrure de benzoïle, développe de l'acide cyanhydrique, et donne du sel ammoniac.

Soumis à l'action d'une forte chaleur, il fond, émet de l'acide cyanhydrique ainsi qu'une huile, et donne finalement une matière épaisse qui cristallise dans le col de la cornue; il ne reste que peu de charbon.

Le corps α se produit aussi lorsqu'on abandonne l'hydrure de benzoïle pur avec une solution alcoolique de cyanhydrate d'ammoniaque.

β. $C^{30}H^{12}N^2$. Ce corps est presque insoluble dans l'alcool bouillant. Bouilli dans ce liquide, il se dépose sous la forme d'une poudre blanche qui se présente au microscope comme un assemblage de prismes. La chaleur le fait fondre; par le refroidissement, il cristallise en partie en prismes obliques, tandis que la plus grande

partie se concrète en une masse vitreuse. Il est insoluble dans l'é-
ther. L'acide chlorhydrique l'attaque très-lentement en dégageant
de l'acide cyanhydrique[1].

Il a donné à l'analyse :

	Laur. et Gerh.	Calcul.
Carbone.	81,6	81,8
Hydrogène.	5,4	5,4
Azote.	12,9	12,8
		100,0

Peut-être faut-il aussi considérer comme produite par l'action
simultanée de l'acide cyanhydrique et de l'ammoniaque, la substance à laquelle M. Laurent a donné le nom de *benzamyle*[2], et qui
présente beaucoup d'analogie avec le corps précédent. Elle ne
paraît pas avoir été obtenue à l'état de pureté.

§ 1504. ACIDE FORMOBENZOILIQUE[3], $C^{32}H^{16}O^{12} = 2\,(C^{14}H^6O^2, C^2H^2O^4)$. — Cet acide, qui renferme les éléments de l'acide formique et
de l'hydrure de benzoïle, représente, dans la série benzoïque, le
même terme que l'acide lactique, dans la série acétique (§ 452).

Pour obtenir l'acide formobenzoïlique, on évapore au bain-
marie un mélange d'eau distillée d'amandes amères avec de l'acide
chlorhydrique étendu d'eau; quand la masse est sèche, on la reprend par l'éther qui dissout l'acide formobenzoïlique sans toucher
au sel ammoniac formé en même temps. (M. Winckler distille
18 p. d'eau avec 1 p. d'amandes amères, préalablement soumises
à l'action de la presse, et concentre l'eau distillée par une nouvelle rectification, de manière à obtenir un poids de liqueur
égal au poids des amandes employées; ensuite il évapore cette eau
distillée avec 1/20 de son volume d'acide chlorhydrique d'une densité de 1,12). On sait que l'essence d'amandes amères brute renferme toujours de l'acide cyanhydrique; les éléments de ce corps
interviennent donc dans la formation de l'acide formobenzoïlique;
on a en effet :

$$2\,C^{14}H^6O^2 + 2\,C^2HN + 8\,HO = 2\,NH^3 + C^{32}H^{16}O^{12}.$$

Hydr. de benzoïle. Ac. cyanhydr.   Ac. formobenzoïl.

---

[1] Le corps α avait été décrit par M. Laurent (*Ann. de Chim. et de Phys.*, LXVI,
181) sous le nom de *benzhydramide*, et le corps β sous celui d'*azotide benzoïlique*.

[2] LAURENT, *Revue scientif.*, XIX, 446.

[3] WINCKLER (1832), *Ann. der Chem. u. Pharm.*, XVIII, 310. — LIEBIG, *ibid.*
XVIII, 319. — LAURENT, *Ann. de Chim. et de Phys.*, LXV, 202. — WOEHLER, *Ann.
der Chem. u. Pharm.*, LXVI, 238.

La solution éthérée dépose l'acide formobenzoïlique à l'état cristallisé; si ce produit n'est pas incolore, on le purifie par le charbon animal.

On obtient aussi l'acide formobenzoïlique en dissolvant l'amygdaline dans l'acide chlorhydrique fumant; il se produit ainsi une matière noire ulmique dont on sépare la partie insoluble par le filtre; on évapore ensuite au bain-marie la liqueur filtrée, et l'on reprend par l'éther le résidu brun, composé de sel ammoniac, d'acide ulmique et d'acide formobenzoïlique. L'éther ne dissout que ce dernier acide, et le dépose, par l'évaporation spontanée, sous la forme de beaux cristaux. Si le liquide acide acquiert, pendant l'évaporation, une température supérieure à 100°, une partie de l'acide formobenzoïlique éprouve une métamorphose particulière : il devient amorphe et se dissout encore dans une petite quantité d'eau; mais une plus grande quantité de ce liquide en sépare une huile pesante et sans odeur. La formation de l'acide formobenzoïlique par l'amygdaline se conçoit si l'on considère que ce dernier corps renferme les éléments de l'hydrure de benzoïle, de l'acide cyanhydrique, et du glucose, moins les éléments de l'eau. C'est le glucose que l'acide chlorhydrique convertit, dans la réaction, en acide ulmique (§ 998) :

$$C^{40}H^{27}NO^{22} + 4\,HO = C^{14}H^{6}O^{2} + C^{2}HN + 2\,C^{12}H^{12}O^{12}.$$

Amygdaline.   Hydr. de benz.   Ac. cyanhydr.   Glucose.

L'acide formobenzoïlique cristallise en paillettes ou en tables rhomboïdales incolores et brillantes, douées d'une saveur très-acide et d'une odeur faible rappelant celle des amandes douces. Il fond à une légère chaleur, en émettant de l'eau et en se transformant en une huile jaunâtre; une chaleur plus élevée le charbonne, en même temps qu'elle développe une odeur de benjoin ou de fleurs d'aubépine; si l'on condense les produits volatils, on recueille de l'hydrure de benzoïle.

Il décompose les carbonates avec effervescence, et se dissout aisément dans l'eau, l'alcool et l'éther.

Quand on chauffe sa dissolution avec du peroxyde de manganèse, elle développe de l'acide carbonique et de l'hydrure de benzoïle. Chauffée avec de l'acide nitrique, elle dégage des vapeurs nitreuses accompagnées d'acide carbonique, et de l'hydrure de benzoïle; par le refroidissement du liquide, on obtient des cristaux d'acide benzoïque (ou nitrobenzoïque).

Dissous dans l'acide sulfurique, il développe, par une légère chaleur, du gaz oxyde de carbone.

Lorsqu'on fait passer du chlore dans une solution aqueuse d'acide formobenzoïlique, il se dépose d'abord une huile qui présente l'odeur du chlorure de benzoïle; si l'on y ajoute de la potasse, et que l'on continue l'introduction du chlore jusqu'à disparition de la matière huileuse, l'acide chlorhydrique y détermine une abondante précipitation d'acide benzoïque, ainsi qu'un dégagement d'acide carbonique.

§ 1505. Les *formobenzoïlates* paraissent être des sels bibasiques.

Le *sel d'ammoniaque* s'obtient, par l'évaporation d'une solution d'acide formobenzoïlique dans l'ammoniaque, sous la forme d'une masse blanche, confusément cristalline, soluble presque en toutes proportions dans l'eau et l'alcool.

Le *sel de potasse* se produit par la saturation de l'acide formobenzoïlique avec le carbonate de potasse. Si l'on évapore sa solution alcoolique, il s'obtient sous la forme d'une masse opaque, comme savonneuse, et d'un blanc de lait; il possède une saveur à peine salée.

Le *sel de baryte*, $C^{32}H^{14}Ba^2O^{12}$, s'obtient en croûtes cristallines composées de petits prismes durs et incolores; il est moins soluble dans l'eau que les formobenzoïlates à base d'alcali, et ne se dissout dans l'alcool qu'en proportion très-faible.

Le *sel de cuivre* constitue un précipité pulvérulent, d'un bleu clair.

Le *sel de plomb* se dépose sous la forme d'un précipité blanc, cristallin, à peine soluble dans l'eau, lorsqu'on mélange une solution de formobenzoïlate de potasse avec de l'acétate de plomb. Lorsqu'on soumet le sel à l'action de la chaleur, il dégage beaucoup d'hydrure de benzoïle.

Le *sel d'argent*, $C^{32}H^{14}Ag^2O^{12}$, est une poudre blanche qu'on obtient en lames brillantes par la dissolution dans l'eau bouillante. Il est à peine soluble dans l'eau froide, et noircit peu à peu au contact de la lumière.

Le *sel de mercure* (mercurique) ressemble au sel de plomb.

§ 1506. AMYGDALINE, $C^{40}H^{27}NO^{22} + 6$ aq. — Cette substance[1],

[1] ROBIQUET et BOUTRON-CHARLARD (1830), *Ann. de Chim. et de Phys.*, XLIV, 352. — LIEBIG et WOEHLER, *ibid.*, LXIV, 185. — WOEHLER, *Ann. der Chem. u. Pharm.*, LXVI, 238.

découverte par Robiquet et Boutron-Charlard, et étudiée dans ses rapports chimiques par MM. Liebig et Woehler, se rencontre toute formée dans les amandes amères, dans les feuilles de laurier-cerise, dans les pepins de pêcher[1], et dans plusieurs autres parties végétales[2], donnant des eaux distillées cyanhydriques, telles que les jeunes pousses de *Sorbus aucuparia*, *S. hybrida*, *S. torminalis*, les jeunes pousses, les fruits et l'écorce d'*Amelanchier vulgaris*, les jeunes pousses de *Prunus domestica*, les feuilles et l'écorce de *Prunus Padus*, etc.

Pour préparer l'amygdaline, on exprime le son d'amandes amères entre deux plaques de fer chaudes, afin d'enlever la plus grande partie de l'huile grasse; on épuise le résidu par l'alcool bouillant de 90 à 95 centièmes, on passe l'extrait par un linge, et l'on soumet le résidu à l'action de la presse. Les liqueurs qu'on obtient ainsi sont ordinairement troublées par de l'huile grasse qu'elles tiennent en suspension; on les abandonne pendant quelque temps pour qu'elles s'éclaircissent, et l'on en sépare ensuite l'huile grasse par décantation. On distille la solution alcoolique jusqu'à ce qu'elle soit réduite au sixième de son volume, et, après l'avoir laissée refroidir, on y ajoute la moitié de son volume d'éther. Celui-ci précipite toute l'amygdaline ; on exprime le précipité cristallin entre du papier buvard, on le lave à l'éther, afin d'enlever les dernières traces d'huile, et on le fait cristalliser dans de l'alcool concentré et bouillant. 2 kilogr. d'amandes amères donnent, terme moyen, 30 grammes d'amygdaline[3] (Liebig et Wœhler).

L'amygdaline cristallise en feuillets blancs, d'un éclat nacré; elle est peu soluble à froid dans l'alcool absolu, mais à chaud ce liquide la dissout aisément ; elle est insoluble dans l'éther ; elle est fort soluble dans l'eau, et y cristallise sous forme de prismes transparents, souvent assez volumineux, et renfermant 10,5 p. c. = 6 atomes d'eau de cristallisation, qui se dégagent entièrement entre 100° et 120°. Sa solution aqueuse possède une légère saveur amère. Elle dévie à gauche[4] le plan de polarisation de la lumière; $[\alpha] = -35,51$.

[1] Geiseler, *Ann. der Chem. u. Pharm.*, XXXVI, 331.

[2] Wicke, *ibid.*, LXXIX, 79; LXXXI, 241.

[3] M. Bette (*Ann. der Chem. u. Pharm.*, XXXI, 211) a extrait de 3 kilogr. d'amandes amères jusqu'à 84 grammes d'amygdaline, c'est-à-dire près de 3 p. c.

[4] Bouchardat, *Compt. rend. de l'Acad.*, XIX, 1174.

Desséchée, elle a donné à l'analyse les nombres suivants :

	Liebig et Woehler.			Chiozza [1].		Calcul.
Carbone. .	51,9	52,13	52,01	52,3	52,1	52,51
Hydrogène.	6,0	5,90	5,90	6,0	5,9	5,90
Azote. . .	3,1	»	»	»	»	3,06
Oxygène. .	39,0	»	»	»	»	38,53
	100,0					100,00

Mise en contact, à l'état humide, avec le blanc des amandes amères (*émulsine*, albumine végétale), l'amygdaline se transforme en hydrure de benzoïle, acide cyanhydrique et glucose :

$$C^{40}H^{27}NO^{22} + 4\,HO = C^{14}H^6O^2 + C^2HN + 2\,C^{12}H^{12}O^{12}.$$

Amygdaline.   Hydr. de benz.   Ac. cyanh.   Glucose.

Chauffée avec un mélange de peroxyde de manganèse et d'acide sulfurique, elle s'attaque violemment en donnant de l'hydrure de benzoïle, de l'acide carbonique, de l'acide benzoïque, de l'ammoniaque et de l'acide formique. On obtient les mêmes produits avec l'acide nitrique.

Une solution d'amygdaline dans l'acide chlorhydrique fumant se colore à chaud en jaune, et finit par déposer une grande quantité d'une matière ulmique, brun-noir et pulvérulente. La solution retient du sel ammoniac et de l'acide formobenzoïlique (§ 1504).

Lorsqu'on fait bouillir l'amygdaline pendant quelque temps avec de l'acide sulfurique étendu, il se dégage de petites quantités d'hydrure de benzoïle et d'acide formique ; si l'on sature la liqueur acide par de la potasse, elle dégage beaucoup d'hydrure de benzoïle ; si on la sature par du carbonate de baryte, on obtient par l'évaporation un sel incristallisable ; la liqueur saturée réduit les sels de cuivre (Chiozza).

Chauffée doucement avec de la baryte caustique en poudre, l'amygdaline se décompose violemment, en dégageant des vapeurs blanches d'une huile odorante, en même temps qu'il se développe de l'ammoniaque. Lorsqu'on la fait bouillir avec des alcalis aqueux, elle dégage de l'ammoniaque et se convertit en acide amygdalique :

$$C^{40}H^{27}NO^{22} + 2\,HO = C^{40}H^{26}O^{24} + NH^3.$$

Amygdaline.   Ac. amygdaliq.

____

[1] CHIOZZA, Expériences faites dans mon laboratoire.

La solution aqueuse de l'amygdaline ne précipite pas les sels métalliques.

§ 1507. *Acide amygdalique* [1], $C^{40}H^{26}O^{24}$. — Cet acide se produit par la métamorphose de l'amygdaline, sous l'influence des alcalis. L'amygdaline se dissout à froid dans l'eau de baryte sans se décomposer; mais, quand on fait bouillir le mélange, il se dégage de l'ammoniaque sans que la solution brunisse. Après avoir maintenu le mélange en ébullition jusqu'à ce qu'il ne se développe plus d'ammoniaque, on y fait passer un courant d'acide carbonique, qui précipite l'excédant de baryte. On extrait l'acide amygdalique de son sel de baryte, en précipitant celui-ci avec précaution par de l'acide sulfurique étendu.

C'est une liqueur légèrement acide, qui se dessèche au bain-marie en une masse gommeuse. Lorsqu'on l'abandonne pendant quelque temps dans un endroit chaud, on y remarque des indices de cristallisation. Sa solution aqueuse dévie à gauche le plan de polarisation de la lumière ; $[\alpha] = -40,19$.

Cet acide attire promptement l'humidité de l'air en se liquéfiant; il est insoluble dans l'alcool absolu, froid ou bouillant; il est insoluble dans l'éther.

Il réduit à chaud les sels d'argent.

Bouillis avec un mélange de peroxyde de manganèse et d'acide sulfurique, l'acide amygdalique et les amygdalates développent de l'acide formique, de l'acide carbonique et de l'hydrure de benzoïle.

Le *sel de chaux* est gommeux.

Le *sel de baryte*, $C^{40}H^{25}BaO^{24} + aq.$ (?), s'obtient, par l'évaporation de sa solution aqueuse, sous la forme d'un résidu gommeux; ce produit perd de l'eau vers 170° en prenant l'aspect de la porcelaine. Il supporte sans altération une chaleur de 180 à 190°.

Le *sel de zinc* s'obtient sous forme gommeuse.

Le *sel de plomb* est un précipité blanc, un peu soluble dans l'eau, qu'on obtient par le mélange d'une solution d'amygdalate de baryte avec une solution d'acétate de plomb ammoniacale.

L'*éther amygdalique* s'obtient, suivant M. Woehler [2], lorsqu'on fait tomber goutte à goutte, dans le gaz chlorhydrique, un mé-

[1] LIEBIG et WOEHLER (1837), *loc. cit.* — BOUCHARDAT, *loc. cit.*
[2] WOEHLER, *Ann. der Chem. u. Pharm*, LXVI, 240.

lange épais d'alcool et d'amygdaline. C'est un sirop amer plus pesant que l'eau, et qui se décompose par la chaleur.

Dérivés sulfocyanhydriques de l'hydrure de benzoïle.

§ 1508. *Hydrure de sulfocyanobenzoïle*[1], dit aussi sulfocyanure
de benzoïle, $C^{16}H^5NS^2$. — Lorsqu'on mélange l'hydrure de benzoïle avec du sulfure de carbone et de l'ammoniaque, il se produit deux couches : la couche inférieure devient bientôt laiteuse,
et dépose, au bout de quelques instants, des cristaux ; si l'on abandonne ceux-ci trop longtemps dans le liquide, ils finissent par
disparaître. Ils constituent l'hydrure de sulfocyanobenzoïle. On
décante la partie liquide, et on purifie les cristaux en les exprimant
entre du papier et en les lavant avec de l'éther.

A l'état de pureté, ces cristaux sont prismatiques ou grenus ; ils
sont incolores, amers, jaunissent au contact de l'air en prenant
une odeur particulière, et se décomposent déjà à 100°. Ils sont insolubles dans l'eau, mais l'alcool et l'éther les dissolvent en les décomposant.

Si on les met en contact avec du perchlorure de fer, ils donnent
une solution rouge de sang, contenant du sulfocyanure de fer, de
l'acide chlorhydrique, et de l'hydrure de benzoïle ; ce dernier passe
à la distillation. On a d'ailleurs :

$$C^{16}H^5NS^2 + 2HO = C^2HNS^2 + C^{14}H^6O^2.$$

Hydr. de sulfo-cyanobenz.	Ac. sulfocyanh.	Hydr. de benzoïle.

§ 1509. Lorsqu'on chauffe l'hydrure de sulfocyanobenzoïle dans
une cornue, au bain d'huile, il passe à 120°, du sulfure de carbone, de l'ammoniaque et de l'hydrure de benzoïle[2], qui réagissent de nouveau dans le récipient. Si l'on chauffe le résidu à 150°,
il se liquéfie entièrement, et finit par ne plus dégager de gaz. Après
le refroidissement, le résidu se compose d'une matière résinoïde,
soluble dans l'alcool, et d'une substance cristalline, insoluble dans
ce véhicule. Cette dernière substance semble renfermer $C^{30}H^{10}N^2$;
elle a donné à l'analyse :

---

[1] QUADRAT (1849), *Ann. der Chem. u. Pharm.*, LXXI, 13.
[2] Je ne comprends pas qu'un corps non oxygéné donne, à la distillation, de l'hydrure de benzoïle.

	Expérience.		Calcul.
Carbone. . .	82,54	82,51	82,57
Hydrogène. .	5,26	4,99	4,59
Azote. . . .	12,53	»	12,85
			100,00

Bouilli avec de l'alcool presque absolu, l'hydrure de sulfocyano-benzoïle dégage du sulfhydrate d'ammoniaque et de l'acide carbonique, en même temps que la liqueur se colore en jaune; par le refroidissement, cette liqueur dépose des paillettes blanches auxquelles M. Quadrat attribue la formule invraisemblable $C^{56}H^{24}N^2S^5$:

	Expérience.		Calcul.
Carbone. . . .	71,8	71,53	71,80
Hydrogène. . .	5,2	5,30	5,13
Azote.	5,9	5,80	5,98
Soufre.	17,8	17,49	17,10
			100,00

Une solution bouillante de l'hydrure de sulfocyanobenzoïle dans l'alcool de 40 centièmes, additionné d'ammoniaque, se trouble par l'eau et précipite, par le refroidissement, une poudre cristalline qu'il est difficile de séparer de l'eau-mère. Cette poudre est insoluble dans l'eau; en solution alcoolique, elle se décompose aisément, de sorte qu'on ne peut pas la faire recristalliser. M. Quadrat y suppose 2 atomes d'hydrogène de plus que dans le corps précédent, $C^{56}H^{26}N^2S^5$.

	Expérience.	Calcul.
Carbone.	72,00	71,49
Hydrogène. . . .	5,78	5,53
Azote.	6,60	5,95
Soufre.	16,76	17,03

Les formules des produits précédents me paraissent fort contestables[1].

Dérivés phényliques de l'hydrure de benzoïle.

§ 1510. *Benzophénone*, ou phénylure de benzoïle[2], $C^{26}H^{10}O^2 =$ $C^{12}H^5, C^{14}H^5O^2$. — Ce corps, découvert par M. Chancel, est con-

[1] Voy. les observations de M. LAURENT, *Compt. rend. des trav. de Chim.*, 1850, p. 86.

[2] CHANCEL (1849), *Compt. rend. des trav. de Chim.*, 1849, p 87; 1851, p. 85.

tenu dans le liquide[1] provenant de la distillation sèche du benzoate de chaux ; abstraction faite des produits secondaires, sa formation peut se représenter de la manière suivante :

$$2\ C^{14}H^5CaO^4 = C^2O^4,\ 2\ CaO + C^{26}H^{10}O^2.$$

Benzoate de chaux.   Carbon. de chaux.   Benzophénone.

Le procédé suivant est fort avantageux pour la préparation de la benzophénone : le benzoate de chaux, parfaitement desséché et mélangé avec le dixième de son poids de chaux vive, est soumis à la distillation ; cette décomposition s'opère avec facilité dans une bouteille à mercure, munie d'un canon de fusil recourbé et qui s'engage dans le col d'un matras tubulé, plongeant constamment dans l'eau froide. On obtient ainsi une grande quantité d'un liquide fortement coloré en rouge. On introduit ce liquide dans une cornue tubulée, munie d'un thermomètre, et on le soumet à la distillation. On sépare d'abord une quantité assez notable de benzine qu'on met à part ; la température s'élève ensuite notablement pendant la rectification, et ne tarde pas à arriver à 315° ; on change de récipient, et l'on recueille tout ce qui distille entre 315 et 325°. Cette partie du produit de la distillation est de la benzophénone à peu près pure ; elle ne tarde pas à se prendre en une masse cristallisée de couleur jaune paille. Pour l'obtenir tout à fait pure, il suffit de la faire cristalliser plusieurs fois dans un mélange d'alcool et d'éther. Un kilogramme de benzoate de chaux traité d'après la méthode précédente donne 250 grammes, c'est-à-dire le quart de son poids de benzophénone pure.

Le liquide qui distille au-dessus de 325° ne possède pas un point d'ébullition constant ; sa présence empêche la benzophénone de cristalliser ; le liquide qu'on recueille avant la benzophénone contient de petites quantités d'hydrure de benzoïle, ainsi que deux hydrocarbures particuliers (§ 1512).

La benzophénone s'obtient en magnifiques cristaux incolores, d'une limpidité parfaite, et quelquefois d'un volume très-considérable. Les cristaux appartiennent au système rhombique. (Combinaison observée, ∞ P. P. Inclinaison des faces, ∞ P : ∞ P = 99° ; ∞ P : P = 135°, 30'.)

Elle fond à 46° en une huile épaisse qui ne se solidifie que par l'agitation ; elle entre en ébullition à 315°, et distille complétement

---

[1] Suivant M. Chancel, ce liquide, connu sous le nom de *benzone* (voy. PÉLIGOT, *Ann. de Chim. et de Phys.*, LVI, 59), est un mélange de plusieurs corps : benzophénone, hydrocarbures, hydrure de benzoïle, etc.

et sans altération à cette température; sa vapeur est facilement inflammable, et brûle avec une flamme éclairante.

Elle est insoluble dans l'eau, assez soluble dans l'alcool, et très-soluble dans l'éther. Elle possède une odeur éthérée prononcée, agréable, et qui présente quelque analogie avec celle de l'éther benzoïque.

A froid, les acides sulfurique et nitrique la dissolvent en grande quantité, mais sans l'altérer; par l'addition de l'eau, elle se sépare et vient se solidifier à la surface.

Sous l'influence de la chaux potassée, elle se dédouble, et donne, à une température voisine de 260°, uniquement du benzoate de potasse et de la benzine (hydrure de phényle), sans dégager les plus légères traces de gaz hydrogène :

$$\left.\begin{matrix} C^{12}H^5 \\ C^{14}H^5O^2 \end{matrix}\right\} + \left.\begin{matrix} KO \\ HO \end{matrix}\right\} =$$

Benzophénone.

$$= \left.\begin{matrix} C^{12}H^5 \\ H \end{matrix}\right\} + \left.\begin{matrix} KO \\ C^{14}H^5O^2.O \end{matrix}\right\}$$

Benzine.   Benzoate de potasse.

La réaction précédente démontre bien, comme nous l'admettons, que la benzophénone représente le phénylure de benzoïle.

§ 1511. La *benzophénone binitrée*[1] ou binitro-benzophénone renferme $C^{26}H^8(NO^4)^2O^2$. A chaud, l'acide nitrique fumant attaque la benzophénone, et la transforme en un corps huileux, épais, restant longtemps liquide à froid; si on le traite par l'éther, ce corps s'y dissout rapidement, mais il s'y dépose presque aussitôt sous la forme d'une poudre cristalline légèrement jaunâtre. C'est la benzophénone binitrée.

Ce corps se convertit par le sulfhydrate d'ammoniaque en diphényl-urée (flavine, § 237).

$$C^{26}H^8(NO^4)^2O^2 + 12\,HS = C^{26}H^{12}N^2O^2 + 8\,HO + 12\,S.$$
Benzoph. binitrée.   Diphényl-urée.

§ 1512. Ainsi que nous l'avons dit précédemment, les produits qu'on recueille avant la benzophénone, dans la rectification du liquide brut provenant de la distillation du benzoate de chaux, contiennent deux *hydrocarbures* particuliers. Ces hydrocarbures sont

[1] CHANCEL (1848), *loc. cit.*

isomères de la naphtaline, mais ils se distinguent de cette substance par toutes leurs propriétés.

L'un de ces hydrocarbures cristallise en belles aiguilles fusibles à 92°; l'autre, beaucoup moins soluble dans l'alcool et l'éther, s'obtient en petits mamelons mal déterminés, fusibles à 65° et d'une odeur de rose.

Pour isoler l'hydrocarbure fusible à 92°, il suffit de dissoudre dans l'acide sulfurique concentré les produits liquides provenant de la distillation sèche du benzoate de chaux; cet hydrocarbure vient alors se solidifier presque immédiatement à la surface. On l'enlève avec une spatule, on le lave à l'eau, et on l'exprime à plusieurs reprises entre des doubles de papier-joseph. Enfin on le dissout dans l'alcool bouillant, et on le fait cristalliser une ou deux fois dans ce liquide.

Quant à l'autre hydrocarbure, fusible à 65°, il est plus avantageux de le préparer par la distillation sèche d'un mélange de benzoate de potasse et de chaux potassée; il s'obtient alors seul, en dissolution dans la benzine, d'où il est facile de l'extraire à l'état de pureté par la distillation de la liqueur au bain-marie, et par de nouvelles cristallisations dans l'alcool. Cet hydrocarbure s'obtient également lorsqu'on fait passer du benzoate d'ammoniaque sur la baryte échauffée; il est alors aussi accompagné de benzine.

M. Chancel n'a pas eu assez de matière pour faire l'histoire de ces deux isomères de la naphtaline; voici, d'ailleurs, les résultats qu'ils ont donnés à l'analyse :

	Hydrocarb. fondant à 92°		Hydrocarb. fondant à 65°.		Composition de la naphtaline.
Carbone. . .	93,53	93,37	93,45	93,64	93,75
Hydrogène. .	6,47	6,51	6,51	6,43	6,25
	100,02	99,88	99,96	100,07	100,00

L'hydrocarbure fusible à 65° donne avec le brome un produit cristallisé.

Comme ces hydrocarbures ne se volatilisent qu'à une haute température, M. Chancel suppose avec raison qu'ils ont un équivalent assez élevé, peut-être $C^{20}H^8$ et $C^{30}H^{12}$. Ils résultent sans doute d'une décomposition secondaire de la benzophénone, car on a :

$$2\ C^{26}H^{10}O^2 = C^2O^4 + C^{20}H^8 + C^{30}H^{12}.$$
Benzophénone.

ACIDE BENZOIQUE ANHYDRE.

Syn. : Benzoate de benzoïle, oxyde de benzoïle.

Composition : $C^{28}H^{10}O^6 = C^{14}H^5O^3, C^{14}H^5O^3$.

§ 1513. Ce composé[1] se produit aisément par la réaction du chlorure de benzoïle et d'un benzoate alcalin :

$$\left. \begin{array}{c} C^{14}H^5O^2 \\ Cl \end{array} \right\} + \left. \begin{array}{c} C^{14}H^5O^2.O \\ NaO \end{array} \right\} =$$

Chlor. de benzoïle.   Benzoate de soude.

$$= \left. \begin{array}{c} Na \\ Cl \end{array} \right\} + \left. \begin{array}{c} C^{14}H^5O^2.O \\ C^{14}H^5O^2.O \end{array} \right\}$$

Chlor. de sodium.   Benz. de benzoïle.

Qu'on dessèche du benzoate de soude, qu'on mélange ce sel par quantités équivalentes avec du chlorure de benzoïle (à peu près parties égales), et qu'on porte le mélange, placé dans un bain de sable, à la température de 130 degrés, il se fera une solution limpide, et, à quelques degrés au-dessus de la température indiquée, on verra se séparer du sel marin. On laisse refroidir le produit, et on le lave à l'eau froide et au carbonate de soude; il reste ainsi, à l'état insoluble, une matière blanche qui est de l'acide benzoïque anhydre, entièrement pur; la réaction est d'une netteté parfaite. On peut faire cristalliser ce produit en le faisant dissoudre à chaud dans une petite quantité d'alcool; il se dépose alors, par le refroidissement, sous la forme d'une huile qui se concrète peu à peu en beaux prismes obliques, entièrement incolores. Il faut toutefois se garder, pour la dissolution de l'acide benzoïque anhydre, d'employer plus d'alcool qu'il n'en faut pour que ce corps se dépose par le refroidissement de la solution, car le contact prolongé de l'alcool avec l'acide benzoïque anhydre convertit celui-ci en éther benzoïque, de sorte qu'on perd beaucoup de produit si l'on emploie un excès d'alcool.

Un excellent moyen de préparer rapidement l'acide benzoïque anhydre consiste à faire agir le chlorure de benzoïle sur l'oxalate de potasse neutre. On dessèche parfaitement ce sel pour le priver de son eau de cristallisation, on l'introduit en poudre fine dans un ballon, et l'on y verse environ un poids égal de chlorure de benzoïle; on chauffe ensuite le ballon sur la lampe à alcool,

[1] GERHARDT (1852), *Ann. de Chim. et de Phys.*, [3] XXXVII, 299.

en le maintenant constamment dans un mouvement de rotation, de
manière à chauffer uniformément toutes les parties du mélange.
La réaction est achevée dès que l'odeur du chlorure de benzoïle
a disparu. On laisse refroidir, on délaye la masse dans l'eau froide,
on enlève le chlorure de potassium par des lavages (et, au besoin, l'acide hydraté que pouvait contenir le chlorure de benzoïle, par un peu d'ammoniaque), et l'on fait cristalliser dans l'alcool. La réaction qui fournit l'acide benzoïque anhydre par l'oxalate de potasse s'exprime de la manière suivante :

$$C^4K^2O^8 + 2\,C^{14}H^5ClO^2 = 2\,KCl + C^{28}H^{10}O^6 + 2\,CO + 2\,CO^2.$$
Oxal. de potasse. Chlor. de benzoïle.　　　　Ac. benz. anhydre.

Un procédé de préparation fort avantageux consiste dans l'emploi de l'oxychlorure de phosphore, cet agent dispensant de la préparation préalable du chlorure de benzoïle. Ce dernier composé se
produit toujours dans la première phase de la réaction de l'oxychlorure de phosphore et d'un benzoate métallique. On introduit dans un ballon la quantité d'oxychlorure qu'on veut transformer, et l'on y verse peu à peu un peu plus de cinq fois son
poids de benzoate de soude en poudre fine, en agitant constamment le ballon pour que la réaction qui s'établit aussitôt s'effectue
uniformément dans toute la masse; puis on place le ballon dans
une étuve ou dans un bain de sable chauffé à 150°. L'opération est
achevée quand le mélange ne présente plus l'odeur du chlorure de
benzoïle. On lave le produit à l'eau froide, additionnée d'un peu
de carbonate de soude ou d'ammoniaque caustique pour enlever
le chlorure de benzoïle, si l'on avait employé trop d'oxychlorure
de phosphore.

Au lieu de l'oxychlorure, on peut aussi se servir du perchlorure
de phosphore[1] : cet agent, étant mélangé avec 6 atomes de benzoate de soude, s'échauffe en produisant un sirop épais, qu'il suffit
de maintenir ensuite pendant quelque temps à une douce chaleur
pour que la réaction soit complète.

Lorsqu'on prépare de grandes quantités d'acide benzoïque
anhydre, il vaut mieux, au lieu de le faire cristalliser dans l'alcool,
le purifier par la distillation : il faut pour cela une température
très-élevée. Il distille ainsi une huile incolore qui se prend, par le
refroidissement, en rhombes très-aigus ou en prismes aciculaires
qui présentent une très-faible odeur d'amandes amères, due peut-

____

[1] Communication particulière de M. Erdmann.

être à la décomposition d'une trace de matière. Les cristaux qu'on obtient dans l'alcool sont plus brillants et ont ordinairement une légère odeur d'éther benzoïque. On peut, comme avec le bismuth et le soufre, obtenir par la fusion de beaux cristaux d'acide benzoïque anhydre : une très-douce chaleur suffit pour le fondre, et si on le laisse alors lentement refroidir et qu'on décante la partie liquide dès qu'une portion s'est concrétée, on obtient des groupes de cristaux parfaitement déterminés.

L'acide benzoïque anhydre se présente sous la forme de prismes obliques insolubles dans l'eau froide, assez solubles dans l'alcool et l'éther. La solution récemment préparée est parfaitement neutre aux papiers. Il fond déjà à 42 degrés ; le corps fondu dans l'eau reste longtemps liquide après le refroidissement, même lorsqu'on l'agite. Il distille sans altération à la température de 310 degrés environ.

L'eau bouillante l'acidifie ; toutefois la transformation complète du corps en acide benzoïque hydraté exige une ébullition prolongée. Cette transformation est plus prompte par les alcalis caustiques.

L'ammoniaque n'y paraît pas agir à froid ; mais, si l'on chauffe la solution, l'acide benzoïque anhydre se dissout promptement ; si la solution est concentrée, elle dépose, par le refroidissement, des cristaux de benzamide ; néanmoins il reste beaucoup de benzoate d'ammoniaque en dissolution.

L'aniline ne l'attaque pas non plus à froid ; mais une légère élévation de température suffit à la dissolution de l'alcali : il se dégage de l'eau, et la matière se prend, par le refroidissement, en magnifiques lames de benzanilide (phényl-benzamide).

Lorsqu'on mélange du formiate de soude desséché avec de l'acide benzoïque anhydre, et qu'on chauffe doucement la masse, il se sublime de l'acide benzoïque hydraté en même temps qu'il se dégage de l'oxyde de carbone. Toutefois le mélange exhale aussi une forte odeur formique.

§ 1514. *Acide acéto-benzoïque anhydre* [1], acétate de benzoïle, ou benzoate d'acétyle, $C^{18}H^8O^6 = C^4H^3O^3, C^{14}H^5O^3$. — On obtient aisément ce composé en mettant le chlorure d'acétyle en contact avec le benzoate de soude desséché ; la réaction, très-vive, s'accom-

---

[1] GERHARDT (1852), *loc. cit.*

plit sans qu'on ait besoin de chauffer. Le produit sirupeux, lavé à l'eau et au carbonate de soude, donne une huile plus pesante que l'eau, neutre aux papiers, et d'une agréable odeur de vin d'Espagne. On purifie aisément cette huile de l'eau et des matières étrangères, en l'agitant avec de l'éther exempt d'alcool, et en chassant ensuite l'éther par une douce chaleur.

L'eau bouillante hydrate l'acide acéto-benzoïque anhydre ; toutefois la décomposition ne se fait que lentement ; mais les alcalis caustiques, ou même carbonatés, déterminent promptement sa métamorphose en acétate et en benzoate alcalins.

Lorsqu'on le soumet à la distillation, il commence à bouillir à 150 degrés ; mais le thermomètre continue de monter rapidement. Il distille de l'acide acétique anhydre, en même temps que le résidu brunit légèrement. Si l'on arrête la distillation à 280 degrés, et qu'on laisse refroidir le résidu, il se prend en une masse de cristaux d'acide benzoïque anhydre.

Acide angélo-benzoïque anhydre. Voy. § 915^a, acide benzo-angélique anhydre.

Acide valéro-benzoïque anhydre. Voy. § 1063, acide benzo-valérique anhydre.

Acide pélargo-benzoïque anhydre. Voy. § 1175, acide benzo-pélargonique anhydre.

Acide œnanthylo-benzoïque anhydre[1], œnanthylate de benzoïle ou benzoate d'œnanthyle, $C^{28}H^{18}O^6 = C^{14}H^{13}O^3, C^{14}H^5O^3$. — Il se produit par l'action du chlorure de benzoïle sur l'œnanthylate de potasse. C'est une huile entièrement neutre aux papiers réactifs, d'une densité égale à 1,04 à 11° ; elle présente la même odeur que l'acide œnanthylique anhydre. L'ammoniaque paraît la convertir en benzoate et en œnanthylamide.

Acide myristo-benzoïque anhydre[2], myristate de benzoïle ou benzoate de myristyle, $C^{42}H^{32}O^6 = C^{28}H^{27}O^3, C^{14}H^5O^3$. — Il se produit par la réaction du chlorure de benzoïle et de l'œnanthylate de potasse. Il cristallise en lamelles douées d'un éclat argentin et d'une odeur agréable ; il fond à 38°, et se solidifie à 36°. Il n'est pas très-soluble dans l'éther.

Acide salicylo-benzoïque anhydre. Voy. § 1603, acide benzo-salicylique anhydre.

[1] CHIOZZA et MALERBA (1854), *Communic. particul.*
[2] CHIOZZA et MALERBA (1854), *Communic. particul.*

Acide cinnamo-benzoïque anhydre. Voy. § 1675, acide benzo-cinnamique anhydre.

Acide cumino-benzoïque anhydre. Voy. § 1856, acide benzo-cuminique anhydre.

Dérivés nitriques de l'acide benzoïque anhydre.

§ 1515. *Acide nitrobenzoïque anhydre*[1] ou nitrobenzoate de nitrobenzoïle, $C^{28}H^8(NO^4)^2O^6 = C^{14}H^4(NO^4)O^3, C^{14}H^4(NO^4)O^3$. — La préparation de ce composé réussit aisément au moyen du nitrobenzoate de soude desséché (8 parties) et de l'oxychlorure de phosphore (1 partie); on n'a qu'à faire réagir les deux corps dans un petit ballon, et à abandonner le mélange dans une étuve chauffée à 150 degrés, jusqu'à disparition de toute odeur de chlorure de nitrobenzoïle. Le produit, lavé à l'eau froide, laisse une masse blanche, presque insoluble dans l'alcool et l'éther bouillants, moins fusible que l'acide nitrobenzoïque hydraté. Mais l'acide nitrobenzoïque anhydre s'hydrate trop promptement par les lavages pour qu'on l'obtienne entièrement pur, et dans un état propre à l'analyse.

§ 1515[a]. *Acide benzo-nitrobenzoïque anhydre*[2], benzoate de nitrobenzoïle, ou nitrobenzoate de benzoïle, $C^{28}H^9(NO^4)O^6 = C^{14}H^5O^3, C^{14}H^4(NO^4)O^3$. — Il est plus stable que l'anhydride précédent; il se prépare aisément au moyen de 5 parties de chlorure de benzoïle et de 7 parties de nitrobenzoate de soude desséché. La réaction s'accomplit à l'aide d'une douce chaleur. Le produit est sirupeux à chaud, mais il se solidifie par le refroidissement. On le chauffe avec un peu d'eau pour ramollir la masse et favoriser ainsi la dissolution du sel marin ; on lave au carbonate de soude, et, après avoir laissé sécher le résidu pulvérulent, on le fait dissoudre à chaud dans très-peu d'alcool, qui le dépose, par le refroidissement, à l'état cristallin.

ACIDE BENZOIQUE.

Composition : $C^{14}H^6O^4 = C^{14}H^5O^3, HO$.

§ 1516. Cet acide est depuis longtemps connu sous le nom de *fleurs de benjoin* ou de *sel de benjoin*; Blaise de Vigenère[3] en fait

[1] GERHARDT (1852), *Ann. de Chim. et de Phys.*, [3] XXXVII, 321.
[2] GERHARDT (1852), *loc. cit.*
[3] BLAISE DE VIGENÈRE, *Traité du feu et du sel*. Paris, 1608.

mention dès 1608. Hermstaedt, Trommsdorff, et, plus récemment, MM. Liebig et Woehler, Mitscherlich, ainsi que plusieurs autres chimistes, ont étudié la composition et l'histoire chimique de l'acide benzoïque. On le rencontre tout formé dans le benjoin, le baume de Tolu[1], le sang-dragon, la résine de *Xanthorrœa hastilis*[2], le bois de gaïac[3], etc.; on le trouve aussi dans le castoréum[4], ainsi que dans l'urine putréfiée de l'homme et des animaux[5].

Il se produit dans une foule de réactions : par l'hydrure de benzoïle exposé à l'air humide; par le chlorure ou le bromure de benzoïle, dans les mêmes circonstances; par l'hydrure de cinnamyle, l'acide cinnamique, le cinnamène[6], le cumène[7], traités par l'acide nitrique; par l'acide hippurique, sous l'influence de l'acide chlorhydrique bouillant[8]; par la caséine[9] et la gélatine[10], soumises à l'action de l'acide chromique ou d'un mélange de peroxyde de manganèse et d'acide sulfurique, etc.

Le benjoin s'emploie généralement pour la préparation de l'acide benzoïque. Le procédé le plus anciennement connu consiste à extraire cet acide au moyen de la sublimation, mais cette méthode ne donne pas tout l'acide contenu dans la résine, parce qu'en chauffant celle-ci trop longtemps, on obtient toujours des produits empyreumatiques. Voici la meilleure marche à suivre[11] : on prend un vase plat en fonte ou en tôle, d'un diamètre de 25 à 30 centimètres et d'une hauteur de 5 à 6 centimètres, et l'on y répand uniformément 500 grammes de benjoin en poudre grossière; on tend sur l'ouverture du vase une feuille de papier buvard, qu'on colle sur les bords; au-dessus de ce diaphragme on fixe, par une ficelle sur les bords du pot, un chapeau en papier épais, de la forme et de la grandeur d'un chapeau d'homme, et n'ayant d'ouverture en aucun point. Pour obtenir une répartition uniforme de la chaleur, on dispose l'appareil sur une

[1] DEVILLE, *Ann. de Chim. et de Phys.* [3], III, 115.
[2] STENHOUSE, *Ann. der Chem. u. Pharm.*, LVII, 84.
[3] JAHN, *Archiv d. Pharm.*, XXIII, 279.
[4] WOEHLER, *Ann. der Chem. u. Pharm.*, LXVII, 360,
[5] LIEBIG, *Ann. der Chem. u. Pharm.*, L, 168.
[6] SIMON, *ibid.*, XXXI, 271. — BLYTH et HOFMANN, *ibid.*, LIII, 302.
[7] ABEL, *ibid.*, LXIII, 315.
[8] DESSAIGNES, *Ann. de Chim. et de Phys.* [3], XVII, 50.
[9] GUCKELBERGER, *Ann. der Chem. u. Pharm.*, LXIV, 80.
[10] SCHLIEPER, *ibid.*, LVII, 84.
[11] MOHR, *ibid.*, XXIX, 170.

plaque métallique recouverte d'un peu de sable, et on l'expose, pendant 3 à 4 heures, à un feu de charbon modéré. La plaque métallique, en même temps qu'elle sert à répartir plus également la chaleur, empêche le courant d'air chaud ascendant de rencontrer le chapeau de papier. L'avantage du procédé précédent consiste principalement dans le rôle du diaphragme en papier non-collé, qui laisse filtrer les vapeurs d'acide benzoïque seulement, tandis qu'il refuse le passage aux produits empyreumatiques et qu'il empêche l'acide sublimé de retomber dans le vase contenant le benjoin.

Un autre procédé d'extraction consiste à traiter le benjoin par la chaux, et à précipiter la solution alcaline par un acide. Schèele a, le premier, fait usage de cette méthode. Elle a sur la sublimation l'avantage de donner plus de produit. On fait bouillir le benjoin en poudre avec du lait de chaux pendant quelques heures, on filtre le mélange, pour séparer le résinate de chaux insoluble, et, après avoir concentré le liquide filtré, on en précipite l'acide benzoïque par de l'acide chlorhydrique; on purifie le produit par la sublimation ou par la dissolution dans l'eau bouillante.

Voici encore une troisième méthode proposée par M. Woehler[1] : on dissout à chaud la poudre de benjoin dans son volume d'alcool concentré; pendant que le liquide est encore chaud, on y ajoute, assez d'acide chlorhydrique pour précipiter la résine; ensuite on soumet le tout à la distillation, et, quand la consistance du liquide ne permet plus de distiller, on y ajoute de l'eau et l'on continue l'opération. Il distille ainsi de l'éther benzoïque; celui-ci, étant décomposé par la potasse caustique, puis chauffé avec de l'acide chlorhydrique, donne de l'acide benzoïque à l'état de pureté. La liqueur qui reste dans la cornue en dépose aussi une certaine quantité.

§ 1516ᵃ. L'acide benzoïque cristallise en aiguilles ou en lames flexibles, incolores, diaphanes et nacrées. A l'état de pureté, il n'a point d'odeur ; sa saveur est âcre et acide. (L'acide extrait du benjoin par la sublimation présente une légère odeur de vanille, provenant d'une trace d'huile essentielle.) Il rougit le tournesol, fond à 120°, se sublime à 145°, et bout à 239°; la densité de sa vapeur a été trouvée égale à 4,27. L'acide sublimé se présente en aiguilles dont la section est un hexagone très-aplati, conduisant a

<hr>

[1] Woehler, *Ann. der Chem. u. Pharm.*, XLIX, 245.

un rhombe de 40° et 140° (Laurent). L'eau en dissout 1/12 de son poids à 100°, et 1/200 seulement à la température ordinaire; l'acide se volatilise avec les vapeurs d'eau quand on chauffe la solution. Il est fort soluble dans l'alcool et dans l'éther. Les vapeurs de l'acide benzoïque échauffé sont âcres et excitent la toux.

L'acide sulfurique le dissout, l'eau le précipite sans altération de la solution; l'acide sulfurique fumant le convertit en acide sulfobenzoïque (§ 1534). L'acide nitrique étendu l'altère peu à l'ébullition, mais l'acide nitrique concentré, et surtout fumant, le convertit en acide nitrobenzoïque (§ 1526). Un mélange d'acide sulfurique concentré et d'acide nitrique fumant le transforme en acide binitrobenzoïque (§ 1529).

Le chlore, sous l'influence solaire, attaque l'acide benzoïque en produisant des dérivés plus ou moins chlorés (§ 1523). Une solution alcaline d'acide benzoïque dégage de l'acide carbonique par l'action du chlore, et produit un acide chloré (§ 1397) paraissant dériver de l'acide oxyphénique.

Lorsqu'on chauffe légèrement l'acide benzoïque avec du perchlorure d'antimoine, il se dégage de l'acide chlorhydrique, et l'on obtient de l'acide chlorobenzoïque.

Le perchlorure de phosphore et l'acide benzoïque ne réagissent presque pas à froid; mais, si l'on chauffe légèrement, l'attaque est très-vive, et l'on obtient de l'acide chlorhydrique, de l'oxychlorure de phosphore et du chlorure de benzoïle (§ 1544).

Lorsqu'on distille l'acide benzoïque avec de l'acide chromique en solution aqueuse ou avec un mélange de bichromate de potasse et d'acide sulfurique, on n'obtient pas d'hydrure de benzoïle : ce caractère distingue l'acide benzoïque de l'acide cinnamique qui produit cet hydrure, dans les mêmes circonstances.

Les vapeurs de l'acide benzoïque étant dirigées sur de la pierre ponce chauffée au rouge, on obtient de l'acide carbonique et de la benzine (hydrure de phényle) :

$$C^{14}H^{6}O^{4} = C^{2}O^{4} + C^{12}H^{6}.$$

Ac. benzoïque.   Benzine.

Cette décomposition s'effectue aussi lorsqu'on distille simplement un mélange de 1 p. d'acide benzoïque et de 5 ou 6 p. de pierre ponce réduite en poudre grossière; elle s'accomplit alors à une température peu élevée. Si l'on chauffe trop le mélange, on obtient, outre les produits indiqués, de la naphtaline et des substances empyreumatiques, en même temps qu'un résidu de charbon [1].

L'acide benzoïque se dédouble également en benzine et en acide carbonique lorsqu'on le distille avec un excès de chaux ou de baryte caustique [2], ou qu'on le fait passer en vapeur sur du fer chauffé au rouge [3].

Lorsqu'on avale de l'acide benzoïque, il se transforme dans l'organisme en acide hippurique, et se retrouve comme tel dans les urines [4].

§ 1516[b]. *Acide benzoïque amorphe* [5], acide benzoérésique. — Lorsqu'on fait bouillir les résines de benjoin ou de Tolu avec l'acide nitrique, on obtient un acide benzoïque, intimement uni à une matière colorante jaune qui l'accompagne dans tous ses sels, et qui l'empêche de cristalliser au sein du liquide. La résine de Tolu fournit environ la moitié de son poids de cet acide.

Cet acide benzoïque amorphe est jaune, léger, d'une saveur légèrement acidule, aromatique, très-faiblement amère.

Il fond à 113.° en se colorant en jaune brun, et bout à 256°. Exposé à une douce chaleur, surtout au soleil, il se recouvre d'un duvet cristallin, parfaitement blanc et pur, qui est l'acide benzoïque ordinaire. Par la distillation sèche, il donne le même acide incolore, et un résidu charbonneux.

Il est facilement soluble dans l'alcool et dans l'éther, et s'y dépose, par l'évaporation spontanée, en croûtes jaunes non cristallines ou en grains mamelonnés. Il se dissout aisément dans l'eau bouillante, et s'y dépose presque en totalité.

Généralement les sels qu'il forme sont moins solubles que les benzoates purs.

§ 1516[c]. *Benjoin* [6]. — C'est le suc solidifié qu'on extrait par des incisions d'une espèce d'aliboufier (*Styrax benzoin*) qui se rencontre en abondance dans la partie méridionale de Sumatra, à Java et dans le royaume de Siam.

Le benjoin commun du commerce est en masses rougeâtres,

[1] B̄arreswil et Boudault, *Journ. de Pharm.* [3], V, 266.

[2] Mitscherlich, *Ann. der Chem. u. Pharm.*, IX, 39.

[3] Darcet, *Ann. de Chim. et de Phys.*, LXVI, 99.

[4] Woehler et Keller, *Ann. der Chem. u. Pharm.*, XLIII, 108. — Ure, *Journ. de Pharm.*, octob. 1841.

[5] E. Kopp, *Compt. rend. des trav. de Chim.*, 1849, p. 155.

[6] Unverdorben, *Ann. de Poggend.*, VIII, 407; XVI, 369; XVII, 179. — Van der Vliet, *Ann. der Chem. u. Pharm.*, XXXIV, 177. — Mulder, *ibid.*, XXXIV, 185. — E. Kopp, *Compt. rend. de l'Acad.*, XIX, 1269.

contenant souvent des débris d'écorces. Quelquefois il est formé de lames blanches et opaques, en forme d'amandes empâtées dans une masse rougeâtre opaque, à cassure inégale et écailleuse ; à l'état récent, il exhale une odeur d'amandes amères. Il possède une saveur d'abord douce et balsamique, mais qui finit par irriter fortement la gorge. Il se fond au feu, et dégage des fumées d'acide benzoïque.

Il se compose de différentes résines α, β et γ, d'acide benzoïque et d'une petite quantité d'une huile volatile. On ne peut pas en expulser par la chaleur tout l'acide benzoïque ; mais celui-ci peut s'extraire en totalité par les carbonates alcalins bouillants.

Unverdorben sépare les résines de la manière suivante : il épuise le benjoin en poudre par un excès de carbonate de soude bouillant, qui s'empare de l'acide benzoïque et de la résine γ, précipite par l'acide chlorhydrique la solution alcaline, et reprend le précipité par l'eau bouillante ; celle-ci ne dissout que l'acide benzoïque, et laisse la résine γ à l'état insoluble. La partie du benjoin, insoluble dans le carbonate de soude, est ensuite lavée, desséchée et mise en digestion avec de l'éther : celui-ci dissout la résine α, et laisse la résine β à l'état insoluble.

En procédant comme on vient de le dire, M. Émile Kopp a trouvé la composition suivante pour deux échantillons différents de benjoin :

	I	II
Acide benzoïque.	14,0	14,5
Résine α, soluble dans l'éther.	52,0	48,0
Résine β, soluble seulement dans l'alcool. .	25,0	28,0
Résine γ, soluble dans le carbonate de soude.	3,0	3,5
Résine brune déposée par l'éther.	0,8	0,5
Impuretés.	5,2	5,5

Suivant le même chimiste, la composition du benjoin est assez variable : les larmes blanches ne sont formées que de résine α, et contiennent de 8 à 12 p. c. d'acide benzoïque, tandis que les parties brunes contiennent les deux résines α et β, et jusqu'à 15 p. c. d'acide. (Unverdorben y a trouvé 18 p. c. d'acide.)

La résine α est fort soluble dans l'éther, et l'alcool, insoluble dans l'huile de naphte. Elle ne précipite pas la solution alcoolique de l'acétate de cuivre. Elle est fort soluble dans la potasse, et insoluble dans l'ammoniaque.

Suivant M. Van der Vliet, la résine α ne serait qu'un mélange de résine β et de résine γ, car on parvient à la dédoubler en ces deux résines par une ébullition prolongée avec une solution de carbonate de soude.

Voici d'ailleurs les nombres que la résine α a donnés à l'analyse :

	Van der Vliet [1].		Mulder.
Carbone. . .	72,9	71,8	73,1
Hydrogène. .	7,2	7,1	7,3

La résine β est brunâtre, soluble dans l'alcool bouillant, insoluble dans l'éther et les huiles essentielles, soluble dans la potasse. Sa solution alcolique précipite l'acétate de plomb, mais elle ne précipite pas l'acétate de cuivre. Elle a donné à l'analyse [2] :

	Van der Vliet.		Mulder.
Carbone. . .	71,1	71,0	71,7
Hydrogène. .	6,2	6,3	6,9

La résine γ est soluble dans l'alcool, peu soluble dans l'éther, insoluble dans l'huile de naphte. Sa solution alcoolique précipite l'acétate de plomb, mais elle ne précipite pas l'acétate de cuivre. Elle se dissout dans la potasse. Elle renferme :

	Van der Vliet.		Mulder.
Carbone. . .	73,2	73,2	73,2
Hydrogène. .	8,6	8,4	8,6

Lorsqu'on distille doucement le mélange des résines de benjoin, bien débarrassées d'acide benzoïque, on obtient, suivant M. Émile Kopp, 1° une matière grasse onctueuse, qui paraît être la matière odorante du benjoin ; 2° une matière cristalline, en partie dissoute dans un liquide huileux. Ce liquide est d'abord incolore ou légèrement rosé, mais, vers la fin de l'opération, il s'épaissit et se colore de plus en plus ; il est composé en grande partie d'hydrate de phényle [3] ; la matière cristalline n'est que de l'acide benzoïque.

---

[1] M. Van der Vliet représente les résines du benjoin par les formules suivantes qui manquent de tout contrôle :

$$\text{Résine } \alpha .. \ C^{70}H^{42}O^{14} = \beta + \gamma.$$
$$\text{Résine } \beta ... \ C^{40}H^{21}O^{9}$$
$$\text{Résine } \gamma ... \ C^{30}H^{21}O^{5}$$

[2] La composition de cette résine est fort rapprochée de celle de la résine α du baume de Tolu, § 1695.

[3] Suivant M. Cahours, on obtient, par la distillation sèche du benjoin, une huile que la potasse transforme complétement en acide benzoïque. M. Deville pense que cette huile est du benzoate d'éthyle (*Ann. de Chim. et de Phys.* [3] III, 192).

L'action de l'acide nitrique sur les résines de benjoin est extrêmement énergique, surtout au commencement. La matière se boursoufle, jaunit en dégageant beaucoup de vapeurs nitreuses, et l'on
obtient une masse jaune-orangé, cassante, très-poreuse, d'une saveur extrêmement amère. Elle est un mélange de plusieurs substances qu'il est difficile de séparer. Si on la traite par de nouvelles
quantités d'acide nitrique, on recueille à la distillation un liquide
acide contenant de l'acide benzoïque, de l'hydrure de benzoïle et
de l'acide cyanhydrique. Le résidu renferme beaucoup d'acide picrique, ainsi que de l'acide benzoïque amorphe (§ 1516^b).

L'acide sulfurique concentré dissout les résines de benjoin en
se colorant en rouge cramoisi; par l'eau, la majeure partie de la
résine se reprécipite avec une couleur violette; la liqueur aqueuse
donne un sel de chaux soluble, si on la sature par la craie.

Le benjoin s'emploie pour la préparation de l'acide benzoïque.
Il entre dans la composition du baume du Commandeur et dans
celle des clous fumants; on en fait aussi une teinture alcoolique
appelée *lait virginal*.

§ 1516^d. On trouve dans le commerce, sous le nom de *gomme
jaune* (yellow gum), une espèce de résine qui suinte de l'écorce
d'une liliacée, le *Xanthorrhœa hastilis*, arbre qu'on rencontre
fréquemment dans la Nouvelle-Hollande, et notamment dans les
environs de Sidney. Cette résine est d'une saveur légèrement astringente et aromatique, comme le benjoin; son odeur est aussi
fort agréable. Elle dégage, quand on la chauffe, une odeur suave
comme le baume de Tolu.

Selon les observations de M. Stenhouse[1], elle renferme une
petite quantité d'une huile essentielle; de plus, on y trouve de
l'acide cinnamique, avec une petite quantité d'acide benzoïque.

Elle est insoluble dans l'eau, fort soluble dans l'alcool et l'éther.
Sa solution alcoolique laisse, par l'évaporation, un vernis incristallisable.

Traitée par l'acide nitrique moyennement concentré, elle fournit beaucoup d'acide picrique.

Soumise à la distillation sèche, elle donne une quantité assez
notable d'une huile pesante, soluble dans la potasse, et qui présente les caractères de l'hydrate de phényle; en même temps il

---

[1] STENHOUSE, *Ann. der Chem. u. Pharm.*, LVII, 34.

passe une petite quantité d'une huile indifférente, qui paraît être
de la benzine ou du cinnamène.

Dérivés métalliques de l'acide benzoïque. Benzoates.

§ 1517. L'acide benzoïque est un acide monobasique ; ses sels
neutres se représentent par la formule générale :

$$C^{14}H^5MO^4 = C^{14}H^5O^3,MO.$$

La plupart des benzoates sont solubles dans l'eau et l'alcool ; leur
solution aqueuse donne, par les acides minéraux et par plusieurs
acides organiques, un précipité cristallin d'acide benzoïque.

Soumis à la distillation sèche, les benzoates à base d'alcali ou
de terre alcaline, donnent de la benzine (§ 1337), de la benzophénone (§ 1510), des hydrocarbures solides (§ 1512), isomères de
la naphtaline, etc.

Benzoates d'ammoniaque. — α. Le *sel neutre* s'obtient lorsqu'on
dissout l'acide benzoïque à chaud dans l'ammoniaque concentrée ;
le sel cristallise par le refroidissement de la liqueur. Il est extrêmement soluble dans l'eau. Il s'humecte à l'air, et perd de l'ammoniaque en se desséchant de nouveau, et en passant à l'état de
bibenzoate.

β. Le *sel acide* s'obtient en gros cristaux par l'évaporation spontanée de la solution du sel neutre ; il est moins soluble dans l'eau
que ce dernier. Lorsqu'on fait bouillir la solution du benzoate
d'ammoniaque neutre, il se dégage de l'ammoniaque, et le bibenzoate se prend, par le refroidissement, soit en barbes de plume,
soit en grains ou en aiguilles, suivant que l'abaissement de la température est lent ou brusque.

Lorsqu'on distille à plusieurs reprises le benzoate d'ammoniaque
sec, il perd de l'eau et se convertit en cyanure de phényle (benzonitrile, § 206) :

$$C^{14}H^5(NH^4)O^4 = 4\ HO + C^{14}H^5N.$$
Benz. d'ammon.   Cyan. de phényle.

Lorsqu'on fait passer du benzoate d'ammoniaque sur de la baryte
chauffée au rouge, il se produit de la benzine ainsi qu'un hydrocarbure (§ 1512) isomère de la naphtaline.

Benzoates de potasse. — α. Le *sel neutre*, $C^{14}H^5KO^4$ + aq. (?),
cristallise difficilement, sous forme d'aiguilles semblables à des
barbes de plume ; sa solution grimpe sur le bord des vases qui la
renferment. Lorsqu'on fait cristalliser le sel dans l'alcool, qui ne

le dissout d'ailleurs qu'en petite quantité, il se prend en une masse semblable à du suif[1].

Lorsqu'on le distille à l'état sec avec de la chaux potassée, il donne de la benzine, ainsi qu'un hydrocarbure (§ 1512) isomère de la naphtaline. Il se produit également de la benzine par la distillation d'un mélange de benzoate de potasse et d'acide arsénieux (Darcet).

Lorsqu'on fait passer du chlore dans une dissolution de benzoate de potasse, rendue fortement alcaline, il se dégage de l'acide carbonique, et l'on obtient un acide chloré, $C^{12}H^5GlO^4$ (§ 1397).

β. Le *sel acide*[2], $C^{14}H^5KO^4,C^{14}H^6O^4$, s'obtient, comme produit secondaire, dans la préparation de l'acide acétique anhydre (§ 475), au moyen du chlorure de benzoïle et de l'acétate de potasse ; il se trouve dans le résidu, et résulte de l'action de l'acide benzoïque anhydre sur l'excès de l'acétate employé. Lorsqu'on délaye dans l'eau le résidu, ordinairement coloré, de la réaction du chlorure de benzoïle et de l'acétate de potasse, on obtient une masse insoluble ou du moins très-peu soluble, laquelle, convénablement lavée, puis séchée, se dissout dans beaucoup d'alcool bouillant, et s'y dépose, par le refroidissement, en belles lames incolores, nacrées, d'une réaction acide, très-peu solubles dans l'eau froide, assez solubles dans les liqueurs alcalines ; leur solution dans les alcalis précipite de l'acide benzoïque par les acides minéraux.

Benzoate de soude. — Il cristallise en aiguilles qui s'effleurissent légèrement. Il est peu soluble dans l'alcool, même bouillant.

Benzoate de lithine. — Il est très-soluble dans l'eau, et se dessèche en une masse saline, déliquescente, et incristallisable.

Benzoate de baryte, $C^{14}H^5BaO^4$. — Il forme des cristaux aciculaires, ne s'altère pas à l'air, se dissout difficilement dans l'eau froide, et plus facilement dans l'eau bouillante.

Benzoate de strontiane. — Il se comporte comme le sel précédent, et ne s'effleurit pas à l'air.

Benzoate de chaux, $C^{14}H^5CaO^4$ + 4 aq. — Il s'obtient tantôt en cristaux semblables à des barbes de plume, tantôt en grains ; il

---

[1] Suivant M. Grégory (*Ann. der Chem. u. Pharm.*, LXXXVII, 125), le benzoate de potasse qu'on obtient en traitant l'essence d'amandes amères par une dissolution alcoolique de potasse, est fort soluble dans l'alcool et y cristallise aisément, tandis que le même sel préparé avec l'acide benzoïque est fort peu soluble dans l'alcool et y cristallise tout autrement. On ne connaît pas la cause de cette différence.

[2] GERHARDT, *Ann. de Chim. et de Phys.* [3], XXXVII, 312.

s'effleurit à l'air, se dissout dans 20 parties d'eau froide et dans une quantité beaucoup moindre d'eau bouillante. Lorsqu'on soumet le sel à la distillation sèche, il donne de la benzophénone (§ 1510), de la benzine, et des hydrocarbures (§ 1512) isomères de la naphtaline.

Benzoate de magnésie. — Il est très-soluble dans l'eau, et cristallise en aiguilles semblables à des barbes de plume et efflorescentes.

Benzoate d'alumine. — Sa solution concentrée se prend en une masse cristalline par le refroidissement. Quoiqu'il soit assez soluble dans l'eau, il se précipite facilement quand on mêle ensemble des solutions un peu concentrées d'un sel d'alumine et de benzoate de potasse.

Benzoates de glucine. — Le *sel neutre* est soluble, et ne se précipite ni à froid ni à chaud, quand on mêle le sulfate de glucine neutre avec une solution de benzoate de potasse. Lorsqu'on abandonne la liqueur à l'évaporation spontanée, il s'y dépose des cristaux ayant tout à fait l'aspect de l'acide benzoïque, et qui ne renferment qu'une trace de glucine; la masse se prend ensuite en une gelée qui paraît être un *sous-sel*.

Benzoate d'yttria. — Il est insoluble dans l'eau. Produit par voie de double décomposition, il constitue un précipité caillebotté.

Benzoate de zircone. — Il se précipite sous la forme d'une masse semi-gélatineuse, qui ne se dissout pas à l'ébullition.

Benzoate de thorine. — Il ressemble au sel précédent.

Benzoate de cérium. — Précipité caillebotté.

Benzoate de zinc. — Sel incolore, soluble et cristallisable.

Benzoate de cobalt. — Sel rouge, soluble et cristallisable.

Benzoate de nickel. — Sel vert, soluble et cristallisable.

Benzoate de cuivre, $C^{14}H^5CuO^4 + x$ aq. — C'est un précipité bleu qui verdit par la dessiccation, en perdant son eau de cristallisation. Il cristallise à chaud, dans l'acide acétique étendu, sous la forme de prismes verts. Lorsqu'on chauffe le benzoate de cuivre à 220°, il donne plusieurs produits parmi lesquels on remarque le benzoate de phényle (§ 1522), tandis que le résidu renferme du salicylate de cuivre.

Benzoates de fer. — α. *Sel ferreux*. Il cristallise en aiguilles qui s'effleurissent et deviennent jaunes à l'air; il est soluble dans l'eau et dans l'alcool.

β. *Sels ferriques*. Le sel neutre forme des aiguilles jaunes, qui se dissolvent dans l'eau et l'alcool, en laissant un sous-sel. On obtient aussi un sous-benzoate de fer en précipitant le chlorure ferrique avec un benzoate, additionné d'un excès d'alcali.

Benzoate de manganèse. — Il cristallise en aiguilles transparentes, inaltérables à l'air, solubles dans 20 p. d'eau froide, peu solubles dans l'alcool.

Benzoate de chrome. — Les sels chromiques ne sont pas précipités par le benzoate de potasse.

Le *benzoate chromeux* [1], $C^{14}H^5CrO^4$ (à 100°), est un précipité rouge-grisâtre clair qu'on obtient avec le protochlorure de chrome; il perd de l'eau par la dessiccation à 100°, en devenant bleuâtre.

Benzoate d'urane. — Le benzoate de potasse ne précipite pas les sels d'urane.

Benzoate de bismuth. — Précipité blanc. D'après Trommsdorff, il se dissout à chaud dans un excès d'acide benzoïque, et cristallise, par le refroidissement, en aiguilles qui se dissolvent dans l'eau et l'alcool, en laissant un léger résidu d'oxyde de bismuth.

Benzoates d'étain. — Précipités blancs qu'on obtient, par double décomposition, avec les sels stanneux et les sels stanniques.

Benzoate de plomb, $C^{14}H^5PbO^4$ + aq. — Il constitue une poudre blanche qui cristallise en paillettes dans l'acide acétique bouillant. Il renferme 3,79 p. c. d'eau = 1 atome, qu'il perd à 100°.

On obtient aussi un *sous-sel* insoluble avec le sous-acétate de plomb et le benzoate de potasse.

Lorsqu'on distille le benzoate de plomb, il passe une petite quantité d'acide benzoïque, mélangé d'une huile odorante; le produit ne renferme pas de benzoate de phényle (Stenhouse).

Benzoate d'argent, $C^{14}H^5AgO^4$. — Précipité blanc et caillebotté qu'on obtient par double décomposition. L'eau bouillante le dissout; la solution le dépose, par le refroidissement, sous la forme d'écailles blanches, exemptes d'eau de cristallisation.

Le brome transforme le benzoate d'argent en acide bromobenzoïque (§ 1525) et en bromure d'argent.

Benzoates de mercure. — α. *Sel mercureux.* Précipité caillebotté, quelquefois cristallin.

β. *Sel mercurique.* Précipité blanc, peu soluble dans l'eau et l'alcool. L'ammoniaque paraît le convertir en benzoate de trimercurammonium, $C^{14}H^5(NHHg^3)O^4$ + 2 aq.

<hr>

[1] MOBERG, *Ann. der Chem. u. Pharm*, LXVIII, 307.

*Dérivés méthyliques, éthyliques…. phényliques…. de l'acide ben-
zoïque. Éthers benzoïques.*

§ 1518. Les éthers benzoïques représentent des benzoates dont
le métal est remplacé par son équivalent de méthyle, d'amyle ou
de phényle :

$$\text{Benzoate de méthyle.} \quad C^{16}H^8O^4. \quad = \quad \left.\begin{array}{l} C^{14}H^5O^2.O \\ C^2H^3.O \end{array}\right\}$$

$$\text{Benzoate d'éthyle.} \quad C^{18}H^{10}O^4 \quad = \quad \left.\begin{array}{l} C^{14}H^5O^2.O \\ C^4H^5.O \end{array}\right\}$$

$$\text{Benzoate d'amyle.} \quad C^{24}H^{16}O^4. \quad = \quad \left.\begin{array}{l} C^{14}H^5O^2.O \\ C^{10}H^{11}.O \end{array}\right\}$$

$$\text{Benzoate de phényle.} \quad C^{26}H^{10}O^4. \quad = \quad \left.\begin{array}{l} C^{14}H^5O^2.O \\ C^{12}H^5.O \end{array}\right\}$$

§ 1519. *Benzoate de méthyle,* ou éther méthyl-benzoïque,
$C^{16}H^8O^4$. — Ce corps s'obtient en distillant 2 p. d'acide benzoïque,
2 p. d'acide sulfurique, 1 p. d'esprit de bois, et en précipitant par
l'eau le produit de la distillation. On le prépare aussi en distillant
un mélange de benzoate de soude et de sulfate de méthyle.

C'est un corps huileux, incolore, doué d'une odeur balsamique
agréable; sa densité est égale à 1,10 à la température de 17°. Il
bout à 198°,5. Il est presque insoluble dans l'eau. La densité de
sa vapeur a été trouvée égale à 4,717.

Il absorbe le chlore; quand on chauffe le produit dès que l'absorption est complète, il se dégage de l'acide chlorhydrique mêlé
d'un peu de chlorure de méthyle; peu à peu ces produits cessent
de se développer, et vers 194° il passe du chlorure de benzoïle; il
ne faut pas chauffer au delà de 105°, car le résidu noircirait et le
produit de la distillation serait très-coloré; le résidu est un mélange
d'acide benzoïque, de benzoate de méthyle et probablement de
benzoate de méthyle chloré.

Lorsqu'on fait passer le benzoate de méthyle sur de la chaux
chauffée au rouge, il se produit de la benzine entre autres produits.

§ 1520. *Benzoate d'éthyle,* ou éther benzoïque, $C^{18}H^{10}H^4$. — On
le prépare en distillant un mélange de 4 p. d'alcool ordinaire, 2 p.

<hr>

1 DUMAS et PÉLIGOT (1834), *Ann. de Chim. et de Phys.*, LVIII, 50. — MALAGUTI,
ibid., LXX, 387.

d'acide benzoïque cristallisé, et 1 p. d'acide chlorhydrique concentré; on peut éthérifier presque tout l'acide benzoïque en cohobant le produit plusieurs fois; on change de récipient dès que le liquide qui passe se trouble par l'addition de l'eau. On purifie le produit par des lavages à l'eau et au carbonate de soude; la purification se complète par une rectification sur du massicot.

L'acide benzoïque seul n'éthérifie pas l'alcool avec le concours de la chaleur; mais il suffit d'ajouter à la solution saturée à chaud quelques gouttes d'acide chlorhydrique (ou mieux, d'alcool saturé d'acide chlorhydrique), pour que la liqueur, abandonnée pendant huit à quinze jours à une douce chaleur, se transforme presque entièrement en benzoate d'éthyle. Celui-ci se sépare ensuite par l'addition de l'eau, et se purifie comme précédemment (Liebig).

Un autre procédé consiste à mettre du chlorure de benzoïle en contact avec de l'alcool absolu : les deux corps s'échauffent et dégagent d'épaisses fumées d'acide chlorhydrique. Quand la réaction est terminée, on ajoute de l'eau au produit : le benzoate d'éthyle se sépare ainsi sous forme huileuse. On le lave à l'eau, et, après l'avoir desséché sur du chlorure de calcium, on le soumet à la rectification (Liebig et Woehler).

L'huile la moins volatile qui se produit dans la distillation sèche de la résine de Tolu est aussi constituée par du benzoate d'éthyle. On chauffe lentement à 200° l'huile brute provenant de cette distillation, de manière à en chasser tout le toluène; on la distille alors plusieurs fois seule, en ne recueillant que les deux premiers tiers (le résidu se prend ordinairement en masse par de l'acide benzoïque); enfin on la chauffe doucement avec du massicot, et on la rectifie seule (Deville).

Le benzoate d'éthyle est incolore, et possède une odeur aromatique fort agréable; sa densité est de 1,0539 à 10°,5. Il bout à 209°, et distille sans altération; la densité de sa vapeur a été trouvée égale à 4,07. Il est insoluble dans l'eau froide, mais il s'y dissout un peu à chaud. Il se dissout dans l'alcool en toutes proportions; il dissout beaucoup d'acide benzoïque, et, quand il en est saturé, il se fige à 21°.

¹ SCHÈELE, *Opuscula*, II, 141. — THÉNARD, *Mém. d'Arcueil*, II, 8. — DUMAS et BOULLAY, *Ann. de Chim. et de Phys.*, XXXVII, 20. — WOEHLER et LIEBIG, *ibid*, LI, 299. — LIEBIG, *ibid.*, LXV, 351. — MALAGUTI, *ibid.*, LXX, 374. — DEVILLE, *ibid.*, [3] III, 188. *Thèse présentée pour le doctorat en médecine*, en 1843, p. 35.

La potasse aqueuse le convertit peu à peu en alcool et en benzoate de potasse. La chaux potassée absorbe le benzoate d'éthyle en brunissant et en dégageant de la chaleur; quand on élève la température, il se dégage de l'hydrogène; le résidu consiste en un mélange de benzoate et d'acétate alcalins (Dumas et Stas).

Le massicot attaque le benzoate d'éthyle par des distillations réitérées (Deville).

L'ammoniaque gazeuse est absorbée par le benzoate d'éthyle, et y développe une matière blanche, mamelonnée; celle-ci se résout, au contact de l'eau, en ammoniaque et en benzoate d'éthyle; les acides favorisent cette réaction. Lorsqu'on abandonne, pendant quelques mois, du benzoate d'éthyle et de l'ammoniaque un peu alcoolisée dissous l'un dans l'autre, on obtient de beaux cristaux de benzamide (Deville). En chauffant le benzoate d'éthyle avec de l'ammoniaque dans un tube fermé, à une température supérieure à 100°, on obtient aisément de la benzamide (Dumas, Malaguti et Leblanc).

L'acide nitrique attaque vivement le benzoate d'éthyle, et le convertit en acide benzoïque et en une autre substance jaune, amorphe.

Lorsqu'on distille le benzoate d'éthyle sur du chlorure de zinc fondu, il dégage beaucoup de chlorure d'éthyle, et donne du benzoate de zinc : celui-ci se décompose à son tour à une température plus élevée, en produisant de l'acide benzoïque, mélangé de benzine, Gerhardt) :

$$C^{18}H^{10}O^4 + ZnCl = C^4H^5Cl + C^{14}H^5Zn\,O^4.$$

Benz. d'éthyle.   Chlor. d'éth. Benz. de zinc.

Le perchlorure de phosphore n'attaque pas le benzoate d'éthyle (Cahours).

Le chlore n'agit sur le benzoate d'éthyle qu'à une température de 60 à 70° : il se dégage de l'acide chlorhydrique et du chlorure d'éthyle, et l'on obtient une huile composée de chlorure de benzoïle et d'une substance[1] qui se décompose à la distillation, en dégageant de l'acide chlorhydrique.

Le sodium n'agit pas à la température ordinaire sur le benzoate

---

[1] M. Malaguti considère cette substance comme renfermant $C^{14}H^5O^2Cl$, $C^4H^3Cl^2O$ (combinaison de chlorure de benzoïle et d'oxyde d'éthyle bichloré). Analyse : carbone, 43,4-42,9-43,7; hydrog., 3,4-3,5-3,4; chlore, 42,8-42,4-42,3. Il ne me paraît pas bien établi que cette substance soit un composé défini.

d'éthyle; l'attaque n'a lieu qu'entre 70° et 80°; l'éther benzoïque brunit, et se solidifie alors peu à peu, sans qu'il se dégage aucun gaz. Si l'on reprend par l'éther le produit de la réaction, il se sépare une masse saline composée d'éthylate et de benzoate de potasse, tandis que l'éther dissout une huile que la potasse (surtout alcoolique) décompose en benzoate et en un autre sel de potasse, dont l'acide (*acide hypobenzoïleux* de MM. Loewig et Weidmann[1]) est résinoïde, brun-jaunâtre, de la consistance de la térébenthine, entièrement insoluble dans l'eau, soluble dans l'alcool et l'éther.

§ 1521. *Benzoate d'amyle*[2], ou éther amyl-benzoïque, $C^{24}H^{16}O^4$. — Huile bouillant entre 252 et 254°, qu'on obtient en distillant 1 p. d'alcool amylique et 2 p. d'acide sulfurique avec du benzoate de potasse.

§ 1522. *Benzoate de phényle*[3], ou benzophénide, $C^{26}H^{10}O^4$. — Ce corps se produit, selon MM. Laurent et Gerhardt, par la réaction du chlorure de benzoïle et de l'acide phénique. Suivant MM. List et Limpricht, il constitue la matière neutre qui a été obtenue par M. Ettling en décomposant le benzoate de cuivre par l'action de la chaleur. Il se forme également par la distillation sèche du benzoate de salicyle (Gerhardt).

Pour obtenir le benzoate de phényle, on chauffe légèrement un mélange d'acide phénique et de chlorure de benzoïle, tant qu'il se dégage de l'acide chlorhydrique. Le produit abandonné se concrète entièrement en une masse cristalline; on traite celle-ci par un mélange d'alcool et d'éther qui dépose alors, par l'évaporation spontanée, des aiguilles de benzoate de phényle. Ordinairement, il se sépare d'abord une certaine quantité d'une matière huileuse qui paraît n'être qu'un peu d'éther benzoïque tenant en dissolution du benzoate de phényle et provenant de l'action de l'alcool sur l'excès de chlorure de benzoïle, employé dans cette préparation.

Lorsqu'on chauffe à 220° environ le benzoate de cuivre parfaitement sec, il diminue considérablement de volume, dégage de

[1] Loewig et Weidmann, *Ann. de Poggend.*, L, 95; en extrait, *Ann. der Chem. u. Pharm.*, XXXVI, 297. — Ces chimistes représentent leur acide hypobenzoïleux par la formule $C^{14}H^6O^{2}{}^1/_2$, évidemment inadmissible. (Analyse : carbone, 76,67; hydrogène, 5,60).

[2] Rieckher (1847), *Journ. f. prakt. Pharm.*, XIV, 1.

[3] Ettling (1845), *Ann. der Chem. u. Pharm.*, LIII, 87. — Stenhouse, *ibid.*, LIII, 91. — Laurent et Gerhardt, *Compt. rend. des trav. de Chim.*, 1849, p. 429. — List et Limpricht, *Compt. rend. de l'Acad.*, XXXVIII, 556.

l'acide carbonique (mélangé d'un peu d'oxyde de carbone), donne un produit huileux qui cristallise en plus grande partie par le refroidissement, et finit par laisser un résidu rouge brun. La partie distillée possède l'odeur de la naphtaline (de l'acide phénique?) et se compose de benzoate de phényle, d'acide benzoïque et d'une petite quantité d'une matière huileuse indéterminée ; le résidu renferme du salicylate cuivreux et du cuivre métallique. On traite à chaud, par une lessive faible de potasse, le produit de la distillation ; le benzoate de phényle vient alors surnager sous la forme d'une huile incolore qui se concrète par le refroidissement. On purifie celle-ci par la cristallisation dans l'alcool chaud.

La distillation sèche du benzoate de salicyle (acide benzo-salicylique anhydre, § 1603) donne, à part quelques produits solubles dans la potasse, un corps insoluble qui présente aussi les caractères du benzoate de phényle.

Le benzoate de phényle cristallise en prismes rhomboïdaux d'environ 100°, terminés en pointes, ondulés, incolores, durs et très-brillants. Il fond à 70°, et se prend, par le refroidissement, en une masse radiée. Il bout à une température supérieure, et paraît distiller sans altération. Son odeur rappelle celle du géranium ; à chaud, elle devient citronnée.

Il est insoluble dans l'eau, soluble dans l'alcool et très-soluble dans l'éther ; la solution alcoolique est précipitée par l'eau en flocons blancs.

Il est insoluble dans l'ammoniaque bouillante ; il y surnage sous la forme d'une huile qui se dépose par le refroidissement et se concrète ensuite. Il ne se dissout pas non plus dans la potasse bouillante ; mais, quand on le chauffe avec de l'hydrate de potasse sec, il s'y combine. Le produit dissous dans l'eau donne par les acides de l'hydrate de phényle huileux, ainsi que de l'acide benzoïque.

L'acide sulfurique concentré exerce sur le benzoate de phényle une action semblable à celle de l'hydrate de potasse : il le dissout aisément à froid, et l'eau précipite alors de la dissolution des flocons d'acide benzoïque ; il reste de l'acide phényl-sulfurique en dissolution.

L'acide chlorhydrique bouillant n'exerce sur lui aucune action sensible.

L'acide nitrique concentré et bouillant jaunit le benzoate de phényle; la matière fond, mais on remarque à peine des vapeurs rouges, et la matière ne paraît pas s'attaquer.

Le brome attaque le benzoate de phényle, avec dégagement d'acide bromhydrique. Le produit constitue des aiguilles très-fusibles, fort solubles dans l'alcool et l'éther, insolubles dans l'eau.

Le *benzoate de phényle chloré*[1], $C^{26}H^9ClO^4$, se produit par l'action du chlore sur le benzoate de phényle. Lorsqu'on sature par un courant de chlore ce corps maintenu en fusion, il se colore en jaune et se transforme en un dérivé chloré, qui se mélange avec un autre liquide chloré. On l'exprime, et on le fait cristalliser dans l'éther. On obtient ainsi des cristaux aplatis, doués d'une odeur faible semblable à celle du chlorure de carbone, et fusibles à 87°. Par la sublimation, ils donnent des prismes quadrilatères aplatis, semblables au chlorate de potasse. Chauffés avec une dissolution alcoolique de potasse, ces cristaux donnent du benzoate de potasse, du chlorure de potassium et un peu d'éther benzoïque; en même temps il se forme une certaine quantité d'une résine particulière.

Benzoate de binitrophényle[2], ou benzophénide binitré, $C^{26}H^8(NO^4)^2O^4$. — On délaye de l'acide binitrophénique (hydrate de binitrophényle) dans le chlorure de benzoïle de manière à noyer entièrement les cristaux dans la liqueur huileuse; on chauffe ensuite doucement et tant qu'il se dégage de l'acide chlorhydrique. Il faut éviter de chauffer trop longtemps pour ne pas altérer le produit. On traite celui-ci par l'ammoniaque étendue et bouillante, pour extraire l'acide qui n'aurait pas été attaqué; on lave à l'alcool froid, et l'on fait cristalliser dans l'alcool bouillant.

Le produit se dépose alors en paillettes rhombes de couleur jaune. Il est insoluble dans l'eau est presque insoluble dans l'alcool froid. Il est assez soluble dans l'éther à chaud.

La potasse bouillante le dissout en partie en se colorant en jaune.

Benzoate de trinitrophényle[3], ou benzophénide trinitré, $C^{26}H^7(NO^4)^3O^4$. — On opère, comme précédemment, en traitant l'acide picrique ou trinitrophénique (hydrate de trinitrophényle) par le chlorure de benzoïle. On traite le produit par l'alcool froid, jusqu'à ce que ce liquide s'écoule presque incolore, et l'on fait cristalliser dans l'alcool bouillant.

---

[1] STENHOUSE (1845), *loc. cit.*[1]
[2] LAURENT et GERHARDT (1849), *loc. cit.*
[3] LAURENT et GERHARDT (1849), *loc. cit.*

Le benzoate de trinitrophényle se dépose alors presque immédiatement en paillettes rhombes d'un jaune doré, très-brillantes, moins solubles encore dans l'alcool froid que le benzoate de binitrophényle.

Le benzoate de trinitrophényle fond par la chaleur, et se prend, par le refroidissement, en une masse cristalline. Si l'on chauffe plus fort, il se fonce en couleur, et déflagre subitement à la manière des corps nitrés.

Il est insoluble dans l'eau bouillante; il est très-peu soluble dans l'éther à froid, un peu plus soluble à chaud.

Bouilli avec de l'ammoniaque, il se colore en jaune, mais la plus grande partie de la matière résiste à l'attaque. La potasse bouillante le dissout en se colorant en rouge jaunâtre foncé; les acides éclaircissent la solution en précipitant des flocons cristallins.

Dérivés chlorés de l'acide benzoïque.

§ 1523. Lorsqu'on fait agir du chlore sur l'acide benzoïque, sous l'influence des rayons solaires, on obtient des dérivés plus ou moins chlorés[1] dont il est fort difficile d'effectuer la séparation; suivant la durée de la réaction, il se produit ainsi des mélanges d'acide monochloré, d'acide bichloré et d'acide trichloré. On obtient des mélanges semblables en traitant l'acide benzoïque par du chlorate de potasse et de l'acide chlorhydrique, ou l'acide cinnamique par le chlorure de chaux.

M. Chiozza[2] a le premier obtenu à l'état de pureté l'acide benzoïque monochloré par la métamorphose de l'acide salicylique, sous l'influence du perchlorure de phosphore.

En présence d'un excès d'alcali, l'acide benzoïque éprouve de la part du chlore une décarburation partielle, pour donner un dérivé chloré de l'acide oxyphénique (§ 1396).

§ 1524. *Acide chlorobenzoïque*, $C^{14}H^5ClO^4$. — Lorsqu'on met l'acide salicylique en présence du perchlorure de phosphore, le mélange ne tarde pas à se liquéfier avec dégagement de chaleur. Le produit étant soumis à la distillation, on remarque que la température s'élève rapidement; il se dégage de l'acide chlorhydrique

[1] HERZOG, *Arch. f. Pharmac.*, XXIII, 279. — STENHOUSE, *Ann. der Chem. u. Pharm.*, LV, 1. — FIELD, *ibid.*, LXV, 55.
[2] CHIOZZA (1852), *Ann. de Chim. et de Phys.*, [3] XXXVI, 102.

pendant toute la durée de l'opération, et en même temps il se
forme un léger sublimé; enfin il arrive un moment où la masse
noircit et se boursoufle, en laissant pour résidu un charbon
très-léger. En rectifiant le produit de cette distillation, et en ne
recueillant que ce qui passe entre 200 et 250°, on obtient du
chlorure de chlorobenzoïle (§ 1546) que l'eau bouillante convertit
immédiatement en acide chlorhydrique et en acide chlorobenzoïque.

A l'état de pureté, l'acide chlorobenzoïque se présente sous
la forme de belles aiguilles brillantes, fort semblables à celles de
l'acide salicylique, dont il se distingue aisément en ce qu'il ne colore pas en violet les persels de fer. Il se dissout abondamment
dans l'eau bouillante; une solution saturée à l'ébullition se prend,
par le refroidissement, en une masse de très-belles aiguilles. Son
point de fusion est de quelques degrés supérieur à celui de l'acide
benzoïque. Il se sublime sans altération.

Le *sel d'ammoniaque* est fort soluble.

Le *sel de baryte*, $C^{14}H^4BaClO^4$, est très-soluble dans l'eau; par
le refroidissement d'une solution concentrée, il se prend en une
masse de cristaux radiés, ou en petits mamelons d'un blanc éclatant.

Le *sel d'argent*, $C^{14}H^4AgClO^4$, s'obtient en ajoutant une solution de nitrate d'argent à une solution bouillante de chloroben-
zoate d'ammoniaque; il se précipite alors en petits cristaux qui
se rassemblent immédiatement au fond du vase; la liqueur surnageante donne, par le refroidissement, des cristaux arrondis d'un
volume plus considérable.

Dérivés bromés de l'acide benzoïque.

§ 1525. *Acide bromobenzoïque*[1], $C^{14}H^5BrO^4$. — Cet acide
s'obtient par l'action du brome sur le benzoate d'argent. On
place du brome dans un petit tube ouvert, et on l'abandonne sur
du benzoate d'argent, le tout étant renfermé dans un bocal. Les
vapeurs de brome sont alors absorbées par le sel d'argent, et le
décomposent peu à peu; l'action est achevée dès qu'on observe
des vapeurs rougeâtres. On traite la masse par l'éther, qui dissout

---

[1] PÉLIGOT (1838), *Compt. rend. de l'Acad.*, III, 9; traduction, *Ann. der Chem. u. Pharm.*, XXVIII, 246. — LAURENT, *Compt. rend. de l'Acad.*, XXX, 329; XXXII, 11.

l'acide bromobenzoïque en laissant le bromure d'argent ; la solution éthérée, étant évaporée, donne un résidu brun et huileux, qui se concrète peu à peu en une masse cristalline. Ce produit est encore impur, et renferme un peu d'acide benzoïque et une matière huileuse qui le colore. Pour le purifier, on le dissout dans la potasse, et, après avoir traité le sel par du charbon animal, on en sépare l'acide bromobenzoïque à l'aide de l'acide nitrique.

L'acide bromobenzoïque forme une masse cristalline et incolore, qui fond à 100°, et se sublime à 250° en laissant un résidu charbonneux. Il est peu soluble dans l'eau, très-soluble dans l'alcool, l'éther et l'esprit de bois. Il brûle avec une flamme fuligineuse bordée de vert. Sa solution ne précipite pas de bromure d'argent par le nitrate de ce métal.

Les *sels* à base d'alcalis, de terres alcalines, de zinc, de cobalt, de nickel, de mercuricum et d'argent sont solubles et en partie cristallisables. Les sels à base de cuivre, de plomb et de mercurosum sont très-peu solubles. Le sel ferrique ressemble au benzoate correspondant.

Dérivés nitriques de l'acide benzoïque.

§ 1526. *Acide nitrobenzoïque*[1], $C^{14}H^5(NO^4)O^4$. — L'acide benzoïque, traité par un excès d'acide nitrique bouillant, s'y dissout en prenant une couleur rouge et en dégageant du bioxyde d'azote. Si l'on maintient l'ébullition pendant plusieurs heures, la formation du gaz diminue constamment, cesse enfin, et la coloration disparaît. La dissolution refroidie laisse déposer peu à peu des cristaux d'acide nitrobenzoïque qu'on purifie par de nouvelles cristallisations dans l'eau bouillante.

On obtient aussi cet acide par l'action prolongée de l'acide nitrique concentré sur l'acide cinnamique, sur l'hydrure de cinnamyle et sur d'autres composés cinnamiques. Le cumène et le cinnamène se convertissent également en acide nitrobenzoïque si on les fait longtemps bouillir avec de l'acide nitrique concentré.

Enfin l'acide nitrobenzoïque se produit encore lorsqu'on fait bouillir la résine de sang-dragon avec de l'acide nitrique étendu de son poids d'eau[2].

[1] MULDER (1840), *Ann. der Chem. u. Pharm.*, XXXIV, 297.
[2] BLUMENAU, *ibid.*, LXVII, 127.

L'acide nitrobenzoïque se dépose dans l'eau à l'état d'une masse grenue composée de petits cristaux incolores.

Il se dissout aisément dans l'eau bouillante ; il fond dans l'eau, à une température inférieure à 100° ; en une huile pesante, l'alcool et l'éther le dissolvent aisément. A la température ordinaire, l'eau n'en dissout que fort peu. 1 p. d'acide nitrobenzoïque se dissout dans 400 p. d'eau à 10° et dans 10 p. d'eau à 100°. Ces dissolutions ont une réaction acide très-prononcée.

Les cristaux secs fondent à 127°, mais ils se subliment déjà à 110°, et sans altération s'ils sont entièrement purs. Leurs vapeurs excitent la toux.

L'acide, même le plus pur, se décompose lorsqu'on le fait bouillir, en devenant noir et en dégageant des produits empyreumatiques.

On peut le sublimer dans le chlore sec, sans qu'il en soit attaqué.

L'acide nitrique bouillant le dissout sans le décomposer. Il en est de même de l'acide chlorhydrique.

L'acide sulfurique concentré le dissout à la température ordinaire sans se colorer ; si l'on chauffe, il se sublime un peu d'acide nitrobenzoïque, et, à la température d'ébullition de l'acide sulfurique, le mélange prend une belle couleur rouge. Si l'on étend d'eau la solution rouge, il se précipite des flocons d'acide nitrobenzoïque non attaqué, et la liqueur filtrée, saturée par le carbonate de baryte, donne un sel soluble particulier.

Le sulfhydrate d'ammoniaque attaque l'acide nitrobenzoïque en donnant de l'acide benzamique (Voy, § 1531, *Dérivés par réduction des dérivés nitriques de l'acide benzoïque*).

A froid, le perchlorure de phosphore n'agit pas sur l'acide nitrobenzoïque ; mais, si l'on chauffe doucement le mélange, la réaction est très-vive, et l'on recueille, à la distillation, un mélange d'oxychlorure de phosphore et de chlorure de nitrobenzoïle (§ 1547).

Lorsqu'on avale de l'acide nitrobenzoïque, celui-ci se transforme, dans l'économie, en acide nitrohippurique, et se retrouve comme tel dans l'urine[1] ; l'ingestion de l'acide nitrobenzoïque ne produit sur la santé aucun effet fâcheux.

---

[1] BERTAGNINI, *Ann. der Chem. u. Pharm.*, LXXVIII, 100.

§ 1527. Les *nitrobenzoates* sont en grande partie solubles dans l'eau et l'alcool, et peuvent s'obtenir cristallisés. Ils explosionnent par l'action de la chaleur, et dégagent de la nitrobenzine en se charbonnant. On les obtient soit directement, soit par double décomposition.

Le *sel d'ammoniaque* neutre, obtenu par la saturation de l'acide nitrobenzoïque avec de l'ammoniaque, dégage de l'ammoniaque lorsqu'on évapore sa solution. Il dépose ensuite des aiguilles brillantes d'un *sel acide*, $C^{14}H^4(NH^4)(NO^4)O^4$, $C^{14}H^5(NO^4)O^4$; celui-ci peut être sublimé si on le chauffe avec précaution. Lorsqu'on maintient pendant longtemps en fusion le nitrobenzoate d'ammoniaque, il se produit de la nitrobenzamide (Field).

Le *sel de potasse*, obtenu directement par la saturation de l'acide nitrobenzoïque, donne, par la concentration, de petites aiguilles. Il fond par la chaleur, et se décompose à une température élevée en projetant des étincelles et en se boursouflant; en même temps il dégage beaucoup de benzine.

Le *sel de soude* est déliquescent, et cristallise difficilement en petits grumeaux. Il se comporte à la chaleur comme le sel de potasse.

Le *sel de baryte*, $C^{14}H^4Ba(NO^4)O^4 + 4$ aq., forme des cristaux brillants qui renferment 13 p. c. $= 4$ atomes d'eau. Il noircit par la chaleur, dégage de la nitrobenzine, et prend feu en explosionnant.

Le *sel de strontiane*, $C^{14}H^4Sr(NO^4)O^4 + 2$ aq. (?) forme des cristaux mats, groupés en faisceaux.

Le *sel de chaux*, $C^{14}H^4Ca(NO^4)O^4 + 2$ aq., forme de petites aiguilles, douées de peu d'éclat, qui ne commencent à dégager qu'à 130° 9 p. c. $= 2$ atomes d'eau de cristallisation.

Le *sel de zinc* neutre renferme $C^{14}H^4Zn(NO^4)O^4 + 5$ aq. Lorsqu'on ajoute une solution de sulfate de zinc à une solution de nitrobenzoate d'ammoniaque avec excès d'acide, il se produit un précipité gélatineux qui constitue un sous-sel, $2\,C^{14}H^4Zn(NO^4)O^4$, 6 ZnO. Si l'on évapore la liqueur filtrée, on obtient des lames de sel neutre, ayant la composition indiquée.

Le *sel de manganèse*, $C^{14}H^4Mn(NO^4)O^4 + 4$ aq., constitue des cristaux incolores, qu'on obtient en évaporant un mélange de nitrobenzoate d'ammoniaque acide et de sulfate de manganèse.

Le *sel de cuivre*, $C^{14}H^4Cu(NO^4)O^4 + $ aq., constitue une poudre bleue qui se précipite, par le refroidissement, lorsqu'on ajoute goutte à goutte une solution d'acétate de cuivre à une solution chaude d'acide nitrobenzoïque.

Le *sel de fer* (ferricum) renferme $C^{14}H^4fe(NO^4)O^4$. L'acide nitrobenzoïque ne dissout pas l'oxyde ferrique à l'ébullition. Pour obtenir un nitrobenzoate ferrique, il faut mélanger une solution de chlorure ferrique avec une solution bouillante d'acide nitrobenzoïque ; le nitrobenzoate ferrique se précipite alors sous la forme d'une poudre volumineuse, couleur de chair. Ce sel est insoluble, même dans l'eau bouillante. Il est anhydre.

Le *sel de plomb* renferme $C^{14}H^4Pb(NO^4)O^4$. On l'obtient en versant du sous-acétate de plomb dans une solution bouillante d'acide nitrobenzoïque, jusqu'à ce que le précipité qui se produit d'abord ne se dissolve plus ; il se forme alors, par le refroidissement du mélange, même déjà à 90°, des rosaces qui augmentent rapidement et finissent par remplir tout le liquide. Ce sel paraît se décomposer par les lavages en devenant basique.

Lorsqu'on fait bouillir une solution d'acide nitrobenzoïque avec du carbonate de plomb, celui-ci augmente considérablement de volume, et il se produit un sous-sel insoluble, en même temps qu'un autre sel soluble.

La solution du nitrobenzoate d'ammoniaque ou de potasse produit avec l'acétate de plomb neutre un précipité blanc qui donne à l'analyse une quantité de plomb plus forte qu'il n'en faudrait pour la composition d'un nitrobenzoate neutre. Il est probable toutefois que le sel devient basique par les lavages.

Le *sel d'argent*, $C^{14}H^4Ag(NO^4)O^4$, s'obtient sous la forme d'un précipité floconneux lorsqu'on mélange une solution de nitrobenzoate d'ammoniaque avec du nitrate d'argent. Le sel est assez soluble dans l'eau ; par l'évaporation de sa solution, il cristallise en paillettes nacrées, anhydres. A 120°, il devient gris, en perdant un peu d'acide ; si on le chauffe en vase clos à 250°, il se décompose avec explosion. Si on le chauffe avec précaution dans un appareil distillatoire, il fond, noircit, et dégage beaucoup de nitrobenzine.

§ 1528. Le *nitrobenzoate de méthyle*[1], ou éther méthyl-nitrobenzoïque, $C^{14}H^4(C^2H^3)(NO^4)O^4 = C^{16}H^7NO^8$, se prépare comme le nitrobenzoate d'éthyle. Il est insoluble dans l'eau, assez peu soluble dans l'éther et l'alcool, un peu plus soluble dans l'esprit

[1] CHANCEL (1849), *Compt. rend. des trav. de Chim.*, 1849, p. 179.

de bois. Par l'évaporation il se dépose de ses dissolutions en petits cristaux assez nets, blancs, presque opaques. Ces cristaux sont des prismes droits rhomboïdaux (∞ P : ∞ P $=$ 118 à 120°) isomorphes avec les cristaux de nitrobenzoate d'éthyle. Ils sont doués d'une odeur aromatique très-faible, et d'une saveur fraîche. Ils fondent à 70°, et entrent en ébullition à 279°.

Le *nitrobenzoate d'éthyle*[1], ou éther nitrobenzoïque, $C^{14}H^4$ $(C^4H^5)(NO^4)O^4 = C^{18}H^9NO^8$, s'obtient aisément en soumettant à un courant de gaz chlorhydrique une solution alcoolique d'acide nitrobenzoïque, maintenue en ébullition. Après un laps de temps suffisant, et lorsqu'une certaine quantité d'alcool a passé à la distillation, le liquide se divise en deux couches ; celle qui occupe le fond du vase est l'éther nitrobenzoïque qui se solidifie par le refroidissement. On précipite par l'eau l'éther qui se trouve encore en dissolution dans l'alcool ; on purifie ce composé en l'agitant avec une dissolution chaude de carbonate de soude ; après des lavages réitérés à l'eau froide, on l'exprime entre des doubles de papier-joseph et on le fait cristalliser dans l'alcool.

L'éther nitrobenzoïque est insoluble dans l'eau, très-soluble dans l'éther et l'alcool, surtout à chaud ; il cristallise, avec une grande facilité, en prismes droits rhomboïdaux (∞ P : ∞ P $=$ 122°), transparents, incolores et brillants ; il possède une odeur aromatique agréable qui rappelle celle de la fraise ; sa saveur est fraîche et légèrement amère. Il fond à 42° et bout à 298° environ.

Traité par la potasse caustique, il se transforme assez facilement en alcool et en nitrobenzoate de potasse. L'ammoniaque le convertit en nitrobenzamide (§ 1559).

§ 1529. *Acide binitrobenzoïque*[2], $C^{14}H^4(NO^4)^2O^4$. — Pour obtenir cet acide, on chauffe à 50 ou 60° un mélange d'acide sulfurique concentré et d'acide nitrique fumant, puis on y projette, par petits fragments, de l'acide benzoïque fondu : il se manifeste aussitôt une réaction annoncée par un faible dégagement de gaz, en même temps que l'acide benzoïque se dissout. Quand la dissolution est complète, on chauffe doucement jusqu'à ce que la liqueur commence à se troubler ; on ajoute alors de l'eau à la liqueur acide, après l'avoir laissée refroidir ; il se sépare ainsi des flocons jau-

---

[1] Émile Kopp (1847), *Compt. rend. des trav. de Chim.*, 1847, p. 199. — Chancel, *ibid.*, 1849, p. 177.

[2] Cahours (1848), *Ann. de Chim. et de Phys.*, [3] XXV, 30.

nâtres qui deviennent blancs par le lavage. Quand les eaux de lavage ne manifestent plus de réaction acide, ou comprime le produit solide entre des doubles de papier buvard, puis on le reprend par l'alcool bouillant qui le dissout aisément et l'abandonne, par le refroidissement, sous la forme de petits cristaux très-brillants.

Ainsi préparé, l'acide binitrobenzoïque se présente en prismes raccourcis. Il fond à une température peu élevée. Chauffé doucement, il se sublime en aiguilles déliées. L'eau n'en dissout que des traces à froid ; elle en dissout davantage à la température de l'ébullition, et le dépose, par le refroidissement, sous la forme d'aiguilles minces. L'alcool et l'éther le dissolvent assez bien, surtout à chaud.

L'acide nitrique le dissout fort bien à chaud, et l'abandonne, par un refroidissement gradué, en cristaux durs et brillants. L'acide sulfurique concentré le dissout à une douce chaleur, et le décompose à une température plus élevée.

L'acide binitrobenzoïque forme des *sels* qui s'obtiennent directement par la saturation avec des bases.

Le *sel d'ammoniaque*, $C^{14}H^3(NH^4)(NO^4)^2O^4$, s'obtient en aiguilles déliées, d'un bel éclat soyeux à l'état sec ; il est très-soluble dans l'eau, surtout à chaud.

Les *sels de potasse* et *de soude* sont aussi fort solubles et cristallisables.

Les *sels de plomb* et *d'argent* sont peu solubles.

§ 1530. Le *binitrobenzoate d'éthyle*[1], ou éther binitrobenzoïque, $C^{14}H^3(C^4H^5)(NO^4)^2O^4 = C^{18}H^8N^2O^{12}$, se prépare facilement, en dissolvant à saturation l'acide binitrobenzoïque dans de l'alcool concentré et bouillant ; il se sépare alors, au bout de quelque temps, sous la forme d'une huile dont on augmente la quantité par l'addition de l'eau. Cette huile se concrète par le refroidissement. Elle cristallise dans l'alcool sous la forme de longues aiguilles déliées et brillantes, à peine colorées en jaune ; à chaud, la potasse concentrée détruit rapidement cet éther en produisant de l'alcool et du binitrobenzoate de potasse.

[1] CAHOURS (1848), *loc. cit.*

Dérivés par réduction des dérivés nitriques de l'acide benzoïque.

§ 1531. *Acide benzamique*[1], $C^{14}H^7NO^4$. — Ce corps, isomère de l'acide phényl-carbamique ou anthranilique (§ 125), s'obtient par la réduction de l'acide nitrobenzoïque. Quand on fait bouillir une solution alcoolique d'acide nitrobenzoïque, saturée d'ammoniaque et d'hydrogène sulfuré, elle verdit, se trouble et met en liberté une grande quantité de soufre, en redevenant limpide. Pour avoir une décomposition complète, il faut décanter le liquide, mélanger avec l'alcool ammoniacal qu'on a condensé dans un récipient pendant l'ébullition, saturer par l'hydrogène sulfuré, et soumettre à une nouvelle distillation. Cette opération doit être répétée deux ou trois fois, jusqu'à ce qu'il ne se dépose plus de soufre. Finalement, on concentre le liquide jusqu'à consistance de sirop, on le sursature par l'acide acétique concentré, on recueille sur un filtre la bouillie épaisse que cet acide produit, et on la laisse égoutter; après l'avoir séchée sur une brique poreuse, on la dissout dans l'eau distillée, on décolore par le charbon animal, et on filtre la solution bouillante.

La réaction en vertu de laquelle se forme l'acide benzamique peut se représenter de la manière suivante :

$$C^{14}H^5(NO^4)O^4 + 6\,HS = C^{14}H^7NO^4 + 4\,HO + 6\,S.$$
Ac. nitrobenzoïque.   Ac. benzamique.

L'acide benzamique se produit aussi dans la première phase de la réaction de la phényl-urée (§ 237) et de la chaux potassée[2] :

$$C^{14}H^8N^2O^2 + KO,\ HO = NH^3 + C^{14}H^6KNO^4.$$
Phényl-urée.   Benzamate de potasse.

L'acide benzamique, précipité par l'acide acétique de sa solution ammoniacale, cristallise dans l'eau bouillante sous la forme de petits mamelons, composés d'aiguilles très-fines, groupées en

---

[1] ZININ (1845), *Bulletin de Saint-Pétersb.*, II, n° 18 et 19, et *Journ. f. prakt. Chem.*, XXXVI, 93. — CHANCEL, *Compt. rend des trav. de Chim.*, 1845, p. 185. — GERLAND, *Ann. der Chem. u. Pharm.*, LXXXVI, 143. — Le nom d'*acide benzamique* est fort impropre, ce corps n'étant pas un acide amidé correspondant à l'acide benzoïque.

[2] Nous avons dit, § 125 et § 237, que la phényl-urée donnait, par la chaux potassée, de l'acide phényl-carbamique ou anthranilique. Mais, depuis la rédaction de ces deux paragraphes, M. Gerland a prouvé qu'il y a quelques différences entre les réactions de l'acide ainsi obtenu et de l'acide anthranilique de M. Fritzsche, tandis que l'acide carbanilique de M. Chancel et l'acide benzamique sont identiques.

rayons; souvent ces mamelons n'ont qu'une texture cristalline confuse, et se présentent après la dessiccation à l'état d'une poudre amorphe. On peut cependant obtenir l'acide benzamique en plus gros cristaux, en le redissolvant dans la potasse caustique, évaporant à siccité et reprécipitant par l'acide acétique (Gerland).

L'alcool et l'éther le dissolvent encore mieux que l'eau bouillante. Il est sans odeur, mais d'une saveur fort douce, un peu aigrelette. Sa solution s'altère peu à peu au contact de l'air, en produisant une résine brune.

Il fond par la chaleur, se boursoufle et dégage des vapeurs âcres comme celles de l'acide benzoïque, en laissant beaucoup de charbon.

Lorsqu'on le chauffe avec de l'hydrate de potasse, il dégage des vapeurs empyreumatiques chargées d'ammoniaque, mais ne contenant pas une trace d'aniline (dans les mêmes circonstances, l'acide phényl-carbamique dégage beaucoup d'aniline). Ce n'est qu'à une température voisine du rouge que le mélange de potasse et d'acide benzamique donne, entre autres produits, de petites quantités d'aniline.

L'acide sulfurique et l'acide nitrique dissolvent l'acide benzamique en donnant des combinaisons cristallisables (§ 1533).

Une solution aqueuse d'acide benzamique ne donne pas d'acide salicylique, quand on y fait passer de l'acide nitreux. Lorsque les vapeurs nitreuses passent dans cette solution, elle rougit, et dépose un corps résinoïde rouge, insoluble dans l'eau et l'alcool, très-soluble dans l'ammoniaque et la potasse. Par l'action prolongée de l'acide nitreux, le produit résinoïde se redissout, et l'on obtient, par l'évaporation, de beaux cristaux jaunes qui paraissent être l'acide binitrophénique.

L'acide nitrique fumant et bouillant convertit l'acide benzamique en acide trinitrophénique (picrique).

Le chlore attaque aisément la solution de l'acide benzamique, en produisant une substance résineuse, soluble dans l'alcool avec une couleur violette.

§ 1532. Les *sels métalliques* de l'acide benzamique ressemblent beaucoup aux phényl-carbamates.

Les *sels à base d'alcalis* et de *terres alcalines* sont très-solubles dans l'eau et l'alcool. On n'a pas pu les obtenir cristallisés.

Le *sel de cuivre*, $C^{14}H^6CuNO^4$, est un précipité vert, insoluble dans l'eau et l'alcool, soluble dans les acides.

Le *sel d'argent*, $C^{14}H^6AgNO^4$, est un précipité blanc, caillebotté, qui finit par se transformer en une poudre cristalline ; celle-ci devient violet brunâtre dans l'eau bouillante, sans se dissoudre ; chauffée à l'état sec, au contact de l'air, elle noircit, se boursoufle, et exhale une vapeur âcre, en laissant un résidu charbonneux.

Il paraît exister trois *sels de plomb :* un sel pulvérulent, insoluble dans l'eau ; un autre sel, peu soluble, cristallisé en aiguilles ; et un troisième sel, plus soluble, cristallisant en lames brillantes.

§ 1532[a]. Les composés que nous avons décrits plus haut (t. I, p. 212, § 125) sous les noms de *phényl-carbamate de méthyle* et de *phényl-carbamate d'éthyle* paraissent être les éthers de l'acide benzamique, isomère de l'acide phényl-carbamique.

§ 1533. Les *combinaisons de l'acide benzamique avec d'autres acides*[1] s'obtiennent directement.

Le *sulfate* renferme 2 $C^{14}H^7NO^4,S^2O^6$, 2 HO + 4 aq. Lorsqu'on verse de l'acide sulfurique concentré sur l'acide benzamique, celui-ci se dissout, et la liqueur se prend, par le refroidissement, en une masse d'aiguilles brillantes qu'on purifie par une nouvelle cristallisation dans l'eau bouillante ou dans l'alcool. Ces cristaux ne s'altèrent pas au contact de l'air ; leur solution aqueuse possède une saveur extrêmement sucrée. Ils se décomposent en partie par la cristallisation dans l'eau ; ils se dédoublent de nouveau en acide sulfurique et en acide benzamique par la saturation avec de la potasse, du carbonate de baryte, ou du carbonate de plomb ; le chlorure de baryum produit le même effet à l'ébullition.

Le *nitrate* contient $C^{14}H^7NO^4$, NO^6H. L'acide nitrique (exempt d'acide nitreux) dissout à chaud l'acide benzamique, sans qu'il se dégage du gaz ; la solution dépose, par le refroidissement, de petites paillettes. Pour obtenir cette combinaison à l'état de pureté, on évapore la solution au bain-marie, et l'on fait recristalliser le résidu dans l'eau bouillante. La combinaison se conserve à l'air, et se dissout aisément dans l'eau bouillante, ainsi que dans l'alcool.

---

[1] GERLAND (1852), *Ann. der Chem. u. Pharm.*, LXXXVI, 151. — L'acide phényl-carbamique ou anthranilique donne, avec l'acide nitrique et l'acide sulfurique, des combinaisons semblables à celles qu'on obtient avec ces acides et l'acide benzamique.

Dérivés sulfuriques de l'acide benzoïque.

§ 1534. *Acide sulfobenzoïque*[1], $C^{14}H^6S^2O^{10} = C^{14}H^6O^4, 2\,SO^3$. —
Lorsqu'on dirige les vapeurs d'acide sulfurique anhydre sur de
l'acide benzoïque sec, il se produit une masse visqueuse qu'on
reprend par l'eau pour la saturer ensuite avec du carbonate de
baryte, après avoir enlevé, à l'aide du filtre, l'excédant d'acide benzoïque. On concentre le liquide, et l'on y ajoute de l'acide chlorhydrique ; le sulfobenzoate de baryte acide cristallise alors par le refroidissement. En décomposant ce sel par une quantité convenable
d'acide sulfurique, on peut obtenir l'acide sulfobenzoïque. Celui-ci
se prend en cristaux confus, très-acides et déliquescents. On peut
faire bouillir sa solution avec l'acide nitrique, sans qu'elle se décompose.

L'acide sulfobenzoïque est bibasique.

Chauffés avec un excès d'hydrate de potasse, tous les *sulfoben-
zoates* donnent un résidu contenant du sulfite et du sulfate. Ils ne
donnent pas d'acide sulfurique lorsqu'on les fait bouillir avec un
excès de potasse.

Lorsqu'on ajoute l'acide sulfobenzoïque à une solution de chlorure de baryum ou de nitrate de baryte, on obtient un précipité
de sulfobenzoate de baryte acide.

Le *sel de potasse neutre* est déliquescent ; on peut l'obtenir en
beaux cristeaux. Le *sel de potasse acide* forme aussi de beaux cristaux efflorescents.

Le *sel de soude acide* est cristallisable.

Le *sel de baryte neutre*, $C^{14}H^4Ba^2S^2O^{10}$, s'obtient en faisant bouillir
le sel de baryte acide avec du carbonate de baryte ; il est très-soluble
et ne se prend que difficilement en cristaux définis. Il supporte une
très-haute température sans se décomposer. —Le *sel de baryte acide*,
$C^{14}H^5BaS^2O^{10}+3\,aq\,(?)$, cristallise en prismes monocliniques. (Combinaison ordinaire, oP. ∞ P. ∞ P ∞, quelquefois avec les facettes
—P. Inclinaison des faces, oP : ∞ P $= 98°,6'$; ∞ P: ∞ P $= 82°,21'$).
Les cristaux sont incolores, transparents, inaltérables à l'air, solu-
bles dans 20 p. d'eau à 20°, et plus solubles dans l'eau chaude ;
leur solution présente une réaction acide. Ils perdent, à 200°, 10,63

---

[1] MITSCHERLICH (1834), *Ann. de Poggend.*, XXXII, 227, et *Ann. der Chem. u. Pharm*,
XII, 314. — FEHLING, *Ann. der Chem. u. Pharm.*, XXVII, 322.

p. c. d'eau; la décomposition du sel n'a lieu qu'à une température beaucoup plus élevée. Le sel ne donne pas d'acide sulfurique par l'ébullition avec l'acide nitrique fumant.

Le *sel de magnésie acide* s'obtient en beaux cristaux.

Les *sels acides à base de zinc, de cobalt, de nickel, de cuivre et de fer* (ferrosum) sont également cristallisables.

Le *sel de plomb neutre*, $C^{14}H^4Pb^2S^2O^{10} + 4aq.$, se prépare en faisant bouillir l'acide sulfobenzoïque avec du carbonate de plomb; il est peu soluble dans l'eau froide, et fournit des cristaux très-fins, semblables à la wawellite, et renfermant 8 p. c. d'eau de cristallisation.

Le *sel d'argent neutre*, $C^{14}H^4Ag^2S^2O^{10} + 2$ aq., forme de petits cristaux fort solubles dans l'eau, et qui perdent par la dessiccation 2 atomes d'eau.

Dérivés formiques de l'acide benzoïque.

§ 1535. Le sucre de gélatine ou glycocolle (§ 129), qui appartient à la série formique, se convertit en *acide hippurique* sous l'influence du chlorure de benzoïle; de son côté, l'acide hippurique peut se dédoubler de nouveau en sucre de gélatine et en acide benzoïque.

Lorsqu'on traite l'acide hippurique par l'acide nitreux, on le transforme en *acide benzoglycollique;* celui-ci se dédouble aisément en acide benzoïque et en acide glycollique (§ 131). L'acide glycollique lui-même dérive directement du sucre de gélatine.

Ces réactions justifient le titre sous lequel nous décrivons l'acide hippurique et l'acide benzoglycollique[1].

[1] Le mode de formation et les réactions de l'acide hippurique démontrent que ce corps renferme à la fois les éléments formiques et les éléments benzoïques; les éléments formiques appartiennent au glycocolle ou sucre de gélatine. Si l'on avait la formule rationnelle du glycocolle, celle de l'acide hippurique s'en déduirait aisément, puisque cet acide n'est que du benzoïl-glycocolle :

$$\text{Glycocolle. . . } C^4H^5NO^4,$$
$$\text{Acide hippurique. . } C^4H^4(C^{14}H^5O^2)NO^4.$$

Le glycocolle étant l'homologue de l'alanine (§ 449), il est permis de supposer qu'il renferme le radical formyle, provenant de la réaction de l'hydrure de formyle et de l'acide cyanhydrique; cette réaction s'effectuant, comme dans le cas de l'alanine, avec le concours des éléments de l'eau, il faut également admettre que les éléments de l'acide cyanhydrique sont eux-mêmes métamorphosés en éléments formiques (l'acide cyanhydrique se transforme, comme on sait, en formiate d'ammoniaque); de sorte que le glycocolle renfermerait donc deux fois le radical formyle, et l'azote du glycocolle y serait, non sous forme de cyanogène, mais sous forme d'ammonium ou d'ammoniaque. Cette hypothèse étant admise, on trouve que le glycocolle peut être rapporté au type hydro-

§ 1536. **Acide hippurique**, $C^{18}H^9NO^6$. — Vers la fin du siècle dernier, Rouelle remarqua dans l'urine des vaches et des chameaux la présence d'un acide dont les propriétés avaient beaucoup de rapports avec celles de l'acide benzoïque ; quelque temps après, Fourcroy et Vauquelin firent la même observation, et parvinrent à isoler l'acide de l'urine par la simple addition de l'acide chlorhydrique. Ce fut enfin M. Liebig[1] qui, en appliquant le procédé d'extraction de ces derniers chimistes, obtint un corps nouveau, l'acide hippurique, dont il détermina la composition et la nature particulière. Après la découverte de M. Liebig ; on était naturellement conduit à penser que les premiers observateurs avaient confondu l'acide hippurique avec l'acide benzoïque qui est un des produits de décomposition de l'acide hippurique, ou qu'ils avaient eux-mêmes déterminé la métamorphose de ce dernier dans les différentes opérations auxquelles ils l'avaient soumis. Mais il est reconnu aujourd'hui que l'urine des mêmes animaux renferme tantôt de l'acide hippurique, tantôt de l'acide benzoïque : ainsi, lorsque les chevaux travaillent, leur urine contient de l'acide benzoïque, tandis qu'on y trouve de l'acide hippurique dans les cas où ces animaux prennent peu d'exercice et reposent dans l'écurie. C'est à l'état de sel d'ammoniaque ou de soude que ces acides se rencontrent dans l'urine.

L'acide hippurique est non-seulement contenu dans l'urine des herbivores : M. Liebig[2] en a encore observé la présence dans l'urine de l'homme, rendue par un régime mixte, en quantité à peu près

---

gène, c'est-à-dire qu'il représente l'hydrure d'un ammonium dont 2 atomes d'hydrogène sont remplacés par leur équivalent de formyle :

$$\text{Hydrogène} \dots \dots \dots \quad \left.\begin{array}{l} H \\ H \end{array}\right\},$$

$$\text{Hydrure d'ammonium} \dots \dots \quad \left.\begin{array}{l} NH^4 \\ H \end{array}\right\},$$

$$\text{Glycocolle, ou hydrure de diformyl-ammonium} \dots \dots \quad \left.\begin{array}{l} NH^2(C^2HO^2)^2 \\ H \end{array}\right\}.$$

Considéré au même point de vue, l'acide hippurique représente l'hydrure d'un ammonium dont 3 atomes d'hydrogène sont remplacés par du formyle et du benzoïle.

$$\text{Acide hippurique.} \dots \dots \quad \left.\begin{array}{l} NH(C^{14}H^5O^2)(C^2HO^2)^2 \\ H \end{array}\right\}.$$

Cette formule explique très-bien, par exemple, la transformation de l'acide hippurique en benzamide et en acide carbonique, sous l'influence du peroxyde de plomb puce.

[1] Liebig (1829), *Ann. der Chem. u. Pharm.*, XII, 20. *Ann. de Poggend.*, XVII, 389. — Dumas et Péligot, *Ann. de Chim. et de Phys.*, LVII, 327.

[2] Liebig, *Ann. der Chem. u. Pharm.*, L, 169.

égale à celle de l'acide urique. Dans certaines maladies, la proportion de cet acide peut même s'accroître considérablement; ce cas s'est présenté chez des individus affectés du diabète[1], de la danse de Saint-Guy[2], etc. Il est d'ailleurs établi par de nombreuses expériences que cet accroissement se présente aussi après l'ingestion, par des individus sains, de certaines substances telles que l'acide benzoïque[3], l'éther benzoïque, l'hydrure de benzoïle[4], l'acide cinamique[5].

M. Dessaignes[6] a fait connaître récemment un mode de formation très-curieux de l'acide hippurique : il consiste à faire réagir le chlorure de benzoïle et le sel de zinc du sucre de gélatine (§ 130), dans un tube fermé, à 120° ou par un contact prolongé :

$$C^{14}H^5O^2Cl + C^4H^4ZnNO^5 = ZnCl + C^{18}H^9NO^6.$$

Chlor. de benzoïle.   Sel de zinc.   Ac. hippurique.

L'extraction de l'acide hippurique de l'urine revient toujours à le précipiter au moyen de l'acide chlorhydrique; ainsi que nous l'avons dit, il convient de prendre pour cela l'urine récente de chevaux ou de vaches, ayant reposé dans l'écurie; mais, comme le produit qu'on obtient n'est pas toujours chimiquement pur, plusieurs auteurs ont introduit des modifications dans le procédé de préparation.

M. Schwarz[7] réduit l'urine au sixième ou au huitième de son volume à l'aide d'une douce évaporation, ajoute de l'acide chlorhydrique, et purifie l'acide qui se dépose en cristaux. Cette purification s'effectue de la manière suivante : on chauffe l'acide hippurique à l'ébullition avec un lait de chaux, de manière que la plus grande partie de la matière reste avec l'excédant de chaux; on précipite le liquide filtré par un excès de carbonate de potasse ou de soude, on fait bouillir, on filtre et l'on décompose de nouveau par un sel de chaux, par exemple par du chlorure de calcium; enfin on précipite par de l'acide chlorhydrique. Le carbonate de chaux qui se précipite dans ces opérations s'unit

[1] Lehmann, *Journ. f. prakt. Chem.*, VI, 113.
[2] Pettenkofer, *Ann. der Chem. u. Pharm.*, LII, 86.
[3] Ure, *Prov. medic. and surg. Journ.*, 1841. — Keller, *Ann. der Chem. u. Pharm.*, XLIII, 108. — Baring-Garrod, *Journ. de Pharm.*, [3] III, 40.
[4] Woehler et Frerichs, *Ann. der Chem. u. Pharm.*, LXV, 336.
[5] Erdmann et Marchand, *Journ. f. prakt. Chem.*, XXVI, 491.
[6] Dessaignes, *Compt. rend. de l'Acad.*, XXXVII, 251.
[7] Schwarz, *Ann. der Chem. u. Pharm.*, LIV, 29.

d'une manière si intime à la matière qui colore l'acide hippurique, que celui-ci s'obtient d'une blancheur parfaite déjà après
deux cristallisations. S'il arrive que l'acide hippurique soit souillé
d'acide benzoïque, par suite d'une évaporation trop forte, on peut
l'en purifier aisément à l'aide de l'éther qui dissout facilement l'a-
cide benzoïque et ne dissout l'acide hippurique qu'en petite quantité. L'acide benzoïque se reconnaît en ce que la solution saline,
au lieu de précipiter à froid, par les acides minéraux, sous forme
de longues aiguilles enchevêtrées comme l'acide hippurique, rend
d'abord le liquide laiteux et ne se dépose que plus tard à l'état
cristallin. Sous ce rapport d'ailleurs, le microscope donne aussi
de bonnes indications : l'acide hippurique en effet se présente ordinairement en petits prismes rectangulaires, terminés par des
sommets tétraèdres, tandis que l'acide benzoïque forme de larges
feuillets, souvent dendritiques. Le dégagement d'ammoniaque lors
de l'addition du lait de chaux indique aussi si l'acide hippurique
s'est converti en acide benzoïque; dans l'urine récente, la chaux,
en effet, ne développe qu'une quantité d'ammoniaque presque in-
sensible.

Suivant M. Bensch[2], il est préférable d'opérer ainsi : On évapore au bain-marie de l'urine de cheval récente, le mieux celle
du matin; on précipite à froid par de l'acide chlorhydrique;
on recueille l'acide hippurique sur un carrelet, et, après l'avoir
bien exprimé, on y ajoute dix fois son poids d'eau bouillante et
du lait de chaux en excès. On passe, et l'on ajoute au liquide filtré
une solution d'alun jusqu'à disparition de la réaction alcaline;
ensuite on laisse refroidir à 40°, et l'on ajoute une solution de
bicarbonate de soude jusqu'à ce qu'il ne se forme plus de précipité; on passe de nouveau, et l'on précipite par l'acide chlorhydrique. On dissout dans l'eau bouillante l'acide hippurique précipité, après l'avoir bien lavé et exprimé; on ajoute 60 grammes,
de charbon animal par kilogramme d'acide hippurique humide,
et l'on filtre la solution à travers du papier.

Comme l'évaporation de l'urine exige beaucoup de temps,
M. Gregory[2] modifie les procédés précédents de la manière suivante : il ajoute à l'urine récente un excès de lait de chaux, et
fait bouillir pendant quelques instants; il passe la liqueur chaude,

[2] BENSCH, *Ann. der Chem. u. Pharm.*, LVIII, 157.
[2] GREGORY, *ibid.*, LXIII, 125.

et l'évapore rapidement au 1/8 ou au 1/10 de son volume, puis il la sursature par de l'acide chlorhydrique. Après le refroidissement complet du mélange, on a une abondante cristallisation d'acide hippurique un peu jaune ou rougeâtre, qu'on purifie en le transformant de nouveau en sel de chaux, d'après le procédé indiqué plus haut.

M. Riley[1], ayant reconnu que l'acide hippurique est infiniment moins soluble dans une liqueur très-acide que dans une liqueur légèrement acidulée, met à profit cette propriété pour éviter l'évaporation de l'urine dans l'extraction de l'acide hippurique : il précipite ce dernier en mélangeant l'urine avec un excès d'acide chlorhydrique concentré (60 grammes par litre d'urine).

Selon M. Boussingault[2], 1000 parties d'urine de vache renferment 13 p. d'acide hippurique, tandis que la même quantité d'urine de cheval n'en contient que 3, 8 p. L'urine d'homme est encore moins riche. (On n'en a pas trouvé dans l'urine de porc.) Les urines de chameau et d'éléphant en donnent beaucoup. Une fois putréfiées, toutes ces urines ne donnent plus que de l'acide benzoïque.

§ 1537. L'acide hippurique forme des prismes incolores, transparents, brillants, et souvent assez gros. Les cristaux appartiennent au système rhombique. (Combinaison ordinaire[3], prisme vertical ∞P avec les prismes horizontaux $\breve{P} \infty$ et $\dot{P} \infty$, et avec les faces modifiantes $\infty \breve{P} \infty$ et $\infty \bar{P} \infty$. Valeurs des axes $a : b : c : : 0{,}9742 : 1{,}1606 : 1$. Inclinaison des faces, $\infty P : \infty P$ dans le plan de la petite diagonale a et de l'axe vertical $c = 99°,59$; $\breve{P} \infty : \breve{P} \infty = 98°,30$; $\dot{P} \infty : \dot{P} \infty$ dans le plan de la grande diagonale b et de l'axe vertical $c = 88°,30'$. Clivage assez facile, parallèlement à $o P$). La pesanteur spécifique des cristaux est égale à 1,308. Ils ont une saveur légèrement amère, et rougissent fortement le tournesol. Ils sont peu solubles dans l'eau froide ; 1 p. d'acide exige pour sa solution 600 p. d'eau à 0° ; l'eau bouillante et l'alcool[4] les dissolvent aisément.

---

[1] RILEY, *The Quart. Journ. of the Chemic. Soc.*, V, 97 ; en extrait, *Journ. de Pharm.*, [3] XXII, 354.

[2] BOUSSINGAULT, *Ann. de Chim. et de Phys.*, [3] XV, 97.

[3] SCHABUS, *Sitzungsber. der Acad. der Wissensch. zu Wien*, juillet 1850, p. 211. — DAUBER, *Ann. der Chem. u. Pharm.*, LXXIV, 202. — Voy. aussi MILLER, dans le mémoire de M. Riley.

[4] Il arrive parfois que l'alcool dépose l'acide hippurique à l'état *amorphe*. En abandonnant à elle-même une solution alcoolique pendant quelques mois, M. Liebig (*Ann.*

L'éther ne les dissout presque pas, ce qui permet de distinguer aisément l'acide hippurique de l'acide benzoïque, fort soluble dans l'éther.

L'acide hippurique est aussi fort peu soluble dans une liqueur chargée d'acide chlorhydrique.

Il fond à une douce chaleur, et se prend, par le refroidissement, en une masse cristalline. Soumis à la distillation, il bout à 240°, et donne un produit cristallin, composé en plus grande partie d'acide benzoïque légèrement coloré en rouge, ainsi qu'une huile ayant l'odeur des fèves de Tonka et composée de cyanure de phényle[1] (benzonitrile); en même temps il se développe une forte odeur cyanhydrique, et la cornue retient un abondant résidu de charbon.

L'acide chlorhydrique concentré et bouillant dissout l'acide hippurique; si l'on maintient l'ébullition, ce dernier se dédouble en acide benzoïque et en sucre de gélatine (glycocolle, § 129) :

$$C^{18}H^{9}NO^{6} + 2\,HO = C^{14}H^{6}O^{4} + C^{4}H^{5}NO^{4}.$$

Ac. hippuriq.   Ac. benzoïque.   Sucre de gélatine.

L'acide sulfurique étendu et bouillant, l'acide nitrique, et même l'acide oxalique, déterminent le même dédoublement[2].

L'acide sulfurique concentré dissout l'acide hippurique à une chaleur modérée sans se colorer; mais le mélange noircit, si l'on chauffe davantage, et alors il se sublime de l'acide benzoïque, en même temps que du gaz sulfureux se dégage.

Lorsqu'on fait passer du bioxyde d'azote au sein d'une solution d'acide hippurique dans l'acide nitrique concentré, il se dégage du gaz azote, et l'on obtient de l'acide benzoglycollique (§ 1540).

Bouilli pendant une demi-heure avec de la potasse ou de la soude caustique, l'acide hippurique se convertit en benzoate alcalin et en sucre de gélatine (Dessaignes).

Lorsqu'on distille l'acide hippurique avec 4 fois son poids de chaux caustique, la chaux se carbonate, et l'on obtient de l'ammoniaque, ainsi qu'une huile odorante (probablement de la benzine, Liebig). J'ai observé que si l'on distille doucement de l'acide hippurique avec de la baryte caustique, il passe un liquide

der Chem. u. Pharm., LXV, 351) a obtenu un dépôt de grumeaux semblables à des choux-fleurs.

[1] LIMPRICHT et VON USLAR, Ann. der Chem. u. Pharm., LXXXVIII, 133.

[2] DESSAIGNES, Compt. rend. de l'Acad., XXI, 1224.

ayant l'odeur de la benzine, sans aucune trace d'ammoniaque. Ce liquide, mis en contact avec de l'acide chlorhydrique, se convertit immédiatement en paillettes blanches : ce n'est donc pas de la benzine ; mais cette expérience ne réussit pas toujours, car le mélange s'échauffe souvent au point de partir tout d'un coup, en fournissant beaucoup d'ammoniaque. Si l'on soumet à la distillation la liqueur qui se concrète avec l'acide chlorhydrique, elle se convertit en benzine, et ne se solidifie alors plus.

L'eau chlorée n'altère pas l'acide hippurique (Liebig).

Lorsqu'on fait bouillir une solution d'acide hippurique avec du peroxyde de manganèse et de l'acide sulfurique très-dilué, il se dégage beaucoup d'acide carbonique, et la solution contient, outre du sel de manganèse, du sulfate d'ammoniaque et de l'acide benzoïque qui se sépare par le refroidissement (Pelouze).

Le peroxyde de plomb puce réagit sur la solution de l'acide hippurique, à la température de l'ébullition, en produisant de l'hippurate de plomb, tandis qu'une autre partie de l'acide se métamorphose avec dégagement d'acide carbonique. Si l'on décompose l'hippurate de plomb par une quantité convenable d'acide sulfurique, qu'on porte de nouveau la liqueur filtrée en ébullition avec du peroxyde puce, et qu'on répète ces opérations jusqu'à ce qu'il ne se dégage plus d'acide carbonique, on obtient une solution entièrement neutre et exempte de plomb, qui dépose, par l'évaporation, des cristaux de benzamide [1] (Fehling) :

[1] Fehling, *Ann. der Chem. u. Pharm.* XXVIII, 48. — Schwarz, *ibid.*, LXXV, 195. Lorsqu'on fait recristalliser dans l'eau bouillante la benzamide brute qu'on obtient dans cette réaction, il reste une petite quantité d'une substance presque insoluble, composée de petites aiguilles soyeuses, et à laquelle M. Schwarz donne le nom d'*hipparafine*. Elle se produit surtout lorsqu'on traite l'acide hippurique par le peroxyde puce et un excès d'acide sulfurique (phosphorique ou nitrique). Elle est fort soluble dans l'alcool bouillant, ainsi que dans l'éther, n'a ni odeur ni saveur, et fond à 200° environ ; à une température plus élevée, elle distille en partie sans altération, en partie en se charbonnant. La potasse aqueuse et bouillante ne l'attaque pas. Lorsqu'on la calcine avec un mélange de soude et de chaux, elle dégage de l'ammoniaque, ainsi qu'une grande quantité de benzine.

Elle a donné à l'analyse :

	Expérience.			Calcul.
Carbone. . . .	71,75	71,33	71,31	71,64
Hydrogène. . .	6,08	5,97	6,21	5,97
Azote.	10,75	10,79	10,06	10,45

M. Schwarz déduit des nombres précédents la formule $C^{16}H^8NO^2$, qui manque de contrôle.

$$C^{18}H^9NO^6 + 3\,O^2 = 2\,HO + 2\,C^2O^4 + C^{14}H^7NO^2.$$

Ac. hippuriq.　　　　　　　　　　　　　　　　　Benzamide.

L'acide hippurique se dissout avec la plus grande facilité dans l'eau contenant du phosphate de soude ordinaire; il en est de même de l'acide urique à chaud. Ces acides s'y dissolvent même en si grande quantité que le phosphate de soude perd sa réaction alcaline et devient acide; cette circonstance explique la réaction acide de l'urine, à l'état récent, de l'homme et des animaux (Liebig).

§ 1538. Les *hippurates métalliques* se représentent d'une manière générale par la formule :

Hippurates neutres... $C^{18}H^8MNO^6 = C^{18}H^8NO^5,MO$.

L'acide hippurique dissout aisément la plupart des oxydes métalliques. Les sels à base de potasse, de soude, d'ammoniaque et de magnésie sont fort solubles et cristallisent difficilement; leur solution produit dans les sels ferriques un précipité couleur isabelle; elle précipite le nitrate d'argent et le nitrate mercureux en flocons blancs caillebottés.

On reconnaît aisément les hippurates métalliques en ce que, fondus avec un excès de potasse ou de chaux, ils dégagent de l'ammoniaque, et donnent, à la distillation, de la benzine. Les acides minéraux les décomposent, en précipitant l'acide hippurique.

M. Schwarz[1] a étudié un grand nombre d'hippurates.

L'*hippurate d'ammoniaque* ne paraît pouvoir s'obtenir qu'à l'état de sel acide[2], $C^{18}H^8(NH^4)NO^6,C^{18}H^9NO^6 + 2$ aq., lors même qu'on dissout l'acide hippurique dans un excès d'ammoniaque; ce sel cristallise par la concentration en prismes à base carrée, terminés par quatre faces; il est très-soluble dans l'eau et l'alcool, assez peu soluble dans l'éther; jeté sur l'eau, il présente des mouvements giratoires.

L'*hippurate de potasse neutre*, $C^{18}H^8KNO^6 + 2$ aq., s'obtient en neutralisant du carbonate de potasse par une solution d'acide hip-

---

[1] Schwarz, *Ann. der Chem. u. Pharm.*, LIV, 29; LXXV, 192.

[2] M. Schwarz a obtenu à l'analyse de ce sel :

	Expérience.			Calcul.	
				p. le sel acide.	p. le sel neut. anhydre.
Carbone.	54,48	54,55	54,81	54,89	55,1
Hydrogène.	5,96	6,07	6,14	5,85	6,1
Eau (dégagée à 100°). . .	4,12	»	»	4,11	»

L'azote n'a pas été dosé.

purique dans l'eau chaude ; on le fait cristalliser plusieurs fois dans l'alcool, et on le lave à l'éther. La solution aqueuse se prend, par l'évaporation, en une croûte cristalline qui se présente au microscope sous la forme de prismes obliques à base rhombe. Ce sel renferme 2 atomes = 7,6 p.c. d'eau de cristallisation, qu'il perd à 100°.

L'*hippurate de potasse acide*, $C^{18}H^8KNO^6$, $C^{18}H^9NO^6 + 2$ aq., se produit si l'on emploie un excès d'acide hippurique ; il se dépose déjà par une légère concentration, sous la forme de larges feuillets brillants, qu'on reconnaît au microscope pour des prismes à base rectangulaire, avec les arêtes terminales tronquées. Il perd, à 100°, 4,77 p. c. d'eau de cristallisation.

L'*hippurate de soude*, $C^{18}H^8NaNO^6 + {}^1/_2$ aq. (?) se prépare, comme le sel de potasse neutre, et s'obtient à l'état d'une masse cristalline, fort soluble dans l'eau et dans l'alcool bouillant, presque insoluble dans l'éther et dans l'alcool absolu à froid.

L'*hippurate de baryte*, $C^{18}H^8BaNO^6 + {}^1/_2$ aq. (?), s'obtient lorsqu'on fait dissoudre du carbonate de baryte dans l'acide hippurique et qu'on évapore la solution ; il se dépose alors, par le refroidissement, en croûtes cristallines qui se présentent au microscope sous la forme de prismes à base rectangulaire. Ce sel dégage 3,7 p. c. d'eau par la dessiccation à 100°.

Lorsqu'on dissout dans l'eau un mélange de 1 at. d'acide hippurique et de 1 at. d'acide benzoïque, et qu'on sature la liqueur par l'eau de baryte, on obtient, par la concentration, d'abord du benzoate, puis de l'hippurate, et finalement, en assez grande quantité, des mamelons d'une combinaison d'*hippurate et de benzoate de baryte*, $C^{18}H^8BaNO^6$, $C^{14}H^5BaO^4 + 5$ aq.

L'*hippurate de strontiane*, $C^{18}H^8SrNO^6 + 5$ aq., se prépare comme le sel de baryte. Il se dissout fort peu à froid dans l'eau, l'alcool et l'éther, mais il se dissout fort aisément dans l'eau et l'alcool bouillants ; on l'obtient alors en larges feuillets qui remplissent tout le liquide et qui, vus au microscope, se reconnaissent pour des prismes à quatre faces terminés par une face droite. Il perd son eau de cristallisation (16,24 p. c.) à 100°.

L'*hippurate de chaux*, $C^{18}H^8CaNO^6 + 3$ aq., s'obtient en dissolvant l'acide hippurique dans un excès de lait de chaux, filtrant le mélange, enlevant l'excès de chaux par un courant d'acide carbonique et faisant cristalliser. Les cristaux de ce sel appartiennent au système rhombique. Combinaison observée [1], $\infty \bar{P} \infty$. $\infty \breve{P} \infty$. P. $^2/_3 \breve{P} {}^2/_3$. $\infty \breve{P} {}^5/_2$; les cristaux prennent la forme de lames par l'extension des faces $\infty \bar{P} \infty$; les faces octaédriques ne s'observent souvent que d'un côté de l'axe vertical. Valeur des axes, dans l'octaèdre primitif P, $a : b : c$ (vertical) $= 1,3697 : 1,9244 : 1$; les arêtes culminantes de P offrent des angles $= 114°,8'$, et 134°,28', les arêtes latérales, $= 83°,44$. Clivage parfait parallèlement à $\infty \bar{P} \infty$. Souvent on rencontre des hémitropies, avec la face de jonction $\breve{P} \infty$. La pesanteur spécifique des cristaux est égale à 1,318. Ils perdent leur eau (12,00 p. c.) à 100°.

L'*hippurate de magnésie*, $C^{18}H^8MgNO^6 + 5$ aq., obtenu par la dissolution du carbonate de magnésie dans l'acide hippurique, cristallise, en solution concentrée, sous la forme de mamelons qui retiennent à 100° 1 atome d'eau.

L'*hippurate de nickel*, $C^{18}H^8NiNO^6 + 5$ aq., forme des croûtes cristallines confuses d'un vert pomme, peu solubles dans l'eau froide, plus solubles dans l'eau bouillante et dans l'alcool bouillant, insolubles dans l'éther. Il perd son eau de cristallisation à 100°.

L'*hippurate de cobalt*, $C^{18}H^8CoNO^6 + 5$ aq., forme des aiguilles ou des mamelons de couleur rose, qui s'obtiennent par la concentration d'une solution de carbonate de cobalt dans l'acide hippurique. Il perd son eau de cristallisation à 100°.

L'*hippurate de cuivre*, $C^{18}H^8CuNO^6 + 3$ aq., se prépare par la concentration d'un mélange de sulfate de cuivre et d'hippurate de potasse. On purifie les cristaux par la dissolution dans l'alcool; ce sont des prismes rhomboïdaux obliques, d'un bleu céleste, qui verdissent au bain-marie en perdant leur eau de cristallisation.

L'*hippurate de fer* (ferricum) s'obtient sous la forme d'un précipité volumineux, couleur isabelle, par le mélange de solutions neutres de chlorure ferrique et d'hippurate de potasse. Il est entièrement insoluble dans l'eau; il s'agglutine dans l'eau bouillante en formant une masse brune résinoïde. L'alcool bouillant le dissout en grande quantité, et le dépose, par l'évaporation spontanée, à l'état de prismes rhomboïdaux enchevêtrés et de couleur rouge.

L'*hippurate de plomb*, $C^{18}H^8PbNO^6 + 2$ aq. et 3 aq., s'obtient en ajoutant de l'acétate de plomb neutre à une solution froide d'hippurate de potasse. C'est un précipité blanc et caillebotté, qui ne se dissout que difficilement dans l'eau bouillante. Si la solution est

[1] SCHABUS, *Sitzungsber. der Acad. der Wissensch. zu Wien*, 1850, juillet, p. 215.

bouillante et bien étendue, le sel se dépose en aiguilles soyeuses (+ 2 aq.) groupées en aigrettes; mais ces cristaux se convertissent rapidement, au sein de l'eau, en feuillets brillants et assez larges (+ 3 aq.) qu'on reconnaît très-bien pour des tables quadrangulaires. Le sel desséché à 100° est anhydre.

L'*hippurate d'argent*, $C^{18}H^8AgNO^6$ + aq. (?) s'obtient aisément en précipitant l'hippurate de potasse par le nitrate d'argent; il se dépose en caillots blancs qui se dissolvent dans l'eau bouillante et cristallisent en belles aiguilles soyeuses. Il perd à 100° son eau de cristallisation (3,42 p. c.).

§ 1539. L'*hippurate d'éthyle*[1], ou éther hippurique, contient $C^{18}H^8(C^4H^5)NO^6 = C^{22}H^{13}NO^6$. Pour le préparer, on dissout l'acide hippurique dans l'alcool de 0,815, et l'on fait passer un courant de gaz chlorhydrique dans la solution bouillante; on cohobe plusieurs fois, et l'on continue la distillation pendant quelques heures. Quand la matière s'est épaissie dans la cornue et qu'elle a acquis une aspect huileux, on y ajoute de l'eau. L'éther hippurique se sépare alors à l'état d'une masse oléagineuse qui se concrète peu à peu.

L'éther hippurique cristallise en aiguilles allongées, entièrement blanches, d'un éclat soyeux, et grasses au toucher. Il n'a point d'odeur; sa saveur est âcre, et rappelle celle de l'essence de térébenthine. Il est peu soluble à froid dans l'eau, mais dans l'alcool il se dissout en toutes proportions. Si l'on ajoute un peu d'eau à sa solution alcoolique, il se dépose souvent en cristaux très-longs et groupés en étoiles.

Sa densité est de 1,043 à 23°; il fond à 44°, et se concrète de nouveau à 32°. Il ne peut pas être distillé sans qu'il se décompose en répandant une odeur d'amandes amères; quand on le chauffe au contact de l'air, il répand des vapeurs d'acide benzoïque.

Une solution bouillante de potasse le convertit en hippurate alcalin et en alcool; l'ammoniaque aqueuse se comporte de la même manière. A l'état de gaz, l'ammoniaque ne paraît pas l'altérer, même à chaud.

L'acide nitrique bouillant l'attaque en donnant de l'acide benzoïque; l'acide sulfurique le charbonne à chaud, et produit le même acide.

Le chlore l'attaque surtout à chaud, en donnant probablement un corps plus ou moins chloré. Le produit est blanc, et cristallise,

[1] STENHOUSE (1839), *Ann. der Chem. u. Pharm.*, XXXI, 148.

dans l'alcool et l'éther, en belles aigrettes, plus pesantes que l'eau.
Ces cristaux s'attaquent par la potasse à chaud, en donnant du
chlorure ainsi qu'un sel, d'où l'acide chlorhydrique précipite des
cristaux qui ne ressemblent ni à l'acide hippurique ni à l'acide benzoïque.

§ 1539^a. *Acide nitrohippurique*[1], $C^{18}H^{8}(NO^{4})NO^{6}$. — Cet acide se
produit par l'action d'un mélange d'acide sulfurique concentré et
d'acide nitrique fumant sur l'acide hippurique. Il se forme également dans l'économie animale, après l'ingestion de l'acide nitrobenzoïque; on le trouve alors en dissolution dans l'urine.

Pour le préparer, on fait dissoudre à froid 1 p. d'acide hippurique
dans 4 p. d'acide nitrique fumant, et l'on y ajoute peu à peu, en
évitant l'échauffement du mélange, un volume d'acide sulfurique
égal au volume de l'acide nitrique employé. La réaction est terminée
au bout de deux heures. On étend le mélange de 3 fois son volume d'eau, en évitant encore toute élévation de température, et
on abandonne la liqueur à elle-même pendant 12 heures. Elle dépose ainsi de belles aiguilles d'acide nitrohippurique, dont la
quantité s'élève à la moitié environ du poids de l'acide hippurique
employé. Beaucoup d'acide nitrohippurique reste en dissolution
dans la liqueur, mais on peut l'en extraire, en y ajoutant du carbonate de soude, jusqu'à ce que la liqueur commence à se troubler,
et en l'abandonnant ensuite au repos pendant quelque temps. Le
produit qu'on obtient ainsi est ordinairement coloré en jaune; on
le décolore en le lavant avec un peu d'eau froide. Pour le purifier
on le transforme en sel de chaux, et l'on précipite par l'acide chlorhydrique la solution de ce sel dans l'eau tiède; on complète la purification de l'acide nitrohippurique par de nouvelles cristallisations dans l'eau bouillante.

L'acide nitrohippurique s'obtient à l'état d'aiguilles incolores,
très-acides. Il est peu soluble dans l'eau froide, toutefois il s'y dissout un peu mieux que l'acide hippurique; 1 p. d'acide nitrohippurique exige pour sa solution environ 271 p. d'eau à la température de 23°. Il est fort soluble dans l'eau bouillante; la solution
concentrée devient laiteuse par le refroidissement, en déposant des
gouttes oléagineuses, qui se concrètent au bout de quelque temps.
Une trace d'impureté suffit pour augmenter la solubilité de l'acide
nitrohippurique dans l'eau froide, et pour en entraver la cristal-

[1] BERTAGNINI (1851), *Ann. der Chem. u. Pharm.*, LXXVIII, 100.

lisation. L'alcool dissout aisément l'acide nitrohippurique, même à froid, et l'abandonne, par l'évaporation, sous la forme d'aiguilles soyeuses, très-minces ; l'éther dissout assez facilement l'acide nitrohippurique.

Comme l'acide urique et l'acide hippurique, l'acide nitrohippurique se dissout mieux dans l'eau contenant du phosphate de soude que dans l'eau pure.

L'acide nitrohippurique fond à 150° environ ; la matière fondue cristallise de nouveau par le refroidissement. Si on le chauffe plus fort, l'acide se décompose, en dégageant des vapeurs âcres d'acide nitrobenzoïque ; si l'échauffement est brusque, on remarque en même temps une odeur aromatique qui rappelle celle de l'essence de cannelle.

L'acide sulfurique concentré dissout à froid l'acide nitrohippurique ; si l'on chauffe doucement la solution et qu'ensuite on l'étende d'eau, il se dépose des cristaux d'acide nitrobenzoïque. A une température élevée, la solution noircit.

Bouilli avec de l'acide chlorhydrique fumant, l'acide nitrohippurique se dédouble en sucre de gélatine et en acide nitrobenzoïque :

$$C^{18}H^{8}(NO^{4})NO^{6} + 2\ HO = C^{4}H^{5}NO^{4} + C^{14}H^{5}(NO^{4})O^{4}.$$

Ac. nitrohippurique.   Sucre de gélatine.   Ac. nitrobenzoïq.

Lorsqu'on chauffe l'acide nitrohippurique avec de la potasse concentrée, il se colore en brun et dégage de l'ammonique ; à une température plus élevée, le mélange développe du gaz hydrogène et se colore en rouge.

Un mélange d'acide nitrohippurique avec 4 fois son poids de chaux dégage, à la distillation, beaucoup d'ammoniaque et donne une huile rougeâtre, d'une odeur de cannelle.

Lorsqu'on fait passer du bioxyde d'azote dans l'acide nitrohippurique dissous dans l'acide nitrique concentré, il se dégage des bulles de gaz ; le produit contient un acide différent de l'acide nitrohippurique.

La solution aqueuse de l'acide nitrohippurique n'est pas altérée par l'hydrogène sulfuré, mais la réaction s'effectue si un excès d'ammoniaque se trouve en présence ; dans ce dernier cas, la liqueur se colore en rouge, et, lorsqu'on la neutralise par l'acide sulfurique, il se produit un abondant dépôt de soufre.

§ 1539[b]. Les *nitrohippurates métalliques* sont généralement cristallisables, solubles dans l'eau, et en partie aussi dans l'alcool. Ils dégagent par la chaleur des vapeurs aromatiques. Ils cristallisent ordinairement en aiguilles groupées autour d'un centre commun.

Le *sel d'ammoniaque*, en solution aqueuse, devient aisément acide par l'évaporation; le résidu cristallin est insoluble dans l'eau et l'alcool.

Le *sel de potasse* s'obtient en saturant par du carbonate de potasse la solution concentrée et bouillante de l'acide nitrohippurique; après avoir évaporé la liqueur à siccité au bain-marie, on la reprend par l'alcool. Le sel s'obtient cristallisé par l'évaporation spontanée de la solution alcoolique; il est très-soluble dans l'eau, peu soluble dans l'alcool concentré; il présente une réaction alcaline.

Le *sel de soude* se prépare comme le sel de potasse; il est moins soluble que lui dans l'alcool, très-soluble dans l'eau, et se dépose de sa solution aqueuse sous la forme de croûtes cristallines; sa solution alcoolique et bouillante le précipite à l'état de belles aiguilles enchevêtrées; il offre une réaction alcaline.

Le *sel de baryte* forme des aiguilles enchevêtrées.

Le *sel de chaux*, $C^{18}H^7Ca(NO^4)O^6 + 3$ aq., s'obtient aisément en saturant un lait de chaux par une solution bouillante d'acide nitrohippurique; on enlève l'excédant de chaux par un courant de gaz carbonique. Le sel se dépose, par le refroidissement, à l'état d'aiguilles incolores, fort solubles dans l'eau bouillante, peu solubles dans l'eau à la température ordinaire, peu solubles dans l'alcool; sa solution est neutre aux papiers. Il perd 10 p. c. d'eau $= 3$ atomes par la dessiccation à 100 ou 110°.

Le *sel de magnésie* s'obtient sous la forme de petits cristaux fort solubles dans l'alcool; il cristallise mieux dans ce liquide que dans l'eau.

Le *sel de zinc*, $C^{18}H^7Zn(NO^4)NO^6 + 6$ aq., se prépare en ajoutant du chlorure de zinc à une solution tiède et assez concentrée de nitrohippurate de chaux; au bout de quelque temps, la liqueur se remplit de petites aiguilles; on fait recristalliser celles-ci dans l'eau bouillante. Le sel est peu soluble, à la température ordinaire, dans l'eau et dans l'alcool; il s'y dissout mieux à chaud. Il perd toute son eau de cristallisation (17,46 p. c. $= 6$ atomes) par la dessiccation à 100 ou 110°.

Le *sel de cuivre*, $C^{18}H^7Cu(NO^4)NO^6 + 5$ aq., s'obtient aisément par double décomposition au moyen du nitrohippurate de soude ou de potasse et du sulfate de cuivre. Lorsque les solutions sont concentrées, il se produit immédiatement un précipité bleu clair ; si l'on emploie des solutions étendues, la liqueur se prend, au bout de quelque temps, en une bouillie de cristaux de nitrohippurate de cuivre. On purifie ce sel en le lavant à froid et en le faisant recristalliser dans l'alcool bouillant. La solution alcoolique est à peine verdâtre ; elle dépose le sel sous la forme de fines aiguilles qui, desséchées, ont un aspect soyeux et une teinte bleu clair. Les cristaux contiennent 15,01 p. c. d'eau $= 5$ atomes, qu'ils perdent entre 100 et 110°.

Le *sel de fer* est un précipité jaune et floconneux, qu'on obtient avec le perchlorure de fer et les nitrohippurates ; le précipité se dissout dans l'eau bouillante, mais on ne peut pas l'obtenir cristallisé.

Le *sel de plomb*, $C^{18}H^7Pb(NO^4)NO^6$ (à 110°), se produit sous la forme d'un précipité blanc, pesant, devenant presque aussitôt cristallin, lorsqu'on ajoute du nitrate de plomb à une solution concentrée et bouillante de nitrohippurate de chaux. Le précipité paraît être anhydre. Lorsqu'on opère avec des solutions froides, le précipité est immédiatement cristallin, et contient 12,10 p. c. $= 5$ atomes d'eau de cristallisation.

Le *sel d'argent*, $C^{18}H^7Ag(NO^4)NO^6$, s'obtient en mélangeant le nitrate d'argent avec une solution de nitrohippurate de chaux. Si les liqueurs sont étendues, le sel ne se dépose que peu à peu et à l'état cristallin ; si elles sont concentrées, on obtient un précipité caillebotté qui devient bientôt cristallin. Le sel est fort soluble dans l'eau bouillante, et se dépose, par le refroidissement, sous la forme d'aiguilles enchevêtrées ; il est assez soluble dans l'eau froide et dans l'alcool. A l'état humide ; il s'altère promptement par le contact de la lumière.

§ 1540. ACIDE BENZOGLYCOLLIQUE [1], $C^{18}H^8O^8$ (ou plutôt $C^{36}H^{16}O^{16}$?). — Cet acide se produit par l'action de l'acide nitreux sur l'acide hippurique :

$$2\ C^{18}H^9NO^6 + 2\ NO^3 = 2\ C^{18}H^8O^8 + 2\ HO + 2\ N^2.$$

Acide hippurique.   Ac. benzoglycoll.

La meilleure manière de préparer l'acide benzoglycollique consiste à faire passer du bioxyde d'azote dans l'acide hippurique en

[1] STRECKER (1848), *Ann. der Chem. u. Pharm.*, LXVIII, 54. — SOCOLOFF et STRECKER, *ibid.*, LXXX, 17.

présence de l'acide nitrique. A cet effet, on réduit l'acide hippurique en poudre, et on le broie dans un mortier avec de l'acide nitrique du commerce, de manière à en former une bouillie claire; on introduit la masse dans une grande éprouvette à pied, et l'on y fait passer du bioxyde d'azote au moyen du cuivre métallique et de l'acide nitrique. Il faut avoir soin de n'emplir l'éprouvette qu'à la moitié, car il se produit beaucoup de mousse qui pourrait occasionner un débordement. Lorsque le dégagement du bioxyde d'azote n'est pas trop violent, ce gaz est complétement absorbé, et l'on voit s'élever du sein du mélange de petites bulles d'azote; peu à peu tout l'acide hippurique se dissout, et la liqueur devient entièrement limpide; on continue d'y faire arriver le bioxyde jusqu'à ce qu'elle ait pris une teinte verte; l'opération se termine dans l'espace de 5 ou 6 heures. Une certaine quantité d'acide benzoglycollique se précipite déjà de la solution limpide, pendant le passage du bioxyde d'azote; on en précipite le reste en ajoutant de l'eau à la liqueur acide. Après avoir lavé le précipité avec un peu d'eau froide, on le neutralise par du lait de chaux, on chauffe la liqueur pour redissoudre le sel de chaux et on la jette sur un filtre; par le refroidissement, la solution filtrée dépose à l'état cristallisé le benzoglycollate de chaux: Comme ordinairement ce sel est encore un peu coloré, on le lave avec un peu d'eau froide et on l'exprime.

La liqueur nitrique, d'où l'acide benzoglycollique a été précipité par l'eau, contient en dissolution une certaine quantité de ce dernier. On l'en extrait en saturant cette liqueur par le carbonate de potasse, concentrant par l'évaporation et faisant cristalliser; il se dépose alors des cristaux de nitrate de potasse, tandis que le benzoglycollate de potasse, bien plus soluble, reste dans les eaux-mères; on concentre davantage ces dernières, on enlève le nouveau dépôt de nitrate de potasse, et l'on précipite les nouvelles eaux-mères par de l'acide nitrique concentré. Le précipité d'acide benzoglycollique qu'on obtient ainsi est ordinairement mélangé d'une assez grande quantité d'acide benzoïque. Pour enlever celui-ci, on divise le précipité en deux parts; on en neutralise l'une par la chaux, et, après y avoir ajouté l'autre part, on évapore le mélange à siccité; comme l'acide benzoglycollique déplace l'acide benzoïque, le mélange contient ce dernier à l'état libre, ce qui permet de l'en extraire au moyen de l'éther.

L'extraction de l'acide benzoglycollique de son sel de chaux est une opération fort simple : il suffit de dissoudre ce sel dans l'eau, et d'y ajouter à froid de l'acide chlorhydrique; l'acide benzoglycollique se précipite alors sous la forme d'une poudre cristalline légère. On l'obtient en cristaux plus gros, en dissolvant le sel de chaux dans l'alcool, et en précipitant la solution par l'acide sulfurique; la liqueur filtrée est ensuite abandonné à l'évaporation spontanée.

L'acide benzoglycollique forme des prismes rhomboïdaux (∞ P : ∞ P $= 142°,20'$) qui prennent souvent l'aspect de tables minces par la prédominance de deux faces prismatiques. Les cristaux ne perdent rien de leur poids à 100°, mais, exposés longtemps à cette température, ils paraissent s'altérer peu à peu, surtout au contact de l'air humide.

Il est très-peu soluble dans l'eau froide, plus soluble dans l'eau bouillante, qui le décompose graduellement. Lorsqu'on le chauffe dans une quantité d'eau qui ne suffit pas pour le dissoudre, il fond en gouttes oléagineuses. L'alcool et l'éther le dissolvent aisément.

Il fond sur la lame de platine, et se prend, par le refroidissement, en une masse cristalline. Chauffé plus fort, il émet des vapeurs âcres, parmi lesquelles on reconnaît celles de l'acide benzoïque, en laissant un léger résidu de charbon.

Il est promptement décomposé à chaud, par les acides étendus, en acide benzoïque et en acide glycollique ($\S$ 131) :

$$C^{18}H^8O^8 + 2\ HO = C^{14}H^6O^4 + C^4H^4O^6.$$
Ac. benzoglyc. Ac. benzoïq. Ac. glycoll.

$\S$ 1541. Les *benzoglycollates métalliques* sont en grande partie solubles dans l'eau ; plusieurs d'entre eux sont également solubles dans l'alcool. Ils sont neutres aux papiers et possèdent une saveur particulière peu marquée. La plupart des acides forts, même l'acide acétique, précipitent l'acide benzoglycollique de la solution de ses sels.

La composition des benzoglycollates se représente, d'une manière générale, par la formule

$$C^{18}H^7MO^8 = C^{18}H^7O^7,\ MO.$$

On peut maintenir en ébullition la solution des benzoglycollates sans qu'elle se décompose comme l'acide libre.

Le *sel d'ammoniaque* perd de l'ammoniaque par l'évaporation.

Le *sel de potasse* s'obtient soit en saturant l'acide benzoglycollique par du carbonate de potasse, soit en précipitant le benzoglycollate de chaux par le même carbonate. Il est fort soluble dans l'eau et l'alcool; par le refroidissement de sa solution saturée à l'ébullition, il se dépose sous la forme de tables très-larges et fort minces; par l'évaporation spontanée, on l'obtient à l'état de choux-fleurs.

Le *sel de soude*, $C^{18}H^7NaO^8 + 6$ aq., cristallise bien plus aisément que le sel de potasse. On l'obtient, par le refroidissement de sa solution saturée à chaud, sous la forme de grosses tables rhomboïdales. Il perd à 100^0 $15,42$ p. c. $= 6$ atomes d'eau de cristallisation.

Le *sel de baryte*, $C^{18}H^7BaO^8 + 2$ aq., cristallise en fines aiguilles soyeuses, contenant $6,78$ p. c. $= 2$ atomes d'eau de cristallisation qui se dégagent à 100^0.

Le *sel de chaux*, $C^{18}H^7CaO^8 +$ aq., s'obtient, ainsi que nous l'avons déjà dit, en saturant l'acide benzoglycollique par du lait de chaux. Il possède à un haut degré la propriété particulière aux solutions sursaturées, de manière qu'il arrive souvent que des solutions entièrement froides et ayant déjà déposé des cristaux se troublent après avoir été filtrées, et se prennent, au bout de quelque temps, en une gelée épaisse. Celle-ci, étant de nouveau filtrée, donne une eau-mère qui se prend aussi en masse au bout de quelque temps. Le sel constitue des aiguilles déliées et soyeuses, formant des groupes radiés; les cristaux ne s'altèrent pas à l'air, et ne changent pas de poids à 100^0; l'eau de cristallisation ($14,07$ p. c. $= 1$ atome) qu'ils renferment ne se dégage qu'à 120^0. 1 p. de sel se dissout dans $42,32$ p. d'eau à 11^0, et dans $7,54$ p. d'eau bouillante.

Le *sel de magnésie* s'obtient en mélangeant des solutions bouillantes de benzoglycollate de chaux et de sulfate de magnésie, et en traitant par l'alcool absolu la masse concrétée par le refroidissement. Le benzoglycollate de magnésie cristallise, par l'évaporation et le refroidissement, sous la forme de longues aiguilles, extrêmement fines et volumineuses.

Le *sel de zinc*, $C^{18}H^7ZnO^8 + 4$ aq., s'obtient en mélangeant une solution bouillante de benzoglycollate de chaux avec du chlorure de zinc; il se dépose, par le refroidissement, sous la forme de longues aiguilles, incolores, minces, et groupées en étoiles. Il perd à 100^0 $14,54$ p. c. $= 4$ atomes d'eau de cristallisation.

Le *sel de cuivre* s'obtient en mélangeant une solution bouillante de benzoglycollate de chaux avec du nitrate de cuivre; il se dépose, par le refroidissement, à l'état de tables rhomboïdales d'un beau bleu. Ces cristaux sont fort peu solubles dans l'eau froide, plus solubles dans l'eau bouillante. Les cristaux verdissent à 100°, en devenant opaques, mais sans perdre leur éclat; ils verdissent également (en se transformant probablement en sel anhydre) lorsqu'on les chauffe avec une quantité d'eau qui ne suffit pas pour les dissoudre.

Le *sel de fer*[1] (ferricum), $C^{18}H^7feO^8$, feO $= 3\ C^{18}H^7O^7$, $2\ Fe^2O^3$, s'obtient sous la forme d'un précipité couleur de chair, par le mélange d'une solution de benzoglycollate de chaux avec une solution de chlorure ferrique; il est entièrement insoluble dans l'eau. Le sel séché à l'air perd, à 100°, 27,12 p. c. d'eau.

Le *sel de plomb* neutre renferme $C^{18}H^7PbO^8$. A froid, la solution du benzoglycollate de chaux donne avec l'acétate de plomb un abondant précipité caillebotté. Celui-ci est peu soluble dans l'eau froide; si on le traite par l'eau bouillante, il fond et finit par se dissoudre entièrement; par le refroidissement, on obtient d'abord un dépôt amorphe, puis des cristaux, groupés en hémisphères, d'un *sous-sel*, $2\ C^{18}H^7PbO^8,PbO + 3$ aq.; ce sous-sel fond entièrement à 100°, même après avoir perdu son eau de cristallisation. Les eaux-mères, séparées des cristaux précédents, déposent à la longue des aiguilles minces et courtes du sel neutre.

Lorsqu'on mélange une solution bouillante de benzoglycollate de chaux avec de l'acétate de plomb neutre, il se produit un précipité amorphe, presque entièrement soluble dans l'acide acétique. C'est un mélange de plusieurs sous-sels.

Enfin, en mélangeant à froid une solution de benzoglycollate de chaux avec du sous-acétate de plomb, on obtient des flocons d'un autre *sous-sel*, $C^{18}H^7PbO^8, 5PbO + 2$ aq., qui ne fondent pas dans l'eau bouillante, et s'y dissolvent très-peu.

Le *sel d'argent*, $C^{16}H^7AgO^8$, est anhydre. On l'obtient en mélangeant du nitrate d'argent avec une solution neutre de benzoglycollate d'ammoniaque. Le précipité est peu soluble dans l'eau froide, assez soluble dans l'eau bouillante, qui le dépose à l'état de petits cristaux microscopiques; ceux-ci, à l'état humide, noircissent promptement par l'action de la lumière.

§ 1542. Le *benzoglycollate d'éthyle* paraît se former en petite quantité lorsqu'on abandonne longtemps une solution alcoolique

---

[1] fe $= \frac{1}{2}$ Fe².

d'acide benzoglycollique; du moins la liqueur présente alors une
odeur particulière qui semble provenir d'une combinaison éthylique.
Lorsqu'on fait passer du gaz chlorhydrique sec dans une solution
alcoolique de benzoglycollate de chaux, et qu'on ajoute de l'eau
à la liqueur, il s'en sépare une huile presque entièrement composée
de benzoate d'éthyle; l'acide benzoglycollique est donc décomposé,
dans ces circonstances, par l'acide chlorhydrique.

Dérivés acétiques de l'acide benzoïque.

§ 1543. Nous avons signalé, § 453, la combinaison qu'on obtient
en chauffant l'acide benzoïque avec l'acide lactique. Comme l'acide
lactique représente, dans la série acétique, le même terme que
l'acide glycollique dans la série formique, il est évident que cette
combinaison (*acide benzolactique*) représente l'homologue de l'a-
cide benzoglycollique.

Nous avons également décrit, § 1514, l'acide acéto-benzoïque
anhydre, c'est-à-dire l'acide benzoïque dont l'hydrogène basique
est remplacé par de l'acétyle :

$$\left.\begin{array}{l} C^{14}H^5O^2.O \\ HO \end{array}\right\} \text{ Acide benzoïque hydraté.}$$

$$\left.\begin{array}{l} C^{14}H^5O^2.O \\ C^4H^3O^2.O \end{array}\right\} \text{ Acide acéto-benzoïque anhydre.}$$

SULFURE DE BENZOÏLE.

Composition probable : $C^{28}H^{10}O^4S^2 = C^{14}H^5O^3S, C^{14}H^5O^3S$.

§ 1543ᵃ. Lorsqu'on distille du chlorure de benzoïle avec du
sulfure de plomb réduit en poudre, il distille une huile jaune, qui
se prend en une masse jaune cristalline et molle. Elle paraît constituer le sulfure de benzoïle [1]. Elle possède une odeur désagréable,
rappelant le soufre; elle est inflammable, et brûle avec une flamme
claire et fuligineuse, en dégageant de l'acide sulfureux. L'alcool ne
la décompose pas. L'eau bouillante ne paraît pas l'altérer non plus.
Bouillie avec une solution de potasse caustique, elle ne donne que
lentement du benzoate et du sulfure alcalins.

[1] LIEBIG et WOEHLER (1832), *Ann der Chem. u. Pharm.*, III, 267.

CHLORURE DE BENZOÏLE.

Composition : $C^{14}H^5O^2,Cl$.

§ 1544. Ce composé[1] se produit par l'action du chlore sur l'hydrure de benzoïle (Liebig et Woehler), par celle du perchlorure de phosphore sur l'acide benzoïque (Cahours) et par celle de l'oxychlorure de phosphore sur les benzoates métalliques (Gerhardt) :

$$C^{14}H^6O^4 + PCl^5 = C^{14}H^5O^2Cl + HCl + PCl^3O^2.$$
Ac. benzoïq.   Chlor. de benz.

$$3\ C^{14}H^5MO^4 + PCl^3O^2 = 3\ C^{14}H^5O^2Cl + PO^5, 3\ MO$$
Benz. métall.   Chlor. de benz.   Phosphate mét.

Dans l'action du chlore sur le benzoate de méthyle ou d'éthyle, on observe aussi la formation du chlorure de benzoïle.

La préparation du chlorure de benzoïle par le chlore et l'hydrure est longue et dispendieuse, et il est infiniment préférable de traiter l'acide benzoïque par le perchlorure de phosphore. On emploie ces deux corps par proportions équivalentes (122 parties du premier et 211 parties du second); on les introduit dans une cornue tubulée munie d'un récipient, et on les chauffe d'abord doucement; il s'établit ainsi une réaction très-violente, accompagnée d'un abondant dégagement de gaz chlorhydrique. Lorsque cette réaction s'est calmée, on fixe un thermomètre dans la tubulure de la cornue, et on distille le résidu liquide, en recueillant à part les portions qui passent avant 196°; ces premières portions sont un mélange de chlorure de benzoïle et d'oxychlorure de phosphore. Le liquide qui distille ensuite est du chlorure de benzoïle pur.

On peut utiliser les premières portions qu'on recueille dans l'opération précédente en les faisant agir sur du benzoate de soude, dans une cornue; de cette manière tout l'oxychlorure de phosphore se transforme aussi en chlorure de benzoïle, et ce produit peut ensuite être extrait du mélange par la distillation. Il convient toutefois d'employer un léger excès du chlorure volatil pour décomposer le benzoate de soude, sans cela une partie de ce dernier se transforme en acide benzoïque anhydre, lorsqu'on vient à le chauffer en présence du chlorure de benzoïle.

[1] LIEBIG et WOEHLER (1832), *Ann. der Chem. u. Pharm.*, III, 262. — CAHOURS, *Ann. de Chim. et de Phys.*, [3] XXIII, 334. — GERHARDT, *ibid.* [3] XXXVII, 290.

Ce chlorure, à l'état de pureté, se présente sous la forme d'un liquide incolore, entièrement limpide, d'une odeur extrêmement pénétrante, rappelant le raifort, et excitant le larmoiement. Il est inflammable et brûle avec une flamme lumineuse, très-fuligineuse et bordée de vert.

Il tombe au fond de l'eau sans s'y dissoudre. Sa densité est de 1,196 (Lieb. et Woehl. ; de 1,25 à 15°, Cahours). Il bout à 196°. La densité de sa vapeur a été trouvée égale à 4,987.

L'eau bouillante le dissout peu à peu en le transformant entièrement en acide chorhydrique et en acide benzoïque. Il éprouve la même transformation lorsqu'on l'abandonne pendant quelque temps à l'air humide.

Il s'échauffe avec l'alcool, en produisant de l'acide chlorhydrique et du benzoate d'éthyle. Il n'agit pas sur l'éther pur. Lorsqu'on le chauffe avec de l'hydrate de phényle, il se dégage de l'acide chlorhydrique , et l'on obtient du benzoate de phényle (§ 1522).

On peut le distiller sur de la chaux ou de la baryte anhydres, sans qu'il en soit décomposé. Mais, quand on le chauffe avec des solutions alcalines, il donne immédiatement du chlorure et du benzoate alcalins.

Il se décompose avec l'ammoniaque gazeuse en donnant du chlorhydrate d'ammoniaque et de la benzamide (§ 1552). La même réaction s'effectue par le contact du chlorure de benzoïle avec le carbonate d'ammoniaque.

L'aniline et plusieurs autres alcalis organiques s'attaquent également par le chlorure de benzoïle, et donnent des composés semblables à la benzamide.

Le chlorure de benzoïle et l'oxamide ne réagissent qu'à une température fort élevée, en donnant de l'acide chlorhydrique, du cyanure de phényle (benzonitrile), de l'acide cyanhydrique, de l'acide carbonique et de l'eau (Chiozza) :

$$C^{14}H^5O^2Cl + C^4H^4N^2O^4 = HCl + C^{14}H^5N + C^2HN + C^2O^4 + 2HO.$$

Chlor. de benz.   Oxamide.   Cyan. de phén. Ac. cyanh.

Lorsqu'on fait agir le chlorure de benzoïle sur l'oxamate d'éthyle, on observe, à 160°, un dégagement d'acide chlorhydrique ; il paraît se produire du cyanure de phényle, du benzoate d'éthyle, et de l'acide carbonique.

Certains bromures, iodures, sulfures et cyanures réagissent sur le chlorure de benzoïle, et donnent, par double décomposition, du bromure, de l'iodure, du sulfure et du cyanure de benzoïle.

Le chlorure de benzoïle attaque aussi à chaud un grand nombre de sels oxygénés à base d'alcali, et produit avec eux, par double décomposition, des acides anhydres. Ainsi, avec le benzoate de soude, il donne de l'acide benzoïque anhydre (§. 1513).

Lorsqu'on mélange du formiate de soude, préalablement fondu et réduit en poudre, avec du chlorure de benzoïle, il n'y a presque pas de réaction à froid ; la température du mélange s'élève un peu, et les deux corps semblent simplement se combiner. Mais, si l'on chauffe légèrement, la réaction est très-vive : il se dégage du gaz en abondance, et l'on voit se sublimer dans la cornue des aiguilles d'acide benzoïque. Il ne se condense dans le récipient aucun corps liquide, et le résidu, parfaitement blanc, ne se compose que de chlorure de sodium et d'acide benzoïque libre, qu'on peut isoler par des lavages à l'eau froide. Le gaz est de l'oxyde de carbone pur. L'équation suivante rend compte de la réaction :

$$C^2HNaO^4 + C^{14}H^5ClO^2 = NaCl + C^{14}H^6O^4 + C^2O^2.$$

Form. de soude.   Chlor. de benz.   Ac. benzoïq.

Il est probable qu'il se produit d'abord, par l'effet d'un double échange, du chlorure de sodium et du formiate de benzoïle, lequel se décompose, au moment naissant, en acide benzoïque et en oxyde de carbone. Le résidu exhale bien une forte odeur formique, mais elle paraît provenir d'une action secondaire exercée par l'acide benzoïque sur l'excès de formiate de soude.

Lorsqu'on met le chlorure de benzoïle en contact avec de l'hydrure de cuivre bien sec, il s'effectue un dégagement considérable de chaleur ; une partie de l'hydrure se transforme en chlorure cuivreux, tandis que la plus grande partie se décompose avant d'arriver en contact avec le chlorure de benzoïle. En reprenant le produit, par une faible solution de potasse, on remarque qu'il présente l'odeur franche et caractéristique de l'hydrure de benzoïle (Chiozza).

$$C^{14}H^5O^2, Cl + HCu = C^{14}H^5O^2, H + CuCl.$$

Chlor. de benz.   Hydr. de benzoïle.

Le potassium ne paraît pas attaquer le chlorure de benzoïle pur.

Le sulfure de carbone se mélange en toutes proportions avec le chlorure de benzoïle, et ne paraît pas en être attaqué.

Le soufre et le phosphore s'y dissolvent à chaud, et se déposent, par le refroidissement, à l'état cristallin.

Le perchlorure de phosphore [1] ne paraît pas attaquer le chlorure de benzoïle.

§ 1545. *Combinaison de chlorure et d'hydrure de benzoïle* [2], $C^{14}H^5ClO^2$, $C^{14}H^6O^2$. — L'essence d'amandes amères ne se convertit pas toujours entièrement en chlorure de benzoïle, lors même qu'on y fait passer un excès de chlore. Le produit, étant abandonné dans un flacon bouché, se prend peu à peu en une masse de lames brillantes et incolores, peu solubles dans l'alcool froid, et qu'il suffit de rincer avec ce liquide pour les avoir pures. Cette combinaison renferme atomes égaux de chlorure de benzoïle et d'hydrure de benzoïle.

Elle n'a presque pas d'odeur à l'état sec; mais, si on l'abandonne à l'état humide ou après l'avoir humectée d'alcool, elle émet des vapeurs acides, et prend alors l'odeur d'amandes amères. Elle est extrêmement fusible; si on la chauffe sans dépasser son point de fusion, elle peut conserver sa fluidité pendant quelque temps; mais, si on la frotte alors avec une baguette, elle se prend en une masse dure et cristalline. Chauffée au-dessus de son point de fusion, elle dégage l'odeur forte du chlorure de benzoïle; distillée, elle donne un mélange de chlorure de benzoïle et d'hydrure de benzoïle. L'eau chaude la convertit en hydrure de benzoïle, acide chlorhydrique et acide benzoïque.

L'acide sulfurique concentré la colore en jaune, et en dégage immédiatement de l'acide chlorhydrique; si l'on ajoute de l'eau au résidu, il se décolore en précipitant de l'hydrure de benzoïle et de l'acide benzoïque.

---

[1] Suivant MM. Liebig et Wœhler, le perchlorure de phosphore s'échaufferait beaucoup avec le chlorure de phosphore, en donnant de l'oxychlorure de phosphore, ainsi qu'une huile douée d'une odeur extrêmement irritante.

En opérant avec des matières parfaitement pures, je n'ai pu observer aucune réaction à froid; à chaud, le perchlorure s'est simplement dissous dans le chlorure de benzoïle, pour se déposer de nouveau par le refroidissement.

[2] LAURENT et GERHARDT (1850), *Compt. rend. des trav. de Chim.*, 1850, p. 123.

Dérivés chlorés du chlorure de benzoïle.

§ 1546. *Chlorure de chlorobenzoïle*, $C^{14}H^4ClO^2$, Cl. — Ce corps paraît constituer le produit huileux que M. Chiozza[1] a obtenu en distillant l'acide salicylique avec du perchlorure de phosphore (§ 1524) :

$$C^{14}H^6O^6 + 2\,PCl^5 = C^{14}H^4Cl^2O^2 + 2\,HCl + 2\,PO^2Cl^3.$$

Ac. salicyl.   Chlor. de chlorobenz.

Le chlorure de chorobenzoïle s'obtient difficilement à l'état de pureté. Il est plus pesant que l'eau, très-réfringent, et d'une odeur suffocante. Mis en contact avec de l'eau froide, il perd sa limpidité, et finit par se décomposer; l'eau bouillante le convertit immédiatement en acide chlorhydrique et en acide chlorobenzoïque.

Si on le met en contact avec de l'hydrure de salicyle, en chauffant légèrement le mélange, il se dégage de l'acide chlorhydrique, et le résidu vert foncé se prend, par le refroidissement, en petites aiguilles incolores, qui présentent les caractères et la composition du salicylure de benzoïle (parasalicyle). Il est difficile de se rendre compte de cette réaction.

Le chlorure de chlorobenzoïle n'a pas encore été analysé.

Dérivés nitriques du chlorure de benzoïle.

§ 1547. *Chlorure de nitrobenzoïle*[2], $C^{14}H^4(NO^4)O^2$,Cl. — Il se forme par l'action du chlore sur l'hydrure de nitrobenzoïle. Il se produit aussi lorsqu'on chauffe doucement du perchlorure de phosphore avec l'acide nitrobenzoïque ; on obtient ainsi un mélange d'oxychlorure de phosphore et de chlorure de nitrobenzoïle, qu'on soumet à la distillation. On met à part les dernières portions qui distillent, on traite ce produit par l'eau froide, et, après l'avoir fait digérer sur du chlorure de calcium, on le distille de nouveau.

Le chlorure de nitrobenzoïle constitue un liquide jaune, bouillant entre 265 et 268°, et d'une densité plus grande que celle de l'eau. Il est insoluble dans ce liquide. Exposé à l'air humide, il

[1] Chiozza (1852), *Ann. de Chim. et de Phys.*, [3] XXXVI, 102.
[2] Cahours (1848), *Ann. de Chim. et de Phys.*, [3] XXIII, 339. — Bertagnini, *Ann. der Chem. u. Pharm.*, LXXIX, 268.

s'altère peu à peu en donnant de l'acide chlorhydrique et de fort beaux cristaux d'acide nitrobenzoïque.

Une lessive concentrée de potasse l'attaque rapidement à la température de l'ébullition, en donnant du chlorure et du nitrobenzoate. Le gaz ammoniac sec le convertit en une masse solide et cristallisable, composée de nitrobenzamide. L'aniline s'échauffe beaucoup avec lui, en donnant une substance cristallisable, qui est probablement la phényl-nitrobenzamide.

L'éther pur ne l'attaque pas. L'alcool absolu et l'esprit de bois s'échauffent avec lui en dégageant de l'acide chlorhydrique, et en produisant du nitrobenzoate d'éthyle ou de méthyle.

BROMURE DE BENZOÏLE.

Composition probable : $C^{14}H^5O^2$, Br.

§ 1548. Cette combinaison[1] se produit par l'action directe du brome sur l'hydrure de benzoïle ; le mélange s'échauffe, et exhale d'épaisses fumées d'acide bromhydrique. On soumet le produit à l'action de la chaleur, afin d'en expulser tout l'acide bromhydrique, ainsi que l'excès de brome.

Le bromure de benzoïle constitue une masse feuilletée, molle et presque semi-fluide à la température ordinaire. Il fond à une douce chaleur en un liquide brunâtre. Il possède une odeur semblable à celle du chlorure de benzoïle, mais beaucoup moins forte et quelque peu aromatique. Il fume légèrement à l'air ; si on le chauffe, il exhale des fumées plus fortes. Il est inflammable, et brûle avec une flamme claire et fuligineuse.

Il ne se décompose que lentement au contact de l'eau ; il tombe au fond de ce liquide, et ne se convertit en acide bromhydrique et en acide benzoïque que par une ébullition prolongée.

Il se dissout aisément dans l'alcool et l'éther, sans se décomposer.

IODURE DE BENZOÏLE.

Composition probable : $C^{14}H^5O^2$, I.

§ 1549. On l'obtient[2] aisément en chauffant l'iodure de potassium avec du chlorure de benzoïle. Il distille ainsi un liquide brun

[1] LIEBIG et WOEHLER (1832), *Ann. der Chem. u. Pharm.*, III, 266.
[2] LIEBIG et WOEHLER (1832), *Ann. der Chem. u. Pharm.*, III, 266.

qui se prend, par le refroidissement, en une masse cristalline, colorée par un excès d'iode.

A l'état de pureté, il est incolore, feuilleté, très-fusible; lorsqu'on le fait fondre, il se décompose toujours en partie en dégageant de l'iode. Il présente une odeur semblable à celle du chlorure de benzoïle, et se comporte comme ce corps avec l'eau et l'alcool.

AZOTURES DE BENZOÏLE.

Syn. : amides benzoïques.

§ 1550. Les azotures de benzoïle représentent de l'ammoniaque dont l'hydrogène est en partie remplacé par son équivalent de benzoïle :

Azoture de benzoïle et d'hydrogène, ou benzamide. . $C^{14}H^7NO^2 = N \begin{cases} C^{14}H^5O^2 \\ H, \\ H \end{cases}$

Azoture de benzoïle, de phényle et d'hydrogène, ou benzanilide. . . . . $C^{26}H^{11}NO^2 = N \begin{cases} C^{14}H^5O^2 \\ C^{12}H^5, \\ H \end{cases}$

Azoture de benzoïle, de phényle et de benzoïle, ou dibenzanilide. . . . . $C^{40}H^{15}NO^4 = N \begin{cases} C^{14}H^5O^2 \\ C^{14}H^5O^2, \\ C^{12}H^5 \end{cases}$

Azoture de benzoïle, de nitrocuményle et d'hydrogène, ou benzo-nitrocumide. . . $C^{32}H^{16}N^2O^6 = N \begin{cases} C^{14}H^5O^2 \\ C^{18}H^{10}(NO^4), \\ H \end{cases}$

Azoture de benzoïle, de méthyl-nitrophén. et d'hydrogène, ou benzonitraniside. $C^{28}H^{12}N^2O^8 = N \begin{cases} C^{14}H^5O^2 \\ C^{14}H^6(NO^4)O^2. \\ H \end{cases}$

[Voy. d'autres azotures de benzoïle, § 1406^a et § 1630.]

§ 1551. Tous ces azotures se produisent par l'action du chlorure de benzoïle sur l'ammoniaque (azoture d'hydrogène), sur l'aniline (azoture de phényle et d'hydrogène), et sur d'autres alcalis :

$$N\begin{Bmatrix}H\\H\\H\end{Bmatrix} + \begin{Bmatrix}C^{14}H^5O^2\\ \\Cl\end{Bmatrix}$$

Azot. d'hydrog.   Chlor. de benz.

$$= N\begin{Bmatrix}C^{14}H^5O^2\\H\\H\end{Bmatrix} + \begin{Bmatrix}H\\Cl\end{Bmatrix}$$

Azot. de benzoïle
et d'hydrog.   Chlor. d'hydrog.

On a aussi :

$$N\begin{Bmatrix}C^{12}H^5\\H\\H\end{Bmatrix} + \begin{Bmatrix}C^{14}H^5O^2\\ \\Cl\end{Bmatrix}$$

Azot. de phényle   Chlor. de benzoïle.
et d'hydrog.

$$= N\begin{Bmatrix}C^{12}H^5\\C^{14}H^5O^2\\H\end{Bmatrix} + \begin{Bmatrix}H\\Cl\end{Bmatrix}$$

Azot. de phényle,   Chlor. d'hydrog.
de benz. et d'hy-
drog.

§ 1552. **Azoture de benzoïle et d'hydrogène**, $C^{14}H^7NO^2$. —
Ce corps[1], plus connu sous le nom de *benzamide*, se produit par
la réaction du chlorure de benzoïle et de l'ammoniaque.

Quand on fait passer du gaz ammoniaque sec sur du chlorure
de benzoïle, la température s'élève, et il se produit une masse
blanche qu'on lave à l'eau froide pour enlever le sel ammoniac,
et qu'on fait ensuite cristalliser dans l'eau chaude. Pour que la
réaction soit complète, on est obligé de retirer plusieurs fois la
masse du vase, de l'exprimer et de la soumettre de nouveau à l'action du gaz.

Je préfère employer, pour cette préparation, le carbonate d'ammoniaque du commerce : il suffit de broyer, dans un mortier, le
chlorure de benzoïle avec ce sel employé en excès, de chauffer
la masse légèrement afin de compléter la réaction, et de laver ensuite le produit à l'eau froide pour extraire le sel ammoniac. La
benzamide reste alors sur le filtre, et peut s'obtenir très-bien cristallisée par la dissolution dans l'alcool ou dans l'eau bouillante.

---

[1] Liebig et Woehler (1832), *Ann. der Chem. u. Pharm.*, III, 268. — Schwarz,
Ann. der Chem. u. Pharm, LXXV, 195. — Gerhardt et Chiozza, *Observations inédites.*

L'éther benzoïque et l'ammoniaque un peu alcoolisée, dissous l'un dans l'autre, laissent déposer, au bout de quelques mois, de la benzamide en cristaux (Deville). Cette transformation s'effectue aisément lorsqu'on chauffe l'ammoniaque aqueuse avec l'éther benzoïque à une température supérieure à 100°, dans un tube scellé à la lampe (Dumas, Malaguti et Leblanc).

L'acide hippurique (§ 1536) donne également de la benzamide par l'action du peroxyde puce de plomb (Fehling).

La benzamide se dépose, par le refroidissement brusque de sa solution dans l'eau bouillante, sous la forme de paillettes nacrées, semblables au chlorate de potasse. Si le refroidissement est lent, elle se prend en une bouillie de fines aiguilles soyeuses, de l'aspect de la caféine; au bout d'un certain temps, on voit se former dans la masse cristalline quelques cavités au centre desquelles de gros cristaux viennent prendre naissance, et peu à peu toutes les aiguilles se transforment ainsi. Les cristaux appartiennent au système rhombique. Combinaison observée, ∞ P. ∞ P̆ ∞. P̆ ∞; la face ∞P̆∞ prend souvent assez d'extension pour donner aux cristaux l'aspect de tables; clivage parallèle à ∞P̆ ∞. Ils sont nacrés et transparents. Ils fondent à 115° en un liquide incolore qui se prend, par le refroidissement, en une masse feuilletée; à une température plus élevée, la matière distille sans altération. Sa vapeur a une odeur d'amandes amères; elle est fort inflammable, et brûle avec une flamme fuligineuse.

L'eau froide ne dissout presque pas la benzamide; l'eau bouillante la dissout assez bien; lorsqu'elle est chargée d'ammoniaque, la solution s'effectue encore plus aisément; on peut maintenir en ébullition la solution aqueuse sans qu'il y ait décomposition. L'alcool dissout aisément la benzamide; l'éther bouillant la dissout également, et la dépose sous la forme de cristaux parfaitement déterminés.

A froid, la potasse caustique ne dégage pas d'ammoniaque de la benzamide; mais la décomposition s'opère à l'ébullition, et l'on obtient alors du benzoate de potasse, ainsi qu'un dégagement d'ammoniaque. La benzamide éprouve la même métamorphose lorsqu'on la traite à chaud par l'acide sulfurique ou l'acide chlorhydrique concentré. Lorsqu'on porte à l'ébullition une solution de benzamide additionnée d'un sel de fer, elle se trouble et précipite du sous-benzoate de fer.

L'acide chlorhydrique concentré dissout la benzamide en produisant une combinaison particulière (§ 1553).

Lorsqu'on chauffe ensemble atomes égaux de benzamide et d'acide benzoïque anhydre, on obtient de l'acide benzoïque hydraté et du cyanure de phényle (benzonitrile, § 206) :

$$C^{14}H^7NO^2 + C^{28}H^{10}O^6 = 2\ C^{14}H^6O^4 + C^{14}H^5N.$$

Benzamide. Ac. benz. anh. Ac. benz. hydr. Cyan. de phén.

Une métamorphose semblable s'observe si l'on chauffe la benzamide avec le chlorure de benzoïle :

$$C^{14}H^7NO^2 + C^{14}H^5O^2Cl = HCl + C^{14}H^6O^4 + C^{14}H^5N.$$

Benzamide. Chlor. de benz. Ac. benz. hyd. Cyan. de phén.

La composition de la benzamide ne différant de la composition du cyanure de phényle que par les éléments de l'eau (2 HO), il est aisé de comprendre que ce cyanure peut aussi se former par l'action de l'acide phosphorique anhydre ou de la baryte caustique sur la benzamide. Il se produit de même une certaine quantité de cyanure de phényle lorsqu'on fait passer la vapeur de la benzamide dans un tube de verre chauffé au rouge. Enfin, lorsqu'on fait fondre la benzamide avec du potassium métallique, la réaction donne encore naissance à du cyanure de phényle et à du cyanure de potassium.

Le peroxyde de plomb puce n'attaque pas la solution aqueuse de la benzamide ; mais, si l'on fait bouillir le mélange après y avoir ajouté un peu d'acide sulfurique ou nitrique, la matière s'oxyde lentement ; la liqueur filtrée qu'on obtient ainsi est incolore, mais, abandonnée au contact de l'air après addition d'ammoniaque, elle brunit et donne un dépôt ulmique.

La benzamide dissout l'oxyde de mercure (§ 1555) ; elle ne dissout que très-peu l'oxyde de cuivre et l'oxyde d'argent.

Elle se combine avec le brome (§ 1554).

§ 1553. Le *chlorhydrate de benzamide*[1] renferme $C^{14}H^7NO^2, HCl$. La benzamide se dissout abondamment dans l'acide chlorhydrique concentré, à l'aide de la chaleur. La solution dépose, par le refroidissement, de longs prismes agglomérés. Cette combinaison est fort instable : les cristaux exhalent des vapeurs acides dès qu'ils sont sortis de leur eau-mère, et deviennent opaques à l'air, en perdant tout leur acide dans l'espace de quelques jours.

§ 1534. Le *bromure de benzamide*[1] renferme $C^{14}H^7NO^2, Br^2$. La

[1] Dessaignes (1852), *Ann. de Chim. et de Phys.*, [3] XXXIV, 146.

benzamide se dissout dans le brome sans dégager d'acide bromhydrique ; la solution étant abandonnée dans un flacon bouché, en hiver, dépose, au bout de quelques jours, des cristaux de bromure de benzamide. L'ammoniaque décompose immédiatement ces cristaux en mettant la benzamide en liberté ; l'eau exerce la même décomposition, mais avec plus de lenteur.

§ 1555. *Azoture de benzoïle, de mercure et d'hydrogène*[2] ou benzamide mercurique, $C^{14}H^6HgNO^2 = NHHg(C^{14}H^5O^2)$. — La solution aqueuse de la benzamide dissout l'oxyde de mercure. Peu à peu la liqueur se prend en une bouillie de cristaux légers, colorés par l'oxyde en excès. On ajoute de l'alcool jusqu'à dissolution complète des cristaux, et l'on filtre. Par le refroidissement, il se forme une quantité de cristaux lamelleux d'un blanc éclatant.

Le chlorure de benzoïle et la benzamide mercurique réagissent très-vivement en produisant du chlorure de mercure, de l'acide benzoïque et du cyanure de phényle (benzonitrile) ; on ne parvient pas à arrêter cette métamorphose, même en opérant dans de la glace :

$$C^{14}H^6HgNO^2 + C^{14}H^5O^2Cl = HgCl + C^{14}H^6O^4 + C^{14}H^5N.$$

Benzam. mercur.   Chlor. de benz.   Ac. benzoïq.   Cyan. de phén.

§ 1556. *Azoture de benzoïle, de phényle et d'hydrogène*[3], benzanilide, ou phényl-benzamide, $C^{26}H^{11}NO^2 = N(C^{14}H^5O^2)(C^{12}H^5)H$. — On obtient ce composé par l'action directe du chlorure de benzoïle ou de l'acide benzoïque anhydre sur l'aniline (azoture de phényle et d'hydrogène, § 1411) :

$$C^{14}H^5O^2Cl + C^{12}H^7N = HCl + C^{26}H^{11}NO^2.$$

Chlor. de benz.   Aniline.   Benzanilide.

$$C^{28}H^{10}O^6 + 2\ C^{12}H^7N = 2\ HO + 2\ C^{26}H^{11}NO^2.$$

Ac. benzoïq. anhydre.   Benzanilide.

Lorsqu'on mélange du chlorure de benzoïle avec l'aniline, il s'établit une réaction très-vive, et la masse se concrète par le refroidissement. On lave le produit à l'eau bouillante, pour extraire le chlorhydrate d'aniline, et l'on fait cristalliser dans l'alcool bouillant la partie insoluble dans l'eau.

La préparation de la benzanilide par l'acide benzoïque anhydre est aussi fort aisée. On observe fort bien, dans cette réaction, le dé-

[1] LAURENT (1844), *Revue Scientif.*, XVI, 392.

[2] DESSAIGNES (1852), *Ann. de Chim. et de Phys.*, [3] XXXIV, 146. — GERHARDT et CHIOZZA, *Observations inédites*.

[3] GERHARDT (1845), *Journ. de Pharm.*, [3] IX, 412. *Ann. de Chim. et de Phys.*, [3] XXXVII, 327.

gagement de l'eau. On chauffe l'acide anhydre avec un très-léger excès d'aniline, on lave le produit à l'eau légèrement aiguisée d'acide chlorhydrique, et l'on fait cristalliser la benzanilide dans l'alcool bouillant.

La benzanilide s'obtient en paillettes brillantes, insolubles dans l'eau. Chauffée avec de la potasse fondante, elle dégage de l'aniline et donne du benzoate de potasse.

Le chlorure de benzoïle l'attaque à chaud en dégageant de l'acide chlorhydrique et en donnant l'amide suivante.

Azoture de benzoïle, de phényle et de benzoïle[1], dibenzanilide, dibenzoïl-phénylamide ou phényl-dibenzamide, $C^{40}H^{15}NO^4 = N(C^{14}H^5O^2)^2(C^{12}H^5)$. — Lorsqu'on chauffe la benzanilide avec du chlorure de benzoïle, il se dégage beaucoup d'acide chlorhydrique; la masse, d'abord fluide, se concrète par le refroidissement. On la met en digestion avec une solution de carbonate de soude pour enlever l'excédant de chlorure de benzoïle, et on la fait ensuite cristalliser dans l'alcool bouillant. Par le refroidissement, on obtient de fines aiguilles, brillantes, quelquefois des grains composés de semblables aiguilles. Ce corps est peu soluble à froid dans l'alcool ordinaire.

§ 1557. *Azoture de benzoïle, de nitrocuményle et d'hydrogène*[2], ou benzonitrocumide, $C^{32}H^{16}N^2O^6 = N(C^{14}H^5O^2)(C^{18}H^{10}NO^4)H$. — A chaud, le chlorure de benzoïle attaque vivement la nitrocumidine (§ 1844); le produit, lavé avec de l'eau acidulée, puis avec une liqueur alcaline, et enfin avec de l'eau pure, se dissout facilement dans l'alcool bouillant, et s'en sépare presque en entier, par le refroidissement, sous la forme d'aiguilles d'un blanc éclatant.

§ 1558. *Azoture de benzoïle, de méthyl-nitrophényle et d'hydrogène*[3], ou benzonitraniside, $C^{24}H^{12}N^2O^8 = N(C^{14}H^5O^2)(C^{18}H^6(NO^4)O^2)H$. — Ce corps s'obtient par la réaction du chlorure de benzoïle et de la méthyl-nitrophénidine (nitranisidine, § 1388). Lorsqu'on chauffe un mélange de ces deux substances, la réaction est très-vive; on obtient un produit solide qu'on lave successivement à l'acide chlorhydrique, à l'eau alcaline et à l'eau pure; puis on le fait cristalliser dans l'alcool bouillant.

La benzonitraniside se présente sous la forme de petites aiguilles de couleur blonde. Complétement insoluble dans l'eau froide

[1] GERHARDT et CHIOZZA (1853), *Compt. rénd. de l'Acad.* XXXVII, 90.
[2] CAHOURS (1848), *Compt. rend. de l'Acad.,* XXVI, 317.
[3] CAHOURS (1849), *Ann. de Chim. et de Phys.,* [3] XXVII, 450.

ou chaude, elle se dissout à peine dans l'alcool à la température
ordinaire ; l'alcool bouillant la dissout assez bien ; l'éther la dissout, même à l'ébullition, en petite quantité, et la dépose, par le
refroidissement, sous la forme d'une poudre cristalline. Elle fond
par une douce chaleur ; une température plus élevée la volatilise.
L'acide sulfurique concentré la dissout à l'aide d'une douce chaleur, en se colorant en rouge-brun foncé.

Dérivés nitriques des azotures de benzoïle.

§ 1559. *Azoture de nitrobenzoïle et d'hydrogène* [1], ou nitrobenzamide, $C^{14}H^6(NO^4)NO^2 = N(C^{14}H^4(NO^4)O^2)H^2$. — Ce corps
s'obtient en petite quantité quand on fait fondre pendant quelque
temps du nitrobenzoate d'ammoniaque ; mais ce procédé n'est pas
commode, et il vaut mieux, suivant M. Chancel, faire agir l'ammoniaque sur le nitrobenzoate d'éthyle. On dissout cet éther
dans une assez grande quantité d'alcool, et on ajoute à la dissolution de l'ammoniaque liquide en quantité insuffisante pour précipiter l'éther ; on abandonne ce mélange à lui-même dans un flacon
fermé. La transformation de l'éther nitrobenzoïque en nitrobenzamide est complète lorsqu'une petite quantité du liquide n'est plus
troublée par l'addition d'une grande quantité d'eau. Cette réaction
s'effectue plus rapidement sous l'influence d'une douce chaleur.
Quand l'action est terminée, on évapore le liquide au bain-marie ;
par le refroidissement, la nitrobenzamide se prend en masse cristalline. Il suffit alors, pour l'avoir tout à fait pure, de la faire cristalliser une ou deux fois dans un mélange d'éther et d'alcool.

La nitrobenzamide ne se dissout qu'en petite quantité dans l'eau
froide ; elle est plus soluble dans l'eau chaude. L'éther, l'alcool et
l'esprit de bois la dissolvent avec facilité ; elle cristallise fort bien,
par l'évaporation spontanée de ces trois derniers liquides, en belles
aiguilles allongées ; par une évaporation lente, on obtient des
cristaux très-nets et assez volumineux. Ces cristaux sont des tables
semblables à celles du gypse, et qui dérivent d'un prisme rhomboïdal oblique dont toutes les arêtes semblables sont tronquées. La nitrobenzamide fond au-dessus de 100°, en un liquide qui cristallise
par le refroidissement.

Chauffée avec une dissolution concentrée de potasse, la nitro-

---

[1] FIELD (1848), *Ann. der Chem. u. Pharm.*, LXV, 45. — CHANCEL, *Compt. rend.
des trav. de Chim.*, 1849, p. 180.

benzamide se transforme en nitrobenzoate de potasse, avec dégagement d'ammoniaque.

Le sulfhydrate d'ammoniaque convertit la nitrobenzamide en
phényl-urée (§ 237) :

$$C^{14}H^6N^2O^6 + 6\,HS = C^{14}H^8N^2O^2 + 4\,HO + 6\,S.$$

Nitrobenzamide.   Phényl-urée.

§ 1560. *Azoture de nitrobenzoïle, de phényle et d'hydrogène* [1],
ou nitrobenzanilide. — Ce composé se produit probablement par
la réaction de l'aniline et du chlorure de nitrobenzoïle ; ces deux
corps, en arrivant en contact, s'échauffent considérablement, dégagent de l'acide chlorhydrique, et donnent une matière solide
qui cristallise dans l'alcool en belles aiguilles brillantes.

Dérivés sulfurés des azotures de benzoïle.

§ 1561. *Azoture de sulfobenzoïle et d'hydrogène* [2], ou benzamide
sulfurée , $C^{14}H^7NS^2 = N(C^{14}H^5S^2)H^2$. — Ce corps représente de la
benzamide dont l'oxygène est remplacé par son équivalent de
soufre.

En dissolvant le cyanure de phényle (benzonitrile, § 206) dans
de l'alcool légèrement ammoniacal, et en faisant passer dans cette
liqueur un courant de gaz sulfhydrique jusqu'à refus, on voit bientôt celle-ci se colorer en jaune un peu brunâtre. Si, au bout de quelques heures, on concentre la liqueur par l'ébullition, puis qu'on y
ajoute de l'eau après l'avoir réduite au quart de son volume, on
voit se séparer d'abord des flocons d'un jaune de soufre. Ce produit, traité par l'eau bouillante, se dissout tout entier, et se dépose, par un refroidissement très-lent, sous la forme de longues
aiguilles jaunes, présentant un aspect satiné. C'est la benzamide
sulfurée.

Traité par le bioxyde de mercure, ce corps se détruit en donnant naissance à de l'eau et à du sulfure de mercure , en régénérant du cyanure de phényle. Le potassium le décompose en donnant naissance à du sulfure et à du cyanure.

[1] BERTAGNINI (1851), *Ann. der Chem. u. Pharm.*, LXXIX, 269.
[2] CAHOURS (1848), *Compt. rend. de l'Acad.* XXVII, 239.

CYANURE DE BENZOÏLE.

Composition probable : $C^{14}H^5O^2,Cy$.

§ 1562. On obtient ce corps[1] en distillant du chlorure de benzoïle avec du cyanure de mercure ; il passe ainsi une huile jaune, tandis qu'il reste du protochlorure de mercure dans la cornue.

A l'état de pureté, le cyanure de benzoïle constitue un liquide incolore ; mais il jaunit promptement. Il possède une odeur très-vive, excitant le larmoiement, et rappelant d'une manière éloignée celle de l'essence de cannelle. Sa saveur est âcre, douceâtre, avec un arrière-goût très-prononcé d'acide cyanhydrique. Il est plus pesant que l'eau, s'enfonce dans ce liquide, et s'y transforme peu à peu en acide benzoïque et en acide cyanhydrique ; cette transformation s'opère promptement à chaud. Il est inflammable, et brûle avec une flamme blanche très-fuligineuse.

AUTRES COMPOSÉS BENZOIQUES.

§ 1563. L'*acétate de benzoïle* (§ 1514), l'*angélate de benzoïle* (§ 915[a]), le *valérate de benzoïle* (§ 1063), le *pélargonate de benzoïle* (§ 1175), le *salicylate de benzoïle* (§ 1603), etc., sont des acides anhydres ou des oxydes renfermant deux radicaux différents. L'acétate de benzoïle, par exemple, représente l'oxyde d'acétyle et de benzoïle :

$$\left.\begin{array}{l} \text{Acétate de benzoïle, ou acide acéto-} \quad C^4H^3O^2.O \\ \text{benzoïque anhydre.} \ldots \ldots \ldots \quad C^{14}H^5O^2.O \end{array}\right\rbrace.$$

β. *Sous-groupe stilbique.*

BENZOINE.

Composition : $C^{28}H^{12}O^4 = C^{28}H^{11}O^4,H$.

§ 1564. Cette substance[2] se rencontre quelquefois accidentellement dans l'essence d'amandes amères brute, et reste dans la cornue

---

[1] LIEBIG et WOEHLER (1832), *Ann. der Chem. u. Pharm.*, III, 267.

[2] STANGE (1823), *Repert. der Pharm.*, XIV, 329. — ROBIQUET et BOUTRON-CHARLARD, *Ann. de Chim. et de Phys.*, XLIV, 352. — LIEBIG et WOEHLER, *Ann. der Chem. u. Pharm.*, III, 276 — ZININ, *ibid.*, XXXIII, 186.

lorsqu'on rectifie cette essence avec de la chaux et du chlorure de fer. Pour l'extraire du résidu, on n'a qu'à enlever d'abord la chaux et le fer au moyen de l'acide chlorhydrique, et à dissoudre le reste dans l'alcool.

M. Zinin a enseigné le moyen de préparer la benzoïne à volonté : il suffit, pour l'obtenir, de mélanger l'essence d'amandes amères brute, contenant de l'acide cyanhydrique, avec son volume d'une dissolution alcoolique et saturée de potasse caustique; le liquide se prend en masse souvent au bout de quelques minutes. On exprime le produit, et on le purifie par de nouvelles cristallisations dans l'alcool; sa quantité est sensiblement égale à celle de l'essence employée.

L'hydrure de benzoïle pur se transforme presque aussi rapidement en benzoïne, si on le traite par une dissolution faible de cyanure de potassium dans l'alcool.

Il est à remarquer que l'essence d'amandes amères ne fournit pas toujours la même quantité de benzoïne : le succès de l'opération dépend entièrement de l'âge de l'essence et de la proportion d'acide cyanhydrique qu'elle renferme. Avant de faire cette préparation sur beaucoup de matière, il faut toujours s'assurer d'abord, par quelques essais, de la qualité de l'essence qu'on veut transformer. Lorsque le mélange d'alcali et d'essence prend rapidement une consistance cristalline, et que la partie restée liquide ne se colore que légèrement, c'est un indice de la bonne qualité de l'essence; si, au contraire, le mélange demeure longtemps liquide, s'il brunit fortement et prend une consistance caillebottée dans les parties qui baignent les parois du vase où l'on opère, on n'obtient que fort peu de benzoïne, et le produit est souillé d'hydrure de cyanobenzoïle (§ 1503). Dans ce dernier cas, M. Zinin prescrit de transformer l'essence en hydrure de benzoïle pur, et de traiter ensuite celui-ci par une solution alcoolique de cyanure de potassium ou par une solution alcoolique de potasse, à laquelle on a ajouté quelques gouttes d'acide cyanhydrique.

La benzoïne s'obtient entièrement blanche si on la dissout dans l'eau bouillante et qu'on fasse recristalliser dans l'alcool le précipité qui se dépose par le refroidissement de la solution aqueuse.

Il est difficile de se rendre compte du mode d'action que l'acide cyanhydrique ou le cyanure de potassium exercent sur l'hydrure de benzoïle, car la benzoïne présente la même composition que cet hydrure ; seulement son poids atomique est double.

La benzoïne s'obtient en cristaux transparents, très-brillants et de forme prismatique. Elle n'a ni odeur ni saveur. Elle fond, à 120°, en un liquide incolore qui se prend de nouveau en une masse de cristaux radiés ; à une température plus élevée, elle bout et distille. Elle s'enflamme aisément, et brûle avec une flamme claire et fuligineuse.

Elle est insoluble dans l'eau froide ; à la température de l'ébullition, elle s'y dissout en petite quantité, et s'en sépare par le refroidissement à l'état de petites aiguilles cristallines.

Quand on dirige sa vapeur à travers un tube de verre chauffé au rouge, elle se transforme de nouveau en hydrure de benzoïle.

Elle se dissout dans l'acide sulfurique avec une couleur violette ; à chaud, le mélange noircit.

Traitée à chaud par du chlore, elle se convertit en benzile et en acide chlorhydrique :

$$C^{28}H^{12}O^4 + Cl^2 = C^{28}H^{10}O^4 + 2\ HCl.$$
$$\text{Benzoïne.} \qquad\qquad \text{Benzile.}$$

L'acide nitrique détermine à chaud la même métamorphose. Le brome l'attaque vivement en dégageant de l'acide bromhydrique.

Quand on la dissout dans une solution alcoolique de potasse, elle la colore en violet, et se convertit, par l'ébullition, en benzilate de potasse avec dégagement d'hydrogène :

$$C^{28}H^{12}O^4 + KO,HO = C^{28}H^{11}KO^6 + H^2.$$
$$\text{Benzoïne.} \qquad\qquad \text{Benzilate de pot.}$$

En la faisant fondre avec de la potasse, on la convertit en benzoate, aussi avec dégagement d'hydrogène :

$$C^{28}H^{12}O^4 + 2\ (KO,HO) = 2\ C^{14}H^5KO^4 + 2\ H^2.$$
$$\text{Benzoïne.} \qquad\qquad \text{Benzoate de pot.}$$

Abandonnée avec de l'ammoniaque dans un flacon bouché, elle donne différents produits azotés (§ 1565).

Le perchlorure de phosphore attaque vivement la benzoïne ; il se forme de l'oxychlorure de phosphore et d'autres produits qu'il est difficile de purifier (Cahours).

L'acide cyanhydrique paraît être sans action sur la benzoïne.

Dérivés ammoniacaux de la benzoïne.

§ 1565. M. Laurent a décrit deux composés renfermant les éléments de la benzoïne, plus de l'ammoniaque, moins de l'eau :

$$C^{84}H^{36}N^4 = 3\ C^{28}H^{12}O^4 + 4\ NH^3 - 12\ HO,$$

Benzoïnamide.   Benzoïne.

$$C^{56}H^{24}N^2O^2 = 2\ C^{28}H^{12}O^4 + 2\ NH^3 - 6\ HO.$$

Benzoïnam.   Benzoïne.

α. *Benzoïnamide*[1], $C^{84}H^{36}N^4 = 2\ C^{42}H^{18}N^2$. C'est un isomère ou un polymère de l'hydrobenzamide (§ 1483). On l'a obtenu en abandonnant de la benzoïne avec de l'ammoniaque aqueuse, dans un flacon bouché ; au bout de deux mois, on y a trouvé une poudre blanche, presque insoluble dans l'alcool et l'éther bouillant (la benzoïne y est, au contraire, assez soluble) ; après avoir enlevé l'ammoniaque, on a fait bouillir le résidu avec de l'alcool pour enlever la benzoïne non transformée, puis on l'a traitée par une grande quantité d'éther bouillant, qui a déposé la benzoïnamide par le refroidissement.

La benzoïnamide est blanche, sans odeur ni saveur, insoluble dans l'eau, très-peu soluble dans l'alcool et l'éther. Vue au microscope, elle offre des aiguilles soyeuses excessivement fines.

Après avoir été fondue, elle se prend, par le refroidissement, en une masse fibreuse. Elle distille sans altération.

Elle a donné à l'analyse :

	Expérience.	Calcul.
Carbone.	83,45	84,56
Hydrogène. . .	5,55	6,04
Azote.	8,94	9,40
	97,94	100,00

β. *Benzoïnam*[2], $C^{56}H^{24}N^2O^2$. Lorsqu'on abandonne pendant plusieurs mois, dans un flacon bouché, un mélange d'alcool, d'ammoniaque et de benzoïne, on obtient quelquefois, outre la benzoïnamide, plusieurs produits, qu'il est extrêmement difficile de séparer les uns des autres. Parmi ces produits, il en est un que M. Laurent a isolé, et qui possède les propriétés suivantes : il se précipite sous la forme d'aiguilles blanches, microscopiques,

[1] LAURENT (1837), *Ann. de Chim. et de Phys.*, LXVI, 189.
[2] LAURENT (1845), *Compt. rend. des trav. de Chim.*, 1845, p. 37.

inodores, et insolubles dans l'eau. L'éther et l'huile de pétrole le dissolvent en très-petite quantité. Par le refroidissement, ces deux liquides se remplissent tellement d'aiguilles soyeuses, qu'on pourrait croire, au premier aspect, que le benzoïnam est assez soluble. Il est fusible, et cristallise en partie en aiguilles par le refroidissement.

L'analyse du benzoïnam a donné :

	Expérience.		Calcul.
Carbone. . . .	82,9	82,9	83,15
Hydrogène. . .	5,8	6,0	5,90
Azote.	7,4	7,4	6,90
Oxygène. . . .	3,9	3,7	4,05
	100,00	100,00	100,00

La potasse paraît être sans action sur le benzoïnam.

L'acide chlorhydrique, en présence de l'alcool bouillant, le dissout facilement; quand on étend d'eau cette dissolution, il se précipite un peu de benzoïnam; l'ammoniaque précipite le reste; la solution alcoolique et acide très-concentrée ne donne pas de précipité avec le bichlorure de platine.

L'acide sulfurique concentré le dissout à l'aide d'une douce chaleur, en prenant une teinte rougeâtre. L'eau versée dans cette solution en précipite des flocons orangés.

BENZILE.

Syn : sous-oxyde de stilhèse.

Composition : $C^{28}H^{10}O^4$.

§ 1566. Le benzile[1] se produit par la déshydrogénation de la benzoïne, sous l'influence du chlore ou de l'acide nitrique :

$$C^{28}H^{12}O^4 + Cl^2 = 2\ HCl + C^{28}H^{10}O^4,$$
$$C^{28}H^{12}O^4 + O^2 = 2\ HO + C^{28}H^{10}O^4.$$

Benzoïne.   Benzile.

M. Laurent prépare le benzile en faisant passer un courant de chlore sur de la benzoïne maintenue en fusion, tant qu'il se dégage du gaz chlorhydrique.

[1] LAURENT (1835), *Ann. de Chim. et de Phys.*, LIX, 402. — *Revue scientif.*, XIX, 448. — ZININ, *Ann. der Chem. u. Pharm.*, XXXIV, 190. — GREGORY, *Compt. rend. des trav. de Chim.*, 1845, p. 308.

On l'obtient encore plus aisément, suivant M. Zinin, en chauffant doucement la benzoïne avec deux fois son poids d'acide nitrique concentré : la substance fond alors, et l'action est complète
dès qu'il surnage une huile limpide, et que le dégagement de vapeurs rouges a cessé. On purifie le produit par la cristallisation
dans l'éther ou dans l'alcool.

M. Gregory a obtenu une fois du benzile, au lieu de la benzoïne,
en ajoutant de l'acide cyanhydrique à de l'essence d'amandes amères brute, ainsi qu'une solution alcoolique de potasse, et en chauffant ensuite légèrement sans faire bouillir.

Le benzile s'obtient sous la forme de beaux prismes hexagonaux
réguliers ; les bases sont remplacées soit par des sommets rhomboédriques, soit par un anneau de facettes conduisant à la pyra-
mide hexagonale (∞ P. o P. P ; inclinaison des faces, ∞ P : ∞ P =
120°, ∞ P : P = 134° et 152°) ; dans ces cristaux, on trouve ordinairement dans le sens de l'axe un canal creux à six pans. Il est jaunâtre, sans odeur ni saveur, insoluble dans l'eau, très-soluble dans
l'alcool et l'éther. Il est fusible et volatil sans décomposition ; par
le refroidissement, il se solidifie, entre 90 et 92°, en une masse
fibreuse.

L'acide nitrique bouillant ne l'attaque pas. L'acide sulfurique le
dissout à chaud, et l'eau le précipite de la solution.

Une dissolution aqueuse et bouillante de potasse ne l'attaque
pas ; mais, si l'on y fait agir une dissolution alcoolique de potasse,
celle-ci prend la couleur de la teinture du tournesol, se décolore
par l'ébullition et renferme alors du benzilate de potasse :

$$C^{28}H^{10}O^4 + KO,HO = C^{28}H^{11}KO^6.$$

Benzile.   Benzil. de potasse.

Quand on verse de l'ammoniaque dans une solution alcoolique
et bouillante de benzile, on obtient des produits qui diffèrent suivant la concentration et la durée du contact (Voy. § 1568).

Lorsqu'on traite le benzile par le sulfhydrate d'ammoniaque, on
obtient un dépôt de soufre, et une huile épaisse, jaune et d'une
odeur alliacée ; ce produit s'obtient aisément en plus grande quantité par la distillation du benzile avec une solution alcoolique de
sulfhydrate d'ammoniaque.

Par l'action du sulfhydrate d'ammoniaque sur le benzile, il se
forme deux ou trois produits, dont l'un (*hydrobenzile*) renferme
$C^{28}H^{12}O^2$, suivant M. Zinin. C'est un corps insoluble dans l'eau,

aisément soluble dans l'alcool et l'éther, et cristallisant de ses solutions sous la forme de lentilles concaves-convexes. Ces cristaux
fondent à 47°, en un liquide incolore, qui distille sans altération,
et se prend en masse cristallisée à 42°. Leur odeur ressemble à
celle de l'essence d'amandes amères; leur saveur est à la fois sucrée
et piquante. Ils se dissolvent aisément dans l'acide sulfurique; l'eau
les en reprécipite. Le chlore les attaque très-difficilement. Une solution alcoolique de potasse ne paraît pas les altérer par l'ébullition.

§ 1567. *Cyanhydrate de benzile*[1], $C^{28}H^{10}O^4$, CyH. — Lorsqu'on
dissout le benzile dans l'alcool bouillant, et qu'on y ajoute à peu
près un poids égal d'acide cyanhydrique presque anhydre, le mélange dépose peu à peu des tables rhombes, d'une blancheur éclatante, assez volumineuses, et d'un aspect vitreux. Ces cristaux fondent par la chaleur, en se décomposant et en laissant du benzile.
Ni l'eau bouillante ni l'acide chlorhydrique concentré et bouillant ne les altèrent. Chauffés avec de l'ammoniaque aqueuse ou
avec de l'acide nitrique, ils laissent du benzile.

Lorsqu'on ajoute à la solution alcoolique du cyanhydrate de
benzile une solution alcoolique de nitrate d'argent, il se précipite
du cyanure d'argent, et le liquide restant donne des cristaux de
benzile.

La solution alcoolique de ce cyanhydrate, chauffée avec du bioxyde de mercure, donne du mercure métallique, et l'on remarque
en même temps fort distinctement l'odeur de l'éther benzoïque.

Dérivés ammoniacaux du benzile.

§ 1568. M. Laurent[2] a décrit plusieurs composés renfermant les
éléments du benzile et de l'ammoniaque, moins les éléments de l'eau :

$$C^{28}H^{11}NO^2 = C^{28}H^{10}O^4 + NH^3 - 2\,HO.$$
Imabenzile. — Benzile.

$$C^{56}H^{22}N^2O^4 = 2\,C^{28}H^{10}O^4 + 2\,NH^3 - 4\,HO.$$
Benzilimide. — Benzile.

$$C^{56}H^{18}N^2 = 2\,C^{28}H^{10}O^4 + 2\,NH^3 - 8\,HO.$$
Benzilam. — Benzile.

On a fait dissoudre du benzile dans l'alcool absolu, à l'aide de
la chaleur, et, pendant que la liqueur était encore chaude, on y a
fait passer un courant d'ammoniaque sèche. Par le refroidissement,

---

[1] Zinin (1840), *Ann. der Chem. u. Pharm.*, XXXIII, 189.
[2] Laurent, *Revue scientifiq.*, X, 122; XIX, 410.

et toujours sous l'influence du courant, il s'est formé un dépôt blanc et pulvérulent; au bout de vingt-quatre heures de repos, ce dépôt était recouvert de petites aiguilles, et la dissolution renfermait d'autres matières. Le tout était un mélange d'*imabenzile*, presque insoluble dans l'alcool et l'éther bouillants, de *benzilimide*, un peu soluble dans l'alcool et l'éther, de *benzilam*, bien soluble dans l'alcool et l'éther, et d'une huile très-soluble dans l'alcool et l'éther.

α. *Imabenzile*, $C^{28}H^{11}NO^2$. Ce composé reste sur le filtre lorsqu'on porte à l'ébullition le produit de la réaction précédente, et qu'on filtre le mélange. Pour le purifier, on le lave à l'éther. Il se présente alors sous la forme d'une poudre blanche, sans odeur, insoluble dans l'eau, et très-peu soluble dans l'alcool et dans l'éther bouillants; la matière dissoute par ces derniers solvants se précipite, par le refroidissement, sous la forme d'une poudre cristalline qui, examinée au microscope, offre des prismes droits rhomboïdaux, dont les bases sont remplacées par deux facettes triangulaires.

Il a donné à l'analyse :

	Expérience.		Calcul.
Carbone.	80,0	80,34	80,4
Hydrogène. . . .	5,3	5,18	5,3
Azote.	7,3	6,80	6,7
Oxygène. . . .	7,4	7,68	7,6
	100,0	100,00	100,0

L'imabenzile entre en fusion vers 140°. Après avoir été fondu, il devient d'abord mou et visqueux par le refroidissement, puis il se solidifie très-lentement sans cristalliser. Mais alors il est décomposé, car il se dissout aisément dans l'éther, en donnant au moins deux produits, dont l'un est peu soluble dans l'éther.

Par la distillation, il ne laisse pas de résidu de charbon et ne donne pas de matières gazeuses, du moins quand on opère sur de petites quantités.

Une dissolution alcoolique et bouillante de potasse le dissout aisément : l'eau produit dans la solution un précipité de benzilimide.

L'acide chlorhydrique en dissolution dans l'alcool n'agit pas sur l'imabenzile. L'acide nitrique, légèrement échauffé, le décompose rapidement, avec dégagement de vapeurs rouges; au bout de quelques secondes, l'imabenzile se trouve changé en une huile jaunâtre qui cristallise par le refroidissement ; cette matière, insoluble dans l'ammoniaque, se dissout aisément dans l'alcool, et y cristallise en petites aiguilles groupées autour d'un centre. L'acide sulfurique ordinaire dissout aisément l'imabenzile à l'aide d'une douce chaleur ; lorsqu'on étend d'eau la solution, elle laisse déposer du benzilam.

β. *Benzilimide*, $C^{56}H^{22}N^2O^4 = 2 C^{28}H^{11}NO^2$. C'est un isomère ou un polymère de l'imabenzile. Pour l'obtenir, on peut traiter le benzile par l'ammoniaque, ou bien faire bouillir l'imabenzile avec une dissolution alcoolique de potasse. Il se présente sous la forme d'aiguilles blanches, soyeuses, extrêmement fines, qui, vues au microscope, sont réunies en faisceaux ou en boules radiées très-légères. Il est médiocrement soluble dans l'alcool et dans l'éther. Il a donné à l'analyse.

	Expérience.	Calcul.
Carbone. . . .	80,0	80,4
Hydrogène. . .	5,6	5,3
Azote.	7,0	6,7
Oxygène. . . .	7,4	7,6
	100,0	100,0

La benzilimide entre en fusion vers 130°, en donnant une matière qui devient gommeuse et ne se solidifie que lentement à la température ordinaire, sans cristalliser. Elle distille en apparence sans se décomposer ; mais le produit de la distillation est très-soluble dans l'éther, et y cristallise en aiguilles par l'évaporation.

Une dissolution bouillante de potasse est sans action sur la benzilimide.

L'acide chlorhydrique ne la décompose pas. L'acide nitrique l'attaque aisément par une douce chaleur ; il se produit une huile jaunâtre qui cristallise par le refroidissement ; cette huile est insoluble dans l'ammoniaque, mais elle se dissout dans l'éther et y cristallise en aiguilles. L'acide sulfurique dissout aisément la benzilimide à chaud ; lorsqu'on étend d'eau la liqueur, il se forme un précipité de benzilam.

γ. *Benzilam*, $C^{56}H^{18}N^2$. On peut obtenir ce composé en traitant le benzile par l'ammoniaque, ou en dissolvant l'imabenzile ou la benzilimide dans l'acide sulfurique. Il se présente sous la forme de beaux prismes incolores, appartenant au système rhombique. Combinaison observée, $\infty \dot{P} \infty . \infty \dot{P} \infty . \dot{P} \infty$, avec ∞ P subordonné. Inclinaison des faces, $\infty \dot{P} \infty :_{\infty} P \infty = 90°$; $\infty \dot{P}\infty : \infty P =$ 115°; $\dot{P}^{\infty} : \dot{P} = 106°$.

Il a donné à l'analyse :

	Expérience.	Calcul.
Carbone.	87,63	87,94
Hydrogène. . . .	5,00	4,73
Azote.	7,00	7,33
	99,63	100,00

Il est très-soluble dans l'alcool et l'éther. Il entre en fusion vers 105°, et, s'il a été incomplétement fondu, il recristallise en aiguilles, par le refroidissement; mais si la fusion a été complète, il peut rester liquide à une température bien plus basse, et se solidifie ensuite sans cristalliser; si alors on le réchauffe très-doucement, il devient opaque et cristallin.

Il distille sans altération. Une dissolution alcoolique et bouillante de potasse est sans action sur lui. L'acide sulfurique le dissout aisément. L'acide nitrique le transforme en une huile qui cristallise en aiguilles par le refroidissement.

δ. Un quatrième composé a été obtenu par M. Zinin[1], en traitant une dissolution alcoolique et chaude de benzile par l'ammoniaque liquide. Ce composé était soluble dans l'alcool, et cristallisait en aiguilles minces, aplaties, chatoyantes; il se dissolvait sans altération dans une solution alcoolique de potasse, d'ammoniaque et d'acide chlorhydrique. M. Zinin représente sa composition par les rapports, très-contestables, $C^{12}H^{15}N^{1}O^{2}$, d'après les analyses suivantes :

	Expérience.		Calcul.
Carbone. . . .	84,12	84,2	84,84
Hydrogène. . .	5,12	5,2	5,05
Azote.	4,83	4,4	4,71
Oxygène. . .	5,93	6,2	5,40
	100,00	100,0	100,00

Selon M. Zinin, il se produit, en même temps que le composé précédent, de l'éther benzoïque et une autre substance cristallisée en aiguilles.

---

[1] ZININ, *Ann. der Chem. u. Pharm.*, XXXIV, 190.

ACIDE BENZILIQUE.

Syn. : acide stilbique.

Composition : $C^{28}H^{12}O^{6} = C^{28}H^{11}O^{5}, HO.$

§ 1569. Cet acide[1] se produit par l'action des alcalis sur le benzile. On dissout à chaud le benzile dans une solution alcoolique et bouillante de potasse caustique ; il se manifeste alors une coloration violette, qui disparaît par une ébullition prolongée. On arrête les additions de benzile quand le liquide présente une réaction franchement alcaline, et qu'il se mélange complétement à l'eau sans la troubler. Il faut alors l'évaporer à siccité, abandonner la masse, après l'avoir broyée, dans une atmosphère d'acide carbonique, jusqu'à ce que toute la potasse soit carbonatée, et que la solution alcoolique du produit ne présente plus de réaction alcaline. Enfin, on dissout le mélange dans l'alcool, on enlève le carbonate à l'aide du filtre, on décolore par le charbon, et l'on évapore le sel. La solution aqueuse de ce dernier étant sursaturée à chaud par de l'acide chlorhydrique, dépose, par le refroidissement, des aiguilles brillantes d'acide benzilique.

Cet acide est peu soluble dans l'eau froide, plus soluble dans l'eau bouillante ; il est très-soluble dans l'alcool et l'éther. Il est sans odeur ni saveur, ne perd pas de son poids à 100°, et fond à 120° en un liquide incolore. A une température plus élevée, celui-ci rougit et finit par développer des vapeurs violettes, qui se condensent en un liquide huileux, àcre et rougeâtre, insoluble dans l'eau, soluble dans l'alcool, et pouvant distiller sans altération ; il reste en même temps un charbon brillant.

L'acide benzilique se colore en beau cramoisi au contact de l'acide sulfurique concentré ; cette teinte se conserve pendant plusieurs heures, disparaît au contact de l'eau, et reparaît par la concentration du mélange.

L'acide nitrique dissout à chaud l'acide benzilique ; l'eau l'en précipite sans altération. Le perchlorure de phosphore convertit l'acide benzilique en chlorure de benzile.

[1] Liebig (1839), *Traité de Chim. organ.*, édit. franç., I, 270. — Zinin, *Ann. der Chem. u. Pharm.*, XXXI, 329.

Dérivés métalliques de l'acide benzilique. Benzilates.

§ 1570. Les benzilates neutres se représentent d'une manière générale par la formule :

$$C^{28}H^{11}MO^6 = C^{28}H^{11}O^5,MO.$$

Ils se colorent en cramoisi par l'acide sulfurique concentré ; ce caractère les distingue des benzoates, qui ne présentent pas cette coloration.

Le *benzilate de potasse* renferme $C^{28}H^{11}KO^6$. Les cristaux de ce sel sont anhydres, incolores, transparents, très-solubles dans l'eau et l'alcool, insolubles dans l'éther. La solution aqueuse se prend, par la concentration, en une bouillie de tables minces. Chauffés au-dessus de 200°, les cristaux fondent en un liquide incolore, et développent, à une température plus élevée, une vapeur blanche, qui se condense en un liquide huileux, insoluble dans l'eau, en même temps qu'il reste du charbon et du carbonate.

Le *benzilate de plomb*, $C^{28}H^{11}PbO^6$, s'obtient par l'acide benzilique et l'acétate de plomb neutre ; c'est une poudre blanche, un peu soluble dans l'eau bouillante. Il ne s'altère pas à 100°, fond à une température plus élevée en un liquide rouge, et développe une vapeur violette.

Le *benzilate d'argent*, $C^{28}H^{11}AgO^6$, s'obtient en mélangeant le benzilate de potasse avec le nitrate d'argent ; le précipité constitue une poudre blanche, un peu soluble dans l'eau bouillante. Chauffé à 100°, il prend une couleur bleue, sans perdre de son poids ; quand on le chauffe plus fort, il développe une vapeur violette.

CHLORURE DE BENZILE.

Composition : $C^{28}H^{11}O^4,Cl$.

§ 1571. Ce corps[1] se produit par l'action du perchlorure de phosphore sur l'acide benzilique ; l'action est très-vive, et, outre du chlorure de benzile, il se forme de l'acide chlorhydrique et de l'oxychlorure de phosphore :

$$C^{28}H^{12}O^6 + PCl^5 = HCl + PCl^3O^2 + C^{28}H^{11}O^4Cl.$$

Ac. benzilique.   Chlor. de benzile.

On obtient le chlorure de benzile à l'état de pureté en rectifiant

[1] CAHOURS (1848), *Ann. de Chim. et de Phys.*, [3] XXIII, 350.

le produit liquide, et en ne recueillant que les portions qui distillent à une température supérieure à 250°.

Le chlorure de benzile est une huile incolore, d'une odeur forte, plus pesante que l'eau, et bouillant vers 270°. Exposé au contact de l'air, il s'altère promptement en donnant de l'acide chlorhydrique et de l'acide benzilique. Une dissolution concentrée de potasse caustique l'attaque promptement à chaud, en donnant du chlorure et du benzilate.

L'ammoniaque et l'aniline donnent avec lui des produits cristallisables.

IV.

GROUPE SALICYLIQUE OU PHÉNYL-CARBONIQUE.

§ 1572. Les composés salicyliques représentent les types métal, oxyde, chlorure, azoture, dans lesquels H est remplacé par le radical *salicyle*, $C^{14}H^5O^4$, ou par les dérivés chlorés, bromés, nitriques, etc., de ce radical ; ils contiennent O^2 de plus que les combinaisons correspondantes du groupe benzoïque.

Les termes principaux du groupe salicylique sont :

$$\text{Salicyle.} \qquad C^{28}H^{10}O^8 = \left.\begin{array}{l} C^{14}H^5O^4 \\ C^{14}H^5O^4 \end{array}\right\} ,$$

$$\text{Hydrure de salicyle.} \qquad C^{14}H^6O^4 = \left.\begin{array}{l} C^{14}H^5O^4 \\ H \end{array}\right\} ,$$

$$\text{Saligénine.} \qquad C^{14}H^8O^4 = \left.\begin{array}{l} C^{14}H^5O^4 \\ H \end{array}\right\} \left.\begin{array}{l} H \\ H \end{array}\right\} ,$$

$$\text{Acide salicylique anhydre.} \quad C^{28}H^{10}O^{10} = \left.\begin{array}{l} C^{14}H^5O^4.O \\ C^{14}H^5O^4.O \end{array}\right\} ,$$

$$\text{Acide salicylique.} \qquad C^{14}H^6O^6 = \left.\begin{array}{l} C^{14}H^5O^4.O \\ HO \end{array}\right\} ,$$

$$\text{Chlorure de salicyle.} \qquad C^{14}H^5ClO^4 = \left.\begin{array}{l} C^{14}H^5O^4 \\ Cl \end{array}\right\} ,$$

$$\text{Azot. de salic. et d'hydrog.} \quad C^{14}H^7NO^4 = N\left\{\begin{array}{l} C^{14}H^5O^4 \\ H \\ H \end{array}\right.$$

Le radical salicyle renferme les éléments du radical phényle et de l'acide carbonique ($C^{14}H^5O^4 = C^2O^4 + C^{12}H^5$) ; aussi n'est-il pas rare de voir les composés salicyliques se convertir en composés phéniques (§ 1336), sous l'influence de certaines actions énergiques. Lorsqu'on distille, par exemple, l'acide salicylique avec un excès de baryte ou de chaux caustique, il se dédouble en acide phénique et en acide carbonique; dans les mêmes circonstances, le salicylate de méthyle se convertit en phénate de méthyle, et le salicylate d'éthyle en phénate d'éthyle. Les dérivés chlorés, bromés et nitriques de l'acide salicylique produisent volontiers, en se métamorphosant, des dérivés chlorés, bromés et nitriques de l'acide phénique. Réciproquement, certains composés phéniques peuvent être transformés en composés salicyliques : l'acide phényl-carbamique (§ 125), par exemple, se convertit, par l'acide nitreux, en acide salicylique. Toutes ces réactions autorisent à considérer les composés salicyliques comme des combinaisons phényl-carboniques : d'après cela, l'acide salicylique représente le carbonate de phényle et d'hydrogène, c'est-à-dire l'*acide phényl-carbonique* :

$$\underset{\text{Ac. salicyliq.}}{C^{14}H^6O^4} = \left.\begin{matrix} C^{14}H^5O^4.O \\ HO \end{matrix}\right\} C^2O^4.$$

Sous l'influence d'agents à la fois oxydants et chlorurants, les composés salicyliques se transforment en perchloroquinone (§ 1461); cette réaction les rattache par conséquent au groupe quinonique.

Le groupe salicylique se relie aussi directement au groupe benzoïque : si l'on chauffe du benzoate de cuivre à 220° environ, on obtient, entre autres produits, du salicylate de cuivre; si l'on distille l'acide salicylique avec du perchlorure de phosphore, on recueille du chlorure de chlorobenzoïle.

Enfin plusieurs réactions établissent un passage entre les composés salicyliques et les composés indigotiques (§ 1758) : l'indigo bleu peut être converti par la potasse caustique en acide salicylique et par l'acide nitrique dilué en acide nitrosalicylique.

<h3 style="text-align:center">SALICYLE.</h3>

Syn. : Salicylure de salicyle.

Composition : $C^{28}H^{10}O^8 = C^{14}H^5O^4, C^{14}H^5O^4.$

§ 1573. Ce corps n'a pas encore été préparé. Il est probable qu'on l'obtiendrait par la réaction de l'hydrure de salicyle et du chlorure de salicyle (§ 1629).

§ 1573ª. *Salicylure de benzoïle*[1], dit aussi parasalicyle, spirine, $C^{28}H^{10}O^6 = C^{14}H^5O^4, C^{14}H^5O^2$. — Quand on chauffe du salicylure de cuivre à 220°, il brunit en dégageant une huile jaune où se déposent peu à peu des cristaux de salicylure de benzoïle; en même temps il se dégage un peu d'acide carbonique, et du salicylate cuivreux reste pour résidu. L'huile jaune se compose d'hydrure de salicyle, contenant du salicylure de benzoïle en dissolution; on l'agite avec un peu de potasse, pour dissoudre l'hydrure; le salicylure de benzoïle reste alors à l'état de flocons blancs.

Le salicylure de benzoïle s'obtient aussi[2] par l'action du chlorure de benzoïle sur l'hydrure de salicyle :

$$\left.\begin{array}{c} C^{14}H^5O^2 \\ Cl \end{array}\right\} + \left.\begin{array}{c} C^{14}H^5O^4 \\ H \end{array}\right\}$$

Chlor. de benz.　　　Hydr. de salicyle.

$$= \left.\begin{array}{c} H \\ Cl \end{array}\right\} + \left.\begin{array}{c} C^{14}H^5O^4 \\ C^{14}H^5O^2 \end{array}\right\}$$

Ac. chlorhyd.　　　Salicyl. de benz.

Le salicylure de benzoïle est insoluble dans l'eau, mais il se dissout aisément dans l'alcool et l'éther, et y cristallise en prismes quadrilatères.

Il fond à 127°, en un liquide jaune, et se prend, par le refroidissement, en une masse radiée; à 180°, il se sublime en aiguilles incolores.

Les alcalis aqueux ou en dissolution alcoolique ne l'attaquent pas. L'acide nitrique concentré le convertit à chaud en acide picrique. L'acide sulfurique concentré le dissout à froid sans altération; à chaud, il se développe un peu d'acide sulfureux, et il paraît se former un acide copulé.

Le chlore et le brome l'attaquent à chaud, en produisant des combinaisons cristallisables.

---

[1] ETTLING (1845), *Ann. der Chem. u. Pharm.*, LIII, 77.
[2] CAHOURS, *Compt. rend. de l'Acad.*, XXXII, 62.

HYDRURE DE SALICYLE.

Syn. : acide salicyleux, acide spiroïleux, acide spireux, essence d'ulmaire
ou de reine des prés.

Composition : $C^{14}H^6O^4 = C^{14}H^5O^4,H$.

§ 1574. Cette substance[1], extraite pour la première fois en
1835, par Pagenstecher, des fleurs de reine des prés (*Spiræa
ulmaria*), a été obtenue artificiellement en 1838 par M. Piria, au
moyen de la salicine (§ 1597); c'est aussi à ce dernier chimiste
qu'on doit la connaissance de sa composition et de ses principales
métamorphoses.

Les fleurs de reine des prés donnent par la distillation avec de
l'eau une huile essentielle, qui est un mélange composé d'hydrure
de salicyle, d'un hydrogène carboné ayant la composition de l'essence de térébenthine, et d'une matière cristalline semblable au
camphre. Quand on agite l'essence avec de la potasse, celle-ci
dissout l'hydrure de salicyle qui peut en être séparé au moyen
d'un acide.

On obtient l'hydrure de salicyle en plus grande quantité en
distillant la salicine avec un mélange de bichromate de potasse
et d'acide sulfurique. Les meilleures proportions sont, suivant
M. Ettling, 3 p. de salicine, 3 p. de bichromate de potasse, 4 1/2
p. d'acide sulfurique concentré et 36 p. d'eau; on mélange intimement le bichromate avec la salicine, et, après y avoir versé les
deux tiers de l'eau, le tout étant bien agité dans la cornue, on y
ajoute, en une fois, l'acide sulfurique étendu de l'autre tiers d'eau,
et l'on agite de nouveau. Peu à peu il se manifeste une faible réaction accompagnée d'un léger dégagement de gaz qui dure à peu
près une demi-heure ou trois quarts d'heure, lorsqu'on a employé
30 grammes pour chaque partie; en même temps le liquide prend
une teinte émeraude et s'échauffe. Dès que cette réaction a cessé,
on met la cornue sur le feu, et l'on chauffe modérément. L'hydrure
de salicyle se condense alors dans le récipient sous la forme d'une
huile pesante; sa formation est accompagnée d'un dégagement

[1] PAGENSTECHER (1835), *Repert. der Pharm. v. Buchner*, LI, 337; LXI, 364. —
LOEWIG, *Ann. de Poggend.*, XXXVI, 383. — LOEWIG et WEIDMANN, *ibid.*, XLVI, 57.
— PIRIA, *Ann. de Chim. et de Phys.*, LXIX, 281. — DUMAS, *ibid.*, LXIX, 326. —
ETTLING, *Ann. der Chem. u. Pharm.*, XXXV, 241.

d'acide carbonique et d'acide formique. On continue la distillation jusqu'à ce que l'eau qui passe ne soit plus laiteuse; on peut extraire l'hydrure dissous dans l'eau, en agitant la liqueur aqueuse avec de l'éther, et en évaporant ensuite la solution éthérée. Le résidu, dans la cornue, renferme une solution d'alun de chrome, à la surface de laquelle nage ordinairement une matière résineuse, provenant probablement d'une métamorphose secondaire de l'hydrure de salicyle. 250 gr. de salicine fournissent, par le procédé précédent, environ 60 gr. d'hydrure de salicyle.

Au lieu d'employer de la salicine pure pour la préparation de l'hydrure de salicyle, on peut aussi se servir de l'extrait aqueux de l'écorce de saule[1].

La formation de l'hydrure de salicyle par la salicine se conçoit si l'on considère que la salicine représente un dérivé glucique de la saligénine; sous l'influence de l'acide chromique, les éléments gluciques se convertissent en acide carbonique et en acide formique, tandis que les éléments de la saligénine s'oxydent de leur côté pour passer à l'état d'hydrure de salicyle.

L'hydrure de salicyle se présente sous la forme d'une huile colorée en rouge plus ou moins intense; son odeur aromatique et agréable ressemble un peu à celle de l'essence d'amandes amères; une simple distillation suffit pour le priver de sa couleur, qui reparaît bientôt par le contact de l'air. Sa saveur est âcre et brûlante. Sa densité, à l'état liquide, est de 1,173 à 13°,5 ; à l'état de vapeur elle est de 4,276. Il bout à 196°,5 (Piria; à 182°, Ettling).

Il se concrète par un froid de — 20°. Il est inflammable, et brûle avec une flamme claire et fuligineuse.

L'eau en dissout une quantité assez notable ; la solution est sans action sur le tournesol; elle se colore par les persels de fer en violet foncé. L'alcool et l'éther le dissolvent en toutes proportions. La solution n'agit pas sur la lumière polarisée.

Il décompose les carbonates alcalins même à froid. Les alcalis caustiques le dissolvent, et se combinent avec lui en produisant des salicylures. Chauffé avec un excès d'hydrate de potasse, il se convertit en salicylate de potasse avec dégagement d'hydrogène :

[1] WOEHLER, *Ann. der Chem. u. Pharm.*, XXXIX, 121.

$$\left.\begin{array}{l} C^{14}H^5O^4 \\ H \end{array}\right\} + \left.\begin{array}{l} KO \\ HO \end{array}\right\}$$

Hydr. de salicyle.   Hydr. de potasse.

$$= \left.\begin{array}{l} H \\ H \end{array}\right\} + \left.\begin{array}{l} KO \\ C^{14}H^5O^4.O \end{array}\right\}$$

Hydrogène.   Salicylate de
potasse.

L'ammoniaque convertit l'hydrure de salicyle en hydrure d'azosalicyle (§ 1580).

Le chlore le convertit en hydrure de chlorosalicyle (§ 1576); le brome, en hydrure de bromosalicyle (§ 1577).

L'iode se dissout dans l'hydrure de salicyle sans l'altérer.

L'acide nitrique le transforme en hydrure de nitrosalicyle (§ 1579). Si on le fait bouillir longtemps avec cet acide, il est transformé en acide picrique (§ 1373).

Les bisulfites alcalins se combinent avec lui (§ 1586). Traité à chaud par un mélange de chlorate de potasse et d'acide chlorhydrique, il se convertit en quinone perchlorée (§ 1461).

Dérivés métalliques de l'hydrure de salicyle. Salicylures.

§ 1575. L'hydrure de salicyle se combine directement avec les alcalis. On reconnaît aisément les salicylures [1] (*salicylites* ou *spirites*) à l'odeur d'hydrure de salicyle qu'ils dégagent lorsqu'on les traite par un acide ; ils se distinguent aussi par la propriété qu'ils possèdent de colorer la solution des sels ferriques en rouge violacé foncé. Exposés à l'air humide, la plupart de ces sels se décomposent très-rapidement : ils absorbent l'oxygène de l'air, acquièrent une odeur de rose, deviennent bruns, et enfin noirs. Le salicylure de potassium éprouve cette décomposition bien plus rapidement que les autres salicylures.

Salicylure d'ammonium, $C^{14}H^5(NH^4)O^4$. — On l'obtient, suivant M. Lœwig, en agitant l'hydrure de salicyle à une douce chaleur avec de l'ammoniaque aqueuse et concentrée : il cristallise ensuite, par le refroidissement, en aiguilles jaunes. Il est peu soluble dans l'eau froide, fort peu soluble dans l'alcool ; il fond à 115°, et se volatilise sans altération à une température plus élevée.

Lorsqu'on le conserve à l'état humide dans un vase fermé, il se

---

[1] LOEWIG, *loc. cit.* — PIRIA, *loc. cit.* — ETTLING, *loc. cit.*

décompose au bout de quelque temps, noircit, devient semi-fluide, dégage de l'ammoniaque et prend une odeur de rose très-pénétrante.

Lorsqu'on le délaye dans la potasse ou dans la soude, il ne dégage de l'ammoniaque qu'à la longue ou par la chaleur (cette circonstance semble indiquer que le salicylure d'ammonium est plutôt de l'hydrure d'azosalicyle, § 1580).

Les acides décomposent immédiatement le salicylure d'ammonium en mettant en liberté de l'hydrure de salicyle.

Salicylures de potassium. — α. *Sel neutre*, $C^{14}H^5KO^4 + 2$ aq. — Lorsqu'on met du potassium en contact avec l'hydrure de salicyle, sur le mercure, et qu'on chauffe doucement les deux corps, il se dégage du gaz hydrogène, et il se produit du salicylure de potassium.

Lorsqu'on mélange l'hydrure de salicyle avec une dissolution concentrée de potasse, il se prend en une masse jaune et cristalline de salicylure de potassium. On purifie ce sel en le faisant dissoudre à chaud dans une petite quantité d'alcool absolu. On dessèche les cristaux dans le vide.

On peut aussi préparer le salicylure de potassium en dissolvant 1 partie d'hydrure de salicyle dans 3 parties d'alcool de 0,50, et en traitant la liqueur par une solution alcoolique de potasse jusqu'à ce que le mélange se prenne en masse. On y ajoute ensuite 1 partie d'alcool de 0,50, et on chauffe le mélange jusqu'à ce que tout soit dissous; puis on laisse la solution se refroidir lentement.

Le salicylure de potassium se dépose sous la forme de lamelles ou de tables carrées, d'un jaune doré, d'un éclat nacré, et douces au toucher comme du talc. Il est fort soluble dans l'eau et un peu soluble dans l'alcool; la solution possède une réaction alcaline.

Le sel se conserve parfaitement à l'état sec; mais, lorsqu'il est humide, il noircit au bout de quelques jours, en produisant de l'acétate de potasse et une substance particulière à laquelle M. Piria donne le nom d'*acide mélanique*[1].

---

[1] Lorsqu'on abandonne le salicylure de potassium un peu humide au contact de l'air, il se couvre de taches, d'abord vertes, qui deviennent enfin tout à fait noires. Si l'on fait l'expérience dans une éprouvette remplie d'oxygène, ce gaz s'absorbe peu à peu entièrement, sans qu'il se forme d'autre gaz. Cette réaction n'a pas lieu dans un gaz ne contenant pas d'oxygène. Quand la métamorphose est achevée, la matière présente l'aspect d'une masse charbonneuse.

Celle-ci cède à l'eau de l'acétate de potasse; l'*acide mélanique* reste à l'état inso-

Le salicylure de potassium contient 10,17 p. c. = 2 atomes d'eau de cristallisation, qu'il perd par la dessiccation dans le vide à 120° (Ettling ; suivant M. Piria, on ne parvient pas à déshydrater le sel sans le décomposer en partie).

La solution du salicylure de potassium précipite en jaune par les sels de plomb, d'argent, de mercure (mercuricum et mercurosum), de manganèse, de baryte, etc.

β. *Sel acide*, $C^{14}H^5KO^4$, $C^{14}H^6O^4$ (?). On l'obtient en dissolvant un mélange de 1 atome de sel neutre et de 1 atome d'hydrure de salicyle dans l'alcool bouillant ; par le refroidissement de la liqueur, il se dépose sous la forme de fines aiguilles groupées en faisceaux, jaunâtres, et qui se décolorent complétement par un peu d'alcool. Ce sel ne renferme pas d'eau de cristallisation, et ne se dissout guère dans l'eau. A l'état humide, il s'altère un peu moins vite que le sel neutre (Ettling).

Salicylures de sodium. — α. *Sel neutre.* Il ressemble au sel de potassium.

β. *Sel acide*, $C^{14}H^5NaO^4$,$C^{14}H^6O^4$. Il constitue des aiguilles blanches et déliées, inaltérables à l'air, et cristallisant plus aisément que le sel de potassium correspondant. Il supporte une température de 150° sans se décomposer ; à une température plus élevée, il dégage de l'hydrure de salicyle.

luble. Ce dernier produit ressemble à du noir de fumée ; il est insipide, insoluble dans l'eau, très-soluble dans l'alcool, l'éther et les solutions alcalines. Les acides versés dans une solution alcaline d'acide mélanique l'en reprécipitent sans altération.

L'acide mélanique décompose les carbonates alcalins avec dégagement d'acide carbonique. Il a donné à l'analyse :

	Expérience.		Calcul.
Carbone.	56,26	56,56	57,69
Hydrogène. . . .	4,01	»	3,84
Oxygène.	»	»	38,47
			100,00

M. Piria déduit des nombres précédents les relations $C^{20}H^8O^{10}$, et représente la réaction par l'équation suivante :

$$2 C^{14}H^5KO^4 + O^6 + 4 HO = C^{20}H^8O^{10} + 2 C^4H^3KO^4.$$

Le *mélanate d'ammoniaque* s'obtient en mettant l'acide mélanique en digestion avec de l'ammoniaque.

Le *mélanate d'argent* est un précipité noir qu'on obtient avec le sel précédent et le nitrate d'argent. Il a donné à l'analyse :

Carbone.	27,27
Hydrogène. . . .	1,95
Argent.	48,00

Il est à remarquer que l'acide mélanique présente à peu près la même composition que la substance noire qui se produit par l'action des alcalis sur la quinone (§ 1460).

Salicylure de baryum, $C^{14}H^5BaO^4 + 2$ aq. — On peut préparer ce sel par double décomposition, en versant une solution de chlorure de baryum dans une solution concentrée de salicylure de potassium ; il se précipite alors sous la forme d'une poudre cristalline, d'un beau jaune.

Un autre procédé consiste à saturer à chaud une dissolution de baryte par de l'hydrure de salicyle ; par le refroidissement de la liqueur, le salicylure de baryum cristallise en aiguilles jaunes. Ce sel est peu soluble dans l'eau, surtout à froid. Il renferme 8,6 p. c. = 2 atomes d'eau qu'il perd par la dessiccation à 160°, dans un courant d'air sec.

Salicylure de strontium. — Sel peu soluble.

Salicylure de calcium. — Sel peu soluble.

Salicylure de magnésium. — On peut l'obtenir en agitant une solution aqueuse d'hydrure de salicylure avec de l'hydrate de magnésie. Il constitue une poudre jaune clair, presque insoluble.

Salicylure de zinc. — Lorsqu'on agite une solution aqueuse d'hydrure de salicyle avec de l'oxyde de zinc, la liqueur prend une couleur jaune ; évaporée dans le vide, elle donne un résidu jaune et pulvérulent.

Salicylure de cuivre, $C^{14}H^5CuO^4$. — On obtient aisément ce sel en dissolvant l'hydrure de salicyle dans 50 ou 60 fois son volume d'alcool, et en y ajoutant ensuite à froid une solution aqueuse d'acétate de cuivre ; le mélange prend alors une belle couleur verte, et se remplit, au bout de quelque temps, d'une infinité d'aiguilles, de même couleur et miroitantes. Ces cristaux sont très-peu solubles dans l'eau et dans l'alcool. On peut en obtenir davantage en saturant par un alcali fixe (non par l'ammoniaque) l'acide acétique devenu libre dans la préparation du sel.

Lorsqu'on agite une solution aqueuse d'hydrure de salicyle avec de l'hydrate de cuivre récemment précipité, on obtient le salicylure de cuivre sous la forme d'une poudre verte très-légère.

Chauffé à 220°, le salicylure de cuivre donne de l'hydrure de salicyle, du salicylure de benzoïle (§ 1573ª), et de l'acide carbonique, en laissant un résidu de salicylate de cuivre.

Salicylures de fer. — α. *Sel ferreux*. Le protochlorure de fer n'est pas précipité par une solution aqueuse d'hydrure de salicyle ; si l'on ajoute de l'ammoniaque au mélange, il se produit un précipité violacé foncé.

β. *Sel ferrique.* Le perchlorure de fer prend immédiatement une teinte violette foncée par l'addition de l'hydrure de salicyle. Si l'on abandonne le mélange au contact de l'air, elle perd sa teinte ; celle-ci ne reparaît pas par une nouvelle addition d'hydrure de salicyle.

Salicylure de plomb. — α. *Sel neutre.* L'hydrate de plomb récemment préparé se convertit, au contact d'une solution aqueuse d'hydrure de salicyle, en une poudre jaune clair composée de petites paillettes brillantes.

β. *Sous-sel,* $C^{14}H^5PbO^4,PbO$. Il se précipite à l'état de grains jaune-clair lorsqu'on mélange une solution alcoolique ou aqueuse d'hydrure de salicyle avec du sous-acétate de plomb ou avec de l'acétate de plomb neutre additionné d'ammoniaque. Lorsqu'on emploie une solution alcoolique, le sel ne se précipite pas immédiatement. Le sel précipité à froid est d'abord floconneux, mais peu à peu il devient cristallin. Il ne renferme pas d'eau de cristallisation.

Salicylure d'argent. — Obtenu par voie de double décomposition, ce sel présente l'aspect d'un précipité jaune, qui ne tarde pas à noircir et à se décomposer. Il ne se précipite pas dans une liqueur très-étendue ; mais, au bout de vingt-quatre heures, la paroi intérieure du vase se tapisse d'une pellicule d'argent réduit ; cette réduction s'opère immédiatement à chaud.

La solution aqueuse de l'hydrure de salicyle dissout l'oxyde d'argent.

Salicylure de mercure. — L'oxyde de mercure rouge n'est pas attaqué par l'hydrure de salicyle. Lorsqu'on verse du bichlorure de mercure, en solution concentrée, sur du salicylure d'ammonium, il se produit une combinaison en flocons jaune clair et volumineux.

Dérivés chlorés de l'hydrure de salicyle.

§ 1576. *Hydrure de chlorosalicyle*[1], acide chlorosalicyleux, appelé improprement chlorure de salicyle ou de spiroïle, $C^{14}H^5ClO^3$ $= C^{14}H^4ClO^4,H$. — Le chlore agit très-vivement sur l'hydrure de salicyle ; dès que le dégagement de gaz chlorhydrique a cessé, on fait passer sur le produit un courant d'air sec ; il reste une matière jaune cristalline, qu'on dissout dans l'alcool bouillant. Par le re-

[1] LOEWIG (1835), *loc. cit.* — PIRIA, *loc. cit.*

froidissement, elle cristallise en lames incolores, rectangulaires, nacrées, d'une odeur désagréable, et d'une saveur brûlante, semblable à celle du poivre. Ces cristaux fondent par la chaleur, et se subliment en longues aiguilles d'un blanc de neige. Ils sont inflammables, et brûlent avec une flamme verte. Ils sont insolubles dans l'eau, mais solubles dans l'alcool, l'éther et les alcalis; l'acide sulfurique concentré les dissout aussi en se colorant en jaune, et l'eau précipite la dissolution.

L'ammoniaque sèche donne une combinaison particulière avec l'hydrure de chlorosalicyle (§ 1582).

§ 1576[a]. L'hydrure de chlorosalicyle se combine avec les alcalis et les autres oxydes métalliques, en donnant des *chlorosalicylures*.

Le *chlorosalicylure de potassium* cristallise en paillettes rouges, groupées en masses radiées.

Le *chlorosalicylure de baryum*, $C^{14}H^4BaClO^4 + aq.$, s'obtient par double décomposition, à l'aide de la combinaison précédente; il a l'aspect d'une poudre jaune cristalline.

§ 1576[b]. Suivant M. Lœwig, l'hydrure de salicyle, traité par le chlore, donne d'abord des flocons blancs d'hydrure de chlorosalicylure, et, par l'action prolongée du chlore, ces flocons deviennent jaunes, puis rouges, et enfin noirs. La liqueur acquiert en même temps une couleur rouge, et contient un acide en dissolution. On enlève l'excès de chlore en ajoutant la quantité d'ammoniaque exactement nécessaire à la saturation, et en agitant la liqueur avec de l'éther, qui s'empare du nouvel acide; on chasse ensuite l'éther par l'évaporation. On obtient ainsi un corps rouge, et mou qui fond à 25°. Il a une odeur piquante, qui provoque le larmoiement. C'est un acide qui forme des sels rouges, avec les alcalis et les terres. Le sel barytique est un peu soluble; sa solution est d'un rouge vineux.

M. Lœwig suppose que l'acide, produit par l'action prolongée du chlore sur l'hydrure de salicyle, constitue l'*hydrure de bichlorosalicyle*.

Dérivés bromés de l'hydrure de salicyle.

§ 1577. *Hydrure de bromosalicyle*[1], acide bromosalicyleux, appelé improprement bromure de salicyle ou de spiroïle, $C^{14}H^5BrO^4$

[1] Lœwig (1835), *loc. cit.* — Piria, *loc. cit.* — Heerlein, *Journ. f. prakt. Chem.*, XXXII, 65.

$= C^{14}H^4BrO^4,H$. — Lorsqu'on ajoute de l'eau bromée en quantité insuffisante à une solution alcoolique d'hydrure de salicyle et qu'on verse de l'eau dans la liqueur, il se produit un précipité résineux qui cristallise dans l'alcool en petites aiguilles incolores. C'est l'hydrure de bromosalicyle. Il se comporte avec les alcalis comme l'hydrure de chlorosalicyle; il est moins fusible que celui-ci, se sublime comme lui, et distille avec les vapeurs d'eau.

Hydrure de bibromosalicyle[1], $C^{14}H^4Br^2O^4 = C^{14}H^3Br^2O^4,H$. — On l'obtient en traitant l'hydrure de salicyle par un excès d'eau bromée. Il forme de longues aiguilles jaunâtres, insolubles dans l'eau, solubles dans l'alcool et l'éther. Il se combine avec la potasse. L'acide sulfhydrique le convertit en sulfhydrate d'hydrure de sulfosalicyle bibromé.

Dérivés iodés de l'hydrure de salicyle.

§ 1578. L'iode se dissout dans l'hydrure de salicyle sans l'altérer. Si l'on distille un mélange d'iodure de potassium et d'hydrure de chlorosalicyle, on obtient du chlorure de potassium, ainsi qu'un sublimé brun foncé, qui possède des propriétés semblables à l'hydrure de chlorosalicyle. Ce sublimé paraît être l'*hydrure d'iodosalicyle* (Lœwig).

Dérivés nitriques de l'hydrure de salicyle.

§ 1579. *Hydrure de nitrosalicyle*[2], acide spiroïlique, $C^{14}H^5NO^8$ $= C^{14}H^4(NO^4)O^4,H$. — On le prépare en traitant l'hydrure de salicyle, à une douce chaleur, par l'acide nitrique moyennement concentré. Il cristallise en prismes jaunes et transparents, peu solubles dans l'eau, très-solubles dans l'alcool et l'éther; sa solution communique à l'épiderme une teinte jaune persistante. Il fond par la chaleur, et se prend, par le refroidissement, en une masse cristalline; il se sublime en partie à une température élevée.

Les alcalis dissolvent aisément l'hydrure de nitrosalicyle, et donnent des sels cristallisables.

Lorsqu'on sature l'hydrure de nitrosalicyle par de l'ammoniaque, on obtient une liqueur d'un rouge de sang foncé; évapo-

---

[1] HEERLEIN (1444), *loc. cit.*

[2] LOEWIG (1825), *loc. cit.* — La présence de l'azote dans la substance avait échappé à ce chimiste, qui la représente par la formule $C^{12}H^5O^8$.

rée à siccité, cette liqueur donne un résidu jaune, d'où la potasse
expulse de l'ammoniaque déjà à froid.

Le *nitrosalicylure de sodium* donne avec l'acétate de plomb
un précipité jaune et avec les sels de cuivre un précipité vert; il
ne précipite pas le perchlorure de fer, mais il lui communique une
teinte cerise foncée.

Les *nitrosalicylures* explosionnent par la chaleur.

Dérivés ammoniacaux de l'hydrure de salicyle.

§ 1580. Lorsqu'on fait agir l'ammoniaque sur l'hydrure de salicyle, il se produit de *l'hydrure d'azosalicyle*, d'après l'équation
suivante :

$$3\,C^{14}H^6O^4 + 2\,NH^3 = C^{42}H^{18}N^2O^6 + 6\,HO.$$

Hydr. de salic.   Hydr. d'azosalicyle.

Le dérivé chloré et le dérivé bromé de l'hydrure de salicyle donnent, par la même réaction, de l'*hydrure de chlorazosalicyle* et de
l'*hydrure de bromazosalicyle*.

§ 1580 *a*. *Hydrure d'azosalicyle* [1]; salicylimide ou salhydramide,
$C^{42}H^{18}N^2O^6$. — On prépare ce corps en dissolvant à froid de l'hydrure de salicyle dans 3 ou 4 fois son volume d'alcool, et en y ajoutant une quantité d'ammoniaque égale à celle de l'hydrure employé. Il se produit immédiatement des aiguilles blanc jaunâtre,
et bientôt tout le liquide se prend en masse. Par une douce chaleur,
ce produit se dissout complétement, et la liqueur dépose, par le
refroidissement, des cristaux d'hydrure d'azosalicyle.

L'hydrure d'azosalicyle cristallise [1] en prismes tricliniques, sans
modification. (Inclinaison des faces, $\infty\,'P : \infty\,P'$, $= 117°\,30'$; oP :
$\infty\,'P = 103°,30'$; oP : $\infty\,P' = 93°,30'$.). A froid, il est très-peu
soluble dans l'alcool; mais il se dissout assez promptement dans
environ 5o p. d'alcool bouillant. L'eau ne paraît pas le dissoudre.

A 300°, il fond en une masse jaune et brunâtre, en donnant
un sublimé blanc, fort léger. A une température plus élevée, il
se charbonne.

Une lessive de potasse faible peut être mélangée avec la solution de l'hydrure d'azosalicyle, sans la décomposer; mais, quand

[1] ETTLING (1840), *Ann. der Chem. u. Pharm.*, XXXV, 261.
[2] LAURENT, *Revue scientifique*, XVI, 393

on fait bouillir, il se dégage de l'ammoniaque, en même temps qu'il se produit du salicylure de potassium.

Les acides faibles ne le décomposent pas non plus à froid ; mais par la chaleur il se produit de l'ammoniaque, et de l'hydrure de salicyle est mis en liberté.

Traité en solution alcoolique par l'hydrogène sulfuré, l'hydrure d'azosalicyle donne de l'hydrure de sulfosalicyle (§ 1584) et de l'ammoniaque :

$$C^{42}H^{18}N^2O^6 + 6\ HS = 3\ C^{14}H^6O^2S^2 + 2\ NH^3.$$

Hydr. d'azosalic.   Hydr. de sulfosalic.

§ 1581. L'hydrure d'azosalicyle donne plusieurs *sels métalliques*[1].

L'*azosalicylure de cuivre et de cuprammonium*, $C^{42}H^{15}Cu^2(NH^3 Cu)N^2O^6$, s'obtient lorsqu'on mélange une solution alcoolique d'hydrure d'azosalicyle, très-étendue et légèrement refroidie, avec de l'acétate de cuivre ammoniacal (de cuprammonium) : la liqueur prend immédiatement une belle couleur émeraude, et dépose peu à peu des lamelles brillantes de même couleur, en même temps que la solution se décolore. Les cristaux sont insolubles dans l'eau et l'alcool. Les acides étendus les dissolvent à froid ; les cristaux se précipitent de nouveau lorsqu'on sature la dissolution par un alcali.

Traités par un acide minéral concentré, ils se décomposent entièrement, en mettant de l'hydrure de salicyle en liberté. La potasse caustique diluée ne les décompose pas à froid ; la décomposition s'opère assez lentement à chaud.

Ils fondent par la chaleur, et donnent à la distillation une huile qui se concrète, par le refroidissement, en une masse cristalline et présente une odeur de benjoin.

L'*azosalicylure de fer et de ferammonium*[2], $C^{42}H^{15}fe^2(NH^3fe)N^2O^6$, se prépare de la manière suivante. On ajoute assez d'acide tartrique à une solution aqueuse de perchlorure de fer pour qu'elle ne précipite plus par un grand excès d'ammoniaque ; on verse assez d'ammoniaque dans une solution alcoolique et saturée d'hydrure d'azosalicyle, pour qu'on puisse la mélanger avec 30 ou 40 fois son volume d'eau froide, sans que la liqueur se trouble ; on mélange ensuite les deux solutions. Le mélange se colore immédiatement en rouge de sang foncé, et dépose quelque temps après

---

[1] ETTLING, *loc. cit.*

[2] $fe = \frac{1}{2} Fe^2$.

un précipité rouge jaunâtre et floconneux, qui se fonce peu à peu en devenant grenu. Ce précipité est en partie soluble dans l'alcool. L'acide chlorhydrique étendu ne l'altère pas à froid, mais l'acide chlorhydrique concentré le décompose à chaud, en mettant de l'hydrure de salicyle en liberté.

Il paraît exister deux *azosalicylures de plomb*. L'un s'obtient lorsqu'on mélange une solution d'acétate de plomb avec dix fois son volume d'alcool, qu'on chauffe le mélange, et qu'après y avoir versé un peu d'ammoniaque on y ajoute une solution alcoolique d'hydrure d'azosalicyle, additionnée d'un peu d'ammoniaque, tant que le précipité qui se forme d'abord se redissout dans la liqueur chaude. Celle-ci dépose, par le refroidissement, une poudre jaune et grenue.

L'autre composé plombique s'obtient lorsqu'on mélange une solution d'hydrure d'azosalicyle avec de l'ammoniaque aqueuse, et qu'on y ajoute ensuite à froid une solution d'acétate de plomb. Il forme des flocons jaune clair, devenant fort électriques par le frottement.

§ 1582. *Hydrure de chlorazosalicyle*[1], ou chlorosamide, $C^{42}H^{15}Cl^3N^2O^6$. — Lorsqu'on fait agir un courant d'ammoniaque sèche sur l'hydrure de chlorosalicyle également sec, le gaz est absorbé, et l'hydrure se colore en jaune; le produit consiste en une masse jaune et résinoïde; en même temps, il se dégage de l'eau qui se condense sous forme de rosée dans le bout du tube par lequel le gaz s'échappe. Pour que la réaction soit complète, il faut de temps à autre retirer la masse, la broyer, et la soumettre de nouveau à l'action du gaz ammoniaque. Ce traitement terminé, on retire le produit jaune, on le dissout dans l'alcool absolu, ou mieux encore dans l'éther chaud et anhydre.

L'hydrure de chlorazosalicyle est une matière jaune, cristallisée en petites paillettes, insipides, presque insolubles dans l'eau. Il est soluble dans l'alcool et l'éther, surtout à chaud. L'alcool absolu le dissout sans l'altérer; mais l'alcool aqueux et chaud en dégage de l'ammoniaque. Cette décomposition est surtout prompte sous l'influence des liqueurs acides ou alcalines.

§ 1583. *Hydrure de bromazosalicyle*[1], ou bromosamide, $C^{42}H^{15}Br^3N^2O^6$. — L'ammoniaque agit sur l'hydrure de bromosalicyle

[1] Piria (1838), *Ann. de Chim. et de Phys.*, LXIX, 309.
[2] Piria (1838), *loc. cit.*

comme sur l'hydrure de chlorosalicyle : il en résulte de l'eau et de l'hydrure de bromazosalicyle, dont les caractères et les réactions ressemblent entièrement à ceux de l'hydrure de chlorazosalicyle.

Dérivés sulfurés de l'hydrure de salicyle.

§ 1584. *Hydrure de sulfosalicyle* [1], ou thiosalicol, $C^{14}H^6O^2S^2$. — Produit pulvérulent qu'on obtient en traitant par l'acide sulfhydrique une dissolution alcoolique d'hydrure d'azosalicyle. Il colore en rouge violacé les sels ferriques, et s'unit aux alcalis.

§ 1585. L'*hydrure de sulfosalicyle bromé* [2], $C^{14}H^5BrO^2S^2$, s'obtient sous la forme d'une matière résineuse, brune, en traitant l'hydrure de bromosalicyle par le sulfhydrate d'ammoniaque. Il est soluble dans la potasse.

Lorsqu'on fait passer de l'acide sulfhydrique dans une solution alcoolique d'hydrure de bibromosalicyle et qu'on y ajoute ensuite de l'eau, il se précipite une matière résineuse, contenant $C^{14}H^4Br^2$ S^2O^2, 2HS ; c'est le *sulfhydrate d'hydrure de sulfosalicyle bibromé*.

Dérivés sulfureux de l'hydrure de salicyle.

§ 1586. On obtient des combinaisons [3] cristallisables en soumettant les salicylures alcalins à l'action du gaz sulfureux ; les mêmes combinaisons se produisent lorsqu'on agite l'hydrure de salicyle avec les bisulfites alcalins.

Les dérivés par substitution du chlore, du brome et des éléments nitriques à l'hydrogène de l'hydrure de salicyle se comportent comme ce dernier corps avec l'acide sulfureux.

Sulfite de salicyl-ammonium. — La solution du bisulfite d'ammoniaque dissout aisément l'hydrure de salicyle, en s'échauffant et en produisant une liqueur jaune, huileuse, qui se prend, au bout de quelques heures, en une masse cristalline. Si l'on y ajoute de l'eau, ce produit se dissout à chaud, et se sépare ensuite sous la forme d'aiguilles légèrement jaunâtres et brillantes. Exposées à l'air pendant quelques jours, ces aiguilles se transforment en une masse jaune et visqueuse, d'une saveur fort amère.

Sulfite de salicyl-potassium, $C^{14}H^5KO^4$, S^2O^4 + 2 aq. — Lors-

[1] CAHOURS (1847), *Compt. rend. de l'Acad.*, XXV, 458.
[2] HEERLEIN (1844), *Journ. f. prakt. Chem.*, XXXII, 68.
[3] BERTAGNINI (1853), *Ann. der Chem. u. Pharm.*, LXXXV, 193.

qu'on agite l'hydrure de salicyle avec du bisulfite de potasse, il s'y dissout sans se colorer ; si l'on continue d'ajouter de l'hydrure à la liqueur, et qu'on abandonne celle-ci pendant quelques instants à elle-même, elle se prend en une masse cristalline, sans odeur, qu'on purifie par de nouvelles cristallisations dans l'alcool.

La même combinaison s'obtient plus aisément en dissolvant à froid le salicylure de potassium dans l'alcool ordinaire, et en dirigeant dans la liqueur, maintenue à 4o ou 5o°, un courant de gaz sulfureux jusqu'à ce qu'elle soit entièrement décolorée. La liqueur dépose alors, par le repos, une grande quantité de fines aiguilles raccourcies et groupées en sphères.

Cette combinaison est nacrée, et possède une légère odeur d'hydrure de salicyle. Elle est fort soluble dans l'eau froide; la solution se trouble par la chaleur, en dégageant de l'hydrure de salicyle. Elle se dissout aisément à chaud dans l'alcool ordinaire; elle y est moins soluble à froid.

A chaud, les acides décomposent sa solution. Les alcalis caustiques ou carbonatés la décomposent à chaud, en la colorant en jaune.

Lorsqu'on chauffe avec précaution le sulfite de salicyl-potassium, il se dégage de l'hydrure de salicyle et du gaz sulfureux, tandis qu'on a un résidu de sulfite qui se convertit ensuite en sulfate.

La solution du sulfite de salicyl-potassium dissout beaucoup d'iode, sans se colorer ; il se produit ainsi de l'acide sulfurique, et de l'hydrure de salicyle est mis en liberté. Le brome agit d'une manière semblable, en donnant de l'acide sulfurique et de l'hydrure de bromosalicyle cristallisé.

Sulfite de salicyl-sodium. — L'hydrure de salicyle se dissout dans le bisulfite de soude; si l'on agite la solution de ce sel avec une grande quantité d'hydrure, le mélange se prend en une masse blanche et cristalline. Ce produit, étant dissous à chaud dans l'eaumère, se dépose, par le refroidissement, sous la forme de cristaux brillants, doués d'une odeur et d'une saveur sulfureuses, et solubles dans l'eau pure. L'alcool bouillant dissout aussi ces cristaux, mais en les décomposant en partie.

§ 1587. L'hydrure de chlorosalicyle se dissout aisément dans les bisulfites alcalins.

Le *sulfite de chlorosalicyl-ammonium* est incolore et cristallisé.

Le *sulfite de chlorosalicyl-potassium* forme de petits cristaux brillants.

§ 1588. L'hydrure de bromosalicyle se comporte avec l'acide sulfureux comme l'hydrure de chlorosalicyle ; les combinaisons auxquelles il donne naissance se décomposent lorsqu'on les fait bouillir pendant quelque temps, ou qu'on les traite à chaud par un acide.

Le *sulfite de bromosalicyl-potassium* cristallise en petites aiguilles incolores et brillantes.

Le *sulfite de bromosalicyl-sodium* se présente sous la forme de petites aiguilles enchevêtrées.

§ 1589. L'hydrure de nitrosalicyle donne aussi des combinaisons avec les bisulfites alcalins.

Le *sulfite de nitrosalicyl-ammonium* ne paraît pas cristalliser.

Le *sulfite de nitrosalicyl-potassium* paraît être plus soluble que la combinaison correspondante du sodium.

Le *sulfite de nitrosalicyl-sodium* s'obtient en dissolvant à chaud l'hydrure de nitrosalicyle dans le bisulfite de soude, et se dépose, par le refroidissement, sous la forme d'aiguilles dorées, enchevêtrées, solubles dans l'eau, insolubles dans l'alcool.

Dérivés gluciques de l'hydrure de salicyle.

§ 1590. Les réactions que présente *l'hélicine* permettent de considérer cette substance comme de l'hydrure de salicyle dans lequel 1 atome d'hydrogène est remplacé par les éléments gluciques. En effet, l'hélicine se dédouble aisément en hydrure de salicyle et en glucose[1] :

$$C^{26}H^{16}O^{14} + 2\ HO = C^{14}H^6O^4 + C^{12}H^{12}O^{12}.$$

Hélicine.   Hydr. de salic.   Glucose.

§ 1591. HÉLICINE[2], $C^{26}H^{16}O^{14} + {}^3/_2$ aq. — Ce corps se produit par l'action de l'acide nitrique très-étendu sur la salicine :

$$C^{26}H^{18}O^{14} + O^2 = 2\ HO + C^{26}H^{16}O^{14}.$$

Salicine.   Hélicine.

On mêle 1 p. de salicine en poudre fine avec 10 p. d'acide nitrique à 20° Baumé ; on agite le mélange de temps en temps, et on

---

[1] Si l'on considère le glucose comme dérivant du type eau, la formule de ce corps devient :

Oxyde de glucyle et d'hydrogène. . . $\left. \begin{array}{l} C^{12}H^{11}O^{10}.O \\ HO \end{array} \right\}$

D'après cela, l'hélicine est probablement :

Salicylure de glucyle. . . . . $\left. \begin{array}{l} C^{14}H^5O^4 \\ C^{12}H^{11}O^{10} \end{array} \right\}$

[2] PIRIA (1845), *Ann. de Chim. et de Phys.*, [3], XIV, 287.

l'abandonne à lui-même dans un vase ouvert. Ordinairement la solution n'est complète qu'au bout de vingt-quatre heures. Le liquide qui en résulte est jaune, et répand une odeur aromatique d'hydrure de salicyle. Presque en même temps, il commence à déposer des cristaux, dont la quantité augmente rapidement. Au bout de quelques heures, tout le liquide est pris en une bouillie cristalline. Pour séparer les cristaux de l'eau mère, on les exprime fortement, et on les lave avec un peu d'eau distillée. La salicine donne, terme moyen, les deux tiers de son poids d'hélicine. Pour avoir un produit parfaitement pur, il faut le laver avec de l'éther ; il ne doit pas colorer en rouge les persels de fer.

L'hydrure de salicyle, formé en même temps, provient d'une action secondaire, exercée par l'acide nitrique sur l'hélicine.

L'hélicine cristallise en petites aiguilles blanches, sans odeur, et d'une saveur légèrement amère, fort semblable à celle de la salicine. Elle est fort peu soluble dans l'eau froide, très-soluble au contraire dans l'eau bouillante. L'alcool la dissout mieux que l'eau, mais elle est tout à fait insoluble dans l'éther.

L'analyse de l'hélicine cristallisée a donné les nombres suivants :

	Piria.			Calcul.
Carbone. . . .	52,33	52,40	52,34	52,44
Hydrogène. . .	5,95	6,09	6,04	5,88
Oxygène. . . .	41,72	41,51	41,62	41,68
	100,00	100,00	100,00	100,00

Chauffée à 100°, l'hélicine perd 4,54 p. c. d'eau $= {}^3/_2$ atomes. A 175°, elle fond en un liquide transparent ; à une température plus élevée, elle dégage des vapeurs d'hydrure de salicyle ; si on la laisse refroidir alors, elle donne une masse qui reste longtemps liquide, même à la température ordinaire, et qui finit par se convertir en une matière amorphe.

La synaptase exerce sur l'hélicine la même action que sur la salicine ; mais, à la place de la saligénine, il se produit alors de l'hydrure de salicyle. Cette métamorphose est très-prompte ; elle a aussi lieu par la levûre de bière.

La solution aqueuse de l'hélicine ne s'altère pas par l'ébullition ; elle n'a pas d'action sur les solutions métalliques.

Les alcalis, à la température ordinaire, rendent l'hélicine plus soluble, et ne l'altèrent pas davantage ; mais, quand on chauffe, il se produit du salicylure.

Quand on met de l'acide sulfurique concentré en contact avec les cristaux d'hélicine, ils prennent d'abord une couleur orangée, et finissent par se dissoudre; l'eau décolore la solution en précipitant de l'hydrure de salicyle. Les acides étendus et bouillants convertissent l'hélicine en glucose et en hydrure de salicyle; ils exercent donc la même action que la synaptase.

§ 1591ᵃ. Dans la préparation de l'hélicine, par un acide très-étendu, M. Piria a obtenu quelquefois une substance qui lui ressemble sous beaucoup de rapports, mais qui en diffère néanmoins par certaines réactions; ce chimiste l'appelle *hélicoïdine*. Il l'obtient surtout en dissolvant la salicine dans l'acide nitrique de 12° Baumé; au bout de quelques jours on la trouve cristallisée en aiguilles qui ont beaucoup de ressemblance avec l'hélicine.

Pour la purifier, il suffit de la faire cristalliser dans l'eau bouillante, après en avoir soigneusement séparé tout l'acide nitrique adhérent par des lavages à l'eau froide.

L'analyse de l'hélicoïdine a donné les nombres suivants :

	Piria.		Calcul.
Carbone.	52,24	52,42	52,26
Hydrogène. . .	6,30	6,31	6,19
Oxygène. . . .	41,46	41,27	41,55
	100,00	100,00	100,00

On déduit de ces expériences la formule $C^{52}H^{34}O^{28} + 3$ aq., qui correspond à une combinaison d'hélicine et de salicine[1] :

$$\text{Hélicoïdine } C^{52}H^{34}O^{28} = \begin{cases} C^{26}H^{16}O^{14}, \text{ hélicine.} \\ C^{26}H^{18}O^{14}, \text{ salicine.} \end{cases}$$

L'hélicoïdine, sous l'influence de la synaptase, se décompose comme l'hélicine; mais, outre le glucose et l'hydrure de salicyle, elle produit de la saligénine.

La potasse agit de la même manière, sauf la différence dépendant de l'altération que le glucose éprouve sous l'influence de l'alcali.

L'action des acides est également semblable : il en résulte du glucose, de l'hydrure de salicyle et de la salirétine.

§ 1592. *Chlorhélicine*[2], $C^{26}H^{15}ClO^{14}$. — Quand on agite un mélange d'eau et d'hélicine dans un flacon rempli de chlore, le gaz

---

[1] Entre l'hélicine, la salicine et l'hélicoïdine, il existe les mêmes rapports qu'entre la quinone, l'hydroquinone incolore et l'hydroquinone verte, (§§ 1460, 1463 et 1465).

[2] PIRIA (1845), *loc. cit.*

est absorbé avec avidité ; peu à peu l'hélicine se gonfle et se convertit en une gelée transparente. Pour purifier ce produit, on l'exprime et on le lave à l'eau froide ; puis on le fait cristalliser dans l'eau bouillante, où il se prend par le refroidissement, soit en petites aiguilles blanches, soit en une masse amorphe et gélatineuse, ressemblant beaucoup à l'empois d'amidon.

La matière gélatineuse est anhydre ; les cristaux retiennent environ 3 p. c. d'eau.

Sous l'influence des acides, de la potasse et de la synaptase, la chlorhélicine éprouve les mêmes métamorphoses que l'hélicine ; mais, à la place de l'hydrure de salicyle, on obtient de l'hydrure de chlorosalicyle.

Lorsqu'on chauffe la chlorhélicine, elle abandonne d'abord son eau de cristallisation et devient anhydre ; ensuite elle se décompose en répandant des vapeurs parmi lesquelles on reconnaît l'hydrure de chlorosalicyle.

§ 1592[a]. Si, après avoir dissous de l'hélicine dans l'alcool ordinaire, on fait passer du chlore dans la solution, il se précipite, au bout de quelque temps, une substance grenue, blanche et semblable à l'amidon. Le liquide s'échauffe fortement, et renferme, après la réaction, les produits de l'action du chlore sur l'alcool. Par le refroidissement, il laisse déposer une nouvelle quantité de la substance blanche.

Celle-ci présente la même composition que la chlorhélicine desséchée ; elle est insoluble dans l'eau, et soluble à peine dans l'alcool bouillant. Traitée par les acides, par les alcalis ou par la synaptase, elle ne produit ni glucose, ni hydrure de chlorosalicyle. Elle présente donc des caractères entièrement différents de ceux de la chlorhélicine.

§ 1592[b]. *Bromhélicine*[1], $C^{26}H^{15}BrO^{14} + 2\,aq.$ — Cette substance se prépare comme la chlorhélicine, et possède les mêmes propriétés. Elle se présente à l'état gélatineux ; après avoir été desséchée, elle constitue une poudre d'un blanc sale, et sans la moindre apparence cristalline.

§ 1592[c]. *Benzoïl-hélicine*[2], $C^{26}H^{15}(C^{14}H^{5}O^{2})O^{14} = C^{40}H^{20}O^{16}$. — On l'obtient en faisant dissoudre à froid de la benzoïl-salicine (populine, § 1600) dans 10 ou 12 fois son poids d'acide nitrique pur

[1] PIRIA (1845), *loc. cit.*
[2] PIRIA (1852), *Ann. de Chim. et de Phys.*, [3] XXXIV, 278.

de 1,3. Elle se convertit en hélicine et en acide benzoïque lorsqu'on la fait bouillir avec de la magnésie caustique. Elle n'est pas décomposée par la synaptase; mais, sous l'influence des acides et des alcalis, elle se transforme en acide benzoïque, en hydrure de salicyle, et en glucose :

$$C^{50}H^{20}O^{16} + 4\,HO = C^{14}H^6O^4 + C^{14}H^6O^4 \qquad C^{12}H^{12}O^{12}.$$

Bezoïl-hélic.   Ac. benzoïq.   Hydr. de   Glucose.
                                               salicyle.

SALIGÉNINE.

Composition : $C^{14}H^8O^4 = C^{14}H^5O^2,H + H^2.$

§ 1593. Cette substance[1] se produit par la métamorphose de la salicine (§ 1597) sous l'influence de la synaptase (§ 1477, *note*).

Elle se prépare de la manière suivante : on délaye 50 p. de salicine bien pulvérisée dans 200 p. d'eau distillée, et l'on ajoute à ce mélange 3 p. environ de synaptase préparée d'après la méthode de Robiquet. On introduit le tout dans un flacon, on agite bien, et on le chauffe dans un bain d'eau tiède à une température qui ne dépasse pas 40°. La salicine, en se dissolvant, se décompose, et la transformation est complète au bout de 10 à 12 heures. Si l'on prend les proportions indiquées, l'eau n'étant pas suffisante pour tenir en dissolution toute la saligénine qui s'est formée, celle-ci s'en sépare en grande partie sous forme de petits rhomboèdres. Pour extraire le reste, après avoir séparé les cristaux, on agite l'eau-mère avec son volume d'éther, et l'on évapore les solutions au bain-marie. Le résidu de l'évaporation se prend, par le refroidissement, en une masse blanche et cristallisée en larges lames nacrées, semblables à la cholestérine. On la purifie par une nouvelle cristallisation dans une petite quantité d'eau bouillante.

Quand on chauffe la solution dont la saligénine a été séparée par l'éther, la synaptase se coagule, et la liqueur donne alors, par une évaporation ménagée, des cristaux de glucose.

La saligénine cristallise en tables nacrées de forme rhomboïdale, ou en petits rhomboèdres incolores ; elle est soluble dans l'eau bouillante presqu'en toutes proportions ; à 22°, elle exige quinze fois son poids d'eau pour se dissoudre. L'alcool et l'éther la dissolvent très-aisément. La solution de la saligénine n'agit pas sur la lumière polarisée.

[1] PIRIA (1845), *Ann. de Chim. et de Phys.*, [3] XIV, 257.

Quand on l'expose dans le vide, à côté d'acide sulfurique concentré, elle se volatilise en partie, tandis qu'une autre portion se recouvre d'une pellicule cramoisie.

Quand on la chauffe, elle se fond en un liquide transparent et incolore; maintenue à 100° dans une cornue, elle se volatilise et se sublime en partie, mais, à une chaleur plus élevée, elle s'altère en dégageant des vapeurs d'eau et d'hydrure de salicyle. Si l'on prolonge l'action de la chaleur, elle s'épaissit et finit par donner une matière résineuse, ayant tous les caractères de la salirétine.

Les acides étendus la transforment en salirétine, à l'aide de la chaleur; cette métamorphose est beaucoup plus rapide que celle de la salicine dans les mêmes circonstances.

L'acide sulfurique concentré la colore en rouge intense comme la salicine. A chaud, l'acide nitrique concentré la dissout avec développement de vapeurs rouges et de gaz carbonique, et formation d'acide picrique. L'acide nitrique dilué la convertit en hydrure de salicyle; en même temps il se forme aussi des cristaux jaunes d'hydrure de nitrosalicyle.

A la température ordinaire, la potasse ne l'altère pas d'une manière sensible; cependant elle paraît s'y combiner. Chauffée avec de la potasse solide, la saligénine produit un dégagement d'hydrogène et donne du salicylate :

$$C^{14}H^8O^4 + KO,HO = C^{14}H^5KO^6 + 2H^2.$$

Saligénine.   Salicylate
de potasse.

L'ammoniaque la dissout à froid sans l'altérer; la solution se colore peu à peu en vert par un séjour prolongé à l'air. Les acides font disparaître la coloration.

Plusieurs corps oxydants convertissent la saligénine en hydrure de salicyle par l'action de la chaleur. L'acide chromique, le bichromate de potasse, l'oxyde d'argent, jouissent de cette propriété à un haut degré. L'oxyde rouge de mercure est sans action, et un mélange de bioxyde de manganèse et d'acide sulfurique dilué ne produit que de l'acide carbonique et de l'acide formique sans traces d'hydrure. Broyée dans un mortier avec du noir de platine, elle dégage de l'hydrure de salicyle sans production d'acide carbonique ni d'autres matières carbonées.

La solution aqueuse de la saligénine n'est pas altérée par le nitrate et l'acétate de plomb neutre, ni par les sels de cuivre, de chaux, de baryte, le sublimé corrosif, le nitrate d'argent, l'émétique. Avec le sous-acétate de plomb, elle donne un précipité blanc dont la composition varie.

Les sels ferriques développent dans la solution aqueuse de la saligénine une coloration indigo très-riche; cette coloration ne se produit pas dans les solutions éthérées ou alcooliques. Elle est détruite par les acides, le chlore et la chaleur.

Le chlore l'attaque aisément, avec dégagement d'acide chlorhydrique, et produit une matière résineuse qui se convertit peu à peu en cristaux. Le brome agit d'une manière semblable.

Quand on fait passer du chlore dans une solution concentrée de saligénine, il se produit de l'acide trichlorophénique (§ 1359).

§ 1594. *Salirétine* [1], $C^{28}H^{12}O^4$. — Ce corps se produit quand on fait agir à chaud un acide étendu sur la saligénine :

$$2\ C^{14}H^8O^4 = C^{28}H^{12}O^4 + 4\ HO.$$
Saligénine.   Salirétine.

On l'obtient également avec la salicine. Le plus grand nombre des acides, même en dissolution fort étendue, opèrent cette transformation, pourvu qu'on élève la température du liquide jusqu'à son point d'ébullition. La matière résinoïde qui prend alors naissance se rassemble à la surface du liquide à mesure qu'elle se produit. Elle est ordinairement jaunâtre, quelquefois entièrement blanche; toutefois sa teinte varie; en général, plus l'acide (chlorhydrique ou sulfurique) qu'on emploie est étendu, plus le produit offre les caractères d'un corps pur. (Lorsqu'on emploie de la salicine, il reste du glucose en dissolution. — Suivant M. Piria, 100 p. de saligénine, traitées par l'acide chlorhydrique étendu, et chauffées entre 120° et 130°, perdent 15,39 p. c. d'eau ; calcul, 14,52 p. c.)

La salirétine est insoluble dans l'eau et l'ammoniaque; soluble, au contraire, dans l'alcool, dans l'éther et dans l'acide acétique concentré. L'eau la précipite de ces dissolutions. La potasse et la soude caustique la dissolvent aussi, et la solution n'est pas précipitée par l'eau; mais les acides en précipitent la salirétine sous la forme d'un magma blanc gélatineux ; l'acide carbonique lui-même opère cette décomposition.

L'acide sulfurique concentré la colore en rouge de sang ; l'acide

[1] PIRIA (1838), *Ann. de Chim. et de Phys.*, LXIX, 318 ; [3] XIV, 268. — GERHARDT, *Revue scientif.*, X, 216.

nitrique concentré la transforme, par l'ébullition, en acide picrique, sans acide oxalique.

Soumise à la distillation sèche, elle donne de l'acide phénique, de l'eau et un abondant résidu de charbon.

Dérivés chlorés de la saligénine.

§ 1595. Ils se produisent[1] par l'action de la synaptase sur les dérivés chlorés de la salicine (§ 1599).

Tous les dérivés chlorés de la saligénine ont, comme cette substance, la propriété de se transformer au contact des acides en des matières résineuses.

Chlorosaligénine, $C^{14}H^7ClO^4$. — Lorsqu'on traite la chlorosalicine par la synaptase, on obtient du glucose et de la chlorosaligénine. On fait cristalliser le produit dans l'eau chaude. La chlorosaligénine forme de belles tables rhomboïdales incolores, entièrement semblables à la saligénine. Elles se dissolvent dans l'eau, l'alcool et l'éther, bleuissent les sels ferriques, et se changent en une résine (*chlorosalirétine ?*) sous l'influence des acides. L'acide sulfurique concentré communique à la chlorosaligénine une couleur verte très-belle.

Bichlorosaligénine, $C^{14}H^6Cl^2O^4$. — Elle paraît se produire par la bichlorosalicine et la synaptase.

Perchlorosaligénine, $C^{14}H^5Cl^3O^4$. — La perchlorosalicine ne se décompose qu'avec une extrême difficulté au contact de la synaptase.

Dérivés gluciques de la saligénine.

§ 1596. La *salicine* renferme les éléments du glucose et de la saligénine moins les éléments de l'eau, et peut se transformer en glucose et en saligénine dans certaines circonstances :

$$C^{26}H^{18}O^{14} + 2\ HO = C^{12}H^{12}O^{12} + C^{14}H^8O^4.$$

Salicine.   Glucose.   Saligénine.

La *populine* représente de la salicine dans laquelle 1 atome d'hydrogène est remplacé par son équivalent de benzoïle; elle peut aussi être convertie en salicine.

§ 1597. SALICINE, $C^{26}H^{18}O^{14}$. — Cette substance[2], découverte par

[1] PIRIA (1845), *Ann. de Chim. et de Phys.*, [3] XIV, 284.
[2] LEROUX (1830), Rapport de MM. Gay-Lussac et Magendie, *Ann. de Chim. et de Phys.*, XLIII, 440. — PELOUZE et JULES GAY-LUSSAC, *ibid.*, XLIV, 220. — BRACONNOT.

M. Leroux, pharmacien de Vitry-le-Français, se rencontre toute formée dans l'écorce de différentes espèces de saules, de peupliers et de trembles. (On la trouve surtout, suivant M. Braconnot, dans l'écorce de *Salix helix, S. fissa, S. amygdalina, Populus tremula, P. græca.* L'écorce de *Salix alba, S. triandra, S. fragilis, S. capræa, S. viminalis, S. babylonica, S. bicolor, S. incana, S. daphnoïdes, S. russiliana,* n'en contient pas ; il en est de même de l'écorce de *Populus angulosa, P. nigra, P. virginica, P. monilifera, P. grandiculata, P. fastigiata, P. balsamea.*)

M. Wœhler[1] a trouvé de la salicine dans le castoréum. (On sait que les castors se nourrissent principalement d'écorces de saule.)

Suivant M. Buchner[2], les bourgeons floraux de la reine des prés (*Spiræa ulmaria*) renferment de la salicine : c'est cette substance qui se convertit pendant la floraison en hydrure de salicyle, par l'effet d'une oxydation au contact de l'air.

Peschier[3] indique le procédé suivant pour l'extraction de la salicine : Après avoir séché l'écorce de saule, on la concasse, et on la fait bouillir avec de l'eau pendant une heure ou deux ; on passe par un linge, et on soumet le résidu à l'action de la presse. On ajoute à la liqueur une solution de sous-acétate de plomb tant qu'il se produit un précipité ; après avoir séparé celui-ci à l'aide du filtre, on fait bouillir la liqueur filtrée avec une quantité suffisante de carbonate de chaux. Ce sel décompose l'excès de sous-acétate de plomb, sature l'acide acétique, et décolore entièrement la liqueur. On décante celle-ci, et on l'évapore à consistance d'extrait ; on soumet le produit, encore chaud, à l'action de la presse entre des papiers buvards, et, après l'y avoir laissé quelques heures, on le traite par l'alcool de 34 degrés ; on filtre le liquide alcoolique, et on le concentre par voie de distillation. La salicine cristallise alors par l'évaporation du résidu.

Duflos[4] suit une marche plus courte : il épuise l'écorce de saule par l'eau bouillante, concentre les extraits par l'évaporation, et les met ensuite en digestion, pendant 24 heures, avec du

ibid., XLIV, 296. — MULDER, *Ann. der Chem. u. Pharm.,* XXIX, 297 ; XXXIII, 224. — OTTO, *ibid.,* XXIX, 294. — ERDMANN et MARCHAND, *ibid.,* XXIX, 299. — PIRIA, *Ann. de Chim. et de Phys.,* LXIX, 281 ; [3] XIV, 257. — GERHARDT, *Revue scientif.,* X, 204.

[1] WOEHLER, *Ann. der Chem. u. Pharm.,* LXVII, 360.
[2] BUCHNER, *Neues Repertor. f. Pharm.,* II, 1.
[3] PESCHIER, *Ann. de Chim. et de Phys.,* XLIV, 418.
[4] DUFLOS, *Ann. der Chem. u. Pharm.,* VIII, 8.

massicot réduit en poudre fine ; après avoir filtré, il évapore la liqueur à consistance de sirop.

La salicine y cristallise alors au bout de quelques jours ; on en décante les eaux-mères, et l'on purifie le produit par de nouvelles cristallisations.

§ 1597ᵃ. La salicine est blanche, cristallisée en paillettes, soluble dans l'eau et dans l'alcool, insoluble dans l'éther et l'essence de térébenthine ; à la température ordinaire, l'eau dissout environ 3,5 p. de salicine ; l'alcool en dissout beaucoup moins. Elle fond à 120°, ne perd pas d'eau jusqu'à 200°, et se décompose à une température plus élevée. Ses solutions possèdent une saveur amère, et sont sans action sur les couleurs végétales. Elles dévient[1] vers la gauche le plan de polarisation de la lumière ; $[\alpha]_r = -55°,8$.

Elle n'est précipitée ni par l'acétate de plomb neutre ou surbasique, ni par la gélatine, ni par l'infusion de noix de galle.

L'analyse de la salicine a donné les nombres suivants :

	Piria.		Marchand.		Erdmann.	Otto.		Mulder.		Calcul.
Carbone. .	54,87	54,24	54,74	54,38	54,88	54,47	54,50	54,13	54,63	54,55
Hydrogène.	6 36	6,39	6,45	6,37	6,35	6,39	6,38	6,19	6,30	6,29
Oxygène. .	»	»	»	»	»	»	»	»	»	39,16
										100,00

L'acide sulfurique concentré colore la salicine en rouge de sang ; l'eau décolore le produit ; elle renferme alors en solution un acide copulé[2] et de la salicine non altérée. Si le mélange est échauffé, il se produit en même temps une matière résinoïde (*salirétine* de M. Piria ? *olivine*[3] de M. Mulder, *rutiline* de

---

[1] Bouchardat, *Compt. rend. de l'Acad.*, XVIII, 298.

[2] M. Mulder lui donne le nom d'*acide sulforufique*. Voici ce qu'il en dit : Lorsqu'on projette de petites portions de salicine dans de l'acide sulfurique concentré, on obtient un liquide rouge-orangé, que l'eau décolore. Saturé par de la craie, le liquide décoloré prend une teinte rouge, et contient alors du sulforufate de chaux. Ce sel est insoluble dans l'alcool. Après l'avoir évaporé à siccité, on le reprend par l'alcool, qui dissout la salicine non altérée. Si le sel devient acide par l'évaporation, il faut le saturer de nouveau par de la craie.

Le *sel de chaux* est une poudre couleur châtain, déliquescente, insoluble dans l'alcool et l'éther. L'acide sulfurique le dissout avec une couleur rouge.

Le *sel de plomb* est insoluble dans l'eau, et s'obtient par double décomposition.

Les *sels d'argent*, de *cuivre* et de *mercure* sont solubles.

Le sel de chaux a donné : carbone 42,50 ; hydrogène 4,18 ; chaux 8,06 ; SO^3, 22,48.

Je ne pense pas que les produits sur lesquels M. Mulder a opéré aient été purs.

[3] L'*olivine* n'est probablement que de la salirétine impure. Suivant M. Mulder, c'est une poudre cristalline, d'un vert olive foncé, insoluble dans l'eau, l'alcool et l'éther. Voy. *Ann. der Chem. u. Pharm.*, XXXIII, 228.

cipité cristallin et nacré dont la quantité augmente rapidement. On exprime ce produit dans un linge, on le dessèche entre des doubles de papier joseph, on l'agite deux ou trois fois avec de l'éther pour enlever une petite quantité de matière résineuse, et on le fait cristalliser dans l'eau bouillante.

La chlorosalicine cristallise en longues aiguilles, soyeuses et très-légères ; elle se dissout dans l'eau et l'alcool, mais elle est insoluble dans l'éther. Chauffée, elle perd d'abord son eau de cristallisation, fond ensuite en un liquide transparent et incolore, et se décompose enfin, en répandant des vapeurs d'acide chlorhydrique et en laissant beaucoup de charbon. Sa saveur est amère comme celle de la salicine.

Mise en contact avec la synaptase, la chlorosalicine se décompose rapidement ; il se produit alors du glucose et de la chlorosaligénine :

$$C^{26}H^{17}ClO^{14} + 2\,HO = C^{14}H^{7}ClO^{4} + C^{12}H^{12}O^{12}.$$
$$\text{Chlorosal.} \qquad\qquad \text{Chlorosalig.} \qquad \text{Glucose.}$$

L'acide sulfurique concentré la dissout en lui communiquant une teinte rougeâtre. Les acides dilués la décomposent complétement, à l'aide de la chaleur, en glucose et en une résine provenant de la métamorphose de la saligénine chlorée.

La *bichlorosalicine*, $C^{26}H^{16}Cl^{2}O^{14} + 2$ aq., s'obtient lorsqu'on soumet la chlorosalicine à l'action du chlore, ou qu'on épuise cette action sur la salicine. Elle se présente en longues aiguilles, soyeuses et blanches comme de la neige. Elle est inodore, à peine soluble dans l'eau froide, peu soluble dans l'eau bouillante, assez soluble dans l'alcool, mais presque insoluble dans l'éther. Sa saveur est légèrement amère. A 100°, elle perd 5,0 p. c. d'eau de cristallisation.

A la distillation sèche, elle donne, entre autres produits, de l'hydrure de chlorosalicyle. Sa solution aqueuse n'est pas précipitée par les sels métalliques.

Les acides étendus convertissent la bichlorosalicine en glucose et en une résine rougeâtre. La synaptase agit sur elle comme sur la chlorosalicine.

La *perchlorosalicine*, $C^{26}H^{15}Cl^{3}O^{14} + 2$ aq., se produit lorsqu'on fait passer du chlore dans un mélange d'eau et de bichlorosalicine, chauffé pendant toute la durée de l'opération, et contenant des morceaux de marbre destinés à préserver le produit de l'action ultérieure de l'acide chlorhydrique. Elle se précipite alors à l'état d'une poudre vive, elle donne un mélange d'acide phénique (*saliçone* de M. Stenhouse) et d'hydrure de salicyle.

Le chlore convertit la salicine en chlorosalicine, bichlorosalicine ou perchlorosalicine (§ 1599). Un mélange d'acide chlorhydrique et de chlorate de potasse transforme la salicine en quinone perchlorée (§ 1461).

Une solution de synaptase dédouble la salicine en glucose et en saligénine.

Quelques médecins attribuent à la salicine des propriétés fébrifuges. Suivant MM. Laveran et Millon [1] les urines qui suivent l'ingestion de la salicine contiennent toutes de l'hydrure de salicyle et de l'acide salicylique.

§ 1598. Le *salicinate de plomb*, $C^{26}H^{14}Pb^4O^{14}$ (?), s'obtient, suivant M. Piria, en versant quelques gouttes d'ammoniaque dans une dissolution concentrée et chaude de salicine, puis, peu à peu, du sous-acétate de plomb ; on arrête l'addition du sel de plomb dès que la moitié environ de la salicine est précipitée. On obtient ainsi un précipité blanc et volumineux, qui, desséché, ressemble à de la fécule. Sa saveur est à la fois amère et douceâtre. Il est soluble dans l'acide acétique et dans une dissolution de potasse.

Les acides, même les plus faibles, le décomposent en mettant de la salicine en liberté. L'acide sulfurique concentré lui communique une couleur rouge.

Le salicinate de plomb ne perd pas d'eau par la dessiccation à 100°.

Dans certaines circonstances peu connues, on obtient des combinaisons plombiques d'une composition différente.

§ 1599. Plusieurs *dérivés chlorés* [2] se produisent avec la salicine.

La *chlorosalicine* renferme $C^{26}H^{17}ClO^{14} + 4$ aq., à l'état cristallisé. Quand on expose la salicine cristallisée à l'action du chlore gazeux, on obtient une matière rouge résineuse, de la consistance de la térébenthine ordinaire ; en même temps il se dégage d'abondantes vapeurs d'acide chlorhydrique. Si, au lieu d'opérer sur de la salicine sèche, on fait passer un courant de chlore dans une bouillie composée de 4 p. d'eau environ et de 1 p. de salicine en poudre fine, le tout se dissout peu à peu, et il se forme un pré-

---

[1] LAVERAN et MILLON, *Ann. de Chim. et de Phys.*, [3] XII, 145.
[2] PIRIA (1838), *Ann. de Chim. et de Phys.*, LXIX, 322 ; [3] XIV, 275.

cipité cristallin et nacré dont la quantité augmente rapidement. On exprime ce produit dans un linge, on le dessèche entre des doubles de papier joseph, on l'agite deux ou trois fois avec de l'éther pour enlever une petite quantité de matière résineuse, et on le fait cristalliser dans l'eau bouillante.

La chlorosalicine cristallise en longues aiguilles, soyeuses et très-légères ; elle se dissout dans l'eau et l'alcool, mais elle est insoluble dans l'éther. Chauffée, elle perd d'abord son eau de cristallisation, fond ensuite en un liquide transparent et incolore, et se décompose enfin, en répandant des vapeurs d'acide chlorhydrique et en laissant beaucoup de charbon. Sa saveur est amère comme celle de la salicine.

Mise en contact avec la synaptase, la chlorosalicine se décompose rapidement ; il se produit alors du glucose et de la chlorosaligénine :

$$C^{26}H^{17}GlO^{14} + 2\,HO = C^{14}H^7GlO^4 + C^{12}H^{12}O^{12}.$$

Chlorosal.   Chlorosalig.   Glucose.

L'acide sulfurique concentré la dissout en lui communiquant une teinte rougeâtre. Les acides dilués la décomposent complétement, à l'aide de la chaleur, en glucose et en une résine provenant de la métamorphose de la saligénine chlorée.

La *bichlorosalicine*, $C^{26}H^{16}Gl^2O^{14} + 2$ aq., s'obtient lorsqu'on soumet la chlorosalicine à l'action du chlore, ou qu'on épuise cette action sur la salicine. Elle se présente en longues aiguilles, soyeuses et blanches comme de la neige. Elle est inodore, à peine soluble dans l'eau froide, peu soluble dans l'eau bouillante, assez soluble dans l'alcool, mais presque insoluble dans l'éther. Sa saveur est légèrement amère. A 100°, elle perd 5,0 p. c. d'eau de cristallisation.

A la distillation sèche, elle donne, entre autres produits, de l'hydrure de chlorosalicyle. Sa solution aqueuse n'est pas précipitée par les sels métalliques.

Les acides étendus convertissent la bichlorosalicine en glucose et en une résine rougeâtre. La synaptase agit sur elle comme sur la chlorosalicine.

La *perchlorosalicine*, $C^{26}H^{15}Gl^3O^{14} + 2$ aq., se produit lorsqu'on fait passer du chlore dans un mélange d'eau et de bichlorosalicine, chauffé pendant toute la durée de l'opération, et contenant des morceaux de marbre destinés à préserver le produit de l'action ultérieure de l'acide chlorhydrique. Elle se précipite alors à l'état d'une poudre jaune et cristalline. On l'agite deux ou trois fois avec de l'éther, et on la fait cristalliser à chaud dans l'alcool faible. Ainsi obtenue, la perchlorosalicine se présente en petites aiguilles de couleur jaunâtre, sans odeur, mais d'une saveur amère. Elle perd à 100° toute son eau de cristallisation ; à une plus haute température, elle se décompose. La synaptase la dédouble comme les deux corps chlorés précédents.

§ 1600. POPULINE, ou benzoïl-salicine, $C^{40}H^{22}O^{16} + 4$ aq. $= C^{26}H^{17}(C^{14}H^{5}O^{2})O^{14} + 4$ aq. — Ce corps[1], qui représente de la salicine dans laquelle 1 atome d'hydrogène est remplacé par son équivalent de benzoïle, existe dans l'écorce et les feuilles du tremble (*Populus tremula*), et probablement d'autres peupliers. Les feuilles du tremble le fournissent en plus grande quantité. Pour l'en extraire, il suffit de les faire bouillir avec de l'eau, et de verser dans la décoction, encore chaude, du sous-acétate de plomb ; il se forme ainsi un dépôt jaune. On filtre la liqueur, puis on la fait évaporer jusqu'à consistance de sirop clair. Par le refroidissement, la populine se sépare sous la forme d'un précipité cristallin fort volumineux. On la fait ensuite chauffer avec environ 160 fois son poids d'eau, et un peu de noir animal, et l'on filtre la solution bouillante.

La populine se dépose, par le refroidissement, sous la forme d'aiguilles parfaitement incolores, soyeuses et excessivement fines. Elle a une saveur sucrée semblable à celle de la réglisse. Elle exige pour sa solution environ 2000 p. d'eau froide et 70 p. d'eau bouillante ; elle est beaucoup plus soluble dans l'alcool bouillant. Elle se dissout aisément à froid dans l'acide acétique concentré, ainsi que dans d'autres acides.

Séchée à 100°, elle perd 4 atomes d'eau de cristallisation. A la distillation, elle se boursoufle, et donne un produit d'apparence huileuse, qui se concrète et cristallise par le refroidissement. Ce produit, selon M. Braconnot, renferme de l'acide benzoïque.

Sous l'influence des acides étendus et bouillants, la populine se transforme en acide benzoïque, salirétine et glucose. Traitée par un mélange de bichromate et d'acide sulfurique, elle donne de l'hydrure de salicyle en abondance. Par l'ébullition avec l'acide

---

[1] BRACONNOT (1830), *Ann. de Chim et de Phys.*, XLIV, 311. — PIRIA, *ibid.*, [3] XXXIV, 278.

nitrique concentré, elle se transforme en acide nitrobenzoïque, acide picrique et acide oxalique.

Lorsqu'on fait bouillir la populine avec de l'eau de baryte, on obtient, au bout de quelques minutes, une solution parfaitement limpide qui, après la séparation de l'excès de baryte par un courant d'acide carbonique, ne renferme que du benzoate de baryte et de la salicine (Piria) :

$$C^{40}H^{22}O^{16} + 2 HO = C^{14}H^6O^4 + C^{26}H^{18}O^{14}.$$

Populine.   Ac. benzoïque.   Salicine.

L'acide nitrique étendu transforme la populine en benzoïl-hélicine (§ 1592^c).

La synaptase n'agit pas sur la populine.

ACIDE SALICYLIQUE ANHYDRE.

Syn. : salicylate de salicyle.

Composition : $C^{28}H^{10}O^{10} = C^{14}H^5O^5, C^{14}H^5O^5$.

§ 1601. On peut obtenir ce corps[1] en faisant réagir l'oxychlorure de phosphore sur du salicylate de soude desséché, *comme dans la préparation des autres acides anhydres*. La réaction n'est pas très-nette, car, lors même qu'on emploie les deux corps par quantités exactement équivalentes (un atome d'oxychlorure pour six atomes de salicylate), on observe toujours le dégagement d'une certaine quantité d'acide chlorhydrique. Ce dernier corps provient d'une réaction secondaire, ainsi qu'on le verra tout à l'heure. Le produit de la réaction de l'oxychlorure de phosphore et du salicylate de soude est extrêmement dur et très-difficile à détacher du vase; lorsqu'on le chauffe avec de l'eau, il se transforme en une masse emplastique et visqueuse, qui ne se concrète de nouveau qu'au bout d'un certain temps. Cette matière gluante se dissout en partie dans l'alcool bouillant, et s'y dépose, par le refroidissement, sous la forme d'une huile épaisse qui ne se solidifie aussi qu'à la longue; c'est l'acide salicylique anhydre, à en juger du moins par ses réactions avec les alcalis, qui le transforment aisément en salicylate. L'éther bouillant le dissout aussi, et l'abandonne, par l'évaporation, sous la forme d'une masse emplastique. L'eau bouillante l'acidifie.

---

[1] GERHARDT (1852), *Ann. de Chim. et de Phys.*, [3] XXXVII, 322.

§ 1602. Le *salicylide*, $C^{28}H^8O^8$ (acide salicylique anhydre moins 2 HO), est la partie insoluble qu'on obtient en traitant par l'alcool bouillant la matière gluante qui se produit dans la réaction du salicylate de soude et de l'oxychlorure de phosphore. C'est un corps blanc et pulvérulent à l'état sec, amorphe, inattaquable par l'eau bouillante, insoluble dans l'éther bouillant, extrêmement peu soluble dans l'alcool bouillant. Il fond, par la chaleur, en un liquide transparent, qui se prend, par le refroidissement, en une masse translucide. Il n'est pas attaqué par une solution bouillante de carbonate de soude ; l'ammoniaque bouillante l'attaque lentement, mais la potasse le transforme assez vite en salicylate de potasse.

La formation du salicylide explique le dégagement de l'acide chlorhydrique dans la réaction du salicylate de soude et de l'oxychlorure de phosphore. On a en effet :

$$4 \; C^{14}H^5NaO^6 + PCl^3O^2 = C^{28}H^8O^8 + C^{28}H^{10}O^{10}$$

Salicyl. de soude.   Salicylide.   Ac. salic. anh.

$$+ NaCl + 2 HCl + PO^5, 3 NaO.$$

§ 1603. *Acide acéto-salicylique anhydre*[1], acétate de salicyle ou salicylate d'acétyle, $C^{18}H^8O^8 = C^{14}H^5O^5, C^4H^3O^3$. — Le salicylate de soude est vivement attaqué à froid par le chlorure d'acétyle ; le mélange se liquéfie d'abord, mais il durcit entièrement au bout de quelques instants. Si l'on délaye ce produit dans une solution étendue de carbonate de soude, le tout s'y dissout avec effervescence : cette dissolution s'effectue par suite de la décomposition immédiate de l'acide acéto-salicylique anhydre au sein de la liqueur alcaline, en salicylate et en acétate alcalins.

Acide benzo-salicylique anhydre[2], benzoate de salicyle ou salicylate de benzoïle, $C^{28}H^{10}O^8 = C^{14}H^5O^5, C^{14}H^5O^3$. — Ce corps peut s'obtenir en faisant réagir le chlorure de benzoïle sur le salicylate de soude. C'est une masse emplastique, difficile à purifier, et que l'eau bouillante transforme promptement en un mélange d'acide benzoïque et d'acide salicylique ; l'éther la dissout.

Soumis à la distillation sèche, l'acide benzo-salicylique anhydre donne du benzoate de phényle (§ 1522), ainsi que des produits solubles dans la potasse caustique.

---

[1] GERHARDT (1852), *loc. cit.*
[2] GERHARDT (1852), *loc. cit.*

ACIDE SALICYLIQUE.

Syn. : acide hyperspiroïlique.

Composition : $C^{14}H^6O^6 = C^{14}H^5O^5, HO$.

§ 1603[a]. Cet acide[1] se produit par l'oxydation de l'hydrure de salicyle sous l'influence de la potasse caustique (Piria), ainsi que par l'action de l'acide nitreux sur l'acide phényl-carbamique ou anthranilique, § 125 (Gerland). Il prend également naissance par la métamorphose de la salicine, de l'indigo, et de la coumarine.

Pour préparer l'acide salicylique, on chauffe l'hydrure de salicyle avec un excès de potasse, tant qu'il se dégage de l'hydrogène; on dissout le produit dans l'eau, et on le précipite par l'acide chlorhydrique. L'acide salicylique se dépose alors en houppes cristallines qu'on purifie par de nouvelles cristallisations dans l'eau bouillante.

Lorsqu'il s'agit de préparer cet acide en grande quantité, il est préférable d'employer de la salicine. On fait fondre de la potasse dans une bassine d'argent, et l'on y introduit la salicine par petites portions en agitant le mélange. La masse développe alors beaucoup d'hydrogène en se boursouflant; il faut avoir soin de ne pas chauffer trop fort, et d'employer toujours un excès de potasse par rapport à la salicine : autrement il se produit une résine, et l'on perd beaucoup de matière. On dissout la masse dans l'eau et on la précipite par l'acide chlorhydrique.

Une matière, plus avantageuse encore que la salicine pour la préparation de l'acide salicylique, c'est l'essence de Wintergreen des parfumeurs (salicylate de méthyle, § 1606). Il suffit de faire bouillir cette essence pendant quelques instants avec une solution de potasse caustique, et de précipiter ensuite par l'acide chlorhydrique la solution refroidie. L'essence de Wintergreen donne, en acide salicylique, presque la quantité indiquée par la théorie.

Quand on fait fondre de l'indigo avec de la potasse, et qu'on distille ensuite la masse avec de l'acide sulfurique, le liquide qui passe présente les réactions de l'acide salicylique; ce dernier se dépose quelquefois dans la cornue sous forme cristalline (Cahours).

Enfin, on obtient aussi du salicylate de potasse quand on

---

[1] PIRIA (1838), *Ann. de Chim. et de Phys.*, LXIX, 298. — GERHARDT, *Revue scientif.*, X, 207. — CAHOURS, *Ann. de Chim. et de Phys.*, [3] XIII, 90.

chauffe la coumarine (§ 1635) ou l'acide coumarique avec une lessive de potasse fort concentrée.

L'acide salicylique est peu soluble dans l'eau froide, beaucoup plus soluble dans l'eau bouillante qui l'abandonne, par le refroidissement, sous la forme d'aiguilles longues et déliées. Il rougit le tournesol et décompose les carbonates avec effervescence. L'alcool le dissout en plus forte proportion que l'eau, et l'abandonne, par l'évaporation spontanée, en prismes obliques à quatre faces, assez volumineux. L'esprit de bois le dissout assez bien, surtout à chaud. L'éther le dissout en assez forte proportion à la température ordinaire, et mieux encore à chaud; la solution l'abandonne par l'évaporation spontanée en cristaux très-gros. L'essence de térébenthine bouillante en dissout environ le cinquième de son poids.

La solution aqueuse de l'acide salicylique n'agit pas sur la lumière polarisée (Bouchardat).

L'acide salicylique fond à 158°. A l'état de pureté, il se sublime sans altération par une plus forte chaleur. L'acide impur se décompose en grande partie par la distillation, en donnant de l'acide carbonique et de l'acide phénique.

Sa solution aqueuse prend une couleur d'encre par l'addition d'un sel ferrique; l'acide chlorhydrique détruit cette couleur, et la fait passer au jaune.

Chauffé avec de l'acide sulfurique étendu et du peroxyde de manganèse, l'acide salicylique donne naissance à de l'acide formique. L'acide sulfurique anhydre convertit l'acide salicylique en acide sulfosalicylique.

L'acide nitrique fumant transforme à froid l'acide salicylique en acide nitrosalicylique. Par une réaction prolongée, on obtient de l'acide picrique. On obtient les mêmes produits en traitant l'acide salicylique par un mélange d'acide nitrique fumant et d'acide sulfurique concentré.

Le chlore et le brome réagissent sur l'acide salicylique en donnant des acides salicyliques plus ou moins chlorés ou bromés. Un mélange d'acide chlorhydrique et de chlorate de potasse convertit l'acide salicylique en quinone perchlorée (chloranile).

§ 1603^b. *Acide ampélique, isomère de l'acide salicylique,* $C^{14}H^6O^6$. — M. Laurent [1] a donné ce nom à un acide qu'il a obtenu en petite

[1] LAURENT (1837), *Ann. de Chim. et de Phys.*, LXIV, 325. *Revue scientif.*, VI, 70.

quantité par l'action de l'acide nitrique concentré sur des huiles de schiste, bouillant entre 80° et 150°, ainsi que sur des huiles de houille, bouillant entre 130° et 160°. En même temps que l'acide ampélique, il se forme, dans ce traitement, de l'acide picrique et une matière floconneuse ; on concentre la liqueur acide, et on enlève ces deux substances qui se déposent les premières ; on neutralise ensuite les eaux-mères par l'ammoniaque, et l'on évapore presque à siccité ; on reprend le résidu par l'alcool, qui dissout l'ampélate d'ammoniaque, et très-peu de picrate. On évapore une seconde fois, et l'on reprend encore par l'alcool froid ; on chasse ensuite l'alcool tenant le sel ammoniacal en dissolution, on dissout ce dernier dans l'eau, et on le précipite par l'acide nitrique. L'acide ampélique se dépose alors à l'état de flocons.

Ce corps est blanc, sans odeur, presque insoluble dans l'eau froide, très-peu soluble dans l'eau bouillante ; sa solution rougit le tournesol. L'alcool et l'éther bouillant le dissolvent assez bien ; par le refroidissement, ces solvants le déposent sous la forme d'une poudre à peine cristalline.

Il fond au delà de 260°, et distille sans altération.

L'acide sulfurique le dissout à l'aide de la chaleur ; l'eau l'en précipite sans altération.

Saturé par l'ammoniaque, il présente les réactions suivantes : avec le chlorure de calcium, précipité blanc ; celui-ci ne se forme pas à chaud ; le mélange dépose des cristaux par le refroidissement. Avec les chlorures de baryum, de strontium, de manganèse, de mercure, pas de précipité. Avec l'acétate de nickel, précipité verdâtre ; avec l'acétate de cuivre, précipité bleu verdâtre. Avec l'acétate de plomb et le nitrate de plomb, précipité blanc.

Dérivés métalliques de l'acide salicylique. Salicylates.

§ 1604. L'acide salicylique est monobasique ; la composition des salicylates [1] se représente par la formule

$$C^{14}H^5MO^6 = C^{14}H^5O^5, MO.$$

Les sels de potasse, de soude, de baryte, de strontiane de chaux, de magnésie, de zinc, sont solubles et cristallisables.

Les salicylates alcalins prennent, sous l'influence simultanée de

[1] PIRIA, *loc. cit.* — CAHOURS, *loc. cit.*

l'air et de l'eau, une couleur brune foncée; ils donnent à la distillation sèche de l'acide phénique.

La solution concentrée des salicylates précipite, par l'acide chlorhydrique, de l'acide salicylique à l'état cristallin; celui-ci prend par les sels ferriques une couleur d'encre.

Salicylate d'ammoniaque, $C^{14}H^5(NH^4)O^6$. — Il constitue des écailles ou des aiguilles d'un éclat satiné.

Salicylate de potasse, $C^{14}H^5KO^6 + aq.$ — Il s'obtient en saturant l'acide salicylique par une solution de carbonate de potasse, évaporant à siccité, et reprenant le résidu par l'alcool concentré et bouillant. Celui-ci dépose le salicylate de potasse en aiguilles soyeuses, incolores et brillantes.

Le chlore convertit ce sel en bichlorosalicylate de potasse; le brome, en bibromosalicylate de potasse. Si on le traite par le brome en présence d'un excès de potasse, on obtient une matière rouge, semblable au sulfure d'antimoine, insoluble dans l'alcool, l'ammoniaque et la potasse, et ayant la même composition que l'acide tribromophénique.

Salicylate de baryte, $C^{14}H^5BaO^6 + aq.$ — Il se dépose, par la saturation de l'acide salicylique avec du carbonate de baryte, sous la forme d'aiguilles courtes et soyeuses qui se groupent ordinairement autour d'un centre commun.

Salicylate de chaux, $C^{14}H^5CaO^6 + 2\,aq.$ — Il est assez soluble et s'obtient en octaèdres, d'une grande beauté.

Salicylate de magnésie. — Il s'obtient en faisant bouillir de la magnésie avec de l'eau et de l'acide salicylique. Il forme des aiguilles très-solubles.

Salicylate de cuivre. — Précipité de couleur verte.

Salicylate de plomb, $C^{14}H^5PbO^6 + aq.$ — On l'obtient en faisant bouillir l'acide salicylique avec de l'eau et du carbonate de plomb, sous la forme d'aiguilles satinées très-brillantes. Lorsqu'on verse une solution concentrée de salicylate de potasse ou d'ammoniaque dans une solution également concentrée d'acétate de plomb, le même sel se dépose sous la forme d'un précipité blanc et cristallin, soluble dans l'eau bouillante.

Salicylate d'argent, $C^{14}H^5AgO^6$. — Il constitue un précipité blanc qui se dissout en petite quantité dans l'eau bouillante, et se dépose, par le refroidissement, sous forme de petites aiguilles très-brillantes.

21.

Dérivés méthyliques, éthyliques…. de l'acide salicylique.
Éthers salicyliques.

§ 1605. Les éthers salicyliques présentent la même composition que les salicylates neutres à base de métaux simples ; mais ces éthers possèdent aussi la propriété d'échanger 1 atome d'hydrogène pour 1 atome de métal ou de radical composé (benzoïle, cumyle, etc.), de sorte qu'il convient de les considérer comme une molécule d'eau dans laquelle 1 atome seulement d'hydrogène est remplacé par du salicyle renfermant déjà lui-même du méthyle, de l'éthyle ou de l'amyle en substitution à 1 atome d'hydrogène :

Salicylate de méthyle, ou hy-
drate de méthyl-salicyle. $C^{16}H^8 O^6 = C^{14}H^4(C^2 H^3)O^4.O \Big|$
$\qquad\qquad\qquad\qquad\qquad\qquad HO \Big|$

Salicylate d'éthyle, ou hy-
drate d'éthyl-salicyle. . . $C^{18}H^{10}O^6 = C^{14}H^4(C^4 H^5)O^4.O \Big|$
$\qquad\qquad\qquad\qquad\qquad\qquad HO \Big|$

Salicylate d'amyle, ou hy-
drate d'amyl-salicyle. . . $C^{24}H^{16}O^6 = C^{14}H^4(C^{10}H^{11})O^4.O \Big|$
$\qquad\qquad\qquad\qquad\qquad\qquad HO \Big|$

Lorsqu'on chauffe un éther salicylique avec du chlorure de benzoïle, de cumyle, etc., il se dégage de l'acide chlorhydrique, et l'on obtient du benzoate de méthyl-salicyle, du benzoate d'é-thyl-salicyle, du cuminate de méthyl-salicyle, etc. :

Benzoate de méthyl-salicyle. $C^{30}H^{12}O^8 = C^{14}H^4(C^2 H^3)O^4.O \Big|$
$\qquad\qquad\qquad\qquad\qquad\qquad C^{14}H^5O^2.O \Big|$

Cuminate de méthyl-salicyle. $C^{36}H^{18}O^8 = C^{14}H^4(C^2 H^3)O^4.O \Big|$
$\qquad\qquad\qquad\qquad\qquad\qquad C^{20}H^{11}O^2.O \Big|$

Benzoate d'éthyl-salicyle. . . $C^{32}H^{14}O^8 = C^{14}H^4(C^4 H^5)O^4.O \Big|$
$\qquad\qquad\qquad\qquad\qquad\qquad C^{14}H^5O^2.O \Big|$

Benzoate d'amyl-salicyle. . . $C^{38}H^{20}O^8 = C^{14}H^4(C^{10}H^{11})O^4.O \Big|$
$\qquad\qquad\qquad\qquad\qquad\qquad C^{14}H^5O^2.O \Big|$

§ 1606. *Salicylate de méthyle*[1], hydrate de méthyl-salicyle ou acide gaulthérique, $C^{16}H^8O^6 = C^{14}H^5O^5, C^2H^3O = C^{14}H^5(C^2H^3)O^6$. — Cet éther, à l'état de mélange avec un hydrocarbure $C^{20}H^{16}$, cons-titue l'essence qu'on emploie dans la parfumerie sous le nom

[1] CAHOURS (1844), *Ann. de Chim. et de Phys.*, [3] X, 327 ; XXVII, 5. — PROCTER, *Journ. de Pharm.*, [3] III, 275. — GERHARDT, *Compt. rend. de l'Acad.*, XXXVIII, 32.

d'*huile de Wintergreen*, et qui est fournie par le *Gaultheria procumbens*, plante de la famille des bruyères qu'on rencontre en abondance dans la Nouvelle-Jersey. Cette essence est contenue dans les fleurs, d'où on peut l'extraire par une macération dans l'alcool ou dans l'éther. Le salicylate de méthyle constitue environ les $^9/_{10}$ de l'essence.

Une rectification de l'essence, jusqu'à ce que son point d'ébullition soit constant à 222°, fournit le salicylate de méthyle à l'état de pureté.

On peut obtenir artificiellement le salicylate de méthyle en soumettant à la distillation un mélange de 2 p. d'acide salicylique cristallisé, 2 p. d'esprit de bois anhydre, et 1 p. d'acide sulfurique à 66°.

On peut aussi obtenir le salicylate de méthyle en traitant le chlorure de salicyle (§ 1629) par l'esprit de bois anhydre, et en opérant comme dans la préparation du salicylate d'éthyle par le même procédé.

Quel qu'en soit le mode de préparation, le salicylate de méthyle présente les propriétés suivantes : c'est un liquide incolore ou légèrement jaunâtre, d'une odeur forte et suave très-persistante; sa densité, à l'état liquide, est de 1,18 environ à 10°; à l'état de vapeur, elle a été trouvée, par expérience, égale à 5,42 $=$ 4 vol.; il bout à 222° (l'huile de gaultheria brute commence à bouillir à 200°); il est peu soluble dans l'eau; mais l'alcool et l'éther le dissolvent en toutes proportions. Il est isomère de l'acide anisique.

Sa solution aqueuse prend une teinte violacée par l'addition d'un persel de fer.

Mis en contact avec une lessive concentrée de potasse ou de soude, il se prend en une masse cristalline, entièrement soluble dans l'eau, et dont les acides séparent de nouveau le salicylate de méthyle; mais, si l'on chauffe le mélange d'alcali et de cet éther, il se dédouble en hydrate de méthyle et en salicylate alcalin.

Le salicylate de méthyle donne aussi des composés insolubles avec la baryte, l'oxyde de plomb et de cuivre.

Lorsqu'on le distille avec un excès de baryte, il se convertit en anisol ou phénate de méthyle (§ 1381) :

$$C^{14}H^5(C^2H^3)O^6 = C^2O^4 + C^{12}H^5(C^2H^3)O^2.$$

Salicyl. de méthyle.   Phénate de méthyle.

L'acide nitrique fumant attaque vivement le salicylate de méthyle et le transforme en nitrosalicylate de méthyle ; un mélange d'acide nitrique fumant et d'acide sulfurique concentré donne du binitrosalicylate de méthyle.

Le chlore et le brome agissent avec énergie en produisant des composés dérivés par substitution ; ceux-ci donnent naissance à de nouvelles combinaisons lorsqu'on les distille avec du cyanure de mercure.

Le perchlorure de phosphore attaque vivement le salicylate de méthyle, en donnant de l'acide chlorhydrique, du chlorure de méthyle, de l'oxychlorure de phosphore et du chlorure de salicyle.

Le chlorure de benzoïle, le chlorure de cumyle et le chlorure de succinyle attaquent à chaud le salicylate de méthyle, en dégageant de l'acide chlorhydrique, et en donnant du benzoate, du cuminate et du succinate de méthyl-salicyle (§ 1608). L'oxychlorure de phosphore n'attaque pas le salicylate de méthyle à la température de l'ébullition.

L'iode se dissout dans le salicylate de méthyle, qu'il colore en brun, mais sans donner de combinaison.

Lorsqu'on laisse tomber des fragments de potassium dans le salicylate de méthyle chauffé à 60 ou 70°, la température s'élève, et l'on observe un dégagement gazeux ; si l'on continue d'ajouter du potassium, le tout se prend en masse, lors même que la température est maintenue à 100° ; bientôt il arrive un moment où, malgré toutes les précautions, la masse s'enflamme et donne un résidu noir abondant. Dans une expérience, M. Cahours a obtenu un produit présentant les propriétés de l'hydrure de salicyle.

Mis en digestion en vase clos avec de l'ammoniaque liquide, le salicylate de méthyle ne se dissout pas immédiatement, comme dans le cas de la potasse ou de la soude ; ce n'est que par un contact prolongé qu'il disparaît, et l'on trouve alors en solution de la salicylamide ou azoture de salicyle et d'hydrogène (§ 1631).

§ 1607. Les *combinaisons métalliques* du salicylate de méthyle (*gaulthérates*) renferment 1 at. de métal à la place de 1 at. d'hydrogène.

Le *sel de potasse*, $C^{14}H^4K(C^2H^3)O^6 + \frac{1}{2}$ aq. (?), s'obtient en agitant une solution de potasse pure, bien débarrassée de carbonate et étendue d'eau, avec un léger excès de salicylate de méthyle. Il se précipite sous forme d'écailles nacrées douées de beaucoup d'éclat ; ce produit étant lavé avec très-peu d'eau froide, comprimé entre des doubles de papier buvard, puis repris par l'alcool absolu, cristallise dans le vide sous la forme d'aiguilles blanches d'une finesse extrême, accolées les unes aux autres et présentant l'aspect de l'amiante. Ce sel se dissout en grande quantité dans l'eau; les acides en séparent de nouveau le salicylate de méthyle; si on le chauffe encore humide, il fond, laisse dégager de l'esprit de bois, et se transforme en salicylate de potasse. Il a été impossible d'obtenir le sel anhydre.

Le *sel de soude* est semblable au sel de potasse, mais moins soluble dans l'eau.

Le *sel de baryte*, $C^{14}H^4Ba(C^2H^3)O^6 + aq.$, se prépare en versant du salicylate de méthyle dans une dissolution aqueuse de baryte tant qu'il se forme un précipité. Si l'eau de baryte est chaude, le sel ne se précipite pas en totalité; une très-faible portion se dépose, par le refroidissement, sous la forme d'écailles cristallines entièrement blanches. Soumis à la distillation sèche, ces cristaux donnent de l'anisol (phénate de méthyle).

Les *sels de plomb*, *de cuivre* et *de mercure* sont des précipités qu'on obtient avec le sel de potasse.

§ 1608. Le *benzoate de méthyl-salicyle* [1], $C^{30}H^{12}O^8 = C^{14}H^4$ $(C^{14}H^5O^2)(C^2H^3)O^6$, s'obtient en chauffant ensemble atomes égaux de chlorure de benzoïle et de salicylate de méthyle, tant qu'il se dégage de l'acide chlorhydrique; après la réaction, le produit est visqueux, et se concrète peu à peu en une masse cristalline, en dégageant beaucoup de chaleur. On le lave avec de la potasse pour enlever l'excédant des matières employées, et on le fait cristalliser dans l'alcool ou dans l'éther, qui le dissolvent aisément. Le benzoate de méthyl-salicyle s'obtient alors en magnifiques prismes rhomboïdaux obliques, doués de beaucoup d'éclat. Il est insoluble dans l'eau. La potasse aqueuse et bouillante ne l'attaque pas. Lorsqu'on le chauffe avec de la potasse solide, il s'attaque vivement en dégageant une odeur aromatique; le produit, dissous dans l'eau, donne par l'acide chlorhydrique un abondant précipité d'acide salicylique.

Le *cuminate de méthyl-salicyle* [2], $C^{36}H^{18}O^8 = C^{14}H^4(C^{20}H^{11}O^2)$ $(C^2H^3)O^6$, s'obtient par la réaction du chlorure de cumyle et du salicylate de méthyle; il faut chauffer le mélange un peu plus fort

[1] GERHARDT (1853), *loc. cit.*, et Expériences inédites.
[2] GERHARDT (1853), *loc. cit.*

que dans la réaction précédente. Le produit constitue une huile épaisse qui se conserve longtemps à l'état fluide; mais, si l'on y verse un peu d'éther, elle se concrète par l'évaporation en une masse radiée. Cette substance cristallise dans l'alcool bouillant, sous la forme de paillettes rhombes très-brillantes, insolubles dans l'eau, peu solubles dans l'alcool froid, très-solubles dans l'éther; celui-ci la dépose par l'évaporation spontanée à l'état de prismes obliques rhomboïdaux, souvent très-gros. Lorsqu'on sature l'alcool bouillant de cuminate de méthyl-salicyle, la liqueur devient laiteuse par le refroidissement, et dépose la matière sous la forme d'une huile qui conserve longtemps sa fluidité.

Le *succinate de méthyl-salicyle* [1], $C^{40}H^{18}O^{16} = C^{14}H^4(C^2H^3)^2O^6$, $C^{14}H^4(C^8H^4O^4)O^6$, se produit lorsqu'on fait réagir à une douce chaleur du chlorure de succinyle sur le double environ de son poids de salicylate de méthyle, tant qu'il se dégage de l'acide chlorhydrique. Après la réaction, le résidu, toujours coloré en brun, se prend en masse; on le met en digestion avec une lessive alcaline, et on le fait ensuite cristalliser dans l'alcool bouillant. Il dépose alors, par le refroidissement de grosses lames rectangulaires composées, de fibres juxtaposées, qui se détachent aisément. Ce corps est peu soluble dans l'éther.

§ 1609. *Salicylate d'éthyle* [2], hydrate d'éthyl-salicyle ou éther salicylique, $C^{18}H^{10}O^6 = C^{14}H^5O^5$, $C^4H^5O = C^{14}H^5(C^4H^5)O^6$. — Cet éther s'obtient en soumettant à la distillation un mélange de 2 p. d'alcool absolu, 1 ¹/₂ p. d'acide salicylique cristallisé, et 1 p. d'acide sulfurique à 66°. Les premiers produits consistent presque entièrement en alcool, puis il passe un mélange d'alcool et d'acide salicylique, et enfin les dernières portions renferment la plus forte proportion de salicylate d'éthyle. Il faut arrêter la distillation quand on remarque le dégagement de l'acide sulfureux. On lave le produit avec de l'eau légèrement ammoniacale, on le sèche sur du chlorure de calcium, et on le rectifie.

Un procédé de préparation qui me paraît plus avantageux consiste à verser peu à peu de l'alcool absolu sur du chlorure de salicyle : le mélange s'échauffe considérablement en dégageant d'abondantes vapeurs d'acide chlorhydrique. Quand la réaction s'est calmée, on distille le produit, en recueillant à part les portions

---

[1] GERHARDT (1853), *loc. cit.*
[2] CAHOURS (1844), *loc. cit.* — GERHARDT, *loc. cit.*

qui passent vers 225° ; on arrête la distillation quand le résidu commence à se boursoufler.

Le salicylate d'éthyle est un liquide incolore, d'une odeur suave, plus pesant que l'eau, et bouillant à 230°. Il est peu soluble dans l'eau; avec la potasse et la soude, il forme des combinaisons cristallisées, solubles dans l'eau. La baryte anhydre l'attaque vivement en se carbonatant, et donne à la distillation du phénétol ou phénate d'éthyle (§ 1391) :

$$C^{14}H^5(C^4H^5)O^6 = C^2O^4 + C^{12}H^5(C^4H^5)O^2.$$
Salicyl. d'éthyle.   Phénate d'éthyle.

Le chlore et le brome agissent énergiquement sur le salicylate d'éthyle, en produisant des produits cristallisés.

Le perchlorure de phosphore et le chlorure de benzoïle se comportent avec le salicylate d'éthyle comme avec son homologue méthylique.

L'ammoniaque ne le dissout qu'à la longue en le transformant en alcool et en salicylamide.

L'acide nitrique fumant le convertit en nitrosalicylate d'éthyle. Lorsqu'on le fait bouillir avec un excès d'acide nitrique, on obtient de l'acide picrique.

§ 1610. Le *benzoate d'éthyl-salicyle*[1], $C^{32}H^{14}O^8 = C^{14}H^4(C^{14}H^5O^2)$ $(C^4H^5)O^6$, se produit lorsqu'on fait réagir à chaud du chlorure de benzoïle et du salicylate d'éthyle, tant qu'il se dégage de l'acide chlorhydrique. Après la réaction, la matière se prend en une masse cristallisée. Celle-ci est aisément soluble dans l'alcool et l'éther; par l'évaporation spontanée de sa solution éthérée, elle se dépose sous la forme d'une huile qui se concrète peu à peu en formant des mamelons composés de petits prismes.

§ 1611. *Salicylate d'amyle*, $C^{24}H^{16}O^6 = C^{14}H^5(C^{10}H^{11})O^6$. — D'après quelques expériences faites dans mon laboratoire par M. Drion, le salicylate d'amyle se produit par la distillation d'un mélange d'atomes égaux d'hydrate d'amyle et de chlorure de salicyle. C'est une huile bouillant à 250° environ. Elle s'attaque à chaud par le chlorure de benzoïle, en dégageant de l'acide chlorhydrique et en produisant une substance cristallisée en aiguilles (benzoate d'amyl-salicyle?).

<hr>

[1] GERHARDT (1853), *loc. cit.*

Dérivés chlorés de l'acide salicylique.

§ 1612. *Acide bichlorosalicylique* [1], $C^{14}H^4Cl^2O^6$. — Lorsqu'on fait agir du chlore sur l'acide salicylique en excès, on obtient l'acide chlorosalicylique qu'il est difficile de purifier complétement d'acide salicylique ; si le chlore est en excès, on obtient l'acide bichlorosalicylique. On produit aussi ce dernier en faisant passer du chlore dans une solution de salicylate de potasse, en arrêtant l'action quand il ne se forme plus de dépôt. On fait cristalliser le précipité dans un mélange d'eau et d'alcool, on dissout les cristaux de bichlorosalicylate de potasse dans l'eau, et on précipite par l'acide chlorhydrique.

L'acide bichlorosalicylique se dissout aisément dans l'alcool de 0,80. Si la solution est concentrée, l'acide se dépose, par le refroidissement, sous la forme d'aiguilles ou d'écailles ; si la solution est étendue et abandonnée à l'évaporation spontanée, l'acide cristallise en octaèdres durs. Il se dissout en petite quantité dans l'eau bouillante.

L'acide sulfurique concentré le dissout par une douce chaleur, et l'abandonne en partie par le refroidissement. L'acide nitrique concentré et bouillant l'attaque aisément, finit par le dissoudre, et laisse déposer par le refroidissement de belles lames jaunes. Distillé avec de la baryte ou de la chaux caustique, l'acide bichlorosalicylique se dédouble en acide carbonique et en acide bichlorophénique (§ 1358) :

$$C^{14}H^4Cl^2O^6 = C^2O^4 + C^{12}H^4Cl^2O^2.$$

Ac. bichlorosalic.   Ac. bichlorophén.

§ 1613. L'acide bichlorosalicylique forme, avec les bases, les *bichlorosalicylates.*

Le *sel de potasse*, $C^{14}H^3KCl^2O^6$, se précipite par l'action du chlore sur le salicylate de potasse, sous la forme de petites aiguilles d'un blanc grisâtre. Il est peu soluble dans l'eau froide, mais il se dissout dans l'eau bouillante.

Les *sels de plomb* et *d'argent* sont insolubles dans l'eau.

Lorsqu'on soumet à l'action du chlore l'eau-mère brune d'où le bichlorosalicylate de potasse s'est déposé, la liqueur se décolore, et il se précipite une substance rougeâtre, semblable, pour l'aspect,

---

[1] CAHOURS (1845), *Ann. de Chim. et de Phys.*, [3] XIII, 106.

au sulfurè d'antimoine.. Cette matière cristallise dans l'alcool en petits prismes orangés, et présente la même composition que l'acide bichlorosalicylique.

§ 1614. Le *bichlorosalicylate de méthyle* [1], $C^{14}H^3Cl^2(C^2H^3)O^6$, se produit par l'action du chlore sur le salicylate de méthyle. Le chlore se comporte avec cet éther de la même manière que le brome. Si l'on évite d'employer le chlore en excès, on obtient un composé qui paraît être le chlorosalicylate de méthyle, mais qu'il est difficile d'avoir pur. Un excès de chlore produit le bichlorosalicylate de méthyle. Celui-ci cristallise dans l'alcool bouillant en aiguilles prismatiques incolores, insolubles dans l'eau, solubles dans l'alcool et l'éther, fusibles à 100° environ, et se volatilisant à une température supérieure sans subir d'altération.

Le bichlorosalicylate de méthyle se dissout dans une solution concentrée de potasse caustique; les acides le séparent intact de cette combinaison.

L'ammoniaque finit par le dissoudre entièrement en le transformant en bichlorosalicylamide.

Le chlore, sous l'influence de la lumière solaire, n'attaque pas le bichlorosalicylate de méthyle.

Le *bichlorosalicylate d'éthyle* [2], $C^{14}H^3Cl^2(C^4H^5)O^6$, s'obtient en faisant passer un courant de chlore dans du salicylate d'éthyle, chauffé au bain-marie; sur la fin de la réaction, le produit se prend en masse. On le purifie en l'exprimant entre des doubles de papier joseph, et en lui faisant subir une ou deux cristallisations dans l'alcool. Il se dépose, par le refroidissement, sous la forme de belles tables incolores, douées de beaucoup d'éclat.

Dérivés bromés de l'acide salicylique.

§ 1615. *Acide bromosalicylique* [3], $C^{14}H^5BrO^6$. — Lorsqu'on verse du brome sur l'acide salicylique, la réaction est très-vive, et il se dégage de l'acide bromhydrique; si l'on broie la matière après chaque addition de brome, afin que le contact entre les deux corps soit bien intime, et qu'on arrête l'action avant que tout l'acide salicylique ait été attaqué, on obtient une matière résineuse,

---

[1] Cahours (1844), *Ann. de Chim. et de Phys.*, [3] X, 343.

[2] Cahours (1849), *Ann. de Chim. et de Phys.*, [3] XXVII, 461.

[3] Gerhardt (1842), *Revue scientifique.*, X, 216. — Cahours, *Ann. de Chim. et de Phys.*, [3] XIII, 99.

composée en majeure partie d'acide bromosalicylique. On la lave
d'abord à l'alcool froid, employé en petite quantité, pour enlever
l'acide salicylique qui n'aurait pas été transformé; puis on la fait
cristalliser dans l'alcool bouillant.

Par l'évaporation spontanée, l'acide bromosalicylique se dépose
sous la forme de prismes durs et brillants, très-peu solubles dans
l'eau; l'alcool le dissout assez bien, surtout à chaud; il en est de
même de l'éther. Soumis à la distillation avec un mélange de baryte
caustique et de sable fin, il se dédouble en acide carbonique et en
acide bromophénique :

$$C^{14}H^5BrO^6 = C^2O^4 + C^{12}H^5BrO^2.$$
$$\text{Ac. bromosalicyl.} \qquad \text{Ac. bromophéniq.}$$

L'acide bromosalicylique forme, avec la potasse, la soude et
l'ammoniaque, des sels cristallisables (*bromosalicylates*), qui sont
moins solubles que les salicylates correspondants. Il donne aussi
avec les sels ferriques la même coloration violacée que l'acide salicylique.

§ 1616. Le *bromosalicylate de méthyle*[1] renferme $C^{14}H^4Br(C^2H^3)$
O^6. Le brome, en agissant sur le salicylate de méthyle, donne
naissance à deux produits bien définis, suivant la durée de la
réaction. L'un deux, le bromosalicylate de méthyle, s'obtient en
lamelles ou en prismes doués de beaucoup d'éclat, presque insolubles dans l'eau, et très-solubles dans l'alcool et l'éther. Il
fond à 55°, et peut être sublimé sans altération à une température
plus élevée. Traité par une dissolution froide et concentrée de potasse, il se dissout en produisant une combinaison qui renferme
probablement $C^{14}H^3KBr(C^2H^3)O^6$; si l'on opère à chaud, on obtient
de l'hydrate de méthyle et du bromosalicylate de potasse. Une dissolution concentrée d'ammoniaque l'attaque aussi peu à peu, et le
convertit en bromosalicylamide.

Le *bromosalicylate d'éthyle*[2] paraît se produire par l'action du
brome sur le salicylate d'éthyle. Le brome se comporte avec cet
éther comme avec le salicylate de méthyle; s'il est employé en
quantité insuffisante, il se produit un composé très-soluble dans
l'alcool, cristallisable en fines aiguilles.

§ 1617. *Acide bibromosalicylique*[3], $C^{14}H^4Br^2O^6$. — Cet acide est le

[1] CAHOURS (1844), *Ann. de Chim. et de Phys.*, [3] X, 340.
[2] CAHOURS (1844), *loc. cit.*
[3] CAHOURS (1845), *Ann. de Chim et de Phys.*, [3] XIII, 102.

plus stable des acides salicyliques bromés ; il s'obtient avec facilité
lorsqu'on fait agir sur l'acide salicylique un excès de brome. Il faut
avoir soin de broyer la matière, avant chaque nouvelle addition
de brome, afin que l'attaque soit complète. Dès que la réaction est
terminée, on jette la matière sur un filtre, et on la lave à grande eau.
On la fait ensuite bouillir avec de l'ammoniaque jusqu'à dissolution
complète. On en précipite l'acide bibromosalicylique par l'acide
chlorhydrique.

L'acide bibromosalicylique se dépose ainsi sous la forme d'un
précipité blanc qu'on obtient en prismes courts par la dissolution
dans l'alcool et l'évaporation spontanée.

A l'état de pureté, cet acide est incolore ou d'un jaune très-légèrement rosé ; il est à peine soluble dans l'eau, assez soluble dans
l'alcool, plus soluble encore dans l'éther. Il fond à 150° environ.
Distillé avec un peu de baryte et du sable, il donne une matière
huileuse qui cristallise par le froid.

L'acide sulfurique le dissout à l'aide d'une douce chaleur ; l'eau
le précipite de cette dissolution.

L'acide nitrique à 31 degrés le dissout aisément à chaud ; il se
dégage des vapeurs rutilantes mêlées de brome, et il se dépose par
le refroidissement un acide qui a les caractères de l'acide picrique.

L'acide bibromosalicylique donne avec les bases les *bibromosali-
cylates*.

Les *sels d'ammoniaque* et *de potasse*, *de soude*, sont moins solubles que les bromosalicylates correspondants.

Le *sel de potasse* peut s'obtenir directement avec le salicylate
de potasse. A cet effet, on dissout celui-ci dans l'eau, et on ajoute
le brome à la liqueur goutte à goutte, jusqu'à ce qu'il cesse de se
dissoudre. La solution ne tarde pas à s'échauffer, et, par le refroidissement, elle dépose le bibromosalicylate de potasse à l'état
cristallin. Dissous dans l'alcool, ce sel cristallise en prismes incolores.

§ 1618. Le *bibromosalicylate de méthyle*[1] renferme $C^{14}H^3Br^2$
$(C^2H^3)O^6$. Le bromosalicylate de méthyle mis en contact avec
un excès de brome, donne du bibromosalicylate de méthyle qui
cristallise, dans l'alcool, en prismes assez volumineux, fusibles à
145°, et qui se volatilisent à une température plus élevée. Il est
insoluble dans l'eau, plus soluble dans l'alcool et l'éther, surtout

[1] CAHOURS (1844), *Ann. de Chim. et de Phys.*, [3] X, 341.

à chaud. Il se comporte avec la potasse comme le bromosalicylate de méthyle.

Le bibromosalicylate de méthyle n'est pas attaqué par un excès de brome, sous l'influence directe des rayons solaires.

Le *bibromosalicylate d'éthyle*[1] contient $C^{14}H^3Br^2(C^4H^5)O^6$. Traité par un excès de brome, le salicylate d'éthyle développe de l'acide bromhydrique, et donne du bibromosalicylate d'éthyle. Celui-ci cristallise en larges écailles nacrées, très-peu solubles dans l'alcool froid, assez solubles dans l'alcool bouillant. Il fond à une température assez basse, et se prend, par le refroidissement, en une masse cristalline semblable à une cristallisation de bismuth ; si l'on opère sur 10 à 15 grammes, on obtient ainsi par fusion des cubes d'un grand volume et d'une parfaite netteté. Soumis à l'action d'une chaleur ménagée, il se volatilise presque entièrement sans laisser de résidu.

Il se dissout dans une solution concentrée de potasse caustique ; l'addition d'un acide minéral l'en précipite sans altération.

L'ammoniaque le dissout à la longue en produisant de la bibromosalicylamide.

§ 1619. *Acide tribromosalicylique*[2], $C^{14}H^3Br^3O^6$. — L'acide bibromosalicylique produit l'acide tribromosalicylique par le contact prolongé avec le brome, sous l'influence de l'insolation directe.

L'acide tribromosalicylique se présente sous la forme de petits prismes jaunâtres, très-durs, insolubles dans l'eau, assez solubles dans l'alcool, très-solubles dans l'éther.

L'acide sulfurique concentré le dissout à l'aide d'une douce chaleur. L'acide nitrique l'attaque à l'ébullition, en dégageant du brome et des vapeurs rutilantes, et en produisant une matière cristallisée.

Par la distillation avec de la baryte, l'acide tribromosalicylique donne de l'acide carbonique et de l'acide tribromophénique :

$$C^{14}H^3Br^3O^6 = C^2O^4 + C^{12}H^3Br^3O^2.$$
Ac. tribromosalicyl.   Ac. tribromophén.

L'acide tribromosalicylique forme avec les bases les *tribromosalicylates*.

Les *sels de potasse, de soude* et *d'ammoniaque* sont cristallisables et peu solubles à froid. La solution du sel d'ammoniaque

---

[1] CAHOURS (1844), *Ann. de Chim. et de Phys.*, [3] X, 364.
[2] CAHOURS (1845), *Ann. de Chim. et de Phys.*, [3] XIII, 104.

donne, avec les *sels d'argent,* un précipité orangé, et avec les *sels de plomb* un précipité jaune.

Dérivés nitriques de l'acide salicylique.

§ 1620. *Acide nitrosalicylique*[1], dit aussi acide indigotique ou anilique, $C^{14}H^5(NO^4)O^6 + 2$ aq. — Cet acide a été observé pour la première fois par M. Chevreul parmi les produits de décomposition de l'indigo par l'acide nitrique. Je l'ai obtenu en traitant l'acide salicylique par l'acide nitrique fumant. Ce dernier procédé est le plus avantageux pour la préparation du corps.

Lorsqu'on verse de l'acide nitrique fumant sur l'acide salicylique, la réaction est extrêmement vive, et ce dernier se convertit en une masse rougeâtre et résinoïde. On la lave d'abord à l'eau froide pour enlever l'excédant d'acide nitrique, et on la dissout ensuite dans l'eau bouillante, qui la dépose, par le refroidissement, sous forme d'aiguilles déliées et jaunâtres. — On peut aussi faire cette préparation, en chauffant doucement l'acide salicylique avec de l'acide nitrique très-étendu; la réaction s'établit et s'achève presque aussitôt.

Pour préparer l'acide nitrosalicylique par l'indigo, il faut employer de l'acide nitrique étendu de 10 à 15 fois son poids d'eau. On introduit peu à peu l'indigo dans le liquide bouillant; l'acide nitrosalicylique s'y dépose par le refroidissement, mais il a besoin d'être purifié par de nouvelles cristallisations, et même il faut le transformer en sel de plomb et décomposer celui-ci par l'acide sulfurique.

L'acide nitrosalicylique cristallise en aiguilles incolores ou jaunâtres, et fond aisément en donnant par le refroidissement une masse cristalline composée de tables hexagones; il rougit le tournesol, et se sublime à une douce chaleur. Il est fort peu soluble dans l'eau froide; mais l'eau bouillante et l'alcool le dissolvent aisément. Il cristallise avec 2 atomes (8,94 p. c.) d'eau qu'il perd aisément par la dessiccation.

Sa dissolution se colore en rouge de sang par les sels ferriques.

L'acide nitrique concentré le convertit en acide picrique.

[1] CHEVREUL, *Ann. de Chimie,* LXXII, 131. — BUFF, *Ann. de Chim. et de Phys.,* XXXVII, 160. — DUMAS, *ibid.,* LXIII, 265. *Ann. de Chim. et de Phys.,* [3] II, 227. — GERHARDT, *Revue scientif.,* X, 214. — R. F. MARCHAND, *Journ. f. prakt. Chem.,* XXVI, 385.

Mis en contact avec de l'hydrogène naissant, il se dissout dans l'eau avec une teinte rouge, et dépose au bout de quelque temps des flocons également colorés.

A chaud, une solution de chlorure de chaux transforme l'acide nitrosalicylique en chloropicrine (§ 374).

§ 1621. L'acide nitrosalicylique donne, avec les bases, les *nitrosalicylates*.

Le *sel d'ammoniaque*, $C^{14}H^4(NH^4)(NO^4)O^6$, s'obtient en sursaturant l'acide nitrosalicylique par l'ammoniaque, et abandonnant les liqueurs chaudes et saturées au refroidissement ou à l'évaporation spontanée. Il cristallise alors en belles aiguilles dorées ou orangées.

Le *sel de potasse*, $C^{14}H^4K(NO^4)O^6$, forme des cristaux jaunes, soyeux, peu solubles dans l'eau froide, assez solubles dans l'alcool.

Le *sel de soude* est jaune et fort soluble dans l'eau.

Le *sel de baryte*, $C^{14}H^4Ba(NO^4)O^6 + 4$ aq. (?), s'obtient par le carbonate de baryte et l'acide nitrosalicylique. Il constitue des aiguilles jaunes brillantes, peu solubles dans l'eau froide, insolubles dans l'alcool, et qui dégagent à 200° 12,7 p. c. d'eau de cristallisation.

Un *sous-sel de baryte*, $C^{14}H^4Ba(NO^4)O^6$, $BaO,HO + 4$ aq., s'obtient sous la forme d'une poudre jaune, de la couleur du chromate de plomb, lorsqu'on précipite par l'ammoniaque la solution du sel précédent.

Les *sels de strontiane*, *de chaux et de magnésie* sont jaunes et fort solubles dans l'eau.

Le *sel de fer* (ferricum) forme des aiguilles rouge foncé, presque noires, qui se dissolvent lentement dans l'eau froide avec une couleur rouge de sang. La solution de l'acide nitrosalicylique colore en rouge les sels ferriques.

Le *sel de plomb*, $C^{14}H^4Pb(NO^4)O^6 + $aq., s'obtient par l'acide nitrosalicylique et le carbonate de plomb. On peut aussi le préparer en versant du nitrosalicylate de potasse dans une dissolution chaude d'un sel de plomb ; il se forme ainsi un précipité cristallin très-volumineux, d'un jaune pâle, qui augmente beaucoup par le refroidissement.

Un *sous-sel de plomb*, $C^{14}H^4Pb(NO^4)O^6$, PbO, se produit lorsqu'on traite le sel précédent à chaud par l'ammoniaque liquide ; il constitue une poudre jaune foncé, entièrement insoluble dans l'eau, et contenant 56 p. c. d'oxyde de plomb (Dumas).

Lorsqu'on verse du nitrate neutre de plomb dans une solution bouillante de nitrosalicylate de potasse, le mélange laisse déposer, au bout de quelques instants, des aiguilles très-fines, d'un jaune foncé, insolubles dans l'eau, et contenant 5o p. c. d'oxyde de plomb (Buff).

Le *sel d'argent*, $C^{14}H^4Ag(NO^4)O^6$, s'obtient en décomposant le nitrosalicylate d'ammoniaque par le nitrate d'argent ; le précipité dissous dans l'eau bouillante cristallise aisément en aiguilles couleur paille. Il ne détone pas par la chaleur, mais il donne lieu à des végétations de carbure d'argent très-volumineuses.

Le *sel de mercure* (mercurosum) s'obtient sous la forme d'un précipité jaune clair, lorsqu'on mélange le nitrosalicylate de potasse avec du nitrate de baryte ; ce précipité est insoluble dans l'eau froide, peu soluble dans l'eau bouillante.

§ 1622. Les *éthers nitrosalicyliques* présentent une composition semblable à celle des nitrosalicylates.

Le *nitrosalicylate de méthyle* [1], ou indigotate de méthylène, renferme $C^{14}H^4(C^2H^3)(NO^4)O^6 = C^{16}H^7NO^{10}$. Lorsqu'on traite le salicylate de méthyle par l'acide nitrique fumant, la température s'élève à un tel point que, si l'on n'avait pas soin de refroidir, une partie de la matière serait projetée. Après la réaction, le liquide se prend peu à peu en une masse cristalline de nitrosalicylate de méthyle, qu'on lave à l'eau bouillante pour la faire cristalliser ensuite dans l'alcool.

A l'état de pureté, le nitrosalicylate de méthyle se présente en aiguilles très-fines, d'un blanc légèrement jaunâtre, fusibles à 90°, et se volatilisant en grande partie sans altération par une chaleur ménagée. Il est très-peu soluble dans l'eau ; l'alcool bouillant le dissout aisément. La potasse et la soude le dissolvent très-bien ; l'ammoniaque le transforme à la longue en nitrosalicylamide. Une dissolution bouillante de potasse le convertit en hydrate de méthyle et en nitrosalicylate de potasse.

Si l'on ajoute de l'acide nitrique fumant en léger excès au nitrosalicylate de méthyle, en chauffant légèrement, la liqueur se trouble et des gouttes oléagineuses se déposent au fond du vase ; cette huile se concrète par le refroidissement, se dissout dans l'eau bouillante et cristallise en aiguilles fines et longues, assez solubles

---

[1] CAHOURS (1844), *Ann. de Chim. et de Phys.*, [3] X, 345.

dans l'alcool et l'éther; cette combinaison renferme $C^{14}H^4(C^2H^3)$ $(NO^4)O^6,C^{14}H^3(C^2H^3)(NO^4)^2O^6$, c'est-à-dire les éléments de 1 at. de nitrosalicylate de méthyle et de 1 at. de binitrosalicylate de méthyle; mais, lorsqu'on la décompose par la potasse bouillante, elle donne une solution qui ne rougit pas par les persels de fer et qui ne renferme pas d'acide nitrosalicylique.

Enfin, par une ébullition prolongée avec l'acide nitrique, le nitrosalicylate de méthyle se convertit en acide picrique.

Le *nitrosalicylate d'éthyle*[1], ou éther indigotique, contient $C^{14}H^4$ $(C^4H^5)(NO^4)O^6 = C^{18}H^9NO^{10}$. On le prépare aisément en faisant agir de l'acide nitrique fumant sur le salicylate d'éthyle, par petites portions, et en ayant soin de refroidir le mélange, afin d'éviter une trop brusque élévation de température.

Lorsqu'on étend d'eau la liqueur nitrique, le nitrosalicylate d'éthyle se précipite sous la forme d'une huile pesante qui peut demeurer liquide pendant plusieurs jours; mais si l'on y ajoute quelques gouttes d'ammoniaque, pour saturer l'excès d'acide, l'huile se solidifie à l'instant. Si l'on fait bouillir cette matière avec de l'eau, elle fond; par le refroidissement, le liquide se prend en une masse cristalline. On reprend cette dernière à plusieurs reprises par l'eau bouillante, afin d'éloigner l'acide nitrique excédant, et l'on dissout dans l'alcool bouillant le résidu résinoïde.

Le nitrosalicylate d'éthyle s'obtient en aiguilles jaunâtres.

La potasse et la soude caustique le dissolvent à froid, en produisant des composés correspondant à ceux que donne le salicylate d'éthyle. A la température de l'ébullition, elles le détruisent en produisant de l'alcool et du nitrosalicylate alcalin.

L'ammoniaque liquide ne le dissout pas immédiatement; mais le nitrosalicylate d'éthyle finit par y disparaître, en se transformant en nitrosalicylamide.

§ 1623. *Acide binitrosalicylique*[2], ou nitropopulique, $C^{14}H^4$ $(NO^4)^2O^6$. — Lorsqu'on fait bouillir pendant quelques minutes le binitrosalicylate de méthyle avec une lessive de potasse concentrée, on obtient un produit peu soluble, d'un rouge magnifique, qui est un sous-sel de potasse de l'acide binitrosalicylique. Si l'on traite ce sous-sel par l'acide sulfurique concentré, en évitant de

---

[1] CAHOURS (1844), *Ann. de Chim. et de Phys.*, X, 362.

[2] CAHOURS (1848), *Ann. de Chim. et de Phys.*, [3] XXV, 11. — STENHOUSE, *Ann. der Chem. u. Pharm.*, LXXVIII, 1.

porter la température au delà de 50°, il se forme du sulfate de potasse et de l'acide binitrosalicylique que l'eau froide sépare entièrement de la liqueur sulfurique (Cahours).

L'*extrait aqueux* de certains peupliers (*Populus balsamifera, P. nigra*) donne de l'acide binitrosalicylique, lorsqu'on le met en digestion avec de l'acide nitrique étendu (Stenhouse [1]).

L'acide binitrosalicylique, cristallise dans l'eau bouillante en aiguilles soyeuses presque incolores, ou, par l'évaporation spontanée d'une solution étendue, en petits prismes durs. Il est très-soluble dans l'eau pure, mais il se dissout très-peu à froid dans l'eau renfermant de l'acide sulfurique ou chlorhydrique; il se dissout aisément dans l'alcool et l'éther. Sa saveur est d'abord très-acide, puis astringente, et finalement très-amère. Les solutions communiquent à l'épiderme une couleur jaune persistante. Il fond à une température peu élevée, et se sublime sans altération lorsqu'on le chauffe avec précaution.

Il donne avec les sels ferriques une coloration rouge cerise.

L'acide nitrique concentré et bouillant le convertit promptement en acide picrique. L'acide sulfurique le dissout à une température basse; l'eau l'en sépare sans altération; à chaud, le mélange sulfurique se charbonne.

Un mélange d'acide chlorhydrique et de chlorate de potasse le transforme à chaud en quinone perchlorée.

A froid, la solution du chlorure de chaux ne l'attaque pas; mais, si l'on porte le mélange à l'ébullition, la réaction est très-énergique, et donne lieu à la formation d'une grande quantité de chloropicrine (§ 374).

§ 1624. L'acide binitrosalicylique forme avec les bases les *binitrosalicylates*. Ces sels explosionnent considérablement par la chaleur.

Le *sel d'ammoniaque*, $C^{14}H^3(NH^4)(NO^4)^2O^6$, s'obtient aisément si l'on dissout l'acide binitrosalicylique dans l'ammoniaque; il se dépose par l'évaporation de la liqueur, sous la forme de petites aiguilles d'un beau jaune.

Le *sous-sel de potasse*, $C^{14}H^3K(NO^4)^2O^6$, KO, HO, s'obtient en faisant bouillir une lessive concentrée de potasse avec le binitro-

---

[1] La description que M. Stenhouse donne de son *acide nitropopulique* s'accorde si bien avec les indications de M. Cahours relatives à l'acide binitrosalicylique, que l'identité des deux corps ne me paraît pas douteuse.

salicylate de méthyle. La liqueur devient d'un rouge-brun très-intense, et, par le refroidissement, dépose de belles aiguilles rouges, groupées en étoiles. Projeté sur des charbons ardents, ou sur une plaque suffisamment chauffée, ce sel détone fortement. Il paraît se décomposer complétement par l'ébullition prolongée avec une dissolution concentrée de potasse. Il a donné à l'analyse :

	Cahours [1].		Calcul.
Carbone. . . .	26,2	26,1	26,0
Hydrogène. . .	1,1	1,0	1,2
Potassium. . .	25,0	24,7	24,2

Lorsqu'on traite le sel précédent par un excès d'acide nitrique étendu et bouillant, il dépose le *sel de potasse neutre*, $C^{14}H^3K(NO^4)^2O^6$, sous la forme d'une poudre jaune cristalline, très-peu soluble dans l'eau froide, insoluble dans l'alcool et l'éther, aisément soluble dans une lessive de potasse. Ce sel détone plus faiblement par la chaleur que le sel précédent. Il n'est décomposé par l'acide chlorhydrique que si on le fait longtemps bouillir avec un excès de cet acide.

Le *sel de soude* s'obtient en saturant par le carbonate de soude une solution chaude d'acide binitrosalicylique ; il se dépose, par le refroidissement, sous la forme de petits cristaux aciculaires, ou d'aiguilles jaunes d'un aspect satiné, peu solubles dans l'eau, plus solubles cependant que le sel de potasse.

Le *sel de baryte*, $C^{14}H^3Ba(NO^4)^2O^6$, s'obtient en ajoutant une solution bouillante de baryte caustique à une solution également bouillante d'acide binitrosalicylique ; on continue avec précaution les additions de baryte tant que le précipité se dissout par l'agitation. La liqueur filtrée dépose alors, par le refroidissement, de petits cristaux grenus.

Le *sous-sel de baryte*, $C^{14}H^3Ba(NO^4)^2O^6$, BaO, est le précipité jaune qu'on obtient par l'addition d'un excès d'eau de baryte à l'acide binitrosalicylique ; il est cristallin et très-peu soluble dans l'eau bouillante. Il a donné à l'analyse 41,12 p. c. de baryte.

Le *sel de plomb* est très-peu soluble.

Le *sel d'argent*, $C^{14}H^3Ag(NO^4)^2O^6$, s'obtient en petits grains cristallins, très-peu solubles, lorsqu'on sature une solution étendue et chaude d'acide binitrosalicylique par le carbonate d'argent.

---

[1] M. Cahours représente le sel par les relations $C^{14}H^3K(NO^4)^2O^6$, KO. Calcul : carbone, 26,8 ; hydrog., 1,0 ; potassium, 24,9.

§ 1625. Le *binitrosalicylate de méthyle* [1], ou acide gaulthérique binitré, $C^{14}H^3(C^2H^3)(NO^4)^2O^6 = C^{16}H^6NO^{14}$, s'obtient en laissant tomber goutte à goutte du salicylate de méthyle dans un mélange à parties égales d'acide nitrique et d'acide sulfurique fumants, en ayant soin de refroidir la liqueur par des affusions d'eau froide; on agite jusqu'à ce que la dissolution soit complète, et on laisse les matières en contact pendant quelques minutes. Ensuite on étend le mélange de beaucoup d'eau, et l'on fait dissoudre le précipité dans l'alcool bouillant.

Le binitrosalicylate de méthyle se présente sous la forme d'écailles légèrement jaunâtres. Il fond entre 124 et 125° en un liquide jaune clair, qui se prend, par le refroidissement, en une masse fibreuse; chauffé avec précaution, il se volatilise entièrement sous forme de lamelles très-brillantes. Une chaleur brusque le décompose avec explosion.

A froid il se dissout dans les bases alcalines sans altération, et donne par l'évaporation des sels cristallisables. La potasse concentrée et bouillante le décompose en binitrosalicylate de potasse et en esprit de bois.

L'acide sulfurique, au maximum de concentration, le dissout à l'aide d'une douce chaleur; l'eau l'en reprécipite. Mais, si l'on chauffe à 75 ou 80° le mélange d'acide sulfurique concentré et de binitrosalicylate de méthyle, une réaction vive se manifeste, de l'acide carbonique se dégage en abondance, et la liqueur prend une teinte rouge; l'eau ajoutée alors à la liqueur sulfurique la rend opaline, et laisse déposer, par le refroidissement, des aiguilles jaunes, aisément solubles dans l'eau et l'alcool bouillants. Enfin, si l'on chauffe au delà de 100° le mélange d'acide sulfurique et de binitrosalicylate de méthyle, il se charbonne et dégage de l'acide sulfureux.

L'acide nitrique fumant dissout le binitrosalicylate de méthyle sans altération à la température de 30 ou 40°; mais l'acide nitrique bouillant finit par le transformer en acide picrique.

L'acide chlorhydrique concentré et bouillant, ne le dissout pas mieux que l'eau pure.

L'eau régale le dissout à l'aide d'une douce chaleur; par le refroidissement, la matière se dépose sous la forme de fines aiguilles d'un blanc légèrement jaunâtre.

---

[1] CAHOURS (1849), *Ann. de Chim. et de Phys.*, [3] XXV, 6.

Le binitrosalicylate de méthyle se comporte comme un acide.

Le *sel d'ammoniaque*, $C^{14}H^2(NH^4)(C^2H^3)(NO^4)^2O^6$, s'obtient en dissolvant à chaud le binitrosalicylate de méthyle dans un léger excès d'ammoniaque caustique. Il forme des aiguilles jaunes transparentes, peu solubles dans l'eau froide et très-solubles dans l'eau bouillante ; un acide ajouté à la solution en sépare le binitro-salicylate de méthy'e.

Le *sel d'argent*, $C^{14}H^2Ag(C^2H^3)(NO^4)^2O^6$, s'obtient en versant une dissolution de nitrate d'argent dans une dissolution étendue du sel précédent. C'est une poudre d'un beau jaune, ressemblant au chromate de plomb.

§ 1626. Le *trinitrosalicylate de méthyle*[1] contient $C^{14}H^2(C^2H^3)(NO^4)^3O^6$. Quand on traite par l'alcool bouillant le produit résultant de l'action d'un mélange d'acide sulfurique concentré et d'acide nitrique fumant sur le salicylate de méthyle, et qu'on sépare le dépôt de binitrosalicylate de méthyle, on trouve dans l'eau-mère du trinitrosalicylate de méthyle, cristallisant en tables jaunâtres transparentes. Mais ce produit est toujours accompagné d'acide picrique.

§ 1627. Le *binitrosalicylate d'éthyle*[2], ou éther binitrosalicylique, $C^{14}H^3(C^4H^5)(NO^4)^2O^6 = C^{18}H^8NO^{14}$; s'obtient aisément en dissolvant dans l'alcool absolu l'acide binitrosalicylique et faisant passer dans la solution un courant d'acide chlorhydrique, pendant qu'on la maintient en ébullition. Après avoir, par une douce ébullition, réduit la liqueur alcoolique à la moitié de son volume, on y ajoute de l'eau qui détermine la précipitation d'une huile pesante. Celle-ci ne tarde pas à se concréter ; on la lave et on la fait cristalliser dans l'alcool bouillant.

On peut aussi obtenir le binitrosalicylate d'éthyle en traitant l'éther salicylique par un mélange d'acide nitrique et d'acide sulfurique fumants.

Il se présente sous la forme d'écailles ou de petites tables brillantes, légèrement jaunâtres, un peu solubles dans l'eau, assez solubles dans l'alcool bouillant. Il fond à une température peu élevée, et se prend, par le refroidissement, en une masse formée de cristaux fibreux. Maintenu en fusion pendant quelques minutes, il reste longtemps liquide, et prend, en se solidifiant, l'aspect d'une

---

[1] Cahours, *Ann. de Chim. et de Phys.*, [3] XXV, 20.
[2] Cahours (1849), *Ann. de Chim. et de Phys.*, [3] XXV, 19 ; XXVII, 162.

résine. Il forme des combinaisons cristallisables avec l'ammoniaque, la potasse et la soude. Une lessive concentrée de potasse le décompose en régénérant l'acide binitrosalicylique.

Dérivés sulfuriques de l'acide salicylique.

§ 1628. *Acide sulfosalicylique* [1], $C^{14}H^6O^6$, 2 SO^3 (?). — Si l'on fait arriver sur l'acide salicylique bien sec, réduit en poudre, des vapeurs d'acide sulfurique anhydre, il se réduit en une masse gommeuse que l'eau froide dissout aisément. Il se produit ainsi de l'acide sulfosalicylique, qui donne, avec la plupart des bases, des sels solubles.

CHLORURE DE SALICYLE.

Composition : $C^{14}H^5O^4$, Cl.

§ 1629. Le nom de chlorure de salicyle a été donné improprement à l'hydrure de chlorosalicyle (§ 1576). Le véritable chlorure de salicyle [2] s'obtient lorsqu'on fait réagir le perchlorure de phosphore sur le salicylate de méthyle (huile de gaulthéria); la réaction, très-vive déjà à froid, est accompagnée d'un dégagement d'acide chlorhydrique et de chlorure de méthyle. On chauffe ensuite le mélange à 160° environ pour en chasser une très-petite quantité d'oxychlorure de phosphore [3] produite dans la réaction.

Le chlorure de salicyle se présente alors sous la forme d'un liquide fumant, légèrement coloré. Il s'échauffe au contact de l'eau, en se transformant en acide chlorhydrique et en acide salicylique. L'alcool absolu et l'esprit de bois l'attaquent également avec énergie en produisant du salicylate d'éthyle et de méthyle, ainsi qu'un dégagement d'acide chlorhydrique.

On ne peut pas distiller le chlorure de salicyle sans qu'il s'altère

[1] Cahours, *Ann. de Chim. et de Phys.*, [3] XIII, 92.

[2] Gerhardt (1853), *Compt. rend. de l'Acad.*, XXXVIII, 34.

[3] La quantité, comparativement très-faible, d'oxychlorure de phosphore qu'on recueille ordinairement dans la réaction du perchlorure de phosphore et du salicylate de méthyle, me fait penser qu'il reste du *phosphate de salicyle* dans le chlorure de salicyle. En effet, on obtient toujours un résidu assez considérable, en traitant ce chlorure par l'alcool ou par l'esprit de bois, et en distillant ensuite l'éther ainsi obtenu. On a d'ailleurs :

$$C^{14}H^5(C^2H^3)O^6 + PCl^5 = 4\ C^2H^3Cl + C^{14}H^5O^4Cl + PO^8(C^{14}H^5O^4)^3$$

Salic. de méthyle.　　　　Chlor. de méthyle.　Chlor. de　　Phosph. de salicyle.
　　　　　　　　　　　　　　　　　　　　　　salicyle.

profondément : il se dégage de l'acide chlorhydrique et l'on recueille une huile fumante qui présente les caractères du chlorure de chlorobenzoïle (§ 1546); en même temps on obtient un abondant résidu de charbon.

Il est probable qu'on obtiendrait aussi le chlorure de salicyle par la réaction de l'acide salicylique et du perchlorure de phosphore, si, au lieu de distiller le mélange, on se bornait à le traiter comme le salicylate de méthyle.

AZOTURES DE SALICYLE.

Syn. : amides salicyliques.

§ 1630. Les amides salicyliques représentent de l'ammoniaque renfermant du salicyle en substitution à de l'hydrogène :

Azoture de salicyle et d'hydrogène, ou salicylamide. . . . . $C^{14}H^7NO^4 \quad = N \begin{cases} C^{14}H^5O^4 \\ H \\ H. \end{cases}$

Azoture de salicyle, de benzoïle et d'hydrogène, ou benzoïl-salicylamide. . . . . $C^{28}H^{11}NO^6 \quad = N \begin{cases} C^{14}H^5O^4 \\ C^{14}H^5O^2 \\ H. \end{cases}$

Azoture de salicyle, de benzoïle et d'argent. . . . . $C^{28}H^{10}AgNO^6 \quad = N \begin{cases} C^{14}H^5O^4 \\ C^{14}H^5O^2 \\ Ag. \end{cases}$

Azoture de salicyle, de cumyle, et d'hydrogène. . . . . $C^{34}H^{17}NO^6 \quad = N \begin{cases} C^{14}H^5O^4 \\ C^{20}H^{11}O^2 \\ H. \end{cases}$

Toutes ces amides s'obtiennent par double décomposition.

§ 1631. AZOTURE DE SALICYLE ET D'HYDROGÈNE[1], ou salicylamide, $C^{14}H^7NO^4$. — Lorsqu'on place dans un flacon 1 vol. de salicylate de méthyle et 5 ou 6 vol. d'une dissolution d'ammoniaque aqueuse et concentrée, on voit l'éther disparaître peu à peu ; la dissolution est complète au bout de quelques jours. On évapore le liquide à siccité, et on le soumet à la distillation. Il passe alors une huile qui se condense en une masse cristalline d'un jaune de soufre. On purifie ce produit par la cristallisation dans l'éther.

La salicylamide est à peine soluble dans l'eau froide, beaucoup

[1] CAHOURS (1844), Ann. de Chim. et de Phys., [3] X, 349. — MUSPRATT et HOFMANN, Ann. der Chem. u. Pharm., LIII, 228.

plus soluble dans l'eau bouillante, qui l'abandonne, par le refroidissement, sous forme de longues aiguilles; elle est encore plus
soluble dans l'alcool et l'éther. Elle rougit assez fortement le tournesol, possède une odeur aromatique particulière qui se rapproche
beaucoup de la réglisse anisée, et se volatilise, sous l'influence
d'une chaleur ménagée, sans éprouver de décomposition sensible.

Quand on fait passer doucement les vapeurs de salicylamide sur
de la chaux chauffée au rouge, il passe une grande quantité d'ammoniaque et une matière huileuse, tandis que le tube se remplit de
charbon. La matière huileuse présente les réactions caractéris-
tiques de l'aniline; toutefois elle se compose en plus grande partie
d'acide phénique.

Traitée par l'acide nitrique fumant, la salicylamide donne de la
nitrosalicylamide. Le chlore et le brome l'attaquent également.

Sous l'influence des acides ou des alcalis forts et employés en
excès, elle se décompose en acide salicylique et en ammoniaque.

§ 1632. *Azoture de salicyle, de benzoïle et d'hydrogène*[1], ou
benzoïl-salicylamide, $C^{28}H^{11}NO^6$. — Ce corps se produit par la
réaction du chlorure de benzoïle et de la salicylamide, chauffés
ensemble entre 120 et 145°, par atomes égaux, tant qu'il se dégage de l'acide chlorhydrique. Le produit reste longtemps liquide
et visqueux après le refroidissement, mais il devient cristallin
dès qu'on y verse quelques gouttes d'alcool ou d'éther. On le lave
ensuite avec un peu d'éther, et on le fait cristalliser dans l'alcool
bouillant.

La benzoïl-salicylamide est bien moins soluble dans ce liquide
que la salicylamide, et se dépose, par le refroidissement, sous la
forme de flocons, composés d'aiguilles extrêmement ténues.

Elle est fort soluble dans l'ammoniaque; la solution perd de
l'ammoniaque par l'évaporation, en précipitant de la benzoïl-salicylamide. La solution ammoniacale précipite en jaune citroné clair
le nitrate d'argent et l'acétate de plomb; elle précipite en bleu clair
le sulfate de cuivre.

Si l'on fait fondre la benzoïl-salicylamide, elle reste longtemps
résinoïde et gluante après le refroidissement. La masse, traitée
par l'ammoniaque bouillante, ne se dissout plus entièrement, mais
elle laisse un résidu jaune; celui-ci se dissout aisément dans l'al-

<hr>

[1] GERHARDT et CHIOZZA (1853), *Compt. rend. de l'Acad.* XXXVII, 86.

cool, en donnant une solution jaune qui cristallise, par la concentration, en petites aiguilles très-solubles dans l'alcool; l'acide chlorhydrique décolore la solution alcoolique. Ces cristaux jaunes paraissent être un sel d'ammoniaque.

La benzoïl-salicylamide est attaquée par le chlorure de benzoïle; le produit cristallise, mais l'eau et l'alcool paraissent le reconvertir en benzoïl-salicylamide; l'éther le dissout mal.

L'azoture de salicyle, de benzoïle et d'argent est le précipité jaune que le nitrate d'argent produit avec l'amide précédente. Ce précipité s'échauffe considérablement au contact du chlorure de benzoïle; le produit est visqueux, et, dans cet état, se dissout aisément dans l'alcool, en laissant du chlorure d'argent.

Azoture de salicyle, de cumyle et d'hydrogène[1], ou cumyl-salicylamide, $C^{34}H^{17}NO^6$. — La réaction du chlorure de cumyle sur le salicylamide est entièrement semblable à celle du chlorure de benzoïle. Le produit reste longtemps visqueux; mais il cristallise en s'échauffant, si l'on y verse un peu d'alcool. (La modification visqueuse se dissout à froid dans l'alcool, mais peu à peu elle s'y précipite à l'état cristallin.) La cumyl-salicylamide se dépose dans l'alcool bouillant, sous la forme d'aiguilles extrêmement ténues.

Dérivés nitriques des azotures de salicyle.

§ 1633. *Azoture de nitrosalicyle et d'hydrogène*[2], nitrosalicylamide ou anilamide, $C^{14}H^6(NO^4)NO^4$. — Le nitrosalicylate de méthyle étant mis en digestion avec de l'ammoniaque liquide, dans un vase fermé, disparaît peu à peu, tandis que la liqueur ammoniacale prend une teinte rouge-orangé. La dissolution est complète au bout de quelques semaines; on l'évapore à un feu doux, on précipite par un acide, et on fait cristalliser le précipité dans l'alcool.

La nitrosalicylamide s'obtient en cristaux jaunes, très-brillants, volatils en partie sans décomposition, solubles dans l'eau bouillante, dans l'alcool et dans l'éther; la solution aqueuse colore en rouge-cerise les persels de fer.

Elle se dissout aisément à froid dans l'ammoniaque, la potasse et la soude; les acides la précipitent de ces solutions.

<hr>

[1] GERHARDT et CHIOZZA, *loc. cit.*
[2] CAHOURS (1844), *Ann. de Chim. et de Phys.*, [3] X, 352.

La potasse caustique la convertit, par l'ébullition, en nitrosalicylate de potasse et en ammoniaque.

APPENDICE. COMBINAISONS COUMARIQUES.

§ 1634. Nous rattacherons aux combinaisons salicyliques la
coumarine et quelques dérivés, attendu qu'on peut transformer
ceux-ci en acide salicylique.

§ 1635. COUMARINE [1], $C^{18}H^6O^4$. — Cette substance, dont M. Guibourt a le premier su distinguer la nature particulière, a été analysée et étudiée par J. Delalande. Elle se rencontre particulièrement dans les fèves de tonka (*Dipterix odorata*, Willdr.); Guillemette [2] l'a trouvée dans les fleurs de mélilot (*Melilotus officinalis*);
M. Kossmann, dans l'aspérule odorante (*Asperula odorata*);
M. Bleibtreu, dans les fleurs d'*Anthoxanthum odoratum*; M. Gobley, dans les feuilles de faham, espèce d'orchidée (*Angraecum fra-
grans*) de Saint-Maurice. Dans toutes ces plantes, la coumarine
avait été prise d'abord pour de l'acide benzoïque.

L'extraction de la coumarine contenue dans les fèves de tonka
se fait aisément par l'alcool fort; l'extrait sirupeux qui reste,
après l'éloignement de l'alcool par la distillation, se prend en une
masse cristalline qu'on purifie à l'aide du charbon animal. On en
sépare ainsi une huile grasse qui se trouve en grande quantité
dans la fève. Cette huile (qui est incolore, sans odeur particulière,
soluble dans l'éther, insoluble dans l'alcool et l'eau) dissout beaucoup de coumarine.

A l'état de pureté, la coumarine est incolore; elle se présente
soit en petites lames rectangulaires, soit en gros prismes dont les
pans sont un peu arrondis; ces cristaux appartiennent probablement au système rhombique [3]. (Combinaison observée, $\infty P . \bar{P} \infty$
avec $\infty \bar{P} \infty$ prédominant; inclinaison des faces, $\infty \bar{P} \infty : \bar{P} \infty =$
100° environ, $\infty P : \bar{P} \infty = 104°,5$ environ; valeurs des axes, $a : b :
c : : 0,364 : 1 : 1,035$.)

---

[1] GUIBOURT, *Histoire des drogues simples.* — BOULLAY et BOUTRON-CHARLARD,
Journ. de Pharm., XI, 480. — DELALANDE, *Ann. de Chim. et de Phys.*, [3] VI, 343.
— BLEIBTREU, *Ann. der Chem. u. Pharm.*, LIX, 177.

[2] GUILLEMETTE, *Journ. de Pharm.*, 1835, p. 172. — KOSSMANN, *ibid.*, [3] V, 393.
GOBLEY, *Journ. de Pharm.*, [3] XVII, 348.

[3] DE LA PROVOSTAYE, *Ann. de Chim. et de Phys.*, [3] VI, 352.

L'analyse de la coumarine a donné les résultats suivants :

	Delalande.		Bleibtreu.			Calcul.
Carbone. . .	72,9	72,6	73,6	73,97	73,72	73,97
Hydrogène. .	4,4	4,7	4,3	4,29	4,18	4,11
Oxygène. . .	»	»	»	»	»	21,92
						100,00

La coumarine fond à 50°, et bout à 270°, sans s'altérer sensiblement. Elle possède une odeur aromatique très-agréable et une saveur brûlante ; sa vapeur exerce une action très-énergique sur le cerveau. Ses cristaux sont durs et craquent sous la dent.

Elle est à peine soluble dans l'eau froide ; l'eau bouillante en dissout une assez grande quantité, qu'elle abandonne, par le refroidissement, en aiguilles très-fines.

Elle se dissout sans altération dans les acides étendus, même bouillants. L'acide sulfurique concentré la charbonne sur-le-champ. L'acide nitrique concentré la convertit en nitrocoumarine ; par une ébullition prolongée, il la transforme en acide picrique.

Elle se dissout aisément dans la potasse, en donnant une *solution* jaune d'où les acides la précipitent sans altération. Mais si on la chauffe avec une lessive fort concentrée à laquelle on a ajouté quelques fragments de potasse solide, la coumarine se transforme, et si l'on sursature alors la liqueur par de l'acide chlorhydrique, il se précipite de l'acide coumarique :

$$C^{18}H^{6}O^{4} + 2\,HO = C^{18}H^{8}O^{6}.$$

Coumarine.   Ac. coumariq.

Cette métamorphose s'effectue sans dégagement d'hydrogène ; ce gaz ne se développe que par l'effet d'une action secondaire, lorsque l'acide coumarique lui-même se convertit en acide salicylique.

La coumarine ne précipite pas l'acétate de plomb.

Le chlore et le brome agissent sur elle en donnant des composés blancs cristallisés ; l'iode en dissolution alcoolique la transforme en une matière cristalline, d'un vert bronzé, avec un reflet doré.

Lorsqu'on chauffe la coumarine avec une solution de perchlorure d'antimoine dans l'acide chlorhydrique, il se dégage du gaz, et, par le refroidissement, il se dépose une matière cristalline d'un jaune serin. Ce produit (*chlorantimoniure de coumarine* de Delalande et de la coumarine, $C^{18}H^{6}O^{4}$, $SbCl^{3}$?) renferme les éléments du protochlorure d'antimoine ; il a donné à l'analyse :

Delalande.

Carbone. . . .	33,2	35,0	»
Hydrogène. . .	2,8	2,5	2,5
Chlore.	34,0	»	»
Antimoine. . .	22,4	»	»

Traité par l'eau, le composé précédent commence par se liquéfier, puis, au bout de quelque temps, on aperçoit dans la liqueur
une poudre blanche et de petites aiguilles soyeuses qui paraissent
être de la coumarine.

§ 1636. *Nitrocoumarine*[1], $C^{18}H^5(NO^4)O^4$. — Si l'on projette peu
à peu la coumarine à froid dans de l'acide nitrique fumant, elle s'y
dissout presque instantanément, sans dégagement de gaz. Par l'addition d'une grande quantité d'eau, il se dépose une matière floconneuse, blanche comme de la neige.

Ce produit fond à 170°, et se sublime, sans se décomposer, à une
température plus élevée, en donnant des cristaux nacrés. Il se dissout dans l'alcool bouillant, et y cristallise en petites aiguilles blanches et soyeuses.

La potasse caustique le colore à froid en rouge-foncé et le
dissout ; les acides reprécipitent de la solution la nitrocoumarine
non altérée ; si on la chauffe, elle développe de l'ammoniaque, et
se fonce de plus en plus. Une solution alcoolique de potasse ne
paraît pas altérer la nitrocoumarine à l'ébullition.

La nitrocoumarine se dissout aussi dans l'ammoniaque ; la solution donne avec l'acétate de plomb et avec le nitrate d'argent des
précipités orangés. M. Bleibtreu a trouvé dans la combinaison
plombique, 62,27 pour 100 d'oxyde de plomb, et dans celle d'argent 53,97 pour 100 d'oxyde d'argent. Il considère ces précipités
comme des combinaisons de nitrocoumarine avec les oxydes correspondants. Il se pourrait toutefois que ce fussent les sels d'un
acide nitrocoumarique, assez peu stable pour se décomposer, au moment d'être mis en liberté, en eau et en coumarine.

§ 1637. *Acide coumarique*[2], $C^{18}H^8O^6$. — Pour préparer cet
acide, on fait bouillir la coumarine avec une lessive de potasse
fort concentrée, à laquelle, au besoin, on a ajouté quelques fragments de potasse ; on étend d'eau, et l'on précipite par l'acide chlorhydrique.

---

[1] DELALANDE (1842), *loc. cit.* — BLEIBTREU, *loc. cit.*
[2] DELALANDE (1842), *loc. cit.* — BLEIBTREU, *loc. cit.*

L'acide coumarique se précipite en lamelles transparentes qui possèdent un grand éclat, et se distinguent aisément de la coumarine, en ce que cette dernière cristallise dans les mêmes circonstances en aiguilles blanches et soyeuses.

Il se dissout aisément dans l'alcool et l'éther ; dissous dans l'eau bouillante, il donne, par le refroidissement, des cristaux incolores et cassants. Sa réaction acide est fort prononcée ; il déplace le gaz carbonique des carbonates. Il a une saveur amère.

Il fond à environ 190° ; à une chaleur plus élevée, il se décompose en partie en donnant un sublimé cristallisé et en laissant un résidu brun. A la distillation, il donne une huile qui semble se combiner avec la potasse, et qui rougit les sels ferriques.

A l'état de pureté, il ne colore pas en violet les sels ferriques.

Lorsqu'on le fait fondre avec de la potasse, il se dégage de l'hydrogène, et se transforme en un mélange de salicylate et, à ce qu'il paraît, d'acétate de potasse[1] :

$$C^{18}H^7O^6 + 2(KO, HO) = C^{14}H^5KO^6 + C^4H^3KO^4 + H^2.$$

Ac. coumariq.　　　　　　　Salicyl. de potasse. Acét. de pot.

§ 1638. Les *coumarates métalliques* renferment $C^{18}H^7MO^6$.

Le *coumarate d'ammoniaque* ne précipite pas les sels de baryte.

Le *coumarate de plomb* est un précipité blanc, pulvérulent et insoluble dans l'eau.

Le *coumarate d'argent*, $C^{18}H^7AgO^6$, est un précipité pulvérulent d'un jaune clair ; précipité en présence d'un excès d'ammoniaque, il est orangé et floconneux.

V.

GROUPE ANISIQUE.

§ 1639. Dans les composés anisiques on voit figurer le radical *anisyle* $C^{16}H^7O^4$, qui représente du salicyle dans lequel 1 atome d'hydrogène est remplacé par du méthyle :

Salicyle. . . $C^{14}H^5O^4$,

Anisyle . . . $C^{14}H^4(C^2H^3)O^4$.

L'acide anisique, en effet, est isomère du salicylate de méthyle, et se convertit comme cet éther en phénate de méthyle (anisol), sous l'influence de la baryte caustique (§ 1381). Cette réaction rattache le groupe anisique au groupe phénique. On ne connaît

[1] CHIOZZA, *Ann. de Chim. et de Phys.*, [3] XXXIX, 440.

pas les relations que le groupe anisique présente avec les autres groupes sériés.

Les principaux termes du groupe anisique sont :

$$\text{Hydrure d'anisyle.} \quad C^{16}H^8O^4 \quad = \quad C^{16}H^7O^4 \Big\} \atop H \Big\}$$

$$\text{Acide anisique.} \quad C^{16}H^8O^6 \quad = \quad C^{16}H^7O^4.O \Big\} \atop HO \Big\}$$

$$\text{Chlorure d'anisyle.} \quad C^{16}H^7O^4Cl \quad = \quad C^{16}H^7O^4 \Big\} \atop Cl \Big\}$$

$$\text{Bromure d'anisyle.} \quad C^{16}H^7O^4Br \quad = \quad C^{16}H^7O^4 \Big\} \atop Br \Big\}$$

$$\text{Azoture d'anisyle et d'hydrogène,} \atop \text{ou anisamide.} \quad C^{16}H^9NO^4 = N \begin{cases} C^{16}H^7O^4 \\ H \\ H \end{cases}$$

Les essences d'anis, de fenouil et d'estragon sont les matières premières avec lesquelles on obtient les composés précédents.

HYDRURE D'ANISYLE.

Composition : $C^{16}H^8O^4 = C^{16}H^7O^4, H$.

§ 1640. Quand on fait agir de l'acide nitrique faible sur l'essence d'anis, il se produit, au commencement de la réaction, une huile pesante, de couleur rougeâtre, qui est un mélange d'hydrure d'anisyle[1] et d'acide anisique; on soumet cette huile, après l'avoir convenablement lavée, à une distillation ménagée, et on en sépare l'acide anisique en l'agitant avec une lessive faible de potasse, qui dissout ce dernier.

La formation de l'hydrure d'anisyle par l'essence d'anis se conçoit aisément, si l'on considère qu'elle est toujours accompagnée de celle de l'acide oxalique; on a dès lors :

$$C^{20}H^{12}O^4 + 6 O^2 = C^{16}H^8O^4 + C^4H^2O^8 + 2 HO.$$
$$\text{Ess. d'anis.} \qquad\qquad \text{Hydr. d'anisyle.} \quad \text{Ac. oxaliq.}$$

L'hydrure d'anisyle pur est un liquide pesant dont la densité est de 1,09; il est d'une couleur ambrée et présente une odeur aromatique qui ressemble à celle du foin; il bout entre 253 et 255°. L'eau n'en dissout qu'une faible proportion, mais l'alcool et l'éther le dissolvent aisément.

[1] Cahours (1845), *Ann. de Chim. et de Phys.*, [3] XIV, 484; XXIII, 354.

La potasse concentrée ne le dissout pas à froid, mais elle le dissout par une ébullition prolongée. La potasse sèche l'attaque avec dégagement d'hydrogène et le convertit en anisate.

L'acide sulfurique concentré le dissout en se colorant en rouge foncé ; l'eau le précipite de cette dissolution. Le contact de l'air le transforme peu à peu en acide anisique ; l'acide nitrique faible détermine la même transformation. L'acide nitrique fumant transforme l'hydrure d'anisyle en un produit cristallisable.

Le chlore et le brome l'attaquent vivement, en produisant des corps dérivés par substitution.

Le perchlorure de phosphore attaque vivement l'hydrure d'anisyle, en dégageant beaucoup de gaz ; le mélange s'épaissit, et l'on ne peut condenser qu'une très-faible quantité de produits liquides ; bientôt le résidu se prend en une masse noire et poisseuse. Le liquide condensé renferme de l'oxychlorure de phosphore et une huile neutre, d'une forte odeur térébenthinée.

L'ammoniaque caustique le convertit, par un contact prolongé, en anishydramide ou hydrure d'azoanisyle (§ 1642).

§ 1641. *Essences d'anis, de fenouil, de badiane, d'estragon, et isomères*, $C^{20}H^{12}O^{2}$. — Les huiles essentielles qu'on extrait de l'anis (*Pimpinella Anisum*), du fenouil (*Anethum fœniculum*), de la badiane ou anis étoilé (*Illicium anisatum*), et de l'estragon (*Artemisia Dracunculus*), renferment un principe oxygéné, susceptible de se convertir en hydrure d'anisyle par l'oxydation.

Ces huiles essentielles offrent de légères différences dans quelques caractères physiques ; ainsi l'essence d'anis et l'essence de fenouil se concrètent presque entièrement par le froid, tandis que les autres essences résistent à un froid bien plus intense avant de devenir solides ; de plus, l'odeur de ces essences n'est pas tout à fait la même. Il est vrai qu'elles renferment des quantités variables d'un hydrocarbure, ayant la même composition que l'essence de térébenthine.

Mélangé avec de l'acide sulfurique concentré ou avec certains chlorures, le principe oxygéné de ces huiles essentielles s'y unit en se colorant en rouge, et l'eau décompose le produit en séparant une nouvelle modification isomère (*anisoïne*), sous la forme de caillots blancs et résinoïdes.

Quand on distille le principe oxygéné avec du chlorure de zinc, il passe une autre modification isomère, liquide, dont l'odeur est la même pour les quatre essences, et qui a la propriété de se dissoudre dans l'acide sulfurique concentré en produisant une combinaison conjuguée.

α. Essences d'anis, de fenouil, et de badiane[1]. Suivant les observations de M. Cahours, l'essence d'anis brute du commerce renferme plus des $\frac{4}{5}$ de matière solide. On exprime celle-ci entre des doubles de papier joseph, jusqu'à ce qu'ils cessent d'être tachés, puis on la fait cristalliser à plusieurs reprises dans de l'alcool de 0,85. On obtient ainsi des lamelles douées de beaucoup d'éclat, d'une densité à peu près égale à celle de l'eau, d'une odeur d'anis beaucoup plus faible et plus agréable que celle de l'huile brute. Cette matière est très-friable, surtout à 0°, entre en fusion vers 18°, et bout à 222° en se volatilisant complétement; toutefois elle jaunit un peu. La densité de sa vapeur, prise à 338°, a été trouvée de 5,19 = 4 volumes pour la formule $C^{20}H^{12}O^2$; elle est plus forte à des températures plus basses.

Exposée à l'air à l'état solide, elle n'éprouve pas d'altération; mais, si elle y est maintenue à l'état liquide, elle s'altère peu à peu, et finit par perdre la propriété de cristalliser, et même par se résinifier complétement.

L'essence d'anis concrète absorbe l'acide chlorhydrique gazeux en produisant une combinaison $C^{20}H^{12}O^2$, H Cl, renfermant 19,80 p. c. d'acide chlorhydrique.

Lorsqu'on agite cette essence avec de petites quantités d'acide sulfurique concentré, elle s'échauffe beaucoup en se colorant en rouge; l'eau décolore le produit en mettant en liberté la modification que nous décrirons plus bas sous le nom d'*anisoïne*. L'acide phosphorique, le protochlorure d'antimoine, le bichlorure d'étain, se comportent de la même manière.

L'acide nitrique, en agissant sur l'essence d'anis, fournit, suivant son degré de concentration, de l'hydrure d'anisyle, de l'acide anisique ou nitranisique, et de l'acide oxalique. Ordinairement on obtient aussi une matière résinoïde et jaune, la *nitraniside*, paraissant renfermer $C^{20}H^{10}(NO^4)^2O^2$ (?). Cette substance fond à 100° environ, et se décompose entièrement à la distillation. La potasse caustique la transforme en une matière noire, en dégageant beaucoup d'ammoniaque. M. Cahours a trouvé dans la nitraniside :

[1]. CAHOURS, *Ann. de Chim. et de Phys.*, [3] II, 274. *Compt. rend. de l'Acad.*, XX, 53. — GERHARDT, *Compt. rend. des trav. de Chim.* 1845, p. 65.

	Analyses.				Calcul.
Carbone. . .	52,09	52,26	51,61	53,54	50,35
Hydrogène. .	4,69	4,63	4,28	4,56	4,19
Azote. . . .	11,25	»	»	»	11,87
Oxygène. . .	»	»	»	»	33,59
					100,00

Lorsqu'on distille l'essence d'anis ou de fenouil avec un mélange de bichromate de potasse et d'acide sulfurique, on obtient
de l'acide anisique et de l'acide acétique [1]. L'essence de badiane paraît
donner les mêmes produits.

Les alcalis caustiques, en dissolution concentrée et bouillante,
n'exercent aucune action sur l'essence d'anis ; mais si on la chauffe
avec de la chaux potassée, dans un tube scellé à la lampe, à la
température à laquelle l'essence entre en ébullition, il se produit
une petite quantité d'un acide particulier qui paraît être isomère de
l'acide cuminique (Gerhardt).

Quand on fait arriver du chlore dans l'essence d'anis, ce gaz est
rapidement absorbé ; il se dégage beaucoup de chaleur et d'abondantes vapeurs d'acide chorhydrique. Si l'on analyse les produits
de la réaction à différentes époques, on trouve qu'ils renferment
d'autant plus de chlore que la matière a été plus longtemps soumise
à l'action de ce gaz. Le produit trichloré $C^{20}H^{9}Cl^{3}O^{2}$ est incolore,
possède une consistance sirupeuse à froid, et se décompose complétement par la distillation ; si on le soumet à chaud à l'action du
chlore, il donne des produits encore plus chlorés.

Voici les résultats obtenus par M. Cahours à l'analyse de ces
produits :

| | $C^{20}H^{9}Cl^{3}O^{2}$. | | | $C^{20}H^{7'''}Cl^{4'''}O^{2}$. | |
	Analyse.		Calcul.	Analyse.	Calcul.
Carbone.	47,82	47,62	47,76	39,93	39,63
Hydrogène.	3,70	3,62	3,58	2,75	2,47
Chlore.	41,92	»	42,28	52,14	52,61
Oxygène	»	»	6,38	»	5,26
			100,00		100,00

Lorsqu'on verse peu à peu du brome sur l'essence d'anis, le mélange s'échauffe en dégageant beaucoup d'acide bromhydrique ; il
se prend en masse si l'on emploie un excès de brome et qu'on l'a-

---

[1] Hempel, *Ann. der Chem. u. Pharm.*, LIX, 104.

bandonne au repos. On traite le produit à froid par un peu d'éther, afin d'enlever une certaine quantité d'une huile bromée, et on le fait cristalliser ensuite dans l'éther bouillant.

Le *bromanisal*, $C^{20}H^9Br^3O^2$, s'obtient ainsi en cristaux assez volumineux qui possèdent beaucoup d'éclat; il est sans odeur, craque sous la dent, et ne se dissout pas dans l'eau. Il est fort peu soluble dans l'alcool. Une température un peu supérieure à 100° suffit pour l'altérer ; à la distillation, il se détruit d'une manière complète en développant de l'acide bromhydrique. Un excès de brome ne paraît pas réagir sur lui.

Lorsqu'on sature d'iode une solution concentrée et froide d'iodure de potassium, et qu'on y ajoute goutte à goutte de l'essence d'anis ou de fenouil, il se produit un magma épais qui dépose, par l'addition d'une grande quantité d'alcool, un corps pulvérulent, devenant entièrement blanc par les lavages. MM. Will et Rhodius[1] y ont trouvé :

Carbone. . . 77,9   78,0   77,68   77,20
Hydrogène. .   8,2   8,5   8,5

Ces chimistes traduisent les nombres précédents par la formule $C^{30}H^{36}O^4$, qui me paraît inacceptable. Je crois que le corps est identique à l'anisoïne. Lorsqu'on le chauffe à 100°, pendant qu'on y fait passer du chlore, on obtient un produit renfermant :

	Produit de l'essence d'anis.	Produit de l'essence de fenouil.
Carbone	52,7	51,5
Hydrogène	4,7	4,8
Chlore	31,9	32,7

Ces analyses paraissent avoir été faites sur une substance non homogène.

β. Essence d'estragon[2]. Elle se compose en grande partie d'une huile, isomère de l'essence d'anis concrète, et qui se comporte comme elle sous l'influence de l'acide nitrique, de l'acide sulfurique, et des chlorures.

La proportion de l'hydrogène carboné contenu dans l'essence d'estragon est très-faible : aussi l'essence brute bout seulement vers 200°, et ce point s'élève peu à peu à 206°, où il reste stationnaire. Sa densité à l'état liquide est de 0,945 ; à l'état de vapeur elle a été trouvée égale à 6,157 pour la température de 230° (Laurent).

[1] Will et Rhodius, *Ann. der Chem. u. Pharm.*, LXV, 230.
[2] Laurent, *Revue scientif.*, X, 6. — Gerhardt, *loc. cit.*

Lorsqu'on fait passer du chlore dans l'essence d'estragon, il se dégage de la chaleur et des vapeurs acides, et l'on obtient une huile qui devient de plus en plus épaisse. Un de ces produits (*chlorure de draconyle*) ayant la consistance de la térébenthine a donné à l'analyse des résultats qui semblent conduire aux rapports $C^{20}H^{10}Cl^2O^2$, Cl^2.

	Laurent.	Calcul.
Carbone. . .	39,90	41,7
Hydrogène. .	3,50	3,4
Chlore. . . .	»	49,2

Traitée par la potasse alcoolique, cette matière a donné une huile épaisse (*chlorodraconyle*) contenant 42,5 carbone et 3,4 hydrogène. Est-ce le corps précédent moins les éléments de l'acide chlorhydrique ? Il faudrait des expériences nouvelles pour éclaircir ce point.

γ. Essence de fenouil amer[1]. Cette essence se compose de deux principes huileux, dont l'un, le moins volatil, peut s'obtenir assez facilement à l'état de pureté à l'aide de la distillation.

C'est une huile ayant la même composition que l'essence d'anis concrète, mais qui est encore liquide à la température de — 10°. Sa densité est un peu moindre que celle de l'eau. Elle entre en ébullition vers 225°.

Traitée par l'acide nitrique, elle donne les mêmes produits que l'essence d'anis concrète. Avec le brome, elle a donné un produit liquide et visqueux, difficile à purifier.

La partie la plus volatile de l'essence de fenouil amer paraît avoir la composition de l'essence de térébenthine. Elle bout vers 190°. Lorsqu'on y fait arriver un courant de bioxyde d'azote elle s'épaissit, se trouble, et l'alcool de 0,80 y détermine la précipitation d'une matière blanche, soyeuse, qu'on purifie par des lavages réitérés à l'aide de ce véhicule. Cette matière est solide, blanche, cristallisée en fines aiguilles. Elle s'altère à 100°, jaunit, et se détruit complétement à une température plus élevée. Elle est à peine soluble dans l'alcool de 0,80, un peu plus soluble dans l'alcool absolu, plus soluble encore dans l'éther, soluble dans une solution concentrée de potasse caustique; les acides la précipitent de cette dernière dissolution.

[1] CAHOURS, *loc. cit.*

Elle renferme : 3 C²⁰H¹⁶, 8 NO².

	Cahours.		Calcul.
Carbone. . . .	55,32	55,49	55,55
Hydrogène. . .	7,35	7,46	7,40
Azote.	17,19	»	17,28
Oxygène. . . .	»	»	19,77
			100,00

Voici quelques réactions [1] de cette substance :

Chauffée dans un tube avec de la soude, elle dégage de l'ammoniaque, une huile ayant l'odeur du pétrole, et un gaz irritant les yeux.

Traitée à froid par le sulfhydrate d'ammoniaque, puis par un acide, elle donne un précipité explosionnant légèrement par la chaleur; la liqueur filtrée précipite abondamment en bleu les sels ferriques. Bouillie avec du sulfhydrate d'ammoniaque, elle se dissout en donnant une liqueur brune, avec dépôt de soufre; en même temps il se dégage une forte odeur d'essence d'amandes amères.

Elle n'est que très-peu attaquée par l'ébullition avec de l'hyposulfite de soude.

δ. Anisoïne [2]. Lorsqu'on verse du bichlorure d'étain sur l'essence d'anis ou d'estragon, elle s'épaissit immédiatement, et fournit une masse poisseuse et rouge dans laquelle on aperçoit quelques aiguilles cristallines. Cette combinaison se détruit par l'eau, l'alcool, l'éther et l'esprit de bois. On la délaye dans l'eau, qui en précipite l'anisoïne qu'on dissout ensuite dans l'éther bouillant.

On peut aussi obtenir l'anisoïne au moyen du protochlorure d'antimoine. A cet effet, on dissout ce chlorure dans l'essence, en chauffant tant qu'elle en prend, en se colorant en rouge. Ensuite on fait bouillir la masse pendant quelques minutes avec beaucoup d'eau; elle devient ainsi tout à fait blanche, et se dépose au fond du ballon. On recueille ce dépôt sur un filtre, et, après l'avoir bien lavé, on l'exprime entre des doubles de papier joseph ; il présente alors l'aspect d'une masse jaunâtre qui se laisse tirer en fils. On la délaye dans très-peu d'éther, et l'on précipite la solution filtrée par de l'alcool faible.

[1] CHIOZZA, Expériences faites dans mon laboratoire.
[2] CAHOURS, *loc. cit.* — GERHARDT, *loc. cit.*

Le même corps se produit si l'on agite l'essence d'anis ou l'essence d'estragon avec de petites quantités d'acide sulfurique, et qu'on décompose la masse par l'eau. Mais l'emploi du bichlorure d'étain est préférable.

Si l'on emploie de l'acide sulfurique en grand excès, il se produit un acide conjugué (*acide sulfodraconique* de M. Laurent), qui se dissout dans l'eau, en même temps qu'une portion d'essence plus ou moins altérée vient surnager.

Obtenue d'une manière ou de l'autre, l'anisoïne se présente sous la forme d'une substance solide parfaitement blanche, inodore, fusible à une température supérieure à 100°, plus pesante que l'eau, insoluble dans ce liquide, à peine soluble dans l'alcool, même à chaud, plus soluble dans l'éther et dans les huiles essentielles. Par l'évaporation spontanée, la dissolution éthérée l'abandonne sous forme d'aiguilles ou de mamelons cristallins, tellement microscopiques d'ailleurs qu'on n'en reconnaît la texture qu'à l'aide de la loupe. Lorsqu'on ajoute de l'alcool à la dissolution éthérée, l'anisoïne se précipite sous la forme d'un magma blanc et gélatineux.

Quand on la distille, elle se volatilise en partie, tandis qu'une autre portion passe à l'état d'une huile isomère.

Chauffée fortement au contact de l'air, elle s'enflamme et brûle à la manière des résines, en répandant une odeur aromatique.

Elle se dissout dans l'acide sulfurique concentré avec une couleur rouge ; l'eau la précipite de cette dissolution.

Une solution bouillante de potasse caustique ne l'attaque pas.

ε. Quand on fait fondre du chlorure de zinc et qu'on y laisse tomber goutte à goutte de l'essence d'anis concrète ou de l'essence d'estragon, il passe une huile *a* dont l'odeur et les propriétés sont les mêmes, quelle que soit celle de ces deux essences qu'on ait employée. Souvent cette huile laisse déposer des cristaux *b*, volatils sans décomposition et infusibles au bain-marie.

L'huile et les cristaux présentent la même composition $C^{20}H^{12}O^2$.

	Gerhardt.				
	a	*a*	*b*	*b*	Calcul.
Carbone. . . .	80,6	80,5	80,5	80,4	81,0
Hydrogène. . .	8,3	8,3	8,2	8,1	8,1
Oxygène. . . .	»	»	»	»	10,9
					100,0

La densité de la vapeur de l'huile a été trouvée par expérience égale à 5,35, c'est-à-dire la même que celle de l'essence d'anis concrète.

L'huile se dissout aisément dans l'acide sulfurique concentré en se colorant en rouge cramoisi très-beau ; l'eau fait disparaître cette teinte, et dissout complétement le produit, sans qu'il se sépare rien de solide ; le plus souvent la solution est laiteuse.

Si on la sature par du carbonate de baryte, on obtient un sel gommeux. La solution de ce sel colore en violet foncé les persels de fer ; les acides et les alcalis font disparaître cette teinte (Gerhardt).

Le *sulfodraconate de baryte*, obtenu par M. Laurent avec l'essence d'estragon, semble être le même sel ; celui-ci paraît aussi constituer le composé qui se produit en petite quantité, selon M. Cahours, quand on traite l'essence d'anis concrète avec un excès d'acide sulfurique, et qu'on sature par le carbonate de baryte.

Dérivés ammoniacaux de l'hydrure d'anisyle.

§ 1642. *Hydrure d'azoanisyle*[1], ou anishydramide, $C^{48}H^{24}N^2O^6$. — L'ammoniaque exerce sur l'hydrure d'anisyle une action analogue à celle qu'elle détermine avec l'hydrure de benzoïle et l'hydrure de salicyle :

$$3\ C^{16}H^8O^4 + 2\ NH^3 = 6\ HO + C^{48}H^{24}N^2O^6.$$

Hydr. d'anisyle.   Hydr. d'azoanisyle.

Lorsqu'on abandonne dans un flacon bouché 1 vol. d'hydrure d'anisyle et 4 ou 5 vol. d'une dissolution d'ammoniaque, il se produit peu à peu des cristaux brillants, formés de prismes durs, fusibles, insolubles dans l'eau, solubles à chaud dans l'alcool et l'éther.

L'acide chlorhydrique concentré dissout l'hydrure d'azoanisyle à l'aide d'une chaleur très-douce, et l'abandonne par le refroidissement.

§ 1642[a]. *Anisine*[2], $C^{48}H^{24}N^2O^6$. — Lorsqu'on maintient l'hydrure d'azoanisyle, pendant deux heures, à une température de 165 ou 170°, il fond et se convertit en un alcali isomère. On dissout le produit dans l'alcool bouillant, et l'on ajoute de l'acide chlorhydrique à

[1] Cahours (1845), *Ann. de Chim. et de Phys.* [3] XIV, 487.
[2] Bertagnini (1853), *Ann. der Chem. u. Pharm.*, LXXXVIII, 128.

la liqueur; il se dépose ainsi, par le refroidissement, une masse de cristaux confus qu'on décompose par la potasse ou l'ammoniaque, après en avoir séparé l'eau-mère.

L'anisine cristallise en prismes incolores, à peine solubles dans l'eau bouillante, solubles dans l'alcool, et peu solubles dans l'éther. Sa solution présente une forte réaction alcaline, et une saveur amère.

Elle donne avec les acides des sels cristallisables.

Le *chlorhydrate*, $C^{48}H^{24}N^2O^6,HCl + 2\frac{1}{2}$ aq., cristallise en aiguilles incolores, très-brillantes, peu solubles dans l'eau, fort solubles dans l'alcool. Desséché à la température ordinaire, il renferme $2\frac{1}{2}$ at. d'eau qu'il perd à $100°$.

Le *chloroplatinate*, $C^{48}H^{24}N^2O^6,HCl,PtCl^2$, forme des paillettes brillantes de couleur orangée, et peu solubles dans l'alcool.

Dérivés sulfurés de l'hydrure d'anisyle.

§ 1643. *Hydrure de sulfanisyle* [1], ou thianisiol, $C^{16}H^8O^2S^2$. — Poudre farineuse, entièrement blanche qu'on obtient par l'action du sulfhydrate d'ammoniaque sur l'hydrure d'azoanisyle.

Dérivés sulfureux de l'hydrure d'anisyle.

§ 1644. Les bisulfites alcalins se combinent aisément avec l'hydrure d'anisyle [2].

Sulfite d'anisyl-ammonium. — Lorsqu'on agite l'hydrure d'anisyle avec du bisulfite d'ammoniaque, le mélange s'échauffe, et l'on obtient un produit cristallin, fort soluble dans l'eau, peu soluble dans la solution des bisulfites.

Sulfite d'anisyl-potassium. — On l'obtient avec le bisulfite de potasse sous la forme d'une substance solide qu'on fait cristalliser dans l'alcool faible; il est fort soluble dans l'eau pure, moins soluble dans l'eau chargée de bisulfite; il peut être longtemps exposé à l'air, sans s'altérer sensiblement. Il se décompose aisément, par l'ébullition, en sulfite et en hydrure d'anisyle.

Sulfite d'anisyl-sodium, $C^{16}H^7NaO^4,S^2O^4 + 2$ aq. — Lorsqu'on agite l'hydrure d'anisyle avec une solution de bisulfite de soude, il

---

[1] CAHOURS (1847), *Compt. rend. de l'Acad.*, XXV, 458.
[2] BERTAGNINI (1853), *Ann. der Chem. u. Pharm.*, LXXXV, 268.

se produit une masse butyreuse qui finit par devenir cristalline. Desséchée et recristallisée dans l'alcool bouillant, cette substance s'obtient sous la forme de paillettes incolores, très-brillantes; il est difficile, d'ailleurs, de l'avoir parfaitement pure, parce qu'elle s'altère toujours un peu par la cristallisation.

Le sulfite d'anisyl-sodium est soluble dans l'eau froide; la solution portée à l'ébullition met en liberté de l'hydrure d'anisyle. Les acides et les alcalis le décomposent promptement. Il est presque insoluble dans une solution froide et concentrée de bisulfite de soude; on peut le faire recristalliser en le dissolvant à chaud dans l'eau contenant une certaine quantité de ce sel.

L'ammoniaque le dissout, en produisant des gouttes oléagineuses qui se prennent au bout de quelque temps en cristaux d'hydrure d'azoanisyle.

L'iode et le brome le décomposent promptement. Lorsqu'on y fait agir un excès de brome, on obtient des aiguilles incolores, fusibles dans l'eau bouillante et donnant avec le bisulfite de soude une combinaison cristalline.

ACIDE ANISIQUE.

Syn. : acide draconique.

Composition : $C^{16}H^8O^6 = C^{16}H^7O^5,HO$.

§ 1645. Cet acide [1] se produit par l'oxydation des essences d'anis, de fenouil et d'estragon.

M. Cahours le prépare en faisant bouillir l'essence d'anis avec de l'acide nitrique de 23 à 24 degrés; il se produit une matière jaune résinoïde (*nitraniside*), et de l'acide anisique qui se dépose par le refroidissement à l'état cristallisé. On lave ce produit à l'eau distillée, on le dissout dans l'ammoniaque et l'on fait cristalliser à plusieurs reprises l'anisate d'ammoniaque jusqu'à ce qu'il ne soit plus coloré; en décomposant ce sel par l'acétate de plomb, on obtient un sel peu soluble qui, lavé, puis décomposé par l'hydrogène sulfuré, donne de l'acide anisique pur. On peut enfin en achever la purification en le sublimant.

Voici comment M. Laurent prescrit d'opérer pour le préparer

[1] CAHOURS (1841), *Ann. de Chim. et de Phys.*, [3] II, 287. — LAURENT, *Revue scientif.*, X, 6 et 362. — GERHARDT, *Ann. de Chim. et de Phys.*, [3] VII, 292.

au moyen de l'essence d'estragon. On verse dans une grande cornue
une partie d'essence et une petite quantité d'eau, on chauffe et
l'on ajoute, par portions successives, environ 3 p. d'acide nitrique ordinaire. L'essence devient de plus en plus épaisse, et finit par
être convertie en une masse brune résineuse légèrement cristalline. Après avoir lavé celle-ci, on la traite à l'ébullition par de
l'ammoniaque étendue d'eau, qui ne laisse à l'état insoluble qu'une
petite quantité d'une matière brune. Ensuite on évapore la dissolution ammoniacale jusqu'à consistance sirupeuse, de manière à
chasser l'excès d'ammoniaque, ainsi que l'ammoniaque qui main-
tenait la matière brune en dissolution. (Il faut avoir soin de ne pas
évaporer trop, pour ne pas décomposer les sels ammoniacaux de
l'acide anisique et de l'acide nitranisique.) On reprend par l'eau
le mélange sirupeux, on porte à l'ébullition, on sépare par le
filtre une nouvelle quantité de matière brune, et l'on complète la
purification par le charbon animal. La solution étant concentrée
par l'évaporation dépose d'abord de l'anisate d'ammoniaque en tables rhomboïdales; le nitranisate reste dans les eaux-mères. On
purifie l'anisate d'ammoniaque par une ou deux cristallisations dans
l'alcool, puis on le dissout dans un mélange bouillant d'alcool et
d'eau, et, pendant qu'il est encore chaud, on y verse de l'acide nitrique. Par le refroidissement, il se dépose alors des aiguilles d'acide
anisique. On les fait recristalliser dans l'alcool bouillant.

Cet acide cristallise en prismes incolores, sans odeur, longs souvent de quelques centimètres, parfaitement nets et brillants. Ce
sont des prismes monocliniques dont les angles (∞ P : ∞ P) sont
de 114° et 66°; les arêtes aiguës sont ordinairement tronquées; la
base est remplacée par deux facettes principales et trois autres
très-petites.

Sa saveur n'est presque pas sensible. A peine soluble dans l'eau
froide, il se dissout en assez grande quantité dans ce liquide à la
la température de l'ébullition. Il est très-soluble dans l'alcool et l'é-
ther, surtout à chaud. Ces dissolutions rougissent le tournesol.

Il fond à 175° et se prend, par le refroidissement, en une masse
aciculaire. A une température plus élevée, il se sublime en donnant de jolies aiguilles blanches , et peut distiller entièrement sans
s'altérer.

Distillé sur de la baryte caustique, il se dédouble en acide carbonique et en phénate de méthyle (anisol, § 1381).

$$C^{16}H^8O^6 = C^2O^4 + C^{14}H^8O^2.$$
Ac. anisique.   Phénate de méthyle.

L'acide nitrique concentré et bouillant le transforme en acide nitranisique. L'acide nitrique fumant le transforme, suivant la durée de la réaction et la proportion des matières réagissantes, en phénate de méthyle binitré ou trinitré; outre ces deux substances il se produit souvent, en quantité abondante, de l'acide chrysanisique, isomère du phénate de méthyle trinitré. Un mélange d'acide nitrique fumant et d'acide sulfurique concentré le convertit en phénate de méthyle trinitré.

Le chlore et le brome l'attaquent vivement en le transformant en acide chloranisique et en acide bromanisique.

Le perchlorure de phosphore l'attaque avec énergie, en produisant du chlorure d'anisyle, de l'acide chlorhydrique et de l'oxychlorure de phosphore.

Dérivés métalliques de l'acide anisique. Anisates.

§ 1646. L'acide anisique est monobasique; la composition des anisates neutres se représente par la formule générale.

$$C^{16}H^7MO^6 = C^{16}H^7O^5,MO.$$

Les sels alcalins et terreux sont solubles et cristallisables; ceux de plomb, de mercure et d'argent sont insolubles dans l'eau froide, mais se dissolvent en petite quantité dans l'eau bouillante.

L'*anisate d'ammoniaque*, $C^{16}H^7(NH^4)O^6$, cristallise en magnifiques tables, appartenant au système rhombique, et souvent fort volumineuses. Les angles de la base sont de 84 et de 96°. Les arêtes des bases sont remplacées par des facettes qui sont inclinées l'une sur l'autre de 164°30'; les arêtes aiguës verticales sont ordinairement tronquées. Abandonné au contact de l'air, il perd son éclat et devient opaque.

L'*anisate de potasse* cristallise en tables rhomboïdales ou hexagonales.

L'*anisate de soude* cristallise en aiguilles.

L'*anisate de baryte* se dépose, par le refroidissement, d'abord en aiguilles, puis en paillettes rhomboïdales, lorsqu'on le prépare directement, à l'ébullition, avec l'acide anisique et la baryte. Lorsqu'on mélange du chlorure de baryum avec l'anisate d'ammoniaque, il ne se forme rien d'abord, mais, au bout de quelques minutes, on voit se déposer des paillettes rhomboïdales.

L'*anisate de strontiane* se dépose peu à peu en lamelles rectangulaires ou hexagonales très-brillantes, lorsqu'on mélange du chlorure de strontium avec de l'anisate d'ammoniaque.

L'*anisate de chaux* se précipite immédiatement par le mélange du chlorure de calcium avec l'anisate d'ammoniaque; si les solutions sont étendues, on obtient d'abord de fines aiguilles groupées, puis des lames rectangulaires.

L'*anisate de magnésie* paraît être un sel soluble; du moins, le sulfate de magnésie ne précipite pas l'anisate d'ammoniaque.

L'*anisate d'alumine* se dépose lentement en fines aiguilles, éclatantes, lorsqu'on mélange de l'alun, en solution étendue, avec de l'anisate d'ammoniaque.

L'*anisate de manganèse* se dépose peu à peu en petits cristaux par le mélange de l'anisate d'ammoniaque avec le sulfate de manganèse.

L'*anisate de fer* (ferricum) est un précipité jaune formé d'aiguilles microscopiques.

L'*anisate de cuivre* est un précipité blanc bleuâtre.

L'*anisate de zinc* est un précipité blanc.

L'*anisate de plomb*, $C^{16}H^7PbO^6$, est un précipité blanc, soluble dans l'eau bouillante, et cristallisant en écailles brillantes.

L'*anisate mercurique* est un précipité blanc, cristallisant dans l'eau bouillante en aiguilles microscopiques. Le *sel mercureux* est un précipté blanc.

L'*anisate d'argent*, $C^{16}H^7AgO^6$, est un précipité blanc qui cristallise dans l'eau bouillante en fines aiguilles ou en écailles nacrées.

Dérivés méthyliques et éthyliques de l'acide anisique.
Éthers anisiques.

§ 1647. Les éthers anisiques [1] présentent la composition des anisates métalliques, le métal de ces sels étant remplacé par son équivalent de méthyle ou d'éthyle.

Anisate de méthyle, ou éther méthyl-anisique, $C^{16}H^7(C^2H^3)O^6 = C^{18}H^{10}O^6$. — Lorsqu'on mêle 2 p. d'esprit de bois anhydre avec 1 p. d'acide anisique et 1 p. d'acide sulfurique concentré, il se développe une couleur rouge-carmin très-intense; si l'on soumet ce mé-

---

[1] CAHOURS, *Ann. de Chim. et de Phys.*, [3] XIV, 492.

lange à une distillation ménagée, il passe dans le récipient d'abord de l'esprit de bois, puis, bientôt après, une huile pesante qui ne tarde pas à se concréter ; c'est l'anisate de méthyle. On le lave au carbonate de soude, et on le fait cristalliser dans l'alcool ou l'éther.

Ainsi préparé, l'anisate de méthyle se présente sous la forme de larges écailles blanches et brillantes. Il fond entre 46 et 47°, et se prend par le refroidissement en une masse blanche cristalline. Il bout à une température élevée, et distille sans altération. L'eau ne le dissout pas, même à chaud ; l'alcool et l'éther le dissolvent en forte proportion, surtout à chaud.

Son odeur suave et faible a de l'analogie avec celle de l'essence d'anis ; sa saveur est chaude et brûlante.

Il ne se combine ni avec la potasse, ni avec la soude, comme le salicylate de méthyle ; mais ces alcalis le décomposent à l'état concentré par l'ébullition, en produisant de l'hydrate de méthyle et de l'anisate alcalin.

L'ammoniaque paraît se comporter avec lui comme avec l'anisate d'éthyle.

Le chlore et le brome réagissent avec énergie sur l'anisate de méthyle, en produisant du chloranisate ou du bromanisate de méthyle.

L'acide nitrique fumant l'attaque vivement, et produit du nitranisate de méthyle.

Anisate d'éthyle, ou éther anisique, $C^{16}H^7(C^4H^5)O^6 = C^{20}H^{12}O^6$. —Lorsqu'on dissout l'acide anisique dans l'alcool absolu, en ayant soin que ce liquide en soit presque saturé à la température de 50 à 60°, puisqu'on fait passer dans cette dissolution un courant d'acide chlorhydrique, jusqu'à ce que le gaz cesse d'être absorbé, on obtient une liqueur fumante d'où l'eau précipite de l'acide anisique intact. Si l'on soumet, au contraire, à la distillation le produit précédent, il passe d'abord de l'éther chlorhydrique, puis de l'alcool, et, en dernier lieu, de l'anisate d'éthyle, sous la forme d'une huile pesante. On lave celle-ci avec une dissolution de carbonate de soude, et on la rectifie.

L'anisate d'éthyle se présente sous la forme d'un liquide incolore, doué d'une odeur analogue à celle de l'essence d'anis. Sa saveur est chaude et aromatique. Il est plus pesant que l'eau. Il bout à la température de 250 à 255° environ. Il est insoluble dans l'eau ; l'alcool et l'éther le dissolvent aisément.

Placé dans des flacons bien bouchés, il ne s'altère pas; dans des vases où l'air peut avoir accès, il s'acidifie à la longue.

La potasse bouillante le transforme aisément en alcool et en anisate alcalin.

Le chlore et le brome l'attaquent à la température ordinaire, en le transformant en chloranisate et en bromanisate d'éthyle cristallisés.

L'acide nitrique fumant le transforme en nitranisate d'éthyle.

L'ammoniaque liquide ne le dissout pas, et ne paraît d'abord lui faire éprouver aucune altération; mais, à la longue, l'éther finit par y disparaître en donnant un produit cristallisé qui est probablement l'anisamide.

Dérivés chlorés et bromés de l'acide anisique.

§ 1648. *Acide chloranisique* [1], ou chlorodraconésique, $C^{16}H^5Cl\ O^6$. — On l'obtient en faisant passer du chlore sur l'acide anisique maintenu en fusion; on le purifie par des cristallisations dans l'alcool de 95 centièmes.

Il se présente sous la forme de fines aiguilles douées de beaucoup d'éclat. Il est presque insoluble dans l'eau, mais l'alcool et l'éther le dissolvent aisément, surtout à chaud.

Il fond à 176° environ, et se sublime sous la forme d'aiguilles à base rhombe dont les angles sont d'environ 138 et 42°. Il distille sans altération.

L'acide sulfurique concentré le dissout à l'aide d'une douce chaleur et l'abandonne, par le refroidissement, sous la forme de fines aiguilles. L'eau ajoutée à cette dissolution le précipite entièrement.

L'action prolongée du chlore ne paraît pas l'altérer, même sous l'influence de la lumière solaire.

Les *sels d'ammoniaque, de potasse et de soude* sont solubles et cristallisables. Le chloranisate de potasse donne par la distillation sèche une huile qui est probablement le chloranisol (phénate de méthyle monochloré).

Les *sels de baryte, de strontiane et de chaux* sont des précipités cristallins, qu'on obtient par double décomposition avec des solutions médiocrement étendues.

---

[1] LAURENT (1842), *Revue scientif.*, X, 15. — CAHOURS, *Ann. de Chim. et de Phys.*, XIV, 497.

Les *sels de plomb et d'argent* sont des précipités blancs.

§ 1649. Le *chloranisate de méthyle* [1] renferme $C^{16}H^6(C^2H^3)ClO^6$. Placé dans un flacon de chlore sec, l'anisate de méthyle produit de l'acide chlorhydrique et une combinaison cristallisée qui, sous l'influence de la potasse et de la chaleur, se convertit en esprit de bois et en chloranisate de potasse.

Le *chloranisate d'éthyle*, $C^{16}H^6(C^4H^5)ClO^6$, s'obtient, soit en faisant passer jusqu'à refus un courant de gaz chlorhydrique dans une solution alcoolique d'acide chloranisique, soit en versant de l'éther anisique bien pur dans un flacon rempli de chlore sec. On le purifie par la cristallisation dans l'alcool. Il se présente en aiguilles blanches et brillantes.

§ 1650. *Acide bromanisique* [2], ou bromodraconésique, $C^{16}H^7BrO^6$. — Le brome s'échauffe avec l'acide anisique en dégageant beaucoup d'acide bromhydrique; on lave le produit à l'eau, et on le fait cristalliser dans l'alcool bouillant.

L'acide bromanisique forme des aiguilles blanches et brillantes, inodores, très-peu solubles dans l'eau, assez solubles dans l'éther et dans l'alcool bouillants. Il entre en fusion à 205°, et se sublime en très-belles lames rectangulaires ou rhomboïdales, légèrement irisées.

Distillé sur de la chaux, il se dédouble en acide carbonique, et en bromanisol (phénate de méthyle monobromé) :

$$C^{16}H^7BrO^6 = C^2O^4 + C^{14}H^7BrO^2.$$

Ac. bromanisiq.   Bromanisol.

Les *sels d'ammoniaque, de potasse et de soude* sont fort solubles et cristallisables. On obtient aussi le bromanisol par la distillation sèche du bromanisate de soude ou de potasse.

Les *sels de baryte, de strontiane et de chaux* sont des précipités blancs qu'on obtient avec le bromanisate d'ammoniaque et les solutions de baryte, de strontiane ou de chaux ; si ces dernières sont étendues, il s'y dépose peu à peu des aiguilles.

Les *sels de plomb et d'argent* sont des précipités blancs.

§ 1651. Le *bromanisate de méthyle* [3], $C^{16}H^6(C^2H^3)BrO^6$, s'obtient en versant goutte à goutte du brome sur l'anisate de méthyle; la matière s'échauffe, entre en fusion en dégageant beaucoup d'acide

---

[1] CAHOURS (1845), *loc. cit.*

[2] LAURENT (1845), *Revue scientif.*, X, 16. — CAHOURS, *Ann. de Chim. et de Phys.*, [3] XIV, 495.

[3] CAHOURS (1845), *loc. cit.*

bromhydrique, et donne par le refroidissement une masse jaune rougeâtre qu'on lave à l'eau, et qu'on purifie par des cristallisations dans l'alcool.

Un autre procédé consiste à faire bouillir une solution d'acide bromanisique dans l'esprit de bois anhydre avec une petite quantité d'acide sulfurique concentré; on entretient l'ébullition au bain-marie pendant un quart d'heure environ; en ajoutant au liquide deux ou trois fois son volume d'eau, on en précipite le bromanisate de méthyle, sous la forme d'abondants flocons, qu'on fait cristalliser dans l'alcool bouillant, après les avoir lavés à l'eau ammoniacale.

Le bromanisate de méthyle forme des prismes incolores et transparents. Il fond à une température peu élevée; l'eau ne le dissout pas; l'alcool et l'esprit de bois le dissolvent assez bien, surtout à chaud; il se dissout moins facilement dans l'éther.

Bouilli avec une dissolution concentrée de potasse, il se décompose en régénérant de l'esprit de bois, et en donnant du bromanisate de potasse.

Le *bromanisate d'éthyle*, $C^{16}H^6(C^4H^5)BrO^6$, peut s'obtenir en faisant passer un courant de gaz chlorhydrique sec à travers une solution d'acide bromanisique dans l'alcool absolu. Après avoir lavé le produit à l'eau alcaline, on le fait cristalliser dans l'alcool.

Un autre moyen consiste à verser goutte à goutte du brome dans l'éther anisique pur et privé d'eau; le liquide s'échauffe beaucoup, de l'acide bromhydrique se dégage en abondance, et bientôt la masse entière se solidifie.

L'éther bromanisique se présente sous la forme de longues aiguilles blanches et brillantes. Il fond à une température assez basse et se volatilise à une température plus élevée.

L'eau ne le dissout pas; mais l'alcool et l'éther le dissolvent aisément, surtout à chaud.

La potasse le détruit à l'aide de la chaleur en régénérant de l'alcool et de l'acide bromanisique.

Un excès de brome ne paraît pas l'altérer.

Dérivés nitriques de l'acide anisique.

§ 1652. *Acide nitranisique*, ou nitrodraconésique[1], $C^{16}H^7(NO^4)$

---

[1] CAHOURS (1841), *Ann. de Chim. et de Phys.*, [3] II, 297. — LAURENT, *Revue scientif.*, X, 13.

0°. — Il se produit par l'action de l'acide nitrique concentré et bouillant sur l'acide anisique.

On peut le préparer avec l'essence d'anis concrète, en la faisant bouillir avec l'acide nitrique à 36 degrés, et en prolongeant l'action jusqu'à ce que la matière huileuse qui prend d'abord naissance ait entièrement disparu. L'eau détermine alors dans la liqueur acide la précipitation de flocons jaunâtres qui constituent l'acide nitranisique impur. Pour le purifier, on le lave à l'eau distillée, on le dissout dans l'ammoniaque, et on fait cristalliser le nitranisate d'ammoniaque jusqu'à ce qu'il soit à peine coloré. Le sel d'ammoniaque ainsi purifié étant dissous dans l'eau, puis décomposé par l'acide nitrique ou chlorhydrique, laisse précipiter l'acide nitranisique, qu'on achève de purifier à l'aide de lavages à l'eau distillée.

Dans le traitement de l'essence d'estragon par l'acide nitrique (§ 1645), le nitranisate d'ammoniaque reste dans les eaux-mères après la cristallisation de l'anisate; mais, comme il est fort difficile de l'avoir entièrement pur par la cristallisation, il est préférable de réunir toutes les eaux-mères ammoniacales, et de mettre le précipité bien lavé en ébullition avec l'acide nitrique, pendant une demi-heure. La liqueur acide dépose alors, par le refroidissement, des prismes courts d'acide nitranisique, qu'on lave à l'eau et qu'on fait redissoudre dans l'alcool bouillant.

L'acide nitranisique cristallise en petites aiguilles brillantes, légèrement jaunâtres, sans odeur ni saveur. Il est fort peu soluble dans l'eau, même chaude. L'alcool et l'éther le dissolvent aisément, surtout à chaud.

Il fond vers 175 à 180°. Soumis à une distillation ménagée, il se sublime en partie, tandis qu'une autre portion noircit et se décompose. Chauffé brusquement, il se décompose subitement, avec dégagement de lumière.

Le chlore, le brome et l'acide nitrique concentré sont sans action sur lui. L'acide nitrique fumant le transforme, suivant la durée de la réaction et les proportions du mélange, en phénate de méthyle binitré et trinitré, ou en acide chrysanisique, isomère du phénate de méthyle trinitré. Un mélange d'acide sulfurique concentré et d'acide nitrique fumant le convertit en phénate de méthyle trinitré.

Le perchlorure de phosphore attaque à chaud l'acide nitranisique en produisant du chlorure de nitranisyle.

§ 1653. Les *sels métalliques* de l'acide nitranisique se représentent par la formule générale $C^{16}H^6M(NO^4)O^6$.

Le *nitranisate d'ammoniaque* cristallise en aiguilles fines groupées en sphères ; il est soluble dans l'eau et l'alcool.

Les *nitranisates de potasse et de soude* sont des sels fort solubles.

Le *nitranisate de baryte* s'obtient par le mélange du nitranisate d'ammoniaque avec le chlorure de baryum, sous la forme d'un précipité qui cristallise lentement en aiguilles ramifiées.

Le *nitranisate de strontiane* est un sel semblable au précédent.

Le *nitranisate de chaux* est un précipité grenu.

Le *nitranisate de magnésie* se dépose lentement sous la forme d'aiguilles radiées, lorsqu'on mélange le sulfate de magnésie avec le nitranisate d'ammoniaque.

Le *nitranisate de manganèse* se dépose en faisceaux d'aiguilles microscopiques.

Le *nitranisate de zinc* est un précipité blanc formé d'aiguilles.

Les *nitranisates de cobalt et de nickel* précipitent difficilement par le mélange des chlorures de ces métaux avec le nitranisate d'ammoniaque.

Le *nitranisate de cuivre* est un précipité blanc bleuâtre.

Le *nitranisate de plomb* est un précipité blanc.

Le *nitranisate de fer* s'obtient à l'état d'un précipité jaune volumineux, par le mélange du chlorure ferrique avec le nitranisate d'ammoniaque.

Le *nitranisate de mercure* est un précipité blanc, qui se produit, en petite quantité, par le mélange du nitranisate d'ammoniaque avec un sel mercurique.

Le *nitranisate d'argent*, $C^{16}H^6Ag(NO^4)O^6$, est un précipité blanc, insoluble dans l'eau.

§ 1654. Le *nitranisate de méthyle* [1] contient $C^{16}H^6(C^2H^3)(NO^4)O^6$. — On le prépare, soit en éthérifiant l'acide nitranisique par l'ébullition avec un mélange d'acide sulfurique à 66 degrés et d'esprit de bois anhydre ; soit en dissolvant l'anisate de méthyle dans l'acide nitrique fumant, précipitant par l'eau le produit de la réaction, et achevant de le purifier par des cristallisations dans l'alcool.

Le nitranisate de méthyle se présente sous la forme de larges

---

[1] CAHOURS (1845), *loc. cit.*

lames jaunâtres, présentant la plus exacte ressemblance avec l'éther nitranisique. Il fond vers 100°; à une température supérieure il se volatilise. L'eau ne le dissout pas; l'alcool et l'esprit de bois le dissolvent aisément à chaud; il se sépare presque entièrement de ces solvants par le refroidissement.

La potasse le décompose à l'aide de la chaleur en esprit de bois et en acide nitranisique.

Le *nitranisate d'éthyle*, ou éther nitranisique, renferme $C^{16}H^6(C^4H^5)(NO^4)O^6$. Lorsqu'on fait passer un courant de gaz chlorhydrique dans de l'alcool absolu tenant en dissolution de l'acide nitranisique, le liquide s'échauffe et prend une teinte jaunâtre, tandis qu'il se dégage un mélange d'acide et d'éther chlorhydriques; on continue de faire passer le courant jusqu'à ce que le gaz cesse d'être absorbé, en ayant soin d'entretenir la température du liquide à 60 ou 70° environ. Si l'on ajoute alors de l'eau à la liqueur alcoolique, le nitranisate d'éthyle se précipite sous la forme de flocons épais, qu'on purifie par quelques cristallisations dans l'alcool, après les avoir lavés à l'eau ammoniacale.

On peut également obtenir l'éther nitranisique en traitant l'éther anisique par l'acide nitrique fumant. Si l'on mêle parties égales environ d'éther anisique et d'acide nitrique fumant, l'éther se dissout entièrement dans l'acide, avec dégagement de chaleur; l'eau sépare du mélange des flocons d'éther nitranisique, qu'on purifie comme précédemment.

L'éther nitranisique se présente sous la forme de larges tables très-éclatantes et d'une grande beauté. Il fond à la température de 98 à 100°. L'eau ne le dissout pas; à chaud, l'alcool en dissout d'assez grandes quantités, qui se déposent presque entièrement par le refroidissement.

La potasse, en dissolution alcoolique, le dédouble rapidement en alcool et en nitranisate de potasse.

L'acide sulfurique concentré le dissout, surtout à chaud; par le refroidissement, une partie de l'éther se sépare sous forme cristalline; l'eau ajoutée à la liqueur acide en sépare tout l'éther.

Le brome n'exerce aucune action sur l'éther nitranisique.

CHLORURE D'ANISYLE.

Composition : $C^{16}H^7O^4Cl$.

§ 1655. Ce corps[1] se produit par la réaction du perchlorure de phosphore et de l'acide anisique.

C'est une huile incolore, bouillant à 262°, d'une odeur très-forte, d'une densité de 1,261 à 15°. Elle s'altère rapidement à l'air humide en se transformant en acide chlorhydrique et en acide anisique.

L'ammoniaque sèche s'échauffe fort avec elle, et la convertit en anisamide ou azoture d'anisyle et d'hydrogène.

L'alcool et l'esprit de bois l'attaquent également avec énergie, en produisant de l'anisate d'éthyle et de méthyle, avec dégagement d'acide chlorhydrique.

Dérivés nitriques du chlorure d'anisyle.

§ 1656. *Chlorure de nitranisyle.* — L'acide nitranisique est vivement attaqué par le perchlorure de phosphore à l'aide de la chaleur; il se produit de l'oxychlorure de phosphore, ainsi qu'un liquide jaune foncé, bouillant à une température très-élevée. Ce dernier constitue probablement le chlorure de nitranisyle : en effet, il se décompose à l'air humide en acide chlorhydrique et en acide nitranisique, et il se transforme, au contact de l'alcool, en nitranisate d'éthyle (Cahours).

BROMURE D'ANISYLE.

Composition : $C^{16}H^7O^4Br$.

§ 1657. Lorsqu'on fait arriver du brome privé d'eau sur l'hydrure d'anisyle, la matière s'échauffe; il se développe de l'acide bromhydrique, et le produit se prend en masse. On le lave rapidement avec de l'éther, pour enlever la matière huileuse, puis on le comprime entre des doubles de papier joseph. Il cristallise[2] dans l'éther en aiguilles blanches et soyeuses, volatiles sans décomposition. La potasse concentrée finit par le convertir en bromure et en anisate.

---

[1] CAHOURS (1848), *Ann. de Chim. et de Phys.*, [3] XXIII, 351.

[2] CAHOURS (1845), *Ann. de Chim. et de Phys.*, [3] XIV, 486. — Il est possible que le bromure d'anisyle de M. Cahours soit plutôt l'hydrure de bromanisyle, son isomère.

Il faut, dans la préparation du bromure d'anisyle, éviter l'emploi d'un excès de brome, qui donnerait lieu à un produit encore plus bromé.

AZOTURES D'ANISYLE.

§ 1658. AZOTURE D'ANISYLE ET D'HYDROGÈNE, ou anisamide, $C^{16}H^9NO^4 = NH^2(C^{16}H^7O^4)$. — Cette substance[1] se produit par la réaction du chlorure d'anisyle et de l'ammoniaque, et probablement aussi par celle de l'anisate d'éthyle et de l'ammoniaque.

Elle cristallise en beaux prismes par l'évaporation de sa solution alcoolique.

§ 1659. *Azoture d'anisyle, de phényle et d'hydrogène*, phényl-anisamide, ou anisanilide[2], $C^{28}H^{13}NO^4 = NH(C^{16}H^7O^4)(C^{12}H^5)$. — Le chlorure d'anisyle et l'aniline réagissent avec beaucoup d'énergie : le produit est solide, et cristallise dans l'alcool en fines aiguilles qui se subliment à une douce chaleur.

VI.

GROUPE CINNAMIQUE.

§ 1660. Ce groupe se compose de plusieurs termes qui représentent les types métal, oxyde, chlorure, etc., dans lesquels l'hydrogène est remplacé par le radical *cinnamyle* $C^{18}H^7O^2$, savoir :

Hydrure de cinnamyde, ou essence de cannelle. . . . . $C^{18}H^8O^2 \quad = \begin{cases} C^{18}H^7O^2 \\ H \end{cases}$

Acide cinnamique anhydre, ou ox. de cinnamyle. . . . . $C^{36}H^{14}O^6 \quad = \begin{cases} C^{18}H^7O^2.O \\ C^{18}H^7O^2.O \end{cases}$

Acide cinnamique hydraté, ou ox. de cinnam. et d'hydrogène. . . $C^{18}H^8O^4 \quad = \begin{cases} C^{18}H^7O^2.O \\ HO \end{cases}$

Chlorure de cinnamyle. . . . . . . $C^{18}H^7ClO^2 = \begin{cases} C^{18}H^7O^2 \\ Cl \end{cases}$

Azoture de cinnamyle et d'hydrogène, ou cinnamide. . . . . . . $C^{18}H^9NO^2 = N\begin{cases} C^{18}H^7O^2 \\ H \\ H \end{cases}$

Aux composés précédents nous rattacherons encore le *cinna-*

[1] CAHOURS (1848), *Ann. de Chim. et de Phys.*, [3] XXIII, 353.
[2] CAHOURS (1848), *loc. cit.*

mène et la *styrone*, deux substances qu'il faudra en détacher plus tard pour les placer dans des groupes distincts :

$$\text{Cinnamène.} \ldots C^{16}H^8 \ = \ \left. \begin{array}{l} C^{16}H^7 \\ H \end{array} \right\}$$

$$\text{Styrone.} \ldots C^{18}H^{10}O^2 \ = \ \left. \begin{array}{l} C^{18}H^9.O \\ HO \end{array} \right\}$$

Le cinnamène est à l'acide cinnamique ce que la benzine (hydrure de phényle) est à l'acide benzoïque. La styrone représente l'alcool cinnamique, c'est-à-dire qu'elle est à l'acide cinnamique ce que l'alcool est à l'acide acétique.

Les composés cinnamiques offrent les relations les plus intimes avec les corps du groupe benzoïque : on peut toujours par un agent d'oxydation énergique transformer les composés cinnamiques en hydrure de benzoïle ou en acide benzoïque. Lorsqu'on chauffe l'acide cinnamique avec un excès d'hydrate de potasse, cet acide se dédouble, avec dégagement d'hydrogène, en acide acétique et en acide benzoïque.

CINNAMÈNE.

Syn. : cinnamol.

Composition : $C^{16}H^8$.

§ 1661. MM. Cahours et Gerhardt[1] préparent ce corps en soumettant à la distillation un mélange intime de 1 p. d'acide cinnamique et de 4 p. de baryte :

$$C^{18}H^8O^4 = C^2O^4 + C^{16}H^8.$$
Ac. cinnamiq.   Cinnamène.

F. d'Arcet paraît aussi l'avoir obtenu en dirigeant la vapeur du camphre sur du fer rouge[2], et M. Mulder, en faisant passer l'essence de cannelle ou de cassia à travers un tube chauffé au rouge clair[3].

C'est un liquide incolore, d'une odeur aromatique qui ressemble beaucoup à celle de la benzine. Il entre en ébullition à 140°. Il ne se solidifie pas dans un mélange de glace et de sel.

---

[1] GERHARDT et CAHOURS (1841), *Ann. de Chim. et de Phys.*, [3] I, 96. — E. KOPP, *Compt. rend. des trav. de Chimie.*, 1846, p. 87.

[2] F. DARCET, *Ann. de Chim. et de Phys.*, LXVI, 119.

[3] MULDER, *Bullet. des scienc. phys. en Néerlande*, 1838, p. 72; et *Journ. f. prakt. Chem.*, XV, 307.

Il est insoluble dans l'eau, mais il se dissout parfaitement dans l'alcool, l'éther, les huiles essentielles et le sulfure de carbone.

La potasse est sans action sur lui. L'acide sulfurique fumant paraît donner avec lui un acide conjugué.

Versé goutte à goutte dans l'acide nitrique fumant, il s'y dissout avec dégagement de vapeurs rouges; l'eau précipite de la solution une résine jaune, qui, par une distillation ménagée, fournit des cristaux de nitrocinnamène. Si on le fait bouillir avec un excès d'acide nitrique, il donne de l'acide benzoïque ou de l'acide nitrobenzoïque, suivant la concentration de l'acide nitrique.

Distillé avec de l'acide chromique étendu, il donne des cristaux d'acide benzoïque.

Le chlore et le brome se combinent directement avec lui en donnant du chlorure et du bromure de cinnamène.

En distillant aux quatre cinquièmes du cinnamène très-pur, et en laissant refroidir le résidu dans la cornue, M. E. Kopp a eu occasion d'observer, dans deux expériences, que le liquide restant était devenu visqueux et de la consistance d'une huile épaisse; ce produit, soumis à une nouvelle distillation, a donné du cinnamène entièrement fluide. Cependant il ne s'est jamais complétement solidifié comme le styrol.

§ 1662. *Styrol et métastyrol, isomères du cinnamène.* — Le styrax liquide renferme une huile essentielle, le styrol, qui présente la composition et la plupart des caractères du cinnamène, mais qui s'en distingue en ce qu'elle peut entièrement se solidifier par la chaleur et produire ainsi un autre isomère, le *métastyrol* ou *draconyle.*

α. Styrol[1]. Le meilleur moyen de l'obtenir consiste à distiller le styrax avec de l'eau additionnée de carbonate de soude, afin de retenir l'acide cinnamique. 3 $^1/_2$ kilogrammes de carbonate de soude suffisent pour le traitement de 10 kilogrammes de styrax. On opère dans un alambic de cuivre et l'on refroidit les vapeurs dans un serpentin; l'eau qui passe, est laiteuse, et le styrol vient surnager. Les quantités d'huile qu'on obtient ainsi, varient suivant l'âge du baume. Dans une opération, MM. Blyth et Hofmann ont

---

[1] E. Simon (1839), *Ann. der Chem. u. Pharm.*, XXXI, 265. — Glenard et Boudault, *Journ. de Pharm.*, [3] VI, 257. — Blyth et Hofmann, *Ann. der Chem. u. Pharm.*, LIII, 292.

obtenu environ 360 grammes d'huile avec 20 ¹/₂ kilogrammes de baume liquide; dans une autre, 13 ¹/₂ kilogrammes de baume n'en ont donné que 90 grammes. On dessèche l'huile sur du chlorure de calcium, et on la soumet à la rectification. Cette dernière opération exige des précautions particulières : en effet, le liquide développe déjà des vapeurs entre 100 et 120°, et à 145° l'ébullition est complète; il passe alors une huile limpide; le thermomètre reste stationnaire pendant quelques temps, mais bientôt il s'élève brusquement, et il faut se hâter de le retirer de la cornue, car le résidu s'épaissit, et se prend par le refroidissement en un verre transparent de métastyrol. La quantité de ce résidu solide varie; quelquefois elle s'élève à un tiers de l'huile employée.

Le styrol est une huile incolore très-mobile, douée d'une odeur aromatique très-persistante qui rappelle à la fois celle de la benzine et de la naphtaline. Il ne se solidifie pas encore à — 20°; il est très-volatil, et produit sur le papier des taches grasses qui disparaissent au bout de quelques instants. Il bout à 145°,75; sa densité est de 0,924. Il est neutre, et se mélange en toutes proportions avec l'éther et l'alcool absolu; il dissout le soufre et le phosphore.

Il n'est attaqué que fort peu par l'acide nitrique ordinaire, même à la température de l'ébullition. Ce n'est qu'après plusieurs cohobations qu'il reste dans la cornue une huile pesante qui se concrète par le refroidissement en une masse résinoïde, renfermant du nitrocinnamène; la liqueur aqueuse surnageante dépose en même temps une grande quantité de cristaux, composés, suivant la durée de la réaction, d'acide benzoïque ou d'acide nitrobenzoïque. Dans certaines circonstances, on observe aussi la formation d'une huile ayant les caractères de l'hydrure de benzoïle.

Si l'on traite le styrol goutte à goutte par l'acide nitrique fumant, le mélange se colore en rouge, et l'eau en précipite une résine composée en plus grande partie de nitrocinnamène.

Soumis à la distillation avec un mélange de bichromate de potasse, d'eau et d'acide sulfurique, le styrol finit par donner des cristaux d'acide benzoïque.

Avec l'acide sulfurique fumant, le styrol donne une masse noire et résineuse, en même temps qu'un acide conjugué, dont le sel de baryte n'est pas cristallisable.

Le chlore et le brome convertissent le styrol en chlorure et en bromure de cinnamène.

β. **Métastyrol**[1]. Sous l'influence d'une chaleur élevée, le styrol se convertit entièrement en une matière solide. Le contact de l'air est sans aucune influence dans cette métamorphose. Elle s'accomplit fort bien à 200°, dans un tube scellé à la lampe et maintenu dans un bain d'huile.

La substance qui se produit ainsi s'obtient également dans la distillation sèche du sang-dragon, lorsqu'on rectifie l'huile essentielle obtenue par une première distillation. En distillant jusqu'à 180° le produit brut de la décomposition du sang-dragon par la chaleur, on obtient un liquide qui contient du toluène et du styrol. Lorsqu'on a distillé le mélange de ces deux substances au-dessous de son point d'ébullition, et que par conséquent la plus grande partie du premier hydrogène carboné a passé, il reste dans la cornue un liquide visqueux, qui est le métastyrol, maintenu en dissolution par une petite quantité de styrol. Pour séparer ces deux corps, on verse le mélange dans l'alcool, qui dissout le toluène, tandis que le métastyrol, qui est insoluble dans ce véhicule, se précipite sous la forme d'une résine incolore et molle, comme la térébenthine ; on le lave plusieurs fois avec de l'alcool, puis on le dessèche dans une étuve, à une température de 150°.

Le métastyrol est incolore, transparent et d'un fort pouvoir réfringent ; mais il n'a ni odeur ni saveur. A la température ordinaire, il est dur, et peut se couper au couteau ; mais la chaleur le ramollit, et alors on peut le tirer en longs fils. Il est insoluble dans l'eau et l'alcool ; l'éther le dissout en très-petite quantité, et le transforme par l'ébullition en une masse gélatineuse qui, desséchée au bain-marie, se présente sous la forme d'une matière blanche et spongieuse, présentant exactement la composition du styrol.

Quand on chauffe dans une petite cornue cette modification solide, elle redevient liquide, et donne à la distillation une huile incolore, composée de styrol pur. Cette identité a été constatée par l'action du brome, ainsi que par la formation nouvelle du métastyrol à 200° dans un tube scellé à la lampe.

Le brome et le chlore n'agissent que fort lentement sur le métastyrol ; l'acide sulfurique concentré le charbonne ; l'hydrate de potasse en fusion le transforme en styrol.

L'acide nitrique ordinaire ne l'attaque que fort peu, même à chaud ; mais l'acide nitrique fumant le dissout aisément en développant des vapeurs rouges. Si l'acide a été employé en quantité suffisante, l'eau précipite de la solution un corps nitré, le nitro-métastyrol.

Dérivés chlorés du cinnamène.

§ 1663. *Chlorure de cinnamène* [1], $C^{16}H^8, Cl^2$. — Lorsqu'on fait agir le chlore sur le cinnamène ou sur le styrol, on obtient le chlorure de cinnamène sous la forme d'un liquide huileux.

La distillation décompose ce produit, en développant de l'acide chlorhydrique et en donnant un autre corps chloré huileux.

Suivant M. Laurent, on peut aussi obtenir par le chlore et le styrol un *trichlorure de cinnamène bichloré*, $C^{16}H^6Cl^2, 3\ Cl^2$.

Le *cinnamène chloré*, $C^{16}H^7Cl$, s'obtient par le chlorure de cinnamène et la potasse alcoolique.

Dérivés bromés du cinnamène.

§ 1664. *Bromure de cinnamène* [2], $C^{16}H^8, Br^2$. — Par l'action du brome sur le cinnamène, on obtient des aiguilles qu'on purifie par la cristallisation dans l'éther.

Un excès de brome étant versé sur le styrol, la masse s'échauffe jusqu'à bouillir, en développant toujours de l'acide bromhydrique. En même temps il se forme une matière solide et cristalline, insoluble dans l'eau, fort soluble, au contraire, dans l'alcool et l'éther. Les solutions saturées à l'ébullition la déposent ordinairement sous la forme d'une huile qui reste longtemps liquide, et qui se concrète brusquement par l'agitation.

Le bromure de cinnamène possède une odeur particulière qui n'est pas désagréable, mais qui irrite peu à peu les yeux en provoquant le larmoiement. Il fond à 67°; refroidi, il reste souvent liquide jusqu'à 30°, mais par la moindre agitation il se prend alors en une masse cristalline. Son point d'ébullition est supérieur à 200°. On peut le distiller presque complétement sans qu'il s'altère.

Une solution alcoolique de potasse le convertit en bromure de potassium et en un autre produit bromé.

---

[1] BLYTH et HOFMANN (1845), *loc. cit.* — LAURENT, *Compt. rend. de l'Acad.*, XXII, 790.
[2] GERHARDT et CAHOURS (1841), *loc. cit.* — BLYTH et HOFMANN, *loc. cit.* — E. KOPP, *loc. cit.*

Dérivés nitriques du cinnamène.

§ 1665. *Nitrocinnamène* [1], ou nitrostyrol, $C^{16}H^7(NO^4)$. — Ce corps se produit par le cinnamène aussi bien que par le styrol, mais il est assez difficile de se le procurer en quantité un peu notable. On fait bouillir l'un ou l'autre de ces hydrocarbures avec de l'acide nitrique concentré, jusqu'à ce qu'on ait obtenu un produit résineux qui se concrète par le refroidissement; on lave ce produit à plusieurs reprises, puis on le fait de nouveau bouillir avec de l'eau. Les vapeurs aqueuses entraînent ainsi une substance cristalline qui n'est autre que le nitrocinnamène.

Ce corps cristallise dans l'alcool en gros prismes; il est surtout remarquable par son odeur de cannelle qui excite le larmoiement, et par l'action énergique qu'il exerce sur la peau, au contact de laquelle il finit par déterminer une forte vésication, très-douloureuse.

§ 1666. *Nitro-métastyrol*, *isomère du nitrocinnamène*. Lorsqu'on ajoute de l'eau au produit de l'action de l'acide nitrique fumant sur le métastyrol, il se précipite une matière blanche et caillebottée, qui constitue le nitro-métastyrol (ou *nitrodraconyle*).

C'est une poudre amorphe, insoluble dans l'éther, l'alcool, l'eau, les acides et la potasse. Quand on la chauffe légèrement, elle brûle avec une légère explosion. Distillée avec de la chaux, elle détermine une réaction assez compliquée : il se sépare beaucoup de charbon, en même temps qu'il se dégage de l'ammoniaque et qu'il passe en petite quantité une huile brune, renfermant de l'aniline.

L'acide nitrique concentré ne paraît pas l'attaquer, même par une ébullition de plusieurs heures.

HYDRURE DE CINNAMYLE.

Composition : $C^{16}H^7O^2,H$.

§ 1667. Ce corps [2] est contenu dans les essences de cannelle et

---

[1] E. SIMON (1839), *loc. cit.* — GLENARD et BOUDAULT, *loc. cit.* — BLYTH et HOFMANN, *loc. cit.*

[2] DUMAS et PÉLIGOT (1834), *Ann. de Chim. et de Phys.*, LVII, 305. — MULDER, *Répert. de Chim.*, III, 20. — BERTAGNINI, *Ann. der Chem. u. Pharm.* LXXXV, 273.

de cassia. Pour l'obtenir entièrement pur, MM. Dumas et Péligot
mettent à profit la propriété qu'il possède de se concréter avec
l'acide nitrique concentré ; ils mélangent peu à peu l'essence de
cannelle brute avec cet acide, et abandonnent la masse à l'abri de
l'humidité ; ils la laissent ensuite égoutter sur des papiers, afin d'en
imbiber l'huile hydrocarbonée qui accompagne l'hydrure. Les cristaux décomposés par l'eau fournissent l'hydrure à l'état de pureté.

M. Bertagnini utilise, pour la préparation de l'hydrure de cinnamyle, la facilité avec laquelle ce corps forme avec le bisulfite
de potasse une combinaison cristallisée, peu soluble dans l'alcool
froid. On n'a qu'à agiter à froid l'essence de cannelle avec une
solution de bisulfite de potasse, à dessécher le produit solide qu'on
obtient ainsi, et à le laver, dans un appareil de déplacement, avec
de l'alcool convenablement étendu ; après avoir de nouveau desséché la combinaison, on la fait dissoudre, à une douce chaleur, dans
l'acide sulfurique dilué. Il se dégage ainsi beaucoup d'acide sulfureux, et l'hydrure de cinnamyle vient se rendre à la surface de
a liqueur, sous la forme d'une huile incolore. Ce procédé donne
tout l'hydrure de cinnamyle, sans aucune perte ; les eaux de lavage
alcooliques renferment l'hydrocarbure qui accompagne l'hydrure
dans l'essence de cannelle ; pour l'extraction de cet hydrocarbure,
on n'a qu'à en chasser l'alcool par la distillation au bain-marie.

L'hydrure de cinnamyle constitue une huile un peu plus dense
que l'eau ; il est incolore à l'état de pureté, mais il jaunit rapidement au contact de l'air en se résinifiant et en devenant acide ;
l'oxygène gazeux est rapidement absorbé par lui, surtout quand il
est humide ; il se produit alors de l'acide cinnamique.

Il absorbe beaucoup de gaz chlorhydrique (1 atome), en prenant une teinte verte, et en s'épaississant. L'acide sulfurique agit
sur lui, même à froid, et le transforme en une matière résineuse.
Il se prend entièrement en masse au contact de l'acide nitrique
concentré, en donnant des cristaux de nitrate d'hydrure de cinnamyle (§ 1670).

Quand on le traite à chaud par l'acide nitrique, il développe beaucoup d'hydrure de benzoïle, et, si l'on épuise l'action, on trouve
dans le résidu de l'acide benzoïque.

Une dissolution de potasse ou de baryte dissout l'hydrure de
cinnamyle ; celui-ci s'en sépare sans altération par l'acide sulfurique
affaibli.

Si l'on fait fondre l'hydrure de cinnamyle avec de l'hydrate de potasse, il se produit du cinnamate, avec dégagement d'hydrogène :

$$C^{18}H^8O^2 + KO, HO = C^{18}H^7KO^4 + H^2.$$

Hydr. de cinnam.   Cinn. de potas.

L'ammoniaque gazeuse le convertit en hydrure d'azocinnamyle (§ 1671).

Les bisulfites alcalins se combinent avec l'hydrure de cinnamyle (§ 1673).

Bouilli avec une dissolution de chlorure de chaux, l'hydrure de cinnamyle produit du benzoate.

Le chlore agit d'abord en donnant un composé liquide, qui se prend en masse par une dissolution concentrée de potasse ; cette propriété disparaît à mesure que l'action du chlore se prolonge et qu'il se forme un dérivé quadrichloré (§ 1669).

L'hydrure de cinnamyle est vivement attaqué par le perchlorure de phosphore. Il se dégage du gaz chlorhydrique en abondance, et le mélange prend bientôt un aspect visqueux. Si l'on distille ce dernier, il ne passe qu'une très-faible quantité de liquide, et l'on obtient beaucoup de charbon.

Quand on abandonne de l'eau de cannelle à 0° avec de l'iode et de l'iodure de potassium, il se produit, selon Apjohn [1], une combinaison cristallisable, renfermant $C^{18}H^8O^2$, $3I^2$, KI ; ce corps cristallise dans l'alcool et l'éther ; mais l'eau le décompose en mettant l'hydrure de cinnamyle en liberté. Un excès d'iodure de potassium empêche la décomposition de cette combinaison.

§ 1668. *Essence de cannelle ou de cassia* [2]. — On trouve dans le commerce deux sortes d'essence de cannelle. L'une, dite de Ceylan, s'obtient par la distillation de l'écorce du *Laurus Cinnamomum* avec de l'eau ; l'autre, dite de Chine, ou essence de cassia, se prépare par le même procédé avec l'écorce et les fleurs du *Laurus Cassia*. Ces deux essences renferment les mêmes principes chimiques ; toutefois l'essence de Ceylan, d'une odeur plus suave que l'essence de Chine, est généralement plus estimée, et se paye plus cher.

[1] APJOHN, *Lond. and Edinb. Philos. Magaz.*, août 1838, p. 113. *Ann. der Chem. u. Pharm.*, XXVIII, 314. — OSWALD, *Arch. f. Pharm.*, [2] LXX, 149. *Pharm. Centralbl.*, 1852, 924.

[2] BLANCHET, *Ann. der Chem. u. Pharm.*, VII, 163. — DUMAS et PÉLIGOT, *loc. cit.* — MULDER, *Ann. der Chem. u. Pharm.*, XXXIV, 147.

La partie principale des essences de cannelle se compose d'hydrure de cinnamyle : on peut s'en assurer à l'aide d'un bisulfite alcalin ou de l'acide nitrique concentré, qui donnent avec cet hydrure des combinaisons cristallisables. On trouve, en outre, dans les essences de cannelle, un hydrocarbure[1] en très-petite quantité qui n'a pas encore été examiné, de l'acide cinnamique et des parties résineuses. Les vieilles essences déposent souvent des cristaux d'acide cinnamique.

La densité des essences de cannelle est d'environ 1,025 à 1,05. Leur point d'ébullition est à 220° ou 225°.

Les essences âgées sont plus ou moins colorées et chargées de résine. Suivant M. Mulder[1], il y aurait deux espèces de résines : l'une α soluble dans l'alcool froid, et fusible à 60°; l'autre β très-peu soluble dans l'alcool à froid, soluble à chaud, et fusible à 145°. L'analyse de ces résines a donné les résultats suivants :

	Résine α.		Résine β.	
Carbone...	78,4	78,1	83,3	83,6
Hydrogène.	6,4	6,6	6,0	6,1
Oxygène...	15,2	15,3	10,7	10,3
	100,0	100,0	100,0	100,0

§ 1669. MM. Rochleder et Hlasiwetz[2] ont examiné une matière cristalline qui s'était déposée dans l'essence de cassia, et à laquelle ces chimistes donnent le nom de *benzhydrol*. Cristallisée dans l'alcool absolu, cette matière se présentait en feuillets brillants, incolores, sans odeur, et très-fusibles; soumise à la distillation, elle se colorait en jaune, et donnait une huile qui se concrétait par le refroidissement en une masse cristalline.

Elle contenait :

	Rochl. et Hlasiwetz.		
Carbone. . .	75,35	75,00	75,24
Hydrogène. .	6,86	6,80	6,83

[1] Les proportions de cet hydrocarbure paraissent être variables. L'essence analysée par MM. Dumas et Péligot semble n'en avoir contenu que des traces, car elle a donné sensiblement la composition de l'hydrure de cinnamyle; l'essence analysée par M. Mulder a donné bien plus d'hydrogène (7,2 au lieu de 6,0). Ce dernier chimiste la représente par les rapports $C^{20}H^{11}O^2$, évidemment inexacts. On peut, d'ailleurs, au moyen du bisulfite de potasse, démontrer que l'essence de cannelle n'est pas uniquement composée d'hydrure de cinnamyle.

[2] ROCHLEDER et HLASIWETZ, *Berichte der Akad. d. Wissensch. zu Wien; Math. Phys. Kl.*, juin 1850, p. 1.; et *Journ. f. prakt. Chem.*, LI, 432.

MM. Rochleder et Hlasiwetz représentent ces résultats par la formule très-contestable $C^{28}H^{15}O^5$.

L'acide sulfurique concentré dissout le benzhydrol avec une teinte jaune; la solution est précipitée par l'eau.

L'acide nitrique dilué le convertit en une huile jaune. Si on le fait bouillir avec de l'acide nitrique concentré, il s'effectue une oxydation, et l'on obtient un acide cristallisable qui ressemble à l'acide nitrobenzoïque.

Lorsqu'on distille le benzhydrol avec une lessive de potasse, il passe une eau chargée d'une huile plus pesante que ce liquide et ayant l'odeur d'une émulsion d'amandes douces. Cette huile a donné à l'analyse :

	Rochl. et Hlas.		$C^{16}H^8O^4$.
Carbone. . . .	69,66	69,60	70,6
Hydrogène. . .	6,05	6,32	5,9

MM. Rochleder et Hlasiwetz déduisent de ces analyses la formule $C^{42}H^{22}O^{11}$, évidemment inadmissible pour une huile volatile.

Dérivés chlorés de l'hydrure de cinnamyle.

§ 1669[a]. *Hydrure de quadrichlorocinnamyle*[1], ou chlorocinnose, $C^{18}H^4Cl^4O^2$. — Lorsqu'on distille à plusieurs reprises l'hydrure de cinnamyle dans le chlore gazeux, on finit par obtenir de longues aiguilles blanches, tout à fait volatiles. Ces cristaux fondent à une douce chaleur, et se subliment sans s'altérer; ils se dissolvent dans l'alcool. L'acide sulfurique concentré et bouillant ne les altère pas. Ils peuvent être volatilisés dans un courant de gaz ammoniac sec sans subir de décomposition.

La formation de ce corps est précédée de celle de plusieurs substances liquides, dont l'une (*hydrure de chlorocinnamyle?*) se concrète avec une lessive de potasse.

Dérivés nitriques de l'hydrure de cinnamyle.

§ 1670. *Nitrate d'hydrure de cinnamyle*[2], $C^{18}H^8O^2$, NHO^5. — Ce composé se produit lorsqu'on met l'hydrure de cinnamyle en contact avec l'acide nitrique concentré. Il forme des prismes obliques

[1] Dumas et Péligot (1834), *Ann. de Chim. et de Phys.*, LVII, 316.
[2] Dumas et Péligot (1834), *Ann. de Chim. et de Phys.*, LVII, 322. — Mulder, *Ann. der Chem. u. Pharm.*, XXXIV, 164.

rhomboïdaux, qui ont souvent deux ou trois pouces de long. Ces cristaux, ayant été égouttés, peuvent se conserver quelques heures; mais la moindre chaleur, l'humidité atmosphérique les détruisent bientôt. Traités par l'eau, ils laissent déposer de l'hydrure de cinnamyle pur; celui-ci, en effet, cristallise instantanément par l'acide nitrique et se prend en masse.

Lorsque l'on conserve le nitrate d'hydrure de cinnamyle dans des flacons mal bouchés, il donne, au bout de quelques jours, une liqueur rouge, qui exhale l'odeur caractéristique de l'hydrure de benzoïle. L'ammoniaque gazeuse donne naissance à du nitrate d'ammoniaque et à une résine rouge. L'acide sulfurique concentré le dissout; l'eau occasionne dans la solution un précipite d'acide cinnamique.

Dérivés ammoniacaux de l'hydrure de cinnamyle.

§ 1671. *Hydrure d'azocinnamyle*[1], ou cinnhydramide, $C^{54}H^{24}N^2$. —Lorsqu'on soumet l'hydrure de cinnamyle à l'action de l'ammoniaque sèche, il s'épaissit considérablement. En dissolvant le produit dans un mélange chaud d'alcool et d'éther, M. Laurent a obtenu, par le refroidissement, de belles aiguilles d'hydrure d'azocinnamyle :

$$3\ C^{18}H^8O^2 + 2\ NH^3 = C^{54}H^{24}N^2 + 6\ HO.$$

Hydr. de cinnamyle.   Hydr. d'azocinn.

Ce corps, purifié par une seconde cristallisation, est incolore, inodore, insoluble dans l'eau. Il cristallise en prismes droits à base rectangulaire; la base est remplacée par deux facettes triangulaires qui se coupent sous un angle très-obtus. Il est fusible, et, par le refroidissement, il se solidifie en une masse transparente comme la gomme, sans traces de cristallisation. Par la distillation, il se décompose en donnant une huile et une matière solide.

L'acide chlorhydrique bouillant ne le décompose pas; la potasse en dissolution dans l'alcool est aussi sans action sur lui. L'acide nitrique bouillant le décompose en donnant une matière fusible dans l'eau bouillante.

En soumettant l'huile de cannelle à l'action de l'ammoniaque sèche, MM. Dumas et Péligot ont obtenu un produit solide, cris-

---

[1] LAURENT (1842), *Revue scientif.*, X, 119.

tallisant dans l'alcool et l'éther en houppes soyeuses; 100 p. d'huile ont absorbé 12,3 p. d'ammoniaque gazeuse. Ces chimistes supposent, d'après cette détermination, que leur produit renfermait $C^{18}H^8O^2$, NH^3, mais il est probable que c'était de l'hydrure d'azo-cinnamyle.

Dérivés sulfurés de l'hydrure de cinnamyle.

§ 1672. *Hydrure de sulfocinnamyle*[1], ou thiocinnol, $C^{18}H^8S^2$. — Lorsqu'on traite par le gaz sulfhydrique une solution ammoniacale d'hydrure d'azocinnamyle, on obtient du sulfhydrate d'ammoniaque, et une poudre farineuse d'hydrure de sulfocinnamyle :

$$C^{54}H^{24}N^2 + 6\ HS = 3\ C^{18}H^8S^2 + 2\ NH^3.$$
Hydr. d'azocinn.   Hydr. de sulfocinn.

Dérivés sulfureux de l'hydrure de cinnamyle.

§ 1673. Les bisulfites alcalins se combinent aisément avec l'hydrure de cinnamyle[2].

Sulfite de cinnamyl-ammonium. — L'hydrure de cinnamyle pur se dissout en abondance dans le bisulfite d'ammoniaque, en produisant une liqueur oléagineuse, qui se prend, au bout de quelque temps, en une masse cristalline.

Lorsqu'on agite l'essence de cassia avec une solution concentrée de bisulfite d'ammoniaque, celle-ci prend l'aspect d'une émulsion ; il se développe de la chaleur, et l'on voit à la surface du liquide se séparer peu à peu des gouttes huileuses qui ne contiennent plus d'hydrure de cinnamyle; celui-ci reste en dissolution, et se sépare, par la concentration, sous la forme d'une combinaison cristallisée en paillettes brillantes.

Sulfite de cinnamyl-potassium. — Lorsqu'on agite l'essence de cannelle (de Ceylan ou de Chine) avec trois à quatre fois son volume d'une solution de bisulfite de potasse, le mélange s'échauffe, et il se produit une masse solide composée de petites écailles ; on en sépare l'eau-mère, on laisse sécher la matière solide sur un entonnoir, et, après l'avoir réduite en poudre, on la lave avec de l'alcool, pour enlever l'hydrocarbure dont elle est imprégnée; dissoute ensuite dans l'alcool bouillant, elle cristallise

---

[1] CAHOURS (1847), *Compt. rend. de l'Acad.*, XXV, 458.
[2] BERTAGNINI (1853), *Ann. der Chem. u. Pharm.*, LXXXV, 271.

par le refroidissement en belles paillettes enchevêtrées, d'un éclat argentin.

Cette combinaison est presque sans odeur ; elle ne s'altère pas sensiblement à l'air. Elle se dissout dans l'eau froide ; la solution se décompose fort aisément par l'action de la chaleur ou des acides, en dégageant de l'acide sulfureux et en séparant des gouttes incolores d'hydrure de cinnamyle. Elle est presque insoluble dans les solutions concentrées des sulfites. Elle se dissout aisément dans l'alcool chaud, mais la solution se décompose en partie par une ébullition prolongée ; elle est peu soluble dans l'alcool froid ; elle est insoluble dans l'éther.

Chauffée dans un petit tube, elle dégage de l'eau, du gaz sulfureux, et de l'hydrure de cinnamyle, qui, au contact de l'air, se transforme en acide cinnamique.

Le brome et l'iode se dissolvent dans la solution aqueuse de la combinaison sans la colorer, en transformant l'acide sulfureux en acide sulfurique et en mettant en liberté l'hydrure de cinnamyle. Un excès de brome produit une substance solide, fusible dans l'eau chaude, et d'une légère odeur aromatique.

M. Bertagnini utilise les propriétés de la combinaison précédente pour préparer l'hydrure de cinnamyle à l'état de pureté.

Sulfite de cinnamyl-sodium. — Lorsqu'on mélange une solution de bisulfite de soude avec de l'essence de cannelle, la température s'élève, et il se produit aussitôt une matière cristalline et fibreuse, qui, abandonnée quelque temps à elle-même, redevient entièrement liquide ; il se produit ainsi une huile qui ne se concrète plus ni par les bisulfites, ni par l'acide nitrique ; le sulfite de cinnamyl-sodium paraît rester en dissolution. Du moins la liqueur donne, par l'évaporation spontanée, en même temps que des cristaux de sulfate de soude, des mamelons opaques et cristallins, solubles dans l'alcool bouillant ; la solution dépose, par le refroidissement, des aiguilles longues et minces, groupées en sphères.

ACIDE CINNAMIQUE ANHYDRE.

Syn. : cinnamate de cinnamyle, cinnamate cinnamique.

Composition : $C^{36}H^{14}O^6 = C^{18}H^7O^3, C^{18}H^7O^3$.

§ 1674. On l'obtient[1] aisément par le même procédé que l'acide benzoïque anhydre, au moyen du cinnamate de soude bien desséché et de l'oxychlorure de phosphore. 6 parties de cinnamate conviennent le mieux pour 1 partie d'oxychlorure. On lave le produit à l'eau froide et au carbonate de soude, on le laisse sécher, et on le fait dissoudre dans l'alcool bouillant.

J'ai également obtenu l'acide cinnamique anhydre en faisant réagir le chlorure de cinnamyle sur l'oxalate neutre de potasse.

L'acide cinnamique anhydre se dépose, par le refroidissement de sa solution alcoolique, sous la forme d'une matière blanche et cristalline, composée d'aiguilles microscopiques. Il est insoluble dans l'alcool froid ; ce liquide le dissout davantage par l'ébullition, toutefois en quantité encore assez faible. Il fond à 127 degrés; l'eau bouillante le rend acide.

§ 1675. *Acide acéto-cinnamique anhydre*, acétate de cinnamyle ou cinnamate d'acétyle[2]. — Le chlorure d'acétyle agit très-vivement sur le cinnamate de soude, et le mélange s'échauffe considérablement; le produit sent très-fort l'acide acétique anhydre, et il paraît que la chaleur développée par la réaction détermine le dédoublement d'une partie du cinnamate d'acétyle ainsi obtenu. C'est, du reste, un corps très-peu stable, car, lorsqu'on lave au carbonate de soude le produit de la réaction, il se dégage continuellement de l'acide carbonique, et l'éther n'extrait de la masse pâteuse qu'une huile mélangée d'acide cinnamique. Cette huile ressemble entièrement au benzoate d'acétyle; elle est aussi plus pesante que l'eau, et possède à peu près la même odeur; mais il ne m'a pas été possible de l'obtenir assez pure pour l'analyser.

Acide benzo-cinnamique anhydre[3], benzoate de cinnamyle ou cinnamate de benzoïle, $C^{32}H^{12}O^6 = C^{14}H^5O^3, C^{18}H^7O^3$. — Ce corps se prépare comme le cuminate de benzoïle. On emploie, à cet effet, 7 parties de chlorure de benzoïle et 10 parties de cinnamate de soude

[1] GERHARDT (1852), *Ann. de Chim. et de Phys.*, [3] XXXVII, 285.
[2] GERHARDT (1852), *loc. cit.*
[3] GERHARDT (1852), *loc. cit.*

25.

desséché. C'est une huile grasse, semblable au cuminate de benzoïle, d'une densité de 1,184 à 23 degrés. Elle s'acidifie aussi à la
longue à l'état humide. Les alcalis la convertissent en un mélange
de cinnamate et de benzoate.

Lorsqu'on distille le cinnamate de benzoïle, il se décompose
entièrement. Il passe une huile jaune, ayant l'odeur du cinnamène,
en même temps qu'une partie acide, soluble dans le carbonate de
soude. L'huile jaune dépose peu à peu des cristaux d'acide benzoïque
anhydre.

Dérivés nitriques de l'acide cinnamique anhydre.

§ 1676. *Acide nitrocinnamique anhydre* [1], $C^{36}H^{12}(NO^4)^2O^6 =$
$C^{18}H^6(NO^4)O^3, C^{18}H^6(NO^4)O^3$. — Il se produit lorsqu'on traite le
nitrocinnamate de potasse par l'oxychlorure de phosphore; toutefois la facilité avec laquelle il s'hydrate et sa faible solubilité dans
l'éther s'opposent à ce qu'on l'obtienne à l'état de parfaite pureté.

L'acide nitrocinnamique anhydre est beaucoup plus fusible que
l'acide hydraté; placé dans l'eau bouillante il se ramollit et se
transforme en une masse jaunâtre d'aspect résineux qui se laisse
modeler entre les doigts. L'alcool le transforme très-facilement en
nitrocinnamate d'éthyle. L'ammoniaque aqueuse le convertit aisément en nitrocinnamate d'ammoniaque et en azoture de nitrocinnamyle et d'hydrogène (nitrocinnamide).

ACIDE CINNAMIQUE.

Composition : $C^{18}H^8O^4 = C^{18}H^7O^3, HO$.

§ 1677. Cet acide [2] est contenu à l'état libre dans différents baumes, tels que le styrax liquide, le baume de Tolu, le baume du
Pérou. Les vieilles essences de cannelle déposent souvent des cristaux prismatiques d'un grand volume qui se composent aussi d'a-
cide cinnamique.

Il se produit dans différentes réactions chimiques, notamment

[1] CHIOZZA (1853), *Ann. de Chim. et de Phys.* [3] XXXIX, 213.
[2] DUMAS et PÉLIGOT (1834), *Ann. de Chim. et de Phys.*, LVII, 311. — E. SIMON, *Ann.
der Chem. u Pharm.*, XXXI, 265. — STENHOUSE, *Ann. der Chem. u. Pharm.*, LV,
1; LVII, 79. — HERZOG, *Archiv d. Pharm.*, XVII, 72; XX, 159. — E. KOPP, *Compt.
rend. des trav. de Chim.*, 1847, p. 198; 1849, p. 146; 1850, p. 140. *Compt. rend. de
l'Acad.*, XXI, 1376; XXIV, 614.

par l'oxydation de l'hydrure de cinnamyle (essence de cannelle),
et par l'action des alcalis sur la styracine.

Le styrax liquide est fort avantageux pour la préparation de l'acide
cinnamique. On commence par le distiller avec 5 à 6 fois son poids
d'eau, dans un alambic en cuivre, afin d'en expulser le styrol, qui
vient alors se condenser avec l'eau dans le réfrigérant. Il n'est pas
avantageux de distiller avec de l'eau contenant du carbonate de
soude, car la masse monterait trop facilement et pourrait déborder.
Le résidu de la distillation est ensuite traité à l'ébullition, et à plusieurs reprises, par une solution faible de carbonate de soude, qui
enlève l'acide cinnamique libre. On remarque finalement, surtout en
laissant la masse se refroidir très-lentement, que la matière résinoïde
devient de plus en plus spongieuse, et retient dans ses interstices
une substance huileuse, jaunâtre, assez visqueuse ; c'est la styracine
qu'on peut extraire à part. On réduit par l'évaporation les liquides
aqueux, renfermant le cinnamate de soude et le petit excès de
carbonate, ainsi qu'un peu de résinate, et on les décompose par un
excès d'acide chlorhydrique bouillant. La majeure partie de l'acide
cinnamique encore impur se dépose dans la liqueur concentrée
sous la forme d'une huile brune, pesante, qui se solidifie par le
refroidissement ; en même temps le liquide aqueux se remplit de
cristaux d'acide cinnamique. On enlève la matière résineuse, on
exprime très-fortement les cristaux après les avoir lavés avec un
peu d'eau froide, et on les distille avec précaution dans une
cornue en verre. Les premiers produits de la distillation sont de
l'acide cinnamique à peu près pur ; les derniers produits sont
souillés d'huiles empyreumatiques ; cependant, en dissolvant cet
acide impur dans de l'eau distillée bouillante et en filtrant à travers
un filtre Plantamour, on sépare l'huile qui reste sur le filtre, et la
liqueur filtrée se remplit alors de cristaux d'acide cinnamique
parfaitement purs.

On peut également, pour l'extraction de l'acide cinnamique,
traiter le baume de Tolu, à plusieurs reprises, par une solution
bouillante de carbonate de soude, de plus en plus étendue. On
évapore fortement les solutions alcalines, et on les décompose
bouillantes par l'acide chlorhydrique. La majeure partie de l'acide
cinnamique fond en une résine brune ; une petite quantité reste
en solution dans l'eau-mère, et y cristallise par le refroidissement.
On l'exprime fortement et on la dissout, ainsi que l'acide fondu

et pulvérisé, dans de l'ammoniaque caustique, étendue de deux fois son volume d'eau et chauffée à 80°. La majeure partie de la résine reste sans se dissoudre. On filtre, on traite le résidu par de l'eau bouillante, et l'on concentre de nouveau les solutions encore très-foncées de cinnamate d'ammoniaque ; on les décompose bouillantes par l'acide chlorhydrique. On obtient de nouveau une partie notable de l'acide à l'état fondu et le reste en paillettes cristallines. On exprime ces dernières, et on les lave, ainsi que l'acide fondu, avec un peu d'eau froide. On réunit enfin tout l'acide dans une capsule en porcelaine, qu'on recouvre exactement d'une feuille de papier, et l'on chauffe graduellement jusqu'à ce que toute l'eau se soit dégagée. La quantité d'acide qui se volatilise dans ces circonstances, est insignifiante, même si l'on chauffe la capsule jusqu'à 200°. L'acide fondu est ensuite concassé et soumis à la distillation dans une cornue : on obtient ainsi une huile limpide qui se concrète par le refroidissement ; c'est l'acide cinnamique parfaitement pur. Vers la fin de l'opération, lorsqu'on voit des vapeurs jaunâtres s'élever dans la cornue, on change de récipient ; il convient d'incliner fortement la cornue et de la chauffer même à la partie supérieure, les vapeurs étant très-lourdes et se condensant avec une extrême facilité. L'acide qui passe est jaunâtre, et souillé de produits huileux provenant de la décomposition de la résine. On le purifie, comme précédemment, par la cristallisation dans l'eau bouillante.

Le résidu résineux du baume de Tolu peut servir à préparer du toluène (§ 1811).

§ 1678. L'acide cinnamique cristallise en prismes ou en lames incolores, souvent assez volumineuses [1]. Les cristaux appartiennent au système monoclinique ; combinaison ordinaire, ∞ P. [∞ P ∞]. [P∞]. Valeur des axes, $a : b : c :: 1 : 2{,}7220 : 3{,}1686$; inclinaison de la diagonale oblique b sur la diagonale droite $c = 82°58'$. Inclinaison des faces ∞ P : ∞ P dans le plan de la diagonale oblique et de l'axe principal $= 99°6'$; [P ∞] : [P ∞] $= 145°13'$. Clivage parfait parallèlement à [∞ P ∞]. La pesanteur spécifique des cristaux est égale à 1,195.

Il fond à 129°, et bout à 293° en distillant sans aucune altération. Il est fort peu soluble dans l'eau froide et moins soluble dans ce liquide que l'acide benzoïque ; l'alcool le dissout fort bien.

---

[1] Schabus, *Sitzungsb. der Acad. der Wissensch. zu Wien*, juillet 1850, p. 206. — Voy. aussi : G. Rose, *Ann. der Chem. u. Pharm.*, XXXI, 270 et 274.

L'acide nitrique concentré convertit l'acide cinnamique en acide nitrocinnamique, si l'on a soin d'éviter l'échauffement du mélange ; autrement il se développe des vapeurs nitreuses, et l'on obtient de l'hydrure de benzoïle, et, en épuisant l'action, de l'acide benzoïque ou nitrobenzoïque [1].

L'acide sulfurique fumant le convertit en acide sulfocinnamique.

Distillé avec un excès de baryte caustique ou de chaux, l'acide cinnamique se métamorphose en cinnamène (§ 1661).

Fondu avec un excès d'hydrate de potasse, l'acide cinnamique produit un abondant dégagement d'hydrogène, et se dédouble en acide acétique et en acide benzoïque [2] ; il se produit en même temps un peu d'acide salicylique, mais cet acide provient de l'action secondaire de la potasse sur l'acide benzoïque :

$$C^{18}H^8O^4 + 2(KO, HO) = C^4H^3KO^4 + C^{14}H^5KO^4 + H^2.$$

Ac. cinnamiq.   Acétate de pot.   Benz. de pot.

Chauffé avec du peroxyde puce de plomb, l'acide cinnamique développe une odeur d'amandes amères, et donne du benzoate de plomb.

Distillé avec un mélange de bichromate de potasse et d'acide sulfurique, il donne de l'hydrure de benzoïle.

Le perchlorure de phosphore le convertit en chlorure de cinnamyle :

$$C^{18}H^8O^4 + PCl^5 = C^{18}H^7ClO^2 + PCl^3O^2 + HCl.$$

Ac. cinnamiq.   Chlor. de
                                    cinnamyle.

Lorsqu'on distille l'acide cinnamique avec une solution aqueuse de chlorure de chaux, il se produit une effervescence très-vive et l'on recueille une huile chlorée ; celle-ci se forme aussi par l'action d'un mélange d'acide chlorhydrique et de chlorate de potasse sur l'acide cinnamique. Elle se produit également quand on fait passer du chlore dans une solution aqueuse et bouillante d'acide cinnamique ; la formation de cette huile peut servir à distinguer l'acide cinnamique d'autres acides organiques. En même temps que cette huile chlorée se produit sous l'influence du chlore et des autres agents, on obtient aussi de l'acide benzoïque, lequel échange peu à peu du chlore pour de l'hydrogène. (Stenhouse.) L'huile chlorée est plus pesante que l'eau, et d'une odeur aromatique par-

[1] Mulder, *Journ. f. prakt. Chem.*, XVIII, 253.
[2] Chiozza, *Ann. de Chim. et de Phys.*, [3] XXXIX, 439.

ticulière qui rappelle celle de l'essence d'amandes amères et de
l'huile d'ulmaire. Elle est attaquée en partie par la potasse caustique ;
le sodium fait explosion avec elle ; l'ammoniaque n'y agit pas ; l'a-
cide sulfurique la colore en rouge, et finit par la charbonner.
Comme elle ne peut pas se rectifier sur le chlorure de calcium sans
s'altérer en partie, elle n'a pas donné, à l'analyse, des résultats bien
concordants. Toutefois, de l'ensemble des expériences de M. Stenhouse, il paraît résulter qu'elle se compose en grande partie d'un
hydrocarbure chloré, mélangé d'un peu d'essence d'amandes
amères. Soumise à l'action de l'acide nitrique, elle donne de l'acide
nitrobenzoïque, en même temps qu'il se développe une odeur désagréable qui attaque vivement les yeux.

Dérivés métalliques de l'acide cinnamique. Cinnamates.

§ 1679. L'acide cinnamique est monobasique ; les cinnamates
neutres se représentent par la formule générale :

$$C^{18}H^7MO^4 = C^{18}H^7O^3,MO.$$

Les cinnamates à base alcaline sont fort solubles dans l'eau ;
ceux à base terreuse sont peu solubles ; les autres cinnamates sont
insolubles dans l'eau.

Lorsqu'on distille les cinnamates avec de l'acide nitrique, ils
développent des vapeurs rutilantes, ainsi que de l'hydrure de benzoïle. Celui-ci se produit aussi par l'action de l'acide chromique sur
le cinnamates.

Les cinnamates solubles précipitent les sels ferriques en jaune.

La plupart des cinnamates ont été décrits par M. Herzog[1].

Cinnamate d'ammoniaque, $C^{18}H^7(NH^4)O^4 + aq.$ — On l'obtient
en dissolvant à chaud l'acide cinnamique dans l'ammoniaque caustique ; par le refroidissement, il se dépose sous forme de cristaux isomorphes avec ceux du sel de potasse. Il renferme 1 atome d'eau de
cristallisation, et est très-peu soluble dans l'eau froide. Il dégage de
l'ammoniaque par la fusion, donne un sublimé cristallin, et laisse
un résidu résineux. Avec un excès d'acide, on obtient un sel acide
encore moins soluble.

Cinnamate de potasse, $C^{18}H^7KO^4 + aq.$ — Il forme des cristaux

____

[1] Herzog, *Arch. d. Pharm.*, XX, 459.

appartenant au système monoclinique. Il renferme 1 atome d'eau, qui s'en va à 120°. Il décrépite par une chaleur brusque et forte. Il est très-soluble dans l'eau, moins cependant que le benzoate correspondant (Deville); il est assez soluble dans l'alcool.

En dissolvant l'acide cinnamique dans une solution chaude de cinnamate de potasse, on obtient, par le refroidissement, un *sel acide* très-peu soluble.

Cinnamate de soude, $C^{18}H^7NaO^4 + aq.$ — Cristaux à surface mate, contenant 1 atome d'eau qui se dégage à 110°.

Cinnamate de baryte, $C^{18}H^7BaO^4 + aq.$ — Il se précipite à froid par voie de double décomposition; il se dissout dans l'eau bouillante, et cristallise par le refroidissement. Il contient un atome d'eau de cristallisation, qui s'en va à 110°.

Cinnamate de strontiane. — Il ressemble au sel de baryte.

Cinnamate de chaux, $C^{18}H^7CaO^4 + 2\ aq.$ — Il se précipite à froid par voie de double décomposition; il se dépose d'une solution saturée à l'ébullition en masses cristallines assez légères. Il est très-soluble dans l'eau bouillante et peu soluble dans l'eau froide.

L'eau de cristallisation s'en dégage en majeure partie à 100°.

Cinnamate de magnésie. — On l'obtient en dissolvant le carbonate de magnésie dans une solution alcoolique d'acide cinnamique; il cristallise par l'évaporation.

Cinnamate de zinc. — L'acide cinnamique dissout le zinc, à la température de l'ébullition, avec dégagement de gaz hydrogène. Le sel cristallise par l'évaporation; il est assez soluble.

Cinnamate de nickel. — Précipité vert, soluble dans l'alcool.

Cinnamate de cobalt. — Précipité rosé, soluble dans l'alcool.

Cinnamate de cuivre. — Il s'obtient facilement en mélangeant des solutions chaudes de cinnamate d'ammoniaque et de sulfate de cuivre. C'est une poudre non cristalline d'un blanc bleuâtre, retenant encore une quantité d'eau assez notable, dont on ne peut presque pas enlever les dernières portions sans que le sel s'altère.

A la distillation sèche, il donne, au commencement, un mélange d'acide carbonique et d'oxyde de carbone dans le rapport de 3 : 1; plus tard il ne dégage que de l'acide carbonique, de l'acide cinnamique, et du cinnamène $C^{16}H^8$, en laissant du cuivre métallique (E. Kopp).

Cinnamates de fer. — Le *sel ferreux* constitue un précipité jaune. Le *sel ferrique* forme un précipité semblable. Les deux sels sont peu solubles dans l'eau.

Cinnamate d'uranyle. — Précipité jaune, un peu soluble dans l'eau bouillante.

Cinnamate de bismuth. — Précipité blanc.

Cinnamate d'étain (sel stannique). — Précipité blanc.

Cinnamate d'antimoine et de potasse. — Ce sel se dépose d'un mélange de cinnamate de potasse et de tartrate d'antimoine et de potasse, sous la forme de cristaux déliés qui se redissolvent, s'ils restent longtemps dans la liqueur; ils renferment de l'eau de cristallisation. Le sel donne, par la calcination, un résidu incolore, qui fait effervescence avec les acides, et devient rouge-orangé par l'hydrogène sulfuré.

Cinnamate de plomb, $C^{18}H^7PbO^4$. — Poudre grenue et cristalline, anhydre et insoluble dans l'eau. L'alcool en extrait de l'acide cinnamique, en produisant un sous-sel.

Cinnamate d'argent, $C^{18}H^7AgO^4$. — Précipité blanc et caillebotté, qui finit par devenir cristallin. Il se conserve assez bien à la lumière et ne se dissout pas dans l'eau bouillante, mais il est légèrement soluble dans la liqueur où il s'est précipité.

Cinnamate de mercure (sel mercureux). — Précipité blanc.

Dérivés méthyliques et éthyliques de l'acide cinnamique. Éthers cinnamiques.

§ 1680. *Cinnamate de méthyle*[1], ou éther méthyl-cinnamique, $C^{20}H^{10}O^4 = C^{18}H^7(C^2H^3)O^4$. — On l'obtient en saturant, à une douce chaleur, un mélange d'acide cinnamique et d'esprit de bois par du gaz chlorhydrique; on précipite le cinnamate de méthyle par l'eau, on le dessèche, et on le rectifie. C'est un liquide oléagineux, incolore, d'une agréable odeur aromatique, et d'une densité de 1,106; il bout à 241°.

Cinnamate d'éthyle[2], ou éther cinnamique, $C^{22}H^{12}O^4 = C^{18}H^7(C^4H^5)O^4$. — On l'obtient aisément en distillant un mélange de 4 p. d'alcool absolu, 2 p. d'acide cinnamique et 1 p. d'acide sul-

[1] ÉMILE KOPP (1845), *Compt. rend. de l'Acad.*, XXI, 1376.

[2] HERZOG, *Archiv. de Pharm.*, [2] XVII, 72. — MARCHAND, *Ann. der Chem. u. Pharm.* XXXII, 270. — E. KOPP, *loc. cit.* — PLANTAMOUR, *Ann. der Chem. u. Pharm.*, XXX, 345.

furique, et en cohobant plusieurs fois le produit. Il reste enfin dans la cornue une huile qu'on agite avec de l'eau, et qu'on rectifie sur du massicot.

C'est un liquide limpide, d'une densité de 1,13, et bouillant à 262°. Il est à peine soluble dans l'eau, mais fort soluble dans l'éther et l'alcool. Les alcalis hydratés le transforment aisément en alcool et en cinnamate ; l'acide nitrique fumant ne l'attaque que légèrement.

Dérivés chlorés de l'acide cinnamique.

§ 1681. *Acide chlorocinnamique*[1], $C^{18}H^7ClO^4$. — Ce corps a été obtenu par M. Toel en faisant agir la potasse sur la chlorostyracine. Il se produit dans cette réaction une huile chlorée, ainsi qu'un sel de potasse soluble dans l'eau, d'où l'acide chlorhydrique précipite l'acide chlorocinnamique.

Suivant M. E. Kopp, il se produit aussi de l'acide chlorocinnamique lorsqu'on soumet à froid à l'action d'un courant de chlore l'acide cinnamique, mélangé avec de la soude concentrée.

L'acide-chlorocinnamique cristallise en longues aiguilles brillantes, sans odeur, fusibles à 132°, et se sublimant à une température plus élevée. Sa vapeur excite la toux. Il est peu soluble dans l'eau froide ; il fond dans l'eau bouillante.

Le *sel d'ammoniaque* forme des aiguilles enchevêtrées, renfermant de l'eau de cristallisation.

Le *sel de potasse* cristallise en feuillets nacrés.

Le *sel de baryte* se précipite sous la forme d'une poudre blanche, soluble dans l'eau bouillante, d'où il se dépose, par le refroidissement, en paillettes brillantes.

Le *sel de chaux* ressemble au sel d'ammoniaque et est peu soluble.

Le *sel d'argent* forme des aiguilles qui se colorent à la lumière ; il est anhydre.

Dérivés nitriques de l'acide cinnamique.

§ 1682. *Acide nitrocinnamique*[2], $C^{18}H^7(NO^4)O^4$. — Pour obtenir ce corps, on broie de l'acide cinnamique avec de l'acide nitrique,

[1] Toel (1849), *Ann. der Chem. u. Pharm.*, LXX, 7. — E. Kopp, *loc. cit.*
[2] Mitscherlich (1841), *Journ. f. prakt. Chem.*, XXII, 193.

exempt d'acide nitreux, et assez refroidi pour que le mélange ne s'échauffe pas au-dessus de 60°. On verse de l'eau sur le produit, de manière à enlever l'excédant d'acide nitrique, et on dissout le résidu dans l'alcool bouillant; l'acide nitrocinnamique s'en sépare presque complétement par le refroidissement. On le purifie par des lavages à l'alcool froid.

L'acide nitrocinnamique est blanc ou légèrement jaunâtre; ses cristaux sont si petits, qu'il est difficile d'en déterminer la forme. Il fond vers 270°, et se prend, par le refroidissement, en une masse cristalline; chauffé au-dessus de 270°, il entre en ébullition et se décompose.

Il est presque insoluble dans l'eau froide; l'eau bouillante ne le dissout qu'en petite quantité; dans l'alcool, il est bien moins soluble que l'acide cinnamique, l'acide benzoïque et l'acide nitrobenzoïque.

Il décompose les carbonates avec effervescence.

§ 1683. Les *nitrocinnamates* neutres renferment $C^{18}H^6M(NO^4)O^4 = C^{18}H^6(NO^4)O^3$, MO. Ils font explosion par la distillation sèche.

Les sels à base d'alcali sont solubles dans l'eau. Ils produisent des précipités pulvérulents dans les solutions d'argent et de plomb.

Le *sel d'ammoniaque* perd de l'ammoniaque par l'évaporation.

Le *sel de potasse* forme des cristaux mamelonnés, fort solubles, neutres au papier et faisant explosion par une forte chaleur.

Le *sel de magnésie* forme des groupes mamelonnés, fort solubles.

Le *sel d'argent*, $C^{18}H^6Ag(NO^4)O^4$, est un précipité pulvérulent très-peu soluble dans l'eau. Si on le chauffe avec précaution, il se décompose d'une manière instantanée en laissant de l'argent pur.

§ 1684. Le *nitrocinnamate d'éthyle* ou éther nitrocinnamique renferme $C^{18}H^6(C^4H^5)(NO^4)O^4$. Quand on fait bouillir pendant plusieurs heures de l'acide nitrocinnamique avec 20 p. d'alcool auquel on a ajouté un peu d'acide sulfurique, l'acide cinnamique se dissout complétement. A mesure que la liqueur se refroidit, le cinnamate d'éthyle s'en sépare en cristaux prismatiques. On l'obtient pur en le dissolvant dans l'alcool, auquel on a ajouté un peu d'ammoniaque, qui ne le décompose pas. Il fond à 136°, et bout à 300° environ, en se décomposant. Bouilli avec une solution étendue de potasse, il donne du nitrocinnamate de potasse et de l'alcool.

Dérivés par réduction des dérivés nitriques
de l'acide cinnamique.

§ 1685. *Carbostyrile*[1], $C^{18}H^7NO^2 = N(C^{16}H^7)(CO)^2$. — Quand on dissout l'acide nitrocinnamique dans le sulfhydrate d'ammoniaque, et qu'on porte le liquide à l'ébullition, il se fait, au bout de quelque temps, un abondant dépôt de soufre; la réduction est complète si l'on emploie une quantité suffisante de sulfhydrate; en sursaturant le produit par un léger excès d'acide chlorhydrique, on obtient une liqueur fortement colorée par une résine qui reste dissoute dans l'excès d'acide chlorhydrique. Cette liqueur, filtrée et évaporée à une douce chaleur, fournit, après quelque temps, de petits cristaux bruns de carbostyrile, souillés de beaucoup de résine.

Purifié par plusieurs cristallisations dans l'eau bouillante, le carbostyrile se présente sous la forme de belles aiguilles, incolores et soyeuses, assez solubles dans l'eau bouillante, fort solubles dans l'alcool et l'éther. Soumis à l'action de la chaleur, il fond en une huile incolore qui se prend, par le refroidissement, en une masse de cristaux radiés; à une température plus élevée, il se sublime en aiguilles brillantes.

L'acide chlorhydrique le dissout un peu mieux que l'eau bouillante, sans se combiner avec lui. L'acide sulfurique ordinaire le dissout à chaud sans l'altérer.

L'ammoniaque ne le dissout pas, mais la potasse concentrée le dissout aisément.

Chauffé avec quelques fragments de potasse, il ne dégage pas d'ammoniaque, mais il développe une huile qui paraît être un alcali particulier ($C^{16}H^9N$?)

Lorsqu'on le fait bouillir avec de l'oxyde d'argent, il donne une combinaison insoluble dans l'eau bouillante, et dont les acides le séparent de nouveau sans altération.

M. Chiozza pense que le carbostyrile est une imide carbonique correspondant à un alcali (*styriline*) qu'on obtiendrait par la réduction du nitrocinnamène (§ 1665). Il est probable, suivant ce chimiste, que, dans l'action du sulfhydrate d'ammoniaque sur l'a-

---

[1] Chiozza (1852), *Compt. rend. de l'Acad.*, XXXIV, 598.

cide nitrocinnamique, il se produit d'abord un acide $C^{18}H^9NO^4$, lequel perd 2 HO pour se convertir en carbostyrile :

$$C^{18}H^7(NO^4)O^4 + 6\ HS = C^{18}H^9NO^4 + 4\ HO + 6\ S.$$
Ac. nitrocinnamiq.   Acide particulier.

$$C^{18}H^9NO^4 = C^{18}H^7NO^2 + 2\ HO.$$
Ac. particulier.   Carbostyrile.

Dérivés sulfuriques de l'acide cinnamique.

§ 1686. *Acide sulfocinnamique*[1], $C^{18}H^8S^2O^{10} + 6$ aq. $= C^{18}H^8O^4$, $2\ SO^3 + 6$ aq. — Lorsqu'on verse sur l'acide cinnamique de l'acide sulfurique concentré en évitant de le mettre en excès, une partie de l'acide cinnamique se sépare de nouveau par l'addition de l'eau. Mais si l'on prend, pour 1 p. d'acide cinnamique, 8 à 12 p. d'acide sulfurique fumant d'une densité de 1,92 à 1,87, il ne s'en dépose presque plus rien ; le mélange s'échauffe et la dissolution s'effectue sans dégagement de gaz sulfureux. On sature par du carbonate de baryte le mélange étendu d'eau ; après avoir filtré, on décompose le liquide par du sous-acétate de plomb, et l'on traite le précipité par l'hydrogène sulfuré.

L'acide sulfocinnamique se prend dans le vide en une masse amorphe, un peu hygrométrique, fort soluble dans l'eau et l'alcool. Par l'évaporation spontanée de sa solution alcoolique, il se dépose en prismes allongés contenant 6 atomes d'eau de cristallisation.

Il précipite les solutions du sous-acétate de plomb, du protonitrate de mercure, et, au bout de quelque temps, du chlorure de baryum.

§ 1687. Les *sulfocinnamates* sont pour la plupart fort solubles dans l'eau. Ceux à base d'alcali et de terre alcaline donnent par la chaleur un mélange du sulfate et de sulfite, et, par une forte calcination, un résidu d'où les acides dégagent de l'hydrogène sulfuré.

L'acide sulfocinnamique est bibasique, et donne deux espèces de sels :

Sels neutres. . . $C^{18}H^6M^2S^2O^{10}$,
Sels acides. . . . $C^{18}H^7M\ S^2O^{10}$.

Le *sel de potasse neutre*, $C^{18}H^6K^2S^2O^{10}$, s'obtient par double décomposition ; il est amorphe et fort soluble dans l'eau. — Le *sel acide*, $C^{18}H^7KS^2O^{10}$, s'obtient lorsqu'on ajoute de l'acide chlorhy-

<hr>

[1] HERZOG (1843), *Journ. f. prakt. Chem.*, XXIX, 51.

drique à la solution aqueuse du sel neutre; il cristallise en aiguilles agglomérées.

Le *sel de baryte neutre*, $C^{18}H^6Ba^2S^2O^{10} + 2$ aq., est presque insoluble dans l'eau; lorsqu'on le chauffe dans un tube de verre, il dégage une légère odeur, semblable à celle de l'huile de cannelle. Bouilli avec de l'eau aiguisée d'acide nitrique, il dépose de jolies aiguilles de *sel acide*, $C^{18}H^7BaS^2O^{10} + 2$ aq. Celui-ci est inaltérable à l'air, peu soluble dans l'eau et l'alcool; il perd son éclat à 100°, en développant 2 at. d'eau de cristallisation. Lorsqu'on verse sur les cristaux une solution d'ammoniaque diluée, ils se dissolvent aisément, et déposent bientôt après des prismes qui, à l'air, dégagent de l'eau et de l'ammoniaque.

Le *sel d'argent*, $C^{18}H^6Ag^2S^2O^{10}$, ne peut s'obtenir ni sous forme régulière, ni à l'état de précipité. On le prépare en décomposant le sulfocinnamate de baryte neutre par du sulfate d'argent, évaporant au bain-marie et dans le vide. Il s'y dessèche en une croûte grise amorphe et brillante. Si l'on opère à feu nu, il faut faire attention que le sel ne se réduise pas; car, par une certaine concentration, la solution se prend subitement en une masse gélatineuse.

Chlorure de cinnamyle.

Composition : $C^{18}H^7O^2$, Cl.

§ 1688. On obtient ce corps[1] en faisant réagir le perchlorure de phosphore sur l'acide cinnamique. On distille le produit de la réaction en recueillant à part les portions de liquide distillant entre 250 et 265°, et l'on soumet ces dernières à une nouvelle rectification.

Le chlorure de cinnamyle est une huile pesante d'une densité de 1,207, bouillant à 262°. Exposé à l'air humide, il s'altère promptement en donnant de l'acide chlorhydrique et de beaux cristaux d'acide cinnamique.

Lorsqu'on verse de l'alcool sur le chlorure de cinnamyle, le mélange s'échauffe fortement, et, si l'on y ajoute ensuite de l'eau, il s'en sépare une huile pesante qui possède les propriétés et la composition de l'éther cinnamique.

L'ammoniaque et l'aniline réagissent sur le chlorure de cinnamyle en produisant des amides (azotures de cinnamyle, § 1689).

[1] Cahours (1848), *Ann. de Chim. et de Phys.*, XXIII, 341.

Lorsqu'on distille le chlorure de cinnamyle avec du cyanure de potassium ou de mercure, il paraît se produire du cyanure de cinnamyle. Chauffé avec du cinnamate de soude, le chlorure de cinnamyle donne de l'acide cinnamique anhydre.

AZOTURES DE CINNAMYLE.

Syn. : amides cinnamiques.

§ 1689. Les azotures de cinnamyle représentent de l'ammoniaque dont l'hydrogène est en partie remplacé par son équivalent de cinnamyle :

$$\text{Azoture de cinnamyle et d'hydrogène, ou cinnamide.} \quad C^{18}H^9NO^2 = N\begin{cases} C^{18}H^7O^2 \\ H \\ H \end{cases}$$

$$\text{Azoture de cinnamyle, de phényle et d'hydrogène, ou cinnanilide.} \quad C^{30}H^{13}NO^2 = N\begin{cases} C^{18}H^7O^2 \\ C^{12}H^5 \\ H \end{cases}$$

$$\text{Azoture de cinnamyle, de méthyl-nitrophényle et d'hydrogène.} \quad C^{32}H^{14}N^2O^8 = N\begin{cases} C^{18}H^7O^2 \\ C^{14}H^6(NO^4)O^2 \\ H \end{cases}$$

$$\text{Azoture de nitrocinnamyle et d'hydrogène, ou nitrocinnamide.} \quad C^{18}H^8N^2O^6 = N\begin{cases} C^{18}H^6(NO^4)O^2 \\ H \\ H \end{cases}$$

§ 1689[a]. *Azoture de cinnamyle et d'hydrogène*, ou cinnamide, $C^{18}H^9NO^2 = NH^2(C^{18}H^7O^2)$. — En traitant le chlorure de cinnamyle par le gaz ammoniaque sec, on obtient du sel ammoniac ainsi qu'une matière blanche qui se dissout dans l'eau bouillante, et qui se dépose, par le refroidissement, sous la forme d'aiguilles déliées (Cahours).

Azoture de cinnamyle, de phényle et d'hydrogène[1], phényl-cinnamide ou cinnanilide, $C^{30}H^{13}NO^2 = NH(C^{18}H^7O^2)(C^{12}H^5)$. — Le chlorure de cinnamyle et l'aniline réagissent vivement, en donnant un produit solide qui, lavé à l'eau pure et à l'eau alcaline, se dissout aisément à chaud dans l'alcool, et s'en sépare, par le refroi-

[1] CAHOURS (1848), *Ann. de Chim. et de Phys.*, XXIII, 344.

dissement, à l'état de fines aiguilles. Ce corps fond à une température peu élevée; il distille entièrement par une plus forte chaleur. Une lessive alcaline l'attaque à peine, même à chaud; lorsqu'on le distille avec de l'hydrate de potasse solide, il dégage de l'aniline.

Azoture de cinnamyle, de méthyl-nitrophényle et d'hydrogène[1], ou cinnitranisidide, $C^{32}H^{14}N^2O^8 = NH(C^{18}H^7O^2)(C^{14}H^6(NO^4)O^2)$. — Ce composé s'obtient par la réaction du chlorure de cinnamyle et de la méthyl-nitrophénidine (nitranisidine, § 1388). Il constitue de petites aiguilles jaunâtres, peu solubles dans l'alcool froid, assez solubles dans l'alcool bouillant.

Dérivés nitriques des azotures de cinnamyle.

§ 1690. *Azoture de nitrocinnamyle et d'hydrogène*[2], ou nitrocinnamide, $C^{18}H^8(NO^4)NO^2 = NH^2(C^{18}H^6(NO^4)O^2)$. — La meilleure manière de préparer cette substance, consiste à traiter par une solution aqueuse d'ammoniaque le produit de l'action de l'oxychlorure de phosphore sur le nitrocinnamate de potasse. Après une heure de digestion à une douce chaleur, la réaction est achevée, et l'acide nitrocinnamique anhydre est complétement transformé en nitrocinnamide, et en nitrocinnamate d'ammoniaque qui reste en dissolution. On recueille la nitrocinnamide sur un filtre, et on la purifie par une cristallisation dans l'eau bouillante.

On obtient également la nitrocinnamide par l'action prolongée d'une solution alcoolique d'ammoniaque sur le nitrocinnamate d'éthyle; mais ce procédé exige beaucoup de temps, et l'emploi d'une grande quantité d'alcool.

La nitrocinnamide se sépare de sa solution dans l'eau bouillante sous la forme d'aiguilles raccourcies et brillantes, quelquefois en grains et en lamelles qui ont l'apparence d'ailes de mouche. La concentration du liquide ou la présence de quelque substance étrangère exerce, du reste, une grande influence sur sa cristallisation. Elle fond en brunissant entre 155 et 160°; à 260° elle se décompose entièrement. Elle est peu soluble dans l'alcool froid et assez soluble dans l'éther; elle se dépose de la solution alcoolique bouillante en petites concrétions hémisphériques, lisses à la partie

[1] CAHOURS (1849), *Ann. de Chim. et de Phys.*, [3] XXVII, 452.
[2] CHIOZZA (1853), *Ann. de Chim. et de Phys.*, [3] XXIX, 214.

supérieure, rugueuses à la partie inférieure, et d'une parfaite régularité.

Une solution concentrée de potasse la dissout à l'aide de la chaleur sans dégagement d'ammoniaque et en se colorant en rouge.

CYANURE DE CINNAMYLE.

Composition : $C^{20}H^7NO^2 = C^{18}H^7O^2$, Cy.

§ 1691. Distillé à plusieurs reprises sur du cyanure de potassium (ou de mercure), le chlorure de cinnamyle produit du chlorure de potassium (ou de mercure), ainsi qu'un liquide[1] qui brunit assez promptement à l'air. Ce liquide paraît être le cyanure de cinnamyle; on n'a pas pu l'obtenir entièrement exempt de chlore; au contact de l'eau, il se décompose peu à peu en produisant de l'acide cyanhydrique et de l'acide cinnamique.

STYRONE.

Syn. : péruvine, styraçone.

Composition : $C^{18}H^{10}O^2$.

§ 1692. On l'obtient[2] en distillant avec précaution la styracine avec une solution concentrée de potasse ou de soude caustique : il passe ainsi un liquide tout à fait laiteux, qui, saturé par du sel marin, sépare une matière crémeuse, qui se réunit peu à peu à la surface sous la forme d'une couche huileuse ; celle-ci se concrète peu à peu.

Suivant M. Toel, la styrone forme de belles aiguilles soyeuses, douces, d'une odeur agréable qui rappelle celle des jacinthes; elle fond à 33°, et se volatilise sans altération à une température supérieure. Elle est assez soluble dans l'eau ; l'alcool, l'éther, le styrol, les essences et les huiles grasses la dissolvent en grande quantité. Lorsqu'on laisse refroidir une solution aqueuse de styrone, saturée à l'ébullition, elle devient laiteuse et ne s'éclaircit qu'au bout de quelques heures en se remplissant d'aiguilles.

[1] CAHOURS (1848), *Ann. de Chim. et de Phys.*, XXIII, 344.
[2] E. SIMON (1839), *Ann. der Chem. u. Pharm.*, XXXI, 265. — FRÉMY, *Ann. de Chim. et de Phys.*, LXX, 189. — E. KOPP, *l'Institut*, 1848, n° 805. *Compt. rend. des trav. de Chim.*, 1850, p. 140. — TOEL, *Ann. der Chem. u. Pharm.*, LXX, 1. — STRECKER, *ibid.*, LXX, 40 ; LXXIV, 112.

La styrone a donné à l'analyse.

	Toel.			Calcul.
Carbone. . .	79,81	80,61	80,17	80,62
Hydrogène. .	7,63	7,62	7,68	7,45
Oxygène. . .	12,56	11,77	12,15	11,93
	100,00	100,00	100,00	100,00

M. Simon et M. E. Kopp n'ont obtenu la styrone qu'à l'état huileux. Selon ce dernier chimiste, elle constitue un liquide incolore, bouillant à 254°, cristallisable à une basse température, redevenant liquide à 8°, d'une odeur particulière, rappelant celle des grains de raisins écrasés.

Il est possible que la styrone ne s'obtienne cristallisée qu'à l'état de parfaite pureté.

Traitée par un mélange de manganèse et d'acide sulfurique étendu, la styrone, comme la styracine, donne de l'hydrure de benzoïle. Elle fournit le même produit par l'acide nitrique.

§ 1693. *Styracine*[1], ou cinnamyl-styrone, $C^{18}H^9(C^{18}H^7O^2)O^2 = C^{36}H^{16}O^4$ (Strecker). — Cette substance est contenue dans le styrax liquide, où elle se trouve mêlée avec de l'acide cinnamique, une huile essentielle (styrol, § 1662) et plusieurs résines. On la trouve également dans le baume du Pérou.

Pour l'extraire, on commence par distiller le styrax avec de l'eau, de manière à volatiliser l'huile essentielle; puis on le fait bouillir avec du carbonate de soude, qui s'empare de l'acide cinnamique libre. On obtient ainsi une masse résinoïde et spongieuse dans les pores de laquelle on voit interposée de la styracine huileuse; malaxée entre les doigts, la résine devient de plus en plus compacte, en même temps que la styracine en découle. M. E. Kopp filtre l'huile ainsi obtenue, en la maintenant liquide à une température élevée au moyen de l'entonnoir de Plantamour. La filtration est très-lente, et la surface du liquide se solidifie assez facilement. L'huile filtrée est colorée; au bout de quelque temps, elle se prend en une masse cristalline étoilée; c'est la styracine encore impure. Pour la purifier, on la dissout dans environ dix fois son poids d'alcool à 50° de température, on décante la partie dissoute, et on l'expose à une température assez basse. La styracine

[1] BONASTRE (1831), *Journ. de Pharm.*, juin 1831, p. 338. — E. SIMON, *loc. cit.* — FRÉMY, *loc. cit.* — E. KOPP, *loc. cit.* — TOEL, *loc. cit.* — STRECKER, *loc. cit.* — PLANTAMOUR, *Ann. der Chem. u. Pharm.*, XXVII, 239; XXX, 341.

cristallise alors en très-belles aiguilles. La résine compacte d'où la styracine a été exprimée devient dure et cassante par le refroidissement complet. Elle contient encore une quantité assez notable de styracine, et il est avantageux de l'employer à la préparation de la styrone.

M. Toel distille le styrax avec du carbonate de soude, lave à l'eau le résidu résinoïde, pour enlever le cinnamate de soude, dessèche le résidu, et le met en digestion avec de l'alcool froid, qui enlève la plus grande partie de la matière colorante ; puis il fait cristalliser la substance dans un mélange d'alcool et d'éther.

La styracine cristallise en beaux prismes groupés en faisceaux, inodores et insipides, insolubles dans l'eau, peu solubles dans l'alcool froid, très-solubles dans l'éther.

L'analyse de la styracine a donné les résultats suivants :

	Frémy (méta-cinnaméine).	Toel.		Strecker.		Calcul.
Carbone. . .	80,8	82,61	82,15	81,47	81,37	81,85
Hydrogène. .	6,0	6,36	6,16	6,09	6,06	6,02
Oxygène. . .	13,2	11,03	11,69	12,44	12,57	12,13
	100,0	100,00	100,00	100,00	100,00	100,00

Elle fond à 44 (Toel; à 38°, E. Kopp). Après le refroidissement, elle reste longtemps amorphe et visqueuse. Quelquefois, dans le traitement du styrax, on obtient aussi la styracine à l'état liquide, incristallisable, surtout lorsqu'on l'a laissée trop longtemps en contact avec les acides, pour lui enlever les dernières traces de soude.

Suivant M. E. Kopp, ce sont ces deux modifications de la styracine qui ont été décrites par M. Frémy sous les noms de *cinnaméine* et de *métacinnaméine*. Suivant M. Plantamour, la cinnaméine (modification liquide de la styracine) bout d'une manière constante à 3o5°, et distille sans altération sensible.

La styracine en contact avec les alcalis caustiques s'y combine et se prend en une masse solide, formée de grains agglomérés. Si on la distille avec de la potasse caustique, il passe de la styrone et la po-

---

[1] Voici les analyses de la cinnaméine (calculées avec l'ancien poids atomique du carbone) :

	Frémy.		Plantamour.	
	α	β	α	β
Carbone. . .	79,5	81,4	80,7	80,6
Hydrogène . .	6,3	7,1	6,3	6,2

α matière non distillée ; β matière distillée, dernières portions.

tasse retient de l'acide cinnamique [1]. Ce dédoublement de la styracine s'effectue promptement lorsqu'on la dissout dans la potasse alcoolique et concentrée :

$$C^{36}H^{16}O^4 + 2\ HO = C^{18}H^{10}O^2 + C^{18}H^8O^4.$$

Styracine.   Styrone.   Ac. cinnamiq.

Chauffée avec de l'acide nitrique, la styracine fournit de l'hydrure de benzoïle, de l'acide cyanhydrique, de l'acide benzoïque et de l'acide nitrobenzoïque. Avec l'acide chromique, elle donne de l'hydrure de benzoïle, de la résine et de l'acide benzoïque. Avec l'acide sulfurique concentré, elle donne de l'acide cinnamique et un corps brun, soluble dans l'eau et insoluble dans les solutions salines aqueuses.

Le chlore la transforme en chlorostyracine.

Traitée par un mélange d'acide sulfurique et de peroxyde de manganèse, la styracine donne de l'hydrure de benzoïle.

§ 1694. La *chlorostyracine* [2] renferme $C^{36}H^{12}Cl^4O^4$. Le chlore convertit la styracine en une matière visqueuse, âcre et d'une odeur semblable à celle du baume de copahu. Elle est insoluble dans l'eau, soluble dans l'alcool et l'éther bouillants, d'où elle se dépose à l'état amorphe.

Lorsqu'on fait agir la potasse sur la chlorostyracine, on obtient un corps chloré huileux, du chlorocinnamate de potasse et du chlorure de potassium.

Distillée dans un courant de chlore, la chlorostyracine donne un liquide chloré volatil, et un acide chloré cristallisable, formant des sels qui cristallisent aisément (E. Kopp).

§ 1695. *Baumes à acide cinnamique*. Les baumes naturels d'où l'on peut extraire de l'acide cinnamique et de la styracine sont : le styrax liquide, le baume du Pérou, et le baume de Tolu.

---

[1] En traitant la cinnaméine (du baume du Pérou) par une solution de potasse alcoolique et concentrée, M. Plantamour obtint une huile (styrone?), ainsi qu'une liqueur alcaline, laquelle, décomposée par l'acide chlorhydrique, donna un abondant précipité. Celui-ci, redissous dans l'eau bouillante, déposa d'abord de l'acide cinnamique, puis les eaux-mères donnèrent des feuillets groupés en choux-fleurs que M. Plantamour considère comme un acide particulier, *acide carbobenzoïque* ou *myroxylique*.

A en juger d'après la description et les analyses de ce chimiste, ce produit est évidemment de l'acide benzoïque impur. (On sait, par les expériences de M. Chiozza, que l'hydrate de potasse peut dédoubler l'acide cinnamique en acide benzoïque et en acide acétique.)

[2] TOEL (1849), *loc. cit.*

α. *Styrax liquide*[1]. L'origine de ce baume est fort incertaine; suivant toutes les probabilités[2], il est tiré d'Arabie, d'Éthiopie et de l'île de Cobras dans la mer Rouge, où, d'après Petiver, l'arbre qui le produit est nommé *rosa mallos* ; cet arbre paraît être le *Liquidambar oriental*. Le styrax liquide du commerce est de la consistance du miel , d'un gris brunâtre, opaque, d'une odeur forte et fatigante , d'une saveur aromatique. Il est un mélange de styrol (§ 1662), d'acide cinnamique, de styracine et de matière résineuse.

Le styrax liquide est employé par quelques médecins dans le traitement de la blennorrhée et de la leucorrhée.

β. *Baume du Pérou*[3]. C'est le suc de plusieurs arbres du genre *Myrospermum* (famille des légumineuses). On distingue dans le commerce le baume noir ou liquide et le baume sec.

Le baume noir ou liquide ne vient pas du Pérou, comme on le croit généralement. Suivant M. Guibourt, on le recueille en abondance sur la côte de San-Sonate, dans l'État de San-Salvador, par des incisions faites sur les myrospermum. Il a la consistance d'un sirop cuit; il est d'un rouge brun très-foncé et transparent ; il a une odeur forte, rappelant celle du styrax liquide , mais toujours très-agréable, et une saveur amère presque insupportable. Il est employé dans plusieurs compositions pharmaceutiques et dans la parfumerie. Il est très-sujet à être falsifié avec de l'alcool, des huiles fixes, du baume de copahu, etc.

Suivant M. Frémy, le baume liquide naturel est un mélange d'acide cinnamique , de résine, et d'une matière huileuse (cinnaméine ou styracine). La résine a donné à l'analyse :

	Frémy.
Carbone. . . .	71,04
Hydrogène. . .	6,78
Oxygène. . . .	22,18
	100,00

La composition de cette résine est fort rapprochée de celle des résines contenues dans le baume de Tolu.

Le baume du Pérou sec est tout à fait solide, d'un blond rou-

---

[1] BONASTRE, *loc. cit.* — E. SIMON, *loc. cit.*

[2] GUIBOURT, *Hist. natur. des Drogues simples*, II, 294.

[3] FRÉMY, *Ann. de Chim. et de Phys.*, LXX , 180. — RICHTER, *Journ. f. prakt. Chem.*, XIII, 167. — PLANTAMOUR, *Ann. der Chem. u. Pharm.*, XXVII, 320; XXX, 341.

geâtre, translucide, dur, très-tenace et d'une cassure esquilleuse ou cristalline; il possède une odeur très-aromatique, et un goût parfumé, accompagné d'une certaine âcreté. Il ressemble d'ailleurs beaucoup au baume de Tolu.

γ. *Baume de Tolu*[1]. Il est produit en très-grande quantité, dans différentes parties de la Colombie, par le *Myrospermum toluiferum D. C.* Tel qu'on le trouve dans le commerce, il est mou ou sec.

Le baume sec est cassant à froid, fauve ou roux, d'une transparence imparfaite, d'une apparence grenue ou cristalline. Il possède une odeur très-suave, et une saveur parfumée, accompagnée d'une légère âcreté; il fond au feu en répandant une fumée fort agréable. Il se compose d'un mélange d'huile essentielle, d'acide libre et de résine.

Le baume mou a la consistance de la térébenthine épaisse, est plus transparent que le baume sec et plus foncé en couleur. Il possède la même odeur, mais une saveur moins marquée, due à une proportion d'acide moins considérable. Cette circonstance tient, suivant M. Guibourt, à ce que le baume mou est plus récent que le baume sec; d'ailleurs le baume mou se dessèche par une longue exposition à l'air, et alors il renferme plus d'acide.

L'huile essentielle ne se trouve qu'en très-petite quantité dans le baume de Tolu et s'obtient en distillant ce baume avec très-peu d'eau. Elle se compose de cinnaméine (styracine), et d'un hydrocarbure (*tolène*), bouillant à 160° environ, présentant la même composition que l'essence de térébenthine, et devenant visqueux et résineux par le contact prolongé à l'air. 4 kilogrammes de baume ne donnent que 8 grammes d'huile essentielle (Deville). La petite quantité de matière huileuse qu'il renferme, et la rapidité avec laquelle il perd l'état mou au contact de l'air, sont deux caractères qui distinguent le baume de Tolu du baume du Pérou.

L'acide libre est formé d'acide cinnamique (Frémy, E. Kopp). Il peut s'extraire par une solution bouillante de carbonate de soude. (Suivant M. Deville, le baume contiendrait à la fois de l'acide benzoïque et de l'acide cinnamique; mais M. E. Kopp est d'avis que les résultats obtenus par M. Deville proviennent de ce que ce chimiste a examiné les acides provenant de la distillation du baume, ou qu'il a cherché à isoler les acides en les traitant par

[1] FRÉMY, *loc. cit.* — DEVILLE, *Ann. de Chim. et de Phys.*, [3] III, 152, — E. KOPP, *Compt. rend. des trav. de Chimie*, 1847, p. 198; 1849, p. 145.

des lessives alcalines concentrées ; or les résines, dans ces deux circonstances, se transforment de manière à donner naissance à une forte proportion d'acide benzoïque.)

Suivant les expériences de M. E. Kopp, la partie résineuse du baume de Tolu est formée de deux résines distinctes, dont l'une α est très-soluble dans l'alcool froid, tandis que l'autre β y est peu soluble.

Pour obtenir la résine α, on épuise par l'alcool froid le baume de Tolu, débarrassé d'hydrocarbure et d'acide cinnamique. La solution évaporée fournit une résine brune, cassante, brillante, qui retient fortement l'alcool. On la fait bouillir avec de l'eau contenant un peu d'acide chlorhydrique, pour enlever, autant que possible, la soude qu'elle pourrait encore contenir, on la réduit en poudre fine, et on la dessèche dans le vide, d'abord à la température ordinaire, puis à 100°.

La résine α du baume de Tolu est brune, cassante à froid, brillante; réduite en poudre, elle s'agglomère déjà à 16° ; à 60° elle est parfaitement fondue. Bouillie longtemps avec de l'eau, elle colore cette dernière en jaune. Elle est aisément soluble dans l'éther et dans les alcalis caustiques fixes. Une solution concentrée de potasse caustique produit un précipité de résinate de potasse brun, insoluble dans la liqueur, mais qui se dissout immédiatement dans l'eau pure. Distillée avec une solution très-concentrée de potasse caustique, la résine fournit du toluène, qui se dégage avec les vapeurs d'eau ; la masse alcaline de la cornue, dissoute dans l'eau et décomposée par un acide, donne de l'acide benzoïque et de la résine. Avec l'acide sulfurique concentré, elle se colore en pourpre et se dissout même à froid ; si l'action n'a point été trop prolongée, l'addition de l'eau précipite de la solution sulfurique une résine purpurine non sulfurée ; dans le cas contraire, la liqueur reste claire, d'une teinte vineuse, et contient alors un acide sulfurique conjugué.

L'analyse de la résine α a donné les nombres suivants, déduction faite des cendres (0,5 p. c.), composées principalement de carbonate de soude et de chaux :

	E. Kopp.		Calcul. $C^{36}H^{18}O^8$
Carbone. . . .	72,10	72,29	72,48
Hydrogène. . .	6,38	6,37	6,04
Oxygène. . .	21,52	21,34	21,58
	100,00	100,00	100,00

Les produits de la distillation sèche de la résine α sont : des gaz, formés principalement d'oxyde de carbone et d'acide carbonique ; un produit liquide huileux qui, par la potasse caustique concentrée, se dédouble en toluène et en acide benzoïque ; un autre liquide huileux, limpide, non acide, dont le point d'ébullition est supérieur à 250°, et qui noircit fortement par l'action de l'acide sulfurique concentré.

Traitée par l'acide nitrique, la résine α fournit de l'acide benzoïque amorphe (§ 1516 [b]), de l'essence d'amandes amères, de l'acide cyanhydrique et des gaz formés de peu d'acide carbonique et de beaucoup de deutoxyde d'azote. Il ne se forme point d'acide picrique.

La résine β s'obtient comme résidu, quand on traite les résines du baume de Tolu par l'alcool froid. Pour chasser ce dernier, on fait bouillir la résine avec de l'eau aiguisée de quelques gouttes d'acide chlorhydrique. Elle ne fond pas complétement dans l'eau bouillante, mais elle s'y ramollit beaucoup. Elle est très-cassante et se laisse pulvériser avec une extrême facilité. Sa couleur est terne et d'un jaune brunâtre. Elle ne possède ni odeur ni saveur, et ne fond qu'au-dessus de 100°. Elle est peu soluble dans l'alcool et dans l'éther, surtout à froid. Elle se dissout à froid dans l'acide sulfurique, sans dégagement de gaz sulfureux ; la solution est d'un brun rougeâtre ; en attirant l'humidité de l'air, elle prend une belle teinte violette. La potasse caustique dissout la résine β, et donne une liqueur brune assez foncée. La résine β distillée avec de la potasse caustique concentrée ne fournit que très-peu d'huile volatile avec les vapeurs d'eau ; l'huile n'apparaît que lorsque la potasse est devenue sèche et la température très-élevée ; la masse se charbonne. L'acide nitrique produit les mêmes réactions qu'avec la résine α ; il n'y a point formation d'acide picrique.

Suivant M. Kopp, la résine β renferme environ 2,5 pour 100 de cendres, formées de matières terreuses, carbonate de chaux, silice et une faible proportion de carbonate de soude.

M. Deville, qui n'admet dans le baume de Tolu qu'une seule espèce de résine, ayant la composition de la résine β, procède pour son extraction de la manière suivante : il dissout le baume de Tolu dans une très-petite quantité de potasse et beaucoup d'eau, et sature la liqueur par du gaz carbonique. Lorsqu'elle est suffisamment étendue, ce courant prolongé précipite une portion de résine ; la solution, d'abord fortement colorée en noir, s'éclaircit alors peu à peu. On complète la séparation de la résine en traitant par du chlorure de calcium. Il se forme du carbonate de chaux et du résinate de chaux, et, après la filtration, un liquide qui renferme le benzoate et le cinnamate en dissolution. La masse rosée restée sur le filtre est ensuite traitée par l'acide chlorhydrique qui laisse la résine. Il ne reste plus, pour avoir cette substance pure, qu'à la dissoudre dans un peu d'alcool et à la précipiter par l'eau.

Elle se présente alors sous la forme d'une poudre rose, d'une odeur faible de vanille, soluble dans l'alcool et la potasse ; elle est très-hygrométrique ; sa couleur, sous certaines influences atmosphériques, peut-être aussi par l'effet de la lumière, varie très-facilement de teinte. Traitée par l'acide nitrique fumant, elle s'enflamme et brûle comme dans l'oxygène. Soumise à la distillation sèche, elle donne un peu d'eau, de l'acide benzoïque, du toluène, et de l'éther benzoïque, ainsi qu'un mélange gazeux d'oxyde de carbone et d'acide carbonique ; il reste aussi du charbon.

Voici les nombres que M. Deville et M. Kopp ont obtenus à l'analyse de leurs produits :

	Deville.					E. Kopp.		Calcul. $C^{36}H^{20}O^{10}$
Carbone. . .	68,1	67,9	68,3	68,3	68,6	68,5	68,1	68,4
Hydrogène. .	6,7	6,6	6,7	6,6	6,4	6,4	6,4	6,3
Oxygène. . .	25,2	25,5	25,0	25,1	25,0	25,1	25,5	25,3
	100,0	100,0	100,0	100,0	100,0	100,0	100,0	100,0

Suivant M. Kopp, la résine α dissoute dans la potasse caustique, et abandonnée à l'air libre, l'eau évaporée étant de temps à autre remplacée, attire l'oxygène de l'air. Lorsqu'on sature la solution bouillante par un acide, il se précipite alors une résine peu fusible, qui a la même composition que la résine β.

La composition des résines de Tolu est intéressante, en ce qu'elle représente celle de la styracine (cinnaméine) plus de l'eau et de l'oxygène.

Styracine, $C^{36}H^{16}O^4$,
Résine α , $C^{36}H^{16}O^4 + O^2 + 2\ HO$,
Résine β, $C^{36}H^{16}O^4 + O^2 + 4\ HO$.

Le baume de Tolu est employé par les médecins comme excitant des organes de la respiration, à la fin des rhumes, ou dans les catarrhes chroniques, quand l'expectoration se fait péniblement.

§ 1695ᵃ. Aux résines que nous venons de décrire paraît aussi se

rattacher la *myroxocarpine*, substance cristallisable que M. Stenhouse [1] a extraite du baume blanc d'une espèce de myrospermum
qui vient dans les environs San-Sonate et de San-Salvador (Amérique centrale).

Ce baume, étant mis en digestion avec de l'alcool ordinaire, se
dissout en grande partie, et la solution dépose peu à peu par le
repos de gros cristaux de myroxocarpine, mêlés de beaucoup de
résine. On purifie les cristaux par le charbon animal.

A l'état de pureté, la myroxocarpine se présente sous la forme
de prismes larges, minces, incolores, brillants et souvent d'un
pouce de long. D'après la détermination de M. Miller, les cristaux
appartiennent au système rhombique. (Combinaisons observées,
∞ P. oP. $\infty \breve{P} \infty$. $\breve{P} \infty$. $2 \breve{P} \infty$. $\bar{P} \infty$. $2 \bar{P} \infty$. Rapport de l'axe
vertical aux axes horizontaux, dans l'octaèdre primitif P, $= 1 :$
0,9363 : 0,7553. Inclinaison des faces, ∞ P : ∞ P $= 102°\,12'$; $\bar{P} \infty$:
o P $= 127°\,4'$; $2 \bar{P} \infty$: o P $= 110°\,41'$; $\breve{P} \infty$: o P $= 133°\,7'$;
$2 \breve{P} \infty$: o P $= 115°\,5'$.)

Les cristaux sont durs et cassants, insolubles dans l'eau à froid
et à chaud, très-solubles à chaud dans l'alcool et dans l'éther. Ils
n'ont aucune saveur. Leur solution est neutre aux papiers.

Ils ont donné à l'analyse :

	Stenhouse.	
Carbone.	77,09	77,18
Hydrogène. . . .	9,46	9,55
Oxygène.	13,52	13,27
	100,00	100,00

M. Stenhouse représente ces résultats par la formule $C^{48}H^{35}O^6$, qui
manque de contrôle.

La myroxocarpine fond à 115° en un verre transparent qui ne
cristallise plus par le refroidissement; mais, si on la fait redissoudre
dans l'alcool bouillant, elle se dépose de nouveau à l'état cristallisé. Lorsqu'on la chauffe bien au-dessus de son point de fusion,
elle donne un sublimé, beaucoup d'acide acétique et une résine
incristallisable.

Elle ne se combine ni avec les acides ni avec les alcalis. Une dissolution de potasse concentrée et bouillante ne l'attaque pas.

---

[1] STENHOUSE (1851), *Ann. der Chem. u. Pharm.*, LXXVIII 306. — Voy. sur l'origine
du baume de San-Sonate : PEREIRA, *Pharmaceut. Journ. and. Transact.* X, 280. —
GUIBOURT, *Hist. nat. des drogues simples*, IV, 333.

A chaud, l'acide nitrique la convertit lentement en acide oxalique et en une résine incristallisable. Le chlore la transforme également à chaud en une résine amorphe.

VII.

GROUPE NAPHTALIQUE.

§ 1696. On a réuni sous ce titre les nombreuses combinaisons qu'on obtient par la métamorphose de la *naphtaline*, bien qu'elles ne puissent pas toutes être rapportées au même radical : aussi, plus tard, quand les relations de ces combinaisons auront été mieux définies, faudra-t-il subdiviser le groupe naphtalique en trois sections au moins.

Voici les principales combinaisons naphtaliques :

α.

Napthaline, ou hydr. de naphtyle. $C^{20}H^8 \quad = \left. \begin{matrix} C^{20}H^7H \\ H \end{matrix} \right\}$

Naphtylamine, ou azoture de naphtyle et d'hydrogène. . . . . . $C^{20}H^9N \quad = N \left\{ \begin{matrix} C^{20}H^7 \\ H \\ H \end{matrix} \right.$

β.

Acide oxynaphtalique (alizarine?). $C^{20}H^6O^6 \quad = \left. \begin{matrix} C^{20}H^5O^4.O \\ HO \end{matrix} \right\}$

Chlorure d'oxinaphtyle. . . . . . $C^{20}H^5O^4Cl = \left. \begin{matrix} C^{20}H^5O^4 \\ Cl \end{matrix} \right\}$

γ.

Acide phtalique anhydre, ou oxyde de phtalyle. . . . . $C^{16}H^4O^6$

Acide phtalique hydraté, ou oxyde de phtalyle et d'hydrogène. . $C^{16}H^6O^8$

Amid. phtaliq., ou $\left\{ \begin{matrix} \text{Ac. phtalamiq.} & C^{16}H^7NO^6 \\ \text{Phtalimide.} & C^{16}H^5NO^4. \end{matrix} \right.$
azot. de phtalyl.

Les termes précédents donnent de nombreux dérivés chlorés, bromés, nitriques et sulfuriques.

Les composés naphtaliques se rattachent au groupe phénique par l'acide phtalique (§ 1745) qui se dédouble en acide carbonique et en hydrure de phényle (benzine) sous l'influence d'un excès de baryte caustique. On voit, par cette métamorphose, que l'acide phtalique représente dans la série benzoïque le même terme que l'acide oxalique dans la série formique; car on a :

$$C^{16}H^6O^8 = 2\ C^2O^4 + C^6H^6.$$

Ac. phtalique.   Hydr. de phényle.

$$C^4H^2O^8 = 2\ C^2O^4 + H^2.$$

Ac. oxalique.

On a d'ailleurs aussi les rapports suivants :

$$C^{16}H^6O^8 = C^2O^4 + C^{14}H^6O^4.$$

Ac. phthaliq.   Ac. benzoïque.

$$C^4H^2O^8 = C^2O^4 + C^2H^2O^4.$$

Ac. oxalique.   Ac. formique.

On ne connaît pas les relations qui rattachent les composés naphtaliques à d'autres groupes sériés.

NAPHTALINE.

Syn. : hydrure de naphtyle, naphtalène.

Composition : $C^{20}H^8 = C^{20}H^7, H.$

§ 1697. Cet hydrocarbure a été découvert par Garden[1] dans le goudron de houille; M. Faraday en a établi la composition. On doit principalement à M. Laurent la connaissance de ses dérivés.

Il se produit dans une foule de circonstances, quand on expose des matières organiques à une température fort élevée, en leur faisant, par exemple, traverser des tubes chauffés au rouge. On le trouve notamment en grande quantité dans le goudron qu'on obtient, dans la fabrication du gaz de l'éclairage, par la distillation sèche de la houille, des résines ou des huiles. On en a aussi observé la formation dans la préparation du noir de fumée (Reichenbach), dans la distillation sèche de la poix (Pelletier et Walter), dans le passage du camphre (F. Darcet), de l'alcool et de l'acide acétique (Berthelot) à travers un tube chauffé au rouge, etc.

Pour extraire la naphtaline, M. Laurent recommande d'employer le goudron de houille qui a séjourné pendant quelque temps à l'air, probablement parce que ce contact a pour effet d'altérer les huiles qui tiennent en dissolution la naphtaline, et de faciliter

---

[1] GARDEN (1820), *Annals of Philos.* de Thomson, XV, 74. — KIDD, *Philos. Transact.*, 1821, et *Ann. de Poggend.*, VII, 104. — FARADAY, *Philos. Transact.* 1826, p. 140, et *Ann. de Poggend.*, VII, 104. — LAURENT, *Ann. de Chim. et de Phys.*, XLIX, 214. *Revue scientif.*, VI, 76. — WOSKRESENSKY, *Ann. der Chem. u. Pharm.*, XXVI, 66. — DUMAS, *Ann. de Chim. et de Phys.*, L, 182.

ainsi la séparation de cette substance. On chauffe le goudron dans des vases découverts, de manière à vaporiser toute l'eau, puis on le soumet à une nouvelle distillation. Il passe d'abord une huile jaune qui noircit à l'air, et qui dépose de la naphtaline par le refroidissement à — 10°; plus tard, cette huile est tellement chargée de naphtaline, qu'elle se prend déjà à la température ordinaire en une masse molle et butyreuse. Vers la fin de l'opération on voit passer un produit gluant, de couleur orangée, renfermant beaucoup de paranaphtaline (anthracène, § 1725[a]).

On peut aussi détruire d'abord par le chlore gazeux les matières huileuses du goudron jusqu'à ce qu'elles soient devenues noires, puis distiller le mélange jusqu'à ce qu'il se carbonise, refroidir, à — 10° le produit qui passe, et soumettre le dépôt de naphtaline à l'action de la presse. On le purifie par de nouvelles cristallisations dans l'alcool, ou par la sublimation.

Lorsqu'on fait passer du gaz oléfiant dans un tube de verre chauffé au rouge, on obtient un goudron souvent mêlé de cristaux de naphtaline [1], ainsi que du gaz des marais. Ce goudron donne à l'analyse des proportions de carbone et d'hydrogène sensiblement égales à celles que renferme la naphtaline. (Le gaz des marais n'en donne pas de semblable. Chauffé au rouge blanc, le goudron du gaz oléfiant donne du charbon et de l'hydrogène.)

La naphtaline est parfaitement incolore, et présente une odeur goudronneuse; sa saveur est âcre et aromatique; sa densité est de 1,048 (Ure; de 1,153 à 18°, Reichenbach). En la faisant cristalliser, soit dans l'alcool, soit par sublimation, on l'obtient sous la forme de lames rhomboïdales extrêmement minces; pour l'obtenir en cristaux plus gros, on la fait dissoudre dans l'éther, et on abandonne la dissolution à une évaporation spontanée dans une fiole à fond plat dont l'ouverture est légèrement bouchée à l'aide d'un cornet de papier; au bout de plusieurs jours le fond de la fiole se trouve recouvert de cristaux, parmi lesquels on en trouve de très-gros et de parfaitement nets. Leur forme est celle d'un prisme monoclinique. Combinaison ordinaire, o P. ∞ P. ∞ P ∞; les cristaux ont la forme de tables par la prédominance de o P. Rapport des axes, diagonale droite: diagonale oblique: axe principal :: 0,891 : 1,680 : 1. Angle des axes = 123° 06'. Inclinaison des faces, ∞ P : ∞ P =

____

[1] MAGNUS, *Journ. f. prakt. Chem.*, LX, 86.

$82°$; ∞ P : o P $=$ 111°; ∞ P : ∞ P ∞ $=$ 125°; o P : ∞ P ∞ $=$ 94°30′ (Laurent).

Ce corps fond à 79° et bout à 220°; la densité de sa vapeur a été trouvée égale à 4,582 (Dumas). Il distille aisément avec les vapeurs d'eau, et brûle avec une flamme très-fuligineuse.

Il est insoluble dans l'eau froide, peu soluble dans l'eau bouillante; il se dissout avec facilité dans l'alcool, l'éther, les huiles grasses et les huiles essentielles. Il paraît aussi se dissoudre dans l'acide acétique et dans l'acide oxalique.

La potasse ne l'attaque d'aucune manière.

L'acide sulfurique concentré dissout la naphtaline à chaud en la transformant en acide sulfonaphtalique; dans certaines circonstances, qui n'ont pas encore été bien déterminées, il se produit en même temps de l'acide disulfonaphtalique. L'acide sulfurique fumant, employé en excès, produit les mêmes acides conjugués; si l'on prend un excès de naphtaline, on obtient de la sulfonaphtaline ($\S$ 1724).

L'acide nitrique attaque lentement à froid la naphtaline en produisant de la nitronaphtaline; à chaud, on obtient successivement la nitronaphtaline, la binitronaphtaline, et la trinitronaphtaline ($\S$ 1708). Une action prolongée de l'acide nitrique produit aussi de l'acide phtalique ($\S$ 1745) ou nitrophtalique et de l'acide oxalique, qui restent dans les eaux-mères :

$$C^{20}H^8 + 8\,O^2 = C^{16}H^6O^8 + C^4H^2O^8.$$

Naphtaline.   Ac. phtaliq.   Ac. oxalique.

L'acide chromique transforme la naphtaline dans certaines circonstances en un acide particulier $C^{20}H^6O^8$ (Voy. $\S$ 1698).

Soumise à l'action du chlore, la naphtaline donne naissance à deux produits au moins, savoir : au chlorure de naphtaline $C^{20}H^8$, Cl^2, et au bichlorure de naphtaline $C^{20}H^8$, 2 Cl^2. En même temps il se développe de l'acide chlorhydrique, attendu que l'action du chlore se porte aussi sur l'hydrogène des nouveaux produits de manière à donner d'autres combinaisons dérivées par substitution; ces combinaisons, soumises à la distillation ou traitées par la potasse, se dédoublent en acide chlorhydrique et en naphtalines plus ou moins chlorées (Voy. $\S$ 1699).

Le brome, mis en contact avec la naphtaline, produit immédiatement de la bromonaphtaline; un excès de brome produit de la bibromonaphtaline.

Lorsqu'on chauffe du perchlorure de soufre avec la naphtaline, il se dégage de l'acide chlorhydrique, et l'on obtient une matière brune, molle, qui est un mélange de soufre et de naphtaline bichlorée.

Le cyanogène est sans action sur la naphtaline. Lorsqu'on fait dissoudre ensemble du cyanure de mercure et de la naphtaline dans l'alcool faible et qu'on fait passer un courant de chlore dans la liqueur, il se dépose du protochlorure de mercure, en même temps que l'odeur du chlorure de cyanogène se fait sentir; la naphtaline disparaît dans cette réaction, et se trouve remplacée par une huile jaune, en partie dissoute dans la liqueur alcoolique.

Dérivés par oxydation de la naphtaline.

§ 1698. Les produits d'oxydation de la naphtaline varient suivant la nature des agents par lesquels on la traite.

Lorsqu'on chauffe la naphtaline avec du bichromate de potasse en poudre, un peu d'eau, et de l'acide sulfurique, l'attaque est tantôt extrêmement violente, tantôt très-faible; cela dépend de la quantité d'eau ajoutée. La plupart du temps on n'obtient aucun nouveau produit. Dans une opération, M. Laurent[1] a traité le résidu de l'attaque par l'eau, et a filtré pour séparer la naphtaline non attaquée. La dissolution, abandonnée à elle-même pendant un ou deux mois, a laissé déposer de l'alun de chrome; les cristaux étaient recouverts de petits grains blancs, de la grosseur d'une tête d'épingle; on les a lavés avec de l'alcool. Celui-ci a laissé une matière blanche qu'on a purifiée par la sublimation. Cette matière était un acide, cristallisant en aiguilles à quatre pans de 58 et 122°; il était très-peu soluble dans l'eau, fusible au-dessus de 100°. A l'analyse, il a donné :

	Laurent.	Calcul. $C^{20}H^6O^8$.
Carbone. . . .	62,94	63,15
Hydrogène. . .	2,93	3,17
Oxygène. . . .	34,13	33,68
	10,000	10,000

M. Laurent rapporte qu'il lui est arrivé aussi, en chauffant la naphtaline avec une solution de bichromate de potasse et en y ajoutant de l'acide sulfurique ou chlorhydrique, d'obtenir une belle

____

[1] LAURENT, *Revue scientif.*, XIV, 560.

matière colorante rouge (*carminaphte*, $C^{18}H^4O^8$?) qui se dissolvait dans les alcalis et que les acides reprécipitaient sans altération de cette solution.

§ 1698[a]. Nous avons déjà dit que, par l'action prolongée de l'acide nitrique sur la naphtaline, on obtient l'acide phtalique (§ 1745). Il est probable que, dans certaines circonstances, l'acide nitrique ou un autre agent d'oxydation produirait d'abord l'acide oxynaphtalique (alizarine ?) $C^{20}H^6O^6$ ou l'hydrure (l'aldéhyde) correspondant $C^{20}H^6O^4$, car le bichlorure de naphtaline chlorée donne, par l'acide nitrique, le chlorure de chloroxynaphtyle (§ 1741), et la naphtaline sexchlorée produit, par le même agent, le chlorure de perchloroxynaphtyle (§ 1741).

Dérivés chlorés et bromés de la naphtaline.

§ 1699. Ces dérivés[1], extrêmement nombreux, sont de deux espèces.

Les *chlorures* et les *bromures de naphtaline* renferment une somme d'atomes d'hydrogène, de chlore et de brome supérieure à la somme des atomes d'hydrogène contenus dans la naphtaline ; ils sont tous attaqués par la potasse alcoolique, et dédoublés en acide chlorhydrique ou bromhydrique et en naphtalines chlorées ou bromées.

Les *naphtalines chlorées* et les *naphtalines bromées* renferment une somme d'atomes d'hydrogène, de chlore et de brome égale à la somme des atomes d'hydrogène contenus dans la naphtaline, et ne sont pas attaquées par la potasse alcoolique.

On doit à M. Laurent la connaissance de ces composés ; en voici la liste :

Chlorures et bromures de naphtaline.

Chlorure de naphtaline.	$C^{20}H^8$, Cl^2,
— de naphtaline bromée. . . .	$C^{20}H^7Br$, Cl^2,
Bromure de napht. tribromée.	$C^{20}H^5Br^3$, Br^2,
Bichlorure de naphtaline	$C^{20}H^8$, $2\,Cl^2$,
Bichlorobromure de naphtaline. . . .	$C^{20}H^8$, Cl^3Br,
Bichlorure de napht. chlorée.	$C^{20}H^7Cl$, $2\,Cl^2$,

[1] LAURENT (1832), *Ann. de Chim. et de Phys.*, XLIX, 218 ; LII, 275. *Revue scientif.*, XI, 361 ; XII, 193 ; XIII, 66, 579 ; XIV, 74, 313.

Bichlorure de napht. bichlorée. . . . $C^{20}H^6Cl^2, 2\,Cl^2,$
— de napht. bibromée. . . . . $C^{20}H^6Br^2, 2\,Cl^2,$
Bibromure de napht. bichlorée. . . . . $C^{20}H^6Cl^2, 2\,Br^2,$
— de napht. bromo-chlorée. . $C^{20}H^6BrCl, 2\,Br^2,$
— de napht. bibromée. . . . . $C^{20}H^6Br^2, 2\,Br^2,$
Bichlorure de napht. bibromo-chlorée. $C^{20}H^5Br^2Cl, 2\,Cl^2,$
Bibromure de napht. tribromée. . . . . $C^{20}H^5Br^3, 2\,Br^2.$

Naphtalines chlorées et bromées.

Naphtaline chlorée. . . . . $C^{20}H^7Cl,$
— bromée. . . . . $C^{20}H^7Br,$
— bichlorée. . . . . . $C^{20}H^6Cl^2,$
— bibromée. . . . . . $C^{20}H^6Br^2,$
— trichlorée. . . . . . $C^{20}H^5Cl^3,$
— tribromée. . . . . . $C^{20}H^5Br^3,$
— bromo-bichlorée. . . $C^{20}H^5BrCl^2,$
— quadrichlorée. . . . $C^{20}H^4Cl^4,$
— bromo-trichlorée. . $C^{20}H^4BrCl^3,$
— bibromo-bichlorée. $C^{20}H^4Br^2Cl^2,$
— quadribromée. . . . $C^{20}H^4Br^4,$
— bibromo-trichlorée. . $C^{20}H^3Br^2Cl^3,$
— sexchlorée. . . . . . $C^{20}H^2Cl^6,$
— perchlorée. . . . . . $C^{20}Cl^8.$

Plusieurs d'entre les composés précédents offrent des cas nombreux d'isomérie. Il en est beaucoup qui sont isomorphes : tels sont, par exemple, le bichlorure de naphtaline α et le bichlorure de naphtaline chlorée (cristallisé dans l'alcool), le bibromure de naphtaline tribromée et le bichlorure de naphtaline bibromo-chlorée.

Plusieurs naphtalines chlorées présentent une extrême analogie de caractères : il en est qui cristallisent en longs prismes à 6 pans de 120°, sont mous comme de la cire, se laissent tordre en tous sens sans se briser, se clivent avec facilité parallèlement à l'axe, sont très-solubles dans l'éther et très-peu solubles dans l'alcool, etc. M. Laurent a fait sous ce rapport une foule de rapprochements remarquables[1].

§ 1700. CHLORURE DE NAPHTALINE, dit aussi sous-chlorure de naph-

[1] Voy. particulièrement, *Revue scientif.*, XIV, 74.

taline, $C^{20}H^8$, Cl^2. — Ce composé, qui est liquide, s'obtient toujours en même temps que le bichlorure de naphtaline. Il est difficile de l'obtenir pur. Si le courant de chlore n'a pas été assez prolongé, il retient de la naphtaline, et, s'il a été poussé trop loin, le chlorure se transforme en une autre huile dont on ne peut pas le séparer. Il vaut mieux faire en sorte qu'il retienne un peu de naphtaline. Après en avoir séparé le bichlorure solide à l'aide de l'éther, on l'expose à une basse température, afin de lui faire déposer le reste de ce bichlorure qu'il retient en dissolution, puis on le chauffe graduellement dans une capsule, afin de volatiliser l'éther et la naphtaline.

Le chlorure de naphtaline est huileux, soluble en toutes proportions dans l'éther, moins soluble dans l'alcool.

La distillation le décompose difficilement en acide chlorhydrique et en chloronaphtaline.

Le potassium le détruit lentement, même à l'aide de l'ébullition. Une dissolution alcoolique de potasse le transforme aisément en chloronaphtaline et en chlorure de potassium.

L'acide sulfurique de Nordhausen le dissout à chaud; il se dégage de l'acide chlorhydrique. La liqueur étendue d'eau paraît renfermer de l'acide sulfonaphtalique chloré.

Le chlore le transforme en deux chlorures de naphtaline chlorée isomères, l'un liquide, l'autre solide. Si l'on chauffe trop, il se produit beaucoup de trichloronaphtaline a, ou les produits de la décomposition de cette substance par le chlore.

Le brome le convertit en un composé cristallisé en petits prismes tricliniques, paraissant renfermer du chlore et du brome.

Chlorure de naphtaline bromée, sous-chlorure de bronaphtase, $C^{20}H^7Br$, Cl^2. — Lorsqu'on fait passer du chlore dans de la bromonaphtaline brute, elle s'épaissit et laisse déposer une matière cristalline. On verse un peu d'éther sur le produit, afin de le rendre plus fluide, et on l'abandonne au repos pendant 24 heures. On décante l'huile, on lave la poudre cristalline avec de l'éther, et on la fait ensuite dissoudre dans une grande quantité de ce liquide bouillant. Par l'évaporation spontanée, il se dépose de petites tables rhomboïdales qui ressemblent à celles du bichlorure de naphtaline. Les cristaux dérivent d'un prisme oblique à base rhombe. Combinaison ordinaire, oP. ∞ P; la prédominance de oP donne aux cristaux la forme de tables. Inclinaison de ∞ P : oP = 121° à 122°.

27.

Ce corps fond vers 165°; par le refroidissement, il cristallise en tables rhomboïdales très-nettes. Par la distillation, il dégage du brome et un hydracide.

Bromure de naphtaline tribromée, $C^{20}H^5Br^3$, Br^2. — Ce composé se rencontre quelquefois avec le bibromure de naphtaline bibromée. Pour séparer ces deux corps, on fait bouillir le mélange avec de l'éther; le bromure de naphtaline tribromée se dissout, et, par l'évaporation spontanée, se dépose sous la forme d'une poudre floconneuse composée d'aiguilles blanches microscopiques. La distillation le décompose; il se dégage de l'acide bromhydrique, un peu de brome, et une matière cristalline, très-peu soluble dans l'éther.

§ 1701. BICHLORURE DE NAPHTALINE, $C^{20}H^8$, 2 Cl^2. — Il en existe deux modifications isomères.

1° Modification α. Le chlore attaque la naphtaline à la température ordinaire. Si l'on opère sur une assez grande quantité de matière, et si le courant de gaz est assez rapide, la naphtaline entre en fusion, et il se dégage constamment une petite quantité d'acide chlorhydrique. Vers la fin de l'opération, la matière fondue s'épaissit peu à peu, et se prend en une masse semblable à l'huile d'olive figée; d'autres fois il se dépose des cristaux grenus, recouverts d'une couche huileuse. Ce produit est ordinairement un mélange de chlorure de naphtaline huileux, de bichlorure de naphtaline α, de bichlorure de naphtaline β, et de bichlorure de naphtaline chlorée, les deux derniers en petite quantité. On verse un peu d'éther sur le mélange pour rendre l'huile plus fluide. Au bout d'un jour, on décante une partie de l'huile, et on jette le résidu sur un filtre. On le lave à plusieurs reprises avec de l'éther, puis on le fait dissoudre à l'aide de l'ébullition dans ce liquide. Par le refroidissement et par l'évaporation spontanée, on obtient le bichlorure de naphtaline α d'une blancheur éclatante et plus ou moins bien cristallisé.

Comme ce produit est peu soluble dans l'éther, on peut pour sa purification employer le procédé suivant, qui est beaucoup plus économique, et donne une plus grande quantité de bichlorure : après avoir mêlé le produit de l'action du chlore sur la naphtaline avec un peu d'éther et filtré, on traite le résidu par l'huile de pétrole bouillante, qui dissout en très-grande quantité le bichlorure de naphtaline, et qui l'abandonne ensuite très-rapidement, à

quelques degrés au-dessous de son point d'ébullition, sous la forme
de cristaux qui ont l'apparence des rhomboèdres de clivage de la
chaux carbonatée. L'huile froide n'en retient que des traces. Après
avoir fait égoutter les cristaux dans un entonnoir, on les lave avec
un peu d'éther.

Le bichlorure de naphtaline α cristallisé dans l'éther possède les
propriétés suivantes : il est incolore, transparent, inodore, insoluble dans l'eau, à peine soluble dans l'alcool, un peu plus soluble
dans l'éther, assez soluble dans ce liquide à 100°, très-soluble dans
l'huile de pétrole bouillante. Les cristaux sont des prismes courts
appartenant au système monoclinique. Combinaison ordinaire, oP.
∞ P. $\pm$ P. n P ∞ ; quelquefois on observe aussi les faces ∞ P ∞,
[∞ P ∞] et [n P ∞]. Inclinaison des faces, ∞ P : ∞ P $=$ 109°; oP :
∞ P $=$ 108° 30'; oP : $+$ P $=$ 121° 40'; $+$ P : $+$ P $=$ 118°; ∞ P :
$+$ P $=$ 129° 50'; oP : ∞ P ∞ $=$ 113°; n P ∞ : ∞ P ∞ $=$ 147°;
$-$ P : oP $=$ 144° environ. Valeurs des axes, a vertical : b diago-
nale droite : c diagonale oblique : : 0, 291 : 1,00 : 0, 773. Angle
des axes $=$ 113°. (Malgré les mesures précédentes, M. Laurent conserve quelques doutes sur le véritable système cristallin du corps ;
en effet, dans un cristal qu'il a examiné, l'inclinaison des facettes
[∞ P ∞] et [n P ∞] conduirait à le regarder comme appartenant
au système triclinique ; les mesures ont donné pour [∞', P ∞];
[n',P ∞] $=$ 139° 30'; [∞',P ∞] : oP $=$ 92°; [∞ P', ∞] : [n P', ∞]
$=$ 137° 30'; [∞ P', ∞] : oP $=$ 88°.)

Si, après avoir fondu un peu de bichlorure de naphtaline α, on y
jette un petit cristal, il se solidifie vers 150° en formant des tables
rhomboïdales parfaitement nettes. Mais si, après l'avoir fondu complétement, on le laisse refroidir sans addition, tantôt il cristallise
en rhombes vers 150°, tantôt il ne se solidifie qu'à 100 ou 110°,
en formant des aiguilles concentriques.

Il est décomposé par la distillation ; il se dégage de l'acide chlorhydrique et une matière huileuse ; il ne reste qu'une trace de
charbon dans la cornue. Le produit distillé est un mélange de
quatre naphtalines bichlorées a, c, f et x. Ces produits sont toujours accompagnés d'une petite quantité de bichlorure de naphtaline non décomposé. La température à laquelle la décomposition
s'opère paraît avoir une influence sur la proportion relative des
bichloronaphtalines.

Une dissolution alcoolique de potasse le décompose à l'aide de l'ébullition ; on obtient deux autres naphtalines bichlorées, *e* et *ad*, ainsi que du chlorure de potassium.

L'ammoniaque alcoolique le décompose également, mais lentement ; il paraît se former de la bichloronaphtaline-*e*.

Une dissolution de sulfure d'ammonium dans l'alcool le décompose sous l'influence de l'ébullition. Il se forme un composé insoluble dans l'alcool et dans l'éther, et qui renferme du soufre, du chlore et de l'oxygène.

L'acide sulfurique de Nordhausen en dégage de l'acide chlorhydrique sous l'influence de la chaleur. Le liquide, étendu d'eau, paraît renfermer de l'acide sulfo-bichloronaphtalique.

L'acide nitrique bouillant le convertit peu à peu en acide phtalique et en acide oxalique. Il se dégage en même temps avec les vapeurs nitreuses un liquide volatil $C^2Cl^2(NO^4)^2$ que nous avons décrit § 375.

Le chlore le transforme à chaud en plusieurs composés chlorés. Le brome, au soleil, le transforme en naphtaline bibromo-trichlorée.

Le potassium le décompose avec dégagement de lumière.

2° Modification β. Ce composé est contenu dans le mélange d'éther et d'huile, formant les eaux-mères de la préparation du bichlorure α. On soumet ce mélange à l'action du froid, pendant quelques heures ; on obtient ainsi un dépôt cristallin, composé d'un mélange de bichlorure α, peu soluble dans l'éther et très-peu soluble dans l'alcool, et de bichlorure β, très-soluble dans l'alcool et encore plus soluble dans l'éther. Pour les séparer on fait dissoudre le tout dans l'alcool bouillant, et on l'abandonne à un refroidissement très-lent. Le bichlorure α cristallise le premier ; on le sépare par décantation ou filtration. La liqueur abandonnée à l'évaporation spontanée laisse successivement déposer le bichlorure α, puis des mélanges de celui-ci avec le bichlorure β. On traite séparément ensemble tous ces dépôts par un peu d'éther. Celui-ci dissout immédiatement le bichlorure β, et d'autant plus lentement le bichlorure α que les cristaux de celui-ci sont plus gros, c'est-à-dire que la cristallisation a été plus lente. On réitère ces cristallisations, jusqu'à ce que la matière cristalline, arrosée d'une petite quantité d'éther, s'y dissolve subitement sans laisser de résidu.

Le bichlorure β est incolore, inodore, très-soluble dans l'alcool, l'éther et l'huile de pétrole ; il cristallise en petites lamelles sans forme déterminable et réunies en boules qui ont souvent beaucoup de diamètre.

Après avoir été fondu, il peut, comme presque toutes les combinaisons chlorées de la naphtaline, descendre à la température de 10° sans se solidifier. Cependant peu à peu il cristallise en boules radiées qui ont plus d'un pouce de diamètre.

Soumis à la distillation, il se décompose avec dégagement d'acide chlorhydrique, formation d'une huile et de naphtaline bichlorée *c*.

Une dissolution alcoolique et bouillante de potasse donne du chlorure de potassium, une huile et de la naphtaline bichlorée *f* en tables rhomboïdales de 103°.

Le brome le transforme en bichlorobromure de naphtaline.

Le sulfure d'ammonium en dissolution alcoolique le décompose immédiatement. Lorsqu'on verse ce corps dans une dissolution alcoolique et bouillante de bichlorure de naphtaline β, la liqueur devient brune, et, au bout de quelques secondes, se trouble subitement en laissant rapidement déposer un abondant précipité jaune pâle, semblable aux fleurs de soufre; ce précipité renferme du chlore, du soufre et de l'oxygène.

Bichlorobromure de naphtaline, $C^{20}H^8$, Cl^3Br. — Pour préparer ce composé, on met du bichlorure de naphtaline β dans un flacon, on y verse du brome, on ferme le flacon et on l'abandonne pendant quarante-huit heures. On purifie le nouveau produit en le lavant d'abord avec de l'alcool tiède qui dissout l'excès du brome et le bichlorure β non attaqué, puis en le dissolvant dans l'éther bouillant. Par le refroidissement et l'évaporation spontanée, on obtient des prismes monocliniques oP. ∞P, avec $\infty P \infty$ et $[\infty P \infty]$; inclinaison de $oP : \infty P = 103°$ 30′ environ, de $\infty P : \infty P = 103°$ environ.

Ce corps est incolore, plus soluble dans l'éther que le bichlorure de naphtaline α, mais moins soluble que le bichlorure β.

Il est décomposé aussi bien par la potasse alcoolique que par la distillation.

Bichlorure de naphtaline chlorée, ou de chloronaphtaline, $C^{20}H^5Cl$, $2 Cl^2$. — Ce composé s'obtient sous deux modifications isomères.

1° Modification solide. C'est le plus remarquable parmi les chlorures naphtaliques par la beauté et la grosseur des cristaux.

On peut l'obtenir en traitant par le chlore le bichlorure de naphtaline α fondu ; mais l'opération est très-difficile à conduire, car, si l'on ne chauffe pas assez, l'attaque n'a pas lieu, et si l'on chauffe trop, le bichlorure se décompose. Un procédé plus avantageux consiste à traiter le chlorure de naphtaline brut par le chlore. Après avoir traité la naphtaline par le chlore, et avoir séparé le bichlorure α solide à l'aide de l'éther, on fait chauffer le chlorure huileux pour chasser l'éther, puis on y fait passer un courant de chlore pendant deux ou trois jours. Lorsque la liqueur devient trop épaisse, on la chauffe légèrement pour la rendre plus fluide. On l'abandonne ensuite au repos dans un endroit frais, après y avoir ajouté quelques gouttes d'éther pour la rendre plus fluide. Il se forme ainsi un dépôt cristallin tout à fait semblable au bichlorure de naphtaline α. On décante l'huile, on jette le dépôt sur un filtre, et on le lave avec un peu d'éther pour enlever une partie de l'huile. Enfin on le fait dissoudre dans l'éther bouillant, et l'on verse la dissolution dans un flacon à large ouverture qu'on recouvre d'une feuille de papier. Au bout de quelques jours, le fond du flacon est garni d'une couche de cristaux qui sont quelquefois un mélange de bichlorure de naphtaline α et de bichlorure de chloronaphtaline. Comme les cristaux de ce dernier bichlorure sont très-gros et très-faciles à reconnaître, on les trie avec une pince, et l'on met à part les fragments douteux, pour les faire ensuite redissoudre dans l'eau-mère éthérée. Les cristaux triés ont besoin de subir encore une ou deux cristallisations pour être parfaitement purs.

Le bichlorure de chloronaphtaline est incolore, transparent, inodore, insoluble dans l'eau. Peu soluble dans l'alcool, assez soluble dans l'éther (plus soluble que le bichlorure de naphtaline α).

Les cristaux du bichlorure de chloronaphtaline, déposés dans l'éther, sont des prismes du système rhombique, ∞ P. P̈ ∞. ∞ P̈ ∞. Valeur des axes, $a : b : c :: 0,3448 : 1,000 : 0,709$. Inclinaison des faces, ∞ P : ∞ P $= 109°\,45'$; ∞ P̈ ∞ : P̈ $\infty = 115°\,55$; ∞ P : P̈ $\infty = 111°\,25$. Quelquefois les angles entre ∞ P et P̈ ∞ sont modifiés par les facettes d'une nouvelle pyramide n P, et, au lieu d'un seul prisme horizontal, on remarque les facettes de plusieurs prismes horizontaux plus aigus ou plus obtus n P̈ ∞ et $\frac{n}{m}$ P̈ ∞.

Le même corps, cristallisé dans l'alcool, possède une forme tout à fait différente de la précédente et appartenant au système monoclinique. Combinaison observée, oP. ∞ P. — P. Inclinaison des faces, — P : — P = 110° environ; oP : ∞ P = 118° à 119°; — P : ∞ P = 127° à 128°.

Le bichlorure de chloronaphtaline entre en fusion à 105°. Si, après avoir été complétement fondu, on le laisse refroidir, la température peut descendre jusqu'à 54° sans qu'il se solidifie. Alors il cristallise lentement en mamelons formés de zones concentriques, et les dernières portions peuvent se refroidir jusqu'à la température ordinaire en restant liquides ou plutôt visqueuses. Mais si, après avoir porté la température jusqu'à 105 à 110°, on y jette un petit fragment de cristal, ou bien si on le refond de manière à en laisser encore une parcelle non fondue, alors il cristallise rapidement à 105° en formant de belles tables obliques à base rhombe. Si la solidification s'effectue entre 54 et 105°, on a un mélange des deux formes; il se dépose des mamelons et des tables rhombes, mais beaucoup plus aiguës que les précédentes.

Par la distillation, le bichlorure de chloronaphtaline se décompose entièrement. Il se dégage de l'acide chlorhydrique, et l'on obtient les naphtalines trichlorées a et d. Il ne reste pas de charbon dans la cornue.

Une dissolution alcoolique et bouillante de potasse le transforme en naphtalines trichlorées a, c, et g, et en chlorure de potassium.

L'acide nitrique bouillant le change en acides chloroxynaphtalique, phtalique et oxalique, et en une autre matière cristalline, le chlorure de chloroxinaphtyle.

2° Modification liquide. Ce composé constitue l'huile qui accompagne la modification solide.

La distillation le convertit presque entièrement en trichloronaphtaline a, mêlée d'une petite quantité d'une matière huileuse. Une dissolution alcoolique et bouillante de potasse donne naissance aux mêmes produits.

Bichlorure de naphtaline bichlorée, ou de bichloronaphtaline, $C^{20}H^6Cl^2$, 2 Cl. — On en connaît trois modifications isomères :

1° Modification cristallisée c. On obtient ce composé en traitant par le chlore la naphtaline bichlorée c fondue; la combinaison s'opère sans dégagement d'acide chlorhydrique. On peut encore l'obtenir en faisant passer du chlore dans le mélange brut des naphtalines bichlorées obtenues par la distillation du bichlorure de naphtaline. Pour le purifier dans le premier cas, on lave le produit brut solide avec un peu d'éther, puis on fait dissoudre le résidu dans ce liquide bouillant. Dans le second cas, on mêle le produit liquide très-épais et transparent avec un peu d'éther, afin de lui donner de la fluidité ; au bout de quelques minutes, il se dépose une poudre blanche de bichlorure de naphtaline bichlorée.

Par le refroidissement et mieux par l'évaporation lente et spontanée de la solution éthérée, on obtient de petits cristaux parfaitement nets et brillants, appartenant au système monoclinique. Combinaison observée, ∞ P. ∞ P ∞. [P ∞]. Inclinaison des faces, ∞ P : ∞ P $=$ 90° à 91° [P ∞] : [P ∞] $=$ 122 à 123°; [P ∞] : ∞ P $=$ 128 à 129°. Valeurs des axes, $a : b : c :: $ 0,61 : 1,00 : 1,12. Angle des axes a et $c =$ 115° à 117°.

Ce corps est incolore, inodore, peu soluble dans l'éther, encore moins soluble dans l'alcool. Il entre en fusion à 141°. Après avoir été complétement fondu, il se solidifie en aiguilles. S'il n'a été qu'en partie fondu, il se solidifie en prismes. Dans ce dernier cas, il paraît cristalliser à une plus haute température qu'après une fusion complète.

Il est décomposé par la distillation. Il se dégage de l'acide chlorhydrique, et il se forme de la quadrichloronaphtaline b, mêlée avec une très-petite quantité de quadrichloronaphtaline a.

Une dissolution alcoolique et bouillante de potasse le décompose ; il se forme du chlorure de potassium et de la quadrichloronaphtaline k.

Le potassium le détruit, à une douce chaleur, avec dégagement de lumière et dépôt de charbon.

2° Modification liquide a. On l'obtient en traitant la bichloronaphtaline a par le chlore.

C'est une huile qui donne, par la distillation et la potasse alcoolique, de la quadrichloronaphtaline a.

3° Modification liquide x. Elle se produit lorsqu'on traite par le chlore la bichloronaphtaline x.

Elle donne, à la distillation, de la quadrichloronaphtaline e. La potasse alcoolique la transforme de même.

Bichlorure de naphtaline bibromée, ou de bibromonaphtaline, $C^{20}H^6Br^2$, 2 Cl^2. — On l'obtient en faisant passer du chlore sur de la naphtaline bibromée fondue ; il se produit ainsi une huile fort épaisse qui, rendue fluide au moyen d'un peu d'éther, se change en une poudre cristalline de bichlorure de naphtaline bibromée, et en une autre huile qu'un excès de chlore convertit en bichlorure de naphtaline bibromo-chlorée, et en bichlorure de naphtaline bibromo-trichlorée.

Le bichlorure de naphtaline bibromée cristallise en longs prismes monocliniques, ∞ P. — P. Inclinaison des faces, ∞ P : ∞ P = 90 à 91° ; — P : — P = 122 à 123° ; ∞ P : — P = 129°. Les axes offrent les mêmes rapports que ceux du bichlorure de naphtaline bichlorée.

Ce composé est incolore, très-peu soluble dans l'alcool et dans l'éther. Il entre en fusion vers 155°, et en se solidifiant il cristallise en prismes.

Par la distillation, il se décompose. Il se dégage du brome, un hydracide, et il se forme un mélange de bromo-trichloronaphtaline β et de quadrichloronaphtaline a. La potasse alcoolique et bouillante le transforme en un produit cristallisé en aiguilles, et assez soluble dans l'éther.

Bibromure de naphtaline bichlorée, $C^{20}H^{6}Cl^{2}$, 2 Br^{2}. — Lorsqu'on verse du brome sur la naphtaline bichlorée c, il se forme souvent plusieurs produits qu'il est très-difficile de séparer les uns des autres. Avec un excès de brome, on obtient au moins cinq composés différents.

Le bibromure de naphtaline bichlorée se prépare avec le brome et un excès de naphtaline bichlorée. Ce dernier corps se dissout d'abord, puis, au bout de quelques heures, il se dépose une poudre ou une croûte cristalline. Il ne se dégage pas d'acide bromhydrique. Pour purifier le produit, on le lave avec de l'éther.

Pour s'assurer qu'il est pur, on en fait dissoudre une portion à chaud dans l'éther. Il doit donner des cristaux qui, au premier abord, paraissent être des prismes tricliniques, mais qui appartiennent au système monoclinique. Les cristaux sont très-irréguliers, et présentent rarement des modifications symétriques. Combinaison observée, ∞ P. oP. [$P\infty$]. Inclinaison des faces, ∞ P : ∞ P = 101° 30' ; ∞ P : oP = 94° environ ; [$P\infty$] : P = 133° ; id. par derrière = 125° ; [$P\infty$] : oP = 121 à 122°.

Ce corps est incolore, très-peu soluble dans l'éther. Il fond au delà de 100°, en se colorant peu à peu en rouge ; en même temps il se dégage du brome. Si on le chauffe jusqu'à ce qu'il ne répande plus de vapeurs rouges, il régénère de la naphtaline bichlorée c.

Il est difficilement attaqué par une solution alcoolique et bouillante de potasse.

Bibromure de naphtaline bromo-chlorée, $C^{20}H^6BrCl$, 2 Br^2. — On l'obtient en traitant la naphtaline chlorée par le brome.

La réaction est accompagnée d'une vive effervescence due au dégagement de l'acide bromhydrique. Si l'on a versé un excès de brome, il se forme, par le repos, des cristaux de bibromure de naphtaline bromo-chlorée. On les purifie en les faisant dissoudre dans une très-grande quantité d'éther bouillant. Par le refroidissement, il se dépose de très-petits prismes incolores d'un éclat très-vif.

Ces cristaux appartiennent au système triclinique. Combinaison observée, oP. ∞ ′,P. ∞ P′,. ′P. P′. ,P. Inclinaison des faces, oP : ∞ ′P = 102° 30′ ; oP : ∞ P′, = 85° ; ∞ ,P : ∞ P′, = 95° ; oP : ′P = 135° ; ∞ ′,P : P′ = 136°.

Avant d'entrer en fusion, il devient rouge, et il dégage du brome à 100°. Il fond vers 110° ; alors il dégage beaucoup de brome et d'acide bromhydrique. Il reste une matière huileuse qui se solidifie, comme la naphtaline trichlorée, en rectangles traversés par deux diagonales hérissées d'aiguilles qui leur sont réciproquement parallèles.

Bibromure de naphtaline bibromée, $C^{20}H^6Br^2$, 2 Br^2. — On peut préparer ce composé en versant du brome sur la naphtaline, ou bien sur la naphtaline bibromée. Ordinairement, au bout de quelques heures, il se dépose une poudre blanche cristalline que l'on purifie en la lavant avec de l'éther.

Ce composé est très-peu soluble dans l'éther bouillant. Par l'évaporation spontanée, il s'y dépose sous la forme de tables rhomboïdales microscopiques.

Soumis à la distillation, il se décompose. Il se dégage de l'acide bromhydrique accompagné d'une petite quantité de brome, tandis que le col de la cornue se garnit de naphtaline quadribromée.

Une dissolution alcoolique et bouillante de potasse le décompose très-difficilement. Il se forme du bromure de potassium.

Bichlorure de naphtaline bibromo-chlorée, $C^{20}H^5Br^3Cl$, 2 Cl^2. — Ce corps se produit dans l'action du chlore sur le bichlorure de naphtaline bibromée. Il cristallise en prismes tricliniques, fort semblables à des prismes du système monoclinique. Combinaison observée, oP. ′P′,. ∞ ′,P. ∞ P′,. Inclinaison des faces, ∞ ,P : ∞ P′, =

110°; oP : P, = 132°; oP : 'P = 119°; ∞ ,'P : oP = 101 et 102°; 'P : P' = 77° environ; ,P : P, = 93°; P, : P' = 106°; 'P : ,P = 109°; ∞', P : 'P = 148°.

Le même corps [1] a aussi été obtenu en prismes du système rhombique. Combinaison observée, ∞ P̄ ∞. n P̄ ∞ ou P̄ ∞. ∞ P. ∞ P̆ n. Inclinaison des faces, ∞ P : ∞ P = 109°; P̄ ∞ : P̄ ∞ = 131°; ∞ P̆ n : ∞ P̆ n = 142°.

Il est très-peu soluble dans l'éther. Il entre en fusion vers 150°. Par le refroidissement, il cristallise en tables rhomboïdales. Le chauffe-t-on un peu au delà de son point de fusion, par le refroidissement il reste mou, transparent, et il ne se solidifie qu'en partie en formant une masse opaque sans apparence cristalline. Si on le chauffe alors très-légèrement, il cristallise en tables rhombes.

Soumis à la distillation, il se décompose; il se dégage du brome, un hydracide, et l'on obtient trois autres matières.

Une dissolution alcoolique et bouillante de potasse le change en naphtaline bibromo-trichlorée α.

Bibromure de naphtaline tribromée, $C^{20}H^5Br^3$, $2Br^2$. — Il se produit lorsqu'on chauffe du brome avec la naphtaline bibromée. Il cristallise en prismes tricliniques, oP. ',P,'. ∞ ',P. ∞ P',. Inclinaison des faces, ∞ ',P : ∞P', = 110°; oP : P, = 132°; oP : ,P = 130° 30'; oP : 'P = 120°; ,P : 'P = 140°; ∞ ,'P : oP = 105°; 'P : P' = 77° 30'; ,P : P, = 93° 30'; P, : P' = 105° 30'; 'P : ,P = 109°; ∞ ',P : 'P = 147 à 148°. D'après ces mesures, on voit que la forme de ce corps diffère à peine d'un prisme monoclinique.

Il est très-peu soluble dans l'éther. Par la distillation, il se décompose en dégageant du brome, et il se forme un autre produit qui n'a pas été examiné.

§ 1702. NAPHTALINE CHLORÉE, ou chloronaphtaline, $C^{20}H^7Cl$. — On obtient ce composé en faisant bouillir du chlorure de naphtaline avec une dissolution alcoolique de potasse; par l'addition de l'eau, il se dépose une huile que l'on soumet à la distillation pour la purifier. Il se produit aussi en petite quantité par la distillation du chlorure de naphtaline.

Il est huileux, incolore, soluble en toutes proportions dans l'éther; il distille sans altération, et n'est pas attaqué par la potasse.

---

[1] M. Laurent l'avait d'abord décrit sous le nom de *perchlorure de bronaphtèse.* Voy. *Compt. rend. des trav. de Chim.*, 1850, p. 8.

Le brome le décompose avec effervescence en acide bromhydrique et en bibromure de naphtaline bromo-chlorée.

Le chlore le transforme en une huile particulière, qui se change en naphtaline trichlorée a, sous l'influence d'une dissolution bouillante de potasse. Si l'on fait agir le chlore à chaud, on obtient immédiatement de la naphtaline trichlorée ou quadrichlorée.

Naphtaline bromée, ou bromonaphtaline, $C^{20}H^7Br$. — Ce corps s'obtient par l'action du brome sur la naphtaline; par l'action d'un excès de brome, il se produit de la naphtaline bibromée.

Huile incolore, volatile sans décomposition, et inattaquable par une dissolution alcoolique de potasse; le chlore se combine avec elle en produisant du chlorure le bromonaphtaline, ainsi qu'une huile bromée et chlorée; le brome la convertit en naphtaline bibromée, et en d'autres produits bromés.

§ 1703. NAPHTALINE BICHLORÉE, ou bichlorophtaline, $C^{20}H^6Cl^2$. — Il existe au moins sept combinaisons isomères de ce nom. Quatre d'entre elles, a, c, f, x, s'obtiennent en distillant le bichlorure de naphtaline a, deux, ad et e, en traitant ce bichlorure par la potasse, et une autre y en soumettant la naphtaline binitrée à l'action du chlore.

Caractères distinctifs des naphtalines bichlorées :

	a	c	ad	e	f	x	y
FORME.	Liquide.	Aiguilles, 112°,8o.	Aiguilles, 122°.	Aiguilles, 94°.	Tables. 103°.	Liquide.	Lamelles sublimées.
POINT de FUSION.		8o°	28 à 36°.	31°.	101°.		25°.
CHLORE.	Bichlor. de bichloronapht. liquide, se changeant par la pot. en chloronapht. quadrichlor. a.	Bichlorure de bichloronaphtaline solide.	Bichloronaphtaline. ac.		Lamelles.	Bichlor. de bichloronapht. liquide, se changeant par la potas. en chloronapht. quadrichlor. e.	
BROME.		Bibromure de bichloronaphtaline.	Bichlorobromonaphtal. a.		Bichlorobibromonapht. b.	Donne un liquide.	

1° *Modification a*. On l'obtient par la distillation du bichlorure de naphtaline a.

C'est une huile indécomposable, par la potasse et par la distillation.

Elle se distingue de son isomère x, également liquide, en ce que
l'huile qu'elle donne sous l'influence du chlore, se transforme,
par la potasse ou par la distillation, en naphtaline quadrichlorée a.

2° Modification c. On la prépare en distillant le bichlorure de
naphtaline α; pendant toute l'opération, il se dégage des vapeurs
d'acide chlorhydrique. Le produit, contenu dans le récipient, est
huileux, mais, au bout de quelques minutes ou bien de quelques
heures, il commence à cristalliser. Ordinairement on voit d'abord
apparaître des lames rhomboïdales très-nettes de naphtaline bichlorée f. Pour les séparer on décante l'huile dans un autre
vase, d'où on la décante de nouveau, s'il se dépose encore des lames rhomboïdales. A celles-ci succèdent des aiguilles de naphtaline bichlorée c; ces aiguilles sont mêlées avec une quantité
très-variable de la modification huileuse x; si cette dernière est en
assez grande quantité, on la décante à l'aide d'une pipette et en
foulant les aiguilles à l'aide d'une tige. Autrement on soumet d'a-
bord ces aiguilles à la presse, entre plusieurs doubles de papier
joseph, puis on les fait dissoudre dans l'alcool ou dans l'éther,
et mieux dans ce dernier si les aiguilles sont mêlées avec des
lames rhomboïdales. On abandonne la dissolution éthérée mêlée
de quelques gouttes d'alcool à l'évaporation spontanée, dans une
fiole à fond plat. Lorsque tout l'éther, moins la petite quantité
d'alcool, a disparu, on jette les cristaux sur une feuille de papier,
et, s'ils sont mêlés de quelques lamelles rhomboïdales, on sépare
celles-ci à l'aide d'une pince.

La naphtaline bichlorée c est incolore, très-soluble dans l'éther,
un peu moins soluble dans l'alcool. Dans ce dernier liquide, elle
cristallise en belles aiguilles dont la section est un rhombe, et qui
sont terminées par des pointes très-aiguës. Ces cristaux sont ordinairement accolés deux à deux dans le sens de leur longueur, de
de manière à former une gouttière. Les angles du rhombe sont de
$112°\ 3o'$ et $67°\ 3o'$. L'angle formé par la réunion de deux cristaux
est de $135°$.

Les cristaux formés dans l'éther, quoique assez gros, sont très-
irréguliers; quelques faces sont bombées.

La naphtaline bichlorée c entre en fusion en $5o°$; par le refroidissement, elle se solidifie rapidement en une masse fibreuse. Elle distille sans altération.

La potasse alcoolique ne l'attaque pas. Le potassium la décompose avec ignition à la température de 40 ou 50°.

Le chlore y agit en produisant un bichlorure; sous l'influence de la chaleur, il se produit plusieurs combinaisons, parmi lesquelles on remarque la naphtaline quadrichlorée *b* et *c*. Le brome donne, à la température ordinaire, du bibromure de naphtaline bichlorée.

L'acide sulfurique fumant la dissout à chaud, en produisant de l'acide sulfo-naphtalique bichloré.

3° Modification *ad*. On la prépare en faisant bouillir du bichlorure de naphtaline avec une dissolution alcoolique de potasse. Si l'on étend d'eau, il se précipite une matière qui reste longtemps liquide avant de se solidifier. On la reprend par l'alcool auquel on a ajouté un peu d'éther, et on abandonne la dissolution à elle-même; si elle est suffisamment étendue, elle dépose de jolies aiguilles de naphtaline bichlorée *ad*. L'eau-mère alcoolique doit être mise à part.

Ce composé est incolore, inodore, très-soluble dans l'alcool et dans l'éther. Il cristallise en assez longues aiguilles à base rhombe, dont les angles sont de 58 et 122°. Il fond vers 28 à 30°, mais il peut revenir à la température ordinaire avant de se solidifier. Le potassium à 40 ou 50° le décompose subitement avec production de lumière. Il peut distiller sans altération. La potasse est sans action sur lui.

Le chlore le change en naphtaline trichlorée *ac*.

Le brome en dégage de l'acide bromhydrique, et forme de la naphtaline bromo-bichlorée *a*.

L'acide sulfurique de Nordhausen se comporte avec lui comme avec son isomère *c*.

4° Modification *e*. Ce composé s'obtient, comme le précédent, lorsqu'on traite le bichlorure de naphtaline α par la potasse. Il reste dans l'eau-mère alcoolique d'où la modification *ad* s'est déposée; et, par l'évaporation spontanée, il cristallise en aiguilles plus grosses que *ad*, très-nettes et très-brillantes.

Ce sont des prismes à six pans, dérivant d'un rhombe de 94 et 86°. Les angles aigus sont tronqués. Les bases sont remplacées par de longues aiguilles. Il est très-soluble dans l'alcool et dans l'éther. Il fond à 31°, et peut distiller sans altération. La potasse est sans action sur lui.

Le brome en dégage de l'acide bromhydrique.

L'acide sulfurique se comporte avec lui à peu-près comme avec les autres isomères.

5° Modification f. Elle constitue des lames rhomboïdales qui se déposent ordinairement dans la préparation de la modification c. Après avoir décanté l'huile au sein de laquelle elles se trouvent, on les fait dissoudre dans l'éther, et l'on abandonne la dissolution à une évaporation spontanée très-lente, dans une fiole à fond plat. Au bout de deux ou trois jours, il se forme de très-belles lames rhomboïdales, mêlées avec quelques groupes d'aiguilles de naphtaline bichlorée. On sépare c celles-ci à l'aide d'une pince, puis on lave très-rapidement les lames avec quelques gouttes d'éther, qui dissout plus vite les aiguilles que les lames. On soumet ces dernières à une seconde et à une troisième cristallisation dans l'éther, pour les avoir tout à fait pures.

La naphtaline bichlorée f est incolore, inodore, très-soluble dans l'alcool et dans l'éther : elle cristallise en tables rhomboïdales dont les angles sont de 77 et 103°. Les angles obtus sont ordinairement tronqués. Elle entre en fusion vers 101°, et, par le refroidissement, elle cristallise en une masse composée d'écailles. Elle distille sans s'altérer.

Une dissolution alcoolique de potasse ne la décompose pas.

Le chlore la transforme en un produit dérivé par substitution.

Le brome la change en naphtaline bibromo-bichlorée b.

L'acide sulfurique de Nordhausen la dissout à l'aide de la chaleur, et cette dissolution n'est pas précipitée par l'eau.

6° Modification x. Lorsqu'on distille le bichlorure de naphtaline α, il se dégage, outre les modifications solides c et f, une matière huileuse plus ou moins abondante. Quelquefois le produit distillé ne se solidifie pas par le refroidissement, ou ne se concrète que très-peu.

La bichloronaphtaline x distille sans altération ; elle n'est pas non plus décomposée par une solution alcoolique de potasse.

Le chlore se combine avec elle, en donnant un bichlorure de naphtaline bichlorée huileux et qui se décompose, par la potasse ou la distillation, en naphtaline quadrichlorée e.

7° Modification y. Lorsqu'on fait passer un courant de chlore dans la naphtaline binitrée maintenue en fusion, on obtient, si la température a été trop élevée, de la naphtaline trichlorée a; mais, si l'on a soin de ne pas dépasser le point de fusion, et si l'on ne décompose pas toute la naphtaline binitrée, il se dégage des vapeurs d'acide hypoazotique, et l'on obtient un produit qui est un mélange de binitronaphtaline, de bichloronaphtaline y et de chlorure de bichloronaphtaline liquide.

A l'aide d'un peu d'éther, on dissout ce dernier corps; sur le résidu, on verse une plus grande quantité d'éther qui dissout la naphtaline bichlorée y en laissant la naphtaline binitrée; par l'évaporation de l'éther, la naphtaline bichlorée y cristallise. On la purifie par une ou deux cristallisations, puis on la sublime, ou on la distille.

Sublimé, ce composé se présente sous la forme d'aiguilles blanches, aplaties, sans forme déterminable. De toutes les modifications de la naphtaline bichlorée, c'est la moins soluble dans l'alcool et dans l'éther. Il fond à 95°, et par le refroidissement il cristallise en aiguilles barbues et radiées. Pour obtenir de jolies lamelles sublimées, on le place dans une petite capsule sur un bain de sable chauffé à 100° environ, et l'on recouvre le tout d'une cloche basse.

Naphtaline bibromée, ou bibromonaphtaline, $C^{20}H^6Br^2$. — On obtient facilement ce corps en versant un excès de brome sur la naphtaline : il se forme d'abord de la naphtaline bromée liquide, mais, par une plus grande quantité de brome, le produit devient solide, et renferme alors de la naphtaline bibromée. Pour purifier ce dernier corps, on le fait dissoudre et cristalliser dans l'alcool.

Il se présente sous la forme de longues aiguilles, dont la section est un hexagone dérivant d'un rhombe de 66 à 67°. Il est très-soluble dans l'alcool et dans l'éther. Il entre en fusion à 59°; en se refroidissant, il cristallise en une masse fibreuse. Il est volatil sans décomposition, et inaltérable par la potasse.

Le brome se combine avec lui et donne naissance à plusieurs combinaisons.

Le chlore agit sur lui à peu près comme le brome. Mis en ébullition avec le soufre, il se décompose.

§ 1704. NAPHTALINE TRICHLORÉE, ou trichloronaphtaline, $C^{20}H^5$ Cl^3. — Il existe sept modifications isomères de la naphtaline trichlorée. Elles s'obtiennent de la même manière que les naphtalines bichlorées; elles se produisent surtout lorsqu'on traite par la potasse ou qu'on soumet à la distillation les deux modifications du bichlorure de naphtaline chlorée.

Caractères distinctifs des naphtalines trichlorées :

	a	*ac*	*c*	*g*	*d*	*ad*	*ae*
FORME.	Prismes à 6 pans. de 120°.	Prismes à 6 pans. Rhombe de 113°.	Longues aiguilles uniformes. Rhombe de 113°.	Prismes terminés par des aiguilles. Rhombe de 130°.	Comme *g*. Rhombe de 124°.	Aiguilles soyeuses. Rhombe de 122°.	Aiguilles lamelleuses dont la section est un hexagone dérivant d'un rhombe de 122°.
DURETÉ, ETC.	Molle.	Molle.	Élastique, cassante.	Non élastique, cassante.	Comme *g*.		Molle.
POINT de FUSION.	75°.	66°.	78 à 80°.	69 à 70°.	88 à 90°.	160°.	93°.
ÉTAT après la FUSION.	Rectangles mous.	Rectangles mous.	Rosaces translucides, devenant lentement opaques par le repos.	Rosaces translucides, devenant subitement opaques par le contact d'un corps étranger.	Aiguilles d'un aspect moiré, translucides, devenant opaques par le repos.	Rosaces translucides, devenant opaques par le repos.	Rectangles d'abord mous, puis durs.
ÉTHER.	Extrêmement soluble.	Très-soluble.	Soluble.	Soluble.	Soluble.	Peu soluble.	Moins soluble que *a*.
ALCOOL.	Très-peu soluble.	Soluble.	Soluble.	Soluble.	Soluble.	Peu soluble.	Plus soluble que *a*.

1° Modification *a*. Ce composé prend naissance dans plusieurs circonstances. Il se produit lorsqu'on décompose par la chaleur ou par la potasse les produits de l'action du chlore sur la nitronaphtaline ou la binitronaphtaline. Pour l'obtenir en grande quantité, on distille ou l'on fait bouillir avec une solution alcoolique de potasse le bichlorure de chloronaphtaline huileux.

La naphtaline trichlorée *a* est incolore, inodore; l'éther en dissout plus que son poids à la température ordinaire, tandis que l'alcool la dissout difficilement à l'aide de l'ébullition; aussi ce dernier liquide la précipite d'une dissolution éthérée.

Dans l'éther, ce corps cristallise en prismes à 6 pans, dont les

28.

angles sont de 120°, et dans l'alcool il donne des aigrettes barbues. Il est mou comme de la cire ; ses cristaux se laissent tordre en tous sens sans se briser, et par la pression ils se soudent en une masse translucide ; ils peuvent se cliver parallèlement à l'axe.

Il fond à 75°, et par le refroidissement il cristallise en rectangles traversés par deux diagonales dont chacune est hérissée de filets parallèles à l'autre. A une température assez élevée, il distille sans altération.

Le potassium le décompose avec dégagement de lumière. La potasse et l'acide nitrique sont sans action sur lui. L'acide sulfurique de Nordhausen le dissout à l'aide de la chaleur. L'eau versée dans cette dissolution ne donne pas de précipité si elle est chaude ; mais par le refroidissement, elle se prend en une espèce de gelée, renfermant un produit cristallin.

2° Modification ac. On prépare ce composé en faisant passer un courant de chlore dans la naphtaline bichlorée ad fondue. Il se dégage de l'acide chlorhydrique et l'on obtient une matière blanche qu'on purifie par une ou deux cristallisations dans un mélange d'alcool et d'éther.

La naphtaline trichlorée ac est blanche, très-soluble dans l'éther ; elle est plus soluble dans l'alcool que la modification a. Elle cristallise en belles aiguilles à 6 pans, dérivant d'un prisme à base rhombe de 67 et 113° ; les angles aigus sont tronqués. Elle est molle comme de la cire, et se laisse tordre en tous sens. Elle fond à 66° et, par le refroidissement, elle cristallise comme la modification a. Elle distille sans s'altérer.

La potasse est sans action sur elle. L'acide sulfurique fumant se comporte avec elle comme avec la modification précédente.

3° Modification c. On la prépare en faisant bouillir une dissolution alcoolique de potasse avec du bichlorure de chloronaphtaline cristallisé. Le produit est mêlé de la modification g ; après l'avoir trié mécaniquement, on le fait cristalliser une ou deux fois dans un mélange d'alcool et d'éther.

Il forme de longues aiguilles d'une grosseur uniforme, élastiques, cassantes, dont la section est un rhombe de 67 et 113°. Il fond vers 78° à 80° ; en se refroidissant, il produit un phénomène semblable à celui que présente la modification g.

4° Modification g. Lorsqu'on fait bouillir une dissolution alcoolique de potasse avec du bichlorure de chloronaphtaline cristallisé et en poudre, on obtient, par l'addition de l'eau, un précipité qui est un mélange de trois trichloronaphtalines a, g et c.

On enlève d'abord a, à l'aide d'une petite quantité d'éther (on pourrait employer d'abord l'alcool qui dissoudrait c et g, avant a), on dissout ensuite g et c dans l'éther, auquel on ajoute quelques gouttes d'alcool.

La dissolution éthérée qui renferme c et g doit être mise dans un flacon à large ouverture et recouvert d'une feuille de papier. Par l'évaporation spontanée, g qui est en plus grande quantité que c se dépose le premier. On décante la dissolution, on la laisse évaporer spontanément, et on la décante encore tant qu'il se forme des cristaux homogènes. Enfin, g et c cristallisent ensemble : le premier, en formant des groupes de prismes très-brillants, terminés par des pointes acérées; le second, en formant des aiguilles fines, uniformes, traversant la dissolution dans tous les sens. On les sépare alors mécaniquement, et l'on répète les cristallisations sur les parties triées.

La naphtaline trichlorée g est incolore, transparente, très-brillante; elle est très-soluble dans l'éther, un peu moins soluble dans l'alcool.

Elle cristallise en prismes dont la section est un rhombe de 5o et 13o°; les cristaux sont très-cassants, non élastiques, et se laissent facilement réduire en poudre.

Elle entre en fusion vers 69 à 70°. En se refroidissant, elle produit un phénomène très-singulier. Si l'on en fait fondre un décigramme sur une feuille de verre, elle se solifidie par le refroidissement en formant une masse légèrement translucide, qui, vue à la loupe, est composée de petites rosaces radiées ; au bout d'une minute environ, cette masse translucide devient subitement opaque. Si, immédiatement après qu'elle s'est solidifiée, on la touche avec un corps dur, on sent qu'elle est molle comme la modification a; mais, dès qu'elle est devenue opaque, on trouve qu'elle est devenue dure et aisée à pulvériser. Si on la touche le plus légèrement possible, à l'aide d'une barbe de plume, une demi-minute après qu'elle s'est solidifiée, elle devient subitement opaque.

La potasse et la distillation ne la décomposent pas. L'acide sulfurique fumant la dissout à l'aide de la chaleur; par l'addition d'une petite quantité d'eau, il se forme un précipité qui se redissout dans l'eau chaude.

5° Modification *d.* On prépare ce composé en distillant le bi-chlorure de chloronaphtaline cristallisé. Il se dégage de l'acide chlorhydrique, et dans le récipient on obtient un mélange de deux naphtalines bichlorées *a* et *d.* A l'aide d'une petite quantité d'éther on enlève d'abord *a.* On dissout le résidu dans ce même liquide auquel on a ajouté quelques gouttes d'alcool. Par l'évaporation spontanée, il se dépose de belles aiguilles, brillantes, groupées et semblables à la naphtaline *g* trichlorée, mais les angles sont différents. La section des aiguilles est un hexagone dérivant d'un rhombe de 56 et 124°. Ce corps est très-soluble dans l'éther, beaucoup moins soluble dans l'alcool. Il fond vers 88 à 90°; par le refroidissement, il se solidifie en une masse translucide, composée de longues aiguilles, et dont la surface a un bel aspect moiré; alors il est mou comme de la cire, mais peu à peu il devient dur et opaque.

Il est volatil sans décomposition, et inaltérable par la potasse.

L'acide sulfurique se comporte avec lui comme avec les autres trichloronaphtalines.

6° Modification *ad.* On l'obtient en aiguilles soyeuses, médiocrement solubles dans l'éther et très-peu solubles dans l'alcool. Elle ne fond que vers 160°; par le refroidissement, elle se solidifie en formant des rosaces microscopiques, légèrement translucides. La matière est alors molle comme de la cire, mais elle durcit peu à peu et devient opaque.

7° Modification *ae.* Pour la préparer, on traite, par l'acide sulfurique fumant, l'huile brute qui accompagne le bichlorure de chloronaphtaline, et l'on chauffe légèrement; il se dégage de l'acide chlorhydrique et la liqueur devient brune; on y ajoute de l'eau et on laisse refroidir. Au bout de quelques heures, il se dépose une matière brune, un peu molle, qui, après avoir été lavée à l'eau, puis avec quelques gouttes d'alcool, doit être dissoute dans l'éther. Par l'évaporation, il se forme un dépôt qui est un mélange de naphtaline trichlorée *a*, de naphtaline trichlorée *ae* et d'une petite quantité d'huile. La modification *a* et l'huile étant plus solubles que *ae* dans l'éther, on fait une seconde cristallisation dans ce liquide, puis une troisième et une quatrième dans un mélange d'alcool et d'éther.

La naphtaline trichlorée *ae* est incolore, moins soluble que *a* dans l'éther, mais plus soluble dans l'alcool. Elle cristallise en petites aiguilles lamelleuses, ordinairement arborescentes et dont la section est un hexagone dérivant d'un rhombe de 122°.

Elle fond à 93° et par le refroidissement elle cristallise, comme *a*, en rectangles traversés par deux diagonales. Après le refroidissement elle reste molle comme *a*, mais peu de temps après elle devient dure et cassante.

Mise en contact avec le brome, elle s'y dissout immédiatement en dégageant de l'acide bromhydrique et en donnant une matière cristalline qui est presque insoluble dans l'éther.

Elle distille sans décomposition. L'acide sulfurique fumant la transforme en acide sulfonaphtalique trichloré.

Naphtaline tribromée, ou tribromonaphtaline, $C^{20}H^5Br^3$. — On l'obtient en chauffant un excès de brome avec de la naphtaline bibromée. Elle forme des aiguilles plates, extrêmement déliées, fusibles vers 60°.

Naphtaline bromo-bichlorée, $C^{20}H^5BrCl^2$. — On prépare ce composé en mettant dans un flacon imparfaitement bouché quelques grammes de naphtaline bichlorée *ad* et un léger excès de brome. Au bout d'un ou de deux jours, il se forme un nouveau produit, sur lequel on verse quelques gouttes d'alcool, avec un peu d'ammoniaque, pour enlever l'excès de brome; puis on le fait dissoudre dans l'alcool bouillant; par le refroidissement, il se dépose alors de fines aiguilles. La naphtaline bichlorée *ad*, s'il y en avait de non attaquée, resterait dans la dissolution alcoolique.

La naphtaline bromo-bichlorée est incolore, asséz soluble dans l'alcool, et très-soluble dans l'éther. Elle a la consistance de la cire, et cristallise par l'évaporation spontanée dans l'éther en aiguilles à 6 pans dont les angles sont de 120 à 121°.

Elle entre en fusion vers 80°, et par le refroidissement elle se solidifie, en formant des rectangles traversés par deux diagonales hérissées de filets qui leur sont parallèles. Lorsque la solidification est complète, la surface de la masse possède un bel aspect moiré.

La potasse est sans action sur elle.

On peut la distiller sans la décomposer.

§ 1705. NAPHTALINE QUADRICHLORÉE, $C^{20}H^4Cl^4$. — Il existe quatre combinaisons isomères de ce nom.

CARACTÈRES DISTINCTIFS DES NAPHTALINES QUADRICHLORÉES :

	a	*b*	*e*	*k*
ÉLASTICITÉ.	Molle.	Cassante.	Flexible.	Flexible.
FORME.	Prismes à 6 pans, de 120°.	Prismes obliques, à base oblique, de 103, 101, 100°.	Longues aiguilles. Rhombe de 94°.	Courtes aiguilles. Rhombe de 100°.
POINT DE FUSION.	106°.	125°.	170°.	125°.
CRISTALLISATION. APRÈS LA FUSION.	Rosaces microscopiques.	Aiguilles.	Aiguilles.	Rosaces.
ÉTHER.	Très-soluble.	Très-peu soluble.	Très-peu soluble.	Très-peu soluble.
HUILE DE PÉTROLE.			Solution bouillante très-étendue, se remplit entièrement de longues aiguilles.	Solution très-étendue, laissant déposer de petites aiguilles groupées en mamelons, qui n'occupent qu'une petite partie du liquide.

1° Modification *a*. Ce composé se forme dans plusieurs circonstances. Le moyen le plus simple pour l'obtenir consiste à faire passer un courant de chlore dans la naphtaline trichlorée *a* fondue. Il se dégage de l'acide chlorhydrique, et il se forme de la naphtaline quadrichlorée *a* qui ressemble au plus haut degré à la naphtaline trichlorée *a*.

On purifie le produit en le faisant cristalliser à plusieurs reprises dans l'éther légèrement alcoolisé.

Ce composé est ordinairement un peu coloré en jaune, mais cette couleur est accidentelle. Il est quatre ou cinq fois moins soluble dans l'éther que la naphtaline trichlorée *a*. Il est très-peu soluble dans l'alcool bouillant; il est mou comme de la cire, et se laisse souder par la pression des cristaux.

Il cristallise en prismes à 6 pans dont les angles sont de 120°; ces prismes sont plus brillants que ceux de la naphtaline trichlorée *a*, et, au lieu d'être terminés par de longues aiguilles, ils sont ordinairement arrondis aux extrémités ; presque tous sont percés d'un trou parallèle à l'axe.

Il entre en fusion à 106° ; en se refroidissant il forme des rosaces microscopiques.

Il distille sans altération. Une solution alcoolique et bouillante de potasse ne l'attaque pas.

Le chlore, à l'aide de la chaleur, le transforme en naphtaline sexchlorée. L'acide sulfurique fumant le transforme en acide sulfonaphtalique quadrichloré.

2° Modification *b*. Lorsqu'on distille le bichlorure de naphtaline bichlorée *b*, il se dégage de l'acide chlorhydrique et l'on obtient un mélange de deux naphtalines quadrichorées *a* et *b* qu'on sépare aisément à l'aide de l'éther, *a* y étant fort soluble et *b* très-peu soluble.

La quadrichloronaphtaline *b* s'obtient en prismes très-brillants, appartenant au système triclinique. (Combinaison observée, o P. ∞ P', ∞', P. Inclinaison des faces, oP : ∞ P', = 100° ; oP : ∞', P = 101° 3o' ; ∞ P', : ∞', P = 103°.)

Ce corps fond vers 125° ; en se refroidissant, il cristallise en belles aiguilles. Il distille sans altération, la potasse ne l'altère pas.

3° Modification *e*. On peut préparer ce corps en distillant, ou en faisant bouillir avec de la potasse et de l'alcool, le bichlorure liquide de naphtaline bichlorée *x*. S'il est nécessaire, on soumet le nouveau produit à la presse entre plusieurs doubles de papier joseph, afin de séparer une petite quantité d'huile. On le fait ensuite bouillir avec de l'éther, qui enlève le reste de l'huile étrangère. Si on veut l'obtenir cristallisé, il faut le faire dissoudre, soit dans une très-grande quantité d'éther bouillant, soit dans l'huile de pétrole. Dans l'un et l'autre liquide il cristallise en aiguilles soyeuses comme de l'amiante.

Il est blanc, soyeux, flexible, cristallisé en aiguilles dont la section est un rhombe de 94 et 86°.

Il est presque insoluble dans l'huile de pétrole, à la température ordinaire, mais par l'ébullition il y est très-soluble.

Il fond vers 170°, et se solidifie en une masse aciculaire.

Il distille sans altération. Il est inattaquable par la potasse.

4° Modification *k*. Pour préparer ce composé, on pulvérise du bichlorure de naphtaline bichlorée *c*, et on le fait bouillir avec une dissolution alcoolique de potasse, tant que celle-ci se charge de chlorure de potassium. On étend d'eau la liqueur, on lave le résidu avec un peu d'alcool ou d'éther, puis on le fait dissoudre dans l'éther ou mieux dans l'huile de pétrole bouillante. Par le refroidissement il cristallise en aiguilles fines groupées en mamelons, qu'on lave avec de l'éther.

La naphtaline quadrichlorée x forme des aiguilles extrêmement fines et courtes : leur section est un rhombe d'environ 100 et 80°.

Elle est très-peu soluble dans l'alcool et dans l'éther bouillant.

L'huile de pétrole, à la température ordinaire, en dissout un peu; par l'ébullition elle la dissout en très-grande quantité.

Elle entre en fusion vers 125°; en se refroidissant elle se solidifie en une masse opaque, formée de petites rosaces radiées.

Elle distille sans altération, et la potasse est sans action sur elle.

Naphtaline bromo-trichlorée, $C^{20}H^4BrGl^3$. — Il en existe trois isomères :

1°. Modification α (*chloribronaphtose a*). Lorsqu'on verse du brome sur la naphtaline trichlorée *a*, elle se dissout, mais sans se décomposer. Si l'on expose cette dissolution aux rayons solaires pendant plusieurs jours, il se dégage de l'acide bromhydrique, et l'on obtient la naphtaline bromo-trichlorée α; on purifie ce corps en le faisant cristalliser à plusieurs reprises dans de l'éther légèrement alcoolisé.

Il cristallise en prismes incolores à 6 pans, dont quatre angles sont de 117° 30′ et deux de 125°; il est mou comme de la cire, et se laisse tordre en tous sens sans se briser. Après avoir été fondu, il cristallise en rosaces microscopiques à la température de 105 à 106°. Il est volatil sans décomposition.

2° Modification β (*bromachlonaphtose a*). On prépare ce composé en faisant passer un courant de chlore sur la naphtaline bibromée chauffée, dans le commencement de l'opération, à une température suffisante pour la fondre. On obtient une huile épaisse qui est un mélange de bichlorure de bibromo-naphtaline et d'un autre corps huileux. On la mêle avec un peu d'éther et on l'abandonne au repos. Il se dépose alors des cristaux de bichlorure de naphtaline bibromée. On décante la solution éthérée, et on la fait bouillir avec une dissolution alcoolique de potasse. Il se forme ainsi de la naphtaline bromo-trichlorée, qu'on purifie en la faisant cristalliser plusieurs fois dans de l'éther alcoolisé.

Ce corps ressemble complétement à la naphtaline quadrichlorée *a*, mais ses cristaux sont plus beaux et plus nets. Ce sont des prismes à 6 pans dont quatre angles sont de 120° 3o', et deux de 119°. Il est mou comme de la cire, assez soluble dans l'éther, cependant moins soluble que la modification α. L'alcool le dissout à peine. Après avoir été fondu, il se solidifie vers 110° en formant des rosaces microscopiques.

Il est volatil sans décomposition et indécomposable par la potasse.

3° Modification γ (*bromachlonaphtose b*). Lorsqu'on distille du bichlorure de bibromonaphtaline, il se dégage du brome et des vapeurs acides. On obtient dans le récipient un mélange de naphtaline trichlorée *a* et de naphtaline bromo-trichlorée γ. A l'aide de l'éther, on dissout la naphtaline trichlorée ; il reste ainsi une poudre blanche qu'on fait bouillir avec une grande quantité du même liquide. Par l'évaporation spontanée, il se dépose alors de petits cristaux parfaitement nets et brillants.

Ce sont des prismes obliques à base oblique, beaucoup plus hauts que larges. Les pans sont inclinés l'un sur l'autre de 102°3o', et la base est inclinée sur les pans de 101 à 103°.

Ce corps est très-peu soluble dans l'éther et dans l'alcool bouillant. Il est volatil sans décomposition.

Naphtaline bibromo-bichlorée, $C^{20}H^4Br^2Cl^2$. — Il existe deux isomères de ce nom :

1° Modification α (*chlorébronaphtose b*). On prépare ce corps en versant du brome sur la naphtaline bichlorée *f ;* celle-ci se dissout en dégageant de l'acide bromhydrique, et au bout de quelques minutes, le liquide se solidifie en aiguilles. On les lave avec de l'éther, puis on les fait dissoudre à chaud dans une très-petite quantité d'éther. Par une évaporation très-lente, il se dépose de petits prismes brillants, transparents et parfaitement nets, appartenant au système triclinique. (Combinaison observée, $oP.\ \infty'$, P. ∞ P', $m'\ddot{P}, \infty$; la face $m'\ddot{P}, \infty$ est ordinairement très-large, ainsi que la face ∞', P. Inclinaison des faces, ∞', P : ∞ P', $= 101°$ 3o' ; oP : ∞ P', $= 102°$ à $102°$ 3' ; oP : ∞', P $= 101°$ 15' ; $m'\ddot{P}$, ∞ : oP $= 114°$; $m'\ddot{P}, \infty : \infty$ P', $= 132°$; $m'\ddot{P}, \infty : \infty'$, P $= 115°$.)

Ce corps est à peine soluble dans l'alcool et dans l'éther bouillant. Il est indécomposable par la potasse et par la distillation.

Il entre en fusion vers 170° ; en se refroidissant il cristallise en aiguilles lamelleuses. Comme les naphtalines trichlorées il offre un exemple de dimorphisme. Si l'on refond en partie ces aiguilles, la

portion fondue cristallise encore en aiguilles ; mais en même temps
on voit une seconde cristallisation, des espèces de quadrilatères
opaques qui recouvrent la première. Si l'on refond le tout, on
n'obtient plus que des aiguilles.

2°. Modification β (*broméchlonaphtose b*). On l'obtient en traitant la naphtaline bibromée par le chlore. Elle se dépose, par l'évaporation spontanée, sous la forme de petits prismes tricliniques,
beaucoup plus hauts que larges, et sans facettes modifiantes. (oP.
∞′, P. ∞ P′, Inclinaison des faces, oP : ∞ P′, $= 101°$ 2′; oP :
∞′, P $= 103°$; ∞ P′, : ∞′, P $= 102°$ 1′.)

Ce corps est à peine soluble dans l'éther et dans l'alcool bouillant.
La potasse est sans action sur lui. Il fond à 166°, et distille sans altération ; par le refroidissement, il cristallise en une masse fibreuse.

Naphtaline quadribromée, $C^{20}H^4Br^4$. — Il paraît exister deux
isomères de ce nom. On les obtient en distillant du bibromure de
naphtaline bibromée. Il se dégage de l'acide bromhydrique accompagné d'une petite quantité de brome, et il distille une matière
blanche qui est un mélange de deux substances que l'on sépare de
la manière suivante.

Après les avoir lavées avec de l'éther, on les introduit avec ce
liquide dans un tube de verre assez fort que l'on ferme à la
lampe. On le place ensuite dans un bain d'eau, que l'on porte à
100° ; après le refroidissement, on brise le tube, et l'on en retire
deux substances, l'une cristallisée en petits prismes courts, brillants, l'autre en aiguilles très-fines. Par l'agitation sur une feuille
de papier, et en soufflant dessus, on les sépare très-facilement.

La naphtaline quadribromée est cristallisée en prismes obliques,
à base oblique, tout à fait semblables à ceux de la naphtaline
quadrichlorée *b*. Les pans sont inclinés l'un sur l'autre de 101°30.
La base est inclinée sur chaque pan de 101° 30′ à 102°.

Elle est peu soluble dans l'alcool et dans l'éther. Elle distille
sans altération ; la potasse est sans action sur elle.

Les aiguilles qui l'accompagnent sont probablement une naphtaline quadribromée *a;* elles ont des angles de 120°, sont élastiques, cassantes, très-peu solubles dans l'éther.

Naphtaline bibromo-trichlorée, $C^{20}H^3Br^2Cl^3$. — On en connaît
isomères.

1° Modification α (*broméchlonaphtuse b*). On prépare ce composé en faisant bouillir du bichlorure de naphtaline bibromo-

chlorée avec une dissolution alcoolique de potasse. On obtient une poudre blanche que l'on dissout dans une très-grande quantité d'éther bouillant, ou bien dans l'huile de pétrole bouillante. Par l'évaporation spontanée de la dissolution éthérée, il se forme ainsi de petits prismes très-nets et très-brillants. L'éther retient en dissolution une petite quantité d'une matière cristallisée en aiguilles très-fines.

Les prismes de la naphtaline bibromo-trichlorée α appartiennent au système triclinique. Combinaison observée, o P. ∞', P. ∞ P', .$m'\ddot{P}$, ∞. Inclinaison des faces, ∞', P : ∞ P' $= 101°$, 30'; oP : ∞ P' $= 101°$ 30'; o P : ∞', P $= 101°$; $m'\ddot{P}$, ∞ : ∞P', $= 132°$; $m'\ddot{P}$, ∞ : o P $= 115°$; m' $\ddot{P}$, ∞ : ∞' P $= 115°$ 30'. Les trois axes sont entre eux dans le même rapport que dans la naphtaline bibromo-bichlorée α. Après avoir été fondue, la bibromo-naphtaline trichlorée α cristallise à 165° en longs prismes. Elle est volatile sans décomposition, et inattaquable par la potasse.

2° Modification β (*chloribronophtuse*). On l'obtient en versant du brome sur du bichlorure de naphtaline et en exposant le mélange au soleil. Elle se présente sous la forme d'une poudre blanche, presque insoluble dans l'éther, fusible, et cristallisant par le refroidissement en rectangles traversés par deux diagonales.

§ 1706. NAPHTALINE SEXCHLORÉE, $C^{20}H^2Cl^6$.—On prépare ce corps en faisant longtemps passer du chlore, à une haute température, sur la naphtaline trichlorée *a*; si le produit est mêlé de perchloronaphtaline, on le purifie aisément au moyen de l'éther qui dissout très-peu cette dernière.

La naphtaline sexchlorée cristallise en prismes à 6 pans, dont les angles sont de 120°. Elle est molle comme de la cire, et se laisse tordre en tous sens. Elle se dissout dans environ 20 fois son poids d'éther. L'alcool la dissout à peine, l'huile de pétrole la dissout en grande quantité.

Après avoir été fondue, elle se solidifie à 143° en rosaces microscopiques. Elle est volatile sans décomposition, et inaltérable par la potasse. L'acide sulfurique n'en dissout à chaud qu'une faible quantité. Elle est difficilement attaquée par l'acide nitrique bouillant, qui finit toutefois par la transformer en chlorure de perchloroxinaphtyle $C^{20}Cl^6O^4$.

§ 1707. NAPHTALINE PERCHLORÉE, perchloronaphtaline ou chlonaphtalise, $C^{20}Cl^8$. — Ce corps, comme le précédent, se produit par l'action prolongée du chlore sur la naphtaline trichlorée *a* maintenue en fusion. On enlève la naphtaline sexchlorée par l'éther bouillant, et l'on reprend le résidu par l'huile de pétrole bouillante.

La naphtaline perchlorée forme des aiguilles légèrement colorées en jaune pâle, très-cassantes, formant des prismes à 4 pans, dont les angles sont de 112° 3o' et 67° 3o'. Ces cristaux sont très-peu solubles dans l'éther bouillant, volatils sans décomposition, et inattaquables par la potasse.

Dérivés nitriques de la naphtaline.

§ 1708. *Nitronaphtaline*[1], ou nitronaphtalase, $C^{20}H^7(NO^4)$. — L'acide nitrique bouillant décompose rapidement la naphtaline, en produisant une huile qui se solidifie par le refroidissement. En faisant cristalliser la matière solidifiée trois ou quatre fois dans l'alcool, on obtient la nitronaphtaline à l'état de pureté.

La naphtaline est aussi attaquée à froid par l'acide nitrique très-concentré. Au bout de cinq ou six jours elle en est complétement convertie en nitronaphtaline presque pure, sans qu'il se forme des produits secondaires, ni des vapeurs nitreuses. Les proportions les plus convenables sont : 1 p. de naphtaline pour 5 ou 6 p. d'acide nitrique du commerce à la densité de 1,33. On empêche l'agglomération du produit en remuant le mélange des deux substances avec une spatule; cette précaution est surtout nécessaire au commencement pour empêcher qu'une portion de la naphtaline échappe à l'action de l'acide. Le produit ainsi obtenu présente une couleur d'un jaune citrin pur, et ne contient pas le liquide rougeâtre, qui accompagne ordinairement la nitrophtaline préparée à chaud.

La nitrophtaline est d'un jaune de soufre, insoluble dans l'eau, fort soluble à chaud dans l'alcool, l'éther, l'huile de pétrole et le chlorure de soufre. Par le refroidissement, elle se dépose de toutes ses dissolutions sous la forme d'aiguilles cassantes, qui sont des prismes à 6 pans, dérivant d'un rhombe de 100 et de 80°; les arêtes aiguës sont tronquées.

Elle fond à 43°, et, au moment où elle se solidifie, le thermomètre remonte à 54°. Elle est volatile sans décomposition ; mais,

[1] LAURENT (1835), *Ann. de Chim. et de Phys.*, LIX, 376. *Revue scientif.*, XIII. 67. — PIRIA, *Ann. de Chim. et de Phys.*, [3] XXXI, 217.

quand on la chauffe brusquement, elle se décompose avec production de lumière et dépôt de charbon.

Le sulfhydrate d'ammoniaque la convertit en naphtylamine,
(§ 1726) le sulfite d'ammoniaque en acides thionaphtamique et
naphthionique (§ 1731).

Une dissolution alcoolique et bouillante de potasse ne la décompose pas ; mais, quand on la chauffe dans une cornue avec 7 ou
8 fois son poids de chaux ou de baryte légèrement hydratée, elle
dégage de l'ammoniaque, de la naphtaline, une matière huileuse et un corps auquel M. Laurent a donné le nom de *naphtase*.
Ce dernier produit reste attaché au col de la cornue sous forme de
petites aiguilles ; on le lave avec de l'éther, puis on le distille et
on le lave encore avec de l'éther. Il est jaune, insoluble dans
l'eau et l'alcool, presque insoluble dans l'éther. La plus petite
quantité de ce corps suffit pour colorer immédiatement en beau
bleu violacé une très-grande quantité d'acide sulfurique ; l'eau
l'en précipite sans altération. Il a donné à l'analyse : carbone (anc.
poids atom.), 87,0 ; hydrogène, 4,80.

Soumise à l'action du chlore, et d'une forte chaleur, la nitronaphtaline se convertit soit en naphtaline trichlorée a, soit en naphtaline quadrichlorée a. Le brome paraît la convertir en naphtaline bibromée.

Bouillie avec du soufre, elle se décompose en dégageant de l'a-
cide sulfureux.

L'acide nitrique bouillant la convertit en binitronaphtaline.

L'acide sulfurique fumant la transforme en acide sulfonaphtalique nitré (§ 1721).

§ 1709. *Binitronaphtaline*[1], ou nitronaphtalèse. $C^{20}H^6(NO^4)^2$. —
On obtient ce composé en faisant bouillir de l'acide nitrique dans
un grand ballon, et en y jetant peu à peu de la naphtaline, tant
qu'il s'en dissout. Par le refroidissement, il se dépose des aiguilles
à peine colorées en jaune. On les lave d'abord avec de l'acide
nitrique, puis avec de l'eau et de l'alcool.

La nitronaphtaline est très-peu soluble dans l'éther, encore moins
soluble dans l'alcool. Les cristaux qui se déposent d'une solution
nitrique sont des prismes rhomboïdaux ($\infty P : \infty P = 113°$).
Ils fondent à 185° ; en opérant sur une petite quantité, on peut

<hr>

[1] LAURENT (1835), *Ann. de Chim. et de Phys.*, LIX, 381. *Revue scientif.*, VI, 88 ;
XIII, 68.

les distiller sans les altérer, mais par un échauffement brusque le corps se décompose.

Le chlore, à chaud, en dégage des vapeurs nitreuses, et l'on obtient de la naphtaline bichlorée ou trichorée. Une dissolution alcoolique de potasse la décompose à l'ébullition; la liqueur devient rouge, puis brune; il se dégage de l'ammoniaque, et, quand on sature la potasse par l'acide nitrique, il se produit un abondant précipité brun.

Chauffée avec de la chaux légèrement hydratée, la binitronaphtaline développe de la naphtaline, de l'ammoniaque et une huile brune.

Avec une solution de potasse alcoolique et bouillante, la binitronaphtaline dégage de l'ammoniaque et donne une liqueur d'où l'acide nitrique précipite un acide brun-noir (*acide nitronaphtalésique*), floconneux, insoluble dans l'alcool et l'éther, donnant des sels bruns, qui font explosion par la chaleur. Cet acide brun renferme :

		Laurent.
Carbone	. . . .	62,2
Hydrogène	. . .	3,2
Azote.	. . . . .	13,1
Oxygène	. . . .	21,5
		100,0

Le sulfhydrate d'ammoniaque transforme la binitronaphtaline en azonaphtylamine (§ 1729).

Binitronaphtaline bromée[1], $C^{20}H^5Br(NO^4)^2$. — Lorsqu'on traite la naphtaline bibromée par l'acide nitrique bouillant, elle s'y dissout très-lentement. Quand la dissolution est achevée, on ajoute de l'eau; il se précipite une huile épaisse qui se solidifie par le refroidissement. Cette matière, purifiée par plusieurs cristallisations dans un mélange d'alcool et d'éther, est jaune, insoluble dans l'eau, très-soluble dans l'éther et peu soluble dans l'alcool; chauffée brusquement dans un tube, elle entre en ignition.

La liqueur acide d'où le corps précédent a été précipité, donne, par l'évaporation, un mélange d'acide oxalique et d'un acide qui paraît être un acide phtalique bromé.

§ 1710. *Trinitronaphtaline*[2], ou nitronaphtalise, $C^{20}H^5(NO^4)^3$.

---

[1] LAURENT (1850), *Compt. rend. des trav. de Chim.*, 1850, p. 6.

[2] LAURENT (1840), *Compt. rend. de l'Acad.*, X, 464. *Revue scientif.*, V, 363; VI, 76; XIII, 71. — MARIGNAC, *Ann. der Chem. u. Pharm.*, XXXVIII, 1.

— Ce composé se présente sous deux ou trois modifications iso-mères:

α. Lorsqu'on fait bouillir, pendant un ou deux jours, de la naphtaline avec de l'acide nitrique concentré, on obtient des cristaux presque incolores, qui sont un mélange de binitronaphtaline et de trinitronaphtaline α et β. La proportion de ces produits varie suivant la quantité d'acide employée et la durée de l'ébullition.

La trinitronaphtaline α s'obtient, suivant M. Laurent, en tables rhomboïdales obliques, ordinairement très-irrégulières et dentées en scie. Elle fond à 210°, et se volatilise sans résidu quand on la chauffe avec précaution, autrement elle se décompose avec explosion.

Elle est très-peu soluble dans l'alcool bouillant; chauffée avec de l'éther à 100°, dans un tube fermé, elle donne des aiguilles hexagonales dérivant d'un prisme droit rhomboïdal de 130°.

Elle se dissout dans une solution alcoolique de potasse, en développant de l'ammoniaque et en la colorant en rouge; les acides précipitent de la solution des flocons bruns ou noirs.

β. Cette modification (appelée d'abord *nitronaphtale*) est très-peu soluble dans l'alcool et l'éther bouillants. On l'obtient, suivant M. Laurent, en prismes obliques, extrêmement petits, appartenant au système monoclinique. Combinaison observée, $\infty P\infty$. ∞P. $+ P \infty$. $- P \infty$. Inclinaison des faces, $\infty P : \infty P = 50°$; $+ P \infty : - P \infty = 126°$; $\infty P \infty : - P \infty = 124°$; $\infty P \infty : + P \infty = 110°$; $+ P \infty : \infty P = 98° 15'$; $- P \infty : \infty P = 104° 30'$. Les cristaux sont jaunâtres et fondent vers 215°.

γ. Une troisième modification a été obtenue par M. Marignac, sous la forme d'une poudre jaunâtre, fusible à quelques degrés au-dessus de 100°, cristalline, presque insoluble dans l'éther bouillant, peu soluble dans l'alcool bouillant. Elle peut être sublimée par une douce chaleur, mais, lorsqu'on la chauffe brusquement, elle se décompose avec explosion. Les alcalis caustiques et carbonatés la dissolvent avec une belle couleur rouge; la solution prend peu à peu une teinte noire, et précipite ensuite, par l'acide chlorhydrique, des flocons bruns. Ces flocons constituent un acide brun, renfermant :

	Marignac.	
Carbone.	55,3	55,6
Hydrogène. . . .	2,7	2,7
Azote.	10,7	10,9
Oxygène.	31,3	30,8
	100,0	100,0

La formation de cet acide brun est accompagnée d'un dégagement d'ammoniaque; en même temps l'alcali, réagissant sur la trinitronaphtaline, passe à l'état de carbonate.

Dérivés par réduction des dérivés nitriques de la naphtaline.

§ 1711. Les dérivés nitriques de la naphtaline se comportent avec les agents réducteurs comme les dérivés nitriques de la benzine. Sous l'influence du sulfhydrate d'ammoniaque, la nitronaphtaline se convertit en naphtylamine ou azoture de naphtyle et d'hydrogène (§ 1721):

$$C^{20}H^7(NO^4) + 6 HS = C^{20}H^9N + 4 HO + 6 S.$$
Nitronaphtaline.   Naphtylamine.

La binitronaphtaline se transforme par la même réaction en azonaphtylamine (seminaphtalidam) :

$$C^{20}H^6(NO^4)^2 + 12 HS = C^{20}H^{10}N^2 + 8 HO + 12 S.$$
Binitronaphtaline.   Azonaphtylamine.

Il est probable que la formation de l'azonaphtylamine est précédée de celle de la nitronaphtylamine.

Le sulfite d'ammoniaque transforme la nitronaphtaline en acides thionaphtamique et naphthionique (§ 1731).

Dérivés sulfuriques de la naphtaline.

§ 1712. On connaît trois corps renfermant les éléments de la naphtaline, plus ceux de l'acide sulfurique, moins les éléments de l'eau :

Acide sulfonaphtaliq. $C^{20}H^8S^2O^6 = C^{20}H^8 + 2(SO^3,HO) - 2 HO,$
Acide disulfonaphtal. $C^{20}H^8S^4O^{12} = C^{20}H^8 + 4(SO^3,HO) - 4 HO,$
Sulfonaphtaline. . . $C^{40}H^{14}S^2O^4 = 2 C^{20}H^8 + 2(SO^3,HO) - 4 HO.$

L'acide sulfonaphtalique et la sulfonaphtaline présentent entre eux les mêmes rapports que l'acide phényl-sulfureux (acide sulfobenzidique, § 1404), et le phénylure phénylsulfureux (sulfobenzide, § 1407).

L'acide sulfonaphtalique et l'acide disulfonaphtalique se produisent par la dissolution de la naphtaline dans l'acide sulfurique concentré; la sulfonaphtaline est un produit de la réaction de l'acide sulfurique anhydre.

Les dérivés chlorés, bromés et nitriques de la naphtaline donnent aussi naissance à des acides sulfonaphtaliques.

§ 1713. ACIDE SULFONAPHTALIQUE[1], naphtyl-sulfureux, hyposulfonaphtalique ou naphtyl-dithionique, $C^{20}H^8S^2O^6 + 2$ aq. — Lorsqu'on dissout la naphtaline à 90° dans de l'acide sulfurique concentré, jusqu'à saturation, et qu'on abandonne ensuite la masse à l'air, elle se concrète entièrement au bout de quelque temps; on peut enlever la plus grande partie de l'acide sulfurique libre en exprimant le produit entre du papier joseph; le produit se dissout complétement dans l'eau, si toute la naphtaline a été transformée.

On sature la liqueur acide par du carbonate de baryte, on concentre la liqueur neutralisée, et on la mélange avec le double de son volume d'alcool; celui-ci précipite le disulfonaphtalate de baryte à l'état pulvérulent, tandis que le sulfonaphtalate reste en dissolution et peut s'obtenir cristallisé par l'évaporation de l'alcool.

Pour extraire l'acide sulfonaphtalique, on précipite le sulfonaphtalate de baryte par l'acide sulfurique, on enlève l'excédant d'acide sulfurique au moyen du carbonate de plomb, et l'on précipite par l'hydrogène sulfuré le plomb dissous dans la liqueur; la liqueur filtrée est ensuite évaporée dans le vide, à consistance de sirop.

L'acide sulfonaphtalique est extrêmement soluble dans l'eau, l'essence de térébenthine et les huiles grasses, l'alcool, mais fort peu soluble dans l'éther. Par l'évaporation d'une dissolution aqueuse ou alcoolique, il se prend en une masse cristalline irrégulière et déliquescente. Sa saveur est fort acide, astringente et métallique. Soumis à l'action de la chaleur, il fond d'abord entre 85 et 90°; vers 120°, il noircit, et l'on commence à sentir une odeur de naphtaline. Chauffé plus fortement, il se boursoufle beaucoup, et laisse un charbon fort volumineux.

La solution aqueuse de l'acide sulfonaphtalique brunit par l'ébullition; on peut la décolorer en transformant l'acide en sel de ba-

---

[1] FARADAY (1827), *Ann. de Chim. et de Phys.*, XXXIV, 164. — BERZÉLIUS, *ibid.*, LXV, 290. *Répert. de Chimie*, 2ᵉ série, I, 5. *Ann. der Chem. u. Pharm.*, XXII, 70; XXVIII. 30. — WOEHLER, *ibid.*, XXXVII, 197. — REGNAULT, *Ann. de Chim. et de Phys.*, LXV, 87. — LAURENT, *Revue scientif.*, XIII, 587.

ryte, décomposant celui-ci par l'acide sulfurique, et traitant la solution par un peu d'oxyde de plomb.

§ 1714. L'acide sulfonaphtalique est monobasique.

Les *sulfonaphtalates* sont solubles dans l'eau, et pour la plupart solubles aussi dans l'alcool. Ils ont une saveur amère, presque métallique.

Soumis à l'action de la chaleur, ils dégagent une quantité considérable de naphtaline et du gaz sulfureux, en laissant un résidu noirâtre de sulfate et de sulfure.

Le *sel d'ammoniaque* cristallise en fines aiguilles inaltérables à l'air ; sa solution devient acide par l'évaporation. Soumis à la distillation sèche, le sulfonaphtalate d'ammoniaque fond, se décompose et s'enflamme.

Le *sel de potasse*, $C^{20}H^7KS^2O^6 +$ aq., s'obtient facilement par double décomposition, et cristallise en petites paillettes blanches très-brillantes, inaltérables à l'air et peu solubles dans l'eau.

Le *sel de soude* ressemble au sel de potasse, et possède une forte saveur métallique.

Le *sel de baryte* renferme $C^{20}H^7BaS^2O^6 +$ 2 aq., à l'état cristallisé. On obtient ce sel en saturant par du carbonate de baryte la solution de la naphtaline dans l'acide sulfurique concentré. Cristallisé par le refroidissement d'une solution saturée à chaud, il se présente sous la forme de petites houppes cristallines ou de choux-fleurs ; mais, par l'évaporation spontanée d'une dissolution froide, il cristallise en paillettes irrégulières, qui se groupent en forme de crêtes. Desséché, il attire promptement l'humidité de l'air. Il est peu soluble dans l'eau froide ; 100 p. d'eau à 15° n'en dissolvent que 1,13 p. ; à 100°, elles en dissolvent 4,76 p. ; la majeure partie du sel se dépose par le refroidissement d'une solution saturée à chaud. Il se dissout également dans l'alcool absolu et dans l'éther.

Le *sel de strontiane* est cristallisable.

Le *sel de chaux* cristallise difficilement. Bouilli avec de l'acide nitrique, ce sel donne du sulfo-nitronaphtalate de chaux.

Le *sel de magnésie* s'obtient difficilement à l'état cristallisé.

Le *sel de zinc* est cristallisable.

Le *sel de nickel* s'obtient également à l'état cristallisé.

Le *sel de cuivre* cristallise en paillettes à peine verdâtres, renfermant de l'eau de cristallisation, qu'il perd en partie à l'air sec.

Le *sel de manganèse* et le *sel de fer* (ferrosum) sont cristallisables.

Le *sel de plomb*, $C^{20}H^7PbS^2O^6$, cristallise moins régulièrement que le sel de baryte. Soumis à l'action de la chaleur, il se décompose en poussant des ramifications dans tous les sens, et en augmentant beaucoup de volume.

Si l'on fait bouillir avec de l'oxyde de plomb la solution du sel précédent, il se sépare, par le refroidissement, un *sous-sel* pulvérulent, contenant $C^{20}H^7PbS^2O^6$, PbO.

Avec un grand excès d'oxyde de plomb, on obtient un sel encore plus basique, $C^{20}H^7PbS^2O^6$, 3 PbO, insoluble dans l'eau, et se ramollissant par la chaleur.

Le *sel d'argent*, $C^{20}H^7AgS^2O^6$, est assez soluble ; 100 p. d'eau à 20° en dissolvent environ 10,3 p. ; par l'évaporation lente, le sel se dépose en paillettes micacées. La solution peut être portée à l'ébullition sans s'altérer.

Le *sel de mercure* qu'on obtient en dissolvant le bioxyde de mercure dans l'acide sulfonaphtalique est jaune et déliquescent.

§ 1714[a]. Dans la préparation de l'acide sulfonaphtalique, par l'acide sulfurique concentré et la naphtaline, on obtient quelquefois, outre l'acide disulfonaphtalique, un troisième acide, en petite quantité, qui se distingue de l'acide sulfonaphtalique en ce que son sel de baryte se décompose par la chaleur, sans brûler avec flamme, comme le sulfonaphtalate.

Suivant M. Faraday, ce troisième acide se produit surtout si l'on dissout 1 p. de naphtaline dans 2 p. d'acide sulfurique concentré, et qu'on chauffe très-fort la solution, sans cependant lui faire dégager de l'acide sulfureux. Lorsqu'on sature ensuite par le carbonate de baryte la solution aqueuse du produit, le *sel de baryte* du nouvel acide se précipite en même temps que le sulfate de baryte, et peut s'extraire de ce dernier par l'eau bouillante ; par l'évaporation de sa solution aqueuse, il se dépose sous la forme de petits cristaux durs, peu solubles dans l'eau et l'alcool. Chauffé sur la lame de platine, ce sel prend feu et continue de brûler comme de l'amadou. Il contient la même quantité de baryte que le sulfonaphtalate de baryte (Faraday, Berzélius).

Le *sel de potasse*, fort soluble dans l'eau et l'alcool, cristallise en paillettes.

Le *sel de plomb* ressemble beaucoup au sel de baryte. Si on l

décompose par l'hydrogène sulfuré, on obtient un acide en paillettes, douces au toucher, inaltérables à l'air, mais brunissant au
soleil.

§ 1715. *Acide sulfonaphtalique chloré*[1], $C^{20}H^7ClS^2O^6$. — Quand
on mélange 2 vol. d'acide sulfurique concentré avec 1 vol. de
naphtaline chlorée et qu'on maintient la masse pendant un quart
d'heure à 140°, au bain d'huile, on obtient un liquide transparent
et brunâtre, qui ne change pas par le refroidissement, mais que
l'addition de quelques gouttes d'eau transforme en une masse
blanche et butyreuse, à peine cristalline. On étend celle-ci sur
des briques poreuses pour faire absorber l'acide sulfurique excédant.

Lorsqu'on fait dissoudre le chlorure de naphtaline dans l'acide
sulfurique fumant, il se dégage de l'acide chlorhydrique, et la
solution renferme une combinaison qui est probablement aussi
l'acide sulfonaphtalique chloré (Laurent).

L'acide sulfonaphtalique chloré se dissout aisément dans l'eau et
l'alcool ; il fond, par la chaleur, en un liquide brunâtre, répand une
odeur de naphtaline et se décompose.

Le *sel d'ammoniaque* constitue une masse non cristalline, très-
soluble. Les solutions des sels ferreux et des sels d'argent forment, dans ce sel, des précipités caillebottés et solubles.

Le *sel de potasse* est peu soluble dans l'eau et l'alcool.

Le *sel de baryte*, $C^{20}H^6BaClS^2O^6$, se présente en aiguilles micros-
piques, d'un blanc mat et peu solubles.

Le *sel de cuivre* est bleuâtre et très-soluble.

Le *sel de fer* (ferrosum) est un précipité blanc floconneux.

Le *sel de plomb* constitue une poudre blanche presque insoluble.

Le *sel d'argent* forme un précipité blanc, caillebotté, un peu
soluble dans l'eau, et se décomposant déjà à 100°.

§ 1716. *Acide sulfonaphtalique bromé*[2], $C^{20}H^7BrS^2O^6$. — Pour
préparer ce composé, on chauffe de la naphtaline bromée avec de
l'acide sulfurique de Nordhausen. Lorsque la dissolution est
complète, on l'étend d'eau et on la neutralise par la potasse. Après
avoir porté la liqueur à l'ébullition, on la filtre, pour séparer un
peu de naphtaline bromée non attaquée, et on laisse refroidir.

[1] ZININ (1843), *Journ. f. prakt. Chem.*, XXXIII, 36.
[2] LAURENT (1849), *Compt. rend. des trav. de Chim.*, 1849, p. 392.

Alors il se dépose une bouillie cristalline que l'on jette sur un filtre, et qu'on reprend par l'alcool bouillant, après l'avoir lavée un peu. Par le refroidissement, il se forme un dépôt cristallin de sulfonaphtalate bromé de potasse.

Ce *sel de potasse*, $C^{20}H^6KBrS^2O^6$, est incolore, peu soluble dans l'eau froide, assez soluble dans l'eau et dans l'alcool bouillants. Il cristallise en tubercules. Traité par l'acide nitrique bouillant, il se décompose, en donnant une dissolution qui, évaporée jusqu'à siccité, reprise par l'eau et neutralisée par la potasse, laisse déposer un sel jaune pulvérulent et peu soluble dans l'eau froide. Ce sel jaune s'enflamme lorsqu'on le chauffe en vase clos; il renferme donc probablement $C^{20}H^5(NO^4)KBrS^2O^6$.

Le sulfonaphtalate bromé de potasse, versé dans une dissolution de chlorure de calcium, donne un précipité blanc, si les liqueurs ne sont pas trop étendues; il présente la même réaction avec l'acétate de plomb. Il ne précipite pas les sels de magnésie, de manganèse, de cobalt, de nickel, de zinc, de mercure, d'argent.

Le *sel de baryte*, $C^{20}H^6BaBrS^2O^6$, s'obtient en versant le sel de potasse dans le chlorure de baryum. Si les dissolutions sont chaudes et peu étendues, il se forme un dépôt cristallin qui est peu soluble dans l'eau froide.

§ 1717. *Acide sulfonaphtalique bichloré*[1], $C^{20}H^6Cl^2S^2O^6$. — La naphtaline bichlorée se combine avec l'acide sulfurique dans les mêmes circonstances que la naphtaline chlorée. Elle donne ainsi un acide blanc, butyreux, très-soluble dans l'eau. Le bichlorure de naphtaline paraît donner le même acide par la dissolution dans l'acide sulfurique fumant.

Le *sel d'ammoniaque* de l'acide sulfo-bichloronaphtalique est fort soluble.

Le *sel de potasse* forme de petites aiguilles peu solubles.

Le *sel de baryte*, $C^{20}H^6BaCl^2S^2O^6$, forme de petites aiguilles brillantes, peu solubles.

Le *sel d'argent*, $C^{20}H^5AgCl^2S^2O^6$, est moins soluble que le sel l potasse, et cristallise en paillettes incolores.

§ 1718. *Acide sulfonaphtalique bibromé*[2], $C^{20}H^6Br^2S^2O^6$. — On prépare ce composé en chauffant de la naphtaline bibromée avec de l'acide sulfurique fumant. On étend d'eau, on neutralise par la

[1] Zinin (1843), *loc. cit.*
[2] Laurent (1849), *Compt. rend. des trav. de Chim.*, 1849, p. 393.

potasse, on fait bouillir, on filtre pour séparer la naphtaline bi-brômée non attaquée, et l'on fait cristalliser par le refroidissement. Ensuite on fait dissoudre le sel dans l'alcool bouillant, on filtre rapidement, puis on fait cristalliser.

Ce *sel de potasse* renferme $C^{20}H^5KBr^2S^2O^6$.

Le *sel de baryte*, $C^{20}H^5BaBr^2S^2O^6$, se prépare en versant le sel précédent dans une dissolution bouillante et très-étendue de chlorure de baryum. Il se forme, par le refroidissement, un dépôt floconneux composé d'aiguilles microscopiques.

§ 1719. *Acide sulfonaphtalique trichloré*[1], $C^{20}H^5Cl^3S^2O^6$. — Pour préparer cet acide, on fait dissoudre à chaud de la naphtaline trichlorée dans de l'acide sulfurique fumant. Lorsque la dissolution est achevée, on l'étend d'eau et on la neutralise par la potasse. Il se forme immédiatement un abondant précipité gélatineux ; on porte le tout à l'ébullition, et l'on filtre. Par le refroidissement, la liqueur, même très-étendue, se prend en une masse gélatineuse et translucide qui, au microscope, offre des aiguilles d'une longueur et d'une ténuité extraordinaires. C'est l'enchevêtrement de ces longs filaments qui donne au sel de potasse la consistance gélatineuse. Après avoir jeté ce sel sur un filtre, on le lave à l'eau froide, puis on le fait dissoudre dans l'eau bouillante, et on le verse dans de l'acétate de plomb ; il se forme un précipité blanc gélatineux, composé d'aiguilles microscopiques ; ce précipité, lavé et décomposé par l'acide sulfurique, donne une dissolution qui se prend, par le refroidissement, en une gelée opaque, composée d'aiguilles microscopiques : c'est l'acide sulfonaphtalique trichloré.

Pour le purifier, on le déssèche, puis on le fait dissoudre dans l'alcool bouillant, et l'on filtre, s'il est nécessaire. Il se dépose alors sous la forme d'une bouillie cristalline.

Cet acide, versé dans différentes dissolutions salines, se comporte d'une manière très-remarquable : il décompose les chlorures de baryum, de calcium, les sulfates de magnésie, de nickel, de cuivre, les nitrates, ainsi que les sulfates de potasse et de soude.

Le *sel d'ammoniaque* est très-soluble dans l'eau et dans l'ammoniaque. Il donne avec le chlorure de baryum, à froid et en dissolution très-étendue, un précipité gélatineux ; à chaud, le tout reste limpide, mais le sel cristallise par le refroidissement en ai-

---

[1] LAURENT (1849), *Compt. rend. des trav. de Chim.*, 1849, p. 304.

guilles microscopiques. Avec le chlorure de calcium, en dissolution chaude et étendue, il produit une gelée translucide, semblable à l'empois d'amidon, gelée qui ne se forme que par le refroidissement. Avec le sulfate de magnésie, il se comporte comme avec le chlorure de calcium.

Le *sel de potasse* forme des paillettes opaques et microscopiques. Il est très-soluble dans l'eau bouillante et presque insoluble dans l'eau froide. L'alcool bouillant n'en dissout qu'une très-petite quantité.

Le *sel de baryte*, $C^{20}H^4BaCl^3S^2O^6$, se prépare en décomposant une dissolution bouillante et très-étendue de chlorure de baryum par le sel de potasse et filtrant rapidement, si c'est nécessaire. Il exige peut-être 3 à 400 fois son poids d'eau bouillante pour se dissoudre.

Le *sel de cuivre ammoniacal*, $C^{20}H^4CuCl^3S^2O^6$, $2\,NH^3 + 4$ aq., se prépare en versant du sulfate d'ammoniaque dans de l'acétate de cuivre, ajoutant de l'ammoniaque et chauffant. Par le refroidissement, la dissolution se prend en une masse gélatineuse, filamenteuse, semblable aux matières mycodermiques qui se déposent des dissolutions tartriques. Ce sel lavé possède une couleur bleu-lilas, qui passe au bleu par la dessiccation; on ne peut doser l'eau qu'il renferme, par la dessiccation, sans dégager en même temps de l'ammoniaque.

§ 1720. *Acide sulfonaphtalique quadrichloré*[1], $C^{20}H^4Cl^4S^2O^6$. — On le prépare en traitant à chaud la naphtaline quadrichlorée par l'acide sulfurique fumant. Lorsque la dissolution est achevée, on étend d'eau, on neutralise par la potasse, on porte à l'ébullition et l'on filtre rapidement. Par le refroidissement, le sel de potasse se dépose sous la forme de flocons blancs cristallins; on jette ce sel sur un filtre, on le lave et on le dessèche.

Ce *sel de potasse*, $C^{20}H^3KCl^4S^2O^6$, est presque insoluble dans l'eau froide, peu soluble dans l'eau bouillante, très-soluble dans l'alcool bouillant dont il se sépare sous la forme de sphères microscopiques. Sa dissolution alcoolique ne précipite pas l'acétate de baryte, mais l'addition de l'eau fait prendre le liquide en une masse gélatineuse.

§ 1721. *Acide sulfonaphtalique nitré*, sulfo-nitronaphtalique ou nitro-sulfonaphtésique[2], $C^{20}H^7(NO^4)\,S^2O^6$. — Lorsqu'on traite la nitro-

---

[1] LAURENT (1849), *Compt. rend. des trav. de Chim.*, 1849, p. 397.
[2] LAURENT (1843), *Revue scientif.*, XIII, 588.

naphtaline par l'acide sulfurique fumant, à l'aide de la chaleur, on obtient une dissolution rouge, qui passe peu à peu au brun. Quand on verse de l'eau dans cette dissolution, il se précipite plus ou moins de nitronaphtaline non attaquée. On obtient des sulfo-nitronaphtalates en saturant la liqueur avec des carbonates.

L'acide sulfo-nitronaphtalique se produit aussi par l'action de l'acide nitrique sur l'acide sulfonaphtalique.

Il forme des paillettes rhomboïdales microscopiques.

Le sulfhydrate d'ammoniaque paraît le transformer en acide naphthionique ($ 1734).

Les *sulfo-nitronaphtalates* entrent en ignition lorsqu'on les chauffe en vase clos.

Le *sel d'ammoniaque* cristallise en aiguilles.

Le *sel de potasse* forme, par l'évaporation spontanée, des cristaux irréguliers.

Le *sel de chaux*, $C^{20}H^6Ca(NO^4)S^2O^6$, est assez soluble dans l'eau et l'alcool.

Acide sulfonaphtalique binitré[1], $C^{20}H^6(NO^4)^2S^2O^6$. — Il se produit par l'action prolongée de l'acide nitrique sur l'acide sulfonaphtalique.

Son *sel d'ammoniaque*, $C^{20}H^5(NH^4)(NO^4)^2S^2O^6$, cristallise en aiguilles jaunes. Le sulfhydrate d'ammoniaque décompose ce sel, en produisant un dépôt de soufre et un acide particulier (*acide nitronaphtionique ?*).

§ 1722. ACIDE DISULFONAPHTALIQUE[2], thionaphtique ou hyposulfonaphtinique, $C^{20}H^8S^4O^{12}$. — Dans l'action de l'acide sulfurique sur la naphtaline, l'acide sulfonaphtalique n'est pas toujours le seul produit : [il se forme en outre en petite quantité un second acide, qui renferme une quantité d'acide sulfurique anhydre double de celle qui est contenue dans l'acide sulfonaphtalique. Pour effectuer la séparation des deux acides, on sature par du carbonate de baryte, à peu près à la moitié seulement, la liqueur produite par la dissolution de la naphtaline dans l'acide sulfurique concentré, et préalablement étendue d'eau; de cette manière, il se dépose principalement du sulfonaphtalate de baryte; on complète ensuite la saturation par le carbonate de baryte, on con-

---

[1] LAURENT (1850), *Compt. rend. de l'Acad.*, XXXI, 537.

[2] BERZÉLIUS (1837) *loc. cit.* — LAURENT, *Compt. rend. des trav. de Chim.* 1849, p. 390.

centre la solution au bain-marie, et l'on y verse 2 à 3 fois son volume d'alcool; le disulfonaphtalate se dépose alors sous la forme de cristaux grenus. On décompose ce sel de baryte par l'acide sulfurique, on enlève l'excédant d'acide sulfurique au moyen de l'oxyde de plomb, et l'on fait passer un courant d'hydrogène sulfuré dans la liqueur filtrée pour précipiter le plomb.

La solution aqueuse de l'acide disulfonaphtalique se dessèche dans le vide en une masse lamellaire, colorée en brun, d'une saveur acide et amère. Ce produit devient humide à l'air, en se colorant davantage; il se dissout aussi dans l'alcool.

§ 1723. Les *disulfonaphtalates* ressemblent beaucoup aux sulfonaphtalates; ils sont fort solubles dans l'eau, mais, en général, moins solubles que ces derniers dans l'alcool. Ils ont une saveur acide, un peu métallique; ils supportent une température élevée sans se décomposer; par une très-forte chaleur, ils dégagent des vapeurs de naphtaline et un peu de gaz sulfureux.

L'acide disulfonaphtalique étant bibasique, ses sels neutres se représentent par la formule générale :

$$C^{20}H^6M^2S^4O^{12}.$$

Le *sel d'ammoniaque* s'obtient, par l'évaporation spontanée, sous la forme d'une masse blanche et grenue ; sa solution devient acide si on l'évapore à chaud.

Le *sel de potasse* est grenu et peu soluble dans l'alcool.

Le *sel de soude* cristallise difficilement; il est assez soluble dans l'alcool.

Le *sel de baryte*, $C^{20}H^6Ba^2S^4O^{12}$, est peu soluble dans l'eau, même bouillante; et s'obtient, par l'évaporation de sa solution aqueuse, sous la forme d'une masse non cristalline. Il est très-peu soluble dans l'alcool.

Le *sel de plomb*, $C^{20}H^6Pb^2S^4O^{12} + 4$ aq., ressemble beaucoup au sel de baryte ; il est fort soluble dans l'eau, mais presque insoluble dans l'alcool. Le sel séché à 100° renferme encore 4 atomes = 6, 8 p. c. d'eau, qui ne se dégagent qu'à 220°.

§ 1724. SULFONAPHTALINE[1], $C^{40}H^{14}S^2O^4$. — Lorsqu'on dirige les vapeurs de l'acide sulfurique anhydre sur de la naphtaline en fusion, ce corps en les absorbant, se convertit en un liquide sirupeux d'un beau rouge ; il se produit alors de la sulfonaphtaline, si l'on emploie,

---

[1] BERZÉLIUS (1837), *loc. cit.* — LAURENT, *Revue scientif.*, XIII. 587.

dans cette réaction, un excès de naphtaline. On dissout le produit dans l'eau : celle-ci sépare la sulfonaphtaline, ainsi que la naphtaline non attaquée. Pour purifier la sulfonaphtaline, on fait bouillir
le produit avec de l'eau, jusqu'à disparition de toute odeur ; la sulfonaphtaline reste alors à l'état d'une masse onctueuse qui se concrète par le refroidissement. On la fait ensuite cristalliser dans
l'alcool aqueux, qui en sépare une certaine quantité d'une autre matière étrangère [1], peu soluble dans ce liquide.

La sulfonaphtaline cristallise de sa solution alcoolique en mamelons fusibles à 70°, sans odeur ni saveur. Elle se concrète par le refroidissement en une masse transparente qui devient électrique par
le frottement. Elle se décompose à une température élevée en émettant du gaz sulfureux. Elle n'est que fort peu soluble dans l'eau ;
elle se dissout mieux dans l'alcool bouillant qui la dépose, par le
refroidissement, sous forme pulvérulente ou en gouttes limpides.

Elle n'est pas attaquée par la potasse bouillante.

L'eau régale la dissout à l'ébullition sans la transformer en acide
sulfurique.

§ 1725. Lorsqu'on fait agir sur la naphtaline un excès d'acide
sulfurique anhydre, il se produit, outre de petites quantités d'acide
sulfonaphtalique et d'acide disulfonaphtalique, un troisième acide
que Berzélius appelle *acide sulfoglutinique* (ou hyposulfoglutini-
que). Si l'on ajoute de l'eau au produit de la réaction, qu'on neutralise la liqueur acide par du carbonate de soude et qu'on évapore le produit, il s'en sépare du sulfoglutinate de soude sous la
forme d'une masse poisseuse. On sépare par la cristallisation le sulfate et le carbonate de soude et l'on mélange l'eau-mère, ainsi que
le sel poisseux dissous dans un peu d'eau, avec un excès d'acide
chlorhydrique concentré, de manière à précipiter l'acide sulfoglutinique.

C'est un corps visqueux, semblable à la térébenthine, et de
couleur brune. On le dessèche à 50° pour chasser tout l'acide chlorhydrique, on le dissout dans l'ammoniaque aqueuse, et on y ajoute
une solution d'acétate de plomb bouillante et très-étendue ; il se
produit ainsi un précipité emplastique, brun jaunâtre, renfermant
un corps résinoïde ; le sulfoglutinate de plomb reste en dissolution.
La dissolution incolore, filtrée et évaporée, donne ce sel à l'état

---

[1] Berzélius donne à cette matière le nom de *sulfonaphtalide* ($C^{24}H^{10}SO^2$); elle ne
paraît être que de la naphtaline contenant un peu de sulfonaphtaline.

de pureté; on en sépare l'acide à l'aide de l'hydrogène sulfuré.

L'acide sulfoglutinique constitue, à l'état sec, une masse dure, vitreuse et non cristalline, d'une teinte jaunâtre; sa saveur est acidule, un peu amère; il se dissout aisément dans l'eau et l'alcool, moins facilement dans l'éther. Sa solution aqueuse, moyennement concentrée, devient laiteuse par l'addition de l'acide chlorhydrique, et dépose peu à peu des gouttes gluantes, incolores et transparentes.

Composés congénères de la naphtaline.

§ 1725[a]. *Paranaphtaline*[1], ou anthracène, $C^{30}H^{12}$(?) — Si l'on fractionne les produits de la distillation du goudron de houille, on obtient, comme produit moyen, une matière huileuse qui renferme en dissolution de la naphtaline et de la paranaphtaline; on refroidit l'huile brute à 10° au-dessous de zéro, et l'on jette sur un linge le dépôt cristallin que l'on obtient ainsi; après l'avoir bien exprimé, on le traite par l'alcool, qui dissout la naphtaline et le reste de la matière huileuse, en laissant la paranaphtaline presque tout entière. On purifie cette dernière par deux ou trois distillations.

La paranaphtaline fond à 180°, et ne bout qu'à une température supérieure à 300°; elle se condense, par la sublimation, en cristaux lamelleux et contournés, sans forme déterminable. La densité de sa vapeur, prise à 450°, a été trouvée égale à 6,741. Elle est insoluble dans l'eau, et se dissout à peine dans l'alcool; l'essence de térébenthine est son meilleur solvant.

L'analyse de la paranaphtaline a donné les résultats suivants :

	Dumas et Laurent.			Composition de la naphtaline.
Carbone.	92,04	92,34	92,70	93,74
Hydrogène. . . .	5,96	5,82	6,37	6,26
				100,00

D'après ces analyses, la paranaphtaline semble être isomère de la naphtaline.

M. Laurent a décrit plusieurs dérivés de la paranaphtaline. Le chlore attaque lentement ce corps, avec dégagement d'acide chlorhydrique; pour que l'action soit complète, il faut le pulvériser, l'étaler en couche mince sur une capsule à fond plat, et placer celle-

---

[1] Dumas et Laurent (1832), *Ann. de Chim. et de Phys.*, L, 187. — Laurent, *ibid.*, LX, 220; LXXII, 415.

ci dans un flacon à large ouverture, dans lequel on fait arriver le courant de chlore sec. On laisse le gaz en contact avec le produit pendant quarante-huit heures; au bout de ce temps, on fait bouillir celui-ci avec de l'éther, qui dissout le dérivé chloré (*chloranthracénèse*), et l'abandonne, par l'évaporation spontanée, en lamelles allongées, brillantes et jaunâtres; ces cristaux renferment $C^{30}H^{10}Cl^2$.

L'acide sulfurique concentré dissout à chaud la paranaphtaline en se colorant en vert sale.

Quand on fait bouillir la paranaphtaline pendant quelques instants avec de l'acide nitrique, il se dégage d'abondantes vapeurs rouges, et l'on voit surnager une masse rougeâtre, composée en plus grande partie d'un dérivé nitrique $C^{30}H^{10}(NO^4)^2$. On la fait cristalliser dans l'éther bouillant. Le dérivé nitrique (*nitrite d'anthracénèse*) cristallise en longues aiguilles jaune-orangé, insolubles dans l'eau, un peu solubles dans l'alcool bouillant, fort solubles dans l'éther à chaud. Chauffé doucement dans un petit tube, il donne un sublimé (*paranaphtalèse, anthracénuse*) jaunâtre; si on le chauffe brusquement, il se décompose avec explosion. L'acide sulfurique le dissout en se colorant en brun. Une solution alcoolique et bouillante de potasse l'attaque aussi en se colorant en brun rouge; les acides précipitent de la solution une matière brune.

M. Laurent a décrit deux autres produits (*trinitrite hydraté d'anthracénèse, nitrite d'anthracénèse*) dont la composition ne me paraît pas suffisamment établie.

Lorsqu'on maintient en ébullition la paranaphtaline avec l'acide nitrique jusqu'à ce que la dissolution soit complète, et qu'on laisse refroidir la liqueur, elle se remplit, au bout de quelques heures, d'aiguilles fines, transparentes et presque incolores (*nitrite hydraté d'anthracénose*). Ce corps est insoluble dans l'eau, plus soluble dans l'alcool et l'éther. Il est fusible, et cristallise, par le refroidissement, en aiguilles. Lorsqu'on le maintient en fusion, il laisse dégager une matière floconneuse et cristalline (*anthracénuse*), et donne un résidu de charbon. Chauffé brusquement dans un tube, il se décompose avec explosion. Il renferme probablement $C^{30}H^9(NO^4)O^4$:

	Laurent.	Calcul.
Carbone. . . .	66,5	67,4
Hydrogène. . .	3,6	3,3
Azote.	5,8	5,2

§ 1725[b]. *Métanaphtaline.* — Pelletier et Walter[1] ont donné ce nom à un hydrogène carboné solide qui passe à la distillation des résines, dans des appareils à gaz, avec les dernières portions appelées *matière grasse* par les fabricants.

Cet hydrocarbure, exprimé entre du papier buvard, et cristallisé plusieurs fois dans l'alcool fort, se présente sous la forme de lamelles incolores, nacrées, onctueuses au toucher, sans saveur, et d'une légère odeur de cire. Il n'éprouve aucune altération à l'air, ni à la lumière. Il fond à 70° et bout à 325°. Il est entièrement insoluble dans l'eau, peu soluble à froid dans l'alcool ordinaire, très-soluble à chaud dans l'alcool absolu. L'éther, le naphte, l'essence de térébenthine et d'autres hydrocarbures liquides le dissolvent encore mieux.

Il a donné à l'analyse :

	Pelletier et Walter.			Dumas[1].	Composition de la naphtaline.
Carbone. . .	92,43	92,30	92,59	92,1	93,74
Hydrogène. .	6,45	6,99	6,75	6,9	6,26
					100,00

L'acide sulfurique concentré charbonne à chaud la métanaphtaline, et ne paraît pas donner de combinaison. L'acide nitrique produit à chaud une matière résineuse.

Lorsqu'on fait passer du chlore sur la métanaphtaline en fusion, il se dégage de l'acide chlorhydrique, et l'on obtient une matière résineuse, de couleur verdâtre, beaucoup moins soluble dans l'alcool absolu que la métanaphtaline.

§ 1725[c]. *Hydrocarbures des benzoates.* — Nous avons décrit, § 1512, deux hydrocarbures, isomères de la naphtaline, qui accompagnent la benzophénone dans la distillation sèche du benzoate de chaux.

---

[1] PELLETIER et WALTER (1838), *Ann. de Chim. et de Phys.*, LXVII, 296. — DUMAS, *Compt. rend. de l'Acad.*, I, 460; et *Ann. der Chem. u. Pharm.*, XXVIII, 301.

[2] M. Dumas donne à la métanaphtaline le nom de *rétistérène*, et pense qu'elle n'est pas isomère de la naphtaline.

NAPHTYLAMINE.

Syn. : azoture de naphtyle et d'hydrogène, naphtalidam, naphtalidine.

Composition : $C^{20}H^9N = NH^2(C^{20}H^7)$.

§ 1726. Cet alcali se produit par la réduction de la nitronaphtaline sous l'influence du sulfhydrate d'ammoniaque. On l'obtient
aisément, suivant M. Zinin[1], en mettant 1 p. de nitronaphtaline dans
10 p. d'alcool concentré, saturant le liquide par de l'ammoniaque,
puis par de l'hydrogène sulfuré. Lorsque toute la nitronaphtaline
s'est dissoute, et que la liqueur possède une couleur foncée d'un
vert sale, on l'abandonne pendant un jour ; il se dépose alors quelques cristaux de soufre, l'odeur de l'hydrogène sulfuré disparaît
presque entièrement, et l'on remarque une forte odeur ammoniacale. On chasse l'alcool par la distillation, en enlevant les cristaux
de soufre à mesure qu'ils se déposent, et cela jusqu'à ce que le
résidu se sépare en deux couches : la couche inférieure de naphtylamine impure est recouverte d'une dissolution de ce corps dans
l'alcool faible. On sature le tout par de l'acide sulfurique, et l'on
purifie par plusieurs cristallisations le sulfate de naphtylamine,
qui se dépose alors ; puis on sursature ce sel par de l'ammoniaque
aqueuse, qui précipite la naphtylamine.

M. Piria prépare la naphtylamine en mettant à profit la facilité
avec laquelle les thionaphtamates (§ 1733) se métamorphosent en
cet alcali. Lorsqu'on verse de l'acide sulfurique étendu dans une solution de thionaphtamate de potasse, de soude ou d'ammoniaque,
et qu'on chauffe le mélange, il se forme, même avant l'ébullition du
liquide, une bouillie cristalline ; si la solution est assez concentrée,
elle se prend en une masse de cristaux lamellaires, doués d'un
éclat argentin. Si l'on continue de chauffer, les cristaux se redissolvent, et, par le refroidissement, ils se déposent de nouveau. On les
purifie par des cristallisations successives dans l'eau ou l'alcool ; on
obtient ainsi le sulfate de naphtylamine, qu'il suffit de distiller
avec un excès de chaux éteinte, pour en extraire l'alcali.

La naphtylamine forme des aiguilles blanches, fines, soyeuses
et aplaties. Elle fond à 50°, bout à environ 300°, et distille sans

[1] ZININ (1842), *Journ. f. prakt. Chem.*, XXVII, 140 ; et en extrait, *Ann. der Chem.
u. Pharm.*, XLIV, 283. — PIRIA, *Ann. de Chim. et de Phys.*, [3] XXXI, 217.

altération. Son odeur est forte et désagréable, sa saveur est amère
et piquante. Elle est presque insoluble dans l'eau, mais très-soluble dans l'alcool et l'éther. Conservée longtemps à 20 ou 25°
dans des flacons bouchés, elle se sublime en paillettes minces et
flexibles. Elle n'exerce aucune action alcaline sur le tournesol.

Elle s'altère légèrement à l'air en se colorant en violet. Elle se
dissout aisément dans tous les acides, en donnant des sels blancs,
ordinairement très-bien cristallisés. L'ammoniaque la sépare de
ces combinaisons.

Le chlore sec n'altère pas la naphtylamine à la température
ordinaire; mais à chaud il produit une matière résineuse.

Le sulfure de carbone réagit sur elle en produisant de la dinaph-
tyl-sulfocarbamide (§ 120).

§ 1727. Les *sels de naphtylamine* présentent une réaction caractéristique au contact du perchlorure de fer, du nitrate d'argent,
du chlorure d'or, et en général de tous les corps oxydants : ils
donnent par ces réactifs un précipité d'une couleur azurée très-
belle, qui peu à peu passe au pourpre; le précipité constitue un
produit d'oxydation que M. Piria appelle *naphtaméine*. C'est une
poudre légère, d'une couleur pourpre foncée; elle est insoluble
dans l'eau, l'ammoniaque et la potasse caustique. L'acide sulfurique
concentré la dissout à froid, en produisant un liquide bleu qui ressemble à une dissolution d'indigo dans l'acide sulfurique. L'alcool
la dissout en petite quantité; l'éther la dissout aisément. Exposée
à l'action de la chaleur, elle se décompose en dégageant une vapeur
aromatique qui a l'odeur de la naphtylamine, et en laissant du
charbon. En passant à l'état de naphtaméine, la naphtylamine perd
de l'hydrogène et les éléments de l'ammoniaque.

Le *chlorhydrate* de naphtylamine renferme $C^{20}H^9N$, HCl. Il cristallise d'une solution aqueuse en fines aiguilles, ayant l'aspect de
l'amiante; il est fort soluble dans l'alcool et l'éther. A l'état humide, il rougit promptement au contact de l'air; on ne peut pas
le purifier par des cristallisations répétées. Sous l'influence de la
chaleur, il se volatilise en grande partie, en même temps qu'une
petite portion se décompose; le produit sublimé se présente sous
la forme de flocons cristallins, légers et blancs comme de la neige;
dans cet état, il ne s'altère point à l'air.

M. Piria prépare le chlorhydrate de naphtylamine par la méthode suivante : on chauffe une solution aqueuse et assez concentrée

d'un thionaphtamate alcalin, jusqu'à ce qu'elle soit près de bouillir. Dans cet état, on y ajoute de l'acide chlorhydrique pur ; ensuite on fait bouillir le mélange pendant quelques instants : si la solution est très-concentrée, il se forme, même à chaud, un dépôt cristallin composé de sulfate et de chlorhydrate de naphtylamine ; dans ce cas, on ajoute de l'eau et l'on chauffe, jusqu'à ce que le dépôt soit entièrement redissous. On précipite ensuite tout l'acide sulfurique par un excès de chlorure de baryum, on chauffe, et l'on filtre le liquide bouillant, pour le séparer du sulfate de baryte. Le chlorhydrate de naphtylamine cristallise, par le refroidissement, en longues aiguilles groupées autour d'un centre commun. Par l'addition de l'acide chlorhydrique concentré à l'eau-mère, une nouvelle quantité de ce sel cristallise.

Le *chloroplatinate* de naphtylamine est un précipité jaune, peu soluble dans l'eau froide, encore moins soluble dans l'alcool et l'éther ; il cristallise sans altération par le refroidissement d'une solution aqueuse et bouillante.

Le *chloromercurate* est un précipité qui se produit avec le bichlorure de mercure et une solution alcoolique de naphtylamine. Le précipité est soluble dans l'alcool bouillant, et s'y dépose à l'état cristallin.

Le *nitrate* renferme $C^{20}H^9N, NHO^6$. La naphtylamine se dissout, dans l'acide nitrique faible et bouillant, en donnant un liquide incolore ou légèrement rougeâtre ; la solution dépose, par le refroidissement, de petites paillettes brillantes de nitrate de naphtylamine.

L'acide nitrique concentré colore en violet foncé tous les sels de naphtylamine, et finit par les transformer en une poudre brune.

Le *sulfate neutre* contient $2\ C^{20}H^9N, S^2O^6, 2HO$. La naphtylamine se dissout dans l'acide sulfurique concentré, légèrement chauffé, en donnant un liquide limpide, qui se remplit instantanément de cristaux de sulfate neutre quand on y ajoute un peu d'eau. À l'état humide, ce sel rougit à l'air.

Le *phosphate* forme des aiguilles très-fines, fort solubles dans l'eau et l'alcool bouillant, et rougissant rapidement au contact de l'air ; on l'obtient en mélangeant une solution alcoolique de naphtylamine avec une solution d'acide phosphorique ordinaire. Lorsqu'on emploie de l'acide phosphorique préalablement calciné, il se produit un précipité blanc et pulvérulent, fort peu soluble dans l'eau et l'alcool.

L'*oxalate neutre*, 2 $C^{20}H^9N$, C^4O^6, 2 HO, s'obtient en paillettes minces, douées d'un éclat argentin, et groupées en étoiles. Soumis à la distillation sèche, il donne, entre autres produits, de la dinaphtyl-carbamide (§ 120). — L'*oxalate acide*, $C^{20}H^9N$, C^4O^6, 2 HO cristallise en mamelons blancs, solubles dans l'alcool et l'eau; il se décompose par la distillation sèche, et donne une poudre jaunebrunâtre, insoluble dans l'eau et soluble dans l'alcool.

Dérivés nitriques de la naphtylamine.

§ 1728. *Nitronaphtylamine*[1], $C^{20}H^8(NO^4)N$. — En traitant la naphtaline binitrée par l'hydrogène sulfuré, M. Laurent a obtenu un alcali rouge-carmin, fusant en vase clos sous l'influence de la chaleur. Ce corps était probablement la nitronaphtylamine.

On peut admettre par analogie que c'est cet alcali que les agents réducteurs convertissent en azonaphtylamine (voy. § 1711).

Dérivés par réduction des dérivés nitriques de la naphtylamine.

§ 1729. *Azonaphtylamine*[2], ou seminaphtalidam, $C^{20}H^{10}N^2$. — Cet alcali se produit par la métamorphose de la binitronaphtaline. Celle-ci se dissout assez facilement dans l'alcool saturé d'ammoniaque en formant un liquide cramoisi-foncé, qui, traité par l'hydrogène sulfuré, perd peu à peu sa couleur, et, par la saturation complète, devient d'un brun verdâtre. On le porte ensuite à l'ébullition, et, de cette manière, il dépose beaucoup de soufre. Dès que tout le soufre est précipité, on y ajoute de l'eau, on fait bouillir de nouveau et l'on filtre rapidement le liquide bouillant. Il s'y forme alors, par le refroidissement, une grande quantité d'aiguilles minces et brillantes, d'un rouge cuivré[3]. Cette substance s'obtient à l'état incolore, si on la fait alternativement cristalliser dans l'alcool et dans l'eau. Elle se dépose de l'alcool en longues aiguilles très-brillantes.

Cet alcali est peu soluble dans l'eau, fort soluble, au contraire,

[1] LAURENT, *Compt. rend. de l'Acad.*, XXXI, 538.

[2] ZININ (1844), *Journ. f. prakt. Chem.*, XXXIII, 29; LVII, 173.

[3] La coloration rouge de l'azonaphtylamine provient d'une matière étrangère beaucoup plus soluble dans l'alcool que la base elle-même. Cette matière colorante cristallise dans l'eau en aiguilles très-fines et mates, qui, chauffées dans un tube, fondent en un liquide rouge, et distillent ensuite sans faire explosion, mais en se décomposant en partie.

dans l'alcool et l'éther; sa solution est d'un jaune brunâtre, et s'altère promptement à l'air en se troublant et en se colorant davantage.

À l'état sec, il se conserve aisément. Il fond à 160°; chauffé au-dessus de 200°, il bout et passe à la distillation, tandis qu'une autre portion se décompose en se charbonnant.

Délayé dans l'acide sulfurique concentré, il se dissout avec une couleur violette foncée, qui se conserve des mois entiers sans changer d'aspect; mais l'addition de l'eau le transforme immédiatement en une masse blanc-rougeâtre et cristalline.

Sa solution alcoolique se décolore avec tous les acides aqueux, en produisant des magmas cristallins. L'ammoniaque l'en précipite sans altération.

§ 1730. L'azonaphtylamine forme de préférence des sels acides.

Le *bichlorhydrate* renferme $C^{20}H^{10}N^2$, 2 HCl. Pour l'obtenir, on ajoute goutte à goutte de l'acide chlorhydrique assez concentré, à une solution alcoolique, froide et concentrée de l'alcali, pendant qu'on le refroidit. Le mélange se prend alors en une bouillie de paillettes brillantes qu'on lave avec de l'alcool. La solution de ce sel s'altère à l'air en se colorant. On ne peut pas le sublimer.

Le *chloroplatinate* s'obtient sous la forme d'un poudre brun-jaunâtre, peu soluble.

Le *chloromercurate* cristallise en grosses lamelles fort solubles.

Le *bisulfate*, $C^{20}H^{10}N^2$, S^2O^6, 2 HO, obtenu par l'acide sulfurique étendu et une solution alcoolique d'azonaphtylamine, est une poudre blanche, peu soluble dans l'eau et l'alcool. Il cristallise en paillettes incolores, bien moins solubles dans l'eau que l'alcali libre.

Le *phosphate* forme des paillettes brillantes, plus stables que le bisulfate, peu solubles dans l'eau et l'alcool, et cristallisant dans ces liquides presque sans altération.

L'*oxalate* est une poudre blanche et cristalline, peu soluble dans l'eau, moins soluble encore dans l'alcool et l'éther. Une solution faite à l'ébullition le dépose par le refroidissement à l'état de paillettes brillantes.

Le *tartrate* cristallise en fines aiguilles, groupées sous forme de rayons. Ces aiguilles sont blanches, assez solubles dans l'eau et l'alcool, moins solubles dans l'éther. À l'état de dissolution, le sel se décompose, mais il se conserve mieux quand il est sec.

Dérivés sulfuriques de la naphtylamine.

§ 1731. On connaît deux acides isomères, l'*acide thionaphta-mique* et l'*acide naphthionique*, qui renferment les éléments de la naphtylamine et de l'acide sulfurique anhydre :

$$C^{20}H^9NS^2O^6 = C^{20}H^9N + 2\,SO^3.$$

Ces acides se produisent soit par l'acide sulfurique et la dinaph-tyl-carbamide (§ 120), soit par l'acide sulfonaphtalique nitré et le sulfhydrate d'ammoniaque, soit enfin par la nitronaphtaline et le sulfite d'ammoniaque.

§ 1732. *Acide thionaphtamique*[1], $C^{20}H^9NS^2O^6$. — On l'obtient, à l'état de sel d'ammoniaque, par l'action du sulfite d'ammoniaque sur la nitronaphtaline.

On chauffe, dans un ballon de verre placé sur un bain de sable, 1 kilogramme d'alcool avec 200 grammes de nitronaphtaline ; lorsque toute la matière est dissoute, on ajoute 1 kilogr. d'une solution de sulfite d'ammoniaque, à la densité de 1,24, en conti-nuant toujours de chauffer le mélange, et en le remuant de temps en temps. Ce mélange prend d'abord une couleur rougeâtre, en-suite une teinte jaune qui se maintient jusqu'à la fin de l'opéra-tion. Pendant l'ébullition du liquide, il se forme sur la paroi in-térieure du ballon une croûte abondante de lames cristallines très-épaisses de bisulfite d'ammoniaque ; cette croûte s'épaissit de manière que l'ébullition, au lieu de se faire régulièrement, est fré-quemment interrompue par des dégagements instantanés de va-peur qui menacent de faire éclater le ballon. En essayant le li-quide, lorsque la couche cristalline est formée, on le trouve ordinairement doué d'une réaction acide, et, dans ce cas, il faut le saturer en y ajoutant du carbonate d'ammoniaque en poudre, jusqu'à ce que la liqueur soit devenue alcaline, et jusqu'à disso-lution complète des cristaux. Toutes les fois que des indices d'aci-dité se manifestent, il faut répéter la même opération. Si l'on ou-bliait cette précaution, l'acide thionaphtamique, qui est l'un des principaux produits de la réaction, serait en grande partie détruit, et il se formerait une grande quantité d'une matière résineuse, qui,

[1] PIRIA (1851), *Ann. de Chim. et de Phys.*, [3] XXXI, 217.

entravant la marche régulière de l'opération, rendrait encore plus difficile la préparation des autres produits.

Lorsqu'on emploie les quantités indiquées, l'opération est ordinairement terminée après huit heures d'une ébullition soutenue. Pour s'en assurer, on n'a qu'à verser une goutte du liquide dans un verre d'eau; si l'eau n'est pas troublée, on est certain que la nitronaphtaline a été entièrement attaquée.

Après ce premier traitement, le liquide obtenu se sépare en deux couches; la couche supérieure, plus abondante que l'autre, est une solution alcoolique des produits de la métamorphose de la nitronaphtaline; la couche inférieure est une solution aqueuse, saturée de sulfate d'ammoniaque et de l'excès du sulfite employé.

On décante la couche supérieure, on la concentre à feu nu dans une capsule jusqu'à ce qu'elle prenne une consistance huileuse, puis on l'abandonne dans un endroit frais pendant vingt-quatre heures. Le liquide se prend alors en une masse de cristaux lamellaires, d'un jaune orangé, qui constituent le sel ammoniacal de l'acide thionaphtamique. Le thionaphtamate d'ammoniaque ainsi obtenu peut être transformé en sel de potasse, qui sert à la préparation d'autres sels qu'on obtient facilement par double décomposition.

L'eau-mère dense et incristallisable dont on a séparé les cristaux de thionaphtamate d'ammoniaque, renferme le sel ammoniacal de l'acide naphthionique.

L'acide thionaphtamique ne peut pas s'obtenir à l'état libre. Si l'on essaye de l'isoler en traitant le thionaphtamate d'ammoniaque par un acide, il se dédouble en acide sulfurique et en naphtylamine; l'acide acétique lui-même détermine cette décomposition.

§ 1733. Les *thionaphtamates* sont tous solubles, cristallisés, et se ressemblent par l'aspect et la couleur. A l'état solide, ils se présentent en larges lames nacrées, de couleur rougeâtre et améthyste. Leurs solutions ne sont précipitées par aucun réactif; elles s'altèrent promptement au contact de l'air en se colorant en rouge-brun, surtout en présence des acides libres, et par l'action de la chaleur ou de la lumière. Les alcalis, au contraire, en augmentent la stabilité, même lorsqu'ils sont en quantité trop faible pour communiquer à la liqueur une réaction sensible aux papiers.

En distillant un thionaphtamate avec un excès de chaux éteinte, on obtient de la naphtylamine, sous la forme d'un liquide huileux qui cristallise par le refroidissement. Lorsqu'on fait bouillir un thionaphtamate avec un acide, il se décompose, et l'on obtient un sel de naphtylamine.

Le *sel d'ammoniaque* cristallise en petites lames micacées de couleur rougeâtre, très-solubles dans l'eau et dans l'alcool. Il est beaucoup moins stable que les autres thionaphtamates. Pour purifier le produit brut obtenu par l'action du sulfite d'ammoniaque sur la nitronaphtaline, on le dissout dans le double de son poids d'eau bouillante, et on le fait cristalliser. Pour prévenir la décomposition du sel, il est utile d'ajouter à la solution quelques gouttes d'ammoniaque.

Le *sel de potasse*, $C^{20}H^8KNS^2O^6$, s'obtient en faisant bouillir, avec un excès de carbonate de potasse une solution de thionaphtamate d'ammoniaque, jusqu'à cessation du dégagement de vapeurs ammoniacales; par le refroidissement du liquide, le thionaphtamate de potasse cristallise en larges lames nacrées et anhydres, ressemblant à l'acide borique. Le sel est très-soluble dans l'eau pure, très-peu soluble dans les solutions de potasse caustique ou de carbonate de potasse, et à peine soluble dans l'alcool.

Le *sel de soude* se prépare comme le sel précédent. Il est peu soluble dans l'eau froide, très-soluble dans l'eau bouillante; par le refroidissement, il cristallise en lames rougeâtres douées d'un éclat micacé. Il est très-peu soluble dans une solution de carbonate de soude.

Le *sel de baryte*, $C^{20}H^8BaNS^2O^6 + 3$ aq., se prépare, par double décomposition, en mêlant deux solutions concentrées et bouillantes de chlorure de baryum et de thionaphtamate de potasse. Par le refroidissement, il cristallise en lames micacées d'une couleur rougeâtre.

Les *sels de chaux* et *de magnésie* sont très-solubles.

Le *sel de plomb* s'obtient en versant du nitrate de plomb, dans une solution concentrée et bouillante de thionaphtamate de potasse. A mesure que le liquide se refroidit, le thionaphtamate de plomb se dépose en grains cristallins qu'on purifie par une seconde cristallisation. Il est nécessaire que le thionaphtamate de potasse soit en excès par rapport au nitrate de plomb; sans cela il se précipite un sel double qui paraît formé d'atomes égaux de nitrate et de thionaphtamate. Le thionaphtamate de plomb se pré

,sente sous la forme d'une poudre cristalline, légère, de couleur rougeâtre, très-peu soluble dans l'eau, et presque insoluble dans l'alcool.

Lorsqu'on mélange des solutions concentrées et presque bouillantes de thionaphtamate de potasse et d'acétate de plomb aiguisé d'acide acétique, il se dépose par le refroidissement un sel double en lames allongées et groupées autour d'un centre commun. Il est nécessaire, dans cette préparation, que l'acétate de plomb soit en excès par rapport au thionaphtamate de potasse.

Ce sel double renferme atomes égaux d'*acétate et de thionaphtamate de plomb*. Il est peu soluble à froid, plus soluble à chaud. Son aspect est nacré et de couleur rougeâtre. Traité par l'acide sulfurique, il donne de l'acide acétique, et les produits ordinaires de la décomposition de l'acide thionaphtamique.

§ 1734. *Acide naphthionique*[1], ou sulfonaphtalidamique, $C^{20}H^9NS^2O^6$. — Cet acide est contenu à l'état de sel d'ammoniaque dans l'eau-mère, dont le thionaphtamate d'ammoniaque a été séparé. M. Piria l'isole en précipitant cette eau-mère par un acide.

Si l'on chauffe à 100° l'eau-mère qui contient le naphthionate d'ammoniaque, et qu'on y ajoute un excès d'acide chlorhydrique, il se dégage de l'acide sulfureux provenant du sulfite d'ammoniaque, qui n'a pas pris part à la réaction, et en même temps l'acide naphthionique se précipite sous la forme d'une poudre cristalline d'un blanc rougeâtre. Dans cet état il contient une grande quantité d'une substance résineuse d'un rouge violacé, et des produits provenant de la décomposition de l'acide thionaphtamique. Pour le séparer de ces différentes substances, on le lave successivement à l'eau et à l'alcool, jusqu'à ce que le liquide passe tout à fait incolore; tout ce qui reste insoluble dans l'eau et l'alcool n'est que de l'acide naphthionique brut. Pour l'avoir parfaitement pur, on le convertit en sel de chaux ou de soude; on purifie le produit par des cristallisations répétées, et, lorsqu'il est devenu incolore, on le précipite par l'acide chlorhydrique pur en léger excès, et on lave l'acide précipité à l'eau et à l'alcool. L'acide naphthionique s'altérant aisément au contact de l'air, surtout lorsqu'il est humide, il convient d'opérer les lavages dans un appareil de déplacement, et d'employer pour cela de l'eau purgée d'air par l'ébullition.

---

[1] PIRIA (1851), *loc. cit.*

Suivant M. Laurent[1], l'acide naphthionique se produit également par l'action du sulfhydrate d'ammoniaque sur l'acide sulfonaphtalique nitré (§ 1721), ainsi que par la réaction de la dinaphtyl-carbamide (§ 120) et de l'acide sulfurique concentré. Si l'on chauffe légèrement la dinaphtyl-carbamide avec ce dernier acide, il se dégage de l'acide carbonique, et la liqueur, étendue d'eau, laisse déposer de l'acide naphthionique.

Précipité d'une solution chaude, l'acide naphthionique forme de petits cristaux soyeux, blancs et légers, semblables à l'amiante. Il n'a ni odeur ni saveur, et rougit de papier de tournesol; il est à peine soluble dans l'eau et dans l'alcool. Pour dissoudre une seule partie d'acide naphthionique, il faut plus de 2000 parties d'eau à la température ordinaire. Il est plus soluble dans l'eau bouillante, et, par le refroidissement du liquide, il se dépose en cristaux aiguillés blancs et brillants, semblables aux cristaux qui se forment dans une dissolution saturée de sulfate de chaux. Chauffé sur une lame de platine, il brûle en dégageant de l'acide sulfureux, mêlé à une vapeur inflammable et aromatique, dont l'odeur rappelle un peu celle de l'essence d'amandes amères; il laisse un abondant résidu de charbon.

Il sature parfaitement les bases alcalines; avec les oxydes des métaux pesants, il forme des sels doués de réactions acides.

Il déplace l'acide acétique des acétates, même à la température ordinaire.

L'acide chlorhydrique concentré et bouillant ne le dissout ni ne le décompose. L'acide sulfurique concentré le dissout, surtout à chaud. La solution est limpide et incolore; elle est précipitée par l'eau; elle peut être chauffée jusqu'à la température de 200° sans se décomposer; à 220° environ, elle commence à noircir en dégageant de l'acide sulfureux.

Une solution très-concentrée de soude caustique ne l'altère pas à chaud.

L'acide naphthionique est promptement décomposé par les corps oxydants. Si l'on fait passer du chlore dans une solution d'un naphthionate, ce sel s'altère en se colorant en brun, ensuite il se précipite une résine de la même couleur. Le bichromate de potasse agit à chaud, comme le chlore, surtout lorsqu'il est mêlé

<hr>

[1] LAURENT, *Compt. rend. de l'Acad.*, XXXI, 537.

avec de l'acide sulfurique. L'acide nitrique concentré produit également une résine brune, semblable à celle formée par les autres corps oxydants.

§ 1735. Les *naphthionates* sont tous solubles et cristallisent facilement, surtout dans l'alcool faible.

Les solutions des naphthionates sont opalines, et, vues sous des angles différents, elles transmettent les plus belles nuances rouges, azurées et violacées. Ce phénomène est tellement sensible que, pour le produire, il suffit de dissoudre une partie de naphthionate de soude dans 200,000 parties d'eau.

Les acides minéraux décomposent les naphthionates en précipitant l'acide à l'état d'une poudre blanche et cristalline. L'acide acétique, versé dans une solution de naphthionate de soude, ne le précipite ni à chaud ni à froid ; mais, versé dans une solution alcoolique du même sel, il en précipite partiellement l'acide naphthionique.

Les naphthionates chauffés présentent les mêmes phénomènes que l'acide libre, et laissent pour résidu du sulfate et une grande quantité de charbon.

Le perchlorure de fer produit, dans une solution de naphthionate de soude, un abondant précipité rouge-brique qui brunit lorsqu'on le chauffe. Le bichlorure de platine donne un précipité jaune clair ; le nitrate d'argent, un précipité blanc cristallin. Le chlorure d'or colore d'abord la solution en pourpre, puis il se précipite de l'or réduit. Le bichlorure de mercure donne un précipité blanc, qui se dissout à chaud, et reparaît par le refroidissement du liquide. Par le sulfate de cuivre, la solution se colore en jaune, mais il ne se produit pas de précipité. L'acétate de plomb, le chlorure de baryum, le ferrocyanure de potassium jaune, le ferricyanure de potassium rouge, le sulfate de zinc, l'émétique, ne donnent pas de réactions visibles.

A l'état solide, les naphthionates ne s'altèrent pas sensiblement au contact de l'air, mais leurs solutions prennent une teinte rouge sous l'influence de l'air et de la lumière ; dans l'obscurité elles ne se colorent pas.

Le *sel d'ammoniaque* est très-soluble dans l'eau et dans l'alcool, et ne cristallise que difficilement.

Le *sel de potasse*, $C^{20}H^8KNS^2O^6$, est anhydre, très-soluble dans l'eau et dans l'alcool ; il est très-peu soluble dans ces liquides addi-

tionnés de potasse, de sorte qu'on peut facilement obtenir le sel
en dissolvant de l'acide naphthionique brut dans une dissolution
concentrée et bouillante de potasse caustique. Le sel cristallise par
le refroidissement. Il se présente en petites lames micacées, légèrement colorées.

Le *sel de soude* renferme $C^{20}H^8NaNS^2O^6 + 8$ aq. On le prépare
en chauffant un mélange d'acide naphthionique brut et de carbonate
de soude en poudre, avec un peu d'alcool faible. En filtrant la solution bouillante, et en la laissant reposer, on obtient le naphthionate de soude cristallisé en beaux prismes volumineux, transparents et peu colorés. Pour le purifier, on le réduit en poudre,
et on le lave, dans un entonnoir, avec une solution alcoolique et
concentrée de soude caustique. On dissout le résidu dans l'alcool,
on le décolore au charbon animal, et on le fait cristalliser plusieurs fois.

Le naphthionate de soude cristallise en prismes rhomboïdaux du
système monoclinique, avec les combinaisons oP. ∞ P. +P. Inclinaison des faces, ∞ P : ∞ P, dans le plan de la diagonale oblique
et de l'axe principal, = 111° 55'; oP : ∞ P = 118° 56', oP : +
P = 96° 34'. Inclinaison de oP sur l'axe principal = 54° 17. Rapport de l'axe principal aux axes secondaires = 1 : 0,76047 :
0,91382. Les cristaux sont très-solubles dans l'eau et dans l'alcool,
insolubles dans l'éther. Ils se dissolvent fort peu dans les liquides
alcalins. Ils perdent aisément 7 atomes d'eau, à une température
inférieure à 100°, mais ils ne laissent dégager le huitième atome qu'à
130° environ.

Le *sel de baryte* se prépare en dissolvant l'acide naphthionique
dans l'eau de baryte, précipitant par un courant d'acide carbonique
la base en excès, et évaporant la solution jusqu'à ce que le sel
commence à cristalliser. On peut l'obtenir encore par double
décomposition. Cette dernière méthode est préférable, parce qu'elle
donne immédiatement le sel assez pur. Elle réussit très-bien si l'on
emploie 1 p. de chlorure de baryum, 2 p. de naphthionate de
soude cristallisé, et 10 p. d'eau. Le naphthionate de baryte cristallise de deux manières différentes, suivant la température du liquide pendant la formation des cristaux. Si l'on emploie une petite
quantité d'eau, il se forme dans le liquide encore chaud de petites
lames micacées, d'un blanc un peu violacé; si l'on étend la solution,
le sel ne commence à cristalliser qu'après le refroidissement com-

plet, sous la forme de larges lames transparentes, rhomboïdales.

Le *sel de chaux*, $C^{20}H^8CaNS^2O^6 + 8$ aq., se prépare en faisant bouillir l'acide naphthionique brut avec un lait de chaux, évaporant au bain-marie la solution filtrée, et abandonnant le liquide au repos. Il forme des cristaux volumineux d'une teinte rougeâtre, ordinairement hémitropes et terminés par des surfaces courbes. On le purifie en le lavant dans un entonnoir avec de l'alcool froid, qui dissout les matières résineuses ; on dissout le résidu dans l'eau bouillante, on le traite par le charbon animal, et on le laisse cristalliser. Il se présente alors sous la forme de lames blanches imparfaitement transparentes, et d'un aspect gras. Les cristaux observés isolément sont incolores, mais, vus en masse, ils présentent une très-belle nuance rose ; ils appartiennent au système monoclinique. (Combinaison de oP. ∞ P. $+$ P, avec d'autres faces plus subordonnées. Inclinaison des faces, ∞P : ∞ P, dans le plan de la diagonale oblique b et de l'axe principal a, $=$ 117° 4′ ; oP : ∞ P $=$ 124° 19′ ; oP : $+$ P $=$ 120° 30′. Inclinaison de oP sur l'axe principal $=$ 48° 38′. Rapport des axes, $a : b : c :: 1 : 1,3553 : 1,6623$). Ils sont très-solubles dans l'eau, presque insolubles dans l'alcool. Ils sont sans action sur les couleurs végétales.

Le *sel de magnésie*, $C^{20}H^8MgNS^2O^6 + 8$ et 10 aq., s'obtient aisément en faisant bouillir, pendant deux heures environ, un mélange d'eau, de 2 parties d'acide naphthionique brut et d'une partie d'hydrocarbonate de magnésie. On filtre et on laisse cristalliser. On purifie le sel par plusieurs cristallisations dans l'alcool faible.

Il cristallise sous deux formes, suivant la température sous l'influence de laquelle les cristaux se produisent. Dans les deux cas, il contient une quantité différente d'eau de cristallisation. Les cristaux qu'on obtient, par le refroidissement d'une solution concentrée, sont de longs prismes rhomboïdaux terminés par des sommets dièdres ; ils renferment 8 atomes d'eau de cristallisation. L'eau-mère du sel précédent étant abandonnée dans le vide ou à l'évaporation spontanée, dépose des cristaux volumineux à 10 atomes d'eau, appartenant au système monoclinique. (Ces cristaux présentent les faces oP. ∞ P. ∞ P ∞. $+$ P ∞. Inclinaison des faces ∞ P : ∞ P dans le plan de la diagonale oblique et de l'axe principal, $=$ 76° 22 ; oP : ∞ P $=$ 114° 57′ ; oP : $+$ P ∞ $=$ 102°7′. Inclinaison de la face oP sur l'axe principal $=$ 46° 57′. Rap-

port de l'axe principal à la diagonale oblique à la diagonale droite
: : 1 : 0,8416 : 0,4837).

Le *sel de zinc* s'obtient en dissolvant dans une petite quantité
d'eau bouillante, 2 p. de naphthionate de soude et 1 p. de sulfate
de zinc. Il cristallise par le refroidissement, en lames nacrées, qui
ont l'aspect de la naphtaline. On le purifie par des cristallisations
successives dans l'alcool et dans l'eau. Il se présente alors en lames
allongées, de forme rhomboïdale, transparentes, et colorées en
rouge. Il est très-soluble dans l'eau ; il se dissout aussi dans l'alcool anhydre, surtout à chaud, et cristallise, par le refroidissement,
en prismes courts, quadrangulaires. A 90°, il perd une partie de
son eau de cristallisation, et devient opaque. Chauffé à 150 ou
160°, dans un courant d'air sec, il abandonne le reste de cette eau ;
à une température plus élevée, il se décompose.

Le *sel de cuivre* n'a pas pu s'obtenir. Lorsqu'on verse du sulfate
de cuivre dans une solution de naphthionate de soude, le liquide
se colore fortement en rouge, mais on n'obtient aucun précipité ;
si l'on y ajoute de l'alcool, il se forme un précipité cristallin de sulfate de cuivre. Le liquide, évaporé dans le vide laisse un résidu
rouge brun, qui ne présente aucune trace de cristallisation ; le résidu, redissous dans l'eau, et traité par une solution de potasse
caustique, précipite du protoxyde de cuivre hydraté.

Le *sel de plomb* contient $C^{20}H^8PbNS^2O^6$ + 2 aq. On le prépare
en faisant dissoudre à chaud du nitrate de plomb dans une solution concentrée de naphthionate de soude. Le naphthionate de
plomb cristallise, par refroidissement, en petites aiguilles courtes,
rougeâtres. Il est un peu soluble dans l'eau, mais insoluble dans
l'alcool. Il s'altère par l'ébullition dans l'eau, et sa solution se colore en rouge, en perdant peu à peu la propriété de cristalliser. Il
rougit le tournesol.

Le *sel d'argent* renferme $C^{20}H^8AgNS^2O^6$ + 2 aq. On le prépare
en versant une solution parfaitement neutre de nitrate d'argent
dans le naphthionate de soude. Le précipité blanc, qui se forme,
se redissout d'abord, ensuite il devient permanent, et prend l'aspect d'une poudre blanche, légère et caillebottée, qui tantôt conserve ces caractères, tantôt se transforme rapidement en petits
cristaux grenus, denses, et d'un éclat adamantin. Ce sel est un peu
soluble dans l'eau, surtout à chaud. Le contact de la lumière le
rend grisâtre.

Si l'on traite ce sel par l'eau chaude, et qu'on y ajoute de l'ammoniaque, il se forme une solution parfaitement limpide et incolore, qui, par le refroidissement, laisse déposer le *naphthionate d'argent ammoniacal* en cristaux grenus, d'un blanc grisâtre. Ce sel renferme $C^{20}H^6AgS^2O^6, 2NH^3 + 2$ aq.

Dérivés cyaniques de la naphtylamine.

1735[a]. Suivant MM. Cahours et Cloëz, la naphtylamine se comporte comme l'aniline (§ 1435) avec le chlorure de cyanogène.

ACIDE OXYNAPHTALIQUE.

Composition : $C^{20}H^6O^6 = C^{20}H^5O^5, HO$.

§ 1736. L'existence de deux acides chlorés que nous décrirons plus loin conduit à admettre celle d'un acide non chloré, $C^{20}H^6O^6$, qu'on obtiendrait probablement par l'oxydation de la naphtaline dans les circonstances convenables.

Il est possible aussi que *l'alizarine*, la matière colorante rouge de la garance, soit identique à cet acide oxynaphtalique. (Voy. § 1753. APPENDICE).

Dérivés chlorés de l'acide oxynaphtalique.

§ 1737. On connaît deux acides chlorés dérivés de l'acide oxynaphtalique :

Acide chloroxynaphtalique. . . $C^{20}H^5ClO^6 = \left. \begin{array}{l} C^{20}H^4ClO^4.O \\ HO \end{array} \right\}$,

— perchloroxynaphtalique. $C^{20}H\,Cl^5O^6 = \left. \begin{array}{l} C^{20}\ \ Cl^5O^4.O \\ HO \end{array} \right\}$.

Ces deux acides se produisent par l'action des alcalis sur les chlorures correspondants (§ 1741).

§ 1738. *Acide chloroxynaphtalique*[1], chloranaphtisique ou chloronaphtalique, $C^{20}H^5ClO^6$. — Après avoir fait bouillir le bichlorure de chloronaphtaline avec de l'acide nitrique, on verse de l'éther sur la matière huileuse. Il s'en sépare alors du chlorure de chloroxynaphtyle qu'on fait bouillir avec une dissolution alcoolique de

---

[1] LAURENT (1840), *Ann. de Chim. et de Phys.*, LXXIV, 26. *Revue scientif.*, XIII, 592.

potasse. On étend d'eau et l'on neutralise par un acide. Si la liqueur est chaude et un peu étendue d'eau, il se dépose peu à peu des cristaux d'acide chloroxynaphtalique.

Ce composé est jaune, inodore, insoluble dans l'eau. L'alcool et l'éther bouillant le dissolvent difficilement. Il entre en fusion à 200° environ ; par le refroidissement, la partie fondue s'entoure d'un réseau d'aiguilles. Il forme des cristaux dont les extrémités offrent toujours des angles rentrants, et peut distiller sans altération. Il est soluble dans l'acide sulfurique concentré, d'où l'eau peut le précipiter.

C'est un réactif très-sensible pour découvrir la présence des alcalis. Si l'on plonge un papier blanc dans sa dissolution alcoolique très-étendue, et qu'on l'expose ensuite aux vapeurs ammoniacales, il prend à l'instant une couleur rouge plus ou moins foncée ; sous ce rapport, il peut rivaliser avec le papier de tournesol ou de curcuma.

Les *chloroxynaphtalates* sont des sels d'une grande beauté ; ils sont colorés en jaune, en orangé ou en cramoisi. Ils sont en général peu solubles ou insolubles dans l'eau.

Le *sel d'ammoniaque*, $C^{20}H^4(NH^4)ClO^6$, cristallise en aiguilles soyeuses.

Le *sel de potasse*, $C^{20}H^4KClO^6$, s'obtient en saturant par l'acide chloroxynaphtalique une dissolution bouillante et un peu étendue de potasse dans l'eau ou l'alcool. Il se dépose alors un sel rouge-cramoisi, cristallisé en aiguilles rayonnées, et peu soluble dans l'eau.

Le *sel de baryte*, $C^{20}H^4BaClO^6$, s'obtient par double décomposition. Il cristallise en aiguilles soyeuses à reflet doré.

Le *sel de strontiane* forme des aiguilles orangées.

Le *sel de chaux* cristallise en aiguilles orangées.

Le *sel d'alumine* est un précipité orangé.

Le *sel de cadmium* forme un précipité vermillon qui, vu au microscope, offre des aiguilles croisées.

Le *sel de cobalt* est un précipité cramoisi qui devient brun par la dessiccation ; sous le brunissoir, il prend la couleur du vermillon.

Le *sel de cuivre* est un précipité cramoisi, cristallisé.

Les *sels de fer* qu'on obtient par double décomposition avec le sulfate ferreux et le sulfate ferrique, constituent des précipités bruns.

Le *sel de plomb* est un précipité gélatineux d'un rouge orangé.

Le *sel d'argent* est un précipité gélatineux d'un rouge de sang. Lorsqu'on le prépare à chaud, il forme un précipité cristallin carminé.

Le *sel de mercure* qu'on obtient par double décomposition avec le bichlorure de mercure, est un précipité rouge-brun.

§ 1739. *Acide perchloroxynaphtalique* [1] ou chloroxynaphtalésique, $C^{20}HCl^5O^6$. — Lorsqu'on traite par la potasse le chlorure de perchloroxynaphtyle, il se transforme immédiatement en une matière cramoisie très-belle. Si l'on verse un acide sur celle-ci, il s'en sépare une substance jaune, qui est l'acide perchloroxynaphtalique. On le fait cristalliser dans l'éther, et, après l'avoir recombiné avec la potasse, on le précipite de nouveau par un acide. On le purifie par la cristallisation dans l'alcool ou l'éther.

Lorsqu'on le met en contact avec la potasse et l'ammoniaque, il produit des *sels* rouges ou cramoisis qui sont insolubles dans l'eau ; il paraît cependant que l'eau bouillante en dissout un peu. Pour les obtenir cristallisés, il faut neutraliser par les alcalis une dissolution de l'acide dans l'alcool bouillant.

CHLORURE D'OXYNAPHTYLE.

Composition : $C^{20}H^5ClO^4 = C^{20}H^5O^4, Cl$.

§ 1740. Le chlorure correspondant à l'acide oxynaphtalique n'a pas encore été obtenu, mais on en connaît deux dérivés chlorés.

Dérivés chlorés du chlorure d'oxynaphtyle.

§ 1741. M. Laurent a découvert deux composés qui représentent les chlorures des acides oxynaphtaliques chlorés ; ces deux chlorures se transforment par les alcalis en ces derniers acides :

$$\text{Dérivé monochloré.} \quad C^{20}H^4ClO^4 = \left. \begin{array}{l} C^{20}H^4ClO^4 \\ Cl \end{array} \right\}$$

$$\text{— perchloré.} \quad C^{20}Cl^6O^4 = \left. \begin{array}{l} C^{20}Cl^5O^4 \\ Cl \end{array} \right\}$$

Ces composés se produisent par l'action de l'acide nitrique sur certains dérivés chlorés de la naphtaline

____

[1] LAURENT (1843), *Revue scientif.*, XIII, 596.

Chlorure de chloroxinaphtyle[1], ou oxichloronaphtalose, oxyde de chloroxénaphtose, $C^{20}H^4Cl^2O^4$. — Le bichlorure de chloronaphtaline cristallisé est assez lentement attaqué par l'acide nitrique bouillant; il devient jaune, et de plus en plus fusible. Si l'on arrête l'opération lorsque la matière jaune reste, par le refroidissement, sous la forme d'une huile très-épaisse, on obtient une dissolution d'acide phtalique, ainsi qu'une huile jaune épaisse, où il se forme un dépôt jaune et pulvérulent. Pour hâter la séparation de celui-ci, on verse un peu d'éther sur l'huile jaune; au bout d'un ou de deux jours, on décante la solution éthérée, on jette le dépôt sur un filtre, et, après l'avoir lavé avec de l'éther, on le fait dissoudre dans une grande quantité d'alcool bouillant. Par le refroidissement, il s'y dépose des aiguilles de chlorure de chloroxynaphtyle.

Ce composé est jaune, insoluble dans l'eau, très-peu soluble dans l'alcool et dans l'éther. Il se dépose de ces solvants sous la forme d'aiguilles coudées. Il distille sans altération. L'acide sulfurique concentré le dissout en se colorant en rouge acajou. L'acide nitrique bouillant le transforme en acide phtalique. Une dissolution alcoolique de potasse le colore immédiatement en rouge cramoisi, en donnant du chlorure de potassium et du chloroxynaphtalate de potasse.

Chlorure de perchloroxynaphtyle[2], ou oxyde de chloroxénaphtalise, $C^{20}Cl^6O^4$. — La naphtaline sexchlorée est très-difficilement attaquée par l'acide nitrique bouillant; il a fallu à M. Laurent trois à quatre jours d'ébullition pour en décomposer une dizaine de grammes. On finit par obtenir une substance résineuse jaune, qu'on traite par l'éther pour la purifier d'un peu de matière huileuse; puis on la fait bouillir avec de l'huile de pétrole. Dès que la température s'abaisse de quelques degrés au-dessous du point d'ébullition, il se précipite de belles paillettes jaune d'or très-éclatantes. On les reprend par l'huile de pétrole bouillante.

A l'état de pureté, ces cristaux constituent le chlorure de perchloroxynaphtyle. Ce corps est insoluble dans l'eau et l'alcool. L'éther bouillant en dissout une petite quantité, qu'il abandonne, par le refroidissement, sous la forme de paillettes légères, douées

[1] LAURENT (1840), *Ann. de Chim. et de Phys.*, LXXIV, 35. *Revue scientif.*, XIII, 591.

[2] LAURENT (1843), *Revue scientif.*, XIII, 595.

d'un grand éclat. L'acide nitrique bouillant le transforme probablement en acide trichlorophtalique.

La potasse et l'ammoniaque le convertissent en chlorure et en perchloronaphtalate.

Il entre en fusion à une température assez élevée, et se volatilise en grande partie sans altération.

ACIDE PHTALIQUE ANHYDRE.

Syn. : acide pyro-alizarique.

Composition : $C^{16}H^4O^6$.

§ 1742. Pour obtenir cet anhydride[1], il suffit de distiller l'acide phtalique. Il se sublime en belles aiguilles élastiques, dont la section est un rhombe de 52 et 128°. Il est peu soluble dans l'eau; par l'ébullition, il s'y dissout en régénérant de l'acide phtalique hydraté. Il est très-soluble dans l'alcool et dans l'éther, fond à 105°, et cristallise, par le refroidissement, en une masse fibreuse.

Il se dissout complétement dans l'ammoniaque liquide en s'échauffant beaucoup, mais la dissolution ne fournit pas de phtalate d'ammoniaque par l'évaporation. On obtient une masse composée d'aiguilles fines et flexibles qui paraissent être l'acide phtalamique (§ 1751) ou le phtalamate d'ammoniaque.

Dérivés chlorés de l'acide phtalique anhydre.

§ 1743. *Acide trichlorophtalique anhydre*[2], $C^{16}HCl^3O^6$. — Il se produit par la distillation de l'acide trichlorophtalique. Il est incolore, et cristallise par la fusion en aiguilles. Il se combine avec l'ammoniaque en formant un sel qui précipite le nitrate d'argent en blanc.

Dérivés nitriques de l'acide phtalique anhydre.

§ 1744. *Acide nitrophtalique anhydre*[3], $C^{16}H^3(NO^4)O^6$. — On l'obtient en sublimant l'acide nitrophtalique hydraté, à une douce chaleur, sous la forme de longues aiguilles blanches, très-peu so-

[1] LAURENT (1836), *Ann. de Chim. et de Phys.*, LXI, 114. *Revue scientif.*, XIII, 599. — MARIGNAC, *Ann. der Chem. u. Pharm*, XLII, 219.

[2] LAURENT (1843), *Revue scientif.*, XIII, 603.

[3] LAURENT (1841), *Revue scientif.*, VI, 96; XIII, 602.

lubles dans l'eau ; la section de ces aiguilles est un rhombe de 128°
et 52°.

ACIDE PHTALIQUE.

Syn. : acide naphtalique, acide alizarique.

Composition : $C^{16}H^6O^8 = C^{16}H^4O^6$, 2 HO.

§ 1745. Cet acide [1] se produit par l'action de l'acide nitrique sur
la naphtaline, le bichlorure de naphtaline, l'alizarine et la purpurine.

L'acide nitrique bouillant attaque assez lentement le bichlorure
de naphtaline ; celui-ci finit cependant par se dissoudre en même
temps qu'il se développe des vapeurs nitreuses, ainsi qu'un liquide
très-volatil, irritant vivement les yeux, et que nous avons déjà décrit (§ 375). Si l'on évapore la dissolution pour chasser la plus
grande partie de l'acide nitrique, il se dépose de l'acide phtalique
qu'on fait cristalliser à plusieurs reprises dans l'eau bouillante.
L'eau-mère renferme de l'acide oxalique.

Dans la préparation des dérivés nitriques de la naphtaline, il
reste dans les eaux-mères une petite quantité d'acide phtalique.

L'acide phtalique se présente sous la forme de lamelles réunies en
groupes arrondis. Il est peu soluble dans l'eau froide, très-soluble
dans l'alcool et dans l'éther.

Soumis à la distillation, il se décompose en eau et en acide phtalique anhydre.

Par la distillation avec la chaux, il se décompose en acide carbonique et en benzine :

$$C^{16}H^6O^8 = 2\ C^2O^4 + C^{12}H^6.$$
Ac. phtalique.   Benzine.

Dérivés métalliques de l'acide phtalique. Phtalates.

§ 1746. L'acide phtalique est bibasique, et forme en cette qualité
deux espèces de sels :

Phtalates neutres. . . . . $C^{16}H^4M^2O^8 = C^{16}H^4O^6$, 2 MO.

Phtalates acides. . . . . . $C^{16}H^5M\ O^8 = C^{16}H^4O^6$, HO⎫
                                                              MO⎭

---

[1] LAURENT (1836), *Ann. de Chim. et de Phys.*, LXI, 113. *Revue scientif.*, VI,
92 ; IX, 31 ; XIII, 598. — MARIGNAC, *Biblioth. univers. de Genève*, XXXVI, 370, et
Ann. der Chem. u. Pharm., XLII, 215.

Le *sel d'ammoniaque acide*, $C^{16}H^5(NH^4)O_4$, cristallise ordinairement en prismes terminés par des pyramides à 4 ou 8 faces, souvent aussi en tables hexagones. Les cristaux appartiennent au système rhombique. (Combinaison observée, oP. P. P̆ ∞. Inclinaison des faces, o P : P $=$ 112°; P : P $=$ 133° 5o'; oP : P̆ ∞ $=$ 127°; P̆ ∞ : P̆ ∞ $=$ 1o3° 3o'. Clivage facile, parallèlement à oP.)

Le sel est très-soluble dans l'eau et peu soluble dans l'alcool. Distillé, il se décompose en eau et en phtalimide.

Le *sel de potasse neutre* cristallise en paillettes très-solubles.

Le *sel de soude* ressemble au sel de potasse.

Le *sel de baryte* cristallise en paillettes peu solubles qu'on peut obtenir en versant une solution concentrée de phtalate d'ammoniaque dans du chlorure de baryum.

Le *sel de zinc* s'obtient, par l'évaporation, sous la forme d'une poudre cristalline, à peine soluble dans l'eau froide.

Le *sel de plomb*, $C^{16}H^4Pb^2O^8$, s'obtient en paillettes blanches, par double décomposition, à l'aide de dissolutions bouillantes d'acétate de plomb et de phtalate d'ammoniaque.

Le *sel d'argent*, $C^{16}H^4Ag^2O^8$, est une poudre blanche et cristalline qu'on obtient en précipitant une solution bouillante de phtalate d'ammoniaque par du nitrate d'argent. Il faut assez longtemps laver le précipité, car il retient opiniâtrement du nitrate d'ammoniaque. Il est assez soluble dans l'eau. Chauffé brusquement, il fait explosion; si on le chauffe avec précaution, il noircit, puis fond et se décompose.

Dérivé éthylique de l'acide phtalique. Éther phtalique.

§ 1747. *Phtalate d'éthyle* [1], $C^{16}H^4(C^4H^5)^2O^8$. — Matière huileuse qu'on obtient en faisant bouillir l'alcool avec de l'acide phtalique et de l'acide chlorhydrique.

Dérivés chlorés de l'acide phtalique.

§ 1748. *Acide trichlorophtalique* ou chlorophtalisique [2], $C^{16}H^3Cl^3O^8$. — Il se produit par l'action de l'acide nitrique sur la naphtaline sexchlorée. Cette substance est très-difficilement attaquée par l'acide nitrique bouillant, et il faut une ébullition de trois ou quatre

[1] LAURENT (1836), *loc. cit.*
[2] LAURENT (1843), *Revue scientif.*, XIII, 6o3.

jours pour la décomposer. Le produit de la réaction étant étendu d'eau, il s'en sépare une matière résineuse renfermant du chlorure de perchloroxynaphtyle (§ 1741.), tandis que de l'acide trichlorophtalique reste en dissolution. La liqueur aqueuse se prend, par la concentration, en une bouillie blanche et cristalline. On jette celle-ci sur un filtre, et, après l'avoir exprimée à plusieurs reprises entre des feuilles de papier, on la fait redissoudre dans l'eau bouillante. On obtient ainsi, par le refroidissement, des grains cristallins. Ceux-ci sont très-solubles dans l'eau bouillante, dans l'alcool et dans l'éther, ainsi que dans les alcalis.

Ce corps se décompose par la distillation sèche en eau et en acide trichlorophtalique anhydre.

Son *sel d'ammoniaque* précipite le nitrate d'argent en blanc.

Dérivés nitriques de l'acide phtalique.

§ 1749. *Acide nitrophtalique*[1], $C^{16}H^5(NO^4)O^8$. — Les eaux-mères provenant de l'action de l'acide nitrique sur la naphtaline, et d'où se sont déposées les nitronaphtalines, renferment de l'acide nitrophtalique qu'on sépare en évaporant la dissolution à consistance sirupeuse, reprenant par l'eau, filtrant et évaporant de nouveau ; les dernières eaux-mères renferment aussi de l'acide phtalique.

L'acide nitrophtalique se dépose en tables rhomboïdales jaunâtres qui dérivent d'un prisme monoclinique ; mais ordinairement, par la troncature des angles aiguës du rhombe, ces tables deviennent hexagonales (o P : ∞ $P = 104°$; ∞ P : ∞ $P = 125°$ environ ; o P : ∞ P ∞ $= 124°$) ; la plupart des cristaux sont hémitropiques.

Il est assez soluble dans l'eau bouillante, mais peu soluble dans l'eau froide. L'alcool et l'éther le dissolvent facilement.

Lorsqu'on le chauffe légèrement dans un tube, il donne un sublimé d'acide nitrophtalique anhydre, ainsi que de l'eau ; par un échauffement brusque, la masse se charbonne en développant des vapeurs nitreuses.

Le *sel d'ammoniaque neutre* contient $C^{16}H^3(NH^4)^2(NO^4)O^8$. Lorsqu'on abandonne à l'évaporation spontanée une dissolution d'acide nitrophtalique dans l'ammoniaque, il se dépose principalement des

---

[1] LAURENT (1840), *Revue scientif.*, VI, 95 ; IX, 31 ; XIII, 602. — MARIGNAC, *Ann. der Chem. u. Pharm.*, XXXVIII, 1 ; et *Revue scientif.*, V, 370.

lamelles brillantes d'un sel acide, au milieu duquel on trouve quelquefois des cristaux plus épais et moins larges d'un sel d'ammoniaque neutre ; on peut les séparer à l'aide d'une pince. Ce dernier sel cristallise en prismes obliques à base rhombe, dont les angles obtus sont ordinairement tronqués ($oP : \infty P = 103°$; $\infty P : \infty P = 127°$ environ). Il donne, avec le chlorure de baryum, même très-étendu et bouillant, un précipité blanc, cristallin; avec les chlorures de strontium et de calcium, un précipité blanc qui ne se forme pas si la dissolution est étendue; avec le protonitrate de mercure, le nitrate d'argent et le nitrate de plomb, des précipités blancs. Il ne précipite pas le sulfate de magnésie, le sulfate de fer, le sulfate de cuivre.

Le *sel d'ammoniaque acide*, $C^{16}H^4(NH^4)(NO^4)O^8 + 4$ aq. se dépose lorsqu'on verse un peu d'acide nitrique dans la solution du sel neutre. Il s'obtient ordinairement en prismes terminés par des pyramides, et plus souvent en tables hexagones ou rhomboïdales. Il ne dégage pas d'eau par la dessiccation à 120°.

Si l'on chauffe ce sel jusqu'à ce qu'il commence à entrer en fusion, il perd de l'eau et se transforme en nitrophtalimide.

Le *sel de baryte*, $C^{16}H^3Ba^2(NO^4)O^8$, constitue une poudre légère, blanc-jaunâtre, qui, séchée à 100°, ne renferme pas d'eau. Il est entièrement insoluble, même dans un excès d'acide nitrophtalique bouillant. Il se décompose par une forte chaleur, sans faire explosion.

Le *sel de plomb* neutre n'a pas pu être obtenu. Lorsqu'on verse de l'acétate de plomb dans une solution de nitrophtalate d'ammoniaque, il se produit un précipité floconneux qui se transforme, par l'ébullition, en une poudre jaunâtre, insoluble dans l'eau. Cette poudre constitue un *sous-sel*, $C^{16}H^3Pb^2(NO^4)O^8, 2$ PbO.

Le *sel d'argent*, $C^{16}H^3Ag^2(NO^4)O^8$, est un précipité blanc, insoluble dans l'eau. Il se décompose brusquement par une forte chaleur, avec production de lumière.

AMIDES PHTALIQUES.

§ 1750. Les amides phtaliques renferment les éléments du phtalate d'ammoniaque acide, moins de l'eau :

Acide phtalamique. . $C^{16}H^7NO^6 = C^{16}H^5(NH^4)O^8 - 2$ HO.

Phtalimide. . . . . . $C^{16}H^5NO^4 = C^{16}H^5(NH^4)O^8 - 4$ HO.

Phtal. d'amm. acide.

On obtient les amides phtaliques, ainsi que leurs dérivés, par l'action de la chaleur sur les sels d'ammoniaque correspondants, ou par la réaction de l'acide phtalique anhydre et de l'ammoniaque (ou de l'aniline).

§ 1751. **Acide phtalamique**[1] ou phtalamide, $C^{16}H^7NO^6$. — L'acide phtalique anhydre se dissout complétement dans l'ammoniaque liquide en s'échauffant beaucoup ; mais la dissolution ne donne pas de phtalate d'ammoniaque par l'évaporation. On obtient une masse composée d'aiguilles fines et flexibles qui se dissolvent dans l'eau en lui communiquant une légère réaction acide.

Ce corps perd de l'eau à 100 ou à 120° en se transformant en phtalimide, qui se sublime par une plus forte chaleur.

Lorsqu'on maintient en ébullition sa solution aqueuse pendant quelque temps, on obtient par l'évaporation du phtalate d'ammoniaque acide.

Le *sel d'argent*, $C^{16}H^6AgNO^6$, s'obtient sous la forme d'un précipité blanc, lorsqu'on verse du nitrate d'argent dans une solution d'acide phtalamique. Si l'on emploie des liqueurs bouillantes, le précipité se compose de paillettes cristallines ; il est entièrement insoluble dans l'eau, fond par la chaleur, et se décompose sans faire explosion.

Acide phényl-phtalamique[2] ou phtalanilique, $C^{16}H^6(C^{12}H^5)NO^6 = C^{28}H^{11}NO^6$. — Pour l'obtenir à l'état de pureté, on fait bouillir la phényl-phtalimide avec de l'ammoniaque additionnée d'un peu d'alcool ; quand la dissolution est complète au bout de quelques minutes, on neutralise par l'acide nitrique, pendant qu'elle est encore chaude. Il se produit alors, par le refroidissement, une belle cristallisation lamelleuse et irrégulière d'acide phényl-phtalamique.

Cet acide est très-peu soluble dans l'eau froide, mais il se dissout aisément dans l'alcool. Fondu légèrement avec de la potasse, il dégage de l'aniline ; saturé d'ammoniaque, il précipite en blanc le nitrate d'argent.

§ 1752. **Phtalimide**[3] ou naphtalimide, $C^{16}H^5NO^4$. — Lorsqu'on distille du phtalate d'ammoniaque acide, il se dégage de l'eau, et il

---

[1] Marignac (1842), *Ann. der Chem. u. Pharm.*, XLII, 219. — Laurent, *Revue scientif.*, XIII, 601. — M. Marignac représente l'acide phtalamique par les rapports $C^{16}H^5NO^5$, mais il est probable que ce chimiste a analysé une matière déjà en partie transformée en phtalimide.

[2] Laurent et Gerhardt (1848), *Ann. de Chim. et de Phys.*, [3] XXIV, 188.

[3] Laurent (1836), *Ann. de Chim. et de Phys.*, LXI, 121. *Revue scientif.*, XIII, 600.

se sublime des lamelles très-légères de phtalimide ; il ne reste pas
de charbon dans la cornue.

La phtalimide est entièrement incolore, insipide, presque insoluble dans l'eau froide. L'eau bouillante la dissout un peu. Par le
refroidissement elle cristallise en longues aiguilles. Elle est assez
soluble dans l'alcool et l'éther bouillants. Ce dernier l'abandonne
par l'évaporation spontanée sous forme de prismes à 6 pans, dérivant d'un prisme rhomboïdal dont les angles sont de 113°. Elle se
dissout dans l'acide sulfurique concentré ; la dissolution étant étendue d'eau, il se dépose de l'acide phtalique.

Une dissolution bouillante et alcoolique de potasse la change en
ammoniaque et en phtalate de potasse.

Une dissolution alcoolique de phtalimide ne précipite pas le nitrate d'argent ; mais, si l'on y ajoute de l'ammoniaque, il se produit
un dépôt blanc pulvérulent renfermant 41 p. c. d'argent. Lorsqu'on chauffe ce précipité, il fond en se boursouflant ; il se forme
d'abord une masse noire qui, par une plus forte chaleur, prend une
belle couleur de cantharides verte et dorée ; il se sublime en même
temps de la phtalimide.

Phényl-phtalimide[1], ou phtalanile, $C^{16}H^4(C^{12}H^5)NO^4 = C^{28}H^9NO^4$.
— L'aniline sèche se comporte comme l'ammoniaque avec l'anhy-
dride phtalique. Lorsqu'on fait fondre un mélange d'acide phtalique anhydre et d'aniline, la matière se solidifie par le refroidissement. On la pulvérise, et on la traite par l'alcool bouillant pour la
débarrasser de quelques matières étrangères qui la colorent. Il reste
une poudre cristalline de phényl-phtalimide.

Ce corps s'obtient très-pur, si l'on distille le produit précédent,
et qu'on dissolve la matière dans l'alcool bouillant ; il s'y dépose
alors en aiguilles. Il est fusible, ne se dissout pas dans l'eau, et
donne de l'aniline par la potasse en fusion. Bouilli avec de l'ammoniaque, il se convertit en phényl-phtalamate d'ammoniaque.

Nitrophtalimide[2], $C^{16}H^4(NO^4)NO^4$. — Ce composé se produit
lorsqu'on fait fondre le nitrophtalate d'ammoniaque acide.

[1] LAURENT et GERHARDT (1848), *Ann. de Chim. et de Phys.*, [3] XXIV, 188.
[2] LAURENT (1850), *Compt. rend. de l'Acad.*, XXXI, 537.

APPENDICE.

Principes colorants de la garance.

§ 1753. Nous rattacherons aux combinaisons naphtaliques plusieurs substances auxquelles la garance doit ses propriétés tinctoriales, quelques-unes de ces substances étant susceptibles de se transformer en acide phtalique[1] (acide alizarique) sous l'influence de l'acide nitrique. Il est même probable que l'une d'elles, l'*alizarine*, représente l'acide oxynaphtalique (§ 1736) dont nous avons dû admettre l'existence en considérant la composition des deux acides chlorés qu'on obtient par l'action de l'acide nitrique sur certains dérivés chlorés de la naphtaline.

L'histoire des principes colorants de la garance est encore enveloppée d'obscurité, et l'on est loin de connaître avec précision les relations chimiques qui rattachent entre elles les nombreuses substances qui ont été obtenues avec cette racine. Le seul fait certain qui paraît résulter des dernières expériences de M. Higgin[2], et particulièrement de celles de MM. Schunck[3] et Rochleder[4], à qui l'on doit de nombreuses recherches sur ce sujet, c'est que la partie colorante rouge, au lieu de préexister dans la garance, ne prend naissance que par la métamorphose chimique d'une autre substance presque dépourvue de propriétés tinctoriales. Ceci est en harmonie avec les observations microscopiques de M. Decaisne, d'après lesquelles la racine fraîche contient, dans ses cellules, un liquide jaune et transparent, qui devient rose au contact de l'air, après la lésion des parois des cellules. La couleur jaune se fonce davantage quand les racines vieillisent ; elle prend alors au contact de l'air des nuances rouges de plus en plus intenses. Les teinturiers savent aussi que la garance, pour acquérir toute sa vigueur tinctoriale, a besoin de subir un commencement de fermentation.

---

[1] Laurent et Gerhardt, *Compt. rend. des trav. de Chimie*, 1849, p. 220. — Strecker et Wolff, *Ann. der Chem. u. Pharm.*, LXXV, 1.

[2] Higgin, *Philos. Magaz.* [3] XXXIII, 282. *Journ. f. prakt. Chem.*, XLVI, 1.

[3] Schunck, *Ann. der Chem. u. Pharm.*, LXVI, 175 ; LXXXI, 336 ; LXXXVII, 344.

[4] Rochleder, *Journ. f. prakt. Chem.*, LV, 385 ; LVI, 85 ; en extrait, *Ann. der Chem. u. Pharm.*, LXXX, 321 ; LXXXII, 205. — Ce chimiste présume que la matière colorante (*morindine*) extraite par M. Anderson du *Morinda citrifolia* (famille des rubiacées) n'est que de l'acide rubérythrique ; il pense aussi que la *morindone* n'est que de l'alizarine. (Voy. Troisième Partie, *Matières colorantes.*)

M. Schunck donne le nom de *rubian* à une matière amère et in-cristallisable qui, suivant ce chimiste, produit les principes colorants de la garance. Sous l'influence des acides, des alcalis ou des ferments, ce rubian se dédoublerait en une matière sucrée fermentescible (sucre incristallisable ?) et en alizarine ou en d'autres substances colorées.

M. Rochleder prétend que le rubian de M. Schunck est une substance impure, et que la garance renferme un principe cristallisable, l'*acide rubérythrique*, auquel reviendrait la propriété de se dédoubler en matière sucrée et en alizarine.

Les expériences sur lesquelles se fondent ces deux chimistes, me paraissent loin d'être satisfaisantes, car elles présentent des contradictions si nombreuses qu'il m'a été impossible de me former une opinion sur la question. Je suis donc obligé de donner à la fois les deux versions, et de décrire séparément le rubian et l'acide rubérythrique, dans l'espoir que le lecteur puisera dans cette description quelques renseignements pouvant servir à de nouvelles recherches, plus exactes et plus complètes.

§ 1754. RUBIAN. — Il n'est pas aisé d'extraire cette substance à l'état de pureté, car elle s'altère très-promptement, et ne précipite aucune solution métallique, si ce n'est le sous-acétate de plomb, qui, ajouté à l'extrait de garance, précipite en même temps d'autres substances; il est surtout difficile de purifier le rubian d'une substance (*chlorogénine*) qui a la propriété de donner une poudre verte par l'ébullition avec l'acide chlorhydrique ou sulfurique[1].

---

[1] Suivant M. Schunck, c'est ce mélange de rubian et de chlorogénine qui constituerait la *xanthine* de M. Kuhlmann (*Bullet. de la Société industr. de Mulhouse*, I, 182). Selon M. Rochleder, la xanthine serait de l'acide rubérythrique plus ou moins impur.

M. Kuhlmann prépare la xanthine en traitant la garance par l'alcool bouillant, évaporant à sec, reprenant le résidu par l'eau, ajoutant un peu d'acétate de plomb, afin de précipiter diverses matières étrangères, et traitant ensuite par l'eau de baryte qui précipite la xanthine combinée avec l'oxyde de plomb. Enfin il isole cette matière au moyen de l'acide sulfurique faible.

M. Runge l'obtient en épuisant la garance de Hollande par 16 fois son poids d'eau, et précipitant la liqueur par l'eau de chaux. Il décompose le précipité par l'acide acétique, fait bouillir la dissolution avec de la laine mordancée à l'alun, qui s'empare de la purpurine, évapore à sec, dissout le résidu dans l'alcool et le précipite par une dissolution alcoolique d'acétate de plomb. Enfin il lave le précipité à l'alcool et le décompose par l'acide sulfhydrique.

M. Higgin épuise la garance par l'eau bouillante, précipite, par un peu d'acide sulfurique, les matières qui se dissolvent difficilement dans l'eau, neutralise de nouveau la solution par le carbonate de soude, et la fait digérer à la température de 55° avec un peu

Le seul procédé qui donne des résultats satisfaisants consiste à mettre à profit la grande affinité que le rubian présente pour les substances poreuses, et en particulier pour le charbon animal. On épuise la garance par l'eau chaude (8 à 9 litres d'eau par kilogramme de racine), et l'on ajoute du charbon animal (60 grammes par kilogramme de garance) à l'extrait brun-jaunâtre, tant qu'il est encore chaud. Après avoir bien agité le mélange, on laisse déposer le charbon, on décante la liqueur brune surnageante, et ou lave le charbon à l'eau froide, sur une toile ou sur un filtre, jusqu'à ce que les eaux de lavage ne se colorent plus en vert par l'ébullition avec de l'acide chlorhydrique. Puis on traite le charbon par l'alcool bouillant, on filtre bouillant, et l'on répète ces opérations jusqu'à ce que le charbon ne colore plus l'alcool en jaune. Toutefois le rubian qu'on obtient par l'évaporation des extraits alcooliques n'est pas encore d'une pureté parfaite, et il convient de le traiter une seconde et même une troisième fois par le charbon, ayant déjà servi au premier traitement. La matière est suffisamment pure lorsque sa solution alcoolique n'est plus colorée en vert par l'ébullition avec un acide.

Le rubian constitue une masse dure, cassante, brillante et non cristalline, semblable à de la gomme ou à du vernis desséché. En couches minces, il est transparent et d'un jaune foncé; il est d'un brun foncé en fragments plus gros. Il est fort soluble dans l'eau, sans être déliquescent; il est un peu moins soluble dans l'alcool, et insoluble dans l'éther, qui le précipite de sa solution alcoolique sous la forme de gouttes brunes. Les solutions ont une saveur fort amère.

d'alumine qui précipite des traces d'alizarine et de rubiacine. Il enlève, par l'eau de baryte, l'acide sulfuriquequi reste dans la liqueur, et précipite enfin la xanthine par le sous-acétate de plomb. Elle peut être isolée par l'acide sulfhydrique.

Selon M. Kuhlmann, la xanthine se présente sous la forme d'un extrait de couleur orangée, qui se dissout aisément dans l'eau et l'alcool, mais est presque insoluble dans l'éther. L'acide sulfurique concentré donne dans les dissolutions aqueuses de xanthine, un précipité vert, insoluble dans l'eau. La xanthine a l'odeur de la garance; sa saveur est sucrée et amère. Elle n'est pas volatile sans décomposition.

M. Higgin indique, comme caractéristique de cette matière, la propriété que possèdent ses dissolutions d'être précipitées, à la température de l'ébullition, par les acides sulfurique et chlorhydrique faibles. Le précipité est vert; il est insoluble dans l'eau. L'acide sulfurique concentré dissout la xanthine en se colorant en jaune orangé; il la décompose à l'ébullition.

Suivant M. Kuhlmann, la xanthine colore les étoffes mordancées en jaune orangé; suivant M. Higgin, elle ne possède que de faibles propriétés tinctoriales.

Voici la composition du rubian à 100°, déduction faite de 5,30 à 7,69 p. c. de cendres composées presque entièrement de carbonate de chaux :

	Schunck.				$C^{32}H^{16}O^{16}$ + aq.
Carbone...	54,89	54,79	54,78	54,84	55,81
Hydrogène.	5,41	5,48	5,71	5,66	4,94
Oxygène. .	»	»	»	»	39,25
					100,00

M. Schunck représente ces nombres par les rapports $C^{56}H^{34}O^{30}$, qui ne présentent évidemment aucune garantie, puisqu'ils ont été obtenus avec une substance incristallisable et mélangée de parties minérales. On pourrait admettre plutôt la formule $C^{32}H^{16}O^{16}$ + aq., qui jusqu'à un certain point rendrait compte des métamorphoses du rubian.

Chauffé vers 130°, le rubian fond, se boursoufle, dégage de l'eau, puis des vapeurs orangées composées principalement d'alizarine, et laisse un abondant résidu de charbon.

La solution aqueuse du rubian pur n'est pas précipitée par les acides ; elle ne l'est pas davantage par la plupart des solutions des sels métalliques, tels que l'acétate d'alumine, l'alun, l'acétate ferrique et ferreux, l'acétate de zinc, l'acétate et le sous-acétate de cuivre, l'acétate de plomb, le nitrate d'argent, le bichlorure d'étain, le nitrate mercureux et mercurique, le chlorure d'or. Mais elle est précipitée par le sous-acétate de plomb; le précipité renferme 52,32—52,80 p. c. d'oxyde.

L'acide sulfurique concentré donne avec le rubian une liqueur rouge de sang, qui noircit par l'ébullition en dégageant de l'acide sulfureux. L'acide nitrique n'y agit pas à froid, mais le mélange bouillant développe des vapeurs rutilantes, jaunit et contient ensuite de l'acide phtalique. Les acides phosphorique, oxalique, acétique et tartrique n'attaquent pas le rubian, même à l'ébullition.

L'acide sulfurique et l'acide chlorhydrique dilués, étant bouillis avec une solution aqueuse de rubian déterminent la précipitation de flocons orangés, tandis qu'un sucre incristallisable et fermentescible reste en dissolution. Suivant M. Schunck, les flocons jaunes sont un mélange de quatre substances[1] : ils renferment de l'aliza-

[1] Voy. § 1755, à l'article *Alizarine*, la manière dont M. Schunck opère la séparation de ces substances.

rine, une autre matière cristallisable (*rubianine*) et deux résines α et β. Il est probable que ces quatre substances ne se produisent pas toutes en même temps, et que deux ou trois d'entre elles ne sont que des produits secondaires, résultant peut-être de la métamorphose de l'alizarine ou donnant naissance à cette substance. Si l'on prend pour base la formule que j'ai proposée plus haut pour le rubian, on a l'équation suivante :

$$C^{32}H^{16}O^{x6} + 2\ HO = C^{20}H^{6}O^{6} + C^{12}H^{12}O^{12}.$$

Rubian.   Alizarine.   Glucose.

Lorsqu'on fait passer du chlore dans une solution aqueuse de rubian, celle-ci devient laiteuse, et dépose un composé de couleur citrine, tandis que la liqueur surnageante se décolore.

Voici les caractères des trois corps qui accompagnent l'alizarine :

La *rubianine* se dépose par le refroidissement de sa solution alcoolique sous la forme d'aiguilles soyeuses de couleur citrine; elle est moins soluble dans l'alcool, mais plus soluble dans l'eau que l'alizarine. Elle ressemble beaucoup à la rubiacine (p. 495), mais elle s'en distingue par plusieurs caractères. Chauffée dans un tube de verre, elle produit un léger sublimé cristallin. Elle donne avec l'acide sulfurique concentré une solution jaune qui noircit par la chaleur. L'acide nitrique, même concentré, la dissout à l'ébullition, mais sans la décomposer. Elle se dissout à chaud dans l'ammoniaque caustique et dans les carbonates alcalins, en donnant des liqueurs d'un rouge de sang; par le repos, elle s'y dépose de nouveau sans altération. La solution ammoniacale donne des précipités rouges avec le chlorure de baryum et le chlorure de calcium. Sa solution alcoolique n'est pas précipitée par l'acétate de plomb neutre (ce réactif précipite la rubiacine en rouge foncé).

Séchée à 100°, la rubianine, a donné à l'analyse les résultats suivants :

	Schunck.			$C^{20}H^{10}O^{10}.$
Carbone. . .	57,33	57,26	57,68	57,14
Hydrogène. .	5,52	5,51	5,15	4,76

M. Schunck représente ces nombres par les rapports $C^{28}H^{17}O^{13}$. Je préfère la formule $C^{20}H^{10}O^{10}$, qui représente les éléments de l'alizarine plus 4 atomes d'eau. Mais il faudrait de nouvelles expériences pour décider la question.

La *résine* α, appelée aussi *rubirétine*, est brune, fond par la chaleur, et donne alors ordinairement un léger sublimé d'alizarine, ainsi qu'une huile brune. Elle se dissout dans les alcalis avec une couleur brun-rouge. Elle a donné à l'analyse :

	Schunck.		
Carbone. . .	67,87	68,19	68,70
Hydrogène..	5,04	5,07	5,38

Suivant M. Schunck, ces résultats s'exprimeraient par la formule $C^{14}H^{6}O^{4}$.

Enfin la *résine* β, dite aussi *vérantine*, constitue une poudre brun rougeâtre, semblable à du tabac à priser ou à du café torréfié. Elle donne par la chaleur un sublimé huileux, sans cristaux. Elle est soluble dans les alcalis. Elle renferme :

	Schunck.			$C^{40}H^{14}O^{14}.$
Carbone. . .	65,39	65,11	66,01	65,57
Hydrogène. .	4,11	4,15	3,99	3,82

M. Schunck représente ces nombres par la formule $C^{14}H^{5}O^{5}$. La formule $C^{40}H^{14}O^{14}$ renferme les éléments de l'alizarine plus de l'eau, $2\ C^{20}H^{6}O^{6} + 2\ HO$.

L'ammoniaque communique une couleur rouge de sang à la solution aqueuse du rubian, mais elle n'y exerce aucune action décomposante, même à l'ébullition.

Les alcalis fixes et bouillants décomposent le rubian. Lorsqu'on y ajoute de la soude caustique, elle le colore immédiatement en rouge de sang ; si l'on verse un acide dans la liqueur, il se produit un précipité jaune-rougeâtre, tandis que la liqueur surnageante devient presque incolore. Si l'on fait bouillir pendant quelque temps le mélange de soude et rubian, il se précipite une poudre pourpre foncé, composée principalement d'une combinaison de soude et d'alizarine, insoluble dans la soude caustique ; la liqueur alcaline, sursaturée par un acide, se décolore presque entièrement, en déposant des flocons orangés, composés principalement d'alizarine, de résines α et β, ainsi que d'une nouvelle substance cristalline[1] (*rubiadine*) ; on trouve également en dissolution dans la liqueur la même substance sucrée, qui se produit par l'action des acides sur le rubian.

La chaux et la baryte précipitent en rouge foncé la solution du rubian ; le précipité est soluble dans l'eau pure. Par l'ébullition, ces alcalis déterminent la même métamorphose que la soude.

La magnésie la colore en rouge foncé.

Le carbonate de chaux et le carbonate de baryte n'agissent pas sur elle.

L'hydrate d'alumine, l'hydrate de peroxyde de fer et l'oxyde de cuivre en extraient presque tout le rubian.

Les solutions alcalines du rubian ne réduisent ni les sels d'argent ni les sels de cuivre, mais elles réduisent les sels d'or.

Le rubian éprouve une transformation semblable à celle que lui font subir les acides et les alcalis, lorsqu'on l'expose à l'action d'une matière azotée particulière (*érythrozyme*) qui existe, suivant M. Schunck, dans la racine de garance. Cette espèce de ferment peut s'extraire si l'on délaye la garance dans de l'eau chauffée à 38°, et qu'on précipite l'extrait aqueux par de l'alcool ; on obtient alors une masse brune, ayant l'aspect de la caséine coagulée. Lorsqu'on ajoute cette matière à une solution de rubian, celle-ci se

---

[1] La *rubiadine* cristallise en aiguilles jaunes, sublimables, insolubles dans l'eau, plus solubles dans l'alcool que la rubianine. L'acide sulfurique concentré la dissout avec une couleur jaune. Les alcalis se comportent avec elle comme avec la rubianine. L'acétate neutre de plomb ne la précipite pas.

Elle a donné à l'analyse : Carbone 71,22 ; hydrogène 4,83.

prend, dans l'espace de quelques heures, en une gelée tremblotante d'un brun clair, renfermant de l'alizarine, des matières résineuses et d'autres produits de décomposition d'une nature peu connue [1]. Les

[1] M. Schunck désigne ces produits sous les noms de *rubiafine*, de *rubiagine* et de *rubiadipine*.

La rubiafine est une substance cristallisant en paillettes jaunes, sublimables. La rubiagine s'obtient en aiguilles microscopiques de couleur citrine; elle ressemble à la rubianine et à la rubiadine. Ces deux substances ont donné à l'analyse :

	Rubiafine.	Rubiagine.
Carbone. . .	69,30	68,10
Hydrogène. .	4,56	5,14

Aux substances précédentes se rattachent aussi la *rubiacine* et l'*acide rubiacique* qui se produisent, suivant M. Schunck, par l'action des sels ferriques sur la rubiafine.

La *rubiacine* est le principe orangé que M. Runge avait admis dans la garance. Elle forme de très-belles tables ou des aiguilles très-brillantes, jaunes, semblables à l'iodure de plomb. Chauffée dans un tube, elle donne une huile qui se concrète par le refroidissement en une masse cristalline, en ne laissant que très-peu de charbon. On peut d'ailleurs la sublimer sans altération. Elle est peu soluble dans l'eau bouillante ; l'alcool la dissout à chaud.

Elle renferme :

Carbone. . .	67,01
Hydrogène. .	3,28

M. Schunck représente ces nombres par les rapports $C^3H^9O^{10}$, qu'il a remplacés récemment par la formule $C^{32}H^{11}O^{10}$. Les deux formules me paraissent également contestables.

La rubiacine se dissout dans l'acide sulfurique concentré avec une couleur jaune; on peut chauffer la solution sans qu'elle se décompose. L'acide nitrique concentré l'attaque à l'ébullition. Lorsqu'on la dissout dans le chlorure ou dans le nitrate ferrique, elle donne une solution rouge brun qui jaunit par l'addition des acides, et dépose des flocons d'acide rubiacique.

Elle se dissout dans les alcalis avec une couleur pourpre; les acides en précipitent des flocons jaunes. La solution ammoniacale précipite les chlorures de calcium et de baryum en rouge sale.

Si l'on ajoute de l'alumine hydratée à une solution alcoolique de rubiacine, l'alumine se teint en orangé, et la solution se décolore; le précipité aluminique se dissout aisément dans la potasse caustique avec une couleur pourpre, et diffère en cela de la combinaison correspondante de l'alizarine. Si l'on introduit une pièce d'étoffe mordancée dans l'eau bouillante, tenant en suspension de la rubiacine, l'étoffe se colore à peine.

L'*acide rubiacique* ne s'obtient pas à l'état cristallisé. L'hydrogène sulfuré le transforme de nouveau en rubiacine. Le sel qu'il donne avec la potasse cristallise en aiguilles couleur brique; il est soluble dans l'alcool; la solution est d'un rouge de sang. Elle précipite la plupart des solutions métalliques. M. Schunck a trouvé dans ce sel de potasse :

Carbone. . .	51,50	51,82
Hydrogène. .	2,29	2,55
Potasse. . .	13,16	

L'acide desséché à 100° a donné les nombres suivants :

Carbone. . .	57,21	57,57
Hydrogène. . .	2,48	2,45

M. Schunck représente ces derniers nombres par les deux formules $C^{31}H^8O^{16}$ et $C^{32}H^9O^{17}$.

Je ne doute pas que des expériences plus complètes et plus précises ne réduisent con-

substances suivantes, à l'état putréfié, le blanc d'œuf, le caséum, la gélatine et la levûre de bière, n'altèrent pas sensiblement le rubian. La solution de l'émulsine, en agissant sur ce corps, produit à la longue un peu d'alizarine.

Le rubian n'est pas une matière colorante dans l'acception propre du mot; il colore à peine les tissus mordancés; il communique une légère teinte orangée aux tissus mordancés à l'alumine, et une teinte brunâtre aux tissus mordancés aux sels de fer.

§ 1754[a]. *Acide rubérythrique.* — Lorsqu'on fait une décoction de garance[1] avec de l'eau bouillante, et qu'on ajoute à l'extrait de l'acétate de plomb neutre, il se produit un précipité violet renfermant, suivant M. Rochleder, de l'alizarine, de la purpurine, une petite quantité de matière grasse, des traces d'acide rubérythrique, de l'acide sulfurique et de l'acide phosphorique.

Le précipité ayant été séparé à l'aide du filtre, on a une liqueur où le sous-acétate de plomb occasionne un nouveau précipité, contenant principalement de l'acide rubérythrique et un autre produit, *l'acide rubichlorique*[2]. On décompose ce précipité par l'hydrogène sulfuré, on enlève par le filtre le dépôt de sulfure, et on le lave; la liqueur filtrée renferme l'acide rubichlorique, une petite quantité d'acide phosphorique, d'acide citrique et d'acide rubérythrique

sidérablement le nombre des nouvelles substances que M. Schunck a obtenues, en même temps que l'alizarine, par la métamorphose du rubian. Il est très-probable que la composition de ces substances est étroitement liée à celle de l'acide phtalique.

[1] M. Rochleder a opéré sur de la garance du Levant.

[2] La plus grande partie de cet acide se trouve en dissolution dans le liquide déjà précipité par le sous-acétate de plomb. En ajoutant de l'ammoniaque à cette liqueur, on obtient un précipité d'abord rose, mais qui devient ensuite presque blanc : c'est du rubichlorate de plomb à l'état impur.

L'acide rubichlorique pur est incolore, insoluble dans l'éther, très-soluble dans l'alcool et dans l'eau ; il est sans odeur et possède une saveur fade. Quand on évapore sa solution au contact de l'air, elle se colore en brun-jaunâtre, et laisse une masse gluante. Au contact des alcalis, l'acide rubichlorique se colore en jaune, mais les acides le rendent de nouveau incolore. Il ne précipite ni par l'eau de baryte ni par l'acétate de plomb neutre; le sous-acétate de plomb le précipite à peine, mais l'acétate de plomb ammoniacal y forme un précipité blanc volumineux.

Le même acide est contenu, suivant M. Willigk, dans les feuilles de la garance, et, selon M. Schwarz, dans les feuilles de l'aspérule odorante.

Lorsqu'on chauffe l'acide rubichlorique avec de l'acide chlorhydrique, la liqueur devient d'abord bleue, puis verte, et il se sépare une poudre vert foncé (*chlororubine*) en même temps qu'il se produit de l'acide formique. Cette poudre verte se dissout dans les alcalis avec une teinte rouge de sang, et se colore à l'air en violet en absorbant de l'ammoniaque et de l'oxygène (?); elle présente beaucoup de rapports avec la chlorogénine de M. Schunck, p. 490.

qui la colore en jaune. La plus grande partie de ce dernier acide
reste avec le sulfure de plomb; on l'en extrait par l'ébullition avec
de l'alcool. Pour purifier l'acide rubérythrique, M. Rochleder,
précipite par la baryte la liqueur alcoolique concentrée, redissout
le sel de baryte dans l'acide acétique étendu, reprécipite par le
sous-acétate de plomb, et décompose par l'hydrogène sulfuré le
sel de plomb délayé dans l'alcool. La solution alcoolique dépose,
par l'évaporation, des cristaux d'acide rubérythrique, qu'on redissout dans une petite quantité d'eau bouillante.

L'acide rubérythrique se dépose sous la forme de prismes
jaunes et soyeux. Il est peu soluble dans l'eau froide, très-soluble
dans l'eau bouillante, l'alcool et l'éther; les solutions sont colorées
en jaune orangé.

Séché à 100° ou dans le vide, l'acide rubérythrique renferme :

Rochleder.

Carbone. . . . 54,54
Hydrogène. . . 5,16
Oxygène. . . . 40,30
————
100,00

M. Rochleder représente les nombres précédents par les rapports
$C^{72}H^{40}O^{40}$, qui me paraissent inacceptables. Il est à remarquer que
la composition de l'acide rubérythrique est très-rapprochée [1] de
celle du rubian (Voy. p. 492).

L'acide rubérythrique se dissout dans les alcalis aqueux avec une
couleur rouge de sang foncée. Sa solution aqueuse est précipitée
par l'eau de baryte en flocons cerise foncé; avec le sous-acétate de
plomb, elle donne un précipité couleur de vermillon, contenant
59,44 p. c. d'oxyde. Lorsqu'on mélange avec de l'alun une solution aqueuse d'acide rubérythrique, et qu'on y ajoute ensuite
de l'ammoniaque, la liqueur se décolore, en même temps qu'il
se précipite une laque qui, lavée et séchée, présente une belle couleur de vermillon.

Si l'on porte l'acide rubérythrique en ébullition avec une solution aqueuse de perchlorure de fer, elle se dissout avec une teinte
brun-rouge foncée.

Lorsqu'on porte à l'ébullition la solution rouge de l'acide rubérythrique dans les alcalis aqueux, elle passe brusquement au pour-

---

[1] M. Rochleder est d'avis que le rubian n'est que de l'acide rubérythrique à l'état impur; cependant la solubilité des deux substances dans l'eau froide n'est pas là même.

pre avec reflet violet; si l'on y ajoute alors un acide, elle précipite de l'alizarine.

Cette dernière substance se produit aussi, en même temps qu'une matière sucrée, par l'ébullition d'une solution aqueuse de l'acide rubérythrique avec de l'acide chlorhydrique.

On remarque que la plupart des réactions attribuées à l'acide rubérythrique par M. Rochleder, sont les mêmes que celles du rubian de M. Schunck.

§ 1755. *Alizarine*, matière colorante rouge ou acide lizarique, $C^{20}H^6O^6 + 4$ aq. (?). — Ainsi qu'on vient de le voir, l'alizarine est un des produits de la décomposition qu'éprouvent le rubian et l'acide rubérythrique sous l'influence des acides, des alcalis et des ferments. Elle a été obtenue pour la première fois par Robiquet et Colin[1], par le traitement direct de la garance d'Alsace.

Suivant ces chimistes, on la prépare de la manière suivante : on met 1 kilogramme de garance en digestion avec 3 kilogrammes d'eau pure à 15 ou 20 degrés, et, au bout de 10 minutes, on passe par une toile. Le liquide, abandonné à lui-même, dans un endroit frais, se prend ordinairement en une espèce de gelée, qu'on fait égoutter sur une toile très-fine. On lave à l'eau ce qui reste sur la toile, on l'exprime, et on le fait bouillir avec de l'alcool absolu. On introduit ensuite le liquide fortement coloré dans une cornue; on fait évaporer le cinquième environ de l'alcool, on ajoute un peu d'acide sulfurique, puis plusieurs litres d'eau. Il se fait ainsi un abondant précipité jaunâtre, qu'on jette sur un filtre après l'avoir lavé à l'eau. Le précipité ayant été desséché, on le sublime dans un tube de verre, à une douce chaleur. On obtient ainsi de longues aiguilles brillantes, de la couleur du chromate de plomb naturel.

Au lieu d'isoler par sublimation l'alizarine contenue dans le précipité jaune, on peut aussi l'extraire en dissolvant ce précipité dans l'éther, et en faisant cristalliser.

MM. Gaultier de Claubry et Persoz font une bouillie épaisse avec de la poudre de garance et de l'eau; ils ajoutent ensuite 90

---

[1] Robiquet et Colin, *Ann. de Chim. et de Phys.*, [2] XXXIV, 225. — Gaultier de Claubry et Persoz, *ibid.*, XLVIII, 69. — Runge, *Journ. f. prakt. Chem.*, V, 362. — Debus, *Ann. der Chem. u. Pharm.*, LXVI, 351. — Schunck, *loc. cit.* — Strecker et Wolff, *loc. cit.* — M. Rochleder a signalé l'extrême analogie de propriétés qui existe entre l'alizarine et *l'acide chrysophanique* qu'on peut extraire du *Parmelia parietina*. (Voy. Troisième partie, § 2016.)

grammes d'acide sulfurique par kilogramme de garance, et portent le mélange à la température de 100 degrés, au moyen d'un courant de vapeur d'eau. Ils laissent ensuite la liqueur s'éclaircir en l'abandonnant à elle-même, la décantent, font égoutter la garance sur un filtre, et la traitent par une dissolution bouillante de carbonate de soude. Par l'addition de l'acide chlorhydrique, la liqueur précipite la matière colorante ; celle-ci est ensuite lavée, et reprise par l'alcool. Après l'évaporation de ce liquide, il reste une matière brun-rouge, à cassure brillante, ayant beaucoup d'analogie avec l'alizarine.

Bien que le procédé précédent ne donne évidemment qu'une substance impure, il prouve que la matière colorante rouge de la garance est soluble dans l'acide sulfurique concentré, et se précipite de cette dissolution par l'addition de l'eau. Cette propriété a été utilisée par Lagier, Robiquet et Colin, pour la préparation de la *garancine*[1]. On donne ce nom, dans les ateliers de teinture, au produit qu'on obtient en traitant, à 100°, par l'acide sulfurique concentré la poudre de garance, préalablement épuisée par l'eau, et lavée de nouveau après avoir été soumise à l'action de l'acide sulfurique. Celui-ci charbonne le ligneux et les matières pectiques contenues dans la racine, et en isole la matière colorante.

Runge indique le procédé suivant pour l'extraction la matière colorante rouge. On lave la garance avec de l'eau à une température de 11 à 16 degrés, et on la fait bouillir pendant une heure avec une dissolution d'alun (pour 4 p. de racine sèche, on prend 12 p. d'alun et 70 p. d'eau). On décante le liquide, et l'on fait bouillir le résidu encore pendant une demi-heure, avec une dissolution de 6 p. d'alun pour 70 p. d'eau. On réunit les deux liqueurs, et on les abandonne à un repos de quatre jours. Il se fait,

---

[1] La *fleur de garance* s'obtient par le lavage et l'expression de la garance ; elle est employée comme la garance, sur laquelle elle a l'avantage de ne point perdre sa force tinctoriale par l'abaissement de la température du bain de teinture. Le lavage de la garance paraît donc avoir pour effet d'enlever la substance (quelque dérivé pectique ?) qui devient insoluble dans ces dernières circonstances.

Le *carmin de garance* se prépare comme la garancine, mais avec plus d'acide sulfurique et à froid ; il donne des teintes bien plus vives encore que celles que fournit la fleur de garance.

La *coloríne* est l'extrait alcoolique de garance, précipité par l'eau ; c'est un mélange de matière colorante et de résine brune.

M. Sacc, à qui je dois les renseignements précédents, fait remarquer qu'avec des mordants de même force on obtient des couleurs d'autant plus vives et plus nourries, que la matière colorante employée est plus pure. (Voy. § 1757.)

pendant ce temps, un dépôt qui renferme la matière rouge, tandis
que la matière purpurine de la garance reste en dissolution. On
fait bouillir ce dépôt, à plusieurs reprises, avec de l'acide chlorhydrique, on le lave, et on le reprend par l'alcool bouillant. La
dissolution, évaporée jusqu'à pellicule, laisse déposer, par le refroidissement, une poudre jaune-orangé qu'on lave à l'alcool froid.
On enlève à cette poudre les dernières traces de matière purpurine qu'elle contient, en la faisant bouillir avec des dissolutions
d'alun, jusqu'à ce que les liqueurs ne se colorent plus. On la fait
finalement cristalliser dans l'éther.

M. Debus fait bouillir, à trois ou quatre reprises, de la garance
de Hollande avec 15 ou 20 fois son poids d'eau, sépare les liquides par filtration, et les fait bouillir pendant quelque temps
avec de l'hydrate de plomb, qui s'empare des matières colorantes.
On sépare celles-ci par l'acide sulfurique ; le précipité, composé de
sulfate de plomb et des matières colorantes, est lavé à l'eau, puis
repris par l'alcool bouillant. On agite ensuite la dissolution alcoolique avec de l'oxyde de zinc, jusqu'à ce que celui-ci ne se colore
plus ; finalement, on porte le tout à l'ébullition. L'oxyde de zinc
se combine avec une partie des matières colorantes, notamment
avec l'alizarine, en donnant un composé insoluble, qu'on lave à
l'alcool. On traite ce composé par l'acide sulfurique étendu, qui
isole les matières colorantes. On dissout celles-ci dans l'éther, et
l'on répète plusieurs fois le traitement par l'oxyde de zinc. Enfin,
après avoir de nouveau décomposé le précipité zincique par l'acide
sulfurique dilué, on traite les matières colorantes par une dissolution bouillante d'alun ; l'alizarine se dépose par le refroidissement
de la liqueur, tandis que la purpurine reste en dissolution.

Comme l'alizarine ne préexiste pas (en totalité du moins) dans
la garance, il est sans doute préférable d'en extraire d'abord le
rubian, par le traitement à l'eau chaude (ou l'acide rubérythrique,
par le procédé de M. Rochleder, p. 496), et de faire bouillir l'extrait aqueux avec de l'acide sulfurique ou chlorhydrique étendu.
Suivant M. Schunck, il se précipite ainsi des flocons orangés,
contenant toute l'alizarine, ainsi que de la rubianine et deux résines α et β. On effectue de la manière suivante la séparation de
ces quatre substances[1] : on traite le précipité par l'alcool bouillant,

---

[1] Voy. p. 495, les caractères des substances étrangères qui accompagnent l'alizarine,
suivant M. Schunck.

on filtre la liqueur bouillante, et l'on traite le résidu par de nouvel alcool, tant que celui-ci prend une teinte jaune foncée. On a ainsi un résidu composé en grande partie de rubianine ; on continue de le traiter par l'alcool bouillant, jusqu'à ce qu'il soit entièrement dissous ; les solutions alcooliques de ces derniers traitements déposent, par le refroidissement, des aiguilles soyeuses et citronnées de rubiacine ; si les cristaux n'étaient pas d'un jaune franc, il faudrait les traiter par l'acétate de plomb qui en précipiterait la résine β. Si l'on ajoute ensuite de l'acétate d'alumine à la liqueur alcoolique, d'où la rubianine s'est déposée, on en précipite toute l'alizarine, avec une partie de la résine β, sous la forme d'une poudre rouge foncé. On lave celle-ci à l'alcool, tant qu'il est coloré, et on la décompose par l'acide chlorhydrique ; l'alizarine et la résine β se séparent ainsi à l'état de flocons rouges. Ceux-ci ayant été lavés à l'eau, on les fait redissoudre dans l'alcool, et l'on ajoute à la solution de l'acétate de cuivre ; la résine β se précipite ainsi sous la forme d'une poudre brun-rougeâtre, tandis que l'alizarine reste en dissolution dans la liqueur cuivrique ; finalement on ajoute de l'acide chlorhydrique à cette dernière pour en précipiter l'alizarine. Cette substance ayant été lavée à l'eau, on la fait cristalliser dans l'alcool. Quant à la résine α, elle est contenue dans la liqueur, séparée par le filtre du précipité aluminique qui a servi à isoler l'alizarine et la résine β.

Higgin prépare l'alizarine en mêlant avec un poids égal de craie le précipité produit par les acides dans l'eau qui a servi à épuiser la garance ; il épuise ensuite ce mélange par l'eau bouillante. L'alizarine reste sur le filtre, à l'état de combinaison avec la chaux. On l'en sépare en faisant digérer cette combinaison dans l'acide chlorhydrique faible, et on la fait cristalliser dans l'alcool.

§ 1755. L'alizarine se présente sous deux formes, suivant qu'elle est hydratée ou anhydre. Lorsqu'elle renferme de l'eau de cristallisation, elle forme des paillettes semblables à l'or musif ; anhydre, elle constitue des prismes rouges, tirant plus ou moins sur le jaune, suivant la grosseur des cristaux.

Chauffée dans un tube, elle fond et dégage des vapeurs jaunes qui se condensent sur les parties froides sous la forme de petites aiguilles orangées. Les cristaux hydratés perdent de l'eau déjà au-dessous de 100°, en devenant opaques et d'un rouge plus foncé. Ce n'est ensuite qu'à 215° qu'ils commencent à se sublimer. La matière sublimée a la même composition que l'alizarine séchée à 100°; quelque soin qu'on prenne toutefois dans la sublimation, il reste toujours un abondant résidu de charbon.

Elle est peu soluble dans l'eau bouillante; l'alcool et l'éther la dissolvent avec une couleur jaune.

L'analyse de l'alizarine a donné les résultats suivants :

Alizarine cristallisée, $C^{20}H^6O^6 + 4$ aq. (Strecker).

	Schunck.			Calcul.
Carbone.	56,97	56,94	57,02	57,14
Hydrogène. . . .	4,19	5,13	5,87	4,76
Oxygène.	»	»	»	38,10
				100,00
Eau de cristallis.	18,33	17,65	17,77	17,1

Alizarine[1] desséchée à 100 — 120° ou sublimée, $C^{20}H^6O^6$.

	Robiquet.	Schunck.						Debus.	Rochleder.	Calcul.
		a	a	b	c	d	e			
Carbone. .	69,72	69,48	69,75	69,1	69,1	69,6	69,4	68,95	68,98	67,95	68,96
Hydrogène.	5,74	5,75	5,71	4,4	4,4	4,5	4,1	5,79	5,78	5,77	5,45
Oxygène. .	»	»	»	»	»	»	»	»	»	?	27,59
											100,00

M. Schunck admet pour l'alizarine cristallisée les rapports $C^{14}H^5O^4 + 3$ aq. qui me paraissent inacceptables.

L'acide chlorhydrique n'altère pas l'alizarine. L'acide sulfurique concentré la dissout avec une couleur brune, et ne l'altère pas à chaud; la solution est précipitée par l'eau en flocons d'un orangé foncé.

L'acide nitrique étendu la dissout à l'ébullition en dégageant des vapeurs rouges; il se produit ainsi de l'acide phtalique, et probablement aussi de l'acide oxalique :

$$C^{20}H^6O^6 + 2\,HO + 8\,O = C^{16}H^6O^8 + C^4H^2O^8.$$

Alizarine.   Ac. phtaliq.   Ac. oxaliq.

Suivant M. Schunck, le chlorure et le nitrate ferriques convertiraient également l'alizarine en acide phtalique, à la température de l'ébullition.

Lorsqu'on fait passer du chlore dans l'alizarine en suspension dans l'eau, la couleur de cette substance passe au jaune; le produit se dissout dans les alcalis sans les colorer beaucoup, et donne par la chaleur un sublimé incolore.

---

[1] a Alizarine sublimée; b id. préparée directement par la garance et desséchée à 100°; c id. préparée par l'action des alcalis sur le rubian; d id. préparée par la fermentation du rubian; e id. préparée par l'action des acides sur le rubian.

L'alizarine se dissout dans les alcalis caustiques et carbonatés avec une belle couleur pourpre foncée ; les acides l'en reprécipitent en flocons orangés.

Sa solution dans l'ammoniaque perd par l'évaporation tout l'alcali ; elle donne par le chlorure de baryum et le chlorure de calcium de beaux précipités pourpres, presque noirs après la dessiccation. L'alizarine se combine d'ailleurs si facilement avec la chaux et la baryte, que l'eau de chaux et de baryte décolorent entièrement sa solution dans la potasse, en donnant les mêmes précipités. Ceux-ci paraissent renfermer :

Combinaison de chaux. $2 C^{20}H^6O^6, 3 (CaO, HO)$,

Combinaison de baryte. $2 C^{20}H^6O^6, 3 (BaO, HO)$,

Id. une autre. . $C^{20}H^6O^6, 2 (BaO, HO)$.

Une solution alcoolique d'alizarine est décolorée par l'alumine ; celle-ci se transforme en une belle laque rouge.

Une solution ammoniacale d'alizarine donne, avec les sels de magnésie, de fer (ferreux et ferriques), de cuivre et d'argent, des précipités pourpres, ayant un reflet rouge ou bleuâtre. Le précipité argentique se réduit au bout d'un certain temps.

Une solution alcoolique d'alizarine est précipitée en pourpre par une solution alcoolique d'acétate de plomb ; le précipité renferme 49,12—49,79 p. c. d'oxyde de plomb, c'est-à-dire $2 C^{20}H^5 PbO^6, PbO$.

Le chlorure d'or n'est réduit par l'alizarine qu'après l'addition de la potasse.

§ 1756. *Purpurine*[1], principe pourpre, matière colorante rose, acide oxylizarique, $C^{18}H^6O^6 + aq. (?)$. — Cette substance paraît être un produit de décomposition de l'alizarine. En effet, MM. Strecker et Wolff, ayant fait fermenter de la garance avec de la levure de bière pendant quelques mois, ont pu en extraire ensuite beaucoup de purpurine, tandis qu'il n'y avait plus une trace d'alizarine.

M. Schunck conteste l'existence de la purpurine comme principe particulier ; il prétend que ce n'est que de l'alizarine rendue impure par une certaine quantité de résine β. Il est vrai de dire que les caractères de l'alizarine et de la purpurine sont extrêmement semblables.

[1] ROBIQUET et COLIN , *Ann. de Chim. et de Phys*, LXIII , 306. (Voy. aussi les sources citées p. 498.)

Pour préparer la purpurine, Robiquet et Colin font bouillir la garance, préalablement lavée à l'eau, dans une solution d'alun ; la purpurine se dissout ; on la précipite par l'acide sulfurique, et on la fait cristalliser dans l'éther.

Runge précipite par l'acide sulfurique la solution alunique, dont l'alizarine s'est séparée pendant le refroidissement, fait bouillir à plusieurs reprises le précipité dans l'eau, à laquelle il ajoute à la fin un peu d'acide chlorhydrique, et, après l'avoir séché, il le fait cristalliser dans l'alcool à 85 ou 90 p. cent. Il purifie le produit par des cristallisations répétées dans l'alcool et par une dernière cristallisation dans l'éther.

MM. Gaultier de Claubry et Persoz épuisent la garance par une lessive de carbonate de soude, puis la font bouillir avec une dissolution d'alun. Ils précipitent la matière colorante par l'acide sulfurique faible, et la reprennent par l'alcool. En évaporant cette dernière solution, ils obtiennent un résidu qui se compose presque exclusivement de purpurine.

Debus extrait la purpurine en traitant par l'acide sulfurique faible les solutions aluniques, desquelles s'est séparée l'alizarine par refroidissement, et fait ensuite bouillir avec de l'acide chlorhydrique étendu le précipité qui s'est formé après 12 ou 14 heures, afin de le débarrasser de l'alumine qu'il retient. Il le lave ensuite à l'eau, et le fait cristalliser dans l'alcool, à plusieurs reprises.

L'aspect de la purpurine varie suivant les circonstances où elle a cristallisé. Dans l'alcool concentré, elle cristallise sous la forme d'aiguilles rouges ; dans l'alcool faible, elle se dépose à l'état de fines aiguilles orangées, comme feutrées après la dessiccation. Les cristaux orangés contiennent 1 atome d'eau 4,8 p. c. calcul, 5,2 p. c.), qu'ils perdent à 100°, en prenant une couleur rouge.

La purpurine [*] desséchée à 120° paraît renfermer $C^{18}H^6O^6$ (Strecker) :

	Debus.			Calcul.
Carbone. . .	66,23	66,38	66,59	66,67
Hydrogène. .	3,73	3,87	3,87	3,70
Oxygène. . .	»	»	»	29,63
	100,00	100,00	100,00	100,00

[*] M. Rochleder admet la formule $C^{60}H^{20}O^{20}$.

Cette substance est plus soluble dans l'eau que l'alizarine, et s'y dissout avec une couleur rougeâtre. L'alcool et l'éther la dissolvent également; sa solution dans l'alcool est aussi plus rouge que celle de l'alizarine. Elle fond par la chaleur, et se sublime en laissant ordinairement un résidu de charbon.

Une solution bouillante d'alun dissout assez facilement la purpurine en se colorant en rouge clair; la plus grande partie de la purpurine reste dissoute dans la liqueur réfroidie.

L'acide sulfurique concentré dissout aussi la purpurine; il en est de même de l'acide sulfurique fumant, qui ne la décompose que si l'on chauffe la solution à 200°. L'acide nitrique attaque plus difficilement la purpurine que l'alizarine; il se produit par l'ébullition de l'acide phtalique et de l'acide oxalique.

Les alcalis dissolvent également la purpurine. Suivant MM. Strecker et Wolff, la solution de la purpurine dans la potasse peut aisément se distinguer d'une solution d'alizarine dans la même liqueur, en ce que la première est d'un rouge cerise ou écarlate, et n'offre pas le reflet bleu que présente la solution de l'alizarine. Dissoute dans l'ammoniaque, la purpurine donne avec les sels de chaux et de baryte des précipités couleur pourpre, dont la nuance est également différente de celle des précipités qu'on obtient avec l'alizarine. Une solution concentrée de carbonate de soude ne dissout pas la purpurine à froid; celle-ci s'y dissout par l'ébullition, mais elle se dépose de nouveau par le refroidissement.

Une solution alcoolique d'acétate de plomb donne avec la purpurine un précipité pourpre, contenant 46,62 p. c., d'oxyde de plomb.

Lorsqu'on dissout dans la potasse caustique un mélange d'alizarine et de purpurine, et qu'on ajoute du sulfate ferreux à la liqueur, le mélange abandonné dans un vase bouché dépose un précipité noir. La liqueur surnageante est colorée en jaune brunâtre; si on l'expose à l'air, elle prend immédiatement une belle couleur rouge de sang. L'addition de l'acide chlorhydrique à cette liqueur en précipite des flocons de purpurine. D'après M. Rochleder, qui rapporte ce fait, la purpurine pourrait se réduire comme l'indigo, et se régénérer comme lui par l'absorption de l'oxygène.

§ 1757. En présence des opinions contradictoires qui ont été émises sur la nature de la purpurine, il est très-difficile de savoir si,

dans la teinture à la garance, l'alizarine est réellement, comme
l'admet M. Schunck, la seule substance qui intervienne par son
pouvoir tinctorial, ou s'il faut attribuer ce rôle à la fois à l'alizarine et
à la purpurine.

Robiquet et Colin, ainsi que M. Schunck, admettent qu'on peut
obtenir avec l'alizarine pure toutes les nuances qu'on produit à
l'aide de la garance. Suivant M. Runge, on peut avec la purpurine
seule obtenir sur les étoffes des couleurs très-brillantes et très-
stables; cette observation a été entièrement confirmée par
M. Strecker.

G. Schwartz est d'avis que la différence des teintes produites
avec la garance est due, non à l'intervention de matières colorantes différentes, mais bien à la diversité des mordants. Cet industriel est parvenu, en effet, en isolant la matière colorante d'une
étoffe teinte en rouge d'Andrinople, à teindre en violet avec cette
couleur; de même il a fait des teintures roses avec la matière séparée d'une étoffe teinte primitivement en violet, ainsi que des
teintures violettes ou rouges avec la matière provenant d'étoffes
roses.

D'après M. Runge une solution alcoolique d'alizarine communique aux tissus non mordancés une couleur analogue à celle de la
rouille, laquelle passe à une belle teinte lilas sous l'influence des
alcalis caustiques, et notamment de la baryte. Mais ces nuances n'ont
aucune stabilité.

M. Runge prétend, en outre, que l'alizarine pure donne avec
les mordants d'alumine une couleur rouge sombre, sans éclat, que
l'eau de son rend encore plus foncée, et qui devient beaucoup plus
vive par l'addition d'une certaine quantité de chaux ou de craie.
Robiquet et M. Schunck affirment, au contraire, tous les deux, que
la nuance ainsi obtenue est aussi belle que celle que donne la garance, et que l'addition de la chaux ou de la craie en diminue
considérablement l'éclat, et peut même empêcher complétement la
fixation de la matière colorante.

Avec les mordants d'étain, de plomb et de cuivre, l'alizarine ne
donne, suivant M. Runge, que des couleurs mal définies; avec les
mordants de fer, elle donne au contraire une belle nuance lilas.

Suivant le même chimiste, le savon attaque fortement la teinture à l'alizarine, faite sans addition de craie, tandis qu'il est sans
action sur la teinture faite par l'intermédiaire de cette substance.

Le carbonate de soude rend la couleur plus belle dans les deux cas ; l'eau de son n'a aucune influence.

La purpurine, selon M. Runge, donne au coton non mordancé une couleur rose que les alcalis font passer au rouge ; au coton mordancé d'alumine, une couleur qui varie du rouge vif au brun-rouge foncé. Un peu d'eau de son donne de la vivacité à la teinte ; une trop grande quantité l'altère. L'addition de la craie est toujours nuisible ; elle peut même empêcher la fixation de la teinte. La purpurine ne peut, à elle seule, produire le rouge d'Andrinople ; la nuance qu'elle donne avec les mordants employés pour produire cette teinte, tire toujours un peu sur le bleu. M. Strecker énonce sur ce dernier point une opinion tout opposée.

Suivant M. Runge, la purpurine donne une couleur rose avec les mordants d'étain, ponceau avec les mordants de plomb, rouge-brun avec les mordants de cuivre, violette avec les mordants de fer. Le savon, les lessives de carbonate de soude, l'eau de son, ne font pas varier sensiblement les couleurs rouges que donne la purpurine ; la lumière ne leur fait pas non plus subir d'altération notable.

Suivant M. Sacc[1], la matière colorante de la garance est fugace tant qu'elle n'a pas subi l'action d'une température de $50°$ c. En effet, si l'on applique, sur une toile mordancée, de la colorine[2] dissoute dans l'ammoniaque, et qu'on expose l'étoffe à l'air humide, elle se teint parfaitement ; si l'on se borne à la laver ensuite dans l'eau froide, les teintes virent au jaune par le contact des acides, et au violet par celui des alcalis ; cet effet n'a plus lieu si l'étoffe a été passée à l'eau chaude. Suivant le même chimiste, le papier imbibé de teinture de garance est un réactif extrêmement sensible pour les acides et les alcalis : il décèle immédiatement l'acide carbonique.

Enfin, selon M. Sacc, la craie qu'on introduit dans les bains de teinture n'a d'autre utilité que de saturer les acides libres de la garance ; dès que la craie s'y trouve en excès, elle absorbe et fixe la matière colorante, ce qui, contrairement à l'opinion généralement reçue, doit occasionner des pertes de cette matière.

La matière colorante de la garance a une grande tendance à s'unir à l'albumine au moment de la coagulation. Elle se combine

---

[1] Sacc, *Communication particulière.*
[2] Voy. la note, p. 499.

avec le phosphate de chaux, lorsqu'on précipite celui-ci d'un liquide contenant en même temps de l'albumine. On a également remarqué que lorsqu'on mélange de la garance aux aliments des animaux, leurs os et même leur lait se colorent peu à peu en rouge; cette coloration disparaît dès que les animaux cessent de recevoir de la garance.

VIII.

GROUPE INDIGOTIQUE.

§ 1758. Les combinaisons composant ce groupe résultent toutes de l'*indigo* naturel, et n'ont pas encore été produites avec d'autres substances organiques. Elles sont toutes azotées et n'ont pas leurs semblables jusqu'à présent.

La matière première avec laquelle s'obtiennent les composés indigotiques, c'est l'indigo blanc : cette substance, sous l'influence des agents chimiques, donne l'indigo bleu et une foule d'autres composés remarquables, dont voici les principaux :

Indigo blanc. .	$C^{32}H^{12}N^2O^4$	$= 2$ at. d'indigo bleu $+$ H^2.
Indigo bleu. .	$C^{16}H^5\ N\ O^2$	
Isatine.	$C^{16}H^5\ N\ O^4$	$= 1$ at. d'indigo bleu $+$ O^2.
Acide isatique.	$C^{16}H^7\ N\ O^6$	$= 1$ at. d'isatine $+ 2\ HO$.
Isathyde. . . .	$C^{32}H^{12}N^2O^8$	$= 2$ at. d'isaline $+$ H^2.
Indine.	$C^{32}H^{10}N^2O^4$	$=$ polymère de l'indigo bleu.
Hydrindine. .	$C^{64}H^{24}N^4O^8(?)$	$= 2$ at. d'indine $+$ H^2.

Les termes précédents donnent naissance à des dérivés chlorés, bromés, sulfureux, sulfuriques, ammoniacaux, etc.

L'indigo blanc passe à l'état d'indigo bleu par les agents d'oxydation; réciproquement, l'indigo bleu régénère de l'indigo blanc par les agents de réduction. Certains agents d'oxydation, comme l'acide nitrique ou l'acide chromique, fixent de l'oxygène sur l'indigo bleu et le transforment en isatine. Les alcalis hydratés convertissent l'isatine en acide isatique; les agents réducteurs la changent en isathyde par une fixation d'hydrogène. L'isatine et l'isathyde présentent entre elles les mêmes rapports de composition que l'indigo bleu et l'indigo blanc. Enfin l'indine et l'hydrindine, deux produits de décomposition de l'isathyde, paraissent être des isomères multiples de l'indigo bleu et de l'indigo blanc.

Si, en se basant sur leurs métamorphoses, on essaye de rapporter les composés précédents aux types généraux, métal, oxyde, etc., on trouve que le groupement ou radical $C^{16}H^5NO^2 =$ In^2 (*indyle*) est l'équivalent de H^2; ce groupement est indivisible comme celui qui est contenu dans les acides bibasiques. Dans cet ordre d'idées, l'indigo bleu devient le métal du radical indyle[1], et l'on a :

Hydrure d'indyle, ou indigo blanc. . . $\left.\begin{matrix}In\\In\end{matrix}\right|$, $\left.\begin{matrix}In\\In\end{matrix}\right|^2$ $\left.\begin{matrix}H\\H\end{matrix}\right|$

Indyle, ou indigo bleu. . . . . $\left.\begin{matrix}In\\In\end{matrix}\right|$

Oxyde d'indyle ou isatine. . . . . . . $\left.\begin{matrix}InO\\InO\end{matrix}\right|$,

Oxyde d'indyle et d'hydrogène, ou acide isatique. . . . . $\left.\begin{matrix}InO\\InO\end{matrix}\right|$ $\left.\begin{matrix}HO\\HO\end{matrix}\right|$

Combinaison d'hydrogène et d'oxyde, d'indyle ou isathyde. . . . . $\left.\begin{matrix}InO\\InO\end{matrix}\right|$ $\left.\begin{matrix}InO\\InO\end{matrix}\right|$, $\left.\begin{matrix}H\\H\end{matrix}\right|$

Combinaison de 2 moléc. d'indyle[2], ou indine. . . . . $\left.\begin{matrix}In\\In\end{matrix}\right|$, $\left.\begin{matrix}In\\In\end{matrix}\right|$

Les composés indigotiques se rattachent par leurs métamorphoses aux composés salicyliques (§ 1572), quinoniques (§ 1456) et phéniques (§ 1336). En effet, l'acide salicylique, l'acide nitrosalicylique, la perchloroquinone, l'acide picrique et l'aniline s'obtiennent fréquemment, dans les réactions énergiques, lorsqu'on traite les composés indigotiques par l'hydrate de potasse, l'acide nitrique ou un mélange d'acide chlorhydrique et de chlorate de potasse. Mais, le groupement indyle étant une fois détruit, on ne peut régénérer aucun composé indigotique au moyen de ces produits de décomposition.

[1] Les dérivés ammoniacaux de l'isatine représentent des azotures d'indyle (voy. § 1717).

Lorsqu'on chauffe légèrement l'isatine avec du perchlorure de phosphore, on obtient de l'oxychlorure de phosphore, et une matière brun-rouge qui paraît être le *chlorure d'indyle* In^2Cl^2.

[2] L'indine présente avec l'indyle (indigo bleu) des rapports semblables à ceux qui existent entre le paracyanogène et le cyanogène.

INDIGO BLANC.

Syn : indigogène, indigo désoxygéné ou réduit.

Composition : $C^{32}H^{12}N^2O^4 = 2\ C^{16}H^5NO^2, H^2$.

§ 1759. Le suc des feuilles de différentes espèces du genre *Indigofera* (*I. tinctoria*, *I. disperma*, *I. argentea*, *I. anil*) renferme en dissolution une substance incolore, qui a la propriété de se décomposer au contact de l'air en devenant bleue, et à laquelle ces plantes doivent leurs propriétés tinctoriales. En Amérique et dans les Indes orientales, on récolte les feuilles des indigotiers, et on les abandonne, dans l'eau, à la fermentation; de cette manière, la substance incolore et soluble, en devenant bleue et insoluble, se dépose dans le liquide, avec plusieurs autres matières étrangères : c'est ce produit qui constitue l'indigo du commerce[1].

Les indigotiers ne sont pas les seules plantes qui donnent ce principe colorant. Le laurier-rose des teinturiers (*Nerium tinctorium*), la renouée des teinturiers (*Polygonum tinctorium*), le pastel (*Isatis tinctoria*) peuvent aussi fournir de l'indigo, et, dans plusieurs contrées du globe, on utilise ces végétaux à l'extraction de cette substance, ou on les emploie directement pour la teinture en bleu. La même matière colorante paraît être contenue dans le suc de plusieurs orchidées[2] de la zone torride, telles que *Tankervillia cautonensis*, différentes espèces de *Limodorum*, etc., ainsi que dans le suc d'*Asclepias tingens*, *Marsdenia tinctoria*, *Spilanthus tinctorius*, etc.; du moins, lorsqu'on coupe une branche ou une feuille d'une de ces plantes, le suc qui suinte de la face coupée se colore en bleu au contact de l'air.

La transformation de l'indigo incolore en indigo bleu se conçoit, si l'on considère que l'indigo incolore renferme les mêmes éléments que l'indigo bleu plus de l'hydrogène; c'est cet excédant d'hydrogène qui est enlevé à l'état d'eau, lorsque l'air ou d'autres

[1] CHEVREUL, *Journ. de Phys.*, LXV, 309; LXVI, 369. *Ann. de Chimie*, LXVI, 8; LXVIII, 284. — CRUM, *Journ. f. Chem. u. Phys.*, de Schweigger, XXXVIII, 22. — RUNGE, *Neues Journ. d. Pharm.* de Trommsdorff, VII, 1,72. — DALTON, *Philos. Magaz.*, LXV, 122. — LE ROYER et DUMAS, *Journ. de Pharm.*, VIII, 377. — LIEBIG, *Magaz. f. Pharm.*, XVIII, 192. — BERZÉLIUS, *Ann. de Poggend.*, X, 105, 217, *Ann. de Chim. et de Phys.*, XXXVI, 210. — URE, *Ann. de Chim. et de Phys.*, XXIII, 388. — DUMAS, *ibid.* [3] II, 202.

[2] BUCHNER, *Repert. d. Pharm.*, VII, 1, et *Pharm. Centralbl.*, 1845, p. 207.

agents oxygénants transforment l'indigo blanc en indigo bleu :

$$2\ C^{16}H^5NO^2,H^2 + O^2 = 2\ C^{16}H^5NO^2 + 2\ HO.$$

Indigo blanc.   Indigo bleu.

La réaction inverse, la transformation de l'indigo bleu en indigo blanc, peut aussi s'effectuer avec la plus grande facilité au moyen des agents réducteurs; on l'exécute en grand, dans les ateliers de teinture, au moyen de l'opération dite de la *cuve* (§ 1762). On a même recours à cette opération pour la préparation, à l'état de pureté, de l'indigo blanc et de l'indigo bleu.

Pour isoler l'indigo blanc, il faut observer une foule de précautions qui empêchent l'oxydation prompte de cette substance. M. Dumas effectue la réduction de l'indigo bleu dans un petit tonneau d'une capacité d'environ 100 litres, et dont le fond supérieur est percé d'un trou assez large pour l'introduction et l'agitation des matières; ce trou est fermé au moyen d'un bouchon en bois recouvert de papier collé. On introduit dans le tonneau $^1/_2$ kilogr. d'indigo avec la chaux et le sulfate de fer nécessaires, puis on le remplit d'eau tiède. Au bout d'un ou de deux jours, on enlève le bouchon, et, à l'aide d'un siphon rempli d'eau récemment bouillie, on détermine l'écoulement du liquide; celui-ci est reçu dans des flacons de 3 à 4 litres pleins d'acide carbonique. Quand un de ces flacons est à peu près plein, on y verse de l'acide chlorhydrique étendu et bouillant, de manière à le remplir tout à fait de liquide; on bouche le flacon, et on le place aussitôt dans une cuve pleine d'eau, où il reste entièrement submergé. Ceci a pour effet d'empêcher entièrement l'accès de l'air aux flocons d'indigo blanc, précipités par l'acide chlorhydrique. Lorsque l'indigo blanc s'est déposé, il suffit de retirer les flacons, d'en extraire le liquide clair au moyen d'un large siphon, et de jeter le dépôt sur un filtre. Dès que celui-ci l'a reçu, on place l'entonnoir sous une cloche dans laquelle on maintient un courant d'acide carbonique ou d'hydrogène; cette précaution n'est pas rigoureusement indispensable, car, à mesure que l'indigo blanc prend une certaine cohésion par un repos de deux ou trois jours, il abandonne très-vite l'eau qui le mouille, et peut alors se laver promptement sans s'oxyder. Les lavages doivent être faits avec de l'eau longuement bouillie et refroidie complétement dans des flacons fermés et immergés sous l'eau; si on lavait à l'eau chaude, l'oxydation de l'indigo blanc s'effectuerait promptement par le moindre contact de l'air. La

matière étant lavée et encore humide, on retire le filtre, on l'é-
tale sur une plaque de verre, et on la porte dans le vide d'une
bonne machine. Quand elle sèche, il faut se garder de faire rentrer l'air dans la cloche, mais on y fait arriver de l'acide carbonique.

L'indigo blanc ainsi préparé est chimiquement pur. Il se présente sous la forme d'une masse cohérente, blanc grisâtre, douée
d'un certain éclat soyeux; il est sans odeur ni saveur, et n'exerce
aucune action sur le tournesol. Exposé à l'air, il bleuit bientôt à
la surface, il faut néanmoins plusieurs jours pour que la masse entière soit bleue; il se colore même à la longue, d'abord en vert,
puis en bleu, dans des vases bouchés. Il est entièrement insoluble
dans l'eau, mais il se dissout avec une teinte jaune dans l'alcool et
dans l'éther; les solutions se troublent au contact de l'air, en déposant de l'indigo bleu.

Lorsqu'on chauffe doucement l'indigo blanc sec au contact de
l'air, toute la masse bleuit instantanément, en se transformant en
indigo bleu; si l'on chauffe plus fort, cette dernière substance se
volatilise sous la forme de vapeurs pourpres. Chauffé dans le vide,
il donne une trace d'eau, un léger sublimé d'indigo bleu, et un
abondant résidu de charbon.

Les acides étendus ne se combinent pas avec l'indigo blanc.

L'acide sulfurique fumant le dissout avec une couleur pourpre
foncée; si l'on étend d'eau la solution, elle devient bleue et renferme alors de l'acide sulfindigotique.

L'acide nitrique pris en petite quantité bleuit immédiatement
l'indigo blanc; un excès d'acide détruit la couleur bleue.

Les alcalis, les alcalis terreux et les carbonates alcalins dissolvent l'indigo blanc en donnant des liqueurs jaunes, qui déposent
promptement de l'indigo bleu au contact de l'air. La solution de
l'indigo blanc dans l'ammoniaque est quelquefois colorée en vert,
et contient alors une petite quantité d'indigo bleu.

§ 1760. Les solutions alcalines de l'indigo blanc sont précipitées
par les solutions métalliques; les précipités, quand ils sont incolores, bleuissent à l'air plus promptement que l'indigo blanc; à
l'état sec, quelques-uns d'entre eux donnent des sublimés cristallins d'indigo bleu.

Ces précipités qui ont été examinés par Berzélius représentent
des dérivés métalliques de l'indigo blanc. On n'en connaît pas la

composition, car ils ne peuvent pas s'isoler à l'état pur et sec. On peut les obtenir en abandonnant des sels métalliques cristallisés avec la solution concentrée de l'indigo blanc, dans des flacons bouchés.

Il existe deux *sels de chaux*, l'un soluble dans l'eau, l'autre très-peu soluble dans ce liquide. Ce dernier sel se produit, dans les cuves à la couperose lorsqu'on opère avec un excès de chaux, et occasionne alors des pertes d'indigo ; il est aisé d'en séparer, par décantation, le sulfate de chaux et l'oxyde de fer formés en même temps, attendu qu'il se dépose plus vite que ces deux produits ; il se colore à l'air d'abord en vert, puis en bleu clair.

. Le *sel de magnésie* est fort peu soluble dans l'eau, et se précipite lorsqu'on ajoute du sulfate de magnésie cristallisé à une solution d'indigo blanc.

Le *sel d'alumine* est un précipité blanc qui bleuit promptement ; lorsqu'on le chauffe sur une lame de platine, il se volatilise très-vite de l'indigo bleu.

Le *sel de zinc* se précipite au moyen de l'acétate de zinc.

Le *sel de cobalt* est un précipité vert qui, chauffé à l'état sec, ne donne pas de sublimé d'indigo bleu.

Le *sel de cuivre* ne peut pas s'obtenir. Lorsqu'on ajoute une solution de cuivre à une solution alcaline d'indigo blanc, il se produit un précipité de protoxyde de cuivre ; en présence de l'acide sulfurique libre, les sels de cuivre sont réduits à l'état métallique.

Le *sel de fer* qu'on obtient avec les sels ferreux est blanc, et ne donne pas de sublimé d'indigo bleu par la chaleur. Le sulfate ferrique neutre donne une combinaison brun-noir, qu'un excès de sel ferrique rend immédiatement bleue. Ainsi, tandis que dans certaines circonstances les sels ferreux font passer l'indigo bleu à l'état d'indigo blanc, les sels ferriques peuvent déterminer la transformation inverse et convertir l'indigo blanc en indigo bleu.

Le *sel de manganèse* est un précipité vert (blanc ?) qui ne donne pas de sublimé d'indigo bleu par la chaleur.

Le *sel d'étain* (stanneux) est un précipité blanc.

Le *sel de plomb* est un précipité blanc, légèrement cristallin ; soumis à l'action de la chaleur, il se décompose avec une légère explosion, en donnant du plomb métallique.

Le *sel d'argent* est un précipité d'abord blanc, puis noir, qu'on

obtient avec le nitrate d'argent; ce précipité se comporte comme
le sel de plomb sous l'influence de la chaleur.

Indigo bleu.

Syn : indigotine, indigo oxygéné.

Composition : $C^{16}H^5NO^2$.

§ 1761. Cette substance[1] était connue aux Indes avant l'ère
chrétienne; les Égyptiens l'ont également employée, car on a
trouvé des momies[2] entourées de bandettes bleues, dont la couleur présentait tous les caractères de l'indigo. Dioscoride et
Pline en font mention sous les noms de ἰνδικόν et *indicum*. Les
Romains n'en ont fait usage que pour la peinture, car ils ne con-
naissaient pas le moyen de le dissoudre. On attribue généralement
l'introduction en Italie de l'art de teindre les étoffes par l'indigo
aux juifs qui exerçaient ce métier dès le moyen âge dans le Levant. Ce sont les Hollandais qui les premiers, au dix-septième
siècle, ont importé des Indes en Europe des quantités d'indigo
considérables.

Avant l'époque où cette substance arriva sur les marchés d'Europe, c'est avec le pastel qu'on obtenait les nuances bleues sur
les tissus; cette plante, ainsi que nous l'avons déjà dit (§ 1759),
contient aussi de l'indigo blanc que l'oxydation convertit en indigo
bleu, mais elle en est beaucoup moins riche que les indigotiers;
aussi sa culture, autrefois extrêmement répandue, ne s'est guère
conservée en France qu'aux environs d'Albi et dans quelques can-
tons de la basse Normandie, où elle est connue sous le nom de
vouède; on ne s'en sert plus que pour monter les cuves dites *au
pastel*, dans lesquelles on la mêle avec l'indigo.

L'indigo se prépare avec le suc des feuilles des indigotiers, où il
est contenu à l'état d'indigo blanc; ces plantes sont particulièrement cultivées dans les Indes orientales, en Chine, à l'Ile de France,
dans l'Amérique septentrionale, au Mexique, au Brésil, en
Égypte, etc. Lorsque les indigotiers sont en pleines fleurs, on les
fauche à plusieurs centimètres de terre, puis on les met à macérer

---

[1] Voy. les sources citées, p. 510.
[2] GIRARDIN, *Leçons de Chim. élément.*, 3ᵉ édit., p. 697. *Journ. de Chim. médic.,*
1838, p. 224.

dans l'eau pendant quelques heures. Une sorte de fermentation s'établit alors dans la masse ; le liquide, jaune d'abord, passe peu à peu au vert foncé ; la température s'élève, et, au bout d'un certain temps, la surface se couvre d'une écume violette et d'une pellicule cuivrée. On soutire alors le liquide dans une autre cuve, et on le brasse de manière à mettre toutes ses parties en contact avec l'air ; il se trouble ainsi, et laisse déposer de petits flocons grenus d'indigo, dont on facilite la séparation en y ajoutant une certaine quantité de chaux. Après quelques heures de repos, on chauffe le précipité avec une grande quantité d'eau, on le jette sur des toiles pour le faire égoutter, et, quand il a acquis la consistance d'une pâte un peu ferme, on en forme de petits pains qu'on fait sécher au soleil. Voilà, à quelques modifications près, la marche généralement suivie dans les différentes contrées où l'on se livre à la fabrication de l'indigo. L'abondance et la richesse de la couleur du produit dépendent des soins qui ont été apportés à sa fabrication. On estime particulièrement dans le commerce les indigos de Guatïmala et du Bengale.

L'indigo du commerce est un produit extrêmement impur ; outre le principe bleu, auquel il doit sa couleur, il contient plusieurs substances étrangères, formées accidentellement pendant la préparation, et déposées dans le suc fermenté en même temps que la matière bleue. Quelquefois aussi, certaines substances y ont été ajoutées par fraude. Nous reviendrons plus loin (§ 1764) sur les moyens de déterminer le degré de pureté des indigos.

§ 1762. On peut purifier l'indigo de la plus grande partie des matières étrangères, en le traitant successivement par un acide étendu (sulfurique ou chlorhydrique), par l'eau bouillante et par l'alcool, tous agents qui n'attaquent pas l'indigo ; mais ce procédé ne donne pas un produit chimiquement pur, et il est préférable de recourir à l'emploi de la *cuve*, c'est-à-dire à la transformation de l'indigo bleu en indigo blanc par les agents réducteurs, et à la réoxydation subséquente de l'indigo blanc ainsi produit.

D'ailleurs les opérations de la cuve présentent un intérêt particulier au point de vue industriel, car c'est à leur aide que les teinturiers dissolvent l'indigo, pour pouvoir le fixer sur les tissus.

Il y a plusieurs espèces de cuves, suivant le genre de fabrication auxquelles elles sont destinées. On distingue des *cuves à froid* et des *cuves à chaud.*

Parmi les cuves à froid, la *cuve à la couperose* est la plus usitée; elle sert surtout pour la teinture des étoffes de coton, de chanvre, de lin, et dans les fabriques d'indiennes. Elle consiste à soumettre l'indigo bleu à l'action d'un mélange de sulfate ferreux, de chaux caustique et d'eau; l'alcali, en agissant sur le sulfate, en précipite du protoxyde de fer hydraté, lequel, ayant une grande tendance à se peroxyder, détermine la décomposition de l'eau, dont l'oxygène se fixe sur le protoxyde, tandis que l'hydrogène s'empare de l'indigo bleu pour le transformer en indigo blanc; celui-ci reste en dissolution dans l'excès d'alcali. Si l'on trempe un tissu végétal dans cette dissolution et qu'on l'expose ensuite au contact de l'air, l'indigo blanc se convertit de nouveau en indigo bleu insoluble, et celui-ci, se déposant sur la fibre végétale sous la forme d'un précipité extrêmement ténu, la teint alors en bleu. Cette teinture est extrêmement solide, à cause de la résistance que l'indigo oppose à l'action de tous les solvants.

Les proportions des ingrédients nécessaires à la composition de la cuve à la couperose varient suivant les qualités de l'indigo. Les bonnes qualités exigent évidemment une plus forte dose de sulfate de fer et de chaux; lorsque la couperose est ocreuse et par conséquent peroxydée, il faut aussi en employer davantage; les couperoses cuivreuses sont à rejeter, parce que les sels de cuivre, loin de réduire l'indigo bleu, réoxydent au contraire l'indigo blanc. On reconnaît que la cuve est en bon état lorsque le bain a la couleur de la bière et qu'on voit paraître à la surface des veines bleues (*fleurée*) et des plaques cuivrées. Dans le cas où la cuve ne contient pas assez de chaux, elle a un aspect noirâtre; le manque de couperose est accusé par la teinte verdâtre du bain. Il importe aussi d'éviter l'emploi d'un excès de chaux, parce qu'il formerait avec une partie de l'indigo blanc une combinaison insoluble, qui se précipiterait au fond de la cuve.

Pour des expériences de laboratoire on peut employer 1 p. d'indigo en poudre, 2 p. de sulfate de fer, 3 p. de chaux éteinte, et 150 à 200 p. d'eau. Ce mélange, étant abandonné dans un flacon bouché, donne une solution jaune qui, décantée et exposée à l'air, dépose de l'indigo passablement pur. On en complète la purification en l'épuisant par l'alcool, l'acide chlorhydrique et l'eau.

La *cuve à l'orpiment* se compose avec du sulfure d'arsenic et de la potasse caustique; il s'y produit de l'arsénite et du sulfarsénite

de potasse qui réduisent l'indigo bleu, en passant à l'état l'arsé-
niate et probablement d'hyposulfite de potasse. Elle est principalement employée dans l'impression des toiles, et ne sert presque pas
dans la teinture promptement dite.

La *cuve à l'oxyde d'étain*, souvent employée dans l'impression des
toiles, consiste à réduire l'indigo par une dissolution de protoxyde
d'étain dans la soude ou la potasse caustique; le protoxyde passe
à l'état de bioxyde. Ordinairement on mêle le bain avec une solution d'étain acide de manière à neutraliser l'alcali et à précipiter
l'indigo blanc; c'est ensuite avec ce précipité qu'on imprime.

La *cuve au pastel* est principalement en usage dans la teinture
des laines en poil destinées à la fabrication des draps; c'est la cuve
à chaud la plus généralement employée dans les ateliers de teinture. Autrefois avant l'introduction de l'indigo en Europe, alors
que le pastel seul était employé pour la teinture en bleu, cette plante
entrait dans la composition de la cuve en raison de sa matière colorante; mais aujourd'hui on s'en sert plutôt pour déterminer dans
la cuve une fermentation par l'effet de laquelle l'indigo soit réduit comme dans les autres cuves, composées avec des substances
chimiques avides d'oxygène. Cette cuve se monte de la manière
suivante : on chauffe de l'eau jusqu'à 90°; après y avoir introduit
le pastel, soit frais, soit en coques [1], on y ajoute, au bout de quelque temps, de la chaux éteinte et de l'indigo en poudre, ainsi qu'un
peu de son et de garance, et on laisse reposer ce mélange; peu à
peu la masse entre en fermentation, l'indigo se réduit et se dissout
dans le bain alcalin.

Il est difficile de se rendre compte d'une manière satisfai-
sante du rôle particulier de la garance et du son dans la cuve
au pastel. Il est probable que les parties amylacées ou gommeuses, ainsi que la pectine contenues dans ces substances, se
transforment d'abord en acide lactique, puis en acide butyrique,
et que c'est l'hydrogène mis en liberté dans cette métamorphose
qui exerce sur l'indigo bleu une action réductrice. Quant au pastel,
il éprouve une véritable fermentation putride, car il donne lieu à
un abondant dégagement d'ammoniaque, et cet alcali tient l'indigo

---

[1] On donne, dans le commerce, le nom de *coques de pastel* à de petites boules co-
niques qu'on prépare avec les feuilles de pastel réduites en pâte, après avoir éprouvé un
commencement de fermentation putride; ces coques ont une couleur brunâtre, et exhalent une légère odeur ammonicale.

blanc en dissolution. Les deux espèces de fermentations semblent
nécessaires pour que la cuve donne de bons résultats : en effet,
c'est le pastel qui, en se putréfiant produit les substances particulières qui provoquent la réduction de l'indigo ; mais, si on l'em-
ployait seul, l'indigo finirait par se détruire lui-même, et c'est
cette fermentation putride et ammoniacale qu'on parvient à contre-
balancer en quelque sorte par la fermentation acide du son et de
la garance. Le rôle de la chaux consiste principalement à saturer
l'acide produit par la fermentation de ces substances, et à l'empêcher de se porter sur l'ammoniaque par laquelle l'indigo blanc
est tenu en dissolution ; elle modère également la marche de la fermentation, et contribue à éviter qu'elle ne se porte sur les éléments de l'indigo.

La *cuve d'Inde* ou à *la potasse*, fort en usage à Elbeuf et à Lou-
viers, est une autre cuve à chaud, principalement destinée à la
teinture de la laine et de la soie ; elle est aussi basée sur la fermentation, et se monte avec de la potasse, de la garance et du son ; elle
est plus chère que la cuve au pastel, mais elle est aussi plus facile
à conduire, et donne un bain plus chargé en couleur.

La *cuve à l'urine* n'est plus employée que dans de petits ateliers,
et dans un petit nombre de localités, comme Verviers, pour la
teinture de la laine. L'urine putréfiée fournit tout à fois les principes
réducteurs de l'indigo bleu et l'ammoniaque nécessaire à dissolution de l'indigo blanc.

A la liste précédente des cuves employées dans la teinture, nous
devons encore ajouter la *cuve au sucre* de M. Fritzsche [1], dont se
servent les chimistes pour se procurer l'indigo bleu à l'état cristallisé. Elle consiste dans l'emploi du glucose combiné avec la soude
ou la potasse comme moyen de réduction, et dans celui de l'alcool
comme solvant, au lieu de l'eau. Lorsqu'on ajoute de l'indigo à
une solution alcoolique et bouillante de l'alcali, qu'on y mélange
une solution également alcolique et chaude de glucose, l'indigo se
réduit, et l'on obtient, l'air étant entièrement intercepté, une solution rouge qui attire promptement l'oxygène de l'air et dépose de
l'indigo à l'état cristallin, en parcourant toutes les nuances du rouge
et du violet jusqu'au bleu. Lorsque l'oxydation est terminée, on a
une liqueur brune où nagent des cristaux d'indigo. M. Fritzsche

----

[1] FRITZSCHE, *Ann. der Chem. u. Pharm.*, XLIV, 290.

verse 125 grammes d'indigo brut en poudre sur de l'alcool bouillant
de 75 centièmes dans un flacon de la capacité de 6 kilogrammes,
puis il y ajoute 200 grammes d'une solution très-concentrée de
soude dans l'alcool bouillant; il remplit entièrement le flacon d'alcool bouillant, l'agite et l'abandonne au repos. Le liquide clair surnageant, étant décanté, donne, par le repos à l'air, 60 grammes
d'indigo cristallisé. On achève la purification du produit, en le lavant d'abord avec de l'alcool, puis avec de l'eau bouillante, jusqu'à
ce que le liquide passe clair.

§ 1763. L'indigotine pure, préparée par voie humide, possède
une couleur bleue foncée, avec un reflet pourpre; elle prend par
le frottement un éclat métallique et cuivré. Elle est sans saveur ni
odeur, et sans action sur les papiers réactifs. Sa pesanteur spécifique
est égale à 1,35. Elle est tout à fait insoluble dans l'eau, l'alcool,
l'éther, les huiles grasses, les huiles essentielles, les acides et les alcalis étendus.

Elle se volatilise en répandant des vapeurs pourpres, si on en
projette quelques parcelles sur une lame de platine chauffée au
rouge sombre; mais, quand on la chauffe en vase clos, elle se décompose en plus grande partie. Soumise à la distillation sèche, elle
donne une petite quantité de substance non altérée, du carbonate
et du cyanhydrate d'ammoniaque, une huile empyreumatique, de
l'aniline et beaucoup de charbon. On peut toutefois la sublimer en
opérant avec certaines précautions; la sublimation s'effectue à 290°
environ. Pour l'avoir dans cet état, M. Dumas expose dans un têt
une couche mince d'indigo concassé à l'action d'une douce chaleur : bientôt il se forme à la surface de l'indigo un lacis de cristaux qu'on enlève avec une pince; comme il y reste toujours atta-
chées quelques parcelles de charbon, il faut les soumettre à un
triage attentif, en les examinant à l'aide de la loupe. M. Laurent[1] se
procure d'abord de l'indigo pur, par voie de réduction, et le distille ensuite dans le vide, en opérant dans une cornue de la grosseur d'un œuf : les cristaux d'indigotine se déposent alors sur le
haut de la cornue; mais, comme ils sont souillés par des traces de
matières huileuses et résineuses, il faut encore les laver avec de
l'éther; les cristaux du fond de la cornue sont mêlés avec un peu
de charbon.

[1] LAURENT, *Ann. de Chim. et de Phys.*, [3] III, 371.

Suivant M. Laurent, la forme de l'indigo sublimé est celle d'un prisme à six pans dont les bases sont remplacées par deux faces qui paraissent se couper sous un angle obtus. Ces cristaux dérivent d'un prisme à base rhombe, dont les angles sont de 32° et 148°.

La composition de l'indigo bleu [1] a été établie par W. Crum, et confirmée par les travaux postérieurs de MM. Dumas, Laurent et Erdmann [2]. On doit particulièrement à ces deux derniers chimistes la connaissance des métamorphoses de l'indigo.

L'acide sulfurique étendu n'agit pas sur l'indigo, mais l'acide concentré, surtout fumant, le dissout aisément, sans dégager du gaz, mais en produisant plusieurs dérivés sulfuriques ($ 1765). Lorsqu'on dirige sur l'indigo les vapeurs de l'acide sulfurique anhydre, la matière s'échauffe, et il se produit, suivant Doebereiner [3], un liquide pourpre qui s'y prend par le refroidissement en une masse cramoisie ; ce produit se dissout dans l'acide sulfurique étendu avec une couleur violette, et dans l'eau avec une couleur bleue foncée.

Bouilli avec de l'acide chromique concentré, l'indigo bleu se détruit entièrement, en donnant lieu à un abondant dégagement d'acide carbonique et en produisant de l'oxyde de chrome. Avec une solution étendue d'acide chromique, on obtient de l'isatine :

$$C^{16}H^5NO^2 + O^2 = C^{16}H^5NO^4.$$

Indigo bleu.   Isatine.

D'autres agents d'oxydation transforment également l'indigo en isatine. Ce produit s'obtient, par exemple, lorsqu'on chauffe doucement de l'indigo délayé dans l'eau avec de l'acide nitrique dilué. Mais l'oxydation va plus loin, si l'on traite l'indigo par l'acide nitrique concentré ; ainsi, en introduisant de la poudre d'indigo dans un mélange bouillant de 1 p. d'acide nitrique fumant et de 10 à 15 p. d'eau, on obtient, par le refroidissement, des cristaux d'acide nitrosalicylique (indigotique, $ 1620). Sous l'influence d'une ébullition prolongée avec de l'acide nitrique de 1,43, l'indigo se convertit en acide picrique (trinitrophénique, $ 1373). Ces deux derniers produits renferment :

Acide nitrosalicylique. $C^{14}H^5(NO^4)O^6$,
Acide picrique. . . . $C^{12}H^3(NO^4)^3O^2$.

----

[1] Le cyanure de benzoïle est isomère de l'indigo bleu.
[2] O. L. ERDMANN, *Journ. f. prakt. Chem.*, XIX, 321 ; XXII, 257 ; XXIV, 1.
[3] DOEBEREINER, *Journ. de Pharm.*, VI, 340.

On voit par ces formules que les deux acides résultant de l'oxydation de l'indigo bleu renferment moins de carbone que cette substance ; leur formation est donc probablement accompagnée de celle de l'acide carbonique ou de l'acide oxalique.

D'après les expériences de M. Fritzsche, il se produirait en outre, par l'action de l'acide nitrique, un composé volatil, cristallisant en aiguilles à la température ordinaire, et fondant par la chaleur en un liquide jaune ; ce composé serait soluble dans l'eau, et lui communiquerait une agréable odeur aromatique.

La potasse diluée n'attaque pas l'indigo, mais la potasse concentrée peut agir sur lui comme agent d'oxydation. Lorsqu'on ajoute peu à peu de l'indigo en poudre à une lessive de potasse de 1,45, portée à l'ébullition, l'indigo se dissout avec une couleur orangée, et de petits cristaux jaunes se séparent de la masse. Si l'on ajoute de l'eau à la masse refroidie, elle se dissout avec une couleur jaune brunâtre, et commence immédiatement à déposer de l'indigo bleu dont la quantité augmente peu à peu ; si l'on neutralise la liqueur alcaline par un acide, on obtient un précipité rouge sale et bleuâtre, que M. Fritzsche a décrit sous le nom d'*acide chrysanilique*. Mais ce savant n'a pas bien saisi la réaction déterminée par l'hydrate de potasse : dans mon opinion, cet agent a pour effet d'oxyder une partie de l'indigo, en le faisant passer à l'état d'isatine ou plutôt d'acide isatique qui produit la coloration rouge du mélange, tandis qu'une autre partie de l'indigo bleu fixe de l'hydrogène pour se convertir en indigo blanc ; c'est ce dernier alors qui régénère de l'indigo bleu par la réoxydation, au contact de l'air, du produit dissous dans l'eau :

$$3\ C^{16}H^5NO^2 + KO, HO + 2\ HO = C^{16}H^6NKO^6 + 2\ C^{16}H^5NO^2, H^2.$$

Indigo bleu.   Isatate de potasse.   Indigo blanc.

On voit par cette équation que l'acide chrysanilique ne peut être qu'un mélange d'isatine, d'indigo blanc, et probablement aussi de produits d'une action ultérieure de la potasse.

Lorsqu'on fait fondre l'indigo avec l'hydrate de potasse, il se dégage du gaz hydrogène ; si l'on dissout ensuite dans l'alcool la masse fondue, et qu'on l'abandonne au contact de l'air, on obtient par l'évaporation des cristaux de phényl-carbamate de potasse (anthranilate de potasse, § 125) ; si l'on distille l'indigo avec de l'hydrate de potasse, il passe de l'aniline ou phényl-ammoniaque. En chauffant à 300° de l'indigo avec de l'hydrate de potasse solide, on peut aussi

obtenir de l'acide phényl-carbonique ou salicylique[1]. Tous ces produits qui ne renferment plus le même carbone que l'indigo, sont
évidemment le résultat de la transformation ultérieure de l'isatine,
par l'action prolongée de l'hydrate de potasse; leur formation est
accompagnée d'un dégagement d'hydrogène, en même temps que
la potasse se carbonate. On a d'ailleurs :

$$C^{16}H^5NO^4 + 2\,HO = C^{16}H^7NO^6.$$

Isatine.   Ac. isatique.

$$C^{16}H^7NO^6 + 2\,HO = C^{14}H^7NO^4 + C^2O^4 + H^2.$$

Ac. isatique.   Ac. phényl-carbam.

$$C^{16}H^7NO^6 + 4\,HO = C^{14}H^6O^6 + C^2O^4 + H^2 + NH^3.$$

Ac. isatique.   Ac. salicyl.

$$C^{14}H^7NO^4 = C^{12}H^7N + C^2O^4.$$

Ac. phényl-carb.   Aniline.

On remarque que les produits d'oxydation auxquels l'indigo et
subséquemment l'isatine donnent naissance, sous l'influence de l'a-
cide nitrique ou de la potasse, rentrent tous dans le groupe salicylique et dans le groupe phénique[2].

Lorsqu'on fait bouillir l'indigo délayé dans l'eau avec du peroxyde de plomb puce, une partie de l'indigo entre en dissolution;
en décomposant le sel de plomb par l'hydrogène sulfuré, M. Erdmann a obtenu une matière brune résineuse, ainsi qu'une substance cristalline dont la nature n'est pas connue.

En présence des alcalis ou des terres alcalines, les substances chimiques avides d'oxygène opèrent la réduction de l'indigo bleu et
le font passer à l'état d'indigo blanc; cette réduction a lieu sous
l'influence des sulfites, des phosphites, du phosphore, du sulfure
de potassium, du sulfure de calcium, du sulfure d'arsenic, des sels
stanneux, ferreux et manganeux, des métaux tels que le fer, le zinc
et l'étain, de l'amalgame de potassium, du glucose et d'autres substances organiques.

A l'état sec, le chlore et l'indigo bleu ne réagissent pas, ni à une
température basse, ni à 100°. Mais si l'on dirige un courant de
chlore dans l'indigo délayé dans l'eau, celle-ci est décomposée,

<hr>

[1] CAHOURS, *Ann. de Chim. et de Phys.*, [3] XIII, 113.
[2] En traitant l'indigo par l'hydrate de potasse, M. Muspratt (*Ann. der Chem. u.
Pharm.*, LI, 271) a observé la formation de l'acétate de potasse, et moi-même j'ai obtenu, dans des circonstances semblables, du valérate de potasse. Ces produits n'appartiennent évidemment pas à l'indigotine pure, mais aux matières étrangères contenues dans
l'indigo du commerce.

et l'action du chlore se complique d'une oxydation aux dépens de l'oxygène de l'eau. Les composés chlorés qu'on obtient ainsi dérivent soit de l'isatine (§ 1775), soit de l'acide phénique (§ 1358) ou de l'aniline (§ 1416) ; suivant les circonstances, il se produit, en effet, de la chlorisatine, de la bichlorisatine, de l'acide trichlorophénique ou de la trichloraniline. L'oxydation de l'indigo, par l'intermédaire du chlore, donne par conséquent naissance à des composés qui appartiennent aux mêmes groupes que les composés produits par l'action de l'acide nitrique ou de l'hydrate de potasse.

Le brome se comporte comme le chlore.

L'iode n'agit pas sur l'indigo délayé dans l'eau ; un mélange sec des deux corps se décompose par la chaleur,

§ 1764. *Essais de l'indigo*. — L'indigo du commerce se présente en petits morceaux ou en pains cubiques d'un bleu violacé ; il est de bonne qualité lorsqu'il est très-léger, qu'il prend un aspect cuivré par le frottement d'un corps dur et poli, qu'il est sans gerçures, et qu'il n'offre pas à l'intérieur des cavités tapissées de veines brunes ou blanchâtres. Les meilleures sortes d'indigo sont assez légères pour nager sur l'eau.

Comme le principe colorant donne seul de la valeur à l'indigo, et que les caractères extérieurs du produit ne fournissent à cet égard que des indications fort incertaines, il faut recourir à des procédés chimiques qui permettent d'évaluer avec exactitude les proportions de l'indigotine. L'indigo, d'ailleurs, est très-sujet à la fraude, et il n'est pas rare d'y trouver du sable, de la terre, de la poudre de plomb, de la fécule, ou d'autres substances étrangères, sans compter celles qu'y introduit nécessairement le procédé d'extraction [1], ou qui

---

[1] Berzélius, en faisant agir sur l'indigo du commerce, à chaud et successivement, l'acide sulfurique étendu, la potasse concentrée et l'alcool, a pu en extraire trois substances particulières : 1° une substance glutineuse ; 2° une substance brune ; 3° une substance rouge.

La *substance glutineuse* est soluble dans les acides, l'eau et l'alcool ; au moyen de l'alcool, on peut la séparer des sulfates.

La *substance brune* est soluble dans la potasse ; elle donne avec cet alcali un liquide très-difficile à filtrer et d'une couleur très-foncée, d'où on la peut précipiter par un acide. Elle se ramollit par la chaleur et se boursoufle en répandant une odeur semblable à celle des matières animales en combustion ; à la distillation sèche, elle donne une huile empyreumatique peu fluide et une eau très-ammoniacale.

La *substance rouge* est insoluble dans l'eau, les acides étendus et les alcalis, mais elle se dissout dans l'alcool et l'éther. Étendues, ses solutions sont d'un beau rouge ; concentrées, elle sont d'un rouge sombre. Chauffée à l'air, elle fond et s'enflamme ; distillée

résultent des avaries auxquelles l'indigo a pu être exposé pendant le transport. Les bonnes sortes d'indigo renferment de 75 à 80 p. c. d'indigotine.

Pour y découvrir les matières minérales, on dessèche d'abord au bain-marie l'indigo réduit en poudre, afin d'en chasser l'eau hygrométrique; celle-ci varie de 3,5 à 6 p. c. dans les qualités non mouillées frauduleusement; puis on calcine dans un creuset de platine la matière desséchée. Les bons indigos ne donnent généralement pas plus de 7 à 10 p. c. de cendres. Il est aisé ensuite par le lavage des cendres d'y reconnaître le sable, la poudre de plomb, etc.

La couleur pâle, la grande densité et la friabilité des pains d'indigo indiquent ordinairement une addition de fécule, quelquefois colorée par l'iode. On traite alors l'indigo par de l'eau bouillante un peu alcalisée, et, après avoir neutralisé le liquide filtré par quelques gouttes d'acide, on y décèle la présence de la fécule à l'aide d'une solution d'iode.

Plusieurs procédés chimiques ont été proposés pour la détermination de la richesse de l'indigo en matière colorante : ils reposent en général sur la décoloration qu'éprouve l'indigotine sous l'influence du chlore et d'autres agents d'oxydation ou de chloruration.

Berzélius s'est servi à cet effet d'une solution saturée de chlore.

dans le vide, elle donne un sublimé incolore et cristallisé. L'acide nitrique la transforme en une matière jaune.

Des matières semblables ont été obtenues par M. Chevreul.

L'indigo Guatimala a fourni à ce dernier chimiste :

En dissolution dans l'eau............	{ ammoniaque.......... matière verte......... un peu d'indigo désoxydé. extractif.......... gomme...........	12
En dissolution dans l'alcool.........	{ matière verte........ résine rouge......... un peu d'indigo.......	30
En dissolution dans l'acide chlorhydrique.	{ résine rouge......... carbonate de chaux..... oxyde rouge de fer...... alumine...........	6 2 2
Un résidu formé de...........	{ silice........... indigo pur..........	3 45
		——— 100

On prend un certain volume d'une semblable solution, on y fait tomber par petites portions l'indigo réduit en poudre fine et pesé d'avance, tant qu'il se dissout avec une couleur jaune, et l'on détermine par une nouvelle pesée la quantité de matière non consommée; on fait ensuite un essai pareil avec de l'indigotine pure ou avec d'autres sortes d'indigo dont il s'agit d'évaluer comparativement la richesse en matière tinctoriale. Comme l'eau chlorée s'altère à la longue, il est évident qu'on ne peut pas la titrer longtemps à l'avance.

M. Schlumberger [1] opère la décoloration au moyen du chlorure de chaux; il dissout d'abord l'indigo en le mettant en digestion, à 50 ou 60°, pendant quelques heures, avec de l'acide sulfurique fumant; puis, la dissolution étant opérée, il la délaye exactement dans l'eau distillée, et il remplit de cette liqueur une burette graduée, d'où il la verse goutte à goutte dans une mesure connue de chlorure de chaux, jusqu'à ce que cet agent cesse de la décolorer; il note le nombre des degrés qu'il faut y verser pour obtenir ce résultat, et il procède ensuite de la même manière avec la dissolution d'un indigo pris comme type; la richesse tinctoriale des indigos essayés est évidemment en proportion inverse de la quantité de sulfate bleu consommée dans chaque essai.

Suivant M. Bolley [2], le chlore et le chlorure de chaux peuvent se remplacer avantageusement, dans ces sortes d'essais, par un mélange d'acide chlorhydrique et de chlorate de potasse. On broie en poudre fine 1 gramme d'indigo et on le laisse en digestion pendant quelques heures avec 10 grammes d'acide sulfurique fumant, en ayant soin d'agiter de temps à autre pour favoriser la dissolution; celle-ci étant opérée, on verse la liqueur dans une capsule contenant 1 kilogramme d'eau, et, après y avoir ajouté 50 grammes d'acide chlorhydrique concentré, on porte la liqueur à l'ébullition. D'autre part, après avoir fait dissoudre 0 gr. 250 de chlorate de potasse dans 100 grammes d'eau, on remplit de cette solution une burette graduée, et l'on verse goutte à goutte la solution du chlorate dans la liqueur bouillante jusqu'à ce que sa couleur bleue soit passée au brun-rouge. Plus la richesse de l'indigo est grande, plus il exige évidemment de chlorate.

[1] SCHLUMBERGER, *Bullet. de la Soc. industr. de Mulhouse,* vol. XV.
[2] BOLLEY, *Ann. der Chem. u. Pharm.,* LXXV, 242.

Dans ces derniers temps, M. Penny[1] a remplacé le chlorate par
le bichromate de potasse; la marche est d'ailleurs la même que
dans le procédé précédent. Suivant M. Penny, 10 p. d'indigotine,
préparée par la méthode de M. Fritzsche, exigent exactement,
pour se décolorer, 7 $\frac{1}{2}$ p. de bichromate de potasse.

Dérivés sulfuriques de l'indigo bleu[2].

§ 1765. Lorsqu'on délaye de l'indigo bleu dans l'acide sulfurique
fumant, il se développe de la chaleur, et il se produit une dissolution bleue (*bleu de Saxe* ou de *composition*) qui renferme de *l'a-
cide sulfindigotique*; la dissolution s'effectue aussi d'une manière
complète si l'on emploie de l'acide sulfurique concentré, et qu'on
porte le mélange à 5o ou 6o°. La liqueur est d'un bleu foncé, et peut
être étendue d'eau sans se troubler; toutefois, si l'on ne prend pas
un excès d'acide sulfurique, il reste ordinairement une poudre
pourpre d'*acide sulfophénicique*, insoluble dans les acides étendus et soluble dans l'eau pure avec une couleur bleue.

D'après les analyses de M. Dumas, ces deux acides renferment
les éléments de l'indigotine et de l'acide sulfurique anhydre :

$$\text{Acide sulfindigotique} \quad . \quad . \quad C^{16}H^5NO^2, S^2O^6.$$
$$\text{Acide sulfophénicique.} \quad . \quad 2C^{16}H^5NO^2, S^2O^6.$$

Suivant Berzélius, un troisième acide, l'*acide hyposulfindigotique*
se produit en même temps que l'acide sulfurique par la dissolution
de l'indigo dans l'acide sulfurique fumant; on ne l'a pas analysé.

On ne connaît aucun moyen d'extraire de nouveau l'indigotine
de ces composés sulfuriques.

Leur solution blanchit à la longue; elle jaunit immédiatement
par l'addition d'une petite quantité d'acide nitrique. Ce dernier caractère est utilisé par les chimistes, dans l'analyse qualitative, pour
la découverte de l'acide nitrique.

§ 1766. *Acide sulfindigotique*, dit aussi acide sulfindylique ou
cérulo-sulfurique, $C^{16}H^5NO^2, S^2O^6$. — La dissolution complète de
l'indigo bleu s'effectue aussi bien par l'acide sulfurique monohydraté que par l'acide sulfurique fumant, c'est-à-dire chargé d'acide
anhydre, mais elle exige 15 p. du second et 6 p. seulement du

[1] PENNY, *The Quart. Journ. of the Chem. Soc.* V, 297; et *Journ. f. prakt. Chem.,*
LVIII, 314.

[2] W. CHUM, *loc. cit.* — BERZÉLIUS, *loc. cit.* — DUMAS, *loc. cit.*

premier; de plus, l'emploi de l'acide monohydrate réclamé l'intervention de la chaleur.

On étend la solution sulfurique de 30 à 50 fois son volume d'eau, et l'on sépare l'acide sulfophénicique à l'aide du filtre; la liqueur aqueuse contient en solution l'acide sulfindigotique et l'acide hyposulfindigotique (M. Dumas ne mentionne pas ce dernier acide). Voici comment Berzélius conseille d'opérer la séparation des deux acides : on met la liqueur aqueuse en digestion à une douce chaleur avec de la laine ou de la flanelle, préalablement lavée au savon, au carbonate de soude étendu, et à l'eau ; la laine s'empare des deux acides bleus, tandis que l'acide sulfurique libre reste dans la dissolution et peut s'enlever complétement par des lavages à l'eau. La laine teinte en bleu est ensuite mise à digérer avec de l'eau additionnée d'un peu de carbonate d'ammoniaque; on obtient ainsi une liqueur bleue foncée, tandis que la laine se décolore entièrement. On évapore cette liqueur à 50°, et l'on reprend le résidu par de l'alcool de 0,83 ; celui-ci ne s'empare que de l'hyposulfindigotate d'ammoniaque, sans dissoudre le sulfindigotate. (M. Joss, pour effectuer d'une manière complète la séparation des deux acides bleus, propose de ne les enlever que partiellement de la liqueur bleue au moyen de la laine, attendu que celle-ci s'empare d'abord de préférence de l'acide sulfindigotique, tandis que l'acide hyposulfindigotique ne vient s'y fixer qu'après que la liqueur ne renferme plus d'acide sulfindigotique). Pour extraire l'acide du sulfindigotate d'ammoniaque, on dissout celui-ci dans l'eau, et on ajoute de l'acétate de plomb à la solution ; il se produit ainsi un précipité de sulfindigotate de plomb qu'on décompose par l'hydrogène sulfuré, après l'avoir délayé dans l'eau. On obtient ainsi un liquide jaune ou presque incolore qui bleuit à l'air, et qui, évaporé à 50°, laisse l'acide sulfindigotique sous la forme d'un résidu amorphe, de couleur bleue.

L'acide sulfindigotique devient humide à l'air; il est fort soluble dans l'eau et l'alcool ; il a une saveur acide et astringente, ainsi qu'une odeur agréable particulière. Soumis à l'action de la chaleur, il se décompose en dégageant du gaz sulfureux, du sulfite d'ammoniaque, de l'eau et une petite quantité d'une huile volatile, en même temps qu'il laisse un charbon difficile à brûler. Le sulfite sublimé se colore en bleu par la dissolution dans l'eau.

Lorsqu'on introduit de la limaille de fer ou de zinc dans la solution de l'acide sulfindigotique, ces métaux se dissolvent sans dégagement d'hydrogène, en donnant une liqueur bleue ; celle-ci se décolore entièrement par la présence d'un excès d'acide ; la solution reprend rapidement sa couleur bleue au contact de l'air.

A la température ordinaire, l'hydrogène sulfuré ne décolore pas la solution de l'acide sulfindigotique ; mais, si l'on chauffe à 50°, il se dépose du soufre et l'on obtient une liqueur incolore. Les acides libres entravent cette décoloration. Si l'on évapore dans le vide, sur de la potasse légèrement humectée, la solution contenant l'excès d'hydrogène sulfuré, on obtient un résidu visqueux, jaune foncé, qui devient humide à l'air et prend une couleur bleue. Le protochlorure d'étain décolore également la solution. Il résulte de ces faits que l'indigo blanc donne aussi des combinaisons avec l'acide sulfurique.

Le charbon de bois et surtout le charbon animal se comportent comme la laine avec l'acide sulfingotique ; le charbon décolore entièrement la solution acide, et l'eau n'en extrait pas l'acide bleu ; celui-ci ne cède qu'à l'action des alcalis carbonatés.

§ 1767. Les *sulfindigotates* s'obtiennent directement en saturant l'acide sulfindigotique par des bases. On les obtient, par l'évaporation, sous la forme de masses amorphes, doués d'un éclat cuivreux plus prononcé encore que celui de l'indigo. Leur composition se représente par la formule générale $C^{16}H^4MNO^2,S^2O^6$.

Les sels à base d'alcali sont peu solubles dans l'eau froide, plus solubles dans l'eau bouillante ; ils sont insolubles dans l'eau contenant en dissolution d'autres sels à base d'alcali. Ils sont insolubles dans l'alcool. Leur saveur est légèrement salée, et rappelle beaucoup l'indigo.

La solution de tous les sulfindigotates est bleue ; elle paraît rouge lorsqu'on la regarde contre le soleil.

Les sulfindigotates se décolorent encore plus aisément que l'acide sulfindigotique, surtout en présence d'un alcali libre ; toutes les substances réductrices de l'indigo bleu décolorent également les sulfindigotates mélangés avec un excès d'alcali. Les solutions décolorées bleuissent rapidement au contact de l'air. Un mélange de sulfindigotate alcalin et de protochlorure d'étain dépose peu à peu au contact de l'air une poudre blanche, composée d'oxyde d'étain et d'indigo blanc. Les solutions décolorées reprennent immédiatement leur couleur bleue par l'addition d'un sel ferrique ou cuivrique, celui-ci passant alors à l'état de sel ferreux ou cuivreux.

La chaleur ne fait pas fondre les sulfindigotates ; on peut les chauffer assez fort sans qu'il se décomposent ; toutefois, à une température très-élevée, ils dégagent de l'ammoniaque, du cyanhydrate d'ammoniaque, et des traces d'une huile volatile.

Le *sel d'ammoniaque* est beaucoup plus soluble que le sel de potasse.

Le *sel de potasse* renferme $C^{16}H^4KNO^2$, S^2O^6. Berzélius l'obtient en traitant par le carbonate de potasse la laine teinte en bleu avec la dissolution de l'indigo dans l'acide sulfurique ; on évapore la solution et l'on reprend le résidu par l'alcool qui s'empare de l'hyposulfindigotate ; on traite ensuite le sel par l'acide acétique et l'alcool pour enlever l'excédant de carbonate.

Suivant M. Dumas, on fait agir un excès d'acide sulfurique sur l'indigo bleu, et, après avoir séparé par le filtre l'acide sulfophénicique, on sature la liqueur bleue par de l'acétate de potasse ; on jette le précipité bleu sur un filtre, et on le lave avec de l'acétate de potasse jusqu'à ce que le liquide qui passe commence à bleuir ; puis on lave le sel avec de l'alcool, qui enlève l'acétate.

L'eau froide dissout 1/140 de sulfindigotate de potasse en se colorant en bleu foncé ; l'eau bouillante le dissout aisément, et, si la solution est saturée, l'excès du sel se dépose, par le refroidissement, en flocons bleus. A l'état sec, le sel présente un reflet cuivré. Chauffé en vase clos avec de l'eau de chaux, il se colore en vert et peu à peu en pourpre, en produisant des corps qui n'ont pas encore été analysés. (Voy. § 1771.)

Le sulfindigotate de potasse se trouve, dans le commerce, en pâte ou en poudre sèche sous les noms d'*indigo précipité, indigo carmin, indigo soluble, bleu solide*. On l'emploie pour azurer le linge et pour produire des bleus très-purs sur laine.

Le *sel de soude* ressemble au sel de potasse ; il est plus soluble que lui dans les solutions salines.

Le *sel de baryte* renferme $C^{16}H^4BaNO^2$, S^2O^6. Pour se procurer ce sel, il faut dissoudre le sulfindigotate de potasse pur dans une grande quantité d'eau distillée bouillante, y ajouter un excès de chlorure de baryum, filtrer la liqueur bouillante, et laver le filtre à l'eau bouillante. Le sulfindigotate de baryte qui se forme est assez soluble à chaud pour que les liqueurs qui passent soient fortement colorées ; mais il est peu soluble à froid, de sorte que du jour au lendemain ces liqueurs se prennent en une sorte de gelée.

Le *sel de chaux* est soluble dans l'eau, insoluble dans l'alcool qui le précipite en flocons bleus.

Le *sel de magnésie* est fort soluble dans l'eau, et n'est pas précipité par un excès de sulfate de magnésie.

Le *sel d'alumine* est aussi fort soluble dans l'eau. Lorsqu'on mélange un sulfindigotate alcalin avec un sel d'alumine, il se précipite, par l'addition de l'ammoniaque, un sous-sel bleu dont la couleur se fonce par la dessiccation ; un excès d'alcali en extrait l'acide sulfindigotique.

Le *sel de plomb* se précipite sous la forme de flocons bleu foncé, légèrement solubles dans l'eau, lorsqu'on mélange de l'acétate de plomb avec du sulfindigotate de potasse. Le sous-acétate de plomb donne un précipité bleu clair, qui se fonce davantage par la dessiccation.

§ 1768. *Acide hyposulfindigotique.* — Nous avons dit plus haut que, suivant Berzélius, cet acide est contenu, en même temps que l'acide sulfindigotique, dans le sulfate d'indigo, et qu'il entre dans la composition du sel d'ammoniaque, soluble dans l'alcool, qu'on obtient en traitant par le carbonate d'ammoniaque la laine teinte en bleu par le sulfate d'indigo.

Pour isoler l'acide hyposulfindigotique, on précipite la solution alcoolique de son sel d'ammoniaque par une solution également alcoolique d'acétate de plomb. Le précipité étant délayé dans l'eau et décomposé par l'hydrogène sulfuré, on obtient un liquide jaune que le contact de l'air rend de nouveau bleu et convertit en acide hyposulfindigotique.

La solution alcoolique de l'hyposulfindigotate d'ammoniaque est complétement précipitée, non par l'acétate de plomb neutre, mais par le sous-acétate ; il faut toutefois éviter d'employer ce dernier sel en excès, autrement la couleur du précipité tire sur le vert.

L'acide hyposulfindigotique s'obtient, par l'évaporation de sa solution, sous la forme d'une masse amorphe, qui devient humide à l'air. Il se comporte comme l'acide sulfindigotique avec l'hydrogène sulfuré, le zinc, le fer et le charbon.

§ 1769. Les *hyposulfindigotates* ressemblent beaucoup au sulfindigotates ; les sels à base d'alcali se distinguent surtout de ces derniers par leur solubilité dans l'alcool de 0,84. Chauffés douce-

'ment, ils perdent de l'acide sulfureux, sans se décolorer ; à une température plus élevée, ils verdissent et donnent un sublimé de sulfate d'ammoniaque.

Les *sels d'ammoniaque*, *de potasse* et *de soude* s'obtiennent en traitant par les carbonates correspondants la laine teinte au sulfate d'indigo, évaporant à siccité et reprenant par l'alcool, qui ne dissout que les hyposulfindigotates.

Le *sel de baryte* se précipite, lorsqu'on mélange le sel de potasse avec du chlorure de baryum, sous la forme de flocons d'un bleu foncé. Il est fort soluble dans l'eau pure ; la solution donne par l'évaporation un résidu doué d'un éclat cuivreux. Lorsqu'on ajoute du carbonate de baryte à une solution d'acide hyposulfindigotique contenant de l'acide sulfurique libre, le précipité entraîne toute la matière bleue, et la liqueur surnageante est incolore.

Les *sels de chaux* et *de magnésie* sont fort solubles dans l'eau et l'alcool.

Le *sel d'alumine* se comporte comme le sulfindigotate correspondant.

Le *sel de plomb* s'obtient en précipitant une solution alcoolique du sel d'ammoniaque par une solution alcoolique d'acétate de plomb. C'est une poudre bleue qui se dissout dans l'eau lentement, mais d'une manière complète ; elle est peu soluble dans l'alcool, et possède une saveur astringente.

§ 1770. *Acide sulfophénicique*, acide sulfopurpurique (Dumas), phénicine, ou pourpre d'indigo, $C^{32}H^{10}N^2O^4,S^2O^6$. — Cet acide reste sur le filtre dans les préparations des deux acides précédents, lorsqu'on emploie 8 à 10 parties d'acide sulfurique seulement pour une partie d'indigo pur. Après avoir laissé le produit s'égoutter complétement, on lave avec de l'eau aiguisée par de l'acide chlorhydrique pur, jusqu'à ce que les eaux de lavages soient bien exemptes d'acide sulfurique. Il se produit surtout aussi quand on mélange de l'indigo avec de l'acide sulfurique fumant, et qu'on y ajoute de l'eau immédiatement après la mixtion ; il se sépare alors à l'état d'un précipité pourpre.

Lavé à l'eau pure, cet acide se dissout avec la même couleur bleue, propre à l'acide sulfindigotique ; mais, quand on sature la solution par des alcalis, par l'acétate de potasse ou par d'autres sels, il se précipite des sulfophénicates en flocons pourpres.

Chauffé à 200°, l'acide sulfophénicique commence à s'altérer.

Il donne, par la distillation sèche, un gaz rouge qui se condense sous forme cristalline comme l'indigo.

Les *sulfophénicates* sont rouges à l'état sec, et bleus en solution aqueuse. Abandonnés avec de l'acide sulfurique concentré, ils se convertissent en sulfindigotates. Ils se décolorent, comme ces derniers, sous l'influence des corps réducteurs.

Le *sel d'ammoniaque* s'obtient avec un autre sel d'ammoniaque et la solution de l'acide sulfophénicique. Soumis à l'action de la chaleur, il dégage de l'acide sulfureux et du sulfite d'ammoniaque, ansi qu'une vapeur rouge qui condense en une matière semblable à l'indigo bleu; ce sublimé a un reflet vert, et ne devient pas cuivré par le frottement.

Le *sel de potasse*, $C^{32}H^9KN^2O^4$, S^2O^6 + 2 aq. (?), s'obtient en dissolvant l'acide sulfophénicique dans l'eau, et ajoutant de l'acétate de potasse au liquide. Il se précipite alors des flocons pourpres qui sont à laver d'abord avec une dissolution d'acétate de potasse, puis avec de l'alcool.

Il se dissout dans 100 p. d'eau. Il a donné par la calcination 21,4 p.c. de sulfate de potasse (Dumas; le calcul exigerait 21,8 p.c.).

Le *sel de soude* s'obtient comme le sel de potasse.

Les *sels de chaux*, *de magnésie, d'alumine, de fer, d'étain et de cuivre* précipitent la solution de l'acide sulfophénicique, même fort diluée.

§ 1771. *Produits de décomposition des dérivés sulfuriques de l'indigo.* — Berzélius a signalé plusieurs métamorphoses des acides sulfindigotiques, qui auraient besoin d'être soumises à une nouvelle étude.

α. *Acide sulfoviridique.* Lorsqu'on évapore au bain-marie une solution d'hyposulfindigotate de baryte, elle devient verte; le résidu est alors bien plus soluble dans l'eau et l'alcool qu'avant ce traitement. Le sous-acétate de plomb produit dans la solution un précipité vert grisâtre qui, décomposé par l'hydrogène sulfuré, donne une liqueur verte. Celle-ci étant évaporée, on obtient une masse verte et dure, de l'aspect de la gomme, très-acide et soluble dans l'alcool absolu; vues contre le jour, les solutions de ce produit paraissent rouges.

β. *Acide sulfopurpurique.* Si l'on chauffe dans un vase couvert 1 p. de sulfindigotate de potasse dissous dans 50 p. d'eau de chaux, la liqueur prend une couleur pourpre; filtrée, elle laisse à l'état in-

soluble du carbonate de chaux coloré en brun foncé. On enlève
l'excès de chaux de la liqueur filtrée au moyen d'un courant d'acide
carbonique, et l'on évapore à siccité la liqueur ainsi traitée. Si l'on
verse ensuite de l'alcool sur le résidu , l'alcool se colore en rouge,
sans en dissoudre beaucoup ; la matière non dissoute par l'alcool
se dissout dans l'eau avec une belle couleur pourpre foncée, et la
solution précipite l'acétate de plomb en rouge brun. Ce précipité
étant décomposé par l'hydrogène sulfuré, on obtient une belle solution pourpre d'acide sulfopurpurique, laquelle donne par l'évaporation une masse amorphe et dure, de couleur brune.

La liqueur d'où le sulfopurpurate de plomb a été précipité
donne avec le sous-acétate de plomb un précipité gris qui est un
mélange de sulfoviridate et de sulfopurpurate de plomb ; un troisième sel jaune particulier reste en dissolution.

γ. *Acide sulfoflavique.* Si l'on traite le sulfindigotate de potasse
par l'eau de chaux au contact de l'air, la couleur du liquide, d'a-
bord verte, passe au rouge et finalement au jaune. Si l'on sature
l'excédant de chaux par un courant d'acide carbonique, dès que la
teinte du liquide est devenue franchement rouge , on obtient par
l'évaporation un résidu brun d'où l'alcool de 0,82 extrait une combinaison jaune. La solution alcoolique donne avec l'acétate de
plomb un précipité de couleur citrine, tandis qu'elle prend elle-
même une teinte rouge. Le précipité étant décomposé par l'hydrogène sulfuré, on obtient, par l'évaporation spontanée, des dendrites
jaunes d'acide sulfoflavique. Cet acide possède une saveur franchement acide.

δ. *Acide sulfofulvique* et *acide sulforufique.* Le résidu d'où l'acide
sulfoflavique a été extrait par l'alcool se dissout dans l'eau avec
une belle couleur rouge. La solution n'est pas précipitée par l'a-
cétate de plomb neutre ; mais elle donne avec le sous-acétate de
plomb un précipité rouge pâle , lequel, décomposé par l'hydrogène
sulfuré, fournit un acide rouge. La solution aqueuse se dessèche p a
l'évaporation en une masse extractive. L'alcool absolu extrait de
ce résidu un acide jaune rougeâtre, l'acide sulfofulvique ; celui-ci se présente, après l'évaporation, sous la forme d'une matière
amorphe d'un jaune foncé. La partie insoluble dans l'alcool constitue l'acide sulforufique ; cet acide se dissout dans l'eau vec une
belle couleur rouge, et reste, après l'évaporation, à l'état d'une
masse amorphe, acide, d'un rouge foncé ; le sel de plomb de

cet acide se dissout aisément dans l'eau aussi bien que dans l'alcool.

ISATINE.

Composition : $C^{16}H^5NO^4$.

§ 1772. Ce corps[1], découvert en 1841, à peu près en même temps par M. Erdmann et par M. Laurent, se produit par l'oxydation de l'indigo sous l'influence de l'acide nitrique ou chromique :

$$C^{16}H^5NO^2 + O^2 = C^{16}H^5NO^4.$$

Indigo bleu.   Isatine.

Voici comment M. Laurent prescrit de préparer l'isatine. On réduit en poudre 1 kilogramme d'indigo du commerce, de bonne qualité; on le met dans une grande capsule de porcelaine avec de l'eau, de manière à en former une bouillie très-liquide. La capsule étant placée sur un feu modéré, on y verse peu à peu de l'acide nitrique ordinaire, en agitant de temps en temps la bouillie. Il se produit une assez vive effervescence; on continue d'ajouter l'acide et de faire bouillir le mélange, jusqu'à ce que la couleur bleue ait disparu. Il faut environ 600 à 700 gr. d'acide nitrique pour transformer complétement l'indigo. La liqueur est alors colorée en jaune, et l'isatine est mêlée avec une grande quantité d'une matière brune. On verse plusieurs litres d'eau dans la capsule, on porte le tout à l'ébullition, et on filtre rapidement la liqueur bouillante. Au bout de quelques heures l'isatine se dépose sous la forme de petits cristaux mamelonnés rougeâtres. On verse l'eau-mère sur le résidu, on fait de nouveau bouillir, on filtre, et l'on recommence deux ou trois fois cette opération. On purifie les cristaux en les lavant avec de l'eau additionnée de quelques gouttes d'ammoniaque, puis en les faisant cristalliser dans l'eau pure et dans l'alcool.

M. Laurent a obtenu par ce procédé 180 grammes d'isatine pure avec un kilogramme d'indigo.

M. Hofmann[2] purifie l'isatine brute, mêlée de matière résineuse, en la dissolvant dans une lessive de potasse, et en précipitant partiellement la solution par l'acide chlorhydrique. La résine se séparant la première, on ajoute d'abord de l'acide chlorhydrique tant que le précipité possède une couleur noire ou brune, et jusqu'à ce

---

[1] O. L. ERDMANN, *Journ. f. prakt. Chem.*, XXIV, 1. — LAURENT. *Ann. de Chim. et de Phys.*, [3] III, 372. *Revue scientif.*, X, 300.

[2] HOFMANN, *Ann. der Chem. u. Pharm.*, LIII, 11.

que la liqueur filtrée possède une teinte franchement jaune et se
précipite en rouge vif. On sépare alors la résine par le filtre, et l'on
complète la précipitation par l'acide chlorhydrique. L'isatine ainsi
obtenue n'exige que quelques lavages à l'eau pour être assez pure.
On en complète la purification en la faisant cristalliser dans l'alcool
bouillant.

L'isatine forme tantôt de gros primes aurore foncé, tantôt de
petits prismes rouge-jaunâtre doués de beaucoup d'éclat. Les cristaux appartiennent au système rhombique. Combinaison obser-
vée [1], ∞ P. $\infty \breve{P} \infty$. $\breve{P} \infty$, $\infty \breve{P} \infty$ étant très-développé. Inclinaison
des faces, ∞ P : ∞ P $= 133°$ 5o' à $133°$ 55'; $\breve{P} \infty : \breve{P} \infty = 127°$ 15'
à $127°$ 3o'. Elle est sans odeur, inaltérable à l'air, peu soluble dans
l'eau froide, plus soluble dans l'eau et l'alcool bouillants. Sa solution ne rougit pas le tournesol. Elle fond par la chaleur, et répand
des vapeurs jaunes extrêmement irritantes ; par le refroidissement,
elle cristallise en une masse aciculaire. Chauffée sur une lame de
platine, elle se volatilise en grande partie sans se décomposer ; mais,
quand on la distille dans un tube, elle donne un abondant résidu de
charbon. Jetée sur un charbon ardent, elle répand la même odeur
que l'indigo.

L'acide sulfurique de Nordhausen dissout l'isatine en se colorant
en brun-rouge ; par la chaleur, il la décompose rapidement.

L'acide nitrique concentré la dissout en très-grande quantité ;
à l'aide d'une douce chaleur, il se colore en rouge-brun , et, par
le refroidissement , il la laisse cristalliser. Quand on fait bouillir,
la réaction est très-vive, et l'on obtient une matière résinoïde, ainsi
que de l'acide oxalique ; M. Laurent n'a pas obtenu d'acide picrique dans cette réaction.

L'acide sulfureux, en présence des alcalis, transforme l'isatine en
isatosulfites ($\S$ 1787).

Le chlore et le brome convertissent l'isatine en dérivés par substitution ($\S$ 1774). L'iode n'y paraît pas agir.

L'hydrogène sulfuré et le sulfhydrate d'ammoniaque transforment l'isatine en isathyde ($\S$ 1796), ou en dérivés sulfurés de l'isathyde ($\S$ 1798) :

$$2\ C^{16}H^5NO^4 + 2\ HS = 2\ C^{16}H^5NO^4, H^2 + S^2.$$

$$\text{Isatine.} \qquad\qquad\qquad \text{Isathyde.}$$

[1] G. Rose, *Journ. f. prakt. Chem.*, XXIV, 11.

La potasse caustique convertit l'isatine à froid en isatite, et à chaud en isatate de potasse :

$$C^{16}H^5NO^4 + KO, HO = C^{16}H^4KNO^4 + 2HO.$$
Isatine.   Isatite de potasse.

$$C^{16}H^5NO^4 + KO, HO = C^{16}H^6KNO^6.$$
Isatate de potasse.

Quand on distille l'isatine avec de l'hydrate de potasse, on obtient de l'aniline (§ 1411) :

$$C^{16}H^5NO^4 + 4(KO, HO) = C^{12}H^7N + 4(CO^2, KO) + H^2.$$
Isatine.   Aniline.

L'ammoniaque, en agissant sur l'isatine, donne naissance à plusieurs produits (imésatine, imasatine, acide isamique, etc., § 1777), dont la nature varie suivant la concentration de l'ammoniaque et suivant le dissolvant de l'isatine.

Dérivés métalliques de l'isatine. Isatites ou sels isatinés.

§ 1773. Suivant M. Laurent, l'isatine peut échanger 1 at. d'hydrogène contre son équivalent de métal.

Le *sel de potasse* renferme probablement $C^{16}H^4KNO^4$. Lorsqu'on verse une solution concentrée de potasse sur l'isatine, celle-ci se dissout à froid, en donnant une liqueur d'un rouge violacé très-foncé. Si l'on étend d'eau et qu'on fasse bouillir, la couleur devient jaune pâle, et la dissolution renferme alors de l'isatate de potasse.

Le *sel de cuprammonium*, $C^{16}H^4(NH^3Cu)NO^4$, est un précipité bleu clair, qu'on obtient en versant de l'isatine ammoniacale dans de l'acétate de cuivre dissous dans l'ammoniaque.

Le *sel d'argent*, $C^{16}H^4AgNO^4$, est un précipité non cristallin, d'un rouge vineux, qu'on obtient en mélangeant du nitrate d'argent avec une solution alcoolique d'isatine. Si l'on verse du nitrate d'argent ammoniacal dans une solution alcoolique d'isatine additionnée de beaucoup d'ammoniaque, il se produit un précipité rouge et cristallin, représentant l'*isatite d'argent ammonium*, $C^{16}H^4(NH^3Ag)NO^4$.

Dérivés chlorés et bromés de l'isatine.

§ 1774. Ces dérivés, dont on doit la découverte à M. Erdmann, possèdent la composition de l'isatine, 1 ou 2 atomes d'hydrogène de ce corps étant remplacés par leur équivalent de chlore ou de brome :

$$\text{Chlorisatine.} \quad C^{16}H^4Cl\,NO^4,$$
$$\text{Bichlorisatine.} \quad C^{16}H^3Cl^2NO^4,$$
$$\text{Bromisatine.} \quad C^{16}H^4Br\,NO^4.$$
$$\text{Bibromisatine.} \quad C^{16}H^3Br^2NO^4.$$

Ces substances sont remarquables par l'analogie extrême de forme de et propriétés qu'elles présentent avec l'isatine. Elles se comportent comme celle-ci sous l'influence de la potasse caustique, de l'ammoniaque, de l'hydrogène sulfuré, des sulfites alcalins ; c'est-à-dire qu'étant soumises à l'action de ces agents, elles donnent les dérivés chlorés et bromés des corps que l'isatine produit dans les mêmes réactions.

§ 1775. *Chlorisatine*[1], $C^{16}H^4ClNO^4$. — La matière jaune rougeâtre qui se forme en grande quantité par l'action du chlore sur l'indigo bleu délayé dans l'eau, se compose d'un mélange de chlorisatine et de bichlorisatine qu'on sépare par des cristallisations dans l'alcool ; la chlorisatine se dépose la première.

Le même corps se produit quand on fait passer du chlore dans de l'isatine, délayée dans l'eau, pendant que le liquide est légèrement chauffé.

Pour purifier le produit, on le fait dissoudre dans l'alcool bouillant, qui le dépose, par le refroidissement, sous la forme de jolis prismes lamelleux, très-éclatants.

Les cristaux de la chlorisatine sont de couleur orangée et appartiennent au système rhombique ; ils sont isomorphes avec l'isatine. Combinaison observée par M. G. Rose, $\infty P. \infty \breve{P} \infty. \breve{P} \infty$. Inclinaison des faces, $\infty P : \infty P = 131°$; $\breve{P} \infty : \breve{P} \infty = 134° 12'$.

Elle est sans odeur et présente une saveur amère. Sa poussière irrite les organes respiratoires et excite l'éternument. Chauffée à l'air libre, elle fond en un liquide brun, et exhale des vapeurs jaunes dont l'odeur est analogue à celle de l'indigo en combustion. A une température élevée, elle se sublime en partie, tandis qu'une autre portion se charbonne.

A froid, elle est presque insoluble dans l'eau ; dans l'eau bouillante, elle se dissout avec une teinte jaune rougeâtre. Elle se dissout bien mieux dans l'alcool ; la solution communique à la peau

---

[1] ERDMANN (1840), *Journ. f. prakt. Chem.*, XIX, 321 ; XXIV, 1.

une odeur désagréable très-persistante. Elle ne rougit pas le tournesol.

La chlorisatine se comporte comme l'isatine avec les réactifs tels
que le sulfhydrate d'ammoniaque, les sulfites alcalins, l'ammoniaque.

Elle se dissout dans l'acide sulfurique concentré, et s'en sépare
de nouveau sans altération par l'addition de l'eau. Traitée par l'a-
cide nitrique, elle donne une matière résineuse, de l'acide oxalique, et, en petite quantité, une substance azotée cristallisée en grains
jaunes.

La potasse caustique communique à la chlorisatine une teinte
plus foncée en la transformant en chlorisatite de potasse; quand on
chauffe la solution, la coloration disparaît, et le liquide renferme
alors du chlorisatate de potasse.

Lorsqu'on fait passer de l'hydrogène sulfuré dans une solution
alcoolique de chlorisatine, il se produit un précipité blanc[1] dont
la quantité augmente encore par l'addition de l'eau à la liqueur
alcoolique.

Le *chlorisatite d'argentammonium*, $C^{16}H^3(NH^3Ag)ClNO^4$, est
un précipité cristallin, couleur lie de vin, qu'on obtient en versant
du nitrate d'argent ammoniacal dans une dissolution alcoolique de
chlorisatine mêlée d'ammoniaque.

Bichlorisatine[2], $C^{16}H^3Cl^2NO^4$. — Cette matière se trouve dans les
solutions alcooliques du produit de l'action du chlore sur l'indigo,
d'où la chlorisatine s'est déjà déposée; on la purifie par plusieurs
cristallisations dans l'alcool.

Elle cristallise en aiguilles ou en lamelles raccourcies, brillantes
et de couleur aurore. On y reconnaît quelquefois des prismes à
quatre faces. Lorsqu'on la chauffe en vase clos, elle se sublime en
petite quantité, et se fond en grande partie en une masse noire et
charbonneuse.

La bichlorisatine est un peu plus soluble dans l'eau que la chlo-

---

[1] M. Erdmann appelle ce précipité blanc *sulfochlorisatine;* peut-être est-ce de la
quadrisulfisathyde chlorée $C^{32}H^{10}Cl^2N^2S^8$:

	Analyse.	Calcul.
Carbone. . .	41,7	44,7
Hydrogène. .	2,37	2,33
Soufre. . . .	31,09	29,83

[2] ERDMANN (1840), *loc. cit.* — LAURENT, *loc. cit.*

risatine; dans l'alcool, elle l'est bien davantage. Sa solution se comporte avec les réactifs, comme celle de la chlorisatine.

Lorsqu'on jette de la bichlorisatine sur de la potasse humectée d'alcool absolu, il se produit une solution rouge qui se prend au bout de quelques instants en une bouillie d'un noir violacé, composée de *bichlorisatite de potasse*. Ce sel donne avec le nitrate d'argent un précipité couleur lie de vin.

Le chlore n'agit pas sur la solution aqueuse de la chlorisatine ou de la bichlorisatine; mais, si l'on fait passer un courant de chlore dans une solution alcoolique de ces corps, saturée à l'ébullition, et qu'on entretienne le courant de gaz tant que la liqueur est encore chaude, il se sépare une matière visqueuse, jaune-brunâtre, mêlée de paillettes brillantes, en même temps qu'on obtient les produits de décomposition de l'alcool par le chlore, ainsi que du sel ammoniac. Les substances cristallines qui prennent naissance dans cette réaction sont la quinone perchlorée (chloranile, § 1461), et l'acide quintichlorophénique, mélangés probablement de traces de trichloraniline (*chlorindatmite* de M. Erdmann).

§ 1776. *Bromisatine* [1], $C^{16}H^4BrNO^4$. — Elle se produit, en même temps que la bibromisatine, par l'action du brome sur l'indigo; on épuise le produit par l'eau bouillante, et l'on reprend par l'alcool les cristaux qui se déposent par le refroidissement. Les cristaux qui se séparent ensuite les premiers se composent principalement de bromisatine; les dernières portions sont formées d'un mélange de bromisatine et de bibromisatine.

Suivant M. Hofmann, la manière la plus facile de préparer la bromisatine consiste à agiter avec du brome de l'isatine en suspension dans l'eau, jusqu'à ce que le liquide ne se décolore plus par l'agitation. La couleur rouge de l'isatine s'éclaircit alors et devient orangée. On décante la liqueur aqueuse chargée d'acide bromhydrique et d'un excès de brome, on fait bouillir la bromisatine d'abord avec de l'alcool faible, puis avec de l'eau, et on la fait cristalliser dans l'alcool concentré et bouillant.

La bromisatine cristallise, par le refroidissement, en prismes brillants de couleur orangée.

La potasse caustique la transforme déjà à froid en bromisatate.

Lorsqu'on distille la bromisatine avec de l'hydrate de potasse, elle se transforme en bromaniline.

[1] ERDMANN (1840), *loc. cit.* — LAURENT, *loc. cit.* — HOFMANN, *loc. cit.*

Bibromisatine[1], $C^{16}H^3Br^2NO^4$. — Ce corps reste dans les eaux-mères de la dissolution alcoolique de l'indigo traité par le brome, après que la bromisatine s'y est déposée. On l'obtient surtout en mettant l'isatine en digestion avec du brome, au soleil. On le fait cristalliser dans l'alcool. Il s'obtient en prismes droits à base rectangulaire, de couleur orangée, et brillants.

Il donne de la bibromaniline par la distillation avec l'hydrate de potasse.

Le *bibromisatite de potasse*, $C^{16}H^2KBr^2NO^4$, est cristallisé en paillettes noires, qui sont bleues par transmission. On l'obtient en faisant légèrement chauffer la bibromisatine avec de l'alcool absolu, puis en y versant une dissolution chaude de potasse dans l'alcool; il se forme immédiatement une bouillie noire et cristalline de ce sel.

Dérivés ammoniacaux de l'isatine.

§ 1777. L'ammoniaque, en agissant sur l'isatine, donne naissance à plusieurs produits dont la nature varie suivant la concentration de l'ammoniaque et suivant le dissolvant de l'isatine. Tous ces produits renferment les éléments de 1,2 ou 3 atomes d'isatine plus 1 ou 2 atomes d'ammoniaque, moins de l'eau. Voici ceux que M. Laurent[2] a obtenus :

Imésatine. . . . . $C^{16}H^6N^2O^2 = C^{16}H^5NO^4 + NH^3 - 2HO.$

Imasatine. . . . . $C^{32}H^{11}N^3O^6 = 2\,C^{16}H^5NO^4 + NH^3 - 2HO.$

Acide isamique. $C^{32}H^{13}N^3O^8 = 2\,C^{16}H^5NO^4 + NH^3.$

Isamide ou ama-
    satine. . . . . $C^{32}H^{14}N^4O^6 = 2\,C^{16}H^5NO^4 + 2\,NH^3 - 2HO.$

Isatimide. . . . . $C^{48}H^{17}N^5O^8 = 3\,C^{16}H^5NO^4 + 2\,NH^3 - 4HO.$

La chlorisatine, la bichlorisatine, etc., donnent avec l'ammoniaque des dérivés semblables aux précédents.

Si, comme je le suppose, l'isatine représente l'oxyde d'indyle, les amides isatiques deviennent des azotures d'indyle et d'hydrogène, dérivant des types ammoniaque et oxyde d'ammonium (type ammoniaque plus type eau). On a ainsi les formules suivantes, In^2 exprimant le radical *indyle* $C^{16}H^5NO^2$:

[1] ERDMANN (1840), *loc. cit.* — LAURENT, *loc. cit.*
[2] LAURENT (1841), *Ann. de Chim. et de Phys.*, [3] III, 483. *Revue scientif.*, XVIII, 158.

$$\text{Isamétine.} \quad = \quad \mathbf{N} \begin{cases} \text{In} \\ \text{In} \\ \text{H} \end{cases}$$

$$\text{Imasatine.} \quad = \quad \left.\begin{array}{c} \mathbf{N}\,\text{In}^4.\text{O} \\ \mathbf{H}\text{O} \end{array}\right\}$$

$$\text{Acide isamique.} \quad = \quad \left.\begin{array}{c} \mathbf{N}\;\text{In}^2\mathbf{H}^2.\text{O} \\ \mathbf{H}\text{O} \end{array}\right\}, \; \left.\begin{array}{c} \text{InO} \\ \text{InO} \end{array}\right\},$$

$$\text{Isamide.} \quad = \quad \left.\begin{array}{c} \mathbf{N}\;\text{In}^2\mathbf{H}^2.\text{O} \\ \mathbf{N}\;\text{In}^2\mathbf{H}^2.\text{O} \end{array}\right\}$$

$$\text{Isatilime.} \quad = \quad \left.\begin{array}{c} \mathbf{N}\;\text{In}^4.\;\;\text{O} \\ \mathbf{N}\;\text{In}^2\mathbf{H}^2.\text{O} \end{array}\right\}$$

§ 1778. *Imésatine*, $C^{16}H^6N^2O^2$. — Pour préparer ce composé, on dissout de l'isatine dans l'alcool absolu et bouillant, et l'on y ajoute un léger excès d'isatine pulvérisée. On fait ensuite passer dans la liqueur chaude un courant de gaz ammoniaque sec.

L'imésatine se présente sous la forme de prismes droits à base rectangulaire, incolores, inodores et insolubles dans l'eau; l'alcool bouillant la dissout assez bien, l'éther très-difficilement. Quand on la chauffe avec un peu d'alcool et d'acide chlorhydrique, elle se dissout facilement et donne des cristaux d'isatine, ainsi que du sel ammoniac; la potasse détermine la même transformation.

La *chlorimésatine*, $C^{16}H^5ClN^2O^2$, est un composé semblable à l'imésatine, et s'obtient en traitant par l'ammoniaque sèche une solution alcoolique de chlorisatine. Elle se présente en paillettes hexagones de couleur jaune, peu solubles dans l'alcool bouillant, presque insolubles dans l'éther. L'eau bouillante l'attaque lentement en dégageant de l'ammoniaque. Soumise à l'action de la chaleur, elle donne un sublimé composé d'aiguilles jaunes, de l'ammoniaque et un résidu de charbon.

§ 1779. *Imasatine*, $C^{32}H^{11}N^3O^6$. — On l'obtient en faisant bouillir une dissolution d'isatine dans l'ammoniaque. C'est un corps jaune grisâtre, tirant souvent sur le brun ou le verdâtre; il est tantôt cristallisé en grains lamelleux, tantôt formé de petites sphères radiées plus foncées. Il est insoluble dans l'eau et dans l'éther. L'alcool bouillant n'en dissout qu'une très-petite quantité.

Il se décompose par la distillation sèche, en donnant beaucoup de charbon et un sublimé d'aiguilles incolores.

L'acide chlorhydrique bouillant ne l'attaque pas. La potasse caustique le dissout; étendue d'eau et neutralisée par un acide, la solution donne un précipité blanchâtre gélatineux.

La *chlorimasatine*, $C^{32}H^9Gl^2N^3O^6$, est une poudre légèrement rougeâtre qu'on obtient avec l'ammoniaque et une dissolution alcoolique de chlorisatine.

La *bibromimasatine*, $C^{32}H^7Br^4N^3O^6$, constitue des paillettes jaune-rougeâtre qu'on obtient avec l'ammoniaque et la bibromisatine.

§ 1780. *Acide isamique*, imasatique ou rubindénique, $C^{32}H^{13}N^3O^8$. — Voici comment M. Laurent prescrit de préparer ce beau corps : on fait dissoudre une quantité pesée d'isatine dans de la potasse jusqu'à saturation; d'un autre côté, on fait une dissolution très-concentrée et chaude de sulfate d'ammoniaque ; il faut prendre un peu plus de 1 at. de sulfate pour 2 at. d'isatine. Par le mélange des deux dissolutions, il se forme un précipité de sulfate de potasse. Après avoir filtré, on évapore l'isatate d'ammoniaque jusqu'à consistance de sirop; ce sel se change alors en isamate d'ammoniaque. On reprend le sel sirupeux par l'alcool bouillant, et on filtre si c'est nécessaire (il peut rester à l'état insoluble soit des sulfates, soit de l'amasatine). Dans la dissolution alcoolique et chaude, on verse ensuite, de l'acide chlorhydrique, en ayant soin de ne pas en mettre d'excès. L'acide isamique reste dans la dissolution; mais, par le refroidissement, il se dépose sous la forme de magnifiques paillettes, semblables au biiodure de mercure sublimé.

Si l'on versait trop d'acide chlorhydrique, ou si l'on chauffait trop fort, ou enfin si l'on n'avait pas assez évaporé l'isatate d'ammoniaque, le précipité d'acide isamique pourrait renfermer un peu d'isatine. On reconnaîtrait aisément la présence de cette dernière, en versant sur une portion d'acide isamique une solution d'ammoniaque bien diluée: l'acide isamique se dissoudrait immédiatement en laissant l'isatine.

L'acide isamique cristallise en tables rhombes ou hexagonales dont les angles, mesurés au microscope, sont d'environ 110°; il est un peu soluble dans l'eau bouillante, qu'il colore en jaune. Il est assez soluble dans l'éther.

Lorsqu'on y verse de l'acide chlorhydrique, il se dissout en prenant une belle teinte violacée. Avec les acides étendus sous l'influence de l'ébullition, il se change en ammoniaque et en isatine.

Le brome l'attaque vivement, et produit un corps jaune, insoluble dans l'eau (*indélibrome*, $C^{32}H^8Br^4N^3O^8$).

L'*isamate d'ammoniaque*, $C^{32}H^{12}(NH^4)N^3O^5$, peut s'obtenir cristallisé en petites aiguilles ou en rhombes microscopiques très-aigus.

Il ne donne pas de précipité avec les sels de baryum, de calcium, de magnésium. Il précipite l'acétate de plomb en jaune orangé, le bichlorure de mercure en rouge, le nitrate d'argent en jaune.

Quand on le dessèche trop fort, il se convertit en isamide, en perdant de l'eau.

L'*isamate de potasse* peut être bouilli sans se décomposer.

§ 1781. L'*acide chlorisamique* renferme $C^{32}H^{11}Cl^2N^3O^8$. Pour obtenir ce corps, on traite la chlorisamide par la potasse faible, et l'on décompose la solution par l'acide chlorhydrique dilué, sans excès. Il se forme alors un précipité rouge-brique et floconneux ; on le reprend par l'alcool chaud pour le faire cristalliser.

Cet acide ressemble entièrement à l'acide isamique ; il est d'un rouge vif, cristallin ; au microscope, il présente des lamelles hexagonales très-allongées, dérivant d'un rhombe dont les angles sont d'environ 110°.

Il est plus soluble dans l'alcool et dans l'éther que l'acide isamique. La dissolution est jaune.

Il est décomposé par la distillation.

Les acides concentrés le dissolvent en se colorant en violet. Sous l'influence de l'ébullition, ils le convertissent en ammoniaque et en chlorisatine.

Le *chlorisamate d'ammoniaque* précipite les sels d'argent en jaune.

§ 1782. L'*acide bichlorisamique* contient $C^{32}H^9Cl^4N^3O^8$. L'alcool bouillant convertit la bichlorisamide en bichlorisamate d'ammoniaque ; si l'on ajoute à ce dernier un *sel d'argent*, il se produit un précipité floconneux contenant $C^{32}H^8AgCl^4N^3O^8$.

§ 1783. *Isamide*, ou amasatine, $C^{32}H^{14}N^4O^6$. — Le meilleur procédé pour obtenir ce corps consiste à dessécher fortement l'isamate d'ammoniaque.

C'est une substance d'un très-beau jaune, pulvérulente, inodore, insipide. Elle est presque insoluble dans l'éther ; l'alcool aussi en dissout très-peu.

Elle est insoluble dans l'eau ; mais, sous l'influence de l'ébullition, elle s'y dissout en se transformant en isamate d'ammoniaque ;

une petite portion se décompose en ammoniaque et en isatine.

L'acide chlorhydrique concentré la colore en violet; étendu, il donne à froid de l'acide isamique, à chaud de l'isatine.

La *chlorisamide*, $C^{32}H^{12}Cl^2N^4O^6$, se forme quand on évapore à siccité le chlorisamate d'ammoniaque. On la prépare en dissolvant le chlorisatate de potasse dans l'alcool, mélangeant avec du sulfate d'ammoniaque, séparant à l'aide du filtre le sulfate de potasse, et évaporant la dissolution jusqu'à consistance pâteuse. Quand on la reprend par l'eau, la chlorisamide reste à l'état insoluble.

C'est une matière jaune et pulvérulente; elle est assez soluble dans l'alcool, et ne se dissout pas dans l'eau bouillante. Les acides concentrés la dissolvent en se colorant en violet; s'ils sont étendus, ils la convertissent à froid en acide chlorisamique, à chaud en chlorisatine.

La *bichlorisamide*, $C^{32}H^{10}Cl^4N^4O^6$, se dépose sous la forme d'une poudre jaune, lorsqu'on traite le bichlorisatate de potasse par le sulfate d'ammoniaque, et qu'on évapore la dissolution. Quand on dissout cette poudre dans l'alcool bouillant, elle se convertit en bichlorisamate d'ammoniaque; traitée par les acides concentrés, elle se dissout en prenant une couleur violette.

§ 1784. *Isatimide*, $C^{48}H^{17}N^5O^8$. — Ce composé peut s'obtenir en faisant passer de l'ammoniaque anhydre sur de l'isatine arrosée d'alcool absolu ou d'alcool ordinaire. Si l'on emploie l'alcool absolu, la première matière qui cristallise, c'est l'imésatine; on la reconnaît aisément à la forme des cristaux, qui sont des prismes à base carrée ou rectangulaire. La dissolution décantée laisse ensuite déposer l'isatimide sous la forme d'une poudre jaune, brillante et cristalline.

Elle est insoluble dans l'eau; l'alcool bouillant et l'éther ne la dissolvent presque pas; l'alcool bouillant ammoniacal la dissout assez bien.

La potasse la dissout en se colorant en jaune, et en dégageant de l'ammoniaque; la liqueur renferme de l'isatine.

Dans la préparation de l'isatimide on obtient quelquefois des flocons jaunes non cristallins que l'acide chlorhydrique concentré ne colore pas en violet, mais que la potasse attaque aisément. M. Laurent appelle ce produit *isatilime* ($C^{48}H^{16}N^4O^{10}$ = 3 isatine + NH^3 — 2 HO). D'autrefois on obtient des aiguilles courtes et fines, insolubles dans l'eau, presque insolubles dans l'alcool, et que

le même chimiste désigne sous le nom d'*amisatine* ($C^{96}H^{39}N^{11}O^{18}$
= 6 isatine + 5 NH^3 — 6 HO).

La composition de ces deux produits ne me paraît pas suffisamment établie.

§ 1785. M. Laurent désigne sous le nom de *carmindine bibromée* une très-belle substance qui se produit par la réaction de la bibromisatine et de l'ammoniaque, mais que ce chimiste n'a pas pu préparer à volonté.

Voici le procédé par lequel on réussit ordinairement à l'obtenir. On verse dans une fiole de la bibromisatine, de l'alcool et un peu d'ammoniaque, et on chauffe le mélange très-doucement dans un bain de sable. La bibromisatine ne tarde pas à se dissoudre, et, au bout de dix à quinze minutes, la dissolution devient peu à peu rose. En même temps, il se dépose ordinairement de la bibromimasatine. Lorsque la couleur rose est devenue très-intense, on décante et on filtre la dissolution, puis on l'étend d'eau; il se forme alors un précipité rose carminé. C'est la carmindine bibromée.

On peut aussi obtenir cette substance en séchant fortement le bibromisatate d'ammoniaque; si l'on reprend le résidu par l'éther, la carmindine se dissout.

Ce corps est très-soluble dans l'éther, beaucoup moins soluble dans l'alcool; les dissolutions sont roses. Il est insoluble dans la potasse aqueuse et dans l'ammoniaque. L'acide chlorhydrique le décompose, et le transforme en une matière jaune soluble dans l'alcool.

Il a donné à l'analyse :

	Laurent.
Carbone. . .	32,10
Hydrogène. .	1,65
Azote.	8,20

M. Laurent suppose qu'il renferme $C^{64}H^{15}Br^8N^7O^{10}$, c'est-à-dire 4 at. de bibromisatine + 3 NH^3 — 6 HO.

Dérivés sulfureux de l'isatine.

§ 1786. Le gaz sulfureux n'exerce aucune action sur l'isatine seule; mais, en présence de la potasse ou de l'ammoniaque, on obtient des combinaisons particulières[1], qui renferment les éléments

---

[1] LAURENT (1842), *Revue scientif.* X, 289.

de l'isatate d'ammoniaque ou de potasse, plus de l'acide sulfureux anhydre. La chlorisatine, la bichlorisatine et la bibromisatine donnent des sels semblables, sous l'influence des alcalis et de l'acide sulfureux.

§ 1787. *Isatosulfites*. — Le *sel d'ammoniaque*, $C^{16}H^6(NH^4)NO^6$, $2 SO^2$, s'obtient en faisant bouillir l'isatine avec du bisulfite d'ammoniaque, et concentrant la solution par l'évaporation. Il se produit ainsi de petites tables rhomboïdales, colorées en jaune pâle, peu solubles dans l'eau froide, mais très-solubles dans l'eau bouillante.

Le *sel de potasse*, $C^{16}H^6KNO^6$, $2 SO^2 + 6$ aq., s'obtient en dissolvant l'isatine dans la potasse et saturant le liquide par le gaz sulfureux. On peut aussi faire passer ce gaz dans une dissolution d'isatate de potasse, ou faire bouillir de l'isatine en poudre avec du bisulfite de potasse jusqu'à dissolution complète.

L'isatosulfite de potasse est un sel légèrement coloré en jaune, assez soluble dans l'eau, et cristallisant en lames allongées assez brillantes. Il est neutre, assez soluble dans l'alcool bouillant, mais très-peu soluble à froid dans ce liquide. Ses dissolutions sont jaunes. Soumis à l'action de la chaleur, il devient d'un rouge orangé, se boursoufle, et laisse dégager de l'eau. Par une chaleur plus forte, il noircit et développe une matière rouge, épaisse, qui se solidifie sans cristalliser.

L'iode le décompose par l'ébullition; il se précipite de l'isatine, et la liqueur renferme alors de l'acide sulfurique. Le chlore le décompose également avec formation de ce dernier acide; mais il se dépose de la chlorisatine ou de la bichlorisatine, suivant que l'action du chlore a été plus ou moins prolongée.

L'acide chlorhydrique, versé dans une dissolution bouillante d'isatosulfite de potasse, dégage aussitôt du gaz sulfureux avec effervescence, et précipite de l'isatine.

La solution de l'isatosulfite de potasse ne précipite pas les chlorures de baryum, de strontium et de calcium, ni l'acétate de cuivre. Dans le nitrate d'argent et l'acétate de plomb elle occasionne des précipités de sulfite et d'isatine.

§ 1788. *Chlorisatosulfites*. — Le *sel de potasse* $C^{16}H^5ClKNO^6$, $2 SO^2$, s'obtient en faisant passer un courant de gaz sulfureux dans une dissolution de chlorisatate de potasse. Par l'évaporation de la solution, on obtient un sel jaune paille, fibro-lamellaire, et peu soluble dans l'eau froide. Les acides le décomposent en précipitant la chlorisatine, et en dégageant du gaz sulfureux.

Bichlorisatosulfites. — Le *sel de potasse*, $C^{16}H^4Cl^2K\,NO^6, 2\,SO^2$, forme de petites aiguilles jaunes qu'on obtient en faisant bouillir la bichlorisatine avec du bisulfite de potasse.

§ 1789. *Bibromisatosulfites.* — Le *sel de potasse*, $C^{16}H^4Br^2KNO^6$, $2\,SO^2$, s'obtient en faisant passer du gaz sulfureux dans une dissolution de bibromisatate de potasse; c'est un précipité jaune, très-peu soluble dans l'eau.

Acide isatique.

Composition : $C^{16}H^7NO^6 = C^{16}H^6NO^5, HO$.

§ 1790. Cet acide ne s'obtient pas facilement à l'état isolé. Si l'on verse de l'acide chlorhydrique dans une solution d'isatate de potasse, il ne se forme pas de précipité dans le premier moment; mais, par le repos, il se dépose des cristaux d'isatine. En effet, l'acide isatique ne diffère de l'isatine que par éléments de l'eau :

$$C^{16}H^7NO^6 = C^{16}H^5NO^4 + 2\,HO.$$

Ac. isatique.   Isatine.

L'isatate de potasse se produit par l'action de la potasse caustique sur l'isatine.

Dérivés métalliques de l'acide isatique. Isatates.

§ 1791. La composition des isatates [1] se représente par la formule générale

$$C^{16}H^6MNO^6 = C^{16}H^6NO^5, MO.$$

Le *sel d'ammoniaque* ne paraît pouvoir exister qu'en dissolution; car, par la dessiccation, il développe de l'eau et se transforme en isamate.

Le *sel de potasse* renferme $C^{16}H^6KNO^6$. Lorsqu'on verse une dissolution concentrée de potasse sur l'isatine, celle-ci se dissout à froid, en donnant une liqueur d'un rouge-violacé très-foncé. Quand on étend d'eau et qu'on fait bouillir, la couleur devient d'un jaune pâle. Par l'évaporation de la solution, on obtient l'isatate de potasse en cristaux légèrement jaunâtres.

La solution de ce sel donne, avec le chlorure de baryum, un

---

[1] Laurent (1841), *Ann. de Chim. et de Phys.*, [3] III, 371.

précipité qui ne se forme pas si les sels sont étendus ; avec l'acétate de plomb, elle produit un précipité jaune floconneux, passant peu à peu au rouge.

Le *sel de baryte*, $C^{16}H^6BaNO^6$, s'obtient en paillettes peu solubles, en faisant bouillir l'isatine avec de l'eau de baryte.

Le *sel d'argent*, $C^{16}H^6AgNO^5$, est soluble dans l'eau, et cristallise en beaux prismes jaunes. Pour le préparer, on mêle deux dissolutions bouillantes et assez concentrées de nitrate d'argent et d'isatate de potasse.

Dérivés chlorés et bromés de l'acide isatique.

§ 1792. *Acide chlorisatique* [1], $C^{16}H^6ClNO^6$. — Cet acide ne peut pas être isolé, car, si l'on ajoute de l'acide chlorhydrique à une solution de chlorisatate de potasse, il se précipite de la chlorisatine.

Les *chlorisatates* s'obtiennent par double décomposition avec le sel de potasse.

Le *sel de potasse* renferme $C^{16}H^5KClNO^6$. Lorsqu'on mélange une solution de chlorisatine avec de la potasse caustique, il se produit immédiatement une coloration rouge foncée ; après quelque temps, cette teinte disparaît pour faire place à une coloration jaune pâle. Si la solution est quelque peu concentrée, elle dépose, par le refroidissement, des cristaux de chlorisatate de potasse ; on les purifie par la cristallisation dans l'alcool.

Ce sel forme des paillettes d'un jaune clair très-brillantes, ou des aiguilles quadrilatères aplaties. Il est fort soluble dans l'eau, à laquelle il communique une teinte jaune claire. Sa saveur est très-amère. Par la chaleur, il se décompose subitement.

Le *sel de baryte* renferme $C^{16}H^5BaClNO^6 +$ aq. et 3 aq. Lorsqu'on mélange à chaud une solution de chlorisatate de potasse avec une solution de chlorure de baryum, on voit cristalliser par le refroidissement tantôt des aiguilles jaune-pâle, déliées, groupées en faisceaux, tantôt des feuillets jaune-foncé, très-brillants. Les aiguilles renferment 1 atome, les feuillets 3 atomes d'eau de cristallisation qui ne se dégagent complétement qu'à 150 ou 160°.

Le *sel de chaux* ressemble au sel de baryte.

Les *sels de magnésie* et *d'alumine* paraissent être très-solubles,

---

[1] ERDMANN (1839), *loc. cit.* — LAURENT, *loc. cit.*

du moins le chlorisatate de potasse ne précipite ni le sulfate de magnésie, ni l'alun.

Le *sel de zinc* constitue un précipité jaune.

Le *sel de cadmium* est également un précipité jaune.

Le *sel de nickel* se précipite au bout de quelque temps sous la forme d'une poudre jaunâtre et cristalline.

Le *sel de cuivre* s'obtient sous la forme d'un précipité brun-jaunâtre volumineux, de la couleur du peroxyde de fer hydraté. Au bout de quelque temps, il prend une couleur rouge de sang, et se transforme en une poudre pesante et grenue.

Le *sel de fer* (ferricum) est un précipité brun-rouge qu'on obtient avec une solution d'alun de fer. Le sulfate ferreux n'est pas précipité par le chlorisatate de potasse.

Le *sel de bismuth* constitue un précipité d'un jaune orangé foncé.

Le *sel de plomb* renferme $C^{16}H^5PbClNO^6 + 2$ aq. Si l'on ajoute de l'acétate ou du nitrate de plomb à une solution de chlorisatate de potasse, il se forme un précipité gélatineux d'un jaune brillant, lequel, au bout de quelques minutes, et surtout par l'agitation du liquide, devient floconneux, et acquiert une belle couleur écarlate, presque aussi éclatante que celle du bi-iodure de mercure. Si l'on observe ce phénomène à l'aide du microscope, on trouve que le précipité jaune est pulvérulent, sans aucun indice de cristallisation, et que les flocons rouges sont des végétations dendritiques. Ces derniers renferment 2 at. d'eau de cristallisation, qu'ils développent à 160°.

Le *sel d'argent*, $C^{16}H^5AgClNO^6$, est un précipité jaune clair, soluble dans l'eau bouillante, et cristallisant, par le refroidissement, en aiguilles groupées en faisceaux ou en végétations dendritiques de couleur jaunâtre.

Les *sels de mercure* (mercurosum et mercuricum) sont des précipités jaunes.

§ 1793. *Acide bichlorisatique*[1], $C^{16}H^5Cl^2NO^6$. — Si l'on ajoute un acide minéral à une solution aqueuse et concentrée de bichlorisatate de potasse, il se forme un précipité jaune d'acide bichlorisatique. Quoique celui-ci soit plus stable que l'acide chlorisatique, on ne parvient que difficilement à l'obtenir pur; car, lors-

---

[1] ERDMANN (1839), *loc. cit.* — LAURENT, *loc. cit.*

qu'on le dessèche dans le vide, même à une température basse, il se convertit aisément en bichlorisatine et en eau.

L'acide bichlorisatique se dissout dans l'eau avec une teinte jaune claire ; quand on chauffe la solution à 60°, elle se trouble en déposant de la bichlorisatine.

Le *sel de potasse* contient $C^{16}H^4KCl^2NO^6 + 2$ aq. La bichlorisatine se dissout à froid dans la potasse caustique avec une couleur rouge foncée. Par l'échauffement du mélange, la coloration disparaît, et l'on obtient, après le refroidissement, une masse de lamelles jaunes et brillantes, qu'on purifie par la cristallisation dans l'alcool. Elles renferment 6,4 p. c. = 2 at. d'eau de cristallisation, qui ne se dégagent complétement qu'à 130°.

Le sel cristallisé dans l'alcool absolu ne paraît contenir que 1 at. d'eau de cristallisation. Le sel se décompose par la chaleur avec une sorte d'explosion.

Le *sel de baryte*, $C^{16}H^4BaCl^2NO^6 + 2$ aq., forme des aiguilles jaune-doré et brillantes, contenant 5,5 p. c. = 1 at. d'eau de cristallisation.

Le *sel de cuivre* renferme $C^{16}H^4CuCl^2NO^6$. Lorsqu'on précipite le bichlorisatate de potasse par du sulfate ou du nitrate de cuivre, on obtient d'abord un abondant précipité rouge-brun, qui devient bientôt jaune-verdâtre, et enfin cramoisi. Ce changement de nuance n'est que l'effet de la cristallisation du sel, au sein du mélange.

Le *sel de plomb* est un précipité jaune qui ne change pas de couleur comme le chlorisatate correspondant.

Le *sel d'argent* $C^{16}H^4AgCl^2NO^6$, s'obtient par double décomposition du bichlorisatate de potasse et du nitrate d'argent, sous la forme d'un précipité jaune clair, soluble dans beaucoup d'eau bouillante. Il cristallise, par le refroidissement, en aiguilles jaunâtres, transparentes et groupées en aigrettes ; chauffées à l'air, elles fondent en une masse brune, d'où se sublime de l'isatine bichlorée.

§ 1794. *Acide bromisatique*[1], $C^{16}H^5Br^2NO^6$. — Il se produit par l'action des alcalis sur la bromisatine. On n'a pas encore étudié ses sels.

Le *sel de potasse* se produit déjà à froid lorsqu'on abandonne à lui-même un mélange de bromisatine et de potasse aqueuse.

---

[1] ERDMANN (1839), *loc. cit.* — LAURENT, *loc. cit.*

§ 1795. *Acide bibromisatique*[1], $C^{16}H^5Br^2NO^6$. — Lorsqu'on décompose par l'acide chlorhydrique la solution concentrée du bibromisatate de potasse, l'acide bibromisatique se précipite à l'état d'une poudre jaune, soluble dans un excès d'eau. Par la dessiccation dans le vide, et déjà à la température ordinaire, il se convertit en bibromisatine.

Le *sel de potasse* renferme $C^{16}H^4KBr^2NO^6 + 2$ aq. La bibromisatine se dissout dans la potasse avec une teinte rouge; au bout de quelque temps, le mélange se décolore et dépose des cristaux de bibromisatate de potasse renfermant 5,o p. c. = 2 at. qui s'en vont à 155°. Ce sel constitue des aiguilles jaune-paille, brillantes, moins solubles dans l'eau et l'alcool que le bichlorisatate de potasse.

Le bibromisatate de potasse donne, avec les sels métalliques, les mêmes réactions que ce dernier.

ISATHYDE.

Composition : $C^{32}H^{12}N^2O^8 = 2\ C^{16}H^5NO^4, H^2$.

§ 1796. C'est le produit[2] de l'action, sur l'isatine, des corps réducteurs tels que l'hydrogène naissant, l'hydrogène sulfuré, le sulfhydrate d'ammoniaque :

$$2\,C^{16}H^5NO^4 + 2\ HS = 2\ C^{16}H^5NO^4, H^2 + S^2.$$

Isatine.   Isathyde.

Il existe entre l'isatine et l'isathyde les mêmes relations qu'entre l'indigo bleu et l'indigo blanc.

On obtient l'isathyde en faisant dissoudre à chaud de l'isatine

---

[1] ERDMANN (1839), *loc. cit.* — LAURENT, *loc. cit.*

[2] LAURENT (1841), *Ann. de Chim. et de Phys.*, [3] III, 392. *Compt. rend. des trav. de Chim.*, 1849, p. 203. — M. Erdmann (*Journ. f. prakt. Chem.*, XXIV, 15) donne le nom d'*isathyde* à une substance que ce chimiste a obtenue en dissolvant à chaud l'isatine dans le sulfhydrate d'ammoniaque. Par le refroidissement, il s'est formé une poudre blanche, très-peu cristalline, quelquefois jaunâtre ou rougeâtre. Cette poudre contenait :

	Analyse.		Isathyde de Laurent.
Carbone. . . .	68,34	68,42	64,80
Hydrogène. .	4,34	4,34	4,05

Les analyses précédentes s'accordent avec les rapports $C^{16}H^6NO^3 = C^{32}H^{12}N^2O^6$.

L'isathyde de M. Erdmann était à peine soluble dans l'eau. Elle se dissolvait dans l'ammoniaque avec une couleur rouge, devenant peu à peu jaune. La potasse la dissolvait avec une couleur rouge foncée; cette coloration disparaissait par la chaleur; par le refroidissement, la liqueur déposait un sel cristallisé; l'acide chlorhydrique en précipitait des flocons jaunes.

dans l'alcool, et en y versant un peu de sulfhydrate d'ammoniaque. Le mélange, abandonné à lui-même pendant une huitaine de jours, dépose des cristaux lamellaires et prismatiques d'isathyde, mélangés de cristaux octaédriques de soufre.

Ce procédé de préparation n'est pas avantageux, car le soufre ne peut s'enlever que par le sulfure de carbone. Il est donc préférable, suivant M. Laurent, d'employer la méthode suivante : On met dans un ballon de l'isatine pulvérisée, une assez forte proportion d'eau et un peu d'acide sulfurique; puis on y introduit une lame de zinc pur, et l'on chauffe le tout. A mesure que l'isatine se dissout, elle s'empare de l'hydrogène naissant pour se changer en isathyde, qui se dépose sous la forme d'une poudre cristalline. L'opération terminée, on la lave à plusieurs reprises, puis on la fait bouillir avec de l'alcool pour enlever les dernières traces d'isatine qui lui donnent une teinte jaune.

L'isathyde est blanche, légèrement grisâtre, sans odeur, sans saveur; elle ne paraît pas être soluble dans l'eau. L'alcool et l'éther n'en dissolvent, à l'ébullition, qu'une très-petite quantité; par le refroidissement, ces liquides l'abandonnent sous la forme de paillettes microscopiques, composés de prismes obliques à base rectangulaire.

Chauffée à quelques degrés au-dessus de son point de ramollissement, elle devient brun-violet (mélange d'indine et d'isatine ?); si l'on pousse la température jusqu'à ce que le corps soit à moitié fondu, il se décompose, et l'on obtient une matière soluble dans l'alcool, qui donne des cristaux brun-rouge par l'évaporation.

L'acide nitrique bouillant la décompose en produisant une poudre violette qui finit par se dissoudre. La potasse la décompose également en produisant de l'isatate de potasse et de l'indine potassée, laquelle se transforme ultérieurement en hydrindine potassée et en d'autres produits d'une nature peu connue :

$$2\ C^{32}H^{11}N^2O^8 + 3\ (KO, HO) = 2\ C^{16}H^6KNO^6$$

Isathyde.   Isat. de potas.

$$+\ C^{32}H^9KN^2O^4 + 6\ HO.$$

Indine potassée.

Dérivés chlorés et bromés de l'isathyde.

§ 1797. Ces composés se produisent par l'action des corps réducteurs sur les dérivés chlorés de l'isatine.

Chlorisathyde[1], $C^{32}H^{10}Gl^2N^2O^8$. — On obtient ce corps en traitant la chlorisatine par le sulfhydrate d'ammoniaque. C'est un précipité blanc et pulvérulent, insoluble dans l'eau froide, peu soluble dans l'eau chaude. L'alcool bouillant le dissout, et le dépose, par le refroidissement, à l'état de croûtes cristallines, sans forme régulière.

Chauffée à 180° ou 200°, la chlorisathyde dégage de l'eau et se dédouble en chlorisatine et en chlorindine, d'après l'équation :

$$2\ C^{32}H^{10}Gl^2N^2O^8 = C^{32}H^8Gl^2N^2O^4 + 2\ C^{16}H^4GlNO^4 + 4\ HO.$$

Chlorsitathyde.   Chlorindine.   Chlorisatine.

A chaud, la chlorisathyde se dissout dans la potasse caustique avec une teinte jaune, et dépose par le refroidissement des cristaux de chlorisatate de potasse ; l'eau-mère, par l'addition de l'acide chlorhydrique, donne un abondant précipité jaune clair qui, traité par l'eau bouillante, laisse de la chlorindine sous la forme d'une poudre violet-brunâtre, tandis qu'il se dissout un acide particulier qui se dépose par le refroidissement sous la forme d'un précipité de couleur citronnée [2].

Avec l'ammoniaque, la chlorisathyde se colore en rouge ; elle s'y dissout en partie, par la chaleur, en donnant une liqueur rouge qui précipite, par le refroidissement, une poudre de même couleur.

Le sulfure de potassium dissout à chaud beaucoup de chlorisathyde ; par le refroidissement, la solution dépose une poudre ayant l'aspect de la chlorisathyde non altérée.

Bichlorisathyde, $C^{32}H^8Gl^4N^2O^8$. — Elle s'obtient avec la bichlorisatine et le sulfhydrate d'ammoniaque. Elle ressemble à la chlorisathyde.

Soumise à l'action de la chaleur, elle se dédouble en bichlorisatine et en bichlorindine. Elle se comporte d'une manière semblable lorsqu'on la fait bouillir avec de la potasse ; on obtient, en outre, probablement comme produit d'une métamorphose secondaire de la bichlorindine, un sel de potasse particulier [3] qui se dépose, par

---

[1] Erdmann (1839), *loc. cit.*

[2] Cet acide, que M. Erdmann désigne sous le nom d'*acide chlorisatinique* β ou *chlorisathydique*, paraît résulter d'une métamorphose secondaire de la chlorindine.

Le *sel de potasse* a peu de tendance à cristalliser. Sa solution donne, avec l'acétate de *plomb*, le sulfate de *cuivre* et le chlorure de *baryum*, des précipités jaunes qui ne s'altèrent point par le repos. Chauffés dans le liquide où ils se sont formés, ces précipités se redissolvent et se déposent par le refroidissement à l'état pulvérulent.

[3] M. Erdmann donne à l'acide correspondant le nom d'*acide bichlorisatinique* β ou

le refroidissement de la liqueur potassique, sous la forme de paillettes jaunes et brillantes.

Bibromisathyde[1], $C^{32}H^8Br^4N^2O^8$. — La préparation et les propriétés physiques de ce corps s'accordent entièrement avec celles de
la chlorisathyde et de la bichlorisathyde. Il brunit à une température élevée, en se dédoublant en bibromisatine et en bibromindine.

Dérivés sulfurés de l'isathyde.

§ 1798. Ils se produisent par l'action de l'hydrogène sulfuré sur
l'isathyde, une partie de l'oxygène de ce composé étant remplacée
par son équivalent de soufre.

Sulfisathyde[1], ou sulfasathyde, $C^{32}H^{12}N^2O^6S^2$. — Ce corps s'obtient en versant goutte à goutte une dissolution de potasse caustique
dans une dissolution alcoolique de bisulfisathyde. La liqueur jaunâtre passe immédiatement au rouge, en laissant déposer, au bout
de quelques secondes, un précipité blanc et cristallin de sulfisathyde;
on lave ce produit à l'alcool bouillant, et on le dessèche; il possède
une légère teinte rosée, due à la présence d'un peu d'indine dont il
est difficile d'éviter la formation.

La formation de la sulfisathyde s'explique par l'équation suivante :
$$C^{32}H^{12}N^2O^4S^4 + KO, HO = C^{32}H^{12}N^2O^6S^2 + KS, HS.$$
Bisulfisathyde.   Sulfisathyde.

bichlorisathydique. Le sel de potasse ressemble au bichlorisatate à même base, mais ses
réactions ne sont pas les mêmes. Sa solution donne par l'acide chlorhydrique un précipité blanc jaunâtre, soluble dans l'eau bouillante avec une teinte jaune paille, et s'y déposant par le refroidissement.

Cet acide bichlorisathydique a donné à l'analyse des nombres qui se rapprochent de la
formule $C^{16}H^5Cl^2O^4$ (?).

	Erdmann.		Calcul.
Carbone. . . .	43,8	44,8	44,0
Hydrogène. . .	2,3	2,3	2,2

Le *sel de potasse* de cet acide est fort soluble dans l'eau et l'alcool. Sa solution aqueuse
donne, avec l'acétate de *plomb*, un précipité jaune et floconneux qui se dissout dans l'eau
bouillante et s'y dépose par le refroidissement à l'état cristallisé; avec le chlorure de
baryum, au bout de quelque temps, des flocons jaunes, solubles dans le liquide bouillant, et cristallisant par le refroidissement; avec le sulfate de *cuivre*, un précipité jaune
brunâtre et floconneux, soluble dans le liquide bouillant; avec le nitrate d'*argent*, des
flocons jaune clair, brunissant par l'ébullition.

Il est possible que l'acide bichlorisathydique ait quelque rapport avec la flavindine,
§ 1808, et en dérive par substitution.

[1] ERDMANN, *loc. cit.*

[2] LAURENT (1841), *Ann. de Chim. et de Phys.*, [3] III, 169. — ERDMANN, *loc. cit.*

A l'état de pureté, la sulfisathyde est blanche, cristalline, inodore, insipide, insoluble dans l'eau.

Par la chaleur, elle entre en fusion, devient rouge, et se décompose en se boursouflant et en dégageant de l'hydrogène sulfuré, une huile rose et une matière cristallisée en aiguilles. Elle laisse un volumineux dépôt de charbon.

L'alcool bouillant et l'éther n'en dissolvent que des traces.

L'acide nitrique bouillant la transforme en une poudre violacée. L'acide sulfurique la dissout en se colorant en rouge-brun.

Bisulfisathyde[1], ou sulfésathyde, isathyde bisulfurée, $C^{32}H^{12}N^2O^4S^4$. — M. Laurent a obtient ce corps en faisant passer un courant d'hydrogène sulfuré dans une dissolution alcoolique, bouillante et très-concentrée d'isatine. La réaction se fait évidemment en deux temps :

$$2\ C^{16}H^5NO^4 + 2\ HS = C^{32}H^{12}N^2O^8 + S^2.$$
Isatine.			Isathyde.

$$C^{32}H^{12}N^2O^8 + 4\ HS = C^{32}H^{12}N^2O^4S^4 + 4\ HO.$$
Isathyde.			Bisulfisathyde.

On abandonne pendant quelque temps la liqueur pour qu'elle dépose tout le soufre, on la précipite partiellement par l'eau, on filtre, et l'on précipite entièrement le liquide filtré par la quantité d'eau nécessaire.

La bisulfisathyde se précipite alors sous la forme d'une matière gris-jaunâtre, pulvérulente, inodore, insipide, insoluble dans l'eau bouillante, dans laquelle elle se ramollit. L'alcool et l'éther la dissolvent très-facilement à l'aide de la chaleur, mais ne la déposent pas à l'état cristallisé.

Lorsqu'on la chauffe dans un tube, elle se boursoufle beaucoup dès qu'elle commence à entrer en fusion. Il se dégage de l'hydrogène sulfuré, une huile brune et une matière cristallisée en aiguilles, en même temps qu'il reste un volumineux dépôt de charbon.

Le brome l'attaque vivement. L'acide nitrique concentré et bouillant la décompose aussi.

L'action de la potasse sur la bisulfisathyde est très-variable et difficile à régler ; tantôt elle élimine tout le soufre, tantôt elle n'en élimine qu'une partie, qui est alors remplacée par son équivalent d'oxygène.

§ 1799. Lorsqu'on met la bisulfisathyde en contact avec le bi-

[1] LAURENT (1841), *loc. cit.*

sulfite d'ammoniaque, on obtient toujours un sel soluble dans l'eau
et une ou plusieurs autres matières insolubles. M. Laurent[1] n'a
pas pu produire ces corps à volonté.

Ce chimiste donne le nom de *sulfisatanite d'ammoniaque* au sel
soluble dans l'eau. Pour le préparer, on dissout la bisulfisathyde
dans un peu d'alcool, et l'on y verse du bisulfite d'ammoniaque.
Par l'ébullition, toute la bisulfisathyde se dissout, et il se forme
un dépôt grisâtre. On filtre la solution, et on l'évapore presque à
siccité; on reprend le résidu par l'eau, et l'on filtre de nouveau. Ordinairement, par une évaporation ménagée, on obtient alors des
cristaux de sulfisatanite d'ammoniaque. Si la cristallisation s'opère
difficilement, on évapore encore à siccité, et l'on reprend le résidu
par l'alcool bouillant; le sulfisatanite y cristallise en petits prismes
qu'il faut redissoudre dans l'eau et faire cristalliser par l'évaporation spontanée.

Le sulfisatanite d'ammoniaque s'obtient ainsi sous la forme de
de larges tables rectangulaires droites; un des pans de ces tables
est remplacé par deux facettes inclinées sous un angle de 93°.

L'analyse de ce sel semble conduire à la formule

$$C^{16}H^{10}(NH^4)NO^4, S^2O^4 + 2 \text{ aq.;}$$

en effet, elle a donné :

	Laurent.	Calcul.
Carbone	38,9	38,7
Hydrogène	4,0	4,1
Azote de l'ammonium	5,4	5,4
Soufre	14,2	13,0
Eau de cristallisation	7,4	7,3

Il est difficile de bien se rendre compte de la formation de ce
corps.

Le sulfisatanite d'ammoniaque est légèrement coloré en jaune,
très-soluble dans l'eau, un peu moins soluble dans l'alcool. De
l'acide chlorhydrique versé dans sa solution n'en dégage pas d'a-
cide sulfureux, et ne produit pas de précipité. Il ne donne pas d'a-
cide sulfurique, sous l'influence d'un courant de chlore, ni à chaud,
ni à froid. Il ne forme pas de précipité dans les sels de baryum,
strontium, calcium, magnésium, aluminium, plomb et argent.

Lorsqu'on le précipite en solution alcoolique par le bichlorure
de platine, qu'on enlève l'excédant de platine par l'hydrogène sul-

[1] LAURENT, *Revue Scientif.*, X, 295.

furé, on obtient, par l'évaporation, de petites aiguilles lamelleuses *d'acide sulfisataneux.*

§ 1800. Dans l'ébullition de la bisulfisathyde avec le bisulfite d'ammoniaque, on obtient ordinairement un précipité blanc rougeâtre qui paraît être un mélange d'indine et d'une matière blanche. D'autres fois, il se produit une poudre blanche homogène, à laquelle M. Laurent a donné le nom d'*isatane.* Cette substance, extrêmement peu soluble dans l'alcool, s'y dépose par le refroidissement à l'état cristallin ; examinés au microscope, les cristaux, suivant la face sur laquelle ils sont couchés, se présentent tantôt sous la forme de rectangles parfaitement nets, tantôt sous celle d'ovales dont les extrémités sont aiguës.

La composition de l'isatane paraît devoir se représenter par la formule

$$C^{32}H^{12}N^2O^6,$$

qui renferme les éléments de l'isathyde, moins 2 atomes d'oxygène :

	Laurent.	Calcul.
Carbone.	68,72	68,57
Hydrogène, . . .	4,36	4,28
Azote.	10,50	10,00
Oxygène.	16,42	17,15
	100,00	10,000

Chauffée jusqu'à ce qu'elle entre en fusion, l'isatane devient rouge-brun ; si alors on la traite par l'eau bouillante, celle-ci dissout de l'isatine, en laissant de l'indine violette. Il est à remarquer que l'isatane renferme les éléments de l'indine plus 2 atomes d'eau :

$$C^{32}H^{12}N^2O^6 = C^{32}H^{10}N^2O^4 + 2\ HO.$$

Isatane.   Indine.

Une solution alcoolique de potasse décompose également l'isatane ; la dissolution est jaune, elle ne précipite pas d'hydrindine par l'addition de l'eau. Si l'on y verse de l'acide chlorhydrique, il se forme un précipité jaunâtre, composé d'un mélange d'isatine et de matière résineuse.

L'acide nitrique bouillant décompose l'isatane ; on obtient une poudre rose-violacé, qui ressemble à la nitrindine.

INDINE.

Composition probable : $C^{32}H^{10}N^2O^4$.

§ 1801. Ce corps[1], probablement polymère de l'indigo bleu, se produit par l'action de la potasse caustique sur l'isathyde, ainsi que sur les dérivés sulfurés de ce corps. Il paraît aussi se former, en même temps que l'isatine, par l'action seule de la chaleur sur l'isathyde, d'après l'équation :

$$2\ C^{32}H^{12}N^2O^8 = C^{32}H^{10}N^2O^4 + 2\ C^{16}H^5NO^4 + 4\ HO.$$

Isathyde.   Indine.   Isatine.

Lorsqu'on traite l'isathyde sulfurée ou bisulfurée par la potasse, il peut se former, outre l'indine, plusieurs composés différents, qu'il n'est pas toujours facile de reproduire à volonté. Une autre circonstance vient encore rendre l'étude de ces composés très-difficile, c'est qu'il est presque impossible de les purifier, car ils sont insolubles ou très-peu solubles dans l'alcool et l'éther.

Pour préparer l'indine, on met de l'isathyde bisulfurée dans un mortier, puis on y verse une dissolution concentrée de potasse, de manière à former une pâte, que l'on triture pendant quelque temps ; on ajoute peu à peu quelques gouttes de potasse, et lorsque la teinte commence à devenir rosée, au bout de cinq à six minutes, on y verse de l'alcool par petites portions, en triturant toujours. On continue l'addition de l'alcool et la trituration, jusqu'à ce que la bouillie soit devenue d'un rose foncé. Alors on étend d'alcool, on filtre, on lave à l'alcool, et l'on termine le lavage avec de l'eau. On dissout le produit dans une solution très-concentrée de potasse ; il se produit alors des aiguilles noires d'indine potassée, qu'on lave avec de l'alcool absolu, et qu'on décompose par quelques gouttes d'acide chlorhydrique faible. Les cristaux se changent peu à peu par les lavages en indine pure et pulvérulente.

Ce corps est d'un rose foncé très-beau ; il est insoluble dans l'eau. L'alcool et l'éther n'en dissolvent, à l'ébullition, qu'une très-petite quantité. Par la chaleur, il se boursoufle dès qu'il commence à entrer en fusion ; il dégage alors des aiguilles, en même temps qu'il laisse beaucoup de charbon.

Les analyses de l'indine, faites à différentes époques, ne présentent

[1] LAURENT (1840), *Ann. de Chim. et de Phys.*, [3] III, 471. *Compt. rend. des trav. de Chim.*, 1849, p. 196.

pas toute la concordance désirable ; les différences tiennent, suivant M. Laurent, à la présence dans l'indine d'une certaine quantité d'hydrindine en laquelle l'indine se transforme par l'action de la potasse. Voici d'ailleurs les résultats de M. Laurent :

	Analyses de 1840.			Analyses de 1849.		Calcul.
Carbone. . .	72,00	71,55	71,20	72,09	71,8	73,3
Hydrogène .	4,50	4,65	4,70	3,88	4,2	3,8
Azote. . . .	11,00	»	»	»	»	10,6

L'acide sulfurique dissout l'indine en se colorant en rouge ; l'eau en précipite l'indine non altérée.

L'acide nitrique, en réagissant sur l'indine, donne un corps pulvérulent qui possède la même couleur qu'elle. C'est la nitrindine.

Le brome attaque l'indine en donnant un dérivé bromé.

Dérivés métalliques de l'indine.

§ 1802. L'indine, à la manière de l'isatine, peut se combiner avec la potasse.

L'*indine potassée* paraît contenir $C^{32}H^9KN^2O^4$. Pour préparer ce sel, on met dans une capsule de l'indine arrosée d'une petite quantité d'alcool ; on chauffe légèrement, puis on y verse une dissolution chaude et concentrée de potasse dans l'alcool. L'indine se combine immédiatement en donnant une dissolution noire. On retire la capsule du feu, et au bout de quelques instants la dissolution se remplit de petits cristaux noirs. On décante la liqueur surnageante, on lave rapidement les cristaux avec de l'alcool absolu, puis on les jette sur du papier joseph que l'on place sur une brique légèrement chauffée, et l'on porte le tout sous la machine pneumatique. Dès que la dessiccation est opérée, il faut faire l'analyse des cristaux, car ils attirent promptement l'humidité de l'air en se transformant en indine rose et en potasse. Dans deux dosages, M. Laurent a obtenu 11,5 et 12 p. c. de potassium ; calcul, 13 p. c.

Dérivés chlorés et bromés de l'indine.

§ 1803. Ces composés se produisent par l'action de la chaleur sur les dérivés chlorés et bromés de l'isathyde.

Chlorindine [1], $C^{32}H^8Cl^2N^2O^4$. — Lorsqu'on chauffe la chlorisa-

<hr>

[1] ERDMANN (1839), *loc. cit.*

thyde au-dessus de 200°, elle prend une couleur brune violacée, tandis qu'il se dégage de l'eau. Le résidu est un mélange de chlorisatine et de chlorindine, dont on opère la séparation à l'aide de l'alcool bouillant qui ne dissout que la chlorisatine.

$$2\ C^{32}H^{10}Cl^2N^2O^8 = C^{32}H^8Cl^2N^2O^4 + 2\ C^{16}H^4ClNO^4 + 4\ HO.$$

Chlorisathyde,   Chlorindine.   Chlorisatine.

La chlorindine se produit aussi dans l'action de la potasse sur la chlorisathyde.

La chlorindine se présente sous la forme d'une poudre colorée en violet sale. Elle est insoluble dans l'eau, l'alcool et l'acide chlorhydrique.

Elle a donné à l'analyse[1] :

	Erdmann.		Calcul.
	a	b	
Carbone . . .	56,6	57,4	58,0
Hydrogène. .	2,9	2,7	2,5

Bichlorindine[2], $C^{32}H^6Cl^4N^2O^4$. — La bichlorisathyde se comporte, sous l'influence de la chaleur, comme la chlorisathyde; mais elle se décompose à une température encore plus basse. La bichlorindine ressemble entièrement à la chlorindine.

§ 1804. *Bibromindine*[3], $C^{32}H^6Br^4N^2O^4$. — Elle s'obtient, suivant M. Erdmann, en même temps que la bibromisatine, par l'action de la chaleur sur la bibromisathyde; on enlève la bibromisatine par l'alcool. La bibromindine se présente sous la forme d'une poudre d'un rouge très-foncé, un peu soluble dans l'alcool.

M. Laurent paraît avoir également obtenu la bibromindine en traitant la bisulfisathyde par le brome. Ces deux corps réagissent avec énergie en dégageant de l'acide bromhydrique; il se forme une masse brune, composée d'une substance cristallisable, d'un peu de matière résineuse, et d'une poudre violet-foncé. L'éther dissout les deux premières substances, et laisse la poudre violette qui paraît être la bibromindine. Chauffée entre deux couvercles de platine, celle-ci donne un charbon volumineux, recouvertes de pailles brillantes et cuivrées, qui, vues par transparence au microscope, paraissent violettes. Une dissolution concentrée de potasse lui donne une teinte noirâtre; traitée par de l'alcool et un fragment de po-

---

[1] *a* provenait de l'action de la chaleur, *b* de l'action de la potasse sur le chlorisathyde.

[2] ERDMANN, *loc. cit.*

[3] ERDMANN, *loc. cit.* — LAURENT, *Ann. de Chim. et de Phys.*, [3] III, 480.

tasse, elle forme une solution rouge-noirâtre qui précipite des flocons violets par l'eau et par l'acide chlorhydrique.

Dérivés nitriques de l'indine.

§ 1805. *Nitrindine* [1], $C^{32}H^8(NO^4)^2N^2O^4$. — Ce composé se produit lorsqu'on fait bouillir l'indine avec l'acide nitrique ; des vapeurs rouges se dégagent, et l'indine se convertit en une poudre violette. Si l'on poussait l'opération trop loin, tout se dissoudrait, et l'eau versée dans la solution jaune n'en précipiterait qu'une petite quantité de matière jaune. La nitrindine, pour être purifiée, doit d'abord être lavée avec de l'eau, puis avec de l'alcool bouillant et de l'éther, qui enlèvent cette matière jaune.

La nitrindine peut aussi se préparer par l'ébullition de l'hydrindine avec l'acide nitrique. Elle s'obtient probablement aussi avec l'isathyde et la sulfisathyde, car ces substances donnent, avec l'acide nitrique, des poudres d'un rouge violacé.

La nitrindine est pulvérulente, d'un rouge violacé assez éclatant. Chauffée en vase clos, elle se décompose brusquement, en laissant un volumineux résidu de charbon qui entre en ignition sans le contact de l'air. Elle est insoluble dans l'eau ; l'alcool et l'éther n'en dissolvent que des traces.

L'acide nitrique bouillant la détruit peu à peu.

L'ammoniaque est sans action sur elle. La potasse la dissout en se colorant en brun très-intense ; de l'acide chlorhydrique versé dans cette dissolution paraît en précipiter la nitrindine non altérée ; quelquefois on n'obtient qu'un précipité jaunâtre, floconneux ; ce dernier effet a toujours lieu quand on a fait bouillir la dissolution potassique.

HYDRINDINE.

Composition probable : $C^{64}H^{22}N^4O^8 + 2$ aq.

§ 1806. Ce corps [2] qui paraît renfermer les éléments de l'indine plus de l'hydrogène, et qui semble être à l'indine ce que l'indigo blanc est à l'indigo bleu,

[1] LAURENT (1841), *Ann. de Chim. et de Phys.*, [3] III, 198. *Compt. rend. des trav. de Chim.*, 1849, p. 198.

[2] LAURENT (1841), *Ann. de Chim. et de Phys.*, [3] III, 475. *Compt. rend. des trav. de Chim.*, 1849, p. 199.

$$2\ C^{32}H^{10}N^2O^4 + H^2 = C^{64}H^{22}N^4O^8,$$

Indine.   Hydrindine.

se produit par l'action de la potasse alcoolique sur l'indine; il prend également naissance lorsqu'on traite l'isathyde sulfurée ou bisulfurée avec cet agent.

Ordinairement on obtient d'abord une liqueur noirâtre qui renferme de l'indine potassée; mais cette couleur ne tarde pas à disparaître, et la dissolution devient légèrement jaunâtre. Abandonnée au refroidissement, elle laisse déposer des cristaux jaunes, très-brillants, de la grosseur d'une tête d'épingle, qui sont de l'hydrindine potassée.

Lorsqu'on traite ces cristaux par l'eau, ils se décomposent peu à peu; l'eau dissout la potasse et laisse l'hydrindine sous la forme d'une poudre blanche. Si l'on fait dissoudre les cristaux dans de l'alcool bouillant auquel on a ajouté un peu de potasse, et si l'on verse peu à peu de l'eau dans cette dissolution, par le refroidissement la liqueur se prend en une bouillie cristalline, composée d'aiguilles fines et soyeuses. Par l'addition d'une plus grande quantité d'eau, les aiguilles disparaissent en se transformant en une poudre blanche d'hydrindine.

L'hydrindine est blanche ou d'un jaune pâle, insoluble dans l'eau, un peu soluble dans l'alcool bouillant; ce dernier liquide l'abandonne par le refroidissement sous la forme de petits prismes courts à base rhombe ou hexagone.

Elle paraît renfermer $C^{64}H^{22}N^4O^8 + 2$ aq.; voici, du moins, les résultats qu'elle a donnés à l'analyse :

	Laurent [1].			Calcul.
Carbone. . . .	70,0	70,2	69,2	70,6
Hydrogène. . .	4,8	4,9	4,9	4,4
Azote.	10,7	»	»	10,3

[1] M. Laurent admet que l'hydrindine renferme les éléments de l'indine plus de l'eau, $C^{64}H^{22}N^4O^{10}$; mais cette composition n'exige que 4,0 p. c. d'hydrogène, chiffre bien inférieur au résultat expérimental, et qui ne s'est pas confirmé par de nouvelles analyses (*Compt. rend. des trav. de Chim.*, 1849, p. 2C0.)

Le mode de formation de l'hydrindine par l'indine et la potasse serait favorable à la formule de M. Laurent, si l'hydrindine était le seul produit de la réaction; mais ce chimiste a vu encore se former d'autres produits, entre autres la flavine, § 1808.

Si l'hydrindine contient les éléments de l'indine plus de l'hydrogène, il faudra évidemment trouver encore, parmi les produits de la réaction de la potasse sur l'indine, une substance qui renferme les mêmes éléments plus de l'oxygène. Peut-être y trouvera-t-on de l'acide isatique.

D'ailleurs l'étude de l'hydrindine et de l'indine est entièrement à reprendre.

Chauffée au-dessus de 300°, de manière à éprouver un commencement de fusion, l'hydrindine devient peu à peu d'un brun violacé ; si l'on traite le résidu par la potasse et un peu d'alcool, on obtient des cristaux noirs d'indine potassée, qui se transforment par l'eau en indine.

L'acide sulfurique dissout l'hydrindine sans la colorer ; l'eau l'en reprécipite sans altération. L'acide nitrique bouillant la décompose et la transforme en une poudre violette qui présente les caractères de la nitrindine.

La potasse se combine avec l'hydrindine.

§ 1807. L'*hydrindine potassée* paraît renfermer $C^{64}H^{21}KN^4O^8$ + 6 aq., d'après les déterminations suivantes :

	Laurent.		Calcul.
Carbone. . .	60,0	60,0	62,1
Hydrogène. .	4,3	4,3	4,3
Potassium .	5,6	»	6,3
Eau de crist.	9,0	»	8,7

L'hydrindine potassée s'obtient en dissolvant à chaud l'hydrindine dans la potasse caustique ; la liqueur dépose le sel par le refroidissement sous la forme d'aiguilles jaunes et brillantes. Celles-ci se décomposent par les lavages à l'eau, en ne laissant que de l'hydrindine.

§ 1808. *Flavindine.* — Toutes les fois qu'on prépare l'hydrindine soit par l'isathyde bisulfurée, soit par l'indine et la potasse, la dissolution alcaline dont l'hydrindine s'est séparée donne toujours, par l'addition d'un acide, un léger précipité floconneux jaunâtre, qui est un mélange d'hydrindine, de soufre, quelquefois d'un peu d'indine et de flavindine. Ce dernier corps se forme en plus grande quantité, lorsqu'on prolonge l'ébullition avec la potasse. Pour le purifier, on jette le précipité sur un filtre, puis on y verse de l'eau à laquelle on a ajouté quelques gouttes d'ammoniaque. L'indine, le soufre et l'hydrindine restent sur le filtre, tandis que la flavindine se dissout ; on la précipite par l'acide chlorhydrique, on la lave et on la dessèche.

Ce corps est jaune pâle, peu soluble dans l'alcool bouillant ; il y cristallise en aiguilles étoilées, visibles seulement au microscope. Soumis à l'action de la chaleur, il paraît se transformer presque entièrement en un corps blanc qui se sublime en aiguilles semblables à de l'acide benzoïque.

Une analyse de la flavindine a donné : carbone, 72,5; hydrogène, 3,82. D'après ces résultats, la flavindine semble être une isomère de l'indine et de l'indigo bleu.

Une dissolution de flavindine dans l'ammoniaque donne, avec le nitrate d'argent, un précipité jaune qui laisse, par la calcination, 42 centièmes d'argent ($C^{16}H^8AgNO^4$?)

SÉRIE TOLUIQUE.

§ 1809. Cette série, dont le pivot est l'acide toluique, comprend les deux groupes suivants :

Groupe toluénique,
Groupe toluylique.

Le groupe toluénique a pour homologues les groupes phénique (§ 1336), xylénique (§ 1831), cuménique (§ 1834) et thymylique (§ 1866). Au groupe toluylique correspondent les groupes homologues benzoïque (§ 1474), et cuminique (§ 1846).

I.

GROUPE TOLUÉNIQUE.

§ 1810. Dans les corps composant ce groupe, l'hydrogène des types généraux est remplacé par le *toluényle* $C^{14}H^9$. Voici les termes principaux qu'on connaît aujourd'hui :

Toluène, ou hydrure de toluényle. . . . . $C^{14}H^8$ $= \left. \begin{matrix} C^{14}H^7 \\ H \end{matrix} \right\}$

Hydrate de toluényle, dit alcool de l'acide benzoïque. $C^{14}H^8O^2$ $= \left. \begin{matrix} C^{14}H^7.O \\ HO \end{matrix} \right\}$

Acide toluényl-sulfureux ou sulfotoluénique. . . . . . $C^{14}H^8S^2O^6$ $= \left. \begin{matrix} C^{14}H^7.O \\ HO \end{matrix} \right\} S^2O^4$

Chlorure de toluényle . . . $C^{14}H^7Cl$ $= \left. \begin{matrix} C^{14}H^7 \\ Cl \end{matrix} \right\}$

Toluidine, ou azoture de toluényle et d'hydrogène. . . $C^{14}H^9 N$ $= N \left\{ \begin{matrix} C^{14}H^7 \\ H \\ H. \end{matrix} \right.$

Acétate de toluényle. . . . . $C^{18}H^{10}O^4 = \begin{cases} C^{14}H^7.O \\ C^4H^3O^2.O \end{cases}$

Les composés toluéniques se rattachent directement au groupe toluylique par la métamorphose qu'éprouve l'acide toluique, sous l'influence de la baryte caustique.

Ils se relient également au groupe benzoïque ; en effet, l'hydrate de toluényle se transforme par les corps oxydants en hydrure de benzoïle ou en acide benzoïque. L'hydrure de toluényle paraît aussi dans certaines circonstances pouvoir être converti en acide benzoïque.

TOLUÈNE.

Syn. : hydrure de toluényle, toluol, rétinnaphte, benzoène, dracyle.

Composition : $C^{14}H^8 = C^{14}H^7, H$.

§ 1811. Cet hydrocarbure[1] a été découvert par Pelletier et Walter parmi les produits huileux provenant du traitement des résines pour l'éclairage au gaz. M. Deville, à qui l'on doit le premier travail scientifique sur le toluène, le prépare par la distillation sèche de la résine de Tolu (§ 1695) ; MM. Glénard et Boudault l'obtiennent par l'action de la chaleur sur la résine de sang-dragon ; M. Mansfield l'a trouvé parmi les huiles du goudron de houille, et M. Cahours dans la liqueur huileuse qui se sépare de l'esprit de bois brut du commerce par l'addition de l'eau. Enfin M. Noad a démontré que l'acide toluique se dédouble en toluène et en acide carbonique par la distillation avec un excès de baryte ou de chaux caustique :

$$C^{16}H^8O^4 = C^{14}H^8 + C^2O^4.$$
Ac. toluique. Toluène.

Lorsqu'on soumet la résine de Tolu à la distillation sèche, il passe de l'acide carbonique, de l'oxyde de carbone, beaucoup d'acide benzoïque, une petite quantité d'acide cinnamique, et une huile qui est un mélange d'éther benzoïque et de toluène. Ces deux corps huileux passent les derniers, et se séparent facile-

<hr>

[1] Pelletier et Walter (1838), *Ann. de Chim. et de Phys.*, LXVII, 278. — Deville, *ibid*, [3] III, 168. — Glénard et Boudault, *Compt. rend. de l'Acad.*, XIX, 505. — Noad, *Ann. der Chem. u. Pharm.*, LXIII, 281. — Mansfield, *ibid.*, LXIX, 162. — Cahours, *Compt. rend. de l'Acad.*, XXX, 319. — Wilson, *Ann. der Chem. et Pharm.*, LXXVII, 216.

ment, en vertu de la grande différence de leur points d'ébullition. On recueille à part tout ce qui passe au-dessous de 180°, puis, après une nouvelle distillation, dans laquelle on ne dépasse pas 130 ou 140°, on rectifie plusieurs fois sur de la potasse concentrée.

Pour extraire le toluène de l'huile du goudron de houille, on rectifie celle-ci en recueillant à part les portions qui distillent entre 100 et 120°; on traite la liqueur ainsi recueillie par la moitié de son poids d'acide sulfurique concentré, et on la soumet à une nouvelle rectification. On obtient ainsi un produit dont le point d'ébullition est constant (Wilson).

Le toluène est une huile incolore, très-fluide, insoluble dans l'eau, peu soluble dans l'alcool et plus soluble dans l'éther. Son odeur est presque la même que celle de la benzine. Sa densité à l'état liquide est de 0,87; à l'état de vapeur, elle a été trouvée égale à 3,260. Il bout à 114°, d'après ma détermination (à 108°, Pelletier et Walter, Deville; à 109 —110°, Noad; à 110°, Wilson).

Il se dissout rapidement dans l'acide sulfurique fumant, en produisant un acide conjugué, l'acide sulfotoluénique (1818).

L'acide nitrique fumant le transforme en nitrotoluène. Un mélange d'acide nitrique et d'acide sulfurique fumant le convertit en binitrotoluène.

Le chlore l'attaque vivement, en produisant différents corps chlorés.

Une seule fois, M. Deville est parvenu à transformer le toluène en acide benzoïque, en le distillant avec un mélange de bichromate de potasse et d'acide sulfurique.

Dérivés chlorés du toluène.

§ 1812. M. Deville [1] a obtenu les composés suivants par l'action du chlore sur le toluène :

Chlorure de toluène bichloré. . .	$C^{14}H^6Cl^2, Cl^2,$
Bichlorure de toluène chloré. . .	$C^{14}H^7Cl, 2\,Cl^2,$
Trichlorure de toluène bichloré. .	$C^{14}H^6Cl^2, 3\,Cl^2.$
Toluène chloré.	$C^{14}H^7Cl.$
— sexchloré.	$C^{14}H^2Cl^6.$

A la lumière diffuse, le chlore agit avec énergie sur le toluène;

[1] DEVILLE (1841), *loc. cit.*

il se dégage de l'acide chlorhydrique, et l'on finit par avoir une assez grande quantité de cristaux de *trichlorure de toluène bichloré*. On les purifie par cristallisation dans l'éther.

La liqueur visqueuse, contenant les cristaux précédents, ayant été chauffée dans un courant de chlore, a donné à l'analyse la composition du *bichlorure de toluène chloré*.

Quand on fait passer du chlore dans du toluène à la lumière diffuse un peu forte, jusqu'à ce qu'il ne se dégage plus d'acide chlorhydrique, on obtient une liqueur incolore d'une grande fluidité, renfermant du *chlorure de toluène bichloré*.

Les produits sont différents lorsqu'on distille pendant qu'on fait passer du chlore sur le toluène.

Le premier liquide qu'on recueille à la distillation est incolore, très-fluide, et bout à 170°, sans se décomposer; c'est le *toluène chloré*.

Quand on soumet à la distillation dans un courant de chlore les cristaux de trichlorure de toluène bichloré, on finit par avoir une petite quantité de cristaux soyeux et nacrés de *toluène sexchloré*, en même temps qu'il se dégage de l'acide chlorhydrique.

Dérivés nitriques du toluène.

§ 1813. *Nitrotoluène*[1], ou nitrobenzoène, $C^{14}H^7(NO^4)$. — On obtient ce corps en versant, dans de l'acide nitrique fumant et refroidi, du toluène jusqu'à ce que celui-ci ne se dissolve plus immédiatement. On sépare alors le nitrotoluène en ajoutant beaucoup d'eau à la solution.

C'est un liquide dont l'odeur rappelle celle des amandes amères; sa saveur est sucrée, puis un peu amère et piquante. Sa densité est de 1,180 à 16°,5; à l'état de vapeur, elle est de 4,95. Il bout à 225°.

La potasse liquide l'attaque vivement et le dissout en se colorant en rouge; si l'on sursature la liqueur par l'acide chlorhydrique, on obtient une substance brune et pulvérulente.

Quand on distille le binitroluène avec de la potasse alcoolique, il donne une huile rougeâtre.

Le sulfhydrate d'ammoniaque le convertit en toluidine.

Binitrotoluène[2], $C^{14}H^6(NO^4)^2$. — On l'obtient aisément en trai-

<hr>

[1] DEVILLE (1841), *loc. cit.*

[2] DEVILLE (1841), *loc. cit.* — CAHOURS, *Compt. rend. de l'Acad.*, XXX, 320.

tant le toluène par un mélange d'acide sulfurique et d'acide nitrique fumant.

Il forme des cristaux aiguillés, fusibles à 70°. Il bout à 300° en se
colorant.

La potasse l'attaque en donnant une liqueur rouge, qui précipite
par les acides une substance brun-rouge.

Le sulfhydrate d'ammoniaque le convertit en nitrotoluidine.

L'acide nitrique fumant ne l'attaque pas.

Dérivés par réduction des dérivés nitriques du toluène.

§ 1814. Les dérivés nitriques du toluène se comportent, comme
leurs homologues, les dérivés nitriques de la benzine, lorsqu'on
les traite par le sulfhydrate d'ammoniaque : on obtient de la toluidine (§ 1820) et de la nitrotoluidine (§ 1822) :

$$C^{14}H^{7}(NO^{4}) + 6\,HS = C^{14}H^{9}N + 4\,HO + 6\,S.$$
Nitrotoluène.   Toluidine.

$$C^{14}H^{6}(NO^{4})^{2} + 6\,HS = C^{14}H^{8}(NO^{4})N + 4\,HO + 6\,S.$$
Binitrotoluène.   Nitrotoluidine.

Dérivés sulfuriques du toluène.

§ 1815. L'homologie qui existe entre le toluène et la benzine
conduit à considérer comme l'acide toluényl-sulfureux (§ 1818)
le produit de l'action de l'acide sulfurique sur le toluène.

HYDRATE DE TOLUÉNYLE.

Syn. : alcool benzoïque.

Composition : $C^{14}H^{8}O^{2} = C^{14}H^{7}O$, HO.

§ 1816. Produit de l'action d'une solution alcoolique de potasse
sur l'hydrure de benzoïle[1] :

$$2\,C^{14}H^{6}O^{2} + KO, HO = C^{14}H^{8}O^{2} + C^{14}H^{5}KO^{4}.$$
Hyd. de benzoïle.   Hyd. de to-   Benzoate de
                                luényle.   potasse.

C'est une huile incolore, plus pesante que l'eau, très-réfringente
et bouillant à 204°.

Dirigée à l'état de vapeur sur de l'éponge de platine chauffée au

[1] CANNIZZARO (1853), *Ann. der Chem. u. Pharm.*, LXXXVIII, 129.

rouge, elle produit une huile plus légère que l'eau, et contenant probablement $C^{14}H^6$.

L'acide nitrique la transforme à une douce chaleur en hydrure de benzoïle; l'acide chromique la convertit en acide benzoïque.

Le gaz chlorhydrique la change en chlorure de toluényle. Un mélange d'acide sulfurique et d'acide acétique la transforme en acétate de toluényle.

§ 1817. M. Staedeler[1] a signalé dans l'urine de vache, de cheval et d'homme, la présence d'une substance, à laquelle il donne le nom d'*acide taurylique* et qui semble présenter la même composition que l'hydrate de toluényle. Cet acide taurylique se trouve toujours mélangé avec de l'acide phénique, et n'a pas pu être isolé à l'état de pureté.

Voici comment on procède pour extraire de l'urine le mélange des deux acides : on fait bouillir l'urine de vache avec de la chaux, on évapore au huitième de son volume la liqueur décantée, et, après l'avoir laissée refroidir, on la sursature par l'acide chlorhydrique. Après l'avoir ensuite laissé reposer pendant 24 heures, on enlève le dépôt de cristaux d'acide hippurique, et on soumet la liqueur à la distillation. Le liquide distillé qu'on obtient ainsi renferme des gouttes oléagineuses verdâtres, épaisses et d'une odeur désagréable. Pour extraire de ce produit le mélange d'acide phénique et d'acide taurylique, il faut opérer de la manière suivante : distiller le liquide avec un excès de potasse (il passe ainsi, outre un peu d'ammoniaque, une huile neutre, azotée, de l'odeur du romarin); neutraliser la potasse du résidu aux cinq sixièmes par l'acide sulfurique (afin qu'il ne distille en même temps ni acide chlorhydrique, ni acide benzoïque); distiller tant que le produit précipite le sous-acétate de plomb ; rectifier à plusieurs reprises sur du sel marin le liquide distillé ayant l'odeur de l'acide phénique, jusqu'à ce que l'huile qu'on recueille ne soit plus mêlée que d'une petite quantité de liqueur aqueuse et acide (contenant de l'acide damalurique et de l'acide damolique) ; agiter le liquide distillé pendant longtemps avec du carbonate de soude; extraire par l'éther l'huile sur laquelle ce carbonate n'a point d'action ; enlever l'éther par la distillation ; distiller le résidu de cette dernière opération avec une lessive de potasse concentrée (de ma-

<hr>

[1] STAEDELER, *Ann. der Chem. u. Pharm.*, LXXVII, 17.

nière à expulser encore une certaine quantité d'huile neutre) ; distiller le résidu avec du bicarbonate de potasse ; abandonner sur du chlorure de calcium l'huile distillée ; enfin soumettre celle-ci à la rectification. Les portions qui passent entre 180 et 195° sont les plus pures, celles qui distillent à 200° sont brunâtres.

Le mélange d'acide taurylique et d'acide phénique, recueilli entre 180 et 195°, se présente sous la forme d'une huile incolore qui ne se congèle pas à — 18°. Il bout à une température un peu supérieure au point d'ébullition de l'acide phénique pur. Il a l'odeur du castoréum et produit sur l'épiderme une tache blanche. Mélangé avec son volume d'acide sulfurique concentré, il se prend en une masse dendritique, dont les eaux-mères renferment de l'acide phényl-sulfurique.

L'analyse de ce mélange a donné les nombres suivants :

	Huile recueillie		Composit. de	
	entre 180 et 195°	à 195°.	l'acide phénique.	$C^{14}H^8O^2$.
Carbone. . . .	77,1	77,14	76,59	77,14
Hydrogène. . .	7,4	7,56	6,38	7,56

ACIDE TOLUÉNYL-SULFUREUX.

Syn. : acide sulfotoluénique ou sulfobenzoénique.

Composition : $C^{14}H^8S^2O^6 + 2$ aq.

§ 1818. Pour obtenir à l'état de pureté l'acide toluényl-sulfureux[1], on sature par du carbonate de plomb la dissolution du toluène dans l'acide sulfurique fumant, après l'avoir étendue d'eau ; on y fait passer un courant d'hydrogène sulfuré et l'on concentre dans le vide.

L'acide toluényl-sulfureux cristallise en petits feuillets cristallins, fort déliquescents.

En même temps que cet acide, il se forme par l'action de l'acide sulfurique sur le toluène, une petite quantité d'une matière cristalline[2].

Le *sel d'ammoniaque* cristallise en petites étoiles.

Le *sel de potasse* cristallise en lames anhydres, très-solubles.

Le *sel de baryte*, $C^{14}H^7BaS^2O^6$, forme des écailles cristallines, très-solubles dans l'eau, mais non déliquescentes.

[1] DEVILLE (1841), *Ann. de Chim. et de Phys.*, [3] III, 172.
[2] Probablement homologue de la sulfobenzide (§ 1407).

Le sel de plomb est très-soluble.

Les toluényl-sulfites solubles ne précipitent ni par le nitrate d'argent, ni par le nitrate de cuivre.

CHLORURE DE TOLUÉNYLE.

Composition : $C^{14}H^7Gl$.

§ 1819. Lorsqu'on fait passer du gaz chlorhydrique dans l'hydrate de toluényle, il se dégage de la chaleur, et le produit de la réaction se partage en deux couches : la couche inférieure est une solution aqueuse d'acide chlorhydrique, la couche inférieure se compose de chlorure de toluényle[1].

Ce corps forme un liquide très-réfringent, plus pesant que l'eau, et doué d'une odeur très-forte. Il bout entre 180 et 185°.

La potasse caustique le décompose en donnant du chlorure de potassium et de l'hydrate de toluényle.

Chauffée au bain-marie avec une solution alcoolique d'ammoniaque, elle donne un alcali cristallisable et moins fusible que la toluidine.

TOLUIDINE.

Composition : $C^{14}H^9N = N(C^{14}H^7)H^2$.

§ 1820. Cet alcali, découvert par MM. Muspratt et Hofmann[2], se produit par la réduction du nitrotoluène sous l'influence de l'hydrogène sulfuré. M. Chautard l'a obtenu en traitant par la potasse la résine azotée résultant de l'action de l'acide nitrique sur l'essence de térébenthine.

On dissout le nitrotoluène dans de l'alcool saturé d'ammoniaque, et l'on y fait passer un courant d'hydrogène sulfuré. Au bout de quelque temps, il se dépose des cristaux de soufre ; après quelques jours, le liquide perd complétement l'odeur de l'hydrogène sulfuré. On sature de nouveau et l'on continue cette opération jusqu'à ce que l'hydrogène sulfuré ne disparaisse plus. On peut aussi, pour aller plus vite, porter à l'ébullition, dans une cornue, le liquide saturé par l'hydrogène sulfuré, de manière à favoriser la sé-

[1] CANNIZZARO (1853), *loc. cit.*
[2] MUSPRATT et HOFMANN (1845), *Ann. der Chem. u. Pharm.*, LIV, 1. — CHAUTARD, *Journ. de Pharm.*, [3] XXIV, 166.

paration du soufre. Quand le soufre s'est déposé, on remet le produit distillé dans la cornue, on sature de nouveau par l'hydrogène
sulfuré, et l'on répète ces opérations cinq ou six fois. La décomposition du nitrotoluène par le sulfhydrate d'ammoniaque ne s'accomplit qu'avec difficulté ; il en reste toujours une petite quantité
sans altération , même après un contact prolongé avec l'hydrogène sulfuré. On s'en assure, en traitant le produit par un excès
d'eau et d'acide chlorhydrique, séparant le soufre par le filtre et
agitant avec de l'éther. Celui-ci s'empare de la partie non altérée.

Si l'on évapore au tiers le liquide chlorhydrique ainsi séparé du
nitrotoluène non décomposé, et qu'on le soumette ensuite à la
distillation avec de l'hydrate de potasse, il passe, avec les vapeurs
d'eau et d'ammoniaque, une huile incolore ou légèrement jaunâtre
qui se précipite au fond du récipient, et se prend, au bout de
quelque temps, en une masse cristalline. Ce corps est la toluidine.
On sature tout le produit distillé par de l'acide oxalique, et, après
avoir évaporé le sel au bain-marie, on le traite par l'alcool absolu
et bouillant; celui-ci ne dissout que l'oxalate de toluidine, et
laisse à l'état insoluble l'oxalate d'ammoniaque. Par le refroidissement de la solution alcoolique, la presque totalité de l'oxalate
de toluidine se sépare en belles aiguilles incolores. Après les avoir
lavées, on les dissout dans l'eau bouillante et l'on décompose la
solution par une lessive de potasse concentrée. La toluidine se
sépare immédiatement en gouttelettes huileuses incolores qui se
rassemblent à la surface et se prennent, par le refroidissement, en
une masse radiée.

Pour préparer la toluidine au moyen de l'essence de térébenthine, on opère de la manière suivante : on traite cette essence
par l'acide nitrique jusqu'à ce qu'elle soit résinifiée ; on verse peu
à peu de la potasse sur la résine, et, quand la réaction s'est apai-
sée, on distille le mélange dans une cornue spacieuse tant qu'il
passe des vapeurs alcalines. On traite le produit distillé par un
léger excès d'acide chlorhydrique, on évapore au bain-marie, et
l'on reprend le résidu par de l'alcool concentré. Celui-ci extrait
le chlorhydrate de toluidine, et laisse le sel ammoniac en grande
partie à l'état insoluble.

La toluidine cristallise, d'une solution dans l'alcool faible saturée à l'ébullition, en larges feuillets qui remplissent tout le liquide. Elle est aussi fort soluble dans l'éther, l'esprit de bois, l'a-

cétone, les huiles grasses et les huiles essentielles. L'eau en dissout une petite quantité, surtout à chaud. Son odeur, aromatique et vineuse, ressemble au plus haut degré à celle de l'aniline; sa saveur est brûlante. Elle n'agit pas sur le papier de curcuma, mais elle verdit le papier de dahlia; le tournesol rougi en est légèrement bleui. Elle est plus pesante que l'eau; elle se vaporise à toutes les températures; une baguette humectée d'acide chlorhydrique s'entoure de nuages blancs, si on la tient suspendue sur les cristaux de toluidine. Elle fond à 40°. Son point d'ébullition est exactement à 198°, c'est-à-dire de 16° plus élevé que le point d'ébullition de son homologue, l'aniline.

Sa solution dans les acides colore en jaune intense le bois de pin et la moelle de sureau. Mais elle ne donne pas, avec le chlorure de chaux, la belle réaction qui caractérise l'aniline; elle ne lui communique qu'une teinte rougeâtre. Avec l'acide nitrique, elle se colore en rouge foncé, tandis que l'aniline prend par lui une couleur bleu d'indigo; avec l'acide chromique, elle donne un précipité brun.

Le sulfate et le chlorure cuivriques donnent avec la toluidine des précipités verdâtres, d'un aspect cristallin. A chaud, elle précipite de l'oxyde d'une solution de perchlorure de fer. Avec le nitrate d'argent, elle donne un précipité cristallin; avec les bichlorures de platine et de palladium, elle donne de beaux précipités orangés et cristallins.

Quand on fait passer les vapeurs de la toluidine sur du potassium en fusion, il se produit du cyanure, en même temps qu'une ignition très-vive se manifeste.

Bouillie avec de l'acide nitrique concentré, la toluidine se décompose; il se produit un corps jaune qui présente beaucoup d'analogie avec l'acide picrique.

Le brome y agit vivement; si l'on chauffe dans un petit tube le produit de la réaction, il se sublime des aiguilles blanches, non alcalines, solubles dans l'alcool et l'éther, insolubles dans l'eau; ce corps paraît être la toluidine tribromée.

La toluidine se combine avec le cyanogène, et donne un alcali semblable à la cyaniline. Elle est attaquée par l'iodure d'éthyle qui la transforme en d'autres alcalis ($ 1823ᵃ).

$ 1821. *Sels de toluidine.* — La toluidine se combine aisément avec les acides. Sa solution alcoolique se prend, avec la plupart des acides, en masses cristallines qu'on n'a besoin que de soumettre à une nouvelle cristallisation pour les avoir pures. Les sels ainsi produits sont sans odeur, mais, à l'air, ils se colorent promptement en rose, comme les sels d'aniline ; ils se décomposent par les alcalis caustiques et carbonatés, en mettant la toluidine en liberté, sous la forme d'un coagulum cristallin.

Le *chlorhydrate de toluidine*, $C^{14}H^9N$, HCl, se forme quand on dissout l'alcali dans l'acide chlorhydrique et qu'on évapore la solution. Il se dépose, par le refroidissement, en paillettes qui jaunissent promptement à l'air. Peu solubles dans l'éther, ces cristaux se dissolvent aisément dans l'eau et l'alcool ; la solution est acide. Ils se subliment par une douce chaleur, comme le sel ammoniac.

Le *chloroplatinate*, $C^{14}H^9N$, HCl, $PtCl^2$, s'obtient en paillettes orangées.

Le *chloraurate*, $C^{14}H^9N$, HCl, $AuCl^3$, se précipite lorsqu'on ajoute du chlorure d'or à une solution de chlorhydrate de toluidine ; le précipité se prend au bout de quelque temps en une masse cristalline, comme feutrée ; celle-ci fond dans l'eau vers 50 ou 60°, et se dissout à une température plus élevée, en donnant, par le refroidissement, de magnifiques aiguilles jaunes, très-brillantes.

Le *nitrate* et le *phosphate* sont cristallisables.

Le *sulfate*, 2 $C^{14}H^9N$, S^2O^6, 2 HO, s'obtient en dissolvant l'alcali dans l'éther et ajoutant quelques gouttes d'acide sulfurique. Il se produit immédiatement un précipité cristallin qu'on lave à l'éther. Ce sel est peu soluble dans l'alcool, mais fort soluble dans l'eau.

L'*oxalate acide*, $C^{14}H^9N$, C^4O^6, 2 HO, s'obtient en mélangeant une solution alcoolique de toluidine avec un excès d'acide oxalique. Il représente de fines aiguilles soyeuses, insolubles dans l'éther. Il se dissout mieux dans l'eau et l'alcool bouillants ; la solution a une réaction acide.

§ 1821[a]. *Lutidine*[1], *isomère de la toluidine*, $C^{14}H^9N$. — Cet alcali se rencontre, suivant M. Anderson, dans l'huile qu'on obtient, dans les fabriques de noir animal, par la distillation des os. Il passe avant la picoline (§ 1415), à la température d'environ 154°, lorsqu'on rectifie le mélange d'huiles alcalines (solubles dans l'acide chlorhydrique) qu'on recueille dans cette opération.

---

[1] ANDERSON (1851), *Ann. der Chem. u. Pharm.*, LXXX, 57.

La lutidine constitue une huile plus légère que l'eau, peu soluble dans ce liquide qui en prend plus à froid qu'à chaud. Elle a une odeur moins piquante et plus aromatique que celle de la picoline. Elle bout à 154° environ.

Elle a donné à l'analyse[1] :

	Anderson.				
	a	b	c	d	$C^{14}H^9N.$
Carbone. . .	78,17	78,28	78,48	78,87	78,50
Hydrogène. .	8,85	8,75	9,10	8,54	9,41
Azote. . . .	»	»	»	»	13,09
					100,00

Elle se combine avec les acides en donnant des sels en général fort solubles, à part le chloromercurate et le picrate.

Le *chloroplatinate*, $C^{14}H^9N$, HCl, $PtCl^2$, cristallise en tables rectangulaires, quelquefois enchevêtrées, fort solubles dans l'eau froide, plus solubles encore dans l'eau bouillante, et, à ce qu'il paraît, aussi dans un excès d'acide chlorhydrique ; sa solution aqueuse est précipitée par l'alcool et l'éther. Il a donné à l'analyse :

	Anderson.		Calcul.
Carbone. . . .	26,41	26,30	26,81
Hydrogène. . .	3,33	3,16	3,19
Platine.	31,51	31,55	31,51

Le *chloromercurate*, $C^{14}H^9N$, 2 $HgCl$, se dépose sous la forme d'un précipité blanc volumineux par le mélange de solutions alcooliques assez concentrées de lutidine et de bichlorure de mercure. Si les solutions sont étendues, le chloromercurate de lutidine se sépare peu à peu sous la forme de cristaux radiés. Ce sel se dissout dans l'eau bouillante en se décomposant en partie ; il est plus soluble dans l'alcool bouillant, et s'y dépose sans altération par le refroidissement.

Le *picrate* cristallise en longues aiguilles jaunes, moins solubles que les autres sels de lutidine.

[1] *a* Huile recueillie entre 154° et 157° ; *b* id. entre 157° et 160° ; *c* id. entre 58° et 160° ; *d* id. entre 160° et 162°.

Dérivés nitriques de la toluidine.

§ 1822. *Nitrotoluidine* [1], $C^{14}H^8(NO^4)N$. — Le binitrotoluène donne cet alcali par l'action d'une solution alcoolique de sulfhydrate d'ammoniaque. La nitrotoluidine cristallise en aiguilles jaunes. Elle forme des combinaisons définies avec les acides chlorhydrique, nitrique, sulfurique, phosphorique.

Avec le chlorure de benzoïle et le chlorure de cumyle, elle produit des composés semblables aux amides et aux anilides.

Dérivés cyaniques de la toluidine.

§ 1823. La toluidine produit, avec le cyanogène et avec le chlorure de cyanogène, deux alcalis homologues de la cyaniline (§ 1436) et de la mélaniline (§ 1438).

Cyanotoluidine [2], probablement $C^{32}H^{18}N^4 = 2\,C^{14}H^9N$, Cy^2. — Lorsqu'on fait passer du cyanogène dans une solution alcoolique de toluidine, on observe les mêmes phénomènes qu'avec l'aniline. Au bout de quelques heures, la liqueur devenue rouge dépose un mélange cristallin de plusieurs substances d'où l'acide chlorhydrique extrait la cyanotoluidine. Cet alcali ressemble à la cyaniline, mais il est encore moins soluble dans l'alcool et l'éther.

Métoluidine [3], $C^{30}H^{17}N^3 = C^{14}H^9N$, $C^{14}H^8CyN$. — La toluidine se comporte comme l'aniline sous l'influence du chlorure de cyanogène. Comme la toluidine est solide, il faut la faire fondre légèrement de manière à pouvoir l'étendre sur les parois du vase où doit s'opérer la réaction, et la soumettre ensuite à l'action du gaz. La chaleur développée par la réaction suffit alors pour la maintenir en fusion. On obtient une masse résineuse, entièrement composée de chlorhydrate de métoluidine. On la dissout dans l'eau aiguisée d'un peu d'acide chlorhydrique, et l'on ajoute de la potasse à la solution filtrée; il se produit ainsi un précipité blanc qu'on fait bouillir pendant quelque temps avec la potasse, afin de chasser avec les vapeurs d'eau la petite quantité de toluidine qui n'aurait pas été attaquée par le chlorure de cyanogène. On fait cristalliser dans l'alcool le résidu insoluble.

[1] Cahours (1850), *Compt. rend. de l'Acad.*, XXX, 320.
[2] Hofmann (1848), *Ann. der Chem. u. Pharm.*, LXVI, 144.
[3] Wilson (1851), *Ann. der Chem. u. Pharm.*, LXXVII, 216.

La métoluidine s'obtient ainsi en paillettes très-peu solubles dans l'eau froide, un peu plus solubles dans l'eau bouillante. Elle cristallise mieux dans un mélange d'alcool et d'eau.

Elle est fort soluble dans l'acide chlorhydrique.

Le *chloroplatinate*, $C^{30}H^{17}N^3$, HCl, $PtCl^2$, est un précipité insoluble dans l'eau et l'alcool, qu'on obtient avec le bichlorure de platine et une solution de métoluidine dans l'acide chlorhydrique.

Dérivés éthyliques de la toluidine.

§ 1823[a]. La toluidine, comme son homologue l'aniline, est susceptible d'échanger de l'hydrogène pour de l'éthyle, de manière à donner trois alcalis[1] nouveaux. A l'état libre, deux d'entre ces derniers dérivent du type ammoniaque; le troisième dérive du type oxyde d'ammonium :

$$\text{Éthyl-toluidine} \quad C^{18}H^{13}N = N\begin{cases} C^{14}H^7 \\ C^4H^5 \\ H, \end{cases}$$

$$\text{Diéthyl-toluidine} \quad C^{22}H^{17}N = N\begin{cases} C^{14}H^7 \\ C^4H^5 \\ C^4H^5, \end{cases}$$

$$\text{Hydrate de triéthyl-toluénylammonium} \quad C^{26}H^{23}NO^2 = \begin{cases} N(C^4H^5)^3(C^{14}H^7).O \\ HO \end{cases}$$

Éthyl-toluidine, $C^{18}H^{13}N = N(C^{14}H^7)(C^4H^5)H$. — Pour préparer ce corps, on chauffe de la toluidine au bain-marie, pendant deux ou trois jours, dans un tube scellé à la lampe avec un excès d'iodure d'éthyle. Quand la réaction est terminée, on chasse l'excès d'iodure par la chaleur ; le résidu huileux se compose alors d'iodhydrate d'éthyl-toluidine, qu'on distille avec une solution concentrée de potasse.

L'éthyl-toluidine est une huile incolore, d'une odeur particulière, d'une densité de 0,9391 à 15°5. Elle bout à 217°.

Le *chloroplatinate*, $C^{18}H^{13}N$, HCl, $PtCl^2$, est un sel jaune pâle, cristallin, soluble dans l'eau et l'alcool, moins soluble dans l'éther et fort altérable.

Diéthyl-toluidine, $C^{22}H^{17}N = N(C^{14}H^7)(C^4H^5)^2$. — On l'obtient à l'état d'iodhydrate en chauffant l'alcali précédent avec de l'iodure d'éthyle, dans un tube scellé à la lampe.

---

[1] MORLEY et ABEL (1854), *The Quart. Journ. of the Chemic. Society*, VII, 68.

La diéthyl-toluidine forme une huile incolore, odorante, d'une densité de 0,9242 à 15°5 ; son point d'ébullition est à 229°.

Le *chloroplatinate* forme une masse résineuse, incristallisable.

L'*iodhydrate*, $C^{22}H^{17}N$, HI, cristallise en prismes à six pans, extrêmement solubles dans l'eau. Il paraît s'altérer à l'air, ainsi qu'au contact de l'alcool.

Combinaisons de triéthyl-toluénylammonium. — Lorsqu'on maintient pendant quelques jours au bain-marie, dans un tube scellé à la lampe, la diéthyl-toluidine avec de l'iodure d'éthyle, on finit par obtenir des cristaux d'iodure de triéthyl-toluénylammonium.

L'*hydrate* s'obtient en chauffant la solution des cristaux précédents avec de l'oxyde d'argent récemment précipité. Il se forme ainsi une liqueur fort amère et alcaline, qui se comporte avec les solutions métalliques comme la potasse ou l'hydrate de tétréthylammonium.

Le *chloroplatinate*, $C^{26}H^{22}NCl$, $PtCl^{2}$, se dépose, par le mélange du bichlorure de platine avec la solution chlorhydrique de l'hydrate précédent, sous la forme d'un précipité cristallin, très-peu soluble dans l'eau froide, assez soluble dans l'eau bouillante, où il cristallise en belles aiguilles.

ACÉTATE DE TOLUÉNYLE.

Composition : $C^{18}H^{10}O^{4} = C^{14}H^{7}O$, $C^{4}H^{3}O^{3}$.

§ 1823[b]. Lorsqu'on dissout l'hydrate de toluényle dans l'acide acétique, et qu'on ajoute à la liqueur un mélange d'acide sulfurique et d'acide acétique, on voit se rendre à la surface une huile qui est l'acétate de toluényle [1].

Cette huile est incolore, plus pesante que l'eau, d'une agréable odeur aromatique, rappelant celle de certaines poires. Elle bout à 210°.

Chauffée avec une solution de potasse, elle se dédouble en acide acétique et en hydrate de toluényle.

[1] CANNIZZARO (1853), *loc. cit.*

II.

GROUPE TOLUYLIQUE.

§ 1824. On ne connaît encore dans ce groupe, comme terme principal, que l'*acide toluique* qui représente une molécule d'eau dans laquelle 1 atome d'hydrogène est remplacé par le *toluyle* $C^{16}H^7O^2$.

ACIDE TOLUIQUE.

Composition : $C^{16}H^8O^4 = C^{16}H^7O^3, HO$.

§ 1825. Cet acide[1] se produit par l'action de nitrique sur le cymène (§ 1867) :

$$C^{20}H^{14} + 8O^2 = C^4H^2O^8 + C^{16}H^8O^4 + 4\,HO.$$

Cymène.   Ac. oxaliq.   Ac. toluiq.

Pour le préparer, on étend l'acide nitrique ordinaire d'environ six fois son volume d'eau, et l'on en distille un demi-kilogramme avec environ 125 grammes de cymène, dans une grande cornue, pendant deux ou trois jours, en cohobant de temps à autre. En employant un acide si dilué, on n'a pas à craindre une oxydation trop violente, et l'action est entièrement calme. L'huile se colore d'abord en bleu, par l'absorption du bioxyde d'azote, puis en jaune foncé, et, après vingt ou trente cohobations, elle commence à s'altérer de plus en plus, devient visqueuse, et tombe enfin au fond de la cornue. L'opération est terminée quand l'eau du récipient n'est plus recouverte d'huile, mais de cristaux blancs. Si l'on arrête alors la distillation, on voit la cornue se remplir de cristaux par le refroidissement. Plus l'acide employé est faible, et plus on prolonge les distillations, plus le produit est incolore et pur.

Si l'acide est d'une concentration plus grande que celle qui a été indiquée, le liquide bouillant éprouve une réaction fort violente qui détermine des projections, et le produit contient alors de l'acide nitrotoluique dont il est difficile ou impossible de le purifier. D'ailleurs cet acide nitré se forme même en petite quantité par l'emploi d'un acide nitrique très-faible, et le produit exige une purification particulière, fondée sur la grande solubilité du toluate de baryte dans l'eau froide, et la faible solubilité du nitrotoluate à même base. Toutefois ce mode de purification ne suffit pas, et l'acide brut est ordi-

---

[1] NOAD (1847), *Ann. der Chem. u. Pharm.*, LXIII, 281.

nairement souillé d'une matière jaune résineuse ; après avoir enlevé l'acide nitrique par le lavage, on le dissout dans un lait de chaux, on filtre la solution refroidie du sel de chaux, et l'on précipite par l'acide nitrique ou chlorhydrique. On répète cette opération si le produit n'est pas entièrement blanc. L'acide lavé est ensuite dissous dans l'eau de baryte ; on évapore la solution au bain-marie, et l'on reprend par l'eau froide la masse desséchée, de manière à laisser à l'état insoluble une petite quantité de nitrotoluate de baryte. Le sel de baryte est évaporé à siccité et repris par l'eau jusqu'à ce qu'il ne dépose plus de sel insoluble. L'acide toluique précipité est alors parfaitement pur, et peut être obtenu à l'état cristallisé. Ce procédé prend beaucoup de temps et ne donne que peu de produit.

L'acide toluique se précipite sous la forme d'une masse caillebottée, composée d'aiguilles. Il est fort soluble dans l'eau bouillante ; la solution le dépose par le refroidissement sous forme d'aiguilles. Il se dissout, presque en toutes proportions, dans l'esprit de bois, l'alcool et l'éther.

Il fond par la chaleur et se sublime en belles aiguilles. Entièrement pur, il est sans odeur ni saveur ; mais il a ordinairement une légère odeur désagréable qui rappelle un peu celle de l'essence d'amandes amères.

Bouilli avec de l'acide nitrique concentré, il se convertit en acide nitrotoluique. Distillé avec la chaux ou la baryte, il se transforme en toluène :

$$C^{16}H^8O^4 = C^2O^4 + C^{14}H^8.$$
Ac. toluique.   Toluène.

Dérivés métalliques de l'acide toluique. Toluates.

§ 1826. L'acide toluique est monobasique. Les toluates neutres se représentent par la formule générale :

$$C^{16}H^7MO^4 = C^{16}H^7O^3, MO.$$

Le *sel d'ammoniaque* cristallise en petits prismes.

Le *sel de potasse* est fort soluble et ne cristallise qu'avec difficulté en aiguilles.

Le *sel de soude* est encore plus soluble que le sel de potasse.

Le *sel de baryte*, $C^{16}H^7BaO^4$, ne s'obtient pas en cristaux définis.

Le *sel de chaux* se dépose de sa solution aqueuse et concentrée à l'état de longues aiguilles brillantes.

Le *sel de cuivre*, $C^{16}H^7CuO^4$, se dépose à l'état d'un précipité bleu de ciel, quand on mélange du sulfate de cuivre avec une solution neutre de toluate de potasse. Il ressemble beaucoup au benzoate cuivrique, et se dissout fort peu dans l'eau. L'ammoniaque le dissout avec une couleur bleue foncée.

Le *sel d'argent*, $C^{16}H^7AgO^4$, s'obtient en précipitant par le nitrate d'argent le toluate d'ammoniaque ; il se dépose sous la forme d'un précipité blanc et caillebotté, cristallisant dans l'eau chaude en fines aiguilles.

Dérivés méthyliques, éthyliques.... de l'acide toluique.
Éthers toluiques.

§ 1827. *Toluate d'éthyle*[1], ou éther toluique, $C^{20}H^{12}O^4 = C^{16}H^7 (C^4H^5)O^4$. — Cet éther s'obtient en saturant par un courant de gaz chlorhydrique une solution de l'acide toluique dans l'alcool fort. On soumet le liquide à la distillation, et quand il en a passé les deux tiers, on ajoute de l'eau au résidu. Il se précipite alors un corps huileux et coloré ; on le met en digestion avec l'ammoniaque pour enlever l'excédant d'acide toluique, on lave avec de l'eau, et après l'avoir desséché sur du chlorure de calcium, on le soumet à la rectification. Il passe ainsi un liquide incolore, qui dépose quelquefois des cristaux incolores d'éther nitrotoluique, si l'acide employé n'a pas été pur.

L'éther toluique est un liquide aromatique, d'une odeur semblable à celle de l'éther cinnamique ou benzoïque, d'une saveur un peu amère. Il bout à 228°.

Dérivés nitriques de l'acide toluique.

§ 1828. *Acide nitrotoluique*[2], $C^{16}H^7(NO^4)O^4$. — L'acide nitrique fumant agit sur le cymène avec beaucoup d'énergie, et, si l'on répète les distillations, on obtient en définitive l'acide nitrotoluique. Il est indispensable d'employer un acide nitrique le plus concentré possible, car, sans cela, il se produit un autre corps cristallin et indifférent, qui ne se convertit pas facilement en acide nitrotoluique. On continue de chauffer, tant qu'il se dégage des vapeurs rouges ; par le refroidissement, il se dépose une masse cristalline,

---

[1] NoAD, *loc. cit.*
[2] NoAD (1847), *loc. cit.*

et, si l'on étend d'eau, on voit se former un abondant précipité. On jette le produit sur un filtre, on le lave à l'eau froide pour enlever l'excédant d'acide nitrique, et on le met en digestion avec de l'ammoniaque qui dissout la majeure partie de la substance. Le filtre ne retient qu'une petite quantité de matière huileuse. Ensuite on décompose le sel d'ammoniaque par l'acide chlorhydrique, et on lave l'acide précipité à l'eau froide, où il est fort peu soluble. Après l'avoir desséché, on le dissout dans l'alcool bouillant, on décolore par le charbon animal, et l'on abandonne la solution filtrée à l'évaporation spontanée.

On obtient ainsi de beaux prismes à base rhombe, d'un jaune pâle.

Un mélange d'acide nitrique fumant et d'acide sulfurique concentré n'attaque pas cet acide.

Le *sel d'ammoniaque* cristallise en longues aiguilles. Ce sel se décompose avec beaucoup de facilité; il perd toute l'ammoniaque par l'ébullition avec du charbon.

Le *sel de potasse* est très-soluble, et ne cristallise qu'avec difficulté en petites aiguilles.

Le *sel de soude* n'a pas pu s'obtenir à l'état cristallisé.

Le *sel de baryte*, $C^{16}H^6Ba(NO^4)O^4$, s'obtient par le nitrotoluate d'ammoniaque et le chlorure de baryum, sous la forme d'un précipité caillebotté, fort soluble dans l'eau bouillante, et se déposant par le refroidissement en beaux cristaux, qui prennent de l'éclat par la dessiccation.

Le *sel de strontiane* est un peu plus soluble dans l'eau bouillante que le sel de baryte, et s'obtient en cristaux plus gros.

Le *sel de chaux* s'obtient par double décomposition avec le nitrotoluate d'ammoniaque et le chlorure de calcium. Il se précipite sous la forme d'une masse blanche plus soluble que le sel de baryte, et cristallisant en prismes obliques à base rhombe.

Le *sel de cuivre* s'obtient, à l'état basique, si l'on mélange du nitrotoluate d'ammoniaque neutre avec du sulfate de cuivre.

Le *sel d'argent*, $C^{16}H^6Ag(NO^4)O^4$, obtenu en mélangeant le nitrotoluate d'ammoniaque avec le nitrate d'argent se dépose sous la forme d'un précipité caillebotté, semblable au chlorure. Ce sel d'argent est fort soluble dans l'eau bouillante; il se dépose, par le refroidissement, sous la forme de cristaux plumeux, peu solubles dans l'alcool. Une ébullition prolongée le noircit.

§ 1829. Le *nitrotoluate de méthyle*, ou éther méthyl-nitrotolui-
que, $C^{16}H^6(C^2H^3)(NO^4)O^4 = C^{18}H^9(NO^4)O^4$, s'obtient par le même
procédé que le nitrotoluate d'éthyle. Le produit est noir, et nécessite une purification dans l'acide nitrique fumant, avec lequel on le
fait bouillir pendant quelques minutes. L'eau le sépare ensuite de
l'acide sous la forme d'une huile, qu'on lave à l'ammoniaque. Il
cristallise par le refroidissement, et se purifie par une nouvelle cristallisation dans l'éther.

Le *nitrotoluate d'éthyle* ou éther nitrotoluique renferme $C^{16}H^6$
$(C^4H^5)(NO^4)O^4 = C^{20}H^{11}(NO^4)O^4$. Pour le préparer, on sature par le
gaz chlorhydrique une solution de l'acide nitrotoluique dans l'alcool, et l'on soumet le produit à la distillation jusqu'à ce que le
liquide distillé se trouble par l'addition de l'eau. Le résidu dans la
cornue constitue une huile jaune qui se concrète par le refroidissement. On lave les cristaux avec du carbonate de potasse, puis
avec de l'eau, et on les exprime entre des doubles de papier joseph.
Recristallisés dans l'alcool, ils sont d'un jaune clair et d'une odeur
fort agréable.

SÉRIE XYLIQUE.

§ 1830. Entre la série toluique et la série cuminique vient se
placer une série dont le pivot n'est pas encore connu, mais qu'on
ne tardera sans doute pas à découvrir : c'est un acide volatil monobasique, renfermant $C^{18}H^{10}O^4$, semblable à l'acide benzoïque,
toluique ou cuminique.

Le *groupe xylénique*, dans cette série intermédiaire, est l'homologue des groupes phénique (§ 1336), toluénique (§ 1810), cuménique (§ 1834), et thymylique (§ 1866).

GROUPE XYLÉNIQUE.

§ 1831. On connaît d'une manière très-imparfaite le *xylène*,
l'homologue de la benzine, du toluène, du cumène et du cymène.

XYLÈNE.

Composition : $C^{16}H^{10}$.

§ 1832. Cet hydrocarbure est contenu dans l'huile qui se sépare
de l'esprit de bois brut du commerce par l'addition de l'eau. On

agite d'abord cette huile avec de l'acide sulfurique concentré; on obtient ainsi une masse visqueuse brun-rouge, à la surface de laquelle nage un liquide limpide composé d'un mélange de toluène, de xylène, de cumène, et d'un autre hydrocarbure moins volatil (bouillant entre 164 et 168°). On lave ce mélange avec une lessive alcaline, puis, après l'avoir séché sur du chlorure de calcium fondu, on le distille sur de l'acide phosphorique anhydre, en recueillant à part les produits qui passent à différentes températures.

Le xylène distille entre 128° et 130°. Il présente une grande analogie de propriétés avec le toluène et le cumène.

Traité par l'acide nitrique fumant, il fournit le *nitroxylène*.

Ce dernier, étant dissous dans l'alcool et traité par le sulfhydrate d'ammoniaque, donne la *xylidine*, alcali semblable à la toluidine.

M. Cahours[1], à qui l'on doit ces expériences, n'a pas encore publié la description des corps précédents.

SÉRIE CUMINIQUE.

§ 1833. Cette série, dont le pivot est l'acide cuminique, se subdivise en deux groupes :

> *Groupe cuménique,*
> *Groupe cumylique.*

Au groupe cuménique correspondent, dans les autres séries homologues, les groupes phénique (§ 1336), toluénique (§ 1810), xylénique (§ 1831), et thymylique (§ 1866). Le groupe cumylique a pour homologues les groupes benzoïque (§ 1474) et toluylique (§ 1824).

I.

GROUPE CUMÉNIQUE.

§ 1834. L'homologie qui existe entre les composés de ce groupe et les composés phéniques conduit à admettre le radical *cuményle* $C^{18}H^{11}$, comme remplaçant l'hydrogène dans les types hydrogène, oxyde, azoture, etc.

[1] Cahours (1850), *Compt. rend. de l'Acad.*, XXX, 319.

Les principaux termes cuméniques sont :

Cumène, ou hydrure de cumé-
nyle. . . . . $C^{18}H^{12}$ $= \begin{matrix} C^{18}H^{11} \\ H \end{matrix} \Big\}$,

Acide cuményl-sulfureux, ou
sulfocuménique. . . . . . . $C^{18}H^{12}S^2O^6 = \begin{matrix} C^{18}H^{11}.O \\ HO \end{matrix} \Big\} S^2O^4,$

Cumidine, ou azoture de cumé-
nyle et d'hydrogène. . . . . $C^{18}H^{13}N = N \begin{cases} C^{18}H^{11} \\ H \\ H \end{cases}$

Le *cyanure de cuményle* (ou cumonitrile) a déjà été décrit, § 206.
Les composés cuméniques se rattachent directement aux composés
cumyliques par la réaction qu'éprouve l'acide cuminique sous l'influence de la baryte qui le transforme en cumène.

Ils se relient également au groupe benzoïque : par l'ébullition
du cumène avec l'acide nitrique, on finit par obtenir de l'acide
benzoïque.

Enfin, on a observé également une relation chimique entre les
composés cuméniques et le groupe camphorique : le camphorate
de chaux se transforme par l'action de la chaleur en carbonate et
en une huile (§ 1836) qui peut être convertie en cumène.

CUMÈNE.

Syn. : hydrure de cuményle, cumol.

Composition : $C^{18}H^{12} = C^{18}H^{11}, H.$

§ 1835. Ce corps[1] se produit lorsqu'on soumet à la distillation
un mélange intime de 1 p. d'acide cuminique cristallisé et de 4 p.
de baryte caustique.

Il est également contenu dans l'huile du goudron de houille,
et dans l'huile qu'on sépare de l'esprit de bois brut par l'addition
de l'eau. Dans ces deux huiles, il est accompagné de ses homologues, benzine, toluène, xylène et cymène ; on l'en sépare par des
distillations fractionnées (voy. § 1337 et § 1832). Pelletier et Walter[2]
ont décrit, sous le nom de *rétinnyle*, un hydrogène carboné qui
se produit, dans les usines à gaz, par la distillation des résines, et

[1] GERHARDT et CAHOURS (1840), *Ann. de Chim. et de Phys.*, [3] I, 87. — ABEL, *Ann.
der Chem. u. Pharm.*, LXII, 150.
[2] PELLETIER et WALTER, *Ann. de Chim. et de Phys.* LXVII, 285.

qui présente la même composition et la plupart des caractères que
le cumène, dont il paraît être une modification isomère.

Enfin le cumène, ou un isomère de ce corps, se produit par l'a-
cide phosphorique anhydre et la phorone (produit de la distillation sèche du camphorate de chaux).

Le cumène est un liquide parfaitement incolore, plus léger que
l'eau, d'une odeur suave fort agréable, et volatil sans altération.
Son point d'ébullition est constant à 151°,4 (Gerh. et Cah.; à 148°;
Abel); la densité de sa vapeur a été trouvée égale à 3,96. Il est
insoluble dans l'eau, fort soluble, au contraire, dans l'alcool, l'é-
ther et les huiles essentielles.

L'acide sulfurique fumant le transforme en acide sulfocuménique ou cuményl-sulfureux (§ 1840).

L'acide nitrique ne l'altère pas à froid. Lorsqu'on fait bouillir
le cumène avec de l'acide nitrique fumant, il se convertit promptement en une huile pesante, qui est le nitrocumène. Si l'on continue l'ébullition, cette huile disparaît pour se convertir en une
masse cristalline jaunâtre, soluble dans l'ammoniaque, sauf une
petite portion (binitrocumène); la solution ammoniacale donne,
par l'acide nitrique, un précipité d'acide nitrobenzoïque. Si l'on
fait bouillir le cumène avec de l'acide nitrique plus faible, on obtient de l'acide benzoïque.

Un mélange d'acide nitrique et d'acide sulfurique fumant convertit le cumène en binitrocumène.

§ 1836. *Phorone*[1], $C^{18}H^{14}O^2$. — Cette substance qui renferme les
éléments du cumène, plus de l'eau, est le produit de la distillation
sèche du camphorate de chaux :

$$C^{20}H^{14}Ca^2O^8 = C^{18}H^{14}O^2 + 2\,(CO^2,\ CaO).$$

Camphor. de chaux.   Phorone.   Carbon. de chaux.

Pour préparer la phorone, il est plus avantageux de distiller le
camphorate de chaux par petites portions que d'en décomposer
beaucoup à la fois. On obtient une huile brune qu'on rectifie
par une nouvelle distillation; elle reste toujours un peu jaunâtre,
et se colore de plus en plus par le contact prolongé à l'air. Elle est
plus légère que l'eau, et possède une odeur forte qui rappelle celle
de la menthe poivrée. Son point d'ébullition est constant à 208°.
La densité de sa vapeur, prise à 262°, a été trouvée égale à 4,982.

[1] Gerhardt et Liès (1849), *Compt. rend. des trav. de Chim.*, 1849, p. 385.

L'analyse de la phorone a donné les résultats suivants :

	Gerhardt et Liès.				Calcul.
Carbone. . .	77,7	78,1	77,9	77,6	78,2
Hydrogène. .	10,6	10,0	10,2	10,0	10,1
Oxygène. . .	11,7	11,9	11,9	12,4	11,7
	1,000	1,000	1,000	1,000	1,000

La phorone se dissout dans l'acide sulfurique concentré en le colorant en rouge de sang ; l'eau précipite la plus grande partie de l'huile. L'acide nitrique y agit vivement en produisant une matière résineuse. L'acide phosphorique anhydre convertit la phorone en un hydrocarbure qui a les caractères du cumène :

$$C^{18}H^{14}O^2 = 2\ HO + C^{18}H^{12}.$$

Phorone.   Cumène.

La chaux potassée, mélangée avec la phorone, s'échauffe et paraît s'y combiner ; on peut chauffer le mélange à 20 ou 30 degrés au-dessus du point d'ébullition de la phorone sans qu'il passe aucun liquide ; mais, à 240°, il s'opère une réaction particulière qui a pour effet la distillation d'une huile parfaitement incolore, et, selon toute apparence, différente de la phorone.

Le perchlorure de phosphore l'attaque et la transforme en une huile paraissant renfermer $C^{18}H^{13}Cl$.

Dérivés nitriques du cumène.

§ 1837. *Nitrocumène*[1], $C^{18}H^{11}(NO^4)$. — Lorsqu'on fait dissoudre le cumène dans l'acide nitrique fumant, le mélange s'échauffe et développe beaucoup de vapeurs rouges ; l'eau sépare du produit le nitrocumène.

Le sulfhydrate d'ammoniaque convertit ce corps en cumidine.

Binitrocumène[2], $C^{18}H^{10}(NO^4)^2$. — On l'obtient en traitant le cumène par un mélange d'acide nitrique et d'acide sulfurique de Nordhausen.

Le sulfhydrate d'ammoniaque le transforme en nitrocumidine.

Dérivés par réduction des dérivés nitriques du cumène.

§ 1838. Les dérivés nitriques du cumène se comportent avec les

[1] Cahours (1848), *Compt. rend. de l'Acad*, XXVI, 315. — Nicholson, *Ann. der Chem. u. Pharm.*, LXV, 58.
[2] Cahours (1848), *loc. cit.*

agents réducteurs, comme leurs homologues les dérivés nitriques
de la benzine, du toluène et du xylène. Voy. §§ 1842 et 1844.

Dérivés sulfuriques du cumène.

§ 1839. L'acide qu'on obtient en dissolvant le cumène dans l'a-
cide sulfurique fumant, constitue un homologue des acides phényl-
sulfureux (§ 1404), toluényl-sulfureux (§ 1818), et thymyl-sulfureux (1872). Voy. § 1840.

ACIDE CUMÉNYL-SULFUREUX.

Syn. : acide sulfocuménique.

Composition : $C^{18}H^{12}S^2O^6 = C^{18}H^{11}O, HO, S^2O^4$.

§ 1840. Cet acide[1] se produit par la combinaison directe du
cumène avec l'acide sulfurique. On verse dans un verre à pied environ 1 p. de cumène et 2 p. d'acide sulfurique de Nordhausen ;
on agite le tout avec une baguette de verre, jusqu'à ce que le cumène se soit dissous dans l'acide. En opérant sur de grandes quantités, on peut abandonner le mélange dans un flacon bouché ; la
dissolution s'effectue alors peu à peu d'elle-même. Elle est d'un
brun foncé ; quand on l'étend d'eau, la coloration disparaît entièrement, et la nouvelle dissolution est parfaitement incolore. Si l'on
a laissé les deux corps assez longtemps en contact, tout le cumène
demeure en dissolution.

Le *sel de baryte* renferme $C^{18}H^{11}BaS^2O^6$. Pour l'obtenir, on sature
la solution précédente par du carbonate de baryte, et, si elle est
assez étendue, on peut chauffer le mélange, afin que la réaction
s'achève plus rapidement. Le sulfate ayant été recueilli sur un filtre,
on a une solution de sulfocuménate de baryte, qui se prend,
par la concentration, en une masse de belles lames nacrées, très-
brillantes, semblables à des écailles de poisson.

La solution de ce sel ne se décompose pas par l'ébullition. Elle
ne produit point de précipité dans les solutions de chlorure de
calcium, d'acétate de plomb, de bichlorure de mercure, de chlorure de cuivre, de chlorure de nickel, de bismuth, etc.

§ 1841. MM. Cahours et Gerhardt ont décrit, sous le nom de
sulforétinylate de baryte, un sel qu'ils ont obtenu avec l'acide sul-

---

[1] GERHARDT et CAHOURS (1840), *loc. cit.*

furique fumant et le rétinnyle de Pelletier et Walter ; ce sel présentait la même composition que le sulfocuménate ; toutefois il ne possédait pas tout à fait les mêmes caractères physiques. Il était bien moins soluble que le sulfocuménate, et sa solution, concentrée par l'évaporation, au lieu de se prendre en masse par le refroidissement, abandonnait peu à peu des croûtes cristallines, qui se rassemblaient à la surface du liquide, et n'offraient point l'éclat nacré du sulfocuménate. Le sel renfermait d'ailleurs quelques impuretés, et il est possible qu'elles l'aient empêché de bien cristalliser.

CUMIDINE.

Syn : azoture de cuményle et d'hydrogène. ?

Composition : $C^{18}H^{13}N = N(C^{18}H^{11})H^2$.

§ 1842. Cet alcali[1] se produit par la réduction du nitrocumène. On sature une solution alcoolique de ce corps d'abord par le gaz ammoniaque, puis par l'hydrogène sulfuré. Quand, au bout de quelques jours, il s'est formé un dépôt de soufre et que l'odeur de l'hydrogène sulfuré a disparu, on répète la même opération et l'on soumet tout le liquide à la distillation, ce qui accélère la décomposition de l'hydrogène sulfuré. On continue ce traitement jusqu'à ce que tout le nitrocumène soit transformé. Après avoir éloigné par une dernière distillation tout l'alcool et tout le sulfure ammonique, on fait dissoudre le résidu dans l'acide chlorhydrique, et l'on évapore la solution jusqu'à ce qu'elle se prenne par le refroidissement en une masse cristalline de chlorhydrate de cumidine. La potasse en sépare la cumidine sous la forme d'un liquide oléagineux. On la transforme en oxalate, on évapore à siccité, et on reprend par l'alcool bouillant pour décolorer par le charbon animal. L'oxalate se dépose par le refroidissement en tables incolores, d'une parfaite pureté. La solution de ce sel, additionnée de potasse, met en liberté la cumidine qu'on purifie par la rectification.

Cet alcali se présente sous la forme d'une huile jaunâtre, réfractant fortement la lumière ; il possède une odeur particulière et une saveur brûlante. Placé dans un mélange de glace et de sel marin, il se solidifie en tables carrées qui redeviennent bientôt liquides par une élévation de température.

[1] NICHOLSON (1848), *Ann. der Chem. u. Pharm.*, LXV, 58.

Il est très-soluble dans l'alcool, l'éther, l'esprit de bois, l'hydrogène sulfuré et les huiles grasses. L'eau en dissout aussi une petite quantité. Il n'agit ni sur le tournesol rougi ni sur le curcuma. Il se vaporise lentement à la température ordinaire. Sa densité est de 0,9526. Son point d'ébullition est à 225° sous 761^{mm}; il est moins élevé qu'on ne devrait le supposer d'après l'homologie de la cumidine avec l'aniline.

Récemment distillée, la cumidine est incolore, mais, au contact de l'air, elle jaunit promptement et devient finalement rougeàtre. Sa vapeur brûle avec une flamme jaune, très-fuligineuse.

Comme l'aniline et la toluidine, elle colore le bois de pin; mais, avec les hypochlorites, elle ne présente pas la réaction particulière à l'aniline.

La solution aqueuse de la cumidine précipite le perchlorure de fer; mais elle ne précipite ni les sels de zinc ni ceux d'alumine.

Le potassium, chauffé dans la vapeur de cumidine, se convertit en cyanure.

L'acide nitrique concentré dissout la cumidine avec une belle couleur pourpre; l'eau en sépare ensuite des flocons qui paraissent avoir des caractères acides.

L'acide chromique sec agit vivement sur la cumidine, mais sans l'enflammer.

Traitée par du brome, la cumidine s'échauffe considérablement; il se produit un dégagement d'acide bromhydrique, ainsi qu'une matière solide, insoluble dans l'eau, soluble dans l'alcool et l'éther, et cristallisant dans l'alcool en longues aiguilles incolores.

Un mélange de chlorate de potasse et d'acide chlorhydrique attaque vivement la cumidine. Il se produit une matière visqueuse et brune qui possède à un haut degré l'odeur de l'acide trichlorophénique. Ce produit, traité par l'alcool, se dissout en partie en laissant un corps cristallin qui ressemble beaucoup au chloranile.

La cumidine donne aussi des dérivés semblables aux amides et aux anilides. Dans une atmosphère de gaz chloroxycarbonique, elle se convertit, en s'échauffant, en une masse cristalline qui cristallise dans l'alcool en longues aiguilles semblables au salpêtre. Une solution de cumidine dans le sulfure de carbone dégage beaucoup d'hydrogène sulfuré; l'eau sépare du mélange, au bout d'un certain temps, un liquide oléagineux qui se prend bientôt après en une masse solide, cristallisant dans l'alcool en longues aiguilles. Ces deux produits constituent probablement des homologues de la carbanilide et de la sulfocarbanilide.

§ 1843. *Sels de cumidine*. — La plupart des sels de cumidine sont cristallisables. A l'exception de quelques sels doubles renfermant des chlorures métalliques, ils sont incolores, mais ils prennent peu à peu à l'air une teinte rougeâtre. Ils sont solubles dans l'eau, plus solubles dans l'alcool.

La solution de ces sels est décomposée par les alcalis ; la cumidine est alors mise en liberté.

Les sels de cumidine ont une réaction acide; ils sont anhydres, comme les sels d'aniline.

Le *chlorhydrate de cumidine*, $C^{18}H^{13}N$, HCl, s'obtient en prismes incolores, assez gros. Il fond à une température élevée, et peut être sublimé.

Le *chlorure* et le *cyanure mercuriques* occasionnent, dans la solution alcoolique de la cumidine, des précipités blancs et cristallins que l'eau bouillante décompose.

Le *chloroplatinate de cumidine*, $C^{18}H^{13}N$, HCl, $PtCl^2$, s'obtient en ajoutant un excès de bichlorure de platine à la solution aqueuse du chlorhydrate de cumidine. Il se dépose, par le refroidissement, de longues aiguilles jaunes, qu'on obtient pures en les lavant avec un peu d'eau. Ce sel se comporte avec l'alcool d'une manière singulière : quelques gouttes d'alcool ajoutées à beaucoup de sel le dissolvent entièrement; au bout de quelque temps, le sel s'en sépare sous la forme de gouttes huileuses d'un rouge foncé, et quand l'alcool s'est évaporé, ces gouttes se concrètent en une masse cristalline d'un fort bel orangé. A 100°, le chloroplatinate de cumidine devient plus foncé, mais sans s'altérer. A une température plus élevée, il se détruit en produisant du chlorhydrate de cumidine, et un résidu de platine métallique.

Le *chlorure de palladium* donne un sel qui ressemble entièrement au chloroplatinate précédent.

Le *chlorure d'or* précipite en violet la solution alcoolique de la cumidine; le précipité, dont la couleur est encore plus foncée que celle du ferrocyanure de cuivre, se dissout avec une couleur violette dans une plus grande quantité d'alcool.

Le *bromhydrate*, l'*iodhydrate* et le *fluorhydrate de cumidine* cristallisent aisément. L'iodhydrate paraît être le plus soluble des sels de cumidine.

Le *nitrate de cumidine*, $C^{18}H^{13}N$, NO^6H, forme de longues aiguilles, entièrement incolores si l'acide nitrique employé pour le produire n'est pas trop concentré. Il est soluble dans l'eau et l'alcool.

Le *nitrate d'argent* donne avec la cumidine un sel cristallisant en longues aiguilles.

Le *sulfate de cumidine*, $2\,C^{18}H^{13}N$, S^2O^6, $2\,HO$, forme une masse cristalline, peu soluble dans l'eau, plus soluble dans l'alcool. Il est sans odeur, mais il a une saveur amère désagréable.

Le *sulfate de cuivre* donne, avec la cumidine, un beau précipité vert.

Le *phosphate de cumidine* cristallise aisément.

L'*oxalate de cumidine* cristallise aussi avec facilité. Il paraît exister deux oxalates, un sel acide et un sel neutre. Lorsqu'on distille l'oxalate de cumidine, il passe une matière légèrement cristalline, peu soluble dans l'alcool, et qui est probablement l'homologue de l'oxanilide.

L'*acétate et le tartrate de cumidine* cristallisent aisément.

Dérivés nitriques de la cumidine.

§ 1844. *Nitrocumidine*[1], $C^{18}H^{12}(NO^4)N$. — Le binitrocumène s'attaque avec une extrême facilité par le sulfhydrate d'ammoniaque, et se transforme promptement en nitrocumidine.

Cet alcali se présente, à l'état de pureté, sous la forme d'écailles jaunâtres qui fondent à une température inférieure à 100°, et se prennent, par le refroidissement, en une masse formée d'aiguilles radiées. Insoluble dans l'eau, il se dissout avec facilité dans l'alcool et l'éther; soumis à la distillation, il éprouve une altération partielle, mais la majeure partie passe inaltérée. Sa réaction alcaline à l'égard des papiers colorés est assez faible, mais sensible. Il neutralise parfaitement les acides les plus forts.

Le brome agit très-énergiquement sur la nitrocumidine, et donne un composé cristallisable qui ne possède plus de propriétés alcalines.

Mise en présence du chlorure de benzoïle, la nitrocumidine ne donne rien à froid; mais, dès qu'on élève la température à 5o ou 6o°, une réaction très-vive s'établit, et l'on obtient un produit analogue

---

[1] Cahours (1848), *Compt. rend. de l'Acad.*, XXVI, 315.

à la benzamide et à la benzanilide. Les chlorures de cumyle et de cinnamyle donnent des composés analogues.

Les *sels de nitrocumidine* sont, pour la plupart, cristallisables; humides ou en dissolution, ils s'altèrent promptement en prenant une couleur bleue verdâtre.

Le *chlorhydrate*, $C^{18}H^{12}(NO^4)N$, $HCl + 2$ aq., se dépose, par le refroidissement lent d'une solution saturée, sous la forme d'aiguilles incolores et soyeuses.

Le *chloroplatinate* cristallise en aiguilles d'un jaune orangé, qui s'altèrent promptement.

Le *nitrate* cristallise, par refroidissement, sous forme d'aiguilles asbestoïdes, d'un blanc éclatant à l'état de pureté.

Le *sulfate*, $2\,C^{18}H^{12}(NO^4)N$, S^2O^6, $2\,HO + 4$ aq., s'obtient en dissolvant à chaud la nitrocumidine dans l'acide sulfurique affaibli. Par un refroidissement ménagé, le sel se sépare sous forme de longs prismes très-brillants, qu'on peut aisément réduire en poudre.

L'*oxalate* affecte la forme de fines aiguilles.

Dérivés cyaniques de la cumidine.

§ 1845. *Cyanocumidine*[1], $C^{40}H^{26}N^4 = 2\,C^{18}H^{13}N,\ Cy^2$. — Une solution alcoolique de cumidine, saturée de cyanogène, dépose promptement de longues aiguilles de cyanocumidine. Ce corps se purifie aisément par une nouvelle cristallisation dans l'alcool. Il donne avec l'acide chlorhydrique un sel si peu soluble que le liquide filtré n'est pas même troublé par la potasse.

II.

GROUPE CUMYLIQUE.

§ 1846. Dans ce groupe, homologue du groupe benzoïque, l'hydrogène des types métal, oxyde, chlorure, etc., est remplacé par le radical *cumyle* $C^{20}H^{11}O^2$.

Les principaux termes sont :

$$\text{Cumyle} \ldots \ldots \ldots \ldots \quad C^{40}H^{22}O^4 \ = \ \left.\begin{matrix} C^{20}H^{11}O^2 \\ C^{20}H^{11}O^2 \end{matrix}\right\}$$

$$\text{Hydrure de cumyle} \ldots \ldots \quad C^{20}H^{12}O^2 \ = \ \left.\begin{matrix} C^{20}H^{11}O^2 \\ H \end{matrix}\right\}$$

[1] HOFMANN (1848), *Ann. der Chem. u. Pharm.*, LXVI, 145.

Acide cuminique anhydre. . . . $C^{40}H^{22}O^6$ $= \left. \begin{array}{l} C^{20}H^{11}O^2.O \\ C^{20}H^{11}O^2.O \end{array} \right\}$

Acide cuminique hydraté. . . $C^{20}H^{12}O^4$ $= \left. \begin{array}{l} C^{20}H^{11}O^2.O \\ HO \end{array} \right\}$

Chlorure de cumyle. . . . . $C^{20}H^{11}ClO^2$ $= \left. \begin{array}{l} C^{20}H^{11}O^2 \\ Cl \end{array} \right\}$

Azoture de cumyle et d'hy-
drogène, ou cuminamide. . . $C^{20}H^{13}NO^2$ $= N \left\{ \begin{array}{l} C^{20}H^{11}O^2 \\ H \\ H \end{array} \right.$

On connaît peu les relations chimiques que les composés cumyliques présentent avec d'autres groupes sériés, si ce n'est avec le groupe cuménique.

<h2 style="text-align:center">CUMYLE.</h2>

Syn. : cumylure de cumyle.

Composition : $C^{40}H^{22}O^4 = C^{20}H^{11}O^2,C^{20}H^{11}O^2$.

§ 1847. Ce corps [1] se produit par la réaction du chlorure de cumyle et du cumylure de potassium :

$$\left. \begin{array}{l} C^{20}H^{11}O^2 \\ Cl \end{array} \right\} + \left. \begin{array}{l} C^{20}H^{11}O^2 \\ K \end{array} \right\}$$

Chlor. de cumyle.   Cumyl. de potass.

$$= \left. \begin{array}{l} C^{20}H^{11}O^2 \\ C^{20}H^{11}O^2 \end{array} \right\} + \left. \begin{array}{l} Cl \\ K \end{array} \right\}$$

Cumyle.   Chlor. de potass.

Lorsqu'on met le chlorure de cumyle en contact avec le cumylure de potassium, par quantités équivalentes, il se produit un liquide gélatineux et homogène, qu'une légère élévation de température rend pâteux en y déterminant une séparation de chlorure de potassium.

On traite la masse par une lessive de potasse faible, afin de détruire les dernières traces de chlorure de cumyle; puis on l'agite avec de l'éther, et, après avoir décanté la solution éthérée, on la sèche sur du chlorure de calcium et on la chauffe au bain-marie, pour chasser l'éther.

Le cumyle se présente sous la forme d'une huile très-épaisse, plus pesante que l'eau; à froid, son odeur est très-faible; mais

[1] CHIOZZA (1853), *Ann. de Chim. et de Phys.*, [3] XXXIX, 216.

quand on le chauffe, il émet une odeur agréable qui rappelle celle
du géranium. Soumis au froid produit par un mélange de glace et de
sel marin, il perd entièrement sa fluidité, si bien qu'on peut renverser le vase qui le renferme, sans l'en faire tomber. Dans cet état,
il est parfaitement limpide et ne présente aucun indice de cristallisation ; en revenant à la température ambiante, il reprend sa
fluidité. Peu soluble dans l'alcool froid, il se dissout facilement dans
l'alcool bouillant. Il bout à une température supérieure à 300°, en
se décomposant en acide cuminique et en d'autres produits moins
oxygénés, en même temps qu'il reste dans la cornue un résidu
charbonneux.

Il s'enflamme difficilement et brûle avec une flamme fuligineuse.
Il se dissout dans l'acide nitrique fumant sans dégagement de vapeurs nitreuses ; si l'on ajoute de l'eau au mélange, il s'en précipite
une résine molle de couleur jaunâtre, qui présente tous les caractères d'un corps nitré ; par le refroidissement du liquide, il se dépose quelques flocons blancs d'acide cuminique.

Lorsqu'on chauffe doucement le cumyle avec un petit fragment
d'hydrate de potasse, il se transforme en cuminate, en même temps
qu'il se dégage l'odeur forte et caractéristique de l'hydrure du cumyle ; une solution de potasse alcoolique produit le même effet. On
a d'ailleurs :

$$\left.\begin{array}{c} C^{20}H^{11}O^2 \\ C^{20}H^{11}O^2 \end{array}\right\} + \left.\begin{array}{c} KO \\ HO \end{array}\right\}$$

Cumyle.   Hydr. de potasse.

$$= \left.\begin{array}{c} C^{20}H^{11}O^2 \\ H \end{array}\right\} + \left.\begin{array}{c} C^{20}H^{11}O^2.O \\ KO \end{array}\right\}$$

Hydr. de cumyle.   Cumin. de potasse.

HYDRURE DE CUMYLE.

Syn. : cuminol, essence de cumin oxygénée.

Composition : $C^{20}H^{12}O^2 = C^{20}H^{11}O^2, H$.

§ 1848. L'huile essentielle renfermée dans la graine de cumin
(*Cuminum Cyminum*) est un mélange d'hydrure de cumyle et
d'un hydrocarbure, le cymène (§ 1867). Pour se procurer le premier corps à l'état de pureté, on distille l'essence dans un bain
d'huile chauffé à 200°, en maintenant la chaleur à cette température jusqu'à ce qu'il ne passe plus rien ; puis on distille rapi-

dement le résidu dans un courant d'acide carbonique, et on re-cueille le produit dans un flacon qui bouche convenablement[1].

Un procédé qui permet d'extraire tout l'hydrure de cumyle de l'essence de cumin, consiste à agiter celle-ci avec une solution moyennement concentrée de bisulfite de potasse ou de soude; ce sel ne se combine qu'avec l'hydrure de cumyle, en produisant une combinaison cristallisable qu'il suffit de chauffer avec un peu de potasse pour en séparer l'hydrure de cumyle.

Celui-ci constitue un liquide incolore ou légèrement jaunâtre, d'une odeur de cumin très-forte et persistante, d'une saveur âcre et brûlante. Il tache le papier comme toutes les huiles essentielles. Son point d'ébullition est à 220°; la densité de sa vapeur a été trouvée égale à 5,24.

Lorsqu'on le maintient longtemps en ébullition au contact de l'air, il se colore en se résinifiant et en produisant de l'acide cuminique.

L'hydrate de potasse le transforme en cuminate à la température de l'ébullition; cette transformation est presque instantanée, avec dégagement d'hydrogène, lorsqu'on fait tomber l'hydrure sur de la potasse en fusion.

L'acide chromique et le chlore humide le transforment également en acide cuminique.

L'acide nitrique se comporte d'une manière semblable; l'acide sulfurique concentré lui communique une teinte rouge foncée; une addition d'eau au mélange en sépare une masse visqueuse et de couleur sale.

Le potassium attaque à chaud l'hydrure de cumyle, en dégageant de l'hydrogène et en produisant du cumylure de potassium (§ 1849).

Le chlore et le brome transforment l'hydrure de cumyle en dérivés par substitution (§ 1850), dans lesquels ces éléments remplacent l'hydrogène. Le perchlorure de phosphore produit un composé qui renferme les éléments de l'hydrure de cumyle, l'oxygène y étant remplacé par du chlore (§ 1851).

Le sulfhydrate d'ammoniaque attaque l'hydrure de cumyle en en remplaçant l'oxygène par son équivalent de soufre (§ 1852).

[1] GERHARDT et CAHOURS (1840), *Ann. de Chim. et de Phys.*, [3] I, 60. — BERTA-GNINI, *Ann. der Chem. u. Pharm.*, LXXXV, 275.

Les bisulfites alcalins se combinent avec l'hydrure de cumyle (§ 1853).

L'hydrure de cumyle est un isomère des essences d'anis, de fenouil, de badiane et d'estragon (§ 1641).

Dérivés métalliques de l'hydrure de cumyle. Cumylures.

§ 1849. *Cumylure de potassium*[1], ou cuminol potassé, $C^{20}H^{11}KO^2$. — Il se produit, avec dégagement d'hydrogène, lorsqu'on chauffe l'hydrure de cumyle avec du potassium, à l'abri de l'air. Il se forme aussi lorsqu'on chauffe de l'hydrate de potasse solide au sein de l'hydrure de cumyle; dans ce cas, il s'élimine de l'eau, et la potasse se convertit en une masse gélatineuse.

Pour obtenir le cumylure de potassium à l'état de pureté, on chauffe l'hydrure de cumyle avec le potassium dans un petit creuset de platine, muni de son couvercle. On purifie le produit en le pressant entre des doubles de papier joseph, et en le faisant séjourner pendant quelque temps dans le vide, sur de l'acide sulfurique concentré qui absorbe avec avidité l'hydrure de cumyle échappé à la réaction du potassium.

Le cumylure de potassium constitue une masse gélatineuse et amorphe que le contact de l'air transforme promptement en cuminate.

Il est décomposé par l'eau en hydrure de cumyle et en hydrate de potasse.

Lorsqu'on le chauffe avec du chlorure de cumyle, il donne du chlorure de potassium et du cumyle.

Par l'action du chlorure de benzoïle sur le cumylure de potassium, on obtient une huile incristallisable, semblable au cumyle, et qui se transforme aisément en cette dernière substance quand on la chauffe avec une solution de potasse. L'eau seule paraît, du reste, opérer cette métamorphose, qui n'est accompagnée d'aucun dégagement de gaz. Cette réaction est assez compliquée, car la solution potassique se trouve chargée d'une quantité notable d'acide benzoïque et d'acide cuminique, ainsi que d'une autre substance qui apparaît au microscope sous forme de dendrites opaques d'un blanc éclatant. Cette dernière substance n'a pas été examinée.

[1] GERHARDT et CAHOURS (1840), *loc. cit.* — CHIOZZA, *Ann. de Chim. et de Phys.*, [3] XXXIX, 216.

Dérivés chlorés et bromés de l'hydrure de cumyle.

§ 1850. Le chlore et le brome attaquent l'hydrure de cumyle, en donnant des produits dans lesquels 1 at. d'hydrogène de cet hydrure est remplacé par son équivalent de chlore ou de brome.

L'*hydrure de chlorocumyle* [1], ou chlorocuminol, $C^{20}H^{11}ClO^2$, se produit si l'on fait passer, à la lumière diffuse, du chlore sec dans l'hydrure de cumyle également sec; le gaz est absorbé en même temps qu'il se dégage de l'acide chlorhydrique. Le produit est jaunâtre, plus pesant que l'eau, et d'une odeur très-forte; il s'altère rapidement à l'air humide en donnant de l'acide chlorhydrique et de l'acide cuminique. Il se décompose aussi par la distillation sèche en acide chlorhydrique et en une huile particulière, en laissant un résidu de charbon.

Lorsqu'on abandonne à l'air humide une goutte d'hydrure de chlorocumyle, on la trouve, du jour au lendemain, transformée en cristaux d'acide cuminique parfaitement blancs.

Récemment préparé, l'hydrure de chlorocumyle n'est presque pas attaqué par l'ammoniaque; il diffère en cela du chlorure de cumyle, son isomère, que l'ammoniaque transforme immédiatement en cuminamide.

L'acide sulfurique concentré dissout l'hydrure de chlorocumyle, en se colorant en rouge cramoisi et en dégageant des vapeurs d'acide chlorhydrique; le produit étant abandonné au contact de l'air humide, on y remarque après quelques instants des cristaux d'acide cuminique.

L'*hydrure de bromocumyle* [2], ou bromocuminol, $C^{20}H^{11}BrO^2$, est une huile plus pesante que l'eau, semblable au corps précédent. On l'obtient par l'action du brome sur l'hydrure de cumyle.

§ 1851. Un *hydrure de chlorocumyle* [3], ou chlorocumol, $C^{20}H^{12}Cl^2$, dans lequel le chlore remplace l'oxygène de l'hydrure de cumyle, se produit par l'action du perchlorure de phosphore sur ce dernier. Les deux corps réagissent vivement avec développement de chaleur; le produit se compose d'oxychlorure de phosphore et

[1] GERHARDT et CAHOURS (1840), *loc. cit.*
[2] GERHARDT et CAHOURS (1840), *loc. cit.*
[3] CAHOURS (1843), *Ann. de Chim. et de Phys.*, [3] XXIII, 345.

de chlorocumol. On sépare ces deux matières par la distillation, en recueillant à part ce qui passe entre 250 et 260 degrés. Après avoir lavé l'huile ainsi obtenue à l'eau et à la potasse diluée, on la soumet à la rectification.

Cette huile bout entre 255 et 260°; est plus dense que l'eau, et ne s'y dissout pas. La potasse ne paraît pas l'attaquer, mais une solution alcoolique de sulfhydrate de potasse l'attaque en la transformant en un corps visqueux, d'une odeur désagréable.

Dérivés sulfurés de l'hydrure de cumyle.

§ 1852. L'*hydrure de sulfocumyle* [1], ou sulfocumol, $C^{20}H^{12}S^{2}$, s'obtient sous la forme d'une matière résinoïde, difficile à purifier, par l'action du sulfhydrate d'ammoniaque sur une solution alcoolique d'hydrure de cumyle.

Dérivés sulfureux de l'hydrure de cumyle.

§ 1853. L'hydrure de cumyle se combine avec les bisulfites alcalins [2].

Le *sulfite de cumyl-ammonium* cristallise en aiguilles.

Le *sulfite de cumyl-potassium* cristallise par le refroidissement sous forme de paillettes brillantes, lorsqu'on chauffe l'hydrure de cumyle (ou l'essence de cumin brute) avec une solution moyennement concentrée de bisulfite de potasse. Cette combinaison ne se dissout pas dans l'eau sans altération, à moins que l'eau ne renferme un sulfite en dissolution.

Le *sulfite de cumyl-sodium*, $C^{20}H^{11}NaO^{2}$, $S^{2}O^{4} + 4$ aq., cristallise en aiguilles incolores et sans odeur; il jaunit à la longue par la conservation.

ACIDE CUMINIQUE ANHYDRE.

Composition : $C^{40}H^{22}O^{6} = C^{20}H^{11}O^{3}, C^{20}H^{11}O^{3}$.

§ 1854. Ce corps [3] se forme par la réaction du chlorure de cumyle et du cuminate de soude. On peut aussi l'obtenir par le cuminate de soude et l'oxychlorure de phosphore.

[1] CAHOURS (1847), *Compt. rend. de l'Acad.*, XXV, 459.
[2] BERTAGNINI (1852), *Ann. der Chem. u. Pharm.*, LXXXV, 275.
[3] GERHARDT (1852), *Ann. de Chim. et de Phys.*, [3] XXXVII, 304.

Le produit de la réaction du chlorure de cumyle et du cuminate de soude constitue une masse sirupeuse d'où l'on extrait l'acide cuminique anhydre au moyen de l'éther, en opérant comme dans la préparation du cuminate de benzoïle. Toutefois l'eau chaude n'enlève pas toujours tout le sel marin, et la solution éthérée, ordinairement laiteuse, ne s'éclaircit pas d'une manière complète; aussi dépose-t-elle, par l'évaporation, une certaine quantité de sel marin, dont on la débarrasse tout à fait en reprenant le produit par l'éther, filtrant et évaporant de nouveau.

Après l'expulsion de l'éther, l'acide cuminique anhydre se présente sous la forme d'une huile épaisse, incolore ou légèrement colorée, sans saveur, d'une odeur extrêmement faible, rappelant celle des éthers gras, et tout à fait de l'aspect du cuminate de benzoïle; il s'en distingue toutefois, en ce qu'il se concrète en partie à la longue. La matière huileuse se remplit peu à peu de petits rhombes très-brillants, semblables à ceux qu'on observe dans la cristallisation de l'acide benzoïque anhydre, et qui, au bout de vingt-quatre heures, lui donnent la consistance de l'huile d'olive figée.

Abandonné à l'air humide, l'acide cuminique anhydre se remplit de lames brillantes d'acide cuminique hydraté, et finit par se convertir entièrement en cet acide.

Lorsqu'on délaye dans l'ammoniaque l'acide cuminique anhydre et huileux, il se concrète peu à peu et se convertit entièrement en cuminamide.

§ 1855. *Acide acéto-cuminique anhydre*[1], acétate de cumyle ou cuminate de benzoïle, $C^{24}H^{14}O^6 = C^4H^3O^3, C^{20}H^{11}O^3$. — Ce corps se produit par la réaction du chlorure d'acétyle et du cuminate de soude.

C'est une huile neutre plus pesante que l'eau, d'une agréable odeur de vin d'Espagne, dont les caractères sont sensiblement les mêmes que ceux de l'acétate de benzoïle. Les alcalis la transforment en benzoate et en cuminate.

Elle se décompose à la distillation comme l'acétate de benzoïle.

A l'état humide, elle s'acidifie promptement, et l'on voit alors s'y former de belles lames d'acide cuminique hydraté, en même temps qu'elle prend une odeur acétique.

---

[1] GERHARDT (1852), *loc. cit.*

Acide œnanthylo-cuminique anhydre[1], œnanthylate de cumyle ou cuminate d'œnanthyle, $C^{34}H^{24}O^6 = C^{14}H^{13}O^3, C^{20}H^{11}O^3$. — Il s'obtient aisément par la réaction du chlorure de cumyle et de l'œnanthylate de potasse. C'est une huile plus pesante que l'eau, et d'une légère odeur de pommes; lorsqu'on la chauffe, elle émet une vapeur qui irrite la gorge.

§ 1856. *Acide benzo-cuminique anhydre*[2], cuminate de benzoïle, ou benzoate de cumyle, $C^{34}H^{16}O^6 = C^{14}H^5O^3, C^{20}H^{11}O^3$. — On le prépare en chauffant dans un ballon du cuminate de soude desséché (20 parties) avec du chlorure de benzoïle (15 parties). Au moment du contact, les deux corps s'échauffent considérablement, et si bien que toute la masse se liquéfie; il paraît ainsi se produire d'abord une simple combinaison entre les deux corps. On la chauffe ensuite jusqu'à disparition de l'odeur du chlorure de benzoïle, et on laisse refroidir. Le produit consiste en une masse sirupeuse, épaisse, à peine colorée et sans odeur. On la chauffe légèrement avec de l'eau pour dissoudre le sel marin; le cuminate de benzoïle reste alors au fond du ballon sous la forme d'une huile épaisse qu'on lave au carbonate de soude et à l'eau. Après avoir décanté la partie aqueuse, on agite l'huile avec de l'éther exempt d'alcool, on décante la solution éthérée, et on la maintient à une douce chaleur dans une capsule, afin d'expulser l'éther et l'humidité.

Ainsi obtenu, le cuminate de benzoïle constitue une huile peu fluide, semblable à une huile grasse, à peine colorée et sans odeur. On ne peut pas la distiller sans qu'elle se décompose; elle donne alors une masse butyreuse acide, qui se condense dans le col de la cornue. Toutefois elle paraît se volatiliser sans altération quand on la chauffe dans un vase couvert; les vapeurs qu'elle dégage alors sont fort âcres. Elle est plus pesante que l'eau, et tombe au fond de ce liquide sans s'y mélanger. Sa densité à 23 degrés est de 1,115. Elle s'acidifie à la longue, quand on la conserve à l'état humide. Les alcalis la convertissent en un mélange de benzoate et de cuminate.

Lorsqu'on délaye le cuminate de benzoïle dans l'ammoniaque, il donne de la cuminamide, mais en même temps on obtient de la benzamide ou du benzoate d'ammoniaque qu'on sépare aisé-

---

[1] CHIOZZA et MALERBA (1854), *Communicat. particulière.*
[2] GERHARDT (1852), *loc. cit.*

ment de la cuminamide par l'ammoniaque bouillante, qui ne dissout cette dernière qu'en très-petite quantité.

ACIDE CUMINIQUE.

Composition : $C^{20}H^{12}O^4 = C^{20}H^{11}O^3, HO$.

§ 1857. Cet acide [1] se produit par l'oxydation de l'huile oxygénée (hydrure de cumyle), qui se trouve dans l'essence de cumin.

Pour le préparer, on fait fondre de la potasse caustique, et l'on y ajoute goutte à goutte de l'essence de cumin ou de l'hydrure de cumyle ; chaque goutte, en rencontrant la potasse, rougit et blanchit bientôt après en se concrétant et en dégageant de l'hydrogène. La masse dissoute dans l'eau, et mélangée avec de l'acide nitrique ou chlorhydrique, dépose des flocons abondants qu'on fait cristalliser dans l'alcool.

L'acide cuminique cristallise en belles lames incolores, d'une saveur franchement acide, et d'une odeur faible rappelant celle des punaises.

A l'état pur, il fond à quelques degrés au-dessus de 100°, et bout au-dessus de 250 ; lorsqu'on le fait bouillir avec de l'eau, il se volatilise en partie avec les vapeurs. Il se sublime aisément et sans altération en fort belles aiguilles ; sa vapeur est acide et suffocante.

Il est presque insoluble dans l'eau froide ; l'eau bouillante le dissout mieux. L'alcool et l'éther le dissolvent avec facilité.

A l'état pur, il se dissout dans l'acide sulfurique concentré sans le colorer.

Traité par l'acide nitrique fumant, il donne de l'acide nitrocuminique. Un mélange d'acide nitrique et d'acide sulfurique le convertit en acide binitrocuminique.

Soumis à la distillation sèche avec de la baryte ou de la chaux caustique, l'acide cuminique se dédouble en acide carbonique et en cumène :

$$C^{20}H^{12}O^4 = C^2O^4 + C^{18}H^{12}.$$
Ac. cumin.   Cumène.

Le perchlorure de phosphore et l'acide cuminique réagissent à une température qui ne dépasse pas 50 ou 60°, en produisant de l'oxychlorure de phosphore, du chlorure de cumyle et de l'acide chlorhydrique :

---

[1] GERHARDT et CAHOURS (1840), *Ann. de Chim. et de Phys.*, [3], I, 70.

$$C^{20}H^{12}O^4 + PCl^5 = PCl^3O^2 + C^{20}H^{11}ClO^2 + HCl.$$
Ac. cuminiq.   Chlor. de cumyle.

L'acide cuminique n'éprouve aucune transformation dans l'économie animale; après avoir été ingéré, il se retrouve sans altération dans les urines[1].

Dérivés métalliques de l'acide cuminique. Cuminates.

§ 1858. L'acide cuminique est monobasique. Les cuminates neutres se représentent par la formule générale :
$$C^{20}H^{11}MO^4 = C^{20}H^{11}O^3, MO.$$

Le *cuminate d'ammoniaque* se présente sous la forme de houppes déliées qui ternissent à l'air. Soumis à l'action de la chaleur, il donne de la cuminamide et du cumonitrile, en perdant les éléments de l'eau.

Le *cuminate de potasse* est un sel déliquescent, qui ne s'obtient pas sous forme régulière.

Le *cuminate de baryte*, $C^{20}H^{11}BaO^4$, s'obtient en paillettes nacrées, d'une blancheur éclatante, en décomposant du carbonate de baryte par une dissolution d'acide cuminique. Si l'on opère à chaud avec une dissolution concentrée, le sel se précipite immédiatement en traversant le filtre, et chaque cristal, au moment de paraître, réfléchit la lumière d'une manière très-vive, en présentant toutes les nuances du spectre.

Le *cuminate de chaux* cristallise en petites aiguilles assez solubles dans l'eau.

Le *cuminate de cuivre* est un précipité bleu clair, insoluble dans l'eau.

Le *cuminate de plomb* est un précipité blanc, insoluble dans l'eau.

Le *cuminate d'argent*, $C^{20}H^{11}AgO^4$, s'obtient en ajoutant du nitrate d'argent à une solution de cuminate d'ammoniaque; c'est un précipité blanc, caillebotté, et qui noircit rapidement à la lumière. Ce sel laisse, par la calcination, un résidu de carbure d'argent CAg^2, de couleur jaune et mate. Par la distillation sèche, il donne de l'acide carbonique, de l'acide cuminique et du cumène.

Dérivés éthyliques, phényliques... de l'acide cuminique.

§ 1859. *Cuminate d'éthyle*[2], ou éther cuminique, $C^{24}H^{16}O^4 =$

[1] HOFMANN, *Ann. der Chem. u. Pharm.*, LXXIV, 342.
[2] GERHARDT et CAHOURS (1840), *Ann. de Chim. et de Phys.*, [3] 1, 77.

$C^{20}H^{11}(C^4H^5)O^4$. — On obtient cet éther en saturant par du gaz chlorhydrique sec une dissolution d'acide cuminique dans l'alcool absolu. Dès que le gaz n'est plus absorbé, on chauffe le liquide au bain-marie pour en chasser l'éther, ainsi que l'alcool excédant. Ensuite on distille le résidu à feu nu, et, après avoir lavé le produit avec du carbonate de soude, on le rectifie sur du massicot.

C'est un liquide incolore, plus léger que l'eau, et d'une odeur fort agréable de pommes de reinette. Il bout à 240°; sa vapeur s'enflamme facilement, et brûle avec une flamme bleuâtre. Son indice de réfraction est 1,504. La densité de sa vapeur a été trouvée égale à 6,65. Chauffé avec une dissolution aqueuse de potasse, il se décompose en alcool et en cuminate.

Cuminate de phényle [1], $C^{32}H^{16}O^4 = C^{20}H^{11}(C^{12}H^5)O^4$. — On l'obtient en faisant agir le chlorure de cumyle sur le phénate de potasse; cette réaction est fort énergique, et produit un corps semblable au benzoate de phényle.

Dérivés nitriques de l'acide cuminique.

§ 1860. *Acide nitrocuminique* [2], $C^{20}H^{11}(NO^4)O^4$. — L'acide cuminique se dissout, à l'aide d'une douce chaleur, dans l'acide nitrique fumant; si l'on porte la liqueur à l'ébullition, il se dégage des vapeurs rutilantes. On fait bouillir le mélange pendant quelques minutes, et on le traite par l'eau. Celle-ci sépare une huile jaune pesante, qui ne tarde pas à se concréter. On broie ce produit, on le lave à l'eau distillée, et on le fait cristalliser dans l'alcool.

L'acide nitrocuminique se présente sous la forme d'écailles d'un blanc jaunâtre, insolubles dans l'eau, se dissolvant au contraire facilement dans l'alcool et l'éther.

Il se dissout fort bien dans l'ammoniaque, la potasse et la soude, en donnant des sels cristallisables.

Le *sel d'argent*, $C^{20}H^{10}Ag(NO^4)O^4$, est un précipité blanc, insoluble dans l'eau.

§ 1861. *Acide binitrocuminique* [3], $C^{20}H^{10}(NO^4)^2O^4$. — Lorsqu'on projette l'acide cuminique fondu, par petits fragments, dans un

[1] WILLIAMSON (1854), *Proceed. of the Roy. Society*, VII, 20.

[2] GERHARDT et CAHOURS (1840), *Ann. de Chim. et de Phys.* [3] I, 73. — CAHOURS, *ibid.*, XXV, 36.

[3] CAHOURS (1848), *Ann. de Chim. et de Phys.*, [3] XXV, 37.

mélange légèrement chauffé d'acide nitrique fumant et d'acide sulfurique concentré, on le voit peu à peu disparaître sans dégagement gazeux et sans réaction violente. La liqueur étant portée à l'ébullition, dégage d'abondantes vapeurs rutilantes, et il arrive bientôt un moment où elle se trouble en déposant des paillettes brillantes; la réaction est alors achevée. On lave le dépôt, et on le fait cristalliser dans l'alcool bouillant.

L'acide binitrocuminique cristallise dans ce liquide en lames douées de beaucoup d'éclat. L'éther le dissout aussi très-bien.

L'acide nitrique fumant, même par une ébullition prolongée, ne paraît exercer aucune action sur lui.

Traité par l'ammoniaque caustique, ou par des lessives de soude ou de potasse concentrées, il ne se dissout ni à froid ni à chaud, et ne paraît susceptible ni de s'y combiner, ni d'éprouver de leur part aucune altération.

CHLORURE DE CUMYLE.

Composition : $C^{20}H^{11}O^2$, Cl.

§ 1862. Le chlorure de cumyle[1] se produit par la réaction de l'acide cuminique et du perchlorure de phosphore. Ces deux corps réagissent à une température qui ne dépasse pas 5o ou 6o°; de l'acide chlorhydrique se dégage en abondance, et, si l'on distille le mélange, on recueille un mélange d'oxychlorure de phosphore et de chlorure de cumyle. On purifie ce dernier en recevant à part les portions qui distillent entre 25o° et 26o.

Le chlorure de cumyle est un liquide incolore, très-mobile, d'une densité de 1,070 à 15°. Il bout entre 256 et 258°.

Exposé au contact de l'air humide, il se décompose en acide chlorhydrique et en acide cuminique; cette transformation est beaucoup plus rapide lorsqu'on fait bouillir le chlorure de cumyle avec une lessive de potasse.

Il s'échauffe considérablement par son contact avec l'alcool concentré, en donnant de l'acide chlorhydrique et du cuminate d'éthyle.

Traité par le gaz ammoniac sec ou par le carbonate d'ammoniaque, il produit de la cuminamide. Il s'échauffe également avec l'aniline en se transformant en cuminanilide (phényl-cuminamide).

[1] CAHOURS (1848), *Ann. de Chim. et de Phys.*, [3] XXIII, 347.

AZOTURE DE CUMYLE OU CUMINAMIDE.

Composition : $C^{20}H^{13}NO^2 = N(C^{20}H^{11}O^2)H^2$.

§ 1863. On obtient ce corps en décomposant le cuminate d'ammoniaque par la chaleur :

$$C^{20}H^{11}(NH^4)O^4 = 2\ HO + C^{20}H^{13}NO^2.$$

M. Field[1] enferme le cuminate d'ammoniaque dans un tube de verre qu'il scelle à la lampe, pour le chaufffer ensuite dans un bain d'huile à une température voisine du point d'ébullition de l'huile. La masse fondue est insoluble à froid dans l'eau et l'ammoniaque. On la fait dissoudre dans l'eau bouillante, additionnée d'un peu d'ammoniaque pour enlever un mélange d'acide cuminique. Les cristaux obtenus par le refroidissement sont encore une fois dissous dans l'ammoniaque étendue et bouillante.

On peut aussi obtenir la cuminamide en maintenant le cuminate d'ammoniaque pendant longtemps à l'état semi-fluide, dans une cornue.

L'acide cuminique anhydre chauffé avec de l'ammoniaque liquide se transforme également en cuminamide.

Enfin l'ammoniaque transforme le chlorure de cumyle en cuminamide. Il suffit, pour cela, de chauffer légèrement le carbonate d'ammoniaque du commerce avec ce chlorure ; on lave le produit à l'eau froide, qui enlève l'excès de carbonate et le sel ammoniac.

La cuminamide cristallise, comme la benzamide, sous deux formes, suivant l'état du liquide où elle se dépose ; par une cristallisation brusque dans une solution concentrée, elle s'obtient en tables douées de beaucoup d'éclat ; une solution diluée la dépose en longues aiguilles opaques.

Elle est fort peu soluble dans l'eau froide ; elle se dissout aisément dans l'alcool et dans l'éther. Elle résiste avec énergie à l'action des alcalis concentrés ; elle y cristallise, au bout de quelque temps, en larges tables, et c'est à peine si on parvient à la transformer en acide cuminique et en ammoniaque, par une ébullition prolongée avec un acide ou un alcali.

§ 1864. *Phényl-cuminamide*[2], cuminanilide, ou azoture de phé-

[1] FIELD (1848), *Ann. der Chem. u. Pharm.*, LXV, 45.
[2] CAHOURS (1849), *Ann. de Chim. et de Phys.*, [3] XXIII, 349.

nyle, de cumyle et d'hydrogène, $C^{32}H^{17}NO^2 = C^{20}H^{12}(C^{12}H^5)NO^2 = N(C^{12}H^5)(C^{20}H^{11}O^2)H$. — Le chlorure de cumyle s'échauffe fortement par son contact avec l'aniline; il se produit un composé qui, purifié par des lavages avec une eau alcaline, et par une ou deux cristallisations dans l'alcool, où il est peu soluble, se présente sous la forme de longues aiguilles satinées, analogues, par l'aspect, à l'acide benzoïque.

SÉRIE CYMÉNIQUE.

§ 1865. Le pivot de cette série est un acide, $C^{27}H^{14}O^4$, qui n'a pas encore été obtenu, mais dont on connaît l'hydrocarbure (cymène) correspondant à la benzine.

Nous subdiviserons la série cyménique en trois groupes :

Groupe thymylique,

Groupe térébique,

Groupe camphorique.

Le groupe thymylique est l'homologue des groupes phénique (§ 1336), toluénique (§ 1810) et cuménique (§ 1834); les deux autres groupes n'ont pas encore leurs semblables.

I.

GROUPE THYMYLIQUE.

§ 1866. Les composés appartenant à ce groupe ont pour radical le *thymyle* $C^{20}H^{13}$, homologue du phényle, du toluényle et du cuményle.

Les principaux termes sont :

Cymène ou hydr. de thymyle. $\quad C^{20}H^{14} \quad = \quad \left.\begin{array}{l} C^{20}H^{13} \\ H \end{array}\right\}$

Hydrate de thymyle. . . . $\quad C^{20}H^{14}O^2 \quad = \quad \left.\begin{array}{l} C^{20}H^{13}.O \\ HO \end{array}\right\}$

Acide thymyl-sulfureux, ou sulfocyménique. . . . . $\quad C^{20}H^{14}S^2O^6 \quad = \quad \left.\begin{array}{l} C^{20}H^{13}.O \\ HO \end{array}\right\}S^2O^4,$

Acide thymyl-sulfurique. . $\quad C^{20}H^{14}S^2O^8 \quad = \quad \left.\begin{array}{l} C^{20}H^{13}.O \\ HO \end{array}\right\}S^2O^6.$

Les composés thymyliques se rattachent directement aux composés du groupe camphorique : sous l'influence des agents de déshydratation, le camphre perd les éléments de l'eau et se convertit en cymène ou hydrure de thymyle. Les composés thymyliques se lient aussi à la série toluique par l'acide toluique auquel le cymène donne naissance sous l'influence de l'acide nitrique.

CYMÈNE OU HYDRURE DE THYMYLE.

Syn. : camphogène.

Composition : $C^{20}H^{14} = C^{20}H^{13},H$.

§ 1867. Cette substance [1] est contenue dans l'essence de cumin (*Cuminum Cyminum*) à l'état de mélange avec l'hydrure de cumyle (Gerhardt et Cahours). Elle se produit aussi par l'action de l'acide phosphorique anhydre (Dumas) ou du chlorure de zinc (Gerhardt) sur le camphre des laurinées :

$$C^{20}H^{16}O^2 = 2\ HO + C^{20}H^{14}$$

Camphre.   Cymène.

Le cymène ne peut pas être séparé de l'hydrure de cumyle par une distillation fractionnée de l'essence de cumin. Bien qu'il soit beaucoup plus volatil que l'hydrure de cumyle, il en entraîne toujours une certaine quantité, de sorte que, pour l'isoler, il faut rectifier sur de la potasse en fusion les premières portions de la distillation de l'essence de cumin. La potasse retient alors tout l'hydrure du cumyle à l'état de cuminate, et le cymène passe parfaitement pur.

Un autre procédé de séparation, préférable au précédents, consiste à agiter à plusieurs reprises l'essence de cumin avec une solution de bisulfite de soude ou de potasse ; celle-ci dissout l'hydrure de cumyle et se combine avec lui (§ 1853).

Pour préparer le cymène par le camphre, on n'a qu'à distiller ce dernier avec de l'acide phosphorique anhydre, ou, ce qui est plus avantageux, avec du chlorure de zinc fondu. Le camphre est aisément attaqué par ce sel : on en place quelques morceaux dans une cornue tubulée assez spacieuse, et on la chauffe jusqu'à ce que la masse devienne pâteuse ; puis on y ajoute le camphre par pe-

---

[1] GERHARDT et CAHOURS, *Ann. de Chim. et de Phys.*, [3] I, 102, 372. — GERHARDT, *Revue scientif.*, XIV, 183. — En décomposant l'essence de térébenthine par l'acide carbonique, M. Deville a obtenu une huile présentant la même composition que le cymène. Voy. § 1875.

tites portions ; le mélange se boursoufle légèrement en noircissant ;
il passe un liquide encore fort chargé de camphre, mais on peut
l'en débarrasser par une nouvelle rectification sur du chlorure de
zinc. L'opération marche d'ailleurs très-régulièrement, et donne
beaucoup de produit ; elle n'exige l'emploi que d'une quantité de
chlorure de zinc comparativement faible.

Le cymène se présente sous la forme d'un liquide incolore, réfractant fortement la lumière, et d'une odeur citronnée fort agréable. Sa densité, à l'état liquide, est de 0,861 à 14°: Il bout à 175°
d'une manière constante ; la densité de sa vapeur a été trouvée
égale à 4,59—4,70. Il ne s'altère pas au contact de l'air. Il est insoluble dans l'eau, et se dissout avec facilité dans l'alcool, l'éther et
les huiles essentielles. (Le cymène qu'on obtient par la métamorphose du camphre ne présente pas l'odeur citronnée du cymène naturel ; mais on peut communiquer à ce dernier la même odeur qu'au
cymène factice, en le traitant à chaud par l'acide sulfurique concentré et en l'en séparant de nouveau par l'addition de l'eau.)

L'acide sulfurique concentré ne l'attaque pas à froid ; l'acide
sulfurique fumant le dissout en produisant de l'acide thymyl-sulfureux. L'acide nitrique de concentration moyenne ne l'attaque pas
à froid ; mais, quand on chauffe le mélange, il développe des vapeurs rutilantes, et le cymène finit par se transformer en acide toluique ou nitrotoluique. L'attaque est très-vive par l'acide nitrique
fumant, mais alors il se produit en même temps une résine jaune.

La potasse caustique, sous quelque forme qu'on l'emploie, est
sans action sur le cymène ; le chlore et le brome l'attaquent déjà
à froid en produisant un corps chloré ou bromé qui se décompose par la distillation. Enfin le cymène est vivement attaqué par
un mélange d'acide sulfurique et de bichromate de potasse ; il distille une huile sur laquelle la potasse caustique est sans action.

HYDRATE DE THYMYLE.

Syn. : thymol, partie oxygénée de l'essence de thym.

Composition : $C^{20}H^{14}O^2 = C^{20}H^{13}O,HO$.

§ 1868. Cette substance [1] paraît constituer la partie oxygénée de

---

[1] DOVERI, *Ann. de Chim. et de Phys.*, [3] XX, 171. — LALLEMAND, *Compt. rend.
de l'Acad.*, XXXVII, 498.

l'essence de thym (*Thymus vulgaris*, L.) et de l'essence de monard [1] (*Monarda punctata*).

Suivant M. Doveri, l'essence de thym brute est de couleur rouge-brun : au bout d'un certain temps, elle dépose une matière camphrée sur les parois des flacons qui la renferment. Rectifiée, elle se présente sous la forme d'un liquide jaunâtre, d'une densité de 0,905. Elle rougit légèrement le tournesol. Elle bout à environ 150°, mais le point d'ébullition s'élève rapidement à 175 ou 180°, température à laquelle il passe beaucoup de liquide; puis le point d'ébullition monte encore jusqu'à 230 et 235°. On voit, d'après cela, que l'essence de thym est un mélange d'au moins deux huiles.

Suivant M. Lallemand, elle se compose d'un hydrocarbure, le *thymène* ayant la même composition que l'essence de térébenthine (§ 1900), et d'une huile oxygénée et cristallisable, le *thymol*. C'est cette dernière substance que je considère comme un alcool homologue de l'hydrate de phényle.

Le thymol entre pour la moitié environ dans la composition de l'essence de thym; il se dépose quelquefois au sein de cette essence sous la forme de prismes rhomboïdaux obliques, modifiés sur les arêtes latérales obtuses. Il a une odeur douce de thym, une saveur très-piquante et poivrée; il entre en fusion à 44°, et distille sans altération à 230°. Il peut rester très-longtemps liquide, mais on détermine de nouveau sa solidification en y projetant quelques fragments de cristaux. Il est très-soluble dans l'alcool et l'éther, très-peu soluble dans l'eau, qui d'ailleurs ne le précipite pas de sa solution alcoolique. Il ne possède pas de pouvoir rotatoire.

Les propriétés précédentes sont sensiblement les mêmes que celles que M. Arppe assigne à la partie concrète de l'essence de monarde (*horse-mint* des Anglais). Suivant ce chimiste, les cristaux déposés dans cette essence ont l'odeur du thym, et se présentent sous la forme de tables rhomboïdales de 97° 30′; ils fondent à 48°, et se solidifient de nouveau à 38°; leur point d'ébullition est situé vers 220°; ils sont fort solubles dans l'alcool et l'éther.

M. Arppe a trouvé dans les cristaux d'essence de monarde des proportions de carbone et d'hydrogène qui s'accordent avec la formule $C^{20}H^{14}O^{12}$. Les résultats analytiques de M. Lallemand n'ont pas été publiés. M. Doveri, qui ne connaissait pas le thymol so-

---

[1] Arppe, *Ann. der Chem. u. Pharm.*, LVIII, 42.

lide, a analysé la partie de l'essence de thym bouillant à 230°; cette
partie avait une densité de vapeur égale à 5,511—5,546.

	Doveri.				Arppe.		Calcul.
Carbone. . .	79,7	78,7	78,7	78,8	79,77	80,00	80,00
Hydrogène. .	10,0	10,3	10,2	9,9	9,25	9,52	9,33
Oxygène. . .	»	»	»	»	»	»	10,67
							100,00

Le thymol est neutre au papier de tournesol; il se dissout néanmoins dans la soude et dans la potasse caustiques. Il se dissout à
une température peu élevée dans l'acide sulfurique concentré, en
donnant de l'acide thymyl-sulfurique.

L'acide nitrique versé sur lui détermine une réaction très-vive,
et le résinifie.

Suivant M. Doveri, l'acide phosphorique anhydre finit par le
convertir en un hydrocarbure bouillant vers 180° (analyse : carbone 89,2; hydrogène 10,0. Peut-être $C^{20}H^{12}$).

Le chlore l'attaque vivement.

Dérivés par oxydation de l'hydrate de thymyle.

§ 1868ᵉ. D'après des expériences récentes de M. Lallemand [1],
le thymol est susceptible, sous l'influence des oxydants, tels que
l'acide chromique ou un mélange d'acide sulfurique et de peroxyde de manganèse, de donner naissance à une substance homologue de la quinone (§ 1460).

Le *thymoïle*, c'est ainsi que ce produit a été appelé, renferme
$C^{24}H^{16}O^4$. Il se prépare avec une solution de thymol dans un excès
d'acide sulfurique; cette solution, étendue de cinq à six fois son
volume d'eau, est introduite dans une cornue et mélangée avec un
excès de peroxyde de manganèse. La masse s'échauffe beaucoup,
et la distillation commence; en l'activant de quelques charbons, on
voit passer dans le récipient un liquide aqueux mêlé à des gouttelettes huileuses d'un jaune orangé qui ne tardent pas à se solidifier. (La partie aqueuse renferme de l'acide formique; il reste
dans la cornue une résine brunâtre qui se dissout dans l'eau en la
colorant en rouge.) On fait cristalliser dans un mélange d'alcool et
d'éther le produit condensé dans le récipient.

On obtient ainsi des lames quadrangulaires d'un jaune orangé,

[1] LALLEMAND, *Compt. rend. de l'Acad.*, XXXVIII, 1022.

très-brillantes, d'une odeur aromatique très-forte qui rappelle un peu celle de l'iode. Ces cristaux sont très-peu solubles dans l'eau, un peu solubles dans l'alcool, très-solubles dans l'éther, qui toutefois les altère par un contact prolongé. Ils entrent en fusion à 48°, en formant un liquide jaune foncé, et émettent à 100° d'abondantes vapeurs; mais, quand on essaye de les distiller, la température s'élève rapidement jusqu'à 235°, et, en même temps qu'une grande partie se sublime, une autre portion se décompose en laissant un résidu huileux, rouge foncé, qui se concrète en prenant une belle teinte violette avec des reflets irisés.

L'acide nitrique fumant et l'acide sulfurique dissolvent le thymoïle à froid, en grande quantité; l'eau l'en sépare inaltéré; avec le temps ou à une température plus élevée, les mêmes acides transforment le thymoïle en de nouveaux produits. L'action du chlore est très-lente et n'a lieu que sous l'influence de la chaleur, en donnant des corps dérivés par substitution. L'ammoniaque dissout peu à peu le thymoïle, en prenant une teinte rouge-noirâtre; les alcalis fixes agissent de même.

Les agents réducteurs se comportent avec le thymoïle comme avec la quinone, en y fixant de l'hydrogène et en donnant naissance au corps suivant.

Le *thymoïlol*, $C^{24}H^{18}O^4$, se produit par l'action prolongée de l'acide sulfureux sur le thymoïle. Il cristallise, par refroidissement, dans l'alcool étendu, en petits prismes incolores, un peu solubles dans l'eau chaude, très-solubles dans l'alcool et l'éther. Les agents d'oxydation, le perchlorure de fer, l'acide nitrique étendu, l'eau chlorée, enlèvent de l'hydrogène au thymoïlol et le transforment en thymoïle.

Une *combinaison de thymoïlol et de thymoïle*, $C^{24}H^{18}O^4,C^{24}H^{16}O^4$, s'obtient en mélangeant des poids égaux des deux substances dissoutes dans l'alcool bouillant : le mélange devient instantanément d'un rouge foncé et, par le refroidissement, laisse déposer de beaux cristaux prismatiques d'une teinte violette par transmission et offrant par réflexion des reflets bronzés, métalliques, semblables à ceux qu'on observe sur les élytres de beaucoup de coléoptères. L'acide formique étendu qui distille en assez forte proportion dans la préparation du thymoïle, agit aussi sur lui comme corps réducteur, et le transforme en thymoïlol, en partie combiné avec le thymoïle. La même combinaison se produit dans la première phase de la réaction du thymoïle et de l'acide sulfureux, ainsi que du thymoïlol et des agents d'oxydation.

Les analyses des composés précédents n'ont pas encore été publiées. On se rend compte difficilement de la manière dont ils peuvent se produire par l'oxydation de l'hydrate de thymyle, dont la molécule ne renferme que C^{20}.

Dérivés chlorés de l'hydrate de thymyle.

§ 1869. Lorsqu'on fait agir du chlore sur le thymol, à la lumière diffuse, il se dégage de l'acide chlorhydrique, et l'on obtient un liquide visqueux, jaunâtre, d'une odeur camphrée très-tenace. Suivant M. Lallemand, ce produit renferme $C^{20}H^8Cl^6O^2$.

Appendice à l'hydrate de thymyle.

§ 1870. *Essence de carvi*[1]. — L'essence qu'on extrait de la graine de carvi est un mélange de deux substances ; l'une, le *carvène*, isomère de l'essence de térébenthine (§ 1886), l'autre, le *carvol*, isomère de l'hydrate de thymyle.

La densité de l'essence de carvi est de 0,938. Son point d'ébullition n'est pas fixe ; elle commence à bouillir vers 190°, mais ce point s'élève peu à peu jusqu'à 245°.

On arrive, par de nombreuses distillations fractionnées, à effectuer la séparation des deux substances qui composent l'essence ; cependant l'emploi des moyens chimiques est plus avantageux lorsqu'il s'agit d'en extraire le carvol ou principe oxygéné.

M. Varrentrapp isole ce dernier en l'extrayant de la combinaison cristallisée qu'il produit avec l'hydrogène sulfuré. Cette combinaison se détruit lorsqu'on la met en digestion avec une solution alcoolique de potasse : l'eau ajoutée au mélange en sépare alors une huile qu'on rectifie après l'avoir séchée sur le chlorure de calcium.

Cette huile présente un point d'ébullition supérieur à 250° (Varrentrapp ; suivant M. Voelckel, elle bout entre 225° et 228°, mais ce point s'élève peu à peu par l'effet d'une altération partielle de la matière sous l'influence de la chaleur). Sa densité est de 0,953, à 15°.

[1] VOELCKEL, *Ann. der Chem. u. Pharm.*, XXXV, 308 ; LXXXV, 246. — SCHWEIZER, *Journ. f. prakt. Chem.*, XXIV, 257 ; et traduction, *Revue scientif.*, VIII, 185. — VARRENTRAPP, *Handwoert. der Chemie, de Liebig, Poggendorff et Woehler*, IV, 686.

Composition : $C^{20}H^{14}O^{2}$.

	Varrentrapp.	Voelckel.			Calcul.
Carbone. . . .	79,80	80,04	80,17	80,22	80,00
Hydrogène . . .	9,31	9,45	9,54	9,38	9,33
Oxygène. . . .	»	»	»	»	10,67
					100,00

Le carvol est vivement attaqué et résinifié par l'acide sulfurique et l'acide nitrique concentrés.

Il se combine avec l'acide sulfhydrique et avec l'acide chlorhydrique.

Le *sulfhydrate de carvol*, 2 $C^{20}H^{14}O^{2}$, 2 HS, s'obtient de la manière suivante : on mélange la portion la moins volatile de l'essence de carvi (la partie bouillant au-dessus de 190°) avec un volume égal d'alcool récemment saturé d'ammoniaque et d'acide sulfhydrique ; le mélange s'échauffe, se trouble, et se prend en une bouillie composée de cristaux jaunâtres. On lave rapidement les cristaux avec de l'alcool froid, et on les fait dissoudre dans l'alcool bouillant.

Par le refroidissement lent de la solution, le sulfhydrate de carvol se dépose en longues aiguilles d'un éclat satiné et fusible. Ces cristaux se volatilisent en grande partie sans s'altérer, si on les chauffe avec précaution.

Le *sulfhydrate de sulfocarvol*, 2 $C^{20}H^{14}S^{2}$, 2 HS, représente la combinaison précédente, dans laquelle l'oxygène du carvol est remplacé par son équivalent de soufre. Il se produit lorsqu'on fait passer pendant longtemps un courant d'hydrogène sulfuré dans le sulfhydrate de carvol, dissous ou en supension dans l'alcool ; il se sépare alors, au bout de quelque temps, une huile épaisse, de la consistance de la térébenthine. Ce produit est soluble dans l'éther, et est précipité de cette solution par l'alcool, sous la forme de flocons blancs, qui se présentent après la dessiccation sous la forme d'une matière cassante, aisée à réduire en poudre.

La solution éthérée du sulfhydrate de sulfocarvol précipite en blanc la solution éthérée du bichlorure de mercure ; mais le précipité n'offre pas une composition constante. Il en est de même du précipité qu'elle occasionne dans une solution alcoolique de bichlorure de platine.

Le *chlorhydrate de carvol*, $C^{20}H^{14}O^{2}$, HCl, est une huile qu'on obtient en faisant passer dans le carvol pur d'abord du gaz chlorhydrique, puis un courant d'air.

L'acide cyanhydrique est également absorbé en proportion notable par le carvol ; mais un courant d'air chasse de nouveau cet acide.

§ 1871. M. Schweizer désigne sous le nom de *carvacrol* une huile produite par le traitement de l'essence de carvi avec la potasse ou l'acide phosphorique vitrifié. Je crois que ce n'est qu'une modification isomère du carvol.

Quand on mélange l'essence de carvi avec l'hydrate de potasse en poudre, elle brunit, et l'on n'obtient alors à la distillation que du carvène pur. Dès que le résidu dans la cornue s'épaissit, on continue de distiller avec de l'eau ; on dissout le résidu dans l'eau, et on le précipite par de l'acide sulfurique ; le carvacrol se sépare, ainsi mélangé avec une matière résineuse. On le purifie par une nouvelle rectification.

L'acide phosphorique vitrifié détermine la même transformation du carvol ; M. Schweizer préfère même cet agent à la potasse.

On obtient aussi du carvacrol en traitant l'essence de carvi par l'iode. Cette essence dissout beaucoup d'iode en s'échauffant ; si l'on distille la solution, en cohobant plusieurs fois, tant que la matière dégage de l'acide iodhydrique, et qu'on lave le produit distillé avec de la potasse caustique, on obtient un produit huileux qui se comporte comme un mélange de carvacrol et de carvène.

Enfin on trouve encore le carvacrol (*camphocréosote*) parmi les produits de l'action de l'iode[1] sur le camphre des laurinées ; la réaction est probablement celle-ci :

$$C^{20}H^{16}O^2 + I^2 = 2\,HI + C^{20}H^{14}O^2.$$
Camphre.   Carvacrol.

A l'état de pureté, le carvacrol est peu fluide, comme l'huile d'olive, et incolore ; il est plus léger que l'eau, et s'y dissout en petite quantité. Son odeur est désagréable, sa saveur est âcre et fort persistante.

Il bout à 232° ; ses vapeurs irritent les organes de la respiration. Il brûle avec une flamme claire très-fuligineuse.

---

[1] Schweizer, *Journ. f. prakt. Chem.*, XXVI, 118.

Composition [1] : $C^{20}H^{14}O^2$.

	Schweizer.		Calcul.
	a	*b*	
Carbone. . .	80,34	80,72	80,00
Hydrogène .	9,61	9,66	9,33
Oxygène. . .	»	»	10,67
			100,00

Le carvacrol absorbe le gaz ammoniac, mais celui-ci s'en dégage en grande partie par la chaleur.

L'acide nitrique l'attaque vivement en le résinifiant. Mélangé avec l'hydrate de potasse, le carvacrol brunit immédiatement en s'échauffant ; le mélange s'épaissit et se résinifie en partie si l'on favorise la réaction par l'application de la chaleur.

A froid, le potassium n'agit que fort lentement sur le carvacrol ; mais, lorsqu'on chauffe, la décomposition s'effectue vivement avec dégagement d'hydrogène. La masse s'épaissit de plus en plus, brunit et durcit complétement par le refroidissement ; l'eau en sépare de nouveau le carvacrol mélangé d'un peu de résine.

ACIDE THYMYL-SULFUREUX.

Syn. : acide sulfocyménique ou sulfocamphique.

Composition : $C^{20}H^{14}S^2O^6 = C^{20}H^{13}O, HO, S^2O^4$.

§ 1872. Cet acide se produit lorsqu'on dissout le cymène dans l'acide sulfurique fumant. Cet hydrocarbure s'y dissout aisément déjà à la température ordinaire ; si l'on évite l'échauffement, il ne se dégage pas de gaz sulfureux, et l'on obtient un liquide rouge brun. On l'étend d'eau, et on le sature à chaud par du carbonate de baryte ou de plomb.

On peut isoler l'acide thymyl-sulfureux en décomposant son sel de plomb par l'hydrogène sulfuré et en évaporant la dissolution dans le vide.

Il se présente sous la forme de petits cristaux déliquescents.

Le *sel de baryte* [2], $C^{20}H^{13}BaS^2O^6 + 4$ aq., se dépose, par la con-

---

[1] M. Schweizer adopte les rapports $C^{40}H^{28}O^3$. — L'analyse *a* se rapporte à un produit préparé par l'hydrate de potasse, l'analyse *b* à un produit obtenu avec l'acid phosphorique vitrifié. L'excès de carbone et d'hydrogène sur les quantités exigées par le calcul provient probablement d'un faible mélange de carvène.

[2] GERHARDT et CAHOURS (1840), *Ann. de Chim. et de Phys.*, [3] I, 196. — DELALANDE, *ibid.*, 1, 368.

centration, en paillettes nacrées d'un grand éclat. Il cristallise avec une grande facilité, et se dissout fort bien dans l'eau, l'alcool et l'éther ; sa saveur est amère, avec un arrière-goût douceâtre et nauséabond. Il renferme 4 at. d'eau de cristallisation, qui se dégagent à 100°.

Sa solution peut être portée à l'ébullition sans se décomposer. Elle n'occasionne pas de précipités dans les solutions d'acétate de plomb, de bichlorure de mercure, de nitrate d'argent, etc.

MM. Cahours et Gerhardt ont une fois obtenu, dans une circonstance indéterminée, un sel de baryte paraissant renfermer $C^{40}H^{27}BaS^2O^6$, et correspondant à un acide contenant 2 atomes de cymène = $2\ C^{20}H^{14}$, S^2O^6. Ce sel se présentait sous la forme d'une masse confuse, sans apparence régulière et infiniment plus soluble dans l'eau et l'alcool que le sel précédent. Il contenait 15,5 p. c. de baryum (le sel précédent, desséché, renferme 24,3 p. c. de baryum).

Le *sel de plomb*, $C^{20}H^{13}PbS^2O^6$ + 4 aq., se présente sous la forme de paillettes nacrées, qui perdent, à 120°, 10,3 p. c. = 4 atomes d'eau de cristallisation.

ACIDE THYMYL-SULFURIQUE.

Composition : $C^{20}H^{14}S^2O^6$ = $C^{20}H^{13}O$, HO, S^2O^6.

§ 1873. Cet acide[1] se produit par l'action de l'acide sulfurique concentré sur le thymol, c'est-à-dire sur la partie oxygénée de l'essence de thym. A chaud, le thymol se dissout dans cet acide, et la liqueur se prend, par le refroidissement, en une masse cristalline, très-soluble dans l'eau.

La solution de l'acide thymyl-sulfurique, étant saturée par du carbonate de plomb ou de baryte, donne, par l'évaporation, des croûtes salines qui cristallisent dans l'alcool absolu. A l'aide de l'un de ces deux sels, on obtient aisément d'autres thymyl-sulfates.

Ces sels renferment $C^{20}H^{13}MO^2$, S^2O^6.

[1] LALLEMAND (1853), *loc. cit.*

II.

GROUPE TÉRÉBIQUE.

§ 1874. Nous comprenons sous ce titre l'essence de térébenthine $C^{20}H^{16}$, ses nombreux isomères, et ses dérivés. Ces substances se rattachent au groupe camphorique par la métamorphose du bornéol (camphre de Bornéo solide) que les agents de déshydratation transforment en un hydrocarbure, isomère de l'essence de térébenthine ; elles se relient également à la série toluique par la toluidine (§ 1820), qui est un des produits d'oxydation de cette essence.

ESSENCE DE TÉRÉBENTHINE ET ISOMÈRES.

Composition : $C^{20}H^{16}$.

§ 1875. Ce corps[1], déjà décrit par Marcus Græcus au huitième siècle, s'obtient en distillant, seule ou avec de l'eau, la térébenthine (§ 1877), c'est-à-dire le mélange de résine et d'huile essentielle qu'exsudent les arbres de la famille des conifères ; le résidu privé d'huile essentielle constitue la colophane. L'essence française s'extrait du *Pinus maritima* dans les Landes, au Mans et en Sologne ; l'essence anglaise (*camphene spirit*) est originaire des États-Unis du Sud et vient du *Pinus australis*.

Telle qu'on la rencontre dans le commerce, l'essence contient plus ou moins de résine formée par l'action de l'air, et nécessite de nouvelles rectifications ; souvent elle renferme aussi de l'acide formique.

Rectifiée, elle est incolore, très-fluide, d'une odeur très-forte, d'une densité d'environ 0,86 à l'état liquide, et de 4,76 (4 volumes) à l'état de vapeur ; elle bout à 160°, et se dissout fort bien dans l'alcool et dans l'éther. Elle dévie le plan de polarisation de la lumière.

L'essence de térébenthine du commerce est légèrement mo-

[1] Voy. sur l'essence de térébenthine et sur les hydrocarbures isomères :
BLANCHET et SELL, *Ann. der Chem. u. Pharm.*, VI, 260. —DUMAS, *Ann. de Chim. et de Phys.*, L. 230.— SOUBEIRAN et CAPITAINE, *Journ. de Pharm.*, janv. 1840, p. 1. —DEVILLE, *Ann. de Chim. et de Phys.*, LXXV, 37. — BERTHELOT, *ibid.*,[3] XXXVII, 223 ; XC, 5 ; et *Compt. rend. de l'Acad.*, XXXV, 735.

difiée dans ses propriétés physiques, et surtout dans son pouvoir rotatoire ; ces modifications sont dues soit à l'action des matières, auxquelles elle se trouve associée dans la térébenthine, soit à l'action qu'elle subit de la part de la chaleur dans la distillation de ce suc résineux.

Si l'on veut se procurer de l'essence non modifiée, il faut saturer les acides contenus dans la térébenthine, et la distiller ensuite dans le vide. Suivant M. Berthelot, l'essence qu'on obtient en distillant la térébenthine française dans le vide, au bain-marie, est un carbure unique. Sa densité est de 0,864 à 15° ; son point d'ébullition[1] est situé entre 159 et 163°. Son pouvoir rotatoire moléculaire est égal à — 36°,5 vers la gauche. (Si l'on continue la distillation de l'essence au bain d'huile à 150 et 180°, il distille un mélange huileux dont les dernières portions contiennent jusqu'à 7,9 p. c. d'oxygène.) L'essence anglaise, obtenue par le même procédé, est remarquable en ce qu'elle dévie le plan de polarisation vers la droite.

L'essence française du commerce paraît renfermer à la fois des carbures lévogyres et des carbures dextrogyres. Les premiers en constituent la partie principale, et bouillent vers 160° ; c'est à eux que se rapportent les propriétés connues de l'essence. Les seconds sont très-peu abondants et ne se volatilisent que vers 250°.

L'essence humide renferme souvent une matière cristalline, $C^{20}H^{16}$, 4 HO + 2 aq. (*hydrate*, § 1902), qu'on peut produire à volonté, en abandonnant pendant quelque temps à lui-même un un mélange d'essence de térébenthine, d'acide nitrique et d'alcool.

Au contact de l'air, l'essence se résinifie peu à peu, devient visqueuse, et se transforme en une résine acide (§ 1915) ; il se produit aussi, dans ces circonstances, de l'acide formique [2]. L'essence brute est souvent rendue acide par la présence de ce corps.

On obtient l'acide formique d'une manière directe en distillant à plusieurs reprises l'essence avec un mélange de chromate de plomb et d'acide sulfurique ; il se forme aussi, en même temps qu'un acide résinoïde (*acide térétinique*), quand on chauffe légère-

---

[1] Le pouvoir rotatoire de l'essence de térébenthine n'est pas modifié par une ébullition maintenue sous la pression ordinaire dans une atmosphère d'acide carbonique.

[2] WEPPEN, *Ann. der Chem. u. Pharm.*, XLI, 294. — LAURENT, *Revue scientifique*, X, 126.

ment l'essence de térébenthine avec du massicot. (Voy. *Dérivés par oxydation*, § 1911.)

L'essence de térébenthine dissout le soufre (la moitié de son poids) et le phosphore. Elle dissout également le caoutchouc; cette propriété s'accroît si on la distille d'abord à plusieurs reprises à feu nu ou sur de la brique. (Elle éprouve, dans ces circonstances, une modification physique qui en fait diminuer le pouvoir rotatoire, Bouchardat[1].)

En soumettant l'essence de térébenthine à un mode particulier de décomposition par la chaleur, MM. Gay-Lussac et Larivière[2] sont parvenus à la transformer en plusieurs autres huiles dont quelques-unes sont plus volatiles que l'essence même et d'autres moins volatiles. Ces chimistes n'ont pas publié le procédé à l'aide duquel ils ont opéré ces transformations.

Suivant M. Sobrero, l'essence humide absorbe rapidement le gaz oxygène sous l'influence de la lumière, en donnant un corps cristallisé $C^{20}H^{16}O^2$, 2 HO (§ 1912).

Le chlore agit vivement sur l'essence, en développant beaucoup de chaleur, qui peut occasionner l'inflammation de la matière; quand l'action est lente, on obtient un dérivé chloré de l'essence (§ 1910).

Lorsqu'on distille l'essence de térébenthine avec du chlorure de chaux et de l'eau, il se manifeste une réaction très-tumultueuse : de l'acide carbonique se dégage en abondance, et l'on recueille à la distillation du chloroforme[3].

Le brome agit sur l'essence, en dégageant de l'acide bromhydrique et en produisant un dérivé quadribromé (§ 1911).

Un excès d'essence maintenue froide dissout l'iode en se colorant en vert foncé. A chaud, et sous l'influence d'un excès d'iode, il se dégage de l'acide iodhydrique, en même temps qu'il distille un liquide noirâtre et visqueux que la potasse décolore.

La quantité d'acide chlorhydrique absorbée par l'essence de térébenthine varie suivant les conditions dans lesquelles s'opère cette absorption. Plus elle est ralentie, plus l'essence absorbe d'acide. Opère-t-on avec l'essence et le gaz directement, c'est un mono-

---

[1] BOUCHARDAT, *Compt. rend. de l'Acad.*, XX, 1836.

[2] GAY-LUSSAC et LARIVIÈRE, *Compt. rend. de l'Acad.*, XII, 125.

[3] CHAUTARD, *Journ. de Pharm.*, [3] XXI, 88, et *Compt. rend. de l'Acad.*, XXXIII, 671.

chlorhydrate (*camphre artificiel*, § 1905) qui se produit; la saturation a-t-elle lieuen quelques semaines au moyen d'une solution aqueuse chargée d'acide, la plus grande partie de l'essence passe à l'état de bichlorhydrate (§ 1906).

L'acide bromhydrique se combine également avec l'essence (§ 1908).

L'acide fluorhydrique ne paraît pas se combiner avec elle; l'acide fluosilicique n'y agit pas non plus d'une manière sensible.

Au contact de l'acide sulfurique concentré, l'essence s'échauffe considérablement, rougit, et se transforme peu à peu en deux modifications physiques, optiquement inactives (§ 1876); si l'on chauffe le mélange, il se dégage beaucoup d'acide sulfureux.

Un mélange d'acide sulfurique et d'acide nitrique concentrés, versé sur l'essence, en détermine l'inflammation.

L'acide nitrique y agit avec beaucoup d'énergie, en dégageant des torrents de vapeurs rouges; les produits varient suivant la concentration de l'acide ou suivant qu'il est employé en quantité insuffisante ou en excès. Ordinairement on obtient des matières résineuses, de l'acide oxalique et de l'acide térébique. (Voy. § 1914.) Lorsqu'on condense les vapeurs qui se produisent dans la réaction de l'acide nitrique et de l'essence de térébenthine, on obtient un liquide contenant de petites quantités d'acide acétique, d'acide propionique et d'acide butyrique [1]. Quelquefois on recueille aussi de l'acide cyanhydrique.

L'acide nitreux gazeux transforme l'essence en un produit noir et résinoïde; pendant cette réaction, dans laquelle la température s'élève beaucoup, il distille une huile rouge dont l'odeur rappelle beaucoup les amandes amères et un peu l'essence de térébenthine.

L'acide phosphorique vitreux colore l'essence légèrement en rouge, mais il n'y exerce d'ailleurs qu'une action peu sensible.

L'acide carbonique n'agit pas à froid sur l'essence de térébenthine, mais il la décompose par une chaleur qui n'est pas encore le rouge sombre, en donnant une huile très-fluide, chargée de produits empyreumatiques, en même temps qu'il se dégage de l'oxyde de carbone et de l'eau. L'huile rectifiée paraît contenir $C^{20}H^{14}$ (Deville). On a d'ailleurs :

$$C^{20}H^{16} + C^2O^4 = C^{20}H^{14} + C^2O^2 + 2\,HO.$$

<hr>

[1] SCHNEIDER, *Ann. der Chem. u. Pharm.*, LXXV, 101.

L'acide acétique cristallisable ne se combine ni à froid ni à chaud avec l'essence. Lorsqu'on distille ensemble un mélange d'acétate de potasse fondu, d'essence et d'acide sulfurique, on obtient de l'acide acétique, de l'acide sulfurique, et de l'essence inactive (térébène et colophène).

La potasse ne se combine pas avec l'essence; cependant celle-ci, étant distillée sur l'alcali, laisse toujours un résidu floconneux et noirâtre.

§ 1876. *Modifications physiques de l'essence de térébenthine.* — L'essence de térébenthine peut être modifiée dans ses propriétés physiques, sans changer de composition. Tantôt ces modifications ont une action sur la lumière polarisée, tantôt elle sont inactives.

A. *Modifications actives* [1]. L'essence de térébenthine commence à se modifier moléculairement lorsqu'on la chauffe seule en vase clos à la température de 240 à 250°. L'eau, les chlorures de calcium et de strontium, le chlorhydrate d'ammoniaque, et surtout le fluorure de calcium, accélèrent ces transformations.

A 100°, les acides minéraux faibles (borique), les acides organiques (oxalique, citrique, acétique, tartrique) et le chlorure de zinc, tous corps inactifs à la température ordinaire, modifient également l'essence de térébenthine. Cette action variable, suivant la nature des acides employés, s'effectue sans que ces agents entrent en dissolution; elle exige quelques heures pour s'accomplir, et ne s'opère qu'en vase clos.

L'isotérébenthène et le métatérébenthène sont les deux modifications actives qu'on obtient par la surchauffe de l'essence.

α. *Isotérébenthène.* M. Berthelot a préparé cette modification de la manière suivante : L'essence anglaise a été chauffée à 300° pendant deux heures, et le produit soumis à la distillation. On a recueilli les liquides volatils au-dessous de 250°; ces liquides ont été redistillés; pendant toute la durée de cette seconde opération, le point d'ébullition s'est maintenu entre 176 et 178°.

L'isotérébenthène est un liquide mobile, incolore, réfractant fortement la lumière, doué d'une odeur analogue à celle des vieilles écorces de citron. Sa densité à 22° est égale à 0,8432. Il bout entre 176 et 178°. Son pouvoir rotatoire est dirigé vers la gauche; il paraît varier en valeur absolue, tant avec la durée et

---

[1] BERTHELOT (1853), *Ann. de Chim et de Phys.*, [3] XXXIX, 5.

l'intensité de la surchauffe qu'avec la nature des essences modifiées.

Il donne, comme l'essence non modifiée, un hydrate et deux
chlorhydrates cristallisés ; comme elle, il est susceptible de se modifier sous l'influence des acides.

β. *Métatérébenthène.* Le liquide qui reste dans la cornue après la
séparation de l'isotérébenthène, renferme un mélange de plusieurs
corps à point d'ébullition variable. Si l'on distille ce mélange jusqu'à ce que la température du thermomètre dépasse 360°, il reste
dans la cornue un liquide particulier : celui-ci constitue le métatérébenthène. Sa proportion varie avec la durée et l'intensité de la
surchauffe ; elle n'est jamais inférieure au tiers du produit, après
deux heures de surchauffe à 300°, ni supérieure aux trois quarts
de ce produit, après quarante-deux heures à la même température.

C'est un corps jaunâtre et visqueux ; il possède une odeur forte
et désagréable, mais peu prononcée à froid. Sa densité est égale à
0,913 à 20°. Il est volatil sans décomposition bien sensible, bien
qu'il ne bouille pas encore à 360°. Il dévie à gauche le plan de polarisation.

Il est éminemment oxydable, et acquiert, en s'oxydant, la consistance de la colophane. Il absorbe également le gaz chlorhydrique.

B. *Modifications inactives.* On les obtient soit en traitant par la
chaux le monochlorhydrate de l'essence de térébenthine (camphre
artificiel), soit en traitant l'essence elle-même par l'acide sulfurique
concentré.

α. *Térébène.* M. Deville suit la marche suivante pour la préparation du térébène et du colophène : on mêle dans un ballon
constamment refroidi de l'essence de térébenthine, et la plus faible
portion possible d'acide sulfurique (il suffit de $^1/_{20}$ du poids de
l'essence), de manière pourtant que le produit, après avoir été
vivement agité, soit rouge foncé et visqueux. On laisse déposer
pendant 24 heures, on décante la couche supérieure, et on laisse
au fond du ballon un dépôt noir, très-chargé d'acide. En chauffant la liqueur rouge et visqueuse, on voit, après quelques bulles
d'acide sulfureux, le liquide devenir incolore et se transformer en
un mélange de térébène et de colophène ; le térébène distille le premier, puis, quand sa production a cessé, on chauffe plus fort pour

faire passer le colophène. Quand le térébène ainsi préparé conserve de la rotation (elle est toujours très-faible), une rectification sur un peu d'acide sulfurique enlève les traces d'essence auxquelles il doit ce caractère.

Le térébène est fluide comme l'essence, mais son odeur est plus agréable, et rappelle celle du thym. Il bout à la même température que l'essence, et possède aussi la même densité à l'état de vapeur ($4,812$), ainsi qu'à l'état liquide ($0,864$ à $8°$); mais il est infiniment plus stable, et résiste bien mieux aux agents oxygénants.

Il se combine avec le gaz chlorhydrique en produisant un liquide renfermant $2\ C^{20}H^{16}$, HCl (sous-chlorhydrate).

Le chlore attaque vivement le térébène, en produisant un dérivé quadrichloré avec dégagement d'acide chlorhydrique. L'action du brome est semblable. Il n'en est pas de même de l'iode : lorsqu'on met ce corps dans du térébène et qu'on chauffe, il s'y dissout simplement, sans dégager d'acide iodhydrique et en donnant une liqueur vert foncé. Avec un excès d'iode, on obtient de l'acide iodhydrique et un produit visqueux très-altérable.

J'ai remarqué qu'en traitant le térébène par l'acide sulfurique fumant, et en saturant le produit par le carbonate de baryte, on obtient une certaine quantité d'un sel soluble, qui m'a paru renfermer $C^{20}H^{15}BaS^2O^6$.

β. *Colophène.* C'est l'huile la moins volatile qu'on obtient dans la préparation du térébène. Pour l'avoir entièrement pure, on la rectifie sur un alliage de potassium et d'antimoine.

Elle se produit aussi dans la distillation sèche de la colophane.

Le colophène est incolore, lorsqu'on le regarde en laissant venir à l'œil la lumière qui le traverse; mais, vu dans une autre direction, il est d'un bleu indigo foncé. Sa densité est de $0,940$ à $9°$; son point d'ébullition est à peu près à 310 ou $315°$. Sa composition se représente par $C^{40}H^{32}$, c'est-à-dire par une formule double de celle du térébène.

Il absorbe l'acide chlorhydrique en s'échauffant et en donnant un produit couleur d'indigo (*chlorhydrate de colophène*).

Quand on y fait passer du chlore, il l'absorbe en s'échauffant, et se convertit, sans dégagement de gaz, en une résine qui ressemble beaucoup à la colophane. Le produit se dépose dans l'alcool sous la forme de petits cristaux aciculaires, qui paraissent renfermer $C^{40}H^{32}$, $2\ Cl^2$.

γ. *Camphène* (Dumas; *dadyle*, Blanchet et Sell; *térébène*, Soubeiran et Capitaine; *camphilène*, Deville). Cette modification, obtenue pour la première fois par M. Oppermann, se produit quand on fait passer la vapeur du monochlorhydrate de térébenthine solide à travers un tube fortement échauffé, et rempli de chaux vive.

C'est une huile[1] qui ressemble tout à fait au térébène ; mais elle s'en distingue en ce qu'elle donne avec le gaz chlorhydrique un camphre liquide et un camphre solide, $C^{20}H^{16}$, HCl, dont la rotation est nulle (Soubeiran et Capitaine).

De même, elle est rapidement transformée en monochlorhydrate solide (imprégné d'un peu de liquide) par son contact avec l'acide chlorhydrique fumant. Le brome la solidifie. Avec un mélange d'alcool et d'acide nitrique, elle donne naissance à de l'hydrate cristallisé.

Lorsqu'on décompose par la chaux la modification liquide du monochlorhydrate de térébenthine, on obtient une huile (*peucyle*, Blanchet et Sell; *térébilène*, Deville), semblable au camphène, et dont la densité à 21°, est de 0,843, c'est-à-dire un peu plus faible que celle de l'essence de térébenthine (Deville).

§ 1877.. *Térébenthine.* — C'est un suc résineux, de la consistance du miel, qui découle naturellement, ou à l'aide d'incisions, de plusieurs conifères tels que les pins, les sapins, les mélèzes et les cyprès. Lorsque ces arbres ont acquis un certain âge, trente à quarante ans, on pratique de petites entailles le long de leur tronc; la térébenthine découle alors de ces incisions, et vient se réunir dans un creux fait au pied de chaque arbre (*térébenthine vierge*). On purifie cette térébenthine brute en la fondant dans une grande chaudière et en la passant à travers des filtres de paille.

L'extraction de la térébenthine commence au printemps et finit en octobre. Pendant l'hiver, les dernières plaies coulent encore; mais la résine se solidifie sur le bord des entailles en croûtes opaques d'un blanc jaunâtre; c'est alors ce qu'on appelle le *galipot*.

Lorsque les arbres sont épuisés de térébenthine, on les fend en éclats, et on les soumet à une combustion lente dans des fours grossiers creusés en terre ; on obtient ainsi le *goudron*. En brûlant

---

[1] Suivant M. Deville, le procédé qui sert à produire ce corps le donne toujours mélangé de colophène.

les filtres de paille qui ont servi à la purification de la térébenthine, on obtient la *poix noire*.

On distingue dans le commerce français la térébenthine com-
mune ou de Strasbourg, qui provient des sapins ; celle de Bordeaux, qui découle du pin maritime ; celle de Venise ou de Brian-
çon, qui provient du mélèze, etc.

La térébenthine est un mélange d'une huile essentielle (§ 1875)
et d'une résine (§ 1915). On en effectue la séparation en la distillant
dans de grands alambics de cuivre. La térébenthine fournit ainsi
près du quart de son poids d'essence ; le résidu est ce qu'on appelle
brai sec, arcanson ou *colophane*.

Les térébenthines du commerce, épurées par le filtrage au bain-
marie ou dans une étuve de chaleur modérée, donnent des produits encore visqueux et plus ou moins colorés, mais très-limpides,
qui exercent sur la lumière polarisée[1] des actions de sens ainsi que
d'intensités diverses, selon leur origine et les préparations qu'elles
ont subies. Tous ces produits se concrètent par le repos joint à un
faible refroidissement.

Les térébenthines dites de Bordeaux qu'on trouve dans le commerce en France possèdent généralement un pouvoir rotatoire dirigé vers la gauche, et l'essence qu'on en retire possède aussi un
pouvoir rotatoire de même sens. Les térébenthines dites de Venise
exercent la déviation vers la droite ; les essences qu'on en extrait,
exercent la déviation vers la gauche, comme l'essence du commerce, mais avec des intensités variables. Les térébenthines du
Pinus Tada, qu'on trouve dans le commerce anglais, devient à
gauche, mais elles donnent une essence exerçant une déviation
vers la droite.

On emploie la térébenthine, ainsi que l'essence qu'on en extrait,
pour la préparation des vernis. L'essence de térébenthine sert aussi
aux dégraisseurs. La médecine fait usage de la térébenthine contre
les névralgies, le ténia, les maladies des voies urinaires, etc.

Essences isomères de l'essence de térébenthine.

§ 1878. Un nombre considérable d'huiles essentielles qu'on extrait des fleurs et d'autres parties végétales, sont des mélanges d'essences oxygénées et d'essences hydrocarbonées, ces dernières isomè-

---

[1] Biot, *Ann. de Chim. et de Phys.*, [3] X, 11, 191. *Compt. rend. de l'Acad.*, XXI, 1.

res de l'essence de térébenthine. Ces essences hydrocarbonées qu'on comprend ordinairement sous le nom de *camphènes*, se ressemblent beaucoup sous le rapport des caractères chimiques ; elles se combinent toutes avec le gaz chlorhydrique en donnant des *camphres artificiels*, tantôt solides, tantôt liquides; dans certaines circonstances, elles fixent aussi les éléments de l'eau , en produisant des *stéaroptènes* semblables à l'hydrate de térébenthine ou au camphre des laurinées. Plusieurs d'entre elles sont chimiquement identiques, et ne diffèrent que par quelques caractères physiques, notamment par le pouvoir rotatoire, caractères trop peu tranchés, pour faire considérer ces essences comme autant de principes particuliers.

En se fondant sur la densité de vapeur et sur le point d'ébullition des camphènes, on en peut distinguer deux catégories : ceux dont la molécule se représente par $C^{20}H^{16}$, comme l'essence de térébenthine (ce sont les plus nombreux), et ceux dont la molécule s'exprime par la formule $C^{30}H^{24}$ (comme l'essence de copahu et l'essence de cubèbes).

§ 1879. *Essence d'Athamanta*[1]. — Les feuilles fraîches d'*Athamanta Oreoselinum* donnent une essence dont l'odeur ressemble à celle de genièvre. Cette essence bout à 163°, a une densité de 0,843, et possède la composition de l'essence de térébenthine. Il n'y a qu'une quantité faible d'une huile oxygénée. Saturée avec du gaz chlorhydrique, cette essence se transforme en un chlorhydrate liquide $C^{20}H^{16}, HCl$, probablement identique au camphre liquide de térébenthine.

§ 1880. *Essence de basilic*. — On l'obtient en distillant avec de l'eau les feuilles de basilic (*Ocymum Basilicum*). Elle dépose à la longue des cristaux prismatiques, qui présentent la composition et les caractères de l'hydrate d'essence de térébenthine (Dumas et Péligot).

La partie liquide de l'essence de basilic n'a pas encore été examinée.

§ 1881. *Essence de bergamotte*[2]. — En soumettant à la presse le zeste de bergamottes (fruits du *Citrus Limetta*), on obtient une huile essentielle, qui paraît être un mélange de deux principes par-

---

[1] SCHNEDERMANN et WINCKLER, *Ann. der Chem. u. Pharm.* LI, 336.

[2] SOUBEIRAN et CAPITAINE, *Journ. de Pharm.*, 1840, janvier, p. 1 ; févr., p. 65 ; août, p. 509.— OHME, *Ann. der Chem. u. Pharm.*, XXXI, 316 ; XXXVII, 197. — MULDER, *ibid.*, XXXI, 70.

ticuliers, dont l'un présente la composition $C^{20}H^{16}$; mais il est difficile d'isoler ce dernier par une simple distillation. L'essence rectifiée a une densité de 0,869, et un pouvoir rotatoire moléculaire égal à $+ 25°$ vers la droite. Elle présente ordinairement une réaction acide, due à la présence d'une certaine quantité d'acide acétique. Elle bout à 183° environ, mais ce point n'est pas constant.

La partie la moins volatile de l'essence renferme de l'oxygène. Elle a donné à l'analyse :

	Soubeiran et Capitaine.
Carbone.	72,1
Hydrogène. . . .	10,8
Oxygène.	17,1
	100,0

Si l'on met l'essence rectifiée en contact avec de l'acide phosphorique anhydre, elle s'échauffe, et donne alors à la distillation une huile dont l'odeur ressemble à celle du térébène ; cette huile renferme exactement $C^{20}H^{16}$. Le résidu de la distillation paraît contenir une combinaison conjuguée (*acide phospho-bergamique*), du moins il donne des composés solubles avec la chaux et l'oxyde de plomb (Soubeiran et Capitaine).

L'essence brute dépose souvent une matière camphrée (*bergaptène*), qui cristallise en aiguilles, fusibles à 206°, et volatiles sans décomposition ; ces cristaux sont sans odeur, et se dissolvent dans l'eau bouillante, l'alcool et l'éther. L'acide sulfurique concentré les colore en rouge ; l'acide nitrique les attaque à chaud sans produire d'acide oxalique. Ils ont donné à l'analyse :

	Mulder.		Ohme.		C^3HO.
Carbone.	66,1	66,1	66,3	66,3	66,7
Hydrogène. . . .	3,9	3,9	3,8	3,8	3,7
Oxygène.	30,0	30,0	29,9	29,9	29,6
	100,0	100,0	100,0	100,0	100,0

Les rapports atomiques C^3HO sont les plus simples qui s'appliquent aux nombres précédents, mais la molécule de la substance n'en est pas pour cela déterminée.

§ 1882. *Essence de Bornéo*, bornéène ou camphre liquide de Bornéo. — Le *Dryabalanops Camphora* secrète un mélange camphré, qui se compose principalement de deux principes : l'un est liquide $C^{20}H^{16}$, et renferme en dissolution un camphre solide (§ 1942) ;

il est très-recherché en Orient, où on l'emploie depuis longtemps.
pour combattre les affections rhumatismales. Ce liquide, après.
avoir été purifié par la distillation, a une odeur particulière, qui.
n'est pas camphrée, et qui se rapproche beaucoup de celle de l'es-.
sence de térébenthine. Il est plus léger que l'eau, presque insoluble.
dans ce liquide, et bout vers 165°. Il absorbe la même quantité
d'acide chlorhydrique que l'essence de térébenthine. Il dévie le
plan de polarisation des rayons lumineux vers la gauche de l'ob-
servateur, comme l'essence de térébenthine, mais avec une énergie.
bien plus forte (Biot). Abandonné dans des vases mal fermés, il.
paraît s'oxygéner.

Le camphre de Bornéo solide, soumis à la distillation avec de
l'acide phosphorique anhydre, donne également un hydrogène
carboné $C^{20}H^{16}$.

§ 1883. *Essence de bouleau*[1]. — Dans les régions du Nord et.
particulièrement en Russie, l'écorce de bouleau est soumise à une.
combustion incomplète, qui fournit un goudron liquide, chargé.
d'huiles empyreumatiques. Ce goudron donne par la distillation
un liquide huileux, très-odorant et acide. Ce liquide fournit
des huiles différentes par des distillations fractionnées. Une d'en-.
tre elles a été plus particulièrement examinée par M. Sobrero :.
elle est incolore, d'une odeur qui se rapproche de celle de l'essence de térébenthine, moins forte cependant et plus agréable;
elle a une densité de 0,847 à 20°, et de 5,28 à l'état de vapeur; elle
bout à 156° et présente la composition de l'essence de térébenthine.
Elle absorbe à peu près le tiers de son poids de gaz chlorhydrique,
en se colorant en noir, mais sans donner de camphre cristallisé. Elle
est résinifiée par l'acide nitrique.

Soumise à l'action d'un froid de— 16°, l'essence de bouleau se
trouble légèrement et dépose une petite quantité d'une matière
blanche.

Elle absorbe peu à peu l'oxygène de l'air, se colore, et se convertit à la longue en une matière résineuse.

Les Russes emploient le goudron de bouleau pour graisser les.
essieux des voitures, et pour rendre imperméables à l'eau les toi-.
tures des maisons.

§ 1884. *Essence de camomille*[2]. — Les fleurs de camomille ro-.

---

[1] SOBRERO, *Journ. de Pharm.*, [3] II, 207.
[2] GERHARDT, *Ann. de Chim. et de Phys.*, [3] XXIV, 96.

maine (*Anthemis nobilis*) fournissent, en petite quantité, une huile essentielle qui est un mélange d'hydrure d'angélyle (§ 913) et d'un hydrocarbure isomère de l'essence de térébenthine. Le traitement de l'essence par la potasse solide ou alcoolique fixe l'hydrure d'angélyle et met en liberté l'huile hydrocarburée. Pour avoir celle-ci entièrement sèche, il faut la rectifier sur du potassium, car le chlorure de calcium s'y dissout en petite quantité, en produisant une combinaison cristalline que l'eau décompose. Entièrement pure, cette huile a une odeur citronnée fort agréable. Son point d'ébullition est à 175°. Elle ne donne pas d'acide conjugué avec l'acide sulfurique fumant.

§ 1885. *Essence de caoutchouc.* — Lorsque, suivant M. Himly[1], on fractionne les produits de la distillation sèche du caoutchouc, on obtient, entre 140 et 200°, une huile (*caoutchine*) qui, rectifiée, bout à 171°, présente une densité de 0,842 à l'état liquide, et de 4,461 à l'état de vapeur. Cette huile renferme $C^{20}H^{16}$, et donne, avec le gaz chlorhydrique, un monochlorhydrate liquide; elle se combine également avec l'acide sulfurique.

§ 1886. *Essence de carvi*[2]. — Elle est un mélange d'un hydrogène carboné, $C^{20}H^{16}$, et d'une huile oxygénée (§ 1854). On obtient l'hydrocarbure (*carvène*) par des distillations fractionnées. C'est une huile d'une odeur agréable, bouillant à 173°, ayant sensiblement la même densité de vapeur que l'essence de citron et de térébenthine, et donnant, avec le gaz chlorhydrique, un bichlorhydrate solide, en cristaux radiés, d'un blanc de neige, d'une odeur et d'une saveur faibles. Ce bichlorhydrate est très-soluble dans l'eau, mais la solution se décompose par la chaleur. Il fond à 50,°5, et ne se concrète de nouveau qu'à 41°. On ne peut pas le sublimer sans qu'il se décompose.

§ 1887. *Essence de citron*[3]. — Elle s'extrait des fruits du *Citrus medica*, soit par la simple pression, soit par la distillation de l'écorce avec de l'eau. Elle se compose en plus grande partie d'un hydrocarbure ayant la même composition et la même densité de vapeur (4,87—4,81) que l'essence de térébenthine, mais bouillant un peu plus tard (à 173°). Elle dévie à droite le plan de polarisation de la la lumière.

[1] HIMLY, *Ann. der Chem. u. Pharm.* XXVII, 41.
[2] SCHWEIZER, *Journ. f. prakt. Chem.*, XXIV, 257.
[3] SOUBEIRAN et CAPITAINE, *loc. cit.* BERTHELOT, *Ann. de Chim. et de Phys.*, [3] XL, 36.

Au point de vue physique, on distingue deux modifications dans l'hydrocarbure qui constitue l'essence de citron. On peut les mettre en évidence en distillant l'essence dans le vide : les premières portions (recueillies à 55°) ont une densité de 0,8514 à 15°, et un pouvoir rotatoire $[\alpha] = + 56°4$; saturées par le gaz chlorhydrique, elles donnent un bichlorhydrate solide et un bichlorhydrate liquide. Les portions suivantes (recueillies vers 80°) ont une densité de 0,8506 à 15°, et un pouvoir rotatoire $[\alpha] = + 72°5$, c'est-à-dire bien plus énergique que les premières portions. Ces deuxièmes portions se transforment presque complétement en bichlorhydrate cristallisé; elles renferment également des proportions sensibles de parties oxydées [1] (Berthelot).

L'essence de citron résiste bien mieux que l'essence de térébenthine à l'action d'une température élevée, et ne se modifie moléculairement qu'alors qu'elle commence à dégager des gaz. Cette différence de résistance des deux essences permet, suivant M. Berthelot, de reconnaître l'introduction frauduleuse de l'essence de térébenthine dans l'essence de citron. Il suffit, pour cela, de déterminer le pouvoir rotatoire du mélange suspect, de le chauffer à 300° pendant une heure ou deux, et d'en déterminer de nouveau le pouvoir rotatoire après cette opération. Ce pouvoir ne change que dans le cas où l'essence serait falsifiée. Si elle renferme de l'essence de térébenthine française, la différence est tout à fait caractéristique et consiste dans un accroissement de pouvoir rotatoire, effet que la chaleur ne produit pas sur une essence de citron non mélangée.

Abandonnée avec un mélange d'acide nitrique et d'alcool, l'essence de citron donne le même hydrate cristallisé que l'essence de térébenthine.

Traitée par l'acide sulfurique concentré, elle éprouve aussi le même changement moléculaire, en donnant du térébène et du colophène.

En distillant sur de l'hydrate de potasse, ou sur de la chaux vive, le bichlorhydrate solide de l'essence de citron, on obtient un liquide (*citrène*, *citronyle*), d'une densité de 0,8569, bouillant à 165°, et possédant d'ailleurs la même composition, et les mêmes propriétés que l'essence; il absorbe le gaz chlorhydrique, en don-

---

[1] J'ai depuis longtemps signalé la présence de parties oxygénées dans l'essence de citron. (Voy. *Précis de Chim. organ.*, I, 161.)

nant de nouveau une combinaison cristallisable, mais il est sans action sur la lumière polarisée.

Lorsqu'on rectifie l'essence de citron, on trouve dans le résidu une petite quantité d'une matière cristalline, la même qui se dépose quelquefois à la longue dans l'essence ; les analyses qui en ont été faites sont loin de s'accorder. Voici les résultats :

	Mulder [1].	Berthelot.
Carbone.	54,8	58,0
Hydrogène. . .	9,2	7,5
Oxygène.	36,0	34,5
	100,0	100,0

Suivant M. Berthelot, ces cristaux sont incolores, volatils, ne fondent qu'au-dessus de 100° (déjà à 46°, Mulder), et sont insolubles dans l'eau, à laquelle ils communiquent un dichroïsme prononcé ; l'alcool en dissout des traces à chaud, et se prend en gelée par le refroidissement ; ils sont un peu solubles dans un eau acide, et se précipitent par la neutralisation.

§ 1888. *Essence de copahu* [2]. — Quand on distille le baume de copahu avec de l'eau, on obtient une huile essentielle, incolore, âcre, d'une odeur aromatique particulière, d'une densité de 0,878. Cette huile bout à 260° ; à la distillation elle se colore et s'altère toujours en partie. Elle se dissout dans 25 à 30 p. d'alcool de 0,85, et dans 2 1/2 p. d'alcool absolu. Elle se mélange en toutes proportions avec l'éther exempt d'alcool. Elle dévie à gauche les rayons de lumière polarisée.

Elle a donné à l'analyse :

	Blanchet.		Calcul.
Carbone. . .	86,5	87,3	88,2
Hydrogène. .	11,7	11,8	11,8
			100,0

[1] Mulder, *Ann. der Chem. u. Pharm.*, XXXI, 69.

[2] Blanchet, *Ann. der Chem. u. Pharm.*, VII, 156. — Soubeiran et Capitaine, *Journ. de Pharm.*, janv. et févr. 1840, p. 1 et 65, ou, en extrait, *Ann. der Chem. u. Pharm.*, XXXIV, 321.

M. Posselt (*Ann. der Chem. u. Pharm.*, LXIX, 67) a décrit une essence de copahu épaisse, un peu différente de l'essence ordinaire. Cette *essence de paracopahu* était épaisse, et d'une densité de 0,91 ; elle bouillait à 252°, mais ce point s'élevait peu à peu, la matière se décomposant entièrement par la chaleur. Elle ne donnait pas avec l'acide chlorhydrique de combinaison cristallisable. L'acide nitrique la transformait en une résine acide et en un acide cristallisable.

Cette essence avait été extraite d'un baume dont les résines ne présentaient pas des caractères acides.

Le potassium se conserve sans altération dans l'essence de copahu. L'acide sulfurique concentré lui communique une couleur rouge et une consistance résineuse; le mélange s'échauffe beaucoup. L'acide nitrique faible la convertit en une substance résineuse; l'acide concentré l'attaque subitement, avec production d'abondantes vapeurs. Mélangée avec de l'alcool et de l'acide nitrique, l'essence de copahu se colore beaucoup, et ne donne au bout d'un temps fort long qu'une très-petite quantité de cristaux (Deville).

Lorsqu'on expose l'essence, dans un flacon rempli de chlore, aux rayons solaires, elle devient visqueuse, se colore en jaune ou en vert, et les parois du flacon se tapissent de cristaux.

Lorsqu'on fait passer du gaz chlorhydrique dans l'essence de copahu rectifiée, elle s'épaissit davantage, et se convertit en une masse cristalline, mélangée d'un produit sirupeux. On l'exprime, et on la fait cristalliser dans l'alcool. On obtient ainsi des prismes rectangulaires, raccourcis, inodores, fusibles à 77°, et se décomposant avant de bouillir; entre 140 et 150°, ils dégagent beaucoup d'acide chlorhydrique. Leur solution alcoolique se décompose aussi en partie quand on l'évapore.

Le chlorhydrate de copahu paraît renfermer $C^{30}H^{24}$, 3 HCl; en effet, il a donné à l'analyse :

	Blanchet.	Soubeiran et Capitaine.		Calcul.
Carbone. . .	57,2	57,8	57,8	57,4
Hydrogène. . .	8,7	8,5	8,6	8,6
Chlore. . . .	33,0	33,3	»	34,0
				100,0

L'acide sulfurique et l'acide nitrique le décomposent à chaud.

Lorsqu'on le chauffe avec du sulfure de plomb, il donne une huile ayant une forte odeur alliacée.

§ 1888^a. *Essence de coriandre.*— Cette essence s'obtient en distillant avec de l'eau les fruits broyés de la coriandre (*Coriandrum sativum*). Elle est plus légère que l'eau, presque incolore et possède à un haut degré l'odeur et la saveur de la coriandre; cette odeur, lorsqu'elle est délayée, rappelle celle des fleurs d'oranger. La densité de l'essence est de 0,871 à 14 ; le point d'ébullition est situé vers 150°, mais il n'est pas constant.

M. Kawalier[1] a trouvé dans deux échantillons d'essence, provenant de préparations différentes :

	a.		*b.*	
Carbone. . . .	77,62	78,01	85,67	85,47
Hydrogène. . .	11,64	11,69	11,58	11,59
Oxygène. . . .	10,74	10,30	2,75	2,94
	100,00	100,00	100,00	100,00

La composition *a* semble correspondre à la formule d'un hydrate de térébenthine $C^{20}H^{16} + 2\ HO$ (carbone, 77,92 ; hydrog. 11,69) ; la composition *b* peut s'exprimer par $4\ C^{20}H^{16} + 2\ HO$ (carbone 85,41 ; hydrog. 11,74), mais elle est évidemment celle d'un mélange.

D'ailleurs, en distillant l'essence à plusieurs reprises sur de l'acide phosphorique anhydre, le même chimiste a obtenu une huile jaunâtre, d'une odeur désagréable, qui avait exactement la composition de l'essence de térébenthine.

L'acide chlorhydrique gazeux, étant dirigé dans l'essence refroidie par de la glace, on n'obtient pas de chlorhydrate solide ; le produit liquide, lavé au carbonate de soude contient :

	Analyse.		$C^{20}H^{16}, HCl(?)$
Carbone. . .	67,51	»	69,3
Hydrogène...	10,50	9,52	9,8
Chlore. . . .	20,40	»	20,8

§ 1889. *Essence de cubèbes*[2]. — Lorsqu'on distille les cubèbes (*Piper Cubeba*) avec de l'eau, on obtient une huile essentielle incolore, d'une saveur camphrée et épicée, et d'une odeur aromatique. Cette huile est visqueuse, d'une densité de 0,929, et bout entre 250 et 260° ; il s'en altère toujours une certaine quantité à la distillation. Au contact de l'air, elle s'épaissit davantage et se résinifie peu à peu. Elle dévie à gauche les rayons de lumière polarisée.

Elle a donné à l'analyse :

[1] KAWALIER, *Berichte der Wien. Akad.*, IX, 313, et *Journ. f. prakt. Chem.*, LVIII, 226. En extrait, *Ann. der Chem. u. Pharm.*, LXXXIV, 351.

[2] MÜLLER, *Ann. der Chem. u. Pharm.*, II, 90. — BLANCHET et SELL., *ibid.*, VI, 294. — WINCKLER, *ibid.*, VIII, 203. — SOUBEIRAN et CAPITAINE, *Journ. de Pharm.*, janv. et févr. 1840, p. 1 et 65, ou, en extrait, *Ann. der Chem. u. Pharm.*, XXXIV, 311. — ALBERGIER, *Revue scientif.*, IV, 220. — BROOKE, *Annals of philos. New Ser.*, V, 450.

	Soubeiran et Capitaine.		Calcul.
Carbone. . .	87,13	87,56	88,23
Hydrogène. .	11,59	11,83	11,77
			100,0

L'essence de cubèbes paraît donner avec l'acide sulfurique une combinaison conjuguée. Lorsqu'on la distille sur cet acide, elle se modifie moléculairement comme l'essence de térébenthine, et donne une huile isomère (*cubébène*) qui exerce sur la lumière polarisée une action bien plus faible que l'essence non modifiée.

Lorsqu'on fait passer du gaz chlorhydrique dans de l'essence de cubèbes rectifiée, elle se colore en brun et se prend en une masse cristalline. On exprime celle-ci, et on la soumet à une nouvelle cristallisation. On obtient ainsi des prismes obliques à base rectangulaire, insipides, inodores, fort solubles dans l'alcool, et fusibles à 131°. Ces cristaux dévient vers la gauche les rayons de lumière polarisée. Ils renferment : $C^{30}H^{24}$, 2 HCl .

	Soubeiran et Capitaine.		Calcul.
Carbone. . . .	64,3	64,2	64,9
Hydrogène. . .	9,3	9,4	9,3
Chlore.	»	»	25,8
			100,0

§ 1890. L'essence de cubèbes rectifiée avec de l'eau dépose souvent une espèce de camphre (*hydrate de cubébène*) ; ce stéaroptène passe avec les dernières portions dans la distillation de l'essence.

Les cristaux de ce camphre appartiennent au système rhombique[1]. Combinaison ordinaire, P. oP. ∞ P ; les deux premières faces dominent. Inclinaison des faces, P : P à la base = 145° ; id. au sommet 115° 40′ et 75° 24′ ; angle du rhombe à la base = 112° 8′. Dimension de la pyramide, la demi-diagonale de la base étant = 1, a : b : c : : 1,7704 : 1 : 0,6728. Clivage parfait, parallèlement à oP.

Le camphre de cubèbes fond à 68° en un liquide incolore, et se prend, par le refroidissement, en une masse radiée ; il bout à 150° environ, et distille sans altération. Il est insoluble dans l'eau, soluble dans l'alcool, l'éther et les huiles essentielles. La dissolution alcoolique agit sur la lumière polarisée.

[1] DE ROBELL, *Ann. der Chem. u. Pharm.*, VIII, 204.

Il paraît contenir $C^{30}H^{24}$, 2 HO. En effet, il a donné à l'analyse :

	Blanchet et Sell.		Aubergier.		Calcul.
Carbone. . . .	80,4	80,6	76,57	77,33	81,08
Hydrogène. . .	11,7	11,5	11,90	11,79	11,71
Oxygène. . . .	»	»	»	»	7,21
					100,0

Le camphre de cubèbes se dissout en petite quantité dans la potasse caustique et bouillante. Il se dissout aussi dans l'acide sulfurique concentré, en donnant une combinaison conjuguée.

L'acide nitrique le convertit en une résine brune.

Le chlore le transforme en une matière visqueuse.

§ 1891. *Essence d'élémi*[1]. — Les quantités d'essence qu'on peut extraire de la résine élémi varient entre des limites très-étendues. Les résines de bonne qualité en donnent jusqu'à 13 p. c. L'essence, convenablement rectifiée a une densité de 0,849 à 11°,5, dévie beaucoup à gauche le plan de polarisation de la lumière, bout à 174°, et présente la même composition et la même densité de vapeur que l'essence de térébenthine.

Elle donne, avec le gaz chlorhydrique, un bichlorhydrate liquide et un bichlorhydrate solide. La quantité d'acide chlorhydrique qu'absorbe l'essence d'élémi est énorme : pour obtenir le camphre cristallisé, il faut continuer le courant de gaz jusqu'à ce qu'on ait dépassé de beaucoup le moment où la saturation est complète ; la matière est alors liquide, mais le camphre solide se dépose facilement après que l'excès d'acide s'est échappé au contact de l'air ; ce camphre est dénué de pouvoir rotatoire.

Essence de fenouil amer. — Voy. § 1641.

§ 1892. *Essence de gaulthéria*[2]. — L'huile essentielle du *Gaultheria procumbens* est un mélange de salicylate de méthyle, et d'une très-petite quantité d'un hydrocarbure (*gaulthérilène*) isomère de l'essence de térébenthine. On isole cet hydrocarbure en faisant bouillir l'huile, dans une cornue, avec une lessive concentrée de potasse ; il passe ainsi un mélange d'esprit de bois, d'eau et d'hydrocarbure. On lave le produit à l'eau alcaline, puis à l'eau pure, on le dessèche, et on le rectifie sur du potassium.

Cet hydrocarbure se présente sous la forme d'une huile incolore

[1] STENHOUSE, *Ann. der Chem. u. Pharm*, XXXV, 304. — DEVILLE, *Ann. de Chim. et de Phys.*, [3] XXVII, 88.
[2] CAHOURS, *Ann. de Chim. et de Phys.*, [3] X, 358.

très-mobile, bouillant à 160°. Son odeur, assez agréable, se rapproche de celle de l'essence de poivre. La densité de sa vapeur a été, par expérience, trouvée égale à 4,92. Il donne, avec l'acide nitrique, une masse résinoïde; avec le chlore et le brome, des produits visqueux.

§ 1892[a]. *Essence de genièvre*[1]. — Les baies du genévrier (*Juniperus communis*) donnent, par la distillation avec de l'eau, une huile essentielle qui possède la même composition et la même densité de vapeur que l'essence de térébenthine.

L'essence de genièvre bout à 160°; elle dévie à gauche les rayons de lumière polarisée, mais avec moins d'énergie que l'essence de térébenthine. Elle est fort peu soluble dans l'alcool ordinaire.

Soumise à l'action du gaz chlorhydrique, elle ne donne pas de camphre solide; mais, après l'absorption complète du gaz, on a un liquide qui paraît renfermer $3\ C^{20}H^{16}, 2\ HCl$.

L'essence humide et vieille dépose des cristaux qui paraissent être identiques à l'hydrate de térébenthine. Elle est acide et contient de l'acide formique[2].

En distillant avec de l'eau salée les baies de genièvre non arrivées à maturité, Blanchet a obtenu, outre l'essence précédente, une autre ne bouillant qu'à 205°, mais paraissant d'ailleurs avoir la même composition.

§ 1892[b]. *Essence de gingembre*. — On l'obtient en distillant le gingembre (*Zingiber officinale*) avec de l'eau; elle est colorée en jaune et possède à un haut degré l'odeur de la racine, ainsi qu'une saveur brûlante et aromatique. Sa densité est de 0,893; elle bout vers 246°.

M. Papousek[3] y a trouvé :

Carbone. . .	81,03
Hydrogène. .	11,58
Oxygène. . .	7,39
	100,00

[1] Zaceser, *Repert. f. die Pharm.* de Buchner, XXII, 415. — Buchner, *ibid.*, XXII. 425. — Blanchet, *Ann. der Chem. u. Pharm.*, VII, 165. — Dumas, *Journ. de Chim. médic.*, juin 1835. — Soubeiran et Capitaine, *Journ. de Pharm.*, févr. 1840, p. 65.

[2] Aschoff, *Archiv. d. Pharm.*, XL, 272.

[3] Papousek, *Berichte der Wien. Akad.*, IX, 315, et *Journ. f. prakt. Chem.*, LVIII, 228. En extrait, *Ann. der Chem. u. Pharm.*, LXXXIV, 352.

Cette composition exprime évidemment celle d'un mélange ($4\,C^{20}$ $H^{16} + 5\,HO$). Lorsqu'on distille l'essence à plusieurs reprises sur de l'acide phosphorique anhydre, on obtient une huile jaunâtre qui présente la composition de l'essence de térébenthine.

L'acide chlorhydrique gazeux paraît aussi opérer une déshydratation analogue, car il donne une huile contenant : carbone, 73,39 ; hydrogène, 10,36 ($4\,C^{20}H^{16}$, $3\,HCl$? le chlore n'a pas été dosé).

§ 1893. *Essence de girofle*[1]. — L'huile essentielle qu'on extrait de la fleur non épanouie du giroflier des Moluques (*Caryophyllus aromaticus*, L.) est un mélange d'une huile oxygénée (*acide eugénique*, voyez § 1998) et d'un hydrocarbure ayant la même composition que l'essence de térébenthine. Ce dernier passe avec les vapeurs d'eau lorsqu'on distille l'essence de girofle avec une lessive de potasse. Il est très-réfringent et d'une densité de 0,918 à 18° ; il bout à 142 ou 143°. Les alcalis ne l'attaquent pas. Il absorbe beaucoup de gaz chlorhydrique sans donner de combinaison cristalline.

§ 1894. *Essence de gomart*[2]. — Le gomart des Antilles (*Bursera gummifera*) donne une résine d'où l'on extrait une huile essentielle dont l'odeur rappelle beaucoup celle de l'essence de térébenthine. La composition et la densité de vapeur sont aussi les mêmes.

L'essence de gomart donne avec le gaz chlorhydrique un mélange de camphre liquide et de camphre solide en aiguilles soyeuses ; celui-ci constitue un bichlorhydrate.

§ 1895. *Essence de houblon*[3]. — Lorsqu'on distille le lupulin avec de l'eau, il passe, avec les vapeurs aqueuses, de l'acide valérianique et de l'essence de houblon. Celle-ci est plus légère que l'eau, quelquefois d'un très-beau vert, couleur qu'elle perd par la rectification ; elle dévie à droite le plan de polarisation de la lumière, et ne se concrète pas par un froid de — 17°. Son odeur rappelle un peu celle du houblon ; elle s'acidifie par l'exposition à l'air en se résinifiant. Elle entre en ébullition vers 140°, mais ce point n'est pas constant, et la température s'élève rapidement au-dessus de 300°.

Suivant M. Personne, l'essence de houblon est un mélange de valérol (§ 1061[b]) et d'un hydrocarbure $C^{20}H^{16}$. Si on la fait tomber

---

[1] ETTLING, *Ann. der Chem. u. Pharm.*, IX, 68.

[2] DEVILLE, *Ann. de Chim. et de Phys.*, [3] XXVII, 90.

[3] WAGNER, *Journ. f. prakt. Chem*, LVIII, 35. — PERSONNE, *Compt. rend. de l'Acad.*, XXXVIII, 311.

goutte à goutte sur de la potasse fondante, on obtient cet hydrocarbure, ainsi que du carbonate et du valérate de potasse.

Cet hydrocarbure a une odeur qui rappelle celle du thym. Il paraît éprouver aisément une condensation moléculaire par l'action de la chaleur.

Essence d'impératoire. — L'essence qu'on extrait de la racine d'impératoire (*Imperatoria Ostruthium*) commence à bouillir vers 170°, mais ce point s'élève constamment. Elle paraît être un mélange d'une huile oxygénée et d'un hydrocarbure, isomère de l'essence de térébenthine; en effet, elle a donné à M. Hirzel[1] :

	Essence distillée		
	à 170-180°.	à 200-220°.	
Carbone. . .	85,05	81,43	81,74
Hydrogène. .	11,50	11,32	11,27
Oxygène. . .	3,45	7,25	6,99
	100,00	100,00	100,00

Lorsqu'on distille l'essence avec de l'acide phosphorique anhydre, on obtient une huile douée d'une odeur de romarin, et présentant exactement la composition de l'essence de térébenthine. Cette huile se combine avec le gaz chlorhydrique en donnant un composé liquide ($3\ C^{20}H^{16}$, $2\ HCl$?)

Essence de laurier. — Suivant M. Christison l'essence de laurier de la Guyane s'extrait, par incision, d'une espèce d'*Ocotea* (famille des laurinées). Elle ressemble à l'essence de térébenthine, mais elle est plus suave. Sa densité est de 0,864 à 13°.

Suivant M. Stenhouse[2], elle présente la même composition que l'essence de térébenthine. Elle renferme aussi un acide volatil qui réduit les sels d'argent (acide formique?)

Lorsqu'on la traite par l'acide nitrique et l'alcool, elle donne un hydrate cristallisé en prismes rhomboïdaux, fusible à 150°, et présentant la composition de l'hydrate de térébenthine, $C^{20}H^{16}$, $4\ HO$ + 2 aq.

§ 1896. *Essence de néroli.* — Elle s'obtient en distillant les fleurs d'oranger avec de l'eau. Récemment préparée, elle est presque incolore, mais elle rougit bientôt à la lumière. Suivant MM. Soubeiran et Capitaine, elle se compose de deux huiles dont l'une est

[1] Hirzel, *Journ. f. prakt. Chem.*, XLVI, 292.
[2] Stenhouse, *Ann. der Chem. u. Pharm.*, XLIV, 309, L, 155.

d'une odeur très-agréable et se dissout en grande quantité dans l'eau de fleur d'oranger, tandis que l'autre est presque insoluble dans l'eau et ne se rencontre que dans la partie huileuse de l'essence. La première rougit par l'acide sulfurique, et communique cette propriété à l'essence.

D'après Dœbereiner, l'essence de néroli produirait un acide particulier par son contact avec le noir de platine.

L'acide nitrique colore l'essence en brun.

Suivant Boullay et Plisson, on peut, en traitant l'essence de néroli par de l'alcool de 90 centièmes, en séparer une substance solide, fusible à 50°, insoluble dans l'eau, peu soluble dans l'alcool absolu et bouillant, très-soluble dans l'éther. Elle ne paraît renfermer que du carbone et de l'hydrogène (suivant B. et P : carbone, 83,76; hydrogène, 15,09; oxygène, 1,15).

Essence d'orange. — L'essence qu'on obtient par la distillation de l'écorce d'orange avec de l'eau se comporte comme l'essence de citron; la densité de sa vapeur est la même; elle fournit, par le gaz chlorhydrique, un camphre liquide et un camphre solide, identiques aux bichlorhydrates que donne l'essence de citron (Soubeiran et Capitaine).

§ 1897. *Essence de persil.* — Lorsqu'on distille avec de l'eau la graine de persil (*Apium Petroselinum*), on obtient un mélange d'un hydrogène carboné liquide et d'une autre substance indéterminée; on peut séparer ces deux corps par une nouvelle distillation. L'hydrocarbure bout à 160°, et présente la même composition que l'essence de térébenthine (Lœwig et Weidmann).

Dans la rectification de l'essence de persil, on obtient un résidu résinoïde et amorphe, sans odeur ni saveur. Ce produit renferme[1] :

	Lœwig et Weidmann.	
Carbone. . . .	70,82	70,27
Hydrogène. . .	7,88	7,94
Oxygène. . . .	21,30	21,59
	100,00	100,00

MM. Lœwig et Weidmann représentent cette composition par la formule $C^{24}H^{16}O^{6}$, qui manque de contrôle.

Suivant MM. Blanchet et Sell, l'essence de persil se compose d'une huile légère volatile et d'une huile pesante, qui, versée dans

---

[1] Les analyses sont calculées d'après l'ancien poids atomique du carbone.

l'eau, se prend bientôt en une masse de fines aiguilles hexagones[1]. Celles-ci fondent à 30°, et ne se concrètent ensuite qu'à 21°. Leur point d'ébullition est à environ 300°; elles brunissent si on les fait bouillir, et ne se subliment pas. Elles ont donné à l'analyse :

	Blanchet et Sell.	
Carbone. . .	65,03	64,67
Hydrogène. .	6,35	6,41
Oxygène. . .	28,62	28,92
	100,00	100,00

MM. Blanchet et Sell expriment ces nombres par les rapports $C^{12}H^7O^4$(?)

§ 1898. *Essence de poivre*[2]. — Le poivre noir (*Piper nigrum*) donne une huile essentielle bouillant à 167°5, et présentant la composition de l'essence de térébenthine. Sa densité à l'état liquide est de 0,864, et à l'état de vapeur de 4,73.

L'essence de poivre absorbe beaucoup de gaz chlorhydrique sans donner de camphre cristallin.

Essence de sabine[3]. — Les baies de sabine (*Juniperus Sabina*) donnent une huile essentielle, dont la composition est la même que celle de l'essence de térébenthine. Elle bout également à la même température.

§ 1899. *Essence de Tolu*[4]. — Lorsqu'on distille le baume de Tolu avec de l'eau, cohobant souvent, et rectifiant sur de la potasse l'essence qui passe, on obtient une huile (*tolène*) bouillant à environ 160°, et d'une densité de 0,837. Sa saveur est piquante, légèrement poivrée; son odeur rappelle un peu celle de l'élémi, et diffère de celle du baume.

Elle a donné à l'analyse :

	Deville.		E. Kopp.		Calcul.
Carbone. . .	88,58	88,62	88,21	88,58	88,2
Hydrogène. .	11,35	11,30	11,44	11,46	11,8
					100,0

---

[1] J'ai, pendant plus d'un an, abandonné dans l'eau de l'essence de persil sans obtenir des cristaux.

[2] DUMAS, *Journ. de Chim. médic.*, juin 1835. — SOUBEIRAN et CAPITAINE, *Journ. de Pharm.*, févr. 1840, p. 65.

[3] DUMAS, *Journ. de Chim. médic.*, juin 1835. — LAURENT, *Revue scientif.*, X, 127.

[4] DEVILLE, *Ann. de Chim. et de Phys*, [3] III, 154. — E. KOPP, *Compt. rend. des trav. de Chim.*, 1849, p. 145.

Abandonnée dans un tube imparfaitement fermé, elle devient de plus en plus visqueuse, sans se colorer, et finit par se transformer en une résine molle, gluante et oxygénée.

§ 1900. *Essence de thym* [1]. — Elle est un mélange d'une huile oxygénée, et d'un hydrocarbure isomère de l'essence de térébenthine. Ce dernier est contenu dans les portions les plus volatiles de l'essence ; en agitant celles-ci avec une lessive de potasse concentrée, on dissout l'huile oxygénée (§ 1868) qui a été entraînée à la distillation ; on décante ensuite l'hydrocarbure qui vient surnager. On en complète la purification en le distillant plusieurs fois sur de la potasse caustique.

L'hydrocarbure ainsi purifié (*thymène*) est incolore, et d'une odeur de thym agréable ; il bout à 165°. Il a la même composition et la même densité de vapeur que l'essence de térébenthine. Il n'exerce aucune action sur la lumière polarisée.

Il se combine avec l'acide chlorhydrique en donnant un chlorhydrate liquide $C^{20}H^{16}$, HCl.

§ 1901. *Essence de valériane* [2]. — Lorsqu'on fractionne les produits de la distillation de l'essence de valériane, et qu'on soumet les premières portions à l'action de la potasse fondante, celle-ci fixe le valérol (§ 1061[b]), tandis qu'un hydrocarbure $C^{20}H^{16}$ passe à la distillation. Ce dernier paraît être le même que le camphre de Bornéo liquide. La densité de sa vapeur a été trouvée égale à 4,60 ; son point d'ébullition est à 160°. Il absorbe le gaz chlorhydrique, en produisant une combinaison cristallisée. Abandonné pendant quelque temps dans l'eau, surtout en présence d'une lessive de potasse, il paraît s'hydrater, et se convertir en camphre de Bornéo solide.

Dérivés par hydratation de l'essence de térébenthine.

§ 1902. *Hydrate d'essence de térébenthine* [3], ou terpine, $C^{20}H^{16}$,

---

[1] LALLEMAND, *Comp. rend. de l'Acad.*, XXXVII, 498.

[2] ETTLING, *Ann. der Chem. u. Pharm.* IX, 40. — GERHARDT, *Ann. de Chim. et de Phys.*, [3] VII, 278.

[3] BUCHNER, *Répert.*, IX, p. 276, 1820. — BOISSENOT et PERSOZ, *Ann. de Chim. et de Phys.*, XLI, 434. — BLANCHET et SELL, *Ann. der Chem. u. Pharm.*, VI, 267. — DUMAS et PÉLIGOT, *Ann. de Chim. et de Phys.*, LVII, 334. — WIGGERS, *Ann. der Chem. u. Pharm.*, XXXIII, 358 ; LVII, 247. — *Ann. de Poggend.*, LXVII, 410. — DEVILLE, *Revue scientif.*, XV, 66. *Ann. de Chim. et de Phys.*, [3] XXVII, 80. — LIST, *Ann. der Chem. u. Pharm.*, LXVII, 362.

$4 HO + 2$ aq. — Ce composé, qui ressemble au camphre par ses caractères extérieurs, se dépose souvent dans l'essence de térébenthine humide, surtout quand elle est soumise à l'action d'un grand froid.

Wiggers a fait connaître un procédé qui le donne à volonté : il consiste à abandonner à lui-même, pendant quelque temps, un mélange d'essence de térébenthine, d'alcool et d'acide nitrique. Les proportions les plus avantageuses sont, suivant M. Deville[1] : 4 litres d'essence ordinaire, 3 litres d'alcool à 36° et 1 litre d'acide nitrique ordinaire du commerce. Au bout d'un mois ou de six semaines, surtout en été, on peut déjà obtenir 250 grammes de cristaux purs ; plus tard, il s'en dépose peu à peu plus d'un kilogramme. M. List a remarqué que la formation des cristaux est beaucoup favorisée par l'insolation.

Le même corps s'obtient si l'on abandonne un mélange d'essence de térébenthine, d'alcool et d'acide acétique cristallisable ; seulement les cristaux ainsi obtenus diffèrent, par la forme, des cristaux déposés dans l'alcool nitrique. Ni l'alcool, ni l'acide acétique, seuls ou mélangés ensemble, ne donnent ce produit.

Suivant M. Deville, on obtient les mêmes cristaux en traitant l'essence de citron ou l'essence de bergamote par l'alcool nitrique. M. Stenhouse les a aussi obtenus avec l'essence de laurier.

Enfin, selon MM. Dumas et Péligot, les cristaux qui se déposent dans l'essence de basilic et dans l'essence de cardamome humide, offrent également la même composition.

L'hydrate d'essence de térébenthine recristallisé dans l'alcool se présente en prismes droits à base rectangle d'une limpidité parfaite et souvent assez volumineux. Ils appartiennent au système rhombique et présentent la combinaison[2] $\infty P. \; P. \; \infty P \; \infty$. (In-

---

[1] Dans le traitement de l'essence de térébenthine par l'alcool nitrique, toute l'essence ne se convertit pas en cristaux. La portion qui reste liquide, quoique ayant subi pendant plus de deux ans le contact de la liqueur acide, n'en contient pas moins encore beaucoup d'essence non attaquée, ce dont on s'assure par la distillation. Pourtant il y a encore un produit dense, bouillant vers 220°, doué d'une odeur particulière, et contenant :

	Deville.
Carbone. . . .	76,4
Hydrogène. . .	11,6
Oxygène. . . .	12,0
	100,0

[2] LIST, *loc. cit.* — RAMMELSBERG, *Ann. de Poggend.*, LXIII, 570. — Les cristaux, tels qu'ils se déposent dans l'alcool nitrique, ont une forme différente.

41.

clinaison des faces, ∞ P. ∞ P $= 77°\,44'$; P : ∞ P $= 127°\,2'$.)

Les cristaux exigent pour se dissoudre 200 p. d'eau froide et 22 p. d'eau bouillante ; 100 p. d'alcool de 85 centièmes en dissolvent 14,49 p. à 10°. Ils se dissolvent aussi à chaud dans l'essence de térébenthine, dans l'éther et dans les huiles grasses.

Leur solution n'exerce aucune action sur le plan de polarisation des rayons lumineux.

L'hydrate d'essence de térébenthine fond à 103°, en laissant échapper un peu d'eau, et se concrète de nouveau à 91°; il ne supporte pas une température supérieure sans perdre de l'eau.

Lorsqu'il vient d'être fondu, il ne se solidifie pas entièrement par le refroidisssement, mais il reste filant, et ce n'est que peu à peu qu'il se concrète. Quand on chauffe rapidement les cristaux, ils perdent 2 atomes d'eau de cristallisation; l'exposition dans le vide sec produit le même effet, mais la matière reprend son eau de cristallisation au contact de l'air, ou lorsqu'on la fait cristalliser dans l'alcool ordinaire.

L'hydrate ainsi desséché, $C^{20}H^{16}$, 4 HO, fond à 150° et bout à 254° d'une manière constante; toutefois il se sublime déjà avant de bouillir; il est volatil sans décomposition; la densité de sa vapeur a été trouvée par expérience égale à 6,257 $= 4$ vol.

L'acide nitrique dissout à froid les cristaux sans les altérer ; à chaud, ils en sont décomposés.

L'acide sulfurique concentré les dissout aisément avec une couleur rouge ; quand on étend d'eau la liqueur acide, elle laisse précipiter une matière résinoïde.

L'acide acétique dissout aisément les cristaux, même à froid ; l'acide chlorhydrique ne les dissout bien qu'à l'aide de la chaleur. Si on les chauffe avec de l'acide chlorhydrique ou sulfurique étendu, ils se transforment en terpinol.

Si l'on traite les cristaux par du gaz chlorhydrique, ils perdent de l'eau, et se transforment en un bichlorhydrate solide $C^{20}H^{16}$, 2 HCl, ayant la même composition que le camphre artificiel de citron.

L'acide phosphorique anhydre les convertit en une huile que la distillation dédouble en térébène et en colophène.

Les dissolutions concentrées de potasse et de soude ne paraissent en aucune manière agir sur les cristaux ; mais elles les dissolvent quand elles sont étendues.

§ 1903. *Terpinol*. — Lorsqu'on ajoute une très-petite quantité
d'acide sulfurique ou chlorhydrique à la solution des cristaux d'essence de térébenthine dans l'eau chaude, la liqueur devient laiteuse, et prend une odeur agréable quand on la chauffe davantage.
Il passe alors, avec les vapeurs d'eau, une matière huileuse particulière. Le liquide restant ne renferme plus une trace de cristaux ;
en opérant avec l'acide sulfurique, on n'y trouve pas non plus de
combinaison conjuguée. Quelques acides organiques, et même des
sels acides, déterminent la même transformation que l'acide sulfurique ou chlorhydrique.

L'huile ainsi produite a une odeur qui rappelle celle des jacinthes et une densité de 0,852 ; elle bout[1] à 168°.

Composition : $2\ C^{20}H^{16}, 2\ HO = C^{40}H^{34}O^{2}$.

	Wiggers.			List.		Calcul.
Carbone. . .	83,16	83,03	82,65	82,95	83,01	82,75
Hydrogène. .	11,66	11,70	11,58	11,75	11,78	11,72
Oxygène. . .	»	»	»	»	»	5,53
						100,00

Elle donne, avec le gaz chlorhydrique, le même chlorhydrate,
$C^{20}H^{16}, 2\ HCl$, qu'on obtient avec l'hydrate d'essence de térébenthine.

Lorsqu'on la distille avec de l'acide sulfurique et du chromate de
potasse, on obtient de l'acide acétique.

*Dérivés chlorhydriques, bromhydriques et iodhydriques
de l'essence de térébenthine.*

§ 1904. L'essence de térébenthine non modifiée ou modifiée est
susceptible de produire avec l'acide chlorhydrique trois combinaisons de composition différente :

   Monochlorhydrate. . . . $C^{20}H^{16}, \quad HCl,$
   Bichlorhydrate. . . . . $C^{20}H^{16}, 2\ HCl,$
   Sous-chlorhydrate. . . $2\ C^{20}H^{16}, \quad HCl.$

L'acide bromhydrique et l'acide iodhydrique donnent des composés semblables.

§ 1905. *Monochlorhydrate*, dit camphre artificiel de térében-

---

[1] Ce point d'ébullition est si rapproché de celui de l'essence de térébenthine, qu'on ne
peut s'empêcher de penser, malgré la concordance des résultats analytiques, que le
terpinol de MM. Wiggers et List n'est peut-être qu'un isomère, mal desséché, de l'essence
de térébenthine.

thine, $C^{20}H^{16}$, HCl. — Quand on fait passer du gaz chlorhydrique dans l'essence de térébenthine, tantôt toute l'essence se prend en masse, tantôt on n'obtient qu'un liquide fumant, tenant des cristaux en suspension. Les cristaux et le liquide présentent la même composition et les mêmes propriétés chimiques. La production du chlorhydrate liquide est favorisée par la chaleur ; si l'on opère à 0°, on obtient un produit contenant plus de la moitié de son poids de chlorhydrate solide ; à 100°, il ne se produit que du chlorhydrate liquide. Celui-ci est donc le résultat d'une altération moléculaire que le carbure d'hydrogène, primitivement contenu dans l'essence, éprouve sous l'influence de l'acide chlorhydrique.

Le monochlorhydrate solide semble aussi se trouver en petite quantité dans le liquide qui accompagne le bichlorhydrate après la saturation de l'essence de citron par le gaz chlorhydrique (Berthelot).

α. *Monochlorhydrate solide*, dit aussi chlorhydrate de camphène ou de dadyle. Ce composé, découvert par Kindt [1], peut s'isoler si on laisse égoutter le mélange épais provenant de la saturation de l'essence de térébenthine par le gaz chlorhydrique, et qu'on soumette ensuite les cristaux à l'action de la presse. On les obtient purs par la cristallisation dans l'alcool bouillant. On peut aussi, après les avoir lavés à l'alcool froid, les mélanger avec de la chaux vive en poudre, et les sublimer doucement au bain-marie.

Le monochlorhydrate de térébenthine se sublime sous la forme d'une poudre cristalline, sans forme déterminable. L'alcool le dépose à l'état de cristaux transparents, souvent assez volumineux. Il fond à 115°, et bout à 165°, en se volatilisant et en émettant des vapeurs chlorhydriques. Il est soluble dans 3 p. d'alcool ; il est aussi fort soluble dans l'éther. Il se dissout également dans l'essence de térébenthine et dans les huiles grasses.

Le pouvoir rotatoire du monochlorhydrate solide varie suivant l'essence avec laquelle il a été obtenu. Le monochlorhydrate qu'on obtient avec l'essence lévogyre, déviant de — 36°5, a un pouvoir rotatoire égal à — 23°9. Les essences dextrogyres donnent un monochlorhydrate déviant à droite. Le camphre artificiel du commerce est un mélange de plusieurs monochlorhydrates isomères,

---

[1] Kindt (1804), *Journ. der Pharmac.*, de Trommsdorff, XI, 2, 132.

doués d'un pouvoir rotatoire différent. (Le pouvoir rotatoire du monochlorhydrate solide n'est pas modifié par le contact de ce corps avec l'acide chlorhydrique fumant, ni par sa dissolution dans l'acide acétique cristallisable.)

Le monochlorhydrate solide brûle avec une flamme verte sur les bords, en dégageant des vapeurs d'acide chlorhydrique.

Il est à peine attaqué par l'acide nitrique fumant. On peut se servir de cette propriété pour isoler le monochlorhydrate solide des autres combinaisons semblables qui sont complétement détruites par l'acide nitrique fumant ; si l'on opère dans une cornue, on voit alors le monochlorhydrate se sublimer dans le col et dans le récipient (Berthelot).

Il finit néanmoins par être décomposé par l'acide nitrique bouillant, et met alors de l'acide chlorhydrique en liberté.

L'acide sulfurique concentré n'y agit pas à froid ; si l'on chauffe le mélange , il se charbonne en développant de l'acide sulfureux.

Il n'est pas attaqué par une solution de potasse alcoolique et bouillante. Il se sublime sans altération dans le gaz ammoniaque.

Sa solution alcoolique n'est précipitée ni par le nitrate d'argent, ni par le nitrate mercurique.

Il est converti en essence quadrichlorée (modification γ) par l'action prolongée du chlore.

Lorsqu'on fait passer sa vapeur sur de la chaux échauffée, elle dépose du charbon, et donne la modification inactive γ (camphène) de l'essence de térébenthine.

β. *Monochlorhydrate liquide*, chlorhydrate de peucyle ou bichlorhydrate de térébène. Il se produit, en même temps que le monochlorhydrate solide , par l'effet d'une altération moléculaire que le gaz chlorhydrique fait subir à l'essence de térébenthine.

C'est un liquide visqueux , d'une densité de 1,017. Il n'est pas attaqué par une solution alcoolique de potasse. Il se comporte comme la modification solide lorsqu'on le fait passer en vapeur sur de la chaux échauffée.

Suivant M. Deville, il serait dénué de pouvoir rotatoire. Selon M. Berthelot, au contraire, l'essence lévogyre (— 36°5) donnerait un monochlorhydrate liquide dont le pouvoir rotatoire serait bien plus énergique que celui du monochlorhydrate solide.

§ 1906. *Bichlorhydrate*, dit camphre de citron, chlorhydrate de citrène ou de citronyle, $C^{20}H^{16}$, 2 HCl. — On l'obtient, sous deux modifications, avec les essences de térébenthine, de citron, d'élémi, de gomart, de carvi.

α. *Bichlorhydrate solide.* Il se forme en abondance, suivant M. Berthelot, lorsqu'on abandonne pendant un mois une couche d'essence de térébenthine à la surface d'une solution aqueuse saturée d'acide chlorhydrique.

Le même bichlorhydrate se produit aussi si l'on dissout l'essence de térébenthine dans l'alcool, l'éther ou l'acide acétique, et qu'on sature la solution par l'acide chlorhydrique gazeux.

Suivant M. Deville, il se produit également lorsqu'on fait passer du gaz chlorhydrique sur l'hydrate d'essence de térébenthine[1].

Lorsqu'on fait passer du gaz chlorhydrique dans l'essence de citron, il se produit du bichlorhydrate solide, ainsi que du bichlorhydrate liquide.

Le bichlorhydrate solide forme de petits prismes droits rectangulaires, quelquefois très-aplatis; son odeur est aromatique et rappelle celle du thym. Il fond vers 41° (Blanchet et Sell; à 44°, Deville; entre 42 et 44°, Berthelot). Il est soluble dans l'alcool; la solution n'exerce aucune action sur la lumière polarisée.

Lorsqu'on le fait bouillir avec de l'eau ou de l'alcool, il donne du terpinol et de l'acide chlorhydrique.

Soumis à la distillation, il dégage beaucoup d'acide chlorhydrique; le produit, étant rectifié sur la chaux, constitue un hydrocarbure (citrène) qui ne donne ni chlorhydrate solide avec le gaz chlorhydrique, ni hydrate cristallisé avec un mélange d'alcool et d'acide nitrique.

Une solution alcoolique de potasse le décompose entièrement par une ébullition prolongée.

Traité par le potassium, le bichlorhydrate (produit par les cristaux d'hydrate de térébenthine) donne naissance à une huile qui présente l'odeur et la composition de l'essence de citron. Si on fait la décomposition à la température la plus basse possible, le pro-

---

[1] Suivant M. List, le composé qu'on obtient par l'action de l'acide chlorhydrique sur l'hydrate d'essence de térébenthine ne présenterait pas tout à fait les mêmes caractè s que le bichlorhydrate d'essence de citron : le premier composé serait toujours en tables rhombes, fort solubles dans l'alcool froid, fusibles à 50° et se concrétant à 46°, tandis que le camphre de citron se présenterait en lames minces allongées, peu solubles dans l'alcool.

duit a dans son odeur un peu de cette suavité qui appartient au zeste de citron; si, au contraire, on a fait souvent bouillir la substance encore chlorhydratée, et que la décomposition s'effectue lentement et à une température élevée, l'odeur du produit est plutôt celle de l'hydrocarbure résultant de l'action de la chaux sur le bichlorhydrate (Deville).

Suivant M. Berthelot, le liquide qu'on obtient en saturant par le gaz chlorhydrique l'essence de térébenthine dissoute dans l'alcool ou l'acide acétique, serait une combinaison définie de monochlorhydrate et de bichlorhydrate : $2\,(\,C^{20}H^{16},\,HCl\,)\,+\,C^{20}H^{16},\,2\,HCl$. D'ailleurs le monochlorhydrate se combine directement avec le bichlorhydrate en le liquéfiant.

β. *Bichlorhydrate liquide*, chlorhydrate de citrilène. C'est un liquide très-altérable qui se produit, en même temps que le bichlorhydrate solide, lorsqu'on sature l'essence de citron par du gaz chlorhydrique.

§ 1907. *Sous-chlorhydrate*, dit chlorhydrate de térébène, $2\,C^{20}H^{16},\,HCl$. — On l'obtient en faisant passer du gaz chlorhydrique dans la modification inactive α (térébène) de l'essence de térébenthine. C'est une huile très-fluide, d'une densité égale à 0,902 à 20°, et dont l'odeur a quelque chose de camphré (Deville).

§ 1908. *Monobromhydrate*[1], $C^{20}H^{16},\,HBr$. On en connaît deux modifications, l'une solide, l'autre liquide.

α. En faisant passer de l'acide bromhydrique dans l'essence de térébenthine jusqu'à saturation complète, en ayant soin de refroidir à 0°, on obtient des cristaux de monobromhydrate (*bromhydrate de camphène*), qui possèdent l'odeur, l'aspect et la forme des cristaux de monochlorhydrate, et qui dévient à gauche les rayons de lumière polarisée.

Leur dissolution alcoolique se colore en rouge par le séjour à l'air.

β. Les cristaux précédents nagent dans une liqueur (*bibromhydrate de térébène*), dénuée de pouvoir rotatoire et d'une densité de 1,279 à 21°. Il est très-difficile de séparer entièrement les cristaux de cette liqueur.

Le monobromhydrate liquide se conserve sans altération à l'air.

Sous-bromhydrate, dit monobromhydrate de térébène, $2\,C^{20}H^{16}$,

---

[1] Deville (1837), *Ann. de Chim. et de Phys.*, LXXV, 45, 54.

HBr. — Il s'obtient avec le gaz bromhydrique et le térébène; on enlève l'excès d'acide en filtrant le produit sur de la craie. C'est un liquide incolore, d'une densité de 1,021 à 24° (Deville).

§ 1909. *Monoiodhydrate*[1], dit iodhydrate de camphène, $C^{20}H^{16}$, HI. — On l'obtient en faisant passer de l'acide iodhydrique dans l'essence de térébenthine; on filtre le produit sur de la craie, pour le débarrasser de l'excès d'acide. C'est un liquide d'une densité de 1,5097 à 15°; il dévie le plan de polarisation à gauche. Il ne dépose pas de cristaux par le refroidissement à 0°.

Il se décompose très-vite à l'air en se colorant et en déposant de l'iode. La potasse lui enlève peu à peu son acide, mais la décomposition n'est jamais complète, même après plusieurs distillations.

Une légère chaleur suffit déjà pour l'altérer; il se colore alors, dégage de l'acide iodhydrique, et donne à la distillation un liquide très-dense.

Sous-iodhydrate, dit monoiodhydrate de térébène, $2 C^{20}H^{16}$, HI. — On l'obtient en faisant passer du gaz iodhydrique dans le térébène. C'est un liquide dense, sans pouvoir rotatoire, qui se colore rapidement à l'air.

Dérivés chlorés et bromés de l'essence de térébenthine.

§ 1910. Le *dérivé bichloré*, $C^{20}H^{14}Cl^2$, se produit par la distillation du dérivé quadrichloré sur une solution de potasse. C'est un liquide d'une densité de 1,137 à 20°. Distillé seul, il se décompose en donnant du monochlorhydrate de térébenthine liquide, de l'acide chlorhydrique et un résidu de charbon.

Le *dérivé quadrichloré*, $C^{20}H^{17}Cl^4$, se présente sous plusieurs modifications.

α. L'essence de térébenthine absorbe le chlore, en s'échauffant considérablement et en développant de l'acide chlorhydrique. On finit par obtenir un liquide visqueux (*chlorure d'essence*), incolore, d'une odeur particulière camphrée, et d'une saveur sucrée et amère en même temps. Sa densité est de 1,36. La rotation de ce produit chloré est remarquable en ce qu'elle s'exerce à droite, tandis que l'essence qui sert à le produire dévie à gauche.

Il se décompose par la chaleur, en donnant beaucoup de mo-

---

[1] DEVILLE (1837), *loc. cit.*

nochlorhydrate de térébenthine solide (ayant le même pouvoir rotatoire que le monochlorhydrate obtenu par le gaz chorhydrique), de l'acide chlorhydrique, de l'essence bichlorée, et un résidu de charbon.

β. Le térébène s'échauffe considérablement au contact du chlore gazeux ; si l'on a soin de refroidir la matière, on obtient un liquide (*chlorotérébène*) incolore et visqueux, d'une densité de 1,36 à 15°. Soumis à l'action d'une chaleur ménagée, il noircit, dégage beaucoup d'acide chlorhydrique et laisse distiller une grande quantité d'une liqueur, tantôt incolore, tantôt colorée en rose ou en bleu, suivant que la distillation est plus ou moins rapide. Ce liquide est un mélange de substance non altérée, de dérivé bichloré, et de monochlorhydrate liquide.

γ. L'action du chlore sur le monochlorhydrate de térébenthine solide est très-lente ; on obtient d'abord un liquide qui finit par se transformer en un corps cristallisable (*chlorocamphène*), d'une odeur faible, rappelant la pomme reinette et ayant tout à fait l'aspect du monochlorhydrate employé ; en même temps il se produit beaucoup d'acide chlorhydrique.

Les cristaux fondent, sans se volatiliser, entre 110 et 115° ; leur densité est égale à 1,5 à 8°. Ils n'ont pas de pouvoir rotatoire. Si on les chauffe graduellement, ils dégagent de l'acide chlorhydrique, en donnant un mélange d'huile chlorée et de monochlorhydrate de térébenthine solide.

§ 1911. Le *dérivé quadribromé*, $C^{20}H^{12}Br^4$, se produit par l'action du brome sur l'essence de térébenthine et sur le térébène. On obtient, dans les deux cas, un liquide visqueux, d'une densité de 1,97 à 20°. Celui qui se produit avec l'essence, dévie le plan de polarisation à droite.

Soumis à la distillation, il se décompose en donnant du brome libre et un résidu de charbon.

Dérivés par oxydation de l'essence de térébenthine.

§ 1912. *Oxyde de térébenthine*[1], $C^{20}H^{16}O^2 + 2\,HO$. — Pour obtenir ce corps, on renverse sur l'eau un ballon rempli aux quatre cinquièmes de gaz oxygène, et l'on y introduit de l'essence de téré-

<hr>

[1] Sobrero (1851), *Compt. rend. de l'Acad.*, XXXIII, 66.

benthine en quantité suffisante pour qu'elle forme dans le ballon une couche d'un demi-centimètre à peu près. On expose ensuite l'appareil à l'action de la lumière directe. Bientôt on voit se former, sur la surface interne du ballon non mouillée par l'eau, de petites aiguilles dont la quantité augmente peu à peu; en même temps on voit le liquide s'élever dans le ballon, qui se remplirait si l'on n'avait pas soin de disposer l'appareil de manière à y faire rentrer de l'air à mesure que l'absorption s'effectue. Pour détacher le produit cristallin, on soulève le ballon, et, après avoir laissé écouler l'eau et l'essence non transformée, on y verse un peu d'alcool qui dissout rapidement les cristaux. On laisse évaporer la solution, et on purifie les cristaux par des cristallisations réitérées dans l'alcool et dans l'eau.

Ce corps n'a pas d'odeur; il est soluble dans l'alcool, l'éther et l'eau. Sa solution aqueuse et bouillante le fournit en longs prismes disposés en étoiles.

Il se décompose par l'ébullition avec de l'eau aiguisée d'acide sulfurique, en donnant un produit volatil, ayant une odeur piquante qui rappelle celle de l'essence de térébenthine et du camphre [1].

§ 1913. *Acide térétinique* [2], $C^{18}H^{14}O^{10}$ (?) — Quand on chauffe doucement l'essence de térébenthine avec du massicot, elle se colore en absorbant beaucoup d'oxygène; peu à peu elle se décolore de nouveau, et alors on trouve au fond du vase un précipité jaune et volumineux. On jette le précipité sur un filtre, et on l'épuise par l'alcool bouillant, jusqu'à ce que ce liquide ne soit plus troublé par l'eau; on dessèche le précipité, et on le décompose, dans un tube, par de l'hydrogène sulfuré; l'alcool extrait alors du produit un corps résinoïde dont la solution réagit acide, et qui dépose, par l'évaporation spontanée au soleil, de petits groupes de cristaux blancs et déliés. Si l'on évapore trop brusquement, on n'obtient qu'une masse brune et visqueuse, sans apparence cristalline.

Les cristaux ont donné à l'analyse :

[1] Suivant M. Pelouze, le camphre liquide de Bornéo, qui présente la même composition que l'essence de térébenthine, s'oxyde très-rapidement lorsqu'on l'abandonne à lui-même dans des vases mal fermés, en se transformant en un corps $C^{20}H^{16}O^4$. Ce produit ne serait-il pas le même corps que les cristaux de M. Sobrero?

[2] WÆPPEN et KOLBE, *Ann. der Chem. u. Pharm.*, XLI, 294.

	Kolbe.		$C^{18}H^{14}O^{10}$.
Carbone. . . .	54,32	53,26	53,46
Hydrogène. . .	6,97	6,93	6,93
Oxygène. . . .	»	»	39,61
			100,00

La solution alcoolique des cristaux précipite la plupart des solutions métalliques, et est également précipitée par l'eau; un excès d'alcool dissout les précipités.

Outre les cristaux précédents, il se produit aussi de l'acide formique par l'action du massicot sur l'essence de térébenthine. Il paraîtrait, d'après cela, que cette essence se dédouble de la manière suivante :

$$C^{20}H^{16} + 7\,O^2 = C^{18}H^{14}O^{10} + C^2H^2O^4.$$

Ess. de térébenth.   Ac. térébentin.   Ac. formiq.

§ 1914. *Produits de l'action de l'acide nitrique sur l'essence de térébenthine.* — L'action de l'acide nitrique sur l'essence de térébenthine est fort énergique.

Suivant M. Rabourdin, lorsqu'on fait réagir 500 gr. d'acide nitrique étendu de son volume d'eau sur environ 200 gr. d'essence, ajoutés successivement, on obtient une résine jaune, de l'acide oxalique, du quadroxalate d'ammoniaque, et un résidu brun et sirupeux. Avec l'acide nitrique concentré du commerce, la réaction est extrêmement tumultueuse, et il faut avoir soin de n'y mettre que peu d'essence à la fois, car, sans cela, il peut y avoir de véritables détonations; les produits sont : une résine jaune, de l'acide oxalique, et de l'*acide térébique* (§ 1922) qu'on trouve dans les eaux-mères.

M. Émile Kopp[1] a fait la remarque que l'essence de térébenthine donne surtout beaucoup d'acide oxalique, lorsque l'acide nitrique par lequel on la traite contient de l'acide chlorhydrique; un semblable acide nitrique impur ne fournit presque pas d'acide térébique.

D'après mes expériences[2], la résine qui se produit par l'action de l'acide nitrique sur l'essence de térébenthine se compose de deux principes dont l'un se dissout complétement dans l'ammoniaque avec une couleur rouge, et en est précipité par les acides à

[1] E. Kopp, *Compt. rend. des trav. de Chim*, 1849, p. 153.
[2] Gerhardt, *Traité de Chim. organ. de M. Liebig*, édit. franç. II, 316.

l'état de flocons jaunes. L'analyse a donné pour cette résine acide[1], 58,73—58,32 carbone, 5,65—5,88 hydrogène, et 35,62—35,80 azote et oxygène. L'autre principe qui l'accompagne est insoluble dans l'ammoniaque et dans les alcalis fixes. Ces deux résines paraissent contenir les éléments de l'acide hyponitrique. Suivant M. Chautard, elles donnent de la toluidine (§ 1820) par la distillation avec la potasse.

M. Cailliot[2] indique qu'en faisant bouillir de petites quantités d'essence de térébenthine avec un grand excès d'acide nitrique étendu de son poids d'eau, on obtiendrait : une matière résineuse, composée de trois résines non azotées, différant par leur solubilité dans l'eau et l'ammoniaque ; une eau-mère acide contenant de l'acide *téréphtalique*, $C^{16}H^6O^8$, blanc pulvérulent, insoluble dans l'eau, l'alcool et l'éther, isomère de l'acide phtalique ; de l'*acide térébenzique*, $C^{14}H^7O^4$(?), fusible à 169°, se sublimant comme l'acide benzoïque ; de l'*acide téréchrysique*, $C^{17}H^6O^8$, orangé, incristallisable et extrêmement soluble dans l'eau. Les expériences sur lesquelles s'appuient ces données me paraissent loin d'être concluantes, et auraient besoin d'être reprises.

Il est probable que l'essence de térébenthine, avant de donner ces produits, passe d'abord à l'état de résine, $C^{40}H^{30}O^4$ (colophane) ; celle-ci du moins donne des produits semblables. Voy. § 1921, *Dérivés par oxydation des résines de térébenthine.*

RÉSINES DE TÉRÉBENTHINE.

Composition : $C^{40}H^{30}O^4 = C^{40}H^{29}O^3,HO.$

§ 1915. La résine[3] qui est contenue dans la térébenthine est le

---

[1] Cette résine acide paraît être la même que l'acide azomarique (§ 1921).

[2] Cailliot, *Ann. de Chim. et de Phys.*, [3] XXI, 27.

[3] Voy. sur les résines de térébenthine et sur d'autres résines semblables : — Bouillon Lagrange et A. Vogel, *Ann. de Chimie*, LXXII, 72. — Pelletier, *Journ. de Phys.*, LXXIX, 275. *Ann. de Chimie*, LXXIX, 90 ; LXXX, 38. *Bullet. de Pharm.*, III, 481 ; IV, 502. — Braconnot, *Ann. de Chimie*, LXVIII, 19 et 66. — Bonastre, *Journ. de Pharm.*, IX, 178 ; X, 1 ; XII, 492. — Unverdorben, *Ann. de Poggend.*, VIII, 40 et 407 ; XI, 28, 230 et 293 ; XIV, 116. — Berzélius, *Ann. de Poggend.*, X, 252 ; XII, 419 ; XIII, 78. — Blanchet et Sell, *Ann. der Chem. u. Pharm.*, VI, 269. — H. Trommsdorff, *Ann. der Chem. u. Pharm.*, XIII, 169. — Liebig, *ibid.*, XIII, 174.— H. Rose, *Ann. de Poggend.*, XXIII, 33 ; XLVIII, 61 ; LIII, 365 ; et en extrait, *Ann. der Chem. u. Pharm.*, XIII, 174 ; XXXII, 297 ; XL, 307. — H. Hess, *Ann. der Chem. u. Pharm.*, XXIX, 135. — Laurent, *Ann. de Chim. et de Phys.*, LXV, 324. LXXII, 383. *Compt. rend. des trav. de Chimie*, 1846, p. 57. *Ann. de Chim. et de Phys.*, [3] XXII, 459.

résultat de l'oxydation de l'huile essentielle renfermée dans ce suc, et présente les caractères d'un acide :

$$2\ C^{20}H^{16} + 3\ O^2 = C^{40}H^{30}O^4 + 2\ HO.$$

Ess. de téréb.   Résine de téréb.

Suivant M. Laurent, la résine acide qui est naturellement contenue dans la térébenthine du pin maritime se modifie légèrement par la chaleur sans changer de composition, et diffère par certains caractères des résines fournies par la colophane. M. Laurent donne le nom d'*acide pimarique* à l'acide résineux naturel ; Unverdorben a depuis longtemps désigné sous les noms d'*acide sylvique* et d'*acide pinique* les deux résines isomères dont se compose la colophane.

Comme ces trois isomères ne diffèrent pas par leurs caractères chimiques, il me semble préférable de les distinguer par les lettres grecques α, β et γ ; nous appellerons donc

Résine α, l'acide pinique, ou résine amorphe de la colophane;

Résine β, l'acide sylvique, ou résine cristallisable de la colophane;

Résine γ, l'acide pimarique, ou résine cristallisable naturellement contenue dans la térébenthine.

§ 1916. *Résine* α, dite aussi acide pinique ou acide pimarique amorphe. — Elle constitue la partie principale de la colophane. Elle se produit, avec le temps, par l'effet d'une transposition moléculaire que la résine γ éprouve sous l'influence de la lumière solaire (Laurent).

On extrait la résine α de la colophane en la traitant à froid par de l'alcool de 72 centièmes, où la résine α se dissout de préférence à la résine β. La portion dissoute par l'alcool froid, étant précipitée par une solution alcoolique d'acétate de cuivre, donne un sel d'où l'on retire la résine α au moyen d'un acide quelconque. L'acétate de cuivre ne précipite pas la trace de résine non acide que renferme aussi la colophane, outre les résines acides α et β.

La résine α est amorphe et ressemble tout à fait à la colophane. Elle est insoluble dans l'eau, mais elle se dissout dans l'alcool, l'éther, les huiles essentielles et les huiles grasses. Elle fond par la chaleur et se décompose à une température élevée. [La colophane donne, à la distillation sèche de l'eau, du colophène, une autre huile plus volatile (térébène?), des produits empyreumatiques et un résidu de charbon (Deville)].

La résine α a donné l'analyse :

	Blanchet et Sell[1].		Laurent,	Calcul.
Carbone.	78,9	78,2	78,5	79,47
Hydrogène. . . .	10,0	10,2	9,6	9,93
Oxygène.	»	»	»	10,60
				100,00

A chaud, la résine α déplace l'acide carbonique des carbonates ;
dans les mêmes circonstances, elle déplace aussi les acides gras de
la solution de leurs savons dans l'alcool.

§ 1917. *Résine* β, dite aussi acide sylvique ou acide pyromarique[2].
— Elle se produit par l'action de la chaleur sur la résine γ.

Si l'on chauffe dans une cornue munie d'un récipient une dizaine
de grammes de résine γ, en faisant le vide dans l'appareil, il
distille de la résine β qui se fige en grande partie dans la cornue ;
par cette opération, la résine γ ne change pas de composition, mais
elle devient bien plus soluble dans l'alcool. On peut obtenir de
très-beaux cristaux en faisant dissoudre dans l'alcool bouillant la
résine distillée dans le vide ; par le refroidissement, et mieux encore par l'évaporation spontanée dans un vase un peu profond, il
se dépose des groupes de cristaux qui ont la forme de tables ou de lamelles triangulaires, dont les côtés ont deux ou trois lignes de longueur. [Pour obtenir cet acide, il n'est pas nécessaire, suivant

[1] Colophane (mélange de résine α et de résine β) déposée dans l'éther.

[2] M. Baup (*Ann. de Chim. et de Phys.*, XXXI, 108) a extrait de la colophane française un *acide pinique*, cristallisé en lames triangulaires solubles dans 4 p. d'alcool, et
de la résine de *Pinus Abies* un *acide abiétique*, cristallisé en tables carrées, solubles
dans 7,5 p. d'alcool de 88 centièmes à 14°. Il est probable que ces composés sont identiques à la résine β de térébenthine.
Il en est probablement de même de l'*acide abiétique* de M. Cailliot.
Ce dernier chimiste (*Journ. de Pharm.*, XVI, 436) désigne sous le nom d'*abiétine*
une résine neutre, extraite par lui de la térébenthine de Strasbourg et du Canada. Cette
térébenthine étant distillée avec de l'eau, et le résidu étant repris par l'alcool absolu, on
obtient une liqueur qui dépose l'abiétine, par l'évaporation spontanée, sous la forme de
pyramides allongées, à base rectangulaire. L'alcool extrait aussi une certaine quantité
d'acide abiétique. Pour séparer ces deux corps, on évapore à siccité la solution alcoolique, on fait bouillir le résidu résineux avec le double de son poids d'une solution de
carbonate de potasse, on décante la lessive alcaline, et on délaye le résidu composé d'a-
biétine et d'abiétate de potasse dans 30 fois son poids d'eau ; l'abiétine se sépare alors
à l'état cristallin, tandis que l'abiétate de potasse reste en dissolution.
L'abiétine est sans odeur ni saveur, insoluble dans l'eau, soluble dans l'alcool, surtout bouillant, soluble dans l'acide acétique concentré, l'éther et l'huile de naphte, qui
le déposent à l'état cristallisé. Il fond par la chaleur et se prend par le refroidissement en
une masse cristalline. La potasse y est sans action.
L'analyse de l'abiétine n'a pas été faite.

M. Laurent, de faire la distillation dans le vide : on peut opérer sous la pression ordinaire, mais alors le produit est mêlé d'un peu d'huile (colophène?), dont la proportion est d'autant plus abondante qu'on a opéré sur une plus grande quantité de matière].

On peut aussi extraire la résine β de la colophane, en broyant celle-ci et en la lavant à plusieurs reprises avec de l'alcool, à la température ordinaire, pour dissoudre la résine incristallisable α. On fait bouillir le résidu avec de l'alcool, et l'on abandonne la liqueur à la cristallisation ; on obtient ainsi des cristaux mêlés d'un sirop jaunâtre, qu'on enlève en agitant rapidement le produit avec de l'alcool.

Suivant Trommsdorff, la résine β cristallise, dans une solution alcoolique moyennement concentrée, sous la forme de grosses tables rhombes, réunies en faisceaux et ordinairement très-minces. Selon Unverdorben, on l'obtiendrait en prismes rhomboïdaux, terminés par un sommet à 4 faces. Enfin, d'après M. Laurent, qui les a examinés avec attention, les cristaux de la résine β ne se présentent pas sous la forme de tables quadrilatères, mais bien sous celle de tables triangulaires ; quelquefois les côtés de ces tables ont deux à trois lignes de longueur ; la face qui correspond à la base du triangle est inclinée, et les deux autres côtés du triangle sont remplacés par deux facettes ; l'angle sommet est légèrement tronqué.

La résine β est incolore, transparente, fusible [1] à 125° environ, insoluble dans l'eau, très-soluble dans l'éther, soluble dans 8 à 10 fois son poids d'alcool. Elle se dissout également dans l'acide acétique concentré, dans le naphte, et dans l'essence de térébenthine. Lorsqu'elle a été fondue, elle se comporte avec l'alcool comme la résine γ, c'est-à-dire qu'elle se dissout d'abord dans son poids d'alcool, et qu'elle s'en précipite au bout de quelques secondes. (Laurent).

Elle a donné à l'analyse.

	H. Trommsdorff.		Liebig.	H. Rose.			Laurent.		$C^{40}H^{30}O^4$.
Carbone. .	78,56	78,88	78,65	78,0	78,2	78,9	78,5	78,4	79,47
Hydrogène.	9,81	9,79	9,82	9,9	10,0	10,0	9,9	9,9	9,93
Oxygène. .	»	»	»	»	»	»	»	»	10,60
									100,00

Suivant M. Laurent, on peut distiller la résine β plusieurs fois de suite, en ne l'altérant que très-peu.

[1] Suivant M. Woehler (*Ann. der Chem. u. Pharm.*, XLI, 155), l'acide sylvique cristallisé fond à 140°, et se transforme par la fusion en une modification qui, de nouveau concrétée, fond déjà entre 90° et 100°.

Si l'on abandonne à elle-même pendant quelques semaines une solution alcoolique de résine β, elle donne ensuite, par l'évaporation, une masse gluante et incristallisable, fusible au bain-marie [1].

La solution alcoolique de la résine β n'est pas troublée par l'ammoniaque aqueuse; celle-ci dissout la résine précipitée par l'eau de sa solution alcoolique. La potasse aqueuse produit le même effet; mais, le résinate de potasse étant peu soluble dans un excès de potasse, ce sel se précipite par l'addition d'une plus grande quantité de potasse et d'eau à la solution potassique de la résine.

§ 1918. *Résine* γ, dite aussi acide pimarique. — Pour l'obtenir, on traite le galipot à froid par un mélange de 6 p. d'alcool et 1 p. d'éther, de manière à enlever la plus grande partie de l'essence, on dissout le résidu dans l'alcool bouillant, et l'on abandonne la solution dans un endroit peu aéré. Au bout de deux ou trois jours, il se forme au fond du vase une croûte dont l'épaisseur augmente peu à peu; il faut la retirer avant que tout l'acide se dépose; on la lave une fois avec de l'alcool froid, et on la fait redissoudre dans l'alcool bouillant. La résine γ se dépose alors à l'état de pureté. Les eaux-mères alcooliques abandonnent le restant de cet acide sous la forme d'une poudre blanche et cristalline.

Cet acide résineux peut aussi se préparer avec la colophane de Bordeaux; on la pulvérise, on la traite à froid par l'alcool, et on dissout le reste dans l'alcool bouillant.

Il se présente en masses ou en croûtes cristallines, tuberculeuses, d'une blancheur éclatante, hérissées de cristaux tellement serrés les uns contre les autres, qu'il est presque impossible d'en reconnaître la forme. Lorsqu'on fait cristalliser sur le porte-objet du microscope une goutte de l'acide dissous dans beaucoup d'alcool, on voit d'abord se former des ellipses qui deviennent peu à peu des octogones ou des rectangles légèrement tronqués sur les angles; finalement on n'a que des rectangles ou des prismes à base rectangulaire, passant quelquefois au prisme à six pans, sans modifications (Laurent). Il est très-soluble dans l'éther; l'alcool en

---

[1] Un semblable produit (*acide oxysylvique*), desséché dans le vide, a donné à l'analyse :

	H. Rose.	
Carbone. . .	73,8	73,4
Hydrogène. .	8,9	8,8
Oxygène. . .	»	»

dissout, à la température de 18° environ, la dixième partie de son poids; si l'alcool est bouillant, il peut en dissoudre au moins un poids égal au sien. La solution alcoolique est précipitée par l'eau.

Il n'entre en fusion que vers 125°, mais il peut descendre à une température beaucoup plus basse avant de se solidifier complétement; ainsi à 120°, il est visqueux, à 90°, très-épais, à 80° mou; à 70° il se laisse encore comprimer, et à 68° enfin il est solide. Lorsqu'on prolonge la fusion sans élever la température, la matière se colore peu à peu et brunit.

Lorsque cet acide a été fondu, il se comporte avec l'alcool d'une manière singulière : qu'on en triture un gramme dans un mortier, et qu'on y verse un gramme d'alcool à la température de 17 à 18°, en continuant la trituration; l'acide résineux se dissoudra rapidement. Si l'on verse immédiatement la dissolution dans un verre, au bout de quelques secondes, on la verra se troubler par la présence de petits cristaux elliptiques de résine γ. Ce phénomène n'est pas dû à l'évaporation de l'alcool; car si, dès que la dissolution est évaporée, on y verse 3 à 4 fois plus d'alcool, l'acide résineux continuera de cristalliser, et pour le redissoudre, il faudra y ajouter environ dix fois son poids d'alcool. On voit ainsi que la fusion convertit l'acide résineux en une modification isomère, mais qui peut aisément revenir à son premier état.

La résine γ a donné à l'analyse :

	Laurent.	$C^{40}H^{30}O^4$.
Carbone	78,57	79,47
Hydrogène . . .	9,72	9,93
Oxygène.	»	10,60
		100,00

Par la distillation dans le vide, la résine γ se transforme en résine β (acide sylvique).

Avec la potasse, la soude et l'ammoniaque, la résine γ donne des sels solubles dans l'alcool.

Sa solution alcoolique, versée dans les solutions alcooliques de chlorures de calcium, de baryum, de strontium et de magnésium, n'y forme pas de précipité; mais il s'en produit par l'addition d'un peu d'ammoniaque.

Lorsqu'on verse la solution alcoolique et bouillante de la résine dans des solutions alcooliques et bouillantes d'acétate de cuivre, de plomb ou d'argent, il ne se forme pas de précipité immédiatement, mais peu à peu la liqueur se trouble, et il s'y dépose des sels non cristallisés.

§ 1919. *Distillation sèche des résines de térébenthine*[1]. — Lorsqu'on distille la colophane dans une cornue à feu nu et un peu vivement, on recueille, suivant M. Deville, de l'eau, une grande quantité de colophène[2], et un autre hydrocarbure plus fluide (térébène?), tandis que la cornue retient un résidu charbonneux. Le produit brut de la distillation est encore mêlé de colophane et de produits empyreumatiques.

L'action d'une chaleur très-élevée sur les résines de térébenthine donne des produits différents. Lorsqu'on distille la colophane à la chaleur rouge, dans des appareils à gaz, il passe, outre les hydrocarbures gazeux, environ 30 p. c. d'une huile brune ou noire et qui est connue dans le commerce sous le nom de *brai sec*. Ce produit, soumis à des distillations fractionnées, donne plusieurs hydrogènes carbonés; entre 130 et 160°, on recueille un produit qui a reçu des fabricants le nom de *vive essence*; à 160°, la distillation présente un temps d'arrêt, la température du liquide s'élève rapidement, et à 280° la distillation reprend vivement. Le produit qu'on obtient alors est encore une huile que les fabricants désignent sous le nom d'*huile fixe*, en raison de sa faible volatilité, comparée à la volatilité de la vive essence. Dans l'intervalle qui sépare la production des deux huiles, il se sublime une certaine quantité de naphtaline (§ 1697); la même substance se trouve en dissolution dans les dernières portions de vive essence et se dépose dans les dernières portions d'huile fixe, lorsqu'elles sont soumises à l'action du froid. Pendant la distillation de l'huile fixe, la température continue à s'élever jusqu'à 350°. Il passe alors une matière qui se fige dans les récipients. Celle-ci, dite *matière grasse*, est d'un brun noirâtre ou bleuâtre; lorsqu'elle a passé, il ne reste plus dans la cornue qu'un charbon brillant.

Suivant MM. Pelletier et Walter, la vive essence est un mélange de deux huiles. Elle contient un hydrocarbure, le *rétinnaphte* $C^{14}H^8$, bouillant à 108°; c'est la substance que nous avons déjà décrite sous le nom de *toluène* (§ 1811). Elle renferme également

---

[1] FRÉMY, *Ann. de Chim. et de Phys.*, LIX, 11. — PELLETIER et WALTER, *ibid.*, LXVII, 269. — DEVILLE, *Ann. de Chim. et de Phys.*, [3] LXXV, 69.

[2] La *résincine* de M. Frémy est probablement le même corps, incomplétement purifié.

du *rétinnyle*; $C^{18}H^{12}$, bouillant à 150°, et isomère du *cumène* (§ 1835).

L'huile fixe donne, par un grand nombre de rectifications, un troisième hydrocarbure, le *rétinole*, oléagineux, sans odeur ni saveur bien sensible, d'une densité de 0,9 à l'état liquide, et tachant le papier à la manière des corps gras. Cet hydrocarbure bout à 238° environ; la densité de sa vapeur a été trouvée égale à 7,11. Il a donné à l'analyse :

	Pellet. et Walter.		$C^{64}H^{32}(?)$
Carbone. . . .	91,22	91,15	92,3
Hydrogène. . .	7,76	8,11	7,7
	98,98	99,26	100,0

MM. Pelletier et Walter représentent cet hydrocarbure par les rapports $C^{64}H^{32}$ qui manquent de contrôle. (La densité de vapeur calculée est égale à 7,29, c'est-à-dire plus forte que le nombre trouvé par l'expérience.)

Le rétinole dissout à chaud le soufre et l'iode. Il absorbe plusieurs gaz, et particulièrement le gaz acide sulfureux dont il prend plusieurs fois son volume. Il n'est pas attaqué par les alcalis. Le chlore le transforme à chaud en une masse épaisse, avec dégagement d'acide chlorhydrique. L'acide nitrique l'attaque rapidement à chaud en produisant un liquide oléagineux.

Quant à la matière grasse qui passe en dernier lieu à la distillation sèche de la colophane, elle consiste principalement en *méta-naphtaline* (§1725 *b*) dissoute ou en suspension dans une certaine quantité de rétinole.

Dérivés métalliques des résines de térébenthine. Résinates.

§ 1920. Les résines de térébenthine représentent des acides mono-basiques; les résinates neutres renferment :

$$C^{40}H^{29}MO^4 = C^{40}H^{29}O^3, MO.$$

On obtient les résinates : en dissolvant les résines dans les alcalis; en précipitant la solution alcoolique des acétates par une solution alcoolique de résine, dissolvant le précipité dans l'éther, et précipitant la solution par de l'alcool de 80 centièmes, qui retient en dissolution l'excès d'acide résineux; en précipitant un résinate alcalin par une autre solution métallique.

Les résinates sont en général solubles dans l'éther.

Le *sel de potasse* de la résine α est amorphe et soluble dans l'eau; il se dissout également dans l'alcool; il est insoluble dans l'essence de térébenthine et l'huile d'olive. Sa solution aqueuse est précipitée par un excès de potasse caustique.

Le sel de la résine β forme, suivant Unverdorben, des aiguilles lanugineuses peu solubles dans l'eau, peu solubles dans l'alcool froid, assez solubles dans l'alcool bouillant.

Le *sel de soude* α ressemble au sel de potasse; le sel β est cristallisable.

Le *sel de baryte* α s'obtient sous la forme d'une poudre jaunâtre par le mélange d'une solution de chlorure de baryum et d'une solution aqueuse de résinate de potasse α; il fond dans l'eau en une masse emplastique; il est peu soluble dans l'eau, insoluble dans l'alcool, fort soluble dans l'éther.

Le *sel* β forme des flocons blancs, solubles dans l'alcool absolu et bouillant.

Le *sel de strontiane* α ressemble au sel de baryte.

Le *sel de chaux* α est peu soluble dans l'eau et l'alcool, fort soluble dans l'éther et l'essence de térébenthine. Le sel β constitue des grains cristallins et brillants, solubles dans l'alcool absolu.

Le *sel de magnésie* α s'obtient sous la forme d'un précipité blanc par le mélange du sulfate de magnésie avec une solution de résinate de potasse. Il est peu soluble dans l'eau, insoluble dans l'alcool, fort soluble dans l'éther.

Le sel β est résineux, fort soluble dans l'alcool, l'éther et l'essence de térébenthine.

Le *sel d'alumine* α se précipite quand on ajoute de l'alun au résinate de potasse; il est fusible, insoluble dans l'eau et l'alcool, soluble dans l'éther.

Le *sel de zinc* α se précipite à l'état floconneux par le mélange du résinate de potasse avec le sulfate de zinc; il est insoluble dans l'eau et l'alcool, mais soluble dans l'éther.

Le sel β ressemble au résinate de chaux β et se dissout dans l'alcool.

Le *sel de nickel* α est un précipité vert, fort soluble dans l'éther et l'essence de térébenthine.

Le *sel de cobalt* α est un précipité bleu, devenant gluant à chaud, et soluble dans l'éther.

Le *sel de cuivre* α est un précipité vert qu'on obtient en mélangeant une solution d'acétate de cuivre, dans l'alcool de 65 centièmes par une quantité insuffisante d'une solution alcoolique de résine α; on dissout le précipité dans l'éther et on le fait bouillir avec de l'alcool de 80 centièmes, qui laisse le résinate à l'état insoluble. Ce sel est insoluble dans l'eau, très-peu soluble dans l'alcool absolu, très-soluble dans l'éther, l'essence de térébenthine et les huiles grasses.

Le sel β renferme $C^{40}H^{29}CuO^4$. Lorsqu'on mélange de l'acétate de cuivre, dissous dans l'alcool de 60 centièmes, avec une solution alcoolique de résine β, de manière à maintenir le sel de cuivre en excès, il se produit un précipité volumineux d'un bleu clair qui renferme, à 100°, 11,2 à 11,8 p. c. d'oxyde de cuivre (Trommsdorff; d'après le calcul 12 p. c.). Ce précipité est soluble dans l'alcool.

Le *sel ferreux* α constitue un précipité blanc, fort soluble dans l'éther; sa solution s'oxyde promptement à l'air. Le sel β est semblable.

Le *sel ferrique* α et β est un précipité amorphe, peu soluble dans l'alcool, fort soluble dans l'éther.

Le *sel de manganèse* α est pulvérulent et se prend dans l'eau bouillante en une masse résinoïde; il est insoluble dans l'eau et l'alcool, mais soluble dans l'éther.

Le sel β est fort soluble dans l'alcool absolu; la solution incolore brunit promptement au contact de l'air.

Le *sel d'étain* (stannique) α forme des flocons gris jaunâtres insolubles dans l'eau, l'essence de térébenthine et les huiles grasses, solubles en partie dans l'alcool et l'éther.

Le *sel de plomb* des résines α, β et γ renferme $C^{40}H^{29}PbO^4$.

La solution alcoolique de la résine α donne, avec l'acétate de plomb, un précipité blanc, insoluble dans l'alcool, peu soluble dans l'éther, mais soluble dans l'essence de térébenthine et dans les huiles grasses.

Suivant M. Rose, la solution de la résine β dans l'alcool donne, avec une solution alcoolique d'acétate de plomb, un précipité blanc non cristallin, insoluble dans l'alcool, fusible à une douce chaleur. M. Laurent donne une indication différente : Selon ce chimiste, lorsqu'on verse une solution de résine β alcoolique, bouillante et étendue dans une solution alcoolique bouillante et très-peu concentrée d'acétate de plomb, il ne se forme pas de précipité immédiatement;

mais peu à peu on voit se déposer de longues aiguilles très-fines, qui sont des prismes à 4 pans terminés par des pyramides ou par des biseaux très-aigus. (C'est ce caractère qui, suivant M. Laurent, distingue la résine β de la résine γ.)

Le résinate de plomb γ est blanc; il fond comme une résine, et se solidifie, par le refroidissement, en une masse jaune et transparente. Par la distillation, il donne de l'eau, une huile épaisse, soluble en partie dans la potasse. La portion insoluble est liquide.

Ces trois résinates de plomb ont donné à l'analyse :

	H. Rose.			Laurent.		Calcul.
	α	β	β	β	γ	
Oxyde de plomb. . .	27,31	27,42	26,0	26,5	26,5	27,6

Le *sel d'argent* α est une poudre jaunâtre, noircissant au soleil; il est insoluble dans l'eau, très-peu soluble dans l'alcool absolu, fort soluble dans l'éther et l'essence de térébenthine. Lorsqu'on fait bouillir la solution du résinate dans cette essence, il se dépose une poudre bleue, à reflet métallique.

Le sel β contient $C^{20}H^{29}AgO^4$. La solution alcoolique de la résine β n'est pas précipitée par une solution alcoolique de nitrate d'argent, mais il se forme un précipité par l'addition d'un peu d'ammoniaque; ce précipité se dissout dans un excès d'ammoniaque. Il n'est pas aussi cristallin que le sel d'argent de la résine de copahu, mais il n'est pas insoluble dans l'alcool. Il renferme :

	H. Rose.	Calcul.
Oxyde d'argent. .	27,95	28,3.

Le *sel mercureux* α forme des flocons blancs solubles dans l'éther. Le sel mercurique β est un précipité rouge jaunâtre, fusible à une douce chaleur, soluble dans l'éther.

Le *sel d'or* α est un précipité jaune qui noircit par la chaleur et par la lumière.

Derivés par oxydation des résines de térébenthine[1].

§ 1921. *Acide azomarique*[2], $C^{40}H^{22}(NO^5)^2O^8(?)$. — Lorsqu'on fait bouillir pendant longtemps la colophane avec une grande quantité d'acide nitrique, il se forme à la surface du liquide une croûte

---

[1] Voy. aussi § 1911, *Dérivés par oxydation de l'essence de térébenthine.*
[2] LAURENT, *Ann. de Chim. et de Phys.*, LXXII, 397.

solide, jaune, résineuse, très-friable, qui constitue l'acide azomarique. Pour le purifier, on le fait bouillir à plusieurs reprises avec beaucoup d'eau pour enlever l'acide nitrique qu'il renferme, puis on le pulvérise et on le dessèche lentement à 100°.

Cet acide constitue une poudre jaune, insoluble dans l'eau, mais très-soluble dans l'alcool et l'éther ; il est incristallisable. Sa solution alcoolique rougit le tournesol.

Il a donné à l'analyse :

	Laurent.	Calcul.
Carbone. . .	57,4	57,4
Hydrogène..	5,4	5,2
Azote. . . .	7,2	6,7
Oxygène. . .	»	30,7
		100,0

Chauffé sur une feuille de verre, l'acide azomarique entre en fusion et se décompose en même temps, en laissant un volumineux résidu de charbon. Chauffé en vase clos, il dégage une petite quantité d'huile.

L'acide sulfurique le dissout, et l'eau l'en reprécipite en flocons.

Les *sels d'ammoniaque, de potasse et de soude* sont solubles.

Le *sel de baryte* est insoluble.

Le *sel de plomb* est un précipité jaunâtre qu'on obtient en versant une solution alcoolique d'acide azomarique dans une solution alcoolique d'acétate de plomb ; chauffé avec lenteur, il se décompose subitement. Il renferme 36,4 p. c. d'oxyde de plomb.

Le *sel d'argent* est un précipité jaunâtre.

§ 1922. *Acide térébique*[1], $C^{14}H^{10}O^8$. — Si l'on abandonne au repos le produit de l'action prolongée de l'acide nitrique bouillant sur la colophane, ou sur l'essence de térébenthine, après l'avoir évaporé à consistance de sirop, on y trouve, au bout de quelques semaines, de petits cristaux qu'on peut isoler aisément en les lavant avec de l'eau froide et en les étalant sur du papier joseph. Suivant M. Bromeis, les cristaux sont assez réguliers ; leurs faces latérales ont beaucoup d'éclat ; quand on les examine à la loupe, on les trouve composés de prismes à 4 pans à face terminale oblique. Ce corps ne fond que fort difficilement ; il fume un peu quand on le

[1] BROMEIS (1841), *Ann. der Chem. u. Pharm.*, XXXVII, 297. — RABOURDIN, *Journ. de Pharm.*, [3] VI, 185. — CAILLIOT, *l'Institut*, n° 827, 7 nov. 1849.

chauffe, ne se sublime pas, et se décompose en se boursouflant légèrement. Il ne précipite pas le sous-acétate de plomb; de même, son sel d'ammoniaque neutre ne précipite ni le chlorure de calcium, ni l'acétate de plomb, ni le nitrate d'argent.

M. Rabourdin attribue à ce corps (*acide térébilique*) la même composition, mais des propriétés un peu différentes. Cet acide, suivant lui, est peu soluble dans l'eau froide, beaucoup plus soluble dans l'eau bouillante, qui en abandonne la plus grande partie, par le refroidissement, en très-petits cristaux groupés en choux-fleurs. L'alcool et l'éther le dissolvent très-bien et l'abandonnent, par l'évaporation spontanée, en prismes droits à base rectangle ou en octaèdres cunéiformes. Sa saveur est franchement acide, sans arrière-goût.

L'analyse de l'acide térébique a donné les nombres suivants :

	Bromeis.	Rabourdin.			Calcul.
Carbone. . . .	53,20	53,18	53,00	52,90	53,16
Hydrogène. . .	6,76	6,25	6,46	6,58	6,32
Oxygène. . . .	»	»	»	»	40,52
					100,00

L'acide nitrique n'agit pas sur l'acide térébique, même à la température de l'ébullition.

Les *térébates* à base de métaux alcalins ou terreux sont très-solubles et cristallisent fort difficilement.

Le *sel de plomb* renferme $C^{14}H^9PbO^8$. En saturant une solution aqueuse d'acide térébique par du massicot et évaporant le liquide à une douce chaleur, on obtient une croûte cristalline de térébate de plomb. Ce sel est blanc et très-soluble dans l'eau; il peut dissoudre une assez grande quantité d'oxyde de plomb pour former un sous-sel (Rabourdin).

Le *sel d'argent*, $C^{14}H^9AgO^8$, s'obtient en décomposant le térébate d'ammoniaque par un léger excès de nitrate d'argent, évaporant et laissant refroidir doucement la solution neutre. Il se présente, suivant M. Bromeis, en houppes soyeuses très-belles, beaucoup plus solubles dans l'eau chaude que dans l'eau froide.

Il a donné à l'analyse :

	Bromeis.	Rabourdin.	Calcul.
Carbone. . . .	»	31,93	31,69
Hydrogène. .	»	3,44	3,39
Argent. . . .	41,20	40,87	40,75

§ 1923. Si l'on soumet l'acide térébique à la distillation, il fond vers 200°, sans rien perdre de son poids, et ne tarde pas à entrer en ébullition. En même temps qu'il se dégage alors de l'acide carbonique, il passe un liquide incolore auquel M. Rabourdin donne le nom d'*acide pyrotéribilique*. La cornue ne retient pas de résidu.

Ce liquide, d'une densité de 1,01, est huileux, réfracte beaucoup la lumière, et possède une odeur qui rappelle celle de l'acide butyrique; sa saveur est mordicante. Il est encore liquide à — 20°, et bout à 200°. 1 p. se dissout dans 25 p. d'eau; il est plus soluble dans l'alcool et l'éther.

Il a donné à l'analyse :

	Rabourdin.		Calcul.
Carbone. . .	62,90	63,18	63,09
Hydrogène. .	8,77	8,80	8,76
Oxygène. . .	»	»	28,15
			100,00

L'acide pyrotérébilique forme des sels qu'on obtient difficilement cristallisés; les sels alcalins ne précipitent pas les solutions métalliques étendues, mais ils font naître un précipité blanc dans les solutions d'argent et de plomb un peu concentrées.

Il serait possible que l'acide pyrotérébilique fût un homologue de l'acide angélique; si ma supposition est fondée, il devra se dédoubler par l'hydrate de potasse en acide butyrique et en acide acétique.

Résines congénères des résines de térébenthine.

§ 1924. *Résine animé* ou *copal*[1]. — Cette résine est produite par une ou deux espèces d'*Hymenea*, arbres de la famille des légumineuses, et nous arrive principalement de Madagascar, de Bombay, de Calcutta et de Chine. Elle affecte différentes formes, suivant qu'elle a été récoltée suspendue à l'arbre, à l'abri de toute impureté, ou qu'elle a été recueillie sur terre ou enfouie dans le sable.

Les qualités les plus recherchées dans le commerce sont le copal ou animé dur, provenant de l'*Hymenea verrucosa*; cette résine se présente ordinairement sous la forme de larmes ou de stalactites,

[1] Unverdorben, *Jahrb. der Chem. u. Pharm.*, XXIX, 460. — Fiolhl, *Journ. de Pharm.*, [3] I, 301, 507. — Laurent, *Ann. de Chim. et de Phys.*, LXVI, 314. — Paoli, *Journ. de Trommsdorff*, nouv. série IX, 40 et 61.

Voy. sur l'origine des résines animé, Guibourt, *Revue scientif.*, XVI, 177.

quelquefois grosses et longues comme le bras, lisses, transparentes, jaune foncé, d'une cassure vitreuse, et tellement dures que la pointe d'un couteau les entame à peine ; elles se ramollissent au feu, et ne fondent qu'à une température très-élevée.

Le copal dur ressemble beaucoup au succin, est sans saveur ni odeur, et présente une densité de 1,045 à 1,139. Il ne donne pas d'acide succinique à la distillation sèche.

Telle qu'on le trouve naturellement, le copal dur est peu soluble dans l'alcool absolu ; mais il y devient plus soluble, si, après l'avoir réduit en poudre, on l'abandonne pendant quelques semaines au contact de l'air ; il éprouve alors une oxydation qui est surtout favorisée par la fusion. Il se gonfle beaucoup dans l'éther, et s'y dissout ensuite entièrement ; la masse gonflée se dissout aisément dans l'alcool bouillant. L'essence de térébenthine le dissout moins bien que ne le fait l'essence de romarin. Au reste, les différentes variétés de copal dur du commerce présentent des caractères de solubilité fort variables.

Voici les analyses faites par M. Filhol sur diverses variétés de copal dur :

	Copal dur de Calcutta, en larmes.	Copal dur de Calcutta, en morceaux très-blancs et plats.		Copal dur de Bombay.	Copal dur de Madagascar.
Carbone...	80,66	80,34	80,29	79,70	79,80
Hydrogène..	8,77	10,32	10,52	10,40	9,42
Oxygène...	10,57	9,14	9,14	9,90	10,78
	100,00	100,00	100,00	100,00	100,00

L'ammoniaque ni la potasse ne dissolvent la résine à froid ; si l'on porte la liqueur à l'ébullition, la résine se coagule et vient nager à la surface, sous la forme d'une masse spongieuse qu'on ne parvient pas à dissoudre par une ébullition de plusieurs heures : c'est que la combinaison de la résine avec les alcalis, tout en étant soluble dans l'eau pure, est insoluble dans un liquide contenant le moindre excès d'alcali (Filhol).

M. Filhol distingue dans le copal dur de l'Inde plusieurs principes résineux : α résine molle, fusible au bain-marie, soluble dans l'alcool de 72 centièmes, dans l'éther et dans l'essence de térébenthine, donnant avec les bases des résinates solubles dans l'éther et insolubles (sauf le résinate de potasse) dans l'alcool ; β résine molle, fusible au-dessous de 100°, soluble en toutes proportions dans l'alcool, l'éther et l'essence de térébenthine, donnant des résinates solubles dans l'éther, mais insolubles dans l'alcool anhydre; γ résine blanche, soluble dans l'alcool absolu et l'éther, moins fusible que la précédente, et donnant des résinates insolubles dans l'alcool et l'éther; δ résine blanche, insoluble dans l'alcool et l'éther, soluble dans une solution alcoolique de potasse, très-peu fusible; ε résine gélatineuse insoluble dans tous les véhicules.

L'analyse de ces différentes résines a donné :

	Filhol.							
	α	α	β	β	γ		ε	ε
Carbone...	76,91	76,76	76,85	77,04	80,70	80,53	81,16	81,68
Hydrogène..	10,13	10,12	10,08	10,03	10,43	10,66	10,54	10,43
Oxygène...	»	»	»	»	»	»	»	»

Les résinates de plomb contenaient :

$$\text{Oxyde de plomb.} \quad \overset{\alpha}{26,17} \quad \overset{\alpha}{26,32} \quad \overset{\beta}{25 \text{ à } 28}$$

Je ne pense pas que les analyses précédentes aient été faites sur des substances définies. Les quantités d'oxyde trouvées dans les résinates de plomb étant sensiblement les mêmes que celles que renferment les résinates de térébenthine, il est à présumer que les principes résineux du copal ont une composition semblable à celle des résines de térébenthine.

§ 1925. Le copal ou animé tendre, dit aussi *résine courbaril*, paraît provenir de l'*Hymenea Courbaril*, L., et présente une composition différente de celle du copal dur; celui qu'on tire de l'Inde forme, suivant M. Filhol, de grosses lames, globuleuses, entièrement blanches, fusibles à 100°, entièrement solubles à froid dans l'essence de térébenthine, avec laquelle elles donnent un beau vernis; l'alcool anhydre en dissout à peine quelques traces.

L'analyse de ce copal a donné :

	Filhol.	
Carbone. . :	85,30	85,36
Hydrogène. .	11,50	11,53
Oxygène. . .	3,20	3,11
	100,00	100,00

Suivant Paoli, le copal tendre d'Amérique se présente sous la forme de morceaux jaune pâle, à cassure vitreuse, se ramollissant dans la bouche, et d'une odeur agréable qui devient surtout sen-

sible par la chaleur. Il se dissout entièrement dans l'alcool bouillant ; l'alcool froid le dédouble en deux résines, dont l'une n'est
soluble que dans l'alcool bouillant. La résine brune renferme aussi
une très-petite quantité d'huile essentielle (2,4 p. c.).

Selon M. Laurent, la partie résineuse soluble dans l'alcool
froid paraît être identique à la résine α de térébenthine. La partie
soluble dans l'alcool bouillant se dépose, par le refroidissement,
sous la forme de flocons très-légers, composés d'aiguilles fort déliées ; elle renferme :

	Laurent.	$C^{40}H^{32}O^2$(?)
Carbone. . .	83,6	83,33
Hydrogène. .	11,5	11,11
Oxygène. . .	4,9	4,56
	100,0	100,00

§ 1926. *Résine antiar.* — Elle a été extraite par Pelletier et Caventou [1] du suc vénéneux de l'antiar (*Antiaris toxicaria*, de la
famille des antocarpées), avec lequel les indigènes de Java em-
poisonnent leurs flèches. On l'extrait du suc desséché au moyen de
l'éther ou de l'alcool bouillant. Elle se dépose, par le refroidissement, sous la forme de flocons blancs, sans odeur, d'une densité de
1,032 à 20°, gluants, fusibles à 60°, insolubles dans l'eau. L'alcool
n'en dissout que $^1/_{325}$ p. à 20°, et $^1/_{44}$ p. à l'ébullition ; l'éther bouillant en dissout $^2/_3$ p. ; les huiles essentielles la dissolvent aisément.
Les solutions n'ont aucune réaction acide.

La résine antiar ne se dissout qu'en quantité très-faible dans la
potasse caustique. Une solution alcoolique ne la précipite pas ; mais,
si l'on ajoute de l'eau au mélange, il se précipite une masse emplastique, contenant 23,44 p. c. d'oxyde de plomb.

La résine antiar n'est pas vénéneuse.

M. Mulder la représente par les rapports $C^{32}H^{24}O^2$. Je ne connais
pas les analyses sur lesquelles se fonde cette formule, très-problé-
matique d'ailleurs.

§ 1927. *Résine de l'arbre à brai* [2]. — Elle est fournie par un
arbre de la famille des térébinthacées (suivant M. Baup, par le
Canarium album, Roxb.) qui vient aux îles Philippines, où elle

---

[1] PELLETIER et CAVENTOU, *Ann. de Chim. et de Phys.*, XXVI, 57. — MULDER, *Ann. der Chem. u. Pharm.*, XXVIII, 307.

[2] MAUJEAN, *Journ. de Pharm.*, IX, 47. — BONASTRE, *ibid.*, X, 199. — BAUP, *Ann. de Chim. et de Phys.*, XXXI, 108. *Journ. de Pharm.*, [3] XX, 321. — DUMAS, *Journ. de Chim. médic.*, 1835, p. 309.

est employée par les indigènes pour le calfatage des bateaux. Elle
est d'un gris verdâtre, molle, gluante, d'une odeur forte et
agréable. Suivant M. Bonastre, elle présente la composition suivante :

Résine très-soluble dans l'alcool. .	61,29
Résine peu soluble dans l'alcool. .	25,00
Huile essentielle.	6,25
Acide libre.	0,52
Matière extractive amère.	0,52
Impuretés ligneuses et terreuses. .	6,42
	100,00

La partie peu soluble à froid dans l'alcool se dissout aisément
dans l'alcool bouillant et dans l'éther, et se dépose, par le refroidissement, sous la forme de cristaux radiés. Cette substance renferme [1] :

	Henri et Plisson.	Dumas.
Carbone. . .	79,73	85,3
Hydrogène. .	10,65	11,7
Oxygène. . .	9,62	3,0
	100,00	100,0

MM. Henri et Plisson, ainsi que M. Dumas, ont opéré sur de la
résine cristallisée, préparée par M. Bonastre.

M. Baup, qui s'est récemment occupé de la résine de l'arbre à
brai, trouve qu'elle renferme quatre substances cristallisables différentes :

α. *Amyrine.* C'est la substance, peu soluble dans l'alcool froid,
dont nous venons de donner la composition. M. Baup pense qu'elle
est identique à la résine élémi cristallisée (§ 1934).

Elle est fort soluble dans l'éther, où elle cristallise en fibres
satinées d'un grand éclat. L'alcool absolu en dissout beaucoup à
chaud ; une grande partie se dépose, par le refroidissement, en filaments entrelacés. Elle est insoluble dans l'eau. Elle fond à 174° en
un liquide incolore, qui reste transparent après le refroidissement.

β. *Bréine.* Cristallisée lentement d'une solution alcoolique, elle
se présente en prismes rhomboïdaux transparents, d'environ 70 et
110°, terminés par un biseau dont l'angle au sommet est d'environ 80°. Par un prompt refroidissement les cristaux deviennent
aiguillés.

---

[1] Les analyses sont calculées avec l'ancien poids atomique du carbone.

Elle est très-soluble dans l'éther. Elle se dissout dans 70 p. d'alcool à 85 centièmes, à la température de 20° ; elle est plus soluble dans l'alcool absolu. Elle est insoluble dans l'eau. Elle fond à 187° en un liquide transparent et incolore. Elle se comporte comme une matière neutre.

γ. *Bryoïdine.* Cette substance cristallise dans l'eau en filaments blancs, soyeux. Sa saveur est légèrement amère et âcre ou un peu brûlante. Chauffée, sa vapeur répand une odeur particulière qui provoque la toux.

Elle fond à 135°, en un liquide incolore qui, par le refroidissement, se concrète subitement en une masse mamelonnée et fibreuse. Elle commence à se volatiliser bien avant de fondre, et se sublime en aiguilles incolores.

Elle est peu soluble dans l'eau froide, et beaucoup plus soluble dans l'eau bouillante ; la solution est sans action sur le tournesol, mais elle précipite l'acétate et surtout le sous-acétate de plomb. Elle est très-soluble dans l'alcool et l'éther.

δ. *Bréidine.* Cette substance cristallise en prismes rhomboïdaux transparents, terminés par une pyramide surbaissée à 4 facettes ; l'inclinaison des pans du prisme entre eux est de 102 et 78°.

Elle se dissout dans 270 p. d'eau à 10° ; à chaud, elle est beaucoup plus soluble. L'alcool la dissout aisément, mais elle est peu soluble dans l'éther.

Exposés à une légère chaleur, les cristaux de la bréidine deviennent opaques. Ils fondent à une température un peu supérieure à celle de l'eau bouillante. Ils se subliment entièrement et sans décomposition ; leur vapeur est un peu piquante et provoque la toux.

Il est à regretter que les indications prédentes de M. Baup ne soient pas accompagnées de documents analytiques.

§ 1828. *Bdellium.* — C'est le suc résineux qui exsude de plusieurs térébinthacées. On trouve particulièrement dans le commerce le bdellium d'Afrique (provenant du *Balsamodendron africanum*), en larmes arrondies, d'un gris rougeâtre, demi-transparentes, d'une cassure terne et cireuse, d'une odeur faible et d'une saveur amère.

Pelletier[1] l'a trouvé composé de :

---

[1] PELLETIER, *Bullet. de Pharm.*, IV, 241. — JOHNSTON, *Philos. Transact.*, partie I, II, III, 1839 ; partie IV et V, 1840. En extrait : *Ann. der Chem. u. Pharm.*, XLIV, 328.

$$\begin{array}{ll}
\text{Résine.} & 59,0 \\
\text{Gomme soluble.} & 9,2 \\
\text{Mucilage.} & 30,6 \\
\text{Huile essentielle et perte.} & 1,2 \\
\hline
& 100,0
\end{array}$$

Le bdellium de l'Inde se présente en masses noirâtres, souvent salies de terre à l'extérieur, d'une odeur assez forte, d'une saveur âcre et amère. Il paraît être produit par l'*Amyris commiphora*, Roxb. (*Balsamodendron Roxburghii*, Arnott.)

La résine de bdellium est assez soluble dans l'alcool. Déduction faite de 0,17 p. c. de cendres, M. Johnston y a trouvé :

	Analyse.			$C^{40}H^{30}O^4$.
Carbone. . .	76,57	76,15	77,29	79,47
Hydrogène. .	9,98	10,09	9,87	9,93
Oxygène. . .	»	»	»	10,60
				100,00

§ 1929. *Résine de bouleau.* — Le nom de *bétuline*[1] a été donné à une substance résineuse qu'on peut extraire du bouleau. On coupe en petits morceaux l'écorce externe bien desséchée de cet arbre, et on l'épuise par l'eau bouillante ; on la sèche de nouveau, et on la traite par l'alcool bouillant. La liqueur dépose alors la bétuline par le refroidissement ; on exprime le dépôt, on le laisse sécher, et on le fait cristalliser dans l'éther.

La bétuline forme de petits mamelons cristallins, fusibles à 200° environ ; la matière fondue est incolore et transparente, et exhale des vapeurs dont l'odeur est celle de l'écorce de bouleau échauffée. Elle peut être distillée dans un courant d'air.

Elle a donné à l'analyse :

	H. Hess.	
Carbone. . . .	80,52	80,18
Hydrogène. . .	10,97	10,99
Oxygène. . . .	»	»

Elle ne se dissout pas dans les alcalis.

§ 1930. *Résine de céradie.* — La plante (*Ceradia furcata*) d'où exsude cette résine présente l'aspect du corail, et se rencontre sur les côtes d'Afrique, vis-à-vis de l'île d'Ichaboé.

---

[1] Lowitz (1788), *Annal. de Crell*, II, 312. — Hunefeld, *Journ. f. prakt. Chem.*, VII, 54. — Hess, *loc. cit.*

La résine est ambrée et de l'odeur de la résine d'oliban ; sa pesanteur spécifique est de 1,197. Elle renferme, d'après l'analyse de M. Thomson [1] :

	Analyse.	$C^{40}H^{30}O^4$.
Carbone. . .	80,1	79,47
Hydrogène..	9,8	9,93
Oxygène. . .	»	10,60
	100,0	100,00

M. Thomson représente ces résultats par la formule $C^{20}H^{14}O^2$; mais ces rapports n'exigent que 9,3 hydrogène. Probablement la formule $C^{40}H^{30}O^4$ (9,9 hydrogène), qui est celle de la résine des pins, serait plus exacte.

§ 1931. *Baume et résines de copahu.* — Le baume de copahu s'extrait, par incisions, de plusieurs arbres de la tribu des caesalpinées et du genre *Copaifera* (*C. officinalis, C. multipiga, C. Langsdorffii, C. bijuga,* etc.), qui croissent en Amérique, depuis le Brésil jusqu'au Mexique et aux Antilles. Il se compose d'une huile essentielle (§ 1888), tenant en dissolution une ou deux matières résineuses, semblables à la colophane.

On distingue dans le commerce trois espèces de baumes. Le copahu ordinaire du Brésil est très-liquide, transparent, jaune foncé, d'une odeur forte et désagréable, d'un goût âcre, amer et repoussant ; il fournit à la distillation avec l'eau 40 à 45 pour 100 d'huile essentielle ; il se dissout entièrement dans l'alcool bien rectifié. Le copahu de Cayenne, un peu plus épais que le précédent, offre une odeur assez agréable, analogue à celle du bois d'aloès. Le copahu de la Colombie, très-répandu dans le commerce depuis quelques années, se distingue par un dépôt assez considérable d'une matière résineuse cristallisée qui se forme dans les tonneaux qui le contiennent (Voy. § 1932).

La résine [2] qu'on retire du baume de copahu, après avoir volatilisé l'huile essentielle par la distillation avec de l'eau, n'est pas un principe unique : elle se compose d'une partie cristallisable (*acide copahuvique*), et d'une partie visqueuse, qui paraît être le produit d'une altération de la première ; les deux principes résineux [3] se combinent aisément avec les alcalis.

---

[1] THOMSON, *Philos. Magaz.*, mai 1846, p. 422.

[2] SCHWEITZER, *Ann. de Poggend,,* XVII, 487, XXI, 172. — H. ROSE, *loc. cit.* — HESS, *loc. cit.*

[3] M. POSSELT (*Ann. der Chem. u. Pharm.,* LXIX, 67) a décrit un baume de co-

Pour extraire la partie cristallisable, on fait dissoudre la résine dans l'ammoniaque aqueuse, et l'on abandonne la liqueur au repos dans un endroit frais ; les cristaux qui se déposent alors sont lavés à l'éther, et redissous dans l'alcool. La partie visqueuse reste dans les eaux-mères.

La résine de copahu pure est entièrement incolore. Elle est plus soluble à chaud qu'à froid dans l'alcool concentré ; elle se dépose à l'état cristallisé de la solution faite à l'ébullition ; elle cristallise bien plus facilement que la colophane (acide sylvique). La solution alcoolique rougit le tournesol. La résine se dissout également dans l'éther, les huiles essentielles, les huiles grasses et le sulfure de carbone.

Les cristaux de la résine de copahu appartiennnent au système rhombique. Combinaison observée[1], $\infty P. \infty \breve{P}n. P. \breve{P} \infty$. Inclinaison des faces, $\infty P : \infty P = 90° 21'$; $\infty \breve{P}n : \infty \breve{P}n = 127° 9'$; $\infty \breve{P}n : \infty P = 161° 36'$; $\breve{P} \infty : \breve{P} \infty = 125° 57'$; $P : P = 131° 11'$ et $130° 52'$. Les faces ∞P sont ordinairement striées dans le sens de l'axe vertical.

La composition de ces cristaux est la même que celle des résines de térébenthine. En effet, ils ont donné à l'analyse :

	H. Rose.	Hess.	H. Rose.			$C^{40}H^{30}O^4$.
Carbone. . .	78,13	78,01	79,3	79,3	79,2	79,47
Hydrogène. .	10,15	10,01	10,2	10,4	10,2	9,93
Oxygène. . .	»	»	»	»	»	10,60
						100,00

La résine de copahu se combine avec les bases. Sa solution alcoolique n'est pas précipitée par l'ammoniaque ; cet alcali dissout aisément la résine précipitée par l'eau de sa solution alcoolique. Une solution alcoolique de potasse ne trouble pas non plus la solution alcoolique de la résine ; on peut également mélanger une solution alcoolique de résine avec une solution de potasse aqueuse

pahu, contenant 82 p. c. d'essence et 18 p. c. d'un mélange résineux non acide. Ce mélange se composait d'une résine soluble et d'une résine insoluble dans l'alcool, toutes deux incristallisables. Voici la composition de ces résines :

	Résine soluble dans l'alcool.		Résine insoluble dans l'alcool.	
Carbone. . .	59,98	60,06	81,76	82,12
Hydrogène. .	8,48	8,27	10,56	10,48
Oxygène. . .	31,54	31,77	7,68	7,40
	100,00	100,00	100,00	100,00

[1] G. Rose, *Ann. de Poggend.*, XVII, 489, et *Ann. der Chem. u. Pharm.*, XIII, 177.

et concentrée ; mais, par l'addition d'une plus grande quantité d'eau, le *résinate de potasse* se précipite.

Le *résinate de chaux* contient $C^{40}H^{29}CaO^4$. Une solution alcoolique de résine n'est pas précipitée par une solution alcoolique de chlorure de calcium, mais le mélange se trouble par l'addition de l'eau. Pour obtenir un résinate d'une composition constante, il faut ajouter un peu d'ammoniaque au mélange des deux solutions alcooliques, le chlorure de calcium étant employé en excès, et laisser déposer le précipité à l'abri du contact de l'air. Il renferme 8,82 p. c. de chaux (H. Rose ; calcul, 8,7 p. c.).

Le *résinate de plomb* renferme $C^{40}H^{29}PbO^4$. Une solution alcoolique de résine de copahu donne par une solution alcoolique d'acétate de plomb un abondant précipité blanc, fusible, et moins cristallin que le résinate d'argent. Il a donné à l'analyse 27,62—27,42 p. c. d'oxyde (H. Rose ; calcul, 27,6 p. c.).

Le *résinate d'argent* contient $C^{40}H^{29}AgO^4$. Une solution alcoolique de résine de copahu n'est pas troublée par une solution alcoolique de nitrate d'argent, mais par l'addition d'un peu d'ammoniaque, il se précipite un résinate d'argent blanc et cristallin, entièrement soluble dans un excès d'ammoniaque. Ce précipité est peu soluble dans l'alcool; il brunit à la lumière, et fond à une douce chaleur. Il a donné à l'analyse 28,25—27,40 p. c. d'oxyde d'argent (H. Rose ; le calcul en exige 28,3 p. c.).

§ 1932. M. Fehling[1] a examiné un dépôt cristallin formé dans le baume de copahu, et différent de la résine précédente. Ce dépôt, exprimé entre des doubles de papier buvard, dissous dans l'alcool, et abandonné à une évaporation spontanée très-lente, a donné de beaux prismes rhomboïdaux, tronqués sur les angles.

Ces cristaux sont très-solubles dans l'éther; ils s'y dissolvent mieux que dans l'alcool; ils sont insolubles dans l'eau. Lorsqu'on les broie ils deviennent extrêmement électriques. Ils fondent vers 120°.

Ils ont donné à l'analyse :

	Fehling.			$C^{40}H^{28}O^6$
Carbone. . .	75,23	75,19	75,15	75,95
Hydrogène. .	8,81	8,84	8,84	8,86
Oxygène. . .	»	»	»	15,19
				100,00

[1] Fehling. *Ann. der Chem. u. Pharm.*, XL, 110.

Si, au lieu de laisser évaporer lentement la solution éthéro-alcoolique de la résine, on l'introduit dans un grand verre de montre et qu'on accélère l'évaporation par l'agitation, on obtient une poudre amorphe qui semble être un hydrate de la résine. Elle a donné en effet :

	Fehling.			$C^{40}H^{28}O^6, 2HO.$
Carbone. . . .	71,3	72,5	72,5	72,1
Hydrogène. . .	9,0	9,1	9,0	9,0
Oxygène. . . .	»	»	»	18,9
				100,0

Cet hydrate est plus fusible que la résine anhydre; il se ramollit déjà dans l'eau bouillante.

La résine en solution alcoolique présente une légère réaction acide. Elle donne, avec la potasse et la soude, des combinaisons solubles dans l'eau ; elle se dissout également dans l'eau ammoniacale, mais par l'évaporation la solution laisse de la résine pure.

L'acide nitrique concentré décompose rapidement la résine déjà à froid. Si on la chauffe avec de l'acide étendu, il se dégage de l'acide carbonique et de l'acide nitreux, et l'on obtient deux produits solides : l'un est une résine jaune, amère, soluble dans l'alcool et l'acide nitrique étendu ; l'autre constitue un acide déliquescent, fort soluble dans l'eau. Cet acide est non azoté ; il forme avec la baryte un sel peu soluble, avec le plomb, l'argent et le mercure des sels insolubles.

Le *résinate de plomb* s'obtient d'une composition constante; en ajoutant quelques gouttes d'ammoniaque à la solution alcoolique de la résine, puis une solution alcoolique d'acétate de plomb, et en ne lavant pas trop longtemps le précipité. Celui-ci renferme :

	Fehling.			$C^{40}H^{27}PbO^6.$
Carbone.	56,5	56,1	56,5	57,2
Hydrogène. . . .	6,3	6,5	6,5	6,4
Oxyde de plomb.	26,4	26,3	26,4	26,7

Le *résinate d'argent* s'obtient en ajoutant un excès de nitrate d'argent à une solution de la résine dans l'ammoniaque aqueuse. Il renferme :

	Fehling.		$C^{40}H^{27}AgO^6.$
Carbone.	57,4	»	56,7
Hydrogène. . . .	6,4	»	6,3
Oxyde d'argent.	26,9	27,1	27,4

§ 1933. Le baume de copahu est fréquemment employé en médecine, surtout contre les affections de l'urètre.

Il est quelquefois falsifié, dans le commerce, tantôt avec de l'huile de ricin, tantôt avec de la térébenthine. Pour découvrir la présence de l'huile de ricin, on fait bouillir le baume à l'air avec de l'eau, pendant longtemps, de manière à vaporiser toute l'huile essentielle; si le baume est pur, il laisse alors une résine qui devient sèche et cassante, par le refroidissement; s'il renferme de l'huile fixe, il reste mou. Toute l'huile grasse autre que l'huile de ricin se reconnaîtrait en ce que l'alcool de 90° ne dissoudrait pas le baume d'une manière complète. On peut aussi verser une ou deux gouttes de baume sur une feuille de papier, et maintenir celle-ci à quelque distance de charbons allumés pour volatiliser l'huile essentielle; si le baume est pur, il reste alors une tache dure et translucide; s'il est falsifié avec de l'huile fixe, la tache de résine est entourée d'une auréole grasse. Quant à la térébenthine, l'addition de ce suc résineux au baume de copahu est accusée par l'odeur et par une plus grande viscosité; l'odeur particulière du baume ainsi falsifié devient surtout sensible si on le verse sur un fer chaud.

§ 1934. *Résine dammara*[1]. — Cette résine (*cowdie gum* des Anglais) provient d'une espèce de conifère, le *Dammara australis*, arbre des plus élevés parmi ceux de la Nouvelle-Zélande. Elle se présente en masses blanches ou jaunes, fort difficiles à briser, d'une cassure brillante, et d'un goût de térébenthine très-marqué.

Suivant M. Thompson, elle se compose d'une résine acide (*acide dammarique*) et d'une résine neutre (*dammarane*). L'alcool ordinaire bouillant extrait la première.

La résine acide se dépose, par l'évaporation spontanée de la solution alcoolique, sous la forme de grains cristallins, contenant :

	Thompson.	$C^{80}H^{60}O^{12}$(?).
Carbone. . .	72,69	75,4
Hydrogène..	9,31	9,4
Oxygène. . .	18,00	15,2
	100,00	100,0

Le résinate d'argent obtenu en précipitant une solution alcoolique et bouillante de la résine par une solution alcoolique de nitrate d'argent, additionné d'ammoniaque, contenait 14,60, 14,75 oxyde d'argent ($C^{80}H^{59}AgO^{12}$?).

[1] R. THOMPSON; *Ann. de Chim. et de Phys.*, [3] IX, 499.

La résine neutre , insoluble dans l'alcool faible, donne un vernis incolore avec l'alcool absolu et avec l'essence de térébenthine. Elle paraît être isomère de la résine acide, du moins elle a donné à l'analyse :

	Thompson.
Carbone. . . .	75,02
Hydrogène. . .	9,60
Oxygène. . . .	15,38
	100,00

Lorsqu'on l'expose à une chaleur continue , elle absorbe de l'oxygène.

En distillant la résine dammara seule ou mélangée avec de la chaux, M. Thompson a obtenu des huiles plus légères que l'eau (*dammarol* et *dammarone*), qui ne me semblent pas constituer des principes définis.

§ 1935. *Résine élémi* [1]. — Le nom d'*élémi* a été donné à plusieurs résines jaunes et très-odorantes, produites par différents arbres de la tribu des burséracées et de celle des amyridées (famille des térébinthacées); ces résines nous arrivent particulièrement du Brésil, du Mexique et du Bengale. Les résines nommées *chibou* ou *cachibou, tacamahaca, alouchi, aracouchini, caragne*, etc., proviennent d'arbres des mêmes tribus, et jouissent de propriétés plus ou moins semblables.

La résine élémi du commerce est un mélange d'une résine amorphe et d'une résine cristallisée ; elle renferme, en outre, des quantités variables d'huile essentielle (§ 1891).

Lorsqu'on traite à froid la résine élémi par de l'alcool, et qu'on fait ensuite bouillir le résidu avec le même liquide, on obtient, par l'évaporation spontanée de la solution alcoolique, une quantité considérable d'une résine cristalline qu'on purifie par des solutions réitérées dans l'alcool. Il se dépose ainsi une matière confusément cristallisée, dont la quantité s'élève à un tiers environ de la résine employée.

α. Cette résine cristallisée est entièrement blanche ; elle se dissout parfaitement dans l'alcool concentré et bouillant ; la solution n'a aucune action sur le tournesol.

---

[1] H. ROSE, *loc. cit.* — H. HESS, *loc. cit.* — JOHNSTON, *Ann. der Chem. u. Pharm.*, XLIV, 338.

La résine élémi a donné à l'analyse :

	H. Rose.			H. Hess.		H. Rose [1].			Johnston [2].		$C^{40}H^{37}O^2$(?
Carbone . .	82,11	81,72	81,15	84,19	85,45	84,5	84,5	84,5	85,50	85,00	88,55
Hydrogène.	11,54	11,24	11,11	11,51	11,54	11,9	11,9	11,8	11,92	11,85	31,11
Oxygène. .	»	»	»	»	»	»	»	»	»	»	4,56
											100,00

La solution alcoolique de la résine élémi n'est pas troublée par une solution alcoolique de potasse, mais elle est précipitée par une solution aqueuse de potasse.

Si l'on ajoute de l'ammoniaque à la solution alcoolique de la résine, elle se prend en une masse gélatineuse.

Les solutions alcooliques d'acétate de plomb et de nitrate d'argent ne précipitent pas la solution alcoolique de la résine ; si l'on ajoute une goutte d'ammoniaque au nitrate d'argent, il ne fait que troubler légèrement la solution de la résine comme par l'addition de l'eau, mais sans précipiter de résinate d'argent.

Soumise à la distillation, la résine élémi donne d'abord un baume brunâtre acide au papier et d'une odeur agréable ; plus tard, le baume qui passe est plus foncé et d'une odeur désagréable. Dans cette distillation on n'obtient pas de liqueur aqueuse, et il ne reste que peu de charbon dans la cornue.

β. La résine amorphe est fort soluble à froid dans l'alcool. Séchée à 100°, elle contient, déduction faite de 0,1 p.c. de cendres :

	Johnston.			$C^{40}H^{40}O^4$.
Carbone.	78,9	78,2	78,8	79,47
Hydrogène . . .	10,6	10,3	10,4	9,93
Oxygène	»	»	»	10,60
				100,00

§ 1936. *Encens* ou *oliban* [3]. — C'est une gomme résine qui exsude probablement d'une espèce de *Balsamodendron* (famille des térébinthacées), venant en Arabie et dans l'Inde. Elle a été, de toute antiquité, brûlée dans les temples en l'honneur de la divinité ; cet usage, adopté par l'Église catholique, tire son origine de la cou-

---

[1] Ces analyses ont été faites postérieurement à celles de M. Hess. M. H. Rose explique les différences qu'on remarque entre les résultats de ses deux séries d'expériences, en admettant que la résine élémi s'hydrate quelquefois dans l'alcool où on la fait cristalliser, et se dépose alors sous la forme de masses vitreuses, non cristallines qui ne perdent pas au bain-marie leur eau d'hydratation. Cette résine hydratée aurait été contenue en certaine quantité dans la matière sur laquelle M. Rose a fait ses premières analyses.

[2] Les analyses de M. Johnston sont calculées avec l'ancien poids atomique du carbone.

[3] BRACONNOT, *Ann. de Chim. et de Phys.*, LVIII, 60. — JOHNSTON, *loc. cit.*

tume qu'avaient les anciens de faire des sacrifices d'animaux, ce qui remplissait les temples d'émanations putrides, qu'on cherchait ensuite à dissiper par des fumigations à l'encens.

L'oliban se présente sous la forme de lames jaunes ou rougeâtres oblongues ou arrondies, à cassure terne et cireuse, non transparentes. Mis dans la bouche, il se ramollit sous la dent, et offre une saveur aromatique légèrement âcre. Il n'est qu'en partie soluble dans l'eau et l'alcool; il se fond difficilement et imparfaitement par la chaleur, et brûle par l'approche d'une bougie avec une belle flamme blanche.

Suivant M. Braconnot, il renferme :

Résine soluble dans l'alcool	56,0
Gomme soluble dans l'eau	30,8
Résidu insoluble dans l'eau et l'alcool .	5,2
Huile essentielle et perte	8,0
	100,0

D'après M. Johnston, la majeure partie de l'oliban du commerce se compose d'une résine acide contenant :

	Johnston.				$C^{40}H^{30}O^6$.
Carbone . . .	75,23	74,66	74,93	75,31	75,47
Hydrogène , .	9,95	10,07	9,92	9,98	9,43
Oxygène . . .	»	»	»	»	15,10
					100,00

M. Stenhouse [1] a extrait de l'oliban, par la distillation avec de l'eau, 4 p. c. d'une huile essentielle, incolore, d'une odeur semblable à celle de l'essence de térébenthine, mais plus agréable, d'une densité de 0,866 à 20°. Cette huile essentielle bouillait à 1,620°, était peu soluble dans l'alcool aqueux, mais se dissolvait en toutes proportions dans l'éther et dans l'alcool absolu. Elle renfermait :

Carbone.	83,83
Hydrogène	11,27
Oxygène.	4,90
	100,00

Ces nombres expriment évidemment la composition d'un mélange.

§ 1936[a]. *Résine d'euphorbe*[2]. — L'euphorbe des pharmacies (suc d'*Euphorbia canariensis, E. antiquorum*) contient une résine qui

---

[1] STENHOUSE, *Ann. der Chem. u. Pharm.*, XXXV, 306.
[2] H. ROSE, *loc. cit.* — JOHNSTON, *loc. cit.*

paraît être un mélange de deux substances, l'une α cristallisable, l'autre β amorphe. Ces deux substances diffèrent par leur solubilité dans l'alcool ; la partie amorphe est la plus soluble.

La résine α cristallisable s'obtient en petits mamelons. Elle est plus soluble dans l'alcool que la résine élémi ; la solution a une légère saveur âcre. Elle n'a aucune action sur le tournesol. Elle a donné à l'analyse :

	H. Rose.	
Carbone.	80,35	80,58
Hydrogène. . . .	11,33	11,36
Oxygène.	»	»

La résine β amorphe est cassante à froid. Déduction faite de 1,34 p. c. de cendres, elle a donné à l'analyse :

	Johnston.		$C^{40}H^{30}O^{6}$.
Carbone	75,59	75,12	75,47
Hydrogène. . .	9,56	9,79	9,41
Oxygène. . . .	»	»	15,12
			100,00

La solution alcoolique de la résine α est troublée en blanc par l'ammoniaque, mais on n'obtient pas de masse gélatineuse comme avec la résine élémi. Elle n'est pas troublée par une solution alcoolique de potasse, mais une solution aqueuse la précipite.

Les solutions d'acétate de plomb et de nitrate d'argent ne la précipitent pas ; on n'obtient pas non plus de précipité après l'addition d'une goutte d'ammoniaque au nitrate d'argent.

A la distillation sèche, la résine α donne un baume brun, rougissant le tournesol.

La résine β se précipite par le refroidissement d'une solution alcoolique et bouillante. Elle a donné à l'analyse :

	H. Rose.		$C^{40}H^{30}O^{6}$.
Carbone. . .	78,5	78,0	79,47
Hydrogène. .	10,96	10,5	9,93
Oxygène. . .	»	»	10,60
			100,00

Lorsqu'on fait bouillir pendant quelque temps une solution alcoolique de résine moins soluble, elle ne dépose plus de résine par le refroidissement ; si l'on évapore la solution, on obtient une masse térébenthineuse, incristallisable.

§ 1937. *Résine de gomart.* — Cette résine se recueille sur un ar-

bre de la famille des térébinthacées, connu aux Antilles sous le
nom de gommier ou gomart (*Bursera gummifera*, L.). M. Deville
en a examiné une qui était solide, sèche, quoique l'intérieur des
fragments fût encore un peu mou. Elle était presque entièrement
blanche et à texture cristalline. Son odeur tenait le milieu entre
celle de l'essence d'élémi et celle de l'essence de térébenthine. Elle
était peu fusible, et se divisait dans l'eau bouillante en une multi-
tude de cristaux. Distillée avec de l'eau, elle n'a donné qu'environ
4,7 p. c. d'huile essentielle (§ 1894).

§ 1938. *Résine icica* [1]. — Cette résine, fort semblable à la résine élémi, provient du genre *Icica*, comprenant des arbres très-
communs à la Guyane, de la tribu des burséracées, famille des
térébinthacées. Elle se présente sous la forme de petites masses ou
de grains opaques, d'un blanc jaunâtre, et d'une odeur douce
assez agréable, que la chaleur rend plus intense. Elle est friable et
sans saveur. Elle n'abandonne rien à l'eau, et est excessivement
peu soluble dans l'alcool ; elle exige, pour être dissoute entièrement, 45 p. d'alcool froid à 36 degrés, 15 p. d'alcool bouillant,
3 $^1/_2$ p. d'essence de térébenthine à la température ordinaire. Elle
est insoluble dans les alcalis. Sa solution alcoolique ne précipite
ni les sels d'argent, ni les sels de plomb.

Elle se compose de trois principes particuliers qu'on parvient à
séparer en ayant recours à leur différence de solubilité dans l'alcool. A cet effet, on dissout complétement la résine réduite en
poudre dans l'alcool bouillant.

α. La partie la moins soluble, à laquelle M. Scribe donne le nom de
bréane, cristallise par le refroidissement. Elle est en petites aiguilles
étoilées, incolores, sèches au toucher, sans saveur, parfaitement
neutres, brûlant avec une flamme fuligineuse, insolubles dans l'eau
et les alcalis, presque insoluble à froid dans l'alcool ; l'éther en
dissout 0,23 de son poids. Elle fond par la chaleur ; elle est complétement liquéfiée à 157° environ ; en se refroidissant, elle devient visqueuse ; mais, à 105°, elle est entièrement solide et présente
l'aspect du succin.

[1] SCRIBE, *Ann. de Chim. et de Phys.*, [3] XIII, 166.

Elle a donné à l'analyse :

		Scribe.			$C^{40}H^{32}O^2(?)$
Carbone. . . .	83,85	83,86	83,83	84,12	83,33
Hydrogène. . .	11,65	11,86	11,91	11,87	11,11
Oxygène. . . .	4,50	4,26	4,26	4,01	4,56
	100,00	100,00	100,00	100,00	100,00

Cette substance brunit à la distillation sèche et se décompose en donnant des huiles empyreumatiques et une matière solide jaune, et volatile qui se dépose en couches amorphes dans le col de la cornue ; on obtient pour résidu une faible quantité de charbon. L'acide sulfurique la dissout sans l'altérer, en se colorant en rouge ; l'acide nitrique l'attaque à chaud en dégageant des vapeurs rutilantes, et en produisant une matière jaune, acide, soluble en partie dans l'acide nitrique.

β. Si l'on concentre les eaux-mères alcooliques après avoir enlevé la bréane, on obtient encore une certaine quantité de cette substance impure, puis une autre, l'*icicane*, également cristalline. Celle-ci présente les mêmes caractères que la bréane ; elle a le même point de fusion, la même neutralité d'action au tournesol et aux alcalis ; elle se conduit de même à la distillation sèche et en présence des acides. Elle est plus soluble qu'elle dans l'alcool, mais elle présente la même solubilité dans l'éther.

Elle a donné à l'analyse :

		Scribe.		$C^{40}H^{34}O^2(?)$
Carbone. . . .	82,11	82,06	81,86	82,72
Hydrogène. . . .	11,64	11,78	11,50	11,72
Oxygène. . . .	6,25	6,16	6,64	5,56
	100,00	100,00	100,00	100,00

Cette composition est sensiblement la même que celle de la résine du palmier *Ceroxylon Andicola.*

γ. La dernière eau-mère du produit précédent, après avoir abandonné tout produit cristallisable, laisse déposer en petite quantité une substance amorphe (*colophane d'icica*), jaune, fusible au-dessous de 100°, beaucoup plus soluble dans l'alcool et l'éther que la bréane et l'icicane. Sa solution alcoolique est légèrement acide au tournesol, mais elle ne se dissout pas dans dans les alcalis.

Cette substance a donné à l'analyse :

	Scribe.	$C^{40}H^{30}O^{4}(?)$
Carbone.	77,93	79,47
Hydrogène.	10,69	9,93
Oxygène.	11,47	10,60 .
	100,00	100,00

§ 1939. *Ladanum* [1]. — Cette substance exsude spontanément, sous forme de gouttes, des feuilles et des rameaux d'un arbrisseau de l'île de Candie, nommé *Cistisus creticus*. Il est ordinairement noir, solide, mais tenace et peu sec; il se ramollit aisément entre les doigts, et présente une odeur qui rappelle celle de l'ambre gris.

Un échantillon de ladanum, analysé par M. Guibourt, contenait :

Résine et huile volatile.	86
Cire.	7
Extrait aqueux.	1
Matière terreuse et poils [2].	6
	100

Le ladanum du commerce est très-souvent falsifié.

Suivant M. Johnston, la résine du ladanum renferme :

	Johnston.		$C^{40}H^{30}O^{6}$.
Carbone.	73,24	73,16	75,47
Hydrogène.	10,00	10,01	9,41
Oxygène.	»	»	15,12
			100,00

Mastic. — Cette résine s'extrait par incision du *Pistacia lenticus*, L., espèce de térébinthacée de l'île de Chio. Elle est en lames ou en grains jaunâtres, demi-transparents, fragiles, à cassure vitreuse, d'une odeur agréable et d'une saveur aromatique. Elle se ramollit sous la dent et y devient ductile. On l'emploie quelquefois comme masticatoire pour fortifier les gencives et parfumer l'haleine.

Suivant M. Johnston [3], elle se compose de deux principes résineux. La résine α est insoluble dans l'eau, et possède des propriétés acides.

---

[1] PELLETIER, *Bulletin de Pharm.*, IV, 503. — GUIBOURT, *Histoire des drogues*, III, 611. — JOHNSTON, *loc. cit.*

[2] Autrefois on récoltait le ladanum en peignant la barbe des chèvres qui broutent les feuilles du ciste.

[3] JOHNSTON, *loc. cit.*

Elle renferme :

	Johnston.			$C^{40}H^{30}O^4$.
Carbone.	79,12	79,27	79,34	79,47
Hydrogène. . . .	10,28	10,39	10,15	9,93
Oxygène.	»	»	»	10,60
				100,00

La résine β contient :

	Johnston.	
Carbone.	83,82	83,58
Hydrogène. . . .	11,03	11,01
Oxygène.	»	»

Myrrhe. — La myrrhe [1] est une gomme résine qui découle en
Arabie et en Abyssinie d'un arbuste (*Balsamodendron Myrrha*),
appartenant à la famille des térébinthacées ; son usage, comme
aromate et comme médicament, remonte à la plus haute antiquité.
Elle se présente sous la forme de larmes pesantes, d'un volume
variable, rougeâtres, irrégulières, comme efflorescentes à leur surface, demi-transparentes, fragiles, brillantes et comme huileuses
dans leur cassure. Elle a une saveur âcre et amère, et une odeur
forte et aromatique toute particulière.

L'analyse de la myrrhe a été faite par plusieurs chimistes, qui,
y ont trouvé :

	Braconnot.	Brandes.	Ruickholdt.
Résine.	23,0	27,8	44,76
Huile essentielle.	2,5	2,6	2,18
Gomme.	46,0	54,4	40,82
Mucilage.	12,0	9,3	»
Matières étrangères (po- tasse, avec acides sulfu- riq., benzoïq., malique, et acétiq.).	—	1,4	(mat. étrang. et cendres). 7,51
Eau et impuretés. . . .	—	1,6	1,45
	100,0	100,00	100,00

Une dissolution alcoolique de myrrhe que l'on concentre par
la distillation dépose, pendant le refroidissement, une résine molle
semblable à la térébenthine. Cette résine est soluble dans l'éther
et un peu soluble dans la potasse caustique. Elle communique à
l'acide nitrique et à l'acide acétique une couleur rouge violacée.

---

[1] BRACONNOT, *Ann. de Chimie*, LXVIII, 60. — BRANDES, Taschenbuch, 1819, p. 51. —
RUICKHOLDT, *Archiv. der Pharm.*, XLI, 1.

L'alcool retient en dissolution une autre résine qu'on obtient par l'évaporation ; elle a l'odeur de la myrrhe, fond entre 90° et 95, et est soluble dans l'éther. Exposée à la température de 168°, pendant quelques heures, cette résine se tuméfie, exhale des vapeurs acides (acide acétique ou formique?) et laisse pour résidu une masse rouge-brun, transparente, brillante, inodore, insipide, soluble dans l'alcool et dans l'éther, insoluble à froid dans la potasse et très-peu soluble dans la potasse bouillante. Ce produit communique une couleur violette à l'acide nitrique froid, et se dissout dans l'acide sulfurique en lui communiquant une couleur brun-rouge. Il a donné à l'analyse ($C = 75,12$) :

	Ruickholdt.
Carbone.	74,78
Hydrogène.	8,06
Oxygène.	17,16
	100,00

L'huile essentielle qu'on obtient en distillant avec de l'eau l'extrait alcoolique de la myrrhe est épaisse, jaunâtre, d'une saveur âcre et d'une odeur pénétrante. Elle est plus légère que l'eau, s'épaissit et brunit au contact de l'air, se dissout dans l'alcool et l'éther. L'eau la précipite de sa solution alcoolique sous la forme d'un lait jaunâtre, acide aux papiers.

L'essence de myrrhe a donné à l'analyse :

	Ruickholdt.
Carbone.	79,61
Hydrogène.	10,43
Oxygène.	9,96
	10,00

Sandaraque[1]. — Suivant l'opinion généralement admise, cette résine découlerait, en Afrique, d'une espèce de genévrier ; mais, d'après Broussonnet, elle est produite par le *Thuya articulata*. Elle se présente en lames d'un jaune très-pâle, allongées, recouvertes d'une poussière très-fine, à cassure vitreuse et transparente ; elle a une odeur très-faible, et se réduit en poudre sous la dent sans se ramollir.

D'après M. Johnston, la sandaraque se compose de trois résines douées de propriétés acides.

La résine α forme une poudre blanche ou jaune, peu soluble dans

<hr>

[1] JOHNSTON, *loc. cit.*

l'alcool, et peu fusible. Elle ne s'y rencontre qu'en petite quantité, et renferme :

	Johnston.			$C^{40}H^{30}O^4$.
Carbone.	78,44	78,04	77,46	79,47
Hydrogène. . . .	9,80	9,83	9,91	9,93
Oxygène.	»	»	»	10,60
				100,00

La résine β est jaune clair, se ramollit à 100°, et se dissout aisément à froid dans l'alcool. Elle compose les trois quarts de la sandaraque. Elle renferme :

	Johnston.			$C^{40}H^{30}O^6$.
Carbone. . .	76,60	75,08	75,82	75,47
Hydrogène. .	10,04	9,82	9,71	9,41
Oxygène. . .	»	»	»	15,12
				100,00

La résine γ est une poudre jaune clair, soluble dans l'alcool bouillant, peu fusible et se décomposant par la fusion. Elle renferme :

	Johnston.		$C^{40}H^{30}O^6$.
Carbone. . . .	75,59	75,53	75,47
Hydrogène. . .	9,47	9,35	9,41
Oxygène. . . .	»	»	15,12
			100,00

§ 1940. *Résines des tourbes.* — M. Mulder[1] a extrait des tourbes plusieurs résines dont la composition est fort rapprochée de celle des résines précédentes.

La tourbe compacte de Frise contient quatre résines, dont trois α, β et γ, solubles dans l'alcool bouillant, et une δ, soluble seulement dans l'huile de pétrole. La résine α se combine avec l'oxyde de plomb, en donnant un sel noir; la résine β est verte, transparente, gluante, et fond à 52°; la résine γ ressemble à la cire, fond à 74° et est cassante; la résine δ est brun foncé, et fond à 68°.

---

[1] MULDER, *Ann. der Chem. u. Pharm.*, XXXII, 305.

Ces résines renferment[1].

	β	γ	δ
Carbone. . . .	77,37	79,12	80,77
Hydrogène. . .	10,98	11,94	12,15
Oxygène. . . .	»	»	»

Comme on trouve toujours ces mêmes résines dans les tourbes de Hollande, bien que celles-ci doivent leur formation à des végétaux bien divers, M. Mulder suppose que ces résines ne sont pas des débris végétaux, mais qu'ils se produisent pendant la formation des tourbes.

Dans les tourbes légères de la Frise, le même chimiste a trouvé : une résine α noire, fusible à 55°, soluble dans l'alcool et l'éther, et susceptible de se combiner avec l'oxyde de plomb ; une résine β cassante, fusible à 74°, soluble dans l'huile de naphte, dans l'éther et dans beaucoup d'alcool bouillant. Ces résines contenaient :

	α	β	β
Carbone. . . .	76,20	80,83	80,44
Hydrogène. . .	10,21	12,52	12,48
Oxygène. . . .	»	»	»

III.

GROUPE CAMPHORIQUE.

§ 1941. Ce groupe, qui comprend le *camphre* et ses dérivés, devra plus tard se subdiviser en plusieurs sous-groupes, suivant les radicaux qu'une étude plus approfondie de ces combinaisons y aura fait découvrir.

Il renferme les combinaisons suivantes :

Bornéol.	$C^{20}H^{18}O^2$,
Camphre.	$C^{20}H^{16}O^2$,
Acide campholique.	$C^{20}H^{18}O^4$,
Acide camphorique anhydre.	$C^{20}H^{14}O^6$,
Acide camphorique.	$C^{20}H^{16}O^8$,
Amides camphoriques { ac. camporamiq.	$C^{20}H^{17}NO^6$,
camphorimide. .	$C^{20}H^{15}NO^4$,
camphoramide. .	$C^{22}H^{18}N^2O^4$.

---

[1] Les analyses citées sont toutes calculées avec l'ancien poids atomique du carbone ; le chiffre de cet élément est par conséquent trop élevé d'environ 1 p. c. de matière.

Il est possible que le bornéol représente l'aldéhyde de l'acide campholique.

L'acide camphorique et les amides camphoriques renferment un radical biatomique (*camphoryle*, $C^{20}H^{14}O^4$), et peuvent être rapportés aux types oxyde et azoture.

Les composés du groupe camphorique se rattachent au groupe térébique, par le bornéol qui peut être métamorphosé en un isomère de l'essence de térébenthine ; au groupe cyménique, par le camphre qui peut être transformé en cymène; au groupe cuménique (série cuminique), par l'acide camphorique qui peut être converti en cumène, etc.

BORNÉOL.

Syn. : camphre solide de Bornéo.

Composition : $C^{20}H^{18}O^2$.

§ 1942. Cette substance [1] s'extrait du *Dryabalanops Camphora*; elle se trouve déposée dans les cavités du tronc des vieux arbres. Quand les arbres sont jeunes, ils ne renferment pas de camphre solide, mais lorsqu'on y pratique des incisions, il en découle un liquide verdâtre pâle, composé d'une huile essentielle (§ 1882), mêlée à peine de 5 à 6 centièmes d'une résine particulière (Pelouze).

Le bornéol se trouve aussi en petite quantité dans l'essence de valériane humide, où il paraît provenir de l'hydratation de l'hydrocarbure contenu dans cette essence (Gerhardt).

Il se présente en petits cristaux ou plutôt en fragments de cristaux blancs, transparents, très-friables, d'une odeur qui tient à la fois du camphre ordinaire et du poivre, d'une saveur chaude et brûlante comme celle des essences.

Les cristaux, plus ou moins déformés, semblent être des prismes à 6 faces, réguliers et dérivant du système hexagonal. Leur solution alcoolique dévie vers la droite les rayons de la lumière polarisée, comme le camphre des laurinées, mais d'une manière moins énergique (Biot). La densité du bornéol est inférieure à celle de l'eau. Il est insoluble dans ce liquide , très-soluble, au contraire, dans l'alcool et dans l'éther.

[1] Pelouze (1841), *Compt. rend. de l'Acad.*, XI, 365. — Gerhardt, *Ann. de Chim. et de Phys.*, [3] VII, 286.

Il entre en fusion vers 198°, et en ébullition vers 212° ; à cette température il distille sans altération.

Chauffé légèrement avec de l'acide phosphorique anhydre, il donne un hydrocarbure $C^{20}H^{16}$, isomère de l'essence de térébenthine (*bornéène*) :

$$C^{20}H^{18}O^2 = 2\,HO + C^{20}H^{16}.$$

Bouilli avec de l'acide nitrique concentré, il perd H^2 et se convertit en camphre des laurinées.

L'acide chlorhydrique s'unit au bornéol sans le liquéfier ; la combinaison se détruit par la chaleur.

Le camphre de Bornéo fait partie de la matière médicale des Chinois, qui le rangent parmi leurs aphrodisiaques.

CAMPHRE.

Composition : $C^{20}H^{16}O^2$.

§ 1943. Cette substance est connue sous trois modifications physiques qui, à égalité de caractères chimiques, diffèrent par leur action sur la lumière polarisée : le *camphre droit*, ou camphre ordinaire des officines, dévie à droite le plan de polarisation de la lumière ; le *camphre gauche* possède le même pouvoir rotatoire, mais en sens contraire ; le *camphre inactif* est dénué de pouvoir rotatoire[1].

Le camphre droit s'obtient aussi par l'action de l'acide nitrique sur le bornéol[2]. On a également obtenu du camphre, d'une modification indéterminée, en traitant par l'acide nitrique les essences de tanaisie, de semen-contra, de valériane, de sauge[3]. Enfin, lorsqu'on traite le succin[4] par l'acide nitrique, il se condense dans le récipient un liquide chargé de camphre (on en extrait ce corps en saturant le liquide par du carbonate de potasse et en l'agitant ensuite avec de l'éther qui s'empare du camphre).

[1] On trouve dans le commerce, sous le nom d'*huile de camphre*, une matière liquide provenant, suivant M. Martins (*Ann. der Chem. u. Pharm.*, XXV, 305 ; XXVII, 44. *Neues Repertor f. Pharm.*, I, 541), du *Persea Camphora* Spreng. (*Laurus Camphora*, L.). D'après MM. Martius et Ricker, cette huile renfermerait $C^{20}H^{16}O$, et se convertirait en camphre ordinaire solide par l'action de l'acide nitrique. Mais il me paraît plus probable qu'elle n'est qu'un mélange de camphre ordinaire et d'un hydrocarbure $C^{20}H^{16}$, isomère de l'essence de térébenthine ; c'est là aussi l'avis de M. Mulder (*Ann. der Chem. u. Pharm.*, XXX, 71.)

[2] Pelouze, *Compt. rend. de l'Acad.*, XI, 305. — Biot, *ibid.*, XI, 375.

[3] Gerhardt, *Ann. de Chim. et de Phys.*, [3] VII, 282. — Rochleder, *Ann. der Chem. u. Pharm.*, XLIV, 1.

[4] Doepping, *Ann. der Chem. u. Pharm.*, XLIX, 350.

α. *Camphre droit*[1]. Le camphre des officines existe dans le bois et dans l'écorce de plusieurs laurinées. C'est du *Laurus Camphora* qu'on l'extrait généralement au Japon, à Java, à Sumatra et à Bornéo, pour les besoins du commerce et de la médecine. Les Chinois et les Japonais font bouillir les parties de l'arbre qui le contiennent avec de l'eau, dans des chaudières recouvertes de chapiteaux qui sont remplis de roseaux ou de paille de riz, où vient se condenser, sous forme de petits cristaux grisâtres, le camphre entraîné par les vapeurs d'eau ; ce camphre brut est expédié en Europe, où on le raffine, en le faisant sublimer dans des matras hémisphériques en verre, chauffés au bain de sable. A Sumatra et à Bornéo, on coupe le laurier-camphrier en petits tronçons, qu'on déchire avec des coins, pour en extraire ensuite directement le camphre, qui se trouve déposé, entre les fibres du bois, en larmes ou en cristaux ; un seul arbre en donne quelquefois jusqu'à 10 kilogrammes.

Le camphre cristallise, par la sublimation ou dans l'alcool, en octaèdres ou en segments d'octaèdres. Il est blanc et demi-transparent, comme la glace, d'une densité de 0,986—0,996, d'une saveur chaude, amère et brûlante, et d'une odeur aromatique qui rappelle celle du romarin. Il fond à 175° et bout à 204° ; la densité de sa vapeur a été trouvée égale à 5,317 (Dumas).

Seul, il est difficile à réduire en poudre, mais la pulvérisation s'effectue aisément après qu'on l'a arrosé de quelques gouttes d'alcool.

Il se vaporise aisément à l'air déjà à la température ordinaire ; cette circonstance explique les mouvements giratoires[2] auxquels il donne naissance, quand on en jette quelques légers fragments sur l'eau. Sa tendance à prendre l'état gazeux est si grande, qu'il se sublime en petits cristaux brillants à la partie supérieure des vases où on le conserve.

L'alcool le dissout aisément ; l'éther, les huiles fixes et les huiles essentielles le dissolvent aussi avec facilité. L'eau n'en dissout que 1/1000 de son poids, et en acquiert l'odeur et la saveur. L'acide acétique cristallisable dissout le double de son poids de camphre. Pouvoir rotatoire de la dissolution alcoolique du cam-

---

[1] TH. DE SAUSSURE, *Ann. de Chim. et de Phys.*, XIII, 275. — GAY-LUSSAC, *ibid.*, IX, 78. — LIEBIG, *ibid.*, XLVII, 95. — DUMAS, *ibid.*, L, 226.

[2] Voy. sur les mouvements produits par le camphre à la surface de l'eau : DUTROCHET, *Compt. rend. de l'Acad.*, XII, 2, 29, 126, 598.

phre : $[\alpha] = + 47,4$ pour une longueur de 100 millimètres.

Les dissolutions alcalines paraissent être sans action sur le camphre, ou du moins elles n'en dissolvent que très-peu. Mais si l'on expose ce corps à l'action de l'hydrate de potasse, sous l'influence d'une température élevée et d'une forte pression, il se convertit en campholate :

$$C^{20}H^{16}O^2 + KO, HO = C^{20}H^{17}KO^4.$$

Camphre.   Camphol. de potasse.

En le dirigeant sur de la chaux chauffée au rouge-brun, M. Frémy a obtenu un liquide qu'il appelle *camphrone*[1], bouillant à 75°, et dont la nature et les réactions chimiques n'ont pas encore été étudiées. A une température encore plus élevée, le même chimiste a obtenu du gaz oxyde de carbone, des gaz hydrocarbonés, et le ballon condensateur s'est rempli de beaux cristaux de naphtaline.

En faisant passer de la vapeur de camphre sur du fer rouge, Félix d'Arcet[2] a obtenu une liqueur oléagineuse renfermant de la naphtaline, ainsi qu'un hydrogène carboné, bouillant à 140°, et présentant la même composition que la benzine[3].

Le camphre absorbe le gaz chlorhydrique en produisant une huile que l'eau décompose immédiatement en mettant le camphre en liberté ; les proportions de gaz chlorhydrique qui sont ainsi absorbées varient considérablement suivant la température et la pression. Il absorbe également le gaz sulfureux et le gaz hyponitrique en quantité variable, en donnant des huiles que l'eau décompose[4].

L'acide nitrique concentré dissout à froid le camphre en produisant une liqueur huileuse que l'eau décompose. Si l'on fait réagir l'acide à chaud, il se développe des vapeurs rutilantes, et le camphre se convertit peu à peu en acide camphorique (droit) :

$$C^{20}H^{16}O^2 + O^6 = C^{20}H^{16}O^8.$$

Camphre. Ac. camphorique.

Soumis à l'action de l'acide phosphorique anhydre (Dumas) ou du chlorure de zinc en fusion (Gerhardt), le camphre se dédouble en eau et en cymène (§ 1867) :

$$C^{20}H^{16}O^2 = 2\,HO + C^{20}H^{14}.$$

Camphre.   Cymène.

[1] FRÉMY, *Ann. de Chim. et de Phys.*, LIX, 16. — M. Frémy représente la camphrone par les rapports $C^{60}H^{44}O^2$. Il y a trouvé : carbone, 85,0 ; hydrogène, 10,2 ; oxygène, 4,8.

[2] DARCET, *Ann. de Chim. et de Phys.*, LXVI, 110.

[3] Cet hydrogène carboné est peut-être le cinnamène $C^{10}H^{16}$ (§ 1664).

[4] BINEAU, *Ann. de Chim. et de Phys.*, [3] XXIV, 326.

Le même hydrogène carboné paraît se produire, accompagné d'autres produits, par la distillation du camphre avec l'acide sulfurique concentré. Le camphre se dissout en grande quantité dans cet acide ; l'eau l'en reprécipite en plus grande partie. Si l'on met du camphre en digestion, au bain-marie, pendant deux ou trois jours, avec deux ou trois fois son poids d'acide sulfurique concentré, et qu'au bout de ce temps on verse de l'eau sur le mélange, on voit surnager une huile qui devient incolore par la purification. Elle possède la même composition et le même état de condensation que le camphre solide. Sous l'influence de la potasse solide, elle régénère effectivement ce dernier (Delalande[1]).

Le chlore n'attaque pas beaucoup le camphre, même au soleil. Si on le dissout dans le protochlorure de phosphore, et qu'on y dirige du chlore, il se produit différents produits chlorés (§ 1944) qu'il est difficile d'obtenir d'une composition constante.

Le brome se combine avec le camphre en donnant un composé fort instable (§ 1945).

Lorsqu'on broie ensemble parties égales d'iode et de camphre, on obtient une masse brune et épaisse qui, soumise à la distillation, donne, outre du gaz iodhydrique, un ou deux hydrocarbures et une huile oxygénée[2].

Le perchlorure de phosphore attaque le camphre. D'après mes expériences, il se produit de l'oxychlorure de phosphore, ainsi qu'une matière cristalline, de l'aspect et de l'odeur du camphre

---

[1] DELALANDE, *l'Institut*, 1839, n° 307, p. 309.

[2] CLAUS, *Journ. f. prakt. Chem.*, XXV, 257, et *Revue scientif.*, IX, 181.
Le produit de la distillation du mélange d'iode et de camphre se compose en grande partie d'une liqueur huileuse, brune et fumante, chargée d'iode et d'acide iodhydrique. Si on l'agite avec de la potasse caustique, celle-ci dissout en petite quantité une huile âcre (*camphocréosote*), identique, suivant M. Schweizer, avec le carvacrol (§ 1871). La partie insoluble dans la potasse se compose d'un hydrocarbure fluide, doué d'une agréable odeur de macis, rappelant en même temps celle de l'essence de térébenthine, d'une densité de 0,827 à 25°, et d'un point d'ébullition variant entre 167° et 170°. M. Claus donne le nom de *camphine* à cet hydrocarbure; il suppose qu'il renferme $C^{18}H^{16}$, mais si l'on calcule avec le poids atomique 75 les analyses que ce chimiste en a faites, on trouve qu'elles présentent une perte de plus de 1 p. c. Je présume que cette camphine n'est que du cymène impur $C^{20}H^{14}$.
La partie insoluble dans la potasse renferme en outre une certaine quantité d'un hydrocarbure épais, à reflets violets, qui serait, suivant M. Claus, le même corps que le colophène (§ 1876).
Enfin, le produit de l'action de l'iode sur le camphre renferme aussi une matière résineuse noire (*camphorésine*).

artificiel (§ 1905), peu soluble dans l'alcool, et s'altérant en partie
à la distillation[1]; cette matière[2] renferme $C^{20}H^{16}Cl^2$. Elle reste dissoute dans l'oxychlorure, et peut en être précipitée par l'eau; elle
n'est pas attaquée par la potasse alcoolique. Sa formation s'explique
par l'équation suivante :

$$C^{20}H^{16}O^2 + PCl^5 = PO^2Cl^3 + C^{20}H^{16}Cl^2.$$

Lorsqu'on chauffe un mélange de camphre et de bichlorure de
mercure dans un tube de verre, il se dégage de l'acide chlorhydrique; en même temps, on remarque une odeur semblable à celle
de la térébenthine, et il reste dans le tube une masse brun-noir qui,
épuisée par l'alcool, laisse du calomel et une substance charbonneuse.

A chaud, le perchlorure d'antimoine attaque énergiquement le
camphre, avec dégagement d'acide chlorhydrique. Si l'on agite le
produit avec de l'eau et qu'on traite le précipité par l'alcool, celui-ci en extrait une résine molle, odorante et d'une saveur fort
âcre. Distillée, cette résine dégage de l'acide chlorhydrique et des
matières huileuses, en laissant beaucoup de charbon.

β. *Camphre gauche*[3]. Lorsqu'on fractionne l'essence de matricaire (*Matricaria Parthenium*, L.), et qu'on recueille à part les
portions qui distillent entre 200 et 220°, celles-ci déposent du
camphre par le refroidissement, souvent en si grande quantité
qu'elles se prennent en masse.

Ce camphre possède un pouvoir rotatoire rigoureusement égal
à celui du camphre des laurinées, mais en sens contraire.

Lorsqu'on le traite par l'acide nitrique, il se convertit en acide
camphorique gauche.

γ. *Camphre inactif*. D'après les observations de Proust, les essences de plusieurs labiées (romarin, marjolaine, lavande, sauge)
déposent souvent une matière camphrée. Le camphre de lavande
a la même composition[4] que le camphre des laurinées, mais il
n'exerce aucune action rotatoire sur le plan de polarisation de la
lumière[5].

[1] Lorsqu'on la distille à plusieurs reprises, on obtient une huile chlorée, à odeur de
térébenthine, et paraissant renfermer $C^{20}H^{15}Cl$.

[2] 0,182 de cette matière ont donné 0,248 chlorure d'argent = 34,1 p. c. de chlore.
Calcul, 34,3 p. c.

[3] DESSAIGNES et CHAUTARD (1848), *Journ. de Pharm.*, [3] XIII, 241. — CHAUTARD,
Compt. rend. de l'Acad., XXXVII, 166.

[4] DUMAS, *loc. cit.*

[5] BIOT, *Compt. rend. de l'Acad.*, XV, 710.

Dérivés chlorés du camphre[1].

§ 1944. Lorsqu'on dissout le camphre dans le protochlorure de phosphore, et qu'on y dirige du chlore pendant quelques heures, le camphre échange du chlore pour de l'hydrogène. On agite le produit avec de l'eau, puis avec du carbonate de soude; on obtient ainsi des flocons qu'on dessèche au bain-marie. Ce produit présente une composition variable suivant la durée du passage du chlore. Si l'on maintient longtemps la réaction, en la favorisant par la chaleur, on finit par obtenir un produit incolore, de la consistance de la cire blanche. Ce produit représente du camphre sex-chloré $C^{20}H^{10}Cl^6O^2$; il se décompose à la distillation.

Dérivés bromés du camphre.

§ 1945. Le *bromure de camphre*[2], $C^{20}H^{16}O^2,Br^2$, est un corps cristallisé qui se produit lorsqu'on met le camphre en contact avec du brome. Au contact de l'air, il se liquéfie promptement, en dégageant du brome et en laissant du camphre. L'ammoniaque le change subitement en camphre. La distillation le transforme également en brome et en camphre, mais en même temps il se dégage un peu d'acide bromhydrique, et il se forme une petite quantité d'une huile bromurée.

ACIDE CAMPHOLIQUE.

Composition : $C^{20}H^{18}O^4 = C^{20}H^{17}O^3,HO$.

§ 1946. Cet acide[3] se produit par l'action de l'hydrate de potasse sur le camphre. Il ne se forme qu'en petite quantité dans les circonstances de pression ordinaires; on en obtient davantage en opérant dans un tube bouché de la dimension des tubes à combustion organique ; si l'on fait passer et repasser plusieurs fois de suite d'une extrémité du tube à l'autre la vapeur de camphre sur de la chaux potassée, préalablement échauffée, une partie notable de matière finit par se transformer, et l'on parvient à extraire d'un seul tube 5 à 6 grammes d'acide purifié. Dans cette opération on n'é-

[1] CLAUS, *Journ. f. prakt. Chem.*, XXV, 257; et *Revue scientif.*, IX, 181.
[2] LAURENT (1840), *Compt. rend. de l'Acad.*, X, 532.
[3] DELALANDE (1841), *Ann. de Chim. et de Phys.*, [3] I, 120.

vite pas toujours la rupture du tube et la projection de la matière.

Pour isoler l'acide campholique, on décompose par un acide la solution du mélange provenant de l'action de la chaux potassée sur le camphre. Il se dépose alors une masse cristalline, qu'on purifie par la distillation.

L'acide campholique est blanc, et cristallise très-bien dans un mélange d'alcool et d'éther. Il entre en fusion à 80°, et bout sans altération vers 250°. Il est insoluble dans l'eau, à laquelle il communique néanmoins une légère odeur aromatique. La densité de sa vapeur a été trouvée égale à 6,058.

Distillé avec de l'acide phosphorique anhydre, il donne un hydrogène carboné $C^{18}H^{16}$, liquide et d'une densité de vapeur égale à 4,353. Delalande lui a donné le nom de *campholène*. Il se dégage probablement de l'oxyde de carbone dans la formation de cet hydrocarbure, car on a :

$$C^{20}H^{18}O^4 = C^2O^2 + 2\ HO + C^{18}H^{16}.$$

Ac. campholiq.   Campholène.

Dérivés métalliques de l'acide campholique. Campholates.

§ 1947. L'acide campholique est monobasique.

Le *sel de chaux*, $C^{20}H^{17}CaO^4$, constitue une poudre cristalline d'un blanc de neige, qu'on obtient en traitant l'acide campholique par l'ammoniaque en excès, puis versant dans la liqueur presque bouillante une dissolution de chlorure de calcium.

Soumis à la distillation sèche, le campholate de chaux donne une huile $C^{38}H^{34}O^2$, appelée *campholone* par Delalande, et qui se produit en vertu de la réaction suivante :

$$2\ C^{20}H^{17}CaO^4 = 2\ (CO^2,\ CaO) \qquad C^{38}H^{34}O^2.$$

Camphol. de chaux.   Carbonate.   Campholone.

Le *sel d'argent*, $C^{20}H^{17}AgO^4$, obtenu en décomposant le campholate neutre d'ammoniaque par le nitrate d'argent, se présente sous la forme de flocons caillebottés.

ACIDE CAMPHORIQUE ANHYDRE.

Syn. : anhydride camphorique.

Composition : $C^{20}H^{14}O^6$.

§ 1948. On l'obtient[1] aisément en distillant l'acide camphorique
hydraté ou l'acide éthyl-camphorique et en faisant cristalliser le
produit dans l'alcool bouillant.

Il se présente en beaux prismes, sans réaction acide, n'ayant
aucun goût au premier abord, mais irritant la gorge d'une manière
sensible, après quelque temps. Il est très-peu soluble dans l'eau
froide et un peu plus soluble dans l'eau bouillante; l'alcool bouillant le dissout en grande quantité, et le dépose, par le refroidissement, en cristaux d'une longueur considérable. L'éther le dissout
encore mieux. A 130°, il commence à se sublimer en belles aiguilles
blanches; à 217°, il fond en un liquide incolore, entre en ébullition
au-dessus de 270°, et distille sans laisser de résidu. La densité des
cristaux est de 1,194 à 20°,5. Ils s'électrisent par le frottement,
comme les résines. Leur solution ne précipite pas par l'acétate de
plomb neutre.

L'acide camphorique anhydre ne s'hydrate pas par une ébullition de deux heures avec de l'eau (Malaguti); toutefois, si l'on
continue de faire bouillir encore pendant quelques heures, il se
dissout à mesure que la liqueur s'évapore, et l'on finit par le convertir en acide camphorique hydraté. (Laurent.) Cette transformation est beaucoup plus prompte par les alcalis minéraux.

Il n'absorbe pas l'ammoniaque sèche, mais l'ammoniaque aqueuse
ou alcoolique le convertit en camphoramate d'ammoniaque.

Lorsqu'on le chauffe avec de l'aniline (phényl-ammoniaque),
il produit du phényl-camphoramate d'aniline, et de la phényl-camphorimide.

Chauffé avec de l'acide sulfurique concentré, il développe de
l'oxyde de carbone et se convertit en acide sulfocamphorique.

[1] BOUILLON-LAGRANGE (1799), *Ann. de Chimie*, XXIII, 153. — LAURENT, *Ann. de
Chim. et de Phys.*, LXIII, 207. — MALAGUTI, *ibid.*, LXIV, 151.

Dérivés sulfuriques de l'acide camphorique anhydre.

§ 1949. *Acide sulfocamphorique*[1], $C^{18}H^{16}S^2O^{12} + 4$ aq. — Lorsqu'on introduit par petites portions de l'acide camphorique anhydre dans de l'acide sulfurique concentré et pris en excès, on obtient une dissolution parfaitement limpide ; étendue d'eau, celle-ci précipite tout l'acide anhydre sans altération. Mais, si l'on chauffe le mélange jusqu'à 65°, il s'effectue un dégagement fort tumultueux d'oxyde de carbone, sans acide carbonique ni gaz sulfureux ; dès qu'il a cessé, on étend d'eau, et on laisse reposer pendant quelque temps, afin que le mélange puisse déposer l'acide anhydre qui n'aurait pas été attaqué. Filtré et exposé dans le vide, le liquide dépose bientôt des cristaux, quelquefois colorés en vert, qu'on fait egoutter dans un entonnoir bouché avec de l'amiante, et qu'on exprime ensuite entre des doubles de papier joseph. On les fait redissoudre dans l'alcool, et on les fait cristalliser de nouveau jusqu'à ce qu'ils ne soient plus colorés.

La réaction s'exprime par l'équation suivante :

$$C^{20}H^{14}O^6 + 2\,(SO^3, 2\,HO) = C^{18}H^{16}S^2O^{12} + C^2O^2.$$

Ac. camphor.   Ac. sulfocamphorique.
anhydre.

L'acide sulfocamphorique cristallise en prismes à 6 pans, incolores et fort amers, fort solubles dans l'eau, l'alcool et l'éther. Ils perdent dans le vide 4 atomes d'eau de cristallisation.

Il fond entre 160 et 165°, et s'altère à une température plus élevée. L'acide nitrique le dissout à froid, mais avec lenteur ; bouillant, il le dissout promptement, sans l'attaquer, et sans répandre de vapeurs rutilantes. L'acide sulfurique concentré le dissout, et finit par le charbonner.

§ 1950. Les *sulfocamphorates* neutres renferment $C^{18}H^{14}M^2S^2O^{12}$, l'acide sulfocamphorique étant un acide bibasique[2].

Le *sel d'ammoniaque*, $C^{18}H^{14}(NH^4)^2S^2O^{12} + 2$ aq., forme des cristaux groupés en étoiles, très-solubles dans l'eau et rougissant le tournesol.

Le *sel de potasse*, $C^{18}H^{14}K^2S^2O^{12}$, se prépare en abandonnant à

[1] PH. WALTER (1843), *Ann. de Chim. et de Phys.*, [3] IX, 177.

[2] L'acide sulfocamphorique ne dérive pas directement de l'acide camphorique comme l'acide sulfobenzoïque dérive de l'acide benzoïque : il existe probablement un acide monobasique $C^{18}H^{16}O^6$, avec lequel l'acide sulfocamphorique présente ce dernier rapport.

l'évaporation spontanée une dissolution aqueuse d'acide sulfocamphorique ; sursaturée par de la potasse, la liqueur donne par l'évaporation, des aiguilles très-fines, douées d'une saveur styptique et rafraîchissante. Ce sel est neutre au papier, très-soluble dans l'eau, et fort peu soluble dans l'alcool. Quelquefois on obtient aussi des choux-fleurs qui paraissent constituer un sel acide.

Le *sel de baryte*, $C^{18}H^{14}Ba^2S^2O^{12}$, s'obtient sous la forme d'une masse gommeuse, incolore ou légèrement jaunâtre, rougissant très-légèrement le papier de tournesol, très-soluble dans l'eau, et peu soluble dans l'alcool.

Le *sel de baryte et de cuivre*, $C^{18}H^{14}BaCuS^2O^{12}$, s'obtient en précipitant à froid le sel précédent par une dissolution de sulfate de cuivre.

Le *sel de plomb*, $C^{18}H^{14}Pb^2S^2O^{12}$, forme une masse amorphe, d'une saveur sucrée, soluble dans l'eau, insoluble dans l'alcool, et rougissant le papier de tournesol.

Le *sel d'argent*, $C^{18}H^{14}Ag^2S^2O^{12}$, se produit lorsqu'on sature une dissolution d'acide sulfocamphorique par l'oxyde d'argent ; on obtient une liqueur incolore, qui, évaporée au bain-marie, dépose des croûtes cristallines, solubles dans l'eau, peu solubles dans l'alcool à froid, et un peu solubles à chaud. Ce sel rougit aussi le tournesol.

ACIDE CAMPHORIQUE.

Composition : $C^{20}H^{16}O^8 = C^{20}H^{14}O^6$, 2 HO.

§ 1951. On distingue trois modifications isomères de l'acide camphorique : deux d'entre elles agissent sur la lumière polarisée en sens contraire ; la troisième se produit par la combinaison des deux précédentes, et ne possède aucun pouvoir rotatoire. Ces trois modifications présentent entre elles les mêmes rapports que l'acide tartrique droit, l'acide tartrique gauche, et l'acide paratartrique.

§ 1952. ACIDE CAMPHORIQUE, $C^{20}H^{16}O^8$. — On distingue l'acide droit et l'acide gauche, suivant le sens du pouvoir rotatoire.

α. *Acide camphorique droit*[1]. Cet acide, découvert par Kosegarten

[1] KOSEGARTEN (1785), *Diss. de camphora et partibus, quæ ea constituunt* ; Gœttingue, 1785. — BOUILLON LAGRANGE, *Ann. de Chimie*, XXIII, 153 ; XXVII, 19 et 221. — BUCHOLZ, *Journ. f. Chemie. u. Phys.* de Gehlen, IX, 332. — BRANDES, *Journ. f. Che-

vers la fin du siècle dernier, se produit par l'oxydation du camphre des laurinées sous l'influence de l'acide nitrique. Il a été étudié et analysé par MM. Laurent et Malaguti.

On le prépare en chauffant du camphre ordinaire dans une cornue avec dix fois son poids d'acide nitrique concentré; on coholbe plusieurs fois, et de temps à autre on ajoute de nouvelles portions d'acide; enfin on évapore le résidu. L'acide camphorique cristallise par le refroidissement; on le purifie en le dissolvant dans le carbonate de potasse, de manière à en séparer une certaine quantité de camphre non décomposé, puis on précipite la solution concentrée par de l'acide nitrique. L'acide camphorique se dépose alors à l'état cristallisé par le refroidissement du mélange; on le purifie par de nouvelles cristallisations.

Cet acide cristallise en paillettes ou en aiguilles incolores et transparentes, qui fondent à 70°; il est d'une saveur aigre et amère à la fois. Peu soluble dans l'eau à froid, il s'y dissout mieux à l'ébullition; l'alcool, l'éther, les essences et les huiles grasses le dissolvent également avec facilité. (Suivant Brandes, il exige, pour se dissoudre, 88,8 p. d'eau à 12°5, 70 p. à 25°, 61,5 p. à 37°5, 40,7 p. à 50°, 23,4 p. à 62°5, 17,2 p. à 82°5, 8, 9 p. à 90° et 8,6 p. à 96°25.)

La solution de l'acide camphorique droit dévie le plan de polarisation des rayons lumineux[2]; pouvoir rotatoire moléculaire, $[\alpha] = + 38,875$; ce pouvoir décroît considérablement par la saturation de l'acide par un alcali.

Sa solution précipite abondamment l'acétate de plomb neutre.

Soumis à la distillation sèche, l'acide camphorique se dédouble complétement en eau et en acide anhydre; il ne reste qu'une faible pellicule de charbon.

---

mie u. *Phys.* de Schweigger, XXXVIII, 269. — Laurent, *Ann. de Chim.*, VIII, 269. — Laurent, *Ann. de Chim. et de Phys.*, LXIII, 207. *Compt. rend. des trav. de Chim.*, 1845, p. 141. — Malaguti, *ibid.*, LXIV, 151.

[1] Il existe aussi, à ce qu'il paraît, une modification résineuse de l'acide camphorique (acide inactif?), qu'on obtiendrait en chauffant très-fort l'acide brut produit par l'oxydation du camphre, pour en chasser l'acide nitrique. Il se forme ainsi une masse visqueuse, laquelle, dissoute dans l'eau, dépose peu à peu de petits grains cristallins; par l'évaporation l'eau-mère laisse de nouveau une masse visqueuse. La solution des grains ne précipite pas le nitrate d'argent ammoniacal, ce qui la distingue de l'acide camphorique ordinaire. Voy. à ce sujet la note de M. Blumenau, *Ann. der Chem. u. Pharm.*, LXVII, 119.

[2] Bouchardat, *Compt. rend. de l'Acad.*, XXVIII, 319.

Il se dissout sans altération dans l'acide nitrique et l'acide sulfurique concentrés.

β. *Acide camphorique gauche*[1]. M. Chautard l'a obtenu en oxydant le camphre de la matricaire par l'acide nitrique.

Il possède les mêmes propriétés chimiques et physiques que l'acide camphorique ordinaire; seulement il dévie le plan de polarisation à gauche, rigoureusement de la même quantité que l'acide ordinaire le dévie à droite.

§ 1953. ACIDE PARACAMPHORIQUE, ou acide racémique camphorique, $C^{20}H^{16}O^8$. — Il se produit lorsqu'on met en présence, à poids égaux, l'acide camphorique droit et l'acide camphorique gauche. Il diffère par quelques caractères de ces deux acides, et n'exerce aucune action sur la lumière polarisée (Chautard).

Dérivés métalliques de l'acide camphorique. Camphorates.

§ 1954. L'acide camphorique est bibasique; les camphorates neutres[2] se représentent par la formule générale :

$$C^{20}H^{14}M^2O^8 = C^{20}H^{14}O^6, 2\ MO.$$

Les camphorates sont sans odeur et d'une légère saveur amère. La plupart d'entre eux sont peu solubles dans l'eau. Ils sont décomposés par les acides sulfurique, chlorhydrique, et nitrique.

Le *camphorate d'ammoniaque neutre*, $C^{20}H^{14}(NH^4)^2O^8$, s'obtient en exposant l'acide camphorique à un courant de gaz ammoniaque sec, et balayant le produit par un courant d'air également sec. Il est très-soluble dans l'eau; la solution a une réaction légèrement acide, sans saveur bien prononcée.

En projetant des cristaux de bicarbonate d'ammoniaque dans une dissolution bouillante d'acide camphorique, M. Malaguti a obtenu un sel en petits prismes très-blancs, à réaction acide, ayant un goût légèrement aigrelet, fusibles à quelques degrés au-dessus de 100°, et aisément solubles dans l'eau froide. Séché à 100° dans un courant d'air, ce sel a perdu 19 p. c. d'eau. Il paraît constituer un *bicamphorate*[3] de la composition $C^{20}H^{15}(NH^4)O^8 + 6$ aq.

---

[1] CHAUTARD (1853), *Compt. rend. de l'Acad.*, XXXVII, 166.

[2] Les camphorates décrits dans ce chapitre se rapportent tous à l'acide droit.

[3] M. Malaguti considère ce sel comme renfermant 3 $C^{20}H^{16}O^8$, 4 $NH^3 + 18$ aq. Cette formule correspond à une combinaison de camphorate neutre et de bicamphorate, $C^{20}H^{14}(NH^4)^2O^8$, 2 $C^{20}H^{15}(NH^4)O^8 + 18$ aq. — Ma formule pour le sel sec exige : carbone, 55,3; hydrog., 8,7; azote, 6,6. M. Malaguti a obtenu : carbone, 53,57; hydrog., 8,97;

Le *camphorate de potasse* neutre cristallise en larges paillettes nacrées, lorsqu'on le prépare avec l'acide camphorique hydraté. Quand on fait dissoudre de l'acide camphorique anhydre dans la potasse, on obtient le même sel en petites aiguilles déliées, réunies en groupes (Malaguti). Suivant Bucholz et Bouillon Lagrange, il se dissout dans 100 p. d'eau froide et dans 4 p. d'eau bouillante ; il se dissout également dans l'alcool. Selon Brandes, il est légèrement déliquescent, et exige très-peu d'eau pour sa solution. (Ces indications contradictoires tiennent probablement à ce que ces chimistes n'ont pas opéré sur les mêmes sels ; le sel peu soluble était peut-être un bicamphorate).

Le *camphorate de soude* forme des cristaux limpides, confus, légèrement efflorescents, solubles dans 200 p. d'eau froide et dans 8 p. d'eau bouillante, solubles dans l'alcool (Bouillon ; suivant Brandes, il constituerait des aiguilles ou des espèces de choux-fleurs, déliquescentes, solubles dans 80 p. d'alcool, et contenant 24,3 p. c. de soude).

Le *camphorate de baryte* constitue des lames ou des aiguilles solubles dans 600 p. d'eau bouillante (Bouillon ; suivant Brandes, le sel n'exigerait pour sa solution que 1,8 p. d'eau à 19°, dégagerait par la chaleur 11,87 p. c. d'eau de cristallisation, et contiendrait ensuite 42,66 p. c. de baryte).

Le *camphorate de strontiane* forme des feuillets incolores, beaucoup plus solubles que le sel de baryte.

Le *camphorate de chaux* neutre forme une masse non cristalline, neutre aux papiers, à peine soluble dans l'eau froide, soluble dans 200 p. d'eau bouillante, insoluble dans l'alcool, et contenant 7 p. c. d'eau de cristallisation ; il tombe en poussière au contact de l'air.

Lorsqu'on traite le carbonate de chaux par l'acide camphorique, on obtient un sel à réaction acide, cristallisé en prismes rhomboïdaux (∞ P : ∞ P $= 120°$), contenant 37,5 p. c. d'eau de cristallisation, soluble dans 5 p. d'eau froide (Bucholz, Brandes).

En faisant bouillir un lait de chaux avec l'acide camphorique anhydre, M. Laurent [1] a obtenu, par l'évaporation, des pellicules blanches d'un sel renfermant 20,1 p. c. de chaux. Ce sel, qui ne s'est déposé que d'une solution très-concentrée, ayant été repris par

azote, 8,5. 6 at. d'eau de cristallisation correspondent à une perte de 19,9 p. c. par la dessiccation ; la détermination de M. Malaguti a donné 19 p. c.

[1] LAURENT, *Compt. rend. des trav. de Chimie*, 1843, p. 149.

l'eau bouillante, paraissait être devenu insoluble. Après une longue ébullition, on a filtré et évaporé de nouveau ; quoique la liqueur fût très-concentrée, il ne s'est rien déposé par le refroidissement ; mais l'alcool y a produit un précipité blanc composé d'aiguilles microscopiques contenant 19,7 p. c. de chaux.

Soumis à la distillation sèche, le camphorate neutre de chaux se dédouble en carbonate de chaux et en phorone (§ 1836).

Le *camphorate de magnésie* forme des prismes solubles dans 6,5 p. d'eau à 2°,5, et dans 54 p. d'alcool absolu à 3°,7.

Le *camphorate d'alumine* est un sel blanc, acide aux papiers, d'une saveur astringente, soluble dans 200 p. d'eau froide, et dans une quantité moindre d'eau bouillante, fort soluble dans l'alcool bouillant.

Le *camphorate de zinc* est un précipité blanc.

Le *camphorate de nickel* est un précipité vert clair, peu soluble dans l'eau.

Le *camphorate de cuivre*, $C^{20}H^4Cu^2O^8$ (à 100°), s'obtient par double décomposition, sous la forme d'un précipité vert clair, presque insoluble dans l'eau. Il donne avec l'ammoniaque une combinaison cristallisable.

Le *camphorate de fer* (sel ferrique) s'obtient sous la forme d'un précipité volumineux, brun clair, insoluble dans l'eau, lorsqu'on mélange un camphorate alcalin avec un sel ferrique.

Le *camphorate de manganèse* s'obtient sous la forme de paillettes cristallines, fort solubles dans l'eau, par l'évaporation spontanée d'une dissolution de carbonate de manganèse dans l'acide camphorique. Les sels manganeux ne sont pas précipités par les camphorates alcalins.

Le *camphorate d'uranyle* est un précipité jaunâtre.

Le *camphorate d'étain* (sel stanneux) constitue un précipité blanc.

Le *camphorate de plomb* est un précipité blanc, insoluble dans l'eau.

Le *camphorate d'argent* est un précipité blanc, fusible, se colorant par la lumière.

Le *camphorate de mercure* (sel mercureux) est un précipité blanc, presque insoluble dans l'eau.

Le *camphorate de platine* s'obtient sous la forme d'un précipité blanc (?), un peu soluble dans l'eau, par le mélange du camphorate de soude avec le bichlorure de platine (Brandes).

Dérivés méthyliques, éthyliques.... de l'acide camphorique.
Éthers camphoriques.

§ 1955. *Acide méthyl-camphorique*[1], ou camphométhylique,
$C^{22}H^{18}O^8 = C^{20}H^{15}(C^2H^3)O^8$. — On l'obtient, par le même procédé
que l'acide éthyl-camphorique, en substituant l'esprit de bois à
l'alcool. Après la troisième distillation, la cornue contient un liquide visqueux fortement coloré en brun, qu'on lave avec de l'eau
pour enlever l'acide méthyl-sulfurique qui s'est formé dans la réaction ; le résidu de ce lavage se change en une masse cristalline, lorsqu'on l'abandonne à lui-même, pendant plusieurs jours, sous
l'eau ou à l'air libre. Si, après avoir exprimé ces cristaux entre des
feuilles de papier non collé, on les fait bouillir avec de l'eau, on
obtient un liquide incolore et acide au fond et à la surface duquel
se trouvent des gouttelettes huileuses ; celles-ci se transforment,
au bout de quelques jours, en groupes de cristaux nets, brillants
et incolores.

Ces cristaux sont l'acide méthyl-camphorique. Ils se présentent
tantôt sous la forme d'aiguilles longues de plusieurs centimètres et
groupés autour d'un centre, tantôt sous celle de petites lames hexagonales ou quadrilatères. Mis en dissolution dans l'éther, ils donnent, par une évaporation très-lente, des prismes très-nets, appartenant au système rhombique, avec la combinaison $P. \infty P. \infty \breve{P} \infty$.
Inclinaison des faces, $\infty P : \infty P = 106° 30'$; $\infty \breve{P} \infty : \infty P =$
$126° 45'$; $\infty \breve{P} \infty : P = 115° 25'$ et $66° 4'$; $P : P = 160° 30'$; les lames quadrilatères sont hémièdres, et ne présentent que $\frac{P}{2}. \infty \breve{P} \infty$,
avec un clivage perpendiculaire à $\infty \breve{P} \infty$.

L'acide méthyl-camphorique est très-peu soluble dans l'eau,
très-soluble dans l'alcool, l'éther, le chloroforme. Les solutions sont
très-acides et dévient à droite les rayons de la lumière polarisée ;
pouvoir rotatoire pour 100^{mm}, $[\alpha] = + 51°,4$.

Il fond à 68° environ, et reste longtemps visqueux après le refroidissement. A la distillation, il donne de l'acide camphorique
anhydre, un liquide visqueux et un léger résidu de charbon.

Bouilli avec de la potasse caustique, il dégage de l'esprit de bois,
et se transforme en camphorate.

Les dissolutions aqueuses et alcooliques de l'acide méthyl-cam-

[1] Loir (1853), *Ann. de Chim. et de Phys.*, [3] XXXVIII, 483.

phorique donnent avec l'acétate de plomb, un précipité blanc, cristallin, soluble dans un excès d'acétate, et avec l'acétate de cuivre, un précipité verdâtre et cristallin. Elles troublent l'eau de baryte; ce trouble disparaît par l'addition d'une goutte d'acide nitrique. Elles sont sans action sur l'eau de chaux et sur les sels de baryte solubles; elles produisent un léger trouble dans le nitrate d'argent; l'oxyde d'argent en est réduit et donne naissance à un dépôt noirâtre.

§ 1956. *Acide éthyl-camphorique*[1], ou camphovinique, $C^{24}H^{20}O^8$ $= C^{20}H^{15}(C^4H^5)O^8$. — Quand on fait bouillir un mélange de 10 p. d'acide camphorique, 20 p. d'alcool absolu et 5 p. d'acide sulfurique en cohobant plusieurs fois, on obtient un résidu qui, étendu d'eau, forme un dépôt huileux d'acide éthyl-camphorique.

A la température ordinaire, celui-ci a la consistance de la mélasse; il est transparent, incolore, possède une odeur particulière et une saveur amère très-agréable, non acide. Il est très-peu soluble dans l'alcool et l'éther. Sa densité est de 1,095 à 20,5.

Mis en contact avec du papier de tournesol, il ne le rougit qu'après quelque temps. Il se dissout dans les solutions alcalines, d'où il est précipité par les acides; mais par l'ébullition il se décompose. L'eau elle-même détermine ce dédoublement par suite d'un contact très-prolongé ou d'une longue ébullition.

Soumis à la distillation sèche, l'acide éthyl-camphorique donne de l'eau, de l'acide-camphorique anhydre et du camphorate d'éthyle, ainsi qu'une très-petite quantité d'alcool et de gaz carburés, provenant sans doute d'une décomposition secondaire. On a d'ailleurs :

$$2\,C^{20}H^{15}(C^4H^5)O^8 = 2\,HO + C^{20}H^{14}O^6 + C^{20}H^{14}(C^4H^5)^2O^8.$$

| Ac. éthyl-camphor. | Ac. camphor. anhyd. | Camphorate d'éthyle. |

Sa dissolution alcoolique précipite abondamment par l'acétate neutre de plomb.

§ 1957. Le *sel d'ammoniaque* s'obtient en versant de l'ammoniaque dans une solution alcoolique d'acide éthyl-camphorique, en ayant soin qu'il ait toujours un excès de cet acide; pour se débarrasser ensuite de ce dernier, on verse de l'eau sur la masse, qui précipite alors l'excédant d'acide éthyl-camphorique sous la forme d'une huile épaisse. La solution de l'éthyl-camphorate d'ammoniaque est limpide, sans odeur d'ammoniaque, et présente une réaction alcaline.

[1] MALAGUTI (1837), *Ann. de Chim. et de Phys.*, XLIV, 151.

Les sels de baryte, de chaux, de strontiane, de magnésie et de manganèse, sont solubles dans l'eau.

Les *sels de zinc, de cuivre, de plomb et de mercure* y sont insolubles ou peu solubles; le sel de cuivre qu'on obtient en précipitant le sulfate par l'éthyl-camphorate d'ammoniaque paraît être un soussel (sel sesquibasique).

Le *sel d'argent*, $C^{24}H^{19}AgO^8$, s'obtient sous la forme d'un précipité gélatineux, lorsqu'on verse du nitrate d'argent dans la solution de l'éthyl-camphorate d'ammoniaque.

§ 1958. *Camphorate d'éthyle*[1], ou éther camphorique, $C^{28}H^{24}O^8$ $= C^{20}H^{14}(C^4H^5)^2O^8$. — Ce corps se forme dans la distillation sèche de l'acide éthyl-camphorique; on l'obtient en versant de l'eau dans les eaux-mères alcooliques d'où est précipité ce dernier. Pour l'avoir pur, on le fait bouillir avec de l'eau alcalisée, on le désseche dans le vide, on le distille après l'avoir lavé, et on le dessèche de nouveau dans le vide.

C'est une huile d'une couleur légèrement ambrée, d'une saveur amère fort désagréable, et d'une odeur forte. Sa densité est de 1,029 à + 16°. La matière entre en ébullition à + 285 ou 287°; à quelques degrés au-dessus, elle s'altère, brunit, et laisse un résidu noir; mais le produit de la distillation est très-pur après avoir été lavé. Elle est parfaitement neutre, et insoluble dans l'eau.

Une lessive concentrée et bouillante de potasse la décompose lentement, à la manière de tous les éthers. L'acide sulfurique la dissout à froid sans la décomposer, et on peut l'en séparer de nouveau en versant la dissolution dans l'eau ; à chaud, il y a décomposition sans dégagement d'acide sulfureux et sans production de charbon. Les acides chlorhydrique et nitrique ne l'altèrent ni à chaud ni à froid.

Le *camphorate d'éthyle bichloré*[2], $C^{20}H^{14}(C^4H^3Cl^2)^2O^8$, se produit par l'action du chlore sur l'éther camphorique. Le chlore attaque vivement cet éther, en l'épaississant et en dégageant de l'acide chlorhydrique. Le produit est neutre, d'une saveur amère et persistante; il est soluble dans l'alcool et l'éther. Sa densité est de 1,386 à + 14°. Quand on le chauffe, il devient très-fluide, et s'altère avant de bouillir. Une dissolution aqueuse de potasse ne l'attaque

[1] MALAGUTI (1837), *loc. cit.*
[2] MALAGUTI (1839), *Ann. de Chim. et de Phys.*, LXX, 360.

45.

presque pas, mais la potasse alcoolique le convertit en camphorate, acétate et chlorure potassiques :

$$C^{20}H^{14}(C^4H^3Cl^2)^2O^8 + 8\ (KO,HO) = C^{20}H^{14}K^2O^8$$
Camp. d'éth. bichloré.   Camphorate.

$$+\ 2\ C^4H^3KO^4 + 4\ KCl + 8\ HO.$$
Acétate.

AMIDES CAMPHORIQUES.

§ 1959. On connaît trois amides camphoriques, ainsi que des dérivés phényliques (anilides) de ces amides, savoir :

Acide camphoramique . $C^{20}H^{17}NO^6 = C^{20}H^{15}(NH^4)O^8 - 2HO.$
Bicamphor. d'ammon.

Camphorimide . . . . . $C^{20}H^{15}NO^4 = C^{20}H^{15}(NH^4)O^8 - 4HO.$
Bicamphor. d'amm.

Camphoramide . . . . . $C^{20}H^{18}N^2O^4 = C^{20}H^{14}(NH^4)^2O^8 - 4HO.$
Camphor. d'amm. neutre.

§ 1960. ACIDE CAMPHORAMIQUE [1], $C^{20}H^{17}NO^6$. — Pour obtenir l'a-
cide camphoramique, on emploie une dissolution étendue de camphoramate d'ammoniaque. On y verse de l'acide chlorhydrique,
et l'on évapore la dissolution à une très-douce chaleur. Il se dépose
alors de l'acide camphoramique cristallisé. Pour purifier cet acide,
on le fait dissoudre dans de l'alcool faible, et on abandonne la liqueur à l'évaporation spontanée. Au bout de quelques jours, on y
trouve de magnifiques cristaux. Si l'on emploie des liquides trop
concentrés, l'acide chlorhydrique ne précipite qu'un acide sirupeux.

L'acide camphoramique est incolore, assez soluble dans l'eau
chaude, beaucoup moins soluble dans l'eau froide. Si l'on en met
une goutte saturée à chaud sur le porte-objet du microscope,
on voit se former une très-jolie cristallisation : ce sont d'abord des
rhombes parfaits, traversés par deux diagonales ; puis les angles aigus se tronquent, de sorte que les rhombes s'allongent peu à peu
dans le sens de la petite diagonale.

Il est plus soluble dans l'alcool que dans l'eau ; il y cristallise en
gros prismes droits rectangulaires, transparents et parfaitement
nets. Combinaison observée, $\infty\breve{P}\infty$, $\infty\bar{P}\infty$. $\breve{P}\infty$, avec ∞P et P
subordonnés. Inclinaison des faces, $\breve{P}\infty : \breve{P}\infty = 114°\ 30'$; $\breve{P}\infty :$
$\infty\bar{P}\infty = 122°\ 45'$; $\breve{P}\infty : P = 155°$; $\infty\breve{P}\infty : \infty P = 131°\ 40'$.

Lorsqu'on en fait fondre une petite quantité sur une feuille de

[1] LAURENT (1845), *Compt. rend. des trav. de Chim.*, 1845, p. 141.

verre, il cristallise en partie en rhombes par le refroidissement ; le reste se solidifie lentement, en donnant une matière vitreuse transparente.

Le *sel d'ammoniaque*, $C^{20}H^{16}(NH^4)O^6 + 2$ aq., s'obtient avec l'ammoniaque et l'acide camphorique anhydre. Celui-ci ne se combine pas directement avec le gaz. Pour faire réagir les deux corps, on fait dissoudre de l'acide camphorique anhydre dans de l'alcool absolu et bouillant jusqu'à saturation ; puis, pendant que la dissolution est encore bouillante, on y fait passer un courant d'ammoniaque, en la laissant refroidir peu à peu. La saturation achevée, on abandonne la dissolution dans un lieu frais. Au bout de 24 heures, on obtient ainsi un sel bien cristallisé. L'eau-mère donne encore des cristaux par une douce évaporation; pour purifier ce sel, on le lave rapidement avec un peu d'alcool absolu.

Ce sel a un goût légèrement acide, amer, très-fugace, et fond à 100°.

Il diffère du bicamphorate d'ammoniaque, dont il a la composition centésimale, en ce qu'il ne précipite pas les sels de plomb, d'argent et de cuivre.

Le *sel de plomb* renferme $C^{20}H^{16}PbNO^6$. Lorsqu'on verse une dissolution aqueuse et froide de camphoramate d'ammoniaque dans de l'acétate de plomb, il ne se forme pas de précipité. Si l'on mêle les dissolutions alcooliques concentrées et bouillantes de ces deux sels, le premier étant employé en excès, il n'y a pas encore de précipité; mais, par le refroidissement, il se dépose de petites aiguilles de camphoramate de plomb.

Le *sel d'argent* renferme $C^{20}H^{16}AgNO^6$. En mêlant des dissolutions alcooliques bouillantes et concentrées de camphoramate d'ammoniaque et de nitrate d'argent, on n'obtient pas de précipité. Par le refroidissement, la liqueur se prend en une gelée translucide qui, examinée au microscope, offre un réseau d'aiguilles très-longues et si minces, qu'elles sont à peine visibles par un grossissement de 300.

§ 1961. *Acide phényl-camphoramique* [1], ou camphoranilique, $C^{32}H^{21}NO^6 = C^{20}H^{16}(C^{12}H^5)NO^6$. — On l'obtient en précipitant par l'acide nitrique la liqueur ammoniacale provenant du traitement du produit de la réaction de l'aniline et de l'acide camphorique anhydre. Il se présente sous deux modifications, l'une résineuse,

---

[1] LAURENT et GERHARDT (1848), *Ann. de Chim. et de Phys.*, [3] XXIV, 191.

l'autre cristalline. Il est très-peu soluble dans l'eau bouillante ; par le refroidissement, la solution dépose des traces d'acide cristallisé. fort soluble dans l'alcool et dans l'éther.

Quand on chauffe l'acide résineux pour le dessécher, il se ramollit, puis cristallise en partie, tandis qu'une autre partie reste à l'état résineux.

Chauffé légèrement avec de l'acide sulfurique concentré, il développe de l'oxyde de carbone. Fondu légèrement avec de la potasse caustique, il dégage de l'aniline.

Si l'on distille l'acide phényl-camphoramique, il se résout entièrement en aniline et en acide camphorique anhydre :

$$C^{20}H^{16}(C^{12}H^5)NO^6 = C^{20}H^{14}O^6 + C^{12}H^7N.$$

Ac. phényl-camph.   Ac. camphor.   Aniline.
anhyd.

Les *sels d'ammoniaque*, de *chaux et de baryte* sont solubles dans l'eau.

Le *sel d'argent*, $C^{32}H^{20}AgNO^6$, est un précipité blanc, un peu soluble dans l'eau, qu'on obtient en mélangeant le sel d'ammoniaque avec le nitrate d'argent.

§ 1962. CAMPHORIMIDE [1], $C^{20}H^{15}NO^4$. — Ce composé peut s'obtenir, soit en chauffant à 150 ou 160° du camphoramate d'ammoniaque, soit en distillant ce sel, soit encore en fondant ou en distillant l'acide camphoramique.

Lorsqu'on fond à 150° le sel ammoniacal, il se dégage de l'eau et de l'ammoniaque. Il reste une matière incolore qui se solidifie par le refroidissement sans cristalliser. Pour la purifier, on la fait dissoudre dans l'alcool bouillant ; elle cristallise alors par le refroidissement.

La camphorimide est incolore, volatile à une très-haute température ; elle distille sans altération. Une partie de sa vapeur se condense sous la fornie d'une poudre blanche qui, examinée au microscope, présente des feuilles de fougère, dont les folioles paraissent être terminées par des dodécaèdres rhomboïdaux.

Elle se dissout facilement dans l'alcool bouillant, et cristallise, par le refroidissement, en feuilles de fougère élégamment découpées. Si le refroidissement est très-lent, elle donne des tables hexagonales très-allongées et obliques. Si l'on évapore sa dissolution dans l'alcool faible, elle se dépose peu à peu sous la forme

---

[1] LAURENT (1845), *Compt. rend. des trav. de Chim.*, 1845, p. 147.

d'une matière gommeuse et transparente qui se solidifie au bout de 24 heures en tubercules opaques.

Sa dissolution alcoolique, mise en ébullition avec la potasse, laisse dégager de l'ammoniaque.

Elle se dissout dans l'acide sulfurique concentré à l'aide d'une douce chaleur. Si l'on verse quelques gouttes d'eau dans la solution, il se forme un dépôt blanc cristallin.

§ 1963. *Phényl-camphorimide*[1] ou camphoranile, $C^{22}H^{19}NO^4 = C^{20}H^{14}(C^{12}H^5)NO^4$. — Produit de la réaction de l'acide camphorique anhydre et de l'aniline :

$$C^{20}H^{14}O^6 + C^{12}H^7N = C^{20}H^{14}(C^{12}H^5)NO^3 + 2\,HO.$$

Ac. camph. anhyd.   Aniline.   Phényl-camph.

L'aniline versée sur l'acide camphorique anhydre ne paraît pas s'y combiner; mais, si l'on chauffe le mélange, on obtient deux anilides. Le produit, très-soluble dans l'alcool, reste vitreux par le refroidissement; on le reprend par l'ammoniaque étendu et chaude. Celle-ci dissout l'acide phényl-camphoramique, tandis que la phényl-camphorimide reste à l'état insoluble.

Ce corps est fort soluble dans l'éther, et y cristallise facilement en belles aiguilles qui paraissent distiller et se sublimer sans altération. Il fond à 116 degrés et donne, par le refroidissement, une masse un peu cristalline; il est insoluble dans l'eau froide et fort soluble dans l'alcool, ainsi que dans l'éther, où il y cristallise facilement. Bouilli avec de l'eau, il entre en fusion, s'y dissout un peu et cristallise en petite quantité par le refroidissement. Si on le traite par une grande quantité d'eau, à laquelle on ajoute un peu d'alcool, il se dissout par l'ébullition et cristallise, par le refroidissement, en belles aiguilles brillantes, souvent d'un pouce de long.

Sa dissolution dans un mélange d'eau et d'alcool auquel on a ajouté un peu d'ammoniaque, donne, par le nitrate d'argent, un précipité cristallin, renfermant probablement $C^{20}H^{13}Ag(C^{12}H^5)NO^4$.

Une solution aqueuse de potasse n'attaque pas la phényl-camphorimide, mais la potasse en fusion en dégage de l'aniline. Bouillie avec de l'ammoniaque concentrée, additionnée d'un peu d'alcool, la phényl-camphorimide finit par s'attaquer, et la solution dépose ensuite des aiguilles de phényl-camphoramate d'ammoniaque.

§ 1964. CAMPHORAMIDE[2], $C^{20}H^{18}N^2O^4$. — Lorsqu'on fait passer

---

[1] LAURENT et GERHARDT (1848), *Annal. de Chim. et de Phys.*, [3] XXIV, 191.
[2] LAURENT (1842), *Revue scientif.*, X, 123.

un courant de gaz ammoniaque au sein d'une dissolution d'acide
camphorique anhydre dans l'alcool absolu, le liquide s'échauffe,
et, par l'évaporation, on obtient une matière sirupeuse, insoluble dans l'eau, et qui est probablement la camphoramide. L'a-
cide chlorhydrique, à froid, ne décompose pas cette matière, tandis
que la potasse en dégage de l'ammoniaque en produisant du camphorate.

TROISIÈME PARTIE.

CORPS A SÉRIER.

§ 1965. Nous avons réuni, dans cette troisième partie, les composés chimiques qui n'ont pas été assez étudiés, sous le rapport des métamorphoses, pour être compris dans les séries précédemment décrites. Nous y avons groupé à part des acides, des alcalis et des matières neutres, qui ne se rattachent encore par aucune réaction aux pivots de nos séries, et qui, pour être classés, exigent un examen plus approfondi. Nous avons eu soin toutefois de mettre ensemble, autant que possible, les corps qui dérivent les uns des autres, ou qui présentent certaines analogies de caractères ou d'origine.

Nul doute que les corps dont nous allons tracer l'histoire ne viennent plus tard combler les nombreuses lacunes encore existantes dans nos séries, ou donner lieu à des séries nouvelles. Nous ne saurions donc assez engager les jeunes chimistes à choisir leurs sujets de recherches parmi ces substances peu connues : ils ne manqueront pas d'y faire une ample moisson de découvertes du plus haut intérêt.

I.

ACIDES.

§ 1965ᵃ. Voici l'ordre que nous suivrons dans la description des acides organiques à sérier :

Acides de la bile (acide taurocholique, acide cholique, acide hyocholique, cholestérine, acide lithofellique, et leurs dérivés).

Acide caïncique (et acide quinoyatique),

Acide carminique,

Acide chélidonique,

Acide eugénique,

Acide euxanthique,

Acide gaïacique (résine de gaïac, hydrure de gaïacile, etc.),

Acide gentianique,

Acides colorants des lichens (acide chrysophanique, acide usnique, acide érythrique, acide lécanorique, acide parellique, acide évernique, orcines et dérivés).

Acide mellique,

Acide roccellique,

Acide santonique,

Acides tanniques (acide gallotannique, acide gallique, acide cachoutannique, catéchine, acide cafétannique, acide morintannique, acide quercitannique, acide quinotannique),

Acide vératrique,

Acides peu connus ou douteux.

ACIDES DE LA BILE.

§ 1966. Nous allons décrire dans ce chapitre plusieurs acides azotés qui, en combinaison avec la soude et d'autres bases, constituent la bile des animaux ; ces acides sont : l'*acide taurocholique* (§ 1967), l'*acide cholique* et l'*acide hyocholique.*

$$\text{Acide taurocholique.} \quad C^{52}H^{45}NO^{14}S^{2},$$
$$\text{Acide cholique.} \quad C^{52}H^{43}NO^{12},$$
$$\text{Acide hyocholique.} \quad C^{54}H^{43}NO^{10}.$$

Ces acides sont étroitement liés sous le rapport des métamorphoses chimiques. L'acide taurocholique et l'acide cholique se dédoublent, sous l'influence des acides minéraux ou des alcalis, en *acide cholalique* (§ 1973) et en un autre corps (l'acide taurocholique en taurine, § 437, et l'acide cholique en sucre de gélatine, § 129). En perdant, les éléments de l'eau, cet acide cholalique se convertit en *acide choloïdique* (§ 1975) et en *dylysine :*

$$\text{Acide cholalique.} \quad C^{48}H^{40}O^{10},$$
$$\text{Acide choloïdique.} \quad C^{48}H^{38}O^{8},$$
$$\text{Dylysine.} \quad C^{48}H^{36}O^{6}.$$

Avant de se transformer en acide cholalique, l'acide cholique peut simplement éliminer de l'eau, et se convertir en *acide cholonique :*

$$\text{Acide cholonique.} \quad C^{52}H^{44}NO^{10}.$$

Cet acide cholonique est remarquable en ce qu'il représente un homologue de l'acide hyocholique, lequel se comporte comme lui et comme l'acide cholique, sous l'influence des acides et des alcalis en donnant des produits semblables (*acide hyocholalique, acide hyocholoïdique, hyodylysine*, § 1980).

A la suite des acides précédents, se trouve décrite la *cholestérine* qui s'y rattache naturellement, en ce qu'elle donne les mêmes produits d'oxydation :

$$\text{Cholestérine.} \quad C^{52}H^{44}O^{2}.$$

Enfin, l'*acide lithofellique* a dû trouver place dans le même chapitre, l'origine de cette substance rendant très-probable quelque parenté chimique entre elle et les acides de la bile.

§ 1967. ACIDE TAUROCHOLIQUE [1], choléique ou sulfocholéique, $C^{52}H^{45}NO^{14}S^{2}$. — Cet acide, remarquable en ce qu'il renferme du soufre, est contenu en petite quantité à l'état de sel de soude dans la bile de bœuf. La bile de poisson se compose presque exclusivement de taurocholates, et ne renferme que de petites quantités du sel non sulfuré (cholate de soude) qui domine dans la bile de bœuf.

Voici, suivant M. Heintz [2], un procédé qui semble donner de l'acide taurocholique assez pur. On ajoute de l'acétate neutre de plomb à la bile de bœuf, aussi longtemps qu'il se forme un précipité (qu'on peut employer à la préparation de l'acide cholique); on filtre et on ajoute à la liqueur filtrée une petite quantité de sous-acétate de plomb, qui occasionne un léger précipité; on sépare celui-ci par le filtre, on ajoute une nouvelle quantité de sous-acétate, on filtre de nouveau, et l'on répète alternativement les précipitations et les filtrations, jusqu'à ce que le précipité soit emplastique et entièrement blanc. Ensuite, le mélange ayant été encore filtré, on précipite complétement par un excès de sous-acétate additionné d'un peu d'ammoniaque, et on décompose le précipité par l'hydrogène sulfuré après l'avoir dissous dans l'alcool à plusieurs reprises et précipité par l'eau. Finalement on évapore dans le vide la liqueur séparée du sulfure de plomb à l'aide du filtre.

On obtient ainsi un sirop épais qui finit par se boursoufler, en laissant une masse bulleuse qu'on peut réduire en une poudre entièrement blanche. Celle-ci se dissout en totalité dans l'eau

[1] STRECKER (1848), *Ann. der Chem. u. Pharm.*, LXVII, 30.
[2] HEINTZ, *Lehrb. der Zoochemie*, p. 367.

froide. Mais si, au lieu d'évaporer dans le vide la solution de l'acide taurocholique, on la concentre à l'aide de la chaleur ou qu'on chauffe à 100° l'acide sec, il ne donne plus qu'une solution trouble.

L'acide taurocholique n'a pas encore été analysé. Mais M. Strecker a reconnu qu'en traitant par les alcalis bouillants le mélange d'acide taurocholique et d'acide cholique, on obtient de l'acide cholalique, de la taurine (§ 437) et du sucre de gélatine (§ 129); or, la métamorphose de l'acide cholique, dans ces conditions étant connue, on peut déduire de cette réaction la composition de l'acide taurocholique. On a, en effet :

$$C^{52}H^{45}NO^{14}S^2 + 2\ HO = C^4H^7NO^6S^2 + C^{48}H^{40}O^{10}.$$
Ac. taurocholique.   Taurine.   Ac. cholalique.

§ 1968. Les *taurocholates* présentent en général les propriétés suivantes : les sels à base alcaline sont très-solubles dans l'alcool et l'eau, insolubles dans l'éther; ils n'ont aucune action sur le tournesol; longtemps en contact avec l'éther, ils finissent par cristalliser. Leur solution aqueuse a une saveur fort sucrée avec un arrière-goût amer. Ils ne précipitent pas immédiatement par les acides, mais, par l'ébullition, le mélange sépare de l'acide choloïdique; le liquide renferme alors de la taurine. Les sels alcalins ne précipitent pas les sels de chaux, de baryte et de magnésie; ils ne précipitent pas non plus l'acétate neutre de plomb, mais, avec le sous-acétate, ils donnent des flocons blancs qui se prennent peu à peu en une masse emplastique; le précipité se dissout entièrement par l'ébullition, et se sépare de nouveau par le refroidissement. L'acétate de cuivre ne précipite pas les taurochorates alcalins; mais on obtient des flocons blancs bleuâtres par l'addition d'une petite quantité d'ammoniaque. Ils ne précipitent pas le nitrate d'argent, même par l'addition de l'ammoniaque; une partie de l'argent se réduit par l'ébullition.

Avec l'acide sulfurique et une solution de sucre, les taurocholates donnent une coloration violette ou pourpre comme les cholates.

Le *sel de baryte* peut s'obtenir à l'état cristallisé, suivant M. Lieberkühn, si l'on sature par l'eau de baryte l'acide taurocholique (préparé par le procédé de M. Heintz), qu'on évapore la solution au bain-marie, et qu'on reprenne le résidu par l'alcool.

En ajoutant un peu d'éther à la solution alcoolique, on en précipite le taurocholate de baryte à l'état d'une masse résineuse qui
devient cristalline au bout de quelques jours.

Le *sel de cuivre* est moins soluble dans l'eau que dans l'alcool.

§ 1969. ACIDE CHOLIQUE, $C^{52}H^{45}NO^{12}$. — Cet acide[1], dont on
doit la découverte à L. Gmelin, compose, à l'état de sel de soude,
la partie essentielle de la bile de bœuf, où il est mêlé avec de petites quantités d'un acide sulfuré (acide taurocholique) et d'autres
substances étrangères (mucus, cholestérine, acide margarique).
La composition et les métamorphoses de l'acide cholique ont
particulièrement été étudiées par M. Strecker.

Voici le procédé que ce chimiste recommande comme particulièrement avantageux pour la préparation de cet acide. On
traite par l'alcool bouillant de 85 centièmes le précipité formé par
l'acétate de plomb dans la bile récente, on filtre à chaud, de manière à obtenir une solution de sel de plomb assez concentrée
pour se troubler par le refroidissement. On épuise par l'alcool
le résidu sur le filtre, et l'on emploie cet alcool au traitement de
nouveaux précipités. On fait passer de l'hydrogène sulfuré dans
la solution concentrée et chaude, on sépare le sulfure par le filtre,
et on le lave avec beaucoup d'eau ; quand le liquide commence à
se troubler, on l'abandonne au repos. Au bout de douze heures, on
le trouve converti en une masse cristalline et blanche, qu'on lave
à l'eau froide.

La méthode suivante fournit plus de produit : on évapore à
à siccité de la bile de bœuf récente, au bain-marie ou au bain de
sable, on réduit le résidu en poudre grossière, et on le traite à
froid par de l'alcool absolu. La liqueur ayant été filtrée, on y ajoute
un peu d'éther, et on l'abandonne au repos ; au bout de quelques
heures, le fond du vase est recouvert d'une masse emplastique, très-
colorée. Après en avoir décanté la liqueur, on traite celle-ci par
de nouvelles quantités d'éther. Il s'y produit alors, par le repos,

---

[1] L. GMELIN (1824), *Handb. der Cheoret. them.*, 3ᵉ édit., II, p. 833. — DEMARÇAY,
Ann. de Chim. et de Phys., LXVII, 177. — BERZÉLIUS, *Ann. der Chem. u. Pharm.*,
XXXIII, 139 ; XLIII, 1. — KEMP, *Journ. f. prakt. Chem.*, XXVIII, 154. — THEYER
et SCHLOSSER, *Ann. der Chem. u. Pharm.*, XLVIII, 77 ; L, 235. — PLATNER, *Ueber
die Natur und den Nutzen der Galle*, et *Journ. f. prakt. Chem.*, XL, 129. — VER-
DEIL, *Ann. der Chem. u. Pharm.*, LIX, 311. — MULDER, *Untersuch. über die Galle*,
traduction allemande de Voelcker. *Scheikundige Onderzoekingen*, V, 1. — STRECKER,
Ann. der Chem u. Pharm., LXV, 9 ; LXVII, 1 ; LXX, 161 et 166.

beaucoup de cristaux plumeux (bile cristallisée de Platner) dont la quantité va pendant quelque temps en augmentant. On en décante la partie restée liquide, on lave le résidu avec un peu d'éther, et on le dissout, encore chargé d'éther, dans l'eau. La solution est ensuite additionnée d'acide sulfurique dilué, jusqu'à ce qu'elle devienne laiteuse et abandonnée à elle-même. Douze ou vingt-quatre heures après, toute la liqueur se trouve remplie de cristaux, ordinairement mêlés de gouttes huileuses ; on les jette sur un filtre et on les lave à l'eau froide.

L'acide cholique préparé par l'une ou l'autre méthode n'est pas encore chimiquement pur : il est mêlé d'une certaine quantité d'un corps isomère, l'acide paracholique, dont il faut encore le débarrasser. A cet effet, on traite par l'eau bouillante les cristaux d'abord lavés à l'eau froide : l'acide paracholique reste alors à l'état insoluble sous la forme de paillettes incolores, tandis que l'acide cholique se dissout et cristallise par le refroidissement de la liqueur.

L'acide cholique se présente sous la forme de fines aiguilles blanches, très-volumineuses, qui se contractent beaucoup par la dessiccation, et recouvrent alors le papier d'un enduit mince et soyeux. 1000 p. d'eau froide en dissolvent 3,3 p. ; 1000 p. d'eau bouillante en dissolvent 8,3 p. ; la solution aqueuse et froide a une saveur à la fois sucrée et un peu amère, rougit le tournesol et ne donne pas de réactions avec les acides, l'acétate de plomb, le sublimé corrosif et le nitrate d'argent; le sous-acétate de plomb y occasionne un léger précipité.

Cet acide se dissout aisément dans l'alcool ; la solution étant évaporée au bain-marie, laisse un résidu d'abord sirupeux, puis résinoïde. Si l'on mélange la solution alcoolique avec de l'eau jusqu'à ce que le liquide devienne laiteux, on voit s'en séparer, au bout de vingt-quatre heures, des cristaux aiguillés, tout le liquide s'éclaircissant en même temps. L'acide est fort peu soluble dans l'éther.

Composition de l'acide cholique :

	Strecker.						Mulder.			$C^{52}H^{43}NO^{11}$.
Carbone. . .	67,31	67,26	66,97	66,88	67,07	66,80	66,6	66,6	66,9	67,10
Hydrogène. .	9,35	9,35	9,38	9,22	9,35	9,28	9,2	9,5	9,5	9,25
Azote.	5,25	»	»	»	»	»	3,3	3,2	»	5,01
Oxygène. . .	»	»	»	»	»	»	»	»	»	20,64
										100,00

La formule $C^{52}H^{43}NO^{12}$, proposée par M. Strecker, se trouve contrôlée par les métamorphoses de l'acide cholique.

L'acide cholique se dissout aisément dans l'ammoniaque aqueuse, ainsi que dans les lessives étendues de potasse et de soude ; il se dissout aussi dans l'eau de baryte. L'addition des acides, même de l'acide acétique, précipite de ces solutions une matière résineuse, qui se convertit par le repos en cristaux semblables à la wawellite. Cette transformation de l'acide en cristaux s'effectue encore plus rapidement par l'éther qui a aussi la propriété de rendre cristallins les cholates amorphes.

Lorsqu'on maintient l'acide cholique en ébullition avec de la potasse, il se transforme en acide cholalique et en sucre de gélatine (§ 129) :

$$C^{52}H^{43}NO^{12} + 2\,HO = C^{48}H^{40}O^{10} + C^{4}H^{5}NO^{4}.$$

Ac. cholique.   Ac. cholalique. Sucre de gélatine.

Il existe donc entre l'acide cholique et l'acide cholalique le même rapport qu'entre l'acide hippurique et l'acide benzoïque.

La baryte caustique et bouillante détermine le même dédoublement de l'acide cholique. Si, après que la réaction s'est opérée, on sépare l'acide cholalique par l'acide sulfurique, puis l'excédant d'acide sulfurique par l'ébullition avec de l'hydrate de plomb, et le plomb entré en dissolution par l'hydrogène sulfuré, on obtient une liqueur qui donne, par l'évaporation, des cristaux de sucre de gélatine.

L'acide acétique dissout l'acide cholique ; la solution, étant abandonnée à l'évaporation, dépose l'acide cholique sous forme cristalline.

L'acide chlorhydrique et l'acide sulfurique concentrés dissolvent aisément à froid l'acide cholique ; l'eau reprécipite ce dernier. Mais, si l'on porte à l'ébullition, la solution acide se trouble et se sépare des gouttes oléagineuses qui se solidifient peu à peu. Ce produit constitue l'acide cholonique (§ 1972) :

$$C^{52}H^{43}NO^{12} = 2\,HO + C^{52}H^{41}NO^{10}.$$

Acide cholique.   Acide cholonique.

Lorsqu'on dissout l'acide cholique dans l'eau et qu'on maintient l'ébullition avec l'acide chlorhydrique, on finit par obtenir un corps insoluble dans l'alcool froid, et soluble dans l'éther bouillant. C'est la dyslysine, $C^{48}H^{36}O^{6}$. Avant ce produit final, on obtient un corps intermédiaire, l'acide choloïdique de M. Demarçay. Cette métamorphose est accompagnée, comme dans le cas des alcalis, de

la formation du sucre de gélatine. La dyslysine et l'acide choloïdique ne diffèrent de l'acide cholalique que par les éléments de
l'eau.

Lorsqu'on ajoute à l'acide cholique ou à la solution d'un cholate quelques gouttes d'une solution du sucre, puis de l'acide sulfurique concentré, il se produit, par une douce chaleur, une coloration violette ou pourpre qui disparaît de nouveau par l'addition
de l'eau.

§ 1970. Les *cholates* se représentent d'une manière générale par
la formule :

$$C^{52}H^{42}MNO^{12} = C^{52}H^{42}NO^{11}, MO.$$

Tous les cholates sont solubles dans l'alcool.

La solution des cholates présente une saveur sucrée, légèrement
amère.

Le *sel d'ammoniaque* ressemble beaucoup au sel de potasse ou
de soude.

Si l'on fait passer du gaz ammoniaque sec dans une solution d'a-
cide cholique dans l'alcool absolu, de manière qu'il ne se forme
pas encore de précipité, il s'y produit, au bout de quelque temps,
des aiguilles dont le nombre augmente encore par le repos dans
des flacons bouchés. Elles se produisent plus rapidement par l'addition de l'éther au liquide. Elles perdent beaucoup d'ammoniaque par l'exposition dans le vide.

Le *sel de potasse* ressemble beaucoup au sel de soude.

Le *sel de soude*[1] renferme $C^{52}H^{42}NaNO^{12}$, et constitue en grande
partie la bile de bœuf. On l'obtient à l'état de pureté en dissolvant
l'acide cholique dans le carbonate de soude et évaporant à siccité ;
on peut aussi agiter une solution alcoolique d'acide cholique avec du
carbonate de soude effleuri, et évaporer l'alcool. On dissout le résidu
dans l'alcool absolu, et l'on ajoute de l'éther à la solution. Le cholate de soude se sépare alors en aiguilles incolores, groupées en
étoiles, et entièrement semblables à la bile cristallisée. Il est fort
soluble dans l'eau, moins soluble dans l'alcool absolu. 1000 p.
d'alcool dissolvent, à 15°, 39 p. de cholate de soude. Par l'évaporation de sa solution aqueuse, ce sel se sépare sur les bords de la
capsule, sous la forme de croûtes ondulées et amorphes ; la solution
alcoolique se comporte de la même manière, si on l'évapore au

---

[1] C'est le cholate de soude impur qui constitue la *biline* de Berzélius.

bain-marie ; mais elle donne des cristaux par une évaporation très-lente dans un ballon.

Le cholate de soude fond par la chaleur, et brûle ensuite avec une flamme fuligineuse, en laissant une cendre très-fusible, d'une réaction alcaline, et contenant beaucoup de cyanate.

Il a donné à l'analyse :

	Strecker.		Mulder.	Calcul.
Carbone. . .	63,85	63,78	64,1	64,1
Hydrogène..	8,71	8,77	8,7	8,6
Soude. . . .	6,14	6,21	6,3	6,4

Le *sel de baryte* contient $C^{52}H^{42}BaNO^{12}$. L'acide cholique se dissout aisément dans l'eau de baryte ; on enlève l'excédant de baryte par un courant d'acide carbonique, on porte à l'ébullition et l'on filtre. Par l'évaporation du liquide, le cholate de baryte se sépare à l'état d'une masse blanche et amorphe. La solution de ce sel possède, comme celle des autres cholates, une saveur très-sucrée et un peu amère.

Il a donné à l'analyse :

	Strecker.			Mulder.	Calcul.
Carbone. . .	58,2	58,4	584	58,6	58,6
Hydrogène.	8,0	8,1	8,1	8,0	7,9
Baryte. . .	14,3	14,3	14,4	14,1	14,3

Le *sel de strontiane* est soluble ; la solution aqueuse des cholates alcalins ne précipite pas les sels de strontiane.

Le *sel de chaux* est soluble.

Le *sel de magnésie* est soluble.

Le *sel de fer* (ferricum) se présente sous la forme de flocons jaunâtres fort solubles dans l'alcool.

Le *sel de cuivre* est un précipité blanc bleuâtre.

Le *sel de plomb* est un précipité floconneux, qu'on obtient en mélangeant l'acétate de plomb avec un cholate alcalin ; mais tout le cholate ne se précipite pas, il en reste toujours une certaine quantité en dissolution.

On peut empêcher toute précipitation, en ajoutant de l'acide acétique au cholate de soude avant d'y verser l'acétate de plomb.

Le sous-acétate de plomb précipite complétement le cholate de soude ; le précipité est soluble dans l'alcool et dans un excès d'acétate de plomb.

Le *sel d'argent* est un précipité blanc gélatineux qu'on obtient avec le nitrate d'argent et les cholates alcalins. Le précipité se dissout en partie par l'ébullition (en totalité si les solutions sont étendues), et se sépare de nouveau par le refroidissement. Si le refroidissement est lent, le précipité se présente sous la forme d'aiguilles; s'il est brusque, le précipité est gélatineux, mais il devient cristallin par l'addition de l'éther. Le précipité argentique se colore à la lumière.

§ 1971. *Acide paracholique, isomère de l'acide cholique* [1]. — La partie insoluble dans l'eau bouillante provenant de la cristallisation du précipité formé par l'acide sulfurique dans la bile cristallisée, se compose de paillettes nacrées qu'on reconnaît au microscope pour des tables hexagones. On découvre aussi de semblables cristaux parmi les aiguilles de l'acide cholique cristallisé dans l'eau bouillante; en reprenant ce dernier par de nouvelle eau bouillante, on parvient même à en séparer une certaine quantité de produit insoluble. Sauf l'insolubilité et la différence de forme, cet acide paracholique ne présente aucun autre caractère qui le distingue de l'acide cholique; il en a aussi la composition, et donne des sels qu'on ne saurait distinguer des cholates. Ce n'est donc qu'une modification physique de l'acide cholique, comme le prouvent d'ailleurs les nombres suivants :

	Strecker.			Mulder.	Composit. de l'ac. cholique,
Carbone. . .	67,18	67,40	67,31	66,7	67,10
Hydrogène. .	9,24	9,29	9,32	9,2	9,25
Azote. . . .	2,73	»	»	3,5	3,01
Oxygène. . .	»	»	»	»	20,64
					100,00

§ 1972. *Acide cholonique* [2], $C^{52}H^{41}NO^{10}$. — Ce corps, homologue de l'acide hyocholique (§ 1978), est le produit de l'action des acides concentrés sur l'acide cholique, et n'en diffère que par les éléments de 2 HO qu'il renferme en moins.

Lorsqu'on chauffe la solution de l'acide cholique dans l'acide sulfurique ou dans l'acide chlorhydrique concentré, elle se trouble et sépare des gouttes oléagineuses, qui, par le refroidissement, se solidifient et deviennent résineuses. Ce produit constitue un acide particulier, l'acide cholonique, qui donne des sels solubles avec les

[1] STRECKER (1848), *loc. cit.* — MULDER, *loc. cit.*
[2] STRECKER (1848), *loc. cit.* — MULDER, *loc. cit.*

alcalis et des sels insolubles avec les terres alcalines. Les solutions
de cet acide dans la potasse ou l'ammoniaque se distinguent aussi
des solutions alcalines de l'acide cholique, en ce qu'elles sont précipitées par le sel ammoniac, ainsi que par beaucoup d'autres solutions salines.

On isole l'acide cholonique à l'état de pureté, en traitant le
produit résineux par l'eau de baryte, et en décomposant le sel de
baryte insoluble par l'acide chlorhydrique. On fait cristalliser dans
l'alcool l'acide cholonique mis en liberté; il s'obtient ainsi sous la
forme d'aiguilles brillantes.

M. Strecker, qui a le premier observé ce corps, l'a analysé à
l'état résineux; M. Mulder l'a analysé à l'état cristallisé. Voici les
résultats de ces deux chimistes :

	Strecker.		Mulder.		$C^{52}H^{41}NO^{10}$.
Carbone. . .	70,5	70,6	69,1	69,5	69,8
Hydrogène. .	9,4	9,5	9,3	9,6	9,2
Azote.	»	»	3,2	3,4	3,1
Oxygène. . .	»	»	»	»	17,9
					100,0

Le *sel de soude*, $C^{52}H^{49}NaNO^{10}$, s'obtient en saturant l'acide cholonique par du carbonate de soude, et en procédant comme dans
la préparation du cholate à même base. Il est cristallisable et renferme :

	Mulder.		Calcul.
Carbone. . .	66,2	65,9	66,5
Hydrogène. .	8,9	9,0	8,5
Azote. . . .	2,6	»	2,9
Soude. . . .	6,7	6,6	6,6

M. Strecker admet que, suivant la durée de l'ébullition de l'acide
cholique avec de l'acide chlorhydrique concentré, il se forme soit
de l'acide cholonique, soit un corps renfermant encore 2 HO de
moins.

§ 1973. *Acide cholalique* [1], $C^{48}H^{40}O^{10}$. — C'est le produit de l'action des alcalis sur l'acide cholique et l'acide taurocholique. Il a
été particulièrement étudié par M. Strecker.

Lorsqu'on ajoute de la potasse à la solution d'un cholate, de manière toutefois à ne pas précipiter de cholate de potasse, et qu'on

[1] DEMARÇAY (1838), *loc. cit.* — Ce chimiste désigne l'acide cholalique sous le nom
d'acide cholique. — THEYER et SCHLOSSER, *loc. cit.* — STRECKER, *loc. cit.*

porte à l'ébullition, il se dégage une trace d'ammoniaque, et l'on remarque une odeur particulière. A mesure que le liquide se concentre, on voit se séparer un sel d'abord amorphe; mais, si l'on maintient l'ébullition pendant vingt-quatre ou trente-six heures, le sel déposé se présente en masses cristallines. On fait bien de renouveler l'eau de temps à autre, de manière à maintenir tout en dissolution, et l'on ne laisse le liquide se concentrer que vers la fin ; on laisse refroidir, et l'on filtre à travers un linge. Après avoir exprimé les cristaux, on les dissout dans l'eau, et l'on y ajoute de l'acide chlorhydrique; il se précipite ainsi une matière résinoïde blanche, molle d'abord, mais qui durcit au bout de quelque temps, et se laisse alors réduire en poudre. Dissoute dans l'alcool ou l'éther bouillant, ou mieux encore dans un mélange des deux, elle donne, après quelque temps, des cristaux d'acide cholalique. L'eau-mère où s'est déposé le cholalate de potasse renferme du sucre de gélatine.

L'emploi de la baryte caustique, pour la préparation de l'acide cholalique, est préférable à celui de la potasse. Après avoir dissous l'acide cholique dans l'eau de baryte, on ajoute à la liqueur une quantité d'hydrate de baryte qui puisse se dissoudre aisément par l'ébullition ; on dispose l'appareil de façon que les vapeurs puissent revenir s'y condenser, et l'on maintient l'ébullition pendant 12 heures au moins. La liqueur se prend, par le refroidissement, en une bouillie cristalline composée d'hydrate de baryte et de cholalate de baryte. On la décompose par l'acide chlorhydrique; l'acide cholalique se sépare ainsi sous la forme d'une résine gluante, tandis que le chlorure de baryum reste en solution. On abandonne l'acide cholalique dans le liquide jusqu'à ce qu'il soit entièrement concrété; on peut d'ailleurs en activer la solidification par l'addition de quelques gouttes d'éther. On le lave ensuite à l'eau froide, et on le dissout dans l'alcool bouillant. Si les cristaux étaient colorés (ce qui n'arrive pas d'ailleurs par l'emploi de la baryte), on les réduirait en poudre, et on extrairait la matière colorante au moyen de l'éther.

L'acide cholalique cristallise sous deux formes différentes, suivant qu'il se dépose dans l'alcool ou dans l'éther. Cristallisé dans l'alcool bouillant, il se présente sous la forme de tétraèdres, et plus rarement sous celle d'octaèdres, appartenant au système tétragonal. (Combinaisons observées par M. H. Kopp, $\frac{P}{2}$. $\infty P \infty$, et

P. ∞ P ∞. Inclinaison des faces, P : P formant les arêtes culminantes = 116° 14′ ; P : P formant les arêtes latérales = 96° 40′.
Longueur de l'axe principal = 0,7946.) L'acide qui présente la
forme précédente renferme 5 atomes (9,9 p. c.) d'eau de cristallisation.

Il est incolore, très-cassant et d'un éclat vitreux ; il devient opaque à l'air sec, en perdant de l'eau de cristallisation. Il est amer,
avec un léger arrière-goût sucré. Il exige, pour se dissoudre, 750
p. d'eau bouillante et 4000 p. d'eau froide. 1000 p. d'alcool
froid de 70 centièmes dissolvent 48 p. d'acide cholalique desse-
ché ; l'alcool bouillant le dissout en grande quantité ; une partie de
l'acide cristallise de nouveau par le refroidissement. La solution
alcoolique devient laiteuse par l'eau et dépose par le repos des aiguilles brillantes. 1 p. d'acide cholalique exige pour sa solution
27 p. d'éther ; la solution qu'on obtient en agitant avec de l'éther
l'acide cholalique récemment précipité de sa solution alcaline, dépose, par l'évaporation spontanée, des cristaux qui ne s'effleurissent
pas à l'air sec.

Les cristaux déposés dans l'eau sont des prismes appartenant au
système rhombique. Combinaison observée par M. H. Kopp,
∞P. ∞ P̄ ∞. P. Les cristaux ressemblent à des prismes monocliniques par suite de la prédominance de la moitié des faces P, si-
tuées dans la même zone. Inclinaison des faces, P : P = 71° 58′,
119° 36′ et 144° 39′ ; P : ∞ P̄ = 125° 29′ ; ∞ P : ∞ P̄ = 62° 15′ ;
∞ P ∞ : ∞ P̄ = 148° 53′. Rapport des axes, $a : b : c$ (principal)
: : 0,6036 : 1 : 0,3752. Les cristaux renferment 2 atomes (4, p. c.)
d'eau.

L'acide cholalique se présente, dans les deux espèces de cristaux, sous deux modifications : celui qui cristallise en tétraèdres
se dessèche complétement à 100°, et peut alors être échauffé à
170° et au delà sans s'altérer ; tandis que l'acide cristallisé en tables rhombes ne perd qu'avec difficulté toute l'eau à 100°, et fond
déjà à 150°, en s'altérant. Au reste, les deux modifications donnent
les mêmes sels, et passent aisément l'une dans l'autre.

Composition de l'acide cholalique desséché :

	Theyer et Schlosser.			Strecker.		$C^{48}H^{40}O^{10}$.
Carbone. . . .	69,5	69,7	69,9	69,9	70,8	70,6
Hydrogène. . .	9,8	9,8	9,7	9,7	10,0	9,8
Oxygène. . . .	»	»	»	»	»	19,6
						100,0

L'acide cholalique se convertit à 200° en acide choloïdique, et à 290° en dyslysine, en perdant les éléments de l'eau :

$$C^{48}H^{40}O^{10} - 2\ HO = C^{48}H^{38}O^8,\ \text{acide choloïdique.}$$

$$C^{48}H^{40}O^{10} - 4\ HO = C^{48}H^{36}O^6,\ \text{dyslysine.}$$

Lorsqu'on distille l'acide cholalique, il donne une huile jaunâtre, très-acide, très-soluble dans l'éther, et dont la solution alcaline précipite les solutions métalliques. Il ne reste dans la cornue qu'un fort léger résidu de charbon.

L'acide cholalique se dissout aisément dans les alcalis. A chaud, il se dissout aussi avec effervescence dans la solution des carbonates. Si l'on évapore à chaud la solution du cholalate alcalin, celui-ci se dépose à l'état cristallin ; mais, par l'évaporation spontanée, il reste sous la forme d'une espèce de vernis amorphe. Celui-ci est très-soluble dans l'alcool, et reste à l'état cristallin par l'évaporation du véhicule.

§ 1974. Les *cholalates* possèdent une saveur très-amère, quelque peu sucrée. Ils sont solubles dans l'alcool.

Chauffés avec une solution de sucre et avec de l'acide sulfurique concentré, ils manifestent la même coloration violette ou pourpre que les cholates.

Le *sel d'ammoniaque* s'obtient en aiguilles en faisant passer du gaz ammoniaque dans une solution alcoolique d'acide cholalique, et en y ajoutant de l'éther. Bouilli en solution aqueuse, il dégage de l'ammoniaque et se trouble au bout de quelque temps; si l'on évapore, il reste une matière résinoïde, à réaction acide, et ne contenant que très-peu d'ammoniaque. Le cholalate d'ammoniaque s'altère aussi par le séjour prolongé à l'air.

Le *sel de potasse*, $C^{48}H^{39}KO^{10}$, se dépose sous forme d'aiguilles, lorsqu'on neutralise par la potasse une solution alcoolique d'acide cholalique, et qu'on ajoute ensuite de l'éther. Il cristallise aussi par l'évaporation de la solution alcoolique. Sa solution aqueuse est précipitée par la potasse concentrée. Il a donné à l'analyse :

	Strecker.		$C^{48}H^{39}KO^{10}$.
Carbone. . .	63,9	64,0	64,6
Hydrogène. .	8,7	8,8	8,7
Potasse. . . .	10,5	11,2	10,6

Le *sel de soude* ressemble au sel de potasse.

Le *sel de baryte* renferme $C^{48}H^{39}BaO^{10}$. Une solution étendue de cholalate de potasse ne précipite pas le chlorure de baryum, mais, avec des solutions concentrées, il se produit des flocons blancs. Pour préparer le cholalate de baryte, on fait dissoudre l'acide cholalique dans l'eau de baryte, on précipite l'excédant de baryte par un courant d'acide carbonique, et l'on concentre par l'évaporation la liqueur filtrée. Elle se recouvre alors d'une pellicule cristalline, mamelonnée à la surface et soyeuse à la partie inférieure. Ce sel exige, pour sa solution, 30 p. d'eau froide et 23 p. d'eau bouillante ; il est plus soluble dans l'alcool. Sa solution alcoolique ou aqueuse est décomposée si l'on y fait passer longtemps de l'acide carbonique. Le sel séché à 100° ou 150° renferme :

	Theyer et Schlosser.		Strecker.		$C^{48}H^{39}BaO^{10}$.
Carbone. . .	59,4	59,5	59,9	60,3	60,6
Hydrogène. .	8,7	8,8	8,2	8,3	8,2
Baryte. . . .	18,0	18,0	15,9	16,2	16,1

Le *sel de chaux*, $C^{48}H^{39}CaO^{10}$, se précipite en caillots épais qui cristallisent par l'éther.

Le *sel de cuivre* est un précipité blanc bleuâtre qu'on obtient avec le cholalate de potasse et l'acétate de cuivre.

Le *sel de manganèse* est un précipité floconneux semi-cristallin.

Le *sel de plomb* qu'on obtient avec le cholalate d'ammoniaque et le sous-acétate de plomb est un précipité blanc, peu soluble dans l'eau, soluble dans l'alcool et l'acide acétique.

Le *sel d'argent* est un précipité qu'on obtient avec la solution d'un cholalate alcalin et le nitrate d'argent. Il se dissout en partie par l'ébullition, et se dépose par le refroidissement à l'état cristallin. Il noircit peu à peu à 100°. Il se dissout aisément dans l'alcool.

Les *sels de mercure* (mercureux et mercurique) sont des précipités blancs qui se dissolvent en partie par l'ébullition.

§ 1975. *Acide choloïdique*, $C^{48}H^{38}O^8$ (?). [1] — Ce corps qui renferme les éléments de l'acide cholalique, moins de l'eau, se produit lorsqu'on chauffe l'acide cholalique à 200°; il se forme aussi par l'action de l'acide chlorhydrique bouillant sur l'acide cholique, l'acide taurocholique et l'acide cholalique.

On peut le préparer directement avec la bile par le procédé suivant de M. Demarçay.

On fait bouillir la bile, dissoute dans 12 à 15 p. d'eau, avec un

---

[1] DEMARÇAY (1838), *loc. cit.* — THEYER et SCHLOSSER, *loc. cit.* — STRECKER, *loc. cit.*

excès d'acide chlorhydrique, pendant trois ou quatre heures, et on laisse refroidir. L'acide choloïdique se réunit alors au fond du vase en une masse solide; on décante la liqueur, et on fait fondre le produit à plusieurs reprises avec de l'eau, afin d'enlever tout l'acide chlorhydrique. On le pulvérise ensuite, on le dissout dans un peu d'alcool, et on agite avec de l'éther pour enlever la cholestérine et l'acide margarique; finalement, on évapore à siccité au bain-marie.

Si l'action de l'acide chlorhydrique sur la bile est trop prolongée, on obtient de la dyslysine.

MM. Theyer et Schlosser obtiennent l'acide choloïdique en mettant la bile en digestion avec de l'acide oxalique.

L'acide choloïdique est blanc, solide, et fond dans l'eau bouillante sans s'y dissoudre sensiblement. Après la dessiccation, il fond à une température supérieure à 150°. Il est fort soluble dans l'alcool; l'eau rend la solution laiteuse, et sépare l'acide choloïdique à l'état résineux; la solution réagit acide. Il est peu soluble dans l'éther.

Il a donné à l'analyse :

	Demarçay.		Theyer et Schlosser.		Strecker.		$C^{48}H^{38}O^8$ + aq.
Carbone. . .	72,4	72,2	72,0	71,7	71,9	72,0	72,2
Hydrogène. .	9,6	9,5	10,1	10,1	9,8	9,8	9,8
Oxygène. . .	»	»	»	»	»	»	18,0
							100,0

L'acide choloïdique se combine avec les bases, et décompose les carbonates à chaud.

Il est vivement décomposé par l'acide nitrique, qui le transforme en un grand nombre de substances (acide oxalique, acide choloïdanique, acide cholestérique, acide nitrocholique et cholacrol (§ 1986)

§ 1976. Les *choloïdates* à base alcaline sont solubles dans l'eau et l'alcool, insolubles dans l'éther. Ils ont une saveur franchement amère, sans l'arrière-goût sucré des cholates.

Les sels solubles s'obtiennent par l'évaporation sous forme de masses gommeuses. Les sels terreux et les autres sels métalliques sont insolubles ou peu solubles dans l'eau, mais solubles dans l'alcool; on les obtient sous la forme de précipités emplastiques.

Suivant M. Demarçay, les choloïdates neutres seraient aisément décomposés par l'eau en sels acides et sels basiques.

Le *sel de baryte* paraît renfermer, à 120°, $C^{48}H^{37}BaO^8$ + 2 aq. On l'obtient en précipitant par l'eau de baryte une solution alcoolique d'acide choloïdique, et en purifiant le précipité par la dissolution dans l'alcool. Il est insoluble dans l'eau et amorphe.

Il a donné à l'analyse :

	Strecker.	$C^{48}H^{37}BaO^8 + 2$ aq.
Carbone. . .	60,4	60,6
Hydrogène. .	8,3	8,2
Baryte. . . .	16,1	16,1

D'après ces nombres[1], le choloïdate de baryte renfermerait deux atomes d'eau, et serait isomère du cholalate à même base.

Le *sel de plomb* qu'on obtient en mélangeant avec du sous-acétate de plomb une solution de l'acide choloïdique dans la potasse est un précipité blanc, abondant, soluble dans l'alcool bouillant. Il renferme 29,3 p. c. d'oxyde de plomb (Theyer et Schlosser).

Le *sel d'argent* paraît renfermer $C^{48}H^{37}AgO^8$. Lorsqu'on dissout l'acide choloïdique dans l'ammoniaque aqueuse, qu'on expulse l'excédant d'ammoniaque par l'évaporation, et qu'on mélange la liqueur refroidie avec du nitrate d'argent, il se produit un précipité blanc volumineux, qui se contracte et se colore beaucoup par la dessiccation. Ce précipité, séché à 100°, a donné à l'analyse :

	Theyer et Schlosser.		$C^{48}H^{37}AgO^8$.
Carbone.	58,6	58,4	57,94
Hydrogène. . . .	8,2	8,1	7,44
Oxyde d'argent. .	19,4	19,5	23,46

Le sel analysé était évidemment en partie altéré.

§ 1977. *Dyslysine*[2], $C^{48}H^{36}O^6$. — Lorsqu'on maintient en ébullition l'acide choloïdique avec de l'acide chlorhydrique, le produit résineux finit par perdre sa consistance emplastique ; il est alors transformé en dyslysine. On le pulvérise, on le traite par l'éther bouillant et l'on précipite la solution par l'alcool.

La dyslysine se produit aussi par l'ébullition de l'acide cholalique avec l'acide chlorhydrique, ou par l'action d'une température de 300° sur l'acide choloïdique.

Elle se présente sous la forme d'une poudre blanche ou jaunâtre, fusible à 140°. Elle est insoluble dans l'eau et l'alcool, mais

---

[1] M. Strecker représente l'acide choloïdique libre par $C^{48}H^{39}O^9$, et son sel de baryte par $C^{48}H^{39}BaO^{10}$. L'acide choloïdique se combinerait donc avec les bases sans éliminer de l'eau. Il me paraît plus probable que les deux corps ont été analysés à l'état hydraté.

[2] BERZÉLIUS (1842), *loc. cit.* — THEYER et SCHLOSSER, *loc. cit.* — STRECKER, *loc. cit.* — MULDER, *loc. cit.*

elle se dissout en petite quantité dans l'éther bouillant. L'acide acétique et l'acide chlorhydrique ne la dissolvent pas.

Elle a donné à l'analyse :

	Theyer et Schlosser.			Strecker.		Mulder.		$C^{48}H^{36}O^6$.
Carbone. . .	76,4	76,9	77,6	77,6	77,3	76,9	77,0	77,4
Hydrogène. . .	9,4	9,5	9,7	9,7	9,6	9,6	9,5	9,7
Oxygène. . . .	»	»	»	»	»	»	»	12,9
								100,0

La potasse aqueuse et l'ammoniaque ne dissolvent pas la dyslysine; mais, en solution alcoolique ou à l'état fondu, la potasse la convertit de nouveau en acide choloïdique.

§ 1978. ACIDE HYOCHOLIQUE[1], $C^{54}H^{43}NO^{10}$. — Cet acide constitue, en combinaison avec la soude, la plus grande partie de la bile de porc; de là son nom (de ὅς, ὑός, porc, et χολή, bile).

Comme la bile de porc ne se laisse pas complétement décolorer par l'éther, et que l'hyocholate de soude, qui la compose, renferme en outre des sels de potasse et d'ammoniaque, MM. Strecker et Gundelach ont recours au procédé suivant pour préparer l'hyocholate de soude à l'état de parfaite pureté. Ils ajoutent à la bile, au sortir de la vésicule, du sulfate de soude cristallisé, et ils exposent ce mélange, pendant plusieurs heures, au bain de sable. A mesure que le sulfate de soude se dissout, l'hyocholate se précipite avec le mucus et un peu de matière colorante jaune. Après le refroidissement du liquide, qu'il faut avoir soin de saturer entièrement de sulfate de soude, le précipité est jeté sur le filtre et lavé avec une dissolution concentrée du même sel de soude. Le liquide passe fort lentement, et il est nécessaire de laver le précipité par décantation, avant de le mettre sur le filtre. On sèche le précipité à 110°, et on le traite par l'alcool absolu, qui dissout l'hyocholate de soude. La dissolution alcoolique se décolore aisément par le charbon animal; on la précipite ensuite par l'éther, et on dessèche le précipité à 100°.

On obtient l'acide hyocholique à l'état de pureté en précipitant par l'acide sulfurique dilué la dissolution aqueuse de l'hyocholate de soude ainsi obtenu, dissolvant le précipité dans l'alcool et précipitant par l'eau. Le liquide est d'abord laiteux, mais il devient limpide au bout de quelque temps en déposant des gouttes transparentes. Il est presque indispensable de laisser le liquide pendant plusieurs jours sur le bain de sable pour que tout l'acide

---

[1] STRECKER et GUNDELACH, (1847), *Ann. der Chem. u. Pharm.*, LXII, 205.

se précipite, ce qui n'a lieu que lorsque les dernières traces d'alcool
sont évaporées. En répétant cette opération deux ou trois fois, on
est sûr d'obtenir l'acide hyocholique pur et exempt de matières minérales.

Cet acide constitue une matière résineuse et blanche; il fond
dans l'eau chaude, et présente alors un aspect soyeux ; il se solidifie après un séjour de quelques jours au bain-marie, et quand il
a perdu toute l'eau, il ne fond pas encore à 120°. Il est fort peu
soluble dans l'eau, à laquelle il communique une réaction acide;
il est entièrement insoluble dans l'éther.

L'ammoniaque le dissout aisément; il en est de même des dissolutions faibles des alcalis fixes, caustiques ou carbonatés.

Composition de l'acide hyocholique séché à 110° : $C^{54}H^{43}NO^{10}$.

	Strecker et Gundelach.				Calcul.
Carbone. . .	69,95	70,18	70,22	69,95	70,28
Hydrogène. .	9,63	9,81	9,57	9,60	9,32
Azote.	3,54	»	»	»	3,03
Oxygène. . .	»	»	»	»	17,37
					100,00

L'acide hyocholique diffère de l'acide de la bile de bœuf (acide
cholique) en ce qu'il n'est point soluble dans l'eau, et qu'il donne
des précipités, insolubles dans l'eau, avec la chaux, la baryte, etc.
Sous ce dernier rapport, il ressemble à l'acide cholonique et à l'a-
cide choloïdique.

L'acide sulfurique faible n'altère pas l'acide hyocholique ; l'a-
cide concentré le noircit à chaud avec dégagement de gaz sulfureux.

Le mélange de peroxyde puce de plomb et d'acide sulfurique
ne l'altère pas.

Chauffés avec l'acide nitrique concentré, l'acide hyocholique et
les hyocholates dégagent des vapeurs nitreuses; on obtient pour
résidu une masse jaunâtre, composée principalement d'acide oxalique et d'acide cholestérique; on recueille en outre une certaine
quantité d'acides gras volatils, homologues de l'acide acétique.

On obtient aussi ces derniers, ainsi que de l'acide cyanhydrique,
en oxydant l'acide hyocholique par un mélange de chromate de
potasse et d'acide sulfurique.

Lorsqu'on fait longtemps bouillir l'acide hyocholique avec l'a-
cide chlorhydrique, on observe la même réaction qu'avec l'acide

cholique : il se produit d'abord une substance résineuse soluble dans les alcalis (acide hyocholoïdique?) puis de l'hyodyslysine insoluble dans les alcalis, tandis que du sucre de gélatine reste en dissolution :

$$C^{54}H^{43}NO^{10} = C^{50}H^{38}O^6 + C^4H^5NO^4.$$

Hyodyslysine.   Sucre de gélatine.

La potasse caustique détermine une transformation semblable, en donnant de l'acide hyocholalique qui ne diffère de l'hyodyslysine que par les éléments de l'eau qu'il renferme en plus.

§ 1979. Les *hyocholates* paraissent renfermer à l'état sec [1] :

$$C^{54}H^{42}MNO^{10} = C^{54}H^{42}NO^9, MO.$$

L'*hyocholate d'ammoniaque* s'obtient en ajoutant à la bile de porc fraîche ou à une dissolution d'hyocholate de soude, un sel à base d'ammoniaque, soit du carbonate ou du chlorure, soit même du sulfure; le précipité a une apparence soyeuse, et se compose d'aiguilles microscopiques. Il est très-soluble dans l'eau, mais il est très-peu soluble dans les solutions concentrées des sels ammoniacaux. Si l'on porte sa dissolution à l'ébullition, elle perd de l'ammoniaque, se trouble et devient acide.

L'*hyocholate de potasse*, $C^{54}H^{42}KNO^{10}$ + aq., est contenu en très-petite quantité, dans la bile de porc. On le prépare avec l'acide hyocholique; à cet effet, on précipite l'hyocholate de soude par l'acide sulfurique, très-étendu d'eau; on dissout le précipité dans la potasse caustique, et l'on ajoute à la liqueur du sulfate de potasse cristallisé. On chauffe le tout, et après le refroidissement, l'hyocholate de potasse se précipite en flocons mêlés de sulfate de potasse; on lave avec une dissolution de ce dernier sel, on dissout ensuite dans l'alcool absolu, et l'on précipite par l'éther. L'hyocholate de potasse forme une masse blanche amorphe qui fond au bain-marie, tant qu'elle contient encore de l'eau ou de l'alcool; une fois sèche, elle ne se ramollit pas encore à 120°.

L'*hyocholate de soude*, séché à 100°, renferme $C^{54}H^{42}NaNO^{10}$ + aq. Sa préparation a été indiquée plus haut. C'est une poudre parfaitement blanche, qui ne devient pas humide à l'air; dissoute dans

---

[1] MM. Strecker et Gundelach admettent que les hyocholates secs renferment :
$$C^{54}H^{43}MNO^{11} = C^{54}H^{43}NO^{10}, MO,$$
et que par conséquent l'acide hyocholique se combine directement avec les oxydes métalliques, sans éliminer de l'eau. Il me paraît plus probable que les sels analysés par ces chimistes retenaient encore de l'eau.

l'alcool, elle donne, par l'évaporation, un vernis entièrement transparent; sa saveur est amère et fort persistante. Chauffée sur une
lame de platine, elle fond, se boursoufle et brûle avec une flamme
fuligineuse.

L'*hyocholate de baryte*, $C^{54}H^{42}BaNO^{10}$ + aq., est un sel peu soluble dans l'eau, très-soluble dans l'alcool.

L'*hyocholate de chaux*, $C^{54}H^{42}CaNO^{10}$ + aq., ressemble au sel
de baryte.

L'*hyocholate de plomb* est un précipité blanc qu'on obtient en
mélangeant l'acétate de plomb avec de la bile de porc ou avec une
solution aqueuse d'hyocholate de soude; le liquide, séparé du précipité, a une réaction acide; le sous-acétate de plomb et l'ammoniaque y produisent de nouveau un précipité, et une partie de celui-ci reste dissoute dans le liquide. Ce dernier précipité paraît être
un sous-sel : deux déterminations ont, en effet, donné 23,1—24,4
p. c. d'oxyde de plomb.

L'*hyocholate d'argent*, $C^{54}H^{42}AgNO^{10}$, est un précipité gélatineux qu'on obtient avec le nitrate d'argent et une solution aqueuse
d'hyocholate de soude. Ce précipité est très-peu soluble dans l'eau,
assez soluble dans l'alcool; il devient floconneux par l'ébullition et
se laisse aisément laver sans se colorer, si le liquide ne renferme pas
un excès de nitrate d'argent.

Composition de l'hyocholate d'argent :

	Strecker et Gundelach.		$C^{54}H^{42}AgNO^{10}$.
Carbone. . . .	56,40	55,87	57,0
Hydrogène. . .	7,70	7,53	7,4
Argent. . . .	18,44	18,78	19,0

§ 1980. L'*acide hyocholalique*, $C^{50}H^{40}O^8$, est un acide qu'on obtient, en même temps que du sucre de gélatine, par l'action de la
potasse sur l'acide hyocholique.

Suivant M. Strecker, il est soluble dans l'alcool et l'éther, insoluble dans l'eau, et cristallise en grains mamelonnés.

Le sel de baryte séché à 180° renferme $C^{50}H^{39}BaO^8$.

L'*hyodyslysine*, $C^{50}H^{38}O^6$, est une substance homologue de la
dyslysine, et se produit par l'action prolongée de l'acide chlorhydrique bouillant sur l'acide hyocholique. Elle est insoluble dans
l'eau, la potasse et l'ammoniaque, peu soluble dans l'alcool bouillant, assez soluble dans l'éther.

La formation de l'hyodyslysine est précédée de celle d'une matière résineuse acide (*acide hyocholoïdique?*).

§ 1981. M. Marsson [1] désigne sous le nom d'*acide chénocholique*
l'acide contenu dans la bile d'oie, à l'état de sel de soude.

On obtient ce *sel de soude* de la manière suivante : on ajoute
à la bile récemment extraite de la vésicule le double de son volume
d'alcool fort, et l'on sépare par le filtre le précipité de mucus. La
liqueur ayant été évaporée à siccité, on dessèche le résidu à 110,
on le réduit en poudre, et on l'abandonne avec de l'alcool absolu
dans un flacon bouché. Il reste ainsi, à l'état insoluble, une masse
emplastique, brun verdâtre, composée en plus grande partie de la
matière colorante de la bile. On évapore la liqueur alcoolique à
la consistance d'un sirop fluide, et l'on y verse de l'éther pour dissoudre les matières grasses. Ensuite on dissout le résidu dans l'alcool, et on le traite par le charbon animal ; on évapore le liquide
filtré, et on le dessèche à 100°.

La substance qu'on obtient ainsi est le sel de soude de l'acide
chénocholique. Sa solution précipite abondamment par le chlorure de baryum, le chlorure de calcium et l'acide chlorhydrique ;
les précipités se rassemblent peu à peu sous la forme de masses
emplastiques. Le précipité barytique est soluble dans l'eau bouillante. Avec le sous-acétate de plomb, on obtient un abondant
précipité emplastique, insoluble dans un excès du réactif.

Lorsqu'on ajoute de l'éther à la solution alcoolique du sel de
soude, il se précipite une masse qui se transforme à la longue en
petites tables rhombes. Ces cristaux tombent à l'air en déliquescence. Si le sel de soude a été dissous dans l'alcool absolu, l'é-
ther en précipite une masse emplastique qui ne cristallise pas.

L'analyse du sel de soude a donné :

		Marsson.
Carbone.	. . .	57,18
Hydrogène.	. .	8,39
Azote.	. . . . .	3,48
Soufre.	. . . .	6,34
Oxygène.	. . .	19,83
Soude.	. . . .	4,78
		100,00

Les résultats précédents ne s'accordant avec aucune formule

[1] MARSSON, *Arch. d. Pharm.*, [2] LVIII, 138.

simple, il est probable que le sel analysé était un mélange de deux ou de plusieurs corps.

Ce sel donnait, avec le sucre et l'acide sulfurique, la coloration pourpre caractéristique pour les autres acides de la bile.

§ 1982. CHOLESTÉRINE, $C^{52}H^{44}O^2 + 2$ aq. — Cette substance, observée pour la première fois en 1775 par Conradi dans les calculs biliaires, compose souvent presque exclusivement ces sortes de concrétions. M. Chevreul[1] l'a trouvée dans la bile normale de l'homme et de plusieurs animaux. Sa présence a été également signalée dans le sang[2], dans le cerveau[3], dans le jaune d'œuf[4], et dans certains produits morbides de l'économie animale[5] (concrétions cérébrales, matière squirrheuse du mésocolon, liqueur hydropique du bas-ventre, des ovaires, des testicules, etc.).

On doit à M. Chevreul la première analyse exacte de la cholestérine. Plusieurs chimistes[6] en ont étudié les métamorphoses dans ces derniers temps.

On se procure aisément la cholestérine en faisant cristalliser les calculs biliaires[7] dans l'alcool bouillant, additionné d'un peu de potasse pour dissoudre les acides gras qui pourraient s'y trouver. La cholestérine se dépose alors sous forme de lamelles nacrées, incolores, sans saveur et plus légères que l'eau.

Pour retirer la cholestérine du cerveau, on commence par faire bouillir l'extrait éthéré[8] avec de l'alcool rendu fortement alcalin par de la potasse. On produit ainsi du cérébrate de potasse, de

[1] CHEVREUL, *Ann. de Chimie*, XCV, 5 ; XCVI, 166.

[2] LECANU, *Ann. de Chim. et de Phys.*, LXVII, 54. — BOUDET, *Ann. de Chim. et de Phys.*, LII, 336. — DENIS, *Journ. de Chim. médic.*, [2] IV, 161. — BECQUEREL et RODIER, *Gazette médicale*, n° 47.

[3] COUERBE, *Ann. de Chim. et de Phys.*, LVI, 181. — FRÉMY, *ibid.*, [3] II, 480.

[4] LECANU, *Journ. de Pharm.*, XV, 1. — GOBLEY, *Journ. de Pharm.*, [3] XII, 12.

[5] LASSAIGNE, *Ann. de Chim. et de Phys.*, IX, 324. — O. HENRY, *Journ. de chim. médic.*, I, 280. — CAVENTOU, *Journ. de Pharm.*, XI, 462. — LEHMANN, *Lehrb. der physiol. Chemie*, 2e édit., I, 286.

[6] MARCHAND, *Journ. f. prakt. Chem.*, XVI, 37. — REDTENBACHER, *Ann. der Chem. u. Pharm.*, LVII, 145. — MEISSNER et SCHWENDLER, *ibid.*, LIX, 107 ; et *Journ. f. prakt. Chem.*, XXXIX, 247. — ZWENGER, *Ann. der Chem. u. Pharm.*, LXVI, 5 ; LXIX, 347, et *Journ. f. prakt. Chem.*, XLVI, 446 ; XLVIII, 98. — HEINTZ, *Ann. de Poggend.*, LXXIX, 524, et *Ann. der Chem. u. Pharm.*, LXXVI, 366.

[7] Les calculs biliaires composés de cholestérine se distinguent d'autres concrétions semblables par leur texture cristalline, leur fusibilité et leur pesanteur spécifique qui est ordinairement moindre que celle de l'eau, ainsi que par la facilité avec laquelle ils se dissolvent dans l'éther et l'alcool.

[8] Voy. § 2089, *Acides du cerveau.*

l'oléate de potasse, du phosphate de potasse, de la glycérine et de la cholestérine. L'alcool laisse déposer par le refroidissement le cérébrate, le phosphate et la cholestérine ; en traitant le dépôt par de l'éther froid, on enlève toute la cholestérine qu'on purifie aisément par quelques cristallisations (Frémy).

Le sérum du sang desséché et les jaunes d'œufs fournissent également de la cholestérine, lorsqu'on les épuise par l'éther.

Il est aisé d'obtenir la cholestérine en cristaux déterminables, en en saturant de l'éther et en abandonnant la solution à l'évaporation spontanée, après y avoir ajouté la moitié de son volume d'alcool. Les cristaux qui se déposent alors, sont des prismes appartenant au système monoclinique. Suivant M. Heintz, les faces les plus fréquentes sont : [∞ P ∞], oP, + P ∞, ∞ P, ∞ P ∞. Inclinaison des faces, oP : ∞ P ∞ = 100°30′ ; + P ∞ : o P = 127°5o′ ; + P ∞ : ∞ P ∞ = 131°34′ ; ∞ P : [∞ P ∞] = 110°14′ ; ∞ : P ∞ P = 139°45′). Ces cristaux sont hydratés : lorsqu'on les chauffe doucement au bain-marie, ils deviennent opaques et nacrés, en perdant 2 atomes = 5,1 p. c. d'eau [1] (L. Gmelin ; 5,2 p. c., Pleischl et Kühn ; 2,77—2,90 p. c., Schwendler et Meissner ; 4,6 à 5,7 p. c., Heintz) ; cette eau de cristallisation se dégage aussi en grande partie par le séjour des cristaux au contact de l'air.

La cholestérine est insoluble dans l'eau, peu soluble dans l'alcool froid. 9 p. d'alcool bouillant de 0,84 densité dissolvent 1 p. de cholestérine ; l'alcool absolu et bouillant en dissout beaucoup plus ; 3,7 p. d'éther en dissolvent 1 p. à 15°, et 2,2 p. à l'ébullition. L'esprit de bois se comporte comme l'alcool. L'essence de térébenthine ne dissout la cholestérine qu'en petite quantité.

Voici la composition de la cholestérine desséchée :

	Chevreul[2].	Couerbe.	Marchand.		Payen[3].			Schwendler et Meissner.	Heintz.		$C^{52}H^{44}O^2$.	$C^{50}H^{48}O^2$.
Carbone	83,9	83,7	84,2	83,7	83,86	83,79	83,86	84,1	83,85	84,89	83,87	84,00
Hydrogène	11,9	12,1	12,0	12,0	11,85	11,89	11,84	12,0	12,00	12,19	11,82	12,00
Oxygène	»	»	»	»	»	»	»	»	»	»		

La formule $C^{52}H^{44}O^2$ me paraît la plus probable ; elle s'accorde d'ailleurs avec la composition des hydrocarbures en lesquels on peut transformer la cholestérine.

La cholestérine fond à 137° (Chevreul ; à 145°, Gobley) en un

[1] Calcul, 4, 6 p. c., d'après la formule $C^{52}H^{44}O^2$ + 2 aq.

[2] Corrections faites d'après le nouveau poids atomique du carbone.

[3] PAYEN, *Ann. de Chim. et de Phys.*, [3] 1, 58.

liquide incolore qui se prend, par le refroidissement (à 137°, Gobley), en une masse feuilletée, devenant électrique par le frottement.

Chauffée dans une cornue jusqu'au point d'ébullition du mercure, la cholestérine se sublime sans altération sous la forme d'une
neige légère. Par une plus forte chaleur il passe encore de la cholestérine impure, puis des produits huileux, contenant de petites
quantités d'hydrocarbures solides (cholestérone de Zwenger).
Les produits huileux étant rectifiés par des distillations fractionnées
donnent une huile très-fluide[1], bouillant à 140° et ayant la même
composition que le gaz oléfiant; après cette huile, on recueille un
autre hydrocarbure[2] bouillant à 240°; le résidu de la distillation
étant épuisé par l'éther, on obtient une poudre brune, veloutée[3].
Lorsqu'on fait passer les vapeurs de la cholestérine à travers un
tube chauffé au rouge sombre, on obtient, outre un goudron noir,
un mélange de gaz oléfiant et d'hydrure de méthyle (Heintz).

La potasse bouillante n'attaque pas la cholestérine; mais, quand
on la chauffe avec de la chaux potassée, il se développe, à 250°,
du gaz hydrogène, tandis qu'une matière grasse, incristallisable,
et presque insoluble dans l'alcool, reste dans le résidu (Gerhardt).

L'acide sulfurique et l'acide phosphorique transforment la cholestérine en des hydrocarbures particuliers (§ 1983). L'acide nitrique convertit la cholestérine, à chaud, en un corps résinoïde
qui finit peu à peu par se dissoudre; l'action est fort énergique
avec l'acide nitrique concentré. Le produit principal consiste en
acide cholestérique, le même qu'on obtient avec l'acide choloïdique (1988). Il se produit, en outre, de l'acide acétique et
quelques autres acides volatils homologues (Redtenbacher).

Le chlore gazeux attaque vivement la cholestérine; si l'on a soin
de refroidir la matière, on finit par obtenir un produit blanc, pulvérulent, insoluble dans l'eau, peu soluble dans l'alcool, fort soluble dans l'éther; ce produit se ramollit entre les doigts, en devenant gluant. Il a donné à l'analyse[4] :

	Meissner et Schwendler.			$C^{52}H^{37}Cl^{7}O^{2}$.
Carbone.	48,74	50,64	49,35	50,8

[1] Analyse : carbone, 85,52; hydrogène, 14,25.
[2] Analyse : carbone, 87,83; hydrogène, 11,48.
[3] Analyse : carbone, 93,81; hydrogène, 5,46.
[4] C = 75,12.

Hydrogène. . . .	6,05	5,90	5,94	6,0
Chlore.	41,03	41,71	40,90	40,5
Oxygène.	»		»	2,7
				100,0

§ 1983. *Hydrocarbures dérivés de la cholestérine.* — Lorsqu'on ajoute de la cholestérine à de l'acide sulfurique étendu de son volume d'eau, pendant que le liquide est encore chaud (à 60 ou 70°), et qu'on y verse ensuite goutte à goutte de l'acide sulfurique, jusqu'à ce que toute la cholestérine ait perdu sa nature cristalline et soit devenue molle et d'un rouge foncé, il se produit trois hydrocarbures isomères, auxquels M. Zwenger donne le nom de *cholestériline a, b et c.* Il ne se produit aucun gaz dans cette réaction. On ajoute beaucoup d'eau, et l'on enlève l'acide sulfurique par des lavages.

Le produit insoluble dans l'eau est ensuite épuisé par l'éther bouillant; celui-ci dissout les modifications *b* et *c*, et laisse en grande partie la modification *a*.

Celle-ci présente un aspect terreux, est à peine soluble dans l'alcool, très-peu soluble dans l'éther. L'essence de térébenthine la dissout très-bien à chaud, et la dépose en petites aiguilles incolores d'un faible éclat. Elle est sans odeur ni saveur, et plus légère que l'eau; elle fond vers 240°. Le chlore la décompose déjà à la température ordinaire; l'acide nitrique, surtout à l'état fumant, l'attaque, et paraît donner principalement de l'acide cholestérique.

L'éther retient en dissolution les modifications *b* et *c*; si l'on y ajoute de l'alcool, elles précipitent toutes deux à l'état résinoïde, tandis que la cholestérine non attaquée reste en dissolution. Si l'on redissout le précipité dans l'éther, la modification *a* reste en grande partie à l'état insoluble; la solution éthérée, abandonnée à l'évaporation dans un vase haut et étroit, dépose d'abord à l'état cristallin la modification *b*, tandis que la modification *c* ne se dépose que plus tard à l'état résineux.

La modification *b* se dissout assez bien dans l'éther chaud; elle se présente en paillettes brillantes, fusibles à 255°. Si on la maintient en fusion, elle perd en partie la propriété de cristalliser.

Quant à la modification *c*, elle est résineuse, sans aucune apparence cristalline, et fond déjà, en couches minces, à 127°. Elle se comporte avec le chlore, l'acide nitrique et l'acide sulfurique, comme les modifications précédentes.

La cholestérine se décompose aisément à chaud par l'acide phosphorique concentré ; selon M. Zwenger, les produits sont semblables à ceux fournis par l'acide sulfurique, mais ils en diffèrent par leurs propriétés physiques. Ce chimiste donne aux hydrocarbures fournis par l'acide phosphorique le nom de *cholestérone a* et *b*.

La modification *a* forme de beaux prismes droits très-brillants, fusibles à 68°, qui distillent presque sans altération. Elle est très-soluble dans l'alcool et l'éther.

La modification *b* forme de petites aiguilles soyeuses, fusibles à 170°, peu solubles dans l'éther et à peine solubles dans l'alcool.

Composition de la cholestériline et de la cholestérone, suivant M. Zwenger :

	Cholestériline.						Cholestérone.				$C^{52}H^{42}$.	$C^{58}H^{46}$.
	a	*a*	*b*	*b*	*c*	*c*	*a*	*a*	*b*	*b*		
Carbone. . . .	88,22	87,87	88,25	88,33	87,98	87,87	87,60	87,77	87,56	87,88	88,13	87,95
Hydrogène. . .	12,15	12,04	12,11	12,25	11,96	12,02	12,06	12,17	12,15	11,98	11,87	12,05
											100,00	100,00

On voit, par ces nombres, que la cholestérone et la cholestériline sont isomères ou polymères. Ces hydrocarbures renferment les éléments de la cholestérine moins de l'eau :

$$C^{52}H^{44}O^2 = C^{52}H^{42} + 2\ HO.$$

D'après la composition de ces hydrocarbures, la cholestérine semble être une espèce d'alcool.

§ 1984. ACIDE LITHOFELLIQUE [1], $C^{40}H^{36}O^8$. — Les *bézoards orientaux* sont presque entièrement composés de cet acide ; ils ont une couleur vert brunâtre, présentent l'éclat de la cire, et se composent de couches concentriques, dont on reconnaît fort bien la disposition quand on scie un semblable bézoard par le milieu. Pour en extraire l'acide lithofellique, il suffit de dissoudre le bézoard dans l'alcool bouillant ; la solution dépose, par le refroidissement, des croûtes cristallines plus ou moins colorées. On lave celles-ci avec de l'alcool froid, on les fait redissoudre dans l'alcool bouillant, et l'on traite la solution par le charbon animal. On peut aussi décolorer l'acide lithofellique en précipitant par l'acide chlorhydrique

[1] GOEBEL (1841), *Ann. der Chem. u. Pharm.*, XXXIX, 237. — ETTLING, *ibid.*, XXXIX, 242. — WOEHLER, *ibid.*, XLI, 150. — HEUMANN, *ibid.*, XLI, 303. — MALAGUTI et SARZEAU, *Compt. rend. de l'Acad.*, XV, 518.

sa solution dans un alcali dilué, et en faisant cristalliser le précipité dans l'alcool, après l'avoir lavé et desséché.

L'acide lithofellique se dépose sous la forme de très-petits prismes rhomboïdaux, à face terminale oblique (Goebel). Les cristaux sont incolores, durs et aisés à réduire en poudre. Ils se dissolvent dans 29 p. d'alcool à la température de 20° et dans 6'/₂ p. d'alcool bouillant; la solution a une réaction acide. Ils se dissolvent dans 444 p. d'éther à 20° et dans 47 p. d'éther bouillant.

Composition de l'acide lithofellique :

	Ettling et Will.			Woehler.		Calcul.
Carbone. .	70,8	70,4	69,8	70,2	70,6	70,6
Hydrogène .	10,9	10,8	11,0	10,6	»	10,6
Oxygène. . .	»	»	»	»	»	18,8
						100,0

L'acide lithofellique fond à 205°, et se concrète, par le refroidissement, en une masse cristalline. Si on le chauffe à quelques degrés au-dessus de son point de fusion, il se prend, par le refroidissement, en une masse transparente et amorphe; cette modification, une fois refroidie, fond déjà entre 105° et 110°. Dissoute dans l'alcool, elle devient de nouveau cristallisable (Woehler).

Fondu au contact de l'air, l'acide lithofellique se volatilise sous la forme de vapeurs blanches qui répandent une légère odeur aromatique. Soumis à la distillation sèche, il perd 2 atomes d'eau, et se convertit en une huile acide $C^{40}H^{34}O^6$, à laquelle MM. Malaguti et Sarzeau donnent le nom d'*acide pyrolithofellique*.

L'acide lithofellique se dissout dans l'acide sulfurique concentré; la solution devient laiteuse par l'addition de l'eau. L'acide nitrique le convertit, à chaud, en un acide jaune, contenant $C^{40}H^{28}(NO^4)^2O^6$, suivant MM. Malaguti et Sarzeau. Il se dissout et cristallise dans l'acide acétique.

Chauffé avec du sucre et de l'acide sulfurique, il produit une coloration violette semblable à celle qu'on observe, dans les mêmes circonstances, avec l'acide cholique et l'acide cholalique[1].

Il se dissout aisément dans les alcalis caustiques et dans les carbonates alcalins.

§ 1985. Les *lithofellates* sont peu connus.

Le *sel d'ammoniaque* ne s'obtient qu'en dissolution. La solution ammoniacale ne précipite ni les sels de chaux ni les sels de ba-

___

[1] STRECKER, *Ann. der Chem. u. Pharm.*, LXVII, 53.

ryte, mais elle précipite les sels de plomb et d'argent; elle perd toute son ammoniaque par l'évaporation.

Le *sel de potasse* et le *sel de soude* sont amorphes et gommeux ; ils se dissolvent dans l'eau, l'alcool et l'éther. Ils ne se dissolvent pas dans une liqueur chargée de sel marin, et se comportent sous ce rapport comme les savons. Leur solution précipite, par les acides, d'abondants caillots blancs qui se contractent peu à peu, et deviennent pulvérulents et terreux par la dessiccation; c'est la modification amorphe de l'acide lithofellique.

Le *sel de baryte* s'obtient en chauffant du carbonate de baryte avec de l'acide lithofellique délayé dans l'eau (?); la liqueur donne ensuite, par la concentration, des cristaux fort solubles dans l'alcool (Heumann).

Le *sel de plomb* s'obtient sous la forme d'un précipité blanc, peu soluble dans l'eau, un peu plus soluble dans l'alcool, lorsqu'on mélange une solution alcoolique d'acide lithofellique, additionnée d'ammoniaque, avec de l'acétate de plomb neutre. Si l'on chauffe le précipité dans la liqueur, il devient emplastique. Séché à 100°, il a donné à l'analyse 49,0 p. c. d'oxyde de plomb (Ettling et Will). Cette quantité correspond à la composition d'un sous-sel (peut-être à la formule $C^{40}H^{35}PbO^8$, 2 PbO, calcul, 50,9 p. c. d'oxyde). Dans d'autres déterminations, on a obtenu 32 et 41,45 p. c. d'oxyde de plomb (Woehler).

Le *sel d'argent* paraît renfermer $C^{40}H^{35}AgO^8$, à 100°. Lorsque, suivant MM. Ettling et Will, on mélange une solution alcoolique d'acide lithofellique avec du nitrate d'argent et un peu d'ammoniaque, il se produit un volumineux précipité floconneux qui disparaît par la chaleur ou par l'addition d'une plus grande quantité d'alcool; par l'évaporation de la liqueur, le lithofellate d'argent cristallise en longues aiguilles, fort légères, qui noircissent promptement à la lumière. Le précipité floconneux a la même composition que le sel cristallisé.

D'après M. Woehler, si l'on mélange le sel de potasse neutre avec du nitrate d'argent, on obtient un précipité blanc, qui devient emplastique quand on le chauffe au sein de la liqueur; ce précipité se dissout pendant les lavages; la solution, étant évaporée, se recouvre d'une pellicule et se dessèche sans cristalliser.

Le lithofellate d'argent, sous ces différentes formes, a donné à l'analyse :

	Ettling et Will[1].		Woehler.	Calcul.
	a	b	c	
Oxyde d'argent. . .	25,63	25,33	25,0	25,72

Dérivés par oxydation des acides de la bile.

§ 1986. Si on chauffe l'acide choloïdique avec de l'acide nitrique d'une concentration moyenne, la réaction est fort violente; la masse développe beaucoup de vapeurs nitreuses et se boursoufle considérablement. Il se produit, dans ces circonstances, un grand nombre de substances qui ont été particulièrement étudiées par M. Redtenbacher[2]. L'acide cholique et l'acide hyocholique donnent les mêmes produits. La cholestérine en fournit aussi quelques-uns.

On arrose l'acide choloïdique, dans un grand verre à pied, de 4 à 5 fois son volume d'acide nitrique concentré, on attend que la première attaque se soit calmée, puis on distille le tout à une douce chaleur, de manière à le réduire au cinquième, en cohobant quelquefois le liquide quand cela est nécessaire. Lorsque l'acide nitrique a cessé d'agir, on étend le produit distillé de deux fois son volume d'eau et on le soumet à une nouvelle distillation. Le résidu, dans la cornue, constitue une masse jaunâtre, molle, entièrement cristalline, en partie soluble dans l'eau; il est d'ailleurs encore chargé d'acide nitrique. Il renferme de l'acide oxalique, de l'*acide choloïdanique* (§ 1987) et de l'*acide cholestérique* (§ 1988).

Le liquide condensé dans le récipient est d'une odeur fort âcre et étourdissante, due à la présence d'une huile pesante qui est elle-même un mélange d'*acide nitrocholique* (§ 1989) et de *cholacrol* (§ 1990). Cette huile occupe le fond, et peut-être décantée; l'huile qui nage à la surface de la partie aqueuse du produit distillé, est un mélange d'acides acétique, valérique, caprylique et caprique; la présence de l'acide butyrique n'y a pas pu être déterminée d'une manière certaine.

§ 1987. *Acide choloïdanique*, $C^{32}H^{24}O^{14}$(?). — Le résidu, dans la

---

[1] *a* sel floconneux ; *b* sel cristallisé; *c* sel amorphe dont une partie s'était dissoute par les lavages.

[2] Redtenbacher (1846), *Ann. der Chem. u. Pharm.*, LVII, 145. — Theyer et Schlosser, *ibid.*, L, 243. — Schlieper, *ibid.*, LVIII, 375. — Strecker et Gundelach, *ibid.*, LXII, 226.

cornue, provenant du traitement de l'acide choloïdique par l'acide nitrique se divise en deux couches par le refroidissement ; la partie cristalline surnageante constitue l'acide choloïdanique.

On la filtre sur du verre pilé placé dans un entonnoir, et on la purifie par la cristallisation dans l'eau bouillante. S'il arrive que le résidu de l'opération ne donne qu'une résine, il faut continuer sur elle l'action de l'acide nitrique ; la résine se convertit alors en acide choloïdanique.

Cet acide cristallise en longs prismes piliformes, qui, desséchés sur le papier, prennent l'aspect de l'amiante. Il est presque insoluble dans l'eau froide, et exige beaucoup d'eau bouillante pour s'y dissoudre ; la solution est acide ; l'alcool le dissout aisément.

Il a donné à l'analyse :

	Redtenbacher.				$C^{32}H^{24}O^{14}$.
Carbone. . . .	57,8	57,9	58,0	58,1	58,5
Hydrogène. . .	7,3	7,6	7,5	7,6	7,3
Oxygène.	»	»	»	»	34,2
					100,0

A 100° l'acide choloïdanique ne perd pas de son poids ; à une température plus élevée, il noircit et développe une vapeur âcre et acide.

Les acides chlorhydrique et nitrique le dissolvent à chaud sans l'altérer.

L'acide choloïdanique exige bien peu d'alcali pour être saturé.

Les choloïdates à base d'alcalis et de terres alcalines sont solubles ; ceux à base de métaux pesants sont insolubles ou peu solubles.

Ces sels se décomposent par les lavages à l'eau, de sorte qu'il n'a pas été possible de déterminer l'équivalent de l'acide choloïdanique.

§ 1988. *Acide cholestérique*, $C^{16}H^{10}O^{10} = C^{16}H^{8}O^{8}$, 2 HO(?). — L'eau-mère d'où l'on a extrait l'acide choloïdanique renferme de l'acide oxalique, une résine molle (qui s'en sépare par l'addition de l'eau, et paraît se convertir en acide choloïdanique par l'action prolongée de l'acide nitrique), et un acide incristallisable, soluble dans l'eau. Ce dernier constitue l'acide cholestérique[1] ; c'est le

---

[1] MM. Pelletier et Caventou (*Ann. de Chim. et de Phys.*, VI, 401) ont donné le nom d'*acide cholestérique* à une substance azotée, cristallisée en aiguilles fusibles à 58°, qui se formerait, suivant eux, par l'action de l'acide nitrique sur la cholestérine. M. Red-

produit principal de l'action de l'acide nitrique sur l'acide cho-loïdique.

L'acide cholestérique s'obtient aussi comme produit final, dans l'action de l'acide nitrique sur l'acide cholique et sur la cholesté-rine.

Voici comment on isole l'acide cholestérique : on sature par de l'ammoniaque le mélange d'acide cholestérique et d'acide oxa-lique, et l'on précipite par le nitrate d'argent. On fait bouillir dans l'eau le précipité, et l'on filtre ; le cholestérate s'y dépose alors en croûtes cristallines. On délaye celles-ci dans l'eau et on les dé-compose par l'hydrogène sulfuré.

L'acide cholestérique est une substance jaunâtre qui ressemble à la gomme de cerisier; il attire l'humidité de l'air en se ramol-lissant. Sa saveur est assez acide et amère ; il se dissout aisément dans l'eau, l'alcool et les acides.

Par la distillation sèche, il se décompose en dégageant des va-peurs amères et en laissant beaucoup de charbon.

Les *cholestérates* à base d'alcalis et de terres alcalines sont so-lubles dans l'eau et ne cristallisent pas. Les sels des métaux pesants y produisent des précipités jaunâtres; les persels de fer précipitent en brun jaunâtre, les deutosels de cuivre en vert pistache.

Le *sel d'argent* est un précipité blanc jaunâtre, contenant $C^{16}H^8$ Ag^2O^{10}. Il a donné à l'analyse :

	Redtenbacher [1].			Schlieper.		Gundelach et Strecker.	Calcul.
	a	*b*	*b*	*c*	*c*	*d*	
Carbone. . . .	23,5	23,3	24,1	23,5	24,1	24,1	24,0
Hydrogène . .	2,2	2,2	2,4	2,3	2,4	2,4	2,0
Oxyde d'argent.	58,3	57,5	»	57,7	57,7	57,7	58,0

§ 1989. *Acide nitrocholique*, $C^2H^2N^4O^{10}$(?). — L'huile pesante qui se condense dans le récipient, lorsqu'on traite l'acide choloïdi-que par l'acide nitrique, réagit acide; mais elle n'est pas une subs-tance unique. Lavée avec de l'eau et délayée dans un alcali, elle se colore en jaune, et, si la lessive est concentrée, elle dépose des

tenbacher pense que cet acide azoté a dû être obtenu avec de la cholestérine impure, car il n'a pu produire aucune substance cristallisée avec de la cholestérine chimique-ment pure, tout en variant de bien des manières les circonstances de l'opération.

[1] Le sel provenait d'un acide cholestérique: *a* préparé par l'acide choloïdique; *b* id. par la cholestérine; *c* id. par l'acide cholique; *d* id. par l'acide hyocholique.

cristaux d'un jaune citronné. Mais l'huile ne disparaît pas tout entière par ce traitement; son odeur étourdissante se modifie à la longue, et fait place à une autre qui, sans être moins forte, n'étourdit pas cependant et rappelle celle de la cannelle. Avant ce traitement, l'odeur de l'huile brute excite le larmoiement et détermine des maux de tête.

Les cristaux jaunes constituent le nitrocholate de potasse; la partie non saponifiable est composée de cholacrol.

Pour isoler le nitrocholate, on abandonne pendant plusieurs jours l'huile pesante brute avec de la potasse diluée; on décante la solution jaune, et on l'abandonne dans le vide sur de l'acide sulfurique. L'emploi de la chaleur n'est pas avantageux, car elle détermine la décomposition du sel. Quand la majeure partie du nitrocholate s'est prise en cristaux, il reste une eau-mère non cristallisable, où il y a encore un peu de salpêtre, les sels des acides gras volatils, etc. On redissout le nitrocholate dans l'eau tiède, et on abandonne de nouveau la solution; de cette manière, on l'obtient en cristaux parfaitement définis.

Le nitrocholate de potasse est d'un jaune citronné, de la même forme, à ce qu'il paraît, que le ferrocyanure de potassium; il est d'une odeur légèrement étourdissante et ne se conserve pas à l'air. A mesure que les cristaux se dessèchent, ils éclatent en se divisant en un grand nombre de petits fragments; ce phénomène est encore plus prompt quand on les chauffe. On ne peut pas non plus les dessécher dans le vide; ils éclatent alors de la même manière, prennent une forte odeur, et paraissent se décomposer.

Composition des cristaux de nitrocholate de potasse simplement exprimés, $C^2HKN^4O^{10}$ (?).

	Redtenbacher [1].	Calcul.
Carbone. . . .	7,8	6,4
Hydrogène . .	0,6	0,5
Azote.	30,0	30,0
Potasse	24,8	24,2

La solution du nitrocholate de potasse se décompose aussi dans d'autres circonstances. Par une longue ébullition, elle donne des cristaux de salpêtre. Décomposée par un acide, par exem-

[1] Malgré l'emploi du cuivre métallique, il a été impossible, dans cette analyse, d'éviter la formation d'un peu de vapeur nitreuse: de là probablement l'excès de carbone. L'azote a été déterminé par la méthode qualitative.

ple, par de l'acide sulfurique étendu, elle donne de l'acide nitreux, de l'acide nitrique, une huile grasse et de l'acide cyanhydrique, c'est-à-dire les mêmes produits qu'on obtient aussi avec les eaux-mères de la cristallisation du nitrocholate brut. Avec les sels métalliques, le nitrocholate de potasse ne donne pas de précipité.

§ 1990. *Cholacrol*, $C^{16}H^{10}(NO^4)^4O^{10}(?)$. — C'est l'huile pesante qui reste à l'état insoluble dans la préparation du nitrocholate de potasse.

On l'agite avec de l'eau, jusqu'à ce qu'elle soit neutre. Elle est jaunâtre, d'une odeur fort âcre, peu soluble dans l'eau, fort soluble dans l'alcool et l'éther; elle est indifférente pour les alcalis et les acides. Chauffée à 100°, elle se décompose en dégageant des vapeurs nitreuses; quelquefois elle brûle alors avec une légère explosion, en laissant une petite quantité d'un liquide qui a l'odeur de la graisse.

Composition du cholacrol desséché sur le chlorure de calcium :

	Redtenbacher.	Calcul.
Carbone	25,9	25,9
Hydrogène	2,8	2,7
Azote	15,2	15,0
Oxygène	»	56,4
		100,0

ACIDE CAÏNCIQUE.

Composition : $C^{32}H^{26}O^{14}(?)$

§ 1991. Cet acide a été trouvé[1] dans la racine de caïnca (*Chiococca anguifuga* Martius), espèce du rubiacée originaire du Brésil et employée contre la mesure des serpents venimeux. On le trouve aussi dans la racine de petit branda (*Chiococca racemosa*, L.), très-usitée dans les Antilles contre la syphilis et le rhumatisme.

Le procédé d'extraction le plus simple consiste, suivant Pelletier et Caventou, à épuiser par l'alcool la racine de caïnca en poudre, à concentrer par la distillation la liqueur alcoolique, à agiter l'extrait avec de l'eau, à filtrer le mélange, et à ajouter successivement à

---

[1] FRANÇOIS, PELLETIER et CAVENTOU (1830), *Journ. de Pharm.*, XVI, 465. — LIEBIG, *Ann. de Chim. et de Phys.*, XLVII, 185. — ROCHLEDER et HLASIWETZ, *Berichte der Akad. d. Wissensch. zu Wien;* juin 1850. En extrait : *Ann. der Chem. u. Pharm.*, LXXVI, 238.

la liqueur filtrée de petites portions de lait de chaux jusqu'à ce qu'elle soit dépourvue d'amertume. Il en résulte un sous-caïncate de chaux insoluble, qui doit être mis en contact à chaud avec une solution alcoolique d'acide oxalique. Bientôt le sel est décomposé ; il suffit alors de passer la nouvelle liqueur à travers un filtre, et de la laisser refroidir ; une partie de l'acide caïncique se dépose ainsi sous la forme de petites aiguilles déliées, groupées ensemble. Le reste s'obtient par une douce évaporation.

MM. Rochleder et Hlasiwetz conseillent d'opérer de la manière suivante sur la racine de petit branda : on épuise par l'alcool l'écorce de cette racine, et on ajoute à l'extrait une solution alcoolique d'acétate de plomb. Il se produit ainsi un précipité jaune composé de cafétannate, contenant, en outre, du caïncate et du phosphate de plomb. La liqueur filtrée donne avec le sous-acétate de plomb un précipité jaune pâle, composé en majeure partie de caïncate de plomb, ne renfermant que des traces de cafétannate. On isole ensuite l'acide caïncique du dernier précipité, en décomposant celui-ci par l'hydrogène sulfuré. L'acide caïncique se sépare par le repos de la solution suffisamment concentrée sous la forme de flocons, composés de prismes microscopiques. Les flocons étant dissous dans l'eau bouillante, additionnée d'un peu d'alcool, donnent par le refroidissement des aiguilles feutrées d'acide caïncique.

L'acide caïncique pur est sans odeur ; sa saveur, nulle d'abord, devient ensuite fort amère, et laisse à la gorge un léger sentiment d'astriction qui se dissipe bientôt. Il rougit le tournesol d'une manière très-sensible. L'eau n'en dissout que $^1/_{600}$ de son poids ; il en est de même de l'éther ; l'alcool au contraire le dissout aisément, mieux à chaud qu'à froid, et le laisse cristalliser par refroidissement. L'acide cristallisé perd, à 100°, 9 p. c. d'eau (Liebig).

L'analyse de l'acide caïncique, séché à 100°, a donné :

	Liebig.	Rochleder et Hlasiwetz.			$C^{32}H^{26}O^{14}$
Carbone	56,74	58,40	58,08	58,34	58,18
Hydrogène	7,48	7,60	7,77	7,93	7,88
Oxygène.	»	»	»	»	33,94
					100,00

Les rapports $C^{32}H^{26}O^{14}$, adoptés par MM. Rochleder et Hlasiwetz, manquent de contrôle.

L'air n'altère pas l'acide caïncique.

Chauffé dans un tube de verre, l'acide caïncique se ramollit, se charbonne, et donne un sublimé blanc dépourvu d'amertume.

Les acides exercent sur lui une action remarquable. L'acide chlorhydrique le dissout, mais en le transformant presque immédiatement en une masse gélatineuse d'acide quinovatique (§ 1992); suivant MM. Rochleder et Hlasiwetz, il se produit en même temps une matière sucrée qui paraît être du glucose.

L'acide sulfurique étendu, et, à chaud, l'acide acétique, produisent le même effet que l'acide chlorhydrique.

L'acide sulfurique concentré charbonne l'acide caïncique.

L'acide nitrique agit d'abord comme les acides dilués précédents, puis il donne lieu à un dégagement de bioxyde d'azote, en produisant une matière jaune et amère, sans acide oxalique (?).

Les alcalis concentrés transforment aussi l'acide caïncique en acide quinovatique.

Pris intérieurement l'acide caïncique agit comme un puissant diurétique.

Les *caïncates* sont peu connus. Ils ont une saveur amère.

Les *sels neutres d'ammoniaque, de potasse, de baryte et de chaux* sont solubles dans l'eau, déliquescents et incristallisables. Ils sont également solubles dans l'alcool. L'eau de chaux forme dans la solution aqueuse du caïncate neutre de chaux un abondant précipité de sous-sel, soluble dans l'alcool bouillant, d'où il se dépose en flocons blancs, très-alcalins.

Le *sel de plomb* est un précipité blanc qu'on obtient en petite quantité avec des solutions alcooliques d'acide caïncique et d'acétate de plomb. Ce précipité renferme :

	Rochl. et Hl.	$C^{32}H^{24}Pb^{2}O^{14} + 2$ aq.
Carbone.	34,95	34,71
Hydrogène. . . .	4,45	4,70
Oxyde de plomb.	40,36	40,34

Il existe aussi des sous-sels de plomb.

§ 1992. *Acide quinovatique* [1], dit aussi acide chiococcique, acide quinovique, amer de quinova. — Ce corps a été trouvé par

[1] PELLETIER et CAVENTOU, *Journ. de Pharm.*, VII, 112. — WINCKLER, *Repert. v. Buchner*, LI, 193. — BUCHNER jeune, *Ann. der Chem. u. Pharm*, XVII, 161. — PETERSEN, *ibid.*, XVII, 164. — SCHNEDERMANN, *ibid.*, XLV, 277. — ROCHLEDER et HLASIWETZ, *loc. cit.* — HLASIWETZ, *Ann. der Chem. u. Pharm.*, LXXIX, 129. — SCHWARZ, *ibid.*, LXXX, 330.

Pelletier et Caventou dans le faux quinquina du commerce (*China nova*); M. Schwarz l'a également rencontré dans les vrais quinquinas. Il se produit, d'après MM. Rochleder et Hlasiwetz, par l'action des acides et des alcalis sur l'acide caïncique.

Pour extraire l'acide quinovatique, M. Schnedermann fait bouillir le faux quinquina avec du lait de chaux, et précipite l'extrait par l'acide chlorhydrique ; il purifie le précipité en le dissolvant dans l'alcool, et précipitant la solution par l'eau ; il répète cette dernière opération jusqu'à ce que l'acide quinovatique soit entièrement incolore.

L'acide quinovatique [1] desséché se présente sous la forme de fragments amorphes, semblables à de la gomme. Il ne se dissout presque pas dans l'eau, mais il est assez soluble dans l'éther, et surtout dans l'alcool. Il a une saveur fort amère. Ses solutions ne le déposent pas à l'état cristallisé [1] (Schnedermann).

Il a donné à l'analyse :

	Petersen.		Schnederm.		Hlasiw.	Schwarz.		Rochleder et Hlasiwetz.		
					a	b	b			
Carbone. . .	66,6	66,7	67,1	67,4	66,57	68,90	68,80	70,18	69,78	68,40
Hydrogène. .	8,9	9,0	9,1	9,0	8,88	8,85	8,87	8,95	8,65	8,85
Oxygène. . .	»	»	»	»	»	»	»	»	»	»

Les nombres précédents sont trop divergents pour qu'on en puisse déduire une formule. (M. Schnedermann adopte les rapports $C^{38}H^{30}O^{10}$; MM. Rochleder et Hlasiwetz, $C^{48}H^{35}O^{11}$).

Soumis à la distillation sèche, l'acide quinovatique donne une huile épaisse, douée d'une forte odeur d'encens et de pétrole, ainsi qu'une petite quantité de cristaux brillants.

Traité par l'acide nitreux, il dégage des vapeurs rouges; si l'on ajoute de l'eau, il se précipite des flocons blancs amorphes (renfermant : carbone, 58,35; hydrog., 6,10), ainsi qu'une matière résineuse. Il ne se produit point d'acide oxalique.

L'acide quinovatique se dissout aisément dans la potasse diluée et dans l'ammoniaque. Il se dissout également par l'ébullition avec du lait de chaux ou avec de la magnésie délayée dans l'eau.

---

[1] M. Buchner jeune prétend l'avoir obtenu à l'état cristallisé.

[2] Les analyses de MM. Rochleder et Hlasiwetz ont été faites sur de l'acide quinovatique séché à 120° et produit par la métamorphose de l'acide caïncique ; les autres analyses se rapportent à de l'acide quinovatique directement extrait du faux quinquina. a acide séché à 140°; b acide séché à 160°.

Ces solutions précipitent la plupart des sels métalliques, mais les précipités n'ont pas une composition constante.

Le *sel de potasse* constitue une masse amorphe.

Le *sel de chaux* se présente après la dessiccation sous la forme de flocons dont la solution aqueuse et concentrée devient épaisse par la chaleur comme de l'empois d'amidon, et s'éclaircit de nouveau par le refroidissement.

Le *sel de magnésie* est une masse amorphe, d'un aspect gras.

Le *sel de cuivre* est un précipité bleu clair, qui se produit avec l'acétate de cuivre et une solution alcoolique d'acide quinovatique. Séché à 100°, ce précipité renferme :

	Schnedermann.		
Carbone	61,3	61,4	»
Hydrogène. . . .	8,0	8,0	»
Oxyde de cuivre. .	10,8	11,0	10,8

Le *sel de plomb* est un précipité blanc qu'on obtient avec des solutions alcooliques d'acide quinovatique et d'acétate de plomb.

Le *sel d'argent* est un précipité blanc, qui noircit par la dessiccation.

ACIDE CARMINIQUE.

Syn. : Carmine.

Composition : $C^{28}H^{14}O^{16}$ (?)

§ 1993. Ce corps[1] constitue la matière colorante de la cochenille. Obtenu d'abord à l'état impur par Pelletier et Caventou, il a été étudié plus récemment par M. Warren de la Rue, à qui l'on doit la connaissance de sa composition.

Il n'est pas aisé de l'obtenir à l'état de pureté ; il est surtout dif-

[1] PELLETIER et CAVENTOU (1818), *Ann. de Chim. et de Phys.*, VIII, 250, et *Journ. de Pharm.*, IV, 193. — LASSAIGNE, *Journ. de Pharm.*, V, 435. — PELLETIER, *Ann. de Chim. et de Phys.*, LI; 194. — ARPPE, *Ann. der Chem. u. Pharm.*, LV, 101.—WARREN DE LA RUE, *ibid.*, LXIV, 1, et *Journ. f. prakt. Chem.* XLIII, 511. · M. Wagner (*Journ. f. prakt. Chem.*, LII, 462) a obtenu, par l'action de l'acide sulfurique sur l'acide morintannique, un acide rouge auquel ce chimiste donne le nom *d'acide rufimorique* (§ 2074), et qu'il suppose être identique avec l'acide carminique. L'acide rufimorique, il est vrai, est à peine soluble dans l'eau, tandis que l'acide carminique se dissout dans ce liquide en toutes proportions; mais une très-petite quantité d'ammoniaque rend l'acide rufimorique soluble dans l'eau, et il serait possible, suivant M. Wagner, que l'acide extrait de la cochenille dût aussi sa solubilité à un léger mélange d'ammoniaque.

ficile de le priver entièrement d'acide phosphorique et d'une matière
azotée particulière. Voici la marche à suivre pour l'extraire : on
fait bouillir 1 p. de cochenille avec 40 p. d'eau pendant 20 minutes ; on passe par un linge, et l'on précipite l'extrait par de l'acétate de plomb légèrement acidulé; on lave le précipité à l'eau distillée, tant que les eaux de lavage troublent le bichlorure de
mercure, réaction qui est due à la présence de la matière azotée.
On délaye ensuite le précipité dans l'eau, et on le traite par l'hydrogène sulfuré. Après avoir ainsi décomposé tout le sel de plomb, on
obtient une liqueur rouge foncé. L'excès d'hydrogène sulfuré en
ayant été chassé, on la précipite encore une fois par de l'acétate de
plomb acidulé, et l'on décompose le nouveau précipité par l'hydrogène sulfuré. La liqueur rouge ainsi produite est évaporée au
bain-marie par une chaleur ne dépassant pas 38°; finalement elle
est desséchée dans le vide sur de l'acide sulfurique. On obtient ainsi
un produit d'un pourpre foncé, très-acide et de l'odeur du sucre
brûlé; mais cette substance est encore impure. On en dissout les
$^{7}/_{8}$ dans de l'alcool absolu et bouillant, et, après avoir dissous le
reste dans l'eau, on précipite la solution aqueuse par de l'acétate
de plomb. On met le précipité de carminate de plomb en digestion avec la solution alcoolique de l'acide carminique brut,
de manière à séparer à l'état de sel de plomb l'acide phosphorique
qu'il renferme. La solution alcoolique étant ensuite additionnée
d'éther, il se produit un précipité rouge, qui contient de la matière azotée, entraînant une certaine quantité de principe colorant. Pour séparer entièrement ce dernier, on redissout le précipité rouge dans l'alcool, et l'on verse encore une fois de l'éther dans
la liqueur; de sorte que la matière azotée se sépare sous la forme
d'un précipité brun, tandis que l'acide carminique reste en solution.
Finalement on distille les solutions éthéro-alcooliques, et l'on dessèche le résidu dans le vide.

L'acide carminique pur se présente sous la forme d'une masse
friable, d'un brun pourpre, dont la poudre est d'un beau rouge.
Il se dissout en toutes proportions dans l'eau et l'alcool, ainsi que
dans un mélange d'alcool et d'éther, mais il est peu soluble dans
l'éther pur ; sa solution aqueuse ne s'altère pas à l'air. Il se dissout
aussi sans altération dans l'acide chlorhydrique et dans l'acide sulfurique.

L'acide séché à 121° a donné à l'analyse :

	Warren de la Rue.		Calcul.
Carbone . . .	54,17	54,10	54,19
Hydrogène .	4,58	4,66	4,52
Oxygène . .	»	»	41,29
			100,00

On peut le chauffer à 136° sans qu'il se décompose; mais, passé
cette température, il dégage un liquide acide. Soumis à la calcination, il se boursoufle, et émet une petite quantité de vapeurs rouges qui se condensent, sans donner aucune trace de matière huileuse.

Sa solution aqueuse présente une légère réaction acide; elle n'absorbe pas l'oxygène à la température ordinaire. Elle n'est pas
précipitée par les alcalis; mais ceux-ci la colorent en pourpre : les
alcalis occasionnent aussi des précipités pourpres dans la solution
alcoolique de l'acide carminique. Les alcalis terreux précipitent en
pourpre la solution aqueuse de cet acide. Le sulfate d'alumine ne
la précipite pas ; mais, par l'addition de quelques gouttes d'ammoniaque, on obtient une belle laque cramoisie. Les acétates de plomb,
de zinc, de cuivre et d'argent donnent des précipités pourpres. Le
précipité d'argent se décompose extrêmement vite en séparant de
l'argent métallique ; si l'on ajoute ensuite à la liqueur du nitrate de
plomb, de mercure (mercureux) ou d'argent, on obtient des précipités rougeâtres; si l'on y verse du chlorure d'étain (stanneux ou
stannique), la liqueur prend une belle teinte cramoisie sans qu'il
y ait précipitation.

Le chlore, l'iode et le brome attaquent promptement l'acide carminique; le brome donne naissance à une substance jaune, soluble dans l'alcool.

L'acide nitrique même étendu le décompose à chaud. Avec l'a-
cide nitrique de 1,4, on obtient de l'acide oxalique et de l'acide
nitrococcusique (§ 1994).

Les *carminates* sont difficiles à obtenir d'une composition constante.

Le *sel de cuivre*, $C^{28}H^{13}CuO^{16} +$ aq. (?), s'obtient en précipitant
par l'acétate de cuivre une solution aqueuse d'acide carminique
additionnée d'acide acétique, en ayant soin qu'un grand excès d'a-
cide carminique reste dans la liqueur. Après la dessiccation, le
sel se présente sous la forme d'une masse dure, couleur de bronze.

Desséché à 100°, il a donné à l'analyse :

	Warren de la Rue.		Calcul.
Carbone.	47,62	»	48,05
Hydrogène . . .	4,12	»	4,01
Oxyde de cuivre .	11,78	11,27	11,33

Ainsi que nous l'avons dit, l'acide carminique constitue la matière colorante de la cochenille. Le *carmin* du commerce se prépare en versant de l'alun dans la décoction de cochenille ; la *laque carminée* s'obtient de même avec une décoction alcalisée. On teint avec la cochenille en écarlate et en cramoisi, sur laine et sur soie, mais les couleurs qu'elle donne sont plus brillantes que solides, car elles sont tachées par l'eau et par les alcalis. On fixe la matière colorante de la cochenille au moyen de l'alun, du tartre et du mordant d'étain.

Dérivés nitriques de l'acide carminique.

§ 1994. *Acide nitrococcusique* [1], $C^{16}H^5(NO^4)^3O^6 + 2$ aq. $= C^{16}H^5 N^3O^{18} + 2$ aq. — L'acide nitrique de 1,4 attaque à chaud l'acide carminique ; il se développe beaucoup de vapeurs nitreuses, et, quand la réaction est terminée, le liquide se prend en une bouillie cristalline composée d'acide oxalique et d'acide nitrococcusique.

On dissout la bouillie dans l'eau bouillante, et on précipite par le nitrate de plomb ; le précipité, traité par l'hydrogène sulfuré, donne une solution qui fournit d'abondants cristaux d'acide oxalique. Le liquide séparé, par le filtre, de l'oxalate de plomb, donne, par la concentration, une nouvelle portion d'oxalate ; enfin l'eau mère fournit de beaux cristaux d'acide nitrococcusique, qu'on purifie par une nouvelle cristallisation dans l'eau bouillante.

L'acide nitrococcusique cristallise en tables rhombes d'une couleur jaune, solubles dans l'eau froide, plus solubles encore à chaud ; il est également fort soluble dans l'alcool et dans l'éther. Les solutions colorent l'épiderme en jaune.

[1] WARREN DE LA RUE (1847), *Ann. der Chem. u. Pharm.*, LXIV, 23. — L'acide nitrococcusique dérive d'un acide non azoté, isomère de l'acide anisique.

L'acide desséché à 100° a donné à l'analyse :

	Warren de la Rue.				Calcul.
Carbone	33,67	33,60	33,95	34,11	33,45
Hydrogène	1,98	1,98	1,82	1,87	1,74
Azote.	15,03	14,92	»	»	14,63
Oxygène	»	»	»	»	50,18
					100,00

L'acide cristallisé contient 2 atomes d'eau.

Sa solution dissout le fer et le zinc, en devenant plus foncée. Le sulfure ammonique décompose l'acide nitrococcusique, en séparant du soufre et en produisant un acide particulier qui n'a pas été examiné.

Les *nitrococcusates* sont très-solubles dans l'eau ; la plupart d'entre eux se dissolvent aussi dans l'alcool. La chaleur les fait détonner avec violence.

Le *sel d'ammoniaque*, $C^{16}H^3(NH^4)^2(NO^4)^3O^6 + aq.$, s'obtient en faisant passer de l'ammoniaque sèche dans une solution éthérée de l'acide nitrococcusique ; il se dépose alors peu à peu sous la forme d'aiguilles groupées en aigrettes. Ce sel se sublime par la chaleur, probablement en se décomposant. Le sel désséché dans le vide contient :

	Warren de la Rue.	Calcul.
Carbone	29,05	29,09
Hydrogène	3,97	3,64
Oxyde d'ammonium .	15,91	15,76

Le *sel de potasse*, $C^{16}H^3K^2(NO^4)^3O^6$, s'obtient en saturant l'acide nitrococcusique par le carbonate de potasse ; il se dépose, par l'évaporation, sous la forme de petits cristaux jaunes, fort solubles dans l'eau, peu solubles dans l'alcool, insolubles dans l'éther. Il renferme :

	Warren de la Rue.		Calcul.
Potasse. . . .	25,74	25,92	25,89

Le *sel de baryte*, $C^{16}H^3Ba^2(NO^4)^3O^6 + 2 aq.$, s'obtient en traitant l'acide par de l'eau de baryte, et en évaporant la liqueur, après avoir enlevé l'excès de baryte par un courant de gaz carbonique.

Il forme de petits cristaux jaunes, insolubles dans l'alcool. Le sel
séché à 100° paraît contenir 2 atomes d'eau; en effet, on y a trouvé :

	War. de la Rue.	Calcul.
Carbone	21,96	21,80
Hydrogène. . .	1,38	1,14
Baryte	35,06	34,81

Le *sel de cuivre* forme des aiguilles d'un vert pomme pâle,
qu'on obtient en dissolvant le carbonate de cuivre dans l'acide nitrococcusique.

Le *sel d'argent* renferme, à 100°, $C^{16}H^3Ag^2(NO^4)^3O^6$. Lorsqu'on
essaye de préparer ce sel, en dissolvant l'oxyde d'argent dans l'acide
bouillant, celui-ci éprouve une décomposition en dégageant du
gaz carbonique. Pour éviter cette métamorphose, il faut préparer
le sel à froid, avec du carbonate d'argent, et évaporer la solution
dans le vide. On obtient alors de longues aiguilles jaunes qui deviennent orangées par la dessiccation à 100°. Une chaleur plus
élevée les fait explosionner. Ce sel renferme :

	Warr. de la Rue.		Calcul.
Carbone. . . .	18,99	»	19,16
Hydrogène. . .	0,75	»	0,60
Oxyde d'argent.	46,03	45,97	46,31

Il se dissout dans l'eau et l'alcool.

ACIDE CHÉLIDONIQUE.

Composition : $C^{14}H^4O^{12}$ + 2 aq.

§ 1995. Cet acide [1] est contenu dans la grande chélidoine en
combinaison avec de la chaux et des alcalis organiques. Toutes les
parties de la plante en renferment; cependant il ne s'y trouve
qu'en très-faible proportion et y est accompagné de beaucoup d'a-
cide malique, ainsi que de petites quantités d'un autre acide organique. L'époque de la floraison convient le mieux à l'extraction
de l'acide chélidonique; c'est alors du moins que la plante en renferme le plus.

Voici le procédé d'extraction employé par M. Lerch : on coagule par la chaleur le suc de la chélidoine, on aiguise par de l'a-
cide nitrique faible le suc filtré, et on le précipite par le nitrate

[1] Probst (1839), *Ann. der Chem. u. Pharm.*, XXIX, 113. — Lerch, *ibid.*, LVII,
273.

de plomb. Le malate de plomb reste dissous dans l'acide nitrique,
tandis que le chélidonate y est insoluble. Toutefois il faut éviter
l'emploi d'un excès d'acide nitrique, autrement tout le chélidonate ne se précipiterait pas ; de même un excès de nitrate de
plomb est à éviter, le chélidonate de plomb étant assez soluble
dans les autres sels du même métal. Si l'on prend les proportions
convenables, le précipité est cristallin et se dépose promptement.
Cependant le sel ainsi obtenu renferme aussi de la chaux ; on le
délaye dans beaucoup d'eau, et l'on y fait passer de l'hydrogène
sulfuré. Comme la décomposition du sel de plomb ne s'effectue
qu'avec lenteur, il faut continuer le dégagement du gaz pendant
plusieurs jours et renouveler l'eau assez souvent. On obtient ainsi
un liquide acide de chélidonate acide de chaux ; on le neutralise
par la craie, on mélange avec du charbon animal, on évapore jusqu'à formation de pellicule saline, et, après avoir filtré, on abandonne à cristallisation. Le chélidonate de chaux se dépose du liquide refroidi sous la forme d'aiguilles blanches et soyeuses, qu'il
suffit de laver avec un peu d'eau distillée pour les avoir entièrement pures. Le charbon resté sur le filtre retient l'excès de craie,
ainsi que le malate de chaux qui peut se trouver dans le produit ; il
ne retient que bien peu de chélidonate qui peut s'extraire complétement par les lavages ; d'ailleurs toute la matière colorante
reste avec l'excès de craie si l'on n'emploie pas de charbon, et le
chélidonate cristallise néanmoins à l'état incolore.

Cependant il y a de la difficulté à séparer l'acide de ce sel de
chaux ; il faut le faire cristalliser plusieurs fois dans l'acide nitrique pour le transformer complétement en acide chélidonique. Mais
il est aisé, avec ce sel de chaux, de préparer d'autres chélidonates
par double décomposition ; le sel ammoniacal (préparé avec le
carbonate d'ammoniaque) convient alors le mieux à la préparation de l'acide. Si l'on ajoute à ce sel une quantité suffisante d'a-
cide chlorhydrique (2 p. d'acide moyennement étendu pour 1 p.
de solution concentrée du sel), l'acide chélidonique se sépare complétement, et tout le liquide se prend en une bouillie de cristaux ;
on les lave à l'eau froide, et on les purifie par une nouvelle cristallisation.

M. Hutstein[1] prépare l'acide chélidonique de la manière sui-

<hr>

[1] HUTSTEIN, *Archiv d. Pharm.*, [2] LXV, 23; *Journ. de Pharm.*, [3] XX, 30.

vante : la chélidoine fraîche et en pleine floraison est exprimée, et
le suc est soumis à l'ébullition ; il s'en sépare ainsi de la chloro-
phylle, qu'on enlève par le filtre. A la liqueur filtrée encore chaude
on ajoute de l'acide nitrique d'une densité de 1,30 (pour maintenir en dissolution le malate de plomb qui doit se former ultérieurement) et l'on y verse ensuite du nitrate de plomb, aussi longtemps qu'il se dépose un précipité cristallin de chélidonate de
plomb. On laisse égoutter celui-ci, et, après l'avoir délayé dans
l'eau, on y ajoute une solution de quintisulfure de calcium. Le
mélange ayant été filtré, on évapore la liqueur à la température de
l'ébullition (afin de détruire la petite quantité d'hyposulfite qui
a pu se former), et l'on enlève les dépôts à l'aide du filtre. On
obtient ainsi des cristaux de chélidonate de chaux qu'on transforme
en sel d'ammoniaque au moyen du carbonate ; enfin, on sépare l'a-
cide chélidonique du sel d'ammoniaque au moyen de l'acide chlorhydrique.

§ 1996. L'acide chélidonique cristallise, par une évaporation
lente, en aiguilles incolores et allongées ; si l'on refroidit brusquement la solution bouillante, il se dépose en fines aiguilles feutrées,
de manière que tout le liquide se prend en masse.

Composition [1] de l'acide desséché à 100° :

	Lerch.				$C^{14}H^4O^{12}$
Carbone	45,37	45,13	45,70	45,40	45,40
Hydrogène. . .	2,26	2,28	2,54	2,36	2,36
Oxygène. . . .	»	»	»	»	52,24
					100,00

L'acide cristallisé dégage, par la dessiccation à 100°, 8,82 à 9,03
pour 100 d'eau, c'est-à-dire 2 atomes pour la formule $C^{14}H^4O^{12}$.

Un acide obtenu en longues aiguilles par l'évaporation spontanée a donné à M. Lerch 12,62 p. c. = 3 at. d'eau.

L'acide chélidonique se dissout dans l'eau froide, mais il est infiniment plus soluble dans l'eau bouillante ; l'alcool le dissout également. Dans les acides il n'est pas beaucoup plus soluble que dans
l'eau.

L'acide cristallisé s'effleurit à la température ordinaire, ainsi
que sur l'acide sulfurique et à la température de 100° ; il perd

___

[1] Il est à remarquer que l'acide chélidonique renferme O^2 de moins que l'acide méco-
nique (§ 706).

alors complétement son eau de cristallisation sans s'altérer davantage.

A 150°, il dégage une nouvelle quantité d'eau. Chauffé jusqu'à 220° ou 225°, il s'altère, devient mou comme de l'emplâtre, noircit et dégage du gaz carbonique pur. Le résidu, bouilli avec de l'eau et séparé de la partie noire à l'aide du filtre, donne un autre acide en croûtes cristallines jaunes.

Chauffé au contact de l'air, l'acide chélidonique brûle avec une légère explosion.

L'acide sulfurique concentré le dissout sans altération ; si l'on chauffe, la matière jaunit et développe des bulles de gaz ; par l'ébullition, le liquide devient pourpre et finit par dégager du gaz sulfureux. L'acide nitrique concentré n'agit presque pas sur l'acide chélidonique ; l'acide étendu l'oxyde avec peu d'énergie, en produisant du bioxyde d'azote, du gaz carbonique et un autre acide. Dans cette réaction il ne paraît pas se former d'acide oxalique.

L'acide chélidonique dissout le fer et le zinc avec dégagement d'hydrogène, et se combine avec toutes les bases pour former les chélidonates.

Dérivés métalliques de l'acide chélidonique. Chélidonates.

§ 1997. L'acide chélidonique est tribasique. Il est susceptible de donner trois espèces de sels, dont la formule générale se représente ainsi :

Sels unimétalliques (acides) . . . $C^{14}H^3M\,O^{12} = C^{14}HO^9,\ MO \atop 2HO$

— bimétalliques. . . . . $C^{14}H^2M^2O^{12} = C^{14}HO^9,\ 3MO \atop HO$

— trimétalliques. . . . . $C^{14}H\,M^3O^{12} = C^{14}HO^9,\ 3MO$

Les *sels bimétalliques* se forment toutes les fois qu'on neutralise par des oxydes métalliques ou par leurs carbonates une solution étendue d'acide chélidonique. Si la neutralisation n'est faite qu'avec de l'oxyde, il se forme aisément un sel trimétallique, et la solution devient jaune. Cette circonstance se présente pour les alcalis purs comme pour les terres alcalines, et, même pour les premiers, M. Lerch a constaté que la transformation du sel bimétallique en sel trimétallique s'effectue déjà par les carbonates, dans le cas où la solution est portée à l'ébullition.

La plupart des chélidonates bimétalliques sont solubles dans l'eau et cristallisent aisément. Ils renferment ordinairement de l'eau de cristallisation qui nécessite souvent une température supérieure à 150° pour être expulsée.

Traités par les acides, ils deviennent unibasiques et acides; traités par l'ammoniaque ou par un alcali fixe, ils se convertissent au contraire en sels trimétalliques qui sont jaunes. Dans le cas où l'oxyde correspondant est incolore, les sels bimétalliques le sont aussi; ils n'agissent pas sur le tournesol.

Les *sels trimétalliques* jaunes peuvent aussi s'obtenir par double décomposition à l'aide d'un sel alcalin bimétallique additionné d'ammoniaque, par exemple, avec un sel de chaux et d'autres sels dont les oxydes métalliques forment un chélidonate tribasique insoluble. Dans ce cas les solutions des sels employés ont besoin d'être étendues, afin qu'il ne se forme pas des sels à deux métaux différents.

Ceux des chélidonates trimétalliques dont la base correspondante n'est pas colorée, sont d'un beau jaune citronné. Ceux à base de métal alcalin sont très-solubles dans l'eau et cristallisables; ceux des autres métaux sont peu solubles ou insolubles.

Les sels solubles colorent beaucoup l'eau; une goutte de la solution saturée d'un sel de chaux est capable de teindre en jaune une grande quantité d'eau.

Les acides les décomposent et les décolorent, en les transformant en sels bimétalliques; cette métamorphose s'opère même quelquefois par l'eau, à la longue, comme, par exemple, dans le chélidonate de plomb, qui donne alors un sel surbasique. Les sels des alcalis attirent peu à peu l'acide carbonique, et donnent du carbonate et du chélidonate bimétallique.

Les *sels unimétalliques* se forment, comme nous l'avons déjà dit, quand on ajoute un acide minéral étendu à la solution concentrée d'un sel bimétallique. Si l'on ajoute à la solution d'un sel bimétallique environ un tiers de son poids d'acide chélidonique, qu'on porte à l'ébullition et qu'on laisse refroidir, il cristallise également un sel unimétallique, et l'acide ajouté en excès reste en solution.

Si l'on ajoute un grand excès d'acide minéral à un sel bimétallique, ou si l'on dissout celui-ci à l'ébullition, il cristallise une combinaison de l'acide chélidonique avec le sel unibasique.

M. Lerch n'a pas pu obtenir de sel unibasique avec l'argent, ni avec le plomb ; le nitrate d'argent ou de plomb précipite de l'acide chélidonique un sel bimétallique.

Les sels unimétalliques ne sont pas stables ; par des cristallisations répétées, ils se convertissent en sels bimétalliques. Ils présentent une réaction acide.

Chélidonates d'ammoniaque. — α. *Sel biammonique*, $C^{14}H^2(NH^4)^2O^{12} + 4$ aq. On l'obtient en décomposant le sel bicalcique par le carbonate d'ammoniaque, à la température de l'ébullition. On peut sans inconvénient employer un léger excès de carbonate d'ammoniaque, sans qu'il se forme de sel triammonique. Le chélidonate biammonique se dépose dans la solution concentrée sous la forme d'aiguilles prismatiques, soyeuses et d'un blanc éclatant. Il renferme 14,23 p. c. d'eau, qui s'en vont à 100°.

A une température plus élevée, le sel dégage de l'ammoniaque.

Chauffé au delà de 160°, il fond, brunit et dégage du carbonate d'ammoniaque, tandis que le résidu renferme un acide particulier.

Il devient acide par des cristallisations réitérées.

β. *Sel triammonique.* On n'a pas réussi à l'obtenir.

Chélidonates de potasse. — α. *Sel bipotassique*. On l'obtient en décomposant le sel calcaire bimétallique par du carbonate de potasse.

β. *Sel tripotassique*. Additionnée de potasse caustique, la dissolution concentrée du chélidonate bipotassique devient jaune et se prend en cristaux jaunes de sel tripotassique. Ce sel, à l'état de pureté, n'a point de réaction alcaline, mais il se carbonate à l'air et se convertit alors en sel bipotassique incolore.

Bouilli avec un excès de potasse caustique, il donne de l'oxalate.

Chélidonates de soude. — α. *Sel unisodique*, $C^{14}H^3NaO^{12} + 4$ aq. Il s'obtient sous la forme de fines aiguilles lorsqu'on traite par l'acide chélidonique le chélidonate bisodique.

Lorsqu'on traite le sel bisodique par l'acide chlorhydrique bouillant, on obtient de fines aiguilles ou des paillettes d'un sel qui paraît renfermer $C^{14}H^3NaO^{12}$, $C^{14}H^4O^{12} + 6$ aq.

β. *Sel bisodique*, $C^{14}H^2Na^2O^{12} + 8$ aq. On prépare aisément ce sel en décomposant le sel bicalcique par le carbonate de soude ; il faut éviter l'emploi d'un grand excès de carbonate et opérer sur des liqueurs étendues, autrement il se forme un sel trisodique ou un sel trimétallique à deux métaux. La couleur jaune du liquide accuse immédiatement cette formation.

Le chélidonate bisodique est fort soluble à froid et à chaud, et s'obtient difficilement sous forme régulière. Évaporée doucement à l'air, sa solution ne donne des cristaux que par l'effet d'une efflorescence sur les parois de la capsule. Les cristaux constituent des aiguilles prismatiques qui s'effleurissent lentement à l'air. Ils renferment 21,16 pour 100 d'eau de cristallisation, dont 15,5 pour 100 s'échappent à 100°, et le reste entre 150° et 160°.

Chélidonates de baryte. — α. *Sel suracide*, $C^{14}H^3BaO^{12}$, $C^{14}H^4O^{12}$ + 4 aq. On le produit en dissolvant le sel tribarytique dans l'acide chlorhydrique bouillant.

β. *Sel bibarytique*, $C^{14}H^2Ba^2O^{12}$ + 2 aq. à (100°). On l'obtient en décomposant par un sel de baryte soluble le sel calcaire correspondant, ou bien en neutralisant l'acide chélidonique par la baryte caustique ou carbonatée. Il est cristallin et incolore, fort peu soluble dans l'eau.

γ. *Sel tribarytique*, $C^{14}HBa^3O^{12}$ + 6 aq. On peut l'obtenir en décomposant à chaud la solution du sel bicalcique par l'ammoniaque, et précipitant le liquide par le chlorure de baryum. C'est une poudre d'un jaune citronné, peu soluble dans l'eau, insoluble dans l'alcool.

Chélidonates de strontiane. — Lorsqu'on dissout à chaud le carbonate de strontiane dans l'acide chélidonique, il cristallise, par le refroidissement, de fines aiguilles.

Chélidonates de chaux. — α. *Sel suracide*, $C^{14}H^3CaO^{12}$, $C^{14}H^4O^{12}$ + 4 aq. Aiguilles qui se produisent lorsqu'on traite le sel bicalcique par l'acide chlorhydrique.

β. *Sel bicalcique*, $C^{14}H^2Ca^2O^{12}$ + 6 aq. (à 100°). Ce sel se rencontre tout formé dans la grande chélidoine. En parlant de l'extraction de l'acide chélidonique, nous avons déjà dit comment on l'obtient.

Il cristallise en aiguilles prismatiques et soyeuses; il est peu soluble dans l'eau froide, mais l'eau bouillante le dissout aisément. Il est insoluble dans l'alcool absolu. Sa solution n'agit pas sur le tournesol. Il ne s'effleurit pas à l'air, ni à 100°, et ne perd son eau de cristallisation qu'à 150°.

γ. *Sel tricalcique*, $C^{14}HCa^3O^{12}$ + 6 aq. (à 100°). On le prépare en faisant bouillir le sel précédent avec de l'ammoniaque; ou en décomposant le chélidonate de soude, additionné d'ammoniaque, par le chlorure de calcium. C'est une poudre jaune et amorphe, très-peu soluble dans l'eau, insoluble dans l'alcool.

Chélidonate de magnésie. — Lorsqu'on neutralise à chaud une solution d'acide chélidonique par du carbonate de magnésie, on obtient, par le refroidissement, des aiguilles qui s'effleurissent à l'air sec.

Chélidonate de zinc. — Il s'obtient à l'état cristallisé, lorsqu'on sature l'acide chélidonique par de l'oxyde de zinc; le sel a une réaction acide.

Chélidonate de cuivre. — Un mélange de sulfate de cuivre et de chélidonate alcalin donne, par l'évaporation, des prismes verts peu solubles dans l'eau.

Chélidonates de fer. — L'acide chélidonique dissout le fer avec dégagement d'hydrogène; le sel ferreux ainsi formé s'oxyde d'avantage par l'évaporation, en donnant des flocons d'un jaune sale.

Le chélidonate bisodique donne par le perchlorure de fer un précipité jaune sale rougeâtre, presque insoluble dans l'eau, mais soluble dans les acides et dans un excès de perchlorure. Ce précipité donne par la calcination 32,69 pour 100 de peroxyde. Si l'on précipite un chélidonate alcalin par un grand excès de perchlorure de fer, la plus grande partie du chélidonate de fer reste en dissolution; le liquide se fonce peu à peu par le repos, et finit par devenir d'un brun noir. Cette teinte disparaît tout à fait à la longue, et la solution redevient incolore. Il est probable que, dans cette réaction, le persel éprouve une réduction.

Chélidonates de plomb. — α. *Sel biplombique*, $C^{14}H^2Pb^2O^{12} + 2$ aq. Il s'obtient par le chélidonate bicalcique et le nitrate de plomb. Si l'on mélange les deux liquides à l'état étendu, il se produit des paillettes brillantes, ou bien de fines aiguilles qui se déposent promptement.

Ce sel est peu soluble dans l'eau, fort peu soluble aussi dans l'acide nitrique très-étendu; mais il se dissout aisément dans d'autres sels de plomb, ainsi que dans l'acide nitrique concentré. Il ne perd son eau de cristallisation qu'à une température supérieure à 100°.

β. *Sel triplombique*, $C^{14}HPb^3O^{12}$. Traité par l'ammoniaque, le chélidonate biplombique donne le sel triplombique. Celui-ci s'obtient aussi par le mélange du sel bicalcique avec du sous-acétate de plomb. C'est un précipité jaune ou blanc jaunâtre et amorphe, insoluble dans l'eau et l'alcool, soluble dans les autres sels de plomb. Préparé à l'ébullition, il est anhydre.

γ. *Sous-sel*, $C^{14}HPb^3O^{12}$, 3 PbO. Il se produit lorsqu'on précipite à l'ébullition par du sous-acétate de plomb le chélidonate bicalcique, additionné d'ammoniaque.

Chélidonates d'argent[1]. — α. *Sel biargentique*, $C^{14}H^2Ag^2O^{12}$. L'acide chélidonique dissout aisément l'oxyde d'argent, en produisant un sel bimétallique. On obtient ce dernier plus commodément, en décomposant par le nitrate d'argent un chélidonate alcalin. Il cristallise en longues aiguilles soyeuses et incolores, semblables à l'acétate d'argent. Il est soluble dans l'eau, l'ammoniaque et l'acide nitrique; ce dernier le décompose à l'ébullition; il ne se dissout pas dans l'alcool. Il ne noircit pas à la température ordinaire et ne s'altère pas à 100°; ce n'est qu'à 140 ou 150° qu'il se décompose avec une légère explosion.

Composition du chélidonate biargentique :

	Lerch.			$C^{14}H^2Ag^2O^{12}$.
Carbone.	20,34	20,45	20,69	21,1
Hydrogène. . . .	0,81	0,75	0,78	0,5
Oxyde d'argent.	56,87	57,12	57,00	58,2
Oxygène.	»	»	»	20,2
				100,0

β. *Sel triargentique*, $C^{14}HAg^3O^{12}$. Il s'obtient en précipitant par le nitrate d'argent, soit le sel tricalcique, soit le sel bicalcique additionné d'ammoniaque. Il constitue un précipité jaune qui s'altère promptement.

Le sel a donné à l'analyse :

	Lerch.		$C^{14}HAg^3O^{12}$.
Oxyde d'argent. .	68,08	68,95	68,9

γ. *Sel d'argent et de chaux*, $C^{14}HCaAg^2O^{12}$ + 2 aq. On l'obtient sous la forme d'un précipité jaune clair, en mélangeant une solution concentrée de nitrate d'argent avec une solution également concentrée de chélidonate bicalcique, additionnée d'ammoniaque. Il a donné à l'analyse :

	Lerch.	Calcul.
Carbone. . . .	19,47	19,3
Hydrogène. . .	0,76	0,7
Oxyde d'argent.	54,04	53,3

---

[1] M. Lerch admet dans les sels d'argent 1 atome d'eau.

ACIDE EUGÉNIQUE.

Syn. : Essence de girofle oxygénée.

Composition : $C^{20}H^{12}O^4(?)$.

§ 1998. L'huile essentielle qu'on extrait des clous de girofle et
du piment de la Jamaïque par la distillation avec de l'eau, est un
mélange de deux principes (Ettling) : l'un présente la composition
de l'essence de térébenthine, et rentre par conséquent dans la classe
des camphènes (§ 1893); l'autre est oxygéné, et constitue l'acide
eugénique[1]. L'huile rectifiée est incolore, et ne se solidifie pas à
— 18°; sa densité varie de 1,055 à 1,060.

Pour extraire l'acide eugénique, on mélange l'essence brute avec
une dissolution de potasse ou de soude caustique; il se produit
alors une masse cristalline et butyreuse, qu'on soumet à la distillation, après l'avoir étendue d'eau. De cette manière, l'huile indifférente vient se condenser dans le récipient et nager à la surface de
l'eau; le résidu se prend, par le refroidissement, en une masse cristalline d'eugénate de potasse, dont on sépare l'acide eugénique à
l'aide d'un acide minéral.

Purifié par la distillation, l'acide eugénique se présente sous la
forme d'un liquide incolore et oléagineux; sa densité est de 1,079.
Il rougit le tournesol, possède une saveur épicée, brûlante, et une
forte odeur de girofle. Le contact de l'air l'altère promptement
et le résinifie : aussi faut-il le rectifier dans un courant d'acide carbonique. Son point d'ébullition est à 243° (Ettling; à 154°(?), Dumas). La densité de sa vapeur a été trouvée égale à 6,4 (Dumas).
Il a donné à l'analyse :

	Dumas[2].			Ettling.	Boeckmann.	$C^{20}H^{12}O^4$.
Carbone. . . .	68,95	68,96	69,11	71,63	71,7	73,17
Hydrogène. . .	7,88	7,23	7,1	7,44	7,4	7,32
Oxygène. . . .	»	»		»	»	19,51
						100,00

[1] BONASTRE (1827), *Ann. de Chim. et de Phys*, XXXV, 274. — DUMAS, *Ann. de
Chim. et de Phys.*, LIII, 164. *Ann. der Chem. u. Pharm.*, IX, 65; XXVII, 151. —
ETTLING, *Ann. der Chem. u. Pharm.*, IX, 68. — BOECKMANN, *ibid.*, XXVII, 155.

L'eau distillée de girofle dépose quelquefois des paillettes nacrées (*eugénine*), sans
saveur, d'une légère odeur de girofle, fort solubles dans l'alcool et l'éther; l'acide nitrique leur communique une couleur rouge de sang.

M. Dumas a trouvé dans cette substance : carbone, 71,2; hydrogène, 7,64. Elle est
probablement isomère de l'acide eugénique.

[2] M. Dumas admet pour l'acide eugénique les rapports $C^{40}H^{24}O^{10}$; M. Ettling,
$C^{48}H^{30}O^{10}$.

L'acide eugénique donne des sels cristallisables avec la potasse, la soude, l'ammoniaque et la baryte.

Les autres réactions de l'acide eugénique pur ne sont pas connues. L'huile de girofle brute absorbe beaucoup de chlore, en se colorant et en se transformant en une masse résineuse. L'acide sulfurique la colore en rouge, et la résinifie aussi en partie. L'acide nitrique concentré l'attaque vivement, même à froid, en produisant de l'acide oxalique et une matière résineuse.

Le *sel d'ammoniaque* paraît renfermer $C^{20}H^{11}(NH^4)O^4$. En effet, suivant M. Dumas, l'acide eugénique sec absorbe 9,85 p. c. (calcul, 10,3) de gaz ammoniac sec, s'épaissit et se convertit en une substance cristalline. Cette combinaison se liquéfie peu à peu à l'air.

L'ammoniaque liquide donne également des cristaux, qui s'y déposent à l'état grenu.

Le *sel de potasse* se présente sous la forme de cristaux nacrés, et s'obtient directement avec l'acide eugénique et la potasse caustique; il a une saveur à la fois alcaline et âcre comme celle de l'acide; il se dissout dans l'alcool, et s'y dépose de nouveau, par l'évaporation, à l'état cristallin; il se dissout également dans l'eau en mettant en liberté une partie de l'acide eugénique (Dumas[1]).

Le *sel de soude* s'obtient en fibres soyeuses et mamelonnées.

Le *sel de baryte* paraît contenir $C^{20}H^{11}BaO^4$. On obtient aisément cette combinaison en faisant bouillir l'acide eugénique avec de l'eau de baryte. Elle cristallise en aiguilles très-minces, aplaties, quelquefois entrelacées, d'un blanc nacré et brillant. On les purifie par la cristallisation dans l'alcool. Le sel cristallisé dans l'alcool a donné à M. Ettling 32 p. c. de baryte[2] (la formule que j'ai adoptée en exige 32,8 p. c.)

Le *sel de strontiane* ressemble au sel de baryte, et s'obtient avec l'eau de strontiane.

Le *sel de chaux* s'obtient en petites plaques minces, comme micacées, d'une couleur jaunâtre

Le *sel de magnésie* est incristallisable et entièrement insoluble

---

[1] Suivant M. Dumas, l'eugénate de potasse contient 12 p. c. de potasse ($C^{40}H^{24}O^{10}$, KO). Ne serait-ce pas un sel acide $C^{20}H^{11}KO^4$, $C^{20}H^{12}O^4$, ou simplement un sel impur, avec un mélange d'acide eugénique?

[2] M. Ettling mentionne un autre sel de baryte qu'on obtiendrait en traitant directement l'acide eugénique par l'eau de baryte. Ce sel ne contiendrait qu'environ 17 p. c. de baryte.

dans l'eau. On l'obtient en traitant l'acide eugénique par de la magnésie calcinée.

Le *sel de plomb* est une masse jaunâtre et emplastique qu'on obtient en précipitant un eugénate soluble par du sous-acétate de plomb. Il renferme 62,61 p. c. d'oxyde de plomb (Ettling).

Les eugénates solubles précipitent le sulfate de *cuivre* en bleu céleste ou vert de gris. Ils colorent le sulfate *ferreux* en lilas, le sulfate *ferrique* d'abord en rouge, puis en violet et même en bleu.

ACIDE EUXANTHIQUE.

Syn : acide purréique.

Composition : $C^{42}H^{18}O^{22} = C^{42}H^{17}O^{21}, HO$.

§ 1999. On trouve dans le commerce, sous le nom de *jaune indien* ou *purrée*, une matière jaune ou brunâtre, fort appréciée comme couleur, et qui vient en Europe des Grandes-Indes. On suppose qu'elle est d'origine animale, et qu'elle constitue une espèce de bézoard ou concrétion intestinale; suivant un autre opinion, elle serait un dépôt formé dans l'urine de chameau, d'éléphant ou de buffle.

Cette substance se compose en plus grande partie du sel magnésien d'un acide particulier, découvert presque en même temps par M. Erdmann et par M. Stenhouse[1].

Lorsqu'on épuise le jaune indien avec de l'eau bouillante, la combinaison magnésienne reste à l'état d'une matière jaune insoluble; l'eau extrait une matière brune que l'acide chlorhydrique précipite sous forme poisseuse, en développant une odeur d'excréments très-fétide; la solution chlorhydrique donne alors, par l'évaporation, des cristaux de chlorure de potassium; elle renferme aussi un peu de magnésie. En opérant sur un autre échantillon de jaune indien, M. Erdmann a pu en extraire, par l'eau bouillante, une grande quantité de benzoate de potasse; cette fois il n'y avait pas de matière poisseuse. Une certaine portion d'acide euxanthique est aussi extraite par l'eau, et se dépose à l'état impur en même temps que l'acide benzoïque, quand on concentre la solution aqueuse additionnée d'acide chlorhydrique.

[1] STENHOUSE, *Ann. der Chem. u. Pharm.*, LI, 423. — ERDMANN, *Journ. f. prakt. Chem.*, XXXIII, 190; XXXVII, 385. En extrait, *Ann. der Chem. u. Pharm.*, LII, 364; LX, 238.

Si l'on traite par l'acide chlorhydrique étendu et bouillant, le jaune indien, ainsi dépouillé des matières étrangères, il s'y dissout entièrement, et donne, par le refroidissement, des aiguilles d'acide euxanthique, jaune pâle, et groupés en flocons ou en étoiles; l'eau-mère retient du chlorure de magnésium. L'acide purifié est fort peu soluble dans l'eau froide; il s'y dissout mieux à l'ébullition; mais il se dissout surtout fort bien dans l'alcool bouillant, qui le dépose en cristaux plus gros que ceux qu'on obtient avec une solution aqueuse.

Desséché l'acide euxanthique a donné à l'analyse les résultats suivants[1] :

	Stenhouse.		Erdmann.		Laurent.	$C^{42}H^{18}O^{22}$.
Carbone. . . .	55,00	55,20	56,27	56,43	56,37	56,5
Hydrogène. . .	4,42	4,45	3,99	4,06	4,07	4,0
Oxygène. . . .	»	»	»	»	»	39,5
						100,0

L'acide cristallisé dans l'alcool aqueux renferme 2 atomes (analyse 4,35 p. c.; calcul, 3,9 p. c.), et l'acide précipité du sel d'ammoniaque par l'acide chlorhydrique, 6 atomes d'eau de cristallisation (analyse, 10,97-11 p. c.; calcul, 10,8 p. c.). Cette eau de cristallisation se dégage à 130°.

Chauffé avec précaution dans un petit tube, l'acide euxanthique commence à fondre en donnant un sublimé jaune d'euxanthone :

$$C^{42}H^{18}O^{22} = C^{40}H^{12}O^{12} + C^2O^4 + 6\ HO.$$

Ac. euxanthiq.   Euxanthone.

L'acide sulfurique concentré dissout à froid l'acide euxanthique en grande quantité, en se colorant en jaune, mais sans dégager de gaz; au bout de quelque temps la masse se prend en une bouillie d'euxanthone. Le liquide étendu d'eau dépose l'euxanthone; la solution filtrée, saturée par du carbonate de baryte, donne un sel soluble. (Voy. § 2005, *Dérivés sulfuriques de l'acide euxanthique.*)

Lorsqu'on fait passer du gaz chlorhydrique au sein d'une solution d'acide euxanthique dans l'alcool absolu, la liqueur étant maintenue chaude, il se précipite au bout de quelque temps des flocons cristallins d'euxanthone.

Le chlore et le brome agissent sur l'acide euxanthique, en donnant des acides dérivés par substitution.

A froid, l'acide nitrique convertit l'acide euxanthique en acide

---

[1] Voy. pour la formule de l'acide euxanthique : GERHARDT, *Compt. rend. des trav. de Chimie*, 1846, p. 245. — LAURENT, *ibid.*, 1849, p. 377.

nitreuxanthique (§ 2003); à chaud, on obtient un autre acide nitré, ainsi que de l'acide oxalique. Le dernier produit de l'action de l'acide nitrique sur l'acide euxanthique consiste en acide oxypicrique.

§ 2000. Les *euxanthates* neutres renferment

$$C^{42}H^{17}MO^{22} = C^{42}H^{17}O^{21}, MO.$$

La potasse, la soude et l'ammoniaque dissolvent aisément l'acide euxanthique en se colorant en jaune; mais il est fort difficile d'obtenir, par la concentration, des combinaisons cristallisées. On se les procure aisément en opérant avec du bicarbonate de potasse ou d'ammoniaque à une douce chaleur : l'acide se dissout alors avec effervescence et à mesure que la température du liquide s'abaisse, celui-ci se remplit de paillettes d'euxanthate, fort solubles dans l'eau pure, mais insolubles dans les solutions concentrées des carbonates alcalins.

Le *sel d'ammoniaque*, $C^{42}H^{17}(NH^4)O^{22}$, cristallise en petites aiguilles aplaties, très-brillantes, d'un jaune pâle, insolubles dans l'alcool. Abandonné sous une cloche, en présence de l'acide sulfurique, le sel a donné à l'analyse :

	Erdmann.		Calcul.
Carbone. . .	52,2	52,4	54,4
Hydrogène. .	4,7	4,7	4,5

La solution de l'euxanthate d'ammoniaque donne, avec la plupart des solutions métalliques, des précipités jaunes, insolubles dans les solutions salines où ils prennent naissance, mais plus ou moins solubles dans l'eau pure.

Le *sel de potasse*, $C^{42}H^{17}KO^{22}$, forme des paillettes jaune clair, qu'on obtient en dissolvant l'acide euxanthique à une douce chaleur dans une solution de bicarbonate de potasse. Il renferme :

	Erdmann.	Calcul.
Carbone. . .	49,81	52,0
Hydrogène. .	3,71	3,5
Potasse. . . .	9,63	9,6

Lorsqu'on dissout à chaud l'acide euxanthique dans de la potasse concentrée, et qu'on ajoute ensuite de l'acide chlorhydrique à la liqueur, l'acide euxanthique se précipite sous la forme d'une masse semi-fluide qui ne se concrète qu'à la longue ou par les lavages. Ce passage de l'acide euxanthique à l'état amorphe ne s'observe pas si on le précipite après l'avoir dissous à chaud dans la potasse faible, ou à froid dans la potasse concentrée.

Le *sel de baryte* et le *sel de chaux* sont des précipités jaunâtres et gélatineux qui se redissolvent par l'ébullition, et se précipitent de nouveau, par le refroidissement, à l'état gélatineux.

Le *sel de magnésie* neutre paraît être soluble dans l'eau, car l'euxanthate d'ammoniaque ne précipite pas les sels magnésiens neutres. Mais, si l'on mélange une solution de sulfate de magnésie avec assez de sel ammoniac pour qu'elle ne soit plus troublée par l'ammoniaque caustique, et qu'on ajoute alors ce mélange à une solution d'euxanthate d'ammoniaque, additionnée de quelques gouttes d'ammoniaque libre, le liquide se trouble par la concentration ; bientôt après il se produit une gelée jaune rougeâtre, et celle-ci finit par devenir tout à fait cristalline, de manière à perdre sa consistance gélatineuse et à se convertir en petites aiguilles plates et brillantes qui se déposent sous la forme d'une poudre cristalline. Ce produit est un *sous-sel de magnésie*, contenant de 9,20 à 9,75 p. c. de magnésie et 13,95 p. c. d'eau, qu'il perd à 150°. (Le jaune indien purifié contient bien plus de magnésie ; M. Erdmann a trouvé, dans un échantillon, 46 p. c. de cette base ; mais une partie s'y trouvait à l'état carbonaté.)

Le *sel de zinc* et le *sel de nickel* sont des précipités jaune-citrin.

Le *sel de cuivre* est un précipité jaune, extrêmement gélatineux, insoluble dans le sulfate de cuivre, mais assez soluble dans l'eau pure.

Le *sel de ferrosum* est un précipité blanc, qui noircit peu à peu.

Le *sel de ferricum* est un précipité vert noirâtre.

Le *sel de manganèse* est un précipité jaune-citrin.

Le *sel de plomb* est un précipité jaune plus ou moins floconneux, suivant la concentration du liquide, et peu soluble dans l'eau.

Le *sel d'argent* est un précipité jaunâtre et gélatineux, qui se dissout dans l'eau froide par les lavages, et brunit au contact de la lumière.

Le bichlorure de *mercure* ne précipite pas immédiatement l'euxanthate d'ammoniaque ; ce n'est qu'au bout d'un certain temps que le mélange dépose un léger précipité jaunâtre.

Dérivés chlorés et bromés de l'acide euxanthique.

§ 2001. *Acide bichloreuxanthique*[1], $C^{42}H^{16}Cl^2O^{22}$. — Lorsqu'on fait passer du chlore dans de l'acide euxanthique délayé dans l'eau, cet acide change bientôt d'aspect, devient d'un jaune plus foncé. et prend une consistance floconneuse. Quand l'acide a perdu son aspect cristallin, on arrête l'opération, et l'on sépare le produit à l'aide du filtre.

L'acide bichloreuxanthique s'obtient en paillettes dorées par la cristallisation dans l'alcool. (Il ne faudrait pas pousser trop loin l'action du chlore, car ce gaz transformerait le produit chloré lui-même en une poudre amorphe.) Il est insoluble dans l'eau ; l'alcool bouillant le dissout aisément.

Il a donné à l'analyse :

	Erdmann.	Calcul.
Carbone. . . .	48,6	48,8
Hydrogène. . .	3,1	3,1
Chlore. . . .	14,4	14,0

L'acide bichloreuxanthique se dissout dans l'ammoniaque caustique avec une couleur jaune ; la solution, additionnée de carbonate d'ammoniaque, produit une gelée opaque qui devient cristalline au bout de quelques jours. Le carbonate de soude, le carbonate de potasse, la potasse caustique et tous les sels métalliques, donnent avec lui des précipités gélatineux.

Il se comporte comme l'acide euxanthique avec l'acide sulfurique concentré : il s'y dissout, et, quand on étend d'eau la solution, il se précipite un composé pulvérulent qui paraît correspondre à l'euxanthone. La solution filtrée ne renferme pas d'acide chlorhydrique ; mais, quand on la sature par la baryte, on obtient un sulfosel chloré.

§ 2002. *Acide bibromeuxanthique*[2], $C^{42}H^{16}Br^2O^{22}$. — Lorsqu'on agite avec un excès de brome l'acide euxanthique en suspension dans l'eau, on obtient une poudre jaune qu'on lave à l'eau et à l'alcool froid, et qu'on fait ensuite cristalliser dans l'alcool bouillant. La plus grande partie de l'acide bibromeuxanthique se dépose alors, par le refroidissement, à l'état d'aiguilles microscopiques,

---

[1] ERDMANN (1846), *loc. cit.*
[2] ERDMANN (1846), *loc. cit.*

d'un jaune doré; une partie de cet acide reste en dissolution dans
l'alcool, et se dépose, par l'évaporation de la liqueur, à l'état
amorphe.

L'acide bibromeuxanthique est presque insoluble dans l'eau et
dans l'alcool froid; l'alcool bouillant ne le dissout qu'en petite
quantité. Il se présente sous deux modifications : à l'état cristallisé
et à l'état amorphe. La modification amorphe est beaucoup plus
soluble dans l'alcool que la modification cristallisée. Les deux modifications se comportent d'ailleurs de la même manière avec les
réactifs.

L'analyse de ces deux modifications a donné les nombres suivants :

	Erdmann[1].				Calcul.
	a	a	a	b	
Carbone. . .	40,51	40,60	40,56	40,82	41,7
Hydrogène. .	2,57	2,50	2,65	2,66	2,6
Brome. . . .	28,70	27,80	28,36	27,48	26,5

L'acide bibromeuxanthique se dissout aisément dans l'ammoniaque; la solution étant additionnée de carbonate d'ammoniaque,
se prend immédiatement en une gelée qui devient cristalline au
bout de quelque temps.

Les *sels de potasse* et le *sel de soude* sont également gélatineux.

Les *sels de baryte, de magnésie, de cuivre* et *de plomb* sont des
précipités gélatineux, de couleur jaune.

Dérivés nitriques de l'acide euxanthique.

§ 2003. *Acide nitreuxanthique*[2], $C^{42}H^{17}(NO^4)O^{22}$. — C'est le
premier produit de l'action de l'acide nitrique sur l'acide euxanthique. On l'obtient en délayant celui-ci dans de l'acide nitrique
froid de 1,31 densité; la transformation se fait dans l'espace de
24 heures sans qu'il se dégage du gaz, et l'on obtient une masse
grenue et cristalline qu'on purifie par la cristallisation dans l'alcool bouillant.

L'acide nitreuxanthique constitue une poudre cristalline, d'un

---

[1] *a* modification cristallisée; *b* modification amorphe.
[2] ERDMANN (1846), *loc. cit.*

jaune paille, très-peu soluble dans l'eau, un peu plus soluble dans l'alcool. Séché à 120°, il a donné à l'analyse :

	Erdmann.	Calcul.
Carbone. . .	50,75	51,3
Hydrogène. .	3,36	3,4
Azote.	3,23	2,9
Oxygène. . .	»	42,4
		100,0

L'acide nitreuxanthique se dissout dans les alcalis avec une couleur jaune.

Les *nitreuxanthates* brûlent avec une légère explosion.

Le *sel d'ammoniaque* s'obtient sous la forme d'une gelée, par le refroidissement d'une solution de l'acide nitreuxanthique dans de l'ammoniaque chaude et concentrée ; cette gelée se contracte par l'agitation, et devient peu à peu cristalline.

Le *sel de potasse* ressemble au sel d'ammoniaque.

La solution du sel d'ammoniaque donne avec l'acétate de plomb un précipité jaune-citrin, peu soluble dans l'eau ; avec le sulfate de cuivre, le nitrate de nickel, le chlorure de baryum et le chlorure de calcium, des précipités jaunes et gélatineux, qui se redissolvent par les lavages ; avec le nitrate d'argent, une gelée orangée qui se redissout également par les lavages ; avec le sulfate ferreux, un précipité brun-rouge, et avec le sulfate ferrique un précipité brun clair.

Le *sel de plomb* se dessèche en poudre rougeâtre. Il paraît renfermer, à 120°, $C^{42}H^{16}Pb(NO^4)O^{22}$, PbO, HO ; du moins, il a donné à l'analyse :

	Erdmann.	Calcul.
Carbonate. . . .	34,8	35,2
Hydrogène. . . .	2,1	2,3
Oxyde de plomb.	32,1	31,3

§ 2004. Lorsqu'on chauffe l'acide euxanthique avec de l'acide nitrique, on obtient une liqueur jaune-rougeâtre foncée, et, à une certaine température, il s'effectue une attaque très-violente, avec dégagement de vapeurs rutilantes. Après le refroidissement de la liqueur, il se dépose des grains jaunes cristallins auxquels M. Erdmann donne le nom d'*acide coccinonique*. Cet acide a la propriété de donner, avec les alcalis, des sels écarlates. On trouve également de l'acide oxalique dans les eaux-mères.

La composition de l'acide coccinonique n'est pas encore bien établie, cette matière ne s'obtenant pas aisément à l'état de pureté. Trois échantillons de différentes préparations ont donné à l'analyse :

	Erdmann.		
Carbone. . .	44,46	40,22	38,60
Hydrogène. .	2,07	1,22	1,09
Azote.	9,07	»	»
Oxygène. . .	»	»	».

Le *sel d'ammoniaque* de l'acide coccinonique est soluble dans un excès de carbonate d'ammoniaque.

Le *sel de potasse* est peu soluble dans l'eau et insoluble dans un excès de carbonate de potasse. Il contient 19,49 p. c. de potasse.

Par l'action prolongée de l'acide nitrique bouillant sur l'acide euxanthique, il se produit de l'acide oxypicrique (§ 1401).

Dérivés sulfuriques de l'acide euxanthique.

§ 2005. Lorsqu'on dissout l'acide euxanthique à froid dans l'acide sulfurique concentré, et qu'on étend d'eau la liqueur, il se précipite de l'euxanthone, tandis qu'il reste en dissolution une combinaison particulière, à laquelle M. Erdmann donne le nom d'*acide hamathionique*. Si l'on sature la liqueur acide par du carbonate de baryte, et qu'on enlève par le filtre le dépôt de sulfate, on obtient une solution neutre qui précipite, par l'évaporation ou par le repos à l'air, une poudre brune, contenant de la baryte ; la liqueur devient acide à mesure que ce précipité se forme. Si l'on évapore la liqueur avec précaution et à l'abri du contact de l'air, on obtient un résidu gommeux acide, en partie altéré, jaune brunâtre, et laissant par la combustion une quantité de sulfate correspondant à 31,43 p. c. de baryte.

Ce sel de baryte donne, par le sous-acétate de plomb, un précipité jaune contenant 61,6 à 62,4 d'oxyde de plomb. Celui-ci, étant décomposé par l'hydrogène sulfuré, fournit l'acide hamathionique sous la forme d'une masse sirupeuse et incristallisable ; la solution de ce corps se décompose par l'ébullition, en mettant de l'acide sulfurique en liberté.

La composition de l'acide hamathionique[1] n'est pas encore bien établie.

[1] M. Erdmann la représente par les rapports $C^{28}H^{14}O^{24}, S^{2}O^{6}$.

Euxanthone, produit du dédoublement de l'acide euxanthique.

§ 2006. *Euxanthone* ou purrénone[1], $C^{40}H^{12}O^{12}$. — Lorsqu'on chauffe l'acide euxanthique à 160° ou 180°, il commence à fondre, brunit légèrement, mais sans se charbonner, émet des vapeurs d'eau et du gaz carbonique, et donne un sublimé jaune d'euxanthone. La transformation est complète peu de minutes après la fusion de l'acide, et l'on n'a pas besoin de faire subir à l'acide la distillation sèche. On traite le produit avec de l'ammoniaque faible, qui s'empare de l'acide qui n'aurait pas été transformé, et laisse l'euxanthone sous la forme d'une poudre jaune. On fait cristalliser celle-ci dans l'alcool.

La formation de l'euxanthone se représente par l'équation suivante :

$$C^{42}H^{18}O^{22} = C^{40}H^{12}O^{12} + C^2O^4 + 6\,HO.$$
$$\text{Ac. euxanthiq.} \qquad \text{Euxanthone.}$$

L'euxanthone se produit aussi quand on chauffe, dans une petite capsule, de l'euxanthate de plomb ou de baryte.

Enfin on l'a aussi obtenue par l'action du gaz chlorhydrique sur une solution d'acide euxanthique dans l'alcool absolu, et par l'action de l'acide sulfurique concentré sur l'acide euxanthique. Il suffit de dissoudre l'acide euxanthique dans l'acide sulfurique concentré, et d'ajouter de l'eau à la liqueur, pour avoir un précipité d'euxanthone.

L'euxanthone peut être sublimée entièrement sous la forme d'aiguilles jaunes, si on la chauffe avec précaution ; il arrive cependant presque toujours qu'une petite partie se décompose par la chaleur. Elle est peu soluble dans l'eau, l'alcool froid et l'éther ; l'alcool bouillant la dissout aisément et la dépose, par le refroidissement, suivant la concentration de la liqueur, soit à l'état de poudre cristalline, soit à l'état d'aiguilles ou de lamelles.

[1] STENHOUSE, *loc. cit.* — ERDMANN, *loc. cit.*

La volatilité de l'euxanthone semble indiquer que sa molécule renferme $C^{20}H^6O^6$, plutôt que le double de cette formule. Or la formule $C^{20}H^6O^6$ est également celle de l'alizarine (§ 1755) et de l'acide oxynaphtalique (§ 1736).

Elle a donné à l'analyse :

	Stenhouse.		Erdmann [1].					Laurent.	Calcul.
			a	*a*	*b*	*c*	*d*		
Carbone...	67,95	68,20	68,01	68,23	68,54	68,51	68,9	68,73	68,96
Hydrogène.	3,59	3,73	3,60	3,57	3,58	3,68	3,4	3,47	3,40
Oxygène. .	»	»	»	»	»	»	»	»	27,64
									100,00

L'euxanthone se dissout dans l'ammoniaque concentrée avec une couleur jaune, mais elle se précipite de nouveau par l'évaporation de la liqueur. Elle se dissout également très-bien dans la potasse.

Sa solution alcoolique ne précipite pas les solutions d'acétate de plomb neutre, de chlorure de baryum, de chlorure de calcium ; mais elle donne avec le sous-acétate de plomb un précipité jaune et visqueux.

§ 2007. L'*euxanthone trichlorée*, $C^{40}H^9Cl^3O^{12}$, s'obtient en dissolvant l'acide bichloreuxanthique [2] dans l'acide sulfurique concentré, et en précipitant par l'eau. Elle se dépose dans l'alcool sous la forme de petits cristaux plumeux, de couleur jaune, renfermant :

	Erdmann.	Calcul.
Carbone...	52,28	53,2
Hydrogène..	2,14	2,0
Chlore....	23,30	23,5
Oxygène...	»	21,3
		100,0

L'*euxanthone tribromée* s'obtient sous la forme d'une poudre jaune lorsqu'on ajoute de l'eau à la solution de l'acide bibromeuxanthique dans l'acide sulfurique concentré.

§ 2008. *Dérivés nitriques de l'euxanthone.* — A froid, l'acide nitrique ne paraît d'abord pas réagir sur l'euxanthone ; mais, au bout de quelque temps, il s'établit une réaction accompagnée d'un dégagement de vapeurs rouges ; la liqueur dépose une poudre jaune et cristalline, à laquelle M. Erdmann donne le nom d'*acide porphyrique*, pour rappeler la propriété qu'elle possède de donner, avec le carbonate d'ammoniaque, un sel rouge de sang.

---

[1] *a* euxanthone obtenue par sublimation ; *b* id. préparée par l'acide chlorhydrique et une solution alcoolique d'acide euxanthique ; *c* id. préparée par l'acide sulfurique. L'analyse *d* a été faite tout récemment par M. Erdmann, en ma présence.

[2] On se rend compte difficilement de la manière dont l'euxanthone trichlorée peut résulter de l'acide euxanthique bichloré.

L'acide porphyrique se dissout en petite quantité dans l'eau pure avec une couleur rouge ; il est insoluble dans l'eau chargée d'acide. A froid, il est insoluble dans l'alcool ; il est plus soluble dans l'alcool bouillant qui le dépose, par le refroidissement, sous la forme de petits cristaux d'un jaune rougeâtre. Séché à 120°, il a donné à l'analyse[1] :

	Erdmann.			$C^{20}H^4(NO^4)^2O^6$.
Carbone. . .	43,81	43,56	43,51	45,4
Hydrogène...	1,44	1,44	1,49	1,5
Azote.	11,65	11,98	»	10,6
Oxygène. . .	»	»	»	42,5
				100,0

Par l'action prolongée de l'acide nitrique sur l'acide porphyrique, on obtient de l'acide oxypicrique et de l'acide oxalique.

Les *porphyrates* font explosion par la chaleur.

Le *sel d'ammoniaque neutre* possède une couleur rouge de sang ; il est très-peu soluble dans l'eau pure, insoluble dans le carbonate d'ammoniaque. Il renferme :

	Erdmann.		$C^{20}H^3(NH^4)(NO^4)^2O^6$.
Carbone. .	40,79	40,73	42,7
Hydrogène..	2,37	2,45	2,4
Azote. . .	15,30	15,60	14,9

Chauffé à 130°, le sel d'ammoniaque neutre perd de l'ammoniaque, et devient d'un rouge clair, en se transformant en un *sel acide* (?); celui-ci cristallise plus aisément que le sel neutre, et se dépose de sa solution dans l'eau bouillante à l'état de cristaux plumeux, d'un rouge clair. Ce sel acide a donné à l'analyse :

	Erdmann.	
Carbone. . . .	41,47	41,34
Hydrogène. . .	2,16	2,16

Le *sel de chaux* et le *sel de baryte* sont des précipités rouges, solubles dans beaucoup d'eau.

Le *sel de cuivre* s'obtient sous la forme de flocons rouge foncé, qui deviennent cristallins par le repos, et se présentent alors au microscope sous la forme d'octaèdres aigus.

---

[1] Si la formule que je propose pour l'acide porphyrique est exacte, ce corps représente l'auxanthone nitrée, c'est-à-dire l'acide binitroxynaphtalique.

Le *sel de plomb* est un précipité rouge, soluble dans beaucoup d'eau.

Le *sel d'argent* est également un précipité rouge qu'on obtient avec le sel d'ammoniaque neutre et le nitrate d'argent. Avec le sel d'ammoniaque acide, on obtient des paillettes d'un bronze clair, contenant 23,9 p. c. d'oxyde d'argent.

§ 2009. Un produit d'une action plus avancée de l'acide nitrique bouillant sur l'euxanthone a reçu de M. Erdmann le nom d'*acide oxyporphyrique*. En même temps que cet acide, on obtient aussi de l'acide oxypicrique.

L'acide oxyporphyrique se dépose sous la forme de cristaux microscopiques de couleur jaune. Il se distingue de l'acide porphyrique en ce qu'il forme avec l'ammoniaque un sel fort soluble dans un excès de carbonate d'ammoniaque.

Il a donné à l'analyse :

	Erdmann.		
Carbone. . .	42,95	42,55	42,77
Hydrogène. .	1,34	1,44	1,34
Azote.	11,80	»	12,10
Oxygène. . .	»	»	»

On remarque que ces nombres sont fort rapprochés de ceux que M. Erdmann a obtenus à l'analyse de l'acide porphyrique.

L'acide oxyporphyrique se transforme en acide oxypicrique et en acide oxalique par l'action prolongée de l'acide nitrique.

Ses *sels* font explosion par la chaleur.

Le *sel d'ammoniaque* s'obtient en grains cristallins d'un rouge foncé. Il précipite les solutions des terres et des autres oxydes métalliques.

ACIDE GAÏACIQUE.

§ 2010. Cet acide est contenu, suivant M. Thierry[1], dans la résine de gaïac.

On dissout la résine dans l'alcool, et l'on distille la solution jusqu'à ce qu'elle soit réduite au tiers de son volume. On décante ensuite la liqueur restante pour la séparer de la résine qui s'est déposée. On sature la liqueur acide par de l'eau de baryte, on filtre, on con-

[1] Thierry, *Journ. d. Pharm.*, XXVII, 381.

centre par l'évaporation, on précipite la baryte par la quantité
d'acide sulfurique nécessaire, on jette le précipité sur un filtre, et
l'on évapore la liqueur claire jusqu'à consistance de sirop. En reprenant le sirop par l'éther, l'acide gaïacique se dissout, et cristallise
par l'évaporation en mamelons qu'on purifie par la sublimation
à une douce chaleur.

On l'obtient ainsi sous forme de belles aiguilles. Il a le même
aspect que l'acide benzoïque et l'acide cinnamique, mais il en diffère essentiellement en ce qu'il est très-soluble dans l'eau. Il est
fort soluble aussi dans l'alcool et l'éther.

Suivant M. Deville [1], sa composition est représentée par la formule $C^{12}H^8O^6$.

Cet acide peut perdre les éléments de l'acide carbonique et se
transformer en une huile particulière (*gaïacène*, § 914), la même
qu'on obtient dans la distillation sèche de la résine de gaïac :

$$C^{12}H^8O^6 = C^2O^4 + C^{10}H^8O^2.$$

Ac. gaïacique.   Gaïacène.

Appendice. Résine de gaïac.

§ 2011. La résine de gaïac [2] découle spontanément ou par incisions du *Guajacum officinale*, L., arbre très-élevé de la famille des
rutacées, qui croît dans les Antilles. On la prépare aussi en soumettant le bois qui la renferme à l'action de la chaleur, de manière à la liquéfier et à la faire couler hors des parties ligneuses.
On peut également l'extraire du bois de gaïac au moyen de
l'alcool.

Elle se présente dans le commerce en masses assez considérables, d'un brun verdâtre, friables et brillantes dans leur cassure.
Sa saveur, d'abord peu sensible, devient bientôt âcre, et produit
un sentiment de chaleur brûlante dans le gosier. Elle a une très-
légère odeur de benjoin que la pulvérisation ou la chaleur aug-

[1] DEVILLE, *Ann. de Chim. et de Phys.*, [3] XIII, 249.

[2] BRANDE, *Ann. de Chimie*, LXVIII, 150. — PLANCHE, *Journ. de Pharm.*, VI,
16. — UNVERDORBEN, *Neues Journ. d. Pharm.*, v. *Trommsdorff*, VIII, 1, 57. *Ann.
de Poggend.*, VIII, 401; XVI, 369; XVII, 179. *Ann. der Chem. u. Pharm.*, XVI,
369. — BUCHNER, *Repert. f. d. Pharm.*, III, 281. — PELLETIER, *Journ. de Pharm.*,
XXVII, 386. — WOLLASTON, *Ann. der Physik v. Gilbert*, XXXIX, 294. — SCHACHT,
Archiv. d. Pharm., XXXV, 3. — JAHS, *ibid.*, XXXIII, 269. — LANDERER, *Repert. d.
f. Pharm.*, LII, 91.

mente beaucoup. Elle se ramollit sous la dent, quoique facile à
pulvériser ; sa poussière excite la toux.

Exposée à l'air, elle en absorbe l'oxygène et verdit. Un papier
enduit de teinture de gaïac devient vert quand on l'expose aux
rayons violets du spectre, et reprend sa couleur jaune sous l'influence des rayons rouges, ou si on le chauffe jusqu'à un certain
point (Wollaston).

L'alcool dissout les $^9/_{10}$ de la résine de gaïac ; l'éther la dissout
aussi, mais en laissant un résidu plus considérable ; l'essence de
térébenthine la dissout mieux à chaud qu'à froid. Les huiles grasses
ne la dissolvent pas.

La solution alcoolique de la résine de gaïac est précipitée par
l'eau en blanc, par le chlore en bleu, par l'acide sulfurique en vert.

La potasse et l'acide sulfurique concentré la dissolvent. L'acide
nitrique fumant lui donne une couleur verte ; si l'on y ajoute ensuite une certaine quantité d'eau, il se forme un précipité vert et
la liqueur devient bleue ; une plus grande quantité d'eau rend le
précipité bleu et la dissolution brune. Si l'on abandonne un papier
imbibé de teinture de gaïac dans un bocal au fond duquel on
a versé un peu d'acide nitrique fumant, la vapeur qui s'en exhale
colore le papier en bleu.

Voici comment on peut isoler la matière bleue qui se produit
par l'oxydation de la résine de gaïac. On la fait fondre avec du
carbonate de potasse, on dissout dans l'eau le résinate ainsi obtenu, et on chauffe la liqueur presque à l'ébullition avec du perchlorure de fer ou du bichlorure de mercure. Il se produit ainsi
un précipité d'où l'on extrait la résine bleue par l'alcool. Ce produit
bleu se décolore au contact de l'acide sulfurique ou chlorhydrique, ainsi que par la fusion ; mais on peut restituer la couleur
bleue à la résine décolorée par la fusion, en la soumettant de
nouveau à l'action des corps oxydants.

La solution alcoolique de la résine de gaïac est en partie précipitée par l'acétate neutre de plomb ; le sous-acétate de plomb la
précipite d'une manière complète.

Suivant Unverdorben, la résine de gaïac est formée de deux principes résineux, dont l'un est très-soluble dans l'ammoniaque
aqueuse, et dont l'autre forme avec cet alcali un composé gou-
dronneux qui ne se dissout que dans 6000 p. d'eau. Pelletier a pu
dissoudre par l'ammoniaque les $^9/_{10}$ de la résine de gaïac.

La résine de gaïac est employée en médecine contre la syphilis, les scrofules, quelques maladies de la peau, la goutte, les rhumatismes chroniques.

§ 2012. *Produits pyrogénés de la résine de gaïac*[1]. — Lorsqu'on chauffe la résine de gaïac, elle fond bientôt et se décompose à 300° environ, en donnant à la distillation de l'eau et des produits huileux. A la fin la masse s'épaissit, se boursoufle et dégage du gaz, ainsi que des produits empyreumatiques (Sobrero).

Suivant M. Deville, on obtient trois substances définies dans la distillation du gaïac : 1° une huile légère $C^{10}H^8O^2$ que nous avons déjà décrite[2] sous le nom de gaïacène (§ 914); une substance cristallisable en paillettes nacrées et volatile sans décomposition ($C^{14}H^8O^2$?); 3° une huile plus pesante que l'eau, $C^{14}H^8O^4$, et à laquelle M. Deville donne le nom d'*hydrure de gaïacyle* (*acide pyrogaïacique* de M. Sobrero).

Pour isoler ce dernier corps, on lave à l'eau distillée l'huile brute de la distillation du gaïac, et on la soumet à la rectification par un feu modéré. L'huile légère passe alors la première, et l'hydrure de gaïacyle commence à distiller quand on renforce le feu. On obtient cet hydrure à l'état incolore en le soumettant à une nouvelle rectification dans un courant d'acide carbonique.

A l'état de pureté l'hydrure de gaïacyle est parfaitement incolore et inaltérable à l'air; mais, en contact avec la potasse aqueuse à l'air, il passe peu à peu par différentes nuances, depuis le rose

[1] DEVILLE, *Revue scientif.*, XV, 64. — DEVILLE et PELLETIER, *Ann. de Chim. et de Phys.*, [3] XIII, 247. — SOBRERO, *Ann. der Chem. u. Pharm.*, XLIII, 19. — VOELCKEL, *ibid.*, LXXXIX, 345.

[2] Depuis l'impression de ce paragraphe, M. Vœlckel a publié deux analyses de l'huile légère, qu'il appelle *gaïol*, analyses qui ne s'accordent pas avec la formule de M. Deville. Mais je présume que le chimiste allemand a opéré sur un produit incomplétement purifié d'hydrure de gaïacyle; il a obtenu :

	Expérience.		$C^{10}H^8O^2$.
Carbone. . .	69,87	69,95	71,43
Hydrogène. .	9,43	9,38	9,52
Oxygène. . .	»	»	19,05
			100,00

M. Vœlckel admet les rapports $C^9H^7O^2$, qui me paraissent inacceptables. 1 ½ kilog. de résine de gaïac n'ont donné qu'environ 50 grammes de gaïol.

Peu soluble dans l'eau, cette substance se dissout aisément dans l'alcool et l'éther. Elle se colore à l'air, surtout à chaud. Agitée avec de la potasse caustique, elle se décolore d'abord, puis elle devient rougeâtre et finalement bleue, en se résinifiant peu à peu.

L'acide nitrique l'attaque vivement, en produisant une matière résineuse. L'acide sulfurique la dissout, et paraît se combiner avec elle. Le chlore la transforme en une huile jaune pesante.

le plus pâle jusqu'au vert foncé, qui est la teinte définitive [1] (Deville). Il a une odeur très-faible, qui rappelle celle de la créosote; sa saveur est fort âcre. Sa densité est de 1,119 à 22°; à l'état de vapeur, elle a été trouvée égale à 4,49 (Deville; à 4,9, Sobrero). Il bout à environ 210°. Il est peu soluble dans l'eau, et se dissout en toutes proportions dans l'alcool et l'éther. Il est aussi fort soluble dans l'acide acétique.

Il a donné à l'analyse :

	Sobrero.		Vœlckel.				$C^{14}H^8O^4$ (Deville)
Carbone. . .	68,92	68,63	68,84	68,88	69,06	69,17	67,74
Hydrogène. .	6,79	6,89	6,66	6,97	7.60	7,59	6,45
Oxygène. . .	»	»	»	»	»	»	25,81
							100,00

Il brûle avec une flamme blanche et fuligineuse. Il ne se dissout pas sensiblement dans le gaz ammoniaque, et ne décompose pas les carbonates alcalins. Il se dissout aisément dans la potasse, et se combine aussi avec d'autres bases, en produisant des composés qui, à l'air et à l'humidité, se transforment en un corps noir analogue à celui que l'hydrure de salicyle donne dans les mêmes circonstances.

Sa dissolution alcoolique réduit les sels d'or et d'argent; les deutosels de fer et de cuivre en sont ramenés à l'état de protosels.

L'acide nitrique l'attaque avec violence, même à l'état dilué, et à la température ordinaire il se produit de l'acide oxalique; le chlore et le brome le convertissent en deux corps cristallisables, renfermant les éléments de l'hydrure de gaïacyle, dont la moitié de l'hydrogène est remplacé par son équivalent de chlore ou de brome (Deville et Pelletier).

La solution alcoolique de l'hydrure de gaïacyle donne, avec le sous-acétate de plomb, des flocons blancs, solubles dans l'alcool concentré et fusibles à 100°. Ce précipité paraît renfermer $C^{14}H^8O^4$, 2 PbO; il a donné, en effet :

	Sobrero.	Vœlckel.		Calcul.
Carbone. . .	25,55	25,64	25,60	24,1
Hydrogène. . .	2,30	2,25	2,27	2,3
Ox. de plomb.	62,70	62,86	62,77	64,3

[1] Suivant M. Vœlckel, la matière pure ne présente pas ces colorations.

ACIDE GENTIANIQUE.

Syn. : gentianin.

Composition : $C^{28}H^{10}O^{10}$ (?).

§ 2013. Cette substance[1] a été découverte en 1822, à peu près en même temps, par Henry et par M. Caventou dans la racine de gentiane (*Gentiana lutea*). Elle a été principalement étudiée par M. Baumert.

Pour l'extraire, on traite par l'eau froide la poudre de la racine desséchée, pendant plusieurs jours, afin d'enlever une partie des principes amers. On soumet le résidu à l'action de la presse, et, après l'avoir desséché de nouveau, on l'épuise par l'alcool fort. Ce dernier ayant été en grande partie éloigné par la distillation, il reste une masse brune et résinoïde, très-amère et d'une réaction acide. Si l'on y verse de l'eau, il s'en sépare des flocons brun-clair, tandis que la matière amère, l'acide, le sucre, etc., restent dissous dans l'eau de lavage colorée. Cette séparation s'effectue d'ailleurs avec beaucoup de lenteur, si l'extrait alcoolique n'a pas été réduit à consistance de sirop. Le précipité renferme, outre l'acide gentianique, une résine semblable au caoutchouc, une matière grasse et une substance amère. On le traite par l'éther pour enlever la matière grasse, et on le fait ensuite dissoudre dans l'alcool; il reste alors une masse cristalline, toujours amère et mélangée de résine. Ce n'est que par des cristallisations réitérées que l'acide gentianique cristallise en aiguilles jaune-clair dépourvues de saveur.

Le produit est peu copieux. 10 kilogrammes de racines sèches ont à peine donné de 3 à 4 grammes d'acide gentianique pur (Baumert).

Ce corps cristallise en fines aiguilles, très-peu solubles dans l'eau; 1 p. exige 3,630 p. d'eau à 16°. Plus soluble dans l'éther, il se dissout surtout dans l'alcool bouillant. La solution est sans action sur les couleurs végétales. Il est aussi fort soluble dans les alcalis; une petite quantité d'acide gentianique suffit pour communiquer une teinte dorée à un liquide alcalin.

Il est inaltérable à l'air, et ne renferme pas d'eau de cristalli-

[1] HENRY et CAVENTOU, *Journ. de Pharm.*, VII, 173. — BAUMERT, *Ann. der Chem. u. Pharm.*, LXII, 106.

sation. On peut le chauffer à 200° sans qu'il se décompose ; toutefois, il commence alors à brunir. Il se sublime en partie entre 300 et 340° en aiguilles jaunes, tandis que la plus grande partie se charbonne en émettant une odeur particulière.

Il renferme :

	Baumert			$C^{28}H^{10}O^{10}$(?)
Carbone	65,05	65,09	65,04	65,11
Hydrogène. . .	4,15	4,24	4,10	3,87
Oxygène	30,80	30,67	30,86	31,02
	100,00	100,00	100,00	100,00

L'acide chlorhydrique, l'acide acétique et l'acide sulfureux n'exercent aucune action sur l'acide gentianique. On peut le faire bouillir avec de l'acide sulfurique étendu sans l'altérer ; l'acide concentré le dissout avec une couleur jaune.

L'acide nitrique de 1, 43, entièrement exempt de vapeurs nitreuses, dissout l'acide gentianique avec une belle couleur verte foncée. Si l'on y ajoute de l'eau, il se précipite une poudre verte, et le liquide surnageant devient jaune. M. Baumert a trouvé dans le produit séché dans le vide : carbone, 45,60—45,72 ; hydrogène, 2,54—2,53 ; azote, 7,76. Ces nombres se rapprochent de la formule $C^{28}H^{8}(NO^{4})^{2}O^{10} + 2$ aq.

Au contact des alcalis, cet *acide nitro-gentianique* prend une couleur cerise ; il éprouve déjà ce changement de nuance au contact de l'ammoniaque de l'air.

Sous l'influence de l'acide nitrique fumant, l'acide gentianique produit des substances jaunes et cristallisables, dont la composition n'est pas encore définitivement établie.

Lorsqu'on fait passer du chlore dans une solution alcoolique d'acide gentianique, il s'y dépose des flocons jaune-clair, renfermant du chlore.

L'acide gentianique déplace l'acide carbonique des carbonates solubles.

Ses combinaisons avec les alcalis sont cristallisables ; leur composition toutefois ne semble pas constante.

Le *sel de potasse* cristallise sous la forme d'aiguilles dorées groupées en étoiles, lorsqu'on mélange une solution alcoolique d'acide gentianique avec une solution aqueuse de carbonate de potasse, qu'on évapore le mélange à siccité, et qu'on reprend le résidu par l'alcool de 90 centièmes. Le sel perd 4,67 p. c. d'eau par la dessiccation à 100°; le sel desséché à 100° donne à l'analyse 8,4 p. c. de potasse. — Dans deux autres sels préparés avec la potasse caustique, M. Baumert a trouvé : 16,27 p. c. d'eau et 13,11 p. c. de potasse, 12,25 p. c. d'eau et 15,27 p. c. de potasse.

Le *sel de soude* ressemble au sel de potasse. M. Baumert décrit plusieurs sels : ce sont en général des aiguilles d'un jaune doré, efflorescentes et plus solubles dans l'eau que l'acide gentianique. Comme pour le sel de potasse, les proportions d'alcali et d'acide y varient considérablement suivant les circonstances de la préparation.

Le *sel de baryte* s'obtient sous la forme d'un précipité floconneux, de couleur orangée, lorsqu'on ajoute de l'eau de baryte à une solution alcoolique d'acide gentianique. Le précipité contient 37,80 p. c. de baryte (peut-être $C^{28}H^8Ba^2O^{10} + 2$ aq.)

Le *sel de plomb* s'obtient sous la forme d'un précipité orangé, à l'aide d'une solution alcoolique d'acide gentianique, additionnée d'ammoniaque, et d'une solution d'acétate de plomb neutre. Le précipité, séché à 100°, contient : carbone, 23,60 ; hydrog., 1,37 ; oxyde de plomb, 63,45. Ces résultats correspondent à la formule $C^{28}H^8Pb^2$ $O^{10} + 2$ PbO,HO.

L'acide gentianique donne avec les *sels de cuivre* des précipités verts, avec les *sels ferriques*, des précipités bruns. Les *sels d'argent* en sont réduits.

ACIDES COLORANTS DES LICHENS.

§ 2014. Les lichens offrent à la teinture différentes matières colorantes.

Les teintes jaunes sont fournies particulièrement par un lichen (*Parmelia parietina, Ach.*), très-commun chez nous sur les vieux murs et sur le tronc des arbres ; ce lichen contient un acide particulier, connu sous le nom d'*acide chrysophanique* (§ 2016). Les usnées contiennent un acide jaune semblable, appelé *acide usnique.* (§ 2017.)

Les teintes rouges, violacées ou bleues, sont fournies par des lichens qu'on confond sous le nom d'*orseille*, qui est aussi donné à la pâte qu'on en prépare. On distingue deux genres d'orseilles, celles de mer et celles de terre. Les orseilles de mer croissent sur les rochers, au bord de la mer, dans un grand nombre de lieux ; elles appartiennent au genre *Roccella,* et portent dans le commerce le nom d'*herbes* de tel ou tel pays ; les plus estimées sont les herbes des Canaries, du cap Vert, de Madère, de Mogador, de Corse, de Sardaigne, etc. Les orseilles de terre végètent sur les rochers dénudés des Pyrénées, des Cévennes, des Alpes et de la Scandinavie ; tels sont le lichen blanc des Pyrénées (*Variolaria dealbata, DC.*), la parelle d'Auvergne (*Variolaria orcina, Ach.*), le lichen tartareux de Suède (*Lecanora tartarea, Ach.*), etc.

Aucun de ces lichens ne renferme la matière tinctoriale toute formée ; mais ils contiennent certains acides non colorés, comme l'*acide érythrique* (§ 2019), l'*acide lécanorique* (§ 2023), ou l'*acide évernique* (§ 2030), susceptibles de se métamorphoser en une matière neutre également non colorée, l'*orcine* (§ 2033), laquelle, sous l'influence de l'air et de l'ammoniaque, se transforme en une substance colorée, appelée *orcéine* (§ 2036). Aux acides précédents se rattache aussi l'acide usnique, déjà nommé, en ce qu'il est susceptible de se transformer en un homologue de l'orcine, dite *béta-orcine.*

On ne connaît pas d'une manière certaine les relations chimiques qui rattachent à l'orcine les acides contenus dans les lichens ; il est possible aussi que le nombre de ces acides se réduise un jour par une étude plus attentive de leur composition et de leurs caractères. On a également reconnu la production d'un certain nombre de substances intermédiaires (*acide orsellique,* § 2025 ; *acide éverninique,* § 2030 ; *picroérythrine,* etc., § 2020), qui accompagnent ou qui précèdent la formation de l'orcine par la métamorphose des acides dont nous parlons, et il se peut fort bien que l'un ou l'autre d'entre eux ait été analysé à l'état de mélange avec de semblables substances intermédiaires. Nous tâcherons de faire saisir les relations de ces différents corps autant que le permet l'état de la science ; mais nous devons prévenir le lecteur qu'il reste encore bien des points à éclaircir, et qu'à part la formule de l'orcine, la seule bien établie, toutes les formules que nous avons adoptées nécessitent encore de nombreuses vérifications.

Quoi qu'il en soit, les faits acquis à la science éclairent déjà d'un grand jour les pratiques suivies dans la fabrication de l'orseille. Ainsi que nous l'avons dit, les matières colorantes ne préexistent pas dans les lichens, mais on en provoque la formation en faisant subir à ceux-ci une espèce de fermentation, en présence de matières qui dégagent de l'ammoniaque, ainsi que de substances favorisant l'oxydation des principes contenus dans les lichens. Dans les établissements où l'on exploite ce genre d'industrie, on emploie généralement de l'urine, de la chaux, de l'alun, et même de l'acide arsénieux. On purifie d'abord les lichens des parties terreuses, on les met en pâte, on les arrose d'urine ou de carbonate d'ammoniaque, et l'on abandonne ce mélange pendant quelques semaines au contact de l'air. De temps à autre on humecte la masse de nouvelle ammoniaque ; lorsqu'on emploie de l'urine, on y ajoute en même temps de la chaux, afin de décomposer les sels ammoniacaux non volatils renfermés dans l'urine. On finit ainsi par obtenir une pâte d'un rouge violacé très-foncé, d'une odeur forte et désagréable. C'est l'*orseille* du commerce (*persio* des allemands ; *archil* ou *cutbear* des Anglais, du nom d'un certain Cuthbert Gordon, qui paraît avoir introduit cette industrie).

La matière colorée de l'orseille est en grande partie composée d'orcéine (Voy. § 2056).

Les couleurs fournies par l'orseille ont assez d'éclat, mais elles ne sont pas très-solides ; on s'en sert surtout pour la teinture des laines et des soies en violet, lilas, amaranthe et pourpre ; on les associe souvent à la garance, à l'indigo, au curcuma, etc.

Si, au lieu d'exposer les lichens, et particulièrement le *Roccella tinctoria*, à l'action de l'ammoniaque seule, on y fait agir un mélange de carbonate de potasse et d'ammoniaque, sous l'influence de l'air, il se produit d'abord une couleur rouge qui finit par devenir entièrement bleue. C'est avec la pâte ainsi produite, épaissie avec de la craie ou du plâtre, qu'on prépare le *tournesol en pains* (§ 2037).

§ 2015. Les acides colorants contenus dans les lichens les plus riches du commerce qui servent à la fabrication de l'orseille ne s'élèvent qu'à une proportion comparativement faible. Le Roccella Montagnei en contient environ 12 p. 100 ; les lichens de l'Amérique du Sud en renferment environ 7 p. 100, et dans ceux du cap de Bonne-Espérance la matière colorante varie de 2 à 1/2 p. M. Stenhouse pense qu'il serait avantageux d'extraire sur les lieux mêmes cette matière colorante, ce qui produirait une grande économie sur les frais de transport. Cette opération pourrait s'exécuter d'une manière très-simple : il suffirait de mettre les lichens en macération avec de la chaux dans des vases en bois, et de saturer l'extrait par l'acide chlorhydrique ou acétique. Le précipité gélatineux (acide lécanorique, érythrique, etc.) pourrait se recueillir sur un linge, et se dessécher à une douce chaleur.

Le même chimiste a proposé de déterminer la richesse des lichens à l'aide d'une solution titrée de chlorure de chaux. Au contact de ce liquide, l'extrait calcaire des lichens prend une couleur rouge qui disparaît au bout de quelques minutes, en ne laissant qu'une teinte jaune ou jaune brunâtre; on agite, et on ajoute une nouvelle quantité de chlorure, tant qu'il se produit cette coloration rouge. On détermine donc ainsi la quantité de chlorure de chaux qu'il faut pour détruire la matière colorante des lichens.

Il est évident qu'on pourrait aussi faire les essais des lichens, en déterminant le poids du précipité occasionné par l'acide chlorhydrique ou acétique dans l'extrait obtenu en traitant un poids connu des lichens par un lait de chaux.

§ 2016. ACIDE CHRYSOPHANIQUE[1], dit aussi acide rhubarbarique, rhubarbarine, jaune de rhubarbe, rhéine, acide rhéique, rhéumine, rhaponticine, rumicine, $C_{20}H^8O^6$ (?) — Cette substance, décrite à l'état impur par MM. Herberger, Dulk et Brandes, constitue en partie la matière colorante jaune de la rhubarbe et du lichen des murailles (*Parmelia parietina, Ach.*). MM. Rochleder et Heldt l'ont les premiers soumise à l'analyse, après l'avoir extraite de ce lichen à l'état de pureté; MM. Dœpping et Schlossberger l'ont à leur tour isolée de la rhubarbe.

Pour extraire l'acide chrysophanique du lichen des murailles, on dessèche celui-ci, et on le met en digestion à froid avec une solution alcoolique de potasse ou d'ammoniaque; on obtient ainsi un extrait coloré en rouge foncé, qu'on précipite par l'acide acétique, après l'avoir filtré. Il se précipite alors des flocons jaunes volumineux qu'on lave avec de l'eau, et qu'on fait de nouveau dissoudre dans la potasse alcoolique; une certaine quantité de résine

---

[1] HERBERGER, *Repertor. der Pharmac.*, XXXVIII, 183. — BRANDES, *Archiv der Pharm.*, VI, 11. — DULK, *ibid.*, XVII, 26. — BRANDES et LEBER, *ibid.*, XVII, 42. — ROCHLEDER et HELDT, *Ann. der Chem. u. Pharm.*, XLVIII, 12. — DŒPPING et SCHLOSSBERGER, *ibid.*, L. 215,

Le mot *chrysophanique* (du grec χρυσός, or, et φαίνω, je parais) doit rappeler l'aspect doré de l'acide.

L'*acide vulpinique* extrait par M. Bébert du lichen vulpin (*Lichen vulpinus, L., Evernia vulpina, Ach.*) est probablement de l'acide chrysophanique. (Voy. *Journ. de Pharm.*, XVII, 696.

reste ainsi à l'état insoluble. On précipite une seconde fois par l'a-
cide chlorhydrique, et, après avoir lavé et séché le précipité, on le
fait dissoudre dans une petite quantité d'alcool absolu et bouillant.
La solution dépose alors l'acide chrysophanique à l'état cristallisé.

Suivant M. Dulk, la rhubarbe fournit ce corps par le procédé
suivant : on traite la racine par de l'ammoniaque caustique, et l'on
met les extraits en digestion avec du carbonate de baryte ; après
avoir séparé la baryte par l'acide hydrofluosilicique, on évapore à
siccité, et l'on reprend par l'ammoniaque et par l'alcool. On évapore
de nouveau, et l'on reprend par de l'ammoniaque diluée ; on précipite la solution par le sous-acétate de plomb, et l'on décompose
par l'hydrogène sulfuré le sel de plomb délayé dans l'alcool. L'acide
chrysophanique cristallise ensuite dans la solution alcoolique.

MM. Schlossberger et Dœpping épuisent la rhubarbe en poudre
par de l'alcool de 80 centièmes dans un appareil de déplacement,
évaporent l'extrait, redissolvent le résidu dans une petite quantité
d'alcool, et ajoutent de l'éther à la liqueur filtrée, tant qu'il se forme
un précipité. Ceci a pour effet de séparer une certaine quantité de
résine, tandis que l'acide chrysophanique reste en dissolution dans
la liqueur éthérée. On concentre celle-ci par l'évaporation et l'on
purifie les grains mamelonnés qui se déposent alors, par de nouvelles cristallisations dans l'alcool absolu et bouillant.

L'acide chrysophanique cristallise en aiguilles groupées en étoiles,
d'un jaune doré et d'un éclat métallique, comme l'iodure de plomb.
Il est peu soluble dans l'eau froide, mais il se dissout dans l'alcool
et l'éther, surtout à chaud.

Il a donné à l'analyse :

	Rochleder et Heldt.		Schlossberger et Dœpping.	$C^{20}H^8O^6$.	$C^{18}H^{10}O^8$
Carbone.	67,96	68,10	68,12	68,12	69,42
Hydrogène . . .	4,56	4,59	4,24	4,54	4,13
Oxygène.	»	»	»	27,34	26,45
				100,00	100,00

Soumis à la distillation sèche, l'acide chrysophanique se sublime
en partie, tandis qu'une autre portion se charbonne.

L'acide nitrique dilué n'y paraît pas agir, même par une ébullition prolongée ; l'acide concentré le convertit en une matière
rouge. L'acide sulfurique concentré le dissout sans le décomposer ;
l'eau précipite la solution.

Les alcalis dissolvent l'acide chrysophanique avec une belle teinte rouge foncée ; cette coloration est si caractéristique qu'une solution étendue d'acide chrysophanique fournit un réactif très-sensible pour la découverte des alcalis.

Sa solution dans la potasse peut être évaporée à siccité sans qu'elle s'altère ; mais, à un certain point de concentration, il s'y dépose des flocons bleus ou violets qui se redissolvent dans l'eau et l'alcool avec une couleur rouge.

Avec la baryte et l'oxyde de plomb, il donne des combinaisons si peu stables, que l'acide carbonique de l'air les décompose déjà. Si l'on mélange sa solution alcoolique avec une solution de sous-acétate de plomb dans l'alcool, il se produit un dépôt blanc et pulvérulent qui disparaît par l'ébullition, en même temps qu'il se produit des flocons gélatineux d'un beau cramoisi, insolubles dans l'eau ; mais ces flocons se décomposent aisément et ne présentent pas une composition constante.

§ 2017. ACIDE USNIQUE, ou usnéine, $C^{38}N^{16}O^{14}$ (?) — Cette substance [1] a été trouvée par MM. W. Knop, Rochleder et Heldt dans plusieurs lichens, tels que *Usnea florida Hoffm.*, *U. hirta*, *U. plicata*, *U. barbata*, ainsi que dans *Cladonia rangiferina*, *Parmelia purpuracea*, *Ramalina calicaris*, etc.

Pour l'extraire, on met les lichens en digestion avec de l'éther, à la température ordinaire, pendant quelques jours ; on filtre et l'on distille la plus grande partie de l'éther ; le résidu, étant mélangé avec de l'alcool, dépose, par le refroidissement, des cristaux d'acide usnique, d'un jaune de soufre, qu'on purifie par des lavages à l'alcool bouillant.

Suivant M. Stenhouse, l'acide usnique accompagne aussi l'acide évernique dans l'*Evernia Prunastri*.

Le même chimiste préfère à la méthode d'extraction précédente le procédé qui consiste à traiter les lichens par un lait de chaux, comme dans la préparation de l'acide lécanorique et de l'acide érythrique. Le *Cladonia rangifera* et surtout l'*Usnea florida* donnent de fort bons résultats par ce traitement. On précipite l'extrait calcaire par l'acide chlorhydrique, et on fait cristalliser le précipité dans l'alcool concentré et bouillant.

---

[1] KNOP (1843), *Ann. der Chem. u. Pharm.*, XLIX, 103. — ROCHLEDER et HELDT, *ibid.*, XLVIII, 12. — STENHOUSE, *ibid.*, LXVIII, 97. — THOMSON, *ibid.*, LIII, 252. — M. Thomson a décrit sous le nom de *pariétine* une substance extraite du *Parmelia parietina*, et qui est évidemment de l'acide usnique.

L'acide usnique cristallise en petites paillettes jaune-paille, devenant très-électriques par le frottement. Il n'est pas mouillé par l'eau. L'alcool ordinaire et bouillant ne le dissout qu'en petite quantité ; l'éther bouillant le dissout aisément ; il en est de même de l'essence de térébenthine bouillante.

Il a donné à l'analyse :

	Rochleder et Heldt.		Knop.		Stenhouse.	Thoms. (pariétine.)	$C^{38}N^{16}O^{14}$.
Carbone. . .	63,54	63,25	63,74	63,70	63,62	63,65	64,04
Hydrogène .	5,09	4,88	4,85	4,95	5,03	4,95	4,49
Oxygène . .	»	»	»	»	»	»	31,47
							100,00

Les cristaux de l'acide usnique fondent à 200° en une liqueur résinoïde qui se concrète, par le refroidissement, en une masse radiée. Soumis à la distillation sèche, ils donnent un sublimé, un liquide empyreumatique contenant de la bêta-orcine, et un abondant résidu de charbon.

Les alcalis dissolvent aisément l'acide usnique ; en présence d'un excès d'alcali, les solutions se colorent à l'air en cramoisi, surtout à chaud ; le liquide finit même par devenir tout à fait noir. L'ammoniaque détermine aussi une semblable coloration. On trouve de la bêta-orcine, ainsi qu'une résine, parmi les produits de l'action des alcalis fixes sur l'acide usnique.

Le chlore transforme l'acide usnique en un corps résineux.

L'acide chlorhydrique n'y agit pas sensiblement. L'acide nitrique le convertit à chaud en une résine jaune. L'acide sulfurique dissout l'acide usnique, en produisant un liquide jaune que l'eau précipite de nouveau.

§ 2018. Les *usnates* sont aisément décomposés par les acides faibles ; la préparation de ces sels ne réussit bien qu'avec l'acide usnique exempt de résine. A part les sels à base d'alcali, les usnates sont presque tous insolubles dans l'eau, mais ils se dissolvent dans l'alcool. L'éther en extrait de l'acide usnique.

Le *sel d'ammoniaque* s'obtient sous forme d'aiguilles, lorsqu'on fait passer du gaz ammoniaque dans de l'acide usnique en suspension dans l'alcool absolu.

Le *sel de potasse* paraît renfermer $C^{38}H^{15}KO^{14}$. On l'obtient à l'aide d'une solution bouillante de carbonate de potasse ; comme il est peu soluble, il cristallise par le refroidissement en gros feuillets incolores ; on le fait recristalliser dans l'alcool aqueux. Si l'acide usnique employé à cette préparation renferme de la résine, celle-ci peut entraver la cristallisation du sel.

Séché à 100°, l'usnate de potasse a donné à l'analyse :

	Knop.	Stenhouse.		Calcul.
Potasse.	11,05	11,55	11,50	11,92

La solution de ce sel mousse comme de l'eau de savon; étendue de beaucoup d'eau, elle commence à se décomposer, en séparant des flocons d'un sel acide.

Le *sel de soude* ressemble au sel de potasse, mais il est plus altérable. On l'obtient en cristaux soyeux, groupés en étoiles.

Le *sel de baryte*, $C^{38}H^{15}BaO^{14}$, s'obtient aisément cristallisé dans l'alcool; la solution brunit rapidement au contact de l'air. Il renferme :

	Knop.		Calcul.
Baryte	17,32	17,47	17,96

Le *sel de cuivre*, $C^{38}H^{15}CuO^{14}$, s'obtient sous la forme d'un précipité vert; il devient électrique quand on le broie.

Il renferme à 100° :

	Knop.	Calcul.
Carbone.	57,15	58,91
Hydrogène . . .	4,38	3,89
Oxyde de cuivre.	10,2	10,33

Le *sel de plomb* est un précipité blanc.

Le *sel d'argent* est un précipité blanc qui se décompose promptement en noircissant.

§ 2019. ACIDE ÉRYTHRIQUE, ou érythrine, $C^{32}N^{16}O^{16}(?)$. — Cette substance[1], découverte par Heeren dans le *Roccella tinctoria*, a été étudiée par M. Schunck et par M. Stenhouse. Elle paraît être contenue dans la plupart des lichens avec lesquels on prépare l'orseille.

Suivant M. Schunck, on peut l'extraire par l'eau bouillante; celle-ci le dépose par le refroidissement sous la forme d'une poudre cristalline qu'on purifie par l'alcool bouillant. (La liqueur aqueuse d'où l'acide érythrique s'est précipité renferme en dissolution de la picroérythrine et de l'orcine.)

M. Stenhouse trouve plus avantageux, pour l'extraction de l'acide érythrique, l'emploi d'un lait de chaux, comme dans la préparation de l'acide lécanorique et de l'acide évernique. Ce procédé

---

[1] HEEREN, *Journ. f. Chem. u. Phys.*, *von Schweigger*, LIX, 313. — KANE, *Ann. der Chem. u. Pharm.*, XXXIX, 25.—SCHUNCK, *ibid.*, LXI, 69.—STENHOUSE, LXVIII, 72.

donne environ 12 p. d'acide érythrique pour 100 p. de lichen.

Quand on traite les lichens à froid par l'ammoniaque, on obtient un liquide jaune qui renferme de l'acide érythrique et de l'acide roccellique. On peut en séparer l'acide érythrique en ajoutant du chlorure de calcium qui précipite du roccellate de chaux, ou bien en précipitant les deux acides par l'acide chlorhydrique et en traitant le précipité par l'eau bouillante, qui ne dissout que l'acide érythrique ; toutefois l'acide ainsi obtenu n'est pas bien pur, l'ammoniaque extrayant en même temps une matière brune. (Stenhouse.)

L'acide érythrique cristallise de sa solution dans l'alcool bouillant, sous la forme d'aiguilles groupées en étoiles ; l'eau l'en précipite à l'état de gelée. Il est incolore, sans saveur ni odeur. Il exige pour sa solution 240 p. d'eau bouillante ; il est plus soluble dans l'alcool ; il se dissout également dans l'éther. Les solutions rougissent le tournesol (Schunck ; suivant M. Stenhouse, elles ne le rougissent pas).

Il a donné à l'analyse [1] :

	Schunck.		Stenhouse.		$C^{32}H^{16}O^{16}$.
Carbone	58,78	58,70	56,85	57,14	57,15
Hydrogène. . .	5,20	5,55	5,33	5,63	4,76
Oxygène. . . .	»	».	»	»	38,09
					100,00

La solution aqueuse de l'acide érythrique se transforme par une ébullition prolongée en picroérythrine (Schunck); elle dégage en même temps de l'acide carbonique (Stenhouse).

La réaction peut se représenter par l'équation suivante :

$$C^{32}H^{16}O^{16} + 4\,HO = C^2O^4 + C^{34}H^{20}O^{16}.$$
Ac. érythriq.   Picroérythrine.

L'alcool, maintenu en ébullition avec l'acide érythrique, finit par donner une substance qui présente les caractères et la composition de l'orsellate d'éthyle ; l'esprit de bois donne, de même, de l'orsellate de méthyle.

Chauffé dans un tube, l'acide érythrique donne un sublimé d'orcine.

Il se dissout dans les alcalis caustiques et carbonatés ; les acides l'en reprécipitent sous forme de gelée.

Dissous dans l'ammoniaque et exposé à l'air, il donne peu à peu une solution pourpre ou rouge foncé.

---

[1] La formule $C^{32}H^{16}O^{16}$ représente les éléments de l'acide lécanorique plus 2 HO.

Bouilli avec de la baryte, il donne du carbonate et de l'orcine
(Schunck). Lorsqu'on le sature par la chaux ou la baryte, et qu'on
fait bouillir pendant quelque temps la solution neutralisée, on obtient un acide[1] (*acide érythrélique*) semblable à l'acide orsellique, et
de la picroérythriné; mais le nouvel acide ne se produit qu'en quantité très-faible, tandis que la picroérythrine domine (Stenhouse).

La solution alcoolique de l'acide érythrique n'est pas précipitée
par le nitrate d'argent; mais, si l'on ajoute ce sel à la solution ammoniacale de l'acide, il se produit un précipité blanc qui noircit
par l'ébullition , en recouvrant les parois du vase d'un enduit mi-
roitant. Le chlorure d'or n'est pas altéré par l'ébullition avec une
solution alcoolique d'acide érythrique.

Le perchlorure de fer lui communique une teinte pourpre foncée;
l'addition de l'ammoniaque la fait passer au jaune sans précipiter
de peroxyde, si ce n'est par l'ébullition du mélange.

Une solution alcoolique d'acétate de plomb ne précipite pas l'a-
cide érythrique; mais celui-ci précipite abondamment par le
sous-acétate. Le précipité plombique contient 59,12 p. c. d'oxyde
de plomb.

§ 2020. *Picroérythrine*, $C^{30}H^{20}O^{16}$(?). — C'est, suivant M. Schunck[2],
le produit de l'action de l'eau bouillante sur l'acide érythrique.
Quand on traite cet acide pendant quelque temps avec de l'eau
bouillante, il se dissout, acquiert une saveur amère, et ne dépose
plus d'acide érythrique par le refroidissement. On obtient, par
l'évaporation, une substance brune et gluante, qui devient cristalline au bout de quelque temps; on la traite par l'eau froide,
qui laisse la picroérythrine à l'état de pureté.

M. Stenhouse fait bouillir l'acide érythrique après l'avoir neutralisé par la baryte ou la chaux, sature par l'acide chlorhydrique
(pour précipiter l'acide érythrélique), filtre, et abandonne la liqueur dans un endroit frais. La picroérythrine s'y dépose alors en
cristaux jaunâtres, qu'on purifie par l'eau bouillante et le charbon
animal.

C'est une substance incolore, peu soluble dans l'eau froide,

---

[1] Suivant M. Stenhouse, cet acide cristallise en petites lamelles micacées, d'une saveur très-amère, acides, et un peu moins solubles dans l'eau que l'acide orsellique.
Bouilli avec de l'eau, il dégage de l'acide carbonique et se transforme en orcine. Il donne
avec la baryte un sel très-soluble, cristallisant en longs prismes.

Ce sont là bien les caractères de l'acide orsellique.

[2] SCHUNCK, *loc. cit.* — STENHOUSE, *loc. cit.*

très-soluble dans l'eau bouillante. Elle donne par l'évaporation une masse cristalline. Elle a une saveur très-amère. Sa solution rougit légèrement le tournesol. Elle ne s'altère pas par l'ébullition prolongée avec l'eau, et ne s'éthérifie point par l'alcool. Elle se dissout à froid dans les alcalis.

Elle a donné à l'analyse :

	Schunck.		Stenhouse.		$C^{30}H^{20}O^{16}$.
Carbone. .	52,86	52,16	53,07	53,23	54,8
Hydrogène.	6,22	5,94	6,08	5,95	6,0
Oxygène. .	»	»	»	»	39,2
					100,0

Chauffée dans un petit tube, elle donne un sublimé d'orcine. Elle se dissout à froid dans les alcalis.

Bouillie avec de l'eau de baryte, elle donne du carbonate et une solution qui renferme de l'orcine, ainsi que de l'érythro-mannite (Stenhouse). Sa solution dans l'ammoniaque rougit promptement à l'air.

La réaction se fait peut-être d'après l'équation suivante :

$$C^{30}H^{20}O^{16} + 4HO = C^2O^4 + C^{14}H^8O^4 + C^{14}H^{16}O^{12},$$

Pichroérythrine.   Orcine.   Erythromannite.

Sa solution aqueuse n'est pas précipitée par l'acétate de plomb, mais elle l'est abondamment par le sous-acétate ; le précipité renferme 68,94 p. c. d'oxyde de plomb. Elle prend une belle teinte pourpre par le perchlorure de fer. Le nitrate d'argent n'en est pas réduit à l'ébullition ; mais la réduction s'effectue en présence de l'ammoniaque. Le perchlorure d'or se réduit peu à peu par l'ébullition avec la solution de la picroérythrine.

§ 2021. *Erythro-mannite*[1], dite aussi érythro-glucine et pseudo-orcine, $C^{14}H^{16}O^{12} +$ aq. (?). — Ce corps résulte de la métamorphose de la picroérythrine. M. Stenhouse le prépare avec l'extrait calcaire des lichens (*Rocella Montagnei*) ; il fait bouillir cet extrait pendant quelques heures, dans une capsule découverte, et évapore la liqueur jusqu'au tiers ou au quart de son volume. Après le refroidissement de cette liqueur, il y fait passer un courant d'acide carbonique pour précipiter la chaux, filtre et évapore au bain-marie à consistance de sirop. Le produit qu'on obtient ainsi se compose principalement d'orcine et d'érythro-mannite, mélangées

[1] STENHOUSE (1848), *Ann. der Chem. u. Pharm.*, LXVIII, 78 ; LXX, 225.

avec une assez grande quantité d'une matière colorante rouge et d'une substance résinoïde. On l'introduit dans un flacon, et on l'agite avec de l'éther qui dissout l'orcine, ainsi qu'une partie de la matière colorante, tandis que l'érythro-mannite reste à l'état insoluble. Au lieu de l'éther, on peut également employer de l'alcool fort. Le mélange étant abandonné à lui-même pendant quelques jours, l'érythro-mannite s'en sépare sous la forme de petits cristaux brillants. On les recueille sur un linge, on les exprime et on les lave à l'alcool froid ; de cette manière on enlève la plus grande partie de l'orcine et de la matière colorante. On complète la purification de l'érythro-mannite par de nouvelles cristallisations dans l'alcool bouillant ; celui-ci la dépose sous la forme de gros cristaux brillants. La dissolution aqueuse la dépose en cristaux d'une dimension encore plus grande.

Les cristaux de l'érythro-mannite appartiennent au système tétragonal. Suivant les déterminations de M. Miller, elles présentent la combinaison $P.\infty\ P\,\infty$, avec les faces hémièdres $\frac{3P3}{2}$; inclinaison des faces, $P : P$ aux arêtes culminantes $= 141°2'$; id. aux arêtes latérales $= 123°43'$; $P : \infty\ P\,\infty = 109°29'$; $3\,P\,3 : \infty P\,\infty = 138°,42'$.

L'érythro-mannite est extrêmement soluble dans l'eau ; la solution est entièrement neutre aux papiers. Elle a une saveur sucrée, mais plus faible que celle de l'orcine. Après avoir été séchée dans le vide, elle ne perd rien de son poids à 100°. Elle a donné à l'analyse[1] :

	Stenhouse.			$C^{14}H^{16}O^{12}$ + aq.
Carbone.	39,46	39,43	39,36	40,9
Hydrogène. . .	8,55	8,30	8,60	8,3
Oxygène. . . .	»	»	»	50,8
				100,0

Il paraîtrait, d'après la composition précédente, que l'érythro-mannite représente un homologue de la mannite.

[1] La formule $C^{14}H^{16}O^{12}$ équivaut à la formule de l'orcine plus 8 HO :

$$C^{14}H^{16}O^{12} = C^{14}H^{8}O^{4} + 8\ HO.$$

Erythro-mannite.   Orcine.

Ces rapports donnent quelque probabilité à la formule que j'ai adoptée pour l'érythro-mannite.

M. Stenhouse admet la formule $C^{10}H^{13}O^{10}$, et M. Strecker, la formule $C^{16}H^{20}O^{16}$.

Chauffée sur la lame de platine, elle répand une odeur de caramel. Elle n'est pas fermentescible.

L'ammoniaque et le chlorure de chaux n'y agissent pas; les alcalis caustiques ou carbonatés n'y ont pas non plus d'action.

A froid, l'acide sulfurique concentré ne la charbonne pas; si l'on chauffe le mélange, il brunit. L'acide nitrique ordinaire ne l'attaque pas à froid; l'acide nitrique bouillant la transforme en acide oxalique; un mélange d'acide nitrique fumant et d'acide sulfurique concentré la convertit en un corps nitré particulier (§ 2022).

Le brome ne l'attaque pas.

La solution de l'érythro-mannite n'est précipitée ni par l'acétate, ni par le sous-acétate de plomb; elle n'est pas non plus troublée par les sels d'argent et de cuivre, seuls ou additionnés d'ammoniaque.

§ 2022. Lorsqu'on introduit l'érythro-mannite par petites portions dans l'acide nitrique fumant, maintenu bien froid , la matière se dissout promptement, et, si l'on ajoute ensuite à la solution un poids d'acide sulfurique égal au poids de l'acide nitrique employé, ou plutôt un peu plus, le liquide se prend au bout d'une demi-heure en une bouillie de cristaux que l'on recueille sur un entonnoir bouché avec de l'amiante. On lave les cristaux à l'eau froide, où ils sont insolubles, et on les fait cristalliser dans l'alcool bouillant. Ils s'y déposent en lames brillantes semblables à l'acide benzoïque. La solution de ce corps est entièrement neutre. Il fond à 61°, et s'enflamme par une forte chaleur. Lorsqu'on mêle avec du sable les cristaux bien desséchés, et qu'on y frappe avec un marteau, ils produisent une forte détonation.

Séché dans le vide, ce corps a donné à l'analyse[1] :

	Stenhouse.		$C^{14}H^{10}(NO^4)^6O^{12}$.
Carbone.	16,56	16,68	18,02
Hydrogène. . . .	2,46	2,50	2,14
Azote[1].	17,83	17,83	18,02
Oxygène.	»	»	61,82
			100,00

Il semble résulter de cette composition que l'érythro-mannite nitrée est un homologue de la nitro-mannite (§ 1002).

§ 2023. ACIDE LÉCANORIQUE, dit aussi lécanorine , acide alpha-

___

[1] L'azote a été déterminé par la méthode qualitative.

orsellique, acide bêta-orsellique, $C^{32}H^{14}O^{14}(?)$. — Ce corps [1] a été extrait par M. Schunck de différents lichens appartenant aux genres *Lecanora* et *Variolaria*. Voici comment on procède pour l'obtenir : après avoir réduit les lichens en poudre fine, on les épuise par l'éther dans un appareil de déplacement ; l'éther ayant été chassé de l'extrait, on obtient un résidu, qu'on recueille sur un grand entonnoir pour le laver avec de l'éther jusqu'à ce qu'il soit incolore ; on l'épuise ensuite avec de l'eau, et on le fait dissoudre et cristalliser dans l'alcool.

Suivant MM. Rochleder et Heldt, il est avantageux, dans cette préparation, d'employer de l'ammoniaque caustique pour traiter les lichens ; du moins c'est à l'aide de ce solvant que ces chimistes sont parvenus à extraire l'acide lécanorique de l'*Evernia Prunastri*. On épuise le lichen par un mélange d'ammoniaque et d'alcool, on ajoute à l'extrait un tiers de son volume d'eau, et on le sature par l'acide acétique. L'acide lécanorique se précipite alors en flocons gris, qu'on sèche à $100°$, après les avoir lavés, et qu'on fait dissoudre dans une petite quantité d'alcool absolu et bouillant. Les cristaux s'obtiennent purs par de nouvelles cristallisations.

M. Stenhouse opère l'extraction de l'acide lécanorique (alpha-orsellique) au moyen de la chaux. Il met le lichen (*Roccella tinctoria*) en macération avec de l'eau, mélange avec de la chaux éteinte, filtre et précipite par l'acide chlorhydrique ; il se forme ainsi un précipité gélatineux qu'on dessèche après l'avoir lavé. Quand il est à peu près sec, on le met en digestion avec de l'alcool, en évitant de faire bouillir ; le liquide alcoolique dépose l'acide, par le refroidissement, à l'état cristallisé.

L'acide lécanorique se présente sous la forme d'aiguilles groupées en étoiles, fort peu solubles dans l'eau froide, peu solubles

---

[1] SCHUNCK (1842), *Ann. der Chem. u. Pharm.*, XLI, 157 ; LIV, 261 ; LXI, 72. — ROCHLEDER et HELDT, *ibid.*, XLVIII, 1. — STENHOUSE, *ibid.* LXVIII, 61 ; LXX, 218. — STRECKER, *ibid.*, LXVIII, 113. — LAURENT et GERHARDT, *Ann. de Chim. et de Phys.* [3] XXIV, 315. — ROBIQUET, *Ann. de Chim. et de Phys.*, XLII, 236.

Le *variolarin*, extrait par Robiquet du *Variolaria dealbata DC.*, dès 1829, n'est probablement que de l'acide lécanorique.

M. Stenhouse admet l'existence de deux acides différents dans les *Roccella* de l'Amérique méridionale et dans ceux du cap de Bonne-Espérance : les premiers contiendraient l'acide *alpha-orsellique* ; les seconds, l'acide *bêta-orsellique*. Mais leur composition et leurs propriétés sont si semblables que je n'ai pas cru devoir maintenir cette distinction.

dans l'alcool froid, assez solubles dans l'alcool bouillant, solubles dans l'éther et l'acide acétique. (Suivant M. Schunck, 1 p. d'acide lécanorique exige, pour sa solution, 2500 p. d'eau bouillante, 150 p. d'alcool de 80 centièmes à la température de 15°; 5,15 p. d'alcool bouillant, et 80 p. d'éther à la température de 15°,5. Les solutions rougissent le tournesol.)

L'analyse de l'acide lécanorique a donné les résultats suivants :

	Schunck.		Rochleder et Heldt.	Schunck [1].			Stenhouse [2].			Stenhouse [3].		$C^{32}H^{14}O^{14}$
Carbone.	59,57	60,24	59,73	56,43	58,94	59,27	59,65	60,98	60,78	60,07	60,20	60,37
Hydrogène.	4,58	4,58	4,79	4,82	4,54	4,66	5,03	5,00	4,98	5,06	5,26	4,40
Oxygène.	»	»	»	»	»	»	»	»	»	»	»	35,23
												100,00

L'acide lécanorique cristallisé ne perd rien de son poids à la température de 100°.

Il se dissout aisément à froid dans l'eau de chaux et de baryte, et en est reprécipité par d'autres acides sous la forme d'une gelée. Si l'on porte en ébullition la solution de l'acide saturée par la chaux ou la baryte, il se produit de l'orsellate de chaux, bien plus soluble dans l'eau que le lécanorate. Si l'on prolonge l'ébullition, il se dépose du carbonate de chaux, et la liqueur renferme alors de l'orcine. Ces transformations peuvent se représenter par les équations suivantes :

$$C^{32}H^{14}O^{14} + 2\,HO = 2\,C^{16}H^9O^8,$$

Ac. lécanoriq.

$$C^{16}H^8O^8 = C^2O^4 + C^{14}H^8O^4.$$

Ac. orsellique.   Orcine.

Abandonnée au contact de l'air, en dissolution dans l'ammoniaque aqueuse, l'acide lécanorique prend peu à peu une couleur pourpre très-belle (orcéine).

Soumis à la distillation sèche, l'acide lécanorique donne une huile empyreumatique et de l'orcine.

Abandonné à chaud avec de l'acide sulfurique concentré, l'acide lécanorique finit aussi par se convertir en orcine.

L'acide nitrique le convertit par l'ébullition en acide oxalique. L'acide acétique bouillant le dissout aisément, et le dépose, par le refroidissement, en petites aiguilles.

[1] Dans ces analyses, postérieures de quelques années aux premières, M. Schunck paraît avoir opéré sur de l'acide lécanorique en partie déjà transformé en acide orsellique (qui ne renferme que 57,15 p. c. de carbone).

[2] Acide dit alpha-orsellique.

[3] Acide dit bêta-orsellique.

Lorsqu'on fait passer un courant de gaz chlorhydrique dans une solution d'acide lécanorique dans l'alcool absolu, saturée à l'ébullition, et qu'on chauffe ensuite le produit au bain-marie pour en chasser les parties les plus volatiles, l'eau sépare du résidu une masse résinoïde. Ce produit est cristallisable, et constitue l'orsellate d'éthyle (pseudérythrine). On l'obtient aussi en faisant simplement bouillir l'acide lécanorique avec de l'alcool.

Au contact du chlorure de chaux, l'acide lécanorique prend immédiatement une teinte rouge, qui passe rapidement au brun et au jaune.

Sa solution ammoniacale précipite en blanc le nitrate d'argent, mais le précipité se réduit promptement. Elle précipite aussi le sous-acétate de plomb.

Une solution alcoolique d'acide lécanorique n'est pas immédiatement précipitée par une solution alcoolique d'acétate de cuivre ; mais, à la longue, il se produit un précipité vert-pomme clair. Elle n'est pas précipitée par les solutions alcooliques d'acétate de plomb neutre, de sublimé corrosif, de chlorure d'or, de nitrate d'argent. (Schunck).

Quelques gouttes d'une solution de perchlorure de fer déterminent une coloration pourpre foncée dans une solution alcoolique d'acide lécanorique.

§ 2024. Les *lécanorates* en solution se décomposent peu à peu, surtout à chaud, en acide orsellique et en orcine.

Le *sel de baryte*, $C^{32}H^{13}BaO^{14}$, s'obtient en dissolvant à froid l'acide lécanorique dans l'eau de baryte, dirigeant dans la liqueur un courant de gaz carbonique, et reprenant le précipité par l'alcool bouillant, qui dépose le lécanorate de baryte sous la forme de petites aiguilles groupées en étoiles. Ce sel a donné à l'analyse :

	Stenhouse.		Calcul.
Carbone. . . .	49,86	49,18	49,87
Hydrogène. . .	3,83	3,79	3,37
Baryte.	19,49	19,34	19,73

Le *sel de chaux* est un précipité gélatineux, légèrement soluble dans l'eau et l'alcool, qu'on obtient en mélangeant une solution ammoniacale d'acide lécanorique avec le chlorure de calcium (Schunck).

Le *sel de plomb* se précipite, suivant MM. Rochleder et Heldt, lorsqu'on mélange des solutions bouillantes et alcooliques d'acide lécanorique et d'acétate de plomb. (Ce précipité a donné à l'analyse : carbone, 37,71 ; hydrogène, 2,73. Je pense qu'il se composait en grande partie d'orsellate de plomb.)

§ 2025. *Acide orsellique*, ou alpha-orsellinique, $C^{16}H^8O^8$. — C'est un produit de la métamorphose de l'acide lécanorique. Lorsqu'on délaye cet acide dans l'eau, qu'on neutralise avec soin par de la chaux ou de la baryte, et qu'on porte à l'ébullition, il se produit de l'orsellate bien plus soluble que le lécanorate à même base. Mais il faut éviter de maintenir trop longtemps l'ébullition : autrement il se dépose du carbonate de chaux, et il se produit de l'orcine. On ajoute de l'acide chlorhydrique au nouveau sel de chaux, de manière à précipiter l'acide orsellique.

Celui-ci se dépose sous la forme d'un précipité gélatineux ; on le fait cristalliser dans l'alcool ou dans l'eau chaude, où il se dépose en cristaux prismatiques incolores.

Il renferme :

	Stenhouse.		Calcul.
Carbone.	57,99	57,90	57,15
Hydrogène. . . .	5,25	5,08	4,76
Oxygène.	»	»	38,09
			100,00

Il est bien plus soluble dans l'eau que l'acide lécanorique ; il est également soluble dans l'éther. Sa solution aqueuse a une saveur légèrement amère et aigre, et rougit le tournesol. Lorsqu'on la maintient longtemps en ébullition, elle dégage du gaz carbonique et donne de l'orcine :

$$C^{16}H^8O^8 = C^2O^4 + C^{14}H^8O^4.$$

Ac. orsellique.   Orcine.

Il prend, par le chlorure de chaux, une teinte rouge-brun ou violacée très-fugace. Sa solution ammoniacale rougit peu à peu à l'air.

Les *orsellates* à base d'alcalis ou d'alcalis terreux sont solubles dans l'eau. En présence d'un excès de base, ils se décomposent aisément à chaud en donnant du carbonate et de l'orcine.

Le *sel de baryte*, $C^{16}H^7BaO^8$, est très-soluble dans l'eau et l'alcool, et s'y dépose en prismes à quatre faces. On l'obtient en ajoutant de la baryte caustique à une dissolution alcoolique d'acide orsellique, en maintenant toutefois cet acide en excès, afin d'éviter la décomposition du sel. On concentre la liqueur jusqu'à consistance de sirop, on sature l'excès d'acide, et on abandonne à cristallisation.

On dessèche le sel dans le vide, car il se décompose à 100°. Il a donné à l'analyse :

	Stenhouse.	Calcul.
Carbone.	41,29 »	40,78
Hydrogène.	3,63 »	2,97
Baryte.	31,94 31,77	32,45

§ 2026. L'*orsellate de méthyle* [1], $C^{16}H^7(C^2H^3)O^8 = C^{18}H^{10}O^8$, s'obtient par l'ébullition de l'acide lécanorique ou de l'acide érythrique avec de l'esprit de bois, pendant quelques heures. On évapore le liquide à siccité, et on le reprend par l'eau bouillante, qui dépose la combinaison en aiguilles soyeuses. Elle est volatile sans décomposition, plus soluble dans l'eau que l'orsellate d'éthyle, dont elle partage les réactions.

L'*orsellate d'éthyle*, $C^{16}H^7(C^4H^5)O^8 = C^{20}H^{12}O^8$, dit aussi éther lécanorique ou érythrique, a depuis longtemps été décrit par Heeren, sous le nom de *pseudérythrine*. Il se produit aisément quand on fait bouillir, pendant plusieurs heures, une solution alcoolique d'acide lécanorique. Il se sépare par le refroidissement en paillettes cristallines ou en aiguilles; l'eau-mère renferme en outre une grande quantité d'orcine. On purifie le produit par la cristallisation dans l'eau bouillante.

Lorsqu'on fait passer, à refus, du gaz chlorhydrique dans une dissolution alcoolique d'acide lécanorique saturée à chaud, et qu'on évapore la masse au bain-marie de manière à chasser la majeure partie de l'acide chlorhydrique, l'eau en précipite ensuite une matière vert-noirâtre et résineuse qui se compose presque entièrement d'orsellate d'éthyle. On le purifie comme précédemment.

Le même éther se produit par l'ébullition de l'acide érythrique avec de l'alcool.

L'orsellate d'éthyle est à peine soluble dans l'eau froide; il est très-soluble dans l'alcool et l'éther, ainsi que dans les dissolutions alcalines, d'où il se précipite sans altération par un acide. La solution aqueuse est neutre aux papiers. Elle brunit rapidement; cette coloration s'effectue très-vite dans les solutions des alcalis fixes. La solution ammoniacale prend à l'air une teinte d'un rouge de vin.

---

[1] SCHUNCK (1845), *loc. cit.* — STENHOUSE, *loc. cit.*

Il a donné à l'analyse [1] :

	Kane.		Schunck.		Schunck.		Stenhouse.		Stenhouse.		Calcul.
	a	*a*	*b*	*b*	*c*	*c*	*d*	*d*	*e*	*e*	
Carbone...	60,45	60,42	60,65	60,72	60,65	60,72	60,65	60,74	61,24	61,13	61,23
Hydrogène.	6,20	6,31	6,13	6,14	6,13	6,14	6,33	6,31	6,26	6,13	6,12
Oxygène...	»	»	»	»	»	»	»	»	»	»	52.65
											100,00

L'orsellate d'éthyle fond un peu au-dessus de 120°, sans perdre de l'eau (Heeren ; à 104°,5, Kane); chauffé dans l'eau, il fond déjà à la température d'ébullition de ce liquide. Il peut être sublimé sans altération.

Il se dissout dans les alcalis caustiques; les acides l'en précipitent de nouveau à l'état cristallisé. Bouilli avec des alcalis, il dégage de l'alcool et donne de l'orcine. Si l'on opère avec de la baryte caustique, on voit se déposer du carbonate.

L'acide sulfurique concentré le dissout aisément, l'eau l'en précipite de nouveau sans altération. Le mélange brunit par l'ébullition. L'acide nitrique le transforme à chaud en acide oxalique.

La solution de l'orsellate d'éthyle ne précipite pas les solutions aqueuses d'acétate de plomb, de bichlorure de mercure, de sulfate de cuivre; mais elle précipite abondamment le sous-acétate de plomb. Le perchlorure de fer en est précipité en rouge sale. Elle réduit à chaud le nitrate d'argent ammoniacal, ainsi que le chlorure d'or.

La *combinaison plombique* de l'orsellate d'éthyle paraît contenir $C^{20}H^{12}O^8$, 8 Pb O, d'après l'analyse suivante :

	Kane.	Calcul.
Carbone.	11,73	10,9
Hydrogène. . . .	1,32	1,1
Oxyde de plomb.	80,59	82,0

§ 2027. M. Kane a décrit deux produits de décomposition de l'orsellate d'éthyle, d'une nature très-incertaine.

L'une, l'*amarythrine*, se forme, suivant ce chimiste, lorsque l'orsellate d'éthyle est dissous dans l'eau chaude et exposé pendant quelques jours à l'action de l'air. Le produit étant ensuite abandonné dans le vide sur de l'acide sulfurique, puis dans une étuve, on obtient une masse brune, fort soluble dans l'eau, moins soluble dans l'alcool, insoluble dans l'éther, d'une saveur à la fois

---

[1] La matière a été préparée par le traitement à l'alcool bouillant : *a* des lichens Roccella; *b* de l'acide érythrique; *c* de l'acide lécanorique; *d* de l'acide érythrique; *e* de l'acide alpha-orsellique.

douce et amère, d'une odeur de caramel. Ce produit ne se concrète pas par un séjour de plusieurs semaines dans une étuve. Il donne, avec le nitrate de plomb, un précipité brun rougeâtre, contenant[1] :

	Kane.	
Carbone.	27,92	27,46
Hydrogène. . . .	2,96	2,72
Oxyde de plomb.	45,62	45,90

Lorsque l'amarythrine semi-fluide est exposée plusieurs mois à l'air, elle se change peu à peu en une masse de cristaux grenus, un peu colorés, très-solubles dans l'eau, moins solubles dans l'alcool, insolubles dans l'éther. Cette substance, à laquelle M. Kane donne le nom de *télérythrine*, est neutre aux papiers, possède une saveur à la fois douce et amère, et précipite le sous-acétate de plomb. Sa solution ammoniacale devient peu à peu d'un rouge vineux foncé. La télérythine a donné à l'analyse :

	Kane.		$C^{14}H^6O^{12}$(?)
Carbone. .	44,79	45,35	45,1
Hydrogène.	3,78	3,67	3,2
Oxygène. .	»	»	5,7
			100,0

Il est possible que la télérythrine soit un produit d'oxydation de l'orcine.

§ 2028. *Acide parellique* ou *parelline*, $C^{18}H^6O^8$(?). — M. Schunck[2] donne ce nom à une acide particulier qu'on obtient quelquefois mélangé avec de l'acide lécanorique, dans la préparation de ce dernier corps. On peut l'extraire des lichens par l'alcool bouillant : après avoir fait bouillir l'extrait pendant quelque temps, on évapore à siccité, et on reprend par l'eau bouillante, qui s'empare de l'orsellate d'éthyle produit par la réaction de l'alcool et de l'acide lécanorique; on dissout ensuite le résidu dans l'alcool bouillant. Par le refroidissement de la liqueur alcoolique, l'acide parellique se dépose à l'état cristallin.

L'acide parellique se présente sous la forme d'aiguilles incolores, très-peu solubles dans l'eau froide, solubles dans l'alcool et l'éther ; les cristaux qui se déposent par une évaporation lente sont

---

[1] Dans ces analyses, ainsi que dans les suivantes, le carbone est calculé avec l'ancien poids atomique du carbone.

[2] SCHUNCK (1845), *Ann. der Chem. u. Pharm*, LIV, 274.

ordinairement brillants et très-lourds. Leur solution alcoolique rougit le tournesol et possède une saveur fort amère; l'eau en précipite l'acide parellique sous la forme d'une gelée.

L'acide cristallisé en aiguilles perd, à 100°, 6, 51 p. c. d'eau de cristallisation. Ainsi desséché, il a donné à l'analyse:

	Schunck [1].		$C^{18}H^6O^8$
Carbone. .	60,70	61,84	60,7
Hydrogène.	3,36	3,42	3,3
Oxygène. .	»	»	36,0
			100,0

Il est possible que l'acide parellique soit un produit de la métamorphose de l'acide lécanorique, car on a:

$$C^{32}H^{14}O^{14} = C^{18}H^6O^8 + C^{14}H^6O^4 + 2\,HO.$$

Ac. lécanoriq.   Ac. parelliq.   Orcine.

L'acide parellique fond par la chaleur, et dégage à une température élevée une huile qui se concrète par le refroidissement, ainsi que de longues aiguilles.

Maintenu longtemps en ébullition avec de l'eau, il donne une substance jaune, amère et incristallisable.

L'alcool bouillant ne l'altère pas comme l'acide lécanorique et l'acide érythrique.

L'acide nitrique l'attaque à chaud, avec dégagement de vapeurs nitreuses, en produisant de l'acide oxalique. L'acide acétique le dissout mieux que l'eau.

Traité par la potasse caustique, l'acide parellique se gonfle et se transforme en une masse gélatineuse qui se dissout peu à peu; les acides minéraux précipitent l'acide parellique de la solution sous la forme d'une gelée épaisse. Mais si, avant de précipiter, on fait bouillir pendant quelque temps la liqueur alcaline, les acides n'y occasionnent plus de précipité, et au bout de quelques temps on voit s'y déposer de petits cristaux octaédriques, très-brillants; si l'ébullition est trop longtemps maintenue, ces cristaux n'apparaissent pas non plus. Ils fondent dans l'eau bouillante avant de s'y dissoudre; ils se dissolvent aisément dans l'alcool froid, et s'y déposent sans altération par l'évaporation; ils se dissolvent dans la baryte caustique, et la solution donne par l'ébullition un précipité de carbonate de baryte.

La baryte et la chaux se comportent comme la potasse.

---

[1] M. Schunck représente l'acide parellique par la formule $C^{24}H^7O^9$.

L'ammoniaque dissout moins bien l'acide parellique que ne le fait la potasse; la solution perd de l'ammoniaque par l'évaporation, en laissant l'acide parellique à l'état cristallin. Par l'ébullition, la solution ammoniacale prend une teinte citrine claire, qui devient à l'air brune et non rouge. Si l'on maintient l'ébullition, en renouvelant l'ammoniaque à mesure qu'elle s'évapore, on obtient par l'évaporation une espèce de vernis brun, transparent, acide et amer.

L'acide parellique déplace l'acide carbonique des carbonates. Sa solution alcoolique précipite l'acétate de cuivre et l'acétate de plomb neutre. Elle ne précipite pas le nitrate d'argent; si l'on ajoute de l'ammoniaque au mélange, on obtient un précipité jaunâtre qui se réduit à l'état métallique par l'ébullition.

Une solution aqueuse d'acide parellique, additionnée de chlorure d'or, ne s'altère pas par l'ébullition; mais le sel se réduit lentement au contact d'une solution d'acide parellique dans la potasse.

Le *sel de baryte* de l'acide parellique est un composé blanc insoluble dans l'eau. On l'obtient en traitant l'acide parellique par l'eau de baryte. Le même composé se précipite sous la forme de très-petites aiguilles par le mélange d'une solution de chlorure de baryum avec une solution ammoniacale d'acide parellique. Le précipité se dissout à chaud dans l'eau de baryte; la solution ne précipite plus d'acide parellique par les acides minéraux, mais elle dépose peu à peu de petits cristaux octaédriques. Si l'on maintient longtemps en ébullition la solution barytique, elle jaunit et précipite du carbonate de baryte.

Le *sel de cuivre* est un précipité vert jaunâtre.

Le *sel de plomb*, $C^{18}H^5PbO^5$ (?), se précipite en grande quantité, sous la forme de flocons blancs, par le mélange d'une solution alcoolique d'acide parellique avec une solution alcoolique d'acétate de plomb neutre. Il a donné à l'analyse :

	Schunck.	Calcul
Carbone.	37,86	38,4
Hydrogène. . . .	2,73	1,7
Oxyde de plomb.	33,72	39,8

On remarque que la composition calculée est fort éloignée des nombres obtenus à l'analyse.

Le sous-acétate de plomb précipite abondamment la solution alcoolique de l'acide parellique.

§ 2029. *Roccellinine* [1]. — Suivant M. Stenhouse, le *Roccella tinctoria* du cap de Bonne-Espérance contient deux corps cristallisables : l'un, appelé par ce chimiste *acide bêta-orsellique*, paraît être identique à l'acide lécanorique (§ 2013); l'autre, contenu dans le lichen en plus grande quantité, a reçu le nom de *roccellinine*.

Pour préparer cette dernière substance, on fait bouillir avec de l'alcool le produit gélatineux, obtenu en précipitant par l'acide chlorhydrique l'extrait du lichen traité par la chaux; l'acide bêta-orsellique se transforme alors en orsellate d'éthyle, tandis que la roccellinine ne s'altère pas. On traite ensuite par l'eau bouillante qui dissout tout l'éther orsellique, tandis que la rocellinine reste à l'état insoluble.

La roccellinine cristallise dans l'alcool bouillant en aiguilles soyeuses; elle se dissout à peine à froid dans l'alcool et l'éther.

Elle a donné à l'analyse :

	Stenhouse.		$C^{16}H^6O^6$	$C^{36}H^{16}O^{14}$
Carbone...	62,67	62,44	64,0	62,8
Hydrogène.	4,90	4,65	4,0	4,7
Oxygène. .	»	»	32,0	32,5
			100,0	100,0

Les alcalis fixes et l'ammoniaque dissolvent aisément la roccellinine; les solutions ne se colorent pas à l'air. Elle ne s'attaque ni par la baryte ni par la potasse bouillante.

Elle ne précipite pas les solutions métalliques. L'acide nitrique la convertit à chaud en acide oxalique.

§ 2030. ACIDE ÉVERNIQUE, $C^{34}H^{16}O^{14}$ (?). — Cet acide, homologue de l'acide lécanorique, a été extrait par M. Stenhouse de l'*Evernia Prunastri* [2]. Ce lichen fut traité par la chaux, d'après la méthode indiquée plus haut pour l'extraction de l'acide lécanorique ; la solution, neutralisée par l'acide chlorhydrique, donna un

---

[1] STENHOUSE (1848), *Ann. der Chem. u. Pharm.*, LXVIII, 69.
La roccellinine n'est peut-être qu'un produit de décomposition de l'acide lécanorique (bêta-orsellique).

[2] Suivant MM. Rochleder et Heldt, l'*Evernia Prunastri* contiendrait de l'acide lécanorique. Mais M. Stenhouse est d'avis que ces chimistes n'ont pas eu entre les mains le véritable lichen de ce nom.

abondant précipité jaune floconneux qu'on traita à chaud par l'alcool très-faible, sans faire bouillir, jusqu'à ce que les deux tiers environ en fussent dissous. Les solutions se prirent par le refroidissement en une masse de petits cristaux jaunâtres d'acide évernique. On les fit recristalliser dans l'alcool faible. La partie non dissoute par l'alcool se composait d'acide usnique, qui, pour se dissoudre, exige de l'alcool concentré.

L'acide évernique se présente sous la forme de petits cristaux cohérents, insolubles dans l'eau froide, très-solubles dans l'alcool et l'éther. Les solutions rougissent le tournesol. Il est sans odeur ni saveur. Il ne perd pas de son poids à 100°.

Il a donné à l'analyse :

	Stenhouse.		$C^{34}H^{16}O^{14}$	$C^{36}H^{18}O^{14}$
Carbone. .	61,63	61,61	61,44	62,2
Hydrogène.	5,00	5,16	4,82	5,2
Oxygène. .	»	»	33,74	32,6
			100,00	100,0

Il donne par la distillation sèche un huile empyreumatique et de l'orcine. Sa solution ammoniacale prend peu à peu à l'air une couleur rouge foncée. Il ne prend par le chlorure de chaux qu'une très-faible teinte jaune.

Le *sel de potasse* s'obtient en dissolvant l'acide évernique dans la potasse, et en faisant passer dans la solution un courant de gaz carbonique; il se dépose ainsi de petits cristaux soyeux qu'on fait cristalliser dans l'alcool faible. Ce sel renferme :

	Stenhouse.		$C^{34}H^{15}KO^4$	$C^{36}H^{17}KO^4$
Carbone. .	55,82	55,28	55,14	56,2
Hydrogène.	4,39	4,30	4,06	4,4
Potasse. . .	12,30	12,30	12,70	12,2

Le *sel de baryte* s'obtient comme le sel de potasse; il est peu soluble dans l'eau, mais très-soluble dans l'alcool faible; et s'obtient sous la forme de petits cristaux prismatiques. Il renferme :

	Stenhouse.		$C^{34}H^{15}BaO^4$	$C^{36}H^{17}BaO^4$
Carbone. .	50,30	50,31	49,95	52,3
Hydrogène.	4,10	3,96	3,91	4,1
Baryte. . .	18,30	18,35	18,66	18,4

§ 2031. M. Stenhouse[1] a donné le nom d'*acide gyrophorique* à une substance que ce chimiste a extraite de quelques lichens (*Gyrophora pustulata* et *Lecanora tartarea*) qu'on récolte en grande quantité en Norwége pour la fabrication de l'orseille. Cette substance pourrait bien n'être que de l'acide évernique ou de l'acide lécanorique.

M. Stenhouse mit les lichens en macération avec de l'eau, et précipita ensuite l'extrait par l'acide chlorhydrique; il obtint ainsi une matière gélatineuse qui fut traitée par l'alcool absolu et le charbon animal. Elle se déposa alors sous la forme de petits mamelons sans saveur ni odeur, presque insolubles dans l'eau, même bouillante, très-peu solubles dans l'éther et l'alcool, et plus solubles dans l'alcool bouillant. La solution ne réagit pas sur le tournesol.

La capacité de saturation de cet acide gyrophorique est très-faible, car l'addition de la plus petite quantité d'ammoniaque ou de potasse communique à sa solution une réaction alcaline. Bouilli avec un excès d'alcali ou de terre alcaline, il se transforme en orcine, en même temps qu'il émet de l'acide carbonique. Si on ne le fait bouillir qu'avec très-peu d'alcali, il se décompose en donnant une autre matière, plus acide, plus soluble dans l'eau, et autrement cristallisée.

L'acide gyrophorique se dissout à peine dans l'ammoniaque. Abandonné à l'air avec un excès d'ammoniaque, il se convertit lentement en une substance pourpre.

Il a donné à l'analyse :

	Stenhouse.		
Carbone. . . .	60,81	61,16	61,12
Hydrogène. .	4,90	5,20	5,0
Oxygène. . . .	»	»	»

Lorsqu'on le fait bouillir pendant quelques heures avec de l'alcool fort, il donne un éther solide, qui présente les caractères de

---

[1] STENHOUSE, *Ann. der Chem. u. Pharm.*, LXX, 218.

l'orsellate et de l'éverninate d'éthyle. Cet éther a donné à l'analyse :

	Stenhouse.		Orsellate d'éthyle.	Éverninate d'éthyle.
Carbone. .	61,33	61,31	61,23	62,86
Hydrogène.	6,31	6,19	6,12	6,67
Oxygène. .	»	»	32,65	30,47
			100,00	100,00

§ 2032. *Acide éverninique*, $C^{18}H^{10}O^8$. — Quand on dissout l'acide évernique dans un léger excès de potasse et qu'on fait bouillir pendant quelque temps, qu'on neutralise le liquide par du gaz carbonique et qu'on évapore à concentration, il se dépose des cristaux feuilletés du sel de potasse d'un acide semblable à l'acide orsellique. On les lave à l'alcool froid, on les dissout dans l'eau où ils sont fort solubles, et l'on décolore la solution par du charbon animal. La baryte convient encore mieux à cette préparation que la potasse.

La solution aqueuse du sel ainsi obtenu donne, par l'acide chlorhydrique, des flocons blancs qui se déposent dans l'eau bouillante en cristaux soyeux.

La formation de cet acide est accompagnée de celle de l'orcine, peut-être d'après l'équation suivante :

$$C^{34}H^{16}O^{14} + 2HO = C^2O^4 + C^{18}H^{10}O^6 + C^{14}H^8O^4.$$

Ac. évernique.　　　　　　　　　　Ac. éverniniq.　Orcine.

L'acide éverninique est sans saveur ni odeur; il est peu soluble dans l'eau froide, mais assez soluble dans l'eau bouillante. Il est fort soluble dans l'alcool et l'éther. Ses solutions rougissent le tournesol. Chauffé dans un tube, il dégage une odeur agréable, et donne un sublimé cristallin. Il ne perd pas de son poids à 100°.

Il a donné à l'analyse[1].

	Stenhouse.		$C^{18}H^{10}O^8$.
Carbone. . .	59,25	59,48	59,34
Hydrogène. .	5,78	5,66	5,49
Oxygène. . .	»	»	35,17
			100,00

Il ne donne pas d'orcine quand on le fait bouillir avec de la potasse. Sa solution ammoniacale ne se colore pas en rouge par le séjour à l'air.

[1] La composition de l'acide éverninique est la même que celle de l'acide vératrique (§ 2030).

Le *sel de baryte* cristallise en prismes durs, groupés en éventail, contenant de l'eau de cristallisation.

Le *sel d'argent* est un précipité blanc contenant :

	Stenhouse.	$C^{18}H^9AgO^8$.
Carbone.	37,12	37,37
Hydrogène.	3,22	3,12
Oxyde d'argent. . .	40,00	40,13

L'*éverninate d'éthyle*, $C^{18}H^9(C^4H^5)O^8 = C^{22}H^{14}O^8$, s'obtient en faisant bouillir, pendant quelques heures, l'acide évernique avec de l'alcool, ou bien aussi en dissolvant cet acide dans l'alcool, ajoutant quelques fragments de potasse, faisant bouillir pendant quelque temps, et saturant par un courant de gaz chlorhydrique. Le liquide concentré dépose alors des cristaux prismatiques qu'on lave à l'eau pour les faire cristalliser ensuite dans l'alcool. Cet éther est sans saveur ni odeur, insoluble dans l'eau, très-soluble dans l'alcool et l'éther. Il fond à 56°; il est insoluble dans l'ammoniaque, avec laquelle il ne donne pas de matière colorante rouge; il n'agit pas sur le chlorure de chaux. Il se dissout aisément dans la potasse caustique; la solution ne donne pas d'orcine par l'ébullition.

Il renferme :

	Stenhouse.		Calcul.
Carbone. . .	63,07	62,94	62,86
Hydrogène. .	7,15	6,93	6,67
Oxygène. . .	»	»	30,47
			100,00

M. Stenhouse n'a pas réussi à produire cet éther en traitant directement l'acide éverninique par l'alcool absolu et l'acide chlorhydrique.

Orcines, produits de métamorphose des acides des lichens.

§ 2033. ORCINE[1], ou alpha-orcine, $C^{14}H^8O^4 + 2$ aq. — Cette substance, découverte par Robiquet dans la *Variolaria dealbata*,

[1] ROBIQUET (1829), *Ann. de Chim. et de Phys.*, XLII, 245; LVIII, 320, *Journ. de Pharm.*, juin et août 1835. — DUMAS, *Ann. der Chem. u. Pharm.*, XXVII, 140, et *Journ. f. prakt. Chem.*, XVI, 422. — SCHUNCK, *Ann. der Chem. u. Pharm.*, XLI, 157. — STENHOUSE, *ibid.*, LXVIII, 93 et 99. — GERHARDT, *Compt. rend. des trav. de Chim.* 1845, p. 287. — LAURENT ET GERHARDT, *Ann. de Chim. et de Phys.*, [3] XXIV, 315. — STRECKER, *Ann. der Chem. u. Pharm.*, LXVIII, 108.

paraît exister toute formée dans plusieurs lichens, cependant elle
se forme le plus souvent par la métamorphose des acides de l'orseille, notamment par l'action de la chaleur ou des alcalis sur l'a-
cide lécanorique, l'acide érythrique et l'acide évernique.

Pour extraire l'orcine, Robiquet épuise la variolaire par l'alcool
bouillant, laisse refroidir l'extrait, décante la liqueur après qu'il
s'y est déposé des cristaux, évapore à siccité cette liqueur, et reprend
le résidu par l'eau bouillante. La solution aqueuse, étant concentrée
à consistance de sirop, dépose, au bout de quelques jours, des cristaux colorés d'orcine, qu'on purifie par de nouvelles cristallisations
dans l'eau et par le charbon animal.

Suivant M. Schunck, l'orcine s'obtient à l'état de parfaite pureté
par l'ébullition d'une solution d'acide lécanorique dans la baryte
caustique; on sépare le carbonate à l'aide du filtre, et l'on évapore
à cristallisation. Les cristaux sont ordinairement colorés; on les
purifie en les faisant bouillir avec de l'alumine ou de l'oxyde de
fer, qui s'empare de la matière colorante. On peut aussi soumettre
l'orcine à la distillation; cependant les cristaux conservent toujours
une teinte jaune ou rougeâtre.

La meilleure manière de préparer l'orcine en grande quantité
consiste, selon M. Stenhouse, à faire bouillir pendant quelques
heures l'extrait calcaire d'une des variétés de *Roccella* ou de *Lecanora*, et de le réduire jusqu'au quart environ. Puis on précipite
la chaux par un courant de gaz carbonique, on filtre et l'on évapore à siccité par un feu modéré, c'est-à-dire jusqu'à ce qu'il reste
un sirop épais d'orcine fondue. On fait bouillir ce résidu avec de
l'alcool concentré, et l'on abandonne à cristallisation. On exprime
dans du papier buvard les cristaux encore fort colorés en rouge, et
on les fait dissoudre dans l'éther anhydre. La solution filtrée
donne, par l'évaporation, de gros prismes qu'on purifie par de
nouvelles cristallisations dans l'éther.

L'orcine pure cristallise en prismes incolores du système mo-
noclinique[1]. Forme observée, ∞ P. ∞ P ∞. — P ∞, quelquefois
avec o P. Inclinaison des faces, ∞ P : ∞ P, dans le plan de la diagonale droite et de l'axe principal, = 102° 24; ∞ P ∞ : o P =
83° 57'; ∞ P ∞; — P ∞ = 136°16'. Clivage parallèle à ∞ P ∞. Les

<hr>

[1] LAURENT ET GERHARDT, *Ann. de Chim. et de Phys.* [3], XXIV, 317. — MILLER,
Ann. der Chem. u. Pharm., LXVIII, 99.

cristaux sont fort solubles dans l'eau et l'alcool; ils se dissolvent également dans l'éther. La solution aqueuse est neutre aux papiers; elle possède une forte saveur sucrée, assez répugnante; les cristaux qu'elle dépose contiennent 2 atomes (12,67) p. c. d'eau de cristallisation, qui se dégagent entièrement dans le vide sur l'acide sulfurique, ou par la dessiccation au bain-marie. L'éther absolu dépose l'orcine à l'état anhydre.

L'orcine hydratée fond déjà au-dessous de 100° en dégageant son eau de cristallisation. Chauffée brusquement à 290°, l'orcine anhydre distille sous la forme d'une liqueur sirupeuse qui attire peu à peu l'humidité de l'air et devient alors cristalline. Chauffée doucement dans des vases plats, elle peut être sublimée sous forme d'aiguilles. La densité de la vapeur d'orcine a été trouvée égale[1] à 5,7 (Dumas).

Composition de l'orcine cristallisée :

	Dumas.	Will.	Schunck.	Stenhouse.	$C^{14}H^8O^4$ + 2 aq.
Carbone. . . .	57,4	58,4	59,6	58,90	59,15
Hydrogène. . .	6,8	6,8	7,2	6,82	7,04
Oxygène. . . .	»	»	»	»	33,81
					100,00

Composition de l'orcine anhydre :

	Robiquet.	Dumas.	Schunck.	Stenhouse.		$C^{14}H^8O^4$.
Carbone. . .	67,7	66,6	67,8	68,28	67,80	67,74
Hydrogène. .	6,8	6,5	6,6	6,60	6,52	6,45
Oxygène. . .	»	»	»	»	»	25,81
						100,00

La solution de l'orcine n'est pas précipitée par le bichlorure de mercure, l'acétate de plomb neutre, le sulfate de cuivre, la gélatine, le tannin. Mais elle est précipitée par le sous-acétate de plomb; de même, elle donne avec le perchlorure de fer un précipité rouge foncé, tirant sur le noir; l'ammoniaque détruit cette teinte. Le nitrate d'argent n'en est pas altéré à l'ébullition; mais, si l'on y ajoute de l'ammoniaque, il y a réduction. Le chlorure d'or en est également réduit, surtout à chaud.

Le contact de l'air rougit peu à peu l'orcine, surtout sous l'influence solaire.

L'acide nitrique dissout l'orcine; si l'on chauffe, il se développe des vapeurs nitreuses, et la liqueur rougit en séparant une matière résinoïde, soluble dans l'alcool et dans les acides. Ce produit donne de l'acide oxalique par l'action prolongée de l'acide nitrique.

---

[1] Ce chiffre ne correspond qu'à 3 volumes de vapeur; 4 volumes exigeraient le chiffre 4,13. Il est probable que l'expérience a été faite à une température trop basse.

Lorsqu'on chauffe l'orcine avec une solution de bichromate de potasse, elle donne une matière brune; cette décomposition est plus prompte par l'addition de l'acide sulfurique.

La solution du chlorure de chaux colore l'orcine en violet foncé; cette teinte brunit peu à peu, et finit par devenir jaune.

Additionnée de soude ou de potasse caustique, la solution aqueuse de l'orcine attire vivement l'oxygène, en se colorant en rouge ou en brun.

L'ammoniaque gazeuse est absorbée en grande quantité par l'orcine, mais le gaz s'en dégage de nouveau à l'air. Si l'on place de l'orcine sous une cloche, à côté d'une dissolution d'ammoniaque, elle devient peu à peu d'un brun foncé. Il se produit ainsi de l'orcéine (§ 2036).

Le chlore décompose aisément l'orcine en dégageant de l'acide chlorhydrique; il se forme ainsi une matière cristalline, soluble dans l'eau bouillante et dans l'alcool, où elle cristallise en aiguilles incolores. Ce produit fond à environ 59^b, se dissout dans les alcalis, et se volatilise en partie sans décomposition. Il paraît renfermer les éléments de l'orcine, avec substitution du chlore à un certain nombre d'atomes d'hydrogène. La formation de cette *chlororcine* est accompagnée de celle d'une substance résinoïde de couleur foncée, dont il est difficile de purifier la chlororcine. Celle-ci ne précipite qu'à chaud la solution alcoolique du nitrate d'argent.

Le brome donne avec l'orcine une combinaison (§ 2035) semblable à la chlororcine; l'iode n'attaque pas l'orcine.

§ 2034. La *combinaison plombique* de l'orcine paraît renfermer $C^{14}H^6Pb^2O^4$, 2 PbO. On l'obtient sous la forme d'un précipité blanc en précipitant l'orcine par le sous-acétate de plomb, ou l'orcine rendue légèrement ammoniacale par le nitrate de plomb. Elle a donné à l'analyse :

	Dumas.			Schunck.		Calcul.
Carbone......	15,14	15,52	14,93	14,50	13,31	15,16
Hydrogène....	1,18	1,14	1,11	1,20	1,17	1,08
Oxyde de plomb.	79,60	79,95	80,34	79,94	79,68	80,86

L'orcinate de plomb rougit peu à peu pendant les lavages.

§ 2035. La *bromorcine*[1], $C^{14}H^5Br^3O^4$, s'obtient par l'action du brome sur l'orcine.

[1] LAURENT et GERHARDT (1848), *Ann. de Chim. et de Phys.*, [3] XXIV, 317. — STENHOUSE, *Ann. der Chem. u. Pharm.*, LXVIII, 96.

Le brome attaque vivement l'orcine, déjà à froid, en dégageant beaucoup d'acide bromhydrique; le produit, fluide d'abord, se solidifie par l'évaporation de l'excès de brome. On le fait recristalliser dans l'alcool faible; on l'obtient ainsi sous la forme de belles aiguilles soyeuses. Ce corps a donné à l'analyse :

	Laurent et Gerhardt.	Stenhouse.			Calcul.
Carbone. . .	23,1	23,60	23,64	23,44	23,27
Hydrogène. .	1,7	1,55	1,60	1,54	1,39
Brome. . . .	66,0	66,34	66,50	66,33	66,47
Oxygène. . .	»	»	»	»	8,87
					100,00

La bromorcine est très-fusible, et se prend, par le refroidissement, en une masse radiée. Elle est insoluble dans l'eau, très-soluble dans l'alcool et l'éther. Soumise à l'action d'une chaleur élevée, elle se décompose en émettant du gaz bromhydrique, tandis qu'il distille une huile qui se concrète par le refroidissement; il reste beaucoup de charbon. La potasse, versée sur la bromorcine, la colore en brun violacé très-foncé; puis, quand on étend d'eau, le tout se dissout avec une couleur rouge brunâtre. L'ammoniaque ne produit pas cette coloration. Les acides décolorent la solution potassique.

§ 2036. *Orcéine* [1], $C^{14}H^7NO^6$ (?). — Ce corps est renfermé dans l'orseille du commerce, à l'état de mélange avec d'autres matières colorantes semblables [2]. Il est le produit de l'action simultanée de l'air et de l'ammoniaque sur l'orcine :

$$C^{14}H^6O^4 + NH^3 + O^4 = C^{14}H^7NO^6 + 2\,HO.$$

    Orcine.   Orcéine.

Séparément, l'oxygène et l'ammoniaque ne modifient pas sensiblement l'orcine, mais il n'en est plus de même lorsque ces deux agents ensemble la rencontrent en présence de l'eau; dans ce der-

---

[1] ROBIQUET, *Ann. de Chim. et de Phys.*, XLII, 245. *Journ. de Pharm.*, juin 1835. — DUMAS, *Ann. der Chem. u. Pharm.*, XXVII, 145. — KANE, *Ann. de Chim. et de Phys.*, II, 1. — LAURENT et GERHARDT, *Ann. de Chim. et de Phys.*, [3]XXIV, 320.

[2] Suivant M. Kane, la pâte de l'orseille contient, outre l'orcéine (orcéine β), deux autres substances rouges semblables, l'*azoérythrine* (carbone, 38,8 ; hydrog., 5,70), et l'*orcéine* α (carbone, 63,32 ; hydrog., 6,11), ainsi qu'une substance pourpre, semi-fluide, l'*acide érythroléique* (carbone, 64,70 ; hydrog., 9,33). Il me paraît inutile de rapporter plus de détails sur ces matières, les expériences du chimiste anglais étant trop incomplètes et manquant entièrement de contrôle.

nier cas, l'orcine incolore se transforme en orcéine colorée, qui reste combinée avec l'ammoniaque.

Pour préparer cette matière colorée, on met de l'orcine en poudre dans une petite capsule qu'on place sur un verre à pied contenant un peu d'ammoniaque concentrée, et l'on recouvre le tout d'une cloche. L'orcine se colore ainsi dans l'espace de 24 heures ; on dissout le produit dans l'eau, et on y verse de l'acide acétique, qui en précipite l'orcéine à l'état de flocons. Il ne faudrait pas prolonger trop longtemps le contact de l'orcine avec l'ammoniaque et l'air, car, dans ce cas, l'orcéine se transformerait en une matière brune.

L'orcéine est d'une belle couleur rouge ; elle est peu soluble dans l'eau, qu'elle colore toutefois, et d'où elle est entièrement précipitée par l'addition d'un sel neutre. Elle est fort soluble dans l'alcool, qu'elle colore en écarlate, et d'où l'eau la précipite. Elle est à peine soluble dans l'éther. Elle se dissout aisément dans la potasse et dans l'ammoniaque, en donnant une belle liqueur, qui est pourpre comme l'orseille ordinaire, et d'où l'on peut extraire la matière colorante par une addition de sel commun.

Les solutions alcalines de l'orcéine donnent, avec les sels métalliques, des laques pourpres différemment nuancées, et qui perdent beaucoup de leur éclat par la dessiccation.

Composition de l'orcéine :

	Dumas [1].	Kane.			$C^{14}H^7NO^6$.
Carbone. . .	55,1	54,5	54,2	53,8	54,8
Hydrogène. .	5,2	5,4	5,1	4,9	4,5
Azote.	7,9	»	»	»	8,9
Oxygène. . .	»	»	»	»	31,8
					100,0

Soumise à la distillation sèche, l'orcéine dégage de l'ammoniaque.

Une solution ammoniacale d'orcéine, rendue légèrement acide par l'acide chlorhydrique, se décolore parfaitement si l'on y plonge un morceau de zinc ; mais elle reprend bientôt sa couleur rouge au contact de l'air ; si l'on y ajoute ensuite de l'ammoniaque, il se produit un abondant précipité blanc (*leucorcéine*), qui de-

---

[1] L'analyse de M. Dumas a été faite sur de l'orcéine préparée directement avec l'orcine ; les analyses de M. Kane se rapportent à de l'orcéine (orcéine β) extraite de l'orseille. Les deux matières ont été séchées à 100°.

vient violet à l'air, et en dernier lieu pourpre. Le sulfhydrate d'ammoniaque fait également disparaître la coloration rouge de l'orcéate d'ammoniaque ; au contact de l'air, la couleur rouge reparaît (Kane).

Quand le chlore est mis en contact avec de l'orcéine mêlée à l'eau, ou en solution ammoniacale, la couleur de la matière s'altère peu à peu, et l'on obtient enfin une substance jaune-brun (*chlororcéine*) insoluble dans l'eau, mais soluble dans l'alcool et l'éther. M. Kane a trouvé dans un semblable produit :

	Expérience.	
Carbone. . . .	40,35	39,82
Hydrogène. . .	4,38	4,31
Chlore.	27,00	26,00

Je ne pense pas que la matière analysée ait été pure.

§ 2037. *Matière colorante du tournesol*[1]. — Les mêmes lichens (notamment le *Roccella tinctoria*) qui servent à la fabrication de l'orseille fournissent aussi le tournesol bleu en pains, avec lequel les chimistes préparent les papiers réactifs. Il résulte des expériences de M. Gélis que la couleur bleue se développe dans les lichens en fermentation, lorsque les principes qu'ils renferment se métamorphosent en présence d'un carbonate alcalin : sous l'influence seule de l'air et de l'ammoniaque, les lichens tinctoriaux ne produisent que de l'orseille ; mais, si à l'influence de ces deux agents vient s'ajouter celle d'un carbonate alcalin soluble, les lichens éprouvent dans le même temps une altération toute différente, et le produit de la fermentation, au lieu d'être rouge ou violacé, est alors franchement bleu. Cette coloration est due à la combinaison de la nouvelle matière colorante avec l'alcali[2] ; car, comme chacun

---

[1] KANE, *Ann. de Chim. et de Phys.*, [3] II, 129. — GÉLIS, *Revue scientif.*, VI, 50. — PERETTI, *Journ. de Pharm.*, XIV, 538. — DESFOSSES, *ibid.*, XIV, 487.

[2] Les cendres qu'on obtient par l'incinération des pains de tournesol ne renferment pas uniquement du carbonate de potasse. Suivant M. Gélis, on y trouve toujours une foule de corps qui n'ont joué aucun rôle dans la production du tournesol bleu, surtout une quantité notable de carbonate de chaux ou de sulfate de chaux. Les fabricants ajoutent probablement ces deux substances pour absorber une partie de l'humidité de la pâte des lichens, et pour donner à la masse la consistance nécessaire ; peut-être aussi, vers la fin de l'opération, ajoutent-ils une petite quantité de chaux délitée dans le but de rendre libres les dernières traces d'ammoniaque. Les cendres du tournesol renferment aussi de l'alumine, de la silice, des traces d'oxyde de fer, d'acide sulfurique, d'acide phosphorique, etc.

sait, les acides rougissent le tournesol[1], c'est-à-dire qu'en s'em-
parant de l'alcali, ils mettent en liberté la matière colorante du
tournesol, qui, dans cet état, est rouge comme celle de l'orseille ;
mais la matière colorante de l'orseille (l'orcéine) ne donne pas de
combinaisons bleues avec les alcalis.

On ne possède que des renseignements fort incomplets sur la
nature chimique du tournesol : il est probable cependant que les
matières auxquelles il doit sa couleur dérivent directement de l'orcine, comme le principe colorant de l'orseille (l'orcéine).

M. Kane admet dans le tournesol l'existence de trois ou quatre
principes particuliers, qui constituent des acides faibles et qu'on
isole de la manière suivante : on épuise par l'eau bouillante les
pains réduits en poudre ; on obtient ainsi un résidu insoluble, d'un
bleu plus pâle et qui renferme la plus grande partie de la matière
colorante. On le délaye dans l'eau et on le traite par un léger excès
d'acide chlorhydrique ; il se forme ainsi des flocons rouges qu'on
dessèche après les avoir lavés. Ces flocons sont d'abord épuisés
par l'alcool bouillant ; les extraits alcooliques sont évaporés à siccité au bain-marie, et le résidu est mis en digestion avec de l'éther.
Celui-ci se charge d'une matière (*érythroléine*) semi-fluide, d'un
beau rouge, et se dissolvant dans l'ammoniaque avec une teinte
pourpre ; la partie soluble dans l'alcool, mais insoluble dans l'éther,
constitue une autre matière (*érythrolitmine*), en grains cristallins,
d'un beau rouge foncé, se colorant en bleu par la potasse, et
donnant avec l'ammoniaque une combinaison bleue insoluble dans
l'eau ; enfin la partie insoluble dans l'alcool et l'éther, fort peu
soluble dans l'eau, représente une troisième matière colorante (*azo-*

---

[1] Un grand nombre de sels réputés neutres (sels de cuivre, de zinc, d'alumine, etc.)
rougissent le tournesol à la manière des acides. *Cette réaction s'observe particulièrement avec les sels métalliques qui ont une tendance à former des sous-sels. Si, par
exemple, on met du sulfate de cuivre en présence du tournesol, celui-ci rougit, c'est-à-
dire que l'acide colorant dont il se compose devient libre, tandis que l'alcali avec lequel
cet acide avait été combiné s'unit à une quantité correspondante d'acide sulfurique : il
se produit donc ainsi du sous-sulfate de cuivre, du sulfate à base d'alcali, et de l'acide
tournesolique libre.

Il existe aussi un certain nombre de sels réputés neutres (chromate de potasse, phosphate de soude, etc.) dont la solution ramène au bleu le tournesol rouge. *Ce caractère appartient aux sels neutres qui passent aisément à l'état de sur-sels ou sels
acides. Si, par exemple, on met du chromate de potasse neutre en présence du tournesol rouge, celui-ci bleuit, parce que l'acide colorant dont il se compose se combine
avec une partie de l'alcali en formant un sel bleu, et que le chromate neutre de potasse
passe alors à l'état de bichromate.

litmine) brun-rouge, amorphe, se dissolvant dans l'ammoniaque avec une couleur bleue, et donnant des laques bleues ou violacées. L'extrait bleu qu'on obtient par le traitement du tournesol à l'eau bouillante ne renferme qu'une quantité de matière colorante comparativement très-faible, le plus souvent composée d'azolitmine, mêlée quelquefois avec une substance [1] non azotée (*spaniolitmine*).

[1] Il me paraît inutile de rapporter les formules que M. Kane attribue aux matières colorantes du tournesol, ces formules manquant entièrement de contrôle.

Voici les résultats analytiques (calculés avec l'ancien poids atomique du carbone) :

	Érythroléine.	Érythrolitmine.		Azolitmine.		Spaniolitmine.
Carbone. .	74,27	55,78	55,3	49,50	50,05	44,54
Hydrogène.	10,68	8,69	8,1	5,35	5,52	3,11

De ces quatre substances, l'*azolitmine* seule est azotée. M. Kane n'en a dosé l'azote que par le procédé qualitatif (l'expérience lui a donné des rapports de N : CO^2 variant entre 1 : 17,3 et 1 : 18,3).

L'azolitmine paraît constituer la partie essentielle du tournesol.

Il est à remarquer que sa composition est assez rapprochée de la formule $C^{14}H^7NO^8$ (carbone, 49,6 ; hydrogène, 4,1 ; azote, 8,2), d'après cette formule, l'azolitmine renfermerait 2 atomes d'oxygène de plus que l'orcéine, et dériverait de l'orcine en vertu de l'équation suivante :

$$C^{14}H^6O^4 + NH^3 + O^6 = C^{14}H^7NO^8 + 2HO.$$
Orcine.   Azolitmine.

Si les rapports que je signale sont exacts, on s'expliquerait le rôle des carbonates alcalins dans la production du tournesol, en admettant que ces agents activent l'absorption de l'oxygène par l'orcine soumise à l'influence de l'air et de l'ammoniaque, de manière à produire un corps plus oxygéné que l'orcéine. On sait avec quelle énergie certaines matières organiques (l'hématine, le tannin, l'acide gallique, l'acide pyrogallique) attirent l'oxygène de l'air, lorsqu'elles se trouvent en présence des alcalis.

Il y aurait de l'intérêt à examiner si l'on n'obtiendrait pas du tournesol en abandonnant au contact de l'air une solution d'orcéine dans un carbonate alcalin.

Les *azolitmates de baryte et de chaux* sont bleus.

L'*azolitmate de plomb*, d'un beau violet quand il est récemment préparé, devient bleu par la dessiccation à 120°. Il paraît renfermer $C^{14}H^6PbNO^8$, PbO ; du moins il a donné à l'analyse :

	Kane.	Calcul.
Carbone.	19,4	21,8
Hydrogène.	2,0	1,5
Oxyde de plomb. .	59,4	58,3

L'*azolitmate d'étain* est une laque d'un beau violet.

Dans une note (*Compt. rend. de l'Acad.*, IX, 656, et *Ann. der Chem. u. Pharm.*, XXXVI, 324) antérieure au mémoire auquel nous avons emprunté les faits précédents, M. Kane admet que le tournesol du commerce renferme trois acides particuliers : l'*acide érythroléique* (érythroléine?) semi-fluide, presque insoluble dans l'eau, fort soluble dans l'alcool et l'éther ; l'*acide litmique* (azolitmine?) soluble dans l'eau, peu soluble dans l'alcool, insoluble dans l'éther ; l'*acide litmylique* (érythrolitmine ?) fort soluble dans l'alcool, très-peu soluble dans l'eau et l'éther. Ces acides sont naturellement rouges, et bleuissent par les alcalis. La partie du tournesol soluble dans l'eau et l'alcool se compose de litmate de potasse et d'ammoniaque ; la partie insoluble se com-

Voici un autre procédé d'extraction indiqué par M. Gélis. On épuise le tournesol par l'eau, puis on fait bouillir le résidu dans une faible dissolution de potasse ou de soude caustique ; on réunit toutes les liqueurs, et on les précipite par le sous-acétate de plomb. Si la dissolution est suffisamment alcaline, la liqueur est entièrement décolorée, et le précipité est d'un beau bleu. On lave par décantation jusqu'à ce que le précipité, qui est insoluble dans l'eau chargée de sels, mais un peu soluble dans l'eau pure, commence à colorer la liqueur ; alors on le décompose par un courant d'hydrogène sulfuré. Lorsque la décomposition est complète et que l'excédant d'hydrogène sulfuré s'est évaporé par l'exposition du mélange à l'air, on jette le tout sur un filtre, et l'on met la masse ainsi recueillie en digestion avec de l'eau ammoniacale pour en extraire la matière colorante. On verse ensuite de l'acide chlorhydrique ou sulfurique dans la solution ammoniacale, et l'on rassemble sur un filtre les flocons rouges qui se précipitent ; la liqueur filtrée contient une quantité très-faible d'une matière colorante α. Les flocons constituent la presque totalité de la matière colorée du tournesol. Si on les épuise par l'éther, on obtient une liqueur orangée qui laisse par l'évaporation spontanée, un résidu d'un rouge éclatant, dans lequel on distingue un grand nombre de petits cristaux aiguillés. Ce produit β est insoluble dans l'eau, mais l'alcool le dissout aisément ; les liqueurs alcalines le dissolvent en prenant une belle nuance violette. La portion considérable qui n'a pas été dissoute par l'éther, étant reprise par l'alcool, se colore en rouge de sang ; la solution évaporée spontanément donne en grande quantité un produit γ, rouge pourpré à reflet doré, de la nuance la plus riche ; c'est, suivant M. Gélis, la matière colorante la plus abondante dans le tournesol. Enfin le résidu insoluble dans l'eau, l'alcool et l'éther, contient le produit δ, qui est soluble dans les liqueurs alcalines, et peut en être précipité par les acides. Les trois matières β, γ et δ paraissent contenir de l'azote.

pose des sels de chaux des trois acides, mélangés d'alumine, de sulfate de chaux et d'autres substances étrangères.

Lorsque, suivant le même chimiste, on chauffe le litmate ou le litmylate de chaux, ou bien les acides du tournesol mélangés avec de la chaux ou du sulfate de chaux, il se dégage une belle vapeur rouge qui se condense sous la forme de paillettes vert-rougeâtre, fusibles, solubles dans l'alcool, insolubles dans l'eau. (Les acides seuls ne donnent pas cette substance par l'action de la chaleur.) M Kane ne mentionne plus ce produit (*al-mérythrine*) dans son mémoire.

Suivant M. Kane, les matières colorantes du tournesol perdent leur couleur par l'effet des agents oxygénants, tels que l'hydrogène sulfuré, le protochlorure d'étain ; mais elles la reprennent au contact de l'air.

§ 2038. Quant au *tournesol en drapeaux*[1] qu'on emploie pour colorer les fromages de Hollande, les conserves, les liqueurs, etc., il est entièrement différent du tournesol en pains ; il se prépare, dans le midi de la France (au Grand-Gallargues, dans le Gard) avec la maurelle, espèce d'euphorbiacée (*Croton tinctorium*, L.). On récolte, à cet effet, les fruits et les sommités de la plante, et l'on en exprime le suc, dans lequel on trempe des lambeaux de toile grossière, qu'on fait d'abord sécher, et qu'on expose ensuite aux émanations du fumier de cheval ou de mulet. Cette dernière opération porte le nom d'*aluminadou*[2]. On retourne de temps en temps les drapeaux, afin de déterminer une même coloration sur les deux surfaces, et d'éviter surtout que la couleur bleue développée d'abord ne se détruise par une exposition trop longue aux vapeurs du fumier. Lorsque cet accident arrive, les drapeaux sont jaunâtres, au lieu de présenter cette teinte d'un bleu franc qu'ils offrent à l'œil quand ils sont convenablement préparés. Après cette première opération, le fabricant les fait sécher encore une fois, les imbibe de suc mélangé d'urine, et les étend finalement dans un endroit exposé au soleil et au vent.

Lorsque, suivant M. Joly, on soumet à une chaleur de 50 à 60° les fruits de la maurelle, plongés dans un volume d'eau double du leur, le liquide devient bientôt d'un bleu violet assez intense. Lentement évaporé, il laisse déposer une substance résineuse d'un beau bleu d'azur. L'infusion de cette matière prend une teinte rouge jaunâtre par l'addition d'un acide ; les alcalis ne la ramènent pas au bleu, mais ne la font qu'un peu virer au vert. Cette couleur se comporte donc autrement que celle du tournesol en pains, préparé avec les lichens.

Il résulte en outre des recherches de M. Joly, que le principe colorant de la maurelle se rencontre dans toutes les parties de la plante et à tous les âges ; qu'il a son siége immédiat dans le tissu

---

[1] JOLY, *Ann. de Chim. et de Phys.*, [3] VI, 111.

[2] Autrefois on suspendait les drapeaux, imbibés de suc de maurelle, au-dessus de cuves remplies d'urine putréfiée, et dans lesquelles on jetait de la chaux vive, ainsi que de l'alun (de là sans doute le nom d'*aluminadou*).

cellulaire; qu'enfin, sous l'influence de la vie, il existe dans la plante à l'état incolore, et qu'il peut devenir bleu, après la mort du végétal, par l'action de l'oxygène atmosphérique et d'une prompte dessiccation.

§ 2039. BÉTA-ORCINE [1], $C^{16}H^{10}O^4$(?). — Cette substance, qui paraît être homologue de l'orcine, se produit par l'action de la chaleur sur l'acide usnique, ainsi que par l'ébullition de cette substance avec la potasse, la baryte ou la chaux caustique.

Lorsqu'on soumet l'acide usnique à la distillation sèche, il donne un sublimé, ainsi qu'un liquide empyreumatique et un abondant résidu de charbon. On traite tout le produit distillé par l'eau, et l'on évapore à consistance de sirop. Le résidu dépose alors, au bout de quelques jours, des cristaux bruns de bêta-orcine, qu'on purifie par le charbon animal et par des cristallisations dans l'alcool faible.

Le traitement de l'acide usnique par les alcalis présente moins d'avantage pour la préparation de la bêta-orcine, attendu qu'une grande partie de la matière se résinifie par ces agents.

D'après les déterminations de M. Miller, la bêta-orcine cristallise dans le système tétragonal; les cristaux possèdent beaucoup d'éclat, et ont souvent une belle dimension. Combinaison observée, ∞P. P. $^{1}/_{2}$ P. oP. ∞ P∞ . P∞ . Inclinaison des faces, $^{1}/_{2}$ P : oP $= 130°$ $57'$; P : oP $= 113°$ $27'$; P∞ : oP $= 121°$ $31'$; P : ∞ P $= 156°$ $33'$; $^{1}/_{2}$ P : ∞ P $= 139°$ $3'$; P∞ : ∞ P $\infty = 148°$ $29'$. On n'y découvre pas de clivage.

La bêta-orcine est assez soluble dans l'eau froide, moins toutefois que l'orcine. Elle se dissout aisément dans l'eau bouillante, l'alcool et l'éther. Elle a une saveur légèrement sucrée, et se comporte avec les réactifs comme une substance indifférente. Elle se sublime sans altération, s'enflamme aisément, et brûle avec une flamme fuligineuse.

Séchée dans le vide, elle a donné à l'analyse :

	Stenhouse [2].				$C^{16}H^{10}O^4$.
Carbone. . .	68,84	68,70	68,70	69,20	69,56
Hydrogène. .	7,32	7,22	7,36	7,50	7,24
Oxygène. . .	»	»	»	»	23,20
					100,00

---

[1] STENHOUSE (1848), *Ann. der Chem. u. Pharm.*, LXVIII, 104.
[2] M. Stenhouse représente la bêta-orcine par les rapports $C^{38}H^{21}O^{10}$.

Les cristaux de la bêta-orcine ne perdent rien dans le vide sur l'acide sulfurique ; mais, si on les chauffe ensuite au bain-marie, ils perdent beaucoup d'eau. Ils ne fondent pas encore à 109°. (Une certaine quantité de bêta-orcine, ayant été chauffée au bain-marie pendant 4 semaines, perdit près de 30 p. c. de son poids ; mais cette perte était due non-seulement à un dégagement d'eau, mais encore à une volatilisation considérable de substance.)

Avec l'ammoniaque, elle prend, dans l'espace de quelques minutes, une belle coloration rouge. Cette coloration s'effectue bien plus vite qu'avec l'orcine.

Au contact de la potasse caustique ou carbonatée, elle donne une belle matière pourpre.

Une solution de chlorure de chaux la colore immédiatement en rouge de sang.

La solution de la bêta-orcine ne précipite pas le nitrate d'argent pur ou ammoniacal, les sels de fer, les sels de baryte, les sels de cuivre, l'acétate de plomb neutre. Elle donne avec le sous-acétate de plomb un précipité abondant soluble dans un excès de sous-acétate ; ce précipité s'altère promptement en se colorant en rouge foncé.

ACIDE MELLIQUE.

Syn : acide mellitique.

Composition : $C^6H^2O^8 = C^8O^6$, 2 HO.

§ 2040. Cet acide, découvert par Klaproth[1], se rencontre dans la nature, à l'état de mellate d'alumine (*mellite* des minéralogistes).

Pour le préparer, on pulvérise le mellate d'alumine, et on le traite à chaud par du carbonate d'ammoniaque ; on fait bouillir jusqu'à expulsion de l'excédant du carbonate d'ammoniaque, et l'on précipite par de l'ammoniaque caustique l'alumine qui a pu rester dissoute à la faveur du mellate d'ammoniaque acide, produit par

[1] KLAPROTH (1799), *Allgem. Journ. der Chemie v. Scherer*, III, 461. *Beiträge*, III, 114. — VAUQUELIN, *Ann. de Chim.*, XXXVI, 203. — WOEHLER, *Ann. de Poggend.*, VII, 325 ; LII, 600, et *Ann. der Chem. u. Pharm.*, XXXVII, 263. — LIEBIG et WOEHLER, *Ann. de Poggend.*, XVIII, 161. — LIEBIG et PELOUZE, *Ann. der Chem. u. Pharm.*, XIX, 252. — ERDMANN et MARCHAND, *Journ. f. prakt. Chem.*, XLIII, 129. — H. SCHWARZ, *Ann. der Chem. u. Pharm.*, LXVI, 46. — ERDMANN, *Journ. f. prakt. Chem.*, LII, 432, et en extrait, *Ann. der Chem. u. Pharm.*, LXXX, 281. — KARMRODT, *Ann. der Chem. u. Pharm.*, LXXXI, 164.

l'ébullition. Après avoir filtré, on évapore à cristallisation le mellate d'ammoniaque neutre. On purifie ce sel par de nouvelles cristallisations dans l'eau, en ayant soin d'y ajouter un peu d'ammoniaque, afin de ramener à l'état neutre le sel acide qui a pu se former. Finalement on dissout dans l'eau le mellate d'ammoniaque, et on le précipite par de l'acétate de plomb; le précipité ayant été lavé, on le décompose par l'hydrogène sulfuré; on filtre et l'on concentre par l'évaporation. On peut aussi précipiter le mellate d'ammoniaque par le nitrate d'argent et décomposer le précipité par de l'acide chlorhydrique (Woehler).

Suivant MM. Erdmann et Marchand, le précipité plombique contient de l'ammoniaque, qui reste combiné avec l'acide mellique mis en liberté par l'hydrogène sulfuré. Il faut donc reprécipiter le produit par l'acétate de plomb, redécomposer le précipité par l'hydrogène sulfuré, et répéter ces opérations jusqu'à ce que l'acide mellique soit entièrement dépouillé d'ammoniaque.

Un autre procédé de purification consiste, d'après les mêmes chimistes, à faire bouillir le mellate d'ammoniaque avec un excès d'eau de baryte, à décomposer le mellate de baryte par la digestion avec un léger excès d'acide sulfurique, à filtrer et à concentrer par l'évaporation. On purifie les cristaux par de nouvelles cristallisations.

Vauquelin a proposé de décomposer le mellate d'alumine par le carbonate de potasse, et de décomposer la liqueur filtrée par l'acide nitrique; mais les cristaux qu'on obtient ainsi constituent une combinaison de nitrate de potasse et de bimellate de potasse (Woehler).

L'acide mellique cristallise en aiguilles blanches, très-acides, fort solubles dans l'eau et l'alcool, et qui ne renferment pas d'eau de cristallisation. Il est inaltérable à l'air, et fond par la chaleur.

Composition de l'acide mellique cristallisé : $C^8H^2O^8$.

	Woehler.	Schwarz.	Calcul.
Carbone. . . .	42,38	42,15	42,11
Hydrogène . . .	1,82	1,77	1,75
Oxygène . . .	55,80	56,08	56,14
	100,00	100,00	100,00

L'acide mellique supporte une température assez élevée sans se décomposer. Quand on le soumet à la distillation sèche, il donne de l'acide pyromellique (§ 2047).

Les acides sulfurique et nitrique concentrés ne paraissent pas l'attaquer, même à l'ébullition.

Dérivés métalliques de l'acide mellique. Mellates.

§ 2041. L'acide mellique est bibasique. Les mellates neutres se représentent par la formule générale :

$$C^8M^2O^8 = C^8O^6, \ 2\,MO.$$

Lorsqu'on calcine les mellates au contact de l'air, il se développe une odeur aromatique qui rappelle celle de la coumarine et de l'huile d'ulmaire. De tous les mellates, le sel à base de cuivre donne, par la distillation sèche, le plus de produits volatils. (Voy. *Mellates de cuivre*.)

Mellates d'ammoniaque. — On en connaît deux.

α. *Sel neutre*, $C^8(NH^4)^2O^8 + 6$ aq. On l'obtient en mettant la mellite en digestion avec du carbonate d'ammoniaque. Il cristallise sous deux formes, probablement avec des proportions différentes d'eau de cristallisation ; suivant M. Gustave Rose[1], les deux formes appartiennent au système rhombique, mais leurs angles sont fort différents.

Les cristaux α dérivent d'un octaèdre dont les trois axes sont entre eux : : $\sqrt{3{,}290} : \sqrt{7{,}881} : 1$. Combinaison observée, o P. ∞ P. ∞ P̈ ∞ . P̈∞ . P̄ ∞ . Inclinaison des faces, o P : P ∞ $= 151°\,8'$; o P : P̈ ∞ $= 160°\,24'$; ∞ P : ∞ P $= 144°\,16'$; ∞ P : ∞ P̈ ∞ $= 122°\,5'$. Les faces ∞ P̈∞ sont striées longitudinalement. Point de clivage parallèlement à o P.

Les cristaux β dérivent d'un octaèdre dont les trois axes sont entre eux : : $\sqrt{2{,}675} : \sqrt{7{,}923} : 1$. Combinaison observée, o P. P. ∞ P. ∞ P̈ ∞ . Inclinaison des faces, o P : P $= 144°\,44'$; P : P $= 146°\,17'$; P : ∞ P $= 125°\,16'$; ∞ P : ∞ P $= 119°\,41'$; ∞ P : ∞ P̈ ∞ $= 120°\,9\,\frac{1}{2}'$. Clivage parallèle à o P.

D'après l'analyse de MM. Erdmann et Marchand, les cristaux α renferment 6 atomes d'eau de cristallisation. Ils s'effleurissent lentement à l'air sec en perdant environ 2 at. d'eau. A 100°, les cristaux perdent 24,1 p. c. d'eau, en même temps qu'une petite quantité d'ammoniaque. Les cristaux β s'effleurissent presqu'au moment où on les retire de leur eau-mère, en devenant opaques et

[1] G. Rose, *Ann. de Poggend.*, VII, 335.

friables ; quelquefois cependant ils conservent en partie leur brillant.

Maintenu pendant quelques heures à 150°, le sel dégage beaucoup d'eau et d'ammoniaque, et se transforme en un mélange de paramide (§ 2044) et d'euchroate d'ammoniaque (§ 2045). Au delà de 160°, une autre métamorphose commence, et la paramide se mélange alors avec une substance amère.

Lorsqu'on chauffe le mellate d'ammoniaque dans une cornue à 300 ou 350°, il passe de l'eau, chargée d'ammoniaque caustique et carbonatée ; on voit se produire un sublimé vert bleuâtre, moitié fondu, ainsi qu'une petite quantité d'un autre sublimé blanc et cristallin, tandis que la cornue retient un résidu noir composé de charbon, d'aiguilles jaunes brillantes et d'une matière acide soluble dans l'eau. Mis en digestion avec de l'ammoniaque, ce résidu donne une solution d'un vert-bleuâtre foncé, qui dépose par le refroidissement quelques paillettes blanches ; la solution précipite par l'acide chlorhydrique une substance d'un vert-bleuâtre foncé, difficile à laver. La liqueur chlorhydrique dépose ensuite de petits cristaux jaunes, probablement identiques à la substance jaune et amère qu'on observe dans le résidu noir.

La solution concentrée du mellate d'ammoniaque ne s'altère pas, lorsqu'on la chauffe pendant quelques heures dans un tube scellé à la lampe. Portée à l'ébullition, au contact de l'air, elle perd de l'ammoniaque et se transforme en un sel acide beaucoup plus soluble.

β. *Sel acide*, ou trimellate d'ammoniaque, $2\ C^8H(NH^4)O^8$, $C^8H^2O^8 + 8$ aq. On l'obtient en décomposant par l'hydrogène sulfuré le mellate de cuivre et d'ammoniaque. Il cristallise en prismes droits à base rhombe, tronqués sur les arêtes latérales. (Combinaison observée, $o\ P.\ \infty\ P.\ \infty\ \overset{\smile}{P}\ \infty\ .\ \infty\ \overset{\smile}{P}\ \infty$. Inclinaison des faces, $\infty\ P : \infty\ P = 122°$).

Ces cristaux renferment :

	Erdmann et Marchand.	Calcul.
Carbone	32,03	32,15
Hydrogène . . .	4,78	4,46
Azote	6,30	6,25

Mellates de potasse. — On en connaît deux.

α. *Sel neutre*, $C^8K\ O^8 + 6$ aq. Il est isomorphe avec le sel d'am-

moniaque neutre. Combinaison observée par M. Naumann[1], o P.
∞ P. ∞ P̈ ∞ . P̈ ∞ .P̈ ∞ . Inclinaison des faces, ∞ P : ∞ P = 114°;
∞ P : P̈ ∞ = 151°; o P : P̈ ∞ = 160′; ∞ P ; ∞ P̈ ∞ = 123° en-
viron. Les cristaux sont efflorescents.

β. *Sel acide*, C^8HKO^3 + 4 aq. Par le refroidissement d'une
solution, dans l'eau chaude, de 1 at. de sel neutre et de 1 at. d'a-
cide mellique, on obtient de gros prismes droits rhomboïdaux,
transparents, et dont les arêtes latérales et les arêtes terminales
portent souvent des troncatures. Ce sel est plus soluble dans l'eau
que le sel neutre.

Lorsqu'on traite ce sel par l'acide nitrique, on obtient une combinaison de *bimellate et de nitrate de potasse*, $4\ C^8HKO^8$, NO^6K +
6 aq.; celle-ci se forme aussi quand on mélange une dissolution concentrée de mellate de potasse neutre avec de l'acide nitrique, tant
qu'il se forme un précipité, et qu'on chauffe ensuite le liquide de
manière à redissoudre ce dernier. Le sel double cristallise alors par
le refroidissement en prismes hexagones terminés par un sommet
dièdre (∞ P. ∞ P̈ ∞ . P̈ ∞); il a une saveur acide et est peu soluble
dans l'eau.

MM. Erdmann et Marchand font aussi mention d'un mellate de
potasse acide (peut-être C^8HKO^8, $C^8K^2O^8$ + 12 aq.) qu'ils ont observé, sous la forme d'une poudre cristalline, en ajoutant de l'acide
mellique à une solution concentrée de mellate neutre. Redissoute
dans l'eau chaude, cette poudre a donné de larges cristaux nacrés,
contenant : carbone, 20,63 ; hydrogène, 2,74 ; potasse, 30,49.

Mellate de soude. — Ce sel s'obtient avec deux quantités d'eau
de cristallisation différentes. Le sel qui se dépose d'une solution
chaude et concentrée se présente en aiguilles contenant 32,81 p.
c. = 8 atomes d'eau, qui se dégagent entièrement à 180° d'eau. La
solution du sel, saturée à froid, dépose, par l'évaporation spontanée,
de gros cristaux striés appartenant au système triclinique, et contenant 38,88 p. c. = 12 atomes d'eau, qu'il perd à 160° (Erdmann
et Marchand).

Mellate de baryte, $C^8Ba^2O^8$ + 2 aq. — Lorsqu'on mélange des
solutions saturées de mellate d'ammoniaque et d'un sel de baryte,
on obtient un précipité blanc et gélatineux, qui se prend au bout de
quelques temps en paillettes ; si les solutions sont fort étendues,
on obtient des aiguilles. L'acide mellique produit aussi des aiguil-

[1] NAUMANN, *Journ. f. prakt. Chem.*, XLIII, 129.

les, après quelques moments, dans la solution du chlorure de baryum. Le mellate de baryte qu'on obtient avec le mellate d'ammoniaque retient énergiquement un peu d'ammoniaque.

Mellate de strontiane. — Le précipité blanc que l'acide mellique occasionne dans l'eau de strontiane, est soluble dans l'acide chlorhydrique.

Mellate de chaux. — L'acide mellique donne, avec l'eau de chaux, des flocons blancs solubles dans l'acide chlorhydrique. Lorsqu'on mélange le mellate d'ammoniaque avec une solution de chlorure de calcium, il se produit d'abondants flocons blancs, qui, après la dessiccation, représentent des aiguilles soyeuses, contenant de l'eau de cristallisation.

Mellate de magnésie, $C^8Mg^2O^8 + 12\,aq.$ — Lorsqu'on neutralise à chaud l'acide mellique par du carbonate de magnésie, il se sépare des gouttes oléagineuses qui se troublent par le refroidissement et deviennent cristallines au contact de l'air. Ce sel est peu soluble dans l'eau ; il ne perd qu'à 120° toute son eau de cristallisation (44,01 p. c. = 12 atomes).

Si l'on ajoute de l'alcool à sa solution aqueuse, elle se trouble et dépose, au bout de quelque temps, de petits prismes contenant 14 atomes (47,06 p. c.) d'eau de cristallisation (Karmrodt).

Mellate d'alumine, $C^8al^2O^8 + 12\,aq. = 3\,C^8O^5, 2\,AlO^3 + 36\,aq.$ — Ce composé se rencontre, en cristaux jaunes, de la couleur du miel (de là le nom de *mellite*), dans quelques bois bitumineux, à Artern en Thuringe et à Walchow en Moravie[1].

Suivant Haüy, les cristaux appartiennent au système tétragonal. Combinaisons observées, P. ∞ P, oP. P. ∞ P, etc. Les faces P dominent ordinairement. Longueur de l'axe principal = 0,7453. Inclinaison des faces, P : P formant les arêtes terminales = 118° 4′; P : P formant les arêtes latérales = 93° 22′; P : ∞ P = 120° 58′. Clivage imparfait parallèlement à P.

Les cristaux sont translucides, et s'électrisent par le frottement; leur pesanteur spécifique est de 1,597.

Ils renferment 44,1 p. c. d'eau de cristallisation, qu'on parvient à expulser d'une manière complète à une température voisine du point d'ébullition de l'acide sulfurique. Les alcalis caustiques l'attaquent en mettant de l'alumine en liberté. L'acide nitrique les dissout. –

<hr>

[1] GLOCKER, *Journ. f. prakt Chem.*, XXXVI, 52; XXXVIII, 324.

La mellite naturelle renferme une petite quantité d'une résine jaune, à laquelle elle doit sa couleur, et probablement aussi son odeur.

Le mellate de potasse produit dans la solution de l'alun un précipité cristallin contenant 9,5 p. c. d'alumine et 48,0 p. c. d'eau; c'est donc probablement un sel acide (Woehler).

Mellate de zinc, $C^8Zn^2O^8$ + 10 aq. — Lorsqu'on sature l'acide mellique par du carbonate de zinc, il se sépare une poudre cristalline, composée de petits prismes rectangulaires. L'eau froide la dissout en grande quantité; la solution chauffée à 50° ou 60° dépose une partie du sel. Les acides minéraux étendus, ainsi que l'acide mellique, dissolvent aisément le mellate de zinc. Ce sel ne perd son eau (33,69 p. c. 10 atomes) qu'à 205°.

Si l'on ajoute de l'alcool à sa solution aqueuse, il se précipite des flocons caillebottés, composés d'aiguilles microscopiques, plus solubles que le sel précédent et renfermant 23,36 p. c. = 6 atomes d'eau qui se dégagent déjà à 160°.

Mellate de nickel, $C^8Ni^2O^8$ + 16 aq. — Lorsqu'on sature à chaud une solution d'acide mellique par du carbonate de soude, il se sépare une masse semi-fluide de couleur verte, qui durcit au contact de l'air et devient vitreuse. Ce sel est très-peu soluble dans l'eau, fort soluble dans l'acide chlorhydrique et l'acide nitrique étendus. Il perd à 100° la moitié de son eau (8 atomes), et n'est entièrement sec qu'après avoir été chauffé à 300°.

Mellate de cobalt, $C^8Co^2O^8$ + 12 aq. — Il se sépare sous la forme d'une masse brune et onctueuse, lorsqu'on sature à chaud l'acide mellique par du carbonate de cobalt; si l'on agite ce produit avec une baguette de verre, il se prend par le refroidissement en une poudre grenue et cristalline, fort peu soluble dans l'eau froide, et plus soluble dans l'eau bouillante, qui la dépose, par le refroidissement, sous la forme d'une poudre rosée, composée de prismes microscopiques.

Mellates de cuivre. — α. *Sel neutre*, $C^8Cu^2O^8$ + 8 aq. Lorsqu'on précipite l'acétate de cuivre, à l'ébullition, par l'acide mellique, le mellate de cuivre se dépose à l'état floconneux. Il devient cristallin, pendant les lavages, en même temps qu'il perd de l'acide; le sel restant est neutre.

Lorsqu'on précipite un sel de cuivre neutre par du mellate de potasse, il se précipite un mellate de cuivre renfermant de la potasse, très-difficile à enlever par les lavages.

La solution bleu foncé du mellate de cuivre dans l'ammoniaque donne, par l'évaporation spontanée, des rhomboèdres bleu foncé qui verdissent promptement en perdant de l'ammoniaque.

Lorsqu'on distille du mellate de cuivre sur une lampe à esprit de vin, on voit sur le col de la cornue se condenser de l'eau et un sublimé formé de paillettes jaunâtres brillantes; en même temps, il se développe une vapeur blanchâtre qui dépose, dans le récipient, des paillettes ou des aiguilles groupées en étoiles, ainsi qu'une matière oléagineuse. Le résidu, ayant été fortement calciné, se compose d'un mélange de cuivre métallique et de protoxyde de cuivre. Le produit condensé dans le récipient constitue une masse molle qui se dissout en grande partie dans l'eau bouillante, en laissant une matière onctueuse d'une odeur désagréable; la solution aqueuse dépose des aiguilles jaunes par le refroidissement.

La matière onctueuse est un mélange d'une huile douée d'une odeur d'amandes amères, et d'une substance cristalline fort soluble dans l'alcool, peu soluble dans l'eau froide, fort soluble dans l'eau bouillante. (Cette substance cristalline a donné à l'analyse : carbone 75,14; hydrogène 3,3. Rapports approximatifs, $C^{28}H^7O^6$.) On n'obtient les produits précédents qu'en très-petite quantité. (Erdmann).

β. *Sel acide*, $C^8Cu^2O^8, C^8CuHO^8 + 16$ aq. Si l'on mélange de l'acétate de cuivre à froid avec de l'acide mellique, il se produit, à une certaine concentration du liquide, une gelée d'un bleu très-clair et si épaisse qu'on peut renverser le vase sans qu'elle s'échappe. Exprimée, elle est entièrement blanche; par la dessiccation, elle devient bleue et cristalline. Abandonnée à elle-même, elle sépare peu à peu des parcelles cristallines qui grossissent peu à peu et se changent en cristaux mesurables.

Les cristaux ont donné à l'analyse :

	Erdm. et March.	Calcul.
Carbone.	21,06	20,64
Hydrogène.	3,59	3,65
Oxyde de cuivre. .	25,51	25,81

γ. *Sel de cuivre et d'ammoniaque*, $C^8Cu^2O^8, C^8Cu(NH^4)O^8 + 16$ aq. Le précipité qu'on obtient avec le mellate d'ammoniaque et le sulfate de cuivre est composé de cristaux microscopiques bleu de ciel, qui présentent cette composition. La liqueur, séparée du précipité à l'aide du filtre, donne par l'ammoniaque un précipité vert (sous-sel ?).

Les cristaux du mellate de cuivre et d'ammoniaque ont donné à l'analyse :

	Erdm. et Marchand.	Calcul.
Carbone.	19,53	19,92
Hydrogène. . . .	4,35	4,15
Azote.	3,04	2,90
Oxyde de cuivre.	23,20	24,90

Mellates de fer. — α. *Sel ferreux.* Le mellate d'ammoniaque donne avec le sulfate ferreux un précipité blanc verdâtre qui disparaît par la chaleur. Lorsqu'on fait bouillir la liqueur, il se produit un précipité de *sous-sel*, $C^8Fe^2O^8$, 2 FeO + 6 aq., de couleur citrine, composé de cubo-octaèdres microscopiques. Ce sel est très-peu soluble dans l'eau, fort soluble dans l'acide chlorhydrique. Il devient, par la dessiccation d'un vert olive, et perd à 190° toute son eau de cristallisation (Karmrodt).

β. *Sel ferrique.* L'acide mellique précipite du nitrate ferrique une poudre isabelle, soluble dans l'acide chlorhydrique.

Mellate de manganèse, $C^8Mn^2O^8$ + 12 aq. — On l'obtient en saturant l'acide melllique par du carbonate de manganèse. Si l'on chauffe la liqueur, il se précipite une poudre blanche, composée d'aiguilles microscopiques. Le sel est plus soluble dans l'eau froide que dans l'eau bouillante, qui n'en dissout que 1/800.

Mellate de plomb, $C^8Pb^2O^6$ (à 180°). — Précipité blanc volumineux qu'on obtient avec l'acétate ou le nitrate de plomb et l'acide mellique ou le mellate d'ammoniaque. Le précipité est soluble dans l'acide nitrique. Pour qu'il soit exempt d'ammoniaque, il faut avoir soin de verser le mellate d'ammoniaque goutte à goutte dans le sel de plomb, maintenu en excès.

Le mellate de plomb a donné à l'analyse :

	Sel séché à 100°.		Sel séché à 180°.	
	Erdm. et Marchand.	Woehler.	Erdmann et Marchand.	Calcul du sel anhydre.
Carbone.	»	»	14,57	15,0
Hydrogène. . . .	0,5	»	0,26	»
Oxyde de plomb.	67,5	67,5	69,74	70,0

Mellate d'argent, $C^8Ag^2O^8$. — On l'obtient, en versant de l'acide mellique ou du mellate d'ammoniaque dans le nitrate ou l'acétate d'argent, sous la forme d'une poudre blanche cristalliue, pailletée et brillante, qui se présente au microscope sous la forme de tables carrées incolores et transparentes, dont les angles sont ordinairement tronqués. Le sel éprouve une légère déflagration par la chaleur, sans toutefois dégager la moindre électricité, comme le fait l'oxalate à un si haut degré.

Lorsqu'on prépare le mellate d'argent avec le mellate d'ammoniaque, et qu'on n'a pas soin de verser ce sel dans un excès de sel d'argent, il retient toujours un peu d'ammoniaque et d'eau, de manière qu'il noircit par la dessiccation à 200°.

Le mellate d'argent a donné à l'analyse[1] :

	Liebig et Pelouze.	Erdmann et Marchand.			Calcul du sel sec.
	a	b	c	d	
Carbone. .	14,73	14,53	14,55	14,37	14,63
Hydrogène.	»	0,08	0,10	0,13	»
Argent. . .	65,71	»	»	65,30	65,86

Chauffé à 100°, dans un courant de gaz hydrogène, le mellate d'argent noircit, en dégageant de l'eau ; le résidu se dissout dans l'eau, en donnant un liquide brun foncé, fort acide, qui dépose peu à peu un miroir d'argent métallique, et l'on a ensuite en dissolution du mellate d'argent dans l'acide mellique. Le résidu brun renferme évidemment du mellate argenteux.

Lorsqu'on chauffe avec de l'iode le mellate d'argent préalablement exposé à 180°, il se produit, outre l'iodure d'argent, un sublimé blanc cristallin, fort acide et très-soluble dans l'eau.

Mellate d'argent et de potasse. — Suivant M. Woehler, un mélange de nitrate d'argent et de mellate de potasse, additionné d'acide nitrique, dépose au bout de quelque temps de petits prismes transparents d'un sel double. (∞ P : P $=$ 121° 30 ; ∞ P : $\infty \overset{.}{P} \infty$ $=$ 119° 11). Lorsqu'on chauffe les cristaux, ils deviennent d'abord opaques, en perdant de l'eau, puis ils se boursouflent avec une sorte d'explosion, et laissent un résidu composé d'argent et de carbonate de potasse.

Mellates de mercure. — α. Le *sel mercureux*, séché à 100°, contient, suivant M. Karmrodt, $C^8Hg^2O^8$ $+$ 4 aq. Le nitrate mercureux donne, avec les mellates alcalins et avec l'acide mellique, un

---

[1] Le sel a a été séché dans le vide à 180° ; cette dessiccation l'a rendu noir, ce qui paraît indiquer qu'il contenait de l'ammoniaque ; le sel b a été préparé par l'acide mellique et un sel d'argent ; le sel c contenait de l'ammoniaque et a été séché dans le vide ; le sel d est le sel précédent séché à l'air.

précipité blanc grenu, presque insoluble dans l'eau, mais fort soluble dans l'acide nitrique. L'eau s'en dégage à 190°.

β. Le *sel mercurique*, séché à 100°, contient $C^8Hg^2O^5 + 4$ aq. On l'obtient sous la forme d'une masse blanche et grenue, en broyant à chaud le bioxyde de mercure avec de l'acide mellique et un peu d'eau ; on peut aussi précipiter l'acide mellique ou les mellates alcalins par du nitrate mercurique.

Mellates de palladium[1]. — L'oxyde de palladium, obtenu en précipitant à l'ébullition le chlorure par le carbonate de soude, neutralise parfaitement l'acide mellitique. La liqueur, concentrée jusqu'à consistance de sirop, ne dépose pas de cristaux.

L'ammoniaque dissout le sel précédent, en donnant une liqueur incolore qui dépose, par l'évaporation, des prismes rhomboïdaux présentant souvent des hémitropies. D'après l'analyse de M. Karmrodt, ce sel renferme $C^8Pd^2O^8$, $4\,NH^3 + 4$ aq.

Le *mellate de palladium et de potasse* cristallise en prismes groupés en mamelons qui tombent à l'air en déliquescence.

Le *mellate de palladium et de soude* se dépose de sa solution évaporée à consistance de sirop, sous la forme de pyramides trigonales, contenant 34,0 p. c. de palladium.

Dérivés éthyliques de l'acide mellique. Éthers melliques.

§ 2042. *Acide éthyl-mellique* ou mellovinique[2], $C^8H(C^4H^5)O^6$. — Cet acide n'est connu qu'à l'état de sel de baryte.

On prépare ce sel, suivant MM. Erdmann et Marchand, en faisant bouillir dans un ballon, avec de l'alcool absolu, de l'acide mellique contenant encore un peu d'acide sulfurique, de manière que les vapeurs puissent de nouveau revenir se condenser. On sature par la baryte, qui précipite le mellate et le sulfate, on abandonne à l'air pendant quelques jours pour que l'excédant de baryte puisse se carbonater, et l'on filtre. Le liquide, évaporé dans le vide sur l'acide sulfurique, donne alors l'éthyl-mellate de baryte.

Ce *sel de baryte*, $C^8Ba(C^4H^5)O^8$, est amorphe, gommeux et fort soluble dans l'eau. Il tournoie à la surface de l'eau comme le butyrate de baryte. Il se décompose en partie par la dessiccation à 100°. Sa solution ne précipite pas les autres sels métalliques.

<hr>

[1] KARMRODT, *loc. cit.*
[2] ERDMANN et MARCHAND, *loc. cit.*

Il a donné à l'analyse :

	Erdm. et Marchand.	Calcul.
Carbone. .	34,02	34,28
Hydrogène.	2,58	2,85
Baryte. . .	36,57	36,19

Lorsque, suivant M. Woehler, on fait bouillir l'acide mellique avec de l'alcool absolu, pendant quelques heures, et que l'on concentre ensuite la liqueur par l'évaporation, on obtient un résidu brun foncé qui se dessèche en une masse diaphane, sans la moindre trace de cristallisation. L'eau versée sur ce résidu devient laiteuse comme une émulsion, et en sépare une poudre blanche, insipide et fusible, qui se dissout dans l'alcool en donnant une liqueur acide. La même poudre se dissout aisément dans l'ammoniaque, en donnant une combinaison cristalline; l'acide chlorhydrique produit un précipité blanc floconneux dans la solution de ce sel d'ammoniaque.

Amides melliques.

§ 2043. M. Woehler a décrit deux amides de l'acide mellique. L'une, la *paramide*, correspond aux imides, et présente la composition d'un bimellate d'ammoniaque moins les éléments de l'eau

$$C^8H(NH^4)O^8 - 4\ HO = C^8HNO^4.$$

Bimellate d'ammon.   Paramide.

L'autre amide, dit *acide euchroïque*, présente, suivant M. Woehler, la composition du trimellate d'ammoniaque moins de l'eau :

$$2\ C^8H(NH^4)O^8, C^8H^2O^8 - 8\ HO = C^{24}H^4N^2O^{16}.$$

Trimellate d'ammon.   Acide euchroïque.

§ 2044. *Paramide*[1], ou mellimide, C^8HNO^4. — On obtient aisément ce corps en chauffant sur un bain d'huile; le mellate d'ammoniaque réduit en poudre, et placé dans une capsule de porcelaine, il faut remuer souvent, et maintenir la température entre 150 et 160°, pendant plusieurs heures, c'est-à-dire pendant tout le temps qu'on sent l'odeur de l'ammoniaque. Cet alcali se dégage déjà à 100 (par l'effet du passage du sel neutre à l'état de sel acide). Lorsqu'on dépasse la limite de 160°, on détermine la formation de produits secondaires qui compliquent la réaction. Après cette opéra-

---

[1] WOEHLER (1841), *Ann. der Chem. u. Pharm.* XXXVII, 268. — SCHWARZ, *ibid.*, LXVI, 52.

tion, le sel se trouve converti en une poudre d'un jaune pâle que l'eau décompose en deux substances, dont l'une, blanche et insoluble, constitue la paramide ; l'autre est soluble et constitue l'euchroate d'ammoniaque. Il faut laver la substance blanche long-temps à l'eau froide, jusqu'à ce que le liquide filtré n'ait plus de saveur acide. En évaporant la solution jusqu'à siccité, on voit l'euchroate d'ammoniaque se déposer en cristaux.

La paramide, à l'état sec, se présente sous la forme d'une masse blanche assez compacte ; elle jaunit peu à peu à l'air. Elle est sans saveur ni odeur. Délayée dans l'eau, elle offre l'aspect de l'argile et en présente même l'odeur. Elle est insoluble dans l'eau, l'alcool, l'acide nitrique et même l'eau régale. Elle se dissout à chaud dans l'acide sulfurique ; l'eau la précipite non altérée de cette dissolution. On peut la chauffer à 200° sans qu'elle s'altère ; mais, à une température plus élevée, elle se charbonne, en développant du cyanhydrate d'ammoniaque, ainsi qu'un sublimé qui se compose en partie d'une matière bleu-verdâtre, demi-fondue, en partie d'aiguilles jaunes et très-amères.

Composition de la paramide :

	Woehler.	Schwarz.	C^8HNO^4.
Carbone. . . .	51,17	50,01	50,53
Hydrogène. . .	1,65	1,52	1,06
Azote.	»	13,47	14,74
Oxygène. . .	»	»	33,67
			100,00

Bouillie pendant longtemps avec de l'eau, la paramide finit par se dissoudre en produisant du mellate d'ammoniaque acide :

$$C^8HNO^4 + 4\ HO = C^8H(NH^4)O^8.$$

Paramide.   Mell. d'amm. acide.

Cette transformation s'opère aisément si l'on fait agir l'eau à une température de 200°, dans un tube scellé à la lampe.

Les alcalis déterminent une transformation semblable ; cependant l'action n'est pas instantanée. La paramide se dissout au contact de la potasse ou de l'ammoniaque aqueuse ; l'acide chlorhydrique la reprécipite[1] de cette dissolution. Mais la dissolution dans la potasse

[1] M. Schwarz donne le nom d'*acide paramique* au précipité blanc, composé d'aiguilles microscopiques, qu'il a obtenu en faisant dissoudre la paramide dans l'ammoniaque, et faisant tomber la solution dans l'acide chlorhydrique. Ce produit donnait avec le zinc la réaction de l'acide euchroïque ; il se dissolvait en petite quantité dans

étant longtemps abandonnée à elle-même, laisse dégager de l'ammoniaque, et n'est ensuite plus troublée par les acides; elle manifeste alors les réactions propres aux euchroates. Toutefois ces réactions ne sont elles-mêmes que transitoires; car, au bout d'un certain temps, la dissolution ne renferme plus que du mellate. Sous l'influence de la chaleur, cette transformation s'opère immédiatement.

Le *sel d'argent* s'obtient lorsqu'on dissout la paramide dans une solution d'ammoniaque très-étendue, et qu'on y ajoute du nitrate d'argent; il se produit ainsi un précipité abondant et gélatineux, qui, séché à 150°, est d'un jaune pur. Cette combinaison brunit à 200°, en dégageant de l'ammoniaque; à une température plus élevée, elle développe de l'acide cyanhydrique.

Le sel[1] séché à 150° paraît être du paramidate d'argent ammonium $C^8(NH^3Ag)NO^4$, et le sel séché à 200°, du paramidate d'argent C^8AgNO^4.

	Sel séché à 150°.			Sel séché à 200°.	
	Woehler.	Calcul.		Woehler.	Calcul.
Carbone.	22,74	21,92	Argent.	52,74	53,47
Hydrogène.	0,82	1,37			
Argent.	51,22	49,31			

§ 2045. *Acide euchroïque*[2], $C^{24}H^4N^2O^{16}$(?). — Pour l'obtenir on dissout l'euchroate d'ammoniaque dans une très-petite quantité d'eau bouillante, et l'on verse de l'acide chlorhydrique ou nitrique dans la solution encore chaude.

L'acide euchroïque se sépare, par le refroidissement, sous la forme d'une poudre blanche et cristalline, qu'on purifie par une nouvelle cristallisation. Il s'obtient alors en très-petits prismes rhomboïdaux ordinairement groupés deux à deux; il est peu soluble à froid et possède une réaction très-acide.

d'eau bouillante, et s'en précipitait, par le refroidissement, à l'état pulvérulent. Sa solution dans l'ammoniaque se transformait par l'ébullition en mellate d'ammoniaque.

M. Schwarz a trouvé dans le produit séché à 179° :

Carbone.	47,25
Hydrogène.	2,10
Azote.	13,78
Oxygène.	

Il présume que le produit, récemment précipité, a été de l'*acide mellamique* (euchroïque?), que la dessiccation à 179° aurait ensuite partieflement transformé en paramide.

[1] LAURENT, *Ann. de Chim. et de Phys.*, [3] XXIII, 121.

[2] Du grec εὔχροος, de belle couleur, pour rappeler la matière bleue que l'acide euchroïque donne au contact du zinc.

L'analyse de l'acide euchroïque séché à 200° a donné les résultats suivants :

	Woehler.	Schwarz [1].			$C^{24}H^4N^2O^{16}$.
Carbone. .	48,66	47,31	47,55	47,39	47,13
Hydrogène.	1,66	1,42	1,51	1,56	1,37
Azote. . .	10,98	9,26	9,10	»	9,21
Oxygène. .	»	»	»	»	42,11
					100,00

Bien que les nombres exigés par la formule $C^{24}H^4N^2O^{16}$ soient assez rapprochés des résultats de l'analyse, cette formule, tout à fait exceptionnelle pour un acide amidé, ne me paraît pas bien établie. Je présume que l'acide euchroïque pur renferme $C^8H^3NO^6$ (acide mellamique) et que c'est à sa transformation partielle en paramide (mellimide) par la chaleur que sont dues les différences entre cette formule et les analyses. En effet, MM. Woehler et Schwarz ont analysé l'acide euchroïque séché à 200°, c'est-à-dire ayant perdu par la dessiccation 10,54 p. c. d'eau. On se demande pourquoi ces chimistes n'ont pas plutôt analysé l'acide cristallisé.

Chauffé jusqu'à 200°, dans un tube de verre scellé à la lampe, avec une quantité d'eau qui ne suffit pas à sa dissolution dans les circonstances ordinaires, l'acide euchroïque finit par se dissoudre complétement en produisant du mellate d'ammoniaque acide.

L'acide euchroïque se comporte d'une manière particulière avec le zinc métallique. Au contact de ce métal, la solution de l'acide euchroïque se transforme en une matière bleue qui se dépose sur le métal. Une lame de zinc, plongée dans une solution d'acide euchroïque, se colore immédiatement à la surface d'un bleu magnifique ; cette couleur est si intense qu'une goutte de la dissolution, appliquée sur une lame de zinc, suffit pour indiquer la présence des moindres traces d'acide euchroïque. Cette matière bleue se détache lorsqu'on plonge le zinc dans une dissolution très-étendue d'acide chlorhydrique. Lavée et desséchée, elle se présente sous la forme d'une masse noire qui ne contient pas de zinc. A la moindre chaleur, même sur le papier, elle devient aussitôt entièrement blanche, et se trouve alors de nouveau transformée en acide euchroïque. Cette substance bleue, à laquelle M. Woehler donne le nom

---

[1] M. Schwarz dit avoir fait de l'acide euchroïque quinze combustions, avec des résultats différents ; toutefois, il ne cite, dans son mémoire, que les trois analyses dont les résultats se rapprochent de ceux de M. Woehler.

d'*euchrone*, se dissout dans l'ammoniaque et dans la potasse; la dissolution, qui est d'un pourpre magnifique, se décolore promptement au contact de l'air, lorsqu'on l'agite ou qu'on la transvase.

L'euchrone peut aussi prendre naissance sous l'influence des sels ferreux. L'addition de l'acide euchroïque à une dissolution de protochlorure de fer ne produit aucun changement; mais, dès qu'on y ajoute un alcali, il se forme un précipité abondant d'un violet foncé.

§ 2046. Les *euchroates* se décomposent aisément au contact des alcalis en mellates et en ammoniaque. On les reconnaît à la coloration bleue qu'ils communiquent au zinc métallique, en présence des alcalis.

Le *sel d'ammoniaque* s'obtient, par l'évaporation des eaux de lavage provenant de la préparation de la paramide, sous la forme de croûtes blanches, à peine cristallines. Le sel séché à 200° a donné :

	Woehler.	$C^{24}H^2(NH^4)^2N^2O^{16}$
Carbone. . .	42,98	42,60
Hydrogène. .	2,92	2,96

Le *sel de baryte* se précipite sous la forme d'une poudre jaune clair, lorsqu'on verse de l'eau de baryte dans un excès d'une solution aqueuse et chaude d'acide euchroïque.

Le *sel de plomb* est un précipité jaune et cristallin qu'on obtient en versant une solution aqueuse et bouillante d'acide euchroïque dans une solution diluée d'acétate de plomb. Le sel séché à l'air perd à 160° 11,36 p. c. d'eau, et renferme alors 42,41 p. c. d'oxyde de plomb (Woehler).

Le *sel d'argent* est une poudre d'un jaune de soufre, qu'on obtient en mélangeant une solution aqueuse et bouillante d'acide euchroïque avec une solution étendue de nitrate d'argent; lorsqu'on la traite par l'ammoniaque, elle devient si gélatineuse qu'elle traverse les filtres. Le sel séché a donné à l'analyse :

	Woehler.		$C^{24}Ag^4N^2O^{16}$.
	Sel séché à 150°	id. à 200°	
Carbone. . . .	20,23	»	19,67
Hydrogène. . .	0,19	»	»
Argent. . . .	56,77	58,53	59,01

Dérivés pyrogénés de l'acide mellique.

§ 2047. *Acide pyromellique*[1], $C^{20}H^4O^{16} + 4$ aq. — Pour obtenir ce corps, on distille doucement l'acide pyromellique dans une cornue; il produit ainsi un sublimé qui fond et se rend dans le récipient sous la forme de gouttes oléagineuses, se concrétant en une masse radiée; il passe en même temps de l'eau. La cornue retient du charbon dont la quantité est d'autant plus grande qu'on a chauffé plus brusquement. Les gaz qui se forment dans cette opération se composent en plus grande partie d'acide carbonique, mêlé d'une très-petite quantité d'oxyde de carbone.

Un autre procédé consiste à distiller un mellate, par exemple, le sel à base de soude ou de cuivre, avec de l'acide sulfurique concentré. L'acide pyromellique passe alors avec ce dernier, et peut en être séparé par la cristallisation. Il se développe en même temps beaucoup d'acide carbonique, un peu d'oxyde de carbone, et finalement du gaz sulfureux; si l'on a chauffé vers la fin jusqu'à l'incandescence, le résidu ne se compose que de sulfate présque entièrement exempt de charbon.

Pour obtenir l'acide pyromellique à l'état de parfaite pureté, il convient de le transformer en sel de soude, de faire cristalliser celui-ci dans l'alcool faible, et de le décomposer par l'acide chlorhydrique ou nitrique. On complète la purification de l'acide par la cristallisation dans l'eau.

L'acide pyromellique cristallise en prismes appartenant au système triclinique. M. Naumann a observé la combinaison, $oP. \infty P'. \infty 'P. P, ,P. \infty \bar{P} \infty , 2 \bar{P} \infty$. Inclinaison des faces; $o P : \infty P' = 111°$; $o \bar{P} : \infty 'P = 94°15'$; $\infty 'P : \infty P' = 76° 30'$; $o P : ,P = 62°$; $o P : P, = 71°45'$; $\infty 'P : P, = 73°$; $\infty P' : P, = 140°45'$; $\infty P : ,P = 147°45'$; $o P : \infty \bar{P} \infty = 99°45'$; $o P : 2 \bar{P} \infty 76°30'$; $\infty \bar{P} \infty : 2 \bar{P} \infty = 156°45'$. Les cristaux sont peu solubles dans l'eau froide, très-solubles dans l'eau bouillante; l'alcool les dissout aussi en grande quantité.

---

[1] ERDMANN (1851), *Journ. f. prakt. Chem.* LII, 432, et, en extrait, *Ann der Chem. u. Pharm.*, LXXX, 281.

Composition de l'acide pyromellique, séché à 100°—120°.

	Erdmann.		$C^{20}H^6O^{16}$.	$C^{10}H^2O^8$
Carbone.	47,27	47,81	47,24	47,6
Hydrogène. . . .	2,34	2,41	2,37	1,6
Oxygène.	»	»	49,39	50,8
			100,00	100,0
			+ 4 aq.	+ 2 aq.
Eau de cristallis.	12,33	12,53	12,41	12,5

La formule, $C^{20}H^6O^{16}$, s'accorde le mieux avec les analyses de
M. Erdmann ; elle rend également compte de la formation [1] de
l'acide pyromellique, car on a :

$$3\ C^8H^2O^8 = 2\ C^2O^4 + C^{20}H^6O^{16}.$$
Ac. mellique.   Ac. pyromellique.

D'après cette formule, l'acide pyromellique devient quadribasique,
ce qui est jusqu'à présent sans exemple en chimie organique.

Chauffés à 100°, les cristaux de l'acide mellique perdent 12,5 p.
c. d'eau. A une température très-élevée, l'acide pyromellique fond
et se sublime, en se décomposant en partie et en laissant du charbon. Si l'on calcine à l'air l'acide fondu, il prend feu et brûle
avec une flamme brillante et fuligineuse.

L'acide nitrique, l'acide chlorhydrique et l'acide sulfurique
concentrés dissolvent l'acide pyromellique à l'ébullition sans le
décomposer ; l'eau précipite la solution sulfurique. On peut même
évaporer un mélange d'acide nitrique et d'acide chlorhydrique sur
l'acide pyromellique, sans qu'il en soit décomposé.

La solution aqueuse de l'acide pyromellique précipite en blanc
l'acétate neutre de plomb ; elle ne donne pas de précipité avec les
autres solutions métalliques.

§ 2048. Les *pyromellates* à base d'alcali sont des sels incolores,
cristallisables, fort solubles dans l'eau, insolubles dans l'alcool concentré, peu solubles dans l'alcool faible. Leur solution précipite
un grand nombre de sels métalliques ; les précipités retiennent vo-

---

[1] Le dégagement de l'eau, dans la distillation de l'acide mellique, peut tenir à ce qu'il
passe d'abord de l'acide pyromellique anhydre qui se transforme ultérieurement en acide
hydraté, par la dissolution dans l'eau. La petite quantité d'oxyde de carbone, observée
en même temps, semble être un produit secondaire.

Les rapports $C^{10}H^2O^8$ ne pourraient pas se déduire avec simplicité de la formule de
l'acide mellique ; ils supposeraient d'ailleurs dans l'analyse de M. Erdmann une erreur
de 0,8 p. c. sur l'hydrogène, erreur qu'un aussi habile expérimentateur ne peut pas avoir
commise. La composition des sels de plomb et d'argent n'est pas non plus favorable aux
rapports $C^{10}H^2O^8$.

lontiers une certaine quantité d'alcali ; on évite cet inconvénient en versant à chaud les pyromellates alcalins dans un excès de sel mé-allique.

Le *sel de baryte* est un précipité blanc, insoluble dans l'eau bouillante.

Le *sel de chaux* ne se précipite pas immédiatement à froid par le mélange du chlorure de calcium avec une solution de pyromellate de soude ou d'ammoniaque ; le précipité n'apparaît qu'à la longue ou si l'on chauffe le mélange ; il est cristallin et insoluble dans l'eau bouillante. Le sel séché à l'air dégage 24,6 p. c. d'eau par la dessiccation à 130° ; le résidu renferme 33,92 p. c. de chaux.

Le *sel de zinc* ne se produit pas à froid ; mais à la longue, ou si l'on chauffe, il se précipite à l'état cristallin.

Le *sel de nickel* et le *sel de cobalt* ne se précipitent pas par le mélange d'un pyromellate alcalin avec le sulfate de nickel ou de cobalt ; par l'évaporation du mélange, il se forme de petits cristaux verts pour le nickel, et rouges pour le cobalt.

Le *sel ferrique* est un précipité jaune brunâtre qu'on obtient avec le perchlorure de fer. Le sulfate ferreux ne précipite pas les pyromellates alcalins à l'abri du contact de l'air.

Le *sel de manganèse* ne se précipite pas par le mélange du sulfate de manganèse avec un pyromellate alcalin.

Le *sel de plomb* est un précipité blanc volumineux cristallin et insoluble dans l'eau bouillante, qui se produit par le mélange de l'acétate de plomb neutre avec l'acide pyromellique ou avec un pyromellate alcalin. Le sel séché à 200° contient encore de l'eau ; en effet, il a donné à l'analyse :

	Erdmann.		$C^{20}H^2Pb^4O^{16}$ $+ 2$ aq.	$C^{10}Pb^2O^8 + $ aq.
Carbone.	17,55	»	17,54	17,59
Hydrogène. . . .	0,55	»	0,58	0,29
Oxyde de plomb.	65,34	65,23	65,49	65,68

Le *sel d'argent* s'obtient sous la forme d'un précipité blanc, cristallin, presque insoluble dans l'eau bouillante, par le mélange du nitrate d'argent avec un pyromellate à base d'alcali. Il ne s'altère pas au contact de la lumière. Lorsqu'on le chauffe très-fort, il se décompose brusquement, en donnant un charbon volumineux qui, suffisamment calciné, laisse un résidu d'argent très-divisé. Le sel séché à 120° a donné à l'analyse :

	Erdmann.			$C^{20}H^2Ag^4O^{16}$	$C^{10}Ag^2O^8$
Carbone. . . .	17,81	17,73	17,82	17,5	17,6
Hydrogène. . .	0,32	0,28	0,31	0,3	»
Oxyde d'argent.	67,70	67,67	68,01	68,0	68,2

Les *sels de mercure* (mercureux et mercurique) constituent des précipités blancs.

Le *sel d'or* ne se précipite pas par le mélange du chlorure d'or avec un pyromellate alcalin.

ACIDE ROCCELLIQUE.

Composition : $C^{24}H^{22}O^6$ (?)

§ 2049. L'acide roccellique[1] est une espèce de matière grasse, extraite par Heeren du *Roccella tinctoria*. On peut aisément l'obtenir en épuisant ce lichen par de l'ammoniaque caustique et concentrée; on précipite par le chlorure de calcium l'extrait étendu d'eau, on lave bien le précipité, on le décompose par l'acide chlorhydrique, et on dissout dans l'éther l'acide roccellique mis en liberté. La solution éthérée, soumise à l'évaporation, dépose celui-ci en petits cristaux parfaitement blancs, soyeux, qui se présentent au microscope à l'état de petites tables carrées.

L'acide roccellique est sans saveur ni odeur; il est entièrement insoluble dans l'eau, même à 100°. Il n'exige au contraire que 1,81 parties d'alcool bouillant de 0,819 densité pour se dissoudre; il est également soluble dans l'éther. Par le refroidissement de sa solution, il cristallise en aiguilles courtes. Sa solution alcoolique rougit le tournesol.

Il renferme :

	Liebig[2]	Schunck.		$C^{24}H^{22}O^6$.
Carbone. . . .	67,17	66,07	65,83	67,29
Hydrogène. .	10,64	10,62	10,73	10,29
Oxygène. . .	»	»	»	22,42
				100,00

L'acide roccellique fond à environ 130°, sans rien perdre de son poids, et se prend, par le refroidissement, à 122°, en une masse blanche cristalline; il ne contient donc pas d'eau de cristallisation.

---

[1] Schunck, *Ann. der Chem. u. Pharm.*, LXI, 78.
[2] Cette analyse est calculée avec l'ancien poids atomique du carbone.

A une température plus élevée, il prend feu, et brûle comme une matière grasse. Lorsqu'on le chauffe dans un petit tube à essais, il donne un sublimé huileux, en ne laissant presque pas de résidu; ce sublimé se concrète peu à peu.

Les alcalis étendus ne dissolvent pas l'acide rocellique.

Lorsqu'on y verse de la potasse caustique, il se transforme en une masse gélatineuse, insoluble dans une lessive alcaline, mais soluble dans l'eau pure; la solution mousse comme de l'eau de savon, et donne par l'évaporation un résidu cristallin.

L'ammoniaque se comporte avec l'acide roccellique comme la potasse.

Les carbonates alcalins dissolvent également l'acide roccellique.

Une solution alcoolique d'acide roccellique précipite l'acétate de plomb, mais elle ne précipite pas le nitrate d'argent. La solution des roccellates solubles donne, avec le nitrate d'argent, un précipité blanc qui brunit par l'ébullition, sans se réduire complètement.

Une solution alcoolique d'acide roccellique ne réduit pas le chlorure d'or à l'ébullition.

Le *sel de baryte* et le *sel de chaux* sont des précipités blancs floconneux qu'on obtient avec une solution ammoniacale d'acide roccellique et les chlorures de baryum et de calcium.

Le *sel de plomb*, précipité par l'acétate de plomb d'une dissolution d'acide roccellique dans un peu d'ammoniaque, paraît renfermer $C^{24}H^{21}PbO^6,PbO$; il a donné, en effet :

	Schunck.		Calcul.
Carbone.	33,70	34,34	33,5
Hydrogène. . . .	5,13	5,16	4,9
Oxyde de plomb.	51,36	51,08	52,2

ACIDE SANTONIQUE.

Syn. : santonine.

Composition : $C^{30}H^{16}O^6(?)$.

§ 2050. Cette substance a été découverte presque en même temps par M. Kahler [1] et par M. Alms, dans les sommités fleuries de

[1] KAHLER, *Archiv v. Brandes*, XXXIV, 318 ; XXXV, 217. — ALMS, *ibid.*, XXXIX, 190. — H. TROMMSDORFF jeune, *Ann. der Chem. u. Pharm.*, XI, 90. — ETTLING, *ibid.*, XI, 207. — W. HELDT, *ibid.*, LXIII, 10 et 40.

plusieurs variétés d'*Artemisia* et dans le semen-contra, qui est la fleur non épanouie de ces plantes.

On l'obtient en épuisant à chaud, par l'alcool, un mélange de semen-contra et d'un peu de chaux caustique; on chasse l'alcool par la distillation, et l'on sursature par de l'acide acétique. On purifie le produit qui se précipite, en le dissolvant dans l'alcool, et en traitant la solution par le charbon animal. La santonine cristallise en prismes hexagones et aplatis, ou en houppes entrelacées, incolores, qui jaunissent au contact de la lumière, sans changer de composition. Une solution éthérée la dépose sous forme de tables rhombes. Elle est sans odeur; sa solution alcoolique est fort amère; sa densité est de 1,247.

Elle a donné à l'analyse :

	Ettling.		Heldt.				Calcul. $C^{30}H^{18}O^6$
Carbone. . . .	72,68	72,01	73,70	73,30	73,24	73,01	73,41
Hydrogène. . .	7,48	7,47	7,29	7,37	7,38	7,48	7,21
Oxygène. . . .	19,84	20,52	19,01	19,33	19,48	19,51	19,38
	100,00	100,00	100,00	100,00	100,00	100,00	100,00

La santonine est presque insoluble dans l'eau froide; l'eau bouillante la dissout un peu mieux, mais elle se dissout surtout dans l'alcool bouillant. Elle est moins soluble dans l'éther.

Suivant M. Trommsdorff, 1 p. de santonine exige, pour sa dissolution, à 22°,5 43 p., à 50° 12 p., à 80° 2,7 p. d'alcool; à 17°,5 75 p. et à 40° 42 p. d'éther; à 17°,5 5000 p. et à 100°,250 p. d'eau.

Elle fond à 136° en un liquide incolore, qui se concrète, par le refroidissement, en une masse cristalline; si on la maintient en fusion, elle éprouve une modification moléculaire qui la rend amorphe. Elle partage ce caractère avec beaucoup d'autres résines cristallisables; par exemple, avec l'hellénine.

Elle peut être sublimée; toutefois la sublimation ne réussit qu'avec de petites quantités; quand on opère sur plus de matière, il s'en décompose beaucoup pour se convertir en une huile qui se prend, par le refroidissement, en une matière brune et résinoïde.

Le chlore l'attaque à chaud en produisant une matière brune, fort soluble dans l'alcool et les alcalis. On obtient une substance définie, en dissolvant à chaud la santonine dans l'acide chlorhydrique additionné d'un peu d'alcool, et en ajoutant des cristaux de chlorate pendant qu'on agite le mélange. Il se sépare bientôt une masse amorphe qu'on fait cristalliser dans l'alcool absolu. M. Heldt a trouvé dans les cristaux : carbone, 57,6—57,4; hydrog., 5,3

—5,4; chlore, 21,8. Ils constituent la santonine bichlorée, $C^{30}H^{16}Cl^2O^6$.

Le brome donne aussi un produit cristallisable.

L'acide sulfurique concentré dissout à froid la santonine sans la décomposer, l'eau l'en précipite de nouveau; la solution rougit à la longue, en donnant une matière résineuse. L'acide nitrique fumant la dissout également; l'acide étendu la convertit, par une ébullition prolongée, d'abord en une matière amère et incristallisable, fort soluble dans l'eau et l'alcool, et finalement en un acide cristallisable, très-soluble dans l'eau et l'alcool, qui paraît être de l'acide succinique. Parmi les produits volatils de l'oxydation par l'acide nitrique, on trouve de l'acide cyanhydrique.

La santonine se dissout dans les alcalis caustiques et fixes, en donnant des combinaisons définies. L'ammoniaque ne paraît pas se combiner avec elle. Lorsqu'on met la santonine en digestion avec de l'alcool et des oxydes métalliques, la liqueur prend une belle couleur cramoisie qui disparaît au bout de quelque temps.

§ 2051. Les *santonates* se décomposent par l'ébullition prolongée avec de l'eau, en mettant de la santonine en liberté.

Le *sel de potasse* forme une masse gommeuse qui s'obtient comme le santonate de soude.

Le *sel de soude*, $C^{30}H^{18}O^6$,NaO,HO $+ 7$ aq. (?), s'obtient en mettant du carbonate de soude sec en digestion avec une solution alcoolique de santonine, jusqu'à décoloration du mélange; on évapore à 30° jusqu'à siccité, on épuise le résidu par l'alcool absolu pour séparer l'excès du carbonate, et on abandonne le liquide filtré à l'évaporation spontanée. Le santonate de soude se dépose alors en fines aiguilles feutrées qui s'obtiennent par la cristallisation dans très-peu d'eau, sous la forme de gros prismes à base rhombe, appartenant, suivant M. Heldt, au système rhombique. (Faces dominantes, ∞ P. ∞ $\breve{P}$ ∞. $\breve{P}$ ∞. Inclinaison des faces, ∞ P : ∞ P. $= 141°$ environ; $\breve{P}$ ∞ : $\breve{P}$ ∞ dans le plan de l'axe vertical et de la petite diagonale $= 102°$ environ.) A 100°, les cristaux perdent 7 at. d'eau.

Le *sel de baryte*, $C^{30}H^{18}O^6$,BaO,HO, $+$ aq. (à 100°), s'obtient sous la forme d'une croûte blanche, quelque peu gélatineuse et se desséchant en une poudre légère.

Le *sel de chaux*, $C^{30}H^{18}O^6$, CaO, HO, à 100°, s'obtient en aiguilles soyeuses, si l'on évapore à siccité un mélange de santonine, de chaux et d'alcool aqueux, évaporant à siccité, dissolvant le résidu dans l'eau, précipitant l'excès de chaux par un courant de gaz carbonique, et évaporant à cristallisation la solution filtrée.

Le *sel de zinc* se précipite en flocons blancs, quand on ajoute du santonate de potasse à du sulfate de zinc.

Le *sel de plomb*, $C^{30}H^{18}O^6,PbO$, à (120°), s'obtient en mélangeant une solution alcoolique et bouillante d'acétate de plomb, filtrant et exposant le mélange pendant quelque temps à la température de 30 à 40°, en évitant l'accès de l'acide carbonique de l'air. La combinaison se dépose alors sous forme de groupes mamelonnés, composés de petites aiguilles nacrées.

Le santonate de potasse précipite aussi : les sels d'*argent* et les sels *mercureux*, en blanc ; les sels *ferriques*, en chamois ; les sels de *cuivre*, en bleu pâle. Les sels *mercuriques* n'en sont pas précipités.

ACIDES TANNIQUES.

§ 2052. Sous le nom de *tannins* [1], on désignait autrefois toutes les substances astringentes ayant la propriété de se combiner avec la peau animale ou de précipiter la gélatine ; de se colorer en noir ou en bleu par les sels ferriques, et de donner des composés peu solubles avec plusieurs alcalis végétaux ; mais on confondait ainsi des corps entièrement différents sous le rapport de la composition et des caractères chimiques. Ce n'est que depuis quelques années qu'on est parvenu à distinguer parmi les tannins plusieurs principes particuliers, tels que l'*acide gallotannique* ou tannin des noix de galle (§ 2053), l'*acide cafétannique* ou tannin du café (§ 2070), l'*acide cachoutannique* ou tannin du cachou (§ 2067), l'*acide morintannique* ou tannin du bois jaune (§ 2072), l'*acide quercitannique* ou tannin du chêne rouvre (§ 2076), l'*acide quinotannique* ou tannin des quinquinas (§ 2078), etc. L'écorce et les feuilles de la plupart de nos arbres, comme les chênes, les pins, les sapins, les poiriers, les pru-

---

[1] Outre les tannins décrits dans ce chapitre, quelques chimistes admettent : l'*acide aspertannique* dans l'aspérule odorante, l'*acide rubitannique* dans les feuilles de garance, l'*acide bohéique* dans le thé noir, l'*acide callutannique* dans la bruyère, l'*acide rhodotannique* dans les feuilles de rhododendron, l'*acide léditannique* dans le romarin sauvage, l'*acide pinitannique* dans l'écorce des pins, etc. Les expériences sur lesquelles on s'est basé pour admettre tous ces corps me paraissent trop défectueuses pour être consignées dans ce livre. Voy. ROCHLEDER, *Ann. der Chem. u. Pharm.*, LXIII, 202. *Journ. de Pharm.*, [3] XXIII, 476. — SCHWARZ, *Ann. der Chem. u. Pharm.*, LXXX, 333. — WILLIGK, *ibid.*, LXXXII, 240. — KAWALIER, *Journ. f. prakt. Chem.*, LX, 321.

niers, contiennent des matières tannantes en quantité variable. On
en trouve même dans les fruits : tout le monde sait que les poires
et les pommes noircissent légèrement dans la partie fraîchement
entamée par une lame de couteau. Plusieurs végétaux non cultivés
contiennent une si grande quantité de tannin, qu'on peut les employer avec avantage dans la teinture et la tannerie ; tels sont l'ar-
bousier (*Arbutus uva ursi*), qui est très-riche : plusieurs espèces
d'*Epilobium* ; la tormentille (*Tormentilla erecta*, L.); la bistorte
(*Polygonum bistorta*, L.); la salicaire (*Lythrum salicaria*, L.), etc.

La composition et les métamorphoses chimiques ne sont connues
d'une manière certaine que pour le tannin de la noix de galle. Ce
tannin, soumis à l'action des acides dilués, se dédouble en *acide
gallique*, $C^{14}H^6O^{10}$ (§ 2056), et en glucose :

$$C^{54}H^{22}O^{34} + 8\,HO = 3\,C^{14}H^6O^{10} + C^{12}H^{12}O^{12}.$$

Ac. gallotanniq.   Ac. gallique.   Glucose.

Il est probable que les autres tannins se comportent d'une manière analogue [1].

Soumis à l'action de la chaleur, l'acide gallique perd les éléments
de l'acide carbonique, et se convertit en *acide pyrogallique*, C^{12}
H^6O^6 ; celui-ci peut aussi s'obtenir directement par la distillation
du tannin de la noix de galle.

Les autres tannins ne donnent pas d'acide pyrogallique. Avec
les tannins du café et du bois jaune, on obtient, dans les mêmes
circonstances, de l'acide oxyphénique (§ 1395). Cet acide est fort
rapproché par sa composition de l'acide pyrogallique, car on a [2] :

Acide oxyphénique. . . . $C^{12}H^6O^4$.

Acide pyrogallique. . . . $C^{12}H^6O^6$.

L'acide oxyphénique se produit aussi par la distillation de la *catéchine* (§ 2068), substance contenue dans le cachou, et probablement semblable à l'acide gallique.

Tous les tannins sont remarquables par l'avidité avec laquelle
ils absorbent l'oxygène, particulièrement en présence des alcalis.

---

[1] M. Laurent présume avec raison (*Compt. rend. de l'Acad.*, XXXV, 161) que les
différents tannins sont holomogues ; cependant les formules que ce chimiste a cru devoir
assigner à ces corps ne me semblent pas conformes à l'expérience.

[2] Peut-être l'acide oxyphénique est *l'hydrure d'oxyphényle*, et l'acide pyrogallique, l'oxyde hydraté correspondant :

Acide oxyphénique. . . . $C^{12}H^5O^4$

H

Acide pyrogallique. . . . $C^{12}H^5O^4O$

HO

Ils se convertissent ainsi en des corps différemment colorés, rouges, bruns, noirs et mêmes verts : l'*acide tannoxylique* (§ 2063), l'*acide viridique* (§ 2069), l'*acide rubinique* (§ 2071), le *rouge cinchonique* (§ 2079), etc., sont des produits de cette espèce, d'une composition d'ailleurs mal connue.

C'est aussi à cette facile oxydation des tannins qu'il faut attribuer les colorations bleues, noires ou vertes qu'ils présentent avec les sels ferriques ; on sait, du moins, que les sels ferriques, en colorant les tannins, sont ramenés par eux à l'état de sels ferreux. Cette réaction est fréquemment utilisée dans la teinture pour la coloration des tissus en noir et en gris ; la préparation de l'encre à écrire ordinaire repose également sur la réaction des sels ferriques avec les tannins.

Les tannins possèdent une autre propriété fort importante pour l'industrie : ils se combinent avec la matière animale de la peau, et produisent ainsi une substance imputrescible, le *cuir*. On comprend, sous le nom de *tannage*, les opérations à l'aide desquelles on détermine ce genre de combinaison. Nous y reviendrons plus loin en nous occupant plus particulièrement de la peau animale.

Tannin de la noix de galle.

§ 2053. ACIDE GALLOTANNIQUE[1], ou tannin de la noix de galle, $C^{54}H^{22}O^{34}$ (Strecker). — Cette substance est contenue en quantité notable dans les noix de galle, espèce d'excroissance qui se forme sur les bourgeons à peine formés des jeunes rameaux du chêne des teinturiers du Levant (*Quercus infectoria* Oliv.) à la suite de la piqûre d'un insecte, le *Cynips gallæ tinctoriæ*; c'est l'infusion aqueuse ou l'extrait alcoolique de ces noix de galle qui sert de réactif dans les laboratoires.

Le tannin du sumac paraît être le même corps (Stenhouse); mais le tannin de l'écorce du chêne-rouvre est différent.

Pour préparer l'acide gallotannique, on emploie de préférence

[1] BRACONNOT, *Ann. de Chimie*, L, 376. — PELLETIER, *Ann. de Chimie*, LXXXVII, 103. — PELOUZE, *Ann. de Chim. et de Phys.*, LIV, 337. — LIEBIG, *Ann. der Chem. u. Pharm.*, X, 172. — BUECHNER, *ibid.*, LIII, 175, 349. — STENHOUSE, *Philos. Magaz.* XXII, 417; XXIII, 331. *Ann. der Chem. u. Pharm.*, XLV, I. — WETHERILL, *Journ. de Pharm.*, [3] XII, 107. — MULDER, *Ann. der Chem. u. Pharm.*, XXXI, 124. — *Scheikund. Onderzoeking*, IV, 639. — WACKENRODER, *Journ. f. prakt. Chem.*, XXIV, 28. — STRECKER, *Ann. der Chem. u. Pharm.*, LXXXI, 247. *Compt. rend. de l'Acad.*, XXXIX, 49.

l'espèce de noix de galle dite *galle noire*, qui en est le plus riche[1]. L'acide gallotannique n'y est mêlé qu'avec de très-petites quantités de matières étrangères, et l'extrait de cette noix de galle peut être considéré comme du tannin assez pur, avec une très-petite quantité seulement d'acide gallique, ainsi qu'avec du gallotannate ou du gallate de chaux et de potasse, sans compter une certaine matière brune qui se produit, en quantité plus ou moins considérable, par l'action de l'air et aux dépens du tannin, pendant la dessiccation des noix de galle ou l'évaporation de l'extrait.

M. Pelouze opère l'extraction de l'acide gallotannique au moyen de l'éther ordinaire, dans un appareil de déplacement. Cet appareil se compose d'une allonge longue et étroite, reposant sur une carafe ordinaire et terminée à sa partie supérieure par un bouchon de cristal. On introduit d'abord une mèche de coton dans la douille de l'allonge, et, par-dessus, de la noix de galle réduite en poudre fine. On comprime très-légèrement cette poudre, et, lorsque son volume est égal à la moitié de la capacité de l'allonge, on achève de remplir celle-ci avec de l'éther du commerce. On bouche imparfaitement l'appareil et on l'abandonne à lui-même. Le lendemain on trouve dans la carafe deux couches de liquide bien distinctes : l'une, éthérée et très-fluide, occupe la partie supérieure; l'autre, plus pesante, sirupeuse et d'une couleur légèrement ambrée, reste au fond du vase et renferme du tannin. On lave ce dernier avec de l'éther, et on le dessèche dans une étuve ou dans le vide. Il

---

[1] Voici la composition des noix de galle, suivant M. Guibourt :

Acide gallotannique.	65
— gallique (§ 2056).	2
— ellagique (§ 2061).	2
— Intéogallique (§ 2061),	
Chlorophylle et huile volatile.	0,7
Matière extrative brune	2,5
Gomme.	2,5
Amidon.	2
Ligneux.	10,5
Sucre liquide.	
Albumine.	
Sulfate de potasse	
Chlorure de potassium.	1,3
Gallate de potasse.,	
— de chaux.	
Oxalate de chaux.	
Phosphate de chaux.	
Eau	11,5
	100,0

reste ainsi un résidu spongieux, comme cristallin, très-brillant, quelquefois incolore, mais plus souvent d'une teinte légèrement jaunâtre. C'est du tannin pur, dont la saveur est franchement astringente, sans amertume. 100 p. de noix de galle donnent par ce procédé de 35 à 40 p. de tannin.

Dans l'opération précédente, si, au lieu de l'éther aqueux ordinaire, on emploie de l'éther anhydre, et qu'on dessèche préalablement les noix de galle, on n'obtient pas de couche sirupeuse chargée de tannin ; suivant M. Guibourt [1], l'éther anhydre s'empare bien du tannin, mais en produisant une matière tellement épaisse et visqueuse qu'elle ne peut pas être expulsée, par voie de déplacement, de la poudre de noix de galle. Aussi l'extraction du tannin exige-t-elle toujours le concours de l'eau ou de l'alcool. M. Guibourt recommande, comme particulièrement avantageux, l'emploi de 20 p. d'éther anhydre et de 1 p. d'alcool.

M. Mohr [2] considère le rôle de l'eau comme nuisible plutôt qu'avantageux dans le traitement des noix de galle, attendu qu'elle en gonfle la poudre, et la rend moins perméable à l'éther. Suivant ce pharmacien, le rendement est toujours plus considérable par l'emploi de l'éther alcoolisé : volumes égaux d'éther anhydre et d'alcool de 90 centièmes donnent passé 72 p. c. de tannin. Si l'on traitait les noix de galle par l'alcool seul, celui-ci dissoudrait encore d'autres substances que l'éther en précipiterait ensuite sous forme de flocons.

La méthode de déplacement, décrite précédemment, est excellente pour l'extraction du tannin des noix de galle, mais elle ne convient pas au traitement d'autres parties végétales plus chargées de substances étrangères que les noix de galle. Dans ce dernier cas, on utilise quelquefois la propriété que possède le tannin de se combiner avec les alcalis végétaux : à cet effet, on prépare un extrait aqueux de la partie végétale dont il s'agit d'isoler le tannin, et on le précipite par l'acétate de quinine, de cinchonine, ou d'un autre alcali, on lave le précipité, et on le dissout dans l'alcool. La solution étant ensuite mélangée avec de l'acétate de plomb, il se produit du tannate de plomb insoluble, tandis que l'alcali organique reste dans la solution, à l'état d'acétate, et peut de nouveau servir au même usage, après la précipitation de l'excès de plomb de la

---

[1] Guibourt, *Revue scientif.*, XIII, 32. — Dominé, *Journ. de Pharm.*, [3] V, 231.
[2] Mohr, *Ann. der Chem. u. Pharm.*, LXI, 352.

liqueur par l'hydrogène sulfuré. Enfin, le tannate de plomb ayant à son tour été traité par ce sulfure, on filtre et l'on évapore dans le vide la liqueur filtrée. Pour purifier ce tannin ainsi obtenu, il faudrait de nouveau le dissoudre dans l'éther alcoolisé, séparer les parties insolubles, et évaporer à siccité la liqueur éthérée limpide.

§ 2054. A l'état de pureté, l'acide gallotannique se présente sous la forme d'une matière incolore, amorphe, brillante, sans odeur, et d'une saveur fort astringente, non amère. Ordinairement il est jaunâtre; cette teinte est due à l'action de l'air, et en partie aussi à celle de la lumière. Il est fort soluble dans l'eau; sa solution rougit le tournesol. Il se dissout également dans l'alcool, ainsi que dans l'éther anhydre; sa solution éthérée constitue un liquide sirupeux qui ne se mélange pas avec une plus grande quantité d'éther, mais on peut, par de nouvelles additions d'acide gallotannique, transformer aussi celle-ci en un sirop contenant de 46 à 56 p. c. d'acide gallotannique (Mohr). Il est entièrement insoluble dans les huiles grasses et dans les huiles essentielles.

Desséché à 100° ou 120°, il renferme :

	Liebig.	Berzélius.	Pelouze.			Mulder.		Wetherill.	Strecker.			$C^{54}H^{27}O^{34}$.
Carbone . . .	51,5	51,5	51,1	50,9	50,3	51,5	52,1	50,65	52,5	52,2	52,5	{52,4
Hydrogène . .	4,1	5,8	4,0	4,4	4,2	3,6	3,9	5,64	3,8	3,8	3,7	5,6
Oxygène . . .	»	»	»	»	»	»	»	»	»	»	»	44,0
												100,0

A l'abri de l'air, la solution aqueuse de l'acide gallotannique se conserve sans altération; on peut en séparer de nouveau l'acide gallotannique par l'addition de différents sels, tels que l'acétate de potasse, le chlorure de potassium, le chlorure de sodium, etc.

Si l'on chauffe l'acide gallotannique à la température de l'huile bouillante, il se forme de l'eau, de l'acide carbonique et un abondant résidu brun-noir composé d'acide gallulmique (§ 2066). Si l'on ne chauffe l'acide gallotannique que vers 210 à 215°, on obtient de l'acide carbonique, de l'acide pyrogallique et un résidu brun, c'est-à-dire les mêmes produits que donne aussi l'acide gallique, avec cette différence qu'on ne peut éviter, avec l'acide gallotannique, la production d'une quantité notable d'acide gallulmique. (Pelouze).

La solution de l'acide gallotannique précipite les sels ferriques en noir violacé, et l'émétique en blanc gélatineux. Elle donne aussi, avec la solution d'un grand nombre d'alcalis végétaux (quinine, cinchonine, brucine, strychnine, etc.), des précipités blancs peu solubles dans l'eau, très-solubles dans l'acide acétique. Elle précipite aussi les solutions d'albumine et d'amidon.

Versée dans une solution de gélatine maintenue en excès, la solution de l'acide gallotannique produit un précipité blanc, soluble, surtout à chaud, dans la liqueur surnageante. Si l'acide gallotannique domine, le précipité, au lieu de se dissoudre par la chaleur, se rassemble sous la forme d'une membrane grisâtre fort élastique; cependant il n'est alors pas tout à fait insoluble, car la liqueur surnageante colore les sels ferriques.

Lorsqu'on laisse l'acide gallotannique, pendant quelques heures, en contact avec un morceau de peau dépilée par la chaux et telle qu'on l'introduit dans les fosses avec le tan, l'acide gallotannique est absorbé en totalité, et l'eau qui le tenait en dissolution ne produit plus la plus légère coloration avec les sels ferriques. Si l'acide gallotannique est mêlé avec de l'acide gallique, n'en contînt-il que 4 à 5 millièmes de son poids, la liqueur colore très-sensiblement en bleu les sels ferriques. C'est le meilleur moyen de s'assurer de la présence de l'acide gallique dans le tannin de la noix de galle.

Suivant Berzélius, l'acide gallotannique se combine avec des acides plus énergiques en produisant des combinaisons solubles dans l'eau pure. Les combinaisons qu'il donne avec les acides minéraux sont insolubles dans un excès de ces derniers : aussi la solution aqueuse et concentrée de l'acide gallotannique est abondamment précipitée en blanc par les acides sulfurique, chlorhydrique, phosphorique, arsénique et borique; suivant M. Stenhouse, l'acide chlorhydrique la précipite d'une manière plus complète que l'acide sulfurique. Les acides sélénieux, sulfureux, acétique, citrique, malique, succinique, oxalique et tartrique ne donnent pas de précipités. (Suivant M. Wackenroder, on obtiendrait des précipités avec l'acide oxalique et l'acide tartrique dans des solutions très-concentrées.) D'après des expériences récentes de M. Strecker, les combinaisons admises par Berzélius entre l'acide gallotannique et les autres acides n'existent pas, et les précipités en question consistent simplement en tannin plus ou moins imbibé des autres acides, et tiennent à ce que le tannin est moins soluble dans les liqueurs acides que dans l'eau pure.

54.

L'acide sulfurique concentré dissout à froid l'acide gallotannique en se colorant en jaune brunâtre; si l'on chauffe la solution,
elle devient pourpre et finalement noire, en dégageant de l'acide
sulfureux. Lorsqu'on fait bouillir l'acide gallotannique avec de
l'acide sulfurique étendu, il se convertit en acide gallique et en
glucose (Strecker) :

$$C^{54}H^{22}O^{34} + 8\,HO = 3\ C^{14}H^{6}O^{10} + C^{12}H^{12}O^{12}.$$
Ac. gallotanniq.   Ac. gallique.   Glucose.

Cette équation se trouve confirmée par les proportions d'acide
gallique et de glucose qui se produisent par décomposition de l'a-
cide gallique : M. Wetherill a obtenu comme maximum 87 p. c.
d'acide gallique, et M. Strecker, jusqu'à 22 p. c. de glucose.

Si l'on emploie de l'acide sulfurique moins étendu, il se produit
une matière ulmique couleur de suie (*acide mélangallique* de Stenhouse), soluble dans l'alcool et dans l'ammoniaque; la solution
ammoniacale de ce produit ulmique donne avec les sels métalliques
des précipités bruns ou couleur olive.

L'acide nitrique transforme promptement l'acide gallotannique
en acide oxalique, avec dégagement de bioxyde d'azote.

Le chlore colore la solution de l'acide gallotannique en rouge,
puis en jaune, ensuite il la décolore et la décompose entièrement.

Une solution de potasse concentrée et bouillante transforme l'a-
cide gallotannique en acide gallique, et, si l'air est en contact avec
le mélange, l'acide gallique ainsi produit se transforme en partie en
une substance ulmique (*acide tannomélanique*). Il ne se produit
pas d'acide gallique si l'on sature d'acide gallotannique, à froid,
une solution de potasse moyennement étendue ; la liqueur absorbe
alors promptement l'oxygène, et prend peu à peu une teinte rouge
foncée telle qu'elle paraît presque opaque. Une partie du tannin est
alors également convertie en un produit d'oxydation (*acide tannoxylique*). Une solution aqueuse d'acide gallotannique, incomplétement neutralisée par l'ammoniaque, est d'un rouge jaunâtre, et
prend peu à peu à l'air une teinte verdâtre ; dans le cas d'un excès
d'ammoniaque, la liqueur prend immédiatement une teinte rouge
foncée.

Lorsqu'on traite l'acide gallotannique par un mélange d'ammoniaque caustique et de sulfite d'ammoniaque, on obtient un produit
contenant de l'acide gallamique (§ 2059).

Une solution d'acide gallotannique fort étendue, étant abandonnée au contact de l'air, perd peu à peu sa transparence, et dépose
une matière grise cristalline, composée en grande partie d'acide
gallique. Si l'on fait l'expérience dans un tube gradué et avec du
gaz oxygène, celui-ci s'absorbe lentement et se remplace par un
volume égal d'acide carbonique (Pelouze), en même temps qu'on
voit se former dans la liqueur des aiguilles d'acide gallique. Cette
métamorphose de l'acide gallotannique en acide gallique s'effectue
plus promptement en présence des ferments, surtout en présence
de la matière azotée contenue dans les noix de galle. (Voy. *Acide
gallique*). La synaptase, la levûre de bière, l'albumine végétale,
l'albumine animale et la légumine ont une action fort douteuse
sur l'acide gallotannique en solution récente, et retardent plutôt
qu'elles n'accélèrent sa transformation en acide gallique ; si, au
contraire, la solution d'acide gallotannique est ancienne, les ferments précédents développent très-nettement de l'acide carbonique et de l'alcool (E. Robiquet), provenant évidemment du glucose qui se produit en même temps que l'acide gallique.

§ 2055. Les *gallotannates* sont peu connus sous le rapport de la
composition. L'acide gallotannique décompose les carbonates avec
effervescence, et précipite la plupart des solutions métalliques.

Les sels à base d'alcali sont solubles, et possèdent une saveur astringente ; leur solution ne précipite la gélatine qu'autant qu'un
autre acide libre s'y trouve mélangé.

La solution des gallotannates s'altère promptement au contact de
l'air, surtout en présence d'un excès de base.

Le brome attaque vivement les gallotannates, en donnant une
résine brunâtre.

Le *sel d'ammoniaque* se produit lorsqu'on mélange peu à peu de
petites quantités de carbonate d'ammoniaque avec une solution
d'acide gallotannique ; il se forme ainsi un précipité blanc qui
est terreux, après la dessiccation dans le vide. Lorsqu'on fait passer
à refus de l'ammoniaque gazeuse au sein d'une solution d'acide
gallotannique dans l'alcool absolu, il se dépose des flocons blancs,
ou, dans le cas d'une forte concentration du liquide, une masse
blanche et résinoïde qui devient friable après avoir été plusieurs
fois lavée à l'alcool absolu. Desséché sur l'acide sulfurique, ce
produit forme une masse légèrement brunâtre, fort soluble dans
l'eau.

Si l'on emploie de l'alcool aqueux dans la préparation précédente, le même produit se sépare sous la forme de gouttes oléagineuses.

Le sel desséché sur l'acide sulfurique paraît renfermer $C^{54}H^{21}(NH^4)O^{34}$; il a donné à l'analyse :

	Buechner.		Calcul.
Carbone. . .	51,o3	51,3	51,3
Hydrogène .	4,48	4,5	3,3
Azote. . . .	3,13	3,5	2,2

Le *sel de potasse* paraît renfermer $C^{54}H^{20}K^2O^{34}$. On l'obtient en ajoutant une solution alcoolique de potasse à une solution moyennement concentrée d'acide gallotannique dans l'alcool, jusqu'à ce qu'on voie se former des veines rouges à la surface de la liqueur. Il se produit ainsi des flocons blancs cristallins, qu'on lave à l'alcool ; exprimé et desséché, ce précipité est terreux, fort soluble dans l'eau, et renfermé :

	Buechner.		Calcul.
Carbone. . .	45,o	45,o	46,9
Hydrogène .	3,1	3,o	2,8
Potasse . . .	13,2	13,3	13,5

Un autre sel de potasse blanc et pulvérulent, moins soluble, se précipite lorsqu'on ajoute goutte à goutte une solution d'acide gallotannique, aqueuse et moyennement concentrée à une solution de carbonate de potasse.

Le *sel de soude* paraît contenir $C^{54}H^{20}Na^2O^{34}$ (à 100°). On l'obtient comme le sel de potasse. Desséché au bain-marie, il forme une masse légère, terreuse, jaunâtre, qui, délayée dans l'eau, devient gluante comme de l'eau gommée, et se dissout aisément dans une plus grande quantité d'eau. Il renferme :

	Buechner.			Calcul.
Carbone.	46,7	46,1	46,9	48,9
Hydrogène. . . .	3,3	3,1	3,4	3,o
Soude	10,7	10,0	11,0	9,3

Le *sel de baryte* a une composition différente, suivant son mode de préparation. Lorsqu'on mélange du chlorure de baryum avec une solution de gallotannate de soude, on obtient des flocons blancs, légers, presque insolubles dans l'eau froide, solubles en petite quantité dans l'eau bouillante. Ce sel paraît renfermer $C^{54}H^{30}$ Ba^2O^{34} (à 100°); il a donné, en effet :

	Buechner.	Calcul.
Carbone. . .	39,7	43,0
Hydrogène. .	2,8	2,6
Baryte . . .	20,7	20,2

On obtient un sel d'une autre composition en introduisant du carbonate de baryte récemment précipité dans une solution bouillante d'acide gallotannique, tant qu'il se produit une effervescence; on concentre par l'évaporation la liqueur filtrée et l'on y ajoute de l'alcool absolu. Il se produit ainsi un abondant précipité blanc, pulvérulent, renfermant à 100° :

	Buechner.
Carbone. . . .	33,8
Hydrogène. . .	2,3
Baryte.	32,2

Le *sel de chaux* s'obtient sous la forme d'un précipité blanc, si l'on mélange ensemble des solutions assez concentrées de gallotannate d'ammoniaque et de chlorure de calcium; le précipité est soluble dans l'eau pure. Lorsqu'on mélange une solution d'acide gallotannique avec un excès d'hydrate de chaux, il se produit un *sous-sel* presque insoluble, et la liqueur ne retient plus que des traces d'acide gallotannique.

Le *sous-sel de magnésie* s'obtient sous la forme d'une combinaison très-peu soluble par la digestion d'une solution d'acide gallotannique avec de l'hydrate ou du carbonate de magnésie; la liqueur ne retient que des traces d'acide, si l'on a employé un excès de magnésie.

Le *sel de zinc* est un précipité blanc qu'on obtient en mélangeant un gallotannate à base d'alcali avec du sulfate de zinc.

Le *sel de cuivre* constitue des flocons volumineux, brun-jaunâtre, qui se produisent par l'addition de l'acide gallotannique à une solution d'acétate de cuivre. Si l'on verse goutte à goutte le sel de cuivre dans la solution du tannin, le précipité est d'un blanc rougeâtre, et se dissout entièrement dans l'ammoniaque. (Suivant M. Wackenroder, la solution ammoniacale ne précipite pas par l'hydrogène sulfuré.)

Le *sel ferreux* est un précipité blanc et gélatineux qui se produit par le mélange de solutions concentrées de sulfate ferreux et d'acide gallotannique. Le précipité ne se forme pas dans des liqueurs étendues.

Lorsqu'on abandonne le mélange au contact de l'air, il s'y produit un précipité noir bleuâtre, par suite de la peroxydation du sel ferreux. Ce précipité, qui forme la matière colorante de l'encre ordinaire, se produit immédiatement par le mélange d'un sel ferrique avec un excès d'acide gallotannique. Cette réaction est fort sensible, et permet de découvrir les moindres traces de cette substance. Si l'on emploie un excès de sulfate ferrique, et qu'on y fasse tomber le tannin goutte à goutte, il ne se produit ni précipité ni coloration, le sel ferrique se réduisant aux dépens du tannin à l'état de sel ferreux ; la même réduction s'effectue si l'on fait bouillir le précipité noir formé par le sel ferrique en présence d'un excès d'acide tannique ; il se dégage alors de l'acide carbonique et le mélange se décolore. Le précipité noir, séché à 120°, a donné 12,02 p. c. de peroxyde de fer (Pelouze); la formule [1] $C^{54}H^{19}fe^{3}O^{34}$ en exigerait 11,92.

Le *sel d'antimoine* est un précipité blanc gélatineux très-peu soluble, qu'on obtient en mélangeant l'émétique avec l'acide gallotannique. Ce précipité présente une composition semblable à celle du sel ferrique (Pelouze).

Le *sel d'étain* se précipite à l'état de flocons blancs et volumineux par le mélange d'une solution de chlorure stanneux avec un gallotannate à base d'alcali ou avec de l'acide gallotannique ; la précipitation est complète si le chlorure stanneux est employé en quantité suffisante.

Le *sel de plomb* présente une composition différente, suivant les circonstances de sa formation. Lorsqu'on mélange une solution d'acide gallotannique avec moins d'acétate de plomb qu'il n'en faut pour la précipiter entièrement, le précipité est blanc, et brunit légèrement par la dessiccation à l'air. Bouilli avec de l'eau bouillante, ce précipité perd une partie de son acide, en laissant un composé renfermant 34,21 p. c. d'oxyde de plomb (Berzélius). Ce sel renferme probablement $C^{54}H^{19}Pb^{3}O^{34}$ (Calcul, 36,2 p. c. d'oxyde).

Lorsqu'on chauffe de l'acide gallotannique avec de l'oxyde de plomb, il se dégage 4,4 p. c. d'eau ; ce nombre correspond également à $C^{54}H^{19}Pb^{3}O^{31}$ (Strecker).

[1] $fe = {}^{2}/_{3}\,Fe.$

On obtient un autre sel de plomb en versant une solution d'acide gallotannique dans une solution bouillante d'acétate de plomb, en ayant soin de maintenir celle-ci en excès. Il se produit ainsi un précipité jaunâtre et pulvérulent. On est sûr de l'obtenir à l'état de pureté si on le maintient en ébullition dans le liquide où il s'est formé, en présence d'un excès d'acétate de plomb et d'un peu d'acide acétique libre. Il est presque insoluble. Séché à 100°, il paraît renfermer $C^{54}H^{19}Pb^{3}O^{34}$, 6 PbO :

	Liebig.			Calcul.
Carbone.	20,2	»	»	20,2
Hydrogène. . . .	1,1	»	»	1,1
Ox. de plomb . .	63,8	63,7	63,0	63,0

Suivant M. Strecker, les précipités qu'on obtient avec l'acide gallotannique et l'acétate de plomb contiennent, par rapport à C^{54}, de 3 à 10 atomes de plomb.

Le *sel d'argent* forme un abondant précipité rouge-brun, lorsqu'on verse goutte à goutte du nitrate d'argent dans une solution d'acide gallotannique. Si l'on verse l'acide tannique dans le nitrate d'argent, on obtient un précipité noir, renfermant de l'argent métallique.

Le *sel de mercure* qu'on obtient avec le nitrate mercureux et le gallotannate de potasse est un précipité jaune; celui-ci se dissout dans un excès de nitrate mercureux, et la solution dépose peu à peu du mercure métallique.

Le sel mercurique est un précipité rouge brique, insoluble dans un excès de nitrate mercurique, mais il se dissout dans l'acide chlorhydrique, et la solution se trouble peu à peu par la formation du chlorure mercureux.

§ 2056. *Acide gallique*, $C^{14}H^{6}O^{10}$ + 2 aq. — Ce corps[1], découvert par Schéele, existe tout formé dans plusieurs plantes, et s'obtient artificiellement par la métamorphose de l'acide gallotannique. M. Pelouze et M. Strecker ont fait connaître sa composition et ses transformations.

[1] Schéele (1785), *Opuscula*, II, 224. — Berzélius, *Ann. de Chimie*, XCIV, 303. — Braconnot, *Ann. de Chim. et de Phys.*, IX, 181. — Chevreul, *Encyclop. méthod.*, VI, 230. — Pelouze, *Ann. de Chim. et de Phys.*, LIV, 337. — Liebig, *Ann. der Chem. u. Pharm.*, X, 172; XXVI, 126. — Robiquet, *l'Institut*, 1836, n° 161; *Ann. der Chem. u. Pharm.*, XIX, 204. *Ann. de Chim. et de Phys.*, LXIV, 385. *Journ. de Pharm.*, févr. 1839. *Ann. der Chem. u. Pharm.*, XXX, 229. — Buechner, *Ann. der Chem. u. Pharm.*, LIII, 175, 349.

Selon M. Avequin, on le rencontre particulièrement dans les graines de mango [1] (*Mangifera indica*, L.), d'où on peut l'extraire par une simple macération dans l'eau (1 kil. de graines donne ainsi environ 70 grammes d'acide gallique).

M. Kawalier [2] l'a trouvé dans les feuilles de busserole (*Arctostaphylos uva ursi*, Spreng.). Suivant M. Stenhouse [3], il est également contenu dans les gousses de libidibi (fruits du *Cæsalpinia coriaria*, Willd.), dans les cupules du chêne vélani (*Quercus Ægylops*, L.), et surtout dans le sumac des corroyeurs (feuilles et jeunes rameaux du *Rhus coriaria*, L.). Higgins [4] indique aussi l'existence de l'acide gallique dans les fleurs d'arnica (*Arnica montana*, L.), dans les racines d'ellébore noir (*Helleborus niger*, L.), d'ellébore blanc (*Veratrum album*), de colchique d'automne (*Colchicum autumnale*), dans l'écorce de *Strychnos nux-vomica*, etc.; mais l'assertion de Higgins n'a pas encore été vérifiée par l'analyse. Suivant M. Heumann [5], l'écorce de pommier renfermerait beaucoup d'acide gallique, avec un tannin différent de l'acide gallotannique. Les noix de galle ne renferment que de très-petites quantités d'acide gallique.

Lorsqu'il s'agit d'extraire l'acide gallique des parties végétales contenant en même temps du tannin, on opère, suivant M. Stenhouse, de la manière suivante : on précipite les infusions végétales par une solution de gélatine, on évapore à siccité la liqueur séparée du précipité, et l'on épuise le résidu par de l'alcool bouillant. La solution alcoolique ayant ensuite été évaporée, on reprend le nouveau résidu par de l'éther, qui s'empare de l'acide gallique, et le dépose à l'état cristallisé par l'évaporation. On le redissout dans l'eau bouillante, et on le purifie par plusieurs cristallisations, en employant au besoin le charbon animal pour le décolorer.

Il est bien plus avantageux de préparer l'acide gallique par la métamorphose du tannin des noix de galle. Plusieurs procédés peuvent être employés : le plus simple consiste à abandonner les galles en poudre au contact de l'air, pendant un mois environ, à une température de 20 à 25 degrés, en les entretenant constamment humectées. La poudre se gonfle ainsi, et se couvre de moi-

[1] Avequin, *Ann. de Chim. et de Phys.*, XLVII, 20.
[2] Kawalier, *Journ. de Pharm.*, [3] XXIII, 477.
[3] Stenhouse, *Ann. der Chem. u. Pharm.*, XLV, 1.
[4] Higgins, *Allgem. Journ. der Chem. u. Phys. de Scherer*, V, 46.
[5] Heumann, *Repertor. f. Pharmac. de Buchner*, [2] XXXI, 324.

sissures. On exprime le liquide qui la mouille ; il contient beaucoup de matière colorante brune, et ne renferme en dissolution que fort peu d'acide gallique. On dissout ce dernier en traitant le résidu par l'eau bouillante, et l'on purifie par le charbon animal les cristaux déposés par le refroidissement et redissous dans 8 fois leur poids d'eau bouillante. Le rendement est d'environ 20 p. c. du poids des noix de galle employés, et même quelquefois plus considérable.

Le procédé précédent exige beaucoup de temps, mais il est aussi le moins coûteux: Il repose sur l'action exercée par une espèce de ferment azoté sur le tannin contenu dans la noix de galle[1]. L'accès de l'oxygène n'est pas absolument nécessaire pour l'accomplissement de cette métamorphose (Robiquet), mais il suffit que le tannin soit en contact avec un ferment quelconque, soit avec celui qui se trouve naturellement dans la noix de galle, soit avec de la levûre de bière, avec de la chair putréfiée ou avec toute autre substance putrescible (Larocque).

Le tannin de la noix de galle se convertit bien plus rapidement en acide gallique par l'action des acides ou des alcalis. Suivant M. Liebig, il suffit pour cela de précipiter une solution de tannin par l'acide sulfurique, et d'introduire le précipité dans de l'acide sulfurique moyennement étendu et bouillant, tant qu'il s'en dissout; l'ébullition ayant été maintenue pendant quelques minutes, la liqueur dépose par le refroidissement des cristaux d'acide gallique fort colorés. Après les avoir purifiés d'acide sulfurique par plusieurs cristallisations, on les fait dissoudre dans l'eau bouillante et l'on précipite la solution par de l'acétate de plomb; on lave le précipité, on le délaye dans l'eau bouillante et on le décompose par l'hydrogène sulfuré. Le mélange filtré bouillant dépose par le refroidissement des cristaux incolores.

D'après la remarque de M. Stenhouse, la transformation du tannin en acide gallique s'effectue aussi bien par l'acide chlorhydrique que par l'acide sulfurique, mais le rendement varie considérablement suivant la concentration des acides. M. Stenhouse trouve de l'avantage à étendre l'acide sulfurique de 7 à 8 fois son poids d'eau et à maintenir le mélange en digestion pendant un jour,

---

[1] Robiquet, *Ann. de Chim. et de Phys.*, LXIV, 385. — Larocque, *Journ. de Pharm.*, XXVII, 197. — E. Robiquet, *ibid.*, [3] XXIII, 241.

Suivant M. E. Robiquet, le ferment des noix de galle serait le même que la pectase (§ 1008) qui agit dans la fermentation pectique.

en ayant soin de remplacer de temps à autre l'eau vaporisée ; ensuite il concentre la liqueur à une douce chaleur. Elle dépose alors
par le refroidissement des cristaux à peine colorés, dont le poids
est presque égal (?) à celui du tannin employé, et qu'une nouvelle
cristallisation rend aisément incolores. Un acide sulfurique plus concentré donne bien moins de produit, une grande partie de l'acide
gallique se transformant alors en une matière ulmique colorée. Le
même résultat s'obtient avec l'acide chlorhydrique, s'il n'est pas
suffisamment étendu.

L'emploi de la potasse pour la préparation de l'acide gallique
n'est guère à recommander à cause de l'oxydation prompte que ce
corps éprouve sous l'influence des alcalis. Pour transformer le tannin, il faut employer une lessive de potasse bouillante (faite avec
1 p. d'hydrate sec et 2 p. d'eau), y introduire le tannin par petites
portions, laisser refroidir la liqueur colorée, et la sursaturer par
l'acide acétique. Elle se prend alors en une bouillie qu'on exprime
et qu'on décolore par le charbon animal, après avoir dissous les
cristaux dans l'eau bouillante. Il est nécessaire aussi d'ajouter à la
liqueur un peu d'acide chlorhydrique pour décomposer le gallate
de potasse que les cristaux pourraient contenir. (On n'en obtient
ainsi qu'environ 56 à 60 p. c. du tannin employé.) On peut dans
cette préparation, employer un extrait aqueux de noix de galle,
rapproché à consistance de sirop; mais les cristaux d'acide gallique ne se décolorent alors qu'imparfaitement par le charbon animal. Suivant M. Buechner, on parvient à les purifier en les traitant
par l'alcool, qui s'empare de l'acide gallique et dissout assez mal la
matière brune ; par l'évaporation, la solution alcoolique dépose des
cristaux presque incolores; on en complète la purification par une
nouvelle cristallisation dans l'eau bouillante.

§ 2057. L'acide gallique cristallise en longues aiguilles soyeuses,
ou en prismes obliques rhomboïdaux appartenant au système triclinique[1]. Combinaison observée, oP. 'P.∞ ,'P.∞ P',.∞ P̆∞ . Inclinaison des faces, 'P : ∞ P̆∞ =95°; 'P : ∞ ,'P =125°20'; ∞ P̆∞ :
∞ ,'P =84°; ∞ ,'P :∞ P', = 160°; 'P : oP = 116°; ∞ P̆∞ : oP
= 150° environ. Clivage parallèlement à 'P, moins net parallèlement à ∞ P̆∞ . Les cristaux sont sans odeur, d'une saveur astringente légèrement acidule; ils se dissolvent dans 100 p. d'eau froide
et dans 3 p. d'eau bouillante; la solution rougit le tournesol. Ils

<hr>

[1] Brooke, *Annales of. Philos.*, VI, 119.

sont fort solubles dans l'alcool, beaucoup moins solubles dans l'é-
ther. Ils perdent 9,5 p. c. = 2 atomes d'eau par la dessiccation
à 100 .

Desséché, l'acide gallique a donné les résultats suivants [1] :

	Pelouze.			Liebig.		Stenhouse [2].						$C^{14}H^6O^{10}$.
						a	a	b	b	c	c	
Carbone. .	49,5	49,6	49,4	49,17	49,58	49,4	49,0	49,5	49,1	49,4	49,2	49,41
Hydrogène.	3,8	3,6	3,6	3,65	3,58	3,6	3,8	3,8	3,7	3,7	3,7	3,53
Oxygène. .	»	»	»	»	»	»	»	»	»	»	»	47,06
												100,00

Lorsqu'on chauffe l'acide gallique sec dans un bain d'huile,
à 210 ou 215°, il se décompose entièrement, suivant M. Pelouze,
en acide carbonique et en acide pyrogallique (§ 2064) :

$$C^{14}H^6O^{10} = C^2O^4 + C^{12}H^6O^6.$$
Ac. gallique.   Ac. pyrogalliq.

Si on le chauffe brusquement à 240 ou 250°, il se produit encore
de l'acide carbonique ; mais, au lieu de l'acide pyrogallique, on
obtient de l'eau et une matière noire ulmique (§ 2066). Celle-ci
ne se produit pas, d'après Robiquet, si l'on maintient l'acide gallique pendant quelques heures à 230°; dans ce cas on obtient un
résidu brunâtre et brillant, extrêmement soluble dans l'eau, précipitant la gélatine , mais ne précipitant pas les alcalis végétaux.

A l'abri de l'air, la solution de l'acide gallique se conserve sans
altération; mais, en présence de l'oxygène , elle dépose peu à peu
un sédiment noir, en développant de l'acide carbonique; cette altération est encore plus rapide sous l'influence des alcalis.

A l'état de pureté, la solution de l'acide gallique ne précipite ni
la gélatine ni les sels des alcalis végétaux; mais, mélangée avec de
la gomme, elle précipite la gélatine. Elle colore en bleu foncé les
sels ferriques.

Maintenu en ébullition au contact de l'air, avec un excès de potasse concentrée, l'acide gallique se transforme entièrement en un
acide noir (*acide tannomélanique*, § 2063).

---

[1] L'acide gallique paraît être un homologue de l'acide coménique (§ 718). On a en
effet :

Acide gallique. . . . $C^{14}H^6O^{10}$
Acide coménique. . . $C^{12}H^4O^{10}$
Différence. $\overline{C^2H^2.}$

[2] Les analyses de M. Stenhouse ont été faites sur l'acide gallique : a directement extrait du sumac, b préparé par la métamorphose du tannin du sumac au moyen de l'acide
sulfurique, c directement extrait des gousses de libidibi. Les analyses de M. Pelouze et
de M. Liebig se rapportent à de l'acide gallique préparé avec la noix de galle.

Lorsqu'on abandonne au contact de l'air la solution de l'acid gallique additionnée de bicarbonate de chaux, la liqueur devient peu à peu bleuâtre, et finalement indigo foncé, en déposant un léger précipité vert bleuâtre. Si, au lieu d'abandonner la solution, on la porte immédiatement à l'ébullition, il se précipite du carbonate de chaux; la liqueur reste d'abord incolore, mais en se refroidissant elle bleuit peu à peu. Quand cette coloration a acquis son plus haut degré d'intensité, on peut précipiter des flocons bleu-foncé par l'addition de l'alcool ou d'un mélange d'alcool et d'éther. Mélangée avec un acide, la liqueur bleue devient d'un beau rouge; la chaux rétablit la couleur bleue. M. Wackenroder[1] attribue ces phénomènes de coloration à un acide particulier qu'il appelle *gallérythronique*[2]. Cet acide paraît aussi se former par l'action prolongée de l'air sur les précipités produits par un excès d'ammoniaque caustique dans les solutions faites avec le chlorure de calcium, de baryum, ou de strontium.

Lorsqu'on chauffe l'acide gallique avec une solution concentrée de chlorure de calcium, il s'y dissout et développe bientôt de l'acide carbonique; à 120°, le liquide dépose une poudre jaune et cristalline qui rougit le tournesol humide; abandonnée pendant quelque temps sur du papier, celle-ci communique aux points de contact une teinte noire (Robiquet).

Chauffé doucement avec de l'acide sulfurique concentré, l'acide gallique perd les éléments de l'eau et se convertit en acide rufigallique (§ 2060) :

$$C^{14}H^6O^{10} = C^{14}H^4O^8 + 2\ HO.$$
Ac. gallique.   Ac. rufigallique.

L'acide nitrique attaque promptement l'acide gallique et le transforme en acide oxalique.

Lorsqu'on fait passer du chlore dans une solution aqueuse d'acide gallique, elle se colore en jaune ou en brun, mais peu à peu elle perd de nouveau cette teinte, et l'acide est alors entièrement détruit; on ne connaît pas les produits de cette métamorphose.

Les sels d'argent et d'or sont réduits à l'état métallique par l'acide gallique.

§ 2058. Les *gallates* forment trois séries de sels, l'acide gallique étant tribasique (Strecker) :

[1] WACKENRODER, *Archiv der Pharm.*, XXVIII, 39.
[2] BERZÉLIUS le nomme *acide cyanogallique*.

Sels trimétalliques. . . . . . $C^{14}H^3M^3O^{10} = C^{14}H^3O^7, 3\,MO$

— bimétalliques. . . . . . . $C^{14}H^4M^2O^{10} = C^{14}H^3O^7, 2\,MO\big\}$

$$MO\big\}$$

— unimétalliques, dits acides. $C^{14}H^5MO^{10} = C^{14}H^3O^7, MO\big\}$

$$2\,HO\big\} \cdot$$

On connaît aussi des sous-sels et des sels suracides (combinaisons des sels acides avec l'acide gallique).

A l'état sec, les gallates se conservent sans altération ; en solution, ils ne se décomposent pas non plus en présence d'un peu d'acide gallique libre ; mais ils s'altèrent promptement sous l'influence d'un excès d'alcali, en absorbant l'oxygène, et en se colorant en brun ou en noir.

Les gallates sont vivement attaqués par le brome, et donnent une résine brunâtre.

La composition des gallates a été particulièrement étudiée par M. Th. Buechner.

Le *sel d'ammoniaque acide*, $C^{14}H^5(NH^4)O^{10} + 2$ aq., s'obtient en faisant passer un courant d'ammoniaque sèche au sein d'une solution d'acide gallique dans l'alcool absolu ; le sel se dépose quand la liqueur est près d'être saturée. (Si l'on opérait avec une solution de l'acide gallique dans l'eau ou dans l'alcool aqueux, la liqueur se colorerait en vert.) On lave le produit avec de l'alcool, pour enlever l'excès d'ammoniaque, puis on verse un peu d'eau sur le sel, et l'on porte à l'ébullition ; par le refroidissement, le gallate d'ammoniaque acide cristallise en fines aiguilles, légèrement colorées en brun. Ce sel ne perd pas d'eau à 100° ; il a donné à l'analyse :

	Buechner.		Calcul.
Carbone. . . .	40,9	41,0	40,97
Hydrogène. . .	5,4	5,3	5,36

Le même sel paraît s'obtenir quelquefois sans eau de cristallisation. M. Liebig, en effet, a trouvé dans un sel préparé par Robiquet[1] :

	Liebig.			Calcul.
Carbone. . . .	45,6	46,9	45,8	44,92
Hydrogène. . .	4,5	4,4	4,5	4,81

On ne connaît pas le gallate d'ammoniaque neutre.

Le *sel de potasse suracide* renferme $2\ C^{14}H^5KO^{10}, C^{14}H^6O^{10} + 2$

---

[1] Les différences entre le calcul et les expériences sont dues peut-être à ce que le sel analysé avait perdu par la dessiccation un peu d'ammoniaque.

aq. (à 100°), et constitue un trigallate. Lorsqu'on traite l'acide gallique par la potasse, quelles que soient d'ailleurs les précautions qu'on y apporte, le mélange se colore toujours par l'effet d'une oxydation de l'acide gallique au contact de l'air. On ne réussit à obtenir un sel de potasse pur qu'autant que celui-ci est précipité au moment même de sa formation : c'est ce qui arrive si l'on opère avec des dissolutions alcooliques, en ayant soin d'éviter l'emploi d'un excès de potasse. Lorsqu'on verse goutte à goutte une solution alcoolique de potasse dans la solution alcoolique de l'acide gallique, il se forme aussitôt un précipité blanc qui se redissout d'abord ; on continue d'ajouter lentement la liqueur alcaline jusqu'à ce qu'il se forme à la surface des veines verdâtres qui ne disparaissent pas par l'agitation ; alors le trigallate de potasse se dépose sous la forme de flocons blancs. On jette ceux-ci sur un filtre, et on les lave à l'alcool, de manière à enlever l'excès d'acide gallique. Le sel ainsi obtenu se dissout aisément dans l'eau, en donnant un liquide brunâtre qui, concentré, précipite par l'alcool absolu de petites aiguilles colorées en brun. Sa dissolution aqueuse est fort acide au papier.

Le trigallate de potasse a donné à l'analyse :

	Buechner.		Calcul.
Carbone.	41,5	41,2	42,34
Hydrogène. . . .	3,3	3,2	2,93
Potasse.	15,1	15,5	15,31

On ne connaît pas le gallate de potasse neutre.

Le *sel de soude acide*, $C^{14}H^5NaO^{10} + 6$ aq., se prépare avec les mêmes précautions que le sel de potasse, et se présente sous la forme de petites aiguilles, contenant 22,0 p. c. $= 6$ atomes d'eau de cristallisation, qui se dégagent à 100°.

Le *sel de baryte acide*, $C^{14}H^5BaO^{10} + 3$ aq., se prépare de la manière suivante : on verse du carbonate de baryte, récemment précipité, dans une solution concentrée et bouillante d'acide gallique, tant qu'il se produit une effervescence ; on étend d'eau la liqueur, on la fait bouillir quelques minutes, on la jette sur un filtre, et on concentre par l'ébullition la liqueur filtrée. Il se produit ainsi des croûtes cristallines qu'on enlève à mesure qu'elles se forment ; il ne s'en dépose pas par le refroidissement de la liqueur. Plus l'évaporation est rapide, plus les cristaux sont purs et blancs. Ils sont peu solubles dans l'eau, et insolubles dans l'alcool. Ils ne perdent rien de leur poids par la dessiccation à 100°.

Le même sel se précipite par le mélange du chlorure de baryum avec de l'acide gallique et un excès d'ammoniaque; le précipité s'altère promptement au contact de l'air.

Une solution de bigallate de soude ne précipite ni le chlorure de baryum, ni l'acétate de baryte.

Le *sel de strontiane acide*, $C^{14}H^5SrO^{10} + 4$ aq., se prépare comme le bigallate de baryte. Il forme de petites aiguilles peu solubles dans l'eau, insolubles dans l'alcool.

Le *sel de chaux acide*, $C^{14}H^5CaO^{10} + 3$ aq., forme de petites aiguilles qu'on obtient comme les deux sels précédents; les cristaux sont peu solubles dans l'eau, fort acides et insolubles dans l'alcool. Ils ne perdent rien de leur poids à 100°.

Le *sel de magnésie*, $C^{14}H^4Mg^2O^{10} + 4$ aq., s'obtient en faisant bouillir de l'acétate de magnésie avec un excès d'acide gallique. On évapore presque à siccité, et l'on reprend par l'alcool, qui enlève l'acide gallique non combiné. Le gallate de magnésie s'obtient ainsi sous la forme d'une poudre blanche légère, fort peu soluble dans l'eau.

On obtient des *sous-sels de magnésie* d'une composition variable, blancs, cristallins et fort peu solubles, en traitant le carbonate de magnésie par de l'acide gallique. Lorsqu'un liquide renferme de l'acide gallique libre, on peut enlever celui-ci entièrement en le traitant par un excès de carbonate de magnésie.

Le *sous-sel d'alumine* est aussi peu soluble que le sous-sel de magnésie. Si l'on traite à l'ébullition une solution d'acide gallique par de l'hydrate d'alumine récemment précipité, et qu'on sépare le dépôt par le filtre, on ne trouve plus d'acide gallique dans la liqueur filtrée. Une solution d'alun ne précipite l'acide gallique ni à chaud ni à froid, mais par l'addition d'une solution d'acétate de soude, il se précipite à chaud du sous-gallate d'alumine.

Le *sous-sel de zinc*, $C^{14}H^4Zn^2O^{10},2ZnO$ (à 100°), se dépose sous la forme d'un précipité blanc et volumineux lorsqu'on verse de l'acide gallique dans une solution d'acétate de zinc maintenu en excès. Les gallates acides à base d'ammoniaque, de potasse et de soude, précipitent également les sels de zinc solubles.

Le *sous-sel de nickel* est un sel vert fort peu soluble qu'on obtient en traitant l'acide gallique par du carbonate ou de l'hydrate de nickel. Sa composition varie suivant les circonstances où on le prépare. On peut entièrement enlever l'acide gallique d'une liqueur en la traitant à chaud par l'hydrate de nickel.

Le *sel de cobalt*, $C^{14}H^4Co^2O^{10}$+6 aq. (à 100°), se dépose sous la forme d'une poudre cramoisie lorsqu'on fait bouillir une solution d'acétate de cobalt avec un excès d'acide gallique, et que l'on concentre la liqueur par l'évaporation. On obtient des *sous-sels* d'une composition variable en traitant une solution bouillante d'acide gallique par de l'hydrate de cobalt.

Le *sel de fer* n'a pas encore été analysé. Les sels ferriques colorent la solution de l'acide gallique en bleu foncé; si l'on chauffe la liqueur, elle se décolore en dégageant de l'acide carbonique; le sel ferrique est alors réduit à l'état de sel ferreux.

Lorsqu'on fait dissoudre séparément, dans l'alcool, de l'acide gallique et du sulfate ferrique desséché, qu'on mélange les deux solutions, et qu'on chauffe le mélange à 60 ou 70°, il se colore en beau bleu, en même temps qu'il se produit un dépôt blanc et cristallin de sulfate ferreux [1]; ce dépôt est accompagné de gouttelettes résinoïdes qui se concrètent par le refroidissement (Persoz[2]).

Le *sel de manganèse*, $C^{14}H^4Mn^2O^{10}$+ 3 aq. (?), se précipite sous la forme d'une poudre blanche, grenue et cristalline, lorsqu'on chauffe ensemble des solutions concentrées d'acide gallique et d'acétate de manganèse. Le sel brunit promptement par la dessiccation.

Le *sel de chrome* ne paraît pas exister. On n'observe aucune réaction en faisant bouillir une solution d'alun, de chrome ou de sulfate de chrome avec la solution d'un gallate à base d'alcali; on n'obtient pas non plus de gallate de chrome en introduisant de l'hydrate de chrome dans une solution bouillante d'acide gallique.

Le sel d'antimoine, $C^{14}H^5(SbO^2)O^{10}$ (?), constitue un précipité blanc, peu cristallin, qu'on obtient en mélangeant avec de l'émétique une solution d'acide gallique ou de gallate à base d'alcali.

Le *sous-sel d'étain*, $C^{14}H^4Sn^2O^{10},2SnO$, s'obtient sous la forme d'un précipité blanc et cristallin, lorsqu'on ajoute de l'acide gallique à une solution de protochlorure d'étain préalablement neutralisé par de l'ammoniaque.

---

[1] Le sulfate ferreux est insoluble dans l'alcool, tandis que le sulfate ferrique s'y dissout.

[2] PERSOZ, *Compt. rend. de l'Acad.*, XXVII, 1064. — *Voy.* aussi : BARRESWIL, *Compt. rend. de l'Acad.*, XVII, 739. — WITTSTEIN, *Repert. f. die Pharm.* XLV, 289.

Le *sel de plomb*, $C^{14}H^5Pb^2O^{10}+$ aq. (à 100°), s'obtient lorsqu'on ajoute de l'acétate de plomb à une solution d'acide gallique chaude et maintenue en excès ; il se dépose sous la forme d'un précipité blanc qui devient cristallin au sein de la liqueur. Il perd 1 at. d'eau vers 150°.

Le sel séché à 100° renferme :

	Liebig.	Buechner.	Calcul.
Carbone. . . .	21,6	21,8	21,8
Hydrogène. . .	1,6	1,6	1,3
Ox. de plomb.	58,1	57,7	58,1

Lorsqu'on mélange une solution d'acide gallique avec un excès d'acétate de plomb et qu'on chauffe le mélange, la liqueur filtrée ne renferme plus une trace d'acide gallique.

Le gallate de plomb, récemment précipité, se dissout aisément à chaud dans l'acide acétique concentré.

Le *sous-sel de plomb* renferme $C^{14}H^5Pb^3O^{10}$, PbO (Strecker). Lorsqu'on verse une solution d'acide gallique dans une solution bouillante d'acétate neutre de plomb maintenu en excès, il se produit d'abord un précipité blanc et floconneux (probablement de sel neutre), que l'ébullition transforme en un sous-sel jaune et cristallin. Celui-ci renferme :

	Liebig.		Buechner.		Strecker.		Calcul.
Carbone	14,8	14,5	14,4	13,8	»	»	14,2
Hydrogène . . .	0,5	0,5	0,5	0,5	»	»	0,5
Ox. de plomb .	76,2	76,0	76,4	76,5	75,9	76,1	75,8

§ 2059. L'*acide gallamique*[1], $C^{14}H^7NO^8+$ 3 aq., s'obtient de la manière suivante : on ajoute à une solution alcoolique d'acide gallotannique un mélange d'environ 1 p. de sulfite d'ammoniaque sursaturé et de 5 à 6 p. d'ammoniaque ; la liqueur s'échauffe vivement et se fonce peu à peu, moins cependant que par l'ébullition de acide gallotannique avec l'ammonniaque seule. Si l'on fait la réaction peu à peu, on remarque qu'il se fixe beaucoup d'ammoniaque. (L'emploi du sulfite a pour but d'entraver l'action de l'air). Quand le produit sent légèrement l'ammoniaque, on l'évapore au bain-marie. On obtient ainsi une masse brune et gluante, composée

---

[1] A. KNOP et W. KNOP (1852), *Pharmaceut. Centralblatt*, 16 juin 1852, n° 27. — Ces chimistes donnent à l'acide gallamique le nom d'*acide tannigénamique*, et le représentent par la formule $C^{42}H^{20}N^3O^{23} + 9$ aq.

d'acide gallamique, d'une matière brune incristallisable, et quelquefois aussi de gallate d'ammoniaque. On la fait bouillir avec de l'alcool : il se forme ainsi deux couches, dont la supérieure, moins colorée, contient l'acide gallamique ; après l'avoir décantée, on reprend la couche brune inférieure par de nouvel alcool, et l'on répète plusieurs fois cette opération. Les liqueurs alcooliques déposent l'acide gallamique par l'évaporation ; on le fait cristalliser de nouveau dans de l'eau légèrement aiguisée d'acide chlorhydrique.

L'acide gallamique cristallise en belles lames d'un aspect gras, paraissant rectangulaires. A froid, il est peu soluble dans l'eau, encore moins soluble dans de l'eau aiguisée d'acide chlorhydrique ; à chaud, il est beaucoup plus soluble dans ces liquides. Sa solution réagit acide. Les cristaux perdent, à 100°, 13,8 p. c. (expérience, 13,9—14,3 p. c.) = 3 atomes d'eau.

Desséché à 120°, il a donné à l'analyse :

	A. et W. KNOP.			$C^{14}H^7NO^8$.
Carbone. . .	50,60	»	»	49,7
Hydrogène .	4,06	»	»	4,1
Azote. . . .	8,61	9,5	8,17	8,2

Cette composition représente celle du bigallate d'ammoniaque moins 2HO.

La potasse décompose rapidement l'acide gallamique en le colorant en brun. Délayé dans l'ammoniaque, il se colore en bleu, en pourpre ou en brun, suivant le contact de l'air. Chauffé avec un mélange de soude et de chaux, il dégage de l'ammoniaque ; si ce mélange est employé en quantité insuffisante, on observe aussi le dégagement d'un autre alcali volatil.

L'acide sulfurique concentré s'échauffe vivement avec l'acide gallamique ; la masse se concrète, et, si l'on y ajoute de l'eau, il se précipite une poudre blanche (acide gallique?)

La solution de l'acide gallamique donne avec l'acétate de plomb un sel qui contient de l'acide acétique.

Chauffé avec une solution concentrée et acidulée de bichlorure de platine, l'acide gallamique précipite tout son azote à l'état de chloroplatinate d'ammoniaque, en même temps qu'il se détruit en produisant une forte effervescence.

§ 2060. *Acide rufigallique* ou paraellagique, $C^{14}H^4O^9 + 2$ aq. (Robiquet). — Cette substance, qui, à l'état sec, renferme les éléments de l'acide gallique moins de l'eau, se forme par l'action de l'acide sulfurique sur l'acide gallique [1].

Lorsqu'on mélange 1 p. d'acide gallique avec 5 p. d'acide sulfurique concentré, il se produit peu à peu une bouillie qui, doucement échauffée, perd sa consistance, devient jaunâtre, et acquiert finalement une teinte cramoisie. Quand la température est arrivée à 140°, la liqueur est gluante et dégage de l'acide sulfureux. On la laisse refroidir, et on la verse goutte à goutte dans de l'eau froide : il se produit ainsi un abondant précipité brun-rouge, en partie floconneux, en partie cristallin. On sépare par des lévigations la partie cristalline, et on la lave sur un filtre. Sa quantité s'élève à plus de 50 p. c., et même quelquefois à 70 p. c. de l'acide gallique employé.

L'acide rufigallique ainsi obtenu forme des grains cristallins d'un brun de kermès, qui dégagent, à 120°, 10, 6 p. c. = 2 atomes d'eau, en perdant leur brillant. Il est presque insoluble dans l'eau, dont il exige près de 3500 parties. Chauffé fortement au contact de l'air, il se charbonne en plus grande partie, en se recouvrant de petits prismes, d'un rouge de cinabre.

Il se dissout dans la potasse. L'acide carbonique de l'air ne sépare de la liqueur aucune combinaison peu soluble ; ce n'est qu'à la longue qu'il s'y dépose des cristaux colorés.

Lorsqu'on fait bouillir l'acide rufigallique avec un morceau d'étoffe mordancée à l'alun ou aux sels de fer, on obtient les mêmes nuances qu'avec la garance, seulement moins vives.

§ 2961. *Acide ellagique* [2] ou bézoardique, $C^{28}H^6O^{16} + 4$ aq. — Ce corps, suivant M. Chevreul, se forme, en même temps que l'acide gallique, lorsqu'on abandonne au contact de l'air une infusion de noix de galle ; il se dépose alors sous la forme d'une poudre grise ou blanc fauve. En lavant ce dépôt à l'eau bouillante, on en extrait l'acide gallique ; on reprend le résidu insoluble par une lessive de potasse qui dissout l'acide ellagique, et l'on précipite celui-ci par un acide.

Selon M. Guibourt [3], l'acide ellagique est contenu en très-petite

[1] ROBIQUET (1836), *l'Institut*, 1836, n° 161, et *Ann. der Chem. u. Pharm.*, XIX, 204.

[2] CHEVREUL (1815), *Ann. de Chim. et de Phys.*, IX, 329. — BRACONNOT, *ibid.*, IX, 187. — PELOUZE, *ibid.*, LIV, 357. — WOEHLER et MERKLEIN, *Ann. der Chem. u. Pharm.* LV, 334. — A. GOEBEL, *ibid.*, LXXXIII, 280.

[3] Suivant M. Guibourt (*Revue scientif*, XIII, 32) les noix de galle épuisées par l'éther contiennent, outre l'acide ellagique, un acide particulier, *l'acide lutéogallique*. Pous

quantité dans le résidu des noix de galle épuisées par l'éther.

MM. Woehler et Merklein ont reconnu que l'acide ellagique constitue souvent certaines concrétions animales dites *bézoards orientaux*. Ces bézoards sont d'un vert olive foncé, quelquefois brunâtres ou marbrés; ils sont ordinairement ovoïdes ou réniformes, lisses, cassants, d'une texture conchoïde, et renferment une espèce de noyau autour duquel sont déposées des couches concentriques. Leur odeur, faible, agréable et rappelant celle de l'ambre gris ou du musc, devient surtout sensible quand on les brise ou qu'on les dissout dans la potasse; tantôt ils sont de la grosseur d'une fève, tantôt ils atteignent celle d'un petit œuf de poule. Ils se distinguent des bézoards d'acide lithofellique, en ce qu'au lieu de fondre par l'action de la chaleur, ils se charbonnent en se recouvrant de cristaux jaunes.

La meilleure manière d'en extraire l'acide ellagique à l'état de pureté consiste à les traiter à froid, après les avoir privés de leur noyau, par une lessive moyennement concentrée de potasse, et à agiter le mélange jusqu'à dissolution complète; il faut tâcher de prendre des proportions de potasse telles qu'il ne se dépose pas d'ellagate à l'état insoluble, et qu'il n'y ait pas un trop grand excès d'alcali. De même, il faut éviter d'échauffer la matière; il est essentiel que le flacon où l'on effectue la solution, contienne le moins d'air possible, parce qu'elle en absorbe vivement l'oxygène. Dès qu'elle s'est éclaircie, on la décante au moyen d'un siphon, et l'on y fait arriver un courant de gaz carbonique. De cette manière, la plus grande partie de la matière se dépose à l'état d'ellagate de potasse, sous la forme d'un précipité presque blanc, devenant peu à peu gris-verdâtre; on jette celui-ci sur un filtre, et, après l'avoir lavé à l'eau froide, on l'exprime entre du papier joseph. Le liquide filtré renferme encore de l'ellagate; on le précipite par l'acide chlorhydrique, et l'on purifie le précipité par le procédé que nous venons d'indiquer.

On complète la purification du sel de potasse par la cristallisation dans l'eau bouillante; pour en extraire l'acide, on le dissout

---

se procurer celui-ci, on épuise par l'alcool le résidu des noix de galle, et l'on ajoute de l'éther à la solution éthérée; il se produit ainsi un précipité jaune et brillant composé d'acide ellagique et d'acide lutéogallique. On dissout ce précipité dans la potasse, et l'on traite la solution par de l'acide carbonique, qui précipite l'acide ellagique, puis par de l'acide chlorhydrique, qui précipite l'acide lutéogallique. Celui-ci constitue une poudre jaune et amorphe, insoluble dans l'eau, l'alcool et l'éther.

dans l'eau bouillante, et l'on verse la solution dans l'acide chlorhydrique concentré ; le produit est lavé à l'eau froide.

A l'état de pureté, l'acide ellagique constitue une poudre légère d'un jaune pâle, qu'on reconnaît au microscope pour des prismes transparents. Il est sans saveur, bien qu'il ne soit pas tout à fait insoluble dans l'eau. A une température élevée, il se décompose sans fondre ; la masse charbonnée se recouvre alors d'aiguilles jaunes. Si l'on opère dans un courant de gaz carbonique, on obtient encore plus de cristaux, mais il s'en charbonne toujours une bonne quantité.

Il est insoluble dans l'éther ; l'alcool le dissout, en petite quantité, avec une couleur jaune pâle ; la solution possède une légère réaction acide.

Composition de l'acide ellagique :

Acide séché à 120°.

	Pélouze.		A. Gœbel.
Carbone. .	55,0	54,9	53,2
Hydrogène.	2,7	2,5	2,4
Oxygène. .	»	»	»

Acide séché à 200°.

	Woehler et Merklein.			A. Gœbel.		$C^{28}H^6O^{16}$
Carbone. .	55,6	55,3	55,6	55,2	55,6	55,63
Hydrogène.	2,2	2,1	2,1	2,1	2,2	1,99
Oxygène. .	»	»	»	»	»	42,38
						100,00

L'acide cristallin contient 10,6 p. c. = 4 atomes d'eau, qui commencent à se dégager à 100° (Woeh. et M.).

La potasse caustique dissout immédiatement l'acide ellagique avec une couleur safranée ; la solution précipite de l'acide ellagique par l'addition des acides minéraux[1] ; abandonnée au contact de l'air, elle se colore et se transforme en une matière particulière (Voy. le *sel de potasse*).

L'acide sulfurique concentré le dissout complétement à chaud en se colorant en jaune ; l'eau l'en précipite sans altération. Cette solution étant abandonnée à l'air humide, l'acide bézoardique s'en précipite peu à peu sous la forme de prismes ténus, allongés et presque incolores.

[1] M. Pelouze rapporte qu'ayant dissous l'acide ellagique dans la potasse, et saturé la liqueur par l'acide chlorhydrique, il lui est arrivé une fois d'obtenir une abondante cristallisation d'acide gallique. Malgré toutes ses tentatives, il n'a pas pu reproduire cette réaction.

Si on le mélange avec de l'acide sulfureux, il se prend en gelée au bout de quelque temps, devient bientôt liquide et se décolore surtout à chaud, en se séparant à l'état cristallin.

Quand on y verse une solution neutre de perchlorure de fer, il devient verdâtre, puis vert-grisâtre, et finalement, surtout par l'échauffement, il se produit une liqueur bleu-noir et opaque comme de l'encre, qui ne paraît rien renfermer en suspension.

Enfin si l'on chauffe l'acide ellagique avec une solution alcoolique de perchlorure de fer, il se convertit en caillots d'un beau bleu foncé, semblables à du bleu de Prusse ; après la dessication, ce produit est noir et insoluble dans l'eau. L'acide chlorhydrique en sépare l'acide ellagique, en se chargeant d'un mélange de proto-chlorure et de perchlorure de fer.

§ 2062. Les *ellagates* sont peu connus sous le rapport de la composition ; beaucoup d'entre eux paraissent être des sous-sels.

Le *sel d'ammoniaque* paraît être insoluble ou peu soluble. L'ammoniaque caustique ne dissout que fort peu d'acide ellagique, néanmoins cet acide fixe beaucoup d'ammoniaque.

Le *sel de potasse*, $C^{28}H^4K^2O^{16}$, s'obtient en dissolvant l'acide ellagique dans la potasse caustique, et en faisant passer dans la liqueur un courant d'acide carbonique. Il se présente sous la forme d'une masse légère, semblable à du papier, et qui se présente au microscope sous la forme de prismes transparents, souvent flabelliformes. Ordinairement il est gris ou jaune verdâtre clair, et peu soluble dans l'eau froide. Il cristallise avec de l'eau qu'il perd déjà, en jaunissant, par l'ébullition de sa solution saturée. Le sel desséché à 150° a donné :

	Woehler et Merklein.		A. Goebel.	Calcul.
Carbone. .	44,0	44,6	45,16	44,4
Hydrogène.	1,4	1,3	1,16	1,1
Potasse. . .	24,3	24,6	24,33	24,9

Un autre sel de potasse, très-soluble dans l'eau, mais fort altérable, s'obtient lorsqu'on met l'acide ellagique ou le sel de potasse précédent en digestion avec une solution alcoolique de potasse. On obtient ainsi une poudre de couleur citrine, composée de prismes microscopiques. Lavé à l'abri de l'air avec de l'alcool, puis desséché dans le vide sur de l'acide sulfurique, ce sel a donné à l'analyse 34,0 p. c. de potasse (peut-être constitue-t-il un *sous-sel* $C^{28}H^2$

$K^2O^{16}+KO,HO$) ; il est fort soluble dans l'eau, et se colore promptement au contact de l'air, en se carbonatant.

Lorsqu'on abandonne à l'air une solution d'acide ellagique dans la potasse moyennement concentrée, elle jaunit et finit par devenir d'un rouge de sang foncé ; cette teinte s'éclaircit peu à peu, en même temps que la surface du liquide se recouvre de cristaux noirs et ternes qui augmentent peu à peu et se déposent au fond. MM. Woehler et Merklein appellent ce produit *glaucomélanate de potasse*. Il est peu soluble dans l'eau froide ; l'eau bouillante en dissout davantage ; cependant, au lieu de le déposer sans altération, elle précipite de l'ellagate régénéré, sous la forme d'une poudre cristalline et grisâtre. Le glaucomélanate perd, à 100°, 16,96 — 16,72 p. c. d'eau ; le sel desséché renferme :

	Woehler et Merklein.	
Carbone. . .	41,72	40,96
Hydrogène.	1,39	0,98
Potasse. . .	26,83	28,68

MM. Woehler et Merklein représentent les nombres précédents par les rapports $C^{12}H^2KO^7$ ou $C^{24}H^4K^2O^{14}$, qui me paraissent fort contestables, à cause de la régénération de l'acide ellagique par l'action de l'eau sur le sel. D'ailleurs les cristaux de glaucomélanate de potasse ne s'obtiennent pas toujours à volonté, et la solution alcaline qui les renferme paraît contenir aussi du carbonate, de l'oxalate, et le sel de potasse d'un autre acide soluble. Le glaucomélanate se produit aussi lorsqu'on met de l'hypochlorite de chaux en contact avec le sous-ellagate de potasse ; mais il est alors non cristallin, fort altérable, et ne s'obtient pas à l'état de pureté.

Il est à remarquer qu'une solution d'acide gallique dans la potasse se colore au contact de l'air comme l'acide ellagique, en absorbant de l'oxygène ; il est possible que l'acide gallique passe ainsi d'abord à l'état d'acide ellagique[1], et donne ensuite le même produit que ce dernier.

Le *sel de soude* s'obtient quand on fait passer du gaz carbo-

---

[1] Il n'existe, entre la composition de l'acide gallique et celle de l'acide ellagique, qu'une différence dans la proportion de l'hydrogène :

$$2 \text{ molécules d'acide gallique, séché à } 120°. . \quad C^{28}H^{12}O^{20}$$
$$1 \text{ molécule d'acide ellagique plus } 4\,HO. . . \quad \underline{C^{28}H^{10}O^{20}}$$
$$\text{Différence.} . . \quad H^2$$

nique dans une solution d'acide ellagique dans la soude caustique; il se précipite alors sous la forme d'une poudre cristalline, jaune-clair, moins soluble que le sel de potasse, et donnant 17,9 pour 100 de soude. Ce nombre correspond à la formule $C^{28}H^4Na^2O^{16}$.

Lorsqu'on dissout à l'ébullition l'acide ellagique dans la soude caustique, et qu'on laisse refroidir la solution jaune foncé à l'abri de l'air, elle dépose des mamelons radiés de couleur citrine, fort solubles dans l'eau bouillante, qui les dépose de nouveau par le refroidissement; une partie du composé, qui paraît être un *sous-sel*, s'altère néanmoins au contact de l'air. On peut aussi, avec la soude, obtenir un sel semblable au glaucomélanate de potasse.

Le *sel de baryte* s'obtient sous la forme d'un composé jaune citronné, insoluble dans l'eau bouillante, lorsqu'on délaye l'acide ellagique dans l'eau de baryte. Le sel verdit au contact de l'air, en s'altérant. Séché à 120°, il a donné à l'analyse 45,86 p. c. de baryte (probablement $C^{28}H^4Ba^2O^{16}$, BaO, HO).

Le *sel de chaux* ressemble au sel de baryte.

Le *sel de magnésie* est jaune et insoluble.

Le *sel de plomb* s'obtient sous la forme d'un précipité jaune, amorphe, lorsqu'on mélange une solution alcoolique d'acide ellagique avec une solution alcoolique d'acétate de plomb. Il devient par la dessiccation d'un vert olive. Il a donné à l'analyse 63 p. c. d'oxyde de plomb (peut-être $C^{28}H^4Pb^2O^{16}$, 2PbO; calcul, 61 p. c. d'oxyde).

§ 2063. *Acide tannoxylique* et *acide tannomélanique*. — Ces noms ont été donnés[1] à des produits, encore mal déterminés, qu'on obtient par l'oxydation de l'acide gallotannique et de l'acide gallique en présence des alcalis.

α. Lorsqu'on introduit peu à peu, dans une solution moyennement étendue de potasse caustique, autant d'acide gallique que la liqueur en peut dissoudre sans l'intervention de la chaleur, et qu'on abandonne la liqueur au contact de l'air, pendant quelques jours, elle prend une couleur rouge de plus en plus foncée, de manière à devenir presque opaque. On y ajoute ensuite de l'acétate de plomb; il se produit ainsi un précipité rouge brique, qu'on traite à chaud par de l'acide acétique étendu, pour en extraire tout le gallotannate de plomb qui y reste mélangé.

___

[1] BUCHNER, *Ann. der Chem. u. Pharm.*, LIII, 360.

M. Buechner a trouvé dans le sel de plomb rouge ainsi purifié :

	Expérience.		Calcul.
Carbone.	17,37	17,3	17,4
Hydrogène. . . .	0,96	0,9	0,9
Ox. de plomb. .	63,62	63,6	63,8

Les nombres précédents [1] s'accordent parfaitement avec les rapports $C^{56}H^{19}Pb^{11}O^{54}$, ou bien :

$$4\,C^{14}H^4Pb^2O^{12},3\,(PbO,HO).$$

Si l'on représente par la formule $C^{14}H^6O^{12}$ *l'acide tannoxylique* correspondant à ce sel de plomb (considéré comme sous-sel), on remarque que cet acide renferme les éléments de l'acide gallique plus 2 atomes d'oxygène :

$$\text{Acide gallique. . . } C^{14}H^6O^{10},$$
$$\text{Acide tannoxylique. } C^{14}H^6O^{12}.$$

Lorsqu'on met le sel de plomb rouge en digestion avec un mélange d'acide sulfurique et d'alcool, en ayant soin de maintenir le sel en excès, on obtient une liqueur rouge-brun foncé incristallisable, et d'une saveur fort acide.

β. Lorsqu'on maintient l'acide gallotannique en ébullition avec un excès de potasse, au contact de l'air, la liqueur se colore en brun foncé, et contient alors de l'*acide tannomélanique*. On sursature le produit par de l'acide acétique, et, après l'avoir évaporé à siccité au bain-marie, on l'épuise par l'alcool pour en extraire l'acétate de potasse, ainsi que l'acide gallique qui n'aurait pas été transformé. On dissout ensuite le résidu dans l'eau, on ajoute de l'acide acétique à la solution, et on la précipite par un excès d'acétate de plomb. Le sel de plomb qu'on obtient ainsi est d'un brun noir et renferme :

	Expérience.		Calcul.
Carbone.	22,9	22,8	23,4
Hydrogène. . . .	1,4	1,3	1,2
Oxyde de plomb. .	59,8	60,2	60,6

Ces résultats [2] sont fort rapprochés des rapports $C^{36}H^{11}Pb^5O^{22}$, c'est-à-dire :

$$3\,C^{12}H^3PbO^6,2\,(PbO,HO).$$

[1] M. Buechner admet les rapports $C^{15}H^5Pb^3O^{14}$. Il suppose aussi que l'oxydation du tannin est accompagnée d'une formation d'acide carbonique.

[2] M. Buechner admet les rapports $C^{14}H^4Pb^2O^9$.

Si l'on suppose que l'acide correspondant au sel de plomb (considéré comme sous-sel) renferme $C^{12}H^4O^6$, on trouve que, pour se convertir en acide tannomélanique, l'acide gallique fixe 2 atomes d'oxygène, en éliminant de l'eau et de l'acide carbonique :

$$C^{14}H^6O^{10} + O^2 = C^{12}H^4O^6 + C^2O^4 + 2HO.$$

Ac. gallique.   Ac. tannomél.

Il est possible aussi que l'acide tannomélanique dérive directement de l'acide tannoxylique :

$$C^{14}H^6O^{12} = C^{12}H^4O^6 + C^2O^4 + 2HO.$$

Ac. tannoxyliq.   Ac. tannomél.

§ 2064. *Acide pyrogallique*[1], $C^{12}H^6O^6$. — Cette substance, déjà remarquée par Schèele, et considérée d'abord comme de l'acide gallique sublimé, se produit par la distillation sèche de l'acide gallique (et de l'acide gallotannique); L. Gmelin l'a le premier distinguée de l'acide gallique, Berzélius et M. Pelouze ont établi sa composition[2]. Elle renferme les éléments de l'acide gallique moins ceux de l'acide carbonique :

$$C^{14}H^6O^{10} = C^2O^4 + C^{12}H^6O^6.$$

Ac. gallique.   Ac. pyrogalliq.

Pour la préparer, on soumet avec précaution l'acide gallique sec, placé dans une cornue, à l'action d'une chaleur de 210° ou de 220°, au moyen d'un bain d'huile ou de chlorure de zinc ; l'acide pyrogallique se sublime alors en cristaux dans le col de la cornue.

Il est plus avantageux, pour cette préparation, d'employer l'extrait aqueux des noix de galle, après l'avoir desséché. On chauffe cet extrait, pendant 10 à 12 heures, dans un vase plat en fonte, sur l'ouverture duquel se trouve tendue une feuille de papier, recouverte elle-même d'un chapeau semblable à celui qui s'emploie dans la préparation de l'acide benzoïque. Le vase est placé dans un bain de sable ou d'alliage fusible dont la température est constamment maintenue entre 180° et 185°. En procédant ainsi, on obtient, avec 100 p. d'extrait sec, environ 5 p. d'acide pyrogallique

---

[1] BERZÉLIUS, *Ann. de Chimie*, XCIV, 303. — BRACONNOT, *Ann. de Chim. et de Phys.*, XLVI, 206. — PELOUZE, *ibid.*, LIV, 358. — LIEBIG, *Ann. der Chem. u. Pharm.*, X, 172. — STENHOUSE, *ibid.*, XLV, 1.

[2] L'acide pyrogallique est un homologue de l'acide pyroméconique (§ 733). On a, en eu effet :

Acide pyrogallique. . . . . . $C^{12}H^6O^6$

Acide pyroméconique. . . . $C^{10}H^4O^6$

Différence. . . $C^2 H^2$

entièrement pur, et autant d'acide impur, qu'on peut purifier par une nouvelle sublimation (Stenhouse).

L'acide pyrogallique sublimé se présente sous la forme d'aiguilles aplaties, ou de lames fort allongées, solubles dans $2^{1}/2$ p. d'eau à $13°$, un peu moins solubles dans l'alcool et l'éther. Sa saveur est très-amère ; à l'état de pureté, il ne rougit pas le tournesol.

Il a donné à l'analyse :

	Berzélius [1].	Pelouze.			Liebig.	Stenhouse.		$C^{12}H^6O^6$
Carbone. . .	56,64	56,4	56,7	57,0	56,64	56,81	56,95	57,14
Hydrogène. .	5,00	4,9	4,9	4,8	4,86	4,78	4,79	4,76
Oxygène. . .	»	»	»	»	»	»	»	38,10
								100,00

L'acide pyrogallique entre en fusion vers $115°$ et en ébullition vers $210°$; sa vapeur est incolore et excite la toux. A $250°$, il noircit fortement, laisse dégager de l'eau et donne un résidu abondant d'acide gallulmique (Pelouze) :

$$C^{12}H^6O^6 = 2HO + C^{12}H^4O^4.$$

Ac. pyrogalliq.   Ac. gallulmique.

A l'état sec, l'acide pyrogallique ne s'altère pas au contact de l'air ; mais sa dissolution aqueuse se décompose dans ces circonstances, surtout à chaud ; elle brunit alors, et laisse par l'évaporation une poudre noire. Cette transformation est surtout rapide en présence des alcalis. Lorsqu'on ajoute, à la solution de l'acide pyrogallique, de la potasse, de la soude ou de l'ammoniaque, même en très-petite quantité, la liqueur alcaline noircit très-rapidement en absorbant de l'oxygène. Si l'on évapore la solution, après y avoir ajouté un excès de soude ou de potasse, on obtient un résidu noir et gommeux contenant du carbonate et de l'acétate.

Lorsqu'on verse goutte à goutte une solution d'acide pyrogallique dans du lait de chaux, la liqueur prend une belle teinte rouge, qui passe rapidement au brun foncé ; cette réaction, fort caractéristique, permet de découvrir de petites quantités d'acide pyrogallique. Avec la baryte caustique, la solution de ce corps se colore en brun foncé et finalement en noir.

L'addition d'une solution de sulfate ferreux à la solution de l'acide pyrogallique détermine une coloration indigo foncée, sans qu'il se forme de précipité ; si le sel ferreux contient la moindre trace de sel ferrique, la liqueur se colore bientôt en vert foncé.

---

[1] L'analyse de Berzélius est calculée avec l'ancien poids atomique du carbone.

Avec les sels ferriques, surtout avec le chlorure ferrique, on obtient une coloration rouge, sans précipité. Si, au lieu d'acide libre, on prend un pyrogallate et du peroxyde de fer hydraté, il se produit une liqueur et un précipité d'une couleur bleue très-intense.

La solution du bichromate de potasse colore en brun l'acide pyrogallique, sans donner de précipité.

Le chlore colore l'acide pyrogallique cristallisé d'abord en rouge, puis en noir; si on fait passer le gaz dans la solution de l'acide, elle se colore en rouge, en produisant de l'acide chlorhydrique; par l'évaporation du produit, on obtient une matière rouge et gommeuse. L'iode n'attaque pas l'acide pyrogallique.

L'acide sulfurique concentré paraît le dissoudre sans altération; l'acide sulfurique étendu rougit d'abord les cristaux, et les noircit ensuite.

Les sels de mercure, d'argent, d'or et de platine sont aisément réduits à l'état métallique par l'acide pyrogallique.

L'acide pyrogallique est beaucoup employé dans la photographie. On s'en sert aussi pour teindre les cheveux en brun ou en noir.

§ 2065. Les *pyrogallates* sont peu connus; l'acide pyrogallique est d'ailleurs un acide très-faible, et l'addition de la plus petite quantité de potasse ou de soude lui communique une réaction alcaline et le colore (Stenhouse). Il élimine l'acide carbonique des carbonates alcalins, mais il ne décompose pas les carbonates terreux.

Plus solubles dans l'eau que les gallates, les pyrogallates ont, comme ces sels, une très-grande tendance à s'oxyder et à se colorer au contact de l'air; il faut les évaporer dans le vide pour empêcher cette altération.

Le *sel d'ammoniaque* s'obtient le mieux en mélangeant une solution d'acide pyrogallique avec un peu plus de carbonate d'ammoniaque solide qu'il n'en faut pour que l'acide se colore, et en abandonnant le mélange dans le vide sur de l'acide sulfurique. On obtient ainsi un résidu salin qui se colore promptement au contact de l'air.

Le *sel de potasse* cristallise, suivant M. Pelouze, en tables rhomboïdales.

Le *sel de soude* est fort soluble.

Le *sel d'alumine* se prépare en dissolvant l'alumine gélatineuse dans l'acide pyrogallique. La liqueur qu'on obtient ainsi a une saveur fort astringente, et se comporte comme l'acétate d'alumine sous l'influence de la chaleur : elle se trouble à chaud et s'éclaircit de nouveau par le refroidissement. Elle précipite la gélatine, rougit le tournesol plus fortement que ne le fait l'acide pyrogallique, et donne des cristaux par l'évaporation.

Le *sel de cuivre* est un précipité brun, qui se forme lorsqu'on verse goutte à goutte une solution d'acide pyrogallique dans une solution d'acétate de cuivre ; ce précipité est peut-être un sel cuivreux.

Le *sel d'urane* est un précipité brun.

Le *sel de bismuth* est un précipité jaune, qui brunit promptement.

Le *sel d'antimoine* est un précipité blanc qu'on obtient en versant goutte à goutte de l'acide pyrogallique dans une solution de tartrate d'antimoine et de potasse.

Le *sel d'étain* est le précipité blanc produit par l'acide pyrogallique dans une solution de protochlorure d'étain.

Le *sel de plomb* s'obtient soit en précipitant l'acétate de plomb par une solution d'acide pyrogallique, soit en décomposant le nitrate de plomb par le pyrogallate d'ammoniaque. Il se présente sous la forme d'un précipité blanc et volumineux, qui se tasse et devient grenu par l'ébullition. Pour l'obtenir sans coloration, il faut le dessécher dans le vide, après l'avoir exprimé.

En versant goutte à goutte de l'acétate de plomb dans une solution d'acide pyrogallique maintenue en excès M. Stenhouse a obtenu un précipité paraissant renfermer, à 100°, $2\ C^{12}H^5PbO^6 +$ PbO, HO, d'après les dosages suivants :

	Stenhouse[1].		Calcul.
Carbone. . . .	24,18	»	24,87
Hydrogène. . .	2,28	»	1,90
Ox. de plomb.	57,16	57,28	58,03

§ 2066. L'*acide gallulmique ou métagallique*[2], $C^{12}H^4O^4$, ou peut-être $C^{24}H^8O^8$, est la substance noire en laquelle se transforme

[1] M. Stenhouse admet les mêmes rapports plus *aq.* (c'est-à-dire $C^8H^4O^4$, PbO), que paraît aussi avoir trouvés Campbell (Liebig, *Traité de Chimie organ.*, édit. franç. II, 24).

M. Pelouze parle d'un sel de plomb composé d'après les rapports $C^{12}H^6O^6$, 2 PbO ; mais il ne cite pas ses analyses.

[2] Pelouze (1833), *loc. cit.*

l'acide pyrogallique soumis à l'action d'une température de 250°.
On peut aussi l'obtenir par l'action de la chaleur sur l'acide gallique
et sur l'acide gallotannique. Il reste dans le vase distillatoire sous
la forme d'une masse noire, très-brillante, insipide et complètement insoluble dans l'eau.

Il a donné à l'analyse[1] :

	Pelouze[2].			$C^{12}H^4O^4$
	a	b	b	
Carbone. .	66,6	66,2	66,3	
Hydrogène.	3,9	3,9	3,8	3,70
Oxygène. .	»	»	»	29,63
				100,00

Il est aisément dissous par l'ammoniaque, la potasse et la soude ;
la solution alcaline précipite des flocons noirs par les acides.

Il dégage avec effervescence l'acide carbonique des carbonates
de potasse et de soude, mais il est sans action sur le carbonate de
baryte.

Le *sel de potasse*, obtenu en faisant bouillir une solution alcaline
avec un excès d'acide gallulmique en gelée, n'a aucune réaction
sur les couleurs végétales. Il forme des précipités noirs avec les sels
de baryte, de strontiane, de chaux, de magnésie, de zinc, de cuivre,
de fer, de plomb et d'argent.

Le *sel d'argent* a donné à l'analyse :

	Pelouze.	$C^{12}H^3AgO^4$.
Carbone. . .	34,10	33,49
Hydrogène. . .	1,48	1,39
Ox. d'argent..	53,84	53,95

Tannin du cachou.

§ 2067. ACIDE CACHOUTANNIQUE, dit aussi acide mimotannique.
— Le cachou est un extrait astringent qu'on prépare, dans les Indes
orientales, avec l'écorce de l'*Acacia Catechu* ou les noix de l'*Areca
Catechu*, et qui sert, depuis fort longtemps, pour la teinture
et le tannage des peaux. Employé autrefois en Europe pour les
usages de la médecine seulement, il joue depuis quelques années

---

[1] Ces nombres sont fort rapprochés de la composition de l'acide ulmique, qu'on obtient
avec le sucre et les acides (§ 998).

[2] *a* acide pyrogallique provenant de l'action de la chaleur sur l'acide gallique ; *b* id.
provenant de l'action de la chaleur sur l'acide gallotannique.

un rôle important dans les fabriques d'indiennes et les teintureries. On trouve dans le commerce deux espèces de cachou : le *cachou jaune* de Batavia, en petits pains cubiques de couleur cannelle, et le *cachou brun* de Calcutta, ordinairement en pains secs et luisants, de 35 à 40 kilogr., enveloppés dans les feuilles de l'arbre qui l'a produit. A ces deux espèces il faut encore ajouter le *gambir*, suc astringent en pains cubiques, fort semblable au cachou par sa composition, et désigné quelquefois sous le même nom ; il s'extrait des feuilles d'un arbrisseau dans les îles de la Malaisie (*Nauclea Gambir*, Hunt.), appartenant à la famille des rubiacées. Enfin les *kinos* du commerce sont des sucs astringents qui proviennent de végétaux fort différents (*Butea frondosa, Pterocarpus erinaceus*, etc.), et qui ont aussi une grande analogie de propriétés avec les cachous [1].

La partie essentielle du cachou se compose d'acide cachoutannique et de catéchine mélangés avec une matière brune qui provient de l'oxydation de ces deux substances.

Pour opérer l'extraction de l'acide cachoutannique, on utilise la propriété qu'il possède d'être peu soluble dans une eau chargée d'acide sulfurique. On commence par ajouter un peu d'acide sulfurique étendu à l'infusion aqueuse et concentrée du cachou, de manière à précipiter quelques substances étrangères, notamment la partie colorante ; celles-ci ayant été enlevées, on ajoute à la liqueur limpide, par petites portions, de l'acide sulfurique concentré tant qu'il se forme un précipité. On recueille celui-ci sur un filtre, et, après l'avoir lavé avec de l'acide sulfurique étendu, on l'exprime entre des doubles de papier buvard. La masse exprimée est ensuite dissoute dans l'eau pure, mise en digestion avec du carbonate de plomb, et jetée sur un filtre ; la liqueur filtrée est évaporée dans le vide. Le produit qu'on obtient ainsi a besoin d'être purifié par une nouvelle dissolution dans l'éther alcoolisé.

On obtient aussi l'acide cachoutannique en épuisant la poudre de cachou par l'éther dans un appareil de déplacement disposé comme pour la préparation de l'acide gallotannique. On n'obtient cependant qu'une seule couche de liquide dans le flacon inférieur. Les premières gouttes qui passent sont incolores, les gouttes suivantes sont

---

[1] Voy. sur les cachous, gambirs et kinos, GUIBOURT, *Journ. de Pharm.*, [3] XI, 24, 260, 360 ; XII, 37, 183, 267. — Voy. sur le tannin des kinos, GERDING, *Archiv der Pharm.*, [2] LXV, 283.

légèrement colorées; après l'évaporation de l'éther dans le vide, on a une matière poreuse et jaunâtre semblable à l'acide gallotannique.

L'acide cachoutannique a une saveur franchement astringente, et présente une grande analogie de propriétés avec l'acide gallotannique. Il est soluble dans l'eau, l'alcool et l'éther, insoluble dans les huiles grasses et les huiles essentielles; sa solution est précipitée par la gélatine. Elle se distingue de la solution de l'acide gallotannique en ce qu'elle ne précipite pas l'émétique, et qu'elle donne avec les sels ferriques un précipité vert grisâtre. Elle ne précipite pas les sels ferreux.

Suivant M. Pelouze, l'acide gallotannique renfermerait $C^{36}H^{18}O^{16}$. Je ne connais pas les analyses sur lesquelles cette formule est basée.

Soumis à l'action de la chaleur, l'acide cachoutannique se ramollit, et donne à la distillation une huile jaune empyreumatique, ainsi qu'un liquide aqueux, âcre, précipitant les sels ferriques en gris verdâtre, et se colorant en brun par les alcalis.

L'acide cachoutannique est peu soluble dans un liquide chargé d'acide sulfurique, plus soluble cependant que le tannin de la noix de galle.

La solution de l'acide cachoutannique s'altère promptement au contact de l'air; elle devient peu à peu d'un rouge foncé, et laisse ensuite, par l'évaporation, une substance qui ne se redissout plus entièrement dans l'eau. Suivant M. Delffs, il se produit aussi, dans ces circonstances, une certaine quantité de catéchine.

Les *sels* de l'acide cachoutannique sont si altérables qu'on n'a pas encore pu les obtenir à l'état de pureté.

Le *sel de potasse* est fort soluble, et se présente, après la dessiccation, sous la forme d'un extrait diaphane, brun foncé; après l'addition d'un acide, il précipite la solution de gélatine.

Les sels des alcalis terreux, des terres et des autres oxydes métalliques sont des précipités peu solubles.

§ 2068. *Catéchine,* dit aussi acide catéchucique ou tanningénique. — Cette substance[1] est contenue dans le résidu qu'on obtient

[1] Nees v. Esenbeck, *Repert. f. d. Pharmac.*, XXXIII, 169; XLIII, 337. *Ann. der Chem. u. Pharm.*, I, 343. — Buechner, *ibid.*, XLVI, 323. — Svanberg, *Ann. de Poggend.*, XXXIX, 161. *Ann. der Chem. u. Pharm.*, XXIV, 215. — Wackenroder, *Ann. der Chem. u. Pharm.*, XXXI, 72; XXXVIII, 306. — Zwenger, *ibid.*, XXXVII, 320. — Hagen, *ibid.*, XXXVII, 336. — Th. Cooper, *Philos. Magaz.* 3e série, XXIV, 500. — Delffs, *Jahrb. f. prakt. Pharm.*, XII, 162.

en traitant le cachou par l'eau froide. Elle se produit, suivant
M. Delffs, lorsqu'on abandonne la solution de l'acide cachoutannique impur au contact de l'air, sur des vases plats; il se dépose
alors sous la forme de grains cristallins.

Selon M. Cooper, les peaux tannées au moyen d'une décoction
de cachou se recouvrent souvent d'une croûte de catéchine.

Pour préparer la catéchine on met le cachou, pendant 24
heures, en macération avec de l'eau froide, et l'on fait dissoudre
le résidu dans huit fois son poids d'eau bouillante. La solution dépose la catéchine à l'état coloré; on la fait redissoudre dans l'eau
bouillante, et on la décolore par du charbon animal (préalablement
lavé à l'acide chlorhydrique pour enlever les parties alcalines qui
entraveraient la cristallisation de la matière).

On peut aussi purifier la catéchine en ajoutant du sous-acétate
de plomb à sa solution, tant qu'il se forme un dépôt coloré, de
manière à précipiter toutes les matières brunes; ce premier précipité
ayant été séparé à l'aide du filtre, on achève de précipiter par le
sous-acétate, et, après avoir lavé le nouveau précipité, on le décompose par l'hydrogène sulfuré. Si l'on traite ensuite le sulfure
de plomb par l'eau bouillante, celle-ci extrait la catéchine, et la dépose par le refroidissement à l'état incolore. On la dessèche dans
le vide, sur de l'acide sulfurique.

Lorsqu'on a besoin de filtrer la solution de la catéchine, il faut
préalablement laver le papier à l'acide chlorhydrique, attendu que
des traces de fer, de chaux ou d'alcalis suffisent pour colorer la catéchine au contact de l'air.

La catéchine entièrement pure se présente sous la forme d'une
poudre blanche, composée d'aiguilles soyeuses extrêmement petites.
Suivant M. Wackenroder, 1 p. de catéchine exige pour se dissoudre
1133 p. d'eau à 17°; la solution est incolore, presque sans saveur,
et sans action sur le tournesol. 1 p. de catéchine se dissout dans 2
à 3 p. d'eau bouillante (en donnant une liqueur qui présente, dit-on,
une réaction acide), dans 5 à 6 p. d'alcool bouillant froid, dans 2
à 3 p. d'alcool, dans 120 p. d'éther froid et dans 7 à 8 p. d'éther
bouillant.

L'analyse de la catéchine a donné les résultats suivants [1] :

	Svanberg.	Zwenger.			Hagen.		Delffs.	
	a	*b*	*b*	*b*	*c*	*c*		
Carbone. . . .	61,6	61,1	61,3	61,5	56,6	57,1	54,16	54,29
Hydrogène. .	4,7	4,8	4,9	4,8	5,3	5,1	5,29	5,57
Oxygène. . .	»	»	»	»		»	»	»

M. Zwenger représente la composition de la catéchine par les rapports $C^{40}H^{18}O^{16}$, qui manquent de contrôle.

La catéchine fond à 217° (Zwenger); par le refroidissement, elle se solidifie en une masse amorphe, translucide et cassante. Après avoir été desséchée à 100°, elle perd 4,4 p. c. d'eau par la fusion (Zwenger). Chauffée au delà de son point de fusion, elle brunit, se boursoufle, et dégage de l'acide carbonique et de l'eau. A la distillation sèche, on obtient une huile empyreumatique, ainsi qu'une eau acide qui donne, par l'évaporation, des cristaux d'acide oxyphénique (*pyrocatéchine*, § 1395).

A l'état humide, la catéchine se colore promptement au contact de l'air; cette coloration est surtout très-prompte en présence des alcalis (Voy. § 2069, *acide rubinique*).

Les acides minéraux dilués, ainsi que l'acide acétique, dissolvent la catéchine, sans l'altérer. Les acides concentrés la décomposent. Si on la chauffe avec de l'acide sulfurique concentré, on obtient une solution colorée en pourpre foncé. L'acide nitrique la convertit à chaud en acide oxalique.

La catéchine ne donne pas de combinaisons définies avec les bases. Elle absorbe l'ammoniaque, mais celle-ci s'en dégage de nouveau dans le vide. Les alcalis caustiques l'attaquent immédiatement en la colorant en jaune, en rouge et finalement en noir. Les carbonates alcalins ne dégagent pas leur acide carbonique au contact de la catéchine.

Elle ne précipite pas les eaux de chaux et de baryte, ni les acétates de ces bases.

Elle donne un abondant précipité blanc avec l'acétate neutre et avec le sous-acétate de plomb.

Elle précipite et colore en vert foncé le perchlorure de fer; elle précipite en noir verdâtre ou violacé le sulfate ferroso-ferrique, en brun ou en noir le sulfate de cuivre, en brun ou en noir avec réduction à l'état métallique les sels d'or, d'argent et de platine; ces

[1] *a* matière desséchée dans le vide sur l'acide sulfurique; *b* matière fondue; *c* matière chauffée à 100°. Cette dernière n'était probablement pas sèche.

précipitations ne se produisent souvent qu'au bout d'un certain temps ou à chaud, et sont toujours accompagnées d'une décomposition de la catéchine. Elle ne précipite pas les solutions de gélatine, d'amidon, d'émétique, de sels de quinine, de sels de morphine.

§ 2069. *Acide rubinique*[1], dit aussi acide rufocatéchucique. — Lorsqu'on abandonne au contact de l'air la solution de la catéchine dans un carbonate alcalin, la liqueur se colore peu à peu en rouge foncé, et précipite alors par l'acide chlorhydrique des flocons rouges non cristallins d'acide rubinique. Ce produit est si altérable qu'il noircit déjà pendant les lavages et la dessiccation.

L'acide rubinique, desséché dans le vide et déjà altéré, a donné à l'analyse :

	Svanberg.
Carbone. . .	61,04
Hydrogène. .	4,21
Oxygène. . .	»

Les sels de l'acide rubinique sont rouges et peu solubles; leur solution noircit par l'évaporation.

Le *sel de potasse* peut s'isoler si l'on sature par l'acide acétique la solution rouge de la catéchine dans le carbonate de potasse, jusqu'à ce que l'acide rubinique commence à se précipiter; après avoir ensuite filtré la liqueur, on y verse de l'alcool qui précipite le rubinate de potasse. On dessèche ce sel dans le vide. Il est fort soluble dans l'eau; sa solution précipite les sels métalliques en rouge.

M. Svanberg donne le nom d'*acide japonique*[2] à une substance noire, insoluble dans l'eau froide, soluble dans l'eau bouillante, insoluble dans l'alcool, qu'on obtient, à l'état de sel de potasse, en abandonnant la catéchine au contact de l'air après l'avoir dissoute dans la potasse caustique. Le sel de potasse de cet acide noir est soluble dans l'eau et insoluble dans l'alcool; il donne des précipités noirs avec la plupart des sels métalliques. (L'acide japonique a donné à l'analyse sensiblement les mêmes nombres que l'acide rubinique; M. Svanberg le représente par la formule $C^{12}H^5O^5$.)

---

[1] SVANBERG, *loc. cit.*

[2] Le cachou était connu autrefois sous le nom de *terre du Japon*.

Tannin du café.

§ 2070. ACIDE CAFÉTANNIQUE[1], acide caféique ou chloroginique, $C^{70}H^{38}O^{34}$(?) — Cet acide se rencontre dans les graines de café (3 à 5 p. c.) sous forme de sel de chaux et de magnésie, et, suivant M. Payen, à l'état de sel double à base de potasse et de caféine (§ 310). Selon M. Rochleder, on le trouve aussi, en même temps que la caféine, dans le thé Paraguay (feuilles d'*Ilex paraguayensis*).

Pour préparer l'acide cafétannique, on se procure une infusion alcoolique de café ou de thé Paraguay, et l'on y ajoute de l'eau pour séparer la matière grasse; on porte ensuite à l'ébullition, on ajoute de l'acétate de plomb, on décompose le précipité par l'hydrogène sulfuré, et l'on évapore la liqueur filtrée.

L'acide cafétannique se présente sous la forme d'une masse cassante et jaunâtre, qu'on obtient difficilement cristallisée en mamelons incolores. Il est fort soluble dans l'eau, moins soluble dans l'alcool, et possède une saveur astringente. Il rougit fortement le tournesol.

Il a donné à l'analyse[2] :

	Rochleder.		Payen.	$C^{70}H^{38}O^{34}$.
Carbone. . . .	56,58	56,47	56,0	57,3
Hydrogène. . .	5,50	5,58	5,6	5,2
Oxygène. . . .	»	»	»	37,5
				100,0

Il fond par la chaleur en se charbonnant, et en répandant l'odeur du café torréfié. Lorsqu'on le soumet à la distillation sèche, on obtient de l'eau et une huile épaisse qui se concrète par le refroidis-

[1] PFAFF (1830), *Journ. f. Chemie u. Physik v. Schweigger*, LXI, 487. — ROCHLEDER, *Ann. der Chem. u. Pharm.*, LIX, 300; LXIII, 193; LXVI, 35; LXXXII, 196. — PAYEN, *Ann. de Chim. et de Phys.* [3] XXVI, 108. — LIEBICH, *Ann. der Chem. u. Pharm.*, LXXI, 57. — STENHOUSE, *ibid.*, LXXXIII, 244.

Pfaff admet dans le café deux acides particuliers (*acide cafétannique* et *acide caféique*); mais d'après les recherches récentes de M. Rochleder, on n'y trouve qu'un seul tannin, ainsi que des traces d'acide citrique.

Il est possible, toutefois, que le café renferme à la fois un corps correspondant au tannin, et un autre correspondant à l'acide gallique.

[2] M. Rochleder, après avoir d'abord adopté les rapports $C^{32}H^{18}O^{16}$, admet aujourd'hui $C^{28}H^{16}O^{14}$.

Si la formule que je propose se vérifie par de nouvelles expériences, le tannin du café devient un homologue du tannin de la noix de galle. On a en effet :

$$\text{Acide cafétannique.} \quad C^{70}H^{38}O^{34},$$
$$\text{Acide gallotannique.} \quad C^{54}H^{22}O^{34}.$$
$$\text{Différence.} \quad 8C^2H^2.$$

sement, et se compose d'acide oxyphénique (§ 1395, Rochleder).

L'acide sulfurique concentré dissout à chaud l'acide cafétannique en prenant une couleur rouge de sang. Un mélange d'acide cafétannique, d'acide sulfurique et de peroxyde de manganèse donne, à la distillation, de la quinone (§ 1460, Stenhouse).

La potasse dissout l'acide cafétannique avec une couleur jaune. Il en est de même de l'ammoniaque; la solution ammoniacale verdit promptement au contact de l'air, en produisant un acide particulier (*acide viridique*, § 2071).

L'acide cafétannique colore en vert les sels ferriques; il ne précipite pas les sels ferreux, mais, par l'addition de l'ammoniaque au mélange, on obtient un précipité presque noir. Il ne précipite ni l'émétique ni la gélatine, mais il précipite les sels de quinine et de cinchonine. Il réduit le nitrate d'argent; à chaud, on obtient un miroir métallique.

Les *sels* de l'acide cafétannique sont peu connus.

Le *sel de potasse* est amorphe, soluble dans l'eau, insoluble dans l'alcool, et brunit promptement au contact de l'air, en absorbant de l'oxygène. (Voy. § 310, le *sel de potasse et de caféine*.)

Les *sels de baryte et de chaux* sont jaunes, et verdissent promptement au contact de l'air.

Le *sel de plomb* est un précipité, blanc, d'une composition fort variable. On l'obtient en mélangeant une solution alcoolique d'acide cafétannique avec de l'acétate ou du sous-acétate de plomb.

§ 2071. *Acide viridique*[1], $C^{28}H^{14}O^{16}(?)$. — Il se produit par l'oxydation de l'acide cafétannique en présence de l'ammoniaque. Les graines de café doivent leur couleur verte à une petite quantité de viridate de chaux (Rochleder).

Pour préparer l'acide viridique, on ajoute un excès d'ammoniaque à la liqueur qu'on obtient en décomposant le cafétannate de plomb par l'hydrogène sulfuré, et on abandonne le mélange pendant 36 heures au contact de l'air, jusqu'à ce qu'il soit devenu d'un vert bleuâtre foncé. On y verse ensuite un excès d'acide acétique, qui le colore en brun, puis de l'alcool qui détermine la précipitation de quelques flocons noirs[2]. Après avoir sé-

[1] Rochleder (1847), *Ann. der Chem. u. Pharm.*, LXIII, 193.

[2] Ces flocons noirs sont insolubles dans l'alcool, mais solubles dans les alcalis. Ils constituent une espèce d'acide ulmique semblable à l'acide métagallique (§ 2066) ou à l'acide japonique (§ 2069). Quelquefois on obtient l'acide viridique sans ce corps noir.

paré ceux-ci par le filtre, on précipite la liqueur par l'acétate de plomb. Il se produit ainsi un précipité bleu de viridate de plomb. Ce dernier, décomposé par l'hydrogène sulfuré, donne une solution brune, qui, évaporée, laisse une masse amorphe, de même couleur et fort soluble dans l'eau.

L'acide viridique n'a pas été analysé à l'état libre.

Il donne avec l'acétate de plomb un précipité bleu.

Il se dissout dans l'acide sulfurique concentré avec une belle couleur cramoisie; l'eau produit dans la solution un précipité bleu floconneux.

Il se colore immédiatement en vert foncé par l'ammoniaque, la potasse et la soude.

Le *sel de baryte* est un précipité vert bleuâtre qu'on obtient avec l'eau de baryte et l'acide viridique. Séché à 100°, ce précipité a donné 43,15 p. c. de baryte.

Le *sel de plomb* est un précipité bleu. Dans deux préparations, on a obtenu :

	Rochleder.		$C^{28}H^{12}Pb^2O^{16}$,	$C^{28}H^{12}Pb^2O^{16}+2aq.$
Carbone. . . .	31,77	31,37	32,61	31,51
Hydrogène. . .	2,33	2,81	2,33	2,63
Ox. de plomb.	44,75	41,87	43,31	41,87

Tannin du bois jaune.

§ 2072. ACIDE MORINTANNIQUE. — Ce tannin[1] est contenu, en même temps que l'acide morique, dans le bois jaune des teinturiers (*Morus tinctoria*), et en constitue la principale matière colorante. Par le refroidissement d'une infusion concentrée de bois jaune, l'acide morique se précipite en combinaison avec la chaux, tandis que l'acide morintannique reste en dissolution.

Cet acide constitue en plus grande partie les dépôts, déjà remarqués par M. Chevreul, qu'on découvre souvent à l'intérieur des bûches de bois jaune. M. Wagner l'obtient à l'état de pureté en traitant ces dépôts par l'eau bouillante et en laissant refroidir l'extrait; l'acide morintannique se dépose alors à l'état pulvérulent; on le purifie en le faisant cristalliser dans l'eau à plusieurs reprises, puis en faisant dissoudre le dépôt cristallin dans de l'eau

[1] R. WAGNER (1850), *Journ. f. prakt. Chem.*, LI, 82, et *Thèse soutenue à l'université de Leipzig*, le 30 avril 1851.

aiguisée d'un peu d'acide chlorhydrique, pour en séparer une matière résinoïde qui y reste ordinairement mélangée; on filtre la solution quand elle ne se trouble plus.

L'acide morintannique se dépose, par le repos, sous la forme
d'une poudre cristalline jaune-clair, composée de prismes microscopiques. Sa saveur est à la fois douceâtre et astringente. 1 p. d'acide
se dissout dans 6, 4 p. d'eau froide et dans 2,14 p. d'eau bouillante; la solution présente une légère réaction acide. Il se dissout
aisément dans l'alcool, l'esprit de bois et l'éther, mais il ne se dissout ni dans l'essence de térébenthine, ni dans les huiles grasses.
La solution éthérée a une teinte verdâtre par réflexion et brune
par transparence.

Séché à 100°, l'acide morintannique a donné à l'analyse :

	Wagner.					$C^{36}H^{16}O^{20}$.	$C^{28}H^{12}O^{16}$.	$C^{56}H^{26}O^{30}$.
Carbone. . .	55,55	55,16	55,18	54,94	55,00	55,1	54,5	55,8
Hydrogène. .	4,55	4,58	4,50	4,29	4,19	4,1	3,9	4,5
Oxygène. . .	»	»	»	»	»	40,8	41,6	39,9
						100,0	100,0	100,0

L'acide morintannique fond à 200°; chauffé à 250°, il noircit,
en émettant de l'eau et des vapeurs acides; à 270°, il se décompose d'une manière complète en dégageant beaucoup d'acide carbonique, en même temps qu'il distille une matière huileuse qui se
concrète en partie par le refroidissement, tandis qu'il reste dans la
cornue un charbon volumineux. L'huile distillée est un mélange
d'acide phénique et d'acide oxyphénique.

La solution aqueuse de l'acide morintannique n'est pas précipitée
par les acides chlorhydrique, sulfurique, phosphorique ou arsénique; elle est complétement précipitée par la gélatine et par
de la vessie animale ramollie.

A froid, l'acide sulfurique concentré dissout l'acide morintannique en se colorant en jaune; l'eau précipite de nouveau ce dernier; si l'on chauffe, la matière noircit en dégageant de l'acide sulfureux et de l'acide phénique. Lorsqu'on abandonne pendant quelques jours la solution sulfurique préparée à froid, il s'y dépose de
l'acide rufimorique (§ 2074) sous la forme d'un précipité cristallin,
rouge brique, qui donne avec l'ammoniaque une très-belle coloration pourpre[1].

[1] Suivant M. Strecker (*Organische Chemie*, 1853, p. 294), l'acide morintannique serait susceptible de se dédoubler en acide morique et en glucose. Mais M. Wagner
(*Journ. f. prakt. Chem.*, LXI. 504) n'a pas réussi à effectuer ce dédoublement, comme

Lorsqu'on fait bouillir l'acide morintannique avec de l'acide chlorhydrique étendu, il se dissout avec une belle couleur rouge, et au bout de quelque temps la solution dépose également de l'acide rufimorique. Sous l'influence de l'acide chlorhydrique concentré et bouillant, ainsi que sous celle des agents oxygénants, l'acide morintannique se décompose en développant l'odeur de l'acide phénique. Avec le peroxyde de manganèse et l'acide sulfurique, il se produit un violent dégagement d'acide carbonique, et l'on obtient de l'acide formique.

L'acide nitrique concentré convertit l'acide morintannique en acide oxypicrique.

L'acide chromique le décompose aisément et d'une manière complète.

Le chlore, dirigé dans sa solution aqueuse, produit des flocons jaunes, résinoïdes.

Les alcalis caustiques et carbonatés dissolvent l'acide morintannique en se colorant en jaune foncé; les solutions noircissent à l'air.

L'acide morintannique précipite en noir verdâtre le sulfate ferroso-ferrique; il précipite en jaune l'acétate de plomb, en brun jaunâtre la solution de l'émétique. Il précipite également le sulfate de cuivre en brun jaunâtre, le bichlorure de platine en jaune floconneux, le protochlorure d'étain en jaune rougeâtre.

Il est entièrement précipité par les sels de quinine.

§ 2073. Les *morintannates* sont peu connus. L'acide morintannique est d'ailleurs un acide faible; il se combine directement avec les alcalis caustiques, et déplace à l'ébullition l'acide carbonique des carbonates alcalins et terreux, mais les morintannates alcalins se colorent très-rapidement au contact de l'air en brun ou en noir, et on ne les a pas encore isolés à l'état de pureté.

Le *sel de chaux* s'obtient en traitant à l'ébullition par le carbonate de chaux une solution aqueuse d'acide morintannique. On purifie le sel qui se sépare par le refroidissement, en le faisant dissoudre dans l'alcool et en précipitant la solution par l'eau. Il forme des cristaux microscopiques contenant 7,18—7,7 p. c. de chaux. (La formule $C^{26}H^{13}CaO^{18}$ en exige 7,12.)

avec l'acide gallotannique; ce n'est qu'après avoir fait bouillir l'acide morintannique pendant des journées entières avec de l'acide sulfurique dilué, que M. Wagner a obtenu de petites quantités d'une substance sucrée.

Le *sel d'alumine* ne se précipite pas par l'addition de l'acide morintannique à une solution d'alun, mais on obtient une laque jaune
si l'on verse du carbonate de potasse dans le mélange.

Le *sel de cuivre* est un précipité brun-jaunâtre.

Le *sel de fer* est un précipité vert noirâtre qu'on obtient avec
l'acide morintannique et le chlorure ferrique ; desséché, ce précipité est d'un vert grisâtre.

Le *sel de plomb* s'obtient sous la forme d'une poudre cristalline
d'un jaune citron, en faisant dissoudre dans l'eau bouillante le
précipité jaune produit par l'acétate de plomb neutre dans l'acide
morintannique. Ce précipité paraît renfermer $3C^{36}H^{12}Pb^2O^{18}, 2PbO,$
$HO) + 4$ aq .; il a donné :

	Wagner.	Calcul.
Carbone. . . .	32,01	32,1
Hydrogène. .	2,17	2,1
Ox. de plomb.	44,27	44,4

La solution aqueuse du morintannate de plomb précipite à la
longue, après que les cristaux se sont déposés, des flocons volumineux, non cristallins, dont la composition n'est pas constante.

Avec le sous-acétate de plomb et l'acide morintannique, on obtient un précipité jaune de chrome, contenant 56,9—57,5 oxyde de
plomb (peut-être $C^{36}H^{12}Pb^2O^{18}, 2PbO$).

Le *sel de quinine*, obtenu en précipitant le sel de chaux par le
chlorhydrate de quinine, est jaune, non cristallin, peu soluble dans
l'eau, fort soluble dans l'alcool. Il paraît renfermer $C^{40}H^{24}N^2O^4,$
$C^{36}H^{14}O^{18}.$

	Wagner [1].	Calcul.
Carbone. . .	63,40	65,1
Hydrogène..	5,47	5,4
Azote. . . .	3,89	4,0
Oxygène. . .	»	»

Le bois jaune, dont l'acide morintannique constitue le principe
colorant, est le tronc d'un arbre de la famille des morées (ancien
ordre des urticées de Jussieu); cet arbre se trouve au Brésil, au
Mexique et aux Antilles. Il est particulièrement employé pour
teindre la laine, non-seulement en jaune avec les sels d'alumine,
mais en vert, vert-olive, bronze et noir, concurremment avec l'indigo, les sels de fer, les sels de cuivre et d'autres matières tincto-

[1] M. Wagner admet 2 aq. de plus; calcul pour l'hydrogène 5,8.

riales. Les couleurs jaunes qu'il fournit sont très-belles, mais elles passent au roux à l'air.

§ 2074. *Acide rufimorique*[1]. — Cet acide se produit lorsqu'on abandonne pendant quelque temps la solution, préparée à froid, de l'acide morintannique dans l'acide sulfurique concentré, ou la solution de l'acide morintannique bouillie avec de l'acide chlorhydrique étendu. On obtient dans les deux cas un précipité rouge brique ; c'est l'acide rufimorique. Pour le purifier, on lave le dépôt rouge à l'eau froide, on le fait dissoudre dans une petite quantité d'alcool bouillant, et, après avoir concentré la solution par l'évaporation, on l'étend de 50 fois son volume d'eau froide. Lorsqu'on opère sur de petites quantités, on obtient alors des flocons rouges volumineux qu'on dessèche à une température basse ; avec des quantités plus considérables, le précipité s'agglutine en donnant une masse épaisse, brun-noir, d'un reflet vert métallique après la dessiccation, mais rouge en poudre.

Desséché, l'acide rufimorique constitue une poudre amorphe, d'un rouge foncé.

Il est très-soluble dans l'alcool, moins soluble dans l'eau, très-peu soluble dans l'éther. Il suffit d'une très-petite quantité d'ammoniaque pour rendre le corps soluble dans l'eau en toutes proportions. Les solutions ont une réaction acide.

Il a donné à l'analyse :

	Wagner.		
Carbone.	54,83	54,34	54,23
Hydrogène.	4,31	4,58	4,70
Oxygène.	»	»	»

Les nombres précédents sont fort rapprochés de la composition de l'acide morintannique ; comme on peut régénérer ce corps par l'action des alcalis sur l'acide rufimorique, il est probable que l'acide rufimorique n'est qu'un isomère de l'acide morintannique, ou qu'il n'en diffère que par les éléments de l'eau. (Dans ce dernier cas, l'acide rufimorique[2] renfermerait encore de l'eau à 100°).

---

[1] WAGNER (1850), *loc. cit.*

[2] Si l'on représente par la formule $C^{16}H^7O^9 = C^{16}H^6O^8 +$ aq. le produit analysé par M. Wagner, le calcul donne :

Carbone. . .	54,8
Hydrogène. . .	4,0
Oxygène. . . .	41,2
	100,0

L'acide rufimorique peut-être échauffé à 130°, sans qu'il s'altère ; mais, au-dessus de cette température, il produit des vapeurs qui se condensent par le refroidissement en une masse cristalline présentant les caractères de l'acide oxyphénique.

L'acide sulfurique concentré dissout l'acide rufimorique avec une couleur rouge. L'acide chlorhydrique le dissout aussi sans altération. L'acide nitrique le convertit en acide oxalique et en un autre acide nitrogéné.

Les alcalis caustiques et carbonatés donnent avec l'acide rufimorique des solutions cramoisies qui se conservent pendant quelque temps à l'air, et ne perdent que lentement leur couleur.

Une solution alcoolique d'acide rufimorique est précipitée par une solution alcoolique de potasse ; le précipité est visqueux et d'un rouge foncé.

Lorsqu'on fait bouillir l'acide rufimorique avec de la potasse ou de l'eau de baryte, il régénère de l'acide morintannique.

La solution de l'acide rufimorique (additionné d'une trace d'ammoniaque) ne précipite pas l'alun ; mais l'ammoniaque précipite du mélange une laque rouge foncé. Le protochlorure d'étain et le chlorure de baryum présentent la même réaction. L'acétate neutre de plomb, l'acétate de cuivre et le nitrate de mercure donnent des précipités rouges ou bruns. Le nitrate d'argent et le sulfate de zinc ne sont pas précipités.

Le chlore décompose la solution de l'acide rufimorique en donnant des flocons bruns.

Le *sel de cuivre* est un précipité rouge brun qui a donné à l'analyse 28,25—27,1—27,8 p. c. d'oxyde de cuivre.

Le *sel de plomb* est une poudre cristalline, d'un rouge écarlate foncé, contenant 59,1—59,4 p. c. d'oxyde de plomb. Il est insoluble dans l'eau et l'alcool, soluble dans l'acide acétique avec une couleur rougeâtre, et soluble dans la potasse avec une teinte cramoisie ; l'ammoniaque le colore en vert jaunâtre, sans le dissoudre.

M. Wagner pense que l'acide rufimorique est le même corps que l'acide colorant de la cochenille (§ 1993, *acide carminique*) ;

Or, la formule $C^{16}H^6O^8$ représente la composition d'un homologue de l'acide rufigallique desséché (§ 2060) :

$$
\begin{aligned}
&\text{Acide rufimorique.} \dots && C^{16}H^6O^8, \\
&\text{Acide rufigallique.} \dots && C^{14}H^4O^8. \\
\hline
&\text{Différence.} && C^2H^2.
\end{aligned}
$$

il y aurait de l'intérêt à vérifier ce fait par l'expérience, car il pourrait acquérir de l'importance pour la teinture, si l'on trouvait l'acide morintannique dans des plantes d'Europe.

§ 2075. *Acide morique*[1]. — Suivant M. Wagner, le dépôt (*morin*) qu'on obtient par le refroidissement d'une infusion de bois jaune est un mélange d'acide morintannique et de morate de chaux.

Pour en extraire l'acide morique, on le traite d'abord à plusieurs reprises par l'alcool bouillant, et l'on ajoute à la liqueur dix fois son volume d'eau; de cette manière le morate de chaux se précipite sous la forme d'une poudre jaune cristalline, tandis que tout l'acide morintannique reste en dissolution. On dissout ensuite le morate de chaux dans l'alcool bouillant, et on décompose la solution par l'acide oxalique, on filtre à chaud pour séparer l'oxalate de chaux, et l'on précipite par l'eau la liqueur filtrée. On reprend le dépôt par l'alcool, et on le précipite de nouveau par l'eau; finalement, on dessèche l'acide morique au bain-marie à l'abri de l'air.

L'acide morique ainsi préparé constitue une poudre blanche et cristalline, qui prend peu à peu à l'air une couleur jaunâtre. Il est très peu-soluble dans l'eau; 1 p. d'acide exige pour sa solution 4000 p. d'eau à 20°, et 1060 p. d'eau bouillante. Il est fort soluble dans l'alcool et l'éther; les solutions possèdent une teinte jaune foncée et une légère réaction acide.

Séché à 120°, l'acide morique a donné à l'analyse :

	Chevreul.	Wagner.		$C^{36}H^{14}O^{18} + 2$ aq.
Carbone. . :	56,0	55,19	55,14	55,10
Hydrogène. . .	4,0	4,29	4,02	4,08
Oxygène. . . .	»	»	»	40,82
				100,00

On remarque que les nombres précédents sont fort rapprochés de ceux qui ont été obtenus à l'analyse de l'acide morintannique.

L'acide morique supporte une température assez élevée sans se décomposer. Il noircit à 300°, dégage beaucoup d'acide carbonique et une huile jaune, qui se concrète en partie par le refroidissement, et qui est composée d'acide oxyphénique et d'acide phénique.

Les acides faibles dissolvent l'acide morique sans se colorer.

[1] CHEVREUL, *Leçons de Chimie appliquée à la teinture*, II, 150. — WAGNER, *loc. cit.*

L'acide sulfurique concentré le dissout avec une couleur brun-jaune ; étendue d'eau, la solution précipite l'acide morique sans altération. Si l'on chauffe la solution sulfurique, elle se décompose, en dégageant de l'acide sulfureux et de l'acide phénique.

L'acide nitrique concentré convertit l'acide morique en acide oxypicrique.

Avec les alcalis caustiques et carbonatés, l'acide morique donne de belles solutions jaunes. Sa solution ammoniacale devient brune à l'air, puis noire, en produisant une matière ulmique. Un papier imbibé d'acide morique est un réactif très-sensible pour les alcalis libres.

La solution de l'acide morique ne précipite pas la gélatine, mais elle colore en jaune la peau animale.

Le chlorure ferrique produit une coloration grenat dans la solution aqueuse de l'acide morique, et peut servir à reconnaître la pureté de cette substance, car la présence d'une trace d'acide morintannique donne lieu à une coloration vert-noir.

Lorsqu'on fait bouillir le sulfate ou l'acétate de cuivre avec une solution d'acide morique, après y avoir ajouté de la potasse, on obtient un précipité de protoxyde de cuivre. Avec le nitrate d'argent, additionné d'ammoniaque, il se produit immédiatement un précipité d'argent métallique.

Le *sel de chaux* est contenu tout formé dans le bois jaune. Il se dépose de sa solution alcoolique sous la forme de cristaux jaune de soufre, paraissant contenir $C^{36}H^{13}CaO^{18} + 2$ aq. ; à $100°$, il perd 2 atomes d'eau.

Le *sel de baryte* s'obtient en faisant bouillir l'acide morique avec du carbonate de baryte récemment précipité ; par l'évaporation de la liqueur, le morate de baryte se dépose sous la forme d'une poudre brun rouge, paraissant contenir : $3\ C^{36}H^{13}BaO^{18}$, $C^{36}H^{14}O^{18} + 2$ aq.

Tannin du chêne.

§ 2076. ACIDE QUERCITANNIQUE[1]. — Le tannin contenu dans l'écorce du chêne ordinaire n'est pas le même que celui qu'on extrait des noix de galle. Il ne peut pas être transformé en acide gallique, et ne donne aucune trace d'acide pyrogallique par la

[1] STENHOUSE, *Ann. der Chem. u. Pharm.*, XLV, 16.

distillation sèche. Il précipite par l'acide sulfurique à l'état de flocons brun-rouge. Il se comporte avec les sels de fer comme l'acide gallotannique.

Suivant M. Rochleder [1], le thé noir (feuilles de *Thea Bohea*) contiendrait le même tannin que l'écorce de chêne.

On ne connaît pas la composition de l'acide quercitannique.

§ 2077. *Quercitrin* [2], dit aussi acide quercitrique. — L'écorce du chêne jaune (*Quercus tinctoria*, L.) renferme un tannin, ainsi qu'un principe particulier auquel elle doit ses propriétés tinctoriales.

On extrait ce principe en épuisant l'écorce par de l'alcool de 0,84, dans un appareil de déplacement, précipitant le tannin par de la chaux ou de la gélatine, et évaporant le liquide filtré. On purifie le produit par quelques cristallisations dans l'alcool.

Le quercitrin se présente sous la forme d'une poudre cristalline, d'un jaune de chrome, sans odeur, légèrement amère et d'une réaction légèrement acide ; au microscope, il se présente sous la forme de petites tables rectangulaires ou rhombes. Il renferme :

	Bolley.					Calcul.
Carbone. .	52,53	52,95	52,03	52,76	52,03	51,9
Hydrogène.	4,87	4,94	4,81	5,19	5,07	4,8
Oxygène. .	»	»	»	»	»	43,3
						100,0

M. Bolley représente ces nombres par les rapports $C^{32}H^{18}O^{20}$ qui manquent de contrôle.

Le quercitrin se dissout dans 400 p. d'eau bouillante, et dans bien moins d'alcool absolu. La solution brunit peu à peu à l'air. Il est aussi un peu soluble dans l'éther.

La potasse et l'ammoniaque font passer la solution du quercitrin au jaune vert. L'eau de baryte en précipite peu à peu des flocons d'un jaune roux.

Une dissolution d'alun y développe graduellement une belle couleur jaune.

L'acétate de plomb, l'acétate de cuivre et le chlorure d'étain pré-

---

[1] ROCHLEDER, *Ann. der Chem. u. Pharm.*, LXIII, 202.

[2] CHEVREUL, *Leçons de Chim. appliquée à la teinture.* — BOLLEY, *Ann. der Chem. u. Pharm.*, XXXVII, 101. — RIGAUD, *ibid.*, LXXXVIII, 136.

cipitent en flocons jaunes. M. Bolley a trouvé dans un précipité
obtenu avec une dissolution alcoolique d'acétate de plomb :

	Bolley.		
Carbone.	33,27	»	»
Hydrogène.	3,11	»	»
Oxyde de plomb. .	36,87	37,2	37,0

Le persulfate de fer fait passer au vert-olive la solution du quercitrin, et la précipite peu à peu.

L'acide sulfurique dissout le quercitrin ; la solution est d'un
orangé verdâtre ; elle se trouble par l'eau. Suivant M. Rigaud, les
acides étendus transforment le quercitrin en une autre substance
jaune (*quercétine*) et en glucose.

L'acide nitrique fait passer au rouge-orangé la solution du quercitrin.

Sous l'influence de la chaleur, le quercitrin donne un sublimé
jaune, ainsi qu'un résidu de charbon. Avec un mélange de peroxyde de manganèse et d'acide sulfurique, il donne de l'acide formique.

Tannin des quinquinas.

§ 2078. ACIDE QUINOTANNIQUE. — Les quinquinas renferment
un tannin particulier [1], en combinaison avec une partie des alcalis
végétaux qui s'y trouvent également contenus ; c'est à ce tannin
que l'infusion de quinquina doit la propriété de précipiter les
solutions de gélatine et d'émétique, ainsi que celle de colorer en
vert les sels ferriques.

Ce tannin peut s'extraire de la manière suivante : on met de
l'écorce de quinquina pilée en digestion à 60° avec de l'eau contenant de 1 à 2 pour cent d'un acide libre. Celui-ci se combine
avec la quinine et la cinchonine, tandis que le tannin est mis en
liberté, et se dissout dans la liqueur en même temps que les sels
de ces alcalis. La liqueur ayant été filtrée, on y ajoute du carbonate de potasse ; on obtient ainsi un précipité blanc, composé de
sous-tannates de quinine et de cinchonine, qu'on recueille sur
un filtre et qu'on lave. Le précipité passe peu à peu au rouge,
puis au brun-rougeâtre. Ce changement de couleur est la consé-

[1] HLASIWETZ, *Ann. der Chem. u. Pharm.*, LXXIX, 130. — SCHWARZ, *ibid.*, LXXX,
331.

quence d'une absorption d'oxygène de la part de l'acide quinotannique. On traite ensuite le précipité par l'acide acétique dilué qui dissout l'acide quinotannique et les alcalis, et laisse à l'état insoluble des flocons rouges, provenant d'une oxydation. On filtre la liqueur, et on précipite le tannin au moyen du sous-acétate de plomb; on lave le précipité, et on le décompose par l'hydrogène sulfuré.

Un autre procédé plus avantageux consiste à faire bouillir l'infusion de quinquina acide avec un excès d'hydrate de magnésie, qui précipite le tannin et les alcalis. Le précipité ayant été lavé, on le dissout dans l'acide acétique, on filtre la liqueur pour la séparer du produit d'oxydation rouge, on la mêle avec du sous-acétate de plomb, et on décompose le précipité par l'hydrogène sulfuré. On filtre la solution de tannin ainsi obtenue, et on l'évapore dans le vide, en présence d'une matière hygrométrique. Après la dessiccation, on reprend la matière par une petite quantité d'eau, pour en séparer une trace d'impureté, et on la dessèche de nouveau.

L'acide quinotannique, le plus pur qu'on puisse obtenir par le procédé précédent, a une teinte jaune claire, et se dissout facilement et sans résidu dans l'eau, en la colorant en jaune pâle. Il est fort hygrométrique. Il a une saveur franchement astringente, sans la moindre amertume. Il se dissout dans l'alcool et l'éther; la dissolution éthérée est presque incolore. (On ne peut pas, au moyen de l'éther, extraire l'acide quinotannique des quinquinas, parce que cet acide y est contenu à l'état de combinaison avec des alcalis).

Il a donné à l'analyse :

	Schwarz[1].	Hlasiwetz[2].	
Carbone. . .	44,75	51,62	52,02
Hydrogène. .	5,49	5,89	5,82
Oxygène. . .	»	»	»

Dans la distillation sèche de l'acide quinotannique, il se développe une légère odeur d'acide phénique.

La solution aqueuse de l'acide quinotannique absorbe rapide-

---

[1] M. Schwarz représente l'acide quinotannique par la formule $C^{14}H^8O^9$, qui ne s'accorde pas avec l'analyse citée.

[2] La matière analysée par M. Hlasiwetz provenait du faux quinquina (*China nova*); l'auteur déduit de ses résultats la formule $C^{28}H^{19}O^{17}$.

ment l'oxygène, en se colorant en rouge-brun. La substance qui se produit ainsi est connue sous le nom de *rouge cinchonique* (§ 2079). Cette oxydation est surtout favorisée par la présence des alcalis fixes.

Lorsqu'on fait bouillir l'acide quinotannique, en solution concentrée, avec un peu d'acide chlorhydrique, il donne des flocons rouges qui se dissolvent dans les liqueurs alcalines avec une couleur verte (Schwarz).

L'acide quinotannique est plus soluble que l'acide gallotannique dans les liqueurs acides. Aussi ne peut-on pas précipiter l'acide quinotannique en traitant l'extrait de quinquina par l'acide sulfurique ou l'acide chlorhydrique concentrés.

Les bases donnent avec l'acide quinotannique des combinaisons encore plus altérables au contact de l'air que les gallotannates.

L'acide quinotannique se comporte comme l'acide gallotannique avec la gélatine, l'amidon, l'albumine. Il produit un abondant précipité gris jaunâtre dans la solution de l'émétique ; il colore en vert les sels ferriques.

§ 2079. *Rouge cinchonique* [1]. — Cette substance résulte de l'action de l'oxygène sur l'acide quinotannique. Elle est contenue dans les quinquinas en quantité fort notable.

Suivant M. Schwarz, on peut l'en extraire de la manière suivante : on traite par l'ammoniaque diluée l'écorce de quinquina préalablement épuisée par l'eau bouillante, et l'on ajoute de l'acide chlorhydrique à l'extrait ammoniacal : il se précipite ainsi des flocons brun-rouge, composés de rouge cinchonique et d'acide quinovatique (§ 1992). Ceux-ci étant ensuite traités par un lait de chaux étendu, on obtient un quinovate de chaux soluble, et une combinaison insoluble de chaux et de rouge cinchonique. On décompose cette combinaison par l'acide chlorhydrique ; on redissout le rouge cinchonique dans de l'ammoniaque diluée, on le précipite de nouveau par l'acide chlorhydrique, et, après l'avoir convenablement lavé, on le dissout dans l'alcool et on évapore à siccité la solution alcoolique.

Desséché, le rouge cinchonique se présente sous la forme d'une masse brillante, presque noire, rouge foncé, en poudre presque

---

[1] Berzélius, *Traité de Chimie*. — Pelletier et Caventou, *Ann. de Chim. et de Phys.*, XV, 315. — Hlasiwetz, *Ann. der Chem. u. Pharm.*, LXXIX, 138. — Schwarz, *ibid.*, LXXX, 332. — Guiraud-Boissenot, *Journ. de Pharm.*, [3] XXV, 199

insoluble dans l'eau, fort soluble dans les alcalis, l'alcool et l'é-
ther. Il n'est pas altéré par les acides dilués, et ne donne pas de
coloration particulière avec les sels ferriques.

Il a donné à l'analyse[1] :

	Schwarz.	Hlasiwetz.	
Carbone.	53,63	61,10	61,32
Hydrogène. . . .	5,36	5,05	5,26
Oxygène.	»	»	»

M. Schwarz admet les rapports $C^{12}H^7O^7$; M. Hlasiwetz, $C^{12}H^6O^4$;
les deux formules sont également contestables.

A la distillation sèche, le rouge cinchonique fournit de l'acide
pyrogallique (Guiraud-Boissenot), une huile empyreumatique, et
une substance rouge carminée volatile, soluble dans l'alcool, l'é-
ther et les alcalis, insoluble dans l'eau, et douée d'une odeur aromatique.

La solution alcoolique du rouge cinchonique est entièrement précipitée par l'acétate de plomb.

ACIDE VÉRATRIQUE.

Composition : $C^{18}H^{10}O^8$.

§ 2080. La découverte de ce corps est due à M. Merck[2]. On se
le procure en épuisant la graine de cévadille par de l'alcool mélangé d'acide sulfurique, et précipitant l'extrait par de l'hydrate
de chaux ; il se produit alors un précipité de vératrine et de sulfate
de chaux, qu'on sépare par le filtre ; le vératrate de chaux reste
en dissolution ; on en chasse l'alcool par la distillation, et l'on ajoute
de l'acide chlorhydrique ou sulfurique au résidu ; l'acide vératrique
cristallise alors par le refroidissement du mélange ; on le purifie en
traitant sa solution alcoolique par du charbon animal.

Il s'obtient, par l'évaporation spontanée, en aiguilles quadrilatères. A 100°, ces cristaux perdent de l'eau (?), et deviennent
d'un blanc mat ; ils fondent, à une température supérieure, en un
liquide incolore, et se subliment plus tard sans s'altérer. Il est peu

---

[1] La matière analysée par M. Schwarz avait été extraite du quinquina jaune royal ;
la matière analysée par M. Hlasiwetz provenait de l'écorce du faux quinquina (*China
nova*).

[2] MERCK (1839), *Ann. der Chem. u. Pharm.*, XXIX, 188. — SCHROETTER, *ibid.*,
XXIX, 190.

soluble dans l'eau froide, plus soluble dans l'eau bouillante, soluble dans l'alcool, surtout à chaud, insoluble dans l'éther.

Il a donné à l'analyse[1] :

	Schroetter.	$C^{18}H^{10}O^8$.
Carbone. . .	59,1	59,3
Hydrogène. .	5,5	5,5
Oxygène. . .	35,4	35,2
	100,0	100,0

L'acide nitrique et l'acide sulfurique concentrés ne l'attaquent pas beaucoup.

Les *vératrates* à base d'alcali sont fort solubles dans l'eau et l'alcool, cristallisables et non déliquescents.

Le *sel de plomb* est insoluble dans l'eau.

Le *sel d'argent*, $C^{18}H^9AgO^8$, est un précipité blanc légèrement soluble dans l'eau, et contenant :

		$C^{18}H^9AgO^8$.
Carbone.	36,8	37,3
Hydrogène.	3,2	3,1
Oxyde d'argent. . .	39,9	40,1

§ 2081. Le *vératrate d'éthyle*[2] ou éther vératrique, $C^{18}H^9(C^4H^5)$ O^8, s'obtient aisément en dissolvant l'acide vératrique dans l'alcool concentré, et en saturant la solution, moyennement concentrée, par du gaz chlorhydrique, pendant qu'on la chauffe. Il ne faut pas employer une solution trop concentrée, autrement l'acide vératrique s'en sépare dès que le gaz y arrive. Après avoir chassé par la distillation l'acide et l'éther chlorhydriques excédants, on ajoute de l'eau au résidu ; l'éther vératrique s'en sépare alors à l'état d'une huile épaisse qui finit par se concréter.

C'est une masse cristalline, rayonnée et très-friable ; elle fond dans l'eau déjà à 42°, et se concrète par le refroidissement. Elle est presque sans odeur, d'une saveur légèrement amère, brûlante et un peu aromatique. Elle est à peine soluble dans l'eau ; sa dissolution alcoolique la dépose en aiguilles brillantes, groupées en étoiles. Sa densité est de 1,141 à 18°.

[1] La composition de l'acide vératrique est la même que celle de l'acide éverninique (§ 2032).

[2] WILL (1841), *Ann. der Chem. u. Pharm.*, XXXVII, 198.

Elle renferme :

	Will.	Calcul.
Carbone. . .	62,05 61,95	62,86
Hydrogène. .	6,58 6,66	6,67
Oxygène. . .	» »	30,47
		100,00

La potasse caustique attaque à chaud l'éther vératrique en développant des vapeurs d'alcool.

ACIDES PEU CONNUS OU DOUTEUX.

§ 2082. *Acide achilléique.* — Cet acide existe, suivant M. Zanon [1], dans la millefeuille (*Achillea millefolium*, L.).

Pour l'extraire, on fait une infusion de toutes les parties de la plante, moins la racine, on l'évapore à la moitié de son volume, et on la précipite par l'acétate de plomb. Après avoir lavé le précipité, on le décompose par l'hydrogène sulfuré, on filtre la liqueur vert-brunâtre, on en chasse l'excédant d'hydrogène sulfuré, et on la sature par un excès de carbonate de potasse qui précipite du carbonate de chaux. On filtre la dissolution, et on la traite par du noir animal, lavé préalablement à l'acide chlorhydrique. Au bout de vingt-quatre heures, la dissolution est incolore et limpide; on la précipite alors par l'acétate de plomb, on décompose le précipité par l'hydrogène sulfuré, et l'on évapore la dissolution acide au bain-marie jusqu'à ce qu'elle ait acquis une densité de 1,015; l'acide achilléique jaunit aisément si l'on concentre davantage.

Par l'évaporation spontanée, l'acide achilléique se dépose sous la forme de prismes incolores, sans odeur, mais d'une saveur fort acide qui agace les dents. Il se dissout dans 2 p. d'eau à 12°,5. Il ne précipite pas l'acétate de plomb neutre, mais il produit un précipité abondant dans le sous-acétate. Avec les alcalis, il donne des sels neutres peu solubles dans l'alcool, très-solubles dans l'eau.

Il n'a pas été analysé.

Le *sel d'ammoniaque* est incristallisable et insoluble dans l'alcool.

Le *sel de potasse* cristallise en fines aiguilles, inaltérables à l'air.

Le *sel de soude* est également cristallisable.

---

[1] ZANON, *Ann. der Chem. u. Pharm.*, LVIII, 21.

Le *sel de chaux* s'obtient en prismes ou en aiguilles insolubles dans l'alcool.

Le *sel de magnésie* se réduit par la dessiccation en masse gommeuse, transparente et jaunâtre.

§ 2083. *Acide anacardique.* — Cet acide est contenu, en même temps que le *cardol* (§ 2084), dans le péricarpe des noix d'acajou. Voici comment M. Staedeler[1] obtient ces deux corps : on épuise le péricarpe par l'éther, on éloigne ce solvant par la distillation, et on lave le résidu à plusieurs reprises avec de l'eau, pour enlever une petite quantité de tannin. On dissout ensuite ce résidu dans quinze à vingt fois son poids d'alcool, et on le met en digestion avec de l'hydrate de plomb récemment précipité. Celui-ci s'empare de l'acide anacardique, ainsi que d'un produit de décomposition du cardol, en laissant celui-ci en dissolution.

On délaye le sel de plomb dans l'eau, on le décompose par le sulfhydrate d'ammoniaque, et l'on décante l'anacardate d'ammoniaque produit dans cette réaction. On ajoute à ce dernier de l'acide sulfurique étendu, de manière à mettre l'acide anacardique en liberté ; celui-ci se sépare alors à l'état d'une masse molle et cohérente qui se solidifie au bout de quelque temps. On la lave à l'eau froide, et on la dissout dans l'alcool ; mais elle n'est pas encore entièrement pure et exige de nouvelles purifications.

A l'état de parfaite pureté, l'acide anacardique constitue une masse blanche et cristalline qui fond à 26°, et redevient cristalline par le refroidissement. Il est sans odeur, mais sa saveur est aromatique et brûlante ; il ne rubéfie pas la peau. On peut le chauffer à 150°, sans qu'il dégage des produits condensables, mais déjà à 100° il développe une odeur particulière, sans perdre sensiblement de son poids. Au-dessus de 200° ; il se décompose en donnant une huile incolore très-fluide. Il brûle avec une flamme fuligineuse, et tache le papier. Il se liquéfie par le contact prolongé à l'air, en développant une odeur semblable à celle de la graisse rance. L'alcool et l'éther le dissolvent aisément ; les solutions rougissent le tournesol.

[1] STAEDELER (1847), *Ann. der Chem. u. Pharm.*, LXIII, 137.

L'acide anacardique a donné à l'analyse :

	Staedeler.			$C^{44}H^{32}O^7$.
Carbone. . . .	75,06	75,05	75,07	75,04
Hydrogène. . . .	9,17	9,19	9,19	9,07
Oxygène.	»	»	»	15,89
				100,00

Malgré la concordance du calcul et de l'expérience, la formule [1] $C^{44}H^{32}O^7$ ne me paraît pas exacte.

L'acide sulfurique concentré dissout aisément l'acide anarcadique et la solution se colore légèrement en rouge; l'eau en sépare l'acide anacardique sans altération. L'acide nitrique le convertit en une masse jaune et spongieuse; par l'ébullition, il se dégage des vapeurs rutilantes, et l'on obtient des produits solides et des produits liquides, qui paraissent être les mêmes que ceux auxquels les acides gras donnent lieu dans les mêmes circonstances.

§ 2084. L'acide anacardique forme des sels tantôt cristallins, tantôt amorphes.

Le *sel d'ammoniaque* s'obtient en dissolvant l'acide dans l'ammoniaque; il se produit ainsi une liqueur épaisse. Desséchée dans le vide, celle-ci perd de l'ammoniaque en laissant une masse savonneuse, non cristalline, qui donne avec l'eau un liquide trouble et filant; celui-ci s'éclaircit par l'addition de quelques gouttes d'ammoniaque. Une addition de sel ammoniac, même en petite quantité, sépare la combinaison sous forme de coagulum.

Le *sel de potasse* s'obtient en dissolvant l'acide anacardique dans une lessive de potasse moyennement concentrée, tant que cela s'effectue sans trouble. L'addition de l'eau n'en sépare pas un sel acide; mais, si l'on fait passer du gaz carbonique dans la solution concentrée, il se précipite un sel acide en flocons blancs. On évapore le tout à siccité, et l'on extrait le sel acide par l'éther. Celui-ci l'abandonné par l'évaporation sous la forme d'une masse blanche et amorphe, fort soluble dans l'eau et l'alcool; elle a donné à l'analyse 14,22 pour 100 de potasse.

Le *sel de baryte* obtenu par double décomposition avec le chlorure de baryum et l'anacardate d'ammoniaque, forme un précipité blanc qui brunit par la dessiccation. Ce sel a donné 47,67 pour 100 de sulfate de baryte.

---

[1] Traduite dans ma notation, cette formule ferait de l'acide anacardique un corps quadribasique.

Le *sel de chaux* ne se précipite pas lorsqu'on mélange une solution d'acide anacardique dans l'alcool avec une solution alcoolique
de chlorure de calcium ; mais, si l'on ajoute de l'ammoniaque, il se
produit un précipité tantôt grenu, tantôt gélatineux d'anacardate
de chaux. Le sel séché à 100° a donné 33,95 pour 100 de sulfate
de chaux.

Le *sel ferreux* s'obtient par l'anacardate d'ammoniaque et le sulfate ferreux sous la forme d'un précipité blanc, qui se colore peu
à peu à l'air.

Le *sel ferrique* se sépare, à l'état d'un précipité résineux, brun
foncé, lorsqu'on mélange des solutions alcooliques de perchlorure
de fer et d'acide anacardique, et qu'on y ajoute goutte à goutte de
l'ammoniaque ; le précipité est insoluble dans l'eau et l'alcool, mais
soluble dans l'éther. Séché à 60°, il donne par la calcination 18,0
p. c. de peroxyde de fer.

Le *sel de nickel* forme un précipité blanc.

Le *sel de cobalt* constitue des flocons violacés.

Le *sel de plomb* s'obtient sous la forme d'un précipité blanc et
grenu, en mélangeant une solution bouillante d'acide anacardique
avec une solution alcoolique d'acétate de plomb. Examiné au
microscope, le précipité se présente à l'état de globules radiés
qui, écrasés, se divisent en fragments réguliers. Ce sel jaunit
à la longue et acquiert une odeur rancide. Il a donné à l'analyse :

	Staedeler.		$C^{44}H^{30}Pb^2O^7$.
Carbone	47,23	47,68	47,43
Hydrogène . . .	5,43	5,51	5,37
Oxyde de plomb.	40,42	40,03	40,02

Quelquefois, en opérant à une basse température, on peut aussi
obtenir un sel double, cristallisé en paillettes semblables à la cholestérine, et composé *d'acétate et d'anacardate de plomb acide*,
$C^4H^3PbO^4 + C^{44}H^{31}PbO^7$ (?). Ce sel double a donné à l'analyse :

	Staedeler.	Calcul.
Carbone.	47,07	46,71
Hydrogène.	5,55	5,50
Ox. de plomb . . .	36,35	36,13

Le *sel d'argent* s'obtient sous la forme d'un précipité blanc, lourd
et pulvérulent, lorsqu'on mélange une solution d'argent neutre
avec une solution concentrée d'acide anacardique. Ce précipité est
soluble dans l'alcool, surtout en présence d'un acide libre. Il

n'est que fort peu altérable à la lumière ; chauffé à 130°, il fond en une masse bleu d'acier, en se décomposant en partie. Le sel séché à 80° a donné à l'analyse :

	Staedeler	Calcul. $C^{44}H^{31}AgO^{7}$.
Carbone	57,56	57,56
Hydrogène	6,82	6,74
Oxyde d'argent. . . .	25,37	25,25

Si l'on emploie de l'ammoniaque, dans la préparation du sel précédent, le précipité est floconneux. Lorsque l'ammoniaque est prise en excès, le précipité noircit pendant la dessiccation, même à l'ombre.

§ 2085. Le *cardol* est renfermé dans le liquide dont l'anacardate de plomb a été séparé (§ 2083). Il n'est pas encore pur; on éloigne la plus grande partie de l'alcool par la distillation, on ajoute au résidu de l'eau jusqu'à ce qu'il commence à se troubler, puis on y verse de l'acétate et du sous-acétate de plomb jusqu'à décoloration du liquide. On enlève ensuite le plomb de ce dernier, à l'aide de l'acide sulfurique.

Le cardol forme un liquide oléagineux, coloré en jaune, très-altérable, insoluble dans l'eau, fort soluble dans l'alcool et l'éther; les solutions n'ont pas d'action sur le papier de tournesol. Il n'est pas volatil, et se décompose par l'action de la chaleur.

M. Staedeler a trouvé dans le cardol :

Carbone. . . .	80,00	80,08
Hydrogène . .	9,86	9,80
Oxygène . . .	10,14	10,12
	100,00	100,00

Il exprime ces résultats par les rapports $C^{12}H^{9}O^{1}$ qui manquent de contrôle.

Le cardol précipite le sous-acétate de plomb ; il ne précipite pas l'acétate neutre à même base.

L'acide sulfurique concentré le colore en rouge en le dissolvant. L'acide nitrique paraît donner avec lui, dans certaines circonstances, les mêmes produits qu'avec l'acide anacardique.

La potasse caustique concentrée le convertit en une masse jaunâtre qui finit par s'y dissoudre ; au contact de l'air, la solution se colore en rouge intense, et précipite alors la plupart des sels métalliques en rouge ou en violet.

Appliqué sur la peau, le cardol détermine une véritable vésication; M. Staedeler pense que cette propriété pourrait faire employer les noix d'acajou comme agent thérapeutique, au lieu des cantharides, dont le prix est fort élevé.

§ 2086. *Acide bébirique.* — Il se trouve, suivant M. Maclagan [1], dans l'écorce d'un arbre de la Guyane anglaise, le *Nectandra Rodiei*, appelé dans le pays *bébéeru.* Il y est en combinaison avec deux alcalis particuliers, la bébéerine et la sépirine.

Pour l'extraire, on épuise l'écorce de bébéeru par de l'eau aiguisée d'acide acétique ; on précipite les alcalis par l'ammoniaque, on verse de l'acétate de plomb dans la liqueur filtrée, et on décompose le précipité par l'hydrogène sulfuré. Après avoir enlevé le sulfure de plomb, on abandonne la liqueur acide sur de l'acide sulfurique, et l'on reprend le résidu par de l'éther qui ne dissout pas la matière colorante. Par l'évaporation de la liqueur éthérée, l'acide bébirique reste sous la forme d'une matière blanche cristalline, ayant l'éclat de la cire.

Ce corps se réduit peu à peu à l'air en un liquide sirupeux. Il fond un peu au-dessus de 200°, et se sublime en aiguilles groupées en faisceaux.

Il forme, avec la potasse et la soude, des sels déliquescents, solubles dans l'alcool ; avec les alcalis terreux, il donne, au contraire, des sels très-peu solubles ; le sel plombique aussi n'est que légèrement soluble dans l'alcool.

§ 2087. *Acide bolétique.* — Suivant M. Braconnot [2], cet acide existe dans le polypore faux-amadouvier (*Boletus pseudo-igniarius*); d'après les expériences récentes de M. Bolley et de M. Dessaignes, il est identique à l'acide fumarique.

§ 2088. *Acide carmufellique.* — MM. Muspratt et Danson [3] donnent ce nom à un produit qui se forme en petite quantité par l'action de l'acide nitrique sur l'extrait aqueux des clous de girofle, en même temps que des vapeurs fort irritantes, de l'acide hyponitrique, de l'acide carbonique et de l'acide oxalique. Le mélange ayant été filtré et concentré par l'évaporation, l'acide carmufellique se dépose sous la forme de paillettes micacées de couleur jaune ; on dissout celles-ci dans l'eau bouillante, on précipite par l'acétate de

[1] MACLAGAN, *Ann. der Chem. u. Pharm.*, XLVIII, 106.

[2] BRACONNOT, *Ann. de Chimie*, LXXX, 272. — BOLLEY, *Ann. der Chem. u. Pharm.* LXXXVI, 44. — DESSAIGNES, *Compt. rend. de l'Acad.*, XXXVII, 782.

[3] MUSPRATT et DANSON, *Philos. Magaz.*, [4] II, 293; *Journ. f. Prakl. Chem.*, LV, 25.

plomb ; après avoir décomposé le précipité par l'hydrogène sulfuré, on traite la liqueur filtrée par le charbon animal, et on la
laisse cristalliser.

Suivant MM. Muspratt et Danson, l'acide contenu dans les sels
aurait la même composition $C^{24}H^{20}O^{32}$ qu'à l'état libre.

Si l'on ajoute un acide minéral à l'un de ses sels à base de terre
alcaline, la liqueur se prend en gelée.

§ 2089. *Acides du cerveau*[1]. — La masse cérébrale, chez
l'homme, est formée d'une matière albumineuse, contenant beaucoup d'eau et mélangée avec une matière grasse. Suivant M. Frémy,
celle-ci se compose de cholestérine (§ 1982), de traces d'oléine,
de margarine et d'acides gras, ainsi que de deux acides particuliers,
l'*acide cérébrique* et l'*acide oléophosphorique*. Ces principes immé-
diats ne se trouvent pas toujours dans le cerveau à l'état isolé :
l'acide cérébrique est souvent combiné avec la soude ou avec le
phosphate de chaux ; l'acide oléophosphorique y existe ordinairement à l'état de sel de soude.

Suivant M. Gobley[2], l'acide cérébrique (*cérébrine*) est contenu
non-seulement dans le cerveau, dans la moelle épinière et dans les
nerfs, mais encore, en petite quantité, dans le jaune d'œuf, dans
les œufs et la laite des poissons, dans le sang veineux.

Pour extraire les acides du cerveau, on commence par le couper
en petits fragments, et on le traite à plusieurs reprises par l'alcool
bouillant, en le laissant ensuite pendant quelques jours en contact
avec ce liquide. Cette opération a pour but d'enlever au cerveau la
grande quantité d'eau qu'il contient, ce qui empêcherait l'éther
d'agir sur lui. Si ce premier traitement a été bien fait, la partie albumineuse du cerveau doit être coagulée ; elle a perdu son élas-
ticité et se laisse comprimer facilement ; on la soumet alors à l'action
de la presse, on la divise rapidement dans un mortier, et on la traite
par l'éther. Après avoir soumis le cerveau à l'action de l'alcool, on ne
doit pas le laisser exposé à l'air ; car l'alcool qu'il retient toujours

<hr>

[1] COUERBE, *Ann. de Chim. et de Phys.*, LVI, 160. — FRÉMY, *Ann. de Chim. de
et Phys.*, [3] II, 463. *Journ. de Pharm.*, [3] XII, 13.

M. Couerbe avait indiqué dans le cerveau l'existence de plusieurs substances, que
M. Frémy a reconnues pour des mélanges. La *céphalote* de M. Couerbe est un mélange de
cérébrate de chaux ou de soude avec des traces d'albumine et d'acide oléophosphorique ;
l'*éléencéphol* est un mélange d'oléine, d'acide oléophosphorique, d'acide cérébrique et
de cholestérine ; la *cérébrote* est un mélange d'acide cérébrique avec de petites quantités
de cérébrate de chaux et d'albumine cérébrale, etc.

[2] GOBLEY, *Journ. de Pharm.*, [3] XII, 12 ; XVII, 408 ; XIX, 408 ; XXI, 252.

s'affaiblirait alors, et la masse, devenue aqueuse, ne se laisserait plus épuiser par l'éther. Le traitement à l'éther doit être fait d'abord à froid et ensuite à chaud ; les liqueurs qui en proviennent, étant soumises à la distillation, laissent un résidu contenant l'acide cérébrique et l'acide oléophosphorique.

L'alcool laisse déposer, par le refroidissement, une substance blanche contenant du phosphore ; la liqueur ne retient en dissolution que des matières grasses, et présente ordinairement une réaction acide due à de l'acide phosphorique.

α. Pour extraire l'acide cérébrique, il faut reprendre la masse provenant de l'évaporation de l'éther, par une grande quantité d'éther ; on précipite ainsi une substance blanche qu'on isole par la décantation, et qui, exposée à l'air, ne tarde pas à se transformer en une masse cireuse et grasse. Ce précipité contient de l'acide cérébrique souvent combiné avec le phosphate de chaux ou avec la soude, de l'acide oléophosphorique uni à la chaux ou à la soude, et de l'albumine cérébrale qui a été entraînée par les corps précédents. On reprend le précipité par de l'alcool absolu et bouillant, légèrement aiguisé d'acide sulfurique. Il reste alors en suspension des sulfates de chaux et de soude, mélangés d'albumine, qu'on sépare par le filtre ; les acides cérébrique et oléophosphorique sont en dissolution et se déposent par le refroidissement. On lave le mélange d'acide avec de l'éther froid, qui s'empare de l'acide oléophosphorique , sans dissoudre l'acide cérébrique. Finalement on fait dissoudre ce dernier dans l'éther bouillant, et on le fait cristalliser plusieurs fois.

L'acide cérébrique ainsi purifié se présente sous la forme de petits grains blancs cristallins. Il est entièrement soluble dans l'alcool bouillant, presque insoluble dans l'éther froid, plus soluble dans l'éther bouillant. Il se gonfle dans l'eau bouillante comme l'amidon, mais il y paraît insoluble. Il fond à une température élevée très-voisine du point auquel il se décompose.

Il a donné à l'analyse :

	Frémy.
Carbone.	66,7
Hydrogène.	10,6
Azote.	2,3
Phosphore.	0,9
Oxygène.	19,5
	100,0

L'acide cérébrique est un acide faible, cependant il se combine avec toutes les bases.

Les *sels d'ammoniaque, de potasse et de soude* s'obtiennent en mettant une solution alcoolique d'acide cérébrique en contact avec les bases correspondantes, sous la forme de précipités presque insolubles dans l'alcool.

La *baryte*, la *strontiane*, la *chaux* se combinent directement avec l'acide cérébrique, et lui font perdre la propriété de faire émulsion avec de l'eau. Pour obtenir le sel de baryte, on fait d'abord bouillir l'acide cérébrique avec de l'eau de manière à l'hydrater ; on verse ensuite dans la liqueur un excès d'eau de baryte, et on la maintient en ébullition pendant quelque temps. Il se produit ainsi un précipité blanc floconneux, contenant 7,8 p. c. de baryte.

β. On a vu précédemment qu'en reprenant par l'éther l'extrait éthéré du cerveau, on précipite l'acide cérébrique, tandis qu'il reste en solution une substance visqueuse qui contient l'acide oléophosphorique souvent combiné avec la soude. Pour obtenir l'acide oléophosphorique, il faut donc décomposer le sel de soude par un acide, et reprendre la masse par de l'alcool bouillant, qui dissout et laisse précipiter par le refroidissement de l'acide oléophosphorique. Cet acide est toujours mélangé avec de l'oléine, qu'on enlève par l'alcool absolu, ou avec de la cholestérine, dont on le débarrasse par l'alcool et l'éther, qui dissout plus aisément la cholestérine que l'acide oléophosphorique. Au reste, on ne réussit guère à obtenir ce dernier à l'état de parfaite pureté.

L'acide oléophosphorique est ordinairement coloré en jaune comme l'oléine ; il est insoluble dans l'eau et se gonfle un peu quand on le met dans l'eau bouillante. Il présente une consistance visqueuse. Il est insoluble dans l'alcool froid, mais il se dissout aisément dans l'alcool bouillant ; il est soluble dans l'éther.

Il brûle à l'air, en laissant un charbon fort acide, contenant de l'acide phosphorique.

L'analyse de l'acide oléophosphorique a donné des résultats fort variables ; M. Frémy y a trouvé de 1,9 à 2 p. de phosphore.

Mis en contact avec l'ammoniaque, la potasse ou la soude, il donne immédiatement des combinaisons savonneuses qui présentent les mêmes caractères que la masse extraite du cerveau au moyen de l'éther. Avec les autres bases il forme des combinaisons insolubles dans l'eau.

Les alcalis en excès transforment l'acide oléophosphorique en phosphates, en oléates et en glycérine.

Lorsqu'on fait longtemps bouillir l'acide oléophosphorique dans l'eau ou l'alcool, il perd peu à peu sa viscosité, et se transforme en oléine (Frémy; en un mélange d'oléine et de margarine, avec une grande quantité d'acide oléique et margarique, Gobley), et en une liqueur acide contenant de l'acide phosphorique (Frémy; de l'acide phosphoglycérique, Gobley). Cette décomposition est surtout rapide en présence d'une petite quantité d'un acide libre.

L'acide nitrique fumant attaque aisément l'acide oléophosphorique en produisant de l'acide phosphorique qui reste en dissolution, et un acide gras qui nage sur la liqueur.

§ 2090. *Acide cétrarique*[1], dit aussi cétrarine, ou principe amer du lichen d'Islande, $C^{36}H^{16}O^{16}$(?). — Cet acide existe dans le lichen d'Islande (*Cetraria islandica*, L.), qui lui doit sa saveur amère.

Le meilleur moyen de l'obtenir consiste, suivant MM. Knop et Schnedermann, à faire bouillir le lichen d'Islande avec un mélange d'alcool concentré et de carbonate de potasse (15 grammes par kilogr. d'alcool), pendant un quart d'heure. Il se produit ainsi un mélange impur de cétrarate et de lichenstéarate de potasse, soluble dans l'alcool. On filtre, et l'on précipite par l'acide chlorhydrique étendu d'eau. Il se précipite ainsi une masse verdâtre, composée d'acide cétrarique, d'acide lichenstéarique (§ 2068), et d'une substance non déterminée.

On épuise cette masse avec 8 ou 10 fois son poids d'alcool faible bouillant, et l'on filtre rapidement; la solution dépose alors l'acide lichenstéarique en plus grande partie. Il se présente, au microscope, en tables quadrangulaires obliques, tandis que l'acide cétrarique cristallise en longues aiguilles et que l'autre substance se prend en grains amorphes. On répète le traitement par l'alcool faible et bouillant, jusqu'à ce qu'on ait ainsi extrait tout l'acide lichenstéarique.

Pour purifier complétement ce produit de l'acide cétrarique et de l'autre corps, on le fait bouillir avec de l'huile de naphte rectifiée, qui ne dissout pas ces derniers. On filtre la liqueur bouillante, qui

---

[1] Berzélius, *Journ. f. Chemie u. Phys., v. Schweiger*, VII, 317 ; *Ann. de Chimie*, XC, 277. — Herberger, *Ann. der Chem. Pharm.*, XXI, 137. — Knop et Schnedermann, *ibid.*, LV, 144.

dépose alors l'acide lichenstéarique dont on complète la purification par des cristallisations dans l'alcool.

Le résidu insoluble dans l'alcool faible qui a servi à extraire l'acide lichenstéarique, renferme la plus forte proportion d'acide cétrarique. On le décolore d'abord par des traitements à l'éther additionné d'une huile essentielle qui se charge de la matière verte; ensuite on le traite par l'alcool concentré et bouillant, qui extrait l'acide cétrarique, et le dépose, à l'état cristallisé, par le refroidissement; enfin de nouveaux traitements par le charbon animal et par la potasse caustique permettent d'obtenir l'acide cétrarique à l'état de parfaite pureté. La substance étrangère dont il est souillé n'est pas soluble dans la potasse.

L'acide cétrarique se présente sous la forme d'un tissu d'aiguilles extrêmement ténues comme des poils, d'un blanc éclatant, d'une saveur franchement amère; il n'est pas volatil, et ne fond pas sans se décomposer. Il est presque insoluble dans l'eau; l'alcool bouillant et concentré le dissout aisément; l'éther le dissout peu. Il ne renferme pas d'eau de cristallisation.

Il a donné à l'analyse [1] :

	Knop et Schnedermann.			$C^{36}H^{16}O^{16}$
Carbone. . .	60,25	60,06	60,05	60,0
Hydrogène. .	4,63	4,64	4,71	4,4
Oxygène. . .	»	»	»	35,6
				100,0

Lorsqu'on fait bouillir l'acide cétrarique dans l'eau, il s'altère en brunissant. Sa solution alcoolique brunit aussi par l'ébullition, et perd peu à peu sa saveur amère. Cette transformation de l'acide cétrarique s'opère encore plus rapidement lorsqu'il est combiné avec un alcali.

L'acide sulfurique colore l'acide cétrarique en jaune, puis en rouge; la masse s'agglutine et se dissout; l'eau en précipite une matière ulmique.

L'acide chlorhydrique dissout en petite quantité l'acide cétrarique; la partie non dissoute devient d'un bleu foncé. Ce produit bleu est amer, un peu soluble dans l'eau, l'alcool et l'éther; il brunit rapidement par l'ébullition. L'acide sulfurique concentré le dissout en se colorant en rouge; l'eau en précipite de nouveau le

---

[1] C = 75,12. MM. Knop et Schnedermann admettent les rapports $C^{34}H^{16}O^{15}$.

corps bleu. Lorsqu'on dissout celui-ci dans un mélange de chlorure stanneux et de chlorure stannique, on peut par un alcali précipiter de la liqueur une laque bleue (Herberger).

L'acide nitrique oxyde l'acide cétrarique en donnant de l'acide oxalique et une résine jaune.

Le chlore, le brome et l'iode paraissent ne pas altérer l'acide cétrarique.

§ 2091. L'acide cétrarique expulse l'acide carbonique des carbonates alcalins, et forme des sels jaunes, solubles dans l'eau et dans l'alcool, et d'une amertume insupportable. Il a une grande tendance à former des sels acides. Les sels neutres ne peuvent pas être évaporés au contact de l'air, ou même dans le vide, sans que l'acide cétrarique s'altère en brunissant et en perdant sa saveur amère. Les sels acides se précipitent à l'état gélatineux, quand on mêle les sels neutres avec la moitié de l'acide chlorhydrique nécessaires à leur saturation; ils se lavent difficilement, mais on peut les dessécher à l'air sans qu'ils brunissent.

Une solution alcoolique de cétrarate de potasse acide donne avec le chlorure ferrique un précipité rouge foncé, en même temps que la liqueur devient d'un rouge de sang.

Le *sel d'ammoniaque* s'obtient à l'état de pureté, si l'on traite l'acide cétrarique par le gaz ammoniaque; on obtient ainsi une poudre jaune, ayant absorbé 10,2 p. c. d'ammoniaque.

Le *sel de plomb* est un précipité jaune et floconneux qu'on obtient avec l'acétate de plomb et le cétrarate d'ammoniaque. Il a donné à l'analyse :

	Kn. et Schn.	$C^{36}H^{11}Pb^2O^{16}$
Carbone. . .	36,3r	38,r
Hydrogène. .	2,78	2,4
Ox. de plomb.	39,68	39,6

Le *sel d'argent* constitue un précipité jaune qui brunit rapidement.

§ 2092. *Acide cévadique*[1]. — Il existe, suivant Pelletier et Caventou, dans la graine de cévadille (*Veratrum Sabadilla* de Retz), et probablement aussi dans les racines d'ellébore blanc (*Veratrum album*) et de colchique (*Colchicum autumnale*).

On le prépare au moyen de l'huile qu'on extrait de la cévadille,

---

[1] PELLETIER et CAVENTOU, *Journ. de Pharm.*, VI, 353, et *Ann. de Chim. et de Phys.*, XIV, 69.

en épuisant cette graine par l'éther, et enlevant celui-ci par l'évaporation ou la distillation. On saponifie l'huile par la potasse, on décompose le savon par l'acide tartrique, et, après avoir filtré le liquide, on le soumet à la distillation. On neutralise le produit distillé par la baryte, on évapore à siccité le cévadate de baryte, et on le distille avec de l'acide phosphorique sirupeux.

L'acide cévadique se sublime en aiguilles blanches et nacrées. Il a une odeur semblable à celle de l'acide butyrique. Il est soluble dans l'eau, l'alcool et l'éther. Il entre en fusion à 20°, et se sublime à quelques degrés au-dessus de cette température.

Il donne avec les bases des sels doués d'une odeur particulière. Son sel d'ammoniaque précipite en blanc les sels ferriques.

Acide coccognidique. — Acide cristallisable, existant, suivant Goebel[1], dans la semence de garou (*Daphne Gnidium*, L.). Il ne précipite pas le chlorure de baryum, l'eau de chaux, l'acétate de plomb, le sulfate ferreux.

Acide colombique. — M. Boedeker[2] donne ce nom à un acide contenu dans la racine de colombo (*Cocculus palmatus*, DC.). On l'obtient en ajoutant de l'acide chlorhydrique à l'extrait alcoolique de cette racine, traité par la chaux. Il se précipite sous la forme de flocons blancs, non cristallins, fort acides, presque insolubles dans l'eau, fort solubles dans l'alcool, peu solubles dans l'éther à froid. Par l'évaporation de sa solution alcoolique, il s'obtient sous la forme d'un vernis jaune.

Sa solution alcoolique n'est pas précipitée par l'acétate de cuivre, mais elle donne un abondant précipité blanc par l'acétate de plomb neutre.

Séché à 115°, il a donné à l'analyse :

	Boedeker.	$C^{42}H^{23}O^{13}$(?)
Carbone. .	66,64	66,5
Hydrogène.	6,29	6,1
Oxygène. .	»	27,4
		100,0

Le précipité plombique séché à 130°, contient 30,53 p. c. d'oxyde de plomb.

[1] Goebel, *Repert. der Pharm.*, VIII, 203.
[2] Boedeker, *Ann. der Chem. u. Pharm.*, LXIX, 47.

Acide crotonique. — Pelletier et Caventou [1] préparent cet acide au moyen de l'huile que renferme la graine de pignon d'Inde (semence du *Croton Tiglium,* L.) On extrait l'huile de la graine au moyen de l'éther ou de l'alcool, et on la saponifie en la faisant bouillir avec une lessive de potasse; on décompose le savon par l'acide tartrique, et l'on distille le liquide acide, après l'avoir filtré. On sature ensuite le produit distillé par l'eau de baryte, on évapore à siccité le crotonate de baryte, et on le décompose par l'acide phosphorique sirupeux, dans un appareil distillatoire dont le récipient est refroidi à quelques degrés au-dessous de zéro.

L'acide crotonique est oléagineux. Il se congèle à 5°, et se volatilise sensiblement à 2 ou 3 degrés au-dessus de zéro, en répandant une odeur pénétrante et nauséabonde, qui irrite le nez et les yeux. Il possède une saveur âcre, cause des inflammations, et agit comme poison.

Les *crotonates* n'ont point d'odeur.

Le *sel de potasse* cristallise en prismes rhomboïdaux, inaltérables à l'air, et difficilement solubles dans l'alcool de 0,85 de densité.

Le *sel de baryte* est fort soluble dans l'eau, fort soluble dans l'alcool, et se sépare, par la concentration, sous la forme de cristaux nacrés, dont la poussière irrite vivement la gorge.

Le *sel de magnésie* est grenu et très-peu soluble dans l'eau.

Le crotonate d'ammoniaque précipite en jaune isabelle le sulfate ferreux; en blanc, les sels de plomb et d'argent; en blanc bleuâtre, les sels de cuivre. Il ne précipite ni le sulfate ferrique ni le bichlorure de mercure.

Acide damalurique et acide damolique. — M. Staedeler [2] donne ces noms à deux acides volatils particuliers qui existeraient dans l'urine de vache.

L'acide damalurique renfermerait $C^{14}H^{12}O^4$. Il serait huileux, plus pesant que l'eau, et d'une odeur rappelant celle de la valériane.

§ 2092*. *Acide digitalique.* — Cet acide [3] existe, suivant M. Morin, dans la digitale pourprée.

Pour le préparer, on se procure une infusion de feuilles de digitale, qu'on évapore jusqu'à consistance d'extrait, et qu'on

---

[1] Pelletier et Caventou, *Journ. de Pharm.,* IV, 289. — Caventou, *ibid.,* XI, 110. — Buchner, *Repert. d. Pharm.,* XIX, 185.
[2] P. Morin, *Journ. de Pharm.,* [3] VII, 294.
[3] Staedeler, *Ann. der Chem. u. Pharm.* LXXVII, 27.

mélange ensuite peu à peu avec de l'alcool à 92 ou 94 centièmes, jusqu'à ce que ce liquide ne sépare plus rien. Après avoir laissé clarifier le mélange, on décante l'alcool, et on le distille au bain-marie jusqu'à ce que le résidu ait la consistance d'un extrait épais. On fait alors bouillir ce résidu à plusieurs reprises avec de l'éther, de manière à l'épuiser complétement. L'éther dissout l'acide digitalique et la digitaline. Si l'on agite ensuite la dissolution éthérée avec de la baryte jusqu'à ce qu'elle ait acquis une réaction alcaline, l'acide digitalique se précipite entièrement à l'état de sel de baryte, et la digitaline reste en dissolution. On lave le sel avec de l'éther et de l'alcool fort pour enlever la digitaline, puis on le décompose par de l'acide sulfurique étendu, en ayant soin de ne pas convertir toute la baryte en sulfate.

Par la filtration, on obtient une solution rougeâtre fort acide. On la concentre à l'abri de l'air (par la distillation dans une cornue), en évitant d'élever trop la température. Après le refroidissement on décante la liqueur, pour la séparer d'un léger dépôt brun; on la mélange avec de l'alcool à 90 ou 96 centièmes, afin de précipiter le digitalate de baryte qui n'aurait pas été décomposé, et l'on abandonne dans le vide la liqueur filtrée, pour la faire cristalliser.

Dans toutes ces opérations, il faut éviter autant que possible le contact de l'air avec la matière, car il la transforme en une substance brune, peu soluble dans l'eau.

L'acide digitalique cristallise en aiguilles; il possède une odeur particulière, qui devient plus forte par la chaleur, et une saveur acide bien prononcée; il rougit le papier de tournesol. Il n'est pas volatil, fond aisément en se colorant et se charbonne à une température élevée sans dégager d'ammoniaque.

Il est très-soluble dans l'eau, mais la dissolution ne tarde pas à se colorer; la lumière et la chaleur en accélèrent la coloration. Il est assez soluble dans l'alcool, et s'y conserve mieux. Il est moins soluble dans l'éther que dans l'alcool.

Il n'a pas été analysé.

Il chasse l'acide carbonique des carbonates alcalins, mais les sels qu'il forme se décomposent au contact de l'air encore plus rapidement que l'acide libre.

Le *sel de potasse* jouit d'une si grande solubilité, qu'il est très-difficile de l'obtenir à l'état cristallisé.

Le *sel de soude* cristallise plus facilement.

Le *sel de baryte* et le *sel de chaux* sont très-solubles dans l'eau, insolubles dans l'alcool et l'éther.

Le *sel de magnésie* est soluble.

Le *sel de zinc* donne par l'évaporation une masse gommeuse et transparente, qui se convertit au bout de quelques jours en cristaux enchevêtrés; ceux-ci jaunissent à l'air moins rapidement que les autres sels.

Le *sel de cuivre* est un précipité vert.

Le *sel ferreux* est un précipité blanc. Le *sel ferrique* paraît être soluble, et ne se précipite pas.

Le *sel de plomb* est un précipité blanc.

Le *sel d'argent* est un précipité blanc, soluble dans l'acide nitrique.

Acide digitoléique. — Espèce d'acide gras, contenu, suivant M. Kosmann [1], dans les feuilles de digitale pourprée.

On épuise les feuilles de digitale par l'eau froide, et on précipite l'extrait par l'acétate de plomb. Après avoir lavé le précipité, on le décompose, à l'ébullition, par du carbonate de soude, on traite la liqueur brune filtrée par l'acide chlorhydrique, on lave bien le précipité d'acide digitoléique, et on y verse de l'alcool de 0,85, jusqu'à ce qu'il ne s'y dissolve plus rien. Par le refroidissement de la solution alcoolique, l'acide digitoléique cristallise. On redissout les cristaux dans du carbonate de soude, on précipite la solution par de l'acide acétique, et l'on redissout le précipité dans l'alcool; l'acide digitoléique cristallise de nouveau par l'évaporation spontanée.

L'acide digitoléique se présente sous la forme d'aiguilles fines, groupées en étoiles ou en grains, et colorées en vert. Sa saveur est âcre et amère; son odeur est aromatique, assez agréable; il se dissout très-peu dans l'eau, mais il est fort soluble dans l'alcool et l'éther. Il rougit le papier de tournesol, et chasse l'acide carbonique des carbonates alcalins et terreux.

Il n'a pas été analysé.

Les *digitoléates* sont jaunes ou d'un jaune verdâtre; les sels à base d'alcali sont solubles, les autres sels sont insolubles. La solution des sels alcalins mousse comme de l'eau de savon.

[1] Kosmann, *Journ. de Chim. médicale,* [3] II, 377.

Le *sel de potasse* s'obtient en dissolvant l'acide, à la température de l'ébullition, dans le carbonate de potasse, évaporant la solution au bain-marie jusqu'à siccité, et reprenant le résidu par l'alcool ; par l'évaporation de la solution alcoolique, le digitoléate de potasse reste sous la forme d'une masse brun-verdâtre, cristalline, d'une odeur aromatique, d'une saveur amère et âcre.

Le *sel de soude* constitue une masse visqueuse, brun-verdâtre, sans indice de cristallisation.

Le *sel de baryte* forme un précipité jaune, floconneux, qui verdit à 100°.

Le *sel de chaux* ressemble au précédent.

Le *sel de zinc* est un précipité blanc-verdâtre.

Le *sel de nickel* est un précipité vert olive.

Le *sel de cobalt* est un précipité jaune-verdâtre clair.

Le *sel de cuivre* est un précipité vert-jaunâtre.

Le *sel de ferrosum* est un précipité brun-jaunâtre.

Le *sel de plomb* forme un précipité vert foncé et floconneux. Il fond à 60°, et se solidifie par le refroidissement sans cristalliser. Traité par l'éther, il se partage en un sel acide, soluble dans l'éther (où il se dépose, par l'évaporation, sous la forme d'une masse vert-clair, irrégulièrement cristallisée) et en un sous-sel insoluble.

Le *sel d'argent* est un précipité verdâtre qui noircit à 100°.

Le *sel de mercuricum* est un précipité jaune clair.

§ 2093. *Acide euphorbique.* — Suivant M. Riegel [1], l'*Euphorbia Cyparissias* en fleurs contiendrait un acide cristallisant en aiguilles incolores dont le sel de plomb serait cristallin et soluble dans l'eau chaude, et dont les sels alcalins, également cristallisables, précipiteraient les sels de fer, d'étain, de cuivre, de mercure, de plomb et d'argent.

M. Dessaignes [2] n'a trouvé dans la même plante que de l'acide citrique, de l'acide malique et un acide coloré, précipitant la gélatine et les sels de cuivre, et noircissant par les sels ferriques.

Acide fungique. — Cet acide existerait, suivant M. Braconnot [3], à l'état libre ou sous forme de sel de potasse, dans un grand nombre de champignons.

[1] RIEGEL, *Jahrb. f. prakt. Pharm.* VI, 165.

[2] DESSAIGNES, *Journ. de Pharm.*, [3] XXV, 27.

[3] BRACONNOT, *Ann. de Chimie*, LXXIX, 265 ; *Ann. de Chim. et de Physique*, XXX, 272.

Suivant M. Dessaignes [1], il n'est qu'un mélange d'acide malique, d'acide citrique et d'acide phosphorique.

Acide hédérique. — Il est contenu, suivant M. Posselt [2], dans les graines du lierre commun (*Hedera Helix*, L.). On épuise d'abord ces graines par de l'éther pour enlever les matières grasses [3], et l'on fait bouillir le résidu avec de l'alcool. Celui-ci dissout l'acide hédérique, et le dépose par la concentration sous la forme d'aiguilles, ou de paillettes tendres, incolores, insolubles dans l'eau et dans l'éther.

L'acide hédérique est sans odeur, mais il possède à un haut degré la saveur âcre de la graine de lierre.

Il a donné à l'analyse :

	Posselt.	
Carbone . . .	66,49	66,43
Hydrogène . .	9,50	9,41
Oxygène . . .	»	»

Par la dessiccation à 100°, il perd 5,42 p. c. d'eau. Il ne fond pas par la chaleur, et se charbonne à une température élevée.

Il prend une belle couleur pourpre au contact de l'acide sulfurique concentré.

Il déplace l'acide carbonique de ses combinaisons.

Il donne avec les bases des sels gélatineux, pour la plupart insolubles dans l'eau, mais solubles dans l'alcool.

Le sel d'ammoniaque et le sel de potasse sont peu solubles dans l'eau, et se déposent, par le repos, sous la forme de précipités incolores et gélatineux.

Le sel de baryte et le sel de chaux sont gélatineux, insolubles dans l'eau, solubles dans l'alcool bouillant.

Il paraît exister plusieurs *sels de plomb*.

Le sel d'argent est blanc, et soluble dans l'alcool bouillant qui le dépose par le refroidissement à l'état cristallin.

La purification de l'acide hédérique est beaucoup entravée par la présence, dans la graine de lierre, d'un autre acide, semblable au tannin. Cet acide est incristallisable, soluble dans l'eau, l'alcool et l'éther; il donne avec les alcalis des sels solubles, colorés en

---

[1] DESSAIGNES, *Compt. rend. de l'Acad.*, XXXVII, 782.

[2] POSSELT, *Ann. der Chem. u. Pharm.*, LXIX, 62.

[3] L'une de ces matières grasses est liquide, et ne paraît être que de l'oléine; l'autre est solide et se saponifie difficilement. Saponifiée par la potasse fondue, elle donne un sel qui, décomposé par l'acide tartrique, fournit un acide gras cristallisant en lames nacrées, fusibles à 30°. Le sel d'argent de cet acide gras contenait 27,5 p. c. d'argent.

jaune. Il réduit aisément le nitrate d'argent, et précipite les sels de plomb et d'argent. Il donne avec les sels ferriques une coloration verte foncée. Il se décompose aisément au contact de l'air.

§ 2094. *Acide hircique.* — M. Chevreul[1] donne ce nom à un acide huileux, peu soluble dans l'eau, auquel il attribue l'odeur et le goût particuliers au suif de mouton. On l'extrait comme les autres acides gras volatils.

Le *sel de potasse* de cet acide est fort déliquescent ; le *sel de baryte* est peu soluble dans l'eau, et renferme 43,8 p. c. de baryte.

Il est probable que l'acide hircique n'est qu'un mélange de deux ou de plusieurs acides homologues de la série n $C^2H^2 + O^4$.

§ 2095. *Acide igasurique.* — Suivant Pelletier et Caventou[2], cet acide sature la strychnine dans la fève Saint-Ignace ; il existe d'ailleurs en si petite quantité dans cette semence, qu'il est fort difficile de s'en procurer des quantités notables. Il est également contenu dans la noix vomique et le bois de couleuvre.

Pour le préparer, il faut prendre la magnésie qui a servi à obtenir la strychnine, et, après l'avoir dépouillée par l'eau froide de de toute matière colorante, la faire bouillir dans une grande quantité d'eau distillée. Celle-ci dissout l'igasurate de magnésie. On évapore la liqueur, et, quand elle est assez concentrée, on la précipite par l'acétate de plomb. On décompose ensuite l'igasurate de plomb par l'hydrogène sulfuré, et l'on évapore la liqueur filtrée jusqu'à consistance de sirop. On obtient ainsi un acide d'autant moins coloré que la magnésie a été plus longtemps lavée à l'eau froide.

Évaporé à consistance de sirop et abandonné à lui-même, l'acide igasurique se dépose sous la forme de petits cristaux durs et grenus. Il est très-soluble dans l'eau et dans l'alcool ; sa saveur est acide et styptique.

Corriol considère l'acide igasurique comme n'étant que de l'acide lactique ; mais, d'après des expériences plus récentes de M. Marsson[3], cette identité n'est pas réelle, car l'acide igasurique, contrairement à l'acide lactique, précipite l'acétate de plomb.

Les *igasurates* sont généralement solubles dans l'eau et l'alcool.

[1] CHEVREUL, *Ann. de Chim. et de Phys.*, XXIII, 21. *Recherches sur les corps gras*, p. 151 et 236.

[2] PELLETIER et CAVENTOU, *Ann. de Chim. et de Phys.*, X, 142.

[3] MARSSON, *Archiv. d. Pharmac.* LV, 395. En extrait, *Ann. der Chem. u. Pharm.* LXXII, 296.

Le *sel d'ammoniaque*, parfaitement neutre, ne forme pas de précipité dans les sels d'argent, de mercure et de fer. Il colore en vert les sels de cuivre, et y produit un précipité blanc verdâtre très-peu soluble dans l'eau.

Le *sel de baryte* est fort soluble; il cristallise difficilement en champignons (Pelletier et Caventou; suivant M. Marsson, il est incristallisable, et renferme une quantité de baryte fort rapprochée de la proportion contenue dans le lactate de baryte.)

Le *sel de chaux* et le *sel de zinc* sont incristallisables.

§ 2096. *Acide ipécuanique* [1]. — Suivant M. Willigk, la racine de *Cephaëlis Ipecacuanha* contient un acide particulier, pris par Pelletier pour de l'acide gallique. On épuise la racine pulvérisée par de l'alcool bouillant, on précipite l'extrait par le sous-acétate de plomb, et on lave le précipité par l'alcool. On le traite ensuite par l'acide acétique pour en séparer le phosphate de plomb; on ajoute à la solution acétique du sous-acétate de plomb ammoniacal, et, après avoir lavé le nouveau précipité par l'alcool, on le délaye dans l'éther et on le décompose par l'hydrogène sulfuré. On évapore ensuite la solution éthérée dans une atmosphère d'acide carbonique.

L'acide ipécuanique forme une masse amorphe, brun rougeâtre, très-amère; il est soluble dans l'éther, plus soluble dans l'alcool et l'eau. Sa solution étendue n'est pas précipitée par l'acétate de plomb. Il donne avec les sels ferriques une coloration verte qui devient par l'ammoniaque d'un noir violacé. Mélangé avec un alcali, il se colore à l'air en absorbant de l'oxygène.

L'acide séché à 100° a donné à l'analyse :

	Expérience.		$C^{28}H^{18}O^{14}$·(?).
Carbone. . . .	56,36	56,11	56,37
Hydrogène . .	6,23	6,22	6,04
Oxygène . . .	»	»	37,59
			100,00

La solution alcoolique de l'acide a donné par l'acétate de plomb un précipité contenant 45,9 p. c. d'oxyde.

§ 2097. *Acide kramérique.* — Cet acide [2] existe, suivant Pes-

---

[1] PELLETIER, *Ann. de Chim. et de Phys.*, IV, 172. — WILLIGK, *Berichte d. Akadem. d. Wissensch. zu Wien*, juillet 1850. En extrait, *Ann. der Chem. u. Pharm.*, LXXVI, 342.

[2] PESCHIER, *Journ. de Pharm.*, VI, 34; X, 548. —

chier, dans l'extrait de ratanhia (*Krameria triandra*) du commerce.

Pour le préparer, on opère de la manière suivante : on épuise la racine de ratanhia par l'eau bouillante ; on précipite le tannin, contenu dans l'extrait, en y versant une solution de gélatine ; de même, on en précipite la matière colorante et l'acide gallique par une addition de sulfate ferrique. On introduit ensuite dans la liqueur de la craie, pour décomposer l'excès de sel ferrique, on filtre, et on évapore. Le résidu, qui contient du kramérate de chaux, est décomposé par le carbonate de potasse, et le kramérate de potasse est précipité par l'acétate de plomb. Le précipité, décomposé par l'hydrogène sulfuré, donne l'acide kramérique, qu'on évapore jusqu'à consistance de sirop.

Voici une autre méthode : on sature, par le carbonate de baryte, l'extrait de ratanhia dépouillé de tannin, la liqueur étant maintenue en ébullition ; après avoir filtré, on la mélange encore chaude avec de l'acide sulfurique étendu, dont on ajoute de nouvelles portions, jusqu'à ce qu'il ne se forme plus de précipité ; puis on filtre la liqueur bouillante, et on la laisse refroidir. Le kramérate de baryte se dépose alors sous la forme de petits cristaux flexibles, d'un éclat soyeux ; on dissout ce sel dans 600 parties d'eau bouillante, et on le précipite par l'acétate de plomb. Le précipité plombique est ensuite décomposé par l'hydrogène sulfuré.

L'acide kramérique cristallise difficilement, et seulement au bout de quelque temps ; les cristaux sont inaltérables à l'air. Sa saveur est acide et légèrement styptique. Il n'est point volatil.

Le *sel d'ammoniaque* cristallise en faisceaux.

Le *sel de potasse* cristallise en prismes hexaèdres, très-solubles dans l'eau et inaltérables à l'air. Il donne, avec les sels ferriques, un précipité jaune, et, avec les sels plombiques, un précipité blanc.

Le *sel de soude* cristallise facilement en prismes assez gros qui s'effleurissent à l'air.

Le *sel de baryte* forme des cristaux microscopiques, flexibles, composés d'aiguilles ou de tables hexagones. Il exige, pour se dissoudre, 600 parties d'eau bouillante ; il ne se dissout pas dans l'alcool. Sa dissolution aqueuse n'est précipitée ni par l'acide sulfurique (?), ni par les sulfates, mais elle l'est par les carbonates. Suivant Peschier, l'acide kramérique aurait la propriété singulière d'enlever la baryte à l'acide sulfurique. Berzélius rapporte qu'il a eu l'occasion de se convaincre lui-même de la vérité de ce fait en opérant sur de l'acide kramérique préparé par Peschier[1]. Il existe aussi un *sous-sel de baryte* qui se dissout dans 450 parties d'eau.

Le *sel de strontiane* forme des cristaux peu solubles, inaltérables à l'air.

Le *sel de chaux* cristallise en petites aiguilles qui exigent, pour leur dissolution, 450 à 500 parties d'eau bouillante ; il est insoluble dans l'alcool.

§ 2098. *Acide lichenstéarique* [2]. — C'est un acide gras contenu dans le lichen d'Islande. Nous en avons déjà indiqué le mode d'extraction (§ 2090).

Il se présente sous la forme de petits cristaux nacrés parfaitement blancs. Il est sans odeur, mais d'une saveur âcre et rancide, sans amertume. Il est tout à fait insoluble dans l'eau ; l'alcool le dissout aisément, surtout à chaud, et le dépose par le refroidissement en tables rhombes. L'éther et les huiles essentielles le dissolvent également. Il fond à 120° environ en une huile limpide qui se concrète par le refroidissement en une masse cristalline.

Il a donné à l'analyse[3] :

	Knop et Schn.			$C^{28}H^{24}O^6$.
Carbone	70,42	70,44	70,47	70,0
Hydrogène . . .	10,06	10,10	10,07	10,0
Oxygène.	»	»	»	20,0
				100,0

L'acide lichenstéarique est un acide très-faible. Il est aisément dissous par les alcalis ; les solutions moussent comme de l'eau de savon, et ne s'altèrent pas à l'air.

Le *sel d'ammoniaque* est cristallisable. L'ammoniaque aqueuse dissout aisément à chaud l'acide lichenstéarique ; la solution se trouble par le refroidissement, en se transformant en une masse blanche et gélatineuse, semblable à de l'albumine, et composée de petits prismes microscopiques. Ce produit est fort difficile à filtrer. L'eau ne le dissout qu'en partie en le transformant en sel acide.

Le *sel de potasse* se précipite sous la forme de flocons visqueux, solubles dans l'eau pure, lorsqu'on dissout l'acide lichenstéarique dans le carbonate de potasse et qu'on concentre la liqueur par l'évaporation. Si l'on dessèche le sel au bain-marie et qu'on reprenne

[1] BERZÉLIUS, *Traité de Chimie*.
[2] KNOPP et SCHNEDERMANN, *Ann. der Chem. u. Pharm.*, LV, 159.
[3] C = 75, 12. MM. Knop et Schnedermann admettent les rapports $C^{30}H^{30}O^6$.

le résidu par l'alcool absolu et bouillant, la liqueur dépose par le
refroidissement des grains blancs cristallins. Ceux-ci attirent l'humidité de l'air, en se transformant en une masse diaphane et cohérente.

Le *sel de soude* ressemble au sel de potasse.

Le *sel de baryte* est un précipité blanc grisâtre qui s'agglutine
dans l'eau bouillante. Il a donné à l'analyse :

	K. et Schn.	$C^{28}H^{23}BaO^6$.
Carbone. . . .	54,95	54,7
Hydrogène. . .	7,53	7,5
Baryte.	24,76	24,4

Le *sel de plomb* est un précipité blanc et floconneux qui devient
emplastique dans l'eau bouillante. Il renferme :

	K. et Schn.	$C^{28}H^{24}PbO^6$.
Carbone.	49,50	49,0
Hydrogène . . .	6,87	6,7
Ox. de plomb . .	32,09	32,6

Le *sel d'argent* est un précipité blanc-grisâtre, qui se colore peu à
peu à la lumière ; il s'altère déjà à 100°, en répandant une odeur rancide. Il a donné à l'analyse 31,84 p. c. d'oxyde d'argent (Calcul,
33,4).

Acide papavérique et *acide rhéadique*. — M. Léon Meier donne
ces noms à deux substances rouges, amorphes, extraites par lui des
fleurs de coquelicots. L'auteur ne paraissant avoir opéré sur des
mélanges, je renvoie pour les détails à son mémoire [1].

§ 2099. *Acide pneumique*.—Il se rencontre, suivant M. Verdeil[2],
à l'état libre et surtout à l'état de sel de soude, dans le parenchyme
pulmonaire de la plupart des animaux. Pour l'isoler, on opère de
la manière suivante : le tissu du poumon est d'abord haché très-
fin, puis broyé avec de l'eau distillée froide ; on passe par un linge
la liqueur acide qu'on obtient ainsi, on la chauffe au bain-marie
pour coaguler l'albumine qu'elle renferme, puis on la neutralise
par l'eau de baryte et on l'évapore au bain-marie. Réduite aux
trois quarts de son volume primitif, la liqueur est ensuite mélangée
avec une solution de sulfate de cuivre ; ce sel détermine la formation
d'un abondant précipité (contenant les matières grasses, l'albumine
non coagulée, etc., qui empêcheraient d'isoler l'acide pneumique).

[1] L. MEIER, *Repert. d. Pharmac.* de Buchner, [3] XLI, 325.
[2] VERDEIL, *Compt. rend. de l'Acad.*, XXXIII, 601.

La liqueur filtrée contenant un excès de sulfate de cuivre, on l'enlève à l'aide d'une petite quantité de sulfure de baryum ; il se forme
ainsi un précipité de sulfate de baryte et de sulfure de cuivre. La liqueur filtrée est évaporée jusqu'à ce qu'il se forme des cristaux de
sulfate de soude ; on y ajoute alors un peu d'acide sulfurique dilué,
puis on traite le tout par de l'alcool absolu et bouillant ; celui-ci
dissout l'acide pneumique, en laissant le sulfate de soude à l'état
insoluble.

L'acide pneumique cristallise dans l'alcool sous la forme d'aiguilles très-brillantes, groupées autour d'un centre commun.
Chauffé à 100°, il ne perd pas d'eau de cristallisation ; à une température plus élevée, il fond, et se décompose en donnant des produits empyreumatiques. Il est fort soluble dans l'eau, insoluble dans
l'alcool froid, mais soluble dans l'alcool bouillant ; il ne se dissout
pas dans l'éther.

Il renferme du carbone, de l'hydrogène, de l'azote, du soufre et
de l'oxygène.

Il forme des sels cristallisés avec les bases, et chasse l'acide carbonique des carbonates.

§ 2100. *Acide polygalique.* — Suivant M. Quevenne [1], cet acide
constitue le principe âcre du polygala amer.

Pour l'obtenir, on épuise la plante sèche par de l'alcool mar-
quant 33 degrés, et on concentre l'extrait alcoolique jusqu'à consistance sirupeuse. On agite ensuite le résidu avec de l'éther, pour
enlever la matière grasse, et on abandonne le mélange au repos :
il se forme alors un dépôt, qu'on recueille sur un filtre. Ce dépôt
étant délayé dans l'eau et mélangé avec de l'alcool, l'acide polygalique impur se sépare sous la forme d'une poudre blanchâtre.
Après l'avoir laissé reposer pendant quelques jours, on la jette sur
un filtre, on la dissout encore humide dans l'alcool bouillant à 36
degrés, et, après avoir décoloré la solution par le charbon animal,
on la filtre bouillante.

L'acide polygalique se dépose, par le refroidissement, à l'état
d'une poudre blanche, amorphe, sans odeur ; sa saveur, d'abord
peu sensible, finit par devenir âcre et irritante. Sa poussière détermine de violents éternûments. Peu soluble dans l'eau froide,
il est assez soluble dans l'eau chaude ; la solution rougit le tour-

[1] QUEVENNE, *Journ. de Pharm*, XXII, 449 ; XXIII, 270. En extrait, *Ann. der
Chem. u. Pharm.*, XX, 34 ; XXVIII, 248.

nesol, et mousse comme de l'eau de savon. Il se dissout également en toutes proportions dans l'alcool absolu, mais il est insoluble dans l'éther.

Suivant M. Quevenne, l'acide polygalique renferme[1] :

Carbone.	55,70
Hydrogène. . . .	7,53
Oxygène.	36,77
	100,00

Cette analyse, n'ayant pas été contrôlée par la composition de quelque sel, ne permet pas d'en déduire la formule de l'acide polygalique.

Cet acide supporte sans altération une température de 200°, mais une chaleur plus élevée le décompose.

Au contact de l'acide sulfurique concentré, il se colore d'abord en jaune, puis en rose en se dissolvant ; peu après la solution devient violette, et cette teinte persiste pendant quelques heures ; ensuite la liqueur devient bleu-grisâtre, et finit par se décolorer. Ces changements de nuance exigent le contact de l'air.

L'acide nitrique concentré dissout l'acide polygalique avec une couleur jaune ; à chaud, il se produit un peu d'acide oxalique, ainsi qu'un corps jaune qui paraît être de l'acide picrique.

L'acide chlorhydrique concentré transforme l'acide polygalique en un acide gélatineux, remarquable par son amertume, surtout lorsqu'il est combiné avec la potasse.

Les caractères acides de l'acide polygalique sont fort peu tranchés, car il ne déplace ni l'acide carbonique ni l'acide sulfhydrique, même à chaud.

L'acide polygalique exerce une action énergique sur l'économie animale ; administré à de petits animaux, même à faible dose, il embarrasse la respiration, provoque des vomissements et détermine bientôt après la mort.

Les *polygalates* se préparent par la saturation directe de l'acide polygalique avec des bases. Ils sont incristallisables, et ne s'obtiennent que sous la forme de pellicules minces, diaphanes et verdâtres.

Les *sels de potasse, de soude* et *de magnésie* précipitent en blanc l'acétate de plomb et le nitrate d'argent, en gris le sulfate ferrique

[1] Cette composition est calculée avec l'ancien poids atomique du carbone. Elle se rapproche beaucoup de la composition de l'acide saponique.

et en vert le sulfate de cuivre ; un léger excès d'acide polygalique dissout les précipités. Les mêmes sels ne précipitent ni le chlorure d'or, ni le bichlorure de mercure.

Le *sous-sel de baryte* est un précipité blanc qu'on obtient en mélangeant l'acide polygalique avec un excès d'eau de baryte.

§ 2101. *Acide robinique.* — Il existe, suivant M. Reinsch [1], dans la racine du robinier faux acacia (*Robinia pseudo-acacia*.) L'infusion de cette racine, étant évaporée à consistance de sirop et abandonnée dans un lieu frais, dépose des cristaux rhomboïdaux, qui constituent le robinate d'ammoniaque. Ce sel précipite le sous-acétate de plomb. Le précipité, étant décomposé par l'hydrogène sulfuré, donne un acide qui se prend par la concentration en une masse sirupeuse ; arrosée d'alcool absolu, celle-ci donne une matière cristalline qui tombe en déliquescence à l'air humide.

§ 2102. *Acide rutinique* [2]. — C'est un composé cristallisable trouvé par M. Weiss dans les parties herbacées de la rue.

Pour l'extraire, on fait bouillir les feuilles sèches et coupées de cette plante avec du vinaigre pendant une demi-heure, on filtre la décoction bouillante, et on l'abandonne pendant quelques semaines. L'acide rutinique se précipite alors lentement sous la forme de cristaux microscopiques. Pour le purifier on le lave avec de l'eau froide, on le dissout à l'ébullition dans un mélange de 4 p. d'eau et de 1 p. d'acide acétique, on filtre la liqueur bouillante, et on laisse reposer ; au bout de quelques jours l'acide se dépose à l'état cristallin. L'eau-mère en fournit encore un peu par l'évaporation. On lave ensuite le dépôt avec de l'eau froide, on le dissout dans six fois son poids d'alcool bouillant, auquel on ajoute un peu de charbon, on filtre, on mélange la dissolution avec 1/8 d'eau, on sépare l'alcool par la distillation, et l'on abandonne le résidu pendant quelques jours dans un endroit frais. La cristallisation exige toujours beaucoup de temps, et s'effectue d'autant mieux que la liqueur est plus froide.

L'acide rutinique forme une poudre cristalline, composée de paillettes légères, très-volumineuses, d'une couleur verdâtre pâle, sans saveur. Au microscope, il se présente à l'état de prismes terminés par un pointement fort allongé.

[1] Reinsch, *Repert. d. Pharm.*, [2] XXXIX, 198.
[2] Weiss, *Pharm. Centrabl.*, 1842, p. 903. — Kummel, *N. Archiv. d. Pharm.*, de Brandes, XXXI, 466. — Borntraeger, *Ann. der Chem. u Pharm.*, LIII, 385.

Insoluble dans l'eau froide, il se dissout mieux dans l'eau bouillante, en la colorant en jaune, mais il ne se dépose plus par le refroidissement; ce n'est qu'après avoir évaporé la liqueur au sixième environ de son volume primitif qu'on voit l'acide rutinique s'en séparer de nouveau à l'état cristallisé, avec beaucoup de lenteur. L'alcool bouillant de 76 centièmes dissout aisément l'acide rutinique; celui-ci ne se dépose de nouveau, à l'état amorphe, que si la solution alcoolique a été concentrée à consistance de sirop. L'éther ne dissout pas l'acide rutinique.

Suivant M. Borntraeger, l'acide rutinique séché à 100° renferme :

	Analyse.		$C^{12}H^8O^8$.
Carbone. . .	50,34	50,27	50,04
Hydrogène. .	5,55	5,54	5,54
Oxygène. . .	»	»	44,42
			100,00

L'acide rutinique fond à 180° en un liquide jaune et visqueux, sans dégager de l'eau ; par le refroidissement, l'acide fondu se prend en une masse cristalline. A 220°, on voit se sublimer quelques gouttes jaunes ; à 240°, l'acide se charbonne. Quand on le calcine au contact de l'air, il répand une odeur de caramel, prend feu et brûle avec flamme.

Il se dissout aisément dans les alcalis avec une couleur jaune rougeâtre, mais on n'a pas encore réussi à obtenir des sels définis. La solution dans la potasse brunit promptement au contact de l'air. La solution ammoniacale perd son alcali par l'évaporation.

En ajoutant une solution alcoolique de chlorure de calcium à une solution alcoolique d'acide rutinique, M. Borntraeger a obtenu un précipité vert foncé, d'une composition fort variable.

Le nitrate d'argent se réduit peu à peu à l'état métallique par son contact avec l'acide rutinique.

Une solution alcoolique d'acide rutinique donne avec l'acétate de plomb un précipité orangé, contenant :

	Analyse.		Calcul.
Carbone. . .	30,20	30,37	30,34
Hydrogène. .	2,46	2,63	2,52
Plomb. . . .	47,02	47,05	46,94

M. Borntraeger déduit des nombres précédents les rapports $C^{12}H^6O^6$, PbO, d'après lesquels l'acide rutinique éliminerait 2 atomes d'eau pour se combiner avec 1 atome d'oxyde de plomb. Ces rapports me paraissent fort contestables.

§ 2103. *Acide sudorique* ou hydrotique. — Suivant M. Favre [1], cet acide accompagne l'acide lactique dans la sueur, et y existe en combinaison avec la soude et la potasse.

Voici comment M. Favre l'obtient à l'état de sel d'argent : on évapore d'abord la sueur à consistance de sirop, et l'on en précipite les sels minéraux par l'alcool absolu; ceux-ci ayant été enlevés par le filtre, on ajoute goutte à goutte de l'acide chlorhydrique fumant à la liqueur alcoolique, afin de précipiter à l'état de chlorures les alcalis combinés avec l'acide sudorique et l'acide lactique. Il faut, bien entendu, éviter d'employer l'acide chlorhydrique en excès. On sépare le précipité par le filtre, et, après avoir étendu d'eau la liqueur alcoolique, on la réduit par l'évaporation au tiers environ de son volume; on a ainsi un mélange concentré d'acide sudorique, d'acide lactique et d'un peu d'acide chlorhydrique. On précipite ce mélange par le nitrate d'argent, et on lave le précipité à l'alcool absolu. Ce liquide ne dissout que le lactate d'argent, en laissant un mélange de chlorure et de sudorate d'argent.

Déduction faite du chlorure, le sudorate d'argent a donné à l'analyse :

	Favre.		$C^{10}H^8AgNO^{14}$.
Carbone. . .	19,80	20,10	19,87
Hydrogène. .	2,78	2,72	2,65
Azote.	4,83	»	4,63
Argent. . . .	36,38	35,30	35,76
Oxygène. . .	»	»	37,09
			100,00

La formule $C^{10}H^8AgNO^{14}$, admise par M. Favre, est remarquable en ce qu'elle renferme le même carbone que les formules de l'acide urique, de l'oxyde xanthique et de l'acide inosique, ce qui conduit à soupçonner certains liens de constitution entre ces corps et l'acide sudorique.

A l'état de dissolution concentrée, l'acide sudorique est une substance incristallisable, dégageant de l'ammoniaque par la chaleur.

[1] Favre, *Compt. rend. de l'Acad.*, XXXV, 721. *Archiv. génér. de médecine*, juillet, 1853.

Il forme, avec toutes les bases, des sels solubles dans l'eau et incristallisables. Tous ces sels, à l'exception du sel d'argent, sont également solubles dans l'alcool absolu.

ADDITIONS.

TOME I.

Page 248.

§ 142. *Oxalates de baryte* [1]. — Le *sel acide* se précipite lorsqu'on verse du chlorure de baryum dans un excès d'acide oxalique.
Lorsque la séparation de ce sel acide est lente, il forme des cristaux
aciculaires assez longs. Il est peu soluble dans l'eau froide, plus
soluble dans l'eau bouillante.

Oxalate de didyme [2], $C^4Di^2O^8 + 8$ aq. — Précipité dans des liqueurs neutres, ce sel est pulvérulent et d'un blanc légèrement
rosé; redissous à l'aide de la chaleur et d'un excès d'acide nitrique
ou chlorhydrique, il se sépare, par le refroidissement, à l'état
grenu et cristallin, quelquefois même en petits cristaux roses,
ayant la forme de prismes rectangulaires terminés par une pyramide à quatre faces placées sur les angles du prisme. Ce sel est
entièrement insoluble dans l'eau, presque insoluble dans l'acide
oxalique et dans les acides minéraux très-étendus. Il perd à $100°$
les trois quarts de son eau de cristallisation.

Page 254.

§ 145. *Oxalates de manganèse* [1]. — Le *sel neutre*, $C^4Mn^2O^8 + 4$ aq.
(à $100°$), constitue une poudre blanche qu'on obtient en traitant
par l'acide oxalique le carbonate de manganèse récemment précipité.

Oxalate de cuivre. — Le *sel neutre*, $C^4Cu^2O^8 + 2$ aq. (à $100°$),
s'obtient en précipitant le sulfate de cuivre par l'acide oxalique.

§ 146. *Oxalates d'étain.* — α. *Sels stanneux.* Lorsqu'on ajoute de
l'acide oxalique à une solution aqueuse de protochlorure d'étain,
il se forme un précipité blanc et cristallin d'oxalate neutre de stan-
nosum, et la liqueur ne retient en dissolution que très-peu d'étain.

Cet oxalate neutre est insoluble dans l'acide oxalique, assez
soluble à chaud dans l'acide chlorhydrique et l'acide nitrique.

[1] Wicke, *Ann. der Chem. u. Pharm.*, XC, 101.
[2] Marignac, *Ann. de Chim. et de Phys.*, [3] XXXVIII, 175.
[3] S. Hausmann et J. Loewenthal, *Ann. der Chem. u. Pharm.*, LXXXIX, 104.

β· *Sels stanniques*. L'acide stannique récemment préparé (par la précipitation du bichlorure d'étain avec le sulfate de soude) se dissout aisément à chaud dans l'acide oxalique. La liqueur presque saturée donne, par la concentration, des paillettes contenant des quantités variables d'acide stannique; ces cristaux perdent tout leur étain par de nouvelles cristallisations. La même liqueur bleuit au contact des rayons solaires, même à l'abri de l'air, mais cette coloration disparaît de nouveau à l'ombre.

Les alcalis et les carbonates alcalins précipitent en blanc la solution de l'acide stannique dans l'acide oxalique; le précipité est d'abord soluble dans l'eau, mais abandonné au sein du liquide, il y devient insoluble. MM. Hausmann et Lœwenthal supposent qu'il constitue une combinaison définie d'acide stannique et d'acide oxalique (C^4O^6, 12 SnO^2 + 12 aq.); il est probable toutefois qu'il n'est que de l'acide stannique hydraté, imprégné d'un peu d'acide oxalique.

Page 442.

§ 246. *Sulfocyanures de platine* [1]. — M. Buckton a fait connaître deux séries de sels doubles, dont la composition est semblable à celle des chloroplatinites et des chloroplatinates, et qu'on obtient par double décomposition en traitant le sulfocyanure de potassium par le chloroplatinite ou le chloroplatinate de potasse :

Sulfocyanoplatinites : CyS^2Pt, CyS^2M.

Sulfocyanoplatinates : $(CyS^2)^2Pt$, $CyS^2M = (CyS^2pt)^2$, CyS^2M.

Ces sels doubles présentent une certaine stabilité, à la manière des ferrocyanures et des ferricyanures, de telle sorte qu'on peut, par double décomposition, échanger le métal qui y est combiné avec le sulfocyanure de platine. Ils sont tous fort colorés, et présentent toutes les nuances depuis le jaune clair jusqu'au rouge foncé. Ils se décomposent promptement par la chaleur en émettant une odeur particulière.

Lorsqu'on traite l'un ou l'autre de ces sels doubles par du chlore ou par de l'acide nitrique, il se produit de l'acide sulfurique, de l'acide cyanhydrique, ainsi qu'une matière colorée en rouge ou en brun, non cristalline, insoluble dans l'eau et l'alcool, inattaquable par la potasse, se colorant en jaune par l'ammoniaque. Cette ma-

---

[1] BUCKTON (1854), *The Quart. Journ. of. the Chemic. Soc.*, VII, 22.

tière paraît constituer le *sulfocyanure platineux*, CyS^2Pt; du moins, elle a donné à l'analyse :

	Buckton.		Calcul.
Carbone	8,53	8,72	7,64
Hydrogène.	0,39	0,15	»
Azote.	9,92	»	8,93
Soufre	18,77	»	20,38
Platine.	62,27	62,02	63,05
			100,00

La réaction en vertu de laquelle ce corps prend naissance par le chlore et le sulfocyanoplatinate de potasse, peut s'exprimer par l'équation suivante :

$$(CyS^2)^2Pt, CyS^2K + 11\ Cl + 16\ HO = CyS^2Pt + S^2O^6, KO, HO + S^2O^6, 2\ HO + 11\ HCl + 2\ HCy.$$

L'ammoniaque attaque les sels doubles sulfocyanoplatinés, en donnant du sulfocyanure de platosammonium (§ 246ª).

α. *Sulfocyanoplatinites*, CyS^2Pt, CyS^2M. Les sels solubles se comportent de la manière suivante avec les réactifs :

Avec les sels mercureux . . . . Pas de précipité; la liqueur change de couleur par l'ébullition.

— les sels d'argent. . . . . . . Précipité jaune pâle.

— les sels ferreux. . . . . . Pas de changement.

— les sels cuivriques . . . . Précipité noir tirant sur le pourpre.

— les sels cuivreux. . . . . . . Précipité noir tirant sur le pourpre.

— les sels de cobalt. . . . . Pas de changement.

— les sels de plomb. . . . . Pas de changement.

— les sous-sels de plomb . . Précipité jaune pâle.

— les sels d'or . . . . Précipité couleur de saumon.

— le ferrocyanure de potass. Précipité presque blanc, par l'ébullition.

— l'acide chromique . . . . Abondant précipité rougeâtre, avec dégagement d'acide cyanhydrique.

— les sels de platosamine . . Beau précipité jaune.

— les sels de diplatosamine . Précipité couleur de chair.

L'acide sulfocyanoplatineux s'obtient en décomposant avec pré-

caution le sulfocyanoplatinite de baryte par l'acide sulfurique
dilué. La liqueur filtrée se décompose rapidement par l'évaporation, même dans le vide, en déposant une matière rouge ou
jaune, contenant du platine.

Le *sel de potasse*, CyS^2Pt, CyS^2K, peut s'obtenir en dissolvant le
protochlorure de platine dans le sulfocyanure de potassium ; cette
dissolution s'effectue avec dégagement de beaucoup de chaleur.
Cependant le meilleur procédé de préparation consiste à faire
réagir parties égales de sulfocyanure de potassium et de chloroplatinite de potasse (préparé en neutralisant par le carbonate de potasse une solution chlorhydrique de protochlorure de platine).
Comme le sulfocyanoplatinite de potasse est extrêmement soluble,
et qu'il ne s'obtient pas bien cristallisé par l'évaporation, il faut
employer le sulfocyanure en solution assez concentrée, et n'ajouter pas trop de chloroplatinite à la fois, afin d'éviter une élévation
de température trop considérable. La liqueur dépose alors, par le
refroidissement, de minces aiguilles qu'on purifie de chlorure de
potassium à l'aide de l'alcool fort. On abandonne à l'évaporation
spontanée la solution alcoolique, on exprime les nouveaux cristaux
pour en séparer le sulfocyanure de potassium, et on les fait recristalliser une dernière fois dans une petite quantité d'eau.

Le même sel s'obtient par l'ébullition prolongée d'une solution
de sulfocyanoplatinate de potasse, ou par l'action du carbonate de
potasse sur ce dernier sel.

Le sulfocyanoplatinite de potasse se présente sous la forme de
groupes étoilés (de prismes à 6 faces, au microscope), d'un beau
rouge, non déliquescents, inaltérables à 100°, fort solubles dans
l'eau et dans l'alcool.

Le *sel d'argent*, CyS^2Pt, CyS^2Ag, est un précipité caillebotté,
semblable au sulfocyanure d'argent. Il se dissout en partie dans
l'ammoniaque en se décomposant. Il se dissout aussi dans le sulfocyanure de potassium ; mais la solution se décompose par l'addition de l'eau.

Le *sel de diplatosammonium*, CyS^2Pt, $CyS^2[NH^2Pt(NH^4)]$, se dépose sous la forme d'un abondant précipité couleur de chair, lorsqu'on mélange le chlorure de diplatosammonium avec un sulfocyanoplatinite soluble. Il est entièrement insoluble dans l'eau et
l'alcool, mais soluble dans l'acide chlorhydrique dilué. Il est isomère
du sulfocyanure de platosammonium :

$$\text{GyS}^2\text{Pt, GyS}^2[\text{NH}^2\text{Pt(NH}^4)] = 2\,[\text{GyS}^2(\text{NH}^3\text{Pt})].$$

Sulfocyanoplatinite de diplatosam-   Sulfocyanure de platos-
monium.   ammonium.

β. *Sulfocyanoplatinates*, $(\text{GyS}^2)^2\text{Pt, GyS}^2\text{M}$. Les sels solubles se comportent avec les réactifs de la manière suivante :

Avec les sels mercureux . . . . Précipité orangé.

— les sels d'argent. . . . . . Précipité rouge-orangé.

— les sels ferreux. . . . . . Grains noirs brillants.

— les sels cuivriques . . . . Précipité rouge brique.

— les sels cuivreux . . . . . Précipité brun.

— les sels de cobalt. . . . . Précipité rouge orangé.

— les sels de plomb. . . . . Paillettes dorées solubles.

— les sous-sels de plomb . . Précipité d'un beau rouge.

— les sels d'or. . . . . Précipité couleur de saumon.

— le ferrocyanure de potass. Formation de bleu de Prusse par l'ébullition.

— l'acide chromique. . . . . Pas de précipité.

— les sels de platosamine. . Abondant précipité orangé.

— les sels de diplatosamine . Beau précipité rouge vermillon.

L'*acide sulfocyanoplatinique* s'obtient en précipitant par l'acide sulfurique une solution concentrée et chaude de sulfocyanoplatinate de plomb. La liqueur filtrée est d'un rouge foncé, et présente une saveur fort acide ; elle déplace l'acide carbonique des carbonates alcalins, et dissout le zinc avec dégagement d'hydrogène et production d'un corps jaune insoluble. Évaporée rapidement dans le vide, elle laisse une masse confusément cristalline. Concentrée par la chaleur, elle se décompose promptement.

Le *sel d'ammoniaque*, $(\text{GyS}^2)^2\text{Pt, GyS}^2(\text{NH}^4)$, se prépare en chauffant le sel de potasse avec une solution moyennement concentrée de sulfate d'ammoniaque; au moyen de l'alcool, on le sépare de l'excès du sulfate. Cristallisé, il se présente sous la forme de lames hexagones cramoisies. Il se conserve parfaitement à la température ordinaire; mais, quand on fait bouillir sa solution, elle dégage bientôt de l'acide sulfocyanhydrique.

Le *sel de potasse* renferme $(\text{GyS}^2)^2\text{Pt, GyS}^2\text{K}$. Lorsqu'on ajoute du bichlorure de platine à une solution froide de sulfocyanure de potassium, il se précipite simplement du chloroplatinate de potasse, avec dégagement d'acide sulfocyanhydrique. Il n'en est plus de même si l'on verse le bichlorure de platine dans une solution

de sulfocyanure de potassium, concentrée et préalablement
chauffée à 70° ou 80°; il ne se produit alors pas de précipité, mais
la liqueur prend une couleur rouge foncée, et dépose, par le refroidissement, de belles lames de sulfocyanoplatinate de potasse.

La meilleure manière de préparer ce sel consiste à dissoudre dans
une quantité d'eau modérée 5 p. de sulfocyanure de potassium pur
(pesé à l'état fondu), et à ajouter à la solution 4 p. de chloroplatinate de potasse, en chauffant presque à l'ébullition. La liqueur
filtrée dépose par le refroidissement de magnifiques cristaux, qu'on
purifie par une nouvelle cristallisation dans l'alcool bouillant.

Le sulfocyanoplatinate de potasse s'obtient en lames ou en
prismes hexagones, d'un cramoisi foncé. Il se dissout dans 12 p.
d'eau à 60°, et dans une quantité moindre d'eau bouillante ou
d'alcool bouillant; il a une saveur fort nauséabonde, et ne s'altère
pas à l'air à la température ordinaire. Une température élevée l'altère.

Sa solution ne colore pas en rouge les sels ferriques; mais, si l'on
porte le mélange à l'ébullition, elle noircit et se trouble en déposant des grains brillants. L'acide sulfurique et l'acide chlorhydrique concentrés le décomposent. La potasse le convertit en une
masse rouge et gélatineuse, sans qu'il se dégage de l'ammoniaque.

Lorsqu'on chauffe doucement le sulfocyanoplatinate de potasse
avec du carbonate de potasse, il se dégage de l'acide carbonique ; le mélange se décolore en partie, du sulfocyanoplatinite de potasse se dépose, et il reste en solution du sulfate de potasse, du sulfocyanure de potassium et du cyanure de potassium :

$$6[(CyS^2)^2Pt, CyS^2K] + 4 (C^2O^4, 2 KO) = 6 [CyS^2Pt, CyS^2K] +$$
$$S^2O^6, 2 KO + 5 CyS^2K + CyK + 4 C^2O^4.$$

Le *sel de soude* se prépare en précipitant le sel de plomb par le
sulfate de soude. Il cristallise aisément en larges tables couleur grenat, solubles dans l'eau et l'alcool.

Le *sel de baryte* s'obtient en évaporant à siccité, par une douce
chaleur, un mélange de 9 p. de sulfocyanoplatinate de potasse et
4 p. de chlorure de baryum, et reprenant la masse par l'alcool.
Celui-ci extrait le sulfoplatinocyanate de baryte, qui cristallise en
longs prismes aplatis ou en lames d'un rouge foncé; il paraît
être moins stable que le sel de potasse.

Le *sel de cuivre* se sépare sous la forme d'un précipité rougebrique par le mélange du sulfate de cuivre avec le sulfocyanoplatinate de potasse; bouilli au sein du liquide, ce précipité se transforme rapidement en une poudre noire. Il se dissout dans l'ammoniaque avec une belle couleur verte; l'acide chlorhydrique l'en précipite de nouveau avec une couleur brune foncée.

Le *sel de fer*, $(CyS^2)^2Pt$, CyS^2Fe, forme une précipité noir cristallin, et s'obtient par l'addition d'une solution de sulfate ferreux, légèrement acidulée, à une solution concentrée de sulfocyanoplatinate de potasse. Il est insoluble dans l'eau et l'alcool. Vu au microscope, il se présente sous la forme de lames hexagones dont les angles sont arrondis. Il n'est pas attaqué par les acides sulfurique, chlorhydrique et nitrique dilués; mais l'acide nitrique concentré le dissout en produisant de l'acide sulfurique. Il est transformé par une solution froide de potasse caustique en sesquioxyde de fer, et en un liquide jaune contenant du platine et du sulfocyanure.

Un composé semblable s'obtient par le mélange d'un sel ferrique avec le sulfocyanoplatinate de potasse; toutefois il ne se précipite que par l'ébullition du mélange.

Le *sel de plomb* se précipite sous la forme de belles paillettes hexagones, dorées, par le mélange de solutions concentrées d'acétate de plomb et de sulfocyanoplatinate de potasse. Il est soluble dans l'alcool, moins soluble dans l'eau froide, avec laquelle on peut le laver; il se décompose lorsqu'on essaye de le faire recristalliser dans l'eau chaude.

Un *sous-sel*, $(CyS^2)^2Pt$, CyS^2Pb,PbO, d'un rouge brillant, insoluble dans l'eau et l'alcool, s'obtient avec le sous-acétate de plomb. Il se dissout aisément dans l'acide nitrique dilué et dans l'acide acétique.

Le *sel d'argent*, $(CyS^2)^2Pt$, CyS^2Ag, est un précipité lourd, caillebotté, orangé-foncé, qui fond dans l'eau bouillante en une masse visqueuse. Récemment préparé, il se dissout à froid dans l'ammoniaque caustique; la solution se décompose à une température élevée. Il est insoluble dans un excès de sulfocyanoplatinate de potasse. Il se dissout dans le sulfocyanure de potassium; si l'on ajoute de l'eau à la solution, il se précipite du sulfocyanure d'argent, tandis que du sulfocyanoplatinate de potasse reste en dissolution.

Le *sel de mercurosum*, $(CyS^2)^2Pt$, CyS^2Hg, est un précipité caillebotté, lourd, orangé foncé, qu'on obtient en ajoutant du nitrate mercureux à une solution de sulfocyanoplatinate de potasse. Lorsqu'on porte à l'ébullition la liqueur où s'est formé le précipité, celui-ci prend une teinte jaune claire. Chauffé à l'état sec à 150°, le précipité se décompose en se boursouflant considérablement.

§ 246ᵃ. *Sulfocyanure de platosammonium*, $CyS^2(NH^3Pt)$. — Ce composé peut s'obtenir, soit par double décomposition avec du sulfocyanure de potassium et du chlorure de platosammonium, soit par l'action de l'ammoniaque sur le sulfocyanoplatinate ou le sulfocyanoplatinite de potasse.

Pour le préparer, on fait dissoudre ensemble dans l'eau 1 p. de sulfocyanure de potassium et 1,6 p. de chlorure de platosammonium. Après avoir porté le mélange à une température voisine de son point d'ébullition, on y ajoute un volume égal d'alcool, afin de rendre plus soluble la substance qui doit se produire, et l'on filtre à chaud. La liqueur dépose alors, par le refroidissement, des aiguilles jaune-paille de sulfocyanure de platosammonium.

Lorsqu'on ajoute du carbonate d'ammoniaque à une solution saturée de sulfocyanoplatinate de potasse, le liquide devient d'un jaune pâle dans l'espace de quelques minutes, produit une effervescence, et dépose peu à peu de belles aiguilles jaunes de sulfocyanure de platosammonium ; la liqueur retient en dissolution du sulfate de potasse, du sulfocyanure de potassium, du sulfocyanure d'ammonium, et du cyanure d'ammonium. L'ammoniaque caustique produit le même effet encore plus promptement ; seulement il ne faut pas l'employer concentrée, autrement le produit est mélangé d'une matière insoluble. On recueille les cristaux sur un filtre, on les lave à l'eau froide, et on les fait recristalliser dans l'alcool chaud.

La réaction qui donne naissance au sulfocyanure de platosammonium peut se représenter de la manière suivante :

$$6\,[(CyS^2)^2Pt, CyS^2K] + 8\,NH^3 + 8\,HO = 6\,[CyS^2(NH^3Pt)] +$$
$$S^2O^6, 2\,KO + 4\,CyS^2K + 2\,[CyS^2(NH^4)] + 5\,CyS^2H + CyH.$$

Le sulfocyanure de platosammonium peut aussi s'obtenir avec l'ammoniaque et le sulfocyanoplatinite de potasse ; la liqueur ne renferme alors que du sulfocyanure de potassium :

$$CyS^2Pt, CyS^2K + NH^3 = CyS^2(NH^3Pt) + CyS^2K.$$

Le sulfocyanure de platosammonium se présente sous la forme d'aiguilles (au microscope, de prismes rhomboïdaux) jaune-paille, peu solubles dans l'eau froide, plus solubles dans l'alcool. Il fond entre 100° et 110° en un sirop couleur grenat-clair, qui durcit de nouveau par le refroidissement; à 180°, le sel se décompose en donnant de l'ammoniaque, de l'acide cyanhydrique, et, si l'air y a de l'accès, du gaz sulfureux et du platine métallique; il ne se dégage aucune trace de sulfure de carbone.

Il n'est attaqué ni par l'acide chlorhydrique ni par l'acide sulfurique faible.

Sa solution aqueuse ne produit aucun changement dans les sels de cuivre, de plomb et de mercure, mais elle donne dans le sulfate et le nitrate d'argent un volumineux précipité jaune-clair, contenant du platine.

Maintenue en ébullition, elle dégage de l'ammoniaque et dépose une matière jaune insoluble; la potasse caustique paraît produire le même effet.

Le sulfocyanure de platosammonium est isomère du sulfocyanoplatinite de diplatosammonium.

Page 447.

§ 250. *Persulfocyanogène.* — Les analyses suivantes de M. Voelckel [1] confirment la formule que nous avons adoptée pour ce corps.

Carbone	20,20	20,31
Hydrogène. . .	0,90	0,91
Soufre.	54,26	»

Page 533.

§ 302. *Créatine* [2]. — La créatine se combine avec les acides en formant des sels à réaction fort acide.

Le *chlorhydrate*, $C^8H^9N^3O^4,HCl$, forme de beaux prismes solubles dans l'eau et non déliquescents. On peut l'obtenir par combinaison directe, avec de l'acide chlorhydrique titré, et en évaporant à 30° ou dans le vide.

Le *sulfate*, $2 C^8H^9N^3O^4, 2 HO, S^2O^6$, ressemble au chlorhydrate et se prépare comme lui.

Le *nitrate*, $C^8H^9N^3O^4,NHO^6$, s'obtient en dissolvant $1^{gr},057$ de créatine cristallisée dans de l'acide nitrique titré, contenant $2^{gr},447$ d'acide monohydraté, et en évaporant à 30°. Il se dépose, par le

[1] Voelckel, *Ann. der Chem. u. Pharm.*, LXXXIX, 127.
[2] Dessaignes, *Compt. rend. de l'Acad.*, XXXVIII, 839.

refroidissement, sous la forme de prismes courts et brillants, d'une saveur très-acide ; leur solution précipite de la créatine par l'ammoniaque. Le même sel se forme lorsqu'on fait passer un courant rapide de gaz nitreux dans de l'eau contenant de la créatine en suspension ; celle-ci se dissout alors promptement, puis il apparaît beaucoup de cristaux de nitrate de créatine.

Alcali produit par l'oxydation de la créatine, C^6H^5N. — Lorsqu'on fait passer du gaz nitreux dans la solution du nitrate de créatine, il se dégage beaucoup de gaz, mais la réaction, quelque prolongée qu'elle soit, ne donne pas naissance à un acide non azoté. En neutralisant le produit par la potasse, séparant la majeure partie du nitre par la cristallisation, puis ajoutant du nitrate d'argent, on obtient des cristaux solubles dans l'eau chaude, et qui, après plusieurs cristallisations, se présentent sous la forme de longues aiguilles blanches, jaunissant un peu à la lumière. Ce sel est une *combinaison de nitrate d'argent* et d'un alcali particulier ; calciné, il dégage une odeur de marée. Il renferme $C^6H^5N,NAgO^6$:

	Dessaignes.	Calcul.
Carbone.	16,29	16,00
Hydrogène. . . .	2,37	2,22
Argent.	47,97	48,00

Le *chloromercurate* de l'alcali cristallise en longues aiguilles.

Le *nitrate* cristallise en masse fibreuse ou en petits prismes, très-acides au goût, et s'obtient en décomposant par un excès d'acide chlorhydrique la combinaison de l'alcali avec le nitrate d'argent.

Méthyluramine, $C^4H^7N^3$. — M. Dessaignes appelle ainsi un alcali qui se produit lorsqu'on chauffe de l'oxyde de mercure avec une solution aqueuse de créatine ou de créatinine. La liqueur dégage alors de l'acide carbonique, sans aucune trace d'ammoniaque, et l'oxyde de mercure se réduit en partie ; si l'on emploie une quantité suffisante d'oxyde, on obtient une grande quantité de cristaux d'oxalate de méthyluramine.

$$2\ C^8H^9N^3O^4 + 10\ O = 2\ C^4H^7N^3 + C^4H^2O^8 + 2\ C^2O^4 + 2\ HO.$$
Créatine.   Méthyluramine. Ac. oxaliq.

On isole la méthyluramine de son oxalate en chauffant ce sel avec un lait de chaux pure, en faible excès. Par l'évaporation dans le vide, on obtient une matière incolore, à surface cristalline due peut-être à une absorption d'acide carbonique, que cet alcali attire vivement.

Ce produit est déliquescent ; il a une saveur très-caustique et en même temps ammoniacale. Chauffé sur la lame de platine, il se volatilise presque entièrement, avec une forte odeur de créatine brûlée.

Lorsqu'on le chauffe avec de l'eau de baryte, il se décompose en dégageant de l'ammoniaque, accompagnée d'une odeur de marée.

Il chasse à froid l'ammoniaque des sels ammoniacaux. Il précipite abondamment le chlorure de baryum et de calcium ; le précipité est soluble dans beaucoup d'eau, ainsi que dans l'acide acétique faible. Il précipite le sulfate d'alumine et le chlorure ferrique, et les précipités se redissolvent dans un excès du précipitant. Il précipite le nitrate d'argent en blanc jaunâtre ; il dissout l'oxyde et le chlorure d'argent. Il précipite les sels de cuivre, de plomb et de mercure.

Le *chloroplatinate* de méthyluramine, séché dans le vide, renferme $C^4H^7N^3,HCl,PtCl^2$. On l'obtient, par le chlorhydrate de méthyluramine et le bichlorure de platine en solutions concentrées, sous la forme de superbes rhomboïdes orangés ; ceux-ci, redissous et recristallisés par le refroidissement, se présentent souvent en prismes plats, accolés parallèlement. Calciné, ce sel exhale l'odeur de la triméthylamine.

L'*oxalate*, $2\,C^4H^7N^3, C^4O^6, 2\,HO + 4$ aq., se dépose sous la forme de prismes aplatis, accolés parallèlement, très-solubles dans l'eau et d'une saveur désagréable. Il perd à 100° 13,25 p. c. d'eau. Il bleuit légèrement le tournesol. Chauffé sur la lame de platine, il exhale la même odeur que la créatine.

Il est facile, au moyen de cet oxalate et du chlorure, du nitrate ou du sulfate de chaux, de préparer d'autres sels de méthyluramine, cristallisés, et à réaction légèrement alcaline.

M. Dessaignes fait remarquer que la méthyluramine[1] renferme les éléments de l'urée et de la méthylamine, moins les éléments de l'eau :

$$C^4H^7N^3 + 2\,HO = C^2H^4N^2O^2 + C^2H^5N.$$
$$\text{Urée.}\qquad\text{Méthylamine.}$$

---

[1] On peut déduire la méthyluramine de deux molécules d'ammoniaque dont 2 atomes d'hydrogène seraient remplacés par leur équivalent de cyanogène et de méthyle :

$$N^2 \begin{cases} Cy \\ C^2H^3 \\ H^4 \end{cases}$$

Si ce rapprochement est exact, la méthyluramine fait partie de la classe des cyanamides, récemment décrites par MM. Cahours et Cloëz. (Voy. t. II, p. 939.)

Page 621.

§ 389^a. *Nitrite de méthyle.* — Ce corps[1] s'obtient, suivant M. Strecker, avec de l'esprit de bois, de l'acide nitrique et de l'acide arsénieux.

Il se dégage aussi à l'état gazeux lorsqu'on verse de l'acide nitrique sur la brucine.

C'est un liquide extrêmement volatil, bouillant déjà à —12°,5; il possède une odeur rappelant celle de l'éther nitreux, et brûle avec une flamme pâle, légèrement verdâtre. Traité par une solution alcoolique de potasse, il dépose des cristaux de nitrite de potasse.

Page 654.

§ 422^a. Le *nitrate de mercurméthyle* renferme $C^2H^3Hg^2O,NO^5 +$ aq. (Strecker[2]).

Page 667.

§ 437. *Taurine.* — D'après les expériences de M. Strecker[3], la taurine se produit artificiellement par l'action de la chaleur sur l'iséthionate d'ammoniaque (§ 765.). Ce sel fond à 120° sans perdre de l'ammoniaque; à 200° il commence à dégager de l'eau; maintenu à 230°, il perd 11 p. c. de son poids. Le résidu étant dissous dans l'eau, et additionné d'alcool, il se précipite des cristaux de taurine qu'on fait recristalliser dans l'eau.

Cette réaction s'exprime par l'équation suivante :

$$C^4H^5(NH^4)O^2, S^2O^6 = C^4H^7NO^6S^2 + 2\ HO.$$

Iséthion. d'ammon.   Taurine.

La taurine peut être chauffée à 240° sans fondre ni se décomposer.

Page 678.

§ 449. *Alanine.* — Un mélange d'aldéhydate d'ammoniaque et d'acide cyanhydrique étant évaporé au bain-marie avec un excès d'acide chlorhydrique, fournit du chlorhydrate d'ammoniaque et de l'alanine.

---

[1] STRECKER (1854), *Compt. rend. de l'Acad.*, XXXIX, 53.

[2] STRECKER, *Compt. rend. de l'Acad.*, XXXIX, 58. Page 655, on a représenté l'iodure *de mercurméthyle* par la formule C^2H^3HgI ; lisez $C^2H^3Hg^2I$.

[3] STRECKER, *Compt. rend de l'Acad.*, XXXIX, 61.

La réaction est toute différente lorsque le même mélange n'est pas chauffé. Dans ce cas, il se forme dans le liquide, au bout de quelques jours, des cristaux incolores dont la quantité augmente peu à peu. C'est ce corps que M. Strecker appelle *hydrocyanaldine*[1]. Il est insipide, sans réaction sur les couleurs végétales ; il est soluble dans l'eau, dans l'éther, et surtout dans l'alcool. Il fond à une température peu élevée, et se sublime par une chaleur modérée ; chauffé brusquement, il se décompose avec une odeur analogue à celle de l'acide cyanhydrique.

Il renferme $C^{18}H^{12}N^4$, et se forme d'après l'équation suivante :

$$3\,[C^4H^3(NH^4)O^2] + 3\,CyH + 2\,HCl = C^{28}H^{12}N^4 + 2\,NH^4Cl$$

Aldéhyd. d'ammon. Ac. cyanhydr. Hydrocyanaldine.

$$+ 6\,HO.$$

Il y a là quelque analogie avec la formation de la thialdine.

La solution de l'hydrocyanaldine n'est pas précipitée par les sels d'argent, même après l'addition de l'acide nitrique ; mais, lorsqu'on chauffe cette solution, il se précipite du cyanure d'argent et il se développe de l'aldéhyde.

Chauffée avec la potasse, l'hydrocyanaldine dégage de l'ammoniaque, et la solution brunit avec séparation de résine d'aldéhyde.

L'hydrocyanaldine n'a pas de caractères alcalins ; du moins, M. Strecker n'a pas réussi à préparer avec elle des combinaisons salines.

Page 700.

§ 462. *Acétone*. — M. Staedeler[2] a décrit plusieurs dérivés de l'acétone.

L'*acétone quintichlorée*, $C^6HCl^5O^2$, s'obtient par l'action d'un mélange de chlorate de potasse et d'acide chlorhydrique sur l'acétone ; il se produit également par l'action du même mélange sur l'acide citrique, l'acide gallique et l'acide quinique. C'est un liquide incolore, d'une densité de 1,6 à 1,7, et bouillant à 190°. En se combinant avec 8 atomes d'eau, il forme un hydrate cristallisé en rhombes fusibles à 16°.

L'*acétone perchlorée*, $C^6Cl^6O^2$, est une huile qui se forme par l'acide citrique et le chlore au soleil. Elle se combine avec 2 atomes

---

[1] Strecker (1854), *Compt. rend. de l'Acad.*, XXXIX, 55.

[2] Staedeler (1853), *Nachricht. d. Gesellsch. d Wissensch. zu Gœttingen*, 1853, n° 9, p. 121 ; et *Pharmac. Centralbl.*, 1853, p. 433.

d'eau en formant un hydrate cristallin fusible à 15 ou 16°. C'est à ce composé que M. Plantamour avait assigné la formule $C^8Gl^5O^3$ + 3 HO (§ 646).

Acétonine, $C^{18}H^{18}N^2$. — Une dissolution d'ammoniaque dans l'acétone laisse, par l'évaporation spontanée, un résidu incolore et sirupeux (incristallisable dans un mélange réfrigérant) qui se convertit lentement en acétonine. La transformation de l'acétone en cet alcali organique s'opère rapidement si l'on sature l'acétone par l'ammoniaque et qu'on chauffe la liqueur à 100° dans un tube scellé.

L'acétonine est un liquide incolore, doué d'une réaction alcaline, d'une odeur urineuse; elle est soluble dans l'alcool, dans l'éther et même dans l'eau; elle se précipite de sa solution aqueuse par la potasse, sous forme de gouttes huileuses.

Elle est à l'acétone ce que l'amarine est à l'hydrure de benzoïle. (Une analyse de l'acétonine n'a pu être faite à cause de l'instabilité de la substance.)

Le *chloroplatinate*, $C^{18}H^{18}N^2$, HCl, $PtCl^2$, s'obtient en cristaux prismatiques d'un jaune orangé, brillants, insolubles dans l'éther, solubles dans l'eau et l'alcool bouillant additionné d'un peu d'acide chlorhydrique.

Le *bioxalate*, $C^{18}H^{18}N^2$, C^4O^6, 2 HO + 2 aq., se dépose d'une solution alcoolique saturée à l'ébullition sous la forme de cristaux blancs, durs, fort solubles dans l'eau, insolubles dans l'éther. Ce sel perd 2 at. d'eau à 100°; il se décompose à une température supérieure.

Thiacétonine. — Par l'action simultanée de l'ammoniaque et de l'hydrogène sulfuré sur l'acétone, il se forme une base sulfurée dont la formule probable est $C^{18}H^{19}NS^4$ (*acéthine* de Zeise [1]?). Elle constitue des cristaux rhomboédriques jaunes, très-brillants, aisément solubles dans les acides faibles et d'une réaction alcaline. Elle paraît aussi prendre naissance par l'ébullition de la solution alcoolique du sulfhydrate de carbothiacétonine :

$$C^{20}H^{18}N^2S^4, 2\ HS + 4\ HO = C^{18}H^{19}NS^4 + NH^3 + C^2O^4 + 2\ HS.$$

Carbothiacétonine.   Thiacétonine.

L'acétone représentant de l'aldéhyde dans lequel 1 at. d'hydrogène est remplacé par du méthyle, et l'aldéhyde produisant la thialdine (§ 445) par l'ammoniaque et l'hydrogène sulfuré, il est évident

[1] Zeise, *Ann. der Chem. u. Pharm.*, XLVII, 24; et *Journ. f. prakt. Chem.*, XXIX, 371.

que la thiacétonine représente la méthyl-thialdine, c'est-à-dire la thialdine dont 3 atomes d'hydrogène sont remplacés par leur équivalent de méthyle :

$$\text{Thialdine.} \dots \dots C^{12}H^{13}NS^4.$$
$$\text{Thiacétonine.} \dots \dots C^{12}H^{10}(C^2H^3)^3NS^4.$$

§ 468. *Carbothiacétonine*, $C^{20}H^{18}N^2S^4$. — Un mélange d'acétone, de sulfure de carbone et d'ammoniaque dépose des cristaux jaunes qui constituent le *sulfhydrate* de carbothiacétonine (M. Hlasiwetz les avait représentés par la formule $C^{30}H^{26}N^3S^9$). On a, en effet :

$$3\ \underset{\text{Acétone.}}{C^6H^6O^2} + C^2S^4 + 2\ NH^3 = \underset{\text{Carbothiacéton.}}{C^{20}H^{18}N^2S^4} + 6\ HO.$$

La *combinaison platinique* renferme $C^{20}H^{18}N^2S^4$, PtS^2, $Pt\,Cl^2$.

Le précipité mercurique de Hlasiwetz n'est que du chloromercurate de sulfure de mercure, souillé d'un peu de carbothiacétonine.

Acide acétonique, $C^{16}H^{16}O^{12} = C^{16}H^{14}O^{10}$, 2 HO. — Cet acide[1] se produit lorsqu'on traite l'acétone par l'acide cyanhydrique et l'acide chlorhydrique, comme dans la préparation de l'acide formobenzoïlique par l'hydrure de benzoïle. (Il ne se produit pas, dans cette réaction, de base analogue à l'alanine.)

L'acide acétonique cristallise en prismes doués d'une saveur et d'une réaction fort acides. Il se dissout aisément dans l'eau, l'alcool et l'éther. Il fond à une douce chaleur et cristallise par le refroidissement.

Fondu avec un excès d'hydrate de potasse, il dégage de l'acétone. Chauffé avec de l'acide sulfurique concentré, il se décompose en dégageant beaucoup de gaz.

Il donne avec les bases des sels cristallisés.

Le *sel de baryte*, $C^{16}H^{14}Ba^2O^{12}$, ne cristallise que d'une solution très-concentrée en petits prismes blancs, très-solubles dans l'eau et l'alcool, insolubles dans l'éther.

Le *sel de zinc*, $C^{16}H^{14}Zn^2O^{12} + 4$ aq., ressemble entièrement au lactate de zinc, mais il n'est que fort peu soluble dans l'eau, même bouillante; il est insoluble dans l'alcool et l'éther. L'eau de cristallisation qu'il renferme, se dégage un peu au-dessus de 100°.

Le *sel d'argent* ne peut pas s'obtenir par le mélange du nitrate d'argent avec de l'acide acétonique saturé par un alcali ; il se forme dans ces circonstances un précipité d'argent réduit.

---

[1] M. Staedeler le considère comme monobasique, et le représente par la moitié de la formule que nous avons admise.

L'acide acétonique représente de l'acide lactique dans lequel deux atomes d'hydrogène sont remplacés par leur équivalent de méthyle :

$$\text{Acide lactique.} \ldots \ldots C^{12}H^{12}O^{12}.$$
$$\text{Acide acétonique.} \ldots \ldots C^{12}H^{10}(C^2H^3)^2O^{12}.$$

Page 726.

§ 481. *Acétates d'alumine* [1]. — M. Walter Crum a analysé trois sous-acétates d'alumine dont les caractères sont différents, mais qui ne diffèrent que par leur eau de cristallisation.

α. *Sous-sel insoluble*, $2\,C^4H^3alO^4$, alO, HO $+ 4$ aq. $= 2\,C^4H^3O^3$, $AlO^3 + 5$ aq. Lorsqu'on mêle à froid une solution concentrée de sulfate d'alumine avec une solution concentrée d'acétate de plomb, la liqueur filtrée, débarrassée de quelques traces d'acide sulfurique et abandonnée à elle-même à une température de 15 à 20°, laisse déposer, au bout de quatre ou cinq jours, une croûte blanche de l'aspect de la porcelaine et qui présente la composition indiquée.

β. *Sous-sel insoluble*, $2\,C^4H^3alO^4$, alO, HO $+$ aq. $= 2\,C^4H^3O^3$, $AlO^3 + 2$ aq. Lorsqu'on chauffe la solution d'acétate d'alumine précédemment préparée, il se précipite une poudre dense en quantité d'autant plus grande que la température est plus élevée. Cette poudre présente une apparence brillante et cristalline ; elle est très-peu soluble dans l'eau froide, dans l'eau chaude et même dans l'acide acétique.

γ. *Sous-sel soluble*, $2\,C^4H^3alO^4$, alO, HO $+ 3$ aq. $= 2\,C^4H^3O^3$, $AlO^3 + 4$ aq. Bien qu'une dissolution concentrée d'acétate d'alumine ait une grande tendance à déposer un sel insoluble, on peut cependant, en l'évaporant avec précaution à 38°, dans des vases très-plats, la réduire en une masse sèche soluble dans l'eau. Le sel qu'on obtient ainsi se présente en paillettes qui offrent l'aspect de la gomme après avoir été humectées, et qui se dissolvent entièrement dans l'eau.

L'action prolongée de la chaleur sur ce sous-sel soluble détermine peu à peu la séparation de ses éléments, sans qu'il se précipite de l'alumine ; cette base devient alors soluble dans l'eau. La solution d'alumine qu'on obtient ainsi n'a aucune saveur ; par la concentration, elle prend une consistance gommeuse.

[1] WALTER CRUM, *Ann. der Chem. u. Pharm.*, LXXXIX, 156.

Le sous-acétate d'alumine insoluble devient peu à peu soluble par la digestion avec une grande quantité d'eau.

Page 748.

§ 496. *Acétate d'octyle* [1], $C^{20}H^{20}O^4 = C^4H^3(C^{16}H^{17})O^4$. — On peut l'obtenir aisément au moyen de l'hydrate d'octyle avec l'acide acétique et un courant d'acide chlorhydrique, ou, ce qui vaut encore mieux, avec l'acétate de soude et l'acide sulfurique. C'est un liquide d'une odeur très-agréable, insoluble dans l'eau et bouillant vers 190°.

Acétate de phényle [2], $C^{16}H^8O^4 = C^4H^3(C^{12}H^5)O^4$. — Une solution alcoolique de phosphate de phényle décompose l'acétate de potasse par l'ébullition. Quand tout l'alcool s'est évaporé, la température du mélange s'élève rapidement, et il distille une substance huileuse et odorante qui présente la composition de l'acétate de phényle.

Ce corps se produit aussi par la réaction du chlorure d'acétyle et de l'hydrate de phényle.

Il est plus pesant que l'eau et légèrement soluble dans ce liquide. Il bout à 190°. Il est décomposé par la potasse bouillante en acide acétique et en hydrate de phényle.

Page 769.

§ 515. *Glycérides*. — En exposant les nouvelles recherches de M. Berthelot sur ces substances, j'ai exprimé mes doutes sur l'exactitude des formules attribuées par ce chimiste à quelques-uns de ses composés. M. Berthelot s'est lui-même chargé de justifier ces doutes, en changeant, dans le mémoire [3] qu'il vient de faire paraître, plusieurs d'entre les formules qu'il avait d'abord adoptées. Il y en aurait cependant encore quelques-unes à modifier [4], et je suis persuadé qu'en opérant sur des corps mieux purifiés on obtiendrait à l'analyse des résultats conformes à mes vues.

Quoi qu'il en soit, les expériences très-remarquables de M. Ber-

---

[1] Bouis, *Compt. rend. de l'Acad.*, XXXVIII, 937.

[2] Scrugham (1854), *Proceed. of the Roy. Society*, VII, 19. — Cahours, *Compt. rend. de l'Acad.*, XXXIX, 257.

[3] Berthelot, *Ann. de Chim. et de Phys.*, [3] XLI, 216.

[4] Les formules des glycérides suivants : dibutyrine, divalérine, dipalmitine, distéarine et dioléine, dont M. Berthelot lui-même ne garantit pas la pureté. (Voy. la note p. 317, dans son mémoire.)

thelot démontrent qu'à la manière de l'alcool, la glycérine peut se combiner directement avec les acides monobasiques, de manière à donner des composés semblables aux éthers, et renfermant les éléments de 1 at. de glycérine plus 1, 2 ou 3 at. d'acide monobasique moins de l'eau [1] :

Page 771.

§ 516[a]. *Chlorhydrines.* — Suivant M. Berthelot, il en existe trois :

Monochlorhydrine. . $C^6H^7ClO^4 = HCl + C^6H^8O^6 — 2\,HO$.
Dichlorhydrine. . . . $C^6H^6Cl^2O^2 = 2\,HCl + C^6H^8O^6 — 4\,HO$.
Épichlorhydrine. . . $C^6H^5ClO^2 = HCl + C^6H^8O^6 — 4\,HO$.

α. La *monochlorhydrine* a déjà été décrite. Refroidie à — 35°, elle conserve toute sa fluidité.

β. La *dichlorhydrine* s'obtient en dissolvant la glycérine dans 12 à 15 fois son poids d'acide chlorhydrique fumant, et maintenant à 100° cette dissolution pendant 8 heures. Cela fait, on sature par le carbonate de potasse, on agite avec de l'éther, et l'on évapore celui-ci d'abord au bain-marie, puis dans le vide.

[1] La glycérine dérive de deux molécules d'eau, à la manière des acides bibasiques, ce qui explique pourquoi elle peut, avec les acides monobasiques, donner jusqu'à trois combinaisons, tandis que l'alcool n'en donne jamais qu'une. On a, en effet :

$$\text{Glycérine} \quad\quad \left. \begin{matrix} C^6H^5O^2.O \\ HO \end{matrix} \right| \left. \begin{matrix} HO \\ HO \end{matrix} \right\}.$$

$$\text{Chlorhydrine} \quad\quad \left. \begin{matrix} C^6H^5O^2.O \\ HO \end{matrix} \right| \left. \begin{matrix} H \\ Cl \end{matrix} \right\}$$

$$\text{Dichlorhydrine} \quad\quad \left. \begin{matrix} C^6H^5O^2 \\ Cl \end{matrix} \right| \left. \begin{matrix} H \\ Cl \end{matrix} \right\}$$

$$\text{Épichlorhydrine} \quad\quad \left. \begin{matrix} C^6H^5O^2 \\ Cl \end{matrix} \right\}$$

$$\text{Acétine} \quad\quad \left. \begin{matrix} C^6H^5O^2.O \\ HO \end{matrix} \right| \left. \begin{matrix} C^4H^3O^2.O \\ HO \end{matrix} \right\}$$

$$\text{Diacétine} \quad\quad \left. \begin{matrix} C^6H^5O^2.O \\ HO \end{matrix} \right| \left. \begin{matrix} C^4H^3O^2.O \\ C^4H^3O^2.O \end{matrix} \right\}$$

$$\text{Triacétine} \quad\quad \left. \begin{matrix} C^6H^5O^2O. \\ C^4H^3O^2.O. \end{matrix} \right| \left. \begin{matrix} C^4H^3O^2.O \\ C^4H^3O^2.O \end{matrix} \right\}$$

$$\text{Benzochlorhydrine} \quad\quad \left. \begin{matrix} C^6H^5O^2 \\ Cl \end{matrix} \right| \left. \begin{matrix} C^{14}H^5O^2.O \\ HO \end{matrix} \right\}$$

On pourrait donner au groupement $C^6H^5O^2$ le nom de *glycéryle*. L'épichlorhydrine représenterait le chlorure de glycéryle, dérivant d'une molécule d'acide chlorhydrique. Il existe probablement aussi des glycérides dérivant d'une molécule d'eau, comme les éthers ; l'acétate de glycéryle, par exemple, serait :

$$\left. \begin{matrix} C^6H^5O^2.O \\ C^4H^3O^2.O \end{matrix} \right|$$

Elle se forme également, mais en petite quantité, dans la préparation de la monochlorhydrine ; elle se trouve alors dans les premiers produits distillés.

C'est une huile neutre, d'une odeur éthérée très-prononcée ; elle se mêle à l'éther, et ne forme pas avec l'eau d'émulsion stable. Sa densité est égale à 1,37. Son point d'ébullition est fixe à 178°. Refroidie à — 35°, elle conserve toute sa fluidité. Elle brûle avec une flamme blanche, bordée de vert, en dégageant de l'acide chlorhydrique.

Elle renferme :

	Berthelot.		Calcul.
Carbone. . .	27,5	27,7	27,9
Hydrogène. .	5,3	4,6	4,7
Chlore. . . .	53,7	»	54,6
Oxygène. . . .	»	»	12,8
			100,0

Traitée par la potasse, elle dépose même à froid des cristaux de chlorure de potassium.

γ. L'*épichlorhydrine* se prépare de la manière suivante : on remplit de gaz chlorhydrique plusieurs ballons de trois litres ; dans chacun de ces ballons on introduit 1 gramme environ de dichlorhydrine ; on ferme à la lampe le col des ballons, préalablement effilé, et on les maintient à 100° pendant 72 heures ; ensuite on neutralise l'acide par la potasse, et l'on distille. L'épichlorhydrine distille avec les premières portions.

On peut aussi dissoudre la dichlorhydrine dans 15 à 20 fois son poids d'acide chlorhydrique fumant, maintenir la dissolution à 100° pendant 15 heures, neutraliser par la chaux et distiller.

L'épichlorhydrine est une huile limpide, plus pesante que l'eau, d'une odeur éthérée semblable à celle du chlorure d'éthyle, mais plus persistante, d'une densité comprise entre 1,2 et 1,3. Elle distille entre 120 et 130°.

Elle renferme :

	Berthelot.			Calcul.
Carbone. . .	35,8	36,7	38,1	38,9
Hydrogène. .	6,1	6,3	5,4	5,4
Chlore. . . .	38,9	»	»	38,3
Oxygène. . .	»	»	»	17,4
				100,0

Traitée successivement par la potasse, par l'acide chlorhydrique, et par l'alcool absolu, l'épichlorhydrine donne une matière sirupeuse qui paraît être de la glycérine.

Page 773.

§ 519. *Acétines.* — M. Berthelot admet l'existence de trois acétines :

Monacétine. . . $C^{10}H^{10}O^8 = C^4H^4O^4 + C^6H^8O^6 - 2\,HO,$

Diacétine. . . . $C^{14}H^{12}O^{10} = 2\,C^4H^4O^4 + C^6H^8O^6 - 4\,HO,$

Triacétine. . . . $C^{18}H^{14}O^{12} = 3\,C^4H^4O^4 + C^6H^8O^6 - 6\,HO.$

Ac. acétique.   Glycérine.

α. La *monacétine* s'obtient en chauffant à 100 degrés, pendant quatorze heures, un mélange de glycérine et d'acide acétique cristallisable. Quelques traces d'acétine se produisent également à la température ordinaire par un contact de trois mois.

La monacétine a une densité égale à 1,20. Elle forme, avec un demi-volume d'eau, un mélange limpide qui se trouble par l'addition de deux nouveaux volumes d'eau, sans que la monacétine se sépare; malgré l'addition d'une grande quantité d'eau l'émulsion demeure opaline.

Elle se mêle avec l'éther.

Traitée par l'alcool et l'acide chlorhydrique elle fournit de la glycérine et de l'éther acétique.

β. La *diacétine* a été décrite sous le nom d'*acétidine*. La nouvelle formule que M. Berthelot lui assigne exige : carbone, 47,8 ; hydrogène, 6,8. Ces nombres sont assez rapprochés des résultats analytiques que nous avons mentionnés.

La diacétine se produit dans les circonstances les plus variées. On l'obtient en chauffant l'acide acétique cristallisable avec un excès de glycérine à 200° pendant trois heures ; en chauffant l'acide acétique cristallisable avec la glycérine à 275° ; en chauffant à 200° une partie de glycérine avec 4 à 5 parties d'acide acétique.

Refroidie à —40°, elle prend une consistance semblable à celle de l'huile d'olives sur le point de se figer. Elle se mêle avec l'éther et se dissout dans la benzine. Elle forme avec un volume d'eau un mélange limpide ; mais celui-ci se trouble par l'addition d'une plus forte quantité d'eau. Elle s'acidifie légèrement par le contact prolongé à l'air.

Saponifiée par la baryte, elle a donné 66,4 p. c. d'acide acétique et 52,4 p. c. de glycérine. (Suivant le calcul, il faudrait 68,2 p. c. d'acide acétique et 52,3 p. c. de glycérine.)

γ. La *triacétine* s'obtient en chauffant la diacétine à 250°, pendant quatre heures, avec quinze à vingt fois son poids d'acide acétique cristallisable.

C'est un liquide neutre, odorant, d'une saveur piquante et légèrement amère, volatil sans résidu, insoluble dans l'eau, et ne se mêlant pas à ce liquide, fort soluble dans l'alcool dilué. Sa densité est égale à 1,174 à 8°.

Il renferme :

	Berthelot.		Calcul.
Carbone. . .	5o,2	49,6	49,6
Hydrogène. .	6,6	7,0	6,4
Oxygène. . .	»	»	44,0
			100,0

Traitée à froid par l'alcool et l'acide chlorhydrique, la triacétine se change en éther acétique et en glycérine.

Saponifiée par la baryte, elle a donné 80,6 p. c. d'acide acétique et 43,1 p. c. de glycérine (calcul, 82,6 p. c. d'acide acétique et 42,2 p. c. de glycérine).

§ 519^a. L'*acétochlorhydrine* paraît renfermer les éléments de l'acide acétique, de l'acide chlorhydrique et de la glycérine, moins de l'eau :

Acétochlorhyd. $C^{10}H^9ClO^6 = C^4H^4O^4 + HCl + C^6H^8O^6 - 4HO$.

On obtient cette substance en saturant d'acide chlorhydrique gazeux le mélange d'acide acétique et de glycérine maintenu à 100° pendant plusieurs heures. Après un repos de quelques jours ou même de quelques semaines, on sature par du carbonate de soude.

L'acétochlorhydrine se sépare alors à l'état d'une huile neutre, assez fluide, presque insoluble dans l'eau, d'une odeur très-prononcée, rappelant celle de l'éther acétique. Elle reste liquide à — 40°, mais elle se solidifie à — 78° en une masse transparente.

Elle n'a été obtenue qu'à l'état de mélange avec de la dichlorhydrine, à en juger par les nombres suivants :

	Berthelot.	Calcul.
Carbone. . . .	31,9	39,4
Hydrogène. . .	5,2	5,9
Chlore.	40,0	23,3
Oxygène. . . .	»	31,4
		100,0

Elle bout entre 180° et 210°; par des distillations fractionnées, on en isole une substance qui paraît être de la dichlorhydrine (bouillant vers 180°); le reste bout entre 190 et 230°, sans présenter de point fixe.

Diéthyline, $C^{14}H^{16}O^6$. — Cette substance renferme les éléments de 1 at. de glycérine, plus 2 atomes d'alcool, moins 4 atomes d'eau :

$$C^{14}H^{16}O^6 = C^6H^8O^6 + 2\, C^4H^6O^2 - 4\, HO.$$

Elle se prépare en chauffant à 100°, pendant 80 heures, de la glycérine, du bromure d'éthyle et de la potasse en excès. Dans le tube se trouvent, après la réaction, deux couches liquides. La couche inférieure renferme de la glycérine et du bromure de potassium en partie cristallisé ; la couche supérieure est un mélange de bromure d'éthyle non décomposé et de diéthyline. Si l'on distille cette couche, le bromure d'éthyle passe à 40°, et la température s'élève presque aussitôt à 191°, point auquel elle reste stationnaire.

On obtient ainsi une huile limpide et incolore, assez mobile, douée d'une légère odeur éthérée, un peu poivrée, d'une densité égale à 0,92. Refroidie à — 40°, cette huile ne se solidifie pas. Elle est peu soluble ou insoluble dans l'eau. Elle bout à 191°.

Elle renferme :

	Berthelot.			Calcul.
Carbone. . .	55,6	55,9	56,4	56,7
Hydrogène. . .	10,8	10,7	10,8	10,8
Oxygène. . . .	»	»	»	32,5
				100,0

Chauffée avec de la chaux caustique, la diéthyline dégage de l'acroléine. Distillée avec un mélange d'acide sulfurique et d'acide butyrique, elle produit du butyrate d'éthyle.

Page 776.

§ 521. *Butyrines*. — M. Berthelot en admet trois :

Monobutyrine. $C^{14}H^{14}O^8 = C^8H^8O^4 + C^6H^8O^6 - 2\, HO,$

Dibutyrine[1]. . $C^{22}H^{20}O^{10} = 2\, C^8H^8O^4 + C^6H^8O^6 - 4\, HO,$

Tributyrine. . $C^{30}H^{26}O^{12} = 3\, C^8H^8O^4 + C^6H^8O^6 - 6\, HO.$

[1] M. Berthelot admet pour la dibutyrine les rapports $C^{22}H^{22}O^{12} = 2\, C^8H^8O^4 + C^6H^7O^5 - 2\, HO.$

Dans ce nombre est également compris la *butyridine*, que l'auteur avait d'abord considérée comme différente de la dibutyrine, mais qui, d'après les résultats de la saponification, se trouve être le même corps.

α. La *monobutyrine* s'obtient en abandonnant à la température ordinaire, pendant trois mois, soit au soleil, soit à la lumière diffuse, un mélange de glycérine et d'acide butyrique. Elle ne se forme ainsi qu'en faible proportion. On peut aussi chauffer à 200°, pendant trois heures, de l'acide butyrique, en présence d'un excès de glycérine; la température indiquée ne doit pas être dépassée.

Refroidie à — 40°, elle reste liquide et presque aussi fluide qu'à la température ordinaire. Une petite quantité d'eau se dissout dans la monobutyrine; si l'on verse plus d'eau dans le mélange, il se produit une émulsion opaque et homogène.

Traitée par l'alcool et l'acide chlorhydrique, elle se change à froid en éther butyrique et en glycérine.

β. La *dibutyrine*, étant refroidie à — 40°, demeure liquide, mais sa fluidité diminue. Soumise à l'action de la chaleur, elle se volatilise vers 320° sans altération sensible, pourvu qu'on ne pousse pas la distillation jusqu'au bout; sinon, elle commence à s'acidifier et à fournir de l'acroléine.

Traitée à froid par l'alcool et l'acide chlorhydrique, la dibutyrine se dédouble en quelques heures en éther butyrique et en glycérine. L'ammoniaque aqueuse la transforme peu à peu en cristaux de butyramide.

D'après la formule que nous avons adoptée pour la dibutyrine, ce corps renfermerait : carbone, 56,9 ; hydrogène, 8,6. M. Berthelot semble donc avoir analysé un corps incomplétement purifié (Voy. p. 777, ses analyses de la dibutyrine et de la butyrine.)

γ. La *tributyrine* s'obtient en chauffant à 240°, pendant quatre heures, la dibutyrine avec 10 à 15 fois son poids d'acide butyrique.

C'est un liquide neutre, huileux, d'une odeur analogue aux autres butyrines, d'un goût piquant, puis amer. Il est fort soluble dans l'alcool et l'éther, mais insoluble dans l'eau. Sa densité est égale à 1,056 à 8°. Traité à froid par l'alcool et l'acide chlorhydrique, il fournit de l'éther butyrique et de la glycérine.

Il a donné à l'analyse :

	Berthelot.	Calcul.
Carbone. . . .	59,8	59,6
Hydrogène. . .	9,1	8,6
Oxygène. . . .	»	31,8
		100,0

La *butyrochlorhydrine*, préparée par l'acide butyrique, l'acide chlorhydrique et la glycérine, par le même procédé que l'acéto-chlorhydrine, est une huile neutre, fluide, d'une odeur éthérée assez prononcée; mais M. Berthelot ne l'a pas obtenue à l'état de pureté.

Le même chimiste a remarqué, dans certaines circonstances, la formation d'une combinaison acide qui lui paraissait également formée d'acide butyrique et de glycérine; mais l'existence d'une semblable combinaison n'a pas pu être démontrée d'une manière certaine.

Valérines. — M. Berthelot en admet trois :

$$\text{Monovalérine. . } C^{16}H^{16}O^8 = C^{10}H^{10}O^4 + C^6H^8O^6 - 2\,HO,$$
$$\text{Divalérine}^{1}\text{. . . } C^{26}H^{24}O^{10} = 2\,C^{10}H^{10}O^4 + C^6H^8O^6 - 4\,HO,$$
$$\text{Trivalérine. . . } C^{36}H^{32}O^{12} = 3\,C^{10}H^{12}O^4 + C^6H^8O^6 - 6\,HO.$$
$$\hspace{8em}\text{Ac. valériq.}\hspace{4em}\text{Glycérine.}$$

α. La *monovalérine* s'obtient en chauffant à 200°, pendant trois heures, l'acide valérique hydraté avec un excès de glycérine. Elle dissout l'eau en petite quantité; mais elle se sépare par l'addition de plus fortes quantités d'eau.

Traitée à froid par l'acide chlorhydrique et l'alcool, elle se décompose à froid en quelques heures, en produisant de l'éther valérique et de la glycérine.

β. La *divalérine* se prépare en chauffant à 275° un mélange de glycérine et d'acide valérique étendu d'un peu d'eau.

Refroidie à — 40°, elle se fige, tout en demeurant transparente et demi-molle. L'ammoniaque la change lentement en valéramide.

D'après la formule que nous lui avons assignée, la divalérine doit renfermer : carbone, 60,0 ; hydrogène, 9,2. M. Berthelot ne semble donc pas avoir analysé un corps pur.

γ. La *trivalérine* s'obtient en chauffant à 220°, pendant huit heures, la divalérine avec 8 à 10 fois son poids d'acide valérique.

C'est un liquide neutre, huileux, doué d'une odeur faible et

---

[1] M. Berthelot la représente par les rapports $C^{26}H^{26}O^{12} = 2\,C^{10}H^{10}O^4 + C^6H^8O^6 - 2\,HO.$

désagréable, insoluble dans l'eau, soluble dans l'alcool et l'éther.
Il a donné à l'analyse :

	Berthelot.	Calcul.
Carbone. . .	61,6	62,8
Hydrogène. .	9,0	9,3
Oxygène. . .	»	27,9
		100,0

Exposées au contact de l'air, les valérines s'acidifient sensiblement à la longue, en prenant l'odeur de l'acide valérique.

La *valérochlorhydrine* est une substance huileuse et neutre,
semblable à l'acétochlorhydrine; mais elle n'a pas été non plus obtenue à l'état de pureté.

Benzoïcines. — Il en existe deux, suivant M. Berthelot :

Monobenzoïcine. $C^{20}H^{12}O^8 = C^{14}H^6O^4 + C^6H^8O^6 - 2\,HO$,
Tribenzoïcine. $C^{48}H^{20}O^{12} = 3\,C^{14}H^6O^4 + C^6H^8O^6 - 6\,HO$.

α. La *monobenzoïcine*, étant refroidie à — 40°, forme une masse
transparente, presque solide, résineuse et susceptible de s'étirer en
longs fils.

Soumise à l'action de la chaleur, elle commence à bouillir à
320° en se décomposant, et fournit de l'acroléine et de l'acide benzoïque en abondance... Il se développe en même temps une odeur
agréable, analogue à celle qui se produit dans la distillation de
l'huile de ricin.

A chaud, la potasse la transforme en benzoate; l'ammoniaque la
convertit en benzamide.

Traitée à froid par l'alcool et l'acide chlorhydrique, elle se change
en glycérine et en éther benzoïque.

β. La *tribenzoïcine* s'obtient en chauffant la monobenzoïcine à
250°, pendant quatre heures, avec 10 à 15 fois son poids d'acide
benzoïque. Elle forme de belles aiguilles incolores, fort volumineuses, neutres, grasses au toucher et assez fusibles. Elle renferme :

	Berthelot.	Calcul.
Carbone. . .	71,9	71,3
Hydrogène. .	5,4	5,0
Oxygène. . .	»	23,7
		100,0

La *benzochlorhydrine* renferme les éléments de l'acide benzoïque, de l'acide chlorhydrique et de la glycérine, moins de l'eau :

$$C^{20}H^{11}ClO^6 = C^{14}H^6O^4 + HCl + C^6H^8O^6 - 4\,HO.$$

Elle s'obtient par le même procédé que l'acétochlorhydrine. Elle constitue une huile neutre qui se solidifie à — 40°, en reprenant sa fluidité dès que la température s'élève. Elle a donné à l'analyse :

	Berthelot.		Calcul.
Carbone. . .	56,0	56,8	56,1
Hydrogène. .	5,2	5,6	5,1
Chlore. . . .	17,0	»	16,6
Oxygène. . .	»	»	22,2
			100,0

Traitée par la potasse, la benzochlorhydrine reproduit de l'acide chlorhydrique et de l'acide benzoïque. Traitée par l'acide chlorhydrique et l'alcool, elle forme du benzoate d'éthyle et de la glycérine.

Tome II.

Page 33.

§ 595. *Tartrates d'antimoine.* — Les cristaux[1] du *sel suracide* appartiennent au système rhombique. Combinaison observée, ∞ P. ∞ P̆ ½. ∞ P̆ ∞. 3 P̈ ∞. P̈ ∞. Valeur des axes, a : c :: 0,9308 : 0,429. Angles mesurés, ∞ P̈ ½ : ∞ P̈ ½ $= 133°\,30'$; ∞ P̈ ½ : ∞ P̈ ∞ $= 113°\,15'$; ∞ P : ∞ P̈ ∞ $= 137°$; ∞ P̈ ∞ : 3 P̈ ∞ $= 90°$; 3 P̈ ∞ : 3 P̈ ∞ $= 76°$ environ ; P̈ ∞ : ∞ P̈ ∞ $= 115°$ environ ; 3 P̈ ∞ : P̈ ∞ $= 125°$ environ.

Page 71.

§ 625^a. *Amides pyrotartriques.* — Nous avons décrit la *pyrotartrimide* dans les additions, t. II, p. 948.

Depuis la rédaction de cet article, M. Arppe[2] a publié un travail sur les phényl-amides pyrotartriques, savoir :

Phényl-pyrotartrimide.	$C^{10}H^6(C^{12}H^5)NO^4$	$= C^{22}H^{11}NO^4$.
Nitrophényl-pyrotartrimide.	$C^{10}H^6(C^{12}H^4NO^4)NO^4$	$= C^{22}H^{10}N^2O^8$.
Acide phényl-pyrotartramique.	$C^{10}H^8(C^{12}H^5)NO^6$	$= C^{22}H^{13}N\,O^6$.
Acide nitrophényl-pyrotartramique.	$C^{10}H^8(C^{12}H^4NO^4)NO^6$	$= C^{22}H^{12}N^2O^{10}$.

[1] F. DE LA PROVOSTAYE, *Ann. de Chim. et de Phys.*, XX, 302.
[2] ARPPE (1854), *Ann. der Chem. u. Pharm.*, XC, 138.

Phényl-pyrotartrimide, ou pyrotartranile, $C^{10}H^6(C^{12}H^5)NO^4$. —
Lorsqu'on fait fondre ensemble de l'aniline et de l'acide pyrotartrique cristallisé et qu'on maintient le mélange, pendant dix minutes environ, à une température supérieure de quelques degrés à la température de l'eau bouillante, on obtient une masse brune, épaisse et visqueuse qui se solidifie peu à peu par l'agitation. Ce produit se compose en grande partie de phényl-pyrotartrimide. On le dissout dans l'eau bouillante, et l'on traite la solution par le charbon animal. La liqueur dépose alors, par le refroidissement, un précipité pulvérulent, cristallin, et composé d'aiguilles microscopiques.

Ce corps, sans odeur ni saveur, fond à 98°; dans l'eau bouillante il se transforme en une huile qui se concrète par le refroidissement en une masse cristalline et grasse au toucher. Il est volatil sans décomposition, et se sublime assez rapidement à 140°; mais on peut le chauffer jusqu'à 300° environ avant qu'il entre en ébullition, et alors il se décompose en partie.

Il est peu soluble dans l'eau même bouillante ; l'alcool et l'éther le dissolvent aisément.

Les alcalis aqueux le dissolvent promptement, et le convertissent à chaud en acide phényl-pyrotartramique. Les alcalis solides le dédoublent en aniline et en acide pyrotartrique.

L'acide nitrique le transforme en nitrophényl-pyrotartrimide.

Nitrophényl-pyrotartrimide, ou pyrotartronitranile, $C^{10}H^6$ $(C^{12}H^4NO^4)\ NO^4$. — On obtient aisément cette amide en dissolvant la phényl-pyrotartrimide dans de l'acide nitrique fort concentré. L'eau ajoutée à la solution en sépare une huile qui se concrète peu à peu. On fait cristalliser ce produit dans l'alcool bouillant.

La nitrophényl-pyrotartrimide s'obtient ainsi sous la forme de longues aiguilles groupées en sphères, fusibles à 155°, et volatiles sans décomposition si on les chauffe avec précaution. Elle est presque insoluble dans l'eau, mais elle se dissout dans l'alcool et dans l'éther.

Traitée par l'ammoniaque bouillante, elle se convertit en acide nitrophényl-pyrotartramique. Les alcalis fixes déterminent la même métamorphose, et donnent même très-facilement de la nitraniline β.

Acide phényl-pyrotartramique ou pyrotartranilique, $C^{10}H^8(C^{12}H^8)$ NO^6. — Cet acide se produit par la réaction de l'aniline et de l'acide pyrotartrique anhydre, ainsi que par la métamorphose de la phényl-pyrotartrimide sous l'influence des alcalis aqueux.

Lorsqu'on verse goutte à goutte de l'aniline dans de l'acide pyrotartrique anhydre, la masse s'échauffe considérablement et devient peu à peu cristalline. On fait redissoudre ce produit dans 20 à 24 parties d'eau, ou, ce qui vaut mieux, dans l'alcool aqueux et bouillant. La liqueur dépose, par le refroidissement, des aiguilles brillantes, très-volumineuses, qu'on reconnaît au microscope pour des prismes rectangulaires à faces terminales droites.

L'acide phényl-pyrotartramique est assez peu soluble dans l'eau, plus soluble cependant que la phényl-pyrotartrimide. L'alcool et l'éther le dissolvent aisément. On peut le chauffer à 140° sans qu'il perde de poids, mais à 147° il fond, dégage de l'eau, et se convertit en phényl-pyrotartrimide.

Il est décomposé par un excès de potasse bouillante. Il ne présente pas de coloration avec le chlorure de chaux.

Il rougit le tournesol, et déplace l'acide carbonique des carbonates ; mais il est déplacé de ses propres sels par l'acide acétique.

Les *phényl-pyrotartramates* à base d'alcali ou de terre alcaline sont fort solubles dans l'eau.

Le *sel d'ammoniaque* se dessèche en une masse radiée, perd aisément son ammoniaque et se décompose par l'eau à chaud. A froid, il est fort soluble dans l'eau. On l'obtient en faisant bouillir la phényl-pyrotartrimide avec de l'ammoniaque.

Sa solution ne précipite ni le chlorure de baryum ou de calcium, ni l'eau de chaux ou de baryte. Elle ne trouble le sulfate de zinc qu'au bout de quelque temps. Elle précipite le sulfate de cuivre en vert-bleuâtre, le bichlorure de mercure en blanc, le perchlorure de fer en rouge-jaunâtre.

Le *sel de potasse* ressemble au sel d'ammoniaque, et se dissout fort aisément dans l'eau.

Le *sel de soude* se dessèche en une masse confusément cristallisée.

Le *sel de baryte* se prend en grains cristallins par un séjour prolongé dans l'étuve.

Le *sel de chaux* forme des aiguilles soyeuses et mates.

Le *sel de plomb*, $C^{10}H^7Pb(C^{12}H^5)NO^6$, forme un précipité blanc, devenant gluant par l'ébullition. Abandonné à lui-même, il devient grenu et cristallin, et ne fond alors qu'à une température su-

périeure. Il est soluble dans l'acétate de plomb et dans l'eau bouillante.

Le *sel d'argent* constitue un corps blanc et pulvérulent, dont la
solution dépose, par l'évaporation, de petits cristaux arrondis de
même composition.

Acide nitrophényl-pyrotartramique ou pyrotartronitranilique,
$C^{10}H^8(C^{12}H^4NO^4)NO^6$. — Lorsqu'on introduit de la nitrophényl-
pyrotartrimide dans une solution un peu diluée et bouillante de carbonate de soude, on obtient une solution jaune qui dépose, par le
refroidissement, des cristaux jaunes de nitraniline β, tandis que la
liqueur retient du nitrophényl-pyrotartramate de soude ; on en
précipite l'acide par l'acide nitrique. On obtient ainsi des flocons
jaunâtres qu'on purifie par une nouvelle cristallisation.

L'acide nitrophényl-pyrotartramique est fort peu soluble dans
l'eau, mais il se dissout aisément dans l'alcool et l'éther. Une solution saturée le dépose sous la forme de petits rhombes microscopiques de 120°. Il fond un peu au-dessus de 150°.

Il constitue un acide si faible, qu'il déplace à peine l'acide carbonique de ses sels.

Les *nitrophényl-pyrotartramates* sont en partie fort instables, en
partie incristallisables.

Le *sel d'ammoniaque* devient sirupeux par la dessiccation.

Le *sel de potasse* peut à peine s'obtenir sous forme solide; car la
solution de l'acide dans la potasse se décompose aisément et prend
alors une teinte jaune intense.

Le *sel d'argent* se précipite à l'état de flocons blancs, contenant
30,13 p. c. d'argent (calcul, 30,1 p. c.).

Page 73.

§ 626. *Acide pyruvique.* — Suivant M. Voelckel[1], l'acide pyruvique constitue un liquide entièrement volatil, d'une densité de
1,288 à 18°. Il a une odeur qui, sans être forte, ressemble à celle
de l'acide acétique. Il bout à 165°, en se décomposant très-légèrement.

[1] VOELCKEL, *Ann. der Chem. u. Pharm.*, LXXXIX, 57.

Il a donné à l'analyse :

	Voelckel.			$C^6H^4O^6$.
Carbone. . . .	40,85	40,74	40,77	40,90
Hydrogène. . .	4,78	4,71	4,67	4,54
Oxygène. . . .	»	»	»	54,56
				100,00

Le *sel de plomb* séché à 100° a donné :

	Voelckel.			$C^6H^3PbO^6$.
Carbone. . . .	18,60	18,89	18,67	18,89
Hydrogène. . .	1,69	1,64	1,79	1,57
Ox. de plomb.	58,67	58,60	»	58,55

L'acide pyruvique se modifie dans ses propriétés lorsqu'on le sépare d'un sel. Il est alors sirupeux, jaunâtre, et présente les caractères qui lui sont attribués par Berzélius. Chauffé à 200°, il dégage de l'acide carbonique, tandis qu'il distille de l'acide pyrotartrique, et que le résidu brunit de plus en plus.

Page 110.

§ 654. *Acide aconitique.* — Il a été aussi trouvé[1] dans les parties herbacées du pied-d'alouette des champs (*Delphinium consolida*, L.).

Page 165.

§ 700. Le *mellate de furfurine*[2] se dépose au bout de quelque temps sous la forme de mamelons, par la saturation de l'acide mellique avec la furfurine; par une nouvelle cristallisation, le sel s'obtient en beaux prismes monocliniques. Il perd 5,7 p. c. d'eau entre 100 et 125°; il commence déjà à jaunir à 130°.

Page 235.

§ 765. L'*iséthionate d'ammoniaque* fond à 120° sans perdre de l'ammoniaque. Chauffé à 230°, il perd de l'eau et se convertit en taurine (Strecker).

[1] WICKE, *Ann. der Chem. u. Pharm.*, XC, 98.
[2] KARMRODT, *Ann. der Chem. u. Pharm.*, LXXXI, 171.

Page 274.

§ 786. *Oxyde d'éthyle*[1]. — On peut l'obtenir en chauffant, en vase clos à 100°, pendant huit à dix heures, du bromure d'éthyle avec une solution alcoolique de potasse.

M. Berthelot a réalisé la production de plusieurs éthers composés en chauffant avec l'oxyde d'éthyle plusieurs acides (benzoïque, butyrique, palmitique), vers 360 à 400°, dans des tubes clos et extrêmement résistants.

Page 343.

§ 343. *Nitrite d'éthyle*. — Il est dit par erreur que ce corps se produit par la brucine et l'acide nitrique ; M. Strecker trouve que ces deux substances donnent du nitrite de méthyle.

Traité par du bisulfite d'ammoniaque, le nitrite d'éthyle dégage de l'azote, et l'on obtient de l'acide éthyl-sulfurique et de l'acide sulfurique.

Page 379.

§ 859. *Bismuthure d'éthyle*[2]. — D'après les expériences de M. Dunhaupt, il est extrêmement difficile d'obtenir des combinaisons définies avec le bismuthure d'éthyle, comme avec son correspondant, l'antimoniure d'éthyle (ou stibéthyle), mais il existe une série de combinaisons renfermant d'autres proportions de bismuth et d'éthyle, et qu'on peut préparer plus aisément.

Nous distinguerons donc les combinaisons de bismuthtriéthyle, correspondant au composé déjà décrit, et les combinaisons de bismuthéthyle, dont nous tracerons l'histoire plus bas :

Combinaisons de bismuthtriéthyle.

Bismuthtriéthyle (équivalent de H^2). . . $C^{12}H^{15}Bi = (C^4H^5)^3Bi$.

Combinaisons de bismuthéthyle.

Iodure de bismuthéthyle. . . C^4H^5Bi, I^2.
Nitrate de bismuthéthyle. . . $C^4H^5Bi, O^2, 2NO^5$.

[1] BERTHELOT, *Ann. de Chim. et de Phys.*, [3] XLI, 432. *Journ. de Pharm.*, [3] XXVI, 25.
[2] DUNHAUPT, *Journ. f. prakt. Chem.*, LXI, 399.

III.

§ 860. *Combinaisons de bismuthtriéthyle.* — Le *bismuthtriéthyle*
(bisméthyle) est un corps fort instable. On peut le distiller avec de
l'éther, mais la liqueur éthérée dépose peu à peu de l'hydrate de
bismuth. On obtient le même dépôt en abandonnant à l'évaporation spontanée une solution du bismuthtriéthyle dans l'alcool ou
l'éther.

Lorsqu'on abandonne, dans un flacon, le bismuthtriéthyle recouvert d'un peu d'eau, il s'oxyde rapidement en exhalant une fumée
blanche ; au bout de quelque temps on trouve alors un précipité
d'hydrate de bismuth, en même temps qu'une forte odeur d'alcool est
devenue sensible. L'eau baignant le précipité est fort amère ; si l'on
y fait passer un courant d'hydrogène sulfuré, on obtient un dépôt
jaune de sulfobismuthate de bismuthtriéthyle (combinaison de sulfure de bismuth et de sulfure de bismuthtriéthyle).

Une solution alcoolique de bismuthtriéthyle donne par le nitrate
d'argent un précipité d'argent métallique ; la liqueur filtrée renferme sans doute du nitrate de bismuthtriéthyle ; mais, si on l'évapore, même à une douce chaleur, on obtient un précipité de sous-
nitrate de bismuth.

L'acide nitrique très-étendu d'eau dissout peu à peu le bismuthtriéthyle avec un faible dégagement de bioxyde d'azote ; au bout
de quelque temps, la liqueur se remplit de petites aiguilles ; celles-
ci se décomposent promptement pendant la dessiccation.

Lorsqu'on fait bouillir une solution alcoolique de bismuthtriéthyle avec de la fleur de soufre, on sent l'odeur désagréable du sulfure d'éthyle, et il se dépose un précipité noir de sulfure de bismuth.
Si l'on sature d'hydrogène sulfuré une solution de bismuthtriéthyle
dans l'éther, et qu'on abandonne la liqueur dans un flacon bouché,
elle laisse déposer, en quelques semaines, des cristaux brillants de
sulfure de bismuth.

Une solution alcoolique de bismuthtriéthyle étant mélangée avec
une solution alcoolique de brome jusqu'à décoloration de cette
dernière, il se dépose peu à peu un précipité blanc de sous-bro-
mure de bismuth ; la liqueur filtrée donne, par l'hydrogène sulfuré, un précipité jaune de sulfobismuthate de bismuthtriéthyle.

Lorsqu'on ajoute de l'iode à une solution alcoolique et moyennement concentrée de bismuthtriéthyle, jusqu'à décoloration du
mélange ; il s'échauffe et donne des précipités jaunes ou rouges suivant la concentration de la liqueur ; si l'on filtre aussitôt et qu'on

place immédiatement la liqueur filtrée dans un bain-marie chauffé à 40°, on voit se séparer au fond une petite quantité d'une huile rouge; la liqueur décantée de cette huile dépose, par le refroidissement, une grande quantité d'aiguilles rouges, peu solubles dans l'eau, assez solubles dans l'alcool et l'éther, et contenant :

	Dunhaupt.				Calcul.
Carbone. . . .	4,58	4,91	»	»	5,35
Hydrogène. . .	1,43	1,57	»	»	1,11
Bismuth. . . .	46,47	46,00	46,49	46,42	46,37
Iode.	47,17	47,00	46,96	47,12	47,17
					100,00

M. Dunhaupt représente ces résultats par les rapports $(C^4H^5)^3 Bi^3I^5$, et pense que la matière constitue la combinaison de l'iodure de bismuth avec l'iodure $(C^4H^5)^3Bi^2,I^2$. Soumises à la distillation au bain-marie, les liqueurs qui ont déposé cette combinaison iodurée laissent passer de l'iodure d'éthyle.

La réaction entre le bichlorure de mercure et le bismuthtriéthyle est fort nette. Lorsqu'on verse une solution alcoolique de bismuthtriéthyle dans une solution alcoolique, pas trop étendue, de bichlorure de mercure, il se produit aussitôt un abondant précipité de protochlorure de mercure (probablement, il se forme en même temps du chlorure de bismuth et du chlorure d'éthyle). Si l'on opère d'une manière inverse, en versant peu à peu une solution alcoolique faible et chaude de bichlorure de mercure dans une solution alcoolique et faible de bismuthtriéthyle, additionnée de quelques gouttes d'acide chlorhydrique (pour éviter la séparation de l'oxyde de bismuth), on ne voit d'abord se former aucun précipité ; cependant, au bout de quelque temps, il se produit un volumineux précipité, qui se redissout complétement si l'on chauffe le liquide. La réaction est terminée si une goutte du liquide ne précipite plus la solution du bichlorure de mercure. Elle a pour résultat la formation du chlorure de mercuréthyle et du chlorure de bismuthéthyle :

$$4\ HgCl + (C^4H^5)^3Bi = 2\ [C^4H^5Hg^2Cl] + C^4H^5Bi,\ Cl^2.$$

Bismuthtriéthyle.　　Chlor. de mercuréthyle.　　Chlor. de
bismuthéthyle.

Le *sulfobismuthate de bismuthtriéthyle* (combinaison de sulfure de bismuth et de sulfure de bismuthtriéthyle) renferme 2 BiS^3,

$(C^4H^5)^3 BiS^3$, et correspond au sulfantimonite de stibéthyle[1]. Il s'obtient sous la forme d'un précipité jaune, brunissant rapidement, et doué d'une odeur fétide, lorsqu'on fait passer de l'hydrogène sulfuré dans la solution du bismuthtriéthyle dans l'acide nitrique faible, ou dans la liqueur aqueuse provenant de l'oxydation, au contact de l'air, du bismuthtriéthyle recouvert d'une couche d'eau. Ce sulfobismuthate a donné à l'analyse :

	Durlhaupt.			Calcul.
Carbone. . .	7,87	8,00	8,00	8,58
Hydrogène. .	1,93	1,84	1,84	1,78
Bismuth. . .	74,40	73,70	74,62	74,37
Soufre. . . .	15,20	15,10	15,00	15,27
				100,00

§ 860ᵃ. *Combinaisons de bismuthéthyle.* — Nous venons de dire comment le chlorure de bismuthéthyle se produit, en même temps que le chlorure de mercuréthyle, par la réaction du bismuthtriéthyle et du bichlorure de mercure. Au moyen de l'iodure de potassium, on transforme le chlorure de bismuthéthyle en iodure et avec ce dernier sel on prépare les autres combinaisons de bismuthéthyle. D'ailleurs ces combinaisons, à part l'iodure, sont extrêmement altérables.

L'*oxyde* se sépare sous la forme d'un précipité jaunâtre, par l'addition de la potasse à une solution de l'iodure de bismuthéthyle ; ce précipité se redissout aisément dans le moindre excès de potasse. Rapidement lavé à l'alcool absolu et desséché dans le vide, l'oxyde de bismuthéthyle se présente sous la forme d'une poudre amorphe, qui prend feu immédiatement au contact de l'air, et répand alors une épaisse fumée jaune.

Le *chlorure* se forme dans la réaction du bichlorure de mercure et du bismuthtriéthyle ; il reste en dissolution après la séparation du chlorure de mercuréthyle. La liqueur reste parfaitement limpide par la concentration au bain-marie, et le chlorure de mercuréthyle s'en sépare alors par le refroidissement. Si l'on concentre davantage la liqueur filtrée, on obtient le chlorure de bismuthéthyle sous la forme de petits cristaux blancs ; cependant ceux-ci ne se dissolvent pas dans l'eau, sans laisser une poudre blanche ; la

[1] Voy. t. II, p. 954.

partie dissoute donne, par l'iodure de potassium, de l'iodure de bismuthéthyle.

Le *bromure* n'a pas pu s'obtenir par le bibromure de mercure et le bismuthtriéthyle.

L'*iodure*, $(C^4H^5)Bi$, I^2, se dépose, par le refroidissement, sous la forme de magnifiques paillettes hexagonales, si l'on ajoute à chaud de l'iodure de potassium à la solution du chlorure de bismuthéthyle. Il est à peine soluble dans l'eau et l'éther, mais il est assez soluble dans l'alcool. Il renferme :

	Dunhaupt			Calcul.
Carbone.	5,21	»	»	4,88
Hydrogène. . .	1,35	»	»	1,03
Bismuth. . . .	42,20	41,96	42,57	42,36
Iode.	50,20	50,69	51,60	51,73
				100,00

Le *sulfure* paraît être très-peu stable; du moins, lorsqu'on fait passer de l'hydrogène sulfuré dans une solution d'iodure de bismuthéthyle, il se forme un précipité noir brunâtre, doué d'une odeur fétide. Après la dessiccation dans le vide, ce précipité ne se compose presque plus que de sulfure de bismuth.

Le *sulfate* s'obtient en solution lorsqu'on décompose exactement du sulfate d'argent en poudre avec une solution d'iodure de bismuthéthyle dans l'alcool faible. Cette solution régénère de l'iodure de bismuthéthyle par l'addition de l'iodure de potassium; concentrée sur l'acide sulfurique, elle se décompose et précipite du sous-sulfate de bismuth.

Le *nitrate*, $(C^4H^5) BiO^2$, 2, NO^5, s'obtient en mélangeant exactement, en proportions atomiques, des solutions alcooliques de nitrate d'argent et d'iodure de bismuthéthyle. On filtre et on abandonne la liqueur filtrée dans le vide sur l'acide sulfurique; il se produit ainsi un sirop épais qui se transforme peu à peu en une masse radiée, douée d'une saveur métallique et d'une odeur de beurre rance. Récemment obtenu, ce sel se dissout entièrement dans l'eau, mais, après quelque temps, il y laisse déjà une poudre insoluble. Si l'on chauffe au bain-marie sa solution aqueuse, elle précipite du sous-nitrate de bismuth. A l'état sec, le nitrate de bismuthéthyle se décompose aussi avec ignition, par une très-douce chaleur.

Page 393.

§ 869^a. *Mercurure d'éthyle*[1]. — Le *mercuréthyle* s'obtient à l'état d'iodure par la réaction directe du mercure et de l'iodure d'éthyle (Strecker), ou à l'état de chlorure par la réaction du bismuthtriéthyle et du bichlorure de mercure (Dunhaupt.)

Voici les combinaisons du mercuréthyle qui ont été analysées :

$$\text{Chlorure.} \quad C^4H^5Hg^2Cl \;=\; \left. \begin{array}{l} C^4H^5Hg^2 \\ Cl \end{array} \right\}$$

$$\text{Bromure.} \quad C^4H^5Hg^2Br \;=\; \left. \begin{array}{l} C^4H^5Hg^2 \\ Br \end{array} \right\}$$

$$\text{Iodure.} \quad C^4H^5Hg^2I \;=\; \left. \begin{array}{l} C^4H^5Hg^2 \\ I \end{array} \right\}$$

$$\text{Sulfure.} \quad C^8H^{10}Hg^4S^2 \;=\; \left. \begin{array}{l} C^4H^5Hg^2.S \\ C^4H^5Hg^2.S \end{array} \right\}$$

$$\text{Sulfate.} \quad C^8H^{10}Hg^4S^2O^8 \;=\; \left. \begin{array}{l} C^4H^5Hg^2.O \\ C^4H^5Hg^2.O \end{array} \right\} S^2O^6,$$

$$\text{Nitrate.} \quad C^4H^5Hg^2NO^6 \;=\; \left. \begin{array}{l} C^4H^3Hg^2.O \\ NO^4.O \end{array} \right\}.$$

Ces combinaisons ont été particulièrement étudiées par M. Dunhaupt. Elles se décomposent promptement sous l'influence solaire.

L'*hydrate* s'obtient en agitant une solution de chlorure de mercuréthyle dans l'alcool bouillant avec de l'oxyde d'argent récemment précipité ; on filtre le mélange, on chasse par la chaleur du bain-marie l'alcool contenu dans la liqueur filtrée, et l'on abandonne le résidu dans le vide. L'hydrate de mercuréthyle reste alors sous la forme d'une huile presque incolore, sans odeur particulière, fort soluble dans l'eau et l'alcool, et douée de propriétés alcalines très-énergiques. Il a une saveur excessivement caustique et attaque la peau comme la potasse ; si on le laisse longtemps en contact avec l'épiderme, il provoque une douleur cuisante et produit une véritable vésication.

Il déplace l'ammoniaque de ses combinaisons, et précipite l'alumine de l'alun.

Lorsqu'on le met en contact avec du zinc métallique, celui-ci s'amalgame et le liquide renferme alors de l'éthylure de zinc.

---

[1] Strecker, *Compt. rend. de l'Acad.* XXXIX, 57. — Dunhaupt, *Journ. f. prakt. Chem.*, LXI, 415.

Il produit dans le sulfate de zinc un abondant précipité blanc d'hydrate de zinc. Avec le sulfate de cuivre, il donne à chaud un précipité gris verdâtre. Dans le perchlorure de fer, il produit un précipité floconneux jaune clair, insoluble dans un excès de perchlorure; si l'on chauffe le mélange, le précipité se décompose et prend une teinte brune rougeâtre. Le protochlorure d'étain donne, avec l'hydrate de mercuréthyle, un abondant précipité blanc. Le chlorure d'or produit un précipité jaune; si l'on chauffe pendant quelque temps, il se réduit de l'or à l'état métallique.

Avec le bichlorure de platine, l'hydrate de mercuréthyle donne un précipité blanc jaunâtre, qui se redissout aisément à chaud; la solution dépose, par le refroidissement, d'abondantes paillettes cristallines, tandis que la liqueur surnageante reste entièrement limpide. Le mélange ne dépose une poudre noire que par une ébullition prolongée.

Traité par un grand excès d'hydrogène sulfuré, l'hydrate de mercuréthyle donne un précipité blanc, qui jaunit à la longue et finit par devenir entièrement noir.

Le *chlorure*, $C^4H^5Hg^2,Cl$, se produit dans la réaction du bichlorure de mercure et du bismuthtriéthyle[1] (Dunhaupt). On peut aussi l'obtenir en ajoutant du chlorure de sodium au nitrate de mercuréthyle (Strecker). D'après le premier procédé, il faut, en agitant constamment, verser peu à peu une solution alcoolique, faible et chaude de bichlorure de mercure dans une solution alcoolique et faible de bismuthtriéthyle; il ne se forme d'abord pas de précipité; mais plus tard on voit se former un précipité volumineux, qui se redissout complétement si l'on chauffe le mélange. La réaction est terminée lorsqu'une goutte de la liqueur ne précipite plus la solution du bichlorure de mercure; dans le cas contraire, la liqueur renferme encore du bismuthtriéthyle non décomposé. En usant de quelques précautions, on peut fort bien saisir le point où ni l'un ni l'autre corps ne s'y trouvent plus en excès. Lorsqu'on a atteint ce point, on chauffe la liqueur au bain-marie jusqu'à ce qu'elle soit entièrement limpide; on la décante dans le cas où elle aurait déposé un peu de mercure métallique. Par le refroidissement, elle se prend alors en une masse de paillettes miroitantes, douées d'un éclat argentin; c'est le chlorure de mercuréthyle; on le sépare par le filtre du chlorure de bismuthéthyle, resté en dissolution. On peut utiliser la liqueur filtrée pour de nouvelles préparations, en y ajoutant les proportions convenables de bismuthtriéthyle et de bichlorure de mercure.

La réaction s'exprime de la manière suivante :

$$4\ HgCl\ +\ (C^4H^5)^3Bi\ =\ 2\ (C^4H^5Hg^2,Cl)\ +\ C^4H^5Bi,Cl^2.$$

Bismuthtriéthyle.   Chlor. de mercuréthyle.   Chlor. de bismuthéthyle.

Le chlorure de mercuréthyle se présente sous la forme de magnifiques paillettes douées d'un éclat argentin. Peu soluble dans l'alcool à froid, il s'y dissout aisément à l'ébullition ; il est peu soluble dans l'éther et presque insoluble dans l'eau. Il se sublime déjà à une douce chaleur (à 40°) sans fondre d'abord ; il se volatilise même déjà par le séjour à l'air. Chauffé au bain-marie, il fond en une huile limpide et se vaporise sans laisser de résidu. Lorsqu'on le chauffe sur la lame de platine, il brûle avec une flamme faible, en répandant une odeur particulière désagréable.

Le *bromure de mercuréthyle*, $C^4H^5Hg^2,Br$, s'obtient, par le même procédé que le chlorure, au moyen de solutions alcooliques de bibromure de mercure et de bismuthtriéthyle. On peut aussi le préparer en mélangeant l'hydrate de mercuréthyle avec de l'acide bromhydrique, ou en ajoutant une solution alcoolique de brome à une solution alcoolique d'hydrate de mercuréthyle tant qu'il y a décoloration. (Dans ce dernier cas, il se produit aussi du bromate de mercuréthyle.) Le bromure de mercuréthyle ressemble beaucoup par ses caractères au chlorure.

L'*iodure de mercuréthyle*, $C^4H^5Hg^2,I$, se produit lorsqu'on mélange des solutions alcooliques d'iode et d'hydrate de mercuréthyle, tant qu'il y a décoloration. Si l'on emploie des liqueurs chaudes et étendues, l'iodure de mercuréthyle se dépose par le refroidissement sous la forme de jolies paillettes incolores, semblables au chlorure et au bromure.

On peut aussi l'obtenir aisément à l'aide d'un mélange d'iodure d'éthyle et de mercure, à la température ordinaire, sous l'influence de la lumière diffuse. Après quelque temps, il se forme des cristaux dont la quantité augmente peu à peu de manière que tout le liquide se prend en masse.

Les cristaux se dissolvent dans l'éther et l'alcool bouillants, et s'en séparent en lames minces, incolores et très-éclatantes. Ils se subliment déjà à 100°; mais ils ne fondent qu'à une température plus élevée. Ils ne se dissolvent pas dans l'eau ; mais ils se dissolvent dans l'ammoniaque et dans la potasse, d'où on peut de nouveau les faire cristalliser sans altération (Strecker).

Le *sulfure*, $C^8H^{10}Hg^4S^2$, se sépare sous la forme d'un précipité pulvérulent blanc-jaunâtre par l'addition du sulfure d'ammonium à une solution alcoolique de chlorure de mercuréthyle. Ce précipité est fort soluble dans l'alcool, l'éther et le sulfure d'ammonium; la solution éthérée le dépose à l'état cristallisé, mais toujours mélangé avec un peu de sulfure de mercure. La solution alcoolique se décompose également par l'évaporation en déposant ce dernier sel.

Le *sulfate*, $C^8H^{10}Hg^4O^2$, S^2O^6, s'obtient par double décomposition avec le chlorure de mercuréthyle et le sulfate d'argent. Il cristallise dans l'alcool en paillettes brillantes.

Le *nitrate*, $C^4H^5Hg^2O$, NO^5, s'obtient en saturant l'hydrate de mercuréthyle par l'acide nitrique. Évaporée au bain-marie, la solution laisse une liqueur huileuse qui se concrète par le refroidissement en prenant l'aspect du suif. Ce produit est fort soluble dans l'eau et l'alcool; il se décompose par la chaleur avec une légère déflagration.

Le *phosphate* s'obtient par le chlorure de mercuréthyle et le phosphate d'argent. Il est fort soluble dans l'eau. Sa solution étant évaporée dans le vide laisse une masse visqueuse et diaphane.

Le *carbonate* est fort soluble dans l'eau et l'alcool, et ne cristallise qu'avec difficulté.

L'*oxalate* est cristallisable.

Le *cyanure* s'obtient aisément en saturant l'hydrate de mercuréthyle par l'acide cyanhydrique. Il se distingue par la facilité avec laquelle il cristallise. Il est fort volatil et paraît être très-vénéneux.

L'*acétate* est cristallisable.

Page 439.

§ 903. *Acide propionique.* — M. Strecker[1] a obtenu cet acide à l'aide du mélange employé par M. Bensch (t. I, p. 684) pour la préparation de l'acide butyrique. Un mélange qui avait déjà déposé des croûtes de lactate de chaux, fut abandonné pendant l'été dans un lieu dont la température ne dépassait pas 20 à 22 degrés, et l'on eut soin de renouveler de temps à autre l'eau évaporée. Après

[1] STRECKER, *Compt. rend. de l'Acad.*, XXXIX, 56.

quelques mois, on isola les acides volatils : il y avait de grandes quantités d'acide propionique et d'acide acétique, sans la moindre trace d'acide butyrique. On sépara les deux acides par la méthode des saturations fractionnées (§ 12), en les saturant en partie par la potasse et en soumettant le produit à la distillation; l'acide propionique passa le premier et le résidu contenait l'acide acétique.

Avec l'acide propionique ainsi obtenu, M. Strecker a préparé les sels suivants :

Le *sel de potasse*, $C^6H^5KO^4$, lamelles déliées,

Le *sel de soude*, $C^6H^5NaO^4 + 2$ aq., masse amorphe, séchée à l'air.

Le *sel de baryte* $C^6H^5BaO^4 + $ aq., cristaux du système rhombique, solubles dans 1,3 p. d'eau à 15°.

Le *sel de chaux*, $C^6H^5CaO^4 + $ aq., paillettes soyeuses.

Le *sel de cuivre*, $C^6H^5CuO^4 + $ aq., cristaux verts, probablement isomorphes avec l'acétate.

Le *sous-sel de plomb*, $C^6H^5PbO^4$, PbO_2 aiguilles.

Page 574.

§ 999. *Mannite.* — M. Strecker l'obtient, en grande quantité, en faisant fermenter à une température basse le mélange employé par M. Bensch pour la préparation de l'acide lactique. Après avoir abandonné ce mélange en hiver, dans une chambre qui n'était chauffée que pendant le jour, ce n'est qu'après deux ou trois mois que des croûtes de lactate de chaux se sont déposées; l'eau-mère concentrée en a fourni une nouvelle quantité, ainsi qu'une masse de cristaux de mannite, qu'il a été facile de purifier par plusieurs cristallisations.

Page 643.

§ 1057. *Hydrure de valéryle.* — La substance qu'on obtient par la distillation du valérate de baryte, ne donne pas avec l'ammoniaque de combinaison cristallisée. Il faut donc distinguer deux modifications de l'hydrure de valéryle. (Beissenhirtz.)

L'hydrure de valéryle, obtenu par l'oxydation de l'hydrate d'amyle, présente une odeur agréable, mais très-forte, et une saveur âcre et amère. Il bout à 96 ou 97°; il est insoluble dans l'eau, mais il se dissout en toutes proportions dans l'eau et l'alcool. Il s'acidifie promptement au contact de l'air. Chauffé au-dessus de son point d'ébullition, il se convertit en un liquide bouillant entre 150 et 200°.

Il absorbe le gaz ammoniaque en s'échauffant, et en produisant un sirop épais, qui, abandonné au froid pendant quelques semaines, finit par se prendre en une masse composée de petits cristaux prismatiques, insolubles dans l'eau, solubles en toutes proportions dans l'alcool et l'éther. Séchés dans le vide, sur de la chaux et du sel ammoniac, ces cristaux renferment $C^{10}H^9(NH^4)O^2$. (Parkinson.)

Le *sulfite de valéryl-sodium*[1], $C^{10}H^9NaO^2$, S^2O^4 + 3 aq. s'obtient en paillettes nacrées peu solubles dans l'eau froide, presque insolubles dans l'alcool anhydre et l'éther. Les cristaux s'effleurissent dans le vide en perdant leur eau de cristallisation. Lorsqu'on chauffe leur solution aqueuse à 80 ou 90°, elle se décompose en dégageant du gaz sulfureux et de l'hydrure de valéryle, tandis que du sulfite de soude reste en solution.

Page 644.

§ 1058[b]. *Dérivés ammoniacaux de l'hydrure de valéryle*[2]. — Le valérylure d'ammonium se comporte avec l'hydrogène sulfuré comme son homologue, l'acétylure d'ammonium.

La *valéraldine*, $C^{30}H^{31}NS^4$, se sépare sous la forme d'une huile épaisse lorsqu'on délaye dans l'eau le valérylure d'ammonium, et qu'après y avoir ajouté un peu d'ammoniaque on y fait passer un courant d'hydrogène sulfuré:

$$3 (C^{10}H^{10}O^2, NH^3) + 6 HS = C^{30}H^{31}NS^4 + 6 HO + 2 NH^4S.$$

Valéryl, d'ammon.   Valéraldine.

Elle a une odeur désagréable, peu intense, est insoluble dans l'eau, et soluble dans l'alcool et l'éther; elle possède une réaction alcaline, ne se concrète pas dans un mélange de glace et de sel marin, et se volatilise, à ce qu'il paraît, sans altération.

Le *chlorhydrate* renferme $C^{30}H^{31}NS^4$,HCl. Il se prend en une masse cristalline par le contact de l'acide chlorhydrique avec la valéraldine; il cristallise dans l'alcool bouillant en petites aiguilles. Lorsqu'on y ajoute du nitrate d'argent, il se précipite d'abord du chlorure qui finit par se transformer en sulfure noir.

<hr>

[1] PARKINSON, *Ann. der Chem. u. Pharm.*, XC, 114.
[2] BEISSENHIRTZ (1854), *Ann. der Chem. u. Pharm.*, XC, 109.

Page 645.

§ 1059. *Leucine*. — Cette substance se produit, suivant M. Goessmann[1], lorsqu'on traite la thialdine par de l'oxyde d'argent et de l'eau. La thialdine échange alors tout son soufre pour de l'oxygène. (Ces rapports entre la thialdine et la leucine avaient déjà été signalés par M. Cahours[2].)

Pour faire cette expérience, on enferme dans un tube de verre de l'oxyde d'argent, récemment précipité, avec de la thialdine et une quantité d'eau suffisante, et on maintient ce mélange pendant 3 à 4 heures dans l'eau bouillante. On filtre, et l'on concentre la liqueur filtrée à consistance de sirop. Le produit se prend peu à peu en une masse cristalline, qu'on fait cristalliser dans l'alcool absolu et bouillant.

L'oxyde de plomb paraît moins avantageux pour cette transformation que l'oxyde d'argent.

Page 696.

§ 1101. *Amylamine*. — La réaction entre l'amylamine et le sulfure de carbone donne naissance à un composé cristallin[3], renfermant peut-être $C^{12}H^{13}NS^4$ (thialdine? ou isomère), car on a :

$$C^{10}H^{13}N + C^2S^4 = C^{12}H^{13}NS^4.$$
Amylamine.

Page 728.

§ 1143[a]. *OEnanthylate de phényle*, $C^{26}H^{18}O^4 = C^{14}H^{13}(C^{12}H^5)O^4$. — Huile bouillant entre 275 et 280°, qu'on obtient par la réaction du chlorure d'œnanthyle et de l'hydrate de phényle. (Cahours.)

Page 742.

§ 1162[a]. *Caprylate de phényle*, $C^{28}H^{20}O^4 = C^{16}H^{15}(C^{12}H^5)O^4$. — Huile bouillant vers 300°, qu'on obtient par la réaction du chlorure de capryle et de l'hydrate de phényle. (Cahours.)

[1] Goessmann, *Ann. der Chem. u. Pharm.*, XC, 184.
[2] Cahours, *Compt. rend. de l'Acad.*, XXVII, 265.
[3] Wagner, *Journ. f. prakt. Chem.*, LXI, 505.

Page 743.

§ 1166. *Octylène*[1]; ou caprylène. — Ce corps se produit aussi lorsqu'on fait réagir à chaud le sodium sur le chlorure d'octyle.

Page 744.

§ 1167[a]. *Octyle*, ou capryle, $C^{16}H^{17}$, $C^{16}H^{17}$. — Ce corps se produit, suivant M. Bouis[2], lorsqu'on fait réagir à froid du sodium sur du chlorure d'octyle. Il renferme :

	Bouis.	Calcul.
Carbone. . .	85,04	84,95
Hydrogène. .	14,99	15,04

§ 1168. *Hydrate d'octyle*. — Il est attaqué par le potassium et le sodium, qui le transforment en des composés dans lesquels une partie de l'hydrogène est remplacée par ces métaux.

En agissant sur l'hydrate d'octyle, l'acide sulfurique concentré, selon la durée du contact, donne soit de l'acide octyl-sulfurique, soit un mélange d'octylène et d'oxyde d'octyle, soit enfin un hydrocarbure isomère de l'octylène, mais possédant des propriétés différentes (densité égale à 0,814; point d'ébullition vers 250°, s'élevant rapidement, en même temps que l'hydrocarbure dégage une odeur de sueur insupportable).

L'huile de ricin, convenablement traitée par la potasse, donne toujours le quart de son poids d'acide sébacique, le quart en volume d'hydrate d'octyle incolore, et le restant est formé d'un mélange d'acides gras, l'un liquide, se rapprochant de l'acide oléique, l'autre solide et présentant la composition de l'acide palmitique.

Selon M. Wills[3], qui a fait de son côté, quelques expériences sur l'hydrate d'octyle, ce corps, au lieu d'être l'alcool caprylique serait plutôt l'alcool œnanthylique. La moyenne de plusieurs analyses a donné à ce chimiste :

	Expérience.	Hydrate d'heptyle.
Carbone.	72,79	72,41
Hydrogène. . . .	13,67	13,79
Oxygène.	»	13,80
		100,00

[1] J. Bouis, *Compt. rend. de l'Acad.*, XXXVIII, 935.
Bouis, *loc. cit.*
[3] Wills, *The Quart. Journ. of the chemic. Soc.*, VI, 307 ; et *Journ. f. prakt. Chem*, LXI, 259.

Il est à remarquer toutefois que le carbone calculé est plus fort que le carbone trouvé. (Densité de la matière, à l'état liquide $=$ 0,792 à 16°,5 ; id. à l'état de vapeur $= 4,57$; point d'ébullition à 178°).

Le même chimiste a préparé plusieurs éthers mixtes, qu'il considère naturellement aussi comme renfermant de l'heptyle ; mais, ne trouvant pas ses expériences concluantes, nous nous en tiendrons à la formule de M. Bouis, et nous dériverons ces éthers de l'hydrate d'octyle.

Oxyde d'octyle et de méthyle, $C^{16}H^{17}O$, $C^{2}H^{3}O$. — On le prépare par la réaction de quantités équivalentes d'hydrate d'octyle, de sodium et d'iodure de méthyle. C'est un liquide incolore, mobile, d'une odeur forte, insoluble dans l'eau, soluble dans l'alcool et l'éther, d'une densité de 0,830 à 16°,5. Il bout à 160°,5—161°, et renferme :

	Wills.			à 162—164°	Calcul.
Carbone. . .	73,28	73,21	73,25	74,72	75,0
Hydrogène. .	14,24	13,93	14,42	13,68	13,9
Oxygène. . .	»	»	»	»	11,1
					100,0

La densité de vapeur de la matière bouillant à 161° a été trouvée égale à 4,23—4,18.

Oxyde d'octyle et d'éthyle, $C^{16}H^{17}O$, $C^{4}H^{5}O$. — Il se produit par la réaction de quantités équivalentes d'hydrate d'octyle, de sodium et d'iodure d'éthyle. C'est un liquide incolore, très-mobile, insoluble dans l'eau, soluble dans l'éther et l'alcool, d'une densité de 0,791 à 16°, et d'un point d'ébullition à 177°. Sa densité de vapeur prise à 242° a été trouvée égale à 5,095. Il renferme :

	Wills.	Calcul.
Carbone. . . .	75,16	75,95
Hydrogène. . .	14,44	13,92
Oxygène. . . .	»	10,13
		100,00

Oxyde d'octyle et d'amyle, $C^{16}H^{17}O$, $C^{10}H^{11}O$. — On l'obtient par la réaction de quantités équivalentes d'hydrate d'octyle, de sodium et d'iodure d'amyle. C'est un liquide incolore, mobile, d'une odeur forte et d'une saveur brûlante ; il est soluble dans l'alcool et l'éther, insoluble dans l'eau, et bout sans décomposition à 220° environ. Sa densité est égale à 0,608 à 20°. Il renferme :

	Wills.	Calcul.
Carbone.	76,99	78,0
Hydrogène. . . .	13,78	14,0
Oxygène.	»	8,0
		100,0

Page 746.

§ 1169. *Acide octyl-sulfurique*[1] ou sulfocaprylique. — On l'obtient en décomposant l'octyl-sulfate de baryte par l'acide sulfurique étendu, ou l'octyl-sulfate de plomb par l'hydrogène sulfuré, et évaporant la liqueur dans le vide sec.

L'acide octyl-sulfurique est liquide, incolore, sirupeux, très-soluble dans l'eau et dans l'alcool ; lorsqu'on le chauffe, il noircit et se décompose ; sa solution, soumise à l'ébullition, régénère de l'hydrate d'octyle.

Le *sel de potasse*, $C^{16}H^{17}O$, KO, S^2O^6 + aq., s'obtient par double décomposition au moyen du sel de baryte, ou par l'acide octyl-sulfurique et le carbonate de potasse. Il est blanc, nacré, inaltérable à l'air, très-soluble dans l'eau et dans l'alcool ; par la chaleur, il éprouve un commencement de fusion, et brûle sans se carboniser avec une flamme éclairante. Il se décompose au-dessus de 100°. Il a donné à l'analyse :

	J. Bouis.		Calcul.
Carbone.	37,10	37,17	37,3
Hydrogène.	6,92	6,93	6,9
Sulfate de potasse. .	34,10	33,90	33,9

Le *sel de baryte*, exprimé entre des feuilles de papier, renferme $C^{16}H^{17}O$, BaO, S^2O^6 + 3 aq. Il est fort soluble dans l'eau, excessivement amer, et laisse un arrière-goût très-sucré. Il se décompose vers 100°, ainsi que par un séjour trop prolongé dans le vide.

Ce sel peut servir à former d'autres octyl-sulfates par double décomposition.

§ 1170. *Chlorure d'octyle*[2], $C^{16}H^{17}Cl$. — On peut le préparer directement par l'acide chlorhydrique et l'hydrate d'octyle, ou bien par le perchlorure de phosphore. C'est un liquide doué d'une

---

[1] J. Bouis, *loc. cit.*
[2] J. Bouis, *loc. cit.*

odeur d'orange très-prononcée. Il est insoluble dans l'eau, très-peu
soluble dans l'alcool; sa dissolution ne précipite pas les sels d'argent.
Il bout à 175°, et brûle avec une flamme fuligineuse, verte sur les
bords.

Page 747.

§ 1170^b. *Iodure d'octyle*[1], $C^{16}H^{17}I$. — Il ressemble au chlorure
(Bouis). Lorsqu'on traite l'hydrate d'œnanthyle par de l'iode et
du phosphore, on obtient un liquide noir, plus léger que l'eau, et
qui, rectifié sur de la chaux et du mercure, bout à 192° environ
(Wills).

§ 1170^c. *Azoture d'octyle et d'hydrogène*[2], octylamine ou capry-
liaque, $C^{16}H^{19}N$. — On obtient cet alcali à l'état d'iodhydrate en
chauffant, dans un tube scellé à la lampe, de l'iodure d'octyle avec
une solution de gaz ammoniaque dans l'alcool concentré. Pour isoler l'alcali, on décompose par la potasse la solution des cristaux
qui se produisent dans cette réaction.

Il se sépare ainsi une huile qui, séchée sur de la potasse solide
et purifiée par la distillation, est incolore, limpide, plus légère que
l'eau, et douée d'une odeur ammoniacale rappelant en même temps
l'odeur qu'exhalent les champignons. Cette huile bout entre 172° et
175°; la densité de sa vapeur correspond à 4 volumes pour la formule indiquée.

Elle se dissout aisément dans les acides pour former des sels.

Elle s'échauffe avec les chlorures de benzoïle et de cumyle, en
donnant des amides particulières.

Elle donne avec l'iodure d'éthyle de nouvelles bases éthylées.

Le *chlorhydrate*, $C^{16}H^{19}N$, forme de larges lames nacrées, déliquescentes.

Le *chloroplatinate*, $C^{16}H^{19}N, HCl, PtCl^2$, se dépose, sous la forme
d'un abondant précipité jaune, d'apparence cristalline, par l'addition d'une dissolution de bichlorure de platine à une dissolution
concentrée d'octylamine; ce précipité se dissout aisément dans
l'eau bouillante et cristallise, par le refroidissement, sous la forme
de lamelles brillantes d'un beau jaune d'or, ressemblant à l'iodure
de plomb.

[1] J. Bouis, *loc. cit.* — Wills, *loc. cit.*
[2] Cahours (1854), *Compt. rend. de l'Acad.*, XXXIX, 254.

L'*iodhydrate*, $C^{16}H^{19}N$, HI, forme de larges lames très-solubles dans l'eau, surtout à chaud.

Le *sulfate* et le *nitrate* sont des combinaisons cristallisables, fort solubles dans l'eau.

§. 1170[a]. *Dérivés éthyliques de l'octylamine.* — *L'iodhydrate d'éthyl-octylamine*, $C^{16}H^{18}(C^{4}H^{5})N$, HI, se produit par l'action de l'iodure d'éthyle sur l'octylamine.

Page 756.

§ 1181[a]. *Pélargonate de phényle*, $C^{30}H^{22}O^{4} = C^{18}H^{17}(C^{12}H^{5})O^{4}$. — Huile bouillant au delà de 300°, qu'on obtient par la réaction du chlorure de pélargyle et de l'hydrate de phényle. (Cahours.)

Page 761.

§ 1187. Lorsqu'on distille le *sébate de chaux*, il se dégage de l'hydrogène, et l'on obtient un mélange de substances dont les points d'ébullition sont compris entre 60° et 200°; parmi ces substances on reconnaît des aldéhydes, entre autres l'hydrure d'œnanthyle, et probablement aussi l'hydrure de propionyle (Chiozza et Calvi[1]).

Page 799.

§ 1237[a]. *Palmitine.* — M. Berthelot[2] modifie la formule de la tétrapalmitine, et considère cette substance comme de la *tripalmitine*, d'après l'équation suivante :

$$C^{102}H^{98}O^{12} = 3 C^{32}H^{32}O^{4} + C^{6}H^{8}O^{6} - 6 HO.$$

Calcul : carbone, 75,9; hydrogène, 12,1.

La palmitine naturelle présente cette composition.

La formule attribuée par le même chimiste à la *dipalmitine* ne me paraît pas exacte. Je présume qu'elle est :

$$C^{70}H^{68}O^{10} = 2 C^{32}H^{32}O^{4} + C^{6}H^{8}O^{6} - 4 HO.$$

Calcul : carbone, 73,9; hydrogène, 11,9.

[1] Communication particulière de M. Chiozza.
[2] BERTHELOT, *Ann. de Chim. et de Phys.*, [3] XLI, 216.

Page 811.

§ 1249[a]. *Oléine.* — Outre les deux oléines déjà décrites, M. Berthelot distingue une *trioléine*, renfermant :

$$C^{114}H^{104}O^{12} = 3\ C^{36}H^{34}O^4 + C^6H^8O^6 - 6\ HO.$$

La trioléine s'obtient en chauffant la glycérine à 200° avec son poids d'acide oléique, décantant, après la réaction, la couche de matière grasse, la mélangeant avec 15 à 20 fois son poids d'acide oléique, et chauffant de nouveau à 240° pendant quatre heures. On extrait la matière neutre par la chaux et l'éther ; on traite la dissolution par le noir animal, on la concentre, et on la mêle avec 8 à 10 fois son volume d'alcool ordinaire ; la trioléine se précipite alors. On la recueille sur un filtre, et on la dessèche dans le vide.

Elle est liquide à 10° et au-dessous. Abandonnée à l'air, elle s'acidifie peu à peu. Elle renferme :

	Berthelot.		Calcul.
Carbone.	77,6	77,2	77,4
Hydrogène. . . .	12,2	11,5	11,8
Oxygène.	»	»	10,8
			100,0

Traitée par l'oxyde de plomb, la trioléine se décompose lentement et difficilement en acide oléique et en glycérine.

L'oléine naturelle paraît avoir la composition de la trioléine.

La formule attribuée par M. Berthelot à la *dioléine* ne me paraît pas exacte. Il est probable que cette substance renferme :

$$C^{78}H^{72}O^{10} = 2\ C^{36}H^{34}O^4 + C^6H^8O^6 - 4\ HO.$$

Calcul : carbone, 73,8 ; hydrogène, 11,6.

Page 840.

§ 1279[b]. *Margarine.* — M. Berthelot a changé la formule de la tétramargarine, et désigne aujourd'hui cette substance sous le nom de *trimargarine*, $C^{108}H^{104}O^{12}$:

$$C^{108}H^{104}O^{12} = 3\ C^{34}H^{34}O^4 + C^6H^8O^6 - 6\ HO.$$

L'analyse de la trimargarine a donné :

	Berthelot.		Calcul.
Carbone.	73,7	73,9	76,4
Hydrogène. . . .	12,1	12,0	12,3
Oxygène.	»	»	11,3
			100,0

On remarque une grande différence entre le carbone trouvé et le carbone calculé.

Page 856.

§ 1289[a]. *Stéarine*[1]. — Nous avons dit que M. Berthelot obtient artificiellement trois stéarines : la monostéarine, la distéarine et la tétrastéarine. Cette dernière est maintenant désignée par le même chimiste sous le nom de *tristéarine*, et renferme, selon lui :

$$C^{114}H^{110}O^{12} = 3\ C^{36}H^{36}O^4 + C^6H^8O^6 - 6HO.$$

Ces rapports exigent : carbone, 76,8 ; hydrogène, 12,3. (Ce sont les mêmes que j'ai attribués à la stéarine naturelle, t. II, p. 856, note.)

La formule de la *distéarine* ne me paraît pas exacte ; il est probable que cette substance renferme :

$$C^{78}H^{76}O^{10} = 2\ C^{36}H^{36}O^4 + C^6H^8O^6 - 4\ HO.$$

Ces rapports exigent : carbone, 75 ; hydrogène, 12,1.

M. Berthelot admet aussi l'existence d'une *stéarochlorhydrine*, qu'on obtient avec l'acide stéarique, l'acide chlorhydrique et la glycérine, par le même procédé que l'acétochlorhydrine. Cette stéarochlorhydrine est cristallisée ; après plusieurs cristallisations dans l'éther, elle fond à 28°, et semble renfermer $C^{42}H^{41}GlO^6$:

$$C^{42}H^{41}GlO^6 = C^{36}H^{36}O^4 + HGl + C^6H^8O^6 - 4\ HO.$$

Elle a donné à l'analyse :

	Berthelot.	Calcul.
Carbone.	65,0	64,6
Hydrogène.	11,9	10,5
Chlore.	11,1	9,1
Oxygène.	»	15,8
		100,0

Page 883.

§ 1299. *Beurre de cacao*[2]. — D'après les expériences de M. Stenhouse, il se compose d'un mélange d'oléine, de stéarine, et probablement aussi de margarine.

Suivant MM. Specht et Goessmann, il renferme de l'oléine, de la stéarine et de la palmitine. La stéarine s'y trouve en quantité si

<hr>

[1] BERTHELOT, *loc. cit.*
[2] STENHOUSE, *Ann. der Chem. u. Pharm.*, XXXVI, 56. — SPECHT et GOESSMANN, *ibid.*, XC, 126.

notable qu'on peut fort bien se servir du beurre de cacao pour se
procurer aisément et en grande quantité de l'acide stéarique pur.

TOME III.

Page 8.

§ 1343. *Nitrobenzine.* — Suivant M. Béchamp, ce corps est
vivement attaqué par l'acétate ferreux : il ne se dégage pas de gaz,
du sesquioxyde de fer se précipite, et il se produit de l'aniline.

Le sulfate, l'oxalate et le chlorure ferreux sont sans action sur
la nitrobenzine.

Page 18.

§ 1352. *Acide phénique.* — Le perchlorure de phosphore transforme l'acide phénique en chlorure de phényle et en phosphate de
phényle.

Le protochlorure de phosphore, étant distillé avec l'acide phénique, paraît d'abord agir comme le perchlorure, mais le phos-
phite de phényle se décompose par la chaleur ; parmi les produits
de décomposition, on trouve de l'hydrure de phényle (Scrugham).

Page 62.

§ 1387. *Acide chloronicéique.* — D'après un grand nombre
d'expériences faites dans mon laboratoire par M. Pisani, l'acide
chloronicéique de M. Saint-Èvre n'est que de l'acide chlorobenzoïque. M. Pisani est parvenu, par de nombreuses cristallisations,
à extraire de l'acide chloronicéique un produit ayant exactement
les caractères et la composition de l'acide chlorobenzoïque, préparé dans mon laboratoire par M. Chiozza au moyen de l'acide
salicylique et du perchlorure de phosphore, ainsi que par M. Drion
au moyen de l'huile de gaulthéria et de ce perchlorure.

Il n'est pas douteux, d'après cela, que le *chloronicène* ne soit de
la benzine monochlorée, et la *chloronicine,* de la chloraniline ou
un alcali isomère.

Il est d'ailleurs à remarquer que M. Émile Kopp n'a aussi obtenu que de l'acide chlorobenzoïque en faisant passer du chlore au
sein d'une solution d'acide benzoïque dans la soude caustique.

Page 75.

§ 1406[a]. *L'azoture de sulfophényle, de phényle et d'hydrogène*[1], ou sulfophénylanilide, $C^{24}H^{11}NS^2O^4 = N(C^{12}H^5)(C^{12}H^5S^2O^4)H$, se produit par la réaction de l'aniline et du chlorure de sulfophényle. Le produit reste longtemps visqueux ; dissous dans l'alcool, il donne de magnifiques prismes portant les faces d'une pyramide et semblables à de petits cristaux d'améthyste, dont ils possèdent la couleur. Ces cristaux se dissolvent aisément dans l'alcool et l'éther (Chiozza et Biffi).

Page 78.

§ 1409. *Chlorure de phényle.* — D'après les expériences de M. Scrugham[2], exécutées au laboratoire de M. Williamson, le corps huileux qui se forme, en même temps que l'oxychlorure de phosphore, par la réaction du perchlorure de phosphore et de l'hydrate de phényle, est un mélange de chlorure de phényle et de phosphate de phényle. Ce corps huileux se dédouble par la distillation en un liquide bouillant à 136°, et en une huile épaisse beaucoup plus fixe.

Le liquide bouillant à 136° est le chlorure de phényle à l'état de pureté. Il est incolore, mobile, d'une odeur rappelant celle des amandes amères.

Lorsqu'on chauffe le chlorure de phényle avec du phénate de soude, il se forme du chlorure de sodium, et, à ce qu'il paraît, de *l'oxyde de phényle.*

Iodure de phényle. — Liquide bouillant à 190°, qui s'obtient plus difficilement que le chlorure de phényle.

Phosphate de phényle. — C'est l'huile épaisse et sans odeur qui reste dans la cornue après la distillation de l'oxychlorure de phosphore et du chlorure de phényle, dans le traitement de l'hydrate de phényle par le perchlorure de phosphore. Soumise à l'action du froid, elle se prend en une masse de cristaux très-beaux, jaunâtres, et réfractant vivement la lumière.

Traité en solution alcoolique par l'acétate de potasse, ce phosphate de phényle se convertit en acétate de phényle (t. III, p. 947).

[1] Communication particulière de M. Chiozza.
[2] Scrugham (1854), *Proceed. of the Roy. Society,* VII, 18.

Le cyanure de potassium le transforme en cyanure de phényle.

Le *phosphate de nitrophényle* se produit par l'ébullition du phosphate de phényle avec de l'acide nitrique concentré; l'eau, même chaude, ajoutée au mélange, en sépare une huile qui se solidifie peu après.

Ce corps constitue le phosphate de nitrophényle. Il se comporte comme un acide, et forme avec la potasse un beau sel cristallisé.

Acétate de phényle. — Voy. t. III, p. 947.
OEnanthylate de phényle. — Voy. t. III, p. 975.
Caprylate de phényle. — Voy. t. III, p. 975.
Pélargonate de phényle. — Voy. t. III, p. 977.
Benzoate de phényle. — Voy. t. II, p. 226 et t. III, p. 985.
Cuminate de phényle. — Voy. t. II, p. 604.

Page 81.

§ 1411. *Aniline.* — Selon M. Béchamp[1], la préparation de cet alcali par la nitrobenzine et l'acétate ferreux est à préférer à toutes les autres méthodes.

Voici la marche qui a été suivie avec succès dans mon laboratoire par M. Drion, d'après les indications de M. Béchamp. On introduit dans une cornue, d'un demi-litre environ de capacité, 50 gr. de nitrobenzine du commerce, un égal volume d'acide acétique faible, et 100 gr. de limaille de fer. Au bout de quelques minutes une vive effervescence se produit et une condensation assez abondante se fait dans le récipient, qu'il est bon de maintenir refroidi. Lorsque l'effervescence est calmée, on verse de nouveau dans la cornue les matières qui ont passé dans le récipient, et on distille jusqu'à siccité. Le récipient contient un mélange d'eau et d'aniline; les deux liquides ayant à peu près la même densité, se superposent difficilement; mais l'addition de quelques gouttes d'éther, qui se dissolvent dans l'aniline, ramène celle-ci à la surface; on la décante, et on la laisse séjourner sur du chlorure de calcium pendant quelque temps. Une seule rectification suffit pour l'obtenir parfaitement pure.

Les résidus, dans la cornue, contiennent encore de l'aniline en grande quantité, sans doute à l'état d'acétate. Pour retirer cette

[1] Béchamp, *Compt. rend. de l'Acad.*, XXXIX, 26.

aniline, on lave la cornue à l'eau acidulée, puis on évapore à sec la liqueur filtrée ; enfin on décompose le résidu par la chaux, dans une cornue de grès. On peut rectifier l'aniline ainsi obtenue avec celle qui provient de la première opération.

Il est à remarquer que la préparation de l'aniline réussit infiniment mieux sur de petites quantités de nitrobenzine que si l'on en décompose à la fois des masses considérables.

Page 103.

§ 1426ᵃ. *Modification isomère de la nitraniline*[1], nitraniline β. — Elle s'obtient par l'action prolongée du carbonate de soude sur la nitrophényl-pyrotartrimide[2] ; pour que la métamorphose soit complète, il faut maintenir l'ébullition du mélange jusqu'à ce que la liqueur ne donne plus par l'acide nitrique un précipité d'acide nitrophényl-tartramique. La réaction est beaucoup activée par l'emploi de la potasse caustique.

La nitraniline β se précipite, par le refroidissement de la liqueur jaune, sous la forme de tables rhombes extrêmement minces, d'environ 125°. On la lave à l'eau froide, et on la fait recristalliser dans l'eau bouillante : celle-ci la dépose alors à l'état de longues aiguilles jaunes. Elle a une saveur à peine sensible. Elle fond à 144°, et se sublime à la même température en tables ou en aiguilles brillantes ; à une température plus élevée, elle exhale des fumées jaunes, et laisse à la distillation un abondant résidu charbonneux.

Quoique fort peu soluble dans l'eau froide, elle colore ce liquide en jaune ; elle est bien plus soluble dans l'eau bouillante. L'alcool et l'éther la dissolvent également.

L'acide nitrique, même concentré, la dissout sans altération. L'acide chlorhydrique la dissout avec une couleur jaune ; la solution n'est incolore que si l'acide est employé en grand excès.

La nitraniline β constitue un alcali faible, formant des sels cristallisables, que l'eau seule décompose. Ces sels sont incolores à l'état solide, et jaunes en solution.

Le *chlorhydrate* est décomposé par l'eau, et précipite alors de la nitraniline β.

---

[1] ARPPE (1854), *Ann. der Chem. u. Pharm.*, XC, 149.
[2] Voy. les additions dans ce volume, p. 957.

Le *chloroplatinate* est soluble dans l'eau et l'alcool.

Page 221.

§ 1517. *Benzoate de cuivre* [1]. — Outre le benzoate de phényle, l'hydrure de phényle, l'hydrate de phényle, l'acide benzoïque, et des gaz qui n'ont pas été examinés, on obtient, à la distillation sèche du benzoate de cuivre, une huile incolore douée d'une odeur de géranium très-agréable, insoluble dans l'eau, peu soluble dans l'alcool, très-soluble dans l'éther ; cette huile bout à 260°. Elle a donné à l'analyse [2] :

	List et Limpricht.		$C^{22}H^9O^2$
Carbone. . . .	84,35	84,60	84,07
Hydrogène. . .	5,99	5,99	5,73
Oxygène. . . .	»	»	10,20
			100,00

Cette huile n'est pas décomposée par la potasse alcoolique, mais lorsqu'on la chauffe avec de l'acide sulfurique concentré, il s'en sépare, par le refroidissement, une substance cristalline ; celle-ci se précipite entièrement par l'addition de l'eau, tandis que la liqueur acide retient de l'acide phényl-sulfurique. Le précipité cristallin se dissout dans l'alcool, et s'y dépose en paillettes nacrées et irisées, très-belles, fusibles à 69° et se sublimant à une température plus élevée. Ces cristaux ont donné à l'analyse :

	L. et L.	$C^{20}H^8$.
Carbone.	93,41	93,75
Hydrogène. . . .	6,66	6,25
		100,00

Cette substance [3] est peut-être un des hydrocarbures isomères de la naphtaline, obtenus par M. Chancel dans la distillation sèche du benzoate de chaux (§ 1512).

---

[1] LIST et LIMPRICHT, *Ann. der Chem. u. Pharm.*, XC, 209.

[2] Il est possible que cette huile ne soit autre que l'*oxyde de phényle* $C^{24}H^{10}O^2$. Cette formule (carbone, 84,7 ; hydrogène, 5,88) s'accorde encore mieux avec l'expérience que les rapports adoptés par MM. List et Limpricht.

[3] La formule $C^{24}H^{10}$, qui est celle du *phényle*, s'accorderait encore mieux avec l'analyse de MM. List et Limpricht. (Calcul : carbone, 93,5 ; hydrog , 6,5.)

Page 226.

§ 1522. *Benzoate de phényle*[1]. — Suivant M. Dauber, il cristallise en prismes monocliniques (∞ P : ∞ P $=$ 100° 48′; o P : ∞ P $=$ 98° 30′).

On peut le faire bouillir avec de la potasse concentrée sans qu'il s'altère; mais, si l'on chauffe le mélange, dans un tube scellé, à la température de 150 à 170°, le benzoate de phényle se dissout entièrement et sans dégagement de gaz, et l'on a en dissolution de l'acide phénique et de l'acide benzoïque. Une dissolution alcoolique de potasse opère aisément la même métamorphose.

Le chlore le transforme en un mélange de benzoate de chlorophényle et de benzoate de bichlorophényle (mélange obtenu par Stenhouse); le brome, en un mélange de benzoate de bromophényle et de benzoate de bibromophényle. Un mélange d'acide nitrique et d'acide sulfurique concentrés le convertit en nitrobenzoate de binitrophényle.

Benzoate de bromophényle et de bibromophényle, $C^{26}H^9BrO^4$ et $C^{26}H^8Br^2O^4$. — Le brome agit vivement sur le benzoate de phényle; le produit, cristallisé dans l'alcool bouillant, s'obtient en longues aiguilles, fort solubles dans l'éther et dans l'alcool bouillant, insolubles dans l'eau, fusibles au-dessous de 100°, et, à ce qu'il paraît, volatiles sans décomposition. Ce produit est ordinairement un mélange de benzoate de bromophényle et de benzoate de bibromophényle. La potasse alcoolique le dédouble en acide benzoïque et en un mélange d'acide bromophénique et d'acide bibromophénique.

Un mélange d'acide nitrique et d'acide sulfurique concentrés transforme le benzoate de bibromophényle en nitrobenzoate de bibromophényle.

Page 229.

§ 1522[a]. *Benzoate de toluényle*[2], $C^{28}H^{12}O^4 = C^{14}H^5(C^{14}H^7)O^4$. — On l'obtient en distillant l'hydrate de toluényle (§ 1812) avec son équivalent de chlorure de benzoïle ou d'acide benzoïque anhydre. La liqueur distillée cristallise en grande partie en aiguilles (nageant dans une huile ayant la même composition que les cristaux), quel-

---

[1] List et Limpricht, *Ann. der Chem. u. Pharm.*, XC, 190.
[2] Cannizzaro (1854), *Ann. der Chem. u. Pharm.*, XC, 254.

quefois aussi en rhomboèdres. Ce corps fond au-dessus de 20° en une huile qui conserve longtemps sa fluidité, et ne se concrète que dans un mélange réfrigérant.

Page 235.

§ 1528. Le *nitrobenzoate d'éthyle* peut aussi s'obtenir par la dissolution du benzoate d'éthyle dans un mélange d'acide nitrique et d'acide sulfurique concentrés (List et Limpricht).

Le *nitrobenzoate de bibromo phényle*[1], $C^{14}H^4(C^{12}H^3Br^2)(NO^4)O^4 = C^{26}H^7Br^2NO^8$, s'obtient en introduisant le benzoate de bibromo-phényle dans un mélange d'acide nitrique et d'acide sulfurique concentrés ; il se sépare presque entièrement sous forme résineuse, et se dissout dans beaucoup d'alcool bouillant, qui le dépose, par le refroidissement, sous la forme de petites aiguilles groupées en mamelons. Les solutions concentrées le déposent à l'état huileux. Il fond entre 90° et 100°. Une solution alcoolique de potasse le dédouble en acide nitrobenzoïque et en acide bibromophénique.

Le *nitrobenzoate de binitrophényle*, $C^{14}H^4(C^{12}H^3(NO^4)^2)(NO^4)O^4 = C^{26}H^7N^3O^{16}$, s'obtient lorsqu'on introduit du benzoate de phényle par petites portions dans un mélange de 1 p. d'acide nitrique et de 2 p. d'acide sulfurique, maintenu froid. La matière se dissout d'abord, sans dégagement de vapeurs nitreuses, et peu à peu tout le liquide dépose des cristaux jaunâtres de nitrobenzoate de binitrophényle. On en obtient encore davantage en versant peu à peu la liqueur acide dans de l'eau glacée.

Le nitrobenzoate de binitrophényle est insoluble à froid dans l'eau et l'alcool ; à l'ébullition, l'alcool et l'éther le dissolvent en petite quantité. Il fond à 150° ; après le refroidissement, il reste amorphe et transparent, et ne reprend sa texture cristalline que si on le réchauffe ou qu'on le touche avec la pointe d'un corps dur. Chauffé dans un tube, il se décompose avec une légère explosion.

Dissous à chaud dans une solution alcoolique de potasse, il se dédouble en acide nitrobenzoïque et en acide binitrophénique.

Il se dissout dans le sulfhydrate d'ammoniaque aqueux avec une couleur rouge foncée. La liqueur étant évaporée au bain-marie, il reste une masse résinoïde violette, qui se dissout dans l'acide sul-

---

[1] LIST et LIMPRICHT (1854), *Ann. der Chem. u. Pharm.*, XC, 200.

furique ou chlorhydrique étendu, en séparant du soufre ; la solution possède une belle couleur pourpre comme celle du permanganate de potasse. Si l'on évapore au bain-marie la solution chlorhydrique, il reste des cristaux mamelonnés de couleur bleue, que l'eau ne dissout qu'en partie avec une teinte jaune, tandis qu'une poudre bleue reste à l'état insoluble.

Page 256.

§ 1540. *Acide benzoglycollique.* — M. Goessmann[1] trouve de l'avantage à préparer cet acide en faisant passer du chlore au sein d'une solution d'acide hippurique dans un excès de potasse. Il se dégage aussitôt beaucoup d'azote, et la réaction est terminée dès qu'il ne se développe plus de gaz. On sature ensuite la liqueur par l'acide chlorhydrique, on la concentre par l'évaporation à une douce chaleur, et on l'acidule légèrement par de l'acide chlorhydrique étendu. A un certain point de concentration, toute la liqueur se prend en une bouillie cristalline d'acide benzoglycollique, qu'on purifie par le procédé de M. Strecker.

Page 271.

§ 1555[a]. L'*azoture de benzoïle, d'octyle et d'hydrogène* se produit par l'action du chlorure de benzoïle sur l'octylamine. Ces deux corps s'échauffent ensemble, en produisant une huile visqueuse qui ne se solidifie qu'au bout de quelque temps ; il s'y forme alors des prismes assez durs, et le tout finit par se prendre en masse. (Cahours.)

Page 275.

§ 1562. *Cyanure de benzoïle.* — Suivant M. Hermann Strecker[2], le liquide qu'on obtient par la distillation d'atomes égaux de cyanure de mercure et de chlorure de benzoïle, se prend au bout de quelque temps en une masse cristalline. Pour purifier celle-ci de tout sel mercuriel, on la lave, à plusieurs reprises, avec de l'eau chaude jusqu'à ce qu'elle ne noircisse plus par l'hydrogène sulfuré.

Le cyanure de benzoïle possède une odeur très-vive, excitant le larmoiement, et se conserve dans des vases fermés sans jaunir. Il

[1] Goessmann, *Ann. der Chem. u. Pharm.*, XC, 181.
[2] Kolbe, *Ann. der Chem. u. Pharm.*, XC, 62.

fond à 31° et se concrète à la même température; par un refroidissement lent, on l'obtient aisément en grosses tables; quelquefois, après avoir été fondu, il reste longtemps liquide, et ne se solidifie que par une forte agitation. Il bout entre 206° et 208°. On peut le faire bouillir pendant quelque temps avec de l'eau, sans qu'il s'altère sensiblement.

Page 324.

§ 1605. *Dérivés méthyliques, éthyliques.... de l'acide salicylique*[1]. — En faisant réagir sur du méthyl-salicylate de potasse, dans des tubes scellés à la lampe, de l'iodure de méthyle, d'éthyle ou d'amyle, M. Cahours a obtenu des composés parfaitement neutres ne formant plus de combinaisons avec la potasse et se décomposant sous l'influence de cette base, avec le concours de l'eau, en régénérant de l'acide salicylique.

Le *méthyl-salicylate de méthyle*, $C^{14}H^4(C^2H^3)(C^2H^3)O^6$, bout à 248°.

Le *méthyl-salicylate d'éthyle*, $C^{14}H^4(C^2H^3)(C^4H^5)O^6$, bout à 262°.

Le *méthyl-salicylate d'amyle*, $C^{14}H^4(C^2H^3)(C^{10}H^{11})O^6$, bout au dessus de 300°.

Les corps précédents donnent, avec le chlore, le brome et l'acide nitrique fumant, des combinaisons définies et cristallisables.

On obtient une série de composés analogues en remplaçant le méthyl-salicylate par l'éthyl-salicylate de potasse.

Page 379.

§ 1667. *Hydrure de cinnamyle.* — Il se produit par l'oxydation de la styrone sous l'influence du noir de platine. (Strecker.)

$$C^{18}H^{10}O^2 + 2\,O = C^{18}H^8O^2 + 2\,HO.$$
Styrone.   Hydr. de cinnam.

Page 402.

§ 1692. *Styrone*[2]. — M. Wolff fait bouillir la styracine avec une solution alcoolique de potasse, jusqu'à dissolution complète. Par le refroidissement du mélange, il se dépose en grande quantité des cristaux de cinnamate de potasse. On y ajoute de l'eau, pour pré-

[1] CAHOURS (1854), *Compt. rend. de l'Acad.*, XXXIX, 256.
[2] WOLFF, *Ann. der Chem. u. Pharm.*, LXXV, 297. — STRECKER, *Compt. rend. de l'Acad.*, XXXIX, 61.

cipiter la styrone ainsi que la styracine non attaquée ; on sépare ces deux substances par la distillation. Le liquide distillé est trouble, et contient la styrone en suspension. Il la dépose par le repos sous la forme de gouttes huileuses. On l'agite avec de l'éther ; on sépare l'éther dissous dans l'eau au moyen du sel marin, et l'on abandonne à l'évaporation la solution éthérée dans un endroit chaud. Pour dessécher la styrone ainsi obtenue, on la distille sur du chlorure de calcium.

Elle se présente alors sous la forme d'une huile qui se concrète au bout de quelque temps en une masse dure et cristalline. Ce produit fond déjà par la chaleur de la main; il bout à 250°. La modification huileuse de la styrone ne se concrète pas encore à 10°.

La vapeur de la styrone attaque promptement le caoutchouc et le dissout.

La styrone renferme :

	Wolff.		Calcul.
Carbone	80,1	80,8	80,62
Hydrogène	7,3	7,7	7,45
Oxygène	»	»	11,93
			100,00

La styrone se convertit aisément par l'oxydation en hydrure de cinnamyle (Strecker) et en acide cinnamique (Wolff).

Lorsqu'on arrose du noir de platine avec de la styrone liquide, et qu'on abandonne le mélange à l'air, elle se transforme, dans l'espace de quelques jours, en hydrure de cinnamyle, qu'il est aisé de séparer au moyen d'une solution concentrée de bisulfite de potasse (§ 1673).

La potasse caustique et concentrée colore la styrone par l'ébullition en rouge ou en brun; il ne s'effectue qu'un dégagement de gaz peu sensible, et le résidu, dissous dans l'eau, donne par les acides un précipité blanc qui semble être de l'acide cinnamique plus ou moins altéré. Lorsqu'on chauffe la styrone avec un mélange de peroxyde de plomb et de potasse concentrée, la masse se solidifie et contient alors beaucoup d'acide cinnamique.

L'acide chromique attaque vivement la styrone, et la convertit en acide cinnamique. Par l'effet d'une réaction secondaire, il se produit aussi de l'hydrure de benzoïle.

L'acide sulfurique fumant colore la styrone en pourpre foncé;

le mélange se prend en une masse gluante, et donne un sel de baryte soluble par la neutralisation avec le carbonate de baryte.

§ 1693. *Styracine.* — Cette substance a donné à l'analyse :

	Wolff.	Calcul.
Carbone. . . .	82,57	81,85
Hydrogène . .	6,37	6,02
Oxygène . . .	»	12,13
		100,00

Page 446.

§ 1708. *Nitronaphtaline.* — Ce corps est vivement attaqué par l'acétate ferreux; il ne se dégage pas de gaz, du sesquioxyde de fer se précipite, et il se forme de la naphtylamine. Le sulfate, l'oxalate et le chlorure ferreux n'attaquent pas la nitronaphtaline (Béchamp).

Page 464.

§ 1726. *Naphtylamine.* — Cet alcali se produit aussi par la réaction de la nitronaphtaline et de l'acétate ferreux (Béchamp).

Page 565.

§ 1812. *Toluène.* — Il se produit aussi par la distillation de l'hydrate de toluényle avec une solution alcoolique de potasse (Cannizzaro).

Page 568.

§ 1816. *Hydrate de toluényle*[1]. — Dirigé à l'état de vapeur sur de l'éponge de platine chauffée au rouge, l'hydrate de toluényle donne une huile complexe (et non le corps $C^{14}H^6$), contenant de l'hydrure de phényle et une matière solide.

Traité par l'acide sulfurique, par le chlorure de zinc ou par l'acide phosphorique anhydre, il se transforme en une matière résineuse, insoluble dans l'eau, l'alcool et l'éther, très-peu soluble dans l'acide sulfurique fumant, et se ramollissant dans l'eau bouillante.

Distillé avec une solution alcoolique de potasse, l'hydrate de toluényle donne du toluène et du benzoate de potasse :

$$3\ C^{14}H^6O^2 + KO, HO = C^{14}H^5KO^4 + 2\ C^{14}H^8 + 4\ HO.$$

Hydr. de toluényle.   Benzoate de pot.   Toluène.

[1] Cannizzaro, *Ann. der Chem. u. Pharm.*, LXXXVIII, 129.

Le chlorure de benzoïle et l'acide benzoïque anhydre transforment l'hydrate de toluényle en benzoate de toluényle.

Benzoate de toluényle. — Voy. t. III, p. 985.

§ 1863*a*. *Octyl-cuminamide*, ou azoture de cumyle, d'octyle et d'hydrogène. Il se produit par le contact du chlorure de cumyle avec l'octylamine. C'est une huile semblable à l'azoture de benzoïle, d'octyle et d'hydrogène. (Cahours.)

FIN DU TROISIÈME VOLUME.

TABLE DES MATIÈRES

CONTENUES DANS CE VOLUME.

DEUXIÈME PARTIE.

SÉRIE BENZOÏQUE.

I.

GROUPE PHÉNIQUE.

II.

GROUPE QUINONIQUE.

III.

GROUPE BENZOIQUE ou PHÉNYL-FORMIQUE.

IV.

GROUPE SALICYLIQUE ou PHÉNYL-CARBONIQUE.

VI.

GROUPE CINNAMIQUE.

VII.

GROUPE NAPHTALIQUE.

VIII.

GROUPE INDIGOTIQUE.

SÉRIE TOLUIQUE.

I.

GROUPE TOLUÉNIQUE.

II.

GROUPE TOLUYLIQUE.

SÉRIE XYLIQUE.

GROUPE XYLÉNIQUE.

SÉRIE CUMINIQUE.

I.

GROUPE CUMÉNIQUE

II.

GROUPE TÉRÉBIQUE.

III.

GROUPE CAMPHORIQUE.

TROISIÈME PARTIE.

CORPS A SÉRIER.

I.

ACIDES.

ADDITIONS.

ERRATA.

Tome I.

Page 530, ligne 2 d'en haut, *lisez* : $C^8H^9N^3O^4 + 2$ aq., *au lieu de* $C^8H^3N^3O^4 + 2$ aq.

Tome II.

Page 693, ligne 1 d'en haut, *lisez* : On lave l'huile avec une petite quantité d'eau, et on la rectifie après l'avoir abandonnée pendant 24 heures sur du chlorure de calcium. Elle commence à bouillir, etc... *au lieu de* : On le lave avec une petite quantité d'eau, etc.

— 693, ligne 4 d'en bas, lisez : de l'iodure de potassium, *au lieu de* : de l'iodure de zinc.

— 728, ligne 6 d'en bas, la formule de l'acide subérique est transposée; *lisez* : $C^{16}H^4O^8 = C^{16}H^{12}O^6, 2$ HO.

Tome III.

Page 97, ligne 7 d'en bas, *lisez* : l'aspect de tables, *au lieu de* : l'aspect des tables.

— 105, ligne 12 d'en bas, *lisez*, pour la formule du chlorhydrate de nitrophénylamine : $C^{12}H7(NO^4)N^2,$ HCl $+ 2$ aq.

— 142, ligne 11 d'en bas, *lisez* : quinone trichlorée, *au lieu de* : quinone chlorée.

288, ligne 17 d'en haut, *lisez*, pour la formule de l'acide salicylique :

$$C^{14}H^6O^6 = \left. \begin{array}{l} C^{12}H^5O \\ HO \end{array} \right\} C^2O^4.$$

A LA MÊME LIBRAIRIE.

MATHÉMATIQUES.

LEGENDRE. — ÉLÉMENTS DE GÉOMÉTRIE ET DE TRIGONOMÉTRIE. *Quatorzième édition*. . . . . 6 fr.

— Le même, *avec additions et modifications*, par M. BLANCHET, directeur des études mathématiques de l'École de Sainte-Barbe. *Cinquième édition*. I vol. et planches. 4 fr.

— Annotations et Additions à la Géométrie de Legendre, par M. *Joanet*, élève de l'École polytechnique . . . . I fr. 50 c.

— Réciproques de la Géométrie de Legendre, suivies de théorèmes et de problèmes sur la Géométrie, par M. *Joanet*, ancien élève de l'École polytechnique. I vol. in-8°, avec gravures. . . . . 4 fr.
Ouvrage faisant suite à l'Annotation de la Géométrie de Legendre.

L'ouvrage de M. Garnier, qui a eu beaucoup de succès, étant depuis longtemps épuisé, MM. Didot ont cru faciliter les études de la Géométrie en confiant à M. Joanet le soin de publier ce travail sur un plan tout nouveau.

CALLET. — TABLES DES LOGARITHMES. Stéréotypes. In-8° grand papier . . . . 15 fr.
Elles donnent les logarithmes des nombres jusqu'à 108,000, des sinus et tangentes de seconde en seconde pour les cinq premiers degrés, et de dix en dix secondes pour tous les degrés, avec la division centésimale, etc., elles sont sept figures.

TABLES DE LOGARITHMES, contenant les logarithmes des nombres de I à 108,000; les logarithmes des sinus et tangentes de seconde en seconde pour les cinq premiers degrés, et de dix en dix secondes pour tous les degrés du quart de cercle; par *François* CALLET, *suivies d'un Recueil de Table nautique*, par MM. les professeurs à l'École navale impériale, *E. Boitard*, ancien élève de l'École polytechnique, professeur d'hydrographie, et ANSART DEUSY, lieutenant de vaisseau . . . . 15 fr.

Les tables de logarithmes de François Callet peuvent seules être considérées comme exemptes de fautes; généraliser leur usage dans la marine, tel a été le but unique de MM. Boitard et Ansart-Deusy; pour l'atteindre ils ont dû augmenter l'ouvrage de Callet des Tables nautiques indispensables aux navigateurs.

Ces Tables nautiques ont été collationnées avec soin sur celles des meilleurs auteurs, parfois même recalculées. Toutes celles que ne nécessite pas le problème de navigation, pris dans toute sa généralité, ont été écartées.

Pour la première fois, chaque table est précédée immédiatement d'une notice qui indique sa construction, son usage, la formule dont elle est l'expression; on y trouve au besoin les constantes qui entrent dans cette formule et les principes sur lesquels repose la solution des problèmes auxquels elle donne lieu.

BOITARD. — NAVIGATION PRATIQUE, etc. (*Sous presse.*)

LALANDE. — TABLES DE LOGARITHMES. Stéréotypes. In-18. Broché. . . . . . . 2 fr.
Ces Tables donnent les logarithmes des nombres jusqu'à 10,000, des sinus et tangentes de minute en minute; elles sont à cinq figures. Ces tables de logarithmes sont les plus correctes qui existent.

PLAUZOLES. — TABLES DES LOGARITHMES. Stéréotypes. In-8°, grand papier. 6 fr.
Ces Tables donnent les logarithmes des nombres jusqu'à 21,730, des sinus et tangentes de minute en minute, et, de plus, les sinus et tangentes pour la division centésimale : elles sont à six figures.

RESAL. — ÉLÉMENTS DE MÉCANIQUE, suivis d'Additions relatives à la mécanique des systèmes des points matériels, par M. *Resal*, ancien élève de l'École polytechnique. In-8° de 153 pages, avec 4 planches sur cuivre . . . . 4 fr. 50 c.

Ces Éléments sont rédigés en conformité des nouveaux programmes d'admission pour l'École polytechnique. Ils contiennent sous un cadre resserré tout ce qui est indispensable pour subir les examens de cette école. En prenant pour guide les écrits et les leçons de M. Poncelet, l'auteur a eu principalement pour but d'initier les jeunes gens aux principes qui servent de base à la science des moteurs et des machines, enseignée à l'École polytechnique et dans les différentes écoles de services publics.

COURS COMPLET D'ÉTUDES MATHÉMATIQUES au grade de capitaine au long cours, par *Levret* aîné, professeur d'hydrographie de Ire classe au Havre
Cet ouvrage se compose de trois volumes de peu d'étendue, et renferme cependant toutes les notions nécessaires sur les mathématiques, l'astronomie, la physique, les instruments et les machines à vapeur appliquées à la navigation
Le premier volume comprend l'arithmétique et les éléments d'algèbre; le deuxième, la géométrie élémentaire, la trigonométrie rectiligne et sphérique; le troisième, notions de physique, précis sur les bateaux à vapeur, système du monde, astronomie élémentaire, astronomie nautique.

ARITHMÉTIQUE.	GÉOMÉTRIE.	NAVIGATION.
Le premier vol. . . . 2 fr.	Le second vol. . . . . 5 fr.	Le troisième vol. . . 6 fr.

COURS D'ÉTUDES NAUTIQUES, à l'usage des officiers de la marine marchande et des maîtres au cabotage; par M. *Levret* aîné. . . . . 7 fr. 50 c.
Ce cours, formant un volume d'étendue moyenne, fait suite au *Cours complet d'études mathématiques*, et en est en quelque sorte le complément.